DELIUS KLASING

WARTUNG UND REPARATUR

von Matthew Coombs und Phil Mather

Yamaha

MT-09, Tracer & XSR900

Modelle:

MT-09 (inkl. SP)	847 cm³	2013 bis 2020
MT-09TR Tracer (inkl. GT)	847 cm³	2015 bis 2020
XSR900 (inkl. Abarth)	847 cm³	2016 bis 2020

DELIUS KLASING VERLAG

Die englische Originalausgabe mit dem Titel
»Yamaha MT-09, FZ-09, Tracer FJ-09, XSR900, Service and Repair manual«
erschien 2020 bei Haynes Publishing

Bibliografische Information der Deutschen Nationalbibliothek
Die Deutsche Nationalbibliothek verzeichnet diese Publikation
in der Deutschen Nationalbibliografie; detaillierte bibliografische
Daten sind im Internet über http://dnb.dnb.de abrufbar.

1. Auflage
ISBN 978-3-667-11986-5
Die Rechte für die deutsche Ausgabe liegen beim
Verlag Delius Klasing & Co. KG, Bielefeld.

Übertragen und bearbeitet von Udo Stünkel
Umschlaggestaltung: Gabriele Engel
Satz: feschart print- und webdesign, Michaela Röhler, Leopoldshöhe
Gesamtherstellung: Print Consult, München
Printed in Slovenia 2021

Delius Klasing Verlag, Siekerwall 21, D - 33602 Bielefeld
Tel.: 0521/559-0, Fax: 0521/559-115
E-Mail: info@delius-klasing.de
www.delius-klasing.de

Inhalt

Einleitung ... 6
Yamaha – Von Musikinstrumenten zu Motorrädern ... 6
Danksagung ... 10
Über dieses Handbuch ... 10
Identifikationsnummern ... 11
Tägliche Kontrollen ... 12
1 Kontrolle des Motorölpegels ... 12
2 Kontrolle der Bremsflüssigkeit ... 13
3 Federung, Lenkung und Antrieb ... 14
4 Kühlmittelpegel ... 15
5 Ordnungsgemäßer Zustand und Sicherheit ... 15
6 Reifen ... 16
Maße und Gewicht ... 17
Modellentwicklung ... 19
Sicherheit geht vor! ... 20

Kapitel 1:
Einstellungs- und Wartungsarbeiten ... 21
Technische Daten ... 21
Lage der Komponenten ... 23
Wartungsplan ... 24
Wartungsarbeiten ... 25

Kapitel 2:
Motor, Kupplung und Getriebe ... 51

Kapitel 3:
Kühlsystem ... 113

Kapitel 4:
Motorsteuerung ... 121

Kapitel 5:
Rahmen und Federung ... 149

Kapitel 6:
Bremsen, Räder und Endantrieb ... 173

Kapitel 7:
Anbauteile ... 203

Kapitel 8:
Elektrik ... 216
Schaltpläne ... 250

Anhang ... 264
Werkzeug- und Werkstatt-Tipps ... 264
Grundausstattung Wartungs- und Reparatur-Werkzeug ... 264
Diebstahlschutz ... 282
Schmiermittel und Flüssigkeiten ... 285
Sicherheitscheck ... 288
– Hauptuntersuchung ... 288
– Elektrik ... 288
– Auspuff und Antrieb ... 288
– Steuerkopf und Federung ... 289
– Bremsen, Räder und Reifen ... 290
Allgemeine Checks ... 290
Stilllegen ... 291
Inbetriebnahme ... 291
Fehlersuche ... 292
– Motor lässt sich nur schwierig oder gar nicht starten ... 293
– Motor läuft schlecht bei niedrigen Drehzahlen ... 294
– Schlechter Motorlauf oder geringe Leistung bei hohen Drehzahlen ... 295
– Überhitzung ... 295
– Kupplungsprobleme ... 296
– Getriebeprobleme ... 296
– Ungewöhnliche Motorgeräusche ... 297
– Ungewöhnliche Antriebsgeräusche ... 297
– Ungewöhnliche Fahrwerkgeräusche ... 297
– Motorschmierungs-Probleme ... 298
– Auspuff-Rauch ... 298
– Schlechtes Fahrverhalten, Instabilität ... 298
– Bremsenprobleme ... 299
– Elektrikprobleme ... 299
Erklärung technischer Begriffe ... 300

Yamaha

Von Musikinstrumenten zu Motorrädern

von Julian Ryder

Die Yamaha Motor Company

1889 entstand der Firmenname Yamaha, als Torakusu Yamaha die Yamaha Orgelfabrik gründete. Der Erfolg war so groß, dass daraus 1897 die Nippon Gakki GmbH hervorging, die Pfeifenorgeln und Klaviere im großen Stil herstellte.

Während des Zweiten Weltkrieges nutzte die Regierung die Fabrikeinrichtungen von Nippon Gakki zur Fertigung von Propellern und Benzintanks für die Flugzeugindustrie. Am Ende des Krieges entstand eine große Nachfrage nach preiswerten Fahrzeugen. So verwandten viele Firmen ihre überholten Flugzeugbaumaschinen zur Produktion von Motorrädern. Das erste Motorrad von Nippon Gakki kam im Februar 1955 unter dem Namen 125 YA-1 Red Dragonfly auf den Markt. Diese Maschine war ein Nachbau der deutschen DKW RT 125 mit einem Einzylinder-Zweitakt-Motor und einem Vier-Gang-Getriebe. Aufgrund des großen Erfolges dieses Modells wurde der Motorradbereich im Juli 1955 von Nippon Gakki getrennt und die Yamaha Motor Company gebildet. Die YA-1 wurde auch als Sieger in zwei der größten Straßenrennen Japans gefeiert, dem Fuji-Bergrennen und dem Asama-Vulkan-Rennen. Die gleichbleibend hohe Nachfrage nach der YA-1 führte zur Entwicklung einer ganzen Serie von Ein- und Zweizylinder-Zweitakt-Maschinen.

Nachdem Yamaha sich auf dem Heimatmarkt einen guten Namen gemacht hatte, wurden Yamaha-Motorräder ab 1958 in die USA und ab 1962 nach Europa exportiert. Zu dieser Zeit hatte die Konkurrenz zwischen den zahlreichen japanischen Motorradherstellern deren Zahl erheblich reduziert, und gegen Ende der 1960er-Jahre gab es nur noch die vier großen, heute noch bekannten Firmen.

1968 wurde Yamaha Europa gegründet und in Holland eingerichtet. Obwohl ursprünglich als Vertrieb für Wassersportprodukte geplant, ist die holländische Niederlassung jetzt offizielle europäische Zentrale und Vertriebszentrum. Yamaha Motorräder werden in Werken in Holland, Dänemark, Norwegen, Italien, Frankreich, Spanien und Portugal hergestellt. Mitsui und Co., zunächst ein Handelshaus für den Transport und den Vertrieb japanischer Produkte in westlichen Ländern, entwickelte sich schließlich zum Verantwortlichen für Yamaha Motorräder und Außenbordmotoren.

Auf die Technologie des Motorradbereiches aufbauend, stellte Yamaha viele andere Produkte her: Pkw- und Leichtflugzeugmotoren, Schiffsmotoren und Boote, Generatoren, Pumpen, Geländefahrzeuge, Snowmobile, Golfkarren, Industrieroboter, Rasenmäher, Swimmingpools und Bogenschützenausstattung.

Beliebtes Einstiegsmodell der 50-cm³-Klasse

Zuerst kamen Zweitakter

Einen großen Anteil am Erfolg von Yamaha hatte eine ganze Reihe von Neuentwicklungen auf dem Zweitaktsektor. Getrenntschmierung, »Monocoque« Pressstahlrahmen, Elektrostarter, Multikanalspülung, Membraneinlasssteuerung und »Powervalves« (Walzendrehschieber) hielten die Yamaha-Zweitakter an der Spitze der Technologie.

In den 1960er- und 1970er-Jahren bildeten die Zweitakt-Maschinen YAS3 125, YDS1 bis YDS7 250 und YR5 350 das Herzstück des Yamaha-Angebotes. Bis zur Mitte der 1970er-Jahre wurden sie durch RD (Race-Developed) 125, 250 und 350 ersetzt. Diese Zweitakt-Twin-Reihe hatte eine verbesserte Sieben-Kanal-Spülung mit Membraneinlasssteuerung. Das Bremsverhalten wurde mittels der hydraulischen Vorderradbremse der DX-Modelle anstelle der vorher genutzten Trommel verbessert. Alugussräder waren im Vorgriff auf spätere RD-Modelle erhältlich. 1976 wurde die RD 350 von der RD 400 abgelöst.

Neben den RD-Twin-Modellen lief eine Reihe von Einzylinder-Zweitakt-Modellen. Neben einigen anderen Fahrgestellen wurde der Motor für das beliebte 50-cm³-Moped FS1-E, RS 100 und 125 und in der DT-Off-Road-Reihe verwandt.

Die luftgekühlten Ein- und Zweizylinder-Modelle wurden 1980 schließlich durch die LC-Reihe mit wassergekühlten Motoren, komplett neuem Äußeren, säbelförmigen Gussspeichenrädern und Cantilever-Rahmen (Yamahas Monoshock) ersetzt. Den größten Eindruck hinterließ die RD 350 LC, später RD 350 R.

Spätere Modelle hatten den YPVS (Yamaha Power-Valve-System), der im Grunde aus einer Walze in der Auslassöffnung bestand, die elektronisch gesteuert wurde, um die Durchflusszeiten so zu verändern, dass ein Maximum an Energieausbeute erzielt wurde. Die RD 500 LC war der größte Zweitakter von Yamaha und unterschied sich von den anderen LC-Modellen durch den Einsatz von einem V-Vierzylinder-Motor.

Mit Ausnahme der RD 350 R, die heute in Brasilien produziert wird, wurde die LC-Reihe eingestellt. Zweitaktmotoren haben dem Umweltdruck nachgegeben und werden mit wenigen Ausnahmen nur noch in Rollern und Kleinkrafträdern verwandt.

Die RD-Modelle mit der markanten Formgestaltung und Farbgebung

Viertakt

Bis 1970 konzentrierte Yamaha sich ausschließlich auf die Fertigung von Zweitakt-Modellen. Dann wurde mit der XS1 das erste Yamaha Viertakt-Motorrad hergestellt. Vielleicht war es der Erfolg im Zweitaktbereich, der einen früheren Einstieg in den Markt mit Viertakt-Motorrädern verhinderte, obwohl die Zusammenarbeit mit Toyota in den 1960er-Jahren eine gesunde Basis an Viertakt-Technologie für Yamaha geschaffen hatte. Die XS 1, die später als XS 650 bekannt wurde und auch in der Chopper-Version als SE auftrat, hatte einen 650-cm³-Zweizylindermotor.

1976 führte Yamaha die XS 750 mit einem 750-cm³-Dreizylindermotor in einem Sport-Tourer-Rahmen ein. Die XS 750 machte sich selbst einen guten Namen in der Sport-Tourer-Klasse und blieb bis zur Erweiterung auf 850 cm³ 1980 nahezu unverändert.

1976 folgten mit der XJ Zweizylinder-Reihe die 250, 360, 400, die 1978 durch die Vier-Zylinder-Maschine XJ 1100 verstärkt wurden. 1976 wurde mit der XT 500 der Vorgänger des Dauerläufers SR 500 (ab 1978 bis 1999) in den Verkauf gebracht.

In den 1980er-Jahren kam eine neue Familie Viertakter mit den Modellen XJ 550, 650, 750 und 900 Four auf den Markt. Gegenüber der XJ-Reihe zeigten sich diese Verbesserungen in Form eines »schlankeren« DOHC-Motors, da die Lichtmaschine hinter die Zylinder platziert werden konnte, einer elektronischen Zündung und verbesserter Brems- und Fahrwerksysteme. Das erste Yamaha-Modell mit einem Turbolader war die XJ 650 T. Diese nicht mehr produzierten XJ-Modelle hatte deutliche Auswirkungen auf die XJ 600 S und die XJ 900 S Diversion (Seca II) Modelle.

Unter den FZR-Vorgängern befinden sich die reinen Sportmodelle von Yamaha. Mit Ausnahme der FZR 400 und FZR 600 mit 16 Ventilen wurden in der FZR-Reihe 20-Ventil-Motoren eingesetzt: zwei Auslass- und drei Einlassventile pro Zylinder. Dieses Konzept, Genesis genannt, verbesserte den Gasfluss im Kompressionsraum. Weitere Merkmale des neuen Motors waren die Fallstromvergaser und der stärker geneigte Winkel des Motors im Rahmen sowie der Wechsel zur Wasserkühlung. Ein besseres Handling wurde durch einen leichten Deltabox-Aluminiumrahmen und ein verbessertes Fahrwerk erreicht. Der Genesis-Motor wurde in den YZF-750- und 1000-Modellen weiter verwandt.

Das Genesis-Konzept war die Basis für Yamahas Siegeszug im Viertakt-Rennsport. Dieser begann zunächst mit einer Maschine, die einfach »die Genesis« hieß – man hatte einen FZR-750-Motor in eine TT-Formel-1-Maschine gesteckt, und schon konnte das Werk Hondas RFV-750-Rennern bei solch wichtigen Rennen wie in Suzuka oder beim Bol d'Or die Show stehlen. Allerdings wurde die Maschine nicht während der gesamten Weltmeisterschaft eingesetzt. Erst bei der neuen Superbike-Weltmeisterschaft wurden Yamahas an den Start gebracht – nicht vom Werk, sondern vom australischen Importeur –, die im Debütjahr 1988 den Titel holten. Der Fahrer hieß übrigens Mick Doohan, und er gewann nicht mit einem Homologationsrenner, sondern auf einer FZ 750 mit Stahlrahmen. Die OW01 war eine Gewinnermaschine – besonders in den Händen von Fabrizio Pirovano, der als Werksfahrer nicht weniger als zehn Siege einfuhr.

Yamaha war immer eine sportlich orientierte Firma, die ihre bei Rennen gewonnen Erkenntnisse in die Serienproduktion einfließen ließ. Also verwunderte es auch nicht, dass die neueste Generation leichtgewichtiger Sportler sowohl auf als auch neben der Rennstrecke den Ton angaben. Die R6 gewann im Einführungsjahr der World Supersport-Meisterschaft mehr Rennen als jede andere Maschine; der quirlige Noriyuki Haga gewann mit der gerade erschienen R7 ein Rennen bei der Superbike-WM, und die mächtige 1000er-R1 beendete Hondas Dominanz auf der Isle of Man, als David Jefferies bei der 1999er-Tourist-Trophy drei Siege innerhalb einer Woche einfuhr.

Beim Motorrad-Grand-Prix benötigte das Werk mehrere Jahre, um über den Schock von Wayne Raineys schwerem Unfall hinwegzukommen, und es dauerte bis 1998, als Simon Crafar in Donington Park gewann. Im folgenden Jahr verstärkte Yamaha seine Ambitionen und unterzeichnete mit dem italienischen Superstar Max Biaggi sowie dem Spanier Carlos Checa Verträge als Werksfahrer. Nach dem seit 2001 für Yamaha fahrenden australischen Drift-Künstler Garry McCoy gelang es dem Team für die Saison 2004 den fünffachen Weltmeister Valentino Rossi zu verpflichten.

Dieser holte auf Anhieb den WM-Titel und konnte seine Vormachtstellung 2005, 2008 und 2009 erneut beweisen – 2010 gewann sein Teamkollege Jorge Lorenzo den WM-Titel und konnte ihn 2012 erneut übernehmen. Nach zwei durchwachsenen Jahren bei Ducati kehrte Rossi 2013 zu Yamaha zurück und wurde WM-Vierter sowie in den beiden folgenden Jahren Vizeweltmeister.

Yamahas erster Viertakt-Motor: Die XS 650 von 1974 mit von dem bereits 1969 vorgestellten Zweizylinder-Triebwerk

Der erste Dreizylinder: Die von 1976 bis 1982 gebaute XS 750 mit Kardanantrieb

Eigenwillig oder normal?

Selbst aus Japan kommen komplett neue Motorräder nicht allzu häufig. Oft können die Triebwerke auf eine über Jahrzehnte währende Ahnenreihe zurückblicken, sodass eher von Evolution gesprochen werden kann.

Die MT-09 war jedoch vollständig neu. Ein Jahr vor der Vorstellung der Maschine wurde auf Motorradmessen ein an Angelschnüren aufgehängtes Motorgehäuse gezeigt, um die Kundschaft auf die kommende Revolution vorzubereiten.

Zu sehen war ein neuer, leichter und spritziger Dreizylindermotor, der mit allen bekannten Yamaha-Triebwerken nur sehr wenige Gemeinsamkeiten aufwies. Yamaha musste zugeben, dass man in den letzten Jahren sehr konservativ gewesen war – und wollte mit der MT-09 jetzt an revolutionäre Yamahas der jüngeren Geschichte, wie die RD 350 und die XT 500 anknüpfen, mit denen völlig neue Käuferschichten erreicht werden konnten (und heute begehrte Youngtimer sind). Man erinnerte sich an die XS 750/850-Dreizylinder aus den 1970er- und 80er-Jahren, die jedoch schon damals als viel zu schwer betrachtet wurden. Bei Yamaha existierten zwar andere Dreizylinder-Motoren, doch diese saßen entweder in Schneemobilen oder hinten an Booten.

MT bedeutete »Masters of Torque« (Meister des Drehmoments), auch wenn die Baureihe auf vielen Märkten – einschließlich der USA mit dem alten Kürzel »FZ« versehen wurde. Die erste *neue* MT (bereits 2005 waren ein 1600er-Twin namens MT-01 und ein Jahr darauf das 660er-Einzylindermodell MT-03 erschienen) stellte einen Bezug zur »Dark Side of Japan« dar – eine Customizer-Subkultur, die sich aus einer Mischung aus japanischem Speedway und Supermotard entwickelt hatte. Neben einer leichtfüßige Optik wurde vor allem Wert auf geringes Gewicht und geringen Verbrauch gelegt – in den Zeiten nach der weltweiten Finanzkrise kein schlechter Ansatz. Die MT-09 bekam rasch eine kleine

Die ursprüngliche MT-09 im »Street Rally«-Trim …

… wurde 2017 unter anderem mit LED-Scheinwerfer aufgewertet.

Die SP-Version der MT-09 trägt hinten ein Öhlins-Federbein und vorn eine überarbeitete Kayaba-Gabel.

Die ursprüngliche Tracer von 2015 …

… wurde ebenfalls 2017 modernisiert (hier als GT-Version)

Die XSR 900 von 2016

Schwester mit Zweizylindermotor (MT-07) zur Seite gestellt.
Um die Entwicklung eines neuen Motors und eines Motorrads wieder hereinzubekommen, wurden von der MT-09 bald auch Ableger angeboten, die sich vor allem kosmetisch unterschieden. Zuerst kamen Sondermodelle namens »Street Rally« und »Sport Tracker«, bald erschien das mit einer einstellbaren Verkleidung, einem größeren Tank und mehr Federweg ausgestattete Allround-Motorrad namens MT-09 TR Tracer, die als GT-Version mit Koffern, TFT-Display, Tempomat und Schaltautomat zur GT aufgewertet werden konnte.
Ab 2017 musste sich die Motorradindustrie mit neuen Abgas-Vorschriften und anderen Normen auseinandersetzen. Yamaha nutzte die Gelegenheit, sowohl die MT-09 als auch die Tracer unter anderem mit LED-Doppelscheinwerfern, neuen Federelementen und neuen Verkleidungsteilen auszurüsten; hinzu kam die MT-09 SP mit aufgewerteten Öhlins- und Kayaba-Fahrwerk.
Weil die Retro-Welle immer höher schlug und Yamaha lediglich die in Japan immer noch gebaute SR 400 vorzeigen konnte, wurden berühmte Custombike-Schmieden wie Deus Ex Machina, Roland Sands und Shinya Kimura im von Yamaha als »Faster Sons«-Konzept dazu gebracht, umgebaute Maschinen zu zeigen. Kimura wurde schließlich auf die MT-07 losgelassen, aus der er die XSR 700 schuf – eine Reminiszenz an die legendäre XS 650. Roland Sands durfte schließlich eine MT-09 hingestellt, aus der die »Faster Wasp« entstand – *Schnellere Wespe* deshalb, weil sie mit ihrer gelb-schwarzen Lackierung an die Maschinen des berühmten Rennfahrers Kenny Roberts aus den 1970er-Jahren erinnerte.
Auch dieses Konzept ging bald in Serie und wurde XSR 900 genannt. Clever hatte man zahlreiche Plastikteile der MT-09 durch Metallteile ersetzt und das Rahmenheck verschraubt ausgeführt, um es individuell umgestalten zu können. 2017 erschien zur Erinnerung an den ehemaligen österreichischen Motorradrennfahrer (berühmt geworden als italienischer Autodesigner) das Sondermodell XSR 900 Abarth.

Danksagung

Wir danken der Firma Bransons Motorcycles aus Yeovil, England, die uns die Maschinen für dieses Handbuch zur Verfügung gestellt hat. Außerdem möchten wir uns bei der Cooper-Avon Reifen Company für die Unterstützung und technische Beratung zum Thema Reifen sowie der NGK Spark Plugs (UK) Ltd. bedanken, die uns beim Thema Zündkerzen weiter geholfen hat. Danke auch an Draper Tools Ltd. für die Unterstützung mit verschiedenen Werkzeugen. Yamaha Motor (UK) hat uns Modellfotos zur Verfügung gestellt.
Die Einleitung wurde von Julian Ryder geschrieben.

Über dieses Handbuch

Der Sinn dieses Buches ist es, Ihnen dabei zu helfen, mit Ihrem Motorrad viel Freude zu haben. Diese Hilfe kann auf verschiedenen Wegen geschehen: Sie können entscheiden, welche Arbeiten erledigt werden müssen und was Sie davon selbst ausführen können; Ihnen werden Informationen zur Instandhaltung und Pflege Ihrer Maschine gegeben; es werden Ihnen Diagnosen und Reparatur-Reihenfolgen angeboten, um Störungen zu beseitigen.
Wir wünschen uns, dass Sie mit diesem Handbuch viele Arbeiten selber erledigen können. Bei vielen simplen Arbeiten kann es einfacher sein, sie selber auszuführen, als einen Werkstatt-Termin auszumachen und das Motorrad zum Händler zu bringen und wieder abzuholen. Noch wichtiger ist, dass man schon viel Geld sparen kann, wenn man auch nur einige Vorarbeiten erledigt – noch mehr, wenn man alle Reparaturen selber erledigt. Ebenfalls ein wichtiger Punkt ist das gute Gefühl, das entsteht, wenn man eine Arbeit erfolgreich zu Ende gebracht hat.
Angaben für die rechte oder linke Seite beziehen sich – soweit nicht anders angegeben – auf die Fahrtrichtung.

Wir sind stets sehr um die Richtigkeit der Informationen in allen unseren Büchern bemüht, doch es kommt immer wieder vor, dass Motorradhersteller während der Produktion technische Veränderungen vornehmen, von denen wir nichts wissen. Autor und Verlag können deshalb keine Verantwortung für fehlende oder falsche Informationen übernehmen, die dem Kunden Schaden oder Verletzungen zugefügt haben.

Identifikationsnummern

Rahmen- und Motornummern

Die Rahmennummer ist auf der rechten Seite des Lenkkopfes eingeschlagen und findet sich wieder auf dem Typenschild links am Lenkkopf. Die Motornummer ist rechts oben in das Motorgehäuse eingeschlagen. Unter dem Beifahrersitz ist ein Aufkleber mit dem Modellcode angebracht. Die Rahmennummer steht in den Fahrzeugpapieren. Um der Polizei das Wiederfinden einer gestohlenen Maschine zu erleichtern, sollte man sich auch die möglicherweise von der Rahmennummer abweichende Motornummer notieren.

In diesem Buch werden die drei Modellreihen MT-09 (in den USA baugleich als FZ-09 bezeichnet), die MT-09 TR Tracer (FJ-09 oder MTT850) und die XSR 900 (MTM 850) behandelt. Nötigenfalls werden die Modelle durch ihre Modellnamen, eine ggf. vorhandene ABS-Bremsanlage (erst ab 2016 serienmäßig) und ihre Produktionszeiträume unterschieden. Das Herstellungsjahr – welches nicht mit dem in den Papieren stehenden Erstzulassungsjahr übereinstimmen muss – ist durch einen Modellcode angegeben – siehe Tabelle. Ein Modelljahr beginnt meistens im Herbst des Vorjahres, sodass es durchaus möglich sein kann, dass z. B. eine 2017er-Maschine bereits Ende 2016 zugelassen wurde.

Europa-Modelle

Modell	Code	Modelljahr
MT-09	1RCL/1RCM	2013/2014
MT-09	1RCW/1RCX	2015
MT-09	1B872	2016
MT-09A	2DRD/2DRE	2013/2014
MT-09A	2DRF/2DRG	2015
MT-09A	2DRN	2016
MT-09A	BS21	2017
MTN850-A (MT-09)	BS29	2018
MTN850-A (MT-09)	BS2G	2019
MTN850-A (MT-09)	BS2T	2020
MTN850-D (MT-09 SP)	B6C1	2018/2019
MT-09 TRA Tracer	2SC9, 2SCA	2015
MT-09 TRA Tracer	2SCC, 2SCD	2016

Modell	Code	Modelljahr
MT-09 TRA Tracer	2SCL	2017
MTT850 Tracer 900	B5C1	2018
MTT850 Tracer 900	B5C9	2019
MTT850 Tracer 900	B5CF	2020
MTT850D (Tracer GT)	B1J1	2018
MTT850D (Tracer GT)	B1J8	2019
MTT850D (Tracer GT)	B1JD	2020
MTM850 (XSR 900)	B901	2016/2017
MTM850 (XSR 900 Abarth)	B90N	2017
MTM850 (XSR 900)	B90R	2018
MTM850 (XSR 900)	BAE1	2019
MTM850 (XSR 900)	BAE8/BAED	2020

Die Rahmennummer ist rechts in den Lenkkopf eingeschlagen.

Die Motornummer ist rechts oben ins Motorgehäuse eingeschlagen.

Unter dem Beifahrersitz findet sich ein Aufkleber mit dem Modell- und dem Farbcode

Ersatzteilkauf

Sobald Sie alle Identifikationsnummern gefunden haben, sollten diese zur Erleichterung beim Ersatzteilkauf notiert werden. Da der Hersteller technische Daten, Teile und Ausführungen auch während der laufenden Produktion ändert, ist das Bereithalten der Nummern die sicherste Methode, die richtigen Teile zu erhalten.

Wenn möglich, sollten immer die defekten Teile mitgebracht werden, um sie mit den Neuteilen zu vergleichen. Auf dem Weg vom Hersteller zum Teileregal des Händlers gibt es viele Möglichkeiten, Nummern zu verwechseln oder falsch zu notieren.

Die zwei Quellen neuer Ersatzteile für Ihr Motorrad – der Zubehörhandel und der Vertragshändler – unterscheiden sich in den Teilen, die sie bereithalten. Während der Yamaha-Vertragshändler jedes aufgelistete Einzelteil Ihrer Maschine besorgen kann, bietet der Zubehörhandel zumeist nur normale Verschleißteile wie Ketten- oder Dichtungssätze sowie Tuningteile wie Stoßdämpfer und Auspuffanlagen an.

Oftmals ist es möglich, von darauf spezialisierten Geschäften Gebrauchtteile zu kaufen, die grob gesagt etwa die Hälfte von Neuteilen kosten. Dafür weiß man nie genau, was man erhält. Auch hier sollten zum Vergleich immer die defekten Teile mitgebracht werden.

Unabhängig davon, ob Sie neue, gebrauchte oder überholte Teile kaufen wollen, sollten Sie sich immer an jemanden wenden, der sich auf Yamaha-Teile spezialisiert hat.

Tägliche Kontrollen

1 Kontrolle des Motorölpegels

Vor Beginn:

✔ Starten Sie den Motor und bringen Sie ihn möglichst durch eine etwa viertelstündige Fahrt auf Betriebstemperatur.

Achtung: Der Motor darf nicht in einem geschlossenen Raum laufen.

✔ Stützen Sie das Motorrad auf einer ebenen Fläche aufrecht stehend ab (lassen Sie es ggf. von einem Assistenten halten).

✔ Schalten Sie den Motor ab und warten Sie ein paar Minuten, bis sich der Ölpegel stabilisiert hat.

Vorsichtsmaßnahmen:

• Falls regelmäßig Öl nachgefüllt werden muss, sollten die Gründe des Ölverlustes gefunden werden. Sind keine Anzeichen von Lecks an Verbindungen und Dichtungen festzustellen, wird das Öl vom Motor verbrannt (*siehe Fehlersuche*).

Öltyp
API-Klasse SG oder höher, JASO T 903 MA (Motorrad-Motoröl)
Ölviskosität
SAE 10W/30, 10W/40, 10W/50, 15W/40, 20W/40 oder 20W/50 – beachten Sie die auf dem Öl angegebenen Temperaturbereiche.

Das richtige Öl:

• Moderne, leistungsstarke Motoren stellen große Anforderungen an ihr Motoröl. Es ist deshalb sehr wichtig, ein für das Motorrad geeignete Öl zu verwenden – benutzen Sie kein Auto-Motorenöl.

• Benutzen Sie immer gutes Qualitätsöl des vorgegebenen Öltyps und einer der Umgebungstemperatur entsprechenden Viskosität und füllen Sie den Motor nicht zu voll.

Achtung: Manche Leichtlauföle für Automobil enthalten Additive, die Ölbadkupplungen möglicherweise durchrutschen lassen. Öle, die dem japanischen JASO-MA-Standard entsprechen, vertragen sich mit Ölbadkupplungen.

1 Der Ölpegel kann rechts unten am Motor im Schauglas kontrolliert werden. Falls das Glas verschmutzt ist, muss es gereinigt werden. Der Pegel muss bei gerade stehendem Motorrad zwischen den Linien neben dem Schauglas (Pfeile) liegen.

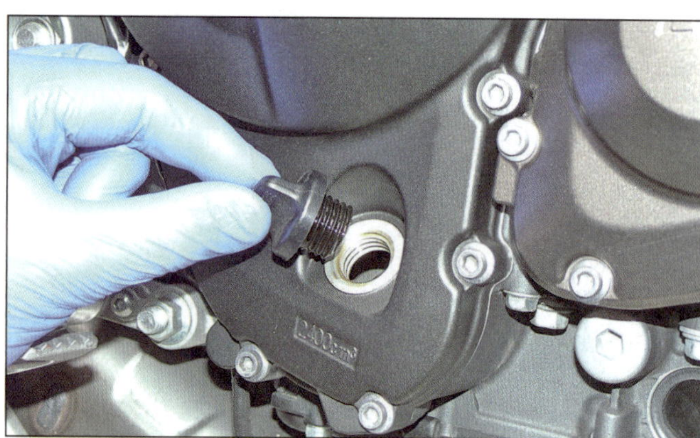

2 Falls der Pegel unter der unteren Linie liegt, muss der Einfüllstopfen aus dem Kupplungsdeckel geschraubt werden.

3 Füllen Sie den Motor mit dem vorgeschriebenen Öl auf, bis der Pegel knapp unter der oberen Markierung liegt. Füllen Sie nicht zu viel Öl auf!

4 Prüfen Sie, ob der Dichtring des Einfüllstopfens in Ordnung ist und korrekt sitzt. Installieren Sie den Stopfen, starten Sie den Motor kurzzeitig, warten Sie einige Minuten und kontrollieren Sie den Ölpegel erneut.

2 Kontrolle der Bremsflüssigkeit

Vor Beginn:

✔ Der Ausgleichsbehälter der Handbremse sitzt rechts am Lenker. Der Ausgleichsbehälter der Fußbremse sitzt oben am rechten Beifahrer-Fußrastenträger.

✔ Stellen Sie sicher, dass Sie die richtige Bremsflüssigkeit vorrätig haben – DOT 4 ist vorgeschrieben.

✔ Umwickeln Sie den Ausgleichsbehälter mit Lappen, damit keine Spritzer auf Lackteile geraten.

✔ Stützen Sie für die Kontrolle des Fußbremszylinder-Ausgleichsbehälters das Motorrad möglichst senkrecht auf einer ebenen Fläche ab.

✔ Drehen Sie für die Kontrolle des Handbremszylinder-Ausgleichsbehälters den Lenker so, dass der Behälter möglichst gerade steht.

Vorsichtsmaßnahmen:

- Der Flüssigkeitsstand in beiden Bremsausgleichsbehältern nimmt mit zunehmendem Verschleiß der Bremsbeläge ab – prüfen Sie diese bei niedrigem Pegel (siehe Kapitel 1) und ersetzen Sie sie nötigenfalls (siehe Kapitel 6).
- Wenn ein Ausgleichsbehälter wiederholt nachgefüllt werden muss, ist dies ein Indiz für ein Leck im Hydrauliksystem, das sofort repariert werden muss (siehe Kapitel 6).
- Achten Sie auf Beschädigungen oder Risse an den Hydraulikschläuchen und Komponenten – falls welche gefunden werden, müssen sie sofort ersetzt oder repariert werden (siehe Kapitel 6).
- Prüfen Sie die Funktion beider Bremsen, bevor Sie mit der Maschine fahren. Wenn Luftblasen im System sind (schwammiges Gefühl im Hebel oder Pedal), muss es entlüftet werden (siehe Kapitel 6).

Warnung: Bremsflüssigkeit kann zu Augenverletzungen führen und Lackoberflächen angreifen, bewahren Sie deshalb beim Umgang hiermit größte Sorgfalt. Beim Eingießen sollten gefährdete Teile mit Lappen verdeckt sein. Benutzen Sie keine Bremsflüssigkeit, die längere Zeit offen gestanden hat, da sie Feuchtigkeit aus der Luft absorbiert, was zu einem gefährlichen Verlust an Bremswirkung führen kann.

Vorderradbremse

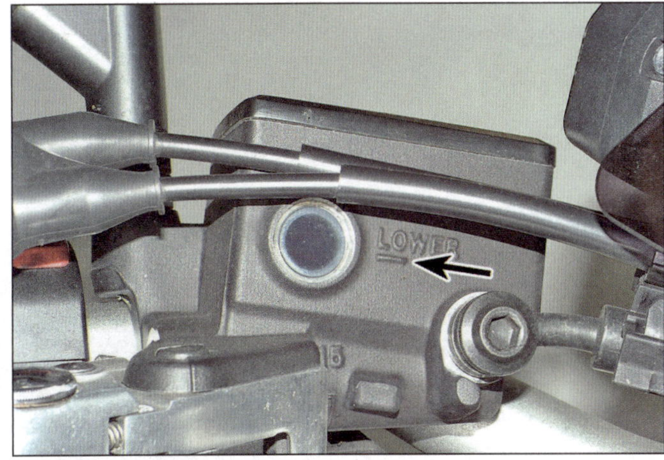

1 Der Bremsflüssigkeitspegel ist durch das Schauglas sichtbar – er muss sich oberhalb der LOWER-Markierung befinden.

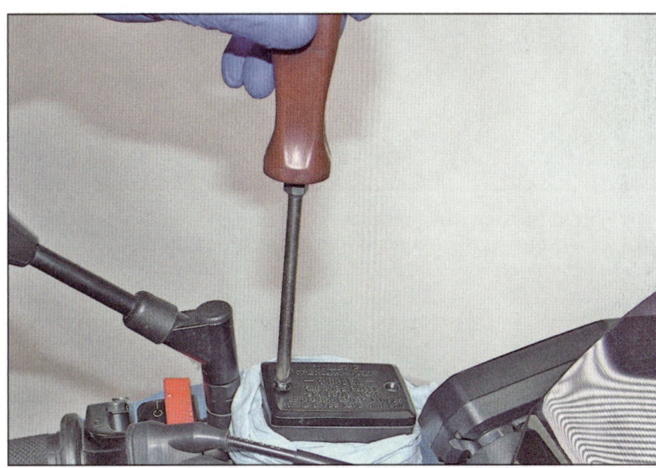

2 Falls der Pegel nahe oder unterhalb der LOWER-Linie liegt, müssen die zwei Schrauben des Behälterdeckels gelöst und dieser samt Platte und Manschette abgenommen werden.

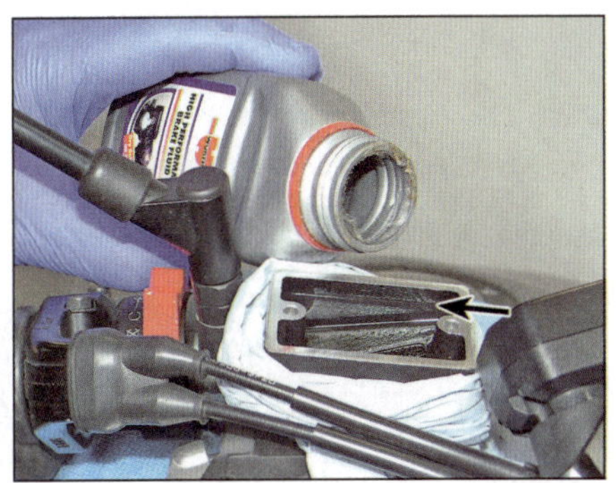

3 Füllen Sie frische DOT 4-Bremsflüssigkeit auf, bis der Pegel an der UPPER-Markierung innerhalb des Behälters steht – füllen Sie nicht zu viel auf und vermeiden Sie Spritzer (siehe *Warnung* oben).

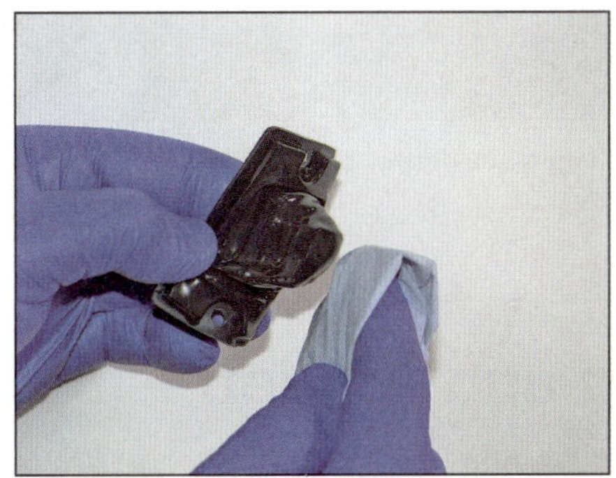

4 Wischen Sie mit einem Papiertuch Ablagerungen aus der Manschette.

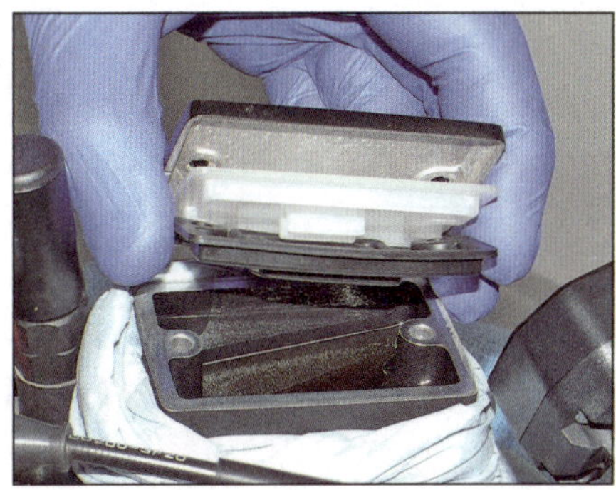

5 Achten Sie vor dem Aufsetzen des Deckels darauf, dass die Manschette korrekt sitzt. Sichern Sie den Deckel mit den Schrauben.

Hinterradbremse

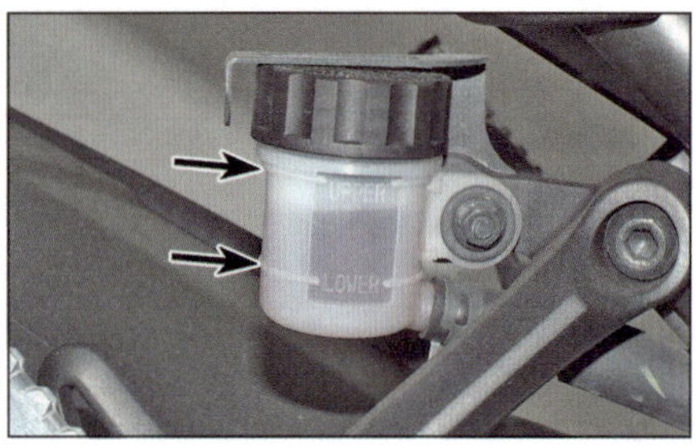

1 Der Bremsflüssigkeitspegel ist durch das transparente Gehäuse des Ausgleichsbehälters sichtbar – er muss zwischen den LOWER- und UPPER-Linien stehen.

2 Falls bei der MT-09 und der XSR der Pegel nahe oder unterhalb der LOWER-Linie liegt, muss die Mutter der Behälterdeckel-Sicherung gelöst werden.

3 Falls bei der Tracer der Pegel nahe oder unterhalb der LOWER-Linie liegt, muss die Befestigungsschraube des Behälters gelöst werden, um den Deckel unter der Sicherungslasche zu befreien.

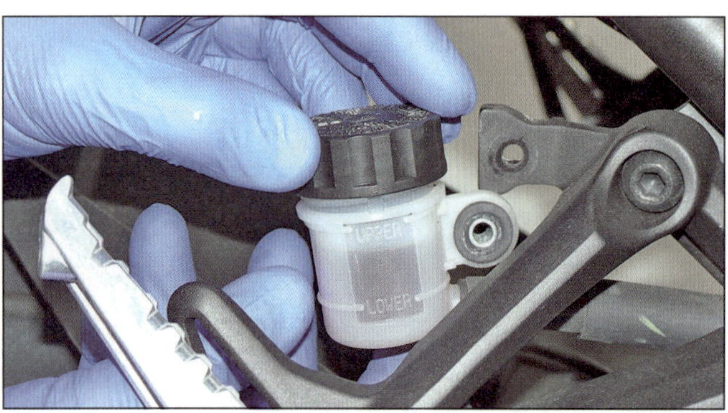

4 Halten Sie den Ausgleichsbehälter und drehen Sie den Deckel ab; entfernen Sie ihn samt Platte und Manschette.

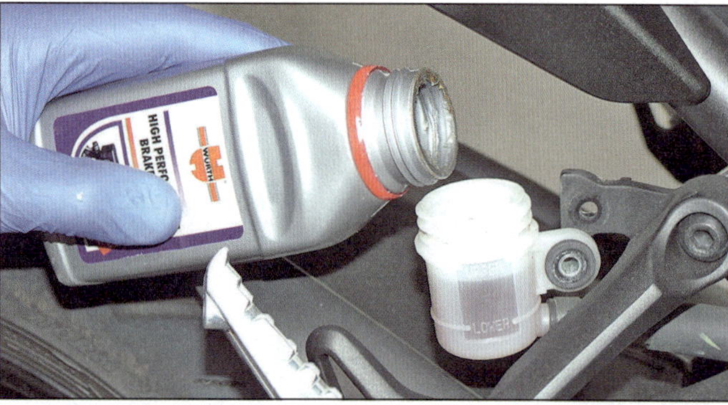

5 Füllen Sie frische DOT 4-Bremsflüssigkeit auf, bis der Pegel an der UPPER-Linie steht – füllen Sie nicht zu viel auf und vermeiden Sie Spritzer (siehe *Warnung* oben).

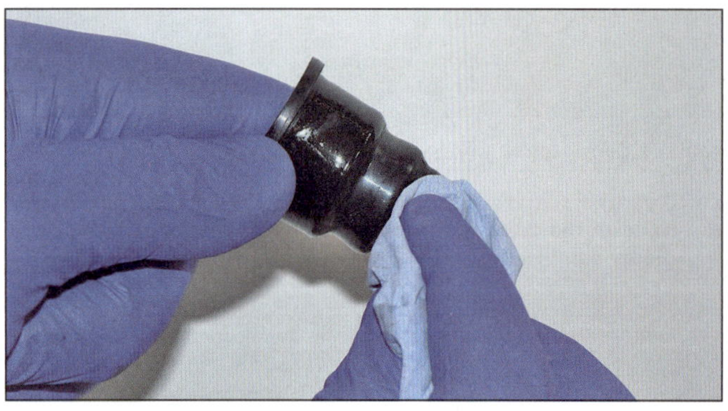

6 Wischen Sie mit einem Papiertuch Ablagerungen aus der Manschette.

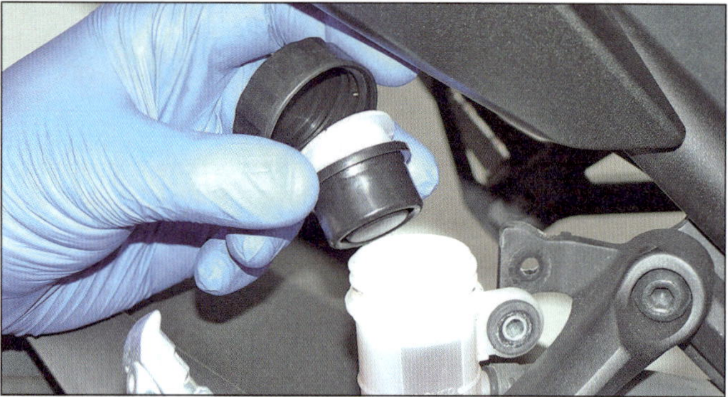

7 Achten Sie vor dem Aufsetzen der Platte und des Deckels darauf, dass die Manschette korrekt sitzt. Schrauben Sie den Deckel auf den Behälter und ziehen Sie die Schraube bzw. die Mutter an.

3 Federung, Lenkung und Antrieb

Federung und Lenkung:

- Prüfen Sie, ob die Vorderrad- und Hinterradfederung sanft und klemmfrei arbeitet (siehe Kapitel 1).
- Kontrollieren Sie, ob die Federung entsprechend der Belastung eingestellt ist (siehe Kapitel 5).
- Überprüfen Sie, ob sich die Lenkung sanft von Anschlag zu Anschlag bewegen lässt.

Endantrieb:

- Prüfen Sie, ob die Kette den korrekten Durchhang hat, und stellen Sie sie nötigenfalls ein (siehe Kapitel 1).
- Eine trocken aussehende Kette muss geschmiert werden (siehe Kapitel 1).

4 Kühlmittelpegel

Vor Beginn:

✔ Prüfen Sie den Kühlmittel-Pegel immer nur bei kaltem Motor, da er sich bei warmem Motor ändert.

✔ Stützen Sie das Motorrad auf einer ebenen Fläche senkrecht stehend ab.

Vorsichtsmaßnahmen:

- Benutzen Sie immer die vorgeschriebene aus 50% destilliertem Wasser und 50% Ethylen-Glykol mit Korrosionsschutz für Aluminium-Motoren als Frostschutz bestehende Kühlflüssigkeit. Es ist wichtig, Frostschutz das ganze Jahr über zu verwenden und nicht nur im Winter. Füllen Sie bei gesunkenem Pegel nicht nur Wasser auf, um die Flüssigkeit nicht zu verdünnen.

Warnung: Entfernen Sie NICHT den Überdruckdeckel am Kühlerstutzen, um Flüssigkeit aufzufüllen. Das Nachfüllen erfolgt über den Ausgleichsbehälter. Lagern Sie Kühlflüssigkeit NICHT in offenen Behältern, da giftige Gase entweichen können.

Anmerkung: *Im Notfall darf weiches (kalkarmes) Leitungswasser benutzt werden – aber kein hartes Wasser; kochen Sie das Wasser im Zweifelsfall vorher ab oder verwenden Sie Regenwasser.*

- Füllen Sie den Ausgleichsbehälter nicht über die obere Markierung hinaus auf.
- Falls der Pegel stetig abfällt, muss das System auf Undichtigkeiten kontrolliert werden (siehe Kapitel 1). Werden keine Lecks gefunden, muss das Kühlsystem in einer Yamaha-Werkstatt einer Druckkontrolle unterzogen werden.

1 Der Ausgleichsbehälter sitzt rechts vorn am Motorgehäuse. Der Kühlmittelpegel muss sich zwischen den am Behälter angebrachten FULL- und LOW-Linien befinden.

2 Eventuell ist der Pegel von links besser erkennbar.

3 Entfernen Sie nötigenfalls den Deckel des Ausgleichsbehälters.

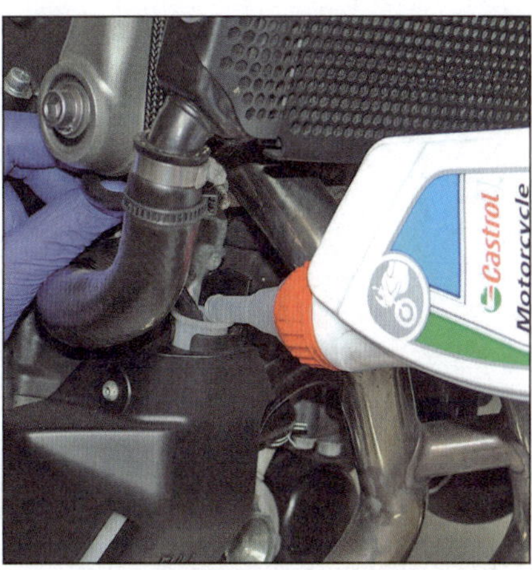

4 Füllen Sie das vorgeschriebene Kühlmittel bis zur oberen Markierung auf und installieren Sie den Deckel wieder.

5 Ordnungsgemäßer Zustand und Sicherheit

Licht und Signale:

- Kontrollieren Sie, ob Scheinwerfer, Rücklicht, Bremslicht, Kennzeichen- und Instrumentenbeleuchtung sowie alle Blinker korrekt funktionieren.
- Prüfen Sie die Funktion der Hupe.
- Ein funktionierender Tachometer ist gesetzlich vorgeschrieben.

Sicherheit:

- Überprüfen Sie, ob der Gasgriff leichtgängig ist und jederzeit und in allen Lenkerstellungen von alleine wieder schließt. Kontrollieren Sie das korrekte Gasgriff-Spiel (siehe Kapitel 1).
- Prüfen Sie, ob sich der Bremshebel, das Bremspedal, der Kupplungshebel und der Schalthebel sanft und frei bewegen lassen. Schmieren alle Teile in den vorgegebenen Intervallen oder bei Erfordernis (siehe Kapitel 1).
- Prüfen Sie, ob der Motor abschaltet, wenn der Killschalter betätigt wird. Kontrollieren Sie den Sicherheits-Stromkreis (siehe Kapitel 1).
- Prüfen Sie, ob die Ständerfedern den Seitenständer im eingeklappten Zustand sicher an der Maschine halten.

Kraftstoff:

- **Auch wenn es überflüssig klingt: Überprüfen Sie, ob Sie genug Benzin für die bevorstehende Fahrt im Tank haben. Wenn irgendwo Kraftstoff ausläuft, muss die Ursachen hierfür sofort beseitigt werden.**
- Vergewissern Sie sich, dass immer Benzin der vorgeschriebenen Oktanzahl verwendet wird – Yamaha schreibt Otto-Kraftstoff mit mindestens 95 Oktan vor.

6 Reifen

Reifenprofiltiefe

- Zurzeit muss ein Reifen laut Gesetz eine Mindestprofiltiefe von 1,6 mm aufweisen. Yamaha empfiehlt nicht, Reifen früher zu wechseln, doch kann es vorkommen, dass das Fahrverhalten bereits früher schlechter wird.
- Viele heutige Reifen besitzen Profiltiefen-Indikatoren, auf die an den Flanken mit Dreiecken oder der Bezeichnung TWI hingewiesen wird. Diese Indikatoren müssen **nicht** den gesetzlich vorgeschriebenen 1,6 mm entsprechen! Ermitteln Sie die Profiltiefe an der am stärksten verschlissenen Stelle des Reifens – die Polizei wird es bei einer Kontrolle ebenso tun. Ersetzen Sie einen abgefahrenen Reifen – dies erhöht die Sicherheit und schützt vor Strafe.

Der richtige Reifendruck

- Der Luftdruck muss bei **kalten** Reifen überprüft werden – also nicht direkt nach längerer Fahrt, denn hierbei wird der Reifen warm und der Luftdruck steigt. Extrem niedriger Reifenluftdruck kann den Reifen auf der Felge rutschen oder sogar abspringen lassen. Zu hoher Luftdruck lässt den Reifen in der Mitte stark verschleißen und sorgt für eine unsichere Fahrweise.
- Benutzen Sie ein genaues Messgerät.
- Ein richtiger Luftdruck erhöht die Lebensdauer der Reifen und sorgt für beste Fahrstabilität und Fahrkomfort. An der Hinterradschwinge findet sich ein Aufkleber mit den korrekten Luftdruckwerten.

Vorsichtsmaßnahmen

- Kontrollieren Sie die Reifen sorgfältig auf Risse, Schnitte, eingedrungene Nägel oder andere scharfe Dinge und erhöhte Abnutzung. Die Benutzung von Motorrädern mit stark abgefahrenen Reifen ist extrem gefährlich, auch die Straßenlage und Traktion verschlechtert sich stark.
- Achten Sie auf festsitzende Schutzkappen. Entweicht nach dem Entfernen einer Kappe Luft, kann dies an einem locker sitzenden Ventil liegen. Mithilfe eines preiswerten Werkzeugs (das es auch in die Ventilkappe integriert gibt) kann das Ventil wieder angezogen (oder ausgetauscht) werden. Kontrollieren Sie den Zustand der Reifenventile.
- Im Gummi steckende Steine, Scherben und Nägel müssen entfernt werden, damit sie nicht komplett eindringen und für einen Plattfuß sorgen.
- Wenn eine Beschädigung offensichtlich ist oder ungewöhnlich hoher Druckverlust auftritt, muss unverzüglich Rat bei einem Reifenhändler gesucht werden.

Vorderrad	2,5 bar
Hinterrad	2,9 bar

1 **Schrauben Sie die Staubkappe vom Ventil – vergessen Sie nicht, sie später wieder aufzuschrauben.**

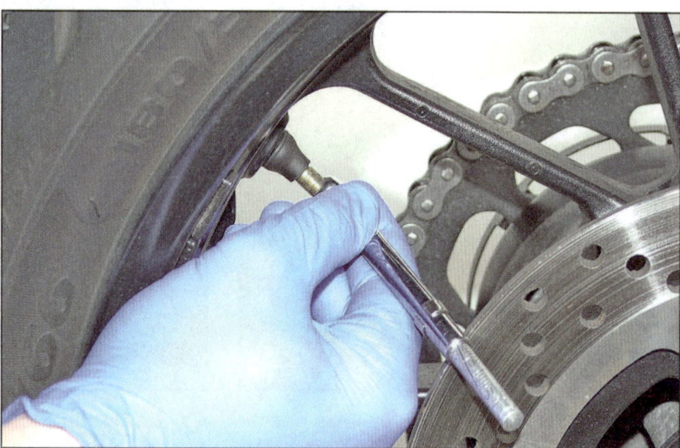

2 **Kontrollieren Sie den Luftdruck nur bei <u>kaltem</u> Reifen und füllen Sie nur bis zum empfohlenen Druck.**

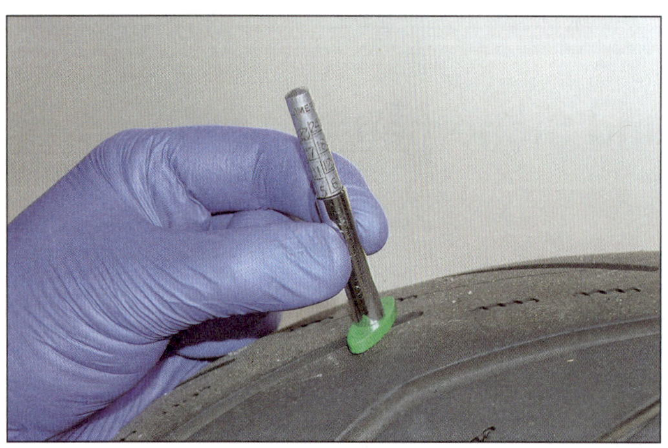

3 **Die Profiltiefe wird mithilfe eines Profiltiefenmessers an der am stärksten verschlissenen Stelle des Reifens gemessen.**

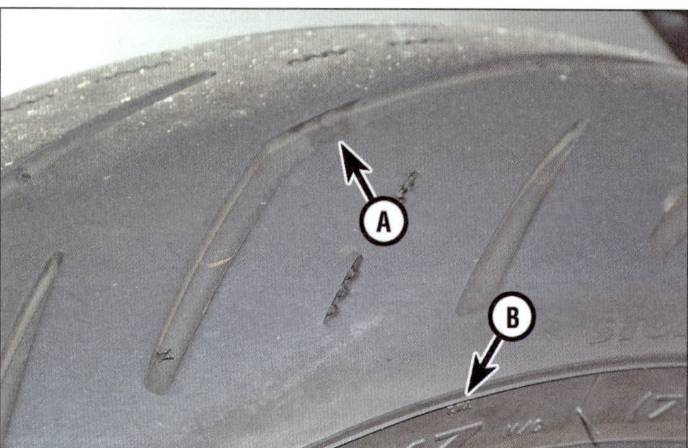

4 **Der Profiltiefen-Indikator (A) und der Pfeil, ein Dreieck oder der Hinweis (TWI = Tread Wear Indicator) auf der Reifenflanke (B).**

Maße und Gewicht

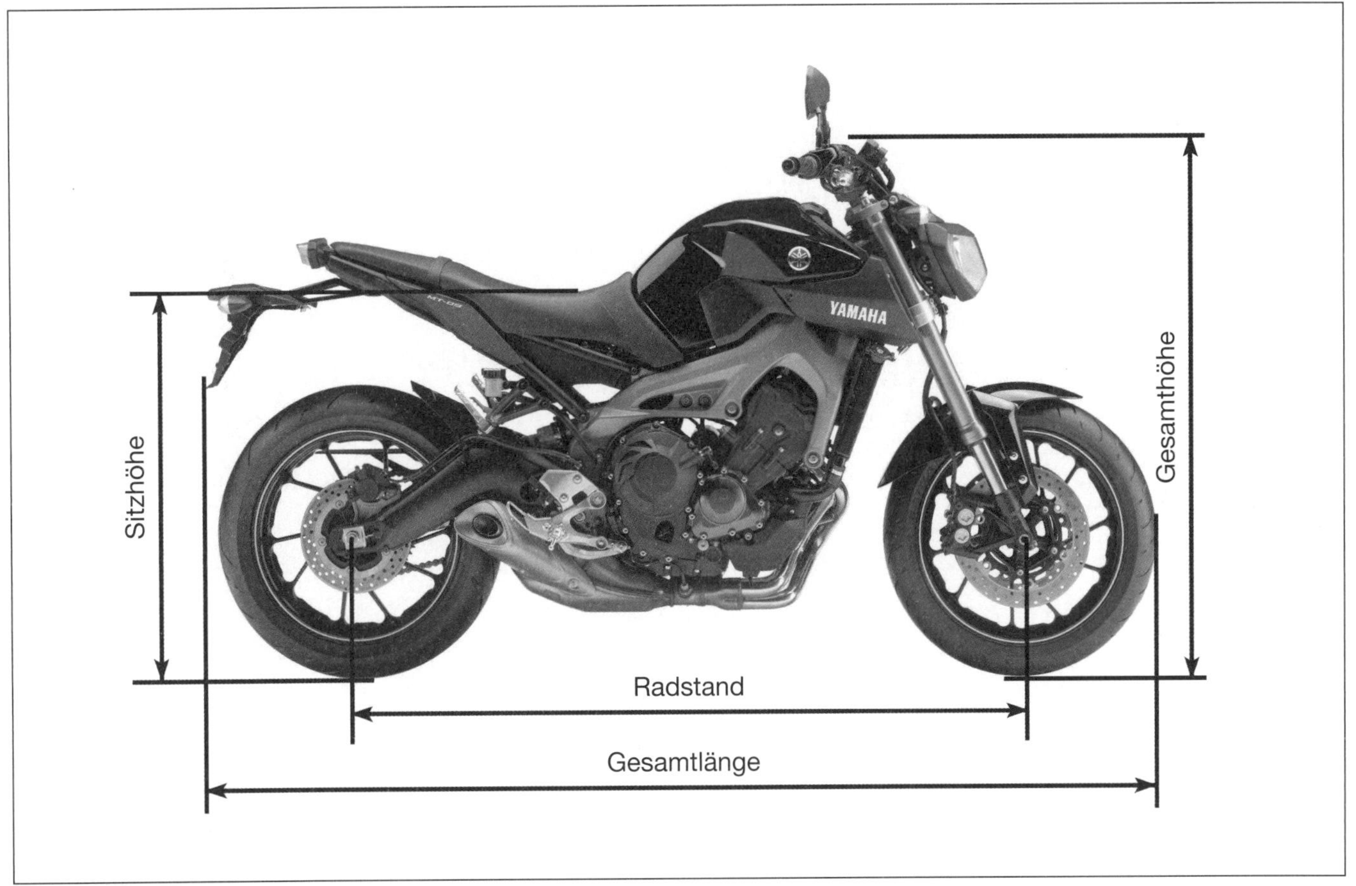

Gesamtlänge	
MT-09 und XSR	2075 mm
Tracer	2160 mm
Gesamtbreite	
MT-09 und XSR	815 mm
Tracer	
bis 2017	950 mm
ab 2018	850 mm
Gesamthöhe	
MT-09	
bis 2016	1135 mm
ab 2017	2210 mm
Tracer	
bis 2017	1345/1375 mm
ab 2018	1375/1430 mm
XSR	1140 mm
Sitzhöhe	
MT-09	
bis 2016	815 mm
ab 2017	820 mm
Tracer	
bis 2017	845/860 mm
ab 2018	850/865 mm
XSR	830 mm
Radstand	
MT-09, Tracer bis 2017 und XSR	1440 mm
Tracer ab 2018	1500 mm
Bodenfreiheit	135 mm

Gewicht (betriebsbereit und vollgetankt)	
MT-09	
bis 2016	188 kg (mit ABS: 191 kg)
ab 2017	193 kg
Tracer	
bis 2017	210 kg
ab 2017	214 kg (GT: 215 kg)
XSR	195 kg
Maximale Zuladung (Fahrer/Beifahrer/Gepäck)	
MT-09	
bis 2016	177 kg (mit ABS: 174 kg)
ab 2017	174 kg
Tracer	180 kg (GT: 179 kg)
XSR	170 kg

Motor

Typ	Viertakt-Reihendreizylinder, 12 Ventile
Hubraum	847 cm³
Bohrung	78,0 mm
Hub	59,1 mm
Verdichtungsverhältnis	11,5 : 1
Kühlsystem	Wasserkühlung
Kupplung	Mehrscheiben-Nasskupplung
Getriebe	6 Gänge im konstanten Eingriff
Ventiltrieb	2 kettengetriebene obenliegende Nockenwellen (DOHC)
Endantrieb	Dichtringkette
Drosselklappengehäuse	Mikuni EACW 41
Zündanlage	Digitale CDI-Zündung mit elektronischer Frühverstellung

Fahrwerk

Rahmen	Brückenrahmen aus Leichtmetall
Lenkkopfwinkel und Nachlauf	
MT-09 und XSR	25°, 100,3 mm
Tracer	24°, 100,0 mm
Tankinhalt (einschl. Reserve)	
MT-09 und XSR	14 Liter
Tracer	18 Liter
davon Reserve (Warnlampe leuchtet)	
MT-09	2,8 Liter
Tracer und XSR 700	2,6 Liter
Vorderradfederung	
Typ	Upsidedown-Gabel (Kayaba), 41 mm Standrohrdurchmesser
Federweg	137 mm
Einstellmöglichkeiten	
MT-09 bis 2016, alle Tracer und XSR	Federvorspannung in beiden Holmen, Zugdämpfung rechts
MT-09 ab 2017, Tracer GT	Federvorspannung in beiden Holmen, Zugdämpfung rechts, Druckdämpfung links
MT-09 SP	Federvorspannung, Zugdämpfung und Druckdämpfung (schnell und langsam) in beiden Holmen
Hinterradfederung	
Typ	Mono-Stoßdämpfer (Kayaba – MT-09 SP: Öhlins), progressiv angelenkt, Schwinge aus Leichtmetall
Federweg	60 mm am Stoßdämpfer, 130 mm am Hinterrad
Einstellmöglichkeiten	
alle Modelle außer MT-09 SPFedervorspannung und Zugdämpfung	
MT-09 SP	Federvorspannung, Zugdämpfung und Druckdämpfung
Räder	17-Zoll-Leichtmetall-Gussräder
Reifen	
Vorderrad	120/70-ZR17 (58W) TL
Hinterrad	180/55-ZR17 (73W) TL
Vorderradbremse	2 Bremsscheiben (298 mm) mit Vierkolben-Festsätteln
Hinterradbremse	Bremsscheibe (245 mm) mit Einkolben-Schwimmsattel

Modellentwicklung

MT-09

Die MT-09 wurde Ende 2013 auf den Markt gebracht.
Im quer eingebauten und wassergekühlten Reihendreizylinder öffnen zwei obenliegende Nockenwellen vier Ventile je Brennraum. Die Kurbelwelle überträgt die Leistung über eine per Seilzug betätigte Mehrscheiben-Nasskupplung auf ein Sechsganggetriebe. Das Hinterrad wird per Dichtringkette angetrieben.
Ein Motorsteuergerät überwacht die Kraftstoffeinspritzung und die Zündung. Die Drosselklappen werden nicht direkt per Gasgriff geöffnet, sondern anhand der vom Fahrer gegebenen Informationen vom Steuergerät mithilfe eines Stellmotors aktiviert.
Die weitgehend unter dem Motor sitzend einteilige Auspuffanlage beinhaltet einen Katalysator und eine Lambdasonde. Zur Verbesserung der Abgaswerte leitet ein Sekundärluftsystem gefilterte Frischluft in die Auslasskanäle ein.
Der Motor sitzt als tragendes Element in Leichtmetallrahmen. Das Vorderrad steckt in einer Upsidedown-Teleskopgabel mit 41 mm Standrohrdurchmesser, einstellbarer Federvorspannung und Zugdämpfung. Das Hinterrad wird in einer Schwinge aus Lichtmetallprofilen geführt, die sich über ein progressiv angelenktes Zentralfederbein mit einstellbarer Federvorspannung und Zugdämpfung gegen den Rahmen abstützt.
Auf den 17 Zoll großen Zehnspeichen-Alugussrädern sind schlauchlose Reifen aufgezogen. Die zwei schwimmend gelagerten Bremsscheiben des Vorderrads werden mit Vierkolben-Bremssätteln verzögert, während am Hinterrad ein Einkolben-Schwimmsattel auf eine fest verschraubte Bremsscheibe wirkt. ABS ist bis 2016 optional erhältlich, danach Serie; ebenfalls ab 2016 ist auch eine Traktionskontrolle an Bord. Viele Modelle sind mit einer Wegfahrsperre versehen.
2017 werden die Radaufhängungen, das Getriebe und die Optik überarbeitet, zudem wird die Beleuchtung auf zwei LED-Scheinwerfer umgestellt (Glühlampen finden sich nur noch in den Blinkern). Das Rücklicht sitzt hinten an der Sitzbank, während das Kennzeichen samt Beleuchtung an einem links an der Schwinge montierten Halter sitzen. Die vorderen Blinker sind vom Lenker an Halterungen am Wasserkühler gewandert.
Ein neuer Ölkühler und die von der XSR übernommene Antihopping-Kupplung sowie ein Schaltautomat gehören zu den Verbesserungen am Triebwerk, die Gabel wird mit einer einstellbaren Druckdämpfung ausgerüstet und ein TFT-Display ersetzt das frühere LCD-Instrument. Um die Abgasnorm Euro 4 einhalten zu können, ist eine Verdunstungsregelung (EVAP) vorhanden.
Die ab 2018 verkaufte MT-09 SP unterscheidet sich durch verbesserte (und vergoldete) Federelemente vom Standardmodell. Die Kayaba-Gabel ist mit progressiv gewickelten Federn sowie Slow- und Fast-Druckstufen-Verstellung ergänzt und im Heck arbeitet ein ebenfalls voll einstellbarer Öhlins-Stoßdämpfer samt externem Federvorspanner.

MT-09 TR Tracer

Die 2015 vorgestellte Tracer ist eine halbverkleidete und tourentaugliche Variante der MT-09.
Abgesehen von der Verkleidung und anderen Anbauteilen unterscheiden sich auch der Tank, die Sitzbank, der Lenker, die Scheinwerfer und die Instrumente vom Basismodell, zudem ist ein Hauptständer mit an Bord. ABS, Traktionskontrolle und eine Wegfahrsperre sind serienmäßig an Bord.
Abgesehen von den bei der MT-09 abgeleiteten technischen Verbesserungen werden 2018 eine höhere und leichter einstellbare Windschutzscheibe, überarbeitete Handprotektoren, Beifahrergriffe und Kofferträger eingeführt.
Ebenfalls 2018 erscheint die Tracer GT mit Koffern, Heizgriffen, Schaltautomat, Tempomat und TFT-Display samt Daumenrad-Steuerung.

XSR 900

Die 2016 präsentierte XSR 900 ist eine Retro-Variante der MT-09. Von Beginn an ist eine Antihopping-Kupplung vorhanden, Unterschiede zur MT-09 sind am Tank, der Sitzbank, dem Lenker, dem Scheinwerfer, dem Rücklicht, den Instrumenten und verschiedenen Anbauteilen erkennbar. ABS, Traktionskontrolle und eine Wegfahrsperre sind serienmäßig an Bord. Im Gegensatz zur MT-09 und Tracer ist das Rahmenheck angeschraubt, um individuelle Änderungen vornehmen zu können.
Mit Ausnahme des 2017 angebotenen limitierten Sondermodells »Abarth« mit Carbon-Verkleidungsteilen und M-Lenker wurden bis 2020 keine wesentlichen Änderungen an der XSR 900 vorgenommen.

Sicherheit geht vor!

Professionelle Mechaniker haben während ihrer Ausbildung viel über Arbeitssicherheit gelernt. Doch auch der Enthusiast sollte sich bei seinen Tätigkeiten die Zeit nehmen, um sicherzustellen, dass er sich nicht unnötig in Gefahr begibt. Eine kurze Unachtsamkeit kann genauso zu einem Unfall führen wie die Nichtbeachtung simpler Vorsichtsmaßnahmen.

Es gibt unendlich viele Möglichkeiten, einen Unfall herbeizuführen – und es kann hier keine umfassende Liste aller Gefahren wiedergegeben werden; vielmehr soll auf das Risiko hingewiesen und auf eine sichere Herangehensweise an alle Arbeiten am Motorrad aufmerksam gemacht werden.

Asbest

• Verschiedene Reibmaterialien, Isolierungen und Dichtungen (z. B. Brems- und Kupplungsbeläge, Kopfdichtungen, Hitzeschilde, usw.) können Asbest enthalten. Absolute Vorsicht ist beim Einatmen des Staubs solcher Teile geboten, da dieser äußerst gesundheitsschädlich ist. Im Zweifelsfall sollte man immer davon ausgehen, dass Asbest enthalten ist.

Feuer

• Denken Sie immer daran, dass Benzin leicht entzündbar ist. Rauchen Sie niemals bei der Arbeit am Fahrzeug, und lassen Sie keine offenen Flammen in die Nähe kommen. Hiermit ist das Feuerrisiko jedoch noch nicht gebannt, denn Funken durch einen elektrischen Kurzschluss, das Aufeinanderschlagen zweier Metallteile, der unbedachte Einsatz von Werkzeugen oder die statische Aufladung des Körpers oder der Kleidung können in geschlossenen Räumen Benzindämpfe entzünden, die sich zu einem hochexplosiven Gemisch entwickelt haben. Verwenden Sie Benzin niemals als Reinigungsmittel, sondern benutzen Sie ungefährliche Lösungsmittel.

• Trennen Sie vor jeder Arbeit am Kraftstoff- oder Zündsystem den Masseanschluss (–) von der Batterie. Lassen Sie niemals Benzin auf den heißen Motor oder Auspuff tropfen.

• Es wird empfohlen, in der Garage oder der Werkstatt einen für brennende Flüssigkeiten geeigneten Feuerlöscher griffbereit zu halten. Löschen Sie niemals brennendes Benzin oder unter Strom stehende Teile mit Wasser!

Dämpfe

• Manche Dämpfe sind hochgiftig und können schnell zur Bewusstlosigkeit oder gar zum Tod führen, wenn sie in einer bestimmten Konzentration eingeatmet werden. Benzindämpfe gehören genauso dazu wie Dämpfe von Lösungsmitteln wie Trichlorethylen. Sämtlicher Umgang mit solch flüchtigen Stoffen darf nur in gut belüfteten Bereichen geschehen.

• Bei der Verwendung von Reinigungs- oder Lösungsmitteln müssen stets sorgfältig die Anwendungshinweise durchgelesen werden. Benutzen Sie niemals Stoffe aus unbeschrifteten Behältern, und mischen Sie niemals verschiedene an sich harmlose Lösungsmittel – sie können giftige Dämpfe freisetzen.

• Lassen Sie niemals einen Verbrennungsmotor in geschlossenen Räumen laufen. Auspuffgase enthalten Kohlenmonoxid, das extrem giftig ist. Wenn ein Motor gestartet werden muss, hat dies möglichst im Freien zu geschehen, zumindest ist die Maschine so hinzustellen, dass der Auspuff nach draußen zeigt.

Batterie

• Setzen Sie die Batterie nie offenem Feuer oder Funken aus, da sie immer etwas Wasserstoff abgibt, der hochexplosiv ist.

• Trennen Sie vor der Arbeit am Kraftstoff- oder Zündsystem den Masse-Anschluss (–) von der Batterie – außer, die Stromzufuhr wird ausdrücklich verlangt.

• Lockern Sie beim Laden der Batterie die Einfüllstopfen. Laden Sie die Batterie nicht mit einer zu hohen Rate, da sie hierdurch beschädigt wird.

• Seien Sie beim Auffüllen, Reinigen und Tragen der Batterie vorsichtig. Die Batteriesäure ist auch im verdünnten Zustand stark ätzend. Haut- und Augenkontakt muss durch das Tragen von Gummihandschuhen und einer Schutzbrille mit Gesichtsschutz vermieden werden. Muss die Batteriesäure selber vorbereitet werden, darf nur die Säure langsam dem Wasser zugefügt werden – kippen Sie niemals das Wasser in die Säure!

Elektrizität

• Beim Einsatz von Elektrowerkzeugen, Lampen usw. muss immer ein korrekter Stromanschluss und ggf. Masseanschluss sichergestellt sein. Verwenden Sie keine Elektrogeräte in feuchter Umgebung oder in der Nähe von Benzin oder Benzindämpfen. Achten Sie darauf, dass alle Geräte und das Stromnetz den Sicherheitsstandards entsprechen.

• Einen starken Stromschlag kann man beim Berühren bestimmter Teile der elektrischen Anlage bekommen, so zum Beispiel beim Anfassen der Zündkabel bei laufendem oder durchgedrehtem Motor – und besonders, wenn Bauteile feucht sind oder eine defekte Isolierung haben. Bei elektronischen Zündanlagen kann die Zündspannung lebensgefährlich sein!

Niemals ...

✘ den Motor starten, ohne geprüft zu haben, dass sich das Getriebe im Leerlauf befindet.

✘ plötzlich den Deckel eines heißen Kühlsystems entfernen, sondern ihn mit Lappen abdecken und langsam den Druck ablassen, um sich nicht durch austretendes Kühlmittel zu verbrühen.

✘ aus einem heißen Motor Öl ablassen, sondern ihn erst etwas abkühlen lassen, um sich nicht zu verbrennen.

✘ Teile eines heißen Motors oder Auspuffs anfassen, um sich nicht zu verbrennen.

✘ Bremsflüssigkeit oder Kühlmittel auf Lack oder Kunststoffteile gelangen lassen.

✘ giftige Flüssigkeiten wie Benzin, Bremsflüssigkeit oder Frostschutzmittel mit dem Mund ansaugen oder auf die Haut gelangen lassen.

✘ Staub einatmen, der gesundheitsschädlich sein kann (siehe oben unter Asbest).

✘ Öl oder Fett auf dem Boden belassen, sondern es aufwischen, bevor jemand darauf ausrutscht.

✘ verschlissene Werkzeuge benutzen, da man damit abrutschen und sich verletzen kann.

✘ schwere Dinge wie Motoren allein heben, sondern einen Assistenten zu Hilfe holen.

✘ in Zeitnot arbeiten oder die Arbeit auf gefährlichen Wegen abkürzen.

✘ Kindern oder Tieren ermöglichen, sich in der Nähe eines unbeobachteten Fahrzeugs aufzuhalten.

✘ einen Reifen über den erlaubten Maximaldruck aufpumpen. Abgesehen von der Überlastung der Karkasse kann er in Extremfällen platzen.

Stets ...

✔ dafür sorgen, dass die Maschine sicher steht. Besonders wichtig ist dies, wenn die Maschine für den Ausbau eines Rades oder einer Radaufhängung aufgebockt wird.

✔ festsitzende Schrauben oder Muttern vorsichtig lockern. An einem Schlüssel zu ziehen ist immer besser als ihn zu drücken, damit man beim Abrutschen nicht auf die Maschine stößt.

✔ beim Einsatz von Bohrern, Schleifern und anderen Maschinen eine Schutzbrille tragen.

✔ beim Arbeiten in schmutzigen Bereichen die Hände mit Schutzcreme versehen, die nicht nur vor Infektionen schützt, sondern auch das Reinigen erleichtert. Längerer Kontakt mit Motoröl kann ein Gesundheitsrisiko sein. Passen Sie auf, dass die Hände durch die Creme nicht rutschig werden.

✔ Kleidungsstücke wie Ärmel, Halstücher oder lange Haare außerhalb des Arbeitsbereichs beweglicher Teile halten.

✔ Schmuck und Uhren vor der Arbeit – besonders an elektrischen Bauteilen – ablegen.

✔ den Arbeitsbereich sauber und geordnet halten, um nicht über herumliegende Teile zu fallen.

✔ beim Zusammendrücken von Federn für den Aus- oder Einbau vorsichtig sein. Spannen und Entspannen Sie Federn nur mit geeigneten Werkzeugen, die die Feder nicht plötzlich wegspringen lassen.

✔ aufpassen, dass Hebevorrichtungen genügend Tragkraft für die zu verrichtende Arbeit haben.

✔ jemanden regelmäßig die Arbeit kontrollieren lassen, wenn man allein am Fahrzeug arbeitet.

✔ die Arbeit in einer logischen Reihenfolge ausführen und anschließend prüfen, ob alles korrekt montiert und gesichert ist.

✔ daran denken, dass die Sicherheit des Fahrzeugs auch Ihre eigene Sicherheit und die anderer bedeutet. Bei jedem Zweifel muss professioneller Rat eingeholt werden.

• Da man sich trotz des Befolgens dieser Hinweise verletzen kann, muss dafür gesorgt werden, dass immer jemand (nötigenfalls per Telefon) erreichbar ist, der einem zu Hilfe kommen kann.

Kapitel 1
Einstellungs- und Wartungsarbeiten

Inhalt (in alphabetischer Reihenfolge, die Zahlen geben die Nummerierung in den grauen Feldern wieder)

Allgemeine Informationen 4
Antriebskette und Kettenräder 5
Batterie – Kontrolle 21
Bremssystem 15
Drosselklappen-Synchronisation 8
Federelemente 17
Gaszüge 10
Kraftstoffsystem, Sekundärluftsystem und Verdunstungsregelung 9
Kühlsystem 13
Kupplungszug 11
Lage der Komponenten 2
Lenkkopflager 18
Luftfilter 22
Motoröl und Ölfilter 14
Muttern und Schrauben 20
Räder, Radlager und Reifen 16
Schmierpunkte 12
Ständer und Sicherheitsstromkreis 19
Standgasdrehzahl 7
Technische Daten 1
Ventilspiel 23
Wartungsplan 3
Zündkerzen 6

Schwierigkeitsgrade

Leicht. Für Anfänger mit wenig Erfahrung geeignet.	**Relativ leicht.** Für Anfänger mit etwas Erfahrung geeignet. 	**Relativ schwierig.** Geeignet für geübte Selbstschrauber. 	**Schwer.** Geeignet für Selbstschrauber mit viel Erfahrung.	**Sehr schwer.** Geeignet für Experten und Profis. 

Technische Daten

Motor

Zündkerzen	
Typ	NGK CPR9EA9
Elektroden-Kontaktabstand	0,8 bis 0,9 mm
Standgasdrehzahl	1100 bis 1300/min
Zylindernummerierung	Nr. 1 – links; Nr. 2 – Mitte; Nr. 3 – rechts
Drosselklappensynchronisation – Einlass-Unterdruck bei Standgas	229 bis 259 mm Hg (0,31 bis 0,34 bar)
Drosselklappensynchronisation – maximale Differenz zwischen Gehäusen	10 mm Hg (13 Millibar)
Ventilspiel (bei **kaltem** Motor)	
Einlassventile	0,11 bis 0,20 mm
Auslassventile	0,26 bis 0,30 mm

Fahrwerk

Antriebsketten-Durchhang (auf Seitenständer)	5 bis 15 mm
Gaszug-Spiel (am Griffbund)	3 bis 5 mm
Kupplungszug-Spiel (am Hebelende)	10 bis 15 mm
Reifendruck	
Vorderrad	2,5 bar
Hinterrad	2,9 bar

Schmiermittel und Flüssigkeiten

Kraftstoff	Bleifreier Otto-Kraftstoff mit mindestens 95 Oktan
Motoröl-Typ und Viskosität	API-Klasse SG oder höher, JASO T 903 MA; SAE 10W/30, 10/W40, 10/W50, 15/W40, 20/W40 oder 20/W50
Motoröl-Füllmenge	
nur Ölwechsel	2,4 Liter
Öl- und Filterwechsel	2,7 Liter
nach Motorüberholung (trocken, neuer Filter)	3,4 Liter

Kühlflüssigkeit-Typ	50% destilliertes Wasser und 50% Ethylen-Glykol mit Korrosionsschutz für Aluminium-Motoren
Kühlflüssigkeit-Füllmenge	
Motor, Schläuche und Kühler	1,93 Liter
Ausgleichsbehälter	0,25 Liter
Bremsflüssigkeit	DOT 4
Antriebskette	Für Dichtringe verträgliches Kettenspray
Lenkkopflager	Lithium-Mehrzweckfett
Stoßdämpferbuchsen, Anlenkung und Dichtlippen	Lithium-Mehrzweckfett
Schwingenbolzen, Lager und Dichtlippen	Lithium-Mehrzweckfett
Radlager-Dichtringlippen	Lithium-Mehrzweckfett
Ständer/Bremspedal/Schalthebel/Kupplungshebel	Lithium-Mehrzweckfett
Handbremshebel-Lager und Kontaktpunkt	Silikon
Bowdenzüge	Bowdenzug-Schmiermittel oder Waffenöl
Gasgriff	Lithium-Mehrzweckfett

Anzugsdrehmomente

	Nm
Hinterachsmutter	150
Kühlsystem-Ablassschraube	10
Kurbelwellenstopfen	10
Lenkkopflager-Einstellring – mit Yamaha-Werkzeug	
Schritt 1	52
Schritt 2	18
Lenkschaftmutter	110
Motoröl-Ablassschraube	43
Ölfilter	17
Standrohr-Klemmschraube (obere Gabelbrücke)	26
Steuerzeiten-Kontrollschraube	15
Zündkerzen	13

Lage der Komponenten

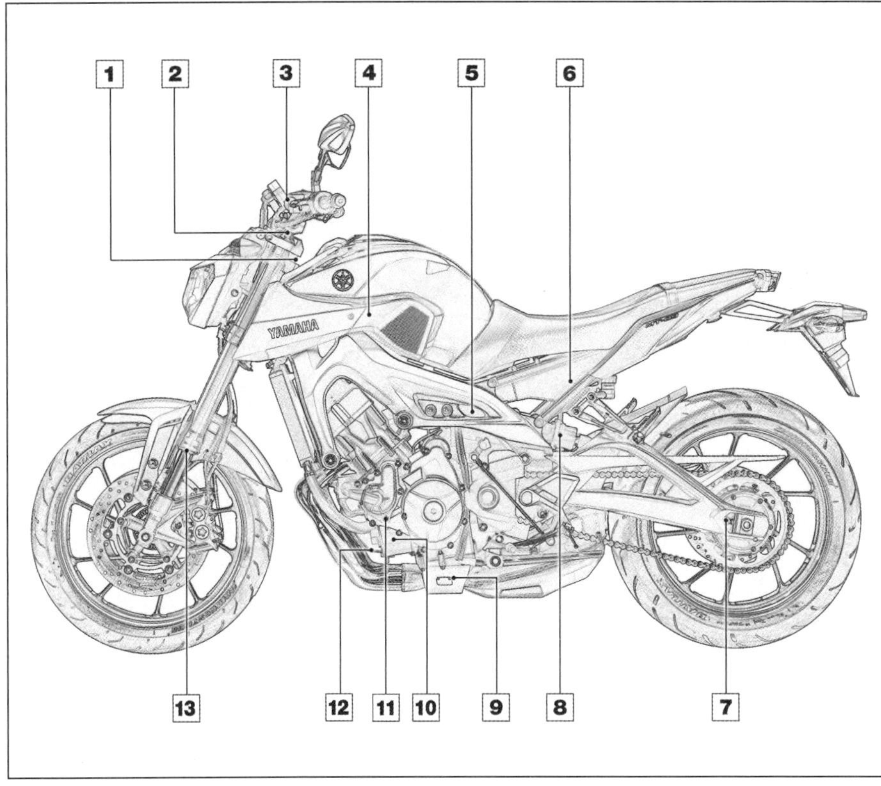

Lage der Baugruppen – linke Seite

1 Lenkkopflager-Einsteller
2 Federvorspannungs-Einsteller an Gabel
3 Oberer Kupplungszugeinsteller
4 Luftfilter
5 Dämpfungsversteller am Stoßdämpfer
6 Batterie
7 Antriebskettenspanner
8 Federvorspannungs-Einsteller am Stoßdämpfer
9 Ölablassschraube (bis 2015)
10 Ölfilter
11 Kühlmittel-Ablassschraube
12 Ölablassschraube (ab 2016)
13 Gabel-Dichtring

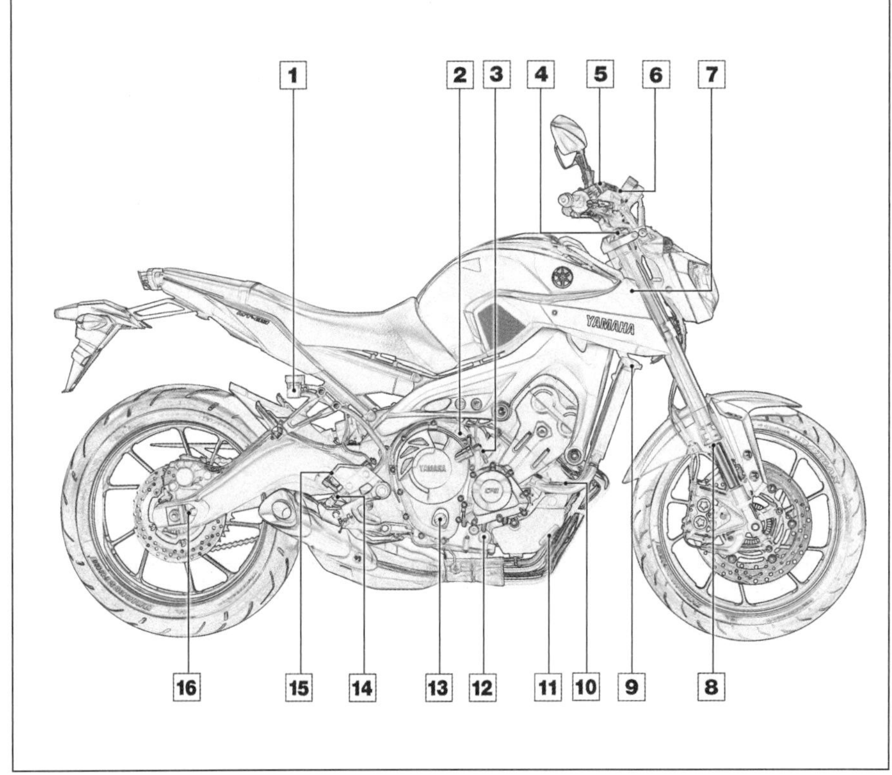

Lage der Baugruppen – rechte Seite

1 Fußbremsen-Ausgleichsbehälter
2 Motornummer
3 Unterer Kupplungszugeinsteller
4 Federvorspannungs- und Dämpfungs-Einsteller an Gabel
5 Handbremsen-Ausgleichsbehälter
6 Gaszugeinsteller
7 Rahmennummer
8 Gabel-Dichtring
9 Kühlerdeckel
10 Kühlmittelausgleichsbehälter-Einfüllstopfen
11 Kühlmittelausgleichsbehälter-Pegelmarkierungen
12 Ölpegel-Schauglas
13 Öleinfülldeckel
14 Bremspedal-Höhenversteller
15 Hinterrad-Bremslichtschalter
16 Antriebskettenspanner

3 Wartungsplan

Täglich (vor jeder Fahrt)

- ☐ Alle am Anfang dieses Buchs beschriebenen *Täglichen Kontrollen*.

Nach den ersten 1000 km

Anmerkung: *Normalerweise wird die Erstinspektion nach 1000 km durch eine Yamaha-Fachwerkstatt durchgeführt. Danach werden alle Inspektionen nach den im Plan vorgesehenen Intervallen vorgenommen.*

Alle 800 km

- ☐ Kontrolle, Einstellung, Reinigung und Schmieren der Antriebskette (Sektion 5)

Alle 10 000 km

- ☐ Kontrolle und Einstellung der Zündkerze (Sektion 6)
- ☐ Kontrolle und Einstellung der Standgasdrehzahl (Sektion 7)
- ☐ Kontrolle und Synchronisation der Drosselklappen (Sektion 8)
- ☐ Kontrolle des Kraftstoffsystems, des Sekundärluftsystems und ggf. der Verdunstungsregelung (Sektion 9)
- ☐ Kontrolle und ggf. Einstellung der Gaszüge (Sektion 10)
- ☐ Kontrolle und ggf. Einstellung des Kupplungszugs (Sektion 11)
- ☐ Schmieren des Kupplungs- und Bremshebels, Bremspedals, der Ständerzapfen und der Bowdenzüge (Sektion 12)
- ☐ Kontrolle des Kühlsystems (Sektion 13)
- ☐ Wechsel des Motoröls (Sektion 14)
- ☐ Kontrolle des Bremssystems (Sektion 15)
- ☐ Kontrolle der Räder, Radlager und Reifen (Sektion 16)
- ☐ Kontrolle der Federelemente (Sektion 17)
- ☐ Kontrolle und ggf. Einstellung der Lenkkopflager (Sektion 18)
- ☐ Kontrolle aller Ständer und des Sicherheitsstromkreises (Sektion 19)
- ☐ Festigkeitsprüfung aller Muttern und Schrauben (Sektion 20)
- ☐ Kontrolle der Batterie (Sektion 21)

Alle 20 000 km

Neben den Punkten der 10 000 km-Inspektion müssen folgende Aufgaben durchgeführt werden:

- ☐ Ersetzen der Zündkerze (Sektion 6)
- ☐ Wechsel des Ölfilters (Sektion 14)
- ☐ Nachschmieren der Lenkkopflager (Kapitel 5)

Alle 40 000 km

- ☐ Wechsel des Luftfilterelements und Reinigung des Filtergehäuses (Sektion 22)
- ☐ Kontrolle und ggf. Einstellung des Ventilspiels (Sektion 23)

Alle 50 000 km

- ☐ Nachschmieren der Stoßdämpferanlenkungs- und Schwingenlager (Kapitel 5)

Alle 2 Jahre

- ☐ Wechsel der Bremsflüssigkeit und Austausch der Bremszylinder- und Bremssattel-Dichtungen (Kapitel 6)

Alle 3 Jahre

- ☐ Wechsel des Kühlmittels (Sektion 13)

Alle 4 Jahre

- ☐ Austausch der Bremsleitungen (Kapitel 6)

4 Allgemeine Informationen

1 Dieses Kapitel soll dem Hobbyschrauber helfen, sein Motorrad in einem sicheren und technisch guten Zustand zu halten, sodass es immer voll leistungsfähig ist und eine lange Lebensdauer erreicht.

2 Die Entscheidung, wo und wann man mit den Routinekontrollen anfangen soll, hängt von verschieden Faktoren ab. Wenn die Garantieperiode der Maschine gerade abgelaufen ist und bisherige Inspektionen von einer Werkstatt vorgenommen wurden, kann mit der nächsten Routinekontrolle bis zum nächsten vorgeschriebenen Kilometerstand oder Zeitablauf gewartet werden. Wenn Sie die Maschine schon einige Zeit haben, aber schon lange keine Inspektion haben machen lassen, sollten Sie mit dem nächsten Intervall beginnen und einige zusätzliche Kontrollen vornehmen, um sicherzugehen, dass nichts Wichtiges übersehen wurde. Wenn Sie gerade eine große Motor-Überholung erledigt haben, sollten Sie die Service-Intervalle von Anfang an beginnen. Wenn Sie eine gebrauchte Maschine erworben haben und über ihre Geschichte und Wartung nichts wissen, sollten Sie sich für eine Komplettkontrolle aller Punkte entscheiden und dann mit den normalen Intervallen weitermachen.

3 Vor Beginn irgendwelcher Wartungsarbeiten sollte das Motorrad sorgfältig gereinigt werden, besonders um den Ölfilter, die Ablassschrauben, die Ventildeckel, die Federelemente, Räder usw. herum. Saubere Teile schützen davor, dass während der Arbeit Schmutz in den Motor eindringt, außerdem lassen sie Verschleiß und Beschädigungen besser erkennen.

4 Wichtige Wartungshinweise sind oft auf Aufklebern vermerkt, die am Motorrad angebracht sind. Wenn diese Informationen sich von de-

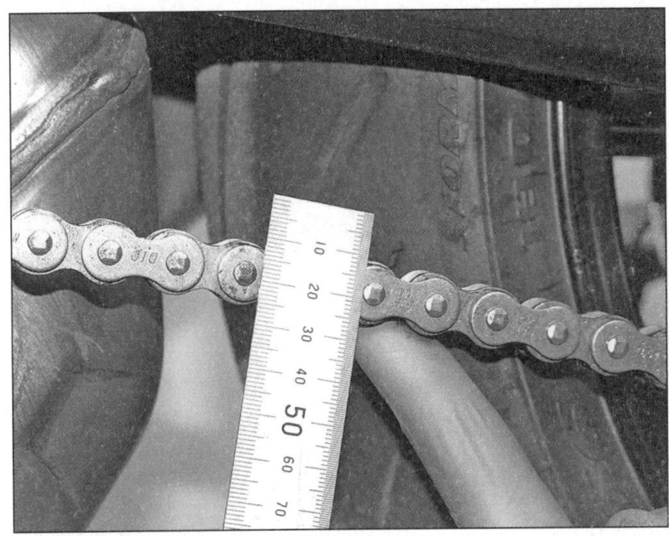

5.4 Ermittlung des Kettendurchhangs

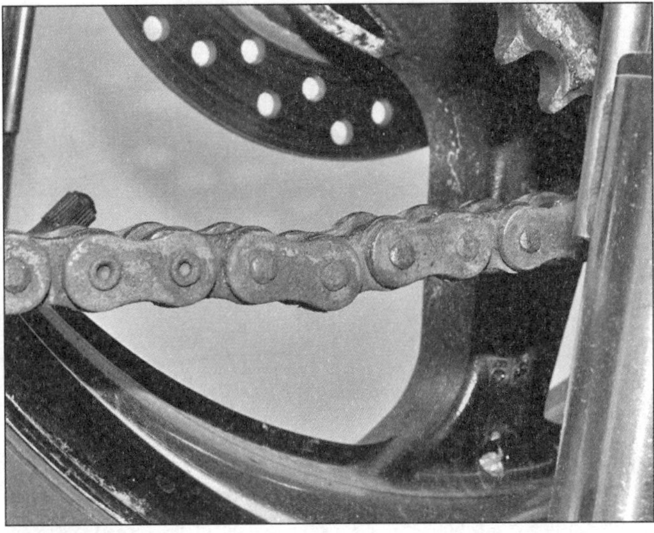
5.7 Bei einer schlecht gewarteten Kette können die Kettenglieder verklemmt sein.

nen in diesem Buch angegeben unterscheiden, richten Sie sich nach denen am Motorrad.

Warnung: Lesen Sie vor Beginn der Arbeit die Sektion »Sicherheit geht vor!« am Anfang des Buchs sorgfältig durch!

Wartungsarbeiten

5 Antriebskette und Kettenräder

Kontrolle

1 Eine vernachlässigte Antriebskette wird nur ein kurzes Leben haben und ebenfalls schnell das Motorritzel und das Kettenblatt zerstören. Weil die Kette mit zunehmendem Verschleiß länger wird, muss ihr Durchhang gelegentlich nachgestellt werden. Eine regelmäßige Einstellung und Schmierung garantiert eine maximale Lebensdauer aller Komponenten.

Achtung: Fahren mit einer zu sehr gespannten Kette führt ebenso zu Beschädigungen wie mit einer zu stark durchhängenden Kette.

2 Das Motorrad muss auf dem Seitenständer (MT-09 und XSR) oder auf dem Hauptständer (Tracer) stehen und darf nicht belastet sein.

3 Das Getriebe muss sich im Leerlauf befinden.

4 Positionieren Sie in der Mitte des unteren Trums ein Lineal an der Kette. Drücken Sie die Kette sanft herunter, bis jeglicher Durchhang aufgehoben ist und merken Sie sich die Stelle am Lineal. Drücken Sie die Kette nun hoch, bis erneut jegliches Spiel aufgehoben ist, und notieren Sie auch diese Position am Lineal (siehe Abbildung) – bewegen Sie es dabei nicht.

5 Die Differenz zwischen den zwei Messpunkten ist der Kettendurchhang – es dürfen nicht weniger als 5 mm und nicht mehr als 15 mm festgestellt werden. Yamaha weist darauf hin, dass ein Durchhang von mehr als 25 mm zu Schäden am Rahmen und der Schwinge führen kann.

6 Da Ketten selten gleichmäßig verschleißen, muss das Hinterrad gedreht werden, sodass ein anderer Bereich der Kette gemessen werden kann. Wiederholen Sie dies mehrmals über die gesamte Kettenlänge und markieren Sie die straffste Stelle.

7 In Fällen mangelnder Schmierung können Korrosion und Abrieb bewirken, dass die Glieder sich nicht mehr frei bewegen können – was bei den Messungen eine stramme Kette vortäuschen kann (siehe Abbildung). Markieren Sie die Stelle, reinigen Sie den Bereich, führen Sie eine kurze Probefahrt durch und wiederholen Sie die Messung.

8 Falls die Kette nach der Probefahrt immer noch klemmt oder lose Bolzen oder beschädigt Rollen aufweist, muss dringend eine neue eingebaut werden (siehe Kapitel 6). Eine verrostete, verklemmte oder verschlissene Kette beschädigt Kettenräder und sogar Getriebewellenlager, schluckt Leistung, erhöht den Verbrauch und kann reißen – was zu schweren Beschädigungen oder gar Verletzungen und einem Sturz führen kann. Bei jedem Zweifel muss daher die Kette (und wahrscheinlich auch die Kettenräder) ersetzt werden.

9 Kontrollieren Sie die gesamte Kette auf beschädigte Rollen sowie lockere Laschen und Bolzen und fehlende O-Ringe. Erneuern Sie die Kette gegebenenfalls sofort. Nach einer erhöhten Laufleistung ist auch eine gut gewartete Kette am Ende des Einstellbereichs angekommen, sodass sie samt ihrer Kettenräder ersetzt werden muss.

Achtung: Montieren Sie niemals eine neue Kette auf verschlissene Kettenräder und benutzen Sie niemals die alte Kette weiter, wenn Sie neue Kettenräder montiert haben – ersetzen Sie immer die Kette und beide Kettenräder als Satz.

Einstellung

10 Wenn der Durchhang an der straffsten Stelle den Maximalwert überschreitet, muss die Kette eingestellt werden. Drehen Sie das Hinterrad so, dass der straffste Punkt der Kette in der Mitte des unteren Trums liegt. Stützen Sie das Motorrad wie zuvor ab.

11 Lockeren Sie die Hinterachsmutter (siehe Abbildung).

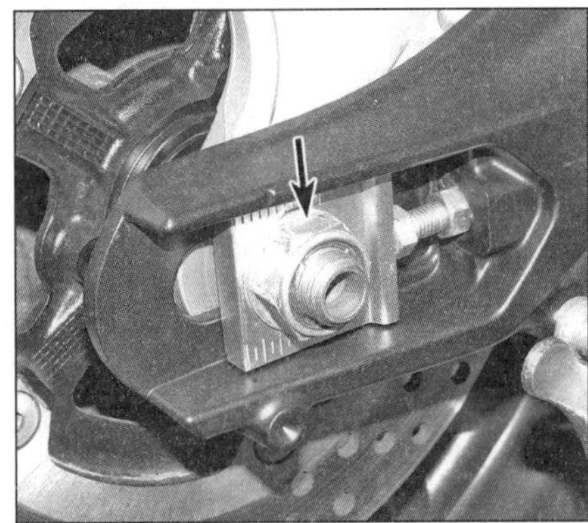
5.11 Hinterachsmutter

1

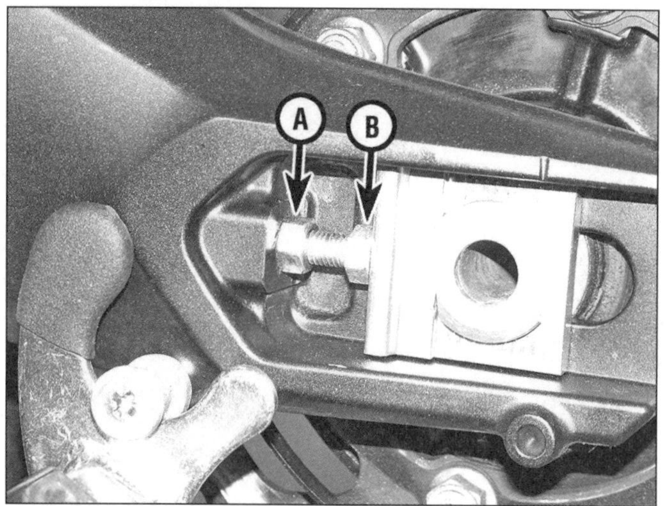

5.12a Lockern Sie an beiden Seiten die Kontermutter (A) und verdrehen Sie die Einstellschraube (B), um den korrekten Durchhang einzustellen.

5.12b Die Markierung an der Schwinge muss an beiden Seiten der Schwinge zur gleichen Kerbe am Gleitstück zeigen.

5.12c Einstellmarkierungen links an der MT-09 ab 2017

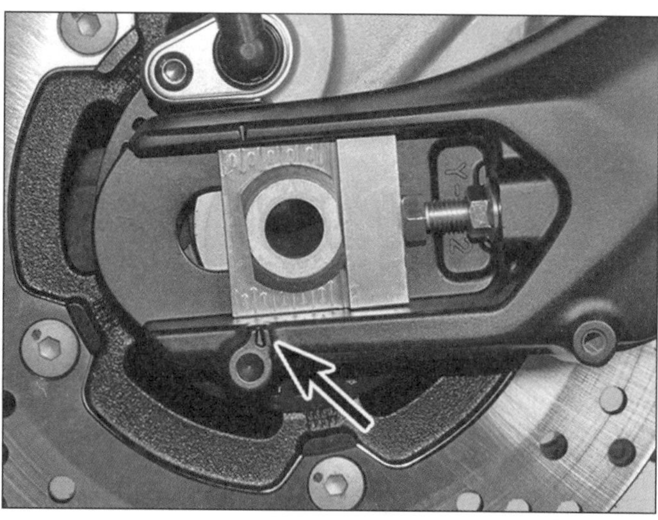

5.12d Einstellmarkierungen rechts an der MT-09 ab 2017

12 Lockern Sie an beiden Seiten der Schwinge die (vordere) Kontermuttern der Einsteller. Drehen Sie die Einstellschrauben gleichmäßig und in kleinen Schritten gegen den Uhrzeigersinn, um den Durchhang zu verringern; oder im Uhrzeigersinn, um ihn zu vergrößern – drücken Sie hierbei das Rad nach vorn, damit die Gleitstücke stets gegen die Schraubenköpfe drücken (siehe Abbildung). Wenn der Durchhang stimmt, muss geprüft werden, ob die Kerben an den Gleitstücken an beiden Seiten in einer relativ gleichen Position zu den Markierungen an der Schwinge stehen (siehe Abbildung) – andernfalls müssen die Einsteller angeglichen werden, da das Hinterrad nicht mehr in Flucht zum Vorderrad steht.

13 Auch wenn nur der rechte Einsteller verdreht wurde, kann sich dies auf den Kettendurchhang auswirken, sodass dieser unbedingt erneut kontrolliert werden muss.

14 Drücken Sie das Hinterrad nach vorn, bis beide Gleitstücke gegen die Einstellschrauben-Köpfe drücken, und ziehen Sie die Achsmutter mit 150 Nm an. Kontern Sie die Einstellschraube und ziehen Sie die Kontermutter sorgfältig an. Kontrollieren Sie erneut den Kettendurchhang.

15 Falls sich der Durchhang schwierig einstellen lässt oder die Kettenspanner am Ende ihres Einstellbereichs angelangt sind, muss geprüft werden, ob sich die Kette nicht übermäßig gelängt hat (siehe Kapitel 6).

Reinigen und Schmieren

Anmerkung: *Falls ein automatisches Kettenschmiersystem (z. B. von Scottoiler) verwendet wird, muss kein weiterer Schmierstoff von Hand aufgetragen werden.*

16 Die beste Zeit zum Schmieren der Kette ist direkt nach der Fahrt, wenn sie warm ist. Der Schmierstoff dringt dann besser zwischen die Glieder als im kalten Zustand.

17 Reinigen Sie die Kette nötigenfalls mit einem speziellen Reinigungsspray, oder waschen Sie sie mit einer weichen Bürste in Petroleum oder anderem Lösungsmittel, das nicht die Dichtringe angreift (siehe Abbildung). Wischen Sie das Reinigungsmittel ab und lassen Sie die Kette trocknen – ggf. mithilfe von Druckluft.

Achtung: Benutzen Sie kein Benzin, Lösungsmittel oder andere Reinigungsmittel, welche die O-Ringe in der Kette angreifen

5.17 Im Zubehörhandel sind spezielle Bürsten für die Kettenreinigung erhältlich.

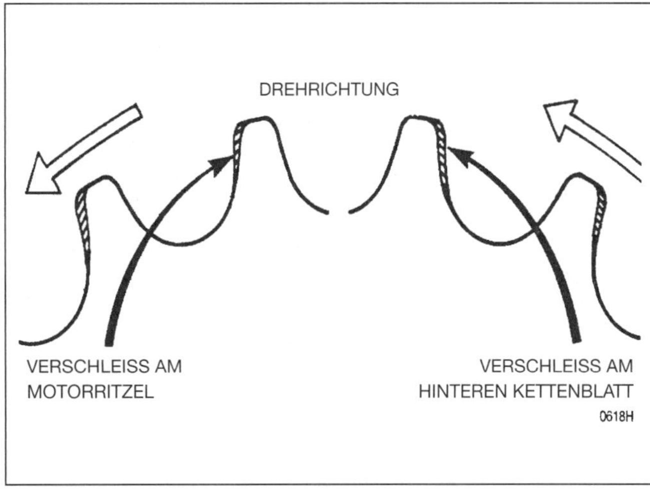

5.20 Kontrollieren Sie die Motorritzel- und Kettenblattzähne in den gezeigten Bereichen auf Verschleiß.

können. Benutzen Sie keinen Dampfstrahler. Der Reinigungsprozess soll nicht länger als zehn Minuten dauern, da sonst die Dichtringe beschädigt werden können.

18 Tragen Sie den Ketten-Schmierstoff von der Innenseite der Kette her auf die Stellen auf, wo sich die Laschen überlappen, nicht in die Mitte der Rollen. Schützen Sie beim Aufsprühen den Reifen mit einem Stück Pappe.

Anmerkung: *Yamaha empfiehlt die Verwendung von O- oder X-Ring verträglichem Kettenspray. Nötigenfalls kann auch Motoröl verwendet werden, doch es haftet nicht besonders gut an der Kette, sodass die Behandlung oft wiederholt werden muss. Lassen Sie das Öl in Ruhe einziehen und ggf. vorhandenes Lösungsmittel verdunsten.*

Tragen Sie den Schmierstoff auf der Oberseite des unteren Kettentrums auf, damit ihn die Fliehkräfte während der Fahrt in die gesamte Kette drücken. Lassen Sie den Schmierstoff einige Minuten einwirken, bevor überschüssiges Öl mit einem Lappen abgewischt wird.

Warnung: Das Schmiermittel ***darf nicht auf den Reifen oder die Bremsscheibe geraten. Reinigen Sie kontaminierte Bereiche sorgfältig mit Bremsenreiniger, bevor Sie mit dem Motorrad fahren.***

Kettenrad-Verschleiß

19 Falls die Kette verschlissen oder beschädigt ist, werden auch die Kettenräder in Mitleidenschaft gezogen worden sein.

20 Demontieren Sie den Motorritzeldeckel (siehe Kapitel 6). Überprüfen Sie die Zähne des Ritzels und des hinteren Kettenblatts auf Verschleiß (siehe Abbildung). Wenn die Kettenräder verschlissen sind, müssen sie zusammen mit der Kette ausgetauscht werden.

21 Prüfen Sie den festen Sitz der Kettenräder – die Ritzelmutter muss mit 95 Nm, die Kettenblattmuttern müssen mit 80 Nm angezogen sein.

22 Inspizieren Sie die vorn an der Schwinge sitzende Ketten-Gleitschiene auf übermäßigen Verschleiß und Beschädigungen und ersetzen Sie sie nötigenfalls (siehe Kapitel 5).

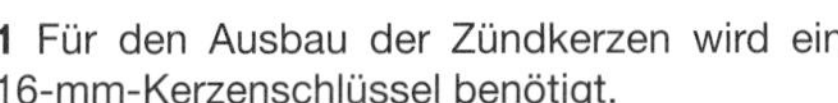

6 Zündkerzen

1 Für den Ausbau der Zündkerzen wird ein 16-mm-Kerzenschlüssel benötigt.

2 Demontieren Sie den Tank, das Luftfiltergehäuse, das Sekundärluft-Abschaltventil samt Schläuchen und die Zündspulen (siehe Kapitel 4).

3 Schrauben Sie die Zündkerzen mithilfe des Schlüssels aus dem Bordwerkzeug oder eines anderen 16-mm-Zündkerzenschlüssels aus dem Zylinderkopf (siehe Abbildung). Legen Sie die Kerzen entsprechend ihrer Einbaupositionen ab, um zu wissen, aus welchem Zylinder sie stammen.

4 Inspizieren Sie die Elektroden vor dem Reinigen auf Verschleiß. Sowohl die Mittelelektrode als auch die bügelförmige Masseelektrode darf nicht abgerundet oder ungleichmäßig dick sein. Achten Sie auf starke Ablagerungen und Hinweise auf Risse im Isolator der Mittelelektrode.

5 Vergleichen Sie Ihre Zündkerzen mit den farbigen Zündkerzenbildern auf der Innenseite des Rückumschlags dieses Buches. Falls anormale Zustände festgestellt werden, sollten deren Ursachen herausgefunden werden. Kontrollieren Sie das Gewinde, den Dichtring und den Keramik-Isolator der Zündkerze auf Brüche und andere Beschädigungen.

Zündkerzen können für viele Symptome verantwortlich sein: Schlechtes Anspringen, ungleichmäßiges Standgas, Fehlzündungen, hoher Verbrauch, mangelnde Leistung, usw. Ein Kerzenwechsel bewirkt hier oft Wunder.

6 Reinigen Sie die Elektroden mit einer Drahtbürste. Wenn die Elektroden nicht verschlissen sind, leicht gereinigt werden können und keine Risse oder Ausbrüche festgestellt werden, sollte vor dem Wiedereinbau der Elektrodenabstand überprüft werden (s. u.). Falls eine Zündkerze verschlissen oder beschädigt ist oder nicht vollständig gereinigt werden kann, sollten alle drei durch Neuteile ersetzt werden – Zündkerzen sind nicht teuer. Generell sollten die Zündkerzen alle 20 000 km ersetzt werden.

6.3 Schrauben Sie die Zündkerzen heraus.

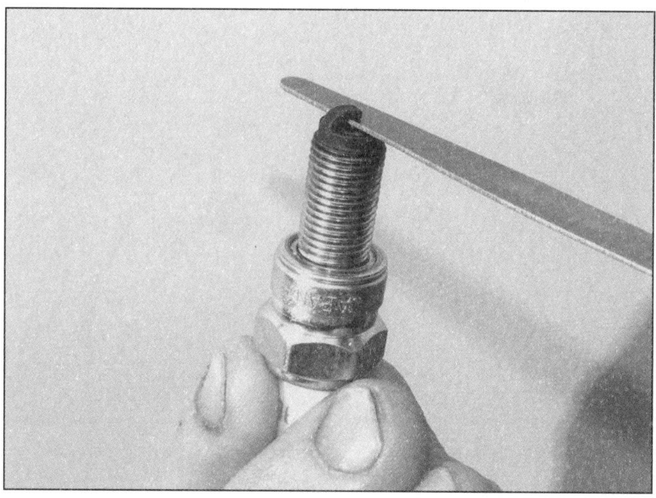

6.7a Messen Sie den Kontaktabstand mit einer Fühlerlehre...

6.7b ...oder möglichst mit einer Drahtlehre.

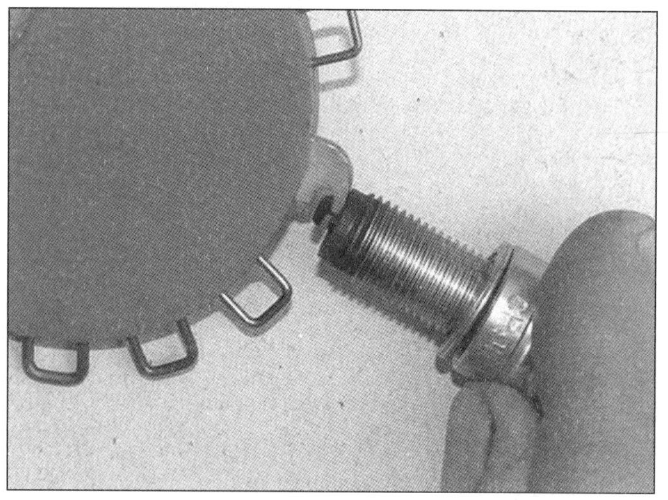

6.7c Biegen Sie ausschließlich die Masseelektrode, um den Elektrodenabstand einzustellen.

6.8 Drehen Sie die Zündkerze möglichst weit von Hand ein.

7 Vor dem Einbau der Zündkerzen muss sichergestellt sein, dass sie vom richtigen Typ sind (NGK CPR9EA9) und der Abstand zwischen den Elektroden korrekt ist – dieser kann mit einer Fühler- oder Drahtlehre ermittelt werden (siehe Abbildungen). Liegt der gemessene Wert nicht zwischen 0,8 und 0,9 mm, muss die Masseelektrode äußerst vorsichtig entsprechend gebogen werden, ohne dabei den Isolator zu beschädigen (siehe Abbildung). Achten Sie darauf, dass der Dichtring nicht verloren gegangen ist.

8 Stecken Sie die Zündkerze in den Kerzenschlüssel, um sie damit zu installieren. Alternativ gibt es spezielle Zündkerzen-Einbauwerkzeuge, aber auch ein passender Schlauch kann hilfreich sein. Da der Zylinderkopf aus Aluminium besteht, muss bei diesem weichen Material sehr auf Beschädigung der Kerzengewinde geachtet werden. Drehen Sie deshalb die Kerze möglichst weit per Hand in den Motor und ziehen Sie sie anschließend an (siehe Abbildung). Falls ein Drehmomentschlüssel vorhanden ist, sollte die Kerze mit 13 Nm angezogen werden; ansonsten werden neue Zündkerzen nach dem Aufsetzen des Dichtrings eine viertel bis halbe Umdrehung angezogen, alte Kerzen werden eine viertel bis halbe Umdrehung festgezogen – zu festes Anziehen kann schnell das Gewinde ausreißen lassen.

9 Montieren Sie die Zündspulen, die Sekundärluft-Komponenten, das Luftfiltergehäuse und den Tank (siehe Kapitel 4).

> **Praxis TiPP** *Ausgerissene Kerzengewinde können mit Gewindeeinsätzen wieder repariert werden. Beachten Sie sich hierzu die* **Werkzeug- und Werkstatt-Tipps** *im Anhang dieses Buchs.*

7 Standgasdrehzahl

1 Die Standgasdrehzahl wird elektronisch überwacht und kann nicht manuell eingestellt werden. Falls die Standgasdrehzahl bei warmem Motor nicht zwischen 1100 und 1300/min liegt, muss überprüft werden, ob die Drosselklappen synchronisiert sind (Sektion 8), das Ventilspiel korrekt ist (Sektion 23) und der Luftfilter sauber ist (Sektion 22); zudem müssen die Zündkerzen sauber sein und den korrekten Elektrodenabstand aufweisen (Sektion 6). Bewegen Sie bei im Standgas laufendem Motor den Lenker von Anschlag zu Anschlag und achten Sie dabei darauf auf verändernde Drehzahlen – in diesem Fall sind die Gaszüge nicht korrekt eingestellt, falsch verlegt oder verschlissen. Weil dieser Zustand gefährliche Folgen haben kann, muss un-

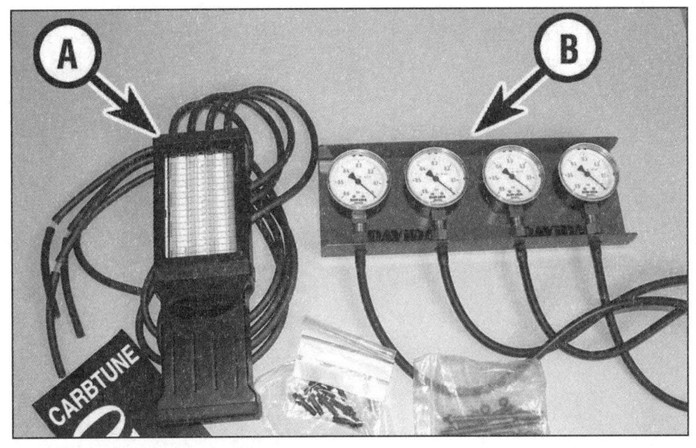

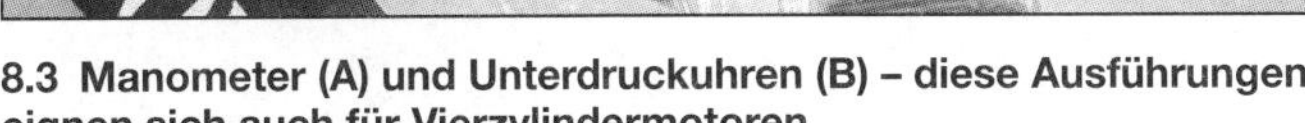

8.3 Manometer (A) und Unterdruckuhren (B) – diese Ausführungen eignen sich auch für Vierzylindermotoren.

8.5a Ziehen Sie die Kappen der drei Unterdruckstutzen ab...

verzüglich Abhilfe geschaffen werden (siehe Sektion 10). Kontrollieren Sie auch, ob die Ansaugstutzen-Schellen zwischen den Drosselklappengehäusen und dem Zylinderkopf locker sind und die Stutzen selbst keine Risse aufweisen, durch die Nebenluft angesaugt werden kann (siehe Kapitel 4). Prüfen Sie nötigenfalls auch die Motorkompression (siehe Kapitel 2).

2 Falls keine Probleme festgestellt werden, muss die Standgasdrehzahl in einer Yamaha-Werkstatt mit einem Diagnosegerät kontrolliert und ggf. justiert werden.

8 Drosselklappen-Synchronisation

Warnung: Benzin ist sehr leicht entzündbar. Treffen Sie deshalb besondere Vorsichtsmaßnahmen, wenn Sie am Kraftstoffsystem arbeiten. Rauchen Sie nicht und lassen Sie keine offenen Flammen oder Glühbirnen in die Nähe. Arbeiten Sie nicht in Garagen, in denen ein Gasheizgerät läuft. Sollte Benzin auf die Haut geraten, muss die Stelle sofort mit Wasser und Seife abgewaschen werden. Tragen Sie bei Arbeiten an der Kraftstoffanlage immer eine Schutzbrille und halten Sie einen Feuerlöscher bereit, der für brennende Flüssigkeiten ausgelegt ist – vergewissern Sie sich, wie er zu benutzen ist.

Warnung: Lassen Sie den Motor nicht in geschlossenen Räumen laufen. Führen Sie die Arbeit entweder im Freien oder in einem Raum mit Abgas-Absauganlage aus.

Spezialwerkzeug: *Für diese Arbeit wird ein Set mit zwei Unterdruckmessgeräten benötigt.*

1 Durch die Synchronisation der Drosselklappen wird dafür gesorgt, dass beide Zylinder die gleiche Menge Luft erhalten, damit das korrekte Benzin/Luft-Gemisch sichergestellt werden kann. Die Einstellung erfolgt mithilfe von Unterdruck-Messgeräten. Die Synchronisation der Drosselklappen verschlechtert sich langsam über lange Zeit und äußert sich in steigendem Benzinverbrauch, höherer Motortemperatur, schlechter Gasannahme und starken Vibrationen.

2 Zunächst muss sichergestellt sein, dass das Ventilspiel in den vorgeschriebenen Intervallen kontrolliert und ggf. eingestellt wurde (Sektion 23) und der Luftfilter sauber ist (Sektion 22); zudem müssen die Zündkerzen sauber sein und den korrekten Elektrodenabstand aufweisen (Sektion 6). Kontrollieren Sie auch, ob die Ansaugstutzen-Schellen zwischen den Drosselklappengehäusen und dem Zylinderkopf locker sind und die Stutzen selbst keine Risse aufweisen, durch die Nebenluft angesaugt werden kann.

3 Die Drosselklappen können mithilfe von Unterdruck-Messgeräten (drei Manometer oder Unterdruck-Uhren samt Schläuchen und Adaptern) synchronisiert werden (siehe Abbildung). Lesen Sie zunächst die Bedienungsanleitung durch. Die Schläuche (oder Uhren) sind oft mit einstellbaren Begrenzungen ausgerüstet, die für eine Dämpfung der Anzeige sorgen, damit diese korrekt abgelesen werden kann.

4 Starten Sie den Motor, lassen Sie ihn Betriebstemperatur erreichen und schalten Sie ihn dann ab. Stützen Sie das Motorrad mit dem Hauptständer oder einer geeigneten Vorrichtung senkrecht ab. Demontieren Sie den Tank an und das Luftfiltergehäuse (siehe Kapitel 4).

5 Ziehen Sie die Kappen von den Unterdruck-Stutzen (siehe Abbildung). Verbinden Sie den Schlauch von Messgerät Nr. 1 mit dem linken Drosselklappengehäuse, Nr. 2 mit dem mittleren und Nr. 3 mit dem rechten Stutzen (siehe Abbildung). Positionieren Sie den Tank auf dem Rahmen und schließen Sie alle Schläuche und Stecker an (siehe Kapitel 4) – achten Sie darauf, keine Messgerät-Schläuche abzuquetschen oder zu knicken.

6 Starten Sie den Motor und lassen Sie ihn im Standgas laufen – die Standgasdrehzahl muss korrekt sein. Stellen Sie ggf. die Luftbegrenzungen der Messgeräte so ein, dass die Anzeigen nicht mehr wackeln, aber dennoch auf kleine Druckänderungen reagieren. Der Unterschied zwischen den Messgeräten darf 10 mm Quecksilbersäule oder 13 Millibar nicht überschreiten.

7 Falls größere Differenzen festgestellt werden, müssen die Gehäuse synchronisiert werden; hierzu müssen die Positionen der neben den Unterdruckstutzen liegenden Bypass-Schrauben ermittelt werden (siehe Abbildung) – eine von ihnen (bei dem von uns fotografierten Modell lag sie rechts, also hinter Zylinder Nr. 3) ist weiß markiert und bildet die Basis, darf also nicht verstellt werden.

8.5b ...und stecken Sie die Messgerät-Schläuche auf.

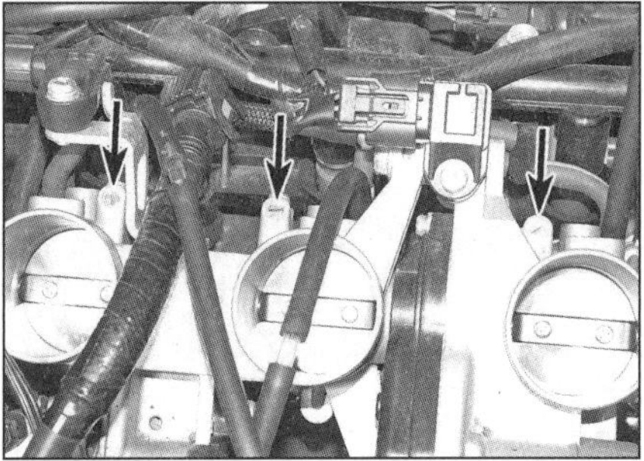

8.7 Bypass-Schrauben an den Drosselklappengehäusen

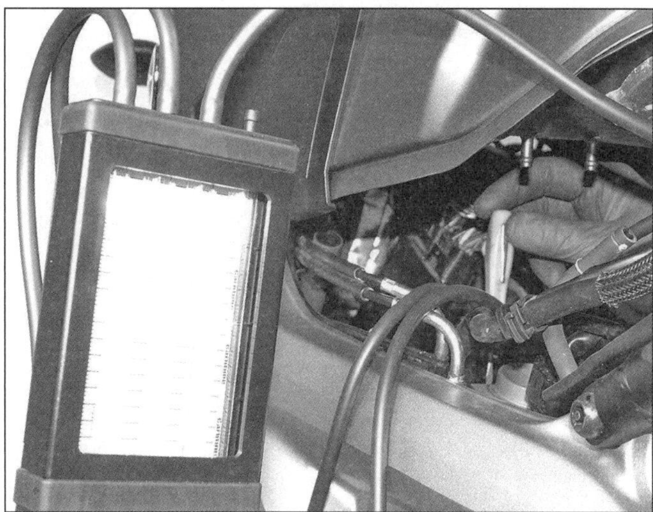

8.8 **Synchronisation der Drosselklappen**

8.10 **Die mit den Federklemmen ausgerüsteten Kappen müssen fest auf die Stutzen gedrückt werden.**

8 Verdrehen Sie die anderen beiden Schrauben, bis der Unterdruck an allen Messgeräten gleich ist (siehe Abbildung). Nach jeder Einstellung muss kurz Gas gegeben werden, damit sich die Einstellung stabilisiert.

Anmerkung: *Falls die Bypass-Schraube versehentlich herausgedreht wurde, muss sie wieder eingeschraubt werden.*

9 Nach der Synchronisation muss zwei- bis dreimal kurz Gas gegeben werden, damit sich die Anlenkung setzt. Kontrollieren Sie anschließend erneut den Unterdruck. Falls keine Synchronisation möglich ist, müssen die Drosselklappengehäuse demontiert, gereinigt und kontrolliert werden (siehe Kapitel 4); nötigenfalls sind sie zu ersetzen.

10 Entnehmen Sie den Tank, entfernen Sie die Messgeräte und stecken Sie die Kappen auf die Unterdruckanschlüsse (siehe Abbildung).
11 Montieren Sie das Luftfiltergehäuse und den Tank (siehe Kapitel 4).
12 Kontrollieren Sie die Standgasdrehzahl (siehe Sektion 7).

9 Kraftstoffsystem, Sekundärluftsystem und Verdunstungsregelung

***Warnung:** Benzin ist sehr leicht entzündbar. Treffen Sie deshalb besondere Vorsichtsmaßnahmen, wenn Sie am Kraftstoffsystem arbeiten. Rauchen Sie nicht und lassen Sie keine offenen Flammen oder Glühbirnen in die Nähe. Arbeiten Sie nicht in Garagen, in denen ein Gasheizgerät läuft. Sollte Benzin auf die Haut geraten, muss die Stelle sofort mit Wasser und Seife abgewaschen werden. Tragen Sie bei Arbeiten an der Kraftstoffanlage immer eine Schutzbrille und stellen Sie einen Feuerlöscher, der für brennende Flüssigkeiten ausgelegt ist, bereit – vergewissern Sie sich, wie er zu benutzen ist.*

Kraftstoffsystem

1 Heben Sie den Tank an (siehe Kapitel 4). Überprüfen Sie die Unterseite des Tanks sowie die Zulauf-, Überlauf-, Belüftungs- und Unterdruckschläuche auf Anzeichen von Undichtig-

9.1 **Kontrollieren Sie den Tank und die Schläuche wie beschrieben.**

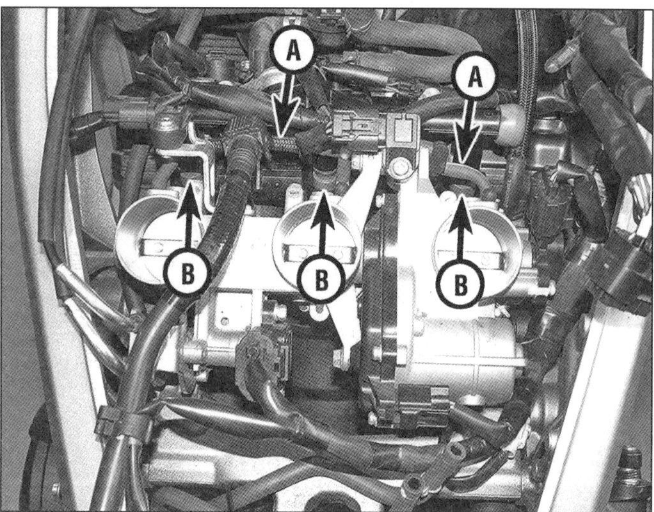

9.4 **Ansaugluftdrucksensor-Schläuche (A), Einspritzdüsen (B)**

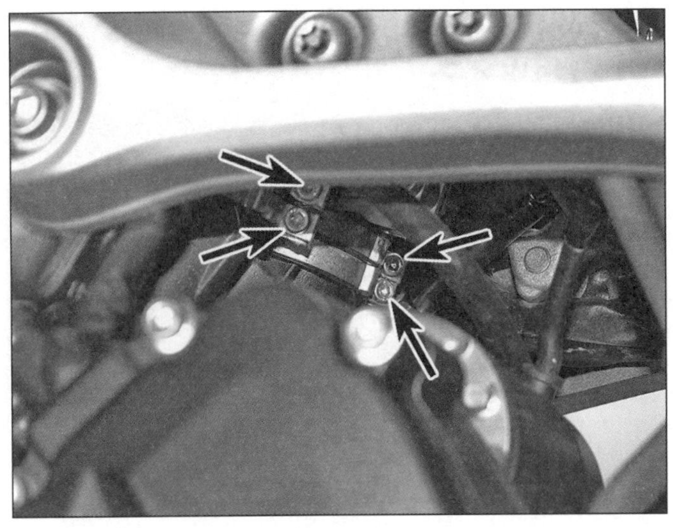

9.6 Alle Schellen jedes Drosselklappengehäuses müssen sorgfältig angezogen sein.

9.7 Sekundärluft-Abschaltventil (Pfeil) und Schläuche

keit, Porosität und Beschädigungen (siehe Abbildung). Benzinschläuche werden mit der Zeit spröde und härten aus, sie müssen deshalb gelegentlich ausgewechselt werden (siehe Kapitel 4). Merken Sie sich die Verlegung und Befestigung aller Schläuche – es empfiehlt sich, vor der Demontage eine Skizze anzufertigen. Kontrollieren Sie die unteren Enden des Überlauf- und des Belüftungsschlauchs auf Verstopfungen.

2 Kontrollieren Sie die Dichtfläche der Benzinpumpenplatte zum Tank. Wenn die Dichtung der Benzinpumpe leckt, muss zunächst geprüft werden, ob die Schrauben vorschriftsmäßig mit 4 Nm angezogen sind. Hilft ein Nachziehen nicht, muss die Pumpe ausgebaut und mit einer neuen Dichtung versehen werden (siehe Kapitel 4).

3 Demontieren Sie den Tank und das Luftfiltergehäuse (siehe Kapitel 4).

4 Inspizieren Sie die Unterdruckschläuche an den Ansaugluftdrucksensoren auf Risse, Verhärtungen und andere Schäden (siehe Abbildung). Die Schläuche müssen an beiden Enden vollständig auf ihre Stutzen gesteckt sein.

5 Kontrollieren Sie die Verbindungen zwischen dem Druckspeicher, den Einspritzdüsen, deren Haltern und dem Zylinderkopf auf Undichtigkeiten (Abbildung 5.4). Tritt Benzin aus, müssen der Druckspeicher demontiert und die Einspritzdüsen sowie ihre Halter mit neuen Dichtungen und O-Ringen versehen werden (siehe Kapitel 4).

6 Die Verbindungen zwischen den Drosselklappengehäusen und dem Luftfiltergehäuse sowie dem Zylinderkopf müssen dicht und die Schellen fest angezogen sein (siehe Abbildung).

Sekundärluftsystem

7 Um im Abgas den Anteil unverbrannter Kohlenwasserstoffe zu reduzieren, sind alle Modelle mit einem Sekundärluftsystem ausgerüstet, das aus einem Abschaltventil (oben am Ventildeckel), den Zungenventilen (innerhalb des Ventildeckels) und Verbindungsschläuchen besteht (siehe Abbildung). Das Abschaltventil wird vom Motorsteuergerät aktiviert.

8 Das System ist nicht einstellbar und erfordert nur wenig Wartung. Für den Zugang muss das Luftfiltergehäuse demontiert werden (siehe Kapitel 4).

9 Falls sich links im Luftfiltergehäuse im Bereich des Sekundärluft-Stutzens Ölkohle-Ablagerungen angesammelt haben, ist dies ein Hinweis auf schadhafte Zungenventile (siehe Sektion 22 und Kapitel 4).

10 Die Schläuche des Sekundärluftsystems dürfen nicht geknickt, gequetscht oder spröde sein, zudem müssen sie an beiden Enden sicher verbunden sein. Ersetzen Sie alle zweifelhaften Schläuche und korrodierte oder ermüdete Federklemmen.

11 Falls sich die Standgasdrehzahl trotz korrekten Ventilspiels und synchronisierten Drosselklappen nicht richtig einstellen lässt, kann ein schadhaftes Sekundärluftsystem die Ursache sein – beachten Sie für weitere Informationen die Hinweise in Kapitel 4.

Verdunstungsregelung (falls vorhanden)

12 Dieses ab 2017 eingebaute System sorgt bei abgeschaltetem Motor dafür, dass keine Benzindämpfe aus dem Tank in die Atmosphäre entweichen, indem sie in einem Behälter gespeichert und nach dem Start des Motors in die Drosselklappengehäuse geleitet werden.

13 Demontieren Sie den Tank (siehe Kapitel 4, Sektion 2). Beachten Sie rechts die zwischen dem Tank und dem Sammelbehälter und zwischen diesem und dem Drosselklappengehäuse verlaufenden Schläuche (siehe Abbildung), der linke Schlauch dient der Belüftung des Behälters.

14 Inspizieren Sie alle Schläuche und das Rückschlagventil auf Knicke, Risse und andere Schäden. Alle Schläuche müssen vollständig aufgeschoben und mit Schellen gesichert sein. Ersetzen Sie schadhafte Teile. Der Sammelbehälter darf keine Risse oder anderen Schäden aufweisen.

15 Weitere Kontrollen der Verdunstungsregelung kann nur eine Yamaha-Werkstatt durchführen.

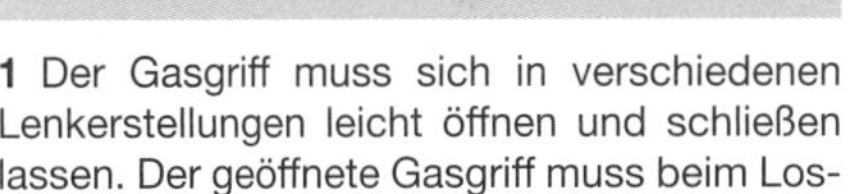

10 Gaszüge

1 Der Gasgriff muss sich in verschiedenen Lenkerstellungen leicht öffnen und schließen lassen. Der geöffnete Gasgriff muss beim Loslassen jederzeit zurückschnappen 1

2 Falls der Gasgriff klemmt, liegt dies wahrscheinlich an den Zügen – befreien Sie sie, um sie zu schmieren (siehe Sektion 12); hilft dies nicht, müssen sie ersetzt werden.

9.13 Tankentlüftungsschlauch (A), zum Drosselklappengehäuse führender Schlauch (B) und Behälter-Belüftungsschlauch (C)

10.3 Lenkergewicht-Schraube

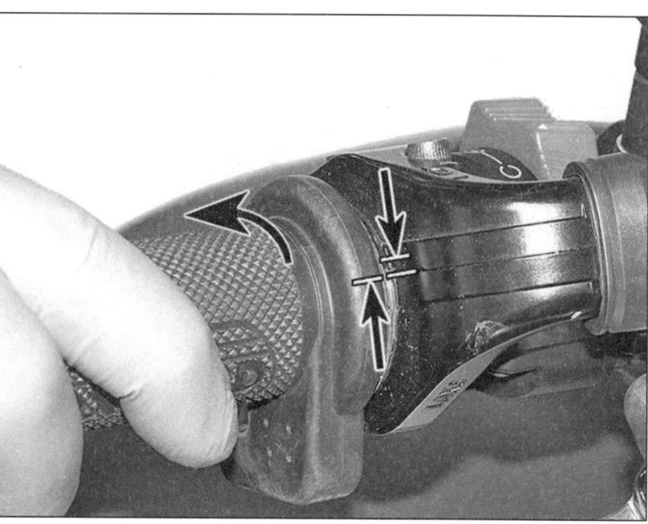

10.5 Ermittlung des Gasgriff-Spiels

3 Bei befreiten Zügen kann geprüft werden, ob sich der Gasgriff sanft auf dem Lenker dreht. Verschmutzung und mangelnde Schmierung können für Schwergängigkeit sorgen. Demontieren Sie nötigenfalls das Lenkergewicht (MT-09 und XSR) (siehe Abbildung) oder den Handprotektor (Tracer) und ziehen Sie den Griff ab. Beseitigen Sie altes Fett vom Lenker und aus dem Griff und tragen Sie frisches Lithium-Mehrzweckfett auf. Montieren Sie den Gasgriff und das Lenkergewicht oder den Protektor. Solange die Gaszüge getrennt sind, können auch die Funktionen der Betätigung und der Drosselklappen überprüft werden – drehen Sie zur Kontrolle ihre Betätigung von Hand.

4 Schließen Sie die geschmierten oder neuen Gaszüge an – sie müssen korrekt verlegt sein (siehe Kapitel 4).

5 Prüfen Sie, ob die Gaszüge etwas Spiel haben – dies wird durch den Leerweg des Gasgriffs ermittelt, dessen Griffgummi-Bund etwa 3 bis 5 mm Drehspiel zum Gehäuse haben sollte (siehe Abbildung) – falls eine Einstellung nötig wird, müssen die folgenden Schritten beachtet werden:

6 Zunächst wird das Spiel des Öffnerzugs am oberen Einsteller justiert. Ziehen Sie die Gummikappe vom Einsteller, lockern Sie die Kontermutter und verdrehen Sie den Einsteller, bis das gewünschte Spiel (3 bis 5 mm) erreicht ist (siehe Abbildung); drehen Sie den Einsteller zur Konterring, um das Spiel zu vergrößern, und von der Mutter weg, um es zu verringern. Ziehen Sie die Kontermutter anschließend wieder gegen den Einsteller.

7 Falls das Gasgriff-Spiel nicht mehr justiert werden kann, müssen die Gaszüge ersetzt werden (siehe Kapitel 4).

Warnung: Bei im Leerlauf arbeitendem Motor wird der Lenker von Anschlag zu Anschlag bewegt. Der Motor darf dabei an keiner Stelle höher drehen, andernfalls ist mindestens ein Gaszug falsch verlegt. Dieser Zustand muss unbedingt vor der nächsten Fahrt korrigiert werden!

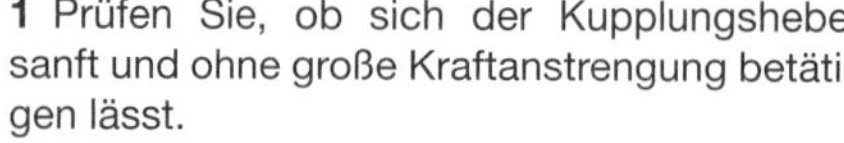

11 Kupplungszug

1 Prüfen Sie, ob sich der Kupplungshebel sanft und ohne große Kraftanstrengung betätigen lässt.

2 Falls sich die Kupplung nur schwergängig betätigen lässt, muss der Kupplungszug ausgehängt oder besser vollständig ausgebaut (siehe Kapitel 2, Sektion 12) und geschmiert werden (siehe Sektion 12). Wenn sich der Seilzug danach immer noch schwergängig in der Hülle bewegt, muss der Kupplungszug ersetzt werden. Prüfen Sie bei demontiertem Seilzug die Funktion des Hebels – siehe Schritt 3. Installieren Sie den geschmierten oder neuen Kupplungszug.

3 Falls der Hebel selbst klemmt, muss er demontiert werden (siehe Kapitel 5) um den Grund dafür zu finden und das Problem zu beheben. Reinigen und schmieren Sie den Lagerzapfen und die Kontaktbereiche (siehe Sektion 12).

4 Soweit der Kupplungszug und der Hebel leichtgängig sind, müssen der im Kupplungsdeckel sitzende Ausrückmechanismus und die Kupplung selbst überprüft werden (siehe Kapitel 2).

5 Bei einer leicht zu betätigenden Kupplung kann das Spiel kontrolliert werden – dies muss gelegentlich justiert werden, um den Verschleiß der Kupplungsbeläge und die Längung des Zuges auszugleichen. Prüfen Sie, ob sich das Ende des Kupplungshebels 5 bis 10 mm frei bewegen lässt, bevor der Zug unter Last gesetzt wird (siehe Abbildung).

6 Falls eine Einstellung nötig wird, kann das Spiel am oberen Ende des Bowdenzuges justiert werden (siehe Abbildung). Drehen Sie den Einsteller in den Hebelhalter, um das Spiel zu vergrößern – und heraus, um es zu verringern. Achten Sie darauf, dass die Öffnung des Ein-

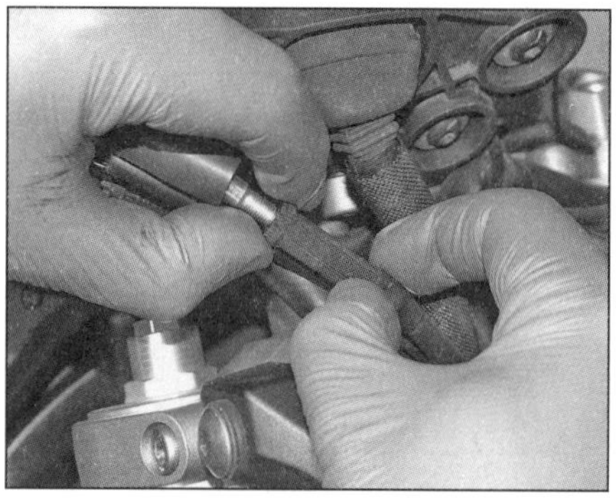

10.6 Ziehen Sie die Gummikappe ab, lockern Sie die Kontermutter und verdrehen Sie den Einsteller.

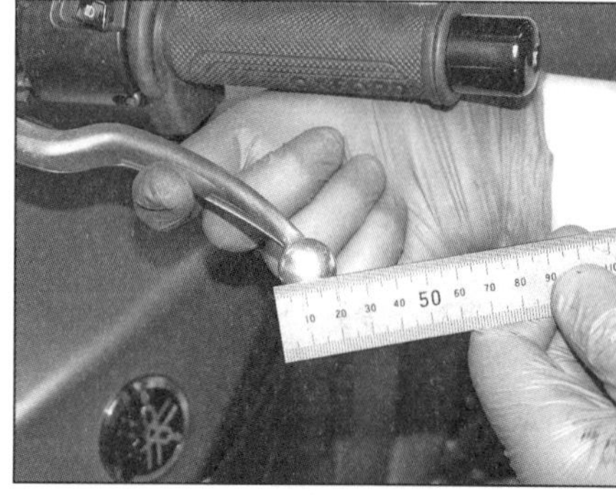

11.5 Messen Sie das Spiel des Kupplungshebels an dessen Ende.

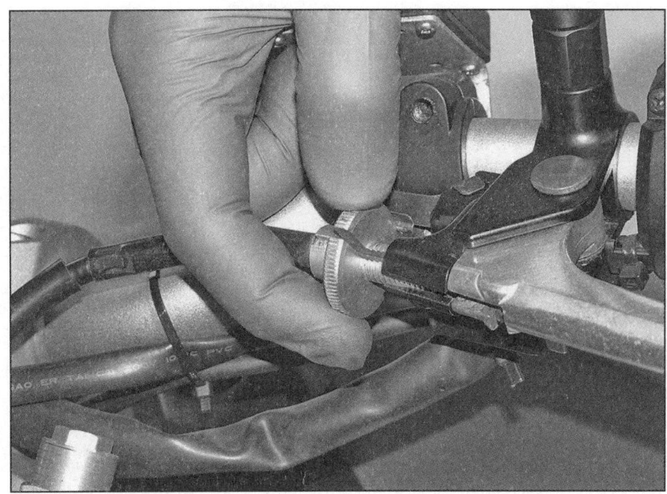
11.6 Lockern Sie den Konterring und drehen Sie den Einsteller hinein (mehr Spiel) oder heraus (weniger Spiel).

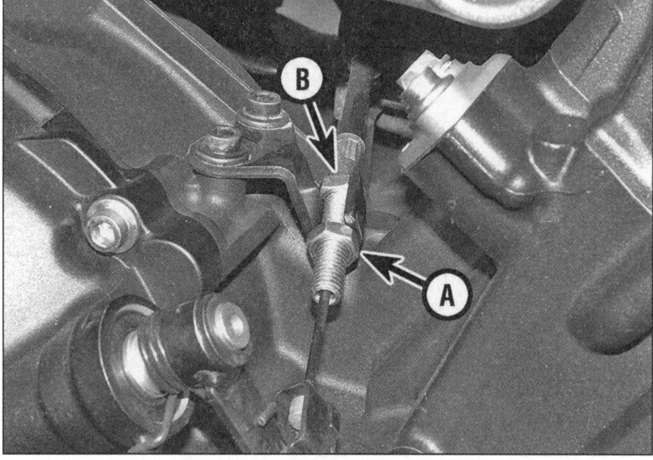

11.8 Kontermutter (A) und Einstellmutter (B) rechts am Motor

stellers nicht zu derjenigen des Hebelhalters ausgerichtet ist, damit der Zug nicht während der Fahrt herausspringen kann.

7 Falls am Kupplungshebel keine Einstellungen mehr nötig sind, wird hier der Einsteller vollständig in den Halter gedreht und das Spiel am innerhalb des Zuges sitzenden Einsteller (rechts vom Motor) vorgenommen.

8 Lockern Sie die Kontermutter, die das Gewinde des Einstellers im Halter sichert, und drücken Sie den Kupplungszug nach vorn, bis der Einsteller aus der Lasche befreit ist. Verdrehen Sie jetzt den Einsteller, um das korrekte Spiel zu erreichen (siehe Abbildung) – drehen Sie ihn herunter, um das Spiel zu vergrößern; drehen Sie ihn hoch, um es zu vergrößern. Sobald das korrekte Spiel erreicht ist, wird die Einstellmutter gegen die Lasche positioniert und die Kontermutter gegen den Halter gezogen. Kleinere Einstellungen können jetzt wieder am Hebel vorgenommen werden (siehe oben).

12 Schmierpunkte

1 Da die Bedienungselemente, Bowdenzüge oder andere Komponenten des Motorrades ständig den Unbilden des Wetters ausgesetzt sind, müssen sie regelmäßig geschmiert werden, um eine problemlose Funktion sicherzustellen.

Gelenke

2 Die Gelenke des Kupplungs- und Bremshebels, der Fußrasten, des Bremspedals, des Schalthebels und der Ständer müssen regelmäßig geschmiert werden, Je nach Art des Schmierstoffes kann es das Beste sein, die Komponenten vorher zu zerlegen, um die wichtigsten Stellen zu erreichen (siehe Kapitel 5).

3 Die von Yamaha empfohlenen Schmiermittel sind zu Beginn dieses Kapitels aufgeführt. Wenn Sprühöl verwendet wird, reicht es, die Verbindungsstellen zu schmieren, es kriecht dann von alleine an die Stellen, wo die Reibung auftritt (allerdings empfiehlt es sich, die Teile zu zerlegen, um sie zu reinigen und von Korrosion zu befreien).

4 Bei der Verwendung von Motoröl und dünnem Fett sollte auf Sparsamkeit geachtet werden, da Schmutz daran haften bleibt, der die Funktion der Bedienungselemente nach kurzer Zeit stark beeinträchtigen kann.

Anmerkung: *Ein alternatives Schmiermittel für Hebel-Gelenke ist Trockenfilm, der unter verschiedenen Namen im Fachhandel erhältlich ist.*

Bowdenzüge

Spezialwerkzeug: *Für diese Arbeit wird ein Sprühdosen-Adapter (»Bowdenzugöler«) benötigt.*

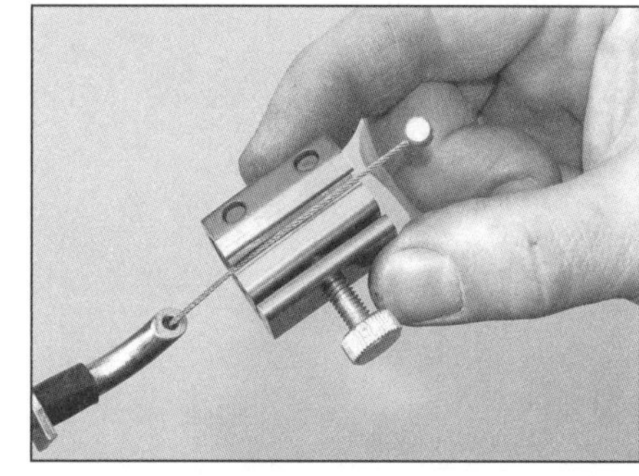
12.5a Klemmen Sie den Zug in den Adapter,...

5 Zum Schmieren des Kupplungszuges und der Gas-Bowdenzüge müssen diese an den oberen Enden ausgehängt werden (siehe Kapitel 2 bzw. 4). Montieren Sie den Bowdenzugöler an den Zug und setzen Sie die Sprühdose an seinem Anschluss an (siehe Abbildungen).

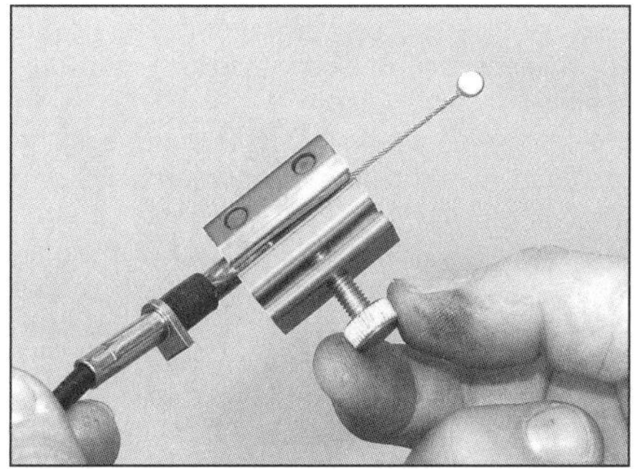
12.5b ...ziehen Sie die Schraube an, um ihn abzudichten,...

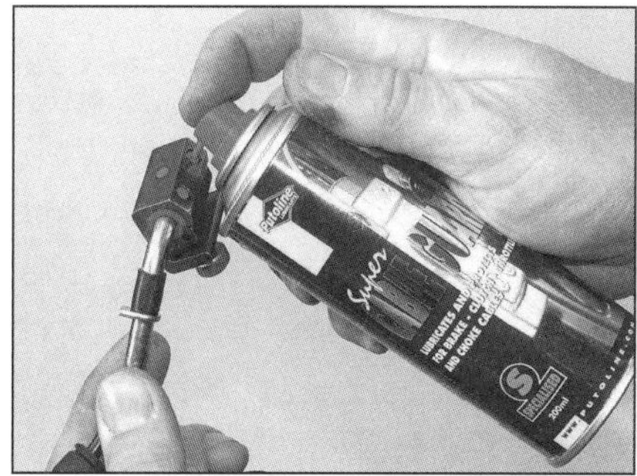
12.5c ...und schließen Sie die Sprühdose an die Bohrung an.

1

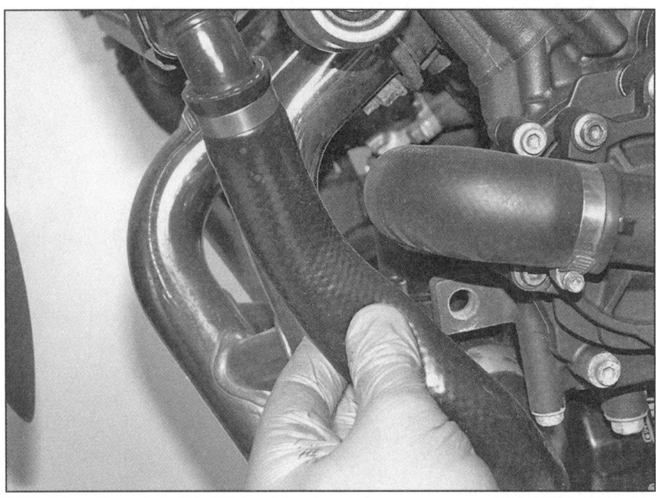

13.4 Drücken Sie die Schläuche, um sie auf Risse und Verhärtung zu prüfen. Alle Schellen müssen fest sitzen.

13.5 Ölkühler mit Schläuchen – runde Ausführung bis 2016

13.6 Wasserpumpe mit Schläuchen

13.10 Kontrollieren Sie die Kühlerlamellen und biegen Sie sie nötigenfalls gerade.

13 Kühlsystem

Kontrolle

Warnung: Der Motor muss zunächst vollständig abgekühlt sein.

1 Entfernen Sie bei der Tracer das rechte Verkleidungsseitenteil (siehe Kapitel 7).

2 Kontrollieren Sie den Kühlmittelpegel im Ausgleichsbehälter (siehe *Tägliche Kontrollen*).

3 Kontrollieren Sie das gesamte Kühlsystem auf Undichtigkeiten.

4 Prüfen Sie jeden Gummischlauch auf der ganzen Länge. Achten Sie auf Risse, Scheuerstellen und andere Beschädigungen. Drücken Sie alle Schläuche an verschiedenen Stellen von Hand zusammen, um zu erkennen, ob sie spröde oder ausgehärtet sind (siehe Abbildung) – sie müssen sich griffig und glatt anfühlen und nach dem Lösen in ihre alte Form zurückkehren. Wenn sie spröde oder verhärtet sind, müssen sie ersetzt werden. Ziehen Sie alle Schlauchschellen sorgfältig an, um die Anschlüsse dichtzuhalten.

5 Kontrollieren Sie die Zulauf- und Rücklaufschläuche des vorn am Motor sitzenden Ölkühlers auf Undichtigkeiten und fest sitzende Schellen (siehe Abbildung) – der bis 2016 eingesetzte runde Ölkühler wurde ab 2017 durch eine viereckige Ausführung ersetzt. Am Ölkühlerstutzen darf weder Öl noch Wasser austreten, andernfalls müssen die Hinweise in Kapitel 2, Sektion 16 beachtet werden. Falls aus dem Gehäuse Kühlmittel austritt, muss der Ölkühler ersetzt werden. Bei austretendem Öl muss zunächst geprüft werden, ob bei Modellen bis 2016 der Ölkühlerbolzen mit 40 Nm angezogen ist bzw. bei Modellen ab 2017 die Ölkühlerschrauben mit 10 Nm angezogen sind– nötigenfalls muss der Ölkühler demontiert und mit einem neuen O-Ring ausgerüstet werden.

6 Kontrollieren Sie links am Motor den Bereich um die Wasserpumpe auf Undichtigkeiten (siehe Abbildung). Falls die Wasserpumpe am Deckel leckt, muss geprüft werden, ob die Schrauben korrekt angezogen sind – andernfalls muss der Deckel entfernt und mit einem neuen O-Ring ausgerüstet werden (siehe Kapitel 3). Falls zwischen der Oberseite des Deckels und dem Lichtmaschinendeckel Kühlmittel oder zwischen dem Hauptgehäuse der Pumpe und dem Lichtmaschinendeckel Öl austritt, muss die Pumpe demontiert und mit neuen O-Ringen ausgerüstet werden (siehe Kapitel 3).

7 Um kein Kühlmittel ins Motoröl und umgekehrt auch kein Öl in den Kühlkreislauf eindrin-

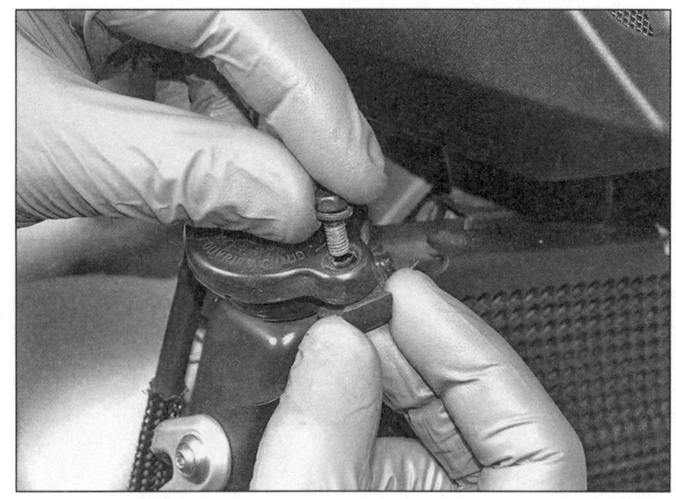

13.11a Lösen Sie die Sicherungsschraube des Kühlerdeckels,...

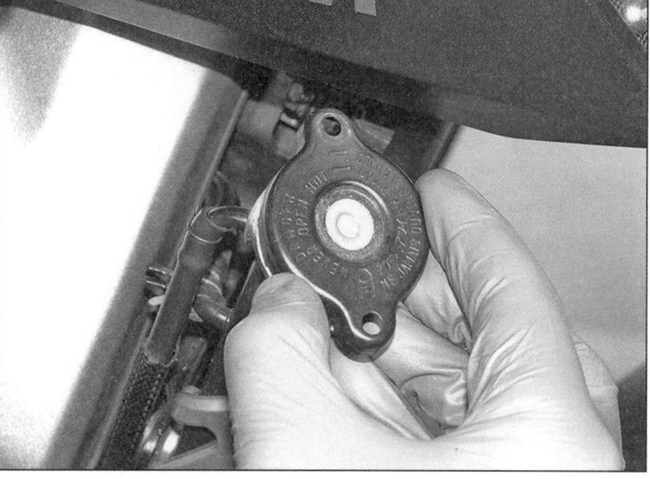

13.11b ...und entfernen Sie ihn wie beschrieben.

gen zu lassen, ist die Wasserpumpenwelle innerhalb des Pumpengehäuses mit zwei Dichtungen ausgerüstet. An der Unterseite der Pumpe befindet sich eine Ablaufbohrung – wenn eine der Dichtungen ausfällt, tritt hier Kühlmittel oder Öl (oder beides) aus. Austretende Flüssigkeit hinterlässt verräterische Spuren – diese lassen sich ggf. mit einem Spiegel besser erkennen.

8 Eine innen gegen das Pumpenrad drückende Gleitringdichtung soll das Kühlmittel zurückhalten, während der dahinter sitzende konventionelle Wellendichtring (»Simmerring«) dafür sorgt, dass das Öl im Motor bleibt. Falls Kühlmittel austritt, muss die Pumpe demontiert und mit einer neuen Dichtung ausgerüstet werden. Falls Öl oder eine Emulsion aus beiden Flüssigkeiten austritt, müssen beide Dichtungen ersetzt werden (die Gleitringdichtung muss entfernt werden, um den Simmerring austauschen zu können, darf aber nicht wiederverwendet werden) – siehe Kapitel 3.

9 Inspizieren Sie den Wasserkühler auf Undichtigkeiten und andere Schäden. Lecks am Kühler hinterlassen verräterische Ablagerungen verdunsteter Kühlflüssigkeit. Der Kühler muss in diesem Fall unverzüglich von einem Fachbetrieb repariert oder ausgetauscht werden (siehe Kapitel 3).

Achtung: Versuchen Sie nicht, den Kühler mit chemischen Dichtmitteln zu reparieren.

10 Kontrollieren Sie die Lamellen des Wasserkühlers auf getrockneten Matsch, Schmutz und Insekten. Hiermit setzt sich der Kühler zu und die Luft kann nicht mehr hindurchströmen. Demontieren Sie gegebenenfalls den Kühler (siehe Kapitel 3) und reinigen Sie ihn mit Wasser oder mit von der Innenseite her vorsichtig eingesetzter Druckluft. Sind Lamellen verbogen, können sie vorsichtig mit einem Schraubendreher wieder gerichtet werden (siehe Abbildung). Falls ein größerer Bereich der Kühlerlamellen beschädigt ist besteht die Gefahr, dass der Motor überhitzt – ersetzen Sie den Kühler nötigenfalls.

11 Lösen Sie die Kühlerdeckel-Sicherungsschraube und entnehmen Sie sie samt Scheibe und Sicherungsplatte (siehe Abbildung). Drehen Sie den Deckel bis zum Anschlag nach links (siehe Abbildung) – falls dabei zischend Druck abgebaut wird, muss gewartet werden, bis das Kühlsystem drucklos ist. Drücken Sie den Deckel anschließend herunter und drehen Sie ihn weiter, um ihn zu entfernen.

12 Kontrollieren Sie den Zustand des Kühlmittels. Wenn es rostfarben ist oder starke Ablagerungen sichtbar sind, muss es abgelassen und das System gespült und neu befüllt werden (siehe unten). Kontrollieren Sie den Frostschutzgehalt des Kühlmittels möglichst mit einem Frostschutz-Hydrometer – ein fünfzigprozentiges Frostschutz-Gemisch muss eine Dichte von 1,084 (bei 5 °C) bis 1,074 (bei 25 °C) aufweisen. Zu wenig Frostschutzmittel (Dichte unter 1,07 bzw. 1,06) führt zu unzureichendem Schutz gegen Frost- und Korrosionsschäden, zu viel verringert hingegen die Kühlwirkung der Flüssigkeit. Zeigt das Hydrometer unkorrekte Werte, muss das Kühlsystem entleert, gespült und neu aufgefüllt werden (siehe unten).

13 Ohne ein korrekt funktionierendes Überdruckventil im Kühlerdeckel kann das Kühlsystem nicht korrekt arbeiten. Kontrollieren Sie die Ventildichtung auf Risse und andere Schäden (Abbildung 13.11b). Falls das Kühlsystem stetig Flüssigkeit verliert und/oder der Motor überhitzt, aber keine Undichtigkeiten auffindbar sind, muss das Ventil bei Zweifel über seinen Zustand von einer Yamaha-Werkstatt getestet oder prophylaktisch ausgetauscht werden – ein neuer Kühlerdeckel ist nicht teuer.

14 Installieren Sie das Druckventil, indem Sie den Deckel im Uhrzeigersinn bis zum Anschlag drehen, dann herunterdrücken und fest drehen. Installieren Sie anschließend die Sicherungsplatte mit ihrer Schraube (Abbildung 13.11a).

15 Starten Sie den Motor und bringen Sie ihn auf Betriebstemperatur. Kontrollieren Sie erneut die Dichtigkeit des Kühlsystems. Wenn die Kühltemperatur stark ansteigt, muss der hinten am Kühler sitzende Ventilator automatisch einsetzen, bis die Temperatur wieder auf einen normalen Wert abgesunken ist. Bei anderen Ergebnissen müssen der Schalter, der Ventilator und der entsprechende Stromkreis kontrolliert werden (siehe Kapitel 3).

16 Falls der Kühlmittel-Pegel stetig sinkt, aber keine Lecks gefunden werden, und zudem ein neuer Kühlerdeckel installiert wurde, muss das gesamte Kühlsystem von einer Yamaha-Werkstatt einer Druckprüfung unterzogen werden.

Austausch des Kühlmittels

Warnung: Der Motor muss abgekühlt sein, bevor mit dieser Kontrolle begonnen werden kann. Frostschutzmittel darf nicht mit der Haut oder Lackoberflächen in Berührung kommen. Wischen Sie Spritzer unverzüglich mit reichlich Wasser ab. Frostschutz kann giftige und explosive Gase produzieren, wenn es in offenen Behältern gelagert oder auf den Boden verschüttet wird. Kinder und Tiere können durch den süßen Geschmack irritiert werden und das Mittel trinken. Frostschutzmittel ist brennbar und darf daher nicht in der Nähe offener Flammen gelagert werden. Fragen Sie Ihren Fachhändler, wo Sie altes Frostschutzmittel entsorgen können.

Ablassen

17 Stützen Sie das Motorrad auf einer ebenen Fläche möglichst senkrecht ab. Entfernen Sie bei der Tracer das rechte Verkleidungsseitenteil (siehe Kapitel 7).

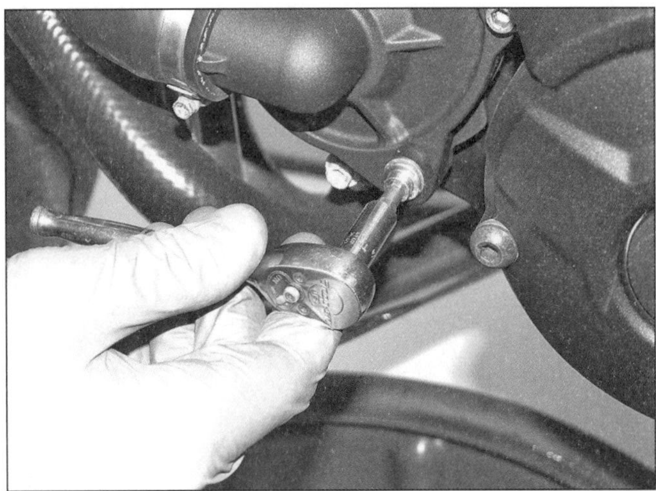

13.20a Lösen Sie die Ablassschraube,...

13.20b ...und lassen Sie das Kühlmittel in einen Behälter ablaufen.

13.21 Ziehen Sie unten am Thermostaten den Schlauch ab, um das Kühlsystem vollständig zu entleeren.

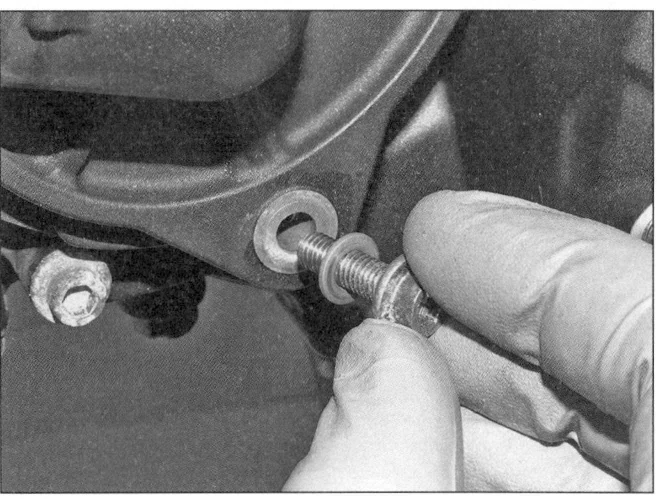

13.23 Die Ablassschraube muss stets mit einer neuen Dichtscheibe ausgerüstet werden.

18 Demontieren Sie den Ausgleichsbehälter (siehe Kapitel 3), um ihn in ein geeignetes Gefäß zu entleeren und mit frischem Wasser auszuspülen. Montieren Sie ihn anschließend wieder.

19 Entfernen Sie den Kühlerdeckel (siehe Schritt 11).

20 Stellen Sie einen geeigneten Behälter unter die Wasserpumpe rechts am Motor und lösen Sie deren Ablassschraube, um das Kühlmittel vollständig ablaufen zu lassen (siehe Abbildungen). Später muss auf jeden Fall eine neue Dichtscheibe verwendet werden.

21 Stellen Sie den Sammelbehälter unter den Thermostaten. Lockern Sie die Schelle, die den links vom Kühler kommenden Schlauch am Thermostaten sichert, ziehen Sie ihn ab und lassen Sie das Kühlmittel ablaufen (siehe Abbildung). Stecken Sie den Schlauch anschließend wieder auf seinen Stutzen und sichern Sie ihn mit der Schelle.

Spülen

22 Spülen Sie das Kühlsystem mithilfe eines in den Kühlerstutzen gesteckten Gartenschlauchs durch. Spülen Sie solange, bis an der Ablaufbohrung klares Wasser austritt. Werden viele Rostpartikel herausgespült, muss der Wasserkühler demontiert (siehe Kapitel 3) und professionell gereinigt werden. Falls die Ablaufbohrung mit Ablagerungen verstopft zu sein scheint, muss der Deckel der Wasserpumpe demontiert und diese gereinigt werden (siehe Kapitel 3). Wiederholen Sie Schritt 21.

Auffüllen

23 Rüsten Sie die Kühlsystem-Ablassschraube mit einer neuen Dichtscheibe aus und ziehen Sie sie mit 10 Nm an (siehe Abbildung).

24 Füllen Sie das Kühlsystem über den Kühlerstutzen bis zu dessen Basis mit dem in den technischen Daten angegebenen Gemisch aus destilliertem Wasser und Frostschutzmittel auf (siehe Abbildung).

Anmerkung: *Füllen Sie das Kühlmittel nur langsam auf, um möglichst wenig Luft ins System eindringen zu lassen. Wenn der Kühler gefüllt ist, sollte das Motorrad mehrmals von einer Seite zu anderen geneigt werden, um Luftblasen aufsteigen zu lassen – das Kneten der Kühlerschläuche hat eine ähnliche Wirkung.*

25 Sobald das Kühlsystem bis zum oberen Rand des Deckelstutzens gefüllt ist, wird der Deckel aufgesetzt, aber noch nicht mit der Schraube gesichert. Füllen Sie nun den Ausgleichsbehälter bis zur FULL-Linie auf (siehe Abbildungen).

26 Starten Sie den Motor und lassen Sie ihn einige Minuten im Standgas laufen. Geben Sie

13.24 Füllen Sie das Kühlsystem wie beschrieben auf.

13.25a Füllen Sie den Ausgleichsbehälter...

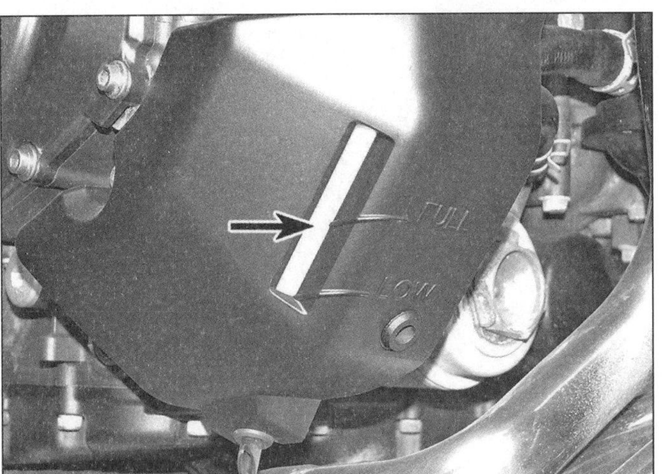

13.25b ...bis zur FULL-Linie auf.

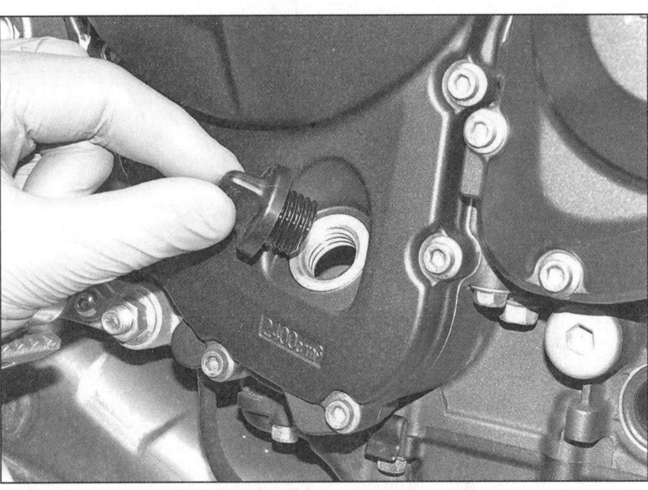

14.3 Drehen Sie den Öleinfülldeckel heraus.

dann drei- bis viermal kurz Gas, sodass die Drehzahl auf etwa 4000 bis 5000/min steigt. Schalten Sie den Motor dann aus – sämtliche im System gefangenen Luftblasen sollten jetzt bis in den Kühlerstutzen gestiegen sein, sodass der Pegel gefallen ist.

27 Warten Sie ein paar Minuten, entfernen Sie das Druckventil und kontrollieren Sie den Pegel im Stutzen sowie im Ausgleichsbehälter. Füllen Sie den Kühler nötigenfalls erneut bis zur Basis des Stutzens auf und installieren Sie den Kühlerdeckel – diesmal mit Sicherungsplatte und Schraube – Abbildungen 13.11b und a). Füllen Sie auch den Ausgleichsbehälter bis zur FULL-Linie auf und installieren Sie dessen Deckel.

28 Kontrollieren Sie das Kühlsystem auf Undichtigkeiten.

29 Montieren Sie bei der Tracer das entfernte Verkleidungsteil (siehe Kapitel 7).

30 Entsorgen Sie die alte Kühlflüssigkeit im Fachhandel oder beim Sondermüll (siehe Warnung zu Beginn dieser Sektion).

14 Motoröl und Ölfilter

Warnung: Seien Sie beim Ablassen des Motoröls vorsichtig – der Auspuff, der Motor und das Öl selbst sind heiß und man kann sich schwere Verbrennungen zuziehen!

Motoröl

1 Ein regelmäßiger Öl- und Filterwechsel ist die wichtigste Wartungsarbeit für den Erhalt eines Motorrades. Das Öl ist nicht nur zur Schmierung der Motorinnereien, der Kupplung und des Getriebes da, sondern auch zum Kühlen, Reinigen, Abdichten und den Oberflächenschutz. Aufgrund dieser Anforderungen trägt das Motoröl einen hohen Grad an Verantwortung für die Funktion des Motors und muss deshalb spätestens nach 10 000 km ersetzt werden. Der Ölfilter ist bei jedem zweiten Ölwechsel auszutauschen (darf aufgrund seiner geringen Kosten aber auch bei jedem Ölwechsel erneuert werden – siehe Schritte 9 bis 11).

Praxis TiPP ***Für das durch Preisunterschied zwischen Billig-Öl und Markenöl gesparte Geld kann man sich nach einem möglichen Motorschaden nicht allzu viele Ersatzteile kaufen.***

2 Wärmen Sie den Motor zunächst auf, damit das Öl besser abfließen kann.

3 Stützen Sie das Motorrad auf einer ebenen Fläche möglichst senkrecht ab. Stellen Sie einen geeigneten Auffangbehälter unter den Motor. Drehen Sie den Einfülldeckel aus dem Kupplungsdeckel – einmal um ihn zu belüften und zum anderen als Erinnerung daran, dass sich kein Öl im Motor befindet (siehe Abbildung).

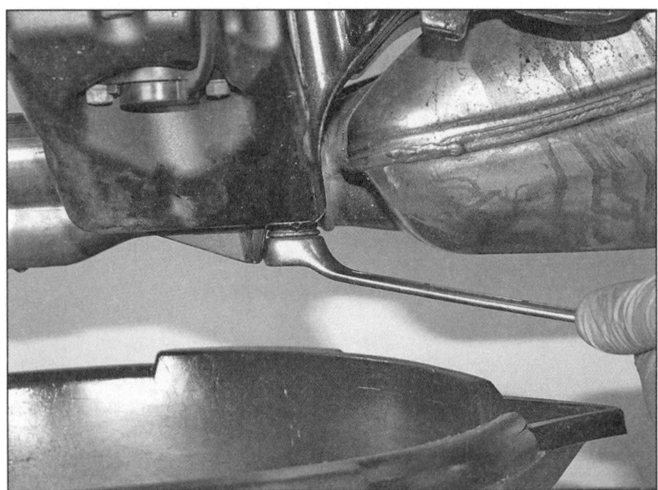

14.4a Lösen Sie die Ölablassschraube – bei Modellen bis 2015 ist sie von unten zugänglich,...

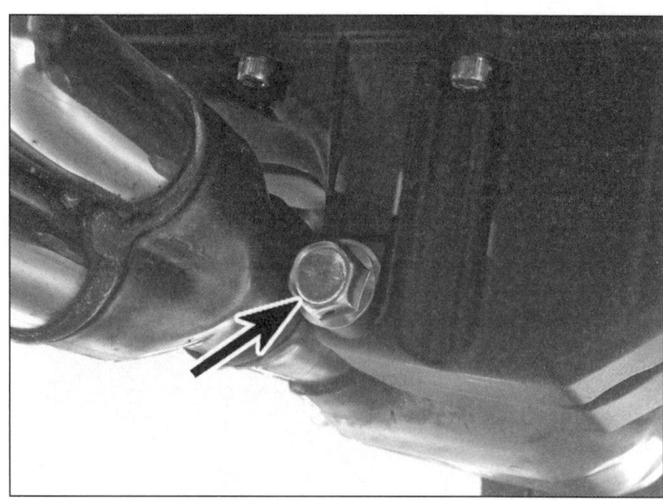

14.4b ...während sie bei Modellen ab 2016 vorn an der Ölwanne zu finden ist –...

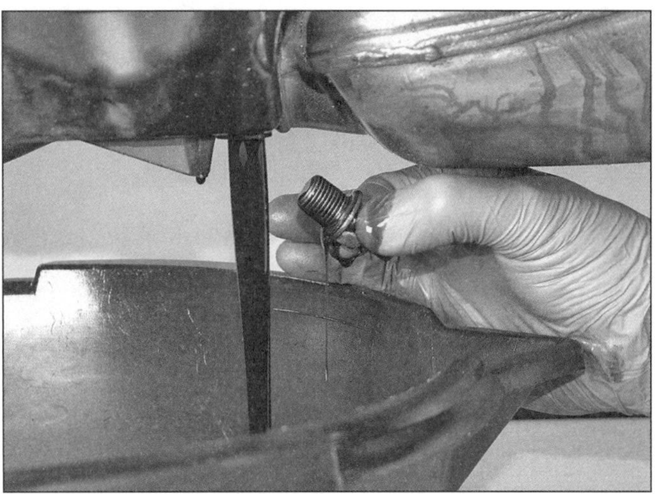

14.4c ...und lassen Sie das Motoröl vollständig ablaufen.

14.5 Installieren Sie die Ablassschraube mit einer neuen Dichtscheibe.

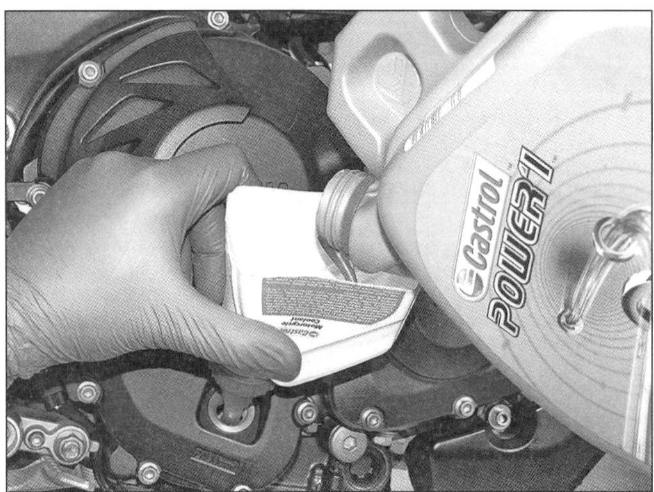

14.6a Füllen Sie Motoröl auf (hier mithilfe eines aus einer gereinigten Kühlmittelflasche gebauten Trichters),...

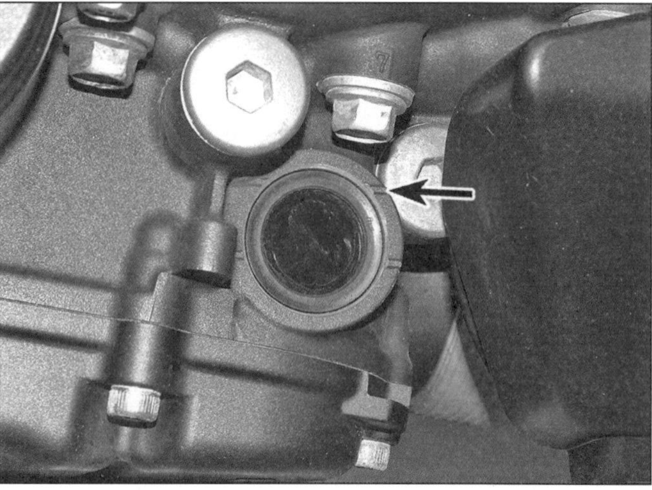

14.6b ...bis bei senkrecht stehendem Motorrad der Pegel kurz unter der oberen Linie liegt.

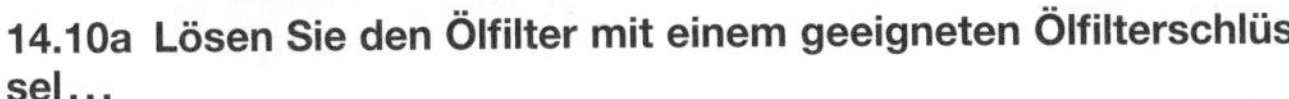

14.10a Lösen Sie den Ölfilter mit einem geeigneten Ölfilterschlüssel...

14.10b ...und lassen das Öl in den Sammelbehälter ablaufen.

4 Schrauben Sie die Ölablassschraube aus der Ölwanne und lassen Sie das Öl in den Behälter ablaufen (siehe Abbildungen). Befreien Sie die Dichtscheibe von der Schraube und ersetzen Sie sie durch ein Neuteil (Abbildung 14.5). Falls der Ölfilter gewechselt werden soll, ist der Tausch jetzt durchzuführen (siehe Schritte 9 bis 11).

5 Nachdem das Öl abgelassen wurde, wird die Ablassschraube mit einer neuen Dichtscheibe ausgerüstet und mit 43 Nm angezogen (siehe Abbildung) – zu festes Anziehen kann das Gewinde der Ölwanne beschädigen!

6 Füllen Sie die korrekte Menge des vorgeschriebenen Motoröls auf (siehe *Tägliche Kontrollen*), bis der Pegel **bei geradestehendem Motorrad** zwischen den Schauglasmarkierungen steht (siehe Abbildungen). Starten Sie den Motor und lassen Sie ihn zwei bis drei Minuten laufen. Schalten Sie den Motor ab, warten Sie einige Minuten und kontrollieren Sie erneut den Ölpegel. Füllen Sie nötigenfalls Motoröl nach, bis der Pegel knapp unter der oberen Markierung des Schauglases liegt. Kontrollieren Sie die Bereiche um die Ablassschraube und ggf. den Ölfilter auf Undichtigkeiten.

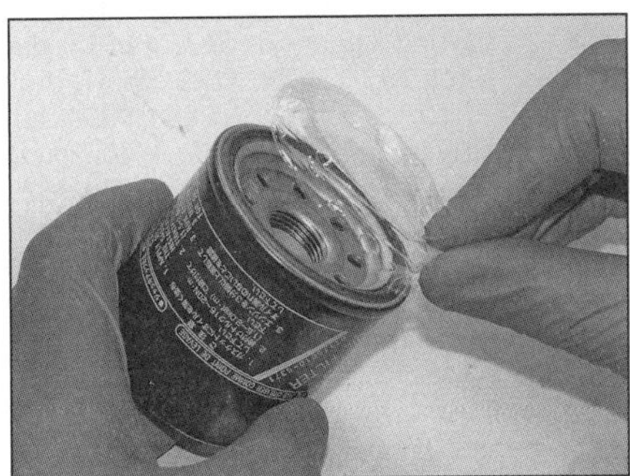

14.11 Entfernen Sie die Schutzfolie des Ölfilters und ölen Sie die Dichtung ein.

7 Das alte Motoröl kann nicht mehr verwendet werden und sollte in einen auslaufsicheren Behälter gefüllt werden. Jeder Händler, der technische Öle verkauft, ist auch dazu verpflichtet, entsprechende Mengen Altöl zurückzunehmen und zur fachgerechten Entsorgung oder zum Recycling zu bringen. Lassen Sie nie Altöl in die Kanalisation gelangen oder im Boden versickern! Ein entleerter Ölfilter darf zwar im Hausmüll entsorgt werden, sollte jedoch zusammen mit dem Altöl beim Händler oder dem Sondermüll abgegeben werden.

Um einen übermäßigen Verschleiß im Motor zu ermitteln, sollte man das ablaufende Öl durch ein Sieb in den Behälter fließen lassen, sodass Fremdkörper herausgefiltert werden. Falls sich im Öl kleine Metallbrocken oder Splitter finden, läuft in Ihrem Motor etwas entschieden falsch, und die Maschine muss zur Inspektion und Reparatur zerlegt werden. Metallischer Schimmer im Öl weist bei einem neuen oder überholten Motor darauf hin, dass die Komponenten eingefahren wurden – bei einem eigentlich bereits eingefahrenen Motor zeigt er Schmierprobleme an. Wenn Sie faserartiges Material vorfinden, weist das auf extremen Kupplungsverschleiß hin.

Ölfilter

Spezialwerkzeug: *Für diese Arbeit wird ein Ölfilterschlüssel benötigt (siehe Abbildung 14.11a).*

8 Lassen Sie das Motoröl ab (Schritte 2 bis 4).

9 Der Ölfilter ist sitzt links vom Ölkühler vorn am Motor – stellen Sie einen geeigneten Auffangbehälter darunter. Reinigen Sie um den Filter herum das Motorgehäuse.

10 Lösen Sie den Ölfilter mit einem geeigneten Schlüssel (siehe Abbildung).

Anmerkung: *Achten Sie auf die korrekte Schlüsselgröße – es gibt zahlreiche sich ähnelnde Varianten. Am besten eignet sich ein Steckschlüssel, der zur Knarre und zum Drehmomentschlüssel passt. Gießen Sie Ölreste aus dem Filter in den Sammelbehälter.*

11 Reinigen Sie sorgfältig die Dichtfläche am Motorgehäuse. Entfernen Sie die Schutzfolie oder Kappe vom neuen Ölfilter (siehe Abbildung) und schmieren Sie die Gummidichtung – falls nicht bereits gefettet – mit frischem Motoröl. Drehen Sie den Ölfilter von Hand auf den Stutzen (siehe Abbildung). Ziehen Sie den Filter entweder mit 17 Nm oder so fest wie möglich von Hand an. Manchmal finden sich auf am Filter selbst Hinweise zur Montage.

Anmerkung: *Ziehen Sie einen Filter niemals mit einem Band- oder Kettenschlüssel an, da er hierdurch beschädigt wird!*

12 Installieren Sie die Ölablassschraube und füllen Sie frisches Motoröl auf (siehe Schritte 5 und 6).

13 Entsorgen Sie das Altöl und den alten Ölfilter bei einer geeigneten Rücknahmestelle (siehe Schritt 7).

15 Bremssystem

Kontrolle

1 Eine routinemäßige Gesamtkontrolle des Bremssystems stellt sicher, dass jedes Prob-

15.5 Kontrollieren Sie die Bremsleitungen wie beschrieben.

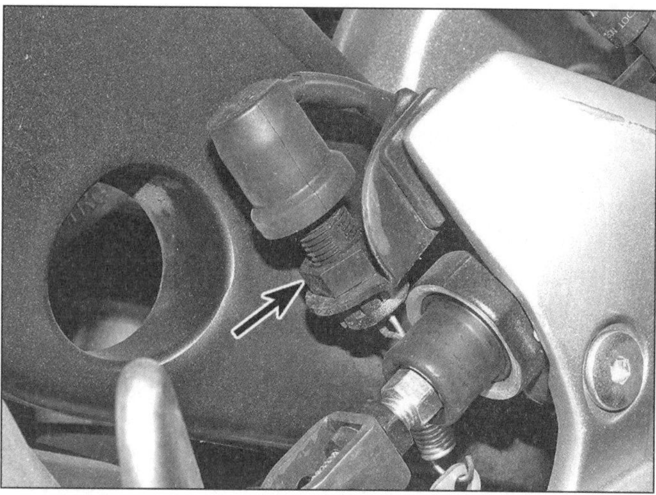

15.8 Einstellmutter des Hinterrad-Bremslichtschalters

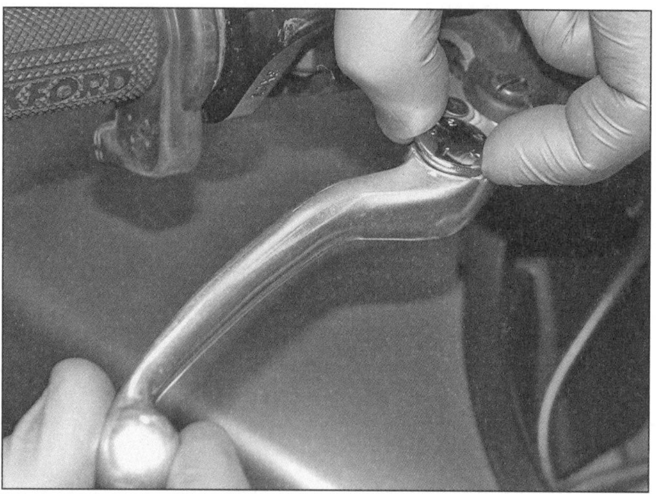

15.9 Drücken Sie den Bremshebel nach vorn, um den Weitenversteller drehen zu können.

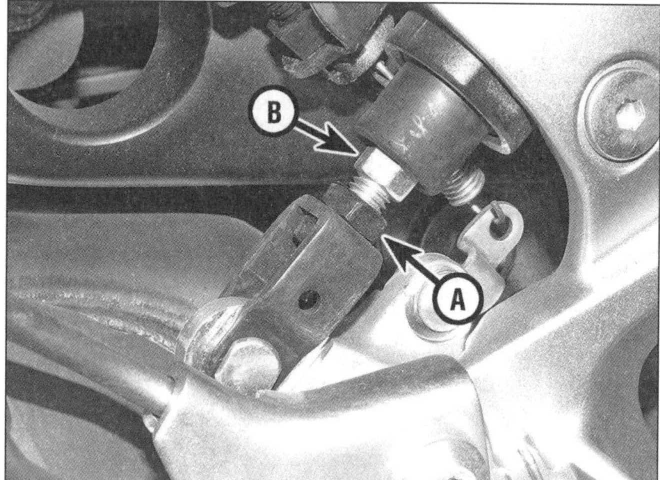

15.10 Lockern Sie die Kontermutter (A) und stellen Sie mit dem Druckstangen-Sechskant (B) die Pedalhöhe ein.

lem erkannt und behoben ist, bevor die Sicherheit des Fahrers aufs Spiel gesetzt wird.

2 Kontrollieren Sie den Bremshebel und das Pedal auf lockeren Sitz, Schwergängigkeit, übermäßiges Spiel, Verzug und andere Schäden. Ersetzen Sie alle schadhaften Teile (siehe Kapitel 5). Reinigen und schmieren Sie die Gelenke des Hebels und des Pedals, um Schwergängigkeit zu verhindern (siehe Sektion 12).

3 Alle Bremsen-Komponenten müssen fest verschraubt sein – beachten Sie die Anzugsdrehmomente in Kapitel 6). Prüfen Sie, ob sich genügend Bremsflüssigkeit in den Ausgleichsbehältern befindet (siehe *Tägliche Kontrollen*). Kontrollieren Sie den Verschleiß der Bremsbeläge (Schritte 11 bis 13).

4 Falls am Hebel oder Pedal ein schwammiges Gefühl festgestellt wird, muss die entsprechende Bremse entlüftet werden (siehe Kapitel 6). Wechseln Sie die Bremsflüssigkeit spätestens alle zwei Jahre aus.

5 Drücken und kneten Sie die Bremsschläuche, während Sie sie auf Risse, Ausbeulungen und austretende Bremsflüssigkeit überprüfen. Kontrollieren Sie besonders sorgfältig die Verbindungen zu den Anschlussteilen, da die Schläuche hier besonders schnell undicht werden (siehe Abbildung). Inspizieren Sie die Anschlussaugen der Bremsleitungen – wenn die Anschlüsse korrodiert, zerkratzt oder geknickt sind, muss die entsprechende Bremsleitung ersetzt werden (siehe Kapitel 6). Yamaha schreibt vor, Bremsschläuche spätestens nach vier Jahren zu ersetzen (Schritte 15 und 16).

6 Inspizieren Sie die Geberzylinder und Bremssättel auf Undichtigkeiten (Schritte 17 und 18).

7 Prüfen Sie, ob das Bremslicht beim Betätigen der Handbremse leuchtet. Der unten am Bremszylinder sitzende Bremslichtschalter ist nicht einstellbar – kontrollieren Sie ggf. seine Funktion (siehe Kapitel 8).

8 Prüfen Sie, ob das Bremslicht beim Betätigen der Fußbremse kurz vor dem Einsetzen der Bremswirkung leuchtet. Der einstellbare Schalter sitzt zwischen dem rechten Fußrasten-Hackenschutz und der Hinterradschwinge. Halten Sie zum Einstellen des Schalters dessen Gehäuse und drehen Sie die Mutter, bis die Einstellung korrekt ist (siehe Abbildung) – drehen Sie nicht den Schalter selbst! Falls das Bremslicht zu spät oder gar nicht aufleuchtet, muss die Mutter nach unten gedreht werden, damit der Schalter aus dem Halter gehoben wird. Falls das Bremslicht zu früh oder dauerhaft aufleuchtet, muss die Mutter nach oben gedreht werden, damit der Schalter in den Halter gezogen wird. Arbeitet der Schalter überhaupt nicht, muss er kontrolliert werden (siehe Kapitel 8).

9 Der Handbremshebel ist mit einem Weitenversteller ausgerüstet, um seinen Abstand zum Gasgriff anzupassen. Die Einstellungen

15.11 Verschleißanzeige an originalen Vorderrad-Bremsbelägen

15.12 Verschleißgrenzen-Ausschnitt an originalen Hinterrad-Bremsbelägen

sind mit Nummern markiert, die zum Dreieck am Hebel ausgerichtet sein müssen. Drücken Sie den Hebel nach vorn und drehen Sie den Einsteller in die gewünschte Position (siehe Abbildung) – Position 1 steht für maximalen, Position 5 für minimalen Abstand; bringen Sie den Einsteller nicht in eine Position zwischen zwei Ziffern.

10 Setzen Sie sich auf das Motorrad und kontrollieren Sie die Höhe des Bremspedals. Die relative Höhe des Pedals zur Oberseite der Fußraste kann in einem gewissen Bereich individuell angepasst werden. Um die Höhe einzustellen, muss die Kontermutter des Druckstangen-Gelenks am Fußbremszylinder gelockert und die Druckstange mit einem Maulschlüssel entsprechend verdreht werden (siehe Abbildung), anschließend ist die Kontermutter wieder gegen das Gelenk zu ziehen. Nach der Einstellung muss ein Stück der Druckstange unter der Kontermutter sichtbar sein. Nach dem Ändern der Pedalhöhe muss der hintere Bremslichtschalter neu eingestellt werden (Schritt 8).

Bremsbelag-Verschleiß

Warnung: Der durch Bremsbeläge erzeugte Staub kann gesundheitsschädlich sein. Blasen Sie eine Bremse niemals mit Druckluft aus und atmen Sie den Staub niemals ein. Bei der Arbeit an Bremsen sollte eine geeignete Atemmaske getragen werden.

11 Die Vorderrad-Bremsbeläge sind durch den Blick von vorn in die Bremssättel erkennbar (siehe Abbildung). Originale Yamaha-Beläge sind an den Trägerplatten mit leicht nach innen gebogenen Ecken ausgerüstet; ersetzen Sie die Beläge, kurz bevor die Ecken die Bremsscheibe berühren (siehe Kapitel 6). Bei jedem Zweifel über die Stärke des Belagmaterials oder falls die Beläge gereinigt werden sollen, müssen sie ausgebaut werden (siehe Kapitel 6).

Achtung: Spätestens, wenn das Schleifen von Metall auf Metall hörbar wird, müssen die Bremsbeläge ersetzt werden!

12 Die Hinterrad-Bremsbeläge sind durch den Blick von hinten in den Bremssattel erkennbar (siehe Abbildung). Originale Yamaha-Beläge sind an den Trägerplatten mit Ausschnitten versehen; ersetzen Sie die Beläge, kurz bevor das Material bis auf die Ausschnitte verschlissen ist (siehe Kapitel 6). Falls die Beläge verschmutzt sind oder Zweifel über ihre Belagstärke besteht, sollten sie ausgebaut und gereinigt werden (siehe Kapitel 6).

13 Zubehör-Bremsbeläge können andere Verschleißmarkierungen als Originalteile aufweisen. Zur Ermittlung der Minimal-Belagstärke (0,5 mm vorn, 1,0 mm hinten) müssen die Beläge nötigenfalls ausgebaut werden.

Anmerkung: *Zubehör-Bremsbeläge können von Originalteilen abweichende Verschleißanzeigen aufweisen.*

Anmerkung: *Mit Öl oder Fett kontaminierte Bremsbeläge können nicht gereinigt werden und müssen durch Neuteile ersetzt werden.*

Anmerkung: *Ersetzen Sie stets alle Bremsbeläge eines Rades – vorn also alle vier.*

Bremsflüssigkeitswechsel

14 Die Bremsflüssigkeit muss bei jeder Zerlegung oder Überholung einer Bremsenkomponente sowie spätestens nach zwei Jahren erneuert werden. Details hierzu finden sich in Kapitel 6, Sektion 11. Stellen Sie sicher, dass sämtliche alte Bremsflüssigkeit aus dem System gepumpt wird. Kontrollieren Sie den Pegel im Ausgleichsbehälter und testen Sie die Bremsen vor der ersten Fahrt.

Bremsschläuche

15 Gummi-Bremsschläuche werden mit der Zeit spröde und müssen ungeachtet ihres Zustandes alle vier Jahre gewechselt werden (siehe Kapitel 6).

Durch den Einbau sogenannter Stahlflex-Bremsleitungen kann man sich das regelmäßige Wechseln der Bremsschläuche ersparen, zudem sorgen diese Leitungen nach Meinung vieler Fahrer für einen besseren Druckpunkt.

16 Die Dichtscheiben an den Bremsschlauch-Anschlüssen müssen nach jeder Demontage ausgetauscht werden. Füllen Sie das Bremssystem mit frischer Bremsflüssigkeit auf und entlüften Sie die Bremse (siehe Kapitel 6).

Bremszylinder- und Bremssattel-Dichtungen

17 Mit der Zeit altern die Dichtungen der Bremssättel und Bremszylinder, sodass deren Kolben schwergängig arbeiten oder Bremsflüssigkeit austritt. Yamaha empfiehlt, die Dichtringe nach zwei Jahren auszutauschen – und natürlich, sobald ein Defekt auftritt (siehe Kapitel 6).

18 Yamaha bietet für alle Geberzylinder und Bremssättel entsprechende Reparatursets an, die auch Kolben und Federn für die Geberzylinder enthalten (siehe Kapitel 6).

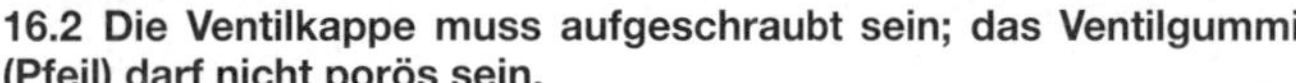

16.2 Die Ventilkappe muss aufgeschraubt sein; das Ventilgummi (Pfeil) darf nicht porös sein.

16.4 Kontrollieren Sie die Radlager auf Spiel.

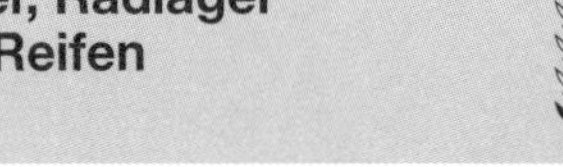

16 Räder, Radlager und Reifen

Räder

1 Gussräder sind zwar nahezu wartungsfrei, doch sollten sie regelmäßig gereinigt und auf Brüche und andere Beschädigungen untersucht werden. Kontrollieren Sie ebenfalls den Rundlauf und die Ausrichtung der Räder (siehe Kapitel 6). Versuchen Sie nicht, Gussräder zu reparieren, bei geringen Schäden kann ein Spezialbetrieb zurate gezogen werden – ansonsten sind sie zu erneuern. Achten Sie auf den festen Sitz aller vorhandenen Auswuchtgewichte an der Felge; ist ein Gewicht abgefallen, muss das Rad von einem Fachbetrieb neu ausgewuchtet werden.

2 Achten Sie darauf, dass die Ventilkappe immer fest sitzt (siehe Abbildung). Falls die Undichtigkeit auf das Ventil selbst zurückzuführen ist, kann dies mithilfe eines Ventilwerkzeugs (das auch in die Ventilkappe integriert erhältlich ist) fest angezogen oder nötigenfalls ausgetauscht werden. Überprüfen Sie den Ventilsitz auf Anzeichen von Beschädigungen – eine poröse Dichtung kann Luft entweichen lassen. Wenn der Reifen stetig Luft verliert – und dies lässt sich mithilfe von Spucke oder Seifenwasser auf den Ventilsitz zurückführen –, muss das Ventil mit einer neuen Dichtung versehen werden. Pumpen Sie den Reifen auf den korrekten Wert auf und prüfen Sie, ob er rundherum richtig in der Felge sitzt.

Radlager

Anmerkung: *Vermeiden Sie es, einen Hochdruckreiniger direkt auf die Radnabe zu richten. Das Wasser kann in die Lagerdichtungen eindringen, das Fett auswaschen und zu Korrosion führen, sodass das Lager zerstört wird.*

3 Radlager verschleißen mit der Zeit und müssen daher regelmäßig kontrolliert werden, bevor sich die Fahreigenschaften der Maschine erheblich verschlechtern.

4 Stützen Sie das Motorrad auf einer geeigneten Vorrichtung ab, sodass das zu kontrollierende Rad nicht den Boden berührt. Kontrollieren Sie durch Ziehen und Drücken der Räder, ob irgendein Spiel in den Lagern festzustellen ist (siehe Abbildung). Schwenken Sie zur Kontrolle des Vorderrades die Lenkung gegen einen Anschlag, damit man das Rad dagegen drücken kann. Drehen Sie außerdem das Rad und prüfen Sie, ob es sich sanft und geräuschlos dreht.

Anmerkung: *Die Bremsen und der Endantrieb können Geräusche und Widerstand hervorrufen – verwechseln Sie dies nicht mit den Radlagern.*

5 Falls in der Radnabe Spiel festgestellt wurde oder das Rad sich nicht sanft dreht (und dies nicht auf eine schleifende Bremse oder den Antrieb zurückzuführen ist), muss das Rad ausgebaut und die Lager auf Verschleiß oder Beschädigung kontrolliert werden (siehe Kapitel 6). Im Zweifel sind die Lager zu ersetzen.

Reifen

6 Kontrollieren Sie sorgfältig den Zustand und die Profiltiefe – siehe *Tägliche Kontrollen*.

17 Federelemente

1 Alle Elemente der Federung müssen sich in gutem Zustand befinden, um die Sicherheit des Fahrers zu gewährleisten. Lockere, verschlissene oder beschädigte Komponenten vermindern die Stabilität und die Kontrolle über die Maschine.

2 Prüfen Sie die Festigkeit aller Schrauben und Muttern der Federelemente – beachten Sie dazu die Anzugswerte in Kapitel 5. Kontrollieren Sie auch, ob die Federung entsprechend der Anforderungen eingestellt ist (siehe Kapitel 5, Sektion 13).

Vorderradfederung

Kontrolle

3 Stellen Sie sich neben die Maschine und drücken Sie mit betätigter Bremse den Lenker mehrmals nach unten (siehe Abbildung). Klemmt die Gabel oder federt sie nicht weich ein und aus, sollte sie demontiert und begutachtet werden (siehe Kapitel 5).

4 Inspizieren Sie die Oberflächen der Tauchrohre auf Kratzer, Korrosion und kleine Pickel, die zu vorzeitigem Ausfall der Dichtringe führen können (siehe Abbildung). Hebeln Sie mit einem Schraubendreher vorsichtig die Staubkappe unten aus dem Standrohr und inspizieren Sie die Tauchrohre im Bereich der Dichtringe – sämtliche Riefen, Ausbrüche und aufgeblühte Korrosion lassen den Dichtring rasch verschleißen. Bei übermäßiger Beschädigung oder Undichtigkeiten müssen die Rohre ersetzt werden (siehe Kapitel 5). Kleine Roststellen können mit einem feinen Schleifstein entfernt werden. Fachbetriebe sind in der Lage, eine neue Hartchromschicht aufzutragen.

5 Falls an den Dichtringen Öl austritt, müssen sie ersetzt werden (siehe Kapitel 5). Falls sich am Sicherungsdraht des Gabeldichtrings Korrosion gebildet hat, muss die Gabel demontiert werden, um neue Staubdichtungen zu installieren. Sprühen Sie den verrosteten Bereich zuvor mit Kriechöl ein, um den Ausbau nicht unnötig zu erschweren. Drücken Sie anschließend die Staubkappe wieder in ihren Sitz.

Hinterradfederung

Kontrolle

Anmerkung: *Die Schwingenlagerung und die Stoßdämpferanlenkung dürfen keinesfalls mit einem Hochdruckreiniger gesäubert werden. Hierbei kann Wasser durch Dichtlippen eindringen und das Fett herauswaschen – was zu Korrosion und vorzeitigem Ausfall der Lager führt.*

17.3 Drücken Sie die Gabel zusammen, um ihre Funktion zu testen.

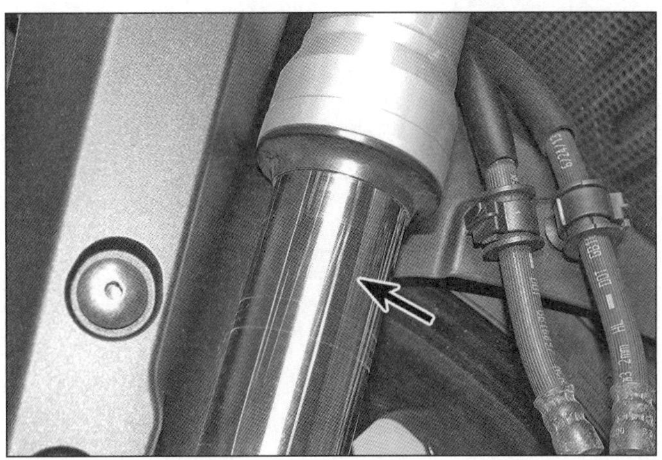

17.4 Kontrollieren Sie das Tauchrohr unterhalb der Staubdichtung auf Rost und Beschädigungen.

17.6 Kontrollieren Sie den Stoßdämpfer auf Undichtigkeit und fest sitzende Aufnahmen.

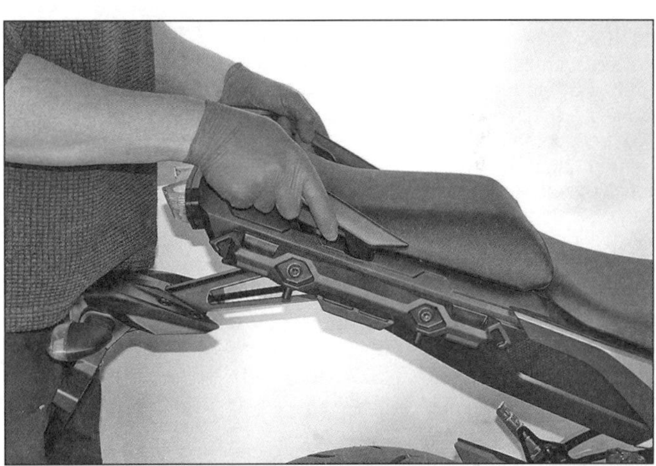

17.7 Prüfen Sie die Funktion der Hinterradfederung.

6 Kontrollieren Sie den Stoßdämpfer auf Undichtigkeit und fest sitzende Aufnahmen (siehe Abbildung). Wenn ein Leck festgestellt wurde, muss der Dämpfer von einem Spezialisten kontrolliert und gegebenenfalls überholt oder ersetzt werden (siehe Kapitel 5).

7 Lassen Sie einen Assistenten das Motorrad halten und drücken einige Male das Heck herunter (siehe Abbildung) – es muss sich ohne Klemmen frei auf und ab bewegen können. Wenn hier irgendwelche Ungleichmäßigkeiten gefühlt werden, muss das fehlerhafte Teil identifiziert und kontrolliert werden (siehe Kapitel 5). Das Problem kann am Stoßdämpfer, an seiner Anlenkung oder an der Schwingenlagerung liegen.

8 Stützen Sie das Motorrad mit einer geeigneten Vorrichtung ab, sodass das Hinterrad nicht den Boden berührt. Greifen Sie die Schwinge und drücken Sie sie seitlich hin und her. Hinten sollten keine erkennbaren Bewegungen festzustellen sein (siehe Abbildung). Bei leichtem Spiel oder leichtem Klicken müssen alle Befestigungen der Hinterradfederung und des Stoßdämpfers auf Festigkeit und richtige Anzugsdrehmomente überprüft werden (siehe Kapitel 5). Wiederholen Sie die Kontrolle anschließend.

9 Als Nächstes wird das Hinterrad nach oben gezogen. Es darf kein erkennbarer Weg festzustellen sein, bis der Stoßdämpfer zu arbeiten beginnt (siehe Abbildung). Jedes Spiel ist auf verschlissene Lager in der Schwingenaufnahme oder der Stoßdämpferanlenkung, eine ermüdete Feder, einen defekten Dämpfer oder dessen Befestigung zurückzuführen. Verschlissene Komponenten müssen identifiziert und kontrolliert werden (siehe Kapitel 5).

17.8 Kontrollieren Sie, ob die Schwingenlager Spiel aufweisen.

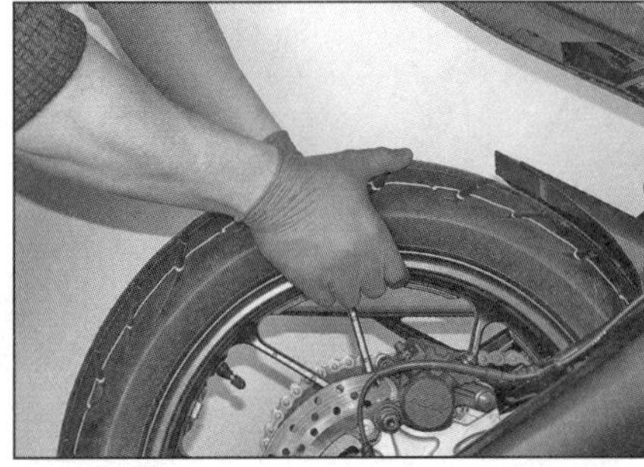

17.9 Prüfen Sie, ob in der Stoßdämpferanlenkung und den Stoßdämpferaufnahmen Spiel vorhanden ist.

10 Um eine brauchbare Einschätzung der Schwingenlager zu erhalten, muss zuerst das Hinterrad demontiert werden (siehe Kapitel 6). Dann wird der Stoßdämpfer samt der Anlenkung entfernt (siehe Kapitel 5). Greifen Sie die Schwinge hinten mit einer Hand und halten Sie die andere Hand an die Verbindung zwischen Schwinge und Rahmen. Versuchen Sie nun, die Schwinge hinten seitlich zu bewegen – jegliches Lagerspiel wird als Vor- und Zurück-Bewegung der Schwinge am Rahmen fühlbar.

11 Schwenken Sie nun die Schwinge auf und ab – sie muss sich über den gesamten Federweg sanft und frei bewegen lassen. Falls Spiel festgestellt wird oder die Schwinge sich nicht frei bewegen lässt, muss sie für die Kontrolle der Lager ausgebaut werden (siehe Kapitel 5). Wird Spiel festgestellt oder lässt sich die Schwinge nicht sanft bewegen, muss sie für eine Inspektion der Lager ausgebaut werden (siehe Kapitel 5).

12 Bei getrennter Stoßdämpferanlenkung sollten auch deren Dichtringe und Lager überprüft werden; kontrollieren Sie ebenfalls das Spiel zwischen dem Anlenkhebel und dem Rahmen. Versehen Sie entweder die Dichtringe und Lager mit frischem Fett oder installieren Sie Neuteile.

Vorderradgabel

Ölwechsel

13 Obwohl für den Wechsel des Gabelöls keine Intervalle vorgegeben sind, muss bedacht werden, dass das Öl mit der Zeit schlechter wird und seine dämpfenden Eigenschaften verliert. Details zum Ausbau der Gabelrohre und dem Wechsel des Öls sind in Kapitel 5 beschrieben – die Gabel muss für den Ölwechsel nicht vollständig zerlegt werden.

Hinterradfederung

Schmieren der Lager

14 Das Fett in den Lagern der Schwinge und der Stoßdämpferanlenkung wird mit der Zeit ausgewaschen oder es verhärtet, sodass Schmutz und Wasser eindringen können. Schmieren Sie daher die Lager alle 50 000 km nach.

15 Zum Schmieren der Lager müssen die Schwinge und der Stoßdämpfer ausgebaut und die Lager gereinigt werden – Details finden sich in Kapitel 5.

18 Lenkkopflager

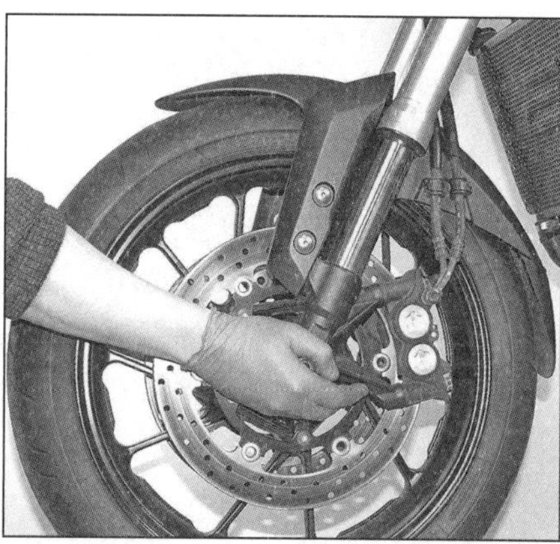

18.5 Kontrolle des Lenkkopflagerspiels

Lagerspiel

Kontrolle und Einstellung

1 Die an diesen Motorrädern verwendeten Kugellager können sich auch im normalen Betrieb eindrücken und lockern oder rau laufen. In Extremfällen können verschlissene oder lockere Lenkkopflager gefährliches Lenkerflattern verursachen. Zu fest angezogene Lager sorgen für ein schlechtes Fahrverhalten.

Kontrolle

2 Stützen Sie das Motorrad mithilfe einer geeigneten Vorrichtung so ab, dass das Vorderrad nicht den Boden berührt. Sorgen Sie für eine sichere Abstützung. Stellen Sie die Tracer auf den Hauptständer und lassen Sie einen Assistenten auf dem Rücksitz Platz nehmen, um die Front anzuheben.

3 Stellen Sie das Vorderrad geradeaus und bewegen Sie den Lenker ganz langsam hin und her. Wenn das Lager Druckstellen hat oder rau läuft, ist das dadurch zu spüren, dass der Lenker sich nicht weich und frei bewegen lässt. Beschädigte Lager müssen ersetzt werden (siehe Kapitel 5). Sind die Lager zu fest angezogen, müssen sie neu eingestellt werden (siehe unten).

4 Prüfen Sie, ob sich das geradeaus gestellte Rad nach einem leichten Schlag gegen den Lenker selbstständig zu beiden Anschlägen »fällt«, was anzeigt, dass die Lager nicht zu fest angezogen sind (berücksichtigen Sie den Widerstand durch Bowdenzüge, Hydraulikschläuche und Kabel).

5 Greifen Sie als Nächstes unten an die Gabel und versuchen Sie sie vorwärts und rückwärts zu bewegen (siehe Abbildung). Jede Lockerung des Lenkkopflagers kann man durch die Bewegung der Gabel erfühlen. Wenn Lagerspiel festgestellt wird, muss der Lenkkopf wie folgt nachgestellt werden:

18.7a Lösen Sie bei der MT-09 rechts und links die Schrauben der Scheinwerferhalterung und schwenken Sie den Scheinwerfer nach vorn.

18.7b Der Lenker kann auf dem Scheinwerfer abgelegt werden.

18.9 Lockern Sie an beiden Seiten die Klemmschrauben.

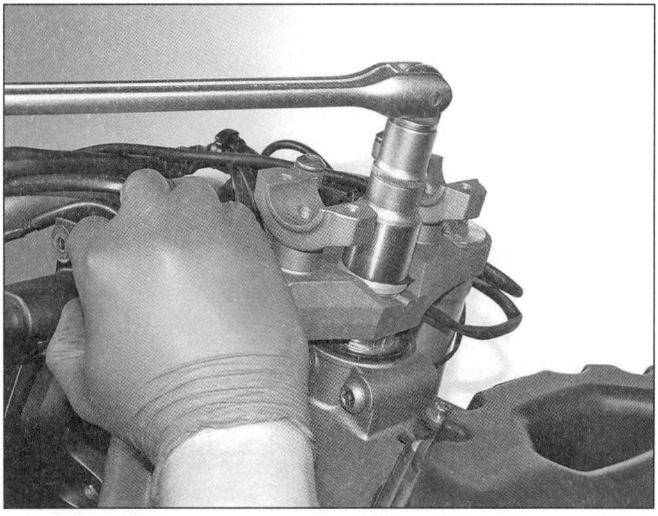

18.10a Lösen Sie die Mutter, ...

Verwechseln Sie nicht irgendeine Bewegung des Motorrades auf dem Ständer mit Lagerspiel. Drücken und ziehen Sie nicht zu stark – eine leichte Bewegung reicht völlig aus. Spiel in der Gabel kann auch durch verschlissene Gleitbuchsen in den Tauchrohren entstehen. Verwechseln Sie dieses Spiel nicht mit dem Lenkkopflagerspiel.

Einstellung

Spezialwerkzeug: *Für eine korrekte Einstellung werden das Yamaha-Spezialwerkzeug 90890-01403 und ein Drehmomentschlüssel benötigt - siehe Schritt 10. Nötigenfalls reicht auch ein passender Hakenschlüssel (Abbildung 18.13).*

6 Demontieren Sie den Tank (siehe Kapitel 4).

7 Demontieren Sie bei der MT-09 und der XSR die Instrumente und den Instrumententräger (siehe Kapitel 8). Lösen Sie bei der MT-09 an beiden Seiten die obere Schraube der Scheinwerfer-Seitenverkleidungen und schwenken Sie den Scheinwerfer nach vorn (siehe Abbildung). Lösen Sie am Scheinwerferhalter der XSR die oberen Schrauben (zur oberen Gabelbrücke) und lockern Sie die unteren Schrauben (zur unteren Gabelbrücke), um die Scheinwerfer-Baugruppe nach vorn zu verlagern. Demontieren Sie bei beiden Modellen den Lenker und verlagern Sie ihn nach vorn (siehe Kapitel 5) (siehe Abbildung).

8 Lösen Sie am Lenker der Tracer die Kabelbinder, befreien Sie den Lenker und lagern Sie ihn nach vorn verlagert auf Lappen ab (siehe Kapitel 5).

9 Lockern Sie die Gabelholm-Klemmschrauben der oberen Gabelbrücke (siehe Abbildung).

10 Umwickeln Sie die Lenkschaftmutter zum Schutz mit einer Lage Isolierband oder Kreppband und lösen Sie sie mit einem Ring- oder Steckschlüssel. Entnehmen Sie die Scheibe und ziehen Sie die obere Gabelbrücke hoch, bis die Nuten des Lenkkopflager-Einstellrings zugänglich sind (siehe Abbildungen).

11 Heben Sie die Laschenscheibe vom Konterring und drehen Sie sie so, dass die Laschen auf dem Ring aufliegen. Lockern Sie jetzt den Konterring – entweder von Hand oder mithilfe eines Hakenschlüssels – bis der Einstellring zugänglich ist (siehe Abbildungen).

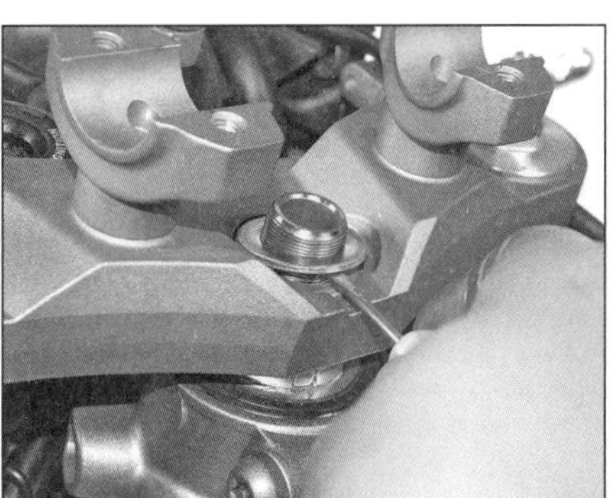

18.10b ... entnehmen Sie die Scheibe ...

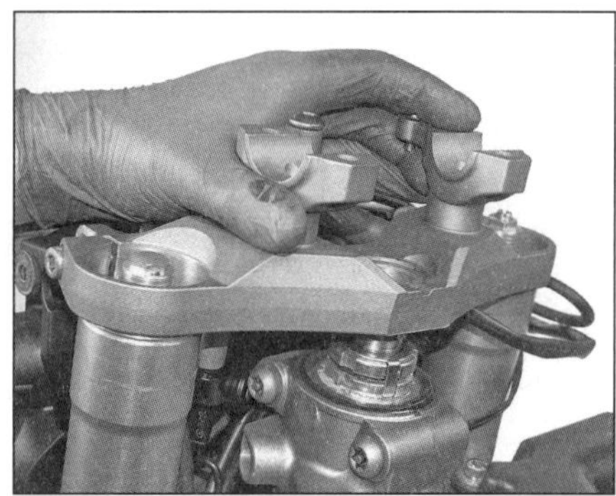

18.10c ... und befreien Sie die obere Gabelbrücke von den Gabelholmen.

18.11a Lagern Sie die Laschenscheibe wie gezeigt auf dem Konterring ...

18.11b ... und lockern Sie diesen.

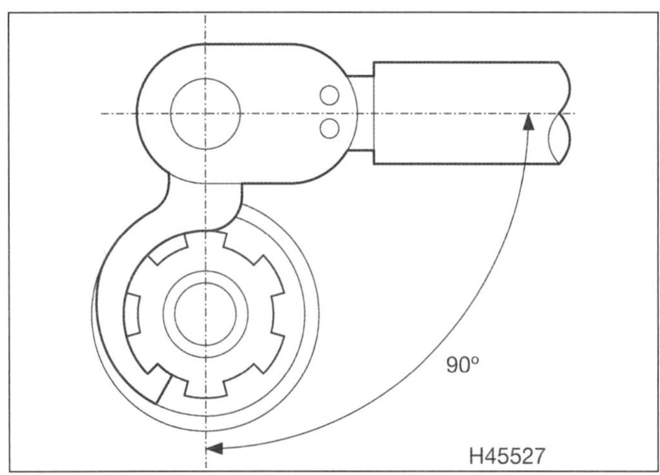

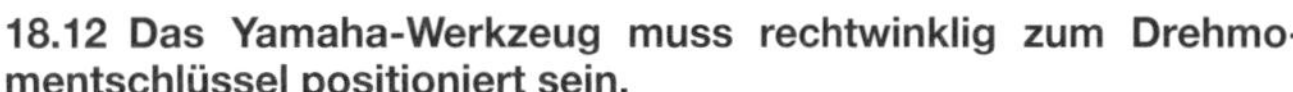

18.12 **Das Yamaha-Werkzeug muss rechtwinklig zum Drehmomentschlüssel positioniert sein.**

18.13 **Einstellung des Lenkkopflager per Hakenschlüssel**

12 Um die Lenkkopflager entsprechend der Vorgaben von Yamaha einzustellen, müssen deren Spezialwerkzeug 90890-01403 und ein Drehmomentschlüssel vorhanden sein; zudem müssen hierfür die Gabelbrücke komplett abgenommen und der Konterring und die Gummischeibe entnommen werden. Lockern Sie zunächst den Einstellring etwas, um die Lager zu entlasten. Ziehen Sie dann den Einstellring zunächst mit 52 Nm an – achten Sie darauf, dass die Werkzeuge im Winkel von 90° zusammengesetzt sind (siehe Abbildung). Lockern Sie den Einstellring wieder und ziehen Sie ihn mit dem Endanzugswert von 18 Nm an.

13 Falls das Yamaha-Spezialwerkzeug 90890-01403 nicht vorhanden ist, muss der Einstellring zunächst mithilfe eines passenden Hakenschlüssels etwas gelockert werden, um die Lager zu entlasten; ziehen Sie ihn dann an, bis kein Spiel mehr spürbar ist (siehe Abbildung). Ziehen Sie den Einstellring etwas weiter, um die Lager vorzuspannen, und lockern Sie den Ring anschließend wieder; ziehen Sie ihn dann so weit an, bis jegliches Lagerspiel aufgehoben ist, die Lenkung aber noch frei beweglich ist (siehe Schritte 3 bis 5). Ziel ist es, die Lager unter leichten Druck zu setzen, um jegliches Spiel aufzuheben, aber die Lenkung noch frei von Anschlag zu Anschlag bewegen zu können, wie oben beschrieben.

14 Bewegen Sie die Lenkung fünfmal von Anschlag zu Anschlag und kontrollieren Sie erneut – und je nach eingesetztem Werkzeug – die Einstellung.

Achtung: Achten Sie sorgfältig darauf, beim Einstellen auf die Lager keinen hohen Druck auszuüben – dieses führt zu vorzeitigen Lagerschäden.

15 Sobald die Lenkkopflager korrekt eingestellt sind, wird ggf. die Gummischeibe aufgelegt. Drehen Sie dann den Konterring handfest auf die Gummischeibe und anschließend so weit, bis seine Kerben zu denen des Einstellrings ausgerichtet sind. Setzen Sie die Laschenscheibe auf, sodass ihre Laschen sowohl in den Konterring als auch den Einstellring greifen.

16 Setzen Sie die obere Gabelbrücke auf (Abbildung 18.10c). Legen Sie die Scheibe auf und drehen Sie die weiterhin mit Klebeband geschützte Lenkschaftmutter auf, ziehen Sie sie anschließend mit 110 Nm an (siehe Abbildung). Ziehen Sie anschließend die Klemmschrauben der oberen Gabelbrücke mit 26 Nm an (Abbildung 18.9).

17 Kontrollieren Sie erneut die Einstellung der Lenkkopflager (siehe Schritte 3 bis 5). Montieren Sie alle entfernten Bauteile.

Schmieren

18 Mit der Zeit altert das Fett der Lenkkopflager und härtet aus, sodass Schmutz und Wasser eindringen können.

19 Yamaha empfiehlt, die Lenkkopflager alle 20000 km zu zerlegen, zu reinigen und nachzufetten (siehe Kapitel 5, Sektion 10).

18.16 **Installieren Sie die Scheibe und die geschützte Lenkschaftmutter und ziehen Sie diese mit 110 Nm an.**

22.2a **Lösen Sie rundherum die Schrauben des Luftfilterdeckels, ...**

19 Ständer und Sicherheitsstromkreis

Seitenständer und Hauptständer (Tracer)

1 Der Ständer muss während der Fahrt sicher von seinen Federn oben gehalten werden. Eine ermüdete oder gebrochene Feder muss umgehend durch ein Neuteil ersetzt werden (siehe Kapitel 5).

2 Kontrollieren Sie den Ständer und seine Halterung auf Risse und andere Schäden. Das Ständergelenk muss sich sanft und spielfrei bewegen lassen.

Sicherheitsstromkreis

3 Der Seitenständerschalter soll davor schützen, mit ausgeklapptem Ständer loszufahren. Er unterbricht den Stromkreis des Motorsteuergeräts, wenn bei ausgeklapptem Ständer ein Gang eingelegt und die Kupplung ausgerückt wird; bei ausgeklapptem Ständer lässt sich der Motor zudem nicht starten.

4 Prüfen Sie die Funktion des aus dem Seitenständerschalter, dem Kupplungsschalter, dem Leerlaufschalter und dem Anlasser-Abschaltrelais bestehenden Sicherheitsstromkreises wie folgt: Das Getriebe muss sich im Leerlauf befinden. Klappen Sie den Ständer ein und starten Sie den Motor. Ziehen Sie die Kupplung und legen Sie einen Gang ein. Halten Sie die Kupplung gezogen und klappen Sie den Seitenständer aus – der Motor muss dabei ausgehen.

5 Der Motor darf sich bei eingelegtem Gang nur starten lassen, wenn der Seitenständer eingeklappt und die Kupplung gezogen ist. Falls der Stromkreis nicht wie oben beschrieben funktioniert, müssen die einzelnen Komponenten des Sicherheitsstromkreises sowie die dazugehörigen Verkabelungen überprüft werden (siehe Kapitel 8).

20 Muttern und Schrauben

1 Da sich durch die Vibrationen des Motorrades Befestigungen lockern können, sollten alle Muttern, Schrauben und Bolzen regelmäßig auf Festigkeit kontrolliert werden.

2 Beachten Sie besonders die folgenden Befestigungen – Details finden sich in den entsprechenden Kapiteln:

- Bremssattel- und Geberzylinder-Befestigungsschrauben
- Bremsleitungs-Anschlussschrauben und Entlüftungsventile
- Bremsscheibenschrauben
- Auspuffbefestigungen
- Motoröl-Ablassschraube
- Motorhalterungen
- Hebel- und Pedalbolzen
- Lenker-Befestigungen
- Fußrastenträger- und Ständer-Befestigungen
- Stoßdämpferbefestigungen und Anlenkung
- Schwingenbolzen-Mutter
- Gabelbrücken-Klemmschrauben (oben und unten) und Gabel-Verschlüsse
- Lenkschaftmutter
- Vorderachse und Klemmschrauben
- Hinterachsmutter
- Kettenradmuttern
- Kettenspanner-Kontermuttern

3 Es ist immer sinnvoll, einen Drehmomentschlüssel zu benutzen und sich an die Drehmomentangaben am Anfang dieses und anderer Kapitel zu halten.

21 Batterie
Kontrolle

1 Alle Modelle sind mit »wartungsfreien« VRLA-Batterien (per Ventil geregelte Bleisäure-Akkus) ausgerüstet, deren Gehäuse versiegelt sind und nicht geöffnet werden dürfen.

Achtung: Versuche, die Verschlusskappen zu öffnen, zerstört die Batterie!

2 Die einzige mögliche Wartungsarbeit liegt darin, die Sauberkeit und Festigkeit der Batteriepole sowie die Unversehrtheit des Batteriegehäuses sicherzustellen. Weitere Details sind in Kapitel 8 beschrieben.

Achtung: Arbeiten an der Batterie müssen mit größter Sorgfalt erfolgen. Das Batteriesäure-Gel ist stark ätzend und beim Laden können explosive Gase entweichen!

3 Falls das Motorrad nicht regelmäßig gefahren wird, sollte die Batterie vom Bordnetz getrennt und alle 4 bis 6 Wochen geladen werden (siehe Kapitel 8, Sektion 4).

22 Luftfilter

Anmerkung: *Falls die Maschine ständig in staubiger Umgebung gefahren wird, müssen die Wechselintervalle verkürzt werden.*

Anmerkung: *Der mit Öl imprägnierte Papierfilter kann nicht gereinigt und muss spätestens alle 40 000 km ersetzt werden.*

Achtung: Fahren Sie das Motorrad niemals ohne Luftfilter!

1 Demontieren Sie den Tank (siehe Kapitel 4).

2 Lösen Sie die Schrauben des Luftfilterdeckels, heben Sie diesen an und lösen Sie die Laschen des Motorsteuergeräts, um dies herauszuziehen und auf dem Rahmen zu lagern (siehe Abbildungen).

3 Heben Sie den Luftfilter aus dem Gehäuse – merken Sie sich seine Einbaurichtung (siehe Abbildung).

4 Reinigen Sie das Filtergehäuse und den Deckel. Prüfen Sie, ob der Zugang des Motor-

1

22.2b ... heben Sie den Deckel an, lösen Sie die Laschen des Steuergeräts und ziehen Sie dies heraus.

22.3 Ziehen Sie den Luftfilter aus den Nuten des Gehäuses.

entlüftungsschlauchs unten im Gehäuse frei ist.

5 Kontrollieren Sie das Luftfiltergehäuse – vor allem links im Bereich des Sekundärluft-Schlauchstutzens (siehe Abbildung) – auf Ölkohleablagerungen, die auf defekte Zungenventile im Ventildeckel hinweisen können (siehe Kapitel 4).

6 Kontrollieren Sie die Gummidichtung des Luftfilterdeckels und ersetzen Sie sie nötigenfalls; die Dichtung muss rundherum korrekt sitzen.

7 Installieren Sie das neue Filterelement korrekt ausgerichtet in die Nut des Luftfiltergehäuses (Abbildung 22.3).

8 Schieben Sie das Motorsteuergerät in den Luftfilterdeckel, bis beide Laschen einrasten (Abbildung 22.2b). Setzen Sie den Deckel korrekt auf und sichern Sie ihn mit den sorgfältig angezogenen Schrauben (Abbildung 22.2a).

9 Kontrollieren Sie den oben vom Motorgehäuse nach vorn ans Luftfiltergehäuse verlaufenden Schlauch der Motorentlüftung (siehe Abbildung) – falls er Risse oder andere Schäden aufweist, muss er erneuert werden – das Luftfiltergehäuse muss hierzu ausgebaut werden (siehe Kapitel 4).

10 Montieren Sie den Tank (siehe Kapitel 4).

22.5 Sekundärluft-Schlauchstutzen im Luftfoltergehäuse

22.9 Motorentlüftungsschlauch

23 Ventilspiel

1 Der Motor muss für die Ventilspielkontrolle völlig abgekühlt sein – am besten lässt man ihn über Nacht stehen.

2 Demontieren Sie den Tank, das Luftfiltergehäuse und die Sekundärluft-Baugruppe (siehe Kapitel 4).

3 Demontieren Sie den Kühler (siehe Kapitel 3).

4 Entfernen Sie die Zündkerzen (siehe Sektion 6).

5 Entfernen Sie den Ventildeckel (siehe Kapitel 2).

6 Drehen Sie links die Steuerzeiten-Inspektionsschraube und den Kurbelwellen-Inspektionsstopfen aus dem Lichtmaschinendeckel (siehe Abbildung) – diese müssen später nötigenfalls mit einer neuen Dichtscheibe bzw. einem neuen O-Ring ausgerüstet werden.

7 Zylinder Nr. 1 steht (in Fahrtrichtung) links, Nr. 2 befindet sich in der Mitte und Nr. 3 steht rechts. Jeder Zylinder wird mit jeweils zwei Einlass- und zwei Auslassventilen gesteuert. Fertigen Sie eine Skizze mit vorn 6 Auslassventilen und hinten 6 Einlassventilen an, um dort das vorhandene Ventilspiel eintragen zu können.

8 Drehen Sie die Kurbelwelle mithilfe eines am Lichtmaschinenrotorbolzen angesetzten Schlüssels *gegen den Uhrzeigersinn,* bis die Markierung des Rotors zu den Kerben in der Kontrollschraubenbohrung fluchtet und die Nockenspitzen über dem linken Zylinder voneinander weg zeigen (diejenigen der Einlass-Nockenwelle nach hinten und die der Auslassnockenwelle nach vorn) (siehe Abbildungen); falls die Nocken zueinander zeigen, muss die Kurbelwelle eine volle Umdrehung weitergedreht werden (wieder nur links herum!), bis die Markierung wieder fluchtet. Wenn die Nockenspitzen über Zylinder 1 jetzt voneinander weg zeigen, steht der Kolben im oberen Totpunkt (OT) des Verdichtungstaktes.

9 In dieser Position sind alle Ventile des linken Zylinders geschlossen, sodass unter allen vier Nocken etwas Spiel zum Tassenstößel bestehen muss. Führen Sie an den (hinteren) Einlassventilen ein Fühlerlehrenblatt der Stärke 0,15 mm und an den (vorderen) Auslassventilen ein Blatt der Stärke 0,25 oder 0,30 mm ein; prüfen Sie dabei, ob sich die Fühlerlehre wie durch ein dickes Buch ziehen lässt (siehe Abbildungen). Ist das Spiel zu groß oder zu klein, muss mithilfe anderer Stärken das tatsächliche Ventilspiel ermittelt werden. Notieren Sie das ermittelte Ventilspiel.

10 Drehen Sie jetzt den Zündrotor um 240° weiter gegen den Uhrzeigersinn, sodass die Nockenspitzen über Zylinder Nr. 2 (Mitte) voneinander weg zeigen und dessen Kolben im oberen Totpunkt (OT) des Verdichtungstaktes steht. Messen Sie das Ventilspiel genauso wie beim ersten Zylinder (Schritt 9).

11 Drehen Sie den Zündrotor erneut um 240° weiter gegen den Uhrzeigersinn, sodass die Nockenspitzen über Zylinder Nr. 3 (rechts) voneinander weg zeigen und dessen Kolben

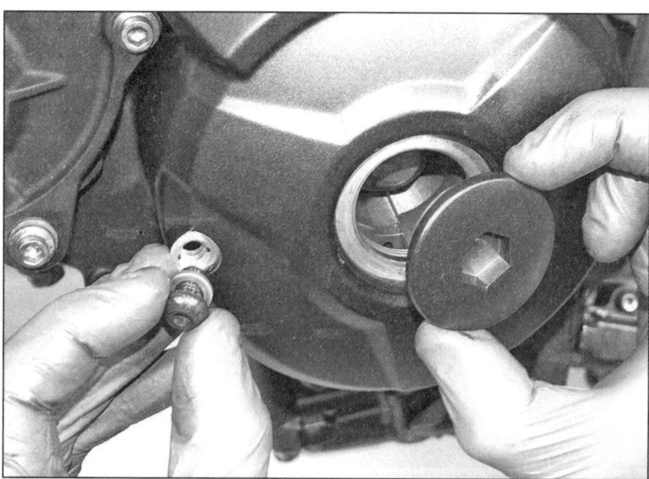

23.6 Entfernen Sie die Steuerzeiten-Inspektionsschraube und den Kurbelwellen-Inspektionsstopfen

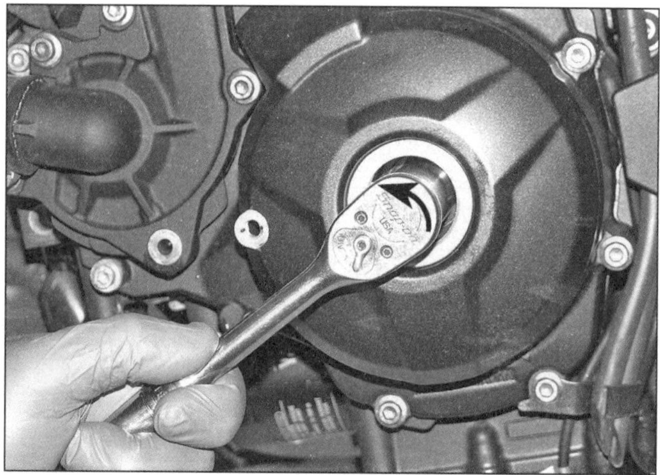

23.8a Drehen Sie die Kurbelwelle ausschließlich gegen den Uhrzeigersinn, ...

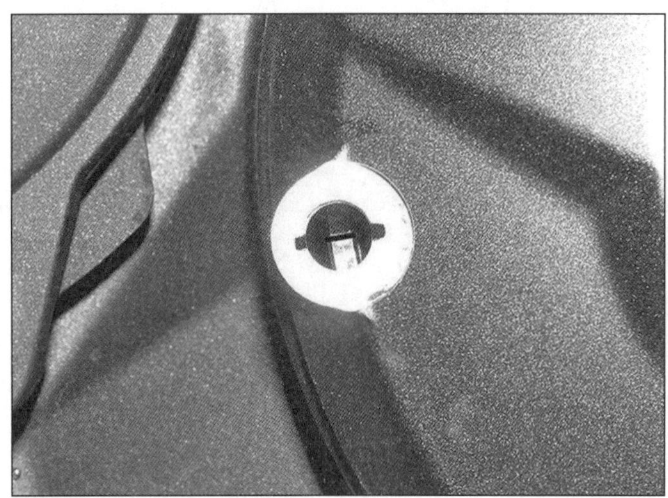

23.8b ... bis die Markierung des Rotors zu den Kerben in der Kontrollschraubenbohrung fluchtet...

23.8c ... und die Nockenspitzen über dem linken Zylinder voneinander weg zeigen.

im oberen Totpunkt (OT) des Verdichtungstaktes steht. Messen Sie das Ventilspiel genauso wie beim ersten Zylinder (Schritt 9).

12 Nachdem die Werte aller Ventile ermittelt worden ist, kann jetzt abgelesen werden, ob es irgendwo außerhalb der Toleranzen ist. Wenn dies der Fall ist, muss das Plättchen (»Shim«) zwischen Tassenstößel und Ventil gegen ein passendes ausgetauscht werden, sodass das Ventilspiel wieder korrekt wird.

13 Das Wechseln eines Shims erfordert den Ausbau der Nockenwellen (siehe Kapitel 2). Legen Sie Lappen über die Zündkerzenbohrungen und den Steuerkettenschacht, um zu verhindern, dass Shims in den Motor fallen.

14 Nachdem die Nockenwellen ausgebaut sind, wird der Tassenstößel des entsprechenden Ventils mit einem kleinen Saugnapf, einem Magneten oder einer vorsichtig eingesetzten Spitzzange entfernt, um das darunter liegende Einstellplättchen sicherzustellen (siehe Abbildungen). Findet sich der Shim nicht im Stößel, so liegt er auf dem Ventil, wo er mit einem Magneten, einem mit Fett versehenen Schraubendreher (an dem er kleben bleiben soll) oder einem sehr kleinen Schraubenzieher abgehebelt und mit einer Zange abgenommen werden kann (Abbildung 23.17a). Passen Sie auf, dass der Shim nicht in den Motor fällt.

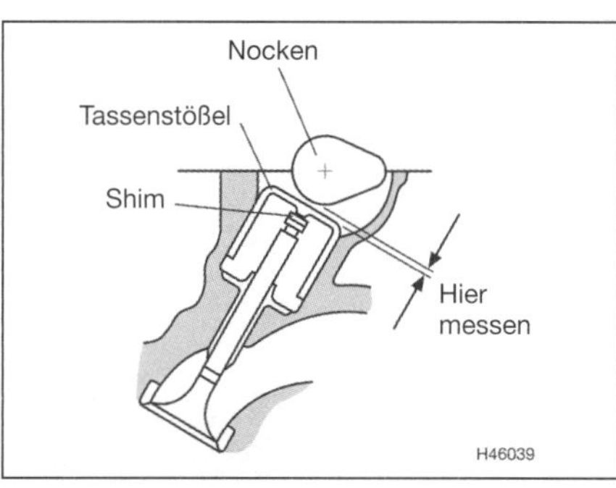

23.9a Führen Sie die Ventilspiel-Kontrolle...

23.9b ... mit einer Fühlerlehre durch.

1

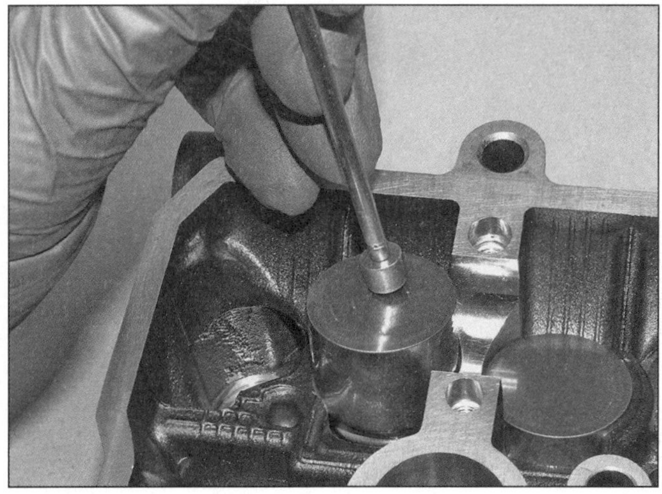

23.14a Heben Sie den Tassenstößel heraus,...

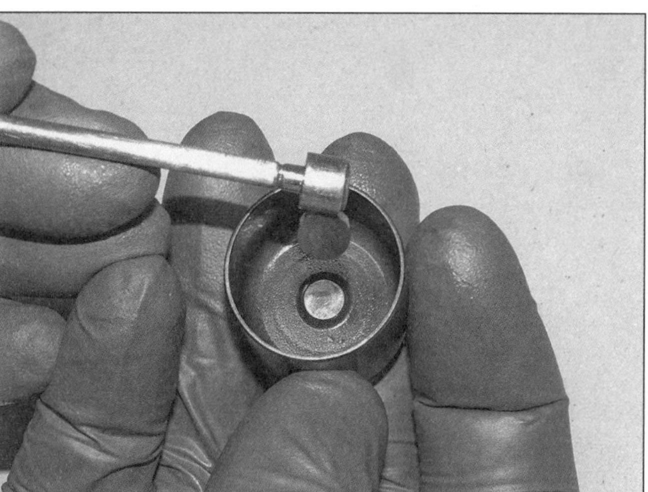

23.14b ... und befreien Sie den Shim.

15 Messen Sie mithilfe einer Bügelmessschraube die Stärke des vorhandenen Shims (siehe Abbildung) – sie sollte auch auf dessen Oberseite markiert sein. Ein beispielsweise mit »175« markierter Shim hat eine Stärke von 1,75 mm. Ist keine Markierung sichtbar – und um sicherzugehen, dass das Plättchen nicht verschlissen ist – sollte es auf jeden Fall nachgemessen werden.

16 Falls das gemessene Ventilspiel über dem oberen Toleranzwert liegt, muss ein dickerer Shim beschafft werden; bei zu geringem Ventilspiel wird ein dünnerer Shim benötigt. Errechnen Sie, wie viel dicker oder dünner der neue Shim sein muss, um das Ventilspiel wieder in die Vorgaben zu bringen. Yamaha bietet Shims von 1,50 bis 2,40 mm in Steigerungen von 0,05 mm an. Wenn beispielsweise das gemessene Spiel eines Einlassventils 0,25 mm beträgt, hat das Ventil 0,1 mm mehr Spiel als vorgegeben (Mittelwert zwischen 0,11 und 0,20 mm: 0,15 mm). Beschaffen Sie einen neuen Shim, der 0,1 mm stärker ist als der vorhandene. Falls die benötigte Stärke nicht zu einer lieferbaren Größe passt, muss auf- oder abgerundet werden, um das Spiel möglichst nahe an den Mittelwert zu bringen.

17 Besorgen Sie sich das entsprechende Ersatz-Plättchen, schmieren Sie es mit einem Gemisch aus gleichen Teilen Molybdän-Fett und Motoröl und installieren Sie es mit der Markierung nach oben in den Ventilfederteller (siehe Abbildung). Überprüfen Sie, ob der Shim korrekt sitzt, und schmieren Sie den Tassenstößel mit einem Gemisch aus gleichen Teilen Molybdän-Fett und Motoröl, bevor Sie ihn senkrecht über das Ventil setzen (siehe Abbildung). Wiederholen Sie diesen Prozess bei allen anderen infrage kommenden Ventilen. Montieren Sie anschließend die Nockenwellen (siehe Kapitel 2).

18 Drehen Sie die Kurbelwelle einige Male (gegen Uhrzeigersinn), damit sich alle Plättchen setzen, und kontrollieren Sie das Ventilspiel erneut.

19 Montieren Sie den Ventildeckel (siehe Kapitel 2)

20 Installieren Sie die Steuerzeiten-Inspektionsschraube mit einer neuen Dichtscheibe und ziehen Sie sie mit 15 Nm an. Fetten Sie den (ggf. neuen) O-Ring des Kurbelwellen-Inspektionsstopfens ein und ziehen Sie den Stopfen mit 10 Nm an (Abbildung 23.6).

21 Montieren Sie alle entfernten Bauteile in der umgekehrten Ausbaureihenfolge.

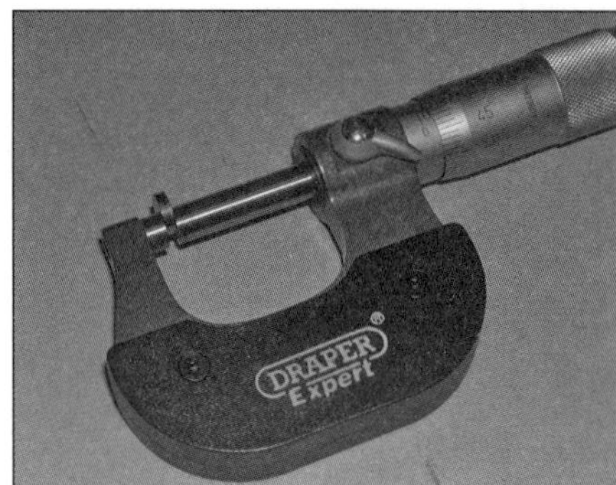

23.15 Messen Sie die Stärke des Shims mithilfe einer Bügelmessschraube.

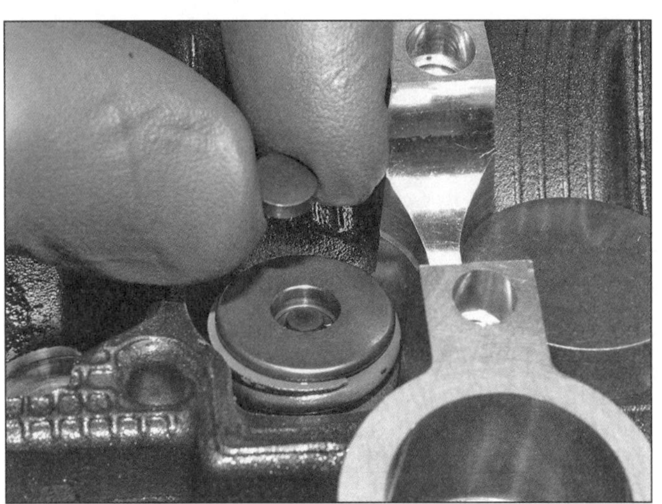

23.17a Setzen Sie den Shim in die Vertiefung des Federtellers...

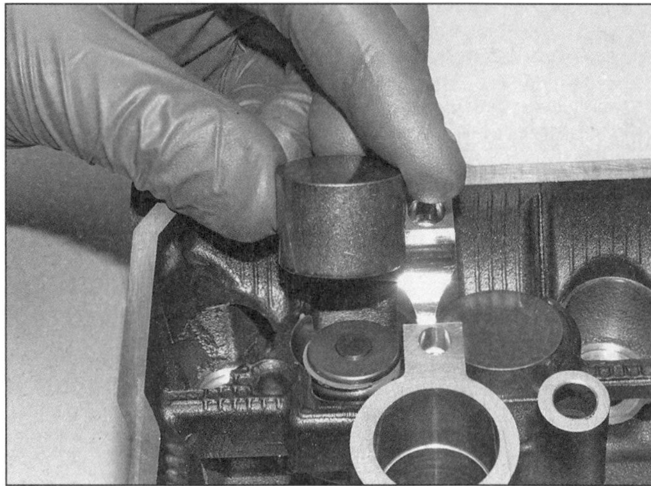

23.17b ...und den Tassenstößel darüber.

Kapitel 2
Motor, Kupplung und Getriebe

Inhalt (in alphabetischer Reihenfolge, die Zahlen geben die Nummerierung in den grauen Feldern wieder)

Allgemeine Informationen ... 1
Anlasser ... siehe Kapitel 8
Anlasserfreilauf und Untersetzung ... 14
Ausgleichswelle und Lager ... 25
Einfahrhinweise ... 30
Getriebeschalter ... siehe Kapitel 8
Getriebewellen – Ausbau und Einbau ... 26
Getriebewellen – Überholen ... 27
Kolben ... 22
Kolbenringe ... 23
Kupplung ... 13
Kupplungszug ... 12
Kurbelwelle und Hauptlager ... 24
Kurbelwellen- und Pleuelfußlager – Allgemeine Information ... 20
Kurbelwellensensor ... siehe Kapitel 4
Lichtmaschine ... siehe Kapitel 8
Motor – Ausbau und Einbau ... 4
Motor – Verschleißbestimmung ... 3
Motorbauteile – Zugang ... 2
Motorgehäuse – Trennen und Zusammenbauen ... 19
Motorgehäusehälften und Zylinderbohrungen ... 29
Motoröl- und Filterwechsel ... siehe Kapitel 1
Motorüberholung – Allgemeine Informationen ... 5
Nockenwellen und Tassenstößel ... 8
Ölkühler ... 16
Öldruckschalter ... siehe Kapitel 8
Ölpumpe ... 18
Ölwanne und Ansaugsieb ... 17
Ölstandkontrolle ... siehe *Tägliche Kontrollen*
Pleuel und Pleuellager ... 21
Schaltmechanismus ... 15
Schaltwalze und Schaltgabeln ... 28
Steuerkette, Spannerschiene und vordere Führungsschiene ... 9
Steuerkettenspanner ... 7
Ventildeckel ... 6
Ventilspiel-Kontrolle ... siehe Kapitel 1
Wasserpumpe ... siehe Kapitel 3
Zündkerzen ... siehe Kapitel 1
Zylinderkopf – Ausbau und Einbau ... 10
Zylinderkopf und Ventile – Überholen ... 11

Schwierigkeitsgrade

Leicht. Für Anfänger mit wenig Erfahrung geeignet.	**Relativ leicht.** Für Anfänger mit etwas Erfahrung geeignet. 	**Relativ schwierig.** Geeignet für geübte Selbstschrauber. 	**Schwer.** Geeignet für Selbstschrauber mit viel Erfahrung. 	**Sehr schwer.** Geeignet für Experten und Profis.

Technische Daten

Allgemeines

Typ	Viertakt-Reihendreizylindermotor
Hubraum	847 cm³
Bohrung	78,0 mm
Hub	59,1 mm
Verdichtungsverhältnis	11,5 : 1
Zylindernummerierung	Nr. 1 – links; Nr. 2 – Mitte; Nr. 3 – rechts
Ventiltrieb	Steuerkette, 2 Nockenwellen (DOHC), Tassenstößel, jeweils 4 Ventile
Kühlung	Wasserkühlung
Kupplung	Mehrscheiben-Nasskupplung
Getriebe	6 Gänge in konstantem Eingriff
Endantrieb	Dichtringkette

Nockenwellen	**Standard**	**Verschleißgrenze**
Nockenhöhe		
Einlassnockenwelle	36,29 bis 36,39 mm	36,19 mm (min.)
Auslassnockenwelle	35,72 bis 35,82 mm	35,62 mm (min.)
Wellenzapfen-Durchmesser	24,459 bis 24,472 mm	
Lagerschild-Durchmesser	24,500 bis 24,521 mm	
Nockenwellen-Lagerspiel	0,028 bis 0,062 mm	0,080 mm (max.)
Nockenwellen-Verzug	0,03 mm (max.)	

Zylinderkopf

Verzug	0,10 mm (max.)

Ventile, Führungen und Federn

	Standard	Verschleißgrenze
Ventilspiel	siehe Kapitel 1	
Einlassventile		
Ventilschaftdurchmesser	4,475 bis 4,490 mm	4,445 mm (min.)
Ventilführungs-Innendurchmesser	4,500 bis 4,512 mm	4,542 mm (max.)
Spiel zwischen Schaft und Bohrung	0,010 bis 0,037 mm	0,08 mm (max.)
Ventilschaft-Verzug		0,01 mm (max.)
Ventilsitz-Breite	0,9 bis 1,1 mm	1,6 mm (max.)
Ventilfedern – freie Länge	39,3 mm	37,34 mm (min.)
Ventilfeder-Verzug	1,7 mm (max.)	
Auslassventile		
Ventilschaftdurchmesser	4,460 bis 4,475 mm	4,430 mm (min.)
Ventilführungs-Innendurchmesser	4,500 bis 4,512 mm	4,542 mm (max.)
Spiel zwischen Schaft und Bohrung	0,025 bis 0,052 mm	0,10 mm (max.)
Ventilschaft-Verzug	0,01 mm (max.)	
Ventilsitz-Breite	1,1 bis 1,3 mm	1,8 mm (max.)
Ventilfedern – freie Länge	37,78 mm	35,9 mm (min.)
Ventilfeder-Verzug	1,6 mm (max.)	

Zylinderbohrungen

	Standard	Verschleißgrenze
Durchmesser	78,00 bis78,01 mm	
Ovalität	0,05 mm (max.)	
Kegelförmigkeit	0,05 mm (max.)	
Spiel zwischen Kolben und Zylinder	0,010 bis 0,035 mm	0,15 mm (max.)
Zylinderkompression bei 680/min	15,3 bar	17,1 bar (max.), 13,3 bar (min.)

Kolben

	Standard	Verschleißgrenze
Durchmesser (12 mm über unterem Rand, 90° zum Kolbenbolzen)	77,975 bis 77,990 mm	
Spiel zwischen Kolben und Zylinder	0,010 bis 0,035 mm	0,15 mm (max.)
Kolbenbolzen-Durchmesser	16,990 bis 16,995 mm	16,970 mm (min.)
Kolbenbolzen-Bohrung im Kolben	17,002 bis 17,013 mm	17,043 mm (max.)
Spiel zwischen Kolbenbolzen und Kolben	0,007 bis 0,023 mm	0,073 mm (max.)

Kolbenringe

	Standard	Verschleißgrenze
Oberer Kompressionsring		
Typ	Fassförmig	
Stoßspiel (eingebaut)	0,15 bis 0,25 mm	0,50 mm (max.)
Spiel in Kolbennut	0,03 bis 0,065 mm	0,115 mm (max.)
Zweiter Kompressionsring		
Typ	Kegelförmig	
Stoßspiel (eingebaut)	0,30 bis 0,45 mm	0,8 mm (max.)
Spiel in Kolbennut	0,02 bis 0,055 mm	0,115 mm (max.)
Ölabstreifring		
Stoßspiel (eingebaut)	0,10 bis 0,40 mm	

Kupplung (MT-09 und Tracer bis 2016)

	Standard	Verschleißgrenze
Belagscheiben		
Anzahl		
Typ 1	7	
Typ 2	2	
Stärke (Typ 1 und 2)	2,92 bis 3,08 mm	2,82 mm
Stahlscheiben		
Anzahl	8	
Stärke	1,9 bis 2,1 mm	
Verzug		0,1 mm (max.)
Kupplungsfedern – freie Länge	52,5 mm	49,9 mm (min.)

Kupplung (MT-09 und Tracer ab 2017, XSR)

	Standard	Verschleißgrenze
Belagscheiben		
Anzahl		
Typ 1	3	
Typ 2	6	
Stärke (Typ 1 und 2)	2,92 bis 3,08 mm	2,82 mm

Stahlscheiben		
Anzahl		
Typ 1	1	
Typ 2	7	
Stärke		
Typ 1	2,2 bis 2,4 mm	
Typ 2	1,9 bis 2,1 mm	
Verzug		0,1 mm (max.)
Kupplungspaket (alle Scheiben) – Stärke	42,7 bis 43,5 mm	
Kupplungsfedern – freie Länge	45,23 mm	42,97 mm (min.)

Schmiersystem

	Standard	Verschleißgrenze
Öldruck (Öltemperatur: 96 °C)	2,3 bar bei 5000/min	
Ölpumpe		
Spiel zwischen Innenrotorspitze und Außenrotor	unter 0,12 mm	0,20 mm
Spiel zwischen Außenrotor und Gehäuse	0,09 bis 0,15 mm	0,21 mm

Kurbelwelle und Hauptlager

Hauptlager-Spiel	0,014 bis 0,038 mm
Kurbelwellen-Verzug (max.)	0,03 mm

Ausgleichswelle und Lager

Lagerspiel	0,024 bis 0,048 mm
Ausgleichswellen-Verzug (max.)	0,03 mm

Pleuelstangen

Spiel zwischen Pleuel und Hubzapfen	0,027 bis 0,051 mm

Getriebe-Untersetzung (Anzahl der Zähne)

Primäruntersetzung	1,681 zu 1 (79/47)
Enduntersetzung	2,813 zu 1 (45/16)
1. Gang	2,667 zu 1 (40/15)
2. Gang	2,000 zu 1 (38/19)
3. Gang	1,619 zu 1 (34/21)
4. Gang	1,381 zu 1 (29/21)
5. Gang	1,190 zu 1 (25/21)
6. Gang	1,037 zu 1 (28/27)
Getriebewellen-Verzug (max.)	0,08 mm

Schaltmechanismus

Schaltgabelachsen-Verzug (max.)	0,05 mm
Schaltgabeln – Stärke der Gabel-Enden	5,76 bis 5,89 mm

Anzugsdrehmomente

	Nm
Anlasserfreilauf-Schrauben	32
Fußrastenträger-Schrauben	55
Getriebeeingangswellen-Lagersitzschrauben	12
Kupplungsdeckel-Schrauben	12
Kupplungsfeder-Schrauben	10
Kupplungsmutter	125
Kurbelwellen-Inspektionsstopfen	10
Lichtmaschinendeckel-Schrauben	12
Motorgehäuseschrauben (siehe Sektion 19)	
M8-Schrauben	
Nr. 1 bis 6	
Schritt 1	25
Schritt 2	15
Schritt 3	um 60° weiter
Nr. 7 und 8	
Schritt 1	25
Schritt 2	18
Schritt 3	um 60° weiter
M6-Schrauben	10
Motorhalterungen	45
Motorhalterungs-Einstellhülsen	7

Nockenwellenhalter-Schrauben	10
Nockenwellenritzel-Schrauben	24
Ölansaugsieb-Schrauben	10
Ölfilterbolzen	70
Ölkanalstopfen	8
Ölkühler-Bolzen (bis 2016)	35
Ölkühler-Schrauben (ab 2017)	10
Ölpumpen-Befestigungsschrauben	10
Ölpumpendeckel-Schrauben	4
Ölpumpenritzel-Schraube	15
Ölwannenschrauben	10
Pleuelfußschrauben	
Schritt 1	20
Schritt 2 (siehe Sektion 21)	um 180° weiter
Rahmen-Distanzstück/Hauptständerträger-Schraube	12
Schaltgabelachsen-Halteplattenschrauben	10
Schalthebelrückholfeder-Arretierstift	22
Schwingenbolzen-Mutter	110
Steuerkettendeckel-Schrauben	12
Steuerkettenhalter-Schrauben	10
Steuerkettenspanner-Befestigungsschrauben	10
Steuerkettenspanner-Verschlussschraube	7
Steuerzeiten-Inspektionsschraube	15
Ventildeckelschrauben	10
Zylinderkopfschrauben (siehe Sektion 10)	
Modelle bis 2016	
M9-Schrauben	
Schritt 1	25
Schritt 2	16
Schritt 3	um 90° weiter
M6-Schrauben	10
Modelle ab 2017	
M9-Schrauben	
Schritt 1	20
Schritt 2	30
Schritt 3	17
Schritt 4	um 120° weiter
M6-Schrauben	10

1 Allgemeine Informationen

1 Im Zylinderkopf des wassergekühlten Reihen-Dreizylindermotors werden je vier Ventile pro Zylinder über zwei obenliegende Nockenwellen und Tassenstößel betätigt. Die Nockenwellen werden rechts von der Kurbelwelle über eine Kette angetrieben. Das aus Leichtmetall bestehende Motorgehäuse ist horizontal geteilt.

2 Der Motor wird über ein Nasssumpfsystem mit einer hinter der Kupplung per Kette angetriebenen Doppelrotorpumpe geschmiert. Das Motoröl fließt durch einen vorne am Motor sitzenden, vom Kühlwasser durchströmten Ölkühler und den daneben sitzenden Ölfilter. Das Schmiersystem beinhaltet ein Überdruckventil und einen Ölpegel-Sensor – einen Öldruckschalter gibt es nicht.

3 Auf dem linken Kurbelwellenstumpf sitzt die Lichtmaschine, dahinter befindet sich der Anlasserfreilauf.

4 Die per Seilzug betätigte Mehrscheibenkupplung wird über Zahnräder von der Kurbelwelle angetrieben. Von hier aus wird die Eingangswelle des Sechsgang-Getriebes angetrieben. Der Antrieb des Hinterrades erfolgt über Kettenräder und eine Dichtringkette.

5 Eine links am Motor sitzende Wasserpumpe wälzt das Kühlmittel um.

2 Motorbauteile
Zugang

Arbeiten, die bei eingebautem Motor möglich sind:

1 Die unten aufgelisteten Komponenten und Teile können demontiert werden, ohne dass der Motor aus dem Rahmen gebaut werden muss. Wenn jedoch mehrere dieser Arbeiten zugleich ausgeführt werden müssen, empfiehlt es sich, den Motor dafür auszubauen.

- Ventildeckel
- Nockenwellen
- Steuerkette samt Schienen
- Zylinderkopf
- Wasserpumpe und Thermostat
- Kupplung
- Schaltmechanismus
- Lichtmaschine und Anlasserfreilauf
- Anlasser
- Kurbelwellensensor
- Ölfilter und Ölkühler
- Ölwanne und Ansaugsieb,
- Ölpumpe und Überdruckventil

Arbeiten, die den Ausbau des Motors erfordern:

2 Für den Zugang zu folgenden Komponenten muss der Motor aus dem Rahmen genommen und die Gehäusehälften getrennt werden:

- Kurbelwelle und Lager
- Ausgleichswelle und Lager
- Pleuel und Pleuelfußlager
- Zylinderbohrungen, Kolben und Kolbenringe
- Getriebewellen
- Schaltwalze und -Gabeln

3 Motor
Verschleißbestimmung

⚠ *Warnung: Seien Sie bei Arbeiten am heißen Motor sehr vorsichtig – die Auspuffanlage, der Motor und das Motoröl können sehr heiß sein.*

1 Geringe Motorleistung, Auspuffqualm, starker Ölverbrauch und schlechtes Startverhalten können die Folge mangelnder Kompression sein. Diese kann unter anderem durch undichte Ventile, eine leckende Zylinderkopfdichtung sowie Verschleiß an Kolben, den Kolbenringen und Zylinderbohrungen hervorgerufen werden. Eine Kompressionsprüfung kann helfen, die Ursache zu finden; zudem lassen sich damit übermäßige Kohleablagerungen ermitteln. Ein spezieller Druckverlust-Tester (fragen Sie Ihren Yamaha-Händler) kann helfen, die Gründe einzugrenzen.

Zylinderkompressionstest

Spezialwerkzeug: *Für diese Arbeit wird ein Kompressionsprüfer mit einem Adapter für 10 mm-Zündkerzengewinde benötigt. Beim Yamaha-Händler sind unter den Teilenummern 90890-03081 ein Druckprüfgerät und unter 90890-04136 ein passender Adapter erhältlich. Je nach Ergebnis des ersten Tests kann es nötig werden, für weitere Kontrollen eine Öl-Spritzflasche zu beschaffen.*

2 Vor dem Durchführen des Tests muss sichergestellt werden, dass das Ventilspiel in Ordnung ist (siehe Kapitel 1).
3 Starten Sie den Motor, lassen Sie ihn Betriebstemperatur erreichen, schalten Sie ihn dann ab.
4 Entfernen Sie die Zündkerzen (siehe Kapitel 1, Sektion 6). Verbinden Sie den korrekten Gewindeadapter mit dem Schlauch des Kompressionsprüfers (siehe Abbildung).
5 Stecken Sie die Zündkerzen wieder in ihre Kerzenstecker und halten Sie ihr Gewinde am Motorgehäuse an Masse.

Achtung: Halten Sie die Zündkerzen nicht in die Nähe ihrer Bohrungen, damit kein austretendes Benzin/Luftgemisch entzündet wird!

6 Drehen Sie den Prüfgerät-Adapter in die erste Zündkerzenbohrung (siehe Abbildung).
7 Schalten Sie die Zündung ein und den Killschalter auf RUN, öffnen Sie vollständig den Gasgriff und drehen Sie den Motor mit dem Anlasser solange durch, bis sich das Messgerät nach ein paar Kurbelwellenumdrehungen auf einen Wert stabilisiert, der den maximalen Druck angibt (siehe Abbildung). Notieren Sie den gemessenen Wert und wiederholen Sie die Messungen an den anderen Zylindern. Schalten Sie anschließend die Zündung wieder aus.
8 Vergleichen Sie die Ergebnisse mit den Angaben in den technischen Daten (Zylinderbohrungen). Wenn die Ergebnisse innerhalb der Vorgaben liegen, ist der Motor in diesen Bereichen in Ordnung.
9 Liegt der Zylinderdruck eines Zylinders deutlich unter den Vorgaben, kann dies an Verschleiß an der Zylinderbohrung, den Kolbenringen oder dem Kolben liegen, außerdem an einer defekten Zylinderkopfdichtung, lockeren Zylinderkopfschrauben oder undichten Ventilen. Um die Ursache näher einzugrenzen, wird etwas Motoröl durch die Zündkerzenbohrung in den Brennraum gespritzt, um die Kolbenringe gegen den Zylinder abzudichten, dann wird der Kompressionstest wiederholt – liegt das Ergebnis deutlich höher, sind der Zylinder, der Kolben und/oder die Ringe verschlissen. Bleibt die Kompression niedrig, wird wahrscheinlich eine defekte Zylinderkopfdichtung, ein lockerer Kopf oder ein undichtes Ventil der Grund sein, bei extrem niedrigen Werten sind aber auch ein Loch im Kolben oder ein gebrochener Kolbenring mögliche Gründe.

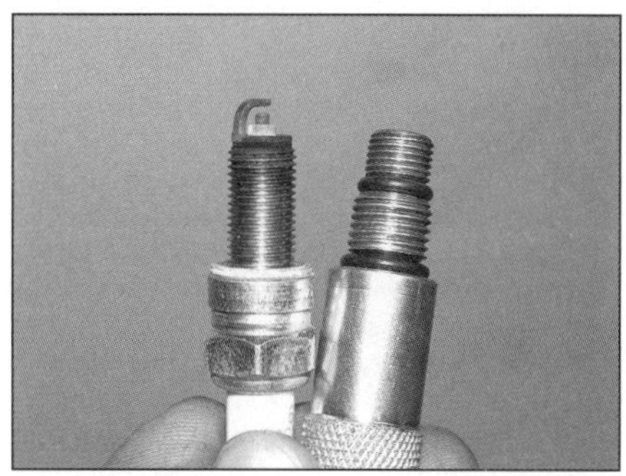
3.4 Wählen Sie den korrekten Adapter.

10 Drücke über den Vorgaben sind dank sauber verbrennender moderner Kraftstoffe unwahrscheinlich, würden allerdings auf massive Ölkohleablagerungen im Brennraum hinweisen. In diesem Fall muss der Zylinderkopf demontiert werden, um die Ablagerungen vom Kolben, aus dem Kopf und von den Ventilen entfernen zu können (siehe Sektion 11).
11 Nach Beendigung des Tests können die Zündkerzen wieder installiert werden (siehe Kapitel 1).

Druckverlust-Test

12 Ein Druckverlust-Test ähnelt einer Kompressionsprüfung, gibt aber auch Hinweise darauf, wie viel Druck durch Lecks verloren geht. Viele Werkstätten ziehen einen Druckverlust-Test gegenüber einer Kompressionsprüfung vor, da hierdurch gezielter auf Probleme hingewiesen wird, sodass nach einer Zerlegung leichter gegen die Ursachen vorge-

3.6 Drehen Sie den Prüfgerät-Adapter in die erste Zündkerzenbohrung des Zylinderkopfs.

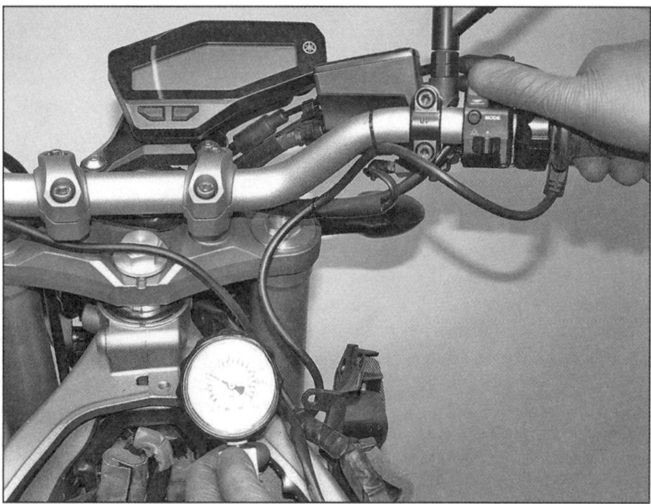
3.7 Ermitteln der Zylinderkompression

gangen werden kann. Die erforderliche Ausrüstung ist allerdings teurer als ein Kompressionsprüfer, zudem wird eine Druckluftquelle benötigt. Richten Sie sich bei der Durchführung des Tests ggf. nach der Bedienungsanleitung des Prüfgeräts – oder lassen Sie ihn von einer entsprechend ausgerüsteten Fachwerkstatt durchführen.

13 Ein Druckverlust-Test kann zusammen mit einer Kompressionsprüfung durchgeführt werden, um andere Probleme zu diagnostizieren – darunter schadhafte Komponenten des Ventiltriebs, unkorrekte Steuerzeiten oder Defekte am Zünd- und Einspritzsystem.

Öldruck-Kontrolle

Anmerkung: *Für diesen Test ist ein Öldruckprüfer samt 16-mm-Adapter für den Ölkanalstopfen erforderlich. Beim Yamaha-Händler sind unter den Teilenummern 90890-03153 ein Druckprüfgerät und unter 90890-03139 ein passender Adapter erhältlich.*

14 Besteht irgendein Zweifel über die Funktion des Schmiersystems, muss eine Öldruck-Kontrolle durchgeführt werden. Dieser Check liefert nützliche Informationen über den Verschleiß im Motor.

Anmerkung: *Diese Motoren sind mit einem Ölpegel-Sensor samt Warnlampe für niedrigen Pegel ausgerüstet, aber nicht mit einem Öldruckschalter samt Warnlampe für geringen Druck. Die Funktion des Sensor-Stromkreises ist in Kapitel 8 beschrieben.*

15 Kontrollieren Sie den Ölpegel und füllen Sie ggf. Öl nach (siehe *Tägliche Kontrollen*).

16 Starten Sie den Motor, lassen Sie ihn Betriebstemperatur erreichen, schalten Sie ihn dann ab. Stützen Sie das Motorrad mit dem Seitenständer ab.

17 Stellen Sie einen geeigneten Sammelbehälter rechts unter den Motor. Lösen Sie den Ölkanalstopfen und ersetzen Sie ihn durch den Adapter; schließen Sie daran den Druckprüfer an (siehe Abbildungen).

Warnung: Verbrennen Sie sich nicht die Hände am heißen Öl, dem Motorgehäuse oder der Auspuffanlage. Lassen Sie den Motor nicht in einem geschlossenem Raum laufen, sondern führen Sie den Test im Freien oder mit einer geeigneten Absauganlage durch.

18 Starten Sie den Motor, erhöhen Sie die Drehzahl auf 5000/min und beobachten Sie dabei das Messgerät – es müssen etwa 2,3 bar festgestellt werden.

19 Schalten Sie den Motor ab.

20 Rüsten Sie den Ölkanalstopfen mit einem neuen O-Ring aus und schmieren Sie diesen mit Motoröl.

21 Entfernen Sie das Prüfgerät und den Adapter und installieren Sie den Ölkanalstopfen – ziehen Sie ihn mit 8 Nm an. Kontrollieren Sie den Ölpegel (siehe *Tägliche Kontrollen*).

22 Falls der Öldruck deutlich unter 2,3 bar liegt, ist entweder das Ansaugsieb oder der Ölfilter verstopft, das offene Überdruckventil klemmt, die Ölpumpe oder ihr Antrieb ist defekt oder es liegt ein anderer Motorschaden vor. Beginnen Sie die Diagnose mit der Kontrolle des Ölfilters (siehe Kapitel 1), des Ansaugsiebs und des Überdruckventils; kontrollieren Sie anschließend die Ölpumpe (Sektionen 17 und 18). Wenn bis hierher alles in Ordnung ist und alle Ölkanäle frei sind, muss der Motor zerlegt werden, um das Spiel aller Gleitlager zu überprüfen und den Motor ggf. grundlegend zu überholen.

23 Falls der Öldruck zu hoch ist, kann ein Ölkanal oder der Ölfilter verstopft sein, das Überdruckventil im geschlossenen Zustand klemmen oder eine falsche Ölviskosität verwendet worden sein.

24 Lösen Sie vor dem nächsten Start des Motors alle Probleme – beachten Sie die entsprechenden Sektionen dieses Kapitels.

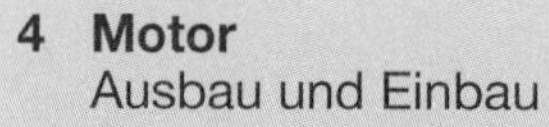

4 Motor
Ausbau und Einbau

Warnung: Der Motor ist sehr schwer. Der Ein- und Ausbau des Motors sollte immer mit der Hilfe mindestens eines Assistenten ausgeführt werden. Ein herunterfallender oder abrutschender Motor kann zu Verletzungen führen und Beschädigungen zur Folge haben. Zur Abstützung und zum Anheben/Absenken des Motors sollte eine mechanische oder hydraulische Hebevorrichtung verwendet werden. Um das Gewicht des Motors vor dem Ausbau zu reduzieren, sollten gut zugängliche Komponenten wie die Kupplung, die Lichtmaschine und der Anlasser demontiert werden.

3.17 Ölkanalstopfen

Ausbau

Anmerkung: *Falls der Motor für eine Überholung ausgebaut wird, empfiehlt es sich, zuvor den Lichtmaschinenbolzen sowie die Kupplungsmutter noch bei eingebautem Motor zu lockern (sie sitzen sehr fest und der Motor muss beim Lösen sicher gehalten werden) –*

4.12a Trennen Sie die Stecker des Getriebeschalters, . . .

4.12b . . . des Ölpegelsensors, . . .

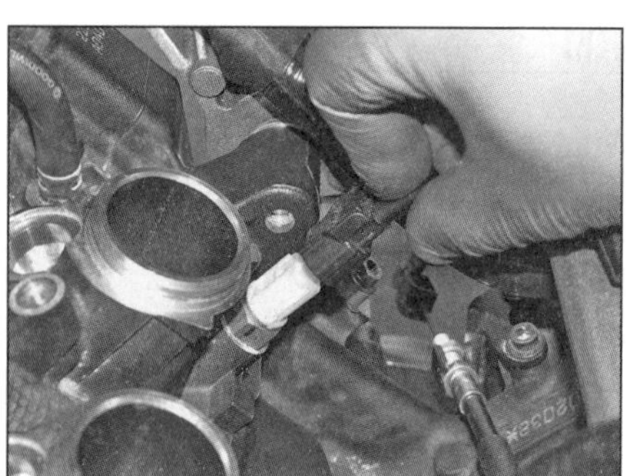

4.12c . . . des Temperatursensors . . .

4.12d . . . und ggf. des Geschwindigkeitssensors.

4.15 Lösen Sie die Mutter des Anlasserkabels.

4.16 Lösen Sie die Anlasser-Befestigungs- und Massekabel-Schraube, um das Kabel zu befreien.

beachten Sie für die Lichtmaschine die Hinweise in Kapitel 8 und für die Kupplung die Sektion 13.

1 Stützen Sie das Motorrad auf einer ebenen Fläche mit geeigneten Hilfsmitteln aufrecht ab – die Tracer kann nicht auf dem Hauptständer gestellt werden, da dieser demontiert werden muss. Ziehen Sie den Bremshebel mit einem Gummiband gegen den Lenker, damit die Maschine nicht nach vorne rollen kann. Die Arbeit kann erleichtert werden, wenn die Maschine mithilfe einer Rampe oder Bühne auf eine bessere Höhe gebracht wird. Das Motorrad muss sicher stehen und darf nicht nach vorne überkippen (beachten Sie die *Werkzeug- und Werkstatt-Tipps* im Anhang). Bevor Kabel, Züge und Leitungen getrennt werden, sollten sie markiert und ihre Verlegung sowie mögliche Befestigungspunkte notiert werden, um den Zusammenbau zu erleichtern.
2 Bauen Sie die Batterie aus (siehe Kapitel 8).
3 Falls der Motor – speziell an seinen Aufhängungen – verschmutzt ist, muss er zuerst gründlich gereinigt werden. Hierdurch wird nicht nur die Arbeit erleichtert, sondern auch ausgeschlossen, dass abfallender Schmutz hineingeraten kann.

4.19a Lösen Sie rechts den mittleren...

4.19b ...und den vorderen Motorbolzen.

4 Lassen Sie das Motoröl und das Kühlmittel ab (siehe Kapitel 1).
5 Demontieren Sie den Tank, das Luftfiltergehäuse, die Drosselklappengehäuse, den Druckspeicher und die Einspritzdüsen (siehe Kapitel 4). Verstopfen Sie die Einlasskanäle mit sauberen Lappen.
6 Entfernen Sie Kühlmittel-Ausgleichsbehälter und den Kühler samt aller Schläuche (siehe Kapitel 3). Demontieren Sie den Kühler-Halter (Abbildung 10.2).
7 Demontieren Sie bei der Tracer den Hauptständer (siehe Kapitel 5).
8 Demontieren Sie die Auspuffanlage (siehe Kapitel 4).
9 Entfernen Sie das Sekundärluft-Regelventil samt seine Schläuche, demontieren Sie die Zündspulen (siehe Kapitel 4).
10 Entfernen Sie das Motorritzel und heben Sie die Antriebskette von der Getriebewelle (siehe Kapitel 6) – hierzu muss der Schalthebel/Schaltautomat entfernt werden.
11 Befreien Sie den Kupplungszug vom Ausrückmechanismus (siehe Sektion 12).
12 Trennen Sie die Stecker des Getriebeschalters, des Ölpegelsensors und des Temperatursensors; bei Modellen ohne ABS muss auch der Stecker des Geschwindigkeitssensors getrennt werden (siehe Abbildungen).
13 Entfernen Sie links die Heckverkleidung (siehe Kapitel 7). Öffnen Sie unter dem Heck der Tracer die Zugangsklappe zur Regler/Gleichrichter-Einheit (Abbildungen 14.1a und b).
14 Trennen Sie den Lichtmaschinen- und den Kurbelwellensensor-Stecker (Abbildungen 14.4a und b). Führen Sie die Kabel zum Lichtmaschinendeckel zurück, merken Sie sich ihre Verlegung; befreien Sie das Anlasserrelais und die Hauptsicherung, um den Lichtmaschinenstecker hindurchziehen zu können (Abbildung 14.4c).
15 Ziehen Sie am Anlasser die Gummikappe vom Kabelanschluss, lösen Sie die Mutter und befreien Sie das Kabel (siehe Abbildung), um es abseits des Motors zu sichern.
16 Lösen Sie am Anlasser die Schraube, die auch das Massekabel am Motor sichert, und befreien Sie dies (siehe Abbildung).
17 Stellen Sie jetzt eine mechanische oder hydraulische Hebevorrichtung unter den Motor und legen Sie ein Holz darauf, um das Motorgehäuse nicht zu beschädigen. Der Heber muss mittig positioniert sein, sodass der Motor nicht seitlich herunterfällt, nachdem der letzte Bolzen gelöst wurde. Der Heber soll lediglich das Gewicht des Motors aufnehmen (aber nicht das Motorrad anheben), damit keine Belastung auf die Motorbolzen ausgeübt wird und sie leicht herausgezogen werden können.
18 Stellen Sie sicher, dass alle Schläuche und Kabel gelöst sind, die nicht zusammen mit dem Motor ausgebaut werden. Am Motor verbleibende Leitungen dürfen nicht am Rahmen gesichert sein – und am Rahmen verbleibende Teile nicht am Motor.
19 Lösen Sie rechts den mittleren und den vorderen Motorbolzen und entfernen Sie sie samt ihrer Scheiben (siehe Abbildungen).

4.20 Lösen Sie auch links den mittleren und den vorderen Motorbolzen.

20 Lösen Sie links den mittleren und den vorderen Motorbolzen und entfernen Sie sie samt ihrer Scheiben (siehe Abbildung).

21 Lockern Sie die Schwingenbolzenmutter (siehe Abbildung). Lockern Sie rechts die Fußrastenträger-Schraube, lockern Sie bei der MT-09 und der XSR rechts auch die Schraube des Rahmen-Distanzstücks bzw. bei der Tracer die Schraube des Hauptständer-Halters (siehe Abbildung).

22 Lösen Sie rechts die Muttern der oberen und unteren hinteren Motorbolzen, entnehmen Sie oben auch die Scheibe (siehe Abbildung). Entfernen Sie die Schrauben des Fußrastenträgers und des Distanzstücks bzw. des Hauptständer-Halters, schwenken Sie dann das Distanzstück bzw. den Hauptständer-Halter herum, um es/ihn vom unteren Motorbolzen ziehen zu können (siehe Abbildungen).

23 Überprüfen Sie, ob der Motor sicher abgestützt ist; lassen Sie ihn jetzt auch von einem Assistenten halten. Drücken Sie die beiden hinteren Motorbolzen von rechts ein, bis sie tief genug in den Einstellbuchsen sitzen, dass diese gedreht werden können (siehe Abbildung).

24 Zum Herausdrehen der Einstellbuchsen aus dem Motor in den Rahmen werden zwei große Schlitzschraubendreher oder Adapter mit den Maßen 15 x 2,5 mm (für die mittlere Aufnahme) und 12,x 2 mm (für die oberen und unteren hinteren Aufnahmen) benötigt (da die untere Aufnahme sehr tief sitzt, muss das Werkzeug entsprechend lang sein) (siehe Abbildungen).

25 Ziehen Sie den oberen und unteren hinteren Motorbolzen heraus und senken Sie den Motor vorsichtig ab, um ihn nach rechts unter dem Rahmen zu befreien (siehe Abbildung).

Einbau

26 Der Einbau entspricht der umgekehrten Ausbaureihenfolge – beachten Sie dabei folgende Punkte:

- Die drei Einstellhülsen müssen vollständig in den Rahmen geschraubt sein.
- Platzieren Sie den Motor mithilfe eines Assistenten auf den mit Hölzern geschützten He-

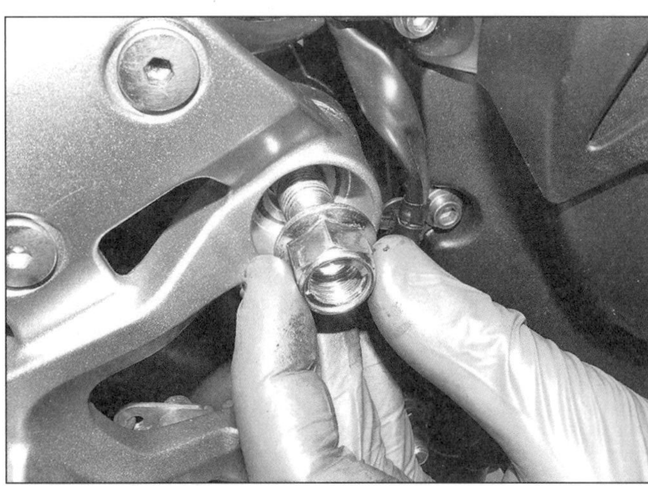

4.21a Lockern Sie die Schwingenbolzenmutter – sie muss nicht entfernt werden.

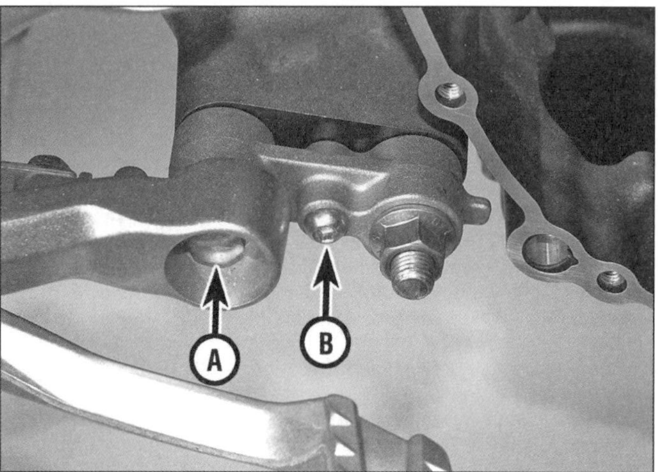

4.21b Lockern Sie rechts die Fußrastenträger-Schraube (A) und die Schraube des Rahmen-Distanzstücks – gezeigt an der MT-09.

4.22a Lösen Sie rechts die Muttern der oberen und unteren hinteren Motorbolzen, entnehmen Sie oben auch die Scheibe.

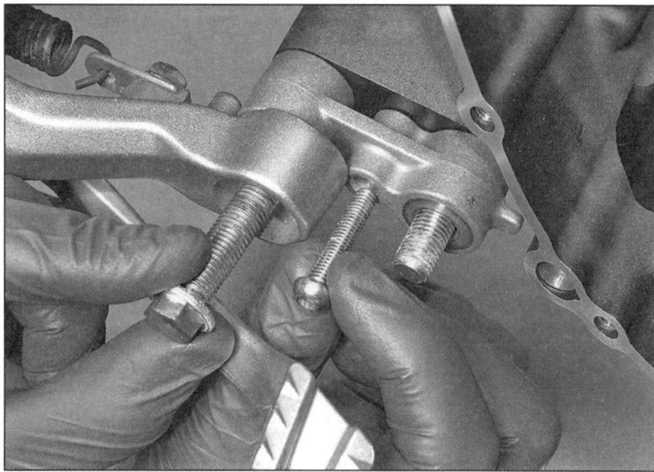

4.22b Lösen Sie die Schrauben...

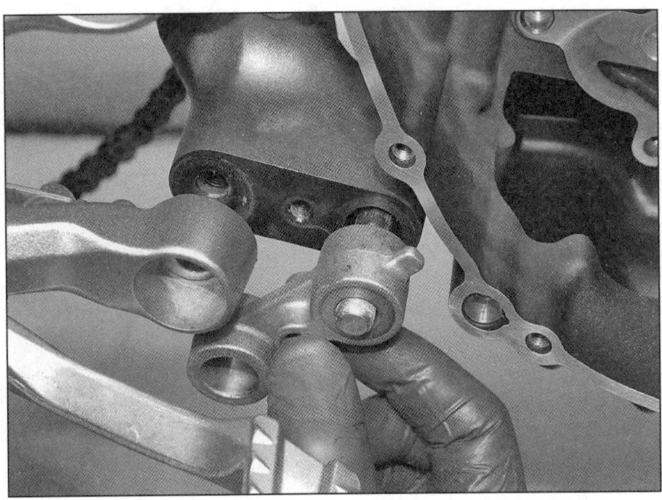

4.22c ...und entfernen Sie das Distanzstück bzw. den Hauptständer-Halter.

4.23 Drücken Sie die beiden hinteren Motorbolzen hinein, bis die Einstellschrauben zugänglich sind.

ber und heben Sie ihn vorsichtig an, bis die Motorbolzen-Aufnahmen zu denen des Rahmens fluchten. Achten Sie darauf, dass keine Kabel oder Schläuche eingeklemmt werden.

- Schieben Sie von links den oberen und unteren hinteren Motorbolzen ein (Abbildung 4.25).
- Installieren Sie links den mittleren und vorderen Motorbolzen sowie rechts den vorderen Motorbolzen samt Scheiben zunächst handfest (Abbildungen 4.20 und 4.19b).
- Ziehen Sie die vordere Einstellhülse und dann die hinteren Einstellhülsen mit 7 Nm an – drücken Sie die hinteren Motorbolzen etwas heraus, um die Werkzeuge ansetzen zu können; schieben Sie die Bolzen anschließend wieder ein (Abbildungen 4.23 sowie 4.24a, b, c und d).
- Installieren Sie rechts das Distanzstück bzw. den Hauptständer-Halter und drehen Sie die beiden Schrauben zunächst handfest ein (Abbildungen 4.22c und b).
- Installieren Sie rechts den mittleren Motorbolzen samt Scheibe zunächst handfest (Abbildung 4.19a).
- Drehen Sie die Muttern auf den oberen und unteren hinteren Bolzen, vergessen Sie oben nicht die Scheibe (Abbildung 4.22a). Kontern Sie den unteren hinteren Bolzen und ziehen Sie die Mutter mit 45 Nm an. Wiederholen Sie dies am oberen Bolzen.
- Ziehen Sie rechts den mittleren Bolzen mit 45 Nm an; es folgen links der mittlere und der vordere Bolzen und schließlich der rechte vordere Bolzen – jeweils ebenfalls mit 45 Nm.
- Reinigen Sie das Gewinde der rechten Fußrastenträger-Schraube und tragen Sie mittelfeste Sicherungspaste auf. Ziehen Sie die Schraube mit 55 Nm und Schwingenbolzen-Mutter mit 110 Nm an, ziehen Sie anschließend die Distanzstück- oder Hauptständerhalter-Schraube mit 12 Nm an (Abbildungen 4.21b und a).
- Alle Kabel, Bowdenzüge und Schläuche müssen korrekt verlegt, gesichert und angeschlossen werden.

4.24a Zum Drehen der Einstellbuchsen werden zwei Werkzeuge mit den Maßen 15 x 2,5 mm und 12 x 2 mm benötigt.

4.24b Mit dem größeren Werkzeug wird die Hülse der mittleren Aufnahme herausgedreht,...

2

4.24c ...während die kleineren Werkzeuge für die obere...

4.24d ...und untere hintere Einstellhülse benötigt werden.

4.25 Ziehen Sie die hinteren Motorbolzen heraus und senken Sie den Motor ab, um ihn nach rechts zu befreien.

- Füllen Sie Motoröl und Kühlmittel auf (siehe Kapitel 1 und *Tägliche Kontrollen*).
- Stellen Sie das Spiel des Kupplungszugs und der Gaszüge ein (siehe Kapitel 1).
- Stellen Sie den korrekten Durchhang der Antriebskette ein (siehe Kapitel 1).
- Starten Sie den Motor und prüfen Sie, ob nirgends Motoröl oder Kühlmittel austreten.

5 Motorüberholung
Allgemeine Informationen

1 Vor einer Überholung müssen alle zugehörigen Arbeitsschritte durchgelesen werden, damit man sich einen Überblick über den Umfang und die Anforderungen der Tätigkeit machen kann. Eine Motorüberholung ist nicht besonders schwierig, dafür aber zeitaufwendig. Prüfen Sie die Verfügbarkeit aller notwendigen Teile und sorgen Sie dafür, dass alle notwendigen Spezialwerkzeuge zugänglich sind.
2 Die meisten Arbeiten können mit der normalen Werkstatt-Ausrüstung durchgeführt werden, doch zur Verschleißermittlung werden zahlreiche Präzisions-Messgeräte benötigt – beachten Sie dazu die Hinweise im Anhang.
3 Um den überholten Motor möglichst problemlos möglichst lange betreiben zu können, muss alles äußerst sorgfältig in einer absolut sauberen Umgebung zusammengebaut werden.

Zerlegen

4 Vor dem Zerlegen des Motors muss dieser ordentlich gereinigt und äußerlich entfettet werden. Hiermit wird einer Verschmutzung der Motorinnereien vorgebeugt und außerdem ein leichteres und sauberes Arbeiten ermöglicht. Mit einem schwer entflammbaren Lösungsmittel (Petroleum) oder besser noch einem speziellen Maschinen-Entfettungsmittel und alten Pinseln oder Zahnbürsten werden die verschiedenen Ecken und Winkel gereinigt. Passen Sie auf, dass kein Lösungsmittel oder Wasser an elektrische Teile oder in die Ein- und Auslasskanäle gerät.

Warnung: Die Verwendung von Benzin als Reinigungsmittel sollte aufgrund des hohen Entzündungsrisikos vermieden werden.

5 Schaffen Sie für den gereinigten und getrockneten Motor ausreichend Platz auf einer sauberen Arbeitsfläche – möglichst einer stabilen Werkbank –, damit alle demontierten Baugruppen bearbeitet werden können. Halten Sie eine Ansammlung von Behältern und Plastiktüten bereit, damit zusammengehörige Einzelteile in übersichtlichen Gruppen gelagert werden können. Papier und Stift sollten für Notizen und Markierungen ebenso vorhanden sein wie ein Vorrat an sauberen und saugfähigen Lappen.
6 Lesen Sie vor Arbeitsbeginn die entsprechende Sektion vollständig durch, um einen Überblick zu erhalten. Beachten Sie, dass bei der Zerlegung der verschiedenen Motorkomponenten nur selten große Kraftanstrengung nötig ist – außer dies ist extra erwähnt. Das Überprüfen des vorgeschriebenen Anzugdrehmoments einer bestimmten Schraube zeigt an, wie fest sie sitzt und wie viel Kraft zum Lösen gebraucht wird. In vielen Fällen, in denen sich Teile hartnäckig weigern, auseinanderzugehen, liegt ein unkorrekter Versuch der Demontage vor. Bei jedem Zweifel sollte im Text nachgelesen werden. Sprühen Sie korrodierte Verbindungen mit Kriechöl ein und lassen Sie es einige Stunden einwirken.
7 Beim Zerlegen des Motors müssen im Motor zusammenarbeitende »Paare« zusammengehalten werden (Kolben mit Ringen und Pleuel, Zahnräder, Ventile mit ihren Komponenten usw.). Diese Paare dürfen nur als Einheit erneuert oder wiederverwendet werden. Es ist hilfreich, eine große Pappe entsprechend des Aufbaus des Motors zu markieren, sodass die Teile darauf entsprechend ihrer Positionen im Motor verteilt werden können.
8 Die Zerlegung der Motor/Getriebe-Einheit sollte nach der folgenden generellen Reihenfolge und unter Berücksichtigung der entsprechenden Sektionen vorgenommen werden:
- Demontieren Sie den Ventildeckel.
- Demontieren Sie den Steuerkettenspanner.
- Demontieren Sie die Nockenwellen.
- Demontieren Sie den Zylinderkopf.
- Demontieren Sie die Kupplung.
- Demontieren Sie den Lichtmaschinenrotor und den Anlasserfreilauf.
- Demontieren Sie den Anlasser (siehe Kapitel 8).
- Demontieren Sie den Schaltmechanismus.
- Demontieren Sie die Wasserpumpe (siehe Kapitel 3).
- Demontieren Sie den Ölkühler.
- Demontieren Sie die Ölwanne.
- Demontieren Sie die Ölpumpe.
- Trennen Sie die Motorgehäusehälften.
- Demontieren Sie die Kurbelwelle.
- Demontieren Sie die Pleuelstangen samt Kolben.
- Demontieren Sie die Ausgleichswelle.
- Demontieren Sie die Getriebeausgangswelle.
- Demontieren Sie die Schaltwalze und die Schaltgabeln.
- Demontieren Sie die Getriebeeingangswelle.

Zusammenbau

9 Der Zusammenbau des Motors erfolgt in der umgekehrten Demontage-Reihenfolge.

6.3a Lösen Sie die vier Schrauben...

6.3b ...und heben Sie den Ventildeckel ab.

6.4 Sekundärluftkanal-Passhülsen

6.5a Kontrollieren Sie alle Dichtungen...

6.5b ...und die Dichtscheiben der Schrauben.

6 Ventildeckel

Ausbau

1 Demontieren Sie den Tank, das Luftfiltergehäuse, die Sekundärluftsystem-Baugruppe und die Zündspulen (siehe Kapitel 4).
2 Entfernen Sie den Kühler (siehe Kapitel 3).
3 Lösen Sie die Ventildeckelschrauben und heben Sie den Deckel vom Zylinderkopf (siehe Abbildungen) – falls er klemmt, muss er rundherum mit einem Kunststoffhammer oder Holzstück gelockert werden. Versuchen Sie nicht, den Deckel mit Gewalt abzuhebeln!
4 Entnehmen Sie die Ventildeckeldichtung und stellen Sie nötigenfalls die drei Passhülsen aus den Sekundärluft-Kanälen sicher (siehe Abbildung).

Einbau

5 Kontrollieren Sie die Ventildeckeldichtung und die Dichtringe der Zündkerzenkanäle auf Beschädigungen oder Porosität und ersetzen Sie sie nötigenfalls (siehe Abbildung). Kontrollieren Sie ebenso die Dichtscheiben der Deckelschrauben auf Verhärtung und Verformung und ersetzen Sie sie nötigenfalls (siehe Abbildung).
6 Reinigen Sie die Dichtflächen des Zylinderkopfes und des Ventildeckels mit geeignetem Lösungsmittel.
7 Drücken Sie die Dichtung in die Nuten des Ventildeckels (Abbildung 6.5a). Falls eine neue Dichtung zwischen dem Steuerketten-Ende und der benachbarten Kerzenkanal-Dichtung mit einem Steg versehen ist, muss dies mit einer scharfen Klinge entfernt werden. Tragen Sie an den erhabenen Sektionen der Dichtung geeignete Dichtmasse auf (siehe Abbildung). Die Passhülsen müssen vollständig in den Sekundärluft-Kanälen stecken.
8 Setzen Sie den Ventildeckel auf den Zylinderkopf – die Dichtung darf nicht verrutschen (Abbildung 6.3b). Installieren Sie ggf. die Dichtscheiben an die Schrauben (Abbildung 6.5b), installieren Sie diese und ziehen Sie sie mit 10 Nm an (Abbildung 6.3a).

6.7 Versehen Sie die erhabenen Sektionen der Dichtung mit Silikon-Dichtmasse.

7.3 Sichern Sie die Steuerkette mit Kabelbinder an den Ritzeln der Nockenwellen.

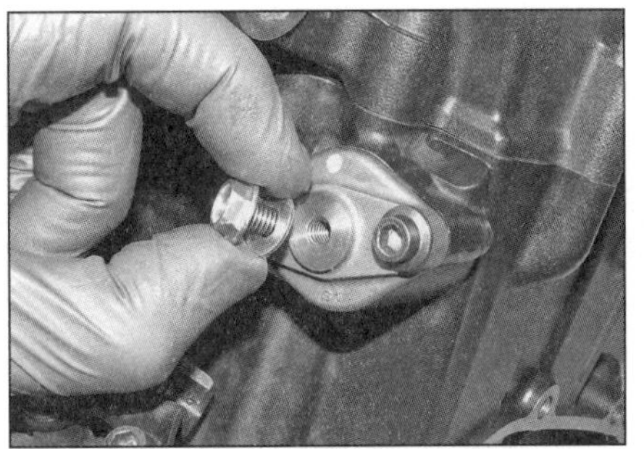
7.4a Entfernen Sie die Verschlussschraube samt Dichtscheibe.

7.4b Lösen Sie schrittweise die Befestigungsschrauben und ziehen Sie den Spanner aus dem Zylinderblock.

2

9 Der Rest des Einbaus entspricht der umgekehrten Ausbaureihenfolge.

7 Steuerkettenspanner

1 Der Steuerkettenspanner sitzt rechts hinten am Zylinderblock (Abbildung 7.4b).

Ausbau

2 Demontieren Sie den Ventildeckel (siehe Sektion 6) und die Zündkerzen (siehe Kapitel 1).
3 Bringen Sie die Nockenwellen in die in Sektion 8, Schritt 3 beschriebenen Positionen. Falls die Nockenwellen nicht ausgebaut werden sollen, muss die Steuerkette mit Kabelbindern an den Ritzeln gesichert werden, damit sie nicht überspringt und dadurch die Steuerzeiten durcheinander bringt (siehe Abbildung).
4 Lösen Sie die (mittige) Verschlussschraube des Steuerkettenspanners (siehe Abbildung) – die Scheibe muss später durch ein Neuteil ersetzt werden. Lösen Sie dann gleichmäßig die zwei Befestigungsschrauben und ziehen Sie den Spanner aus dem Zylinderblock – der Spannerkolben steht unter Federdruck (siehe Abbildung). Die Dichtung muss später erneuert werden (Abbildung 7.7c).

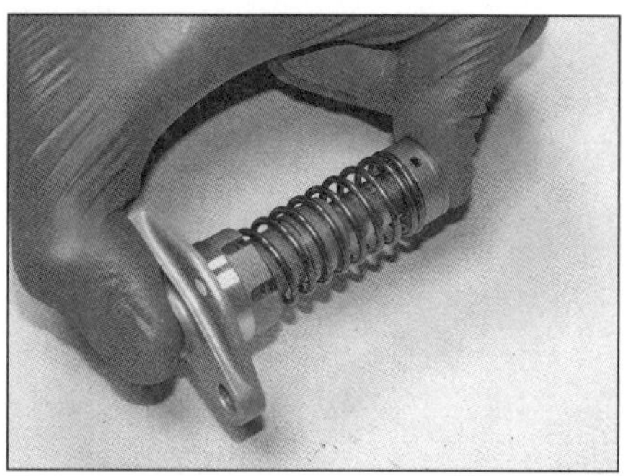

7.5 Der Spannerkolben darf sich nicht ins Spannergehäuse drücken lassen.

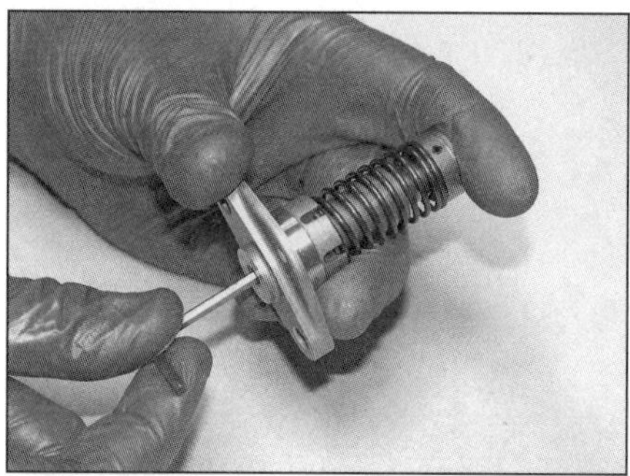

7.7a Ziehen Sie den Spannerkolben mithilfe eines 3er-Inbusschlüssels zurück.

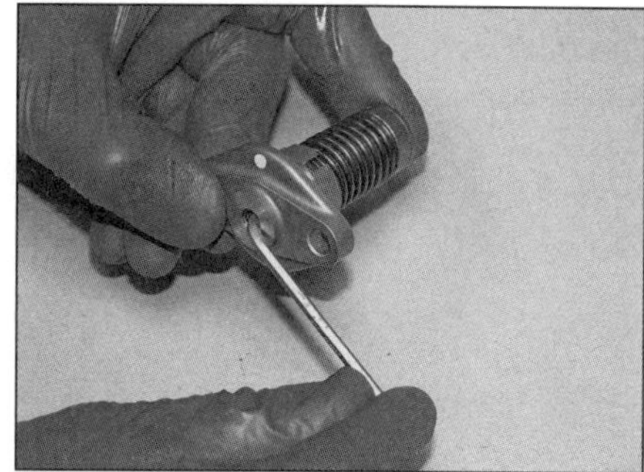

7.7b Halten Sie den eingedrückten Kolben und positionieren Sie den Schlüssel wie gezeigt.

Kontrolle

5 Der Spannerkolben darf sich nicht ins Spannergehäuse drücken lassen (siehe Abbildung) – andernfalls ist der Steuerkettenspanner durch ein Neuteil zu ersetzen. Ziehen Sie den Spanner mithilfe eines links herum gedrehten 3-mm-Inbusschlüssels in das Gehäuse (Abbildung 7.7a) – er muss sich sanft und leichtgängig eindrehen lassen. Halten Sie den Spannerkolben in dieser Position, entfernen Sie den Inbusschlüssel und lassen Sie den Kolben langsam los – er muss sich sanft und frei unter dem Druck der Feder herausbewegen.

Einbau

6 Reinigen Sie die Dichtflächen des Zylinderblocks und des Steuerkettenspanners.

7 Füllen Sie ein paar Tropfen Motoröl in die Bohrung der Verschlussschraube ein. Ziehen Sie den Spannerkolben mithilfe eines links herum gedrehten 3-mm-Inbusschlüssels vollständig in das Gehäuse, halten Sie ihn dort und entfernen Sie den Schlüssel (dies löst den Kolben, der herauskommen will und festgehalten werden muss). Installieren Sie dann das kurze Ende des Inbusschlüssels in den Spanner, halten Sie das lange Ende im gezeigten Winkel und sichern Sie den Schlüssel in dieser Position (siehe Abbildungen). Rüsten Sie den Spanner mit einer neuen Dichtung aus, deren hervorstehende Lasche nach links zeigen muss. Installieren Sie den Spanner mit nach oben zeigender Markierung und ziehen Sie die Gehäuseschrauben mit 10 Nm an (siehe Abbildung). Entfernen Sie den Inbusschlüssel – hierbei muss der Spannerkolben gegen die Spannerschiene drücken und die Steuerkette vorspannen. Installieren Sie die mit einer neuen Dichtscheibe ausgerüstete Verschlussschraube und ziehen Sie sie mit 7 Nm an (Abbildung 7.4a).

8 Entfernen Sie die Kabelbinder von der Steuerkette und den Nockenwellenritzeln. Drehen Sie den Motor zwei volle Umdrehungen gegen den Uhrzeigersinn und prüfen Sie, ob der Spanner die Steuerkette korrekt vorspannt. Prüfen Sie danach, ob alle Steuerzeiten korrekt eingestellt sind (siehe Sektion 8, Schritt 3).

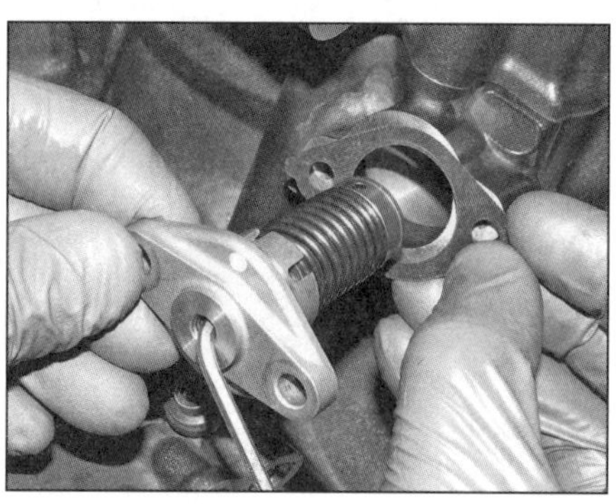

7.7c Installieren Sie die Dichtung mit der Lasche nach links,...

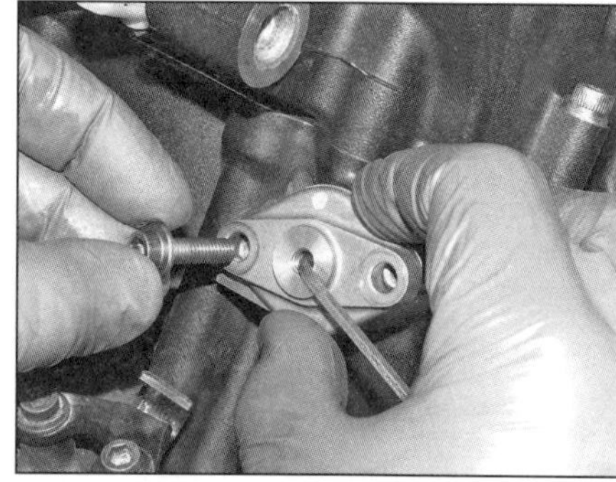

7.7d ...setzen Sie den Spanner mit der Markierung nach oben an und ziehen Sie die Schrauben mit 10 Nm an.

9 Montieren Sie den Ventildeckel (siehe Sektion 6).

10 Installieren Sie die Steuerzeiten-Inspektionsschraube mit einer neuen Dichtscheibe und ziehen Sie sie mit 15 Nm an. Fetten Sie den (ggf. neuen) O-Ring des Kurbelwellen-Inspektionsstopfens ein und ziehen Sie den Stopfen mit 10 Nm an (Abbildung 8.2).

11 Montieren Sie alle entfernten Bauteile in der umgekehrten Ausbaureihenfolge. Kontrollieren Sie zum Schluss den Motorölpegel (siehe *Tägliche Kontrollen*).

8 Nockenwellen und Tassenstößel

Ausbau

1 Demontieren Sie den Ventildeckel (siehe Sektion 6) und die Zündkerzen (siehe Kapitel 1).

2 Schrauben Sie links am Motor den Kurbelwellen-Inspektionsstopfen und die Steuerzeiten-Inspektionsschraube aus dem Lichtmaschinendeckel (siehe Abbildung) – ggf. werden beim Einbau eine neue Dichtscheibe und ein neuer O-Ring benötigt.

3 Drehen Sie die Kurbelwelle mithilfe eines am Zündrotorbolzen angesetzten Schlüssels **gegen den Uhrzeigersinn,** bis die V-förmige Markierung des Rotors (nicht die einzelne horizontale Linie, die zum Einstellen des Ventilspiels benötigt wird!) zu den Kerben in der Kontrollschraubenbohrung fluchtet und die Vertiefungen in den Nocken zu den Markierungen an den linken Lagerdeckeln ausgerichtet sind (siehe Abbildungen); falls die Vertiefungen nach unten zeigen, muss die Kurbelwelle eine volle Umdrehung weitergedreht werden (wieder nur links herum!), bis die Markierung wieder fluchtet – jetzt müssen die Nockenwellen wie gezeigt stehen sein und der Kolben von Zylinder Nr. 1 sich 125° vor dem oberen Totpunkt (OT) des Verdichtungstaktes befinden. Die Nockenwellen stehen jetzt in der Ausbau-Position.

4 Demontieren Sie den Steuerkettenspanner (siehe Sektion 7).

5 Die Nockenwellen werden von drei Lagerdeckeln gesichert: rechts mit einer Brücke für beide Nockenwellen und links mit einem Deckel für die vordere Auslassnockenwelle (markiert mit »EL« und einem Deckel für die hintere Einlassnockenwelle (markiert mit »IL«); beide Deckel sind zudem mit Pfeilen versehen, die nach rechts zeigen müssen (siehe Abbildungen). Falls die Markierungen undeutlich sind, müssen eigene angebracht werden.

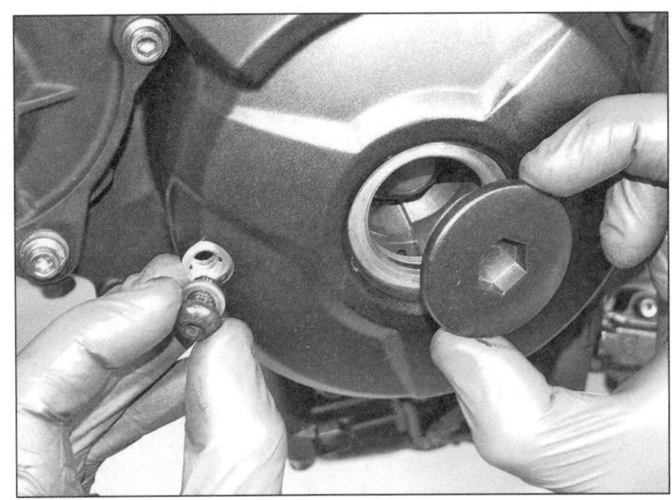

8.2 Entfernen Sie den Kurbelwellenstopfen und die Kontrollschraube.

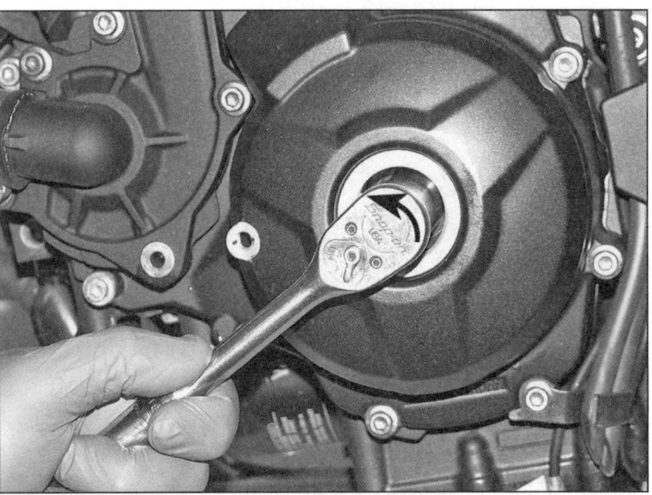

8.3a Drehen Sie die Kurbelwelle ausschließlich gegen den Uhrzeigersinn,...

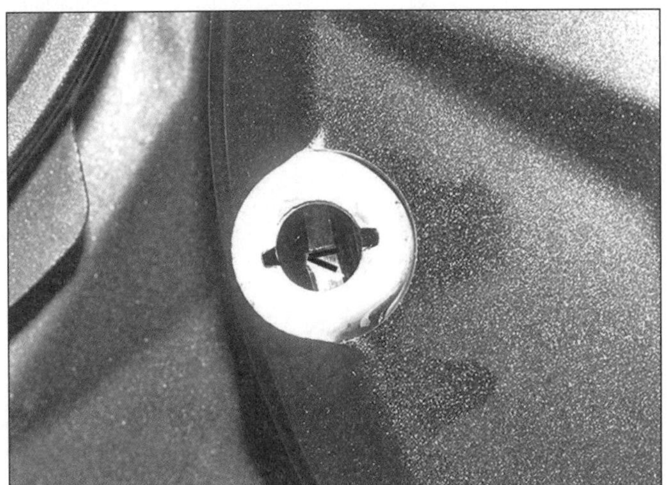

8.3b ...bis die V-förmige Markierung des Rotors zu den Kerben in der Kontrollschraubenbohrung fluchtet...

8.3c ...und die Vertiefungen der Nockenwellen zu den Linien am Lagerdeckel ausgerichtet sind.

8.5a Nockenwellen-Lagerdeckel

8.5b Die linken Nockenwellendeckel sind zur Identifikation und Ausrichtung markiert.

2

8.6 Bund in der Mitte der Auslass-Nockenwelle

6 Beachten Sie die Positionen der Nockenwellen – die (vordere) Auslass-Nockenwelle trägt in der Mitte einen Bund (siehe Abbildung).
7 Lösen Sie schrittweise und über Kreuz die Schrauben aller Nockenwellen-Lagerdeckel – beginnen Sie außen und arbeiten Sie sich zur Mitte vor (Abbildung 8.5a).

Achtung: Falls die Schrauben nicht gleichmäßig in kleinen Schritten gelockert werden, kann aufgrund des durch die Ventilfedern ausgeübten Drucks der Lagerdeckel verkanten und zerbrechen. In diesem Fall muss der gesamte Zylinderkopf ersetzt werden, da die Deckel und der Kopf aufeinander abgestimmt sind und keine Einzelteile ersetzt werden können. Auch für die Nockenwelle besteht hierbei die Gefahr, zu verziehen oder zu zerbrechen.

8 Wenn alle Schrauben locker sind, werden sie entfernt und die Lagerdeckel abgenommen – stellen Sie ggf. lockere Passhülsen aus dem Deckel oder dem Zylinderkopf sicher.
9 Befreien Sie die Steuerkette vom Ritzel der Einlassnockenwelle und heben Sie diese aus dem Zylinderkopf (Abbildung 8.35a). Demontieren Sie die Auslassnockenwelle auf die gleiche Weise (Abbildung 8.34a). Legen Sie die Steuerkette über die Schraube im Kettenschacht. Die Kurbelwelle darf jetzt nicht mehr gedreht werden, da die Gefahr besteht, die Kette zwischen ihrem Ritzel und dem Motorgehäuse einzuklemmen.
10 Entfernen Sie nötigenfalls die Steuerketten-Spannerschiene und die Steuerkette (siehe Sektion 9). Zum Ausbau der (vorderen) Führungsschiene muss der Zylinderkopf demontiert werden.
11 Falls die Tassenstößel und Shims aus dem Zylinderkopf entfernt werden sollen, muss ein Behälter mit zwölf Fächern (z. B. zwei Eierkartons) beschafft werden, um die Teile unterzubringen. Markieren Sie alle Fächer entsprechend ihrer Position (Zylinder, Ein- oder Auslass, linkes oder rechtes Ventil). Entfernen Sie den Tassenstößel des entsprechenden Ventils und stellen Sie den Shim entweder aus dem Stößel oder dem Ventilfederteller sicher (siehe Abbildungen) – auch hier hilft ein Magnet, eine Spitzzange oder ein Schraubendreher mit etwas Fett an der Spitze, an dem der Shim haften bleibt (Abbildung 8.30a). Lassen Sie keinen Shim ins Motorgehäuse fallen!

Kontrolle

12 Begutachten Sie die Lagergleitflächen des Zylinderkopfes und der Lagerschilde sowie der Nockenwellen. Achten Sie auf Kerben, tiefe Riefen und Anzeichen von Abblätterungen (die zu Ausbrüchen führen können) (Abbildung 8.13a). Falls Schäden oder starker Verschleiß festgestellt wird, muss wahrscheinlich der gesamte Zylinderkopf samt Lagerdeckeln ersetzt werden, da keine Einzelteile erhältlich sind.
13 Kontrollieren Sie die Nocken auf Anlassfarben durch Überhitzung (blaue Verfärbung), Kerben, Absplitterungen, Pitting und Risse (siehe Abbildung). Messen Sie die Höhe jedes Nockens mit einer Mikrometerschraube (siehe Abbildung) und vergleichen Sie die Höhen der Nocken mit denen in den technischen Daten am Anfang des Kapitels (siehe Abbildung). Bei Beschädigungen oder starkem Verschleiß muss die Nockenwelle ersetzt werden. Kontrollieren Sie ebenfalls die Tassenstößel.
14 Kontrollieren Sie den Verzug der Nockenwellen. Lagern Sie die Nockenwelle drehbar in Prismenblöcken und überprüfen mit einer Messuhr den Rundlauf. Wenn ein Verzug von mehr als 0,03 mm festgestellt wird, muss die Nockenwelle ersetzt werden.

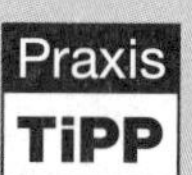

Wechseln Sie zu den* Werkzeug- und Werkstatt-Tipps *im Anhang, um mehr über die Benutzung von Messinstrumenten zu erfahren.

15 Als Nächstes muss das Lagerspiel der Nockenwelle ermittelt werden; dies ist entweder durch direkte Messungen (Schritte 16 bis 19) oder durch den Einsatz von Quetschmessstreifen möglich, die unter dem Namen *»Plastigauge«* bekannt sind (Schritte 20 bis 25).
16 Positionieren Sie beim direkten Messen die Lagerdeckel über den Passhülsen auf dem Zylinderkopf – beachten Sie die korrekte Ausrichtung (siehe Schritt 5). Ölen Sie die Gewinde der Lagerdeckel-Schrauben und ziehen Sie sie schrittweise und über Kreuz mit 10 Nm an. Messen Sie jetzt mit einer geeigneten Ausrüstung den Innendurchmesser der jeweiligen Lager.
17 Messen Sie jetzt mit einer Mikrometerschraube den Durchmesser der Lagerbereiche der Nockenwellen und subtrahieren Sie diesen Wert vom Innendurchmesser aus Schritt 16, um das Lagerspiel zu ermitteln; falls dies irgendwo größer als 0,062 mm ist, muss anhand der Messungen herausgefunden werden, ob der Lagersitz oder die Nockenwelle oder beides verschlissen ist – beachten Sie die Angaben in den technischen Daten.

8.11a Heben Sie den Tassenstößel heraus...

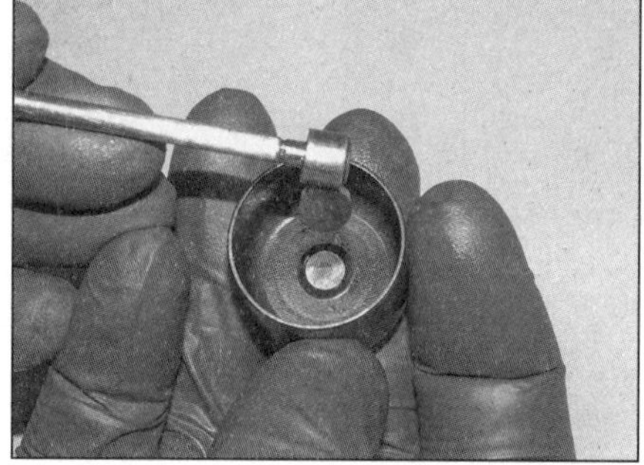

8.11b ...und stellen Sie den ggf. darin sitzenden Shim sicher.

8.13a Beispiel für eine stark verschlissene Nockenwelle

8.13b Messen Sie die Höhe der Nocken mit einer Mikrometerschraube.

18 Falls ein oder mehrere Lagerzapfen einer Nockenwelle verschlissen sind, muss diese ersetzt werden. Da wahrscheinlich auch der Lagersitz verschlissen sein wird, muss vor dem Kauf einer neuen Nockenwelle geprüft werden, ob dieser beim Einbau dieser Welle das korrekte Lagerspiel sicherstellt.
19 Wenn die Nockenwelle in Ordnung ist oder der Einbau einer neuen Welle nicht zum korrekten Lagerspiel führt, werden der Lagerdeckel und der Zylinderkopf verschlissen sein und müssen ersetzt werden.

Es gibt Fachbetriebe, die in der Lage sind, auf verschlissene Gleitflächen Material aufzuschweißen und entsprechend zu schleifen, um sie wieder auf Sollmaß zu bringen – vergleichen Sie die Kosten für diese Arbeit mit dem Preis eines neuen Zylinderkopfes!

20 Arbeiten Sie bei der Verwendung von Quetschmessstreifen jeweils an einer Nockenwelle und reinigen sie die Gleitflächen der Welle und des Zylinderkopfes sowie des Lagerdeckel mit Lösungsmittel und einem sauberen fusselfreien Lappen. Legen Sie die Nockenwelle so in den Zylinderkopf, dass die Markierungen wie in Schritt 3 beschrieben ausgerichtet sind.
21 Schneiden Sie passende *»Plastigauge«*-Quetschmessstreifen ab und legen Sie sie parallel zur Drehachse der Welle auf jeden Lagerzapfen (Abbildung 24.13). Setzen Sie ggf. die Passhülsen ein und legen Sie die korrekten Lagerdeckel auf (siehe Schritt 5). Installieren Sie die mit geölten Gewinden versehenen Schrauben und ziehen Sie sie von innen nach außen schrittweise und über Kreuz bis zum Drehmoment von 10 Nm an – der Halter muss sich dabei senkrecht über den Passhülsen auf den Zylinderkopf absenken. Die Nockenwelle darf sich hierbei nicht drehen, da die Messstreifen dadurch zerstört würden.
22 Lösen Sie die Schrauben wie in Schritt 7 beschrieben und heben Sie die Lagerdeckel vorsichtig ab.
23 Um das Lagerspiel ermitteln zu können, müssen die gequetschten Plastikstreifen jedes Lagers an ihrer breitesten Stelle gemessen und mit der auf ihrer Verpackung gedruckten Skala verglichen werden (Abbildung 24.17). Vergleichen Sie das Ergebnis mit den Angaben in den technischen Daten – wenn das Lagerspiel über 0,062 mm liegt, weist dies auf Verschleiß hin. Entfernen Sie die Messstreifen-Reste – dies sollte mit den Fingernägeln möglich sein.
24 Prüfen Sie zuerst, ob die Nockenwellen-Gleitflächen übermäßig verschlissen sind, indem Sie mit einer Mikrometerschraube ihre Durchmesser ermitteln – werden irgendwo weniger als 24,459 mm ermittelt, gilt die Welle als verschlissen – prüfen Sie zunächst, ob eine unverschlissene Nockenwelle das korrekte Lagerspiel wiederherstellen kann.
25 Wenn die Nockenwellen-Gleitflächen in Ordnung sind oder eine neue Nockenwelle nicht das korrekte Spiel erzeugen kann, werden der Lagerdeckel und/oder der Zylinderkopf verschlissen sein, sodass möglicherweise ein neuer Zylinderkopf samt Haltern beschafft werden muss – beachten Sie den *Praxis-Tipp* oben.
26 Inspizieren Sie die Steuerketten-Führungsschiene, die Spannerschiene und die Steuerkette (siehe Sektion 9).
27 Inspizieren Sie die Nockenwellenritzel – falls sie Hinweise auf Verschleiß, Risse oder andere Schäden aufweisen, müssen sie zusammen mit der Steuerkette ersetzt werden. Die Ritzel sind mit zwei Schrauben an den Nockenwellen gesichert – lösen Sie diese und nehmen Sie das Ritzel ab. Installieren Sie neue Ritzel – ihre Markierungen müssen außen liegen und die erhabenen Sektionen am Flansch müssen wie gezeigt zur jeweiligen Nockenwelle ausgerichtet sein (siehe Abbildungen) – die Ritzel sind identisch, müssen aber unterschiedlich positioniert montiert werden, damit die Steuerzeitenmarkierungen stimmen. Ziehen Sie die Ritzelschrauben mit 24 Nm an.
28 Inspizieren Sie die Gleitflächen der Tassenstößel auf Verschleiß, Riefen oder andere Schäden. Wenn ein Tassenstößel schlecht aussieht, wird auch seine Bohrung im Zylinderkopf beschädigt sein. Ein verschlissener Stößel, der spürbares Spiel im Zylinderkopf hat, muss ersetzt werden – ist die Bohrung stark ausgeschlagen, muss der Zylinderkopf ersetzt werden – beachten Sie auch hierzu den *Praxis-Tipp* oben.

8.27a Die Nockenwellenritzel müssen wie gezeigt positioniert werden (links: Einlass-Nockenwelle)...

8.27b ...sodass die Angüsse der Wellen wie gezeigt stehen (Pfeile)

8.30a Legen Sie den Shim in die Vertiefung des Ventilfedertellers...

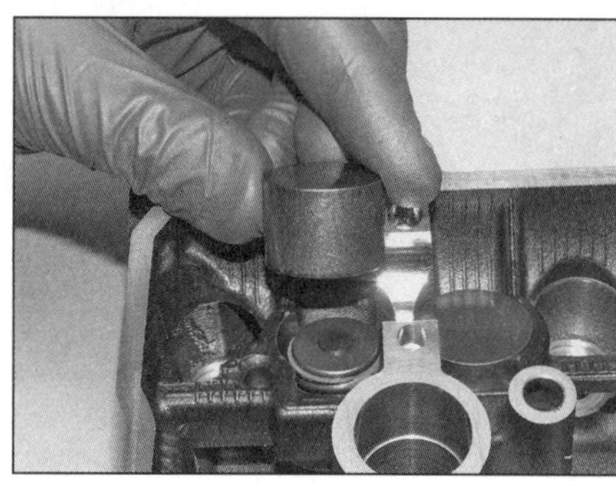

8.30b ...und schieben Sie den Tassenstößel darüber.

Einbau

29 Falls entfernt, werden die Steuerkette und die Spannerschiene installiert (siehe Sektion 9).
30 Schmieren Sie alle Shims mit einem Gemisch aus Molybdänfett und Motoröl und installieren Sie sie mit der Größen-Markierung nach oben in den Ausschnitt des korrekten Ventilfedertellers (siehe Abbildung). Prüfen Sie, ob die Shims korrekt sitzen, und schieben Sie die oben mit dem gleichen Schmierstoff versehenen und an den Seiten mit Motoröl geschmierten Tassenstößel senkrecht über das entsprechende Ventil (siehe Abbildung).

Anmerkung: *Die Stößel und Shims müssen unbedingt wieder in ihre ursprünglichen Positionen gelangen, da ansonsten das Ventilspiel nicht mehr stimmt und mit erhöhtem Verschleiß zu rechnen ist.*

31 Prüfen Sie, ob die Steuerzeitenmarkierung mit den Nuten der Kontrollbohrung fluchtet (siehe Schritt 3) (Abbildung 8.3b).

2

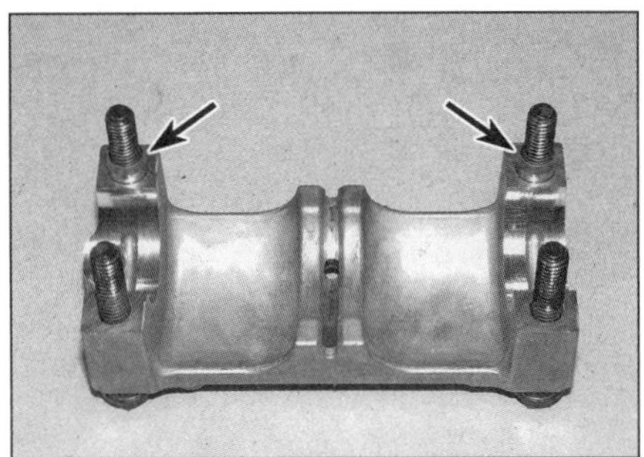
8.32 Jeder Lagerdeckel wird mit zwei Passhülsen ausgerichtet.

8.34a Legen Sie die Auslassnockenwelle mit der Vertiefung (Pfeil) nach oben ein,...

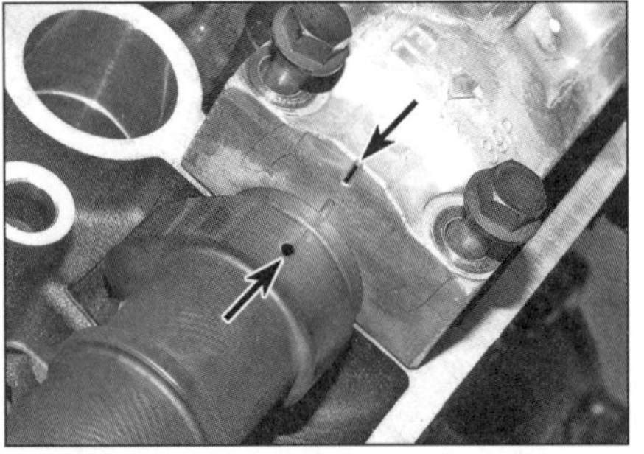
8.34b ...setzen Sie den Lagerdeckel auf und richten Sie die Vertiefung zu dessen Linie aus.

8.34c Sichern Sie die Steuerkette mit einem Kabelbinder am Nockenwellenritzel.

32 Stecken Sie ggf. die Lagerdeckel-Passhülsen in die Deckel (siehe Abbildung).

33 Die Gleitflächen der Nockenwellen, des Zylinderkopfes und der Halter müssen absolut sauber sein. Schmieren Sie alle Gleitflächen sowie die Nocken mit Molybdän/Motoröl-Gemisch.

34 Legen Sie zuerst die korrekt ausgerichtete Auslassnockenwelle (siehe Schritt 6) vorn in den Zylinderkopf – die Vertiefung im rechten Auslassnocken des mittleren Zylinders muss nach oben zeigen (siehe Abbildung); Legen Sie beim Einsetzen der Welle die vorn stramm gezogene Steuerkette um das Ritzel. Setzen Sie den mit »EL« markierten Lagerdeckel mit dem Pfeil nach rechts zeigend auf und richten Sie die Vertiefung des Nockens zur Linie am Deckel aus (siehe Abbildung). Sichern Sie die Steuerkette mit einem Kabelbinder am Ritzel, sodass sie nicht überspringen kann (siehe Abbildung). Entnehmen Sie den Lagerdeckel wieder.

35 Legen Sie dann die korrekt ausgerichtete Einlassnockenwelle hinten in den Zylinderkopf – die Vertiefung im rechten Einlassnocken des mittleren Zylinders muss nach oben zeigen (siehe Abbildung); Legen Sie beim Einsetzen der Welle die vorn stramm gezogene Steuerkette um das Ritzel. Setzen Sie den mit »IL« markierten Lagerdeckel mit dem Pfeil nach rechts zeigend auf und richten Sie die Vertiefung des Nockens zur Linie am Deckel aus (siehe Abbildung). Sichern Sie die Steuerkette mit einem Kabelbinder am Ritzel, sodass sie nicht überspringen kann (siehe Abbildung). Entnehmen Sie den Lagerdeckel wieder.

36 Sichergehend, dass die Gleitflächen in den Lagerdeckeln sauber sind, werden sie mit einem Gemisch aus Motoröl und Molybdänfett geschmiert.

37 Setzen Sie die korrekt positionierten Lagerdeckel auf (siehe Schritt 5). Schmieren Sie die Gewinde ihrer Schrauben mit frischem Motoröl und installieren Sie sie zunächst handfest. Beginnen Sie mit den Schrauben über den Ventilen des mittleren Zylinders und ziehen Sie sie schrittweise von innen nach außen bzw. beim rechten Lagerdeckel in der darauf eingeschlagenen Anzugsreihenfolge an – dabei müssen sich die Lagerdeckel senkrecht auf den Zylinderkopf absenken. Ziehen Sie die Schrauben dann in der gleichen Reihenfolge mit 10 Nm an.

Achtung: Nockenwellenhalter können leicht verkanten und brechen, wenn ihre Schrauben nicht gleichmäßig angezogen werden!

38 Drücken Sie mit einem Stück Holz durch den Sitz des Steuerkettenspanners gegen die Spannerschiene und prüfen Sie, ob alle Steuerzeitenmarkierungen **exakt** wie in Schritt 3 beschrieben zueinander ausgerichtet sind. Falls die Kurbelwelle etwas verdreht werden muss, ist die Steuerkette mit dem Holz stramm zu halten.

39 Falls die Steuerzeitenmarkierungen nicht korrekt zueinander ausgerichtet sind, wird die Steuerkette entspannt und die Kabelbinder werden geöffnet. Legen Sie die Kette dann vorsichtig von Hand über das/die Ritzel und

8.35a Legen Sie die Einlassnockenwelle mit der Vertiefung (Pfeil) nach oben ein,...

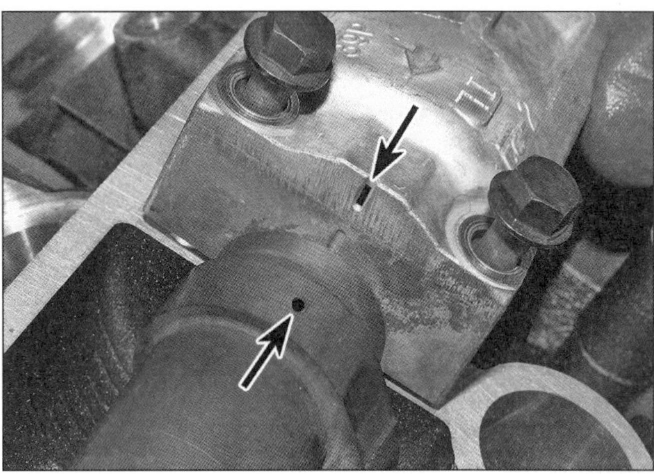
8.35b ...setzen Sie den Lagerdeckel auf und richten Sie die Vertiefung zu dessen Linie aus.

8.35c Sichern Sie die Steuerkette mit einem Kabelbinder am Nockenwellenritzel.

8.37 Am rechten Lagerdeckel ist die Anzugsreihenfolge neben den Schrauben eingeschlagen.

9.1 Lösen Sie die Schrauben des Steuerkettendeckels.

9.3a Ziehen Sie den Spannerschienen-Gelenkstift heraus...

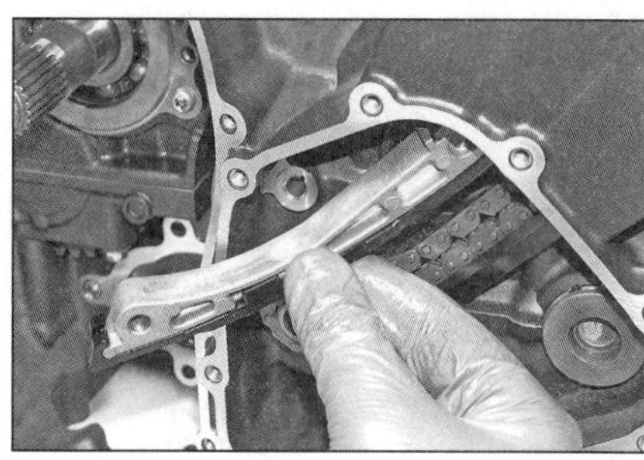

9.3b ...und befreien Sie die Schiene aus dem Kettenschacht.

drehen Sie die entsprechende(n) Welle(n). Sichern Sie die Steuerkette anschließend mit neuen Kabelbindern wieder an den Ritzeln.

Achtung: Überprüfen Sie exakt die Steuerzeiten – eine um nur einen Zahn versetzt aufgelegte Kette kann bei laufendem Motor schwere Schäden anrichten!

40 Sobald alles korrekt zueinander ausgerichtet ist, wird der Steuerkettenspanner installiert (siehe Sektion 7).

41 Entfernen Sie die Kabelbinder. Drehen Sie die Kurbelwelle zwei volle Umdrehungen (720°) gegen den Uhrzeigersinn – der Spannerkolben muss auslösen und die Kette straffen. Kontrollieren Sie erneut die Steuerzeiten (siehe Schritt 3).

42 Kontrollieren Sie das Ventilspiel (siehe Kapitel 1).

43 Montieren Sie den Ventildeckel (siehe Sektion 6).

44 Installieren Sie die Steuerzeiten-Inspektionsschraube mit einer neuen Dichtscheibe und ziehen Sie sie mit 15 Nm an. Fetten Sie den (ggf. neuen) O-Ring des Kurbelwellen-Inspektionsstopfens ein und ziehen Sie den Stopfen mit 10 Nm an (Abbildung 8.2).

45 Montieren Sie alle entfernten Bauteile in der umgekehrten Ausbaureihenfolge. Kontrollieren Sie zum Schluss den Motorölpegel (siehe *Tägliche Kontrollen*).

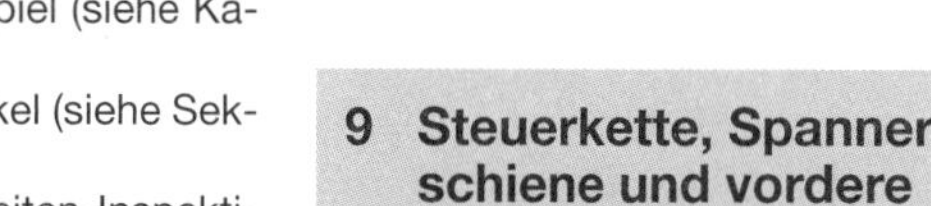

9 Steuerkette, Spannerschiene und vordere Führungsschiene

2

Ausbau

Steuerkette und Spannerschiene

1 Lösen Sie die Schrauben des Steuerkettendeckels und entnehmen Sie diesen samt Dichtung (siehe Abbildung).

2 Demontieren Sie die Nockenwellen (siehe Sektion 8).

3 Ziehen Sie den Spannerschienen-Gelenkstift heraus und befreien Sie die Schiene aus dem Kettenschacht – beachten Sie die Einbaurichtung (siehe Abbildungen).

4 Lösen Sie die Steuerketten-Sicherungsschraube oben aus dem Kettenschacht, befreien Sie die Steuerkette vom Kurbelwellenritzel und entnehmen Sie sie (siehe Abbildung). Das untere Steuerkettenritzel ist in die Kurbelwelle integriert.

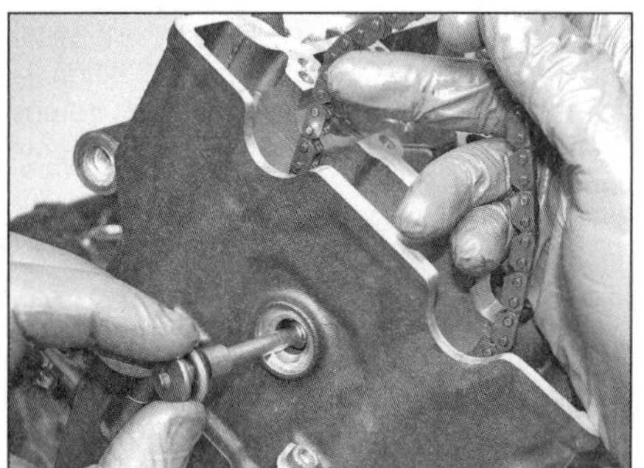

9.4a Lösen Sie die Schraube...

9.4b ...und befreien Sie die Steuerkette.

9.5 Beachten Sie den Sitz der vorderen Führungsschiene.

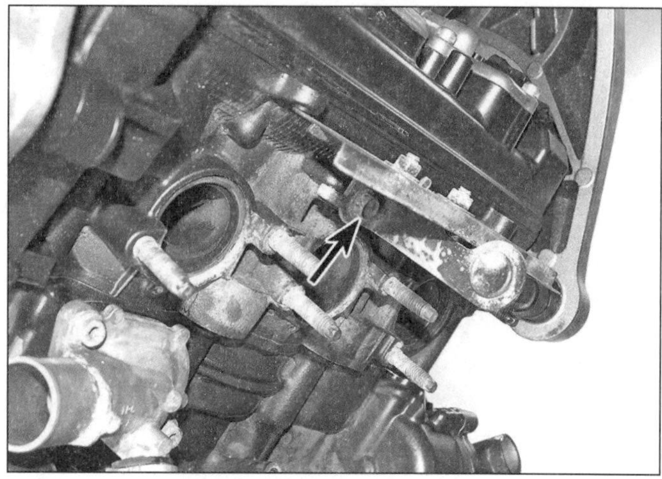
10.2 Schraube des Kühler-Halters

10.4a Lösen Sie zuerst an beiden Seiten die zwei M6-Schrauben.

10.4b M9-Zylinderkopfschrauben – die Nummerierung gilt für den Anzug, gelockert müssen sie von 8 nach 1.

Vordere Führungsschiene

5 Demontieren Sie den Zylinderkopf (siehe Sektion 10) – bei eingebautem Motor ist hierzu die Demontage der Schiene nötig. Heben Sie bei ausgebautem Motor die Schiene aus dem Kettenschacht – beachten Sie, wie ihre Angüsse in den Ausschnitten sitzen (siehe Abbildung).

Kontrolle

6 Außer bei Ölmangel verschleißt die Steuerkette nur unwesentlich. Falls Glieder klemmen oder locker sind, muss die Kette erneuert werden. Inspizieren Sie die Ritzel auf Verschleiß und ausgebrochene Zähne – diejenigen der Nockenwellen können ausgetauscht werden (siehe Sektion 8), das Antriebsritzel ist jedoch in die Kurbelwelle integriert, sodass diese bei einem Schaden komplett ersetzt werden muss.

7 Kontrollieren Sie die Gleitfläche und die Ränder der Schienen auf übermäßigen Verschleiß, tiefe Nuten, Risse oder andere Beschädigungen und ersetzten Sie sie nötigenfalls.

Einbau

8 Der Einbau entspricht der umgekehrten Ausbaureihenfolge – beachten Sie dabei folgende Punkte:

- Schmieren Sie das Gummi der Steuerketten-Halteschraube mit Silikonpaste und ziehen Sie die Schraube mit 10 Nm an.
- Schmieren Sie den Gleitstift der Spannerschiene mit frischem Motoröl.
- Montieren Sie den mit einer neuen Dichtung ausgerüsteten Steuerkettendeckel und ziehen Sie seine Schrauben mit 12 Nm an.

10 Zylinderkopf
Ausbau und Einbau

Anmerkung: *Bei der Montage des Zylinderkopfes müssen neue M9-Schrauben verwendet werden – sorgen Sie dafür, dass sie rechtzeitig vorhanden sind.*

Ausbau

1 Demontieren Sie die Auspuffanlage, trennen Sie dabei den Lambdasonden-Stecker. Entfernen Sie den Tank, das Luftfiltergehäuse, die Drosselklappengehäuse, den Druckspeicher und die Einspritzdüsen, das Sekundärluftsystem und die Zündspulen (siehe Kapitel 4).

2 Demontieren Sie den Kühler (siehe Kapitel 3) und seinen Halter (siehe Abbildung).

3 Entfernen Sie den Ventildeckel (siehe Sektion 6) und die Nockenwellen (siehe Sektion 8). Lösen Sie die Steuerketten-Halteschraube (Abbildung 9.4) und legen Sie die Steuerkette vorn über den Zylinderkopf.

4 Der Zylinderkopf ist mit zwölf Schrauben gesichert. Lösen und entfernen Sie zuerst links und rechts die zwei außenliegenden M6-Schrauben (siehe Abbildung). Lockern Sie dann schrittweise – nicht mehr als eine halbe Umdrehung zurzeit – die acht M9-Schrauben in der **umgekehrten** Anzugsreihenfolge (siehe Abbildung). Entfernen Sie die Schrauben anschließend.

10.5a Heben Sie den Zylinderkopf an und entnehmen Sie die Steuerketten-Führungsschiene,...

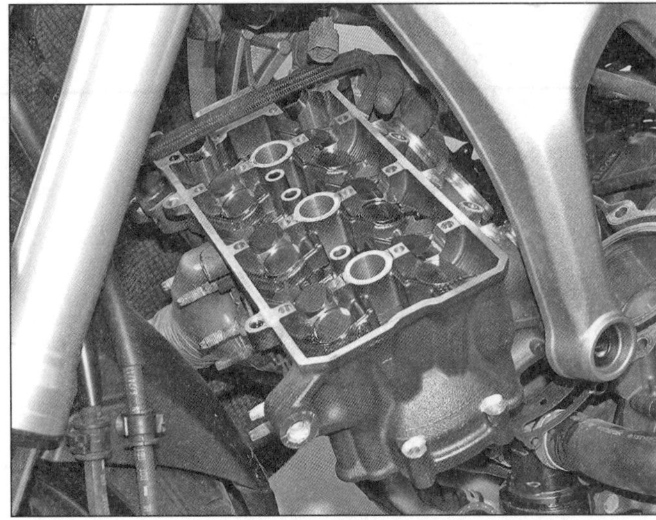

10.5b ... manövrieren Sie den Kopf dann vorsichtig heraus.

5 Ziehen Sie den Zylinderkopf vom Motorgehäuse; bei eingebautem Motor muss dabei die Steuerketten-Führungsschiene herausgezogen und die Steuerkette durch den Schacht geführt werden, um sie vorn über das Motorgehäuse legen zu können. Manövrieren Sie den Zylinderkopf ggf. vorsichtig heraus (siehe Abbildungen). Falls sich der Zylinderkopf nicht löst, muss er mit einem weichen Hammer oder Holz rundherum leicht abgeklopft werden. Versuchen Sie nicht, den Zylinderkopf abzuhebeln – Sie würden dabei die Dichtflächen zerstören.

6 Entfernen Sie die Zylinderkopfdichtung und stellen Sie nötigenfalls die zwei Passhülsen sicher (Abbildung 10.12). Die Zylinderkopfdichtung muss später durch ein Neuteil ersetzt werden.

7 Kontrollieren Sie die Zylinderkopfdichtung sowie die Dichtflächen des Zylinderkopfes und des Zylinders auf Anzeichen von Undichtigkeiten, die einen Verzug anzeigen können. Wechseln Sie nach Sektion 11, Schritt 14 und überprüfen Sie den Verzug des Zylinderkopfes.

Praxis TiPP

Hinweise zum Beseitigen alter Dichtungen finden sich in Sektion 7 der* Werkzeug- und Werkstatt-Tipps *im Anhang.

8 Legen Sie ein sauberes Tuch über den Zylinderblock, um keinen Schmutz eindringen zu lassen.

9 Entfernen Sie ggf. (falls noch nicht geschehen) die vordere Steuerketten-Führungsschiene (siehe Sektion 9) und den Kühltemperatursensor (siehe Kapitel 3).

Einbau

10 Reinigen Sie die Dichtflächen des Kopfes und des Zylinders mit einem geeigneten Lösungsmittel. Entfernen Sie sämtliche Dichtungsreste. Wird ein Schaber eingesetzt, muss aufgepasst werden, dass nicht das relativ weiche Aluminium abgetragen wird. Dichtungsreste dürfen nicht ins Motorgehäuse, die Zylinderbohrung oder Öl- und Wasserkanäle geraten.

11 Montieren Sie ggf. den Kühltemperatursensor und bei ausgebauten Motor die vordere Steuerketten-Führungsschiene (siehe Kapitel 3).

12 Stecken Sie ggf. die Passhülsen in ihre Sitze und legen Sie die neue Kopfdichtung darüber (siehe Abbildung).

13 Positionieren Sie den Zylinderkopf über dem Motorgehäuse, führen Sie die Steuerkette durch den Schacht und installieren Sie (bei eingebautem Motor) die vordere Führungsschiene – sie muss unten in ihren Sitz greifen und ihre Angüsse müssen oben in den Ausschnitten des Motorblocks liegen. Setzen Sie den Zylinderkopf dann vorsichtig über die Passhülsen auf den Motor (Abbildungen 10.5b und a).

14 Schmieren Sie die Gewinde, Scheiben und Kopf-Unterseiten der neuen M9-Schrauben mit Motoröl. Installieren Sie die Schrauben zunächst handfest (siehe Abbildung) und ziehen Sie sie dann in der in Abbildung 10.4b gezeigten Reihenfolge zunächst mit 25 Nm an.

15 Lockern Sie bei **Modellen bis 2016** die Schrauben in der gleichen Reihenfolge und ziehen Sie sie im zweiten Durchgang mit 16 Nm an und dann (nötigenfalls mithilfe einer Gradscheibe) eine Viertelumdrehung (90°) weiter (siehe Abbildung); markieren Sie die Schrauben nötigenfalls mit Farbe, um keine versehentlich zweimal weiterzudrehen.

10.12 Installieren Sie die Passhülsen (Pfeile) und legen Sie die neue Zylinderkopfdichtung darüber.

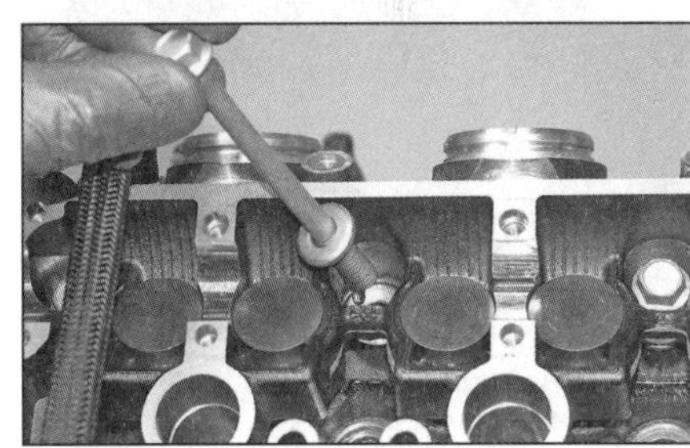

10.14 Installieren Sie die wie beschrieben geschmierten NEUEN Zylinderkopfschrauben.

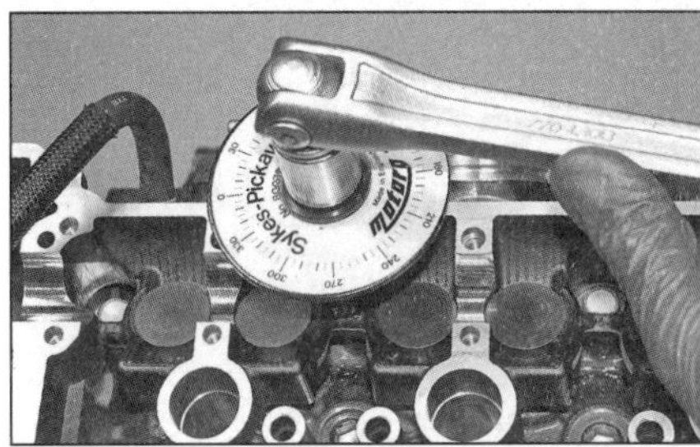

10.15 Verwenden Sie für den letzten Anzug nötigenfalls eine Gradscheibe.

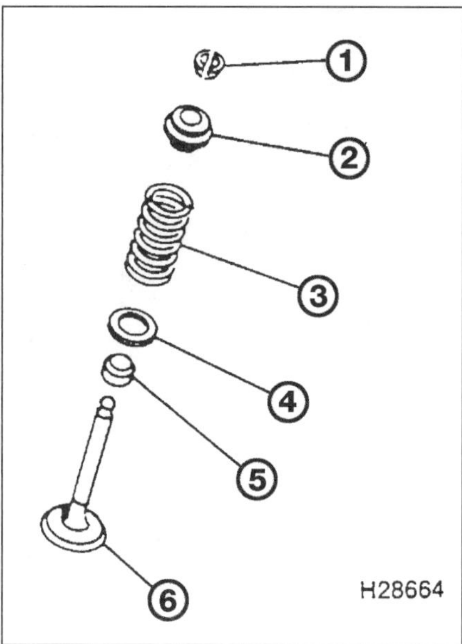

11.5 Ventil-Bauteile
1 Keile *4 Federsitz*
2 Federteller *5 Ventilschaftdichtung*
3 Ventilfeder *6 Ventil*

16 Ziehen Sie bei **Modellen ab 2017** die Schrauben in einem zweiten Durchgang und in der gleichen Reihenfolge mit 30 Nm an. Lockern Sie sie dann und ziehen Sie sie im dritten Durchgang mit 17 Nm an und dann (nötigenfalls mithilfe einer Gradscheibe) eine drittel Umdrehung (120°) weiter (Abbildung 10.15); markieren Sie die Schrauben nötigenfalls mit Farbe, um keine versehentlich zweimal weiterzudrehen.
17 Installieren Sie bei allen Modellen die M6-Schrauben und ziehen Sie sie mit 10 Nm an (Abbildung 10.4a).
18 Heben Sie mithilfe eines Drahts oder Magneten die Steuerkette aus dem Kettenschacht und führen Sie eine Stange (z. B. einen Schraubendreher) hindurch, um sie zu sichern. Schmieren Sie das Gummi der Steuerketten-Halteschraube mit Silikonpaste, drehen Sie die Schraube zwischen den Kettentrums ein und ziehen Sie sie mit 10 Nm an (Abbildung 9.4a). Legen Sie die Kette darüber.
19 Montieren Sie alle anderen entfernten Teile in der entgegengesetzten Ausbaureihenfolge.

11 Zylinderkopf und Ventile
Überholen

Spezialwerkzeug: *Für diese Arbeit ist eine für Motorradmotoren geeignete Ventilfederpresse unerlässlich.*

1 Aufgrund der Komplexität dieser Arbeit und der notwendigen Werkzeuge und Ausrüstungen müssen die meisten Motorradbesitzer Arbeiten an den Ventilen, Ventilsitzen und Ventilführungen einer professionellen Werkstatt überlassen. Allerdings kann man eine Abschätzung über die Dichtigkeit der Ventile und Sitze erhalten, indem eine kleine Menge Lösungsmittel in jeden Ventilkanal gefüllt und dabei beobachtet wird, ob diese am Ventil vorbei in den Brennraum sickert (was ein nicht korrekt sitzendes und abdichtendes Ventil anzeigt).
2 Der Heimwerker kann mithilfe einer geeigneten Ventilfederpresse die Ventile ausbauen, die Bauteile reinigen und auf Verschleiß kontrollieren. Solange die Ventilsitze nicht nachgeschnitten werden müssen, können die Ventile zudem eingeschliffen und wieder installiert werden.
3 Die Werkstatt kann zudem die Ventile und Ventilsitze überarbeiten oder austauschen und die Ventilführungen erneuern.
4 Nach erfolgter Ventilüberholung ist der Zylinderkopf in einem neuwertigen Zustand. Wenn Sie den Kopf zurückerhalten, sollten Sie ihn vor dem Einbau sorgfältig reinigen und von Metallspänen und Schleifmittelresten befreien, die von der Überholung stammen können. Wenn möglich, sollten alle Löcher und Kanäle mit Druckluft ausgeblasen werden.

Zerlegen

5 Vor Arbeitsbeginn muss sichergestellt sein, dass die Ventile und ihre zugehörigen Bauteile so gelagert werden können, dass später jedes Teil wieder genau an seinen Platz im Zylinder-

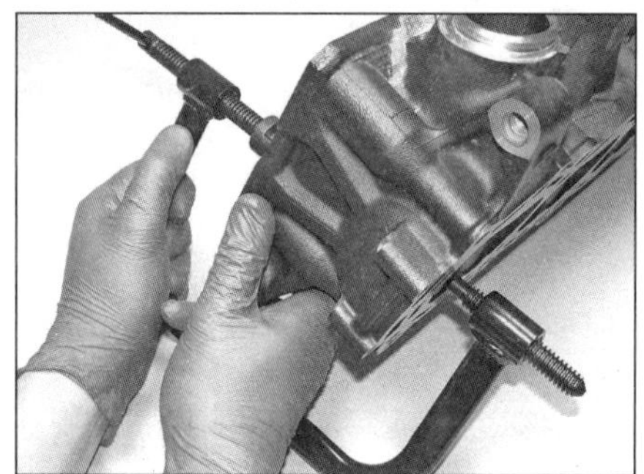

11.6a Drücken Sie die Ventilfeder mithilfe der Federpresse zusammen...

11.6b ...– achten Sie darauf, dass die Presse korrekt gegen den Federteller...

11.6c ...und den Ventilteller drückt.

11.7a Entfernen Sie die Keile wie beschrieben.

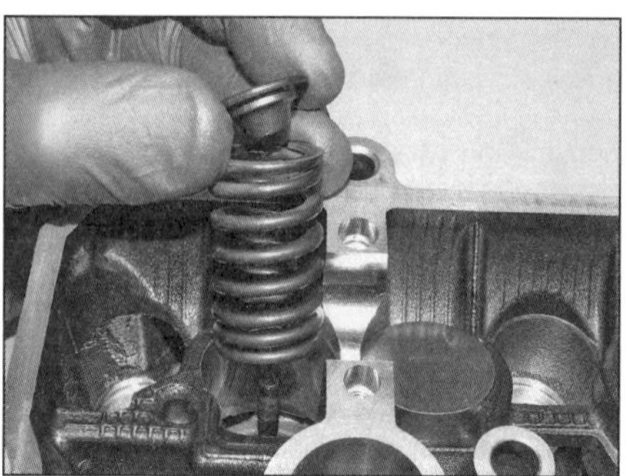

11.7b Entfernen Sie den Federteller und die Ventilfeder,...

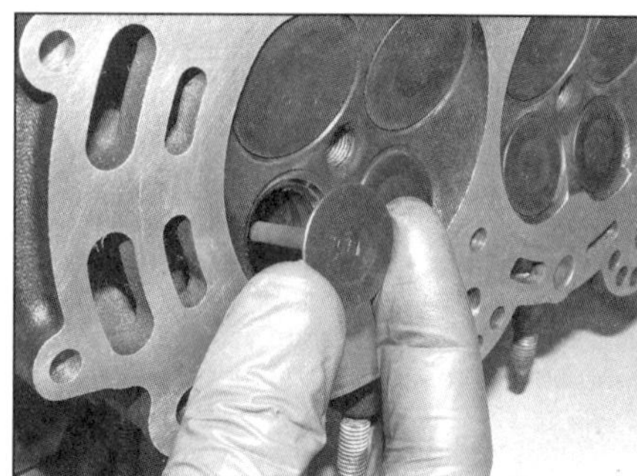

11.7c ...drücken Sie dann das Ventil herunter und ziehen Sie es heraus.

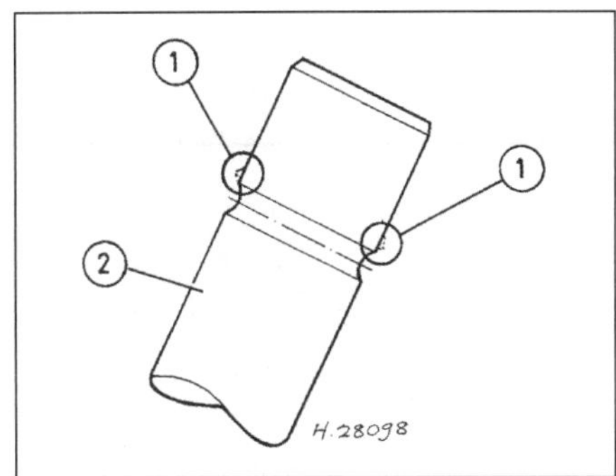

11.7d Falls das Ventil klemmt, müssen alle Grate (1) an den Keilnuten des Ventilschaftes (2) geglättet werden.

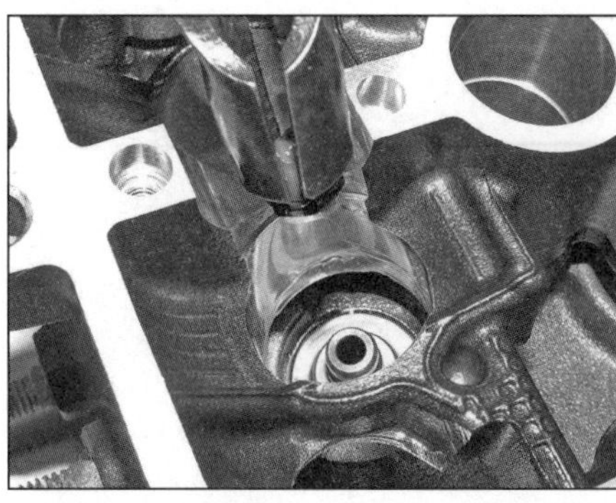
11.8a Ziehen Sie die Ventilschaftdichtung von der Ventilführung ...

11.8b ... und entfernen Sie den Federsitz.

kopf gebaut werden kann (siehe Abbildung). Verwenden Sie entweder den in Sektion 8 für die Tassenstößel und Shims verwendeten Behälter oder beschaffen Sie neue, um die 16 Ventile samt Kleinteile unterbringen und später wieder korrekt zuordnen zu können. Alternativ können beschriftete Plastikbeutel benutzt werden.

6 Richten Sie die Federpresse zu den beiden Enden des ersten Ventils aus – achten Sie auf ihren korrekten Sitz (siehe Abbildung). An der Oberseite muss der Adapter etwa die gleiche Größe haben wie der Federteller – falls er zu klein ist, wird es schwierig, die Ventilschaft-Keile aus- und einzubauen (siehe Abbildung). An der Unterseite (im Brennraum) muss darauf geachtet werden, dass die Presse nur auf das Ventil drückt – und nicht gegen das Aluminium des Kopfes (siehe Abbildung) – verwenden Sie nötigenfalls eine Distanzhülse. Komprimieren Sie die Feder nicht stärker als nötig.

Achtung: Passen Sie besonders auf, die Tassenstößel-Bohrungen nicht mit der Federpresse zu beschädigen!

7 Entfernen Sie mit einer Zange, einer Pinzette, einem Magneten oder einem mit Fett bestrichenen Schraubendreher die Keile (siehe Abbildung). Lösen sie vorsichtig die Federpresse und entfernen Sie den Federteller und die Feder – merken Sie sich die Einbaulagen (siehe Abbildungen). Ziehen Sie das Ventil nach unten aus dem Kopf – falls es in der Führung klemmt und sich nicht hindurchziehen lässt, muss es zurückgedrückt und im Bereich um die Keilnut mit einer sehr feinen Feile oder einem Nassschleifstein entgratet werden (siehe Abbildung).

8 Ziehen Sie mit einer Zange die Ventilschaftdichtung von der Ventilführung und entsorgen sie (alte Dichtungen dürfen NIEMALS wiederverwendet werden). Jetzt kann der Federsitz unter Beachtung seiner Einbaulage von der Ventilführung befreit werden (siehe Abbildungen).

9 Wiederholen Sie die Prozedur an den anderen Ventilen und achten Sie darauf, dass die Einzelteile genau wieder dem entsprechenden Kanal im Zylinderkopf zugeordnet werden.

10 Als Nächstes wird der Zylinderkopf mit Lösungsmittel gereinigt und sorgfältig getrocknet. Druckluft beschleunigt das Trocknen und sorgt dafür, dass alle Löcher und Ecken sauber werden.

Anmerkung: *Der Brennraum darf nicht mit einem rotierenden Drahtbürstenaufsatz gereinigt werden, da hierbei Aluminium abgetragen würde.*

11 Reinigen Sie alle Ventil-Bauteile mit Lösungsmittel und trocknen Sie sie sorgfältig. Reinigen Sie zurzeit immer nur die Teile eines Ventils, um Verwechslung zu vermeiden.

12 Schaben Sie alle Kohleablagerungen von den Ventilen. Reinigen Sie Ventilteller und Schaft anschließend mit einem Drahtbürstenaufsatz für die Bohrmaschine. Achten Sie darauf, dass die Ventile nicht durcheinandergeraten.

Kontrolle

13 Inspizieren Sie den Zylinderkopf sorgfältig auf Risse und andere Beschädigungen. Wenn Risse festgestellt werden, muss der Zylinderkopf ausgetauscht werden. Kontrollieren Sie die Gleitflächen der Nockenwellenlager auf Verschleiß und Klemmspuren, begutachten Sie ebenso die Nockenwellen und Lagerdeckel auf Verschleiß (siehe Sektion 8).

14 Mithilfe einem Präzisions-Richtwinkel und einer 0,1-mm-Fühlerlehre (der Wert des maximalen Verzugs) wird die Dichtfläche des Zylinderkopfes vermessen. Wechseln Sie zu Sektion 3 in den *Werkzeug- und Werkstatt-Tipps* im Anhang, um genaue Angaben zur Messung des Zylinderkopf-Verzugs zu erhalten. Wenn der Zylinderkopf verzogen ist, kann er ggf. geplant werden – konsultieren Sie hierzu eine Yamaha-Werkstatt oder einen Motoren-Spezialisten. Bei zu großem Verzug ist er durch einen neuen zu ersetzen.

15 Begutachten Sie die Ventilsitze im Brennraum. Falls sie Ausbrüche, Risse oder Verbrennungen zeigen, übersteigt dies die notwendige Arbeit die Möglichkeiten eines Hobbyschraubers. Messen Sie die Breite der Ventilsitze (siehe Abbildung) – es sollten 0,9 bis 1,1 mm festgestellt werden; falls sie irgendwo breiter als 1,6 mm sind oder ungleichmäßig verlaufen, ist eine Überholung in einer Fachwerkstatt notwendig.

16 Inspizieren Sie sorgfältig den Ventilteller, den Schaft und die Keilnute auf Risse, Löcher sowie verbrannte Stellen (siehe Abbildung).

Anmerkung: *Kleine Unvollkommenheiten zwischen den Dichtflächen des Ventils und des Sitzes können durch Läppen beseitigt werden (siehe Schritte 24 bis 28).*

11.15 Messen Sie die Breite des Ventilsitzes.

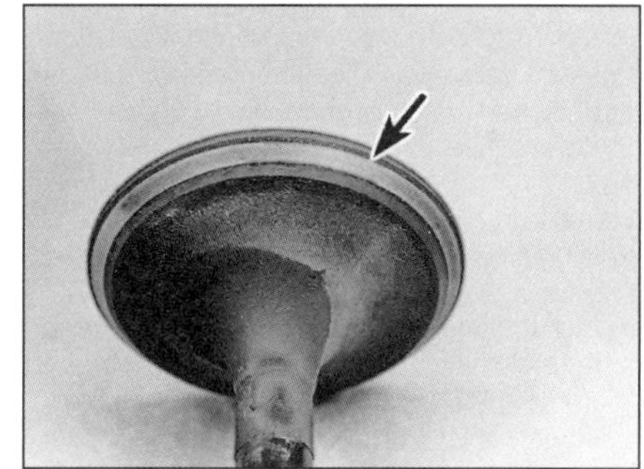
11.16 Kontrollieren Sie den Tellerrand auf Verschleiß und Beschädigungen.

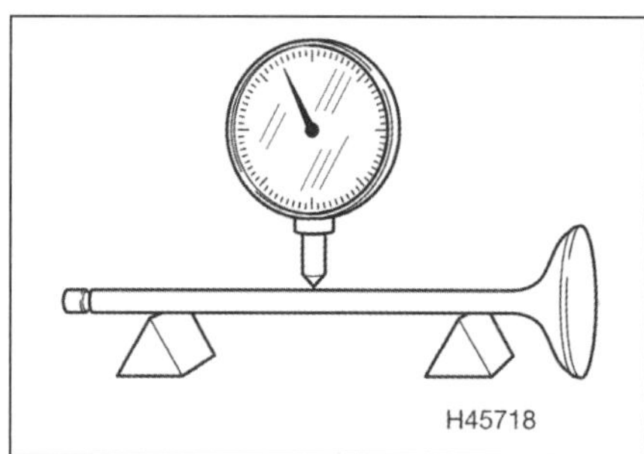

11.17 Messen Sie den Verzug des Ventilschafts.

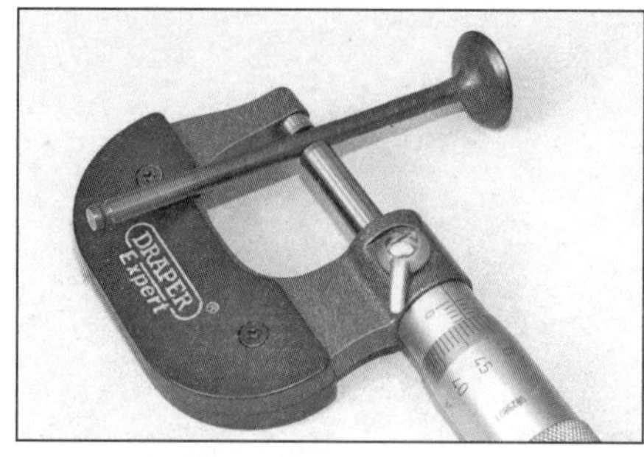

11.18a Messen Sie den Ventilschaft-Durchmesser...

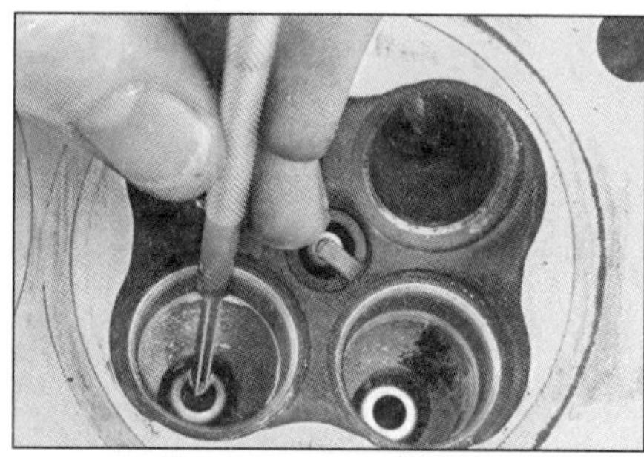

11.18b ...und den Innendurchmesser der Ventilführung.

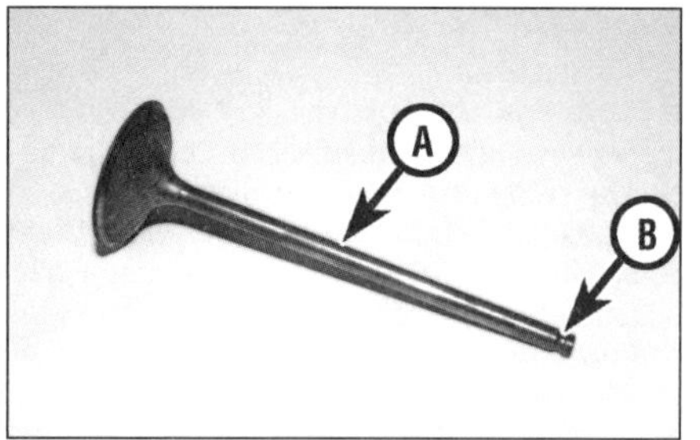

11.19 Kontrollieren Sie am Ventil den Schaft (A) und die Keilnuten (B).

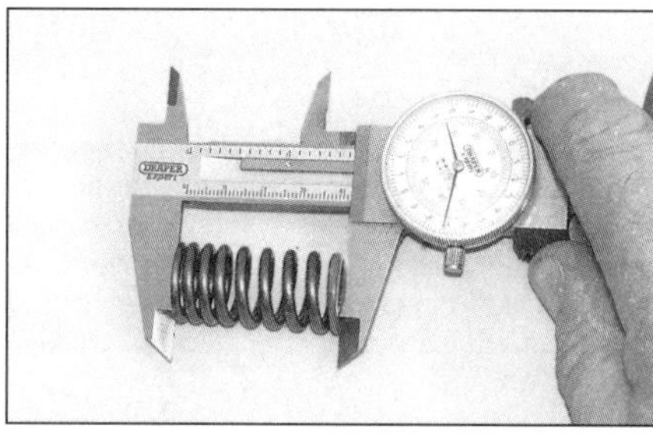

11.20a Messen Sie die freie Länge aller Ventilfedern...

11.20b ...und kontrollieren Sie sie auf Verzug.

17 Drehen Sie das Ventil und prüfen Sie dabei, ob es verzogen sein könnte. Prüfen Sie ggf. mithilfe von Prismenblöcken und einer Messuhr, wie stark das Ventil verzogen ist (siehe Abbildung) – wenn mehr als 0,01 mm festgestellt werden, ist das Ventil zu ersetzen, da es nicht mehr korrekt abdichten wird.

18 Messen Sie den Ventilschaft-Durchmesser (siehe Abbildung). Befreien Sie die Ventilführungen von sämtlichen Kohleablagerungen. Ermitteln Sie auch den Innendurchmesser der Ventilführung an beiden Enden und in der Mitte, um ungleichmäßigen Verschleiß festzustellen (siehe Abbildung). Vergleichen Sie die Messwerte mit den Angaben in den technischen Daten und ersetzen Sie alle übermäßig verschlissenen Komponenten. Falls eine Ventilführung innerhalb der Toleranzwerte liegt aber ungleichmäßig verschlissen ist, muss sie dennoch ersetzt werden. Der Austausch von Ventilführungen muss von einer Fachwerkstatt durchgeführt werden. Subtrahieren Sie den Schaft-Durchmesser vom Führungs-Durchmesser – falls das Spiel über dem Wert in den technischen Daten liegt, muss die verschlissene Komponente ersetzt werden.

Anmerkung: *Yamaha empfiehlt, beim Einbau neuer Ventile auch deren Führungen zu ersetzen.*

19 Kontrollieren Sie das Ende des Ventilschafts und die Keilnuten auf Ausbrüche und übermäßigen Verschleiß (siehe Abbildung) – ersetzen Sie das Ventil nötigenfalls.

20 Kontrollieren Sie die Enden der Ventilfedern auf Verschleiß und Ausbrüche. Messen Sie die freie Länge der Federn (siehe Abbildung) – ist eine Feder kürzer als in den technischen Daten angegeben, so ist sie erlahmt und alle Federn müssen als Set ausgetauscht werden.

Anmerkung: *Wenn eine Feder ermüdet ist, werden auch die anderen Federn bald verschlissen sein. Ermüdete Federn können die Ventile bei hohen Drehzahlen keine vorschriftsmäßig schließenden Ventile sicherstellen, sodass die Gefahr bestünde, dass Ventile und Kolben sich berühren. Dies würde schwere Motorschäden nach sich ziehen! Ermitteln Sie mithilfe eines Richtwinkels, ob eine Feder mehr als 1,6 mm verbogen ist – in diesem Fall ist sie ebenfalls zu ersetzen.*

21 Kontrollieren Sie die Federsitze, Federteller und Keile auf sichtbaren Verschleiß und Brüche.

22 Wenn die Inspektion erkennen lässt, dass keine Überholung notwendig ist, können die Bauteile des Ventiltriebs wieder in den Zylinderkopf installiert werden. Alle fragwürdigen Teile dürfen nicht wiederverwendet werden, da bei ihrem Ausfall im Motorbetrieb sehr großer Schaden entstehen kann.

Zusammenbau

23 Wenn keine Ventilüberholung durchgeführt wurde, sollten die Ventile vor dem Einbau in den Kopf eingeschliffen (»geläppt«) werden, um die Dichtigkeit an den Ventilsitzen sicherzustellen.

Anmerkung: *Nachdem die Ventilsitze nachgeschnitten wurden, dürfen die Ventile nicht geläppt werden. Der Ventilsitz muss weich und unpoliert sein, damit sich das Ventil bei laufendem Motor korrekt setzen kann. Für das Läppen benötigt man feine Ventilschleifpaste sowie einen Ventildreher. Wenn dieses Werkzeug nicht zur Hand ist, kann auch ein Stück Gummi- oder Plastikschlauch über den Ventilschaft geschoben (nachdem das Ventil in die Führung gesteckt wurde) und das Ventil damit gedreht werden.*

24 Geben Sie etwas von der Schleifpaste auf die Ventildichtfläche (siehe Abbildung) sowie etwas von einem Gemisch aus Molybdänfett und Motoröl an den Ventilschaft und stecken Sie das Ventil in die Führung (Abbildung 11.7c).

Anmerkung: *Gehen Sie sicher, dass das Ventil in der richtigen Führung steckt und das keine Schleifpaste an den Ventilschaft gerät.*

25 Befestigen Sie den Ventildreher (oder den Schlauch) am Ventil und drehen sie ihn zwischen den Handflächen. Hin- und herdrehen ist dem Drehen in eine Richtung vorzuziehen (siehe Abbildung). Heben Sie das Ventil regelmäßig vom Sitz und verteilen Sie die Paste ordentlich. Setzen Sie das Schleifen solange fort, bis die Dichtflächen am Ventil und am Sitz eine gleichmäßige Breite und am ganzen Umfang keine Unterbrechungen haben.

26 Ziehen Sie vorsichtig das Ventil aus der Führung und wischen Sie alle Schleifpasten-Reste ab. Reinigen Sie das Ventil mit Lösungsmittel und wischen Sie es sorgfältig mit einem mit Lösungsmittel getränkten Tuch ab.

27 Wiederholen Sie den Arbeitsgang mit den anderen Ventilen. Reinigen Sie anschließend das Ventil und seine Führung sorgfältig mit Lösungsmittel. Blasen Sie alle Kanäle mit Druck-

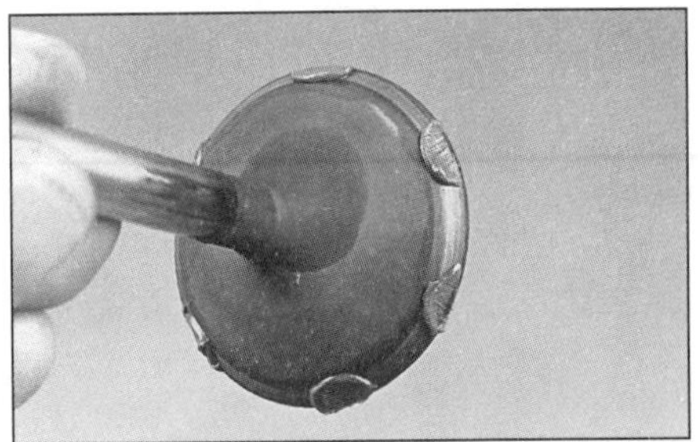

11.24 Geben Sie sparsam und gut verteilt Schleifpaste auf die Dichtflächen - nicht auf den Schaft.

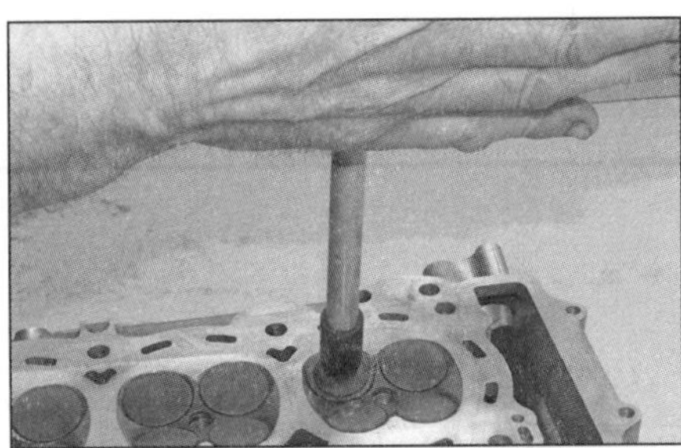

11.25 Bewegen Sie den Ventildreher zwischen den Handflächen hin und her.

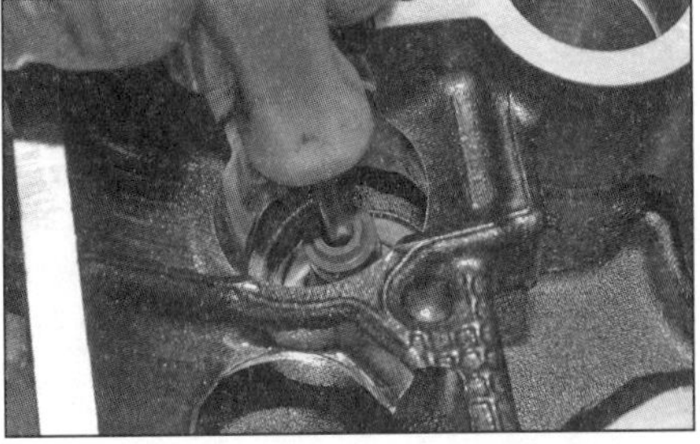

11.28 Installieren Sie die neue Ventilschaftdichtung mit einer Stange als Führung und drücken Sie sie herunter, bis sie einrastet.

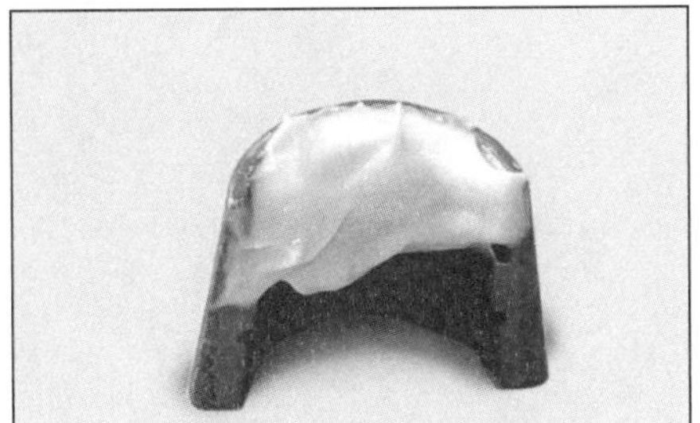

11.30a Geben Sie Fett an die Ventilkeile,...

luft aus – vor der Montage müssen alle Schleifmittel-Reste entfernt sein.

28 Zurzeit immer nur an einem Ventil arbeitend, wird der Federsitz an seinen Platz im Zylinderkopf gelegt – der Bund muss nach oben zeigen und in die Feder greifen können (Abbildung 11.8b). Stecken Sie die neue Ventilschaftdichtung auf die Ventilführung. Drücken Sie sie mit dem Daumen oder einem geeigneten Steckschlüssel auf die Führung, bis sie fühlbar eingerastet ist (siehe Abbildung). Auf keinen Fall darf die Dichtung verkantet, gedreht oder wieder abgezogen werden, da sie dann das Ventil nicht mehr korrekt abdichtet.

29 Schmieren Sie den Ventilschaft mit einem Gemisch aus Molybdänfett und Motoröl und stecken Sie das Ventil drehend in die Führung, um die Dichtung nicht zu beschädigen (Abbildung 11.7c). Kontrollieren Sie, ob es sich frei auf und ab bewegen lässt. Jetzt werden die Ventilfeder mit den engeren Wicklungen voran und der Federteller mit dem Bund nach unten in die Feder installiert (Abbildung 11.7b).

30 Geben Sie etwas Fett innen an die Keile, um sie an das Ventil »kleben« zu können (siehe Abbildung). Drücken Sie die Feder mit der korrekt sitzenden Federpresse nur soweit wie nötig zusammen, um die Keile montieren zu können (siehe Schritt 6) (Abbildungen 11.6a, b und c). Bringen Sie die Keile nacheinander mithilfe eines gefetteten Schraubendrehers in Position (siehe Abbildung). Achten Sie darauf, dass die Keile korrekt in den Nuten sitzen, und lösen Sie vorsichtig die Presse.

31 Wiederholen Sie die Prozedur an den anderen Ventilen. Denken Sie daran, die Bauteile einer Ventilbaugruppe zusammenzuhalten, damit sie in die alten Positionen montiert werden können.

32 Stützen Sie den Zylinderkopf so auf Holzblöcken, dass die sich öffnenden Ventile nicht die Werkbank berühren können, und schlagen Sie sanft mit einem Hammer und einem Messingdorn (oder anderem weichen Material) oben auf die Ventilschäfte, damit die Keile sich besser in die Nuten setzen können.

Praxis TiPP

Kontrollieren Sie die Dichtigkeit der Ventile durch das Einfüllen von Lösungsmittel in den jeweiligen Kanal. Wenn die Flüssigkeit am Ventil vorbei in den Brennraum läuft, muss die Ventilbaugruppe wieder zerlegt und ggf. von einem Fachbetrieb begutachtet werden.

33 Nach der Montage des Zylinderkopfes und der Nockenwellen muss das Ventilspiel kontrolliert und eventuell eingestellt werden (siehe Kapitel 1).

12 Kupplungszug

Ausbau

1 Entfernen Sie das Luftfiltergehäuse (siehe Kapitel 4).

2 Drehen Sie am Kupplungshebel den Einsteller vollständig in den Halter und dann so weit zurück, bis seine Nut zu derjenigen des Halters fluchtet (siehe Abbildung).

11.30b ...um sie über der Nut an den Ventilschaft zu »kleben«.

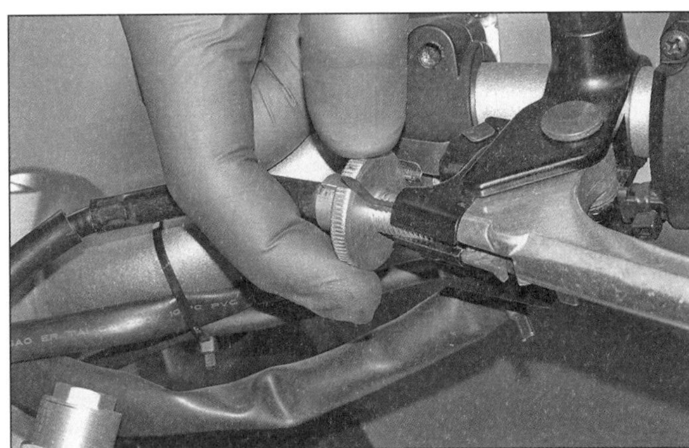

12.2 Richten Sie bei hingedrehtem Einsteller alle Nuten zueinander aus.

12.3a Lockern Sie die Kontermutter,...

12.3b ...um den Kupplungszug aus dem Halter zu befreien.

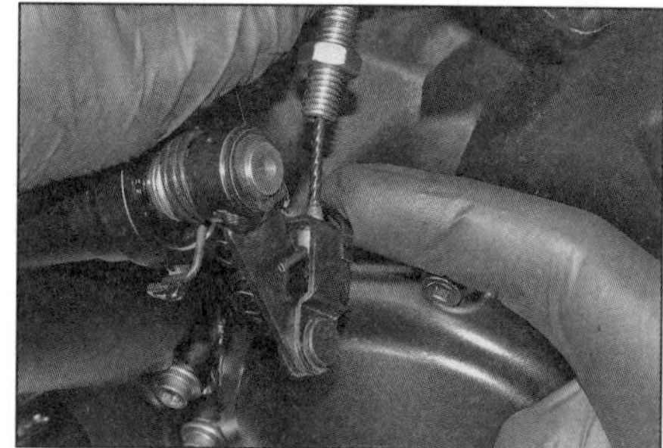

12.3c Biegen Sie die Lasche an der Kupplungszug-Aufnahme hoch...

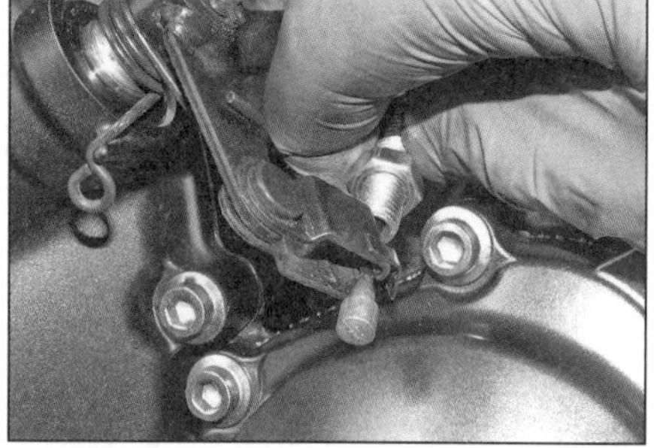

12.3d ...und befreien Sie den Seilzugnippel.

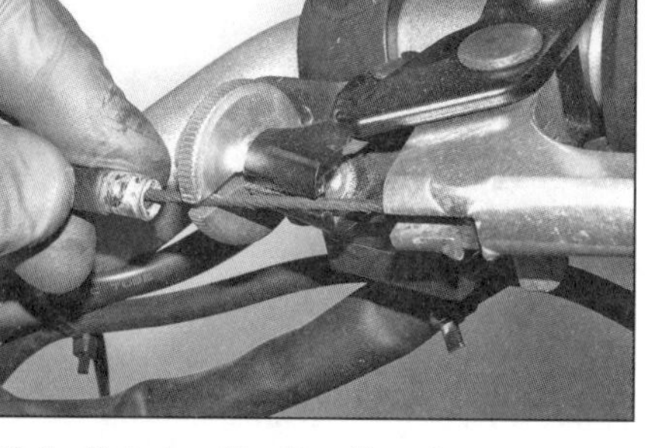

12.4a Befreien Sie den Kupplungszug aus dem oberen Einsteller...

12.4b ...und dem Kupplungshebel.

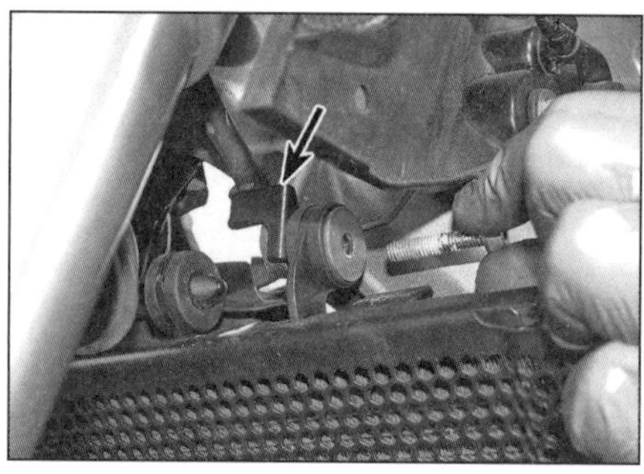

12.5 Lösen Sie die Kühler-Schraube und befreien Sie die Kupplungszug-Führung (Pfeil).

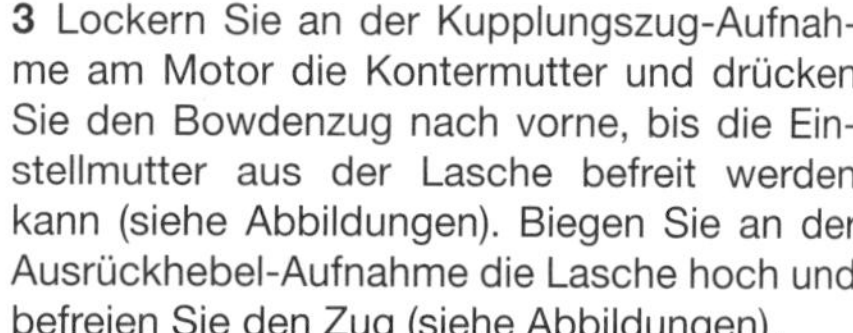

3 Lockern Sie an der Kupplungszug-Aufnahme am Motor die Kontermutter und drücken Sie den Bowdenzug nach vorne, bis die Einstellmutter aus der Lasche befreit werden kann (siehe Abbildungen). Biegen Sie an der Ausrückhebel-Aufnahme die Lasche hoch und befreien Sie den Zug (siehe Abbildungen).

4 Ziehen Sie nun auch oben die Bowdenzughülle aus dem Einsteller, befreien Sie das Stahlseil aus den Nuten des Einstellers, des Hebelhalters und des Hebels und ziehen Sie den Nippel nach unten ab (siehe Abbildungen).

5 Lösen Sie die linke Kühler-Befestigungsschraube und entfernen Sie die Kupplungszug-Führung (siehe Abbildung). Befreien Sie den Kupplungszug aus allen Befestigungen und Führungen, merken Sie sich seine Verlegung und entnehmen Sie ihn aus dem Motorrad.

Praxis TiPP ***Um einen Bowdenzug sicher in der ursprünglichen Position verlegen zu können, wird das untere Ende des neuen Zuges mit Draht am oberen Ende des alten Zuges befestigt – und der neue Zug beim Herausziehen des alten Zuges in seine korrekte Einbaulage gezogen.***

Einbau

6 Der Einbau entspricht der umgekehrten Ausbaureihenfolge. Schmieren Sie die Enden des Kupplungszugs mit Fett. Ziehen Sie den neuen Zug korrekt ein (siehe *Praxis-Tipp*). Biegen Sie die Lasche des Ausrückhebels zurück, um den Nippel zu sichern (Abbildung 12.3c).

7 Stellen Sie das Spiel des Kupplungshebels ein (siehe Kapitel 1).

8 Prüfen Sie, ob sich der Ausrückmechanismus sanft bewegen lässt. Wenn sich Hinweise auf Verschleiß oder Beschädigungen finden, müssen der Hebel und die Welle ausgebaut, gereinigt und geschmiert werden (siehe Sektion 13).

9 Montieren Sie das Luftfiltergehäuse (siehe Kapitel 4).

13 Kupplung

Spezialwerkzeug: *Ein Kupplungs-Zentrierwerkzeug kann hilfreich sein, wird aber nicht zwingend benötigt – siehe Schritt 10*

MT-09 und Tracer bis 2016

Ausbau

1 Falls das Motorrad aufrecht abgestützt wird, muss das Motoröl abgelassen werden (siehe Kapitel 1); bei auf dem Seitenständer stehender Maschine ist dies nicht nötig.

2 Trennen Sie den Kupplungszug vom Ausrückhebel (siehe Sektion 12, Schritt 3).

3 Lockern Sie schrittweise und über Kreuz die Kupplungsdeckel-Schrauben, beachten Sie dabei die Positionen der Lambdasondenkabel-Führung und entnehmen Sie die Blende (siehe Abbildung).

4 Seien Sie auf austretendes Öl vorbereitet und entnehmen Sie den Deckel (siehe Abbildung). Falls sich der Deckel nicht abnehmen lässt, muss er rundherum vorsichtig mit einem Kunststoffhammer oder Holz abgeklopft werden, damit er sich von der Dichtung trennt.

5 Entfernen Sie die Dichtung – später muss eine neue verwendet werden. Stellen Sie ggf. die zwei Passhülsen aus dem Deckel oder dem Motorgehäuse sicher (Abbildung 13.33a).

6 Halten Sie die Kupplung mithilfe eines Lappens fest und lösen Sie schrittweise und über Kreuz die Kupplungsfeder-Schrauben, bis alle locker sind (siehe Abbildung). Entfernen Sie die Schrauben und die Federn.

7 Nehmen Sie die Druckplatte ab (siehe Abbildung) und befreien Sie die Zugstange aus dem Ausrücklager (Abbildung 13.31).

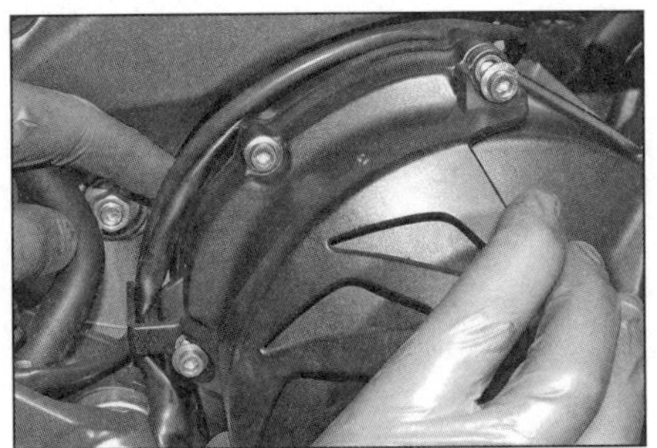

13.3 Kabelführung an der Kupplungsdeckel-Blende

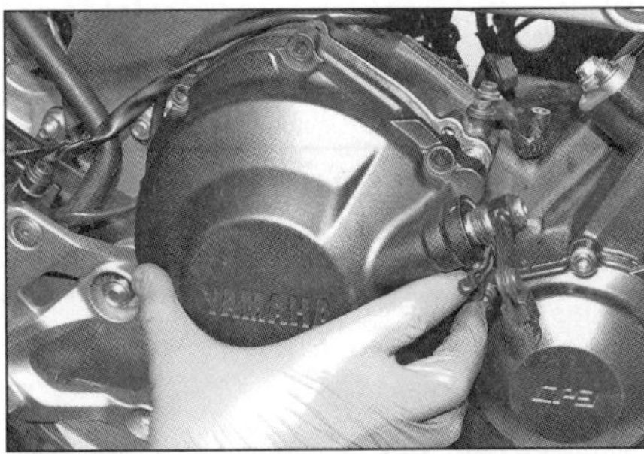

13.4 Nehmen Sie den Deckel ab.

13.6 Lösen Sie die Kupplungsschrauben und entnehmen Sie die Federn...

13.7 ...sowie die Druckplatte.

13.8 Befreien Sie alle Kupplungsscheiben als Paket.

13.9 Befreien Sie den Bund der Kupplungsmutter aus der Wellennut...

8 Entfernen Sie die Kupplungsscheiben (siehe Abbildung) – solange sie nicht durch Neuteile ersetzt werden, müssen sie in ihrer ursprünglichen Reihenfolge verbleiben. Die Laschen der äußeren Belagscheibe (Typ 1) greifen in die versetzt zu den anderen angeordneten Nuten des Kupplungskorbes; die (von außen gezählt) 6. und 7. Belagscheibe (Typ 2) haben dünnere Laschen-Enden.

9 Klopfen Sie mithilfe eines geeigneten Dorns oder kleinen Meißels den Sicherungsbund der Kupplungsmutter aus der Vertiefung der Getriebewelle zurück (siehe Abbildung).

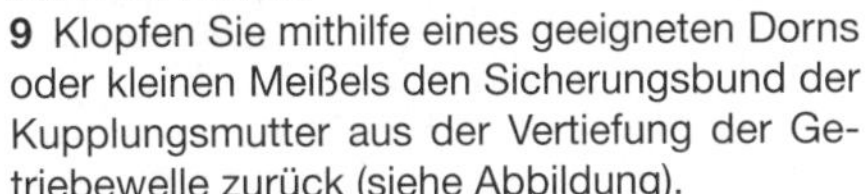

10 Zum Lösen der Kupplungsmutter muss die Getriebeeingangswelle blockiert werden – bei eingebautem Motor kann sich ein Assistent auf die Sitzbank setzen, einen Gang einlegen und die Fußbremse betätigen. Alternativ wird das Yamaha-Werkzeug 90890-04086 oder einem im Fachhandel erhältlichen Haltewerkzeug verwendet, das gut in die Nuten des Kupplungskorbes greift. Lösen Sie die Mutter und entfernen Sie die Scheibe (siehe Abbildung). Die Mutter muss später durch ein Neuteil ersetzt werden.

11 Ziehen Sie die Kupplungsnabe und die Anlaufscheibe von der Getriebeeingangswelle (Abbildungen 13.29a und 13.28).

12 Beachten Sie, wie die Primärtriebräder hinten am Kupplungskorb und an der Kurbelwelle ineinandergreifen. Beachten Sie auch die Ölpumpenkette und deren Führung – die Kette liegt auf dem hinten im Kupplungskorb integrierten Ritzel.

13 Befreien Sie die Lagerhülse und das Nadellager zwischen Kupplungskorb und Eingangswelle heraus – hierbei kann ein Magnet oder das Verschieben des Kupplungskorbes auf der Getriebewelle helfen (siehe Abbildung).

13.10 ...und lösen Sie die Mutter wie beschrieben.

13.13 Ziehen Sie die Lagerhülse und das Nadellager heraus.

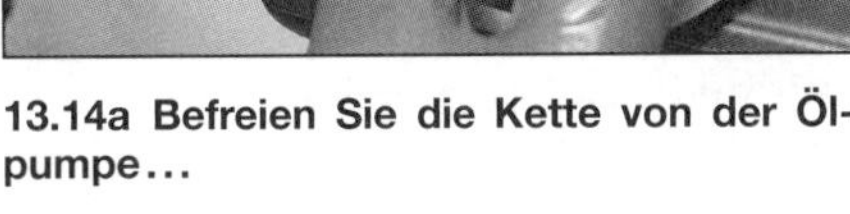

13.14a Befreien Sie die Kette von der Ölpumpe...

13.14b ...und entnehmen Sie den Kupplungskorb.

14 Heben Sie die Kette vom Ölpumpenritzel und entnehmen Sie den Kupplungskorb (siehe Abbildungen).

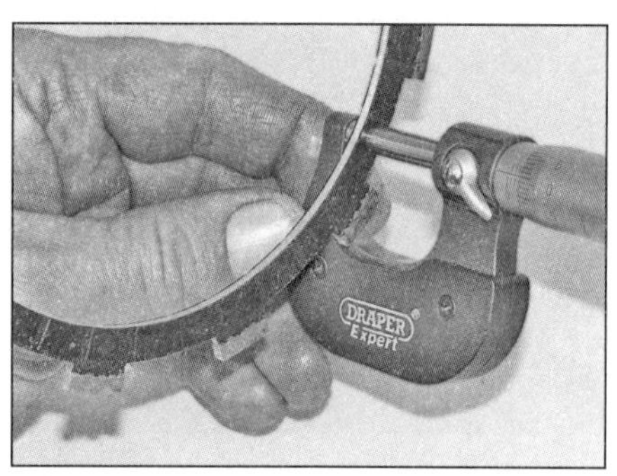

13.16 Messen Sie die Stärke der Belagscheiben.

13.17 Kontrollieren Sie die Stahlscheiben auf Verzug.

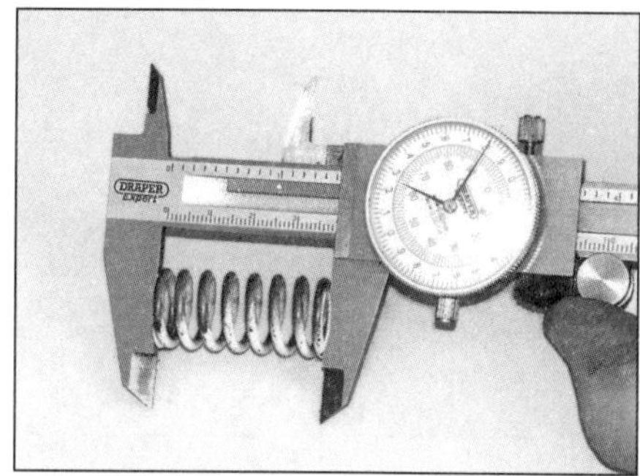

13.18 Messen Sie die Länge aller Kupplungsfedern.

13.19a Kontrollieren Sie die Laschen der Belagscheiben und die Nuten im Kupplungskorb.

13.19b Kontrollieren Sie die Zungen der Stahlscheiben und die Nuten in der Kupplungsnabe.

13.20 Kontrollieren Sie das Nadellager und die Laufflächen der Lagerhülse und des Kupplungskorbes auf Verschleiß.

13.21 Kontrollieren Sie das Primär-Zahnrad und auch das Ölpumpen-Antriebsritzel am Kupplungskorb.

13.23a Kontrollieren Sie die Druckplatte samt Ausrücklager.

13.23b Inspizieren Sie die Zähne der Zugstange und der Welle.

15 Ziehen Sie die Anlaufscheibe und den Distanzring von der Getriebewelle (Abbildungen 13.26b und a).

Kontrolle

16 Nach einer großen Laufleistung ist es normal, dass die Kupplungsscheiben verschleißen und zu rutschen beginnen. Messen Sie mithilfe eines Messschiebers die Stärke der Belagscheiben (siehe Abbildung). Wenn irgendeine Scheibe unter der Verschleißgrenze von 2,82 mm liegt, müssen alle Belagscheiben als Satz ausgewechselt werden. Dies gilt ebenfalls, wenn Scheiben verbrannt oder verglast sind.

17 Die Stahlscheiben dürfen keine Anzeichen starker Erwärmung (Blaufärbung) aufweisen. Kontrollieren sie mithilfe einer Fühlerlehre den Verzug der Scheiben, indem Sie sie auf eine ebene Oberfläche legen (siehe Abbildung). Wenn eine der Scheiben 0,1 mm oder mehr verzogen oder angelaufen ist, müssen alle Stahlscheiben als Satz ausgewechselt werden.

18 Messen Sie die freien Längen aller Kupplungsfedern (siehe Abbildung) – falls eine Feder kürzer als 49,9 mm ist, müssen alle Federn als Set ausgetauscht werden.

19 Kontrollieren Sie die Belagscheiben-Laschen und deren Führungen am Kupplungskorb auf Riefen und Abdrücke (siehe Abbildung). Überprüfen Sie ebenso den Verschleiß an den Zungen der Stahlscheiben und der Kupplungsnabe (siehe Abbildung). Ein solcher Verschleiß äußert sich in Kupplungsrutschen und langsamem Einrücken beim Schalten, da die Scheiben haken, wenn die Druckplatte ausgerückt wird. Minimaler Verschleiß kann mit einer feinen Feile geschlichtet werden – ist er zu groß, müssen die entsprechenden Bauteile ausgetauscht werden.

20 Begutachten Sie das Nadellager und dessen Laufflächen im Kupplungskorb und auf der Lagerhülse (siehe Abbildung). Bei Hinweisen auf Verschleiß, Ausbrüchen und andere Schäden müssen entsprechende Teile ersetzt werden.

21 Inspizieren Sie die Zähne der beiden Primärtriebräder hinten am Kupplungskorb und an der Kurbelwelle (siehe Abbildung). Beide Zahnräder sind in die jeweiligen Bauteile inte-

13.24a Entfernen Sie die Sicherungsscheibe und die Scheibe...

13.24b ...und ziehen Sie die Ausrückwelle heraus.

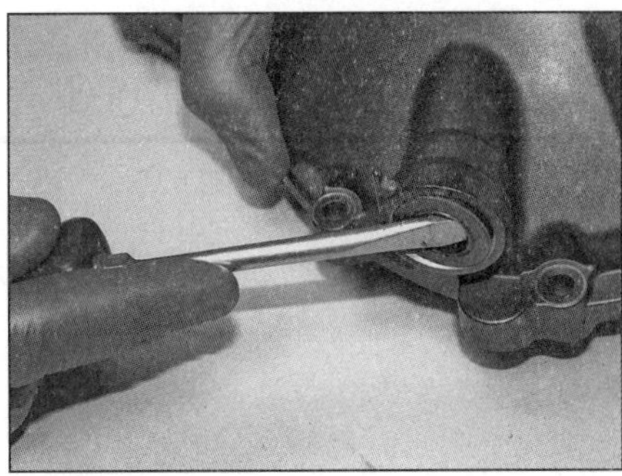

13.24c Hebeln Sie den Dichtring heraus...

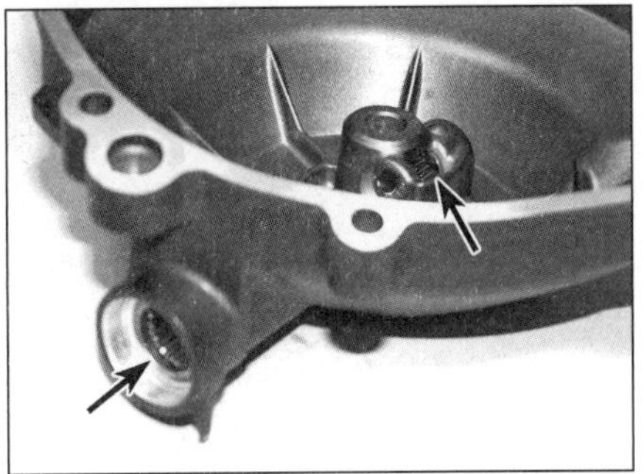

13.24d ...und kontrollieren Sie die zwei Lager.

13.26a Schieben Sie den Distanzring...

13.26b ...und die Anlaufscheibe auf die Welle.

griert, sodass diese nötigenfalls ersetzt werden müssen (beachten Sie die Sektion 24 für den Ausbau der Kurbelwelle).

22 Kontrollieren Sie das Ritzel für die Ölpumpenkette hinten am Kupplungskorb (Abbildung 13.21). Bei Beschädigungen muss der Kupplungskorb ersetzt werden; überprüfen Sie in diesem Fall auch die Ölpumpe und ihre Kette (siehe Sektion 18).

23 Inspizieren Sie die Druckplatte und das Ausrücklager auf Verschleiß und Schäden sowie rauen Lauf (siehe Abbildung). Kontrollieren Sie die Zugstangen-Zähne und ihre Gegenstücke an der Ausrückwelle im Deckel auf Verschleiß und Beschädigungen (siehe Abbildung). Ersetzen Sie nötigenfalls alle schadhaften Teile (siehe auch Schritt 24). Das Ausrücklager kann von der Außenseite der Druckplatte ausgetrieben werden; treiben Sie das neue Lager von innen mit einem Steckschlüssel ein, der nur seinen Außenring berührt.

24 Überprüfen Sie, ob sich die Welle des Ausrückhebels sanft in ihrem Sitz im Kupplungsdeckel drehen lässt. Falls sie rau läuft, müssen unten an der Welle die Sicherungsscheibe und die Scheibe entfernt werden, um die Welle herausziehen zu können – beachten Sie, wie die Enden der Rückholfeder eingehängt sind (siehe Abbildungen). Entfernen Sie den Dichtring (später wird ein Neuteil benötigt) und reinigen Sie die Lager, um sie zu kontrollieren (siehe Abbildungen). Ersetzen Sie die Lager nötigenfalls (beachten Sie dazu die *Werkzeug- und Werkstatt-Tipps* im Anhang). Falls die Zähne der Welle verschlissen sind, muss die Ausrichtung des Ausrückhebels zur Welle markiert werden, bevor oben der Seegerring, die Scheibe, der Hebel und die Feder entfernt werden. Setzen Sie beim Einbau den Hebel mit der O-Markierung nach unten ausgerichtet auf die Welle. Schmieren Sie die Lager mit Motoröl. Installieren Sie einen neuen Dichtring mit der Beschriftung nach außen und fetten Sie seine Dichtlippe. Installieren Sie ggf. einen neuen Seegerring und eine Sicherungsscheibe und prüfen Sie, ob die Enden der Feder korrekt sitzen.

Einbau

25 Reinigen Sie die Dichtflächen des Motorgehäuses und des Kupplungsdeckels.

26 Schieben Sie den Distanzring und die Anlaufscheibe gegen das Lager auf die Getriebeeingangswelle (siehe Abbildungen). Legen Sie die Kette um das Ölpumpen-Antriebsritzel hinten am Kupplungskorb (siehe Abbildung), schieben Sie diesen auf die Welle und legen Sie die Kette um das Ölpumpenritzel (Abbildungen 13.14b und a).

27 Schmieren Sie das Nadellager und die Hülse mit frischem Motoröl. Halten Sie den Kupplungskorb, lassen Sie die Primärräder ineinander greifen und schieben Sie das Lager und seine Hülse in den Kupplungskorb und auf die Welle (siehe Abbildung).

13.26c Legen Sie die Ölpumpenkette um das Ritzel.

13.27 Zentrieren Sie den Kupplungskorn und installieren Sie das Lager samt Hülse.

13.28 Schieben Sie die Anlaufscheibe auf.

13.29a Installieren Sie die Kupplungsnabe,...

13.29b ...die Scheiben...

13.29c ...und die neue Kupplungsmutter.

13.29d Ziehen Sie die Kupplungsmutter mit 125 Nm an...

13.29e ...und verstemmen Sie den Bund in den Vertiefungen der Welle,...

13.29f ...sodass es wie gezeigt aussieht.

28 Schmieren Sie die Anlaufscheibe mit Motoröl und schieben Sie sie auf die Getriebewelle (siehe Abbildung).

29 Schieben Sie die Kupplungsnabe über die Getriebewelle (siehe Abbildung). Legen Sie die Anlaufscheibe auf, schmieren Sie die Federscheibe mit frischem Motoröl und installieren Sie sie mit »OUT« nach außen (siehe Abbildung). Drehen Sie die neue Kupplungsmutter mit dem dünnen Bund nach außen auf. Blockieren Sie die Eingangswelle (Schritt 10) und ziehen Sie die Mutter mit 125 Nm an (siehe Abbildungen). Prüfen Sie nach dem Anziehen, ob sich die Kupplungsnabe frei drehen lässt. Stemmen Sie den Kupplungsmutter-Bund in die Vertiefung der Welle (siehe Abbildungen).

30 Falls neue Kupplungsscheiben verwendet werden oder die alten durcheinander geraten

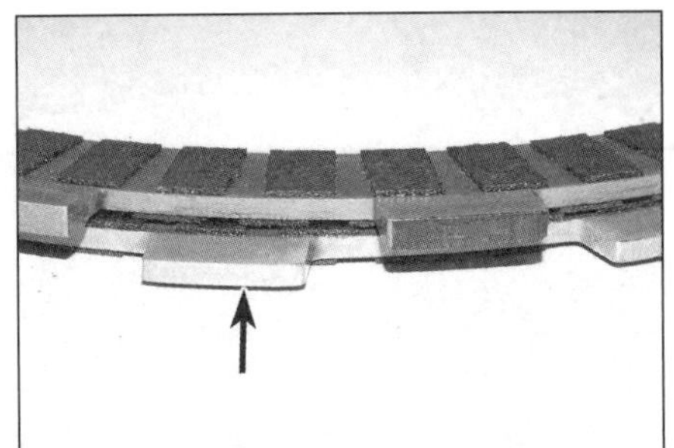

13.30a Zwei Belagscheiben haben dünnere Laschen-Enden.

13.30b Installieren Sie in der beschriebenen Reihenfolge abwechselnd Belagscheiben...

13.30c ...und Stahlscheiben.

13.30d Die äußere Belagscheibe muss in den versetzt angeordneten flacheren Nuten des Kupplungskorbs liegen.

13.31 Installieren Sie die Zugstange in das Ausrücklager.

13.33a Legen Sie eine neue Kupplungsdeckel-Dichtung über die Passhülsen.

sind, müssen zuerst die zwei Belagscheiben des Typs 2 (mit dünneren Laschen-Enden) identifiziert werden (siehe Abbildung). Schmieren Sie alle Scheiben vor dem Einbau mit Motoröl. Beginnen Sie mit einer Belagscheibe des Typs 1 gefolgt von einer Stahlscheibe, es folgen eine weitere Typ-1-Belagscheibe und eine Stahlscheibe, dann werden zweimal Typ-2-Belagscheiben und Stahlscheiben installiert. Fahren Sie schließlich abwechselnd mit Typ-1-Belagscheiben und Stahlscheiben fort und richten Sie die Laschen der äußeren Belagscheibe in den versetzt angeordneten flacheren Nuten des Kupplungskorbs aus (siehe Abbildungen).

31 Schmieren Sie das Ausrücklager in der Druckplatte mit Motoröl und installieren Sie die Zugstange (siehe Abbildung). Setzen Sie die Druckplatte korrekt über den Sitzen der Kupplungsschrauben an (Abbildung 13.7).

32 Installieren Sie die Kupplungsfedern und ihre Schrauben. Halten Sie den Kupplungskorb und ziehen Sie die Schrauben schrittweise und über Kreuz bis zum Drehmoment von 10 Nm an (Abbildung 13.6).

33 Falls entfernt, werden die Passhülsen ins Motorgehäuse gesteckt. Legen Sie die neue Kupplungsdeckel-Dichtung darüber (siehe Abbildung). Richten Sie die Zugstange so aus, dass ihre Zähne schräg nach unten in Richtung der Schraubenbohrung rechts von der Ölpumpe zeigen (siehe Abbildung).

34 Positionieren Sie den Ausrückhebel nach unten und leicht nach außen und setzen Sie den Kupplungsdeckel auf – drücken Sie den

13.33b Richten Sie die Zugstange wie gezeigt aus.

Hebel ein, sobald die Zähne ineinander greifen (Abbildung 13.4). Prüfen Sie, ob der Deckel rundherum über den Passhülsen korrekt am Motorgehäuse anliegt, drücken Sie den Ausrückhebel bis zum Anschlag ein und prüfen Sie, ob die Körnermarkierung am Hebel zu derjenigen am Dichtringsitz fluchtet (siehe Abbildung) – falls nicht, muss der Deckel wieder abgezogen, der Hebel neu ausgerichtet und der Deckel erneut aufgesetzt werden, bis die Markierungen fluchten. Installieren Sie die Kupplungsdeckel-Schrauben, sichern Sie dabei die Lambdasondenkabel-Führung an der Blende und ziehen Sie die Schrauben schrittweise und über Kreuz mit 12 Nm an (Abbildung 13.3).

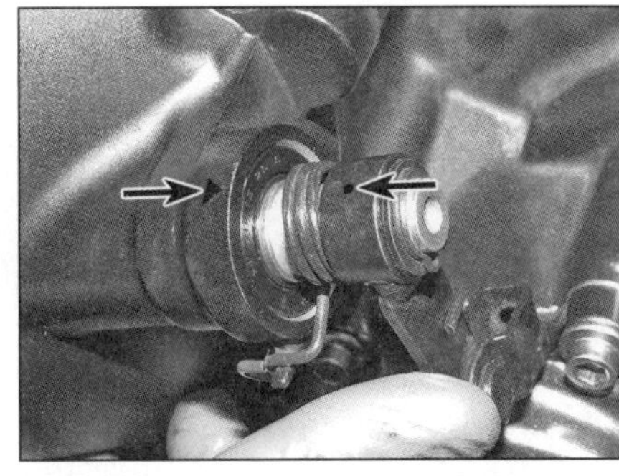

13.34 Drücken Sie den Ausrückhebel ein und prüfen Sie, ob die Körnermarkierung zum Dreieck am Lagersitz ausgerichtet ist.

2

35 Verbinden Sie den Kupplungszug mit dem Ausrückhebel (siehe Sektion 12) und stellen Sie die Kupplung ein (siehe Kapitel 1).

36 Füllen Sie ggf. den Motor mit Motoröl auf. Füllen Sie Kühlmittel auf (siehe Kapitel 1).

MT-09 und Tracer ab 2017, alle XSR

Ausbau

37 Falls das Motorrad aufrecht abgestützt wird, muss das Motoröl abgelassen werden (siehe Kapitel 1); bei auf dem Seitenständer stehender Maschine ist dies nicht nötig.

38 Trennen Sie den Kupplungszug vom Ausrückhebel (siehe Sektion 12, Schritt 3).

13.39 Schrauben der Kupplungsdeckel-Blende

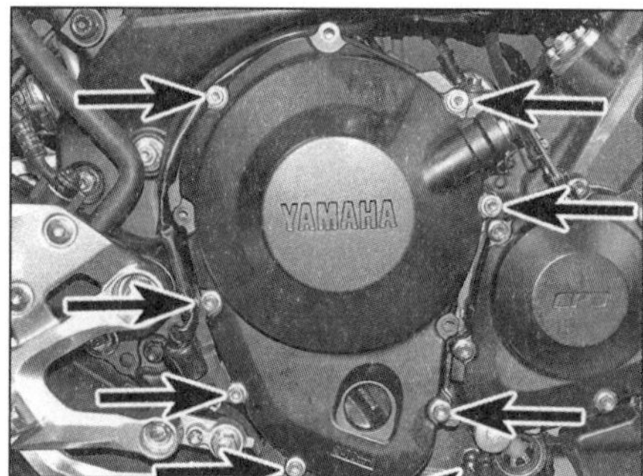

13.40 Kupplungsdeckel-Schrauben

13.42a Kupplungsfeder-Schrauben

13.42b Hebeln Sie nötigenfalls die Dämpfergummis heraus.

13.43 Entfernen Sie die Druckplatte samt der äußeren Belag- und Stahlscheiben.

13.59a Entfernen Sie die Dämpferplatte aus dem Kupplungsdeckel...

39 Lösen Sie die Schrauben der Kupplungsdeckel-Blende und entfernen Sie diese (siehe Abbildung).

40 Lösen Sie schrittweise und über Kreuz die noch vorhandenen Kupplungsdeckel-Schrauben, beachten Sie dabei die Positionen der Lambdasondenkabel-Führung (siehe Abbildung), seien Sie auf austretendes Öl vorbereitet und entnehmen Sie den Deckel. Falls sich der Deckel nicht abnehmen lässt, muss er rundherum vorsichtig mit einem Kunststoffhammer oder Holz abgeklopft werden, damit er sich von der Dichtung trennt.

41 Entfernen Sie die Dichtung – später muss eine neue verwendet werden. Stellen Sie ggf. die zwei Passhülsen aus dem Deckel oder dem Motorgehäuse sicher (Abbildung 13.33a).

42 Halten Sie die Kupplung mithilfe eines Lappens fest und lösen Sie schrittweise die Kupplungsfeder-Schrauben, bis alle locker sind (siehe Abbildung). Entfernen Sie die Schrauben, die Federplatte und die Federn (Abbildungen 13.69c und b). Hebeln Sie nötigenfalls die Dämpfergummis heraus – beachten Sie ihre Einbaulage (siehe Abbildung).

43 Nehmen Sie die Druckplatte ab – drehen Sie sie dabei etwas, um sie aus der Kupplungsnabe zu befreien und samt der äußeren Belag- und Stahlscheiben entfernen zu können (siehe Abbildung). Befreien Sie die Zugstange aus dem Ausrücklager (Abbildung 13.68a).

44 Entfernen Sie die Kupplungsscheiben (Abbildung 13.8) – solange sie nicht durch Neuteile ersetzt werden, müssen sie in ihrer ursprünglichen Reihenfolge verbleiben. Die Laschen der äußeren Belagscheibe (Typ 1) greifen in die versetzt zu den anderen angeordneten Nuten des Kupplungskorbes; zudem haben die zwei äußeren und die ganz innen sitzende Belagscheiben (Typ 1) einen größeren Innendurchmesser als die anderen Belagscheiben (Typ 2). Auch die äußere Stahlscheibe (Typ 1) hat einen größeren Innendurchmesser als die anderen Stahlscheiben (Typ 2). Ziehen Sie anschließend mit einem Magneten oder Draht-Haken die Geräuschdämm-Feder samt Federsitz heraus.

45 Klopfen Sie mithilfe eines geeigneten Dorns oder kleinen Meißels den Sicherungsbund der Kupplungsmutter aus der Vertiefung der Getriebewelle zurück (Abbildung 13.9).

46 Zum Lösen der Kupplungsmutter muss die Getriebeeingangswelle blockiert werden – bei eingebautem Motor kann sich ein Assistent auf die Sitzbank setzen, einen Gang einlegen und die Fußbremse betätigen. Alternativ wird das Yamaha-Werkzeug 90890-04086 oder einem im Fachhandel erhältlichen Haltewerkzeug verwendet, das gut in die Nuten des Kupplungskorbes greift. Lösen Sie die Mutter und entfernen Sie die Scheibe (Abbildung 13.10). Die Mutter muss später durch ein Neuteil ersetzt werden.

47 Ziehen Sie die Kupplungsnabe und die Anlaufscheibe von der Getriebeeingangswelle (Abbildungen 13.29a und 13.28).

48 Beachten Sie, wie die Primärtriebräder hinten am Kupplungskorb und an der Kurbelwelle ineinandergreifen. Beachten Sie auch die Ölpumpenkette und deren Führung – die Kette liegt auf dem hinten im Kupplungskorb integrierten Ritzel.

49 Befreien Sie die Lagerhülse und das Nadellager zwischen Kupplungskorb und Eingangswelle heraus – hierbei kann ein Magnet oder das Verschieben des Kupplungskorbes auf der Getriebewelle helfen (Abbildung 13.13).

50 Heben Sie die Kette vom Ölpumpenritzel und entnehmen Sie den Kupplungskorb (Abbildungen 13.14a und b).

51 Ziehen Sie die Anlaufscheibe und den Distanzring von der Getriebewelle (Abbildungen 13.26b und a).

Kontrolle

52 Nach einer großen Laufleistung ist es normal, dass die Kupplungsscheiben verschleißen und zu rutschen beginnen. Messen Sie mithilfe eines Messschiebers die Stärke der Belagscheiben (Abbildung 13.16). Wenn irgendeine Scheibe unter der Verschleißgrenze von 2,82 mm liegt, müssen alle Belagscheiben als Satz ausgewechselt werden. Dies gilt ebenfalls, wenn Scheiben verbrannt oder verglast sind.

53 Die Stahlscheiben dürfen keine Anzeichen starker Erwärmung (Blaufärbung) aufweisen. Kontrollieren sie mithilfe einer Fühlerlehre den Verzug der Scheiben, indem Sie sie auf eine ebene Oberfläche legen (Abbildung 13.17). Wenn eine der Scheiben 0,1 mm oder mehr verzogen oder angelaufen ist, müssen alle

13.59b ...und heben Sie den Dämpfer heraus.

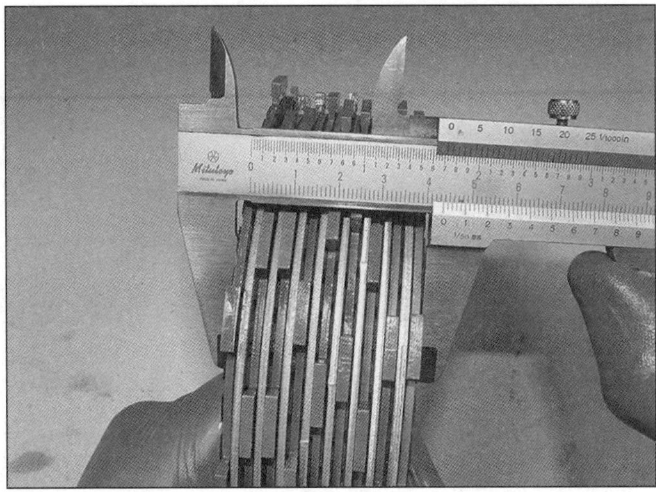

13.66 Messen Sie die Stärke des Kupplungsscheiben-Pakets.

Stahlscheiben als Satz ausgewechselt werden.

54 Messen Sie die freien Längen aller Kupplungsfedern (Abbildung 13.18) – falls eine Feder kürzer als 42,97 mm ist, müssen alle Federn als Set ausgetauscht werden.

55 Kontrollieren Sie die Belagscheiben-Laschen und deren Führungen am Kupplungskorb auf Riefen und Abdrücke (Abbildung 13.19a). Überprüfen Sie ebenso den Verschleiß an den Zungen der Stahlscheiben und der Kupplungsnabe (Abbildung 13.19b). Ein solcher Verschleiß äußert sich in Kupplungsrutschen und langsamem Einrücken beim Schalten, da die Scheiben haken, wenn die Druckplatte ausgerückt wird. Minimaler Verschleiß kann mit einer feinen Feile geschlichtet werden – ist er zu groß, müssen die entsprechenden Bauteile ausgetauscht werden.

56 Begutachten Sie das Nadellager und dessen Laufflächen im Kupplungskorb und auf der Lagerhülse (Abbildung 13.20). Bei Hinweisen auf Verschleiß, Ausbrüchen und andere Schäden müssen entsprechende Teile ersetzt werden.

57 Inspizieren Sie die Zähne der beiden Primärtriebräder hinten am Kupplungskorb und an der Kurbelwelle (Abbildung 13.21). Beide Zahnräder sind in die jeweiligen Bauteile integriert, sodass diese nötigenfalls ersetzt werden müssen (beachten Sie die Sektion 24 für den Ausbau der Kurbelwelle).

58 Kontrollieren Sie das Ritzel für die Ölpumpenkette hinten am Kupplungskorb (Abbildung 13.21). Bei Beschädigungen muss der Kupplungskorb ersetzt werden; überprüfen Sie in diesem Fall auch die Ölpumpe und ihre Kette (siehe Sektion 18).

59 Inspizieren Sie die Druckplatte und das Ausrücklager auf Verschleiß und Schäden sowie rauen Lauf (Abbildung 13.23a). Entfernen Sie die Dämpferplatte und die Dämpfer aus dem Kupplungsdeckel (siehe Abbildungen) und kontrollieren Sie die Zugstangen-Zähne und ihre Gegenstücke an der Ausrückwelle im Deckel auf Verschleiß und Beschädigungen (Abbildung 13.23b). Ersetzen Sie nötigenfalls alle schadhaften Teile (siehe auch Schritt 24). Das Ausrücklager kann von der Außenseite der Druckplatte ausgetrieben werden; treiben Sie das neue Lager von innen mit einem Steckschlüssel ein, der nur seinen Außenring berührt.

60 Überprüfen Sie, ob sich die Welle des Ausrückhebels sanft in ihrem Sitz im Kupplungsdeckel drehen lässt. Falls sie rau läuft, muss für einen besseren Zugang die Dämpferplatte und die Dämpfer aus dem Kupplungsdeckel entfernt werden (Abbildungen 13.59a und b), dann werden unten an der Welle die Sicherungsscheibe und die Scheibe entfernt, um die Welle herausziehen zu können – beachten Sie, wie die Enden der Rückholfeder eingehängt sind (Abbildungen 13.24a und b). Entfernen Sie den Dichtring (später wird ein Neuteil benötigt) und reinigen Sie die Lager, um sie zu kontrollieren (Abbildungen 13.24c und d). Ersetzen Sie die Lager nötigenfalls (beachten Sie dazu die *Werkzeug- und Werkstatt-Tipps* im Anhang). Falls die Zähne der Welle verschlissen sind, muss die Ausrichtung des Ausrückhebels zur Welle markiert werden, bevor oben der Seegerring, die Scheibe, der Hebel und die Feder entfernt werden. Setzen Sie beim Einbau den Hebel mit der O-Markierung nach unten ausgerichtet auf die Welle. Schmieren Sie die Lager mit Motoröl. Installieren Sie einen neuen Dichtring mit der Beschriftung nach außen und fetten Sie seine Dichtlippe. Installieren Sie ggf. einen neuen Seegerring und eine Sicherungsscheibe und prüfen Sie, ob die Enden der Feder korrekt sitzen. Reinigen Sie die Gewinde der Dämpferplatten-Schrauben und versehen Sie sie mit mittelfester Sicherungspaste, bevor Sie sie sorgfältig anziehen.

Einbau

61 Reinigen Sie die Dichtflächen des Motorgehäuses und des Kupplungsdeckels.

62 Schieben Sie den Distanzring und die Anlaufscheibe gegen das Lager auf die Getriebeeingangswelle (Abbildungen 13.26a und b). Legen Sie die Kette um das Ölpumpen-Antriebsritzel hinten am Kupplungskorb (Abbildung 13.26c), schieben Sie diesen auf die Welle und legen Sie die Kette um das Ölpumpenritzel (Abbildungen 13.14b und a).

63 Schmieren Sie das Nadellager und die Hülse mit frischem Motoröl. Halten Sie den Kupplungskorb, lassen Sie die Primärräder ineinander greifen und schieben Sie das Lager und seine Hülse in den Kupplungskorb und auf die Welle (Abbildung 13.27).

64 Schmieren Sie die Anlaufscheibe mit Motoröl und schieben Sie sie auf die Getriebewelle (Abbildung 13.28).

65 Schieben Sie die Kupplungsnabe über die Getriebewelle (Abbildung 13.29a). Legen Sie die Anlaufscheibe auf, schmieren Sie die Federscheibe mit frischem Motoröl und installieren Sie sie mit »OUT« nach außen (Abbildung 13.29b). Drehen Sie die neue Kupplungsmutter mit dem dünnen Bund nach außen auf. Blockieren Sie die Eingangswelle (Schritt 10) und ziehen Sie die Mutter mit 125 Nm an (Abbildungen 13.29c und d). Prüfen Sie nach dem Anziehen, ob sich die Kupplungsnabe frei drehen lässt. Stemmen Sie den Kupplungsmutter-Bund in die Vertiefung der Welle (Abbildungen 13.29e und f).

66 Falls neue Kupplungsscheiben verwendet werden, muss die Stärke des gesamtem Pakets gemessen werden; legen Sie dazu alle neun Belagscheiben und acht Stahlscheiben zusammen und prüfen Sie, ob das Paket 42,7 bis 43,5 mm hoch ist (siehe Abbildung) – bei anderen Ergebnissen muss die äußere Stahlscheibe (Typ 2) durch eine entsprechend dickere oder dünnere Ausführung ersetzt werden, um die Vorgaben zu erfüllen (die Standard-Scheibe des Typs 2 ist 2,0 mm stark, Alternativen weisen 1,6 oder 2,3 mm Stärke auf); falls die korrekte Stärke nicht durch den Austausch der äußeren Stahlscheibe erreicht werden kann, muss auch die zweite Stahlscheibe von außen ersetzt werden.

13.67a Installieren Sie den Federsitz...

13.67b ...und dann die Geräuschdämm-Feder mit angehobenem Außenrand darüber.

13.67c Installieren Sie eine Belagscheibe des Typs 1,...

13.67d ...eine Stahlscheibe des Typs 2...

13.67e ...und dann abwechselnd Typ-2-Belagscheiben und Typ-2-Stahlscheiben.

13.67f Die letzte Belagscheibe im Kupplungskorb ist vom Typ 1.

13.67g Installieren Sie die verbliebene Typ-1-Belagscheibe an die Druckplatte...

13.67h ...und legen Sie die letzte Typ-1-Stahlscheibe darüber.

13.68a Installieren Sie die Zugstange in das Ausrücklager.

13.68b Richten Sie eine Lasche zur Markierung am Kupplungskorb aus, sodass sie in die flache Nut greift.

67 Falls neue Kupplungsscheiben verwendet werden oder die alten durcheinander geraten sind, müssen zuerst die drei Belagscheiben des Typs 1 (mit größerem Innendurchmesser als Typ 2) identifiziert werden; auch die Stahlscheibe des Typs 1 hat einen größeren Innendurchmesser als die sieben Stahlscheiben des Typs 2. Zudem muss ggf. die dünnere oder dickere Typ-2-Stahlscheibe (siehe Schritt 66) gefunden werden, die nach außen gehört. Installieren Sie den Sitz der Geräuschdämm-Feder und dann die Feder mit angehobenem Außenrand (siehe Abbildungen). Schmieren Sie alle Scheiben vor dem Einbau mit Motoröl. Legen Sie zunächst eine Belagscheibe des Typs 1 gefolgt von einer Typ-2-Stahlscheibe über die Geräuschdämm-Feder, es folgen abwechselnd Typ-2-Belagscheiben und Typ-2-Stahlscheiben, bis alle Typ-2-Scheiben installiert sind. Legen Sie dann eine Typ-1-Belagscheibe auf (siehe Abbildungen). Installieren Sie jetzt die letzte Typ-1-Belagscheibe gefolgt von der letzten Typ-1-Stahlscheibe an die Druckplatte (siehe Abbildungen).

68 Schmieren Sie das Ausrücklager in der Druckplatte mit Motoröl und installieren Sie die Zugstange (siehe Abbildung). Setzen Sie die Druckplatte auf, richten Sie dabei eine Lasche der Belagscheibe zur Körnermarkierung zum Kupplungskorb aus, sodass die Laschen versetzt zu den anderen Belagscheiben in die flachen Nuten greifen (siehe Abbildung).

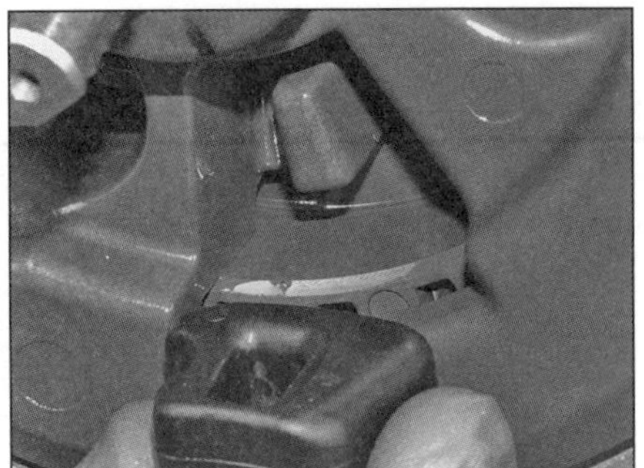
13.69a Schieben Sie die Dämpfergummis auf die Angüsse.

13.69b Installieren Sie die Federn...

13.69c ...und die Federplatte. Ziehen Sie die Schrauben schrittweise mit 10 Nm an.

69 Installieren Sie ggf. die korrekt ausgerichteten Dämpfergummis über den Angüssen der Druckplatte (siehe Abbildung). Installieren Sie die Kupplungsfedern, die Platte und ihre Schrauben. Halten Sie den Kupplungskorb und ziehen Sie die Schrauben schrittweise und über Kreuz bis zum Drehmoment von 10 Nm an (siehe Abbildungen).

70 Falls entfernt, werden die Passhülsen ins Motorgehäuse gesteckt. Legen Sie die neue Kupplungsdeckel-Dichtung darüber (Abbildung 13.33a). Richten Sie die Zugstange so aus, dass ihre Zähne schräg nach unten in Richtung der Schraubenbohrung rechts von der Ölpumpe zeigen (Abbildung 13.33b).

71 Positionieren Sie den Ausrückhebel nach unten und leicht nach außen und setzen Sie den Kupplungsdeckel auf – drücken Sie den Hebel ein, sobald die Zähne ineinander greifen. Prüfen Sie, ob der Deckel rundherum über den Passhülsen korrekt am Motorgehäuse anliegt, drücken Sie den Ausrückhebel bis zum Anschlag ein und prüfen Sie, ob die Körnermarkierung am Hebel zu derjenigen am Dichtringsitz fluchtet (Abbildung 13.34) – falls nicht, muss der Deckel wieder abgezogen, der Hebel neu ausgerichtet und der Deckel erneut aufgesetzt werden, bis die Markierungen fluchten. Installieren Sie die Kupplungsdeckel-Schrauben, setzen Sie die Blende auf und sichern Sie dabei die Lambdasondenkabel-Führung. Ziehen Sie die Schrauben schrittweise und über Kreuz mit 12 Nm an (Abbildungen 13.40 und 13.39).

72 Verbinden Sie den Kupplungszug mit dem Ausrückhebel (siehe Sektion 12) und stellen Sie die Kupplung ein (siehe Kapitel 1).

73 Füllen Sie ggf. den Motor mit Motoröl auf. Füllen Sie Kühlmittel auf (siehe Kapitel 1).

14 Anlasserfreilauf und Untersetzung

Ausbau des Lichtmaschinendeckels

1 Demontieren Sie den Tank (siehe Kapitel 4), die linke Heckverkleidung (siehe Kapitel 7) und die Batterie (siehe Kapitel 8, Sektion 3). Öffnen Sie unter dem Heck der Tracer die Zugangsklappe zur Regler/Gleichrichter-Einheit (siehe Abbildungen).

2 Lassen Sie das Motoröl und das Kühlmittel ab (siehe Kapitel 1).

3 Demontieren Sie die Wasserpumpe (siehe Kapitel 3).

4 Trennen Sie die Lichtmaschinen- und den Kurbelwellensensor-Stecker (siehe Abbildungen). Führen Sie die Kabel zum Lichtmaschinendeckel zurück, merken Sie sich ihre Verlegung; befreien Sie das Anlasserrelais und die Hauptsicherung, um den Lichtmaschinenstecker hindurchziehen zu können (siehe Abbildung).

14.1a Befreien Sie unter dem Heck der Tracer den Verkleidungsstift...

14.1b ...und öffnen Sie die Zugangsklappe zur Regler/Gleichrichter-Einheit.

14.4a Trennen Sie den Lichtmaschinenstecker von der Regler/Gleichrichter-Einheit...

14.4b ...und den Stecker des Kurbelwellensensors.

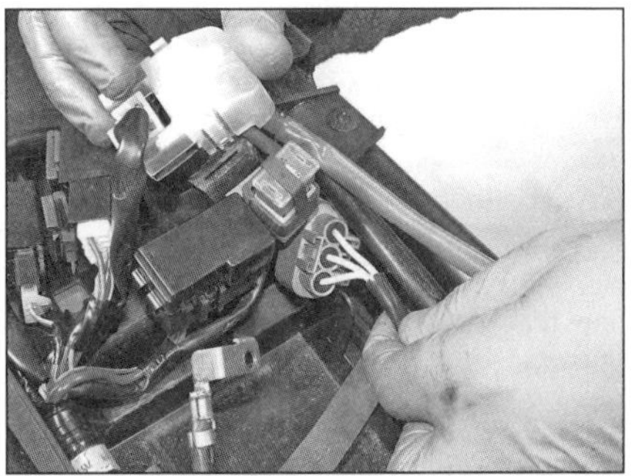
14.4c Befreien Sie das Anlasserrelais und die Hauptsicherung, um den Lichtmaschinenstecker hindurchziehen zu können.

14.6 Entfernen Sie das Wasserpumpen-Auslassrohr samt O-Ring.

14.9 Ziehen Sie die Welle heraus und entnehmen Sie das Doppel-Zahnrad.

14.10 Das Freilaufrad muss sich nach links drehen lassen und beim Versuch, es nach rechts zu drehen, blockieren.

14.12 Begutachten Sie die Spreizrollen im Freilauf und die Gleitfläche der Zahnradnabe.

14.13 Schrauben des Anlasserfreilaufs

14.14 Kontrollieren Sie die Buchse auf Verschleiß.

5 Lösen Sie die Schrauben des Lichtmaschinendeckels - beachten Sie die unterschiedlichen Längen; die zwei Schrauben, mit denen auch der Entlüftungsschlauch-Halter gesichert ist, sind mit Sicherungspaste versehen (Abbildungen 4.20d und c). Seien Sie auf austretende Ölreste vorbereitet und ziehen Sie den Deckel ab - er wird von den Magnetkräften des Rotors am Motor gehalten (Abbildung 14.20b); klopfen Sie den Deckel nötigenfalls rundherum mit einem weichen Hammer oder Holz ab, um seine Dichtung zu lösen, aber versuchen Sie nicht, ihn abzuhebeln - hierbei würde die Dichtfläche beschädigt! Entnehmen Sie die Dichtung - sie muss später durch ein Neuteil ersetzt werden. Stellen Sie nötigenfalls die Passhülsen aus dem Deckel oder dem Motorgehäuse sicher (Abbildung 14.20a).

6 Entfernen Sie das Wasserpumpen-Auslassrohr aus dem Lichtmaschinendeckel (siehe Abbildung) - beim Einbau muss ein neuer O-Ring verwendet werden.

Kontrolle

7 Die Funktion des Anlasserfreilaufs kann im eingebauten Zustand überprüft werden: Ziehen Sie die Untersetzungsrad-Welle heraus und entnehmen Sie das Doppel-Zahnrad (Abbildung 14.9). Prüfen Sie nun, ob sich das an der Rückseite des Lichtmaschinenrotors sitzende Zahnrad (von links betrachtet) im Uhrzeigersinn drehen lässt und gegen den Uhrzeigersinn blockiert (Abbildung 14.10). Bei anderen Ergebnissen kann der Freilauf defekt sein und muss zur Inspektion demontiert werden.

Ausbau

8 Demontieren Sie den Lichtmaschinenrotor (siehe Kapitel 8) - der Anlasserfreilauf sitzt an dessen Rückseite.

9 Ziehen Sie die Zwischen/Untersetzungsradwelle heraus und entfernen Sie das Doppel-Zahnrad (siehe Abbildung).

Kontrolle

10 Während der Lichtmaschinenrotor nach unten auf der Werkbank liegt, wird geprüft, ob sich das Freilauf-Zahnrad frei gegen Uhrzeigersinn drehen lässt - im Uhrzeigersinn muss es blockieren (siehe Abbildung). Ist dies nicht der Fall, muss der Freilauf zerlegt werden.

11 Kontrollieren Sie die Zähne der Anlasserwelle, des Zwischen/Untersetzungsrad-Paars und des Freilaufrads auf Verschleiß und Beschädigungen. Inspizieren Sie die Gleitfläche der Welle auf Verschleiß oder Beschädigungen und ersetzen Sie sie nötigenfalls.

12 Ziehen Sie das Freilaufrad aus dem Anlasserfreilauf (Abbildung 14.16) - falls es klemmt, muss es dabei gegen den Uhrzeigersinn gedreht werden. Inspizieren Sie die im Freilaufgehäuse sitzenden Spreizrollen und ihre Gleitfläche auf der Zahnradnabe (siehe Abbildung). Sind Schäden, Ausbrüche oder Abflachungen festzustellen oder lässt sich das Zahnrad nicht wie in 6 beschrieben drehen, muss der Freilauf ersetzt werden.

13 Um den Anlasserfreilauf vom Lichtmaschinenrotor trennen zu können, muss dieser beim Lösen der Schrauben mit einem Bandschlüssel gehalten werden (siehe Abbildung).

14 Kontrollieren Sie die Buchse im Freilaufrad sowie ihre Gleitfläche auf der Kurbelwelle (siehe Abbildung). Falls die Buchse so weit verschlissen ist, dass die Ölnuten nur noch sehr flach oder kaum noch sichtbar sind, muss das Freilaufrad ersetzt werden.

Einbau

15 Reinigen Sie die Gewinde der Freilaufschrauben und tragen Sie Sicherungspaste auf. Setzen Sie den Freilauf mit dem Pfeil zum Rotor zeigend hinten an den Lichtmaschinenrotor, halten Sie diesen wie bei der Demontage und ziehen Sie die Schrauben mit 32 Nm an (Abbildung 14.13).

16 Schmieren Sie die Freilaufrad-Buchse mit frischem Motoröl und drehen Sie sie beim Einsetzen gegen den Uhrzeigersinn, um die Rollen zu spreizen (siehe Abbildung). Prüfen Sie die Funktion des Freilaufs (siehe Schritt 10).

17 Schmieren Sie die Zwischen/Untersetzungsrad-Welle mit Motoröl. Richten Sie das Doppel-Zahnrad korrekt aus (das äußere kleinere Rad muss außen liegen und ins Freilaufrad greifen, das äußere größere wird vom Anlasser angetrieben) und schieben Sie die Welle ein (Abbildung 14.9).

18 Montieren Sie die Lichtmaschine (siehe Kapitel 8).

14.16 Setzen Sie das Zahnrad gegen den Uhrzeigersinn drehend in den Freilauf.

14.20a Legen Sie eine neue Dichtung über die Passhülsen (Pfeile).

14.20b Setzen Sie den Deckel senkrecht auf, sodass die Zwischenradwelle in ihre Bohrung greift.

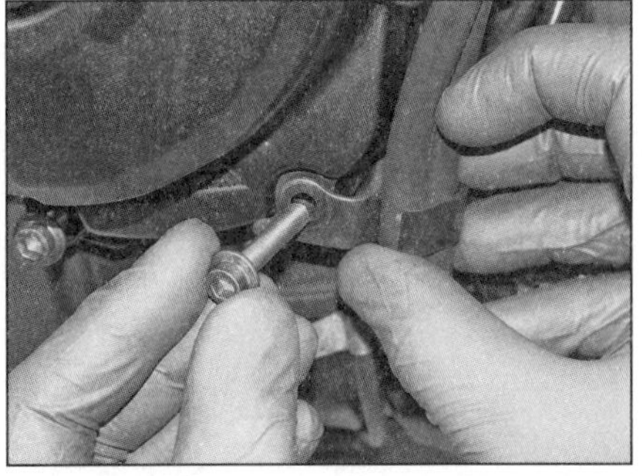
14.20c Rüsten Sie die zwei Schrauben des Entlüftungsschlauch-Halters mit Sicherungspaste aus...

14.20d ...und installieren Sie die zwei längeren Schrauben hinten am Deckel.

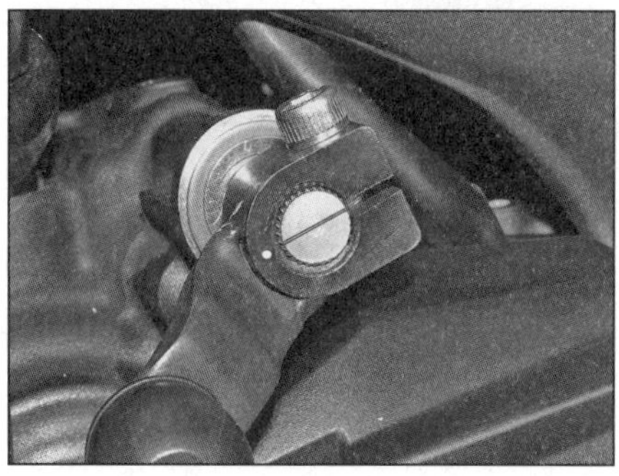
15.3a Beachten Sie die Ausrichtung der Linie auf der Schaltwelle zur Klemmnut des Schaltgestängehebels...

15.3b ...und lösen Sie die Klemmschraube, um den Hebel abzuziehen.

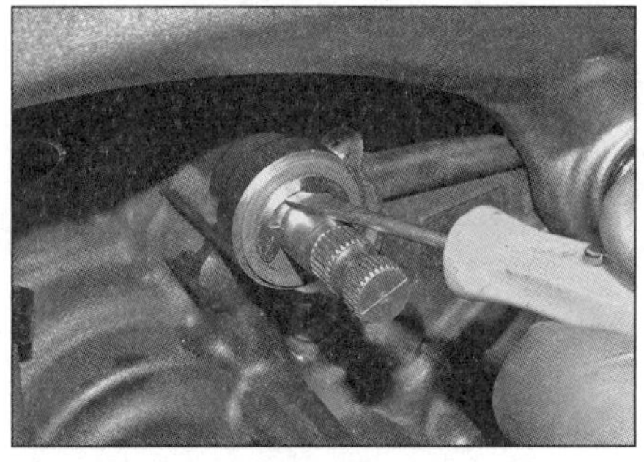
15.4 Hebeln Sie die Sicherungsscheibe von der Schaltwelle und ziehen Sie die Scheibe ab.

19 Schmieren Sie den neuen O-Ring des Wasserpumpen-Auslassrohrs mit Silikonpaste, legen Sie ihn um das Rohr und installieren Sie dies in den Deckel (Abbildung 14.6).

20 Stecken Sie ggf. die Passhülsen ins Motorgehäuse. Legen Sie eine neue Dichtung darüber (siehe Abbildung). Setzen Sie den Lichtmaschinendeckel senkrecht über die Passhülsen an den Motor, sodass die Zwischenradwelle in ihre Bohrung greift – klemmen Sie sich nicht die Finger, da er vom Magnetismus des Rotors angezogen wird (siehe Abbildung). Reinigen Sie die Gewinde der zwei Schrauben, die auch den Entlüftungsschlauch-Halter sichern, und tragen Sie frische mittelfeste Sicherungspaste auf. Installieren Sie den Schlauch-Halter und alle Schrauben und ziehen Sie diese schrittweise und über Kreuz mit 12 Nm an (siehe Abbildung).

21 Führen Sie die Verkabelung zu ihren Steckern zurück und verbinden Sie diese (Abbildungen 14.4c, b und a). Stecken Sie die Hauptsicherung und das Anlasserrelais wieder in ihre Aufnahmen.

22 Montieren Sie die Wasserpumpe (siehe Kapitel 3), den Tank (siehe Kapitel 4), die Batterie (siehe Kapitel 8, Sektion 3) und die Heckverkleidung (siehe Kapitel 7). Füllen Sie Motoröl und Kühlmittel auf (siehe Kapitel 1).

15 Schaltmechanismus

Ausbau

1 Schalten Sie das Getriebe in den Leerlauf.

2 Demontieren Sie die Kupplung (siehe Sektion 13). Falls im Getriebe zum Lockern der Kupplungsmutter ein Gang eingelegt war, muss das Getriebe wieder in den Leerlauf geschaltet werden.

3 Beachten Sie die Ausrichtung der Linie auf der Schaltwelle zur Klemmnut des Schaltgestängehebels und lösen Sie die Klemmschraube, um den Hebel abzuziehen (siehe Abbildungen).

Anmerkung: *Bringen Sie nötigenfalls eigene Markierungen an, um den Hebel später wieder korrekt positionieren zu können.*

4 Hebeln Sie die Sicherungsscheibe von der Schaltwelle und ziehen Sie die Scheibe ab (siehe Abbildung).

5 Beachten Sie, wie die Enden der Schalthebel-Rückholfeder um den Arretierstift im Motorgehäuse liegen, wie die Schaltklauen auf die Schaltstern-Stifte greifen, wie die Arretierhebel-Feder ausgerichtet ist und wie die Arretierhebel-Rolle im Leerlauf-Ausschnitt des Schaltsterns liegt (Abbildung 15.15).

6 Hängen Sie die Arretierhebelfeder am Gehäuse aus und ziehen Sie die Schalthebel-Baugruppe heraus (siehe Abbildungen) – die Scheibe am inneren Ende kann am Motorgehäuse kleben und muss nötigenfalls wieder auf die Welle geschoben werden (Abbildung 15.13).

Kontrolle

7 Kontrollieren Sie die Schaltwelle auf Krümmung und Beschädigung der Verzahnung. Wenn die Welle verbogen ist, kann sie vielleicht gerichtet werden – bei einer beschädigten Kerbverzahnung muss sie ausgewechselt werden.

8 Begutachten Sie die Schaltklauen und die Schaltstern-Stifte auf Verschleiß und ersetzen Sie schadhafte Teile (siehe Abbildungen). Überprüfen Sie die Arretierhebel-Rolle und die Ausschnitte des Schaltsterns auf Anzeichen von Verschleiß oder Beschädigungen und kontrollieren Sie, ob sich die Rolle frei drehen lässt – ersetzen Sie alle schadhaften Teile.

9 Inspizieren Sie die Rückholfeder, die Schaltklauenfeder und die Arretierhebelfeder auf Ermüdung, Verschleiß und Beschädigungen (Abbildung 15.8a). Die Schaltklauen müssen sich frei drehen lassen und selbstständig wieder in die Ausgangsposition zurückkehren (siehe Abbildung). Defekte oder verschlissene Komponenten müssen ersetzt werden. Beachten Sie, wie die Schaltklauenfeder eingehängt ist.

10 Zum Zerlegen der Welle muss zunächst die Scheibe abgezogen und dann der Seegerring, die zweite Scheibe und der Arretierhebel entfernt werden (siehe Abbildung). Ziehen Sie die Hülse ab, dann die Arretierfeder. Achten Sie beim Zusammenbau darauf, dass die Schaltklauenfeder an beiden Seiten um die Laschen greift, und richten Sie das lange Ende der Hülse zwischen der Feder und der Welle aus. Der Arretierhebel muss richtig herum sitzen. Es ist ratsam, einen neuen Seegerring zu verwenden, der korrekt in seiner Nut sitzen muss.

11 Prüfen Sie, ob der Rückholfeder-Arretierstift fest ins Gehäuse geschraubt ist. Falls er

15.6a Hängen Sie die Feder aus...

15.6b ...und ziehen Sie die Welle heraus.

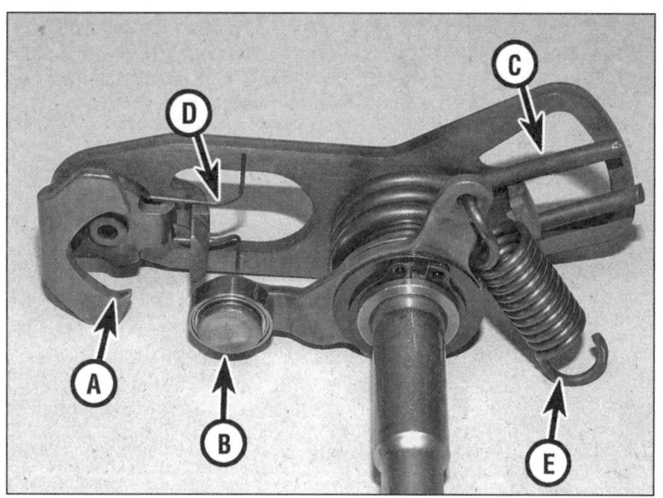

15.8a Schaltklauen (A), Arretierhebel-Rolle (B), Rückholfeder (C), Schaltklauenfeder (D), Arretierhebelfeder (E)

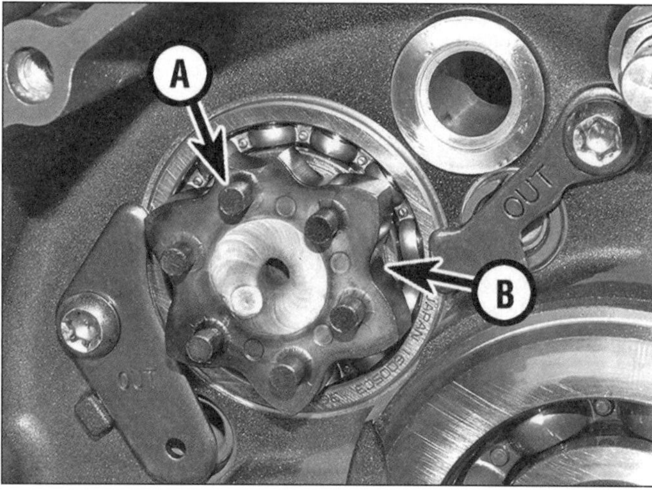

15.8b Schaltwalzen-Stifte (A) und Schaltstern-Vertiefungen (B)

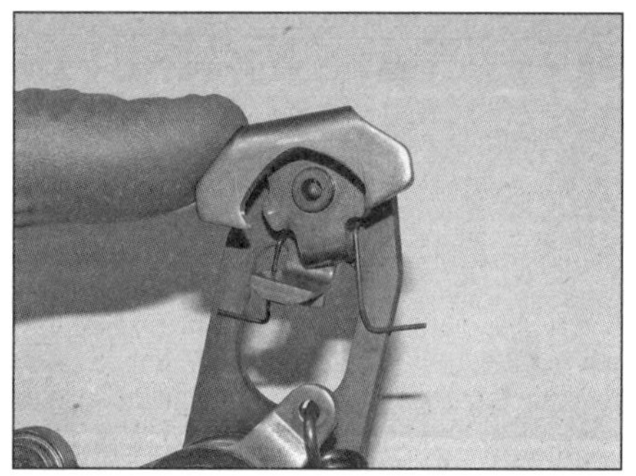

15.9 Prüfen Sie die Funktion der Schaltklauen.

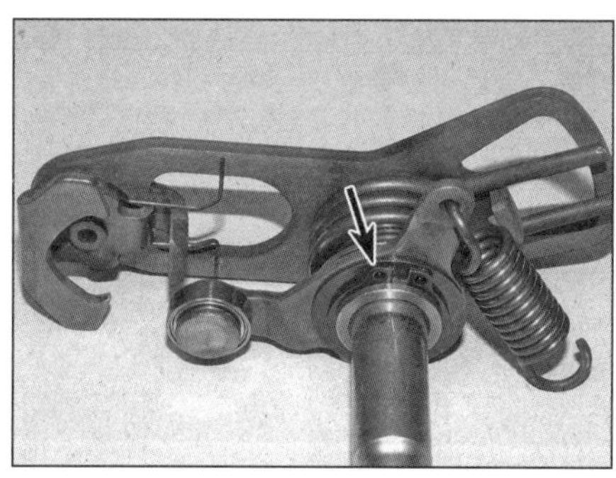

15.10 Entfernen Sie den Seegerring (Pfeil), um die Schaltwelle zu zerlegen.

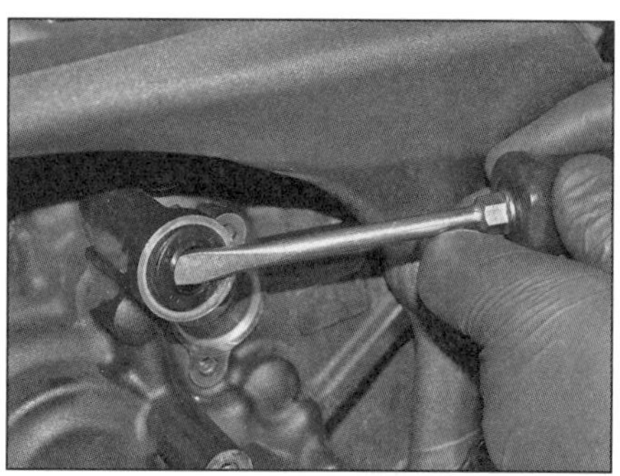

15.12a Hebeln Sie den alten Dichtring heraus...

15.12b ... und kontrollieren Sie das Schaltwellen-Nadellager.

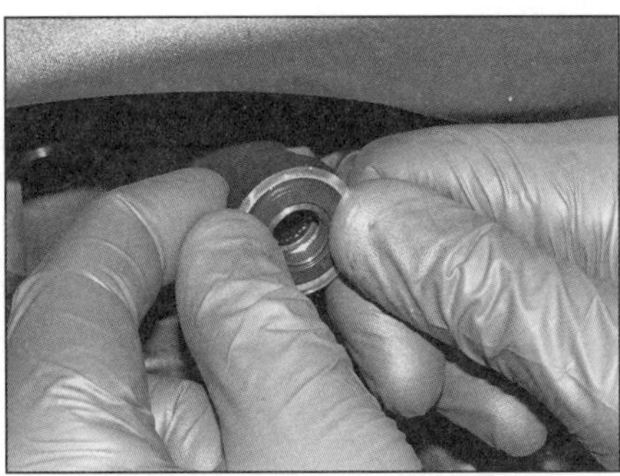

15.12c Drücken Sie den neuen Dichtring in seinen Sitz

15.13 Schieben Sie ggf. die Scheibe auf die Schaltwelle.

15.15 Alles muss wie gezeigt zusammengesetzt sein.

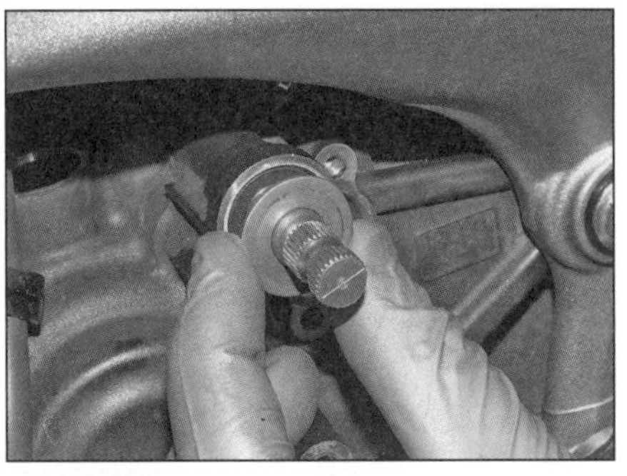

15.16a Schieben Sie links die Scheibe auf die Welle ...

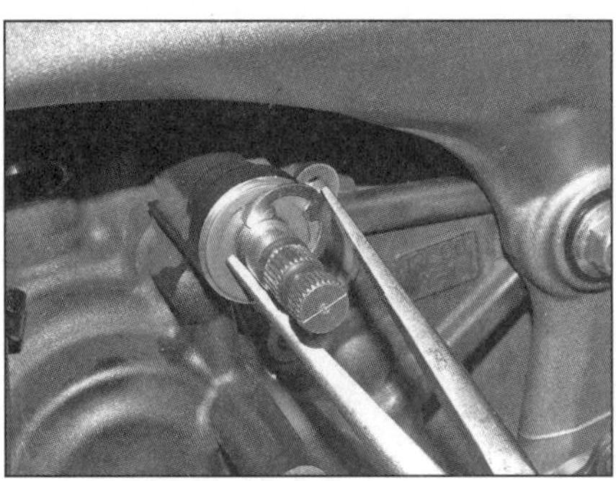

15.16b ... und sichern Sie sie mit der Sicherungsscheibe.

locker ist, muss er ausgebaut, sein Gewinde gereinigt und mit mittelfester Sicherungspaste bestrichen werden und der Stift mit 22 Nm angezogen werden.

12 Kontrollieren Sie den Schaltwellen-Dichtring und das Lager im Motorgehäuse – es ist ratsam, den Dichtring nach jedem Ausbau der Schaltwelle zu ersetzen. Hebeln Sie mit einem kleinen Schraubendreher den alten Dichtring heraus (siehe Abbildung). Falls das Lager beschädigt ist oder sich nicht sanft und frei drehen lässt, muss es ersetzt werden – beachten Sie dazu die Hinweise in den *Werkstatt- und Werkzeugtipps* im Anhang (siehe Abbildung). Schmieren Sie das neue Lager mit frischem Motoröl. Drücken Sie den neuen Dichtring mit der markierten Seite nach außen senkrecht in seinen Sitz – entweder von Hand oder mit einem geeigneten Steckschlüssel (siehe Abbildung). Fetten Sie seine Dichtlippe.

Einbau

13 Schmieren Sie die Schaltwelle mit frischem Motoröl. Schieben Sie ggf. die Scheibe auf und hängen Sie am Arretierhebel die Feder ein (siehe Abbildung).

14 Schieben Sie die Schaltwellen-Baugruppe ins Motorgehäuse; heben Sie dabei den Arretierhebel über den Leerlaufausschnitt oben an der Schaltwalze. Die Enden der Rückholfeder müssen an beiden Seiten des Arretierstifts liegen und die Schaltarm-Klauen müssen in die Stifte der Schaltwalze greifen (Abbildung 15.6b).

15 Hängen Sie die Arretierhebelfeder am Stift des Gehäuses ein (Abbildung 15.6a). Prüfen Sie, ob alles korrekt positioniert ist (siehe Abbildung).

16 Schieben Sie links die Scheibe auf die Welle und sichern Sie sie mit der Sicherungsscheibe, die korrekt in ihrer Nut sitzen muss (siehe Abbildungen).

17 Schieben Sie den korrekt zur Markierung ausgerichteten Schaltgestängehebel auf die Welle und ziehen Sie die Klemmschraube an (Abbildungen 15.3b und a).

18 Prüfen Sie, ob der Schaltmechanismus korrekt arbeitet, indem Sie das Hinterrad vorwärts drehen und dabei alle Gänge durchschalten und wieder in den Leerlauf zurückkehren.

19 Bauen Sie die Kupplung ein (siehe Sektion13).

16 Ölkühler

Warnung: Lassen Sie den Motor vor Arbeitsbeginn komplett abkühlen!

Ausbau

1 Der vom Kühlmittel umspülte Ölkühler sitzt vorne am Motorgehäuse. Bis 2016 wurde eine runde Version mit einem zentralen Bolzen gesichert, seit 2017 ist ein viereckiger Ölkühler mit vier Schrauben am Motor befestigt – folgen Sie den entsprechenden Hinweisen. Lassen Sie zunächst das Motoröl und das Kühlmittel ab (siehe Kapitel 1); der Kühlmittel-Ausgleichsbehälter darf nicht wieder montiert werden. Belassen Sie den Sammelbehälter unter dem Ölkühler, um Öl- und Kühlwasser-Reste aufzunehmen.

2 Demontieren Sie die Auspuffanlage (siehe Kapitel 4).

3 Lockern Sie die Schellen der Kühlerschläuche am Ölkühler und ziehen Sie sie von den Stutzen ab (siehe Abbildung).

16.3 Lösen Sie die Schellen und ziehen Sie die Schläuche ab.

16.4a Biegen Sie das Sicherungsblech zurück.

16.4b Lösen Sie den Bolzen und entnehmen Sie den Ölkühler.

16.5a Entfernen Sie das Sicherungsblech – seine innere Lasche muss vom Bolzenkopf weg zeigen.

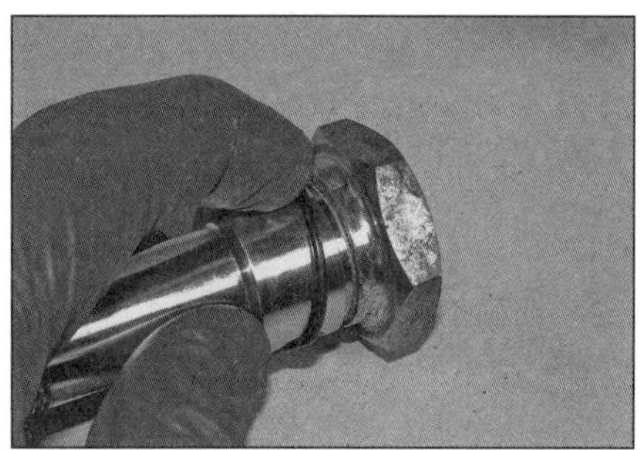

16.5b Ziehen Sie den O-Ring vom Bolzen...

16.5c ...und entfernen Sie den O-Ring vom Ölkühlergehäuse

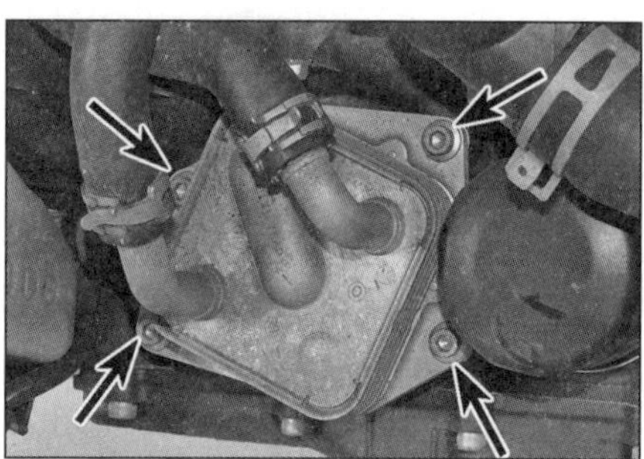

16.6 Ölkühlerschrauben (ab 2017)

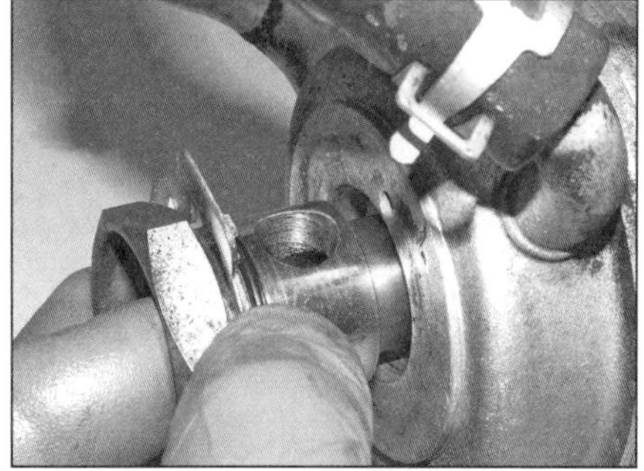

16.8a Richten Sie die innere Lasche des Sicherungsblechs zur Bohrung im Ölkühler aus...

16.8b ...und bieten Sie die äußeren Laschen gegen den Sechskant.

Runder Ölkühler (bis 2016)

4 Biegen Sie das Sicherungsblech zurück (siehe Abbildung). Lösen Sie den Ölkühlerbolzen und nehmen Sie den Kühler ab (siehe Abbildung).

5 Entfernen Sie das Sicherungsblech und den O-Ring vom Bolzen sowie den O-Ring des Ölkühlergehäuses (siehe Abbildungen) – beim Einbau müssen Neuteile verwendet werden.

Viereckiger Ölkühler (ab 2017)

6 Lösen Sie die vier Ölkühler-Schrauben und entnehmen Sie den Ölkühler (siehe Abbildung) – der zwischen ihm und dem Motorgehäuse liegende O-Ring muss beim Einbau durch ein Neuteil ersetzt werden. Reinigen Sie die Gewinde der Ölkühler-Schrauben.

Kontrolle

7 Inspizieren Sie das Ölkühlergehäuse auf Risse und Ausbrüche sowie Hinweise auf Undichtigkeit. Kontrollieren Sie ebenfalls die Schläuche auf Risse, Verhärtung und Versprödung. Schadhafte Teile müssen erneuert werden.

Einbau

8 Der Einbau entspricht der umgekehrten Ausbaureihenfolge – beachten Sie dabei folgende Punkte:

- Die Dichtflächen des Motorgehäuses und des Ölkühlers müssen sauber und trocken sein.
- Rüsten Sie das Ölkühlergehäuse mit einem neuen gefetteten O-Ring aus – er muss korrekt in seiner Nut liegen (Abbildung 16.5c).
- Rüsten Sie beim **runden Ölkühler bis 2016** dessen Bolzen mit einem neuen gefetteten O-Ring und einem neuen Sicherungsblech aus – dessen innere Lasche muss zum Ölkühler zeigen (Abbildungen 16.5b und a). Schmieren Sie das Gewinde des Ölkühlerbolzens mit Öl, richten Sie die Lasche des Sicherungsblechs zur Bohrung im Ölkühler aus und ziehen Sie den Bolzen mit 35 Nm an (siehe Abbildung). Biegen Sie die äußeren Laschen des Sicherungsblechs gegen den Bolzenkopf, um ihn zu sichern (siehe Abbildung).
- Tragen Sie beim **viereckigen Ölkühler ab 2017** an den Gewinden der Befestigungsschrauben mittelfeste Sicherungspaste auf, positionieren Sie den Ölkühler am Motor und ziehen Sie die Schrauben schrittweise mit 10 Nm an
- Die Kühlerschläuche müssen vollständig auf ihre Stutzen geschoben und mit Schellen gesichert werden (Abbildung 16.3).
- Montieren Sie die Auspuffanlage (siehe Kapitel 4) und den Kühlmittel-Ausgleichsbehälter (siehe Kapitel 3).
- Füllen Sie den Motor mit dem vorgeschriebenen Motoröl auf (siehe Kapitel 1).
- Füllen Sie das Kühlsystem mit dem vorgeschriebenen Kühlmittel auf (siehe Kapitel 1).
- Starten Sie den Motor und prüfen Sie vor der ersten Fahrt den Bereich um den Ölkühler auf Undichtigkeiten.

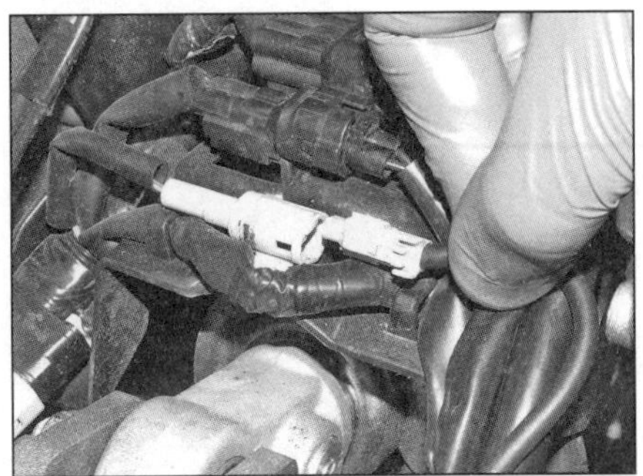
17.2 **Trennen Sie den Stecker des Ölpegelsensor-Kabels.**

17.3 **Lösen Sie die Ölwannenschrauben.**

17.4 **Entfernen Sie das Ansaugsieb.**

17.6 **Reinigen und kontrollieren Sie das Ansaugsieb.**

17.7 **Schmieren Sie den neuen O-Ring und legen Sie ihn um den Bund des Stutzens. Die Hülse (Pfeil) muss in der Gummiöse stecken.**

17 Ölwanne und Ansaugsieb

Ausbau

1 Demontieren Sie die Auspuffanlage (siehe Kapitel 4). Lassen Sie das Motoröl ab (siehe Kapitel 1). Demontieren Sie den Tank (siehe Kapitel 4).

2 Verfolgen Sie das vom Ölpegelsensor (unten an der Ölwanne) kommende Kabel und trennen Sie seinen Stecker (siehe Abbildung). Führen Sie das Kabel zur Unterseite des Motors, merken Sie sich dabei seine Verlegung.

3 Lösen Sie die Ölwannenschrauben schrittweise und über Kreuz – beachten Sie dabei die Kabelklemmen – und nehmen sie die Ölwanne ab (siehe Abbildung) – klopfen Sie sie nötigenfalls rundherum ab, um ihre Dichtung zu lösen; hebeln Sie sie nicht ab, da hierbei Dichtflächen beschädigt würden! Entfernen Sie die Dichtung – sie muss später erneuert werden.

4 Lösen Sie die Schrauben des Ansaugsiebs und entfernen Sie dies (siehe Abbildung) – beim Einbau wird ein neuer O-Ring benötigt (Abbildung 17.7). Beachten Sie die Hülse in der Gummiöse.

Kontrolle

5 Demontieren Sie nötigenfalls den Ölpegelsensor (siehe Kapitel 8). Beseitigen Sie Dichtungsreste von den Dichtflächen des Motorgehäuses und der Ölwanne. Reinigen Sie die Ölwanne innen mit geeignetem Lösungsmittel.

6 Reinigen Sie das Ansaugsieb mit Lösungsmittel, spülen Sie es von der Innenseite her aus und entfernen Sie alle Ablagerungen aus den Maschen (siehe Abbildung). Falls Maschen beschädigt sind, muss das Ansaugsieb ersetzt werden. Kontrollieren Sie die Gummiöse und ersetzen Sie sie nötigenfalls.

Einbau

7 Schmieren Sie den neue Ansaugsieb-O-Ring mit Fett und legen Sie ihn um den Stutzen (siehe Abbildung). Reinigen Sie die Gewinde der Ansaugsieb-Schrauben und versehen Sie sie mit Sicherungspaste. Die Hülse muss in der Gummiöse stecken. Installieren Sie das Ansaugsieb und ziehen Sie seine Schrauben mit 10 Nm an (Abbildung 17.4).

8 Montieren Sie ggf. den Ölpegelsensor (siehe Kapitel 8).

9 Legen Sie je nach Position des Motors eine neue Dichtung auf das Motorgehäuse oder die Ölwanne (siehe Abbildung) – ihre Löcher müssen mit den Gewindebohrungen fluchten; falls der Motor eingebaut ist, sollte die Ölwanne mit zwei Schrauben in Position gehalten werden.

17.9 **Legen Sie eine neue Ölwannendichtung auf.**

17.10a Positionen der Lambdasonden-...

17.10b ...und der Ölpegelsensor-Kabelklemmen

18.2 Blockieren Sie das Ritzel und lockern Sie dessen Schraube.

18.3a Lösen Sie die vier Schrauben...

18.3b ...und entnehmen Sie die Pumpe.

18.4 Entfernen Sie das Ölpumpenritzel.

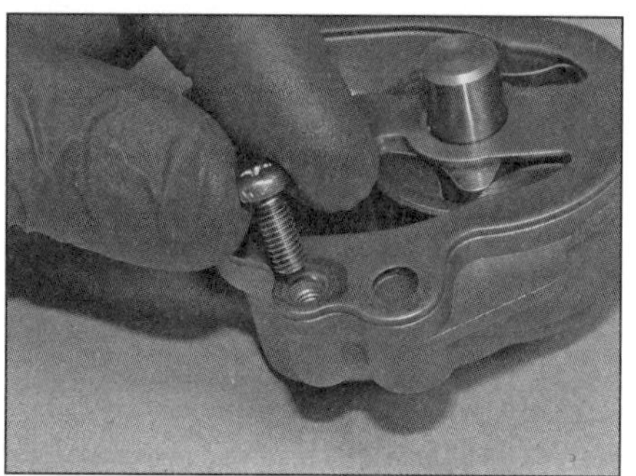

18.5a Lösen Sie die Schraube,...

18.5b ...und entnehmen Sie das Blech – beachten Sie die Passhülsen.

18.6a Ziehen Sie die Antriebswelle heraus...

10 Positionieren Sie die Ölwanne korrekt am Motor und drehen Sie alle Schrauben zunächst handfest ein – vergessen Sie nicht die Klemmen für das Lambdasonden- und das Ölpegelsensor-Kabel (siehe Abbildungen). Ziehen Sie sie dann schrittweise und über Kreuz bis zum Drehmoment von 10 Nm an (Abbildung 17.3).

11 Verbinden Sie den Stecker des Ölpegelsensor-Kabels (Abbildung 17.2).

12 Montieren Sie die Auspuffanlage und den Tank (siehe Kapitel 4).

13 Füllen Sie Motoröl auf (siehe Kapitel 1).

14 Starten Sie den Motor und prüfen Sie vor der ersten Fahrt den Bereich um die Ölwanne auf Undichtigkeiten.

18 Ölpumpe

Ausbau

1 Entfernen Sie den Kupplungsdeckel (siehe Sektion 13).

2 Falls die Ölpumpe zerlegt werden soll, muss ihr Ritzel mit einem Schraubendreher blockiert und dessen Schraube gelockert werden (siehe Abbildung).

3 Lösen Sie die Ölpumpen-Befestigungsschrauben, heben Sie die Kette ab und entnehmen Sie die Pumpe (siehe Abbildungen).

Kontrolle

4 Lösen Sie die Ritzelschraube und entnehmen Sie das Ritzel (siehe Abbildung).

5 Lösen Sie an der Rückseite der Pumpe die Gehäuseschraube und entnehmen Sie das Gehäuseblech (siehe Abbildungen). Stellen Sie ggf. die Passhülsen sicher, falls sie locker sind.

6 Ziehen Sie die Antriebswelle heraus und befreien Sie den darin sitzenden Mitnehmerstift (siehe Abbildungen).

7 Entnehmen Sie den Innenrotor und den Außenrotor aus dem Pumpengehäuse – die auf den Rotoren angebrachten Dreiecke müssen ins Gehäuse zeigen (siehe Abbildungen).

18.6b ...und befreien Sie den Mitnehmerstift.

18.7a Entnehmen Sie den Innenrotor...

18.7b ...und den Außenrotor aus dem Pumpengehäuse.

8 Reinigen Sie alle Teile mit Lösungsmittel. Die Ölkanäle müssen frei sein – blasen Sie sie mit Druckluft durch.

9 Kontrollieren Sie alle Teile auf Riefen und andere Beschädigungen. Werden Schäden oder hoher Verschleiß festgestellt, muss die Pumpe erneuert werden – Einzelteile sind nicht erhältlich.

10 Installieren Sie die Rotoren und die Welle wieder in das Gehäuse (siehe Schritt 13, aber schmieren Sie die Teile nicht) und messen Sie mit einer Fühlerlehre das Spiel zwischen dem Außenrotor und dem Gehäuse (siehe Abbildung) – falls mehr als 0,21 mm festgestellt werden, muss die Ölpumpe ersetzt werden.

11 Positionieren Sie den Innenrotor wie gezeigt und messen Sie das Spiel zwischen den Rotorspitzen und dem Außenrotor (siehe Abbildung) – falls mehr als 0,20 mm festgestellt werden, muss die Ölpumpe ersetzt werden.

12 Inspizieren Sie das Pumpenritzel und die Kette auf Verschleiß und Schäden und ersetzen Sie entsprechende Teile.

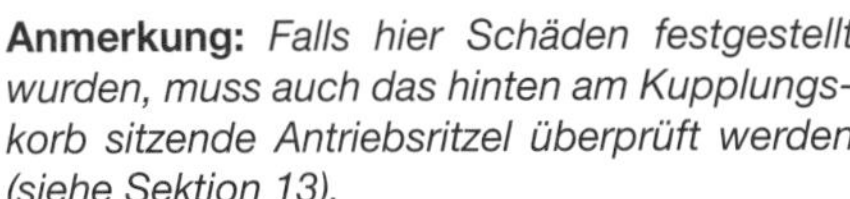

Anmerkung: *Falls hier Schäden festgestellt wurden, muss auch das hinten am Kupplungskorb sitzende Antriebsritzel überprüft werden (siehe Sektion 13).*

13 Ist die Pumpe in Ordnung, müssen alle Bauteile gereinigt, getrocknet und anschließend mit frischem Motoröl geschmiert werden. Installieren Sie den Außenrotor und den Innenrotor mit den Dreiecken voran in das Gehäuse (Abbildungen 18.7b und a). Installieren Sie den Mitnehmerstift in die Welle und führen Sie diese so in den Innenrotor, dass die Enden des Stifts in dessen Ausschnitten liegen (Abbildungen 18.b und a).

14 Installieren Sie ggf. die Passhülsen, legen Sie das Blech auf und ziehen Sie die Schraube mit 4 Nm an (Abbildung 18.5a).

15 Reinigen Sie die Gewinde der Ritzelschraube und tragen Sie mittelfeste Sicherungspaste auf. Setzen Sie das Ritzel mit der markierten Seite zur Pumpe auf die Welle (siehe Abbildung) und drehen Sie die Schraube handfest ein (Abbildung 18.4).

16 Drehen Sie die Pumpenwelle von Hand durch, um ihre Freigängigkeit sicherzustellen.

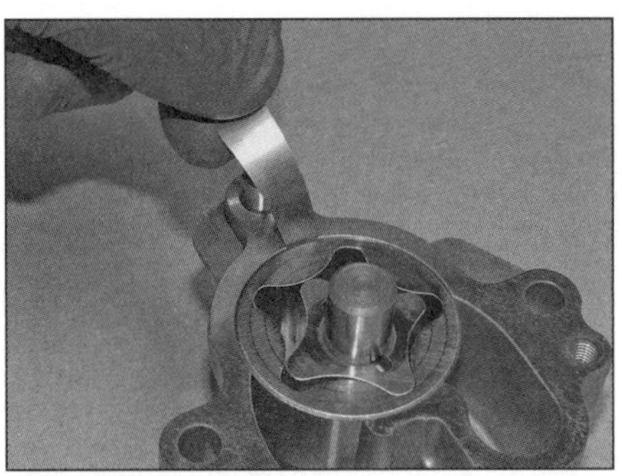

18.10 Messen Sie das Spiel zwischen dem Außenrotor und dem Gehäuse.

18.15 Installieren Sie das Ritzel mit der markierten Seite zur Pumpe zeigend auf die Welle.

Lässt sich die Pumpe nur schwer drehen, muss sie erneut zerlegt, kontrolliert und wieder zusammengebaut werden.

17 Entfernen Sie den Seegerring des Überdruckventils (er steht unter Federdruck!) und entnehmen Sie den Federsitz, die Feder und den Kolben (siehe Abbildung). Reinigen Sie alle Komponenten in Lösungsmittel und kontrollieren Sie sie auf Riefen, Verschleiß und Beschädigungen – ersetzen Sie die Ölpumpe nötigenfalls, da keine Einzelteile erhältlich sind. Wenn die Teile in Ordnung sind, werden die Innenseite des Pumpengehäuses und der Kolben mit frischem Motoröl geschmiert und der Kolben sowie die Feder installiert. Es folgen der Federsitz (mit der flachen Seite nach außen) und ein neuer Seegerring, der rundherum korrekt in seiner Nut sitzen muss.

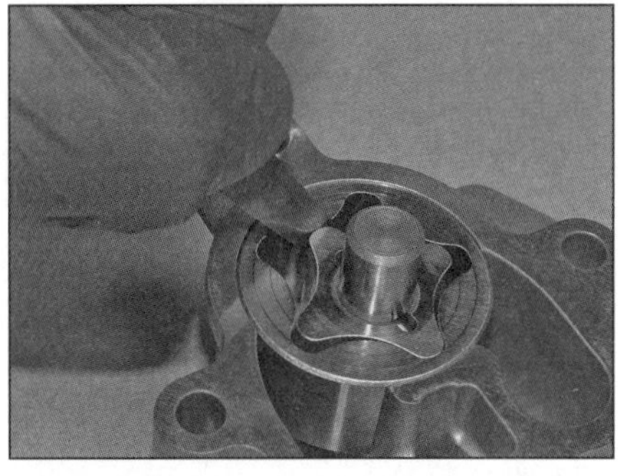

18.11 Messen Sie das Spiel zwischen den Innenrotor-Spitzen und dem Außenrotor.

18.17 Drücken Sie den Federsitz ein, um den Seegerring befreien zu können.

Einbau

18 Füllen Sie die Ölpumpe vor dem Einbau mit Motoröl.

19 Setzen Sie die Pumpe ans Motorgehäuse, installieren Sie die Schrauben und ziehen Sie sie mit 10 Nm an (Abbildungen 18.3b und a).

20 Ziehen Sie die Ritzelschraube mit 15 Nm an – blockieren Sie dabei das Ritzel (Abbildung 18.2).

21 Montieren Sie den Kupplungsdeckel (siehe Sektion 13).

22 Füllen Sie Motoröl auf (siehe Kapitel 1).

19 Motorgehäuse
Trennen und Zusammenbauen

Anmerkung: *Die M8-Gehäuseschrauben Nr. 1 bis 8 müssen beim Zusammenbau des Motorgehäuses durch Neuteile ersetzt werden. Beschaffen Sie diese Schrauben, bevor Sie mit der Arbeit beginnen.*

Spezialwerkzeug: *Zum Anziehen einiger Schrauben wird eine Gradscheibe benötigt, allerdings lässt sich ein Winkel von 60° auch ohne sie bestimmen.*

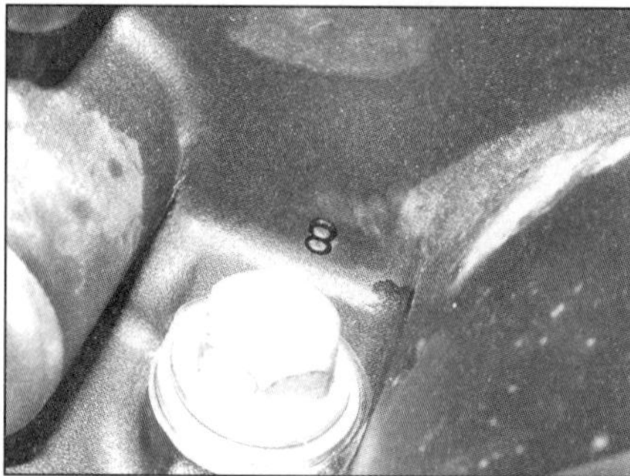

19.4a Neben jeder Gehäuseschraube ist eine Nummer angegeben.

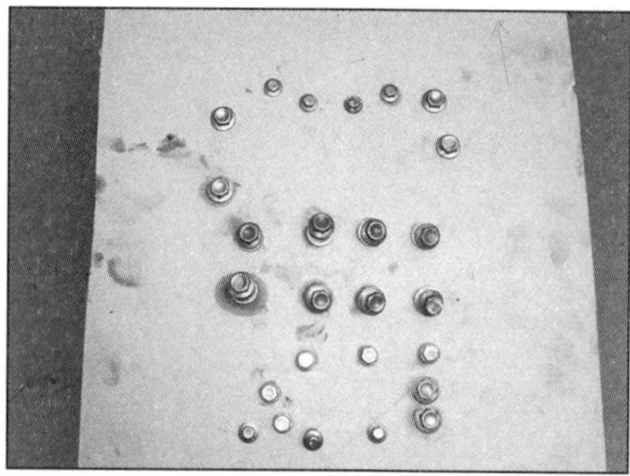

19.4b Lagern Sie die Gehäuseschrauben entsprechend ihrer Positionen in einer Pappe – hier ein Beispiel.

Trennen

1 Um zu den Pleuelstangen, den Kolben samt Ringen, der Kurbelwelle, der Ausgleichswelle, den Getriebewellen und der Schaltwalze samt Gabeln sowie allen dazugehörigen Lagern Zugang zu erhalten, muss das Motorgehäuse getrennt werden.
2 Bauen Sie den Motor zunächst aus (siehe Sektion 4).

Anmerkung: *Um das Gewicht des Motors zu reduzieren, sollten möglichst viele der unten aufgelisteten Teile vor dem Ausbau des Motors demontiert werden.*

3 Bevor die Gehäusehälften für eine komplette Motorüberholung getrennt werden können, sind folgende Baugruppen zu entfernen:
- Nockenwellen und Steuerkettenspanner (Sektionen 8 und 7)
- Zylinderkopf (Sektion 10)
- Wasserpumpe (Kapitel 3)
- Lichtmaschinenrotor (Kapitel 8)
- Anlasser (siehe Kapitel 8)
- Steuerkette und Schienen (Sektion 9)
- Kupplung (Sektion 13)
- Schaltmechanismus (Sektion 15)
- Ölkühler (Sektion 16)
- Ölwanne und Ansaugsieb (Sektion 17)
- Ölpumpe (Sektion 18)
- Ölfilter (Kapitel 1)

4 Die Gehäusehälften sind mit 14 M8-Schrauben (Nr. 1 bis 14) und 16 M6-Schrauben (Nr. 15 bis 30) miteinander verbunden. Die Nummern der Schrauben sind neben den Bohrungen am Gehäuse erkennbar (siehe Abbildung). Stellen Sie den Motor auf den Kopf. Lösen Sie **entgegen** der auch ins Gehäuse eingegossenen Anzugsreihenfolge alle Schrauben schrittweise und über Kreuz um jeweils eine Viertelumdrehung, bis alle locker sind. Wenn alle nur noch handfest sitzen, können sie entfernt werden. Weil es sich um unterschiedliche Schrauben mit verschiedenen Längen handelt, kann es hilfreich sein, sie entsprechend ihrer Einbaupositionen in eine entsprechend skizzierten Pappe zu stecken (siehe Abbildung). Beachten Sie die Scheiben an den Schrauben 1 bis 8 – diese müssen später durch Neuteile ersetzt werden. Die Schrauben 9 bis 12 sind mit O-Ringen ausgerüstet, die später erneuert werden müssen.
5 Heben Sie vorsichtig die untere Gehäusehälfte ab - klopfen Sie nötigenfalls mit einem Kunststoffhammer oder Holzstück um die Dichtfläche herum das Gehäuse ab, um die Dichtung zu lockern (siehe Abbildung).

Anmerkung: *Wenn die Hälften sich nicht leicht trennen lassen, stellen Sie sicher, dass wirklich alle Befestigungen gelöst sind. Keinesfalls darf ein Hebel angesetzt werden, da damit die Dichtflächen zerstört würden!*

6 Entfernen Sie die drei Passhülsen – sie können in der unteren oder der oberen Gehäusehälfte stecken (Abbildung 19.12).
7 Wechseln Sie zu den Sektionen 20 bis 28, um die im Gehäuse sitzenden Baugruppen aus- und einzubauen und zu kontrollieren.

Zusammenbau

8 Beseitigen Sie sämtliche Dichtungsreste von den Kontaktflächen der Gehäusehälften.
9 Prüfen Sie, ob alle Komponenten und ihre Lager in den jeweiligen Gehäusehälften installiert sind. Falls die Getriebewellen nicht ausgebaut wurden, muss der links auf der Ausgangswelle sitzende Simmerring entfernt und

19.5 Heben Sie die untere Gehäusehälfte von der oberen.

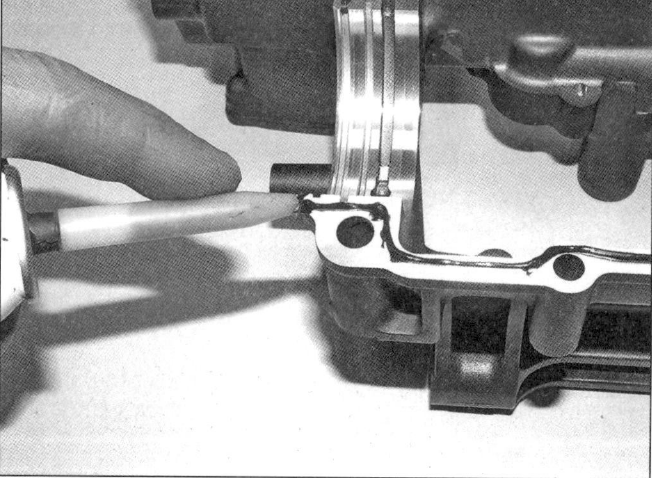

19.11a Tragen Sie Dichtmasse...

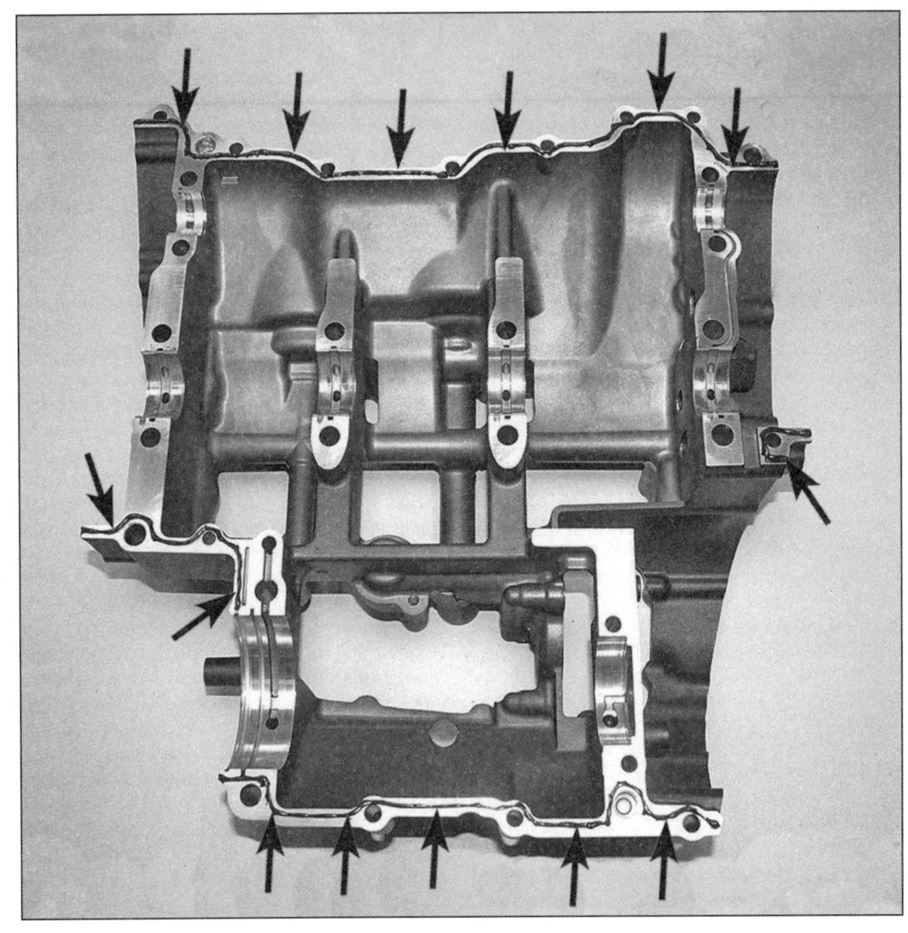

19.11b ...in den gezeigten Bereichen auf.

durch ein Neuteil ersetzt werden seine Dichtlippe muss mit Fett geschmiert werden (Abbildung 26.10). Die Schaltwalze muss in der Leerlaufposition stehen.

10 Schmieren Sie die Getriebewellen, die Schaltwalze samt Gabeln, die Kurbelwelle, die Ausgleichswelle und vor allem alle Lager großzügig mit frischem Motoröl. Reinigen Sie dann mit Lösungsmittel die Gehäuse-Dichtflächen, um sie absolut ölfrei zu bekommen.

11 Verteilen Sie geeignetes Dichtmittel (z. B. *Yamaha Bond 1215*) dünn auf den markierten Bereichen einer der Gehäusehälften (siehe Abbildungen).

Achtung: Zu dick aufgetragenes Dichtmittel würde sich beim Zusammenbau des Motorgehäuses herausdrücken und kann möglicherweise Ölkanäle verstopfen. Das Dichtmittel darf nicht zu nahe (2 bis 3 mm) an Lagerschalen oder Gleitflächen aufgebracht werden.

12 Stecken Sie (falls entfernt) die drei Passhülsen in die obere Gehäusehälfte (siehe Abbildung).

13 Prüfen Sie erneut, ob alle Bauteile korrekt positioniert sind – achten Sie besonders darauf, dass die Lagerschalen korrekt in der unteren Gehäusehälfte sitzen. Setzen Sie die untere Gehäusehälfte über die Passhülsen auf die obere Hälfte (Abbildung 19.5).

14 Prüfen Sie, ob die Gehäusehälften rundherum Kontakt haben.

Achtung: Die Gehäusehälften müssen sich ohne Kraftaufwand verbinden lassen. Wenn sie nicht richtig passen, muss die untere Hälfte abgehoben und das Problem untersucht werden. Versuchen Sie nicht, das Gehäuse mit den Gehäuseschrauben zusammenzuziehen - dies würde zu Brüchen und zur Zerstörung des Gehäuses führen!

15 Reinigen Sie die Gewinde der Gehäuseschrauben und versehen Sie alle Schrauben an den Gewinden und unter den Köpfen mit Motoröl; schmieren Sie ebenfalls die Scheiben der neuen Schrauben Nr. 1 bis Nr. 8 und die neuen O-Ringe der Schrauben 9 bis 12 mit Motoröl (siehe Abbildung).

19.12 Positionen der Passhülsen

19.15 Schieben Sie an Schrauben 9 bis 12 neue O-Ringe bis unter die Köpfe.

2

19.16a Installieren Sie die langen M8-Schrauben samt Scheiben wie gezeigt.

16 Installieren Sie die Schrauben zunächst handfest in ihre ursprünglichen Bohrungen. Falls keine Schablone angefertigt wurde, müssen sie wie folgt eingesetzt werden:

- M8-Schrauben – installieren Sie die sechs neuen 85 mm lagen Schrauben samt Scheiben in die Positionen 1 bis 6 und die zwei neuen 100 mm langen Schrauben samt Scheiben in die Positionen 7 und 8 (siehe Abbildung). Installieren Sie die vier 78 mm langen Schrauben samt O-Ringen in die Positionen 9 bis 12 und die zwei 60 mm langen Schrauben in die Positionen 13 und 14.
- M8-Schrauben – installieren Sie die 85 mm lange Schraube in Position 18. Die zwei 65 mm langen Schrauben mit den dicken Schäften kommen in die Positionen 15 und 16 (siehe Abbildung), die 65 mm lange Schraube mit Standard-Schaft in Position 26 und die 40 mm lange Schraube in Position 22. Alle anderen M6-Schrauben sind 50 mm lang.

17 Ziehen Sie zuerst die Schrauben 1 bis 8 in der angegebenen Reihenfolge zunächst mit 25 Nm an, lockern Sie sie dann in der gleichen Reihenfolge wieder und ziehen Sie sie mit 15 Nm (Schrauben 1 bis 6) bzw. 18 Nm (Schrauben 7 und 8) an. Setzen Sie anschließend eine Gradscheibe auf und ziehen Sie die Schrauben in der richtigen Reihenfolge um 60° weiter (siehe Abbildung) – alternativ kann die Schraube auch exakt um eine Flanke weitergedreht werden – diese liegen um 60° auseinander.

Anmerkung: *Markieren Sie die Schrauben anschließend mit Farbe, um sicherzustellen, dass keine vergessen oder doppelt angezogen wird. Eine einmal zu stark angezogene Schraube muss unbedingt durch ein Neuteil ersetzt werden.*

18 Ziehen Sie jetzt die Schrauben Nr. 9 bis 30 in der korrekten Reihenfolge schrittweise mit 24 Nm (M8-Schrauben) bzw. 10 Nm (M6-Schrauben) an.

19 Nachdem alle Gehäuseschrauben korrekt angezogen sind, wird geprüft, ob sich die Kurbelwelle, die Ausgleichswelle und Getriebewellen sanft und leichtgängig drehen lassen. Schalten Sie im Getriebe nacheinander die Gänge durch und prüfen Sie, ob sich die Wellen im Leerlauf unabhängig voneinander drehen lassen. Bei irgendwelchen Hinweisen und Schwergängigkeit, rauen Lauf oder andere Probleme müssen diese vor dem weiteren Zusammenbau behoben werden.

20 Installieren Sie alle entfernten Komponenten in der umgekehrten Ausbaureihenfolge.

20 Kurbelwellen- und Pleuelfußlager
Allgemeine Information

1 Auch wenn die Haupt- und Pleuellager normalerweise bei einer Motorüberholung ersetzt werden, sollten die alten Bauteile für eine genaue Begutachtung aufbewahrt werden, um aus Ihnen wertvolle Informationen über den Zustand des Motors zu ziehen.

2 Lagerschäden beruhen zumeist auf Ölmängel, Schmutz oder Fremdkörper im Motor, Motorüberlastung und/oder Korrosion. Ungeachtet des Grundes für die Lagerschäden muss dieser vor der Motormontage korrigiert werden, um eine Wiederholung auszuschließen.

3 Zu einer Begutachtung der Lager werden alle Lagerschalen entsprechend ihrer Positionen an der Kurbelwelle auf eine saubere Oberfläche gelegt. Dieses erlaubt Ihnen, ein erkanntes Lagerproblem dem entsprechenden Kurbelzapfen zuzuordnen.

4 Schmutz und andere Fremdkörper können auf unterschiedliche Weise in den Motor gelangen. Sie können beim Zusammenbau zurückgelassen werden oder durch den Filter bzw. die Motorentlüftung eindringen. Die Partikel gelangen mit dem Öl in die Lager. Oftmals finden sich Metallsplitter als Bearbeitungsrückstände oder Verschleißspuren. Ablagerungen verbleiben auch nach Überholungen in Motorkomponenten, besonders wenn die Teile nicht sorgfältig gereinigt wurden. Solche Teilchen arbeiten sich auf jeden Fall in das weiche Lagermaterial ein und können leicht erkannt werden. Große Partikel werden jedoch nicht in das Lager eingebettet, sondern kerben und zerkratzen die Lager und Zapfen. Der beste Schutz gegen diese Lager-Ausfälle ist sorgfältiges Reinigen und absolute Sauberkeit bei der Motormontage. Ebenso müssen natürlich regelmäßig das Öl und der Ölfilter gewechselt werden.

5 Ölmangel und eine Unterbrechung der Schmierung haben eine Reihe von zusammenhängenden Gründen: Extreme Hitze verdünnt das Öl, Überlastung drückt das Öl aus den Lagern und überhöhtes Lagerspiel oder eine verschlissene Ölpumpe lässt den nötigen Druck des Schmiersystems zusammenbrechen. Blockierte Ölleitungen lassen ein Lager trocken laufen und schnell zerstören. Lagerschalen besitzen zwar sogenannte »Notlaufeigenschaften«, aber nur für die jeweils ersten Sekunden nach dem Anlassen – wird jedoch bei hohen Drehzahlen einmal die Schmierung für Zehntelsekunden unterbrochen, können Schalen und Zapfen bereits schrottreif sein. Das Lagermaterial wird vom Schild abgetragen und die durch die Reibung entstehende starke Hitze zerstört den Wellenzapfen.

6 Auch die Fahrweise hat einen direkten Einfluss auf die Laufzeiten von Lagern. Vollgas bei niedrigen Drehzahlen und hohe Belastung beanspruchen die Lager stark, da diese dazu neigen, den Ölfilm abzuquetschen. Diese Zu-

19.16b Die M6-Schrauben mit den dicken Schäften kommen in die größeren Bohrungen.

19.17 Für den letzten Anzugsschritt der M8-Schrauben kann eine Gradscheibe verwendet werden.

Beachten Sie zur Fehlersuche bei Lagern die Hinweise in Sektion 5 der* Werkzeug- und Werkstatt-Tipps *im Anhang.

stände belasten die Lager stark und erzeugen feine Ermüdungsbrüche in der Oberfläche. Eventuell kann das Lagermaterial ausbrechen und selbst weitere Schäden erzeugen. Kurzstreckenbetrieb führt zu Korrosion der Lager, da der Motor keine ausreichende Betriebstemperatur erreicht, um Kondenswasser und aggressive Gase zu vertreiben. Diese Produkte sammeln sich im Motoröl und bilden Säure und Schlamm. Wenn dieses Öl in die Lager gelangt, greift die Säure die Lager an und lässt das Material korrodieren.

7 Eine nachlässige Lagermontage während des Motorzusammenbaus kann ebenso zu Problemen führen. Fest sitzende Lager führen zu geringem Lagerspiel und einem unzureichenden Schmierfilm. Hinter einer Lagerschale verbleibender Schmutz oder Fremdteile verbiegen die Schale und sorgen für punktuellen Verschleiß.

8 Um Lagerprobleme zu vermeiden, müssen alle Teile vor dem Einbau sorgfältig gereinigt, mehrmals überprüft, genau vermessen und anschließend mit frischem Motoröl geschmiert werden.

21 Pleuel und Pleuellager

Anmerkung: *Die Pleuelfüße werden mithilfe von Dehnschrauben zusammengehalten, die nach dem Anziehen nicht wiederverwendet werden dürfen. Beschaffen Sie Neuteile, bevor Sie mit der Arbeit beginnen.*

Spezialwerkzeug: *Zum Anziehen der Schrauben wird eine Gradscheibe benötigt, allerdings lässt sich ein Winkel von 180° auch ohne sie bestimmen.*

Ausbau

1 Bauen Sie den Motor aus (siehe Sektion 4) und trennen Sie die Gehäusehälften (siehe Sektion 19).

2 Bauen Sie die Ausgleichswelle (siehe Sektion 25) und die Getriebeausgangswelle aus (siehe Sektion 26).

3 Markieren Sie mit Farbe oder einem Filzstift die Zugehörigkeit des jeweiligen Pleuels zu seinem Zylinder – einmal oben auf dem Kolben und einmal vorne über die Pleuelfußhälften. Die Zylinder sind von oben betrachtet links mit 1, in der Mitte mit 2 und rechts mit 3 nummeriert. Die bereits hinten am Pleuelfuß eingeätzten Zahlen und Buchstaben stehen für die Lagersitzgröße bzw. die Gewichtsangabe – nicht für die Zylinderidentifikation.

4 Lösen Sie die Pleuelschrauben und trennen Sie dann die untere Pleuelfußhälfte samt Lagerschale von der Pleuelstange und dem Hubzapfen (siehe Abbildung). Falls sich der Pleuelfuß nicht trennen lässt, können die Schrauben einige Umdrehungen eingeschraubt und dann mit leichten Schlägen auf die Köpfe die Pleuelstange herunter geklopft werden. Beim Einbau müssen unbedingt neue Schrauben verwendet werden.

5 Befreien Sie die Pleuelstangen von den Hubzapfen und drücken Sie sie in die Zylinderbohrung, bis sie frei sind (siehe Abbildung). Heben Sie die Kurbelwelle heraus – die Hauptlagerschalen dürfen dabei nicht aus ihren Sitzen fallen (Abbildung 24.3).

6 Heben Sie die obere Motorgehäusehälfte vorn an und stützen Sie sie ab, oder legen Sie sie auf die Seite. Drücken Sie die Kolben/Pleuel-Baugruppen nach oben aus den Zylinderbohrungen – achten Sie darauf, dass die Pleuel nicht die Zylinderwandung beschädigt (siehe Abbildung). Das »Y« an jedem Pleuel muss zur linken Motorseite zeigen, während die runde Markierung auf den Kolbenböden nach vorne zum Auslass weisen müssen. Falls keine Markierung sichtbar ist, muss eine angebracht werden, um den Kolben später wieder richtig herum montieren zu können.

Achtung: Versuchen Sie nicht, die Kolben/Pleuel-Baugruppen nach unten aus den Zylinderbohrungen zu ziehen – die Kolben passen nicht zwischen den Hauptlagersitzen hindurch. Falls ein Kolben bis zum Lagersitz heruntergezogen wird, befreit sich der Ölabstreifring aus der Bohrung und verhindert ein Zurückschieben. Versuche, ihn wieder in die Bohrung einzuführen, würden wahrscheinlich zu seiner Zerstörung führen!

7 Halten Sie die Pleuelstange, den Pleuelfuß, die Schrauben und die Lagerschalen (falls sie wiederverwendet werden sollen) mit dem Kolben in ihrer korrekten Einbaulage zusammen, damit später alles richtig montiert werden kann.

Anmerkung: *Die Pleuelschrauben dürfen nicht wiederverwendet werden. Die alten Schrauben können allerdings für die Lagerspiel-Kontrolle verwendet werden – so müssen keine zwei neuen Schraubensätze beschafft werden.*

8 Befreien Sie nötigenfalls die Kolben von den Pleuelstangen (siehe Sektion 22).

Kontrolle

9 Begutachten Sie die Pleuelstangen auf Risse und andere sichtbare Beschädigungen.

10 Schmieren Sie den Kolbenbolzen von Zylinder Nr. 1 mit frischem Motoröl, schieben Sie ihn in das obere Pleuelauge und kontrollieren Sie das Spiel zwischen den Teilen (siehe Abbildung). Falls Spiel fühlbar ist, muss in der Mitte des Kolbenbolzens der Außendurchmesser gemessen werden – wenn er dünner als 16,97 mm ist, muss er ersetzt werden. Liegt das Ergebnis zwischen 16,990 und 16,995 mm, wird das Pleuel verschlissen sein und muss ersetzt werden. Messen Sie nötigenfalls dessen Innendurchmesser und vergleichen Sie das Ergebnis mit den Angaben in den technischen Daten. Wiederholen Sie die Kontrollen mit den anderen Kolbenbolzen und Pleuelaugen.

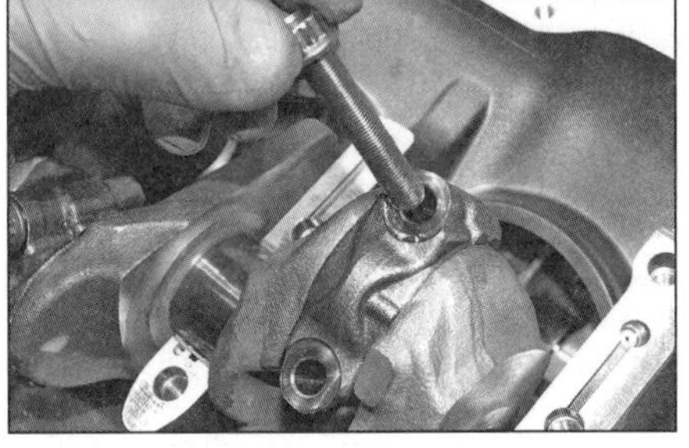

21.4 Lösen Sie die Schrauben und ziehen Sie die untere Pleuelfußhälfte ab.

21.5 Schieben Sie die Pleuel herunter, um die Kurbelwelle zu befreien.

21.6 Schieben Sie die Kolben samt Pleuel nach oben aus den Zylinderbohrungen.

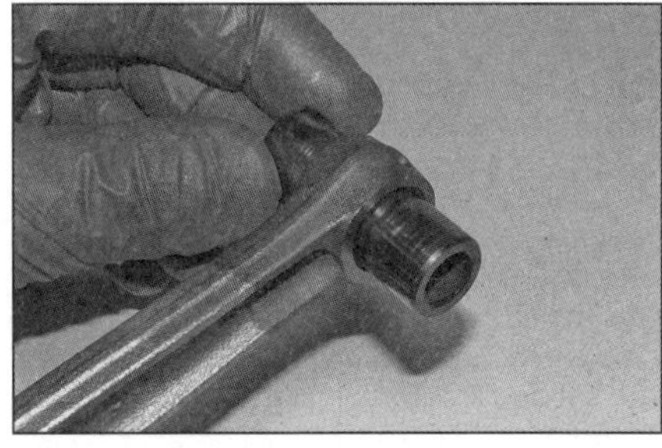

21.10 Prüfen Sie, ob der Kolbenbolzen Spiel im oberen Pleuelauge hat.

21.14 Befreien Sie die Lagerschalen aus beiden Pleuelfußhälften.

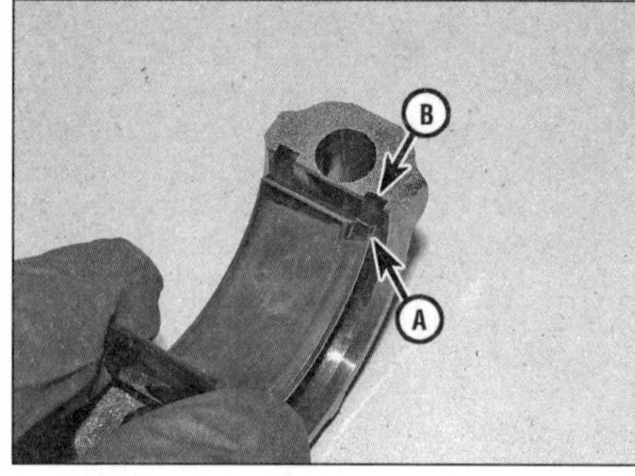

21.15 Richten Sie die Lasche (A) zur Nut (B) aus.

21.25a Angaben für die Hubzapfen-Größe

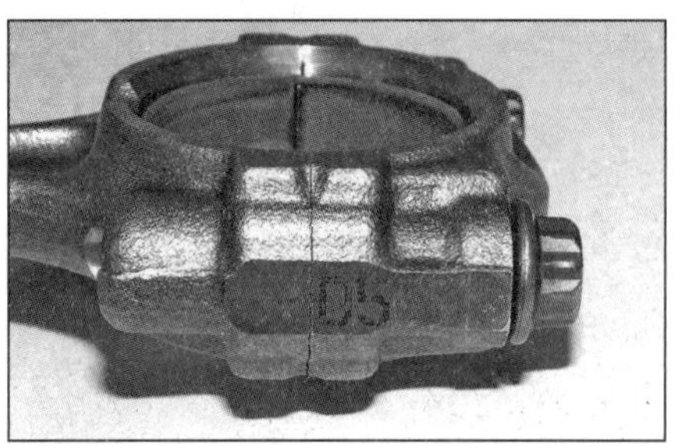

21.25b Code für die Pleuelfuß-Größe

11 Wechseln Sie nach Sektion 20 und begutachten Sie die Pleuelfuß-Lagerschalen – falls sie riefig sind oder Fress- oder Klemmspuren zeigen, sind sie durch neu ausgewählte Lagerschalen zu ersetzen – immer bei allen Pleuel. Wenn sie stark beschädigt sind, muss die Gleitfläche des Hubzapfens untersucht werden. Verfärbungen sind Hinweise auf starke Hitze, die durch Schmiermangel entsteht. Stellen Sie sicher, dass die Ölpumpe und der Öldruckregler sowie die Ölkanäle und -Bohrungen in Ordnung sind, bevor der Motor wieder zusammengebaut wird.

12 Lassen Sie die Pleuelstangen von einer Yamaha-Werkstatt auf Verzug und Verbiegung kontrollieren, wenn über ihren Zustand Zweifel besteht.

Kontrolle des Lagerspiels

Anmerkung: *Bei dieser Arbeit darf das Pleuel nicht auf der Kurbelwelle gedreht werden. Falls die Kontrolle auf der Werkbank durchgeführt wird, müssen die Kurbelwelle und das Pleuel irgendwie eingeklemmt werden, damit sie sich nicht bewegen. Alternativ können der Kolben und das Pleuel in den Zylinder eingeführt und die Kurbelwelle in ihre Lager gelegt werden.*

13 Unabhängig davon, ob die alten Lagerschalen wiederverwendet oder Neuteile verwendet werden, sollte vor dem Zusammenbau das Lagerspiel kontrolliert werden. Zu diesem Zweck gibt es im Fachhandel Quetschmessstreifen namens »Plastigauge«.

14 Befreien Sie die Lagerschalen aus den Pleuelfußhälften – beachten Sie ihre Einbaupositionen (siehe Abbildung). Reinigen Sie die Rückseiten der Lagerschalen und die Sitze in beiden Pleuel-Hälften mit Lösungsmittel.

15 Drücken Sie die Lagerschalen in ihre Positionen, die Laschen an jeder Schale müssen in die Nuten des Sitzes einrasten (siehe Abbildung). Gehen Sie sicher, dass die Lager korrekt sitzen, und achten Sie darauf, dass die Lageroberflächen nicht mit den Fingern berührt werden dürfen.

16 Arbeiten Sie zurzeit an einem Pleuellager. Schneiden Sie von den Quetschmessstreifen ein Stück ab, das etwas kürzer als die Lagerbreite des Hubzapfens sein muss, und legen Sie ihn auf den gereinigten Hubzapfen (Abbildung 24.13) – achten Sie darauf, ihn nicht über eine Ölbohrung zu legen.

17 Schmieren Sie an den **alten** Pleuelschrauben die Gewinde und Kopf-Unterseiten mit einem Gemisch aus gleichen Teilen Motoröl und Molybdänfett. Setzen Sie die Pleuelfußhälften korrekt ausgerichtet an den Hubzapfen (siehe Schritt 3) – das »Y« am Pleuel muss zur linken Motorseite zeigen (siehe Schritt 6). Installieren Sie die Schrauben zunächst handfest.

Anmerkung: *Bei dieser Prozedur kann nur ein brauchbares Ergebnis erzielt werden, wenn das Pleuel nicht auf der Kurbelwelle gedreht wird.*

18 Ziehen Sie die Schrauben zunächst mit 20 Nm an. Ziehen Sie sie dann ggf. mithilfe einer Gradscheibe in einem Zug um 180° weiter (Abbildung 21.34).

19 Lockern Sie die Pleuelschrauben und entfernen Sie die Pleuel-Bauteile vom Hubzapfen – ohne dabei das Pleuel zu drehen.

20 Vergleichen Sie die gequetschten Streifen mit der Skala auf der Packung, um das Lagerspiel zu ermitteln (Abbildung 24.17). Liegt der Wert zwischen 0,027 und 0,051 mm und sind die Lagerschalen in Ordnung, können sie wiederverwendet werden.

21 Falls das Spiel nahe oder über 0,052 mm liegt, müssen die Lagerschalen durch Neuteile ersetzt (siehe Schritte 25 und 26) und die Messung wiederholt werden. Ersetzen Sie immer alle Lagerschalen als Satz.

22 Falls das Spiel auch mit neuen Lagerschalen zu groß ist, wird der Hubzapfen verschlissen sein und die Kurbelwelle muss ausgetauscht werden – sie kann höchstens noch von einem Spezialbetrieb durch Aufschweißen und Schleifen gerettet werden – erkundigen Sie sich vor dem Kauf einer neuen Welle nach dieser Möglichkeit.

23 Nach Beendigung der Messung muss der gequetschte Plastikstreifen vorsichtig aus dem Lager entfernt werden. Hierzu reicht normalerweise ein Fingernagel.

24 Wiederholen Sie die Kontrolle mit den anderen Pleuel und entsorgen Sie alle Pleuelschrauben.

Auswahl der Lagerschalen

25 Neue Lagerschalen für die Pleuelfußlager gibt es in verschiedenen Größen. Die Code-Nummern für die Hubzapfen sind außen in die linke Kurbelwange eingeschlagen (siehe Abbildung) – die linken drei Ziffern stehen für die Hubzapfen-Größe, während die vier Ziffern rechts für die Größen der Kurbelwellen-Hauptlagerzapfen stehen. Die erste Ziffer steht für den Hubzapfen von Zylinder Nr. 1 (links). Die Größe des Pleuels ist als Ziffer an der abgeflachten Verbindung zwischen den beiden Pleuelfußhälften eingeätzt (siehe Abbildung).

26 Lagerschalen werden in verschiedenen Größen angeboten. Um die korrekte Schale zu finden, muss die Ziffer an der Kurbelwelle von derjenigen am Pleuel subtrahiert werden, um anhand des Ergebnisses mithilfe der unten stehenden Tabelle die Farbcodierung für die Ersatz-Lagerschalen herauszufinden. Die Farben sind seitlich an den Lagerschalen angebracht (siehe Abbildung). Ein Beispiel: Pleuelfuß 5 minus Hubzapfen 2 = 3 = braun markierte Lagerschalen. Die Farbcodes sind seitlich an den Lagerschalen angebracht (Abbildung 24.23).

Nummer	Farbe
1	blau
2	schwarz
3	braun
4	grün

Einbau

Anmerkung: *Für den endgültigen Zusammenbau werden neue Pleuelschrauben benötigt.*

21.30a Senken Sie den Kolben in seiner Bohrung ab...

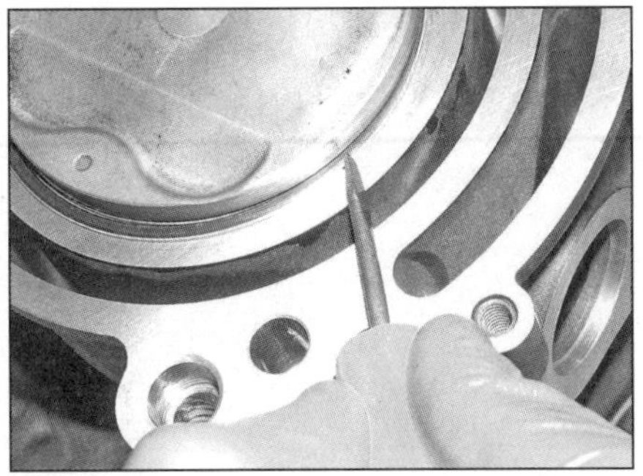
21.30b ...und drücken Sie vorsichtig die Kolbenringe zusammen, um sie einzuführen.

21.30c Alternativ kann ein Kolbenring-Spannband um den Kolben gelegt...

21.30d ...und angezogen werden.

21.30e Führen Sie den Kolben samt Spannband in die Zylinderbohrung ein...

21.30f ...und drücken Sie ihn vorsichtig aus dem Spannband in den Zylinder.

27 Falls entfernt, werden die Kolben mit den Pleuelstangen verbunden (siehe Sektion 22) – die Öffnungen der Kolbenringe müssen korrekt ausgerichtet sein (siehe Sektion 23).

28 Die Rückseiten der Lagerschalen, die Sitze in beiden Pleuel-Hälften und die Hubzapfen müssen absolut sauber sein. Falls neue Lagerschalen verwendet werden, müssen diese mit Petroleum von sämtlichem Schutzfett befreit werden. Trocknen Sie die Schalen und beide Pleuelfußhälften mit einem sauberen fusselfreien Lappen. Drücken Sie die Lagerschalen in ihre Positionen, die Laschen an jeder Schale müssen in die Nuten des Sitzes einrasten (Abbildung 21.15). Falls die alten Lagerschalen verwendet werden, muss sichergestellt werden, dass sie in ihre ursprünglichen Positionen gelangen. Achten Sie darauf, die Gleitflächen nicht mit den Fingern zu berühren.

29 Schmieren Sie die Kolben, ihre Ringe und die Zylinderbohrungen mit frischem Motoröl. Achten Sie beim Einbau der Kolben/Pleuel-Baugruppe darauf, dass der Kreis auf dem Kolbenboden nach vorne und das Y am Pleuel zur linken Motorseite zeigt und jeder Kolben in seinen ursprünglichen Zylinder gelangt.

30 Führen Sie den Kolben Nr. 1 samt Pleuel von oben in den linken Zylinder ein – beschädigen Sie nicht mit dem Pleuel die Zylinderwandung (siehe Abbildung). Drücken Sie die Kolbenringe vorsichtig zusammen und senken Sie den Kolben dabei ab, bis er bündig im Zylinder steckt (siehe Abbildung). Falls vorhanden, sollte zum Einführen der Kolben ein passendes Kolbenring-Spannband verwendet werden. Legen Sie das Werkzeug um den Kolben, ziehen Sie es zusammen, um die Kolbenringe in ihre Nuten zu drücken, und führen Sie den Kolben zusammen mit dem Spannband in seine Bohrung ein – nach dem Lockern des Spannbands kann er vorsichtig in seine Bohrung geklopft werden (siehe Abbildungen).

31 Drehen Sie das Motorgehäuse um. Sichergehend, dass alle Hauptlagerschalen korrekt positioniert sind, wird die Kurbelwelle darin abgelegt (Abbildung 24.3).

32 Arbeiten Sie zurzeit an einem Pleuel und schmieren Sie den Hubzapfen sowie die Lagerschalen in den Pleuelfußhälften mit frischem Motoröl. Ziehen Sie das Pleuel gegen den Hubzapfen (Abbildung 21.5) und setzen Sie die untere Pleuelfußhälfte richtig herum auf (siehe Abbildung). Der Vorsprung an der unteren Hälfte muss wie das Y an der Stange nach links zeigen (siehe Schritt 3).

33 Schmieren Sie an den **neuen** Pleuelschrauben die Gewinde und Kopf-Unterseiten mit einem Gemisch aus gleichen Teilen Motoröl und Molybdänfett. Installieren Sie die Schrauben zunächst handfest. Prüfen Sie erneut, ob alle Bauteile korrekt ausgerichtet sind.

34 Ziehen Sie die Schrauben zunächst mit 20 Nm an. Ziehen Sie sie dann ggf. mithilfe einer Gradscheibe in einem Zug um 180° (eine halbe Umdrehung) weiter (siehe Abbildung). Montieren Sie die anderen Pleuel auf die gleiche Weise an die Kurbelwelle.

2

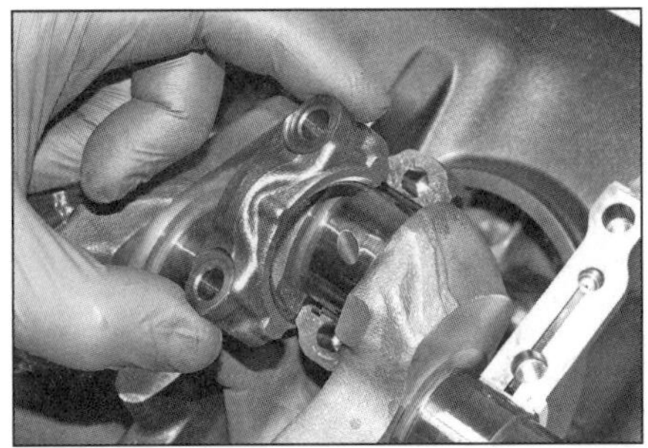
21.32 Setzen Sie die korrekt ausgerichtete untere Pleuelfußhälfte am Pleuel an.

21.34 Die Pleuelschrauben müssen im zweiten Durchgang um 180° angezogen werden.

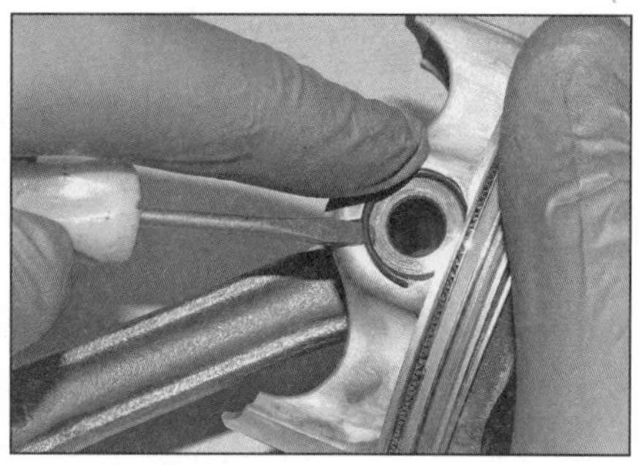

22.3a Hebeln Sie den Sicherungsring aus dem Kolben.

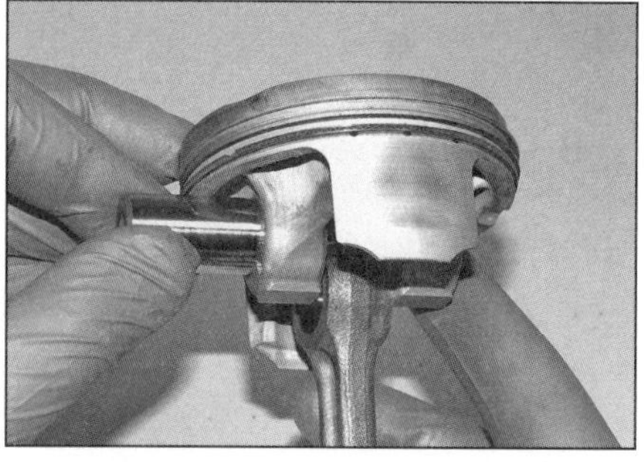

22.3b Drücken Sie den Kolbenbolzen heraus und entnehmen Sie den Kolben.

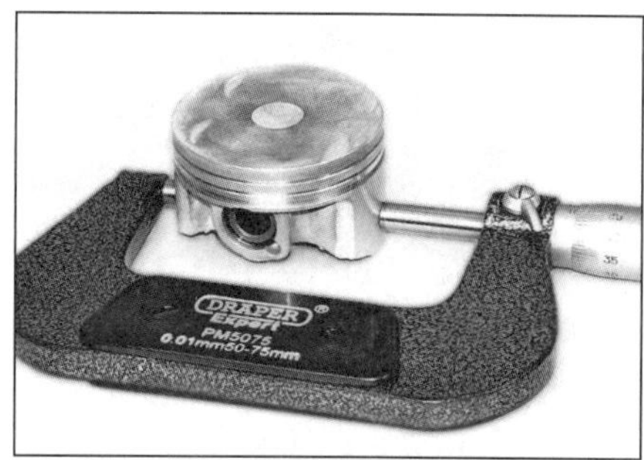

22.10 Messen Sie den Durchmesser des Kolbens an der beschriebenen Stelle.

35 Prüfen Sie, ob sich die Kurbelwelle sanft und frei drehen lässt – bei irgendwelchen Hinweisen auf Schwergängigkeit müssen die Pleuel demontiert und erneut das Lagerspiel kontrolliert werden. Natürlich werden bei der anschließenden Montage wieder neue Pleuelschrauben benötigt. Manchmal reichen sanfte Schläge gegen den Pleuelfuß, um das Pleuel zu lockern.
36 Montieren Sie die Ausgleichswelle (siehe Sektion 25) und die Getriebeausgangswelle (siehe Sektion 26).
37 Verbinden Sie die Motorgehäusehälften (siehe Sektion 19).

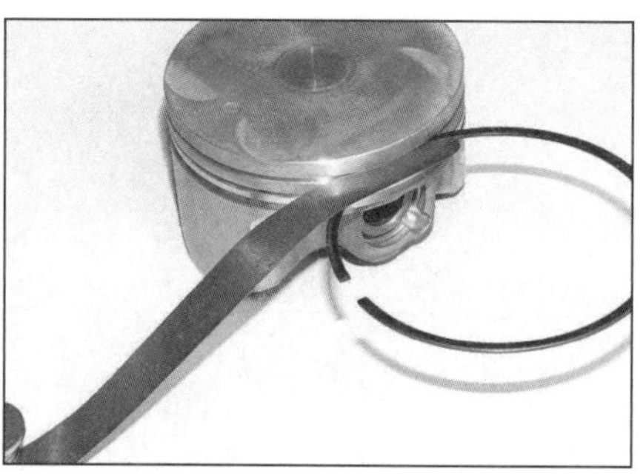

22.11 Messen Sie das Spiel der Kompressionsringe in ihren Nuten mit einer Fühlerlehre.

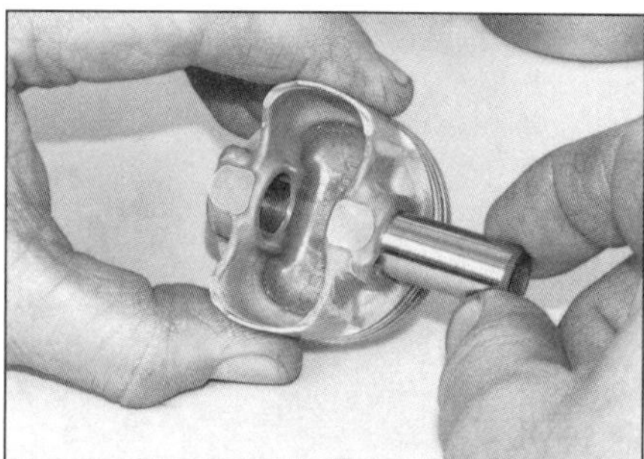

22.12a Stecken Sie den Bolzen in den Kolben und prüfen Sie, ob Spiel fühlbar ist.

22 Kolben

Ausbau

1 Bauen Sie den Motor aus (siehe Sektion 4), trennen Sie die Gehäusehälften (siehe Sektion 19) und befreien Sie die Kolben/Pleuel-Baugruppen nach oben aus den Zylinderbohrungen (siehe Sektion 21).
2 Bevor der Kolben vom Pleuel getrennt wird, muss sichergestellt sein, dass beide Teile entsprechend ihres Zylinders markiert sind. Beide Komponenten müssen später unbedingt wieder in ihrer alten Konstellation zusammengesetzt werden.
3 Hebeln Sie vorsichtig mit einer Spitzzange oder einem kleinen Schraubenzieher, den Sie in die Nut einführen, auf beiden Seiten des Kolbens die Sicherungsringe aus (siehe Abbildung) – diese müssen später stets durch Neuteile ersetzt werden. Falls sich an den Nuten Grate gebildet haben, müssen sie mit einer sehr feinen Feile oder einer Messerklinge entfernt werden. Drücken Sie dann den Kolbenbolzen heraus und befreien Sie den Kolben vom Pleuel (siehe Abbildung). Nachdem der Kolben demontiert ist, sollte der Bolzen hineingesteckt werden, um ein Vertauschen zu vermeiden.
4 Mithilfe der Daumen oder einer Kolbenringzange werden die Ringe eines Kolbens vorsichtig abgenommen (siehe Sektion 23). Sie dürfen hierbei nicht geknickt oder verkantet werden. Beachten Sie die Einbaulage der einzelnen Ringe, wenn Sie wiederverwendet werden sollen. Die Oberseite der beiden oberen Ringe (Kompressionsringe) sollten in der Nähe der Öffnungen mit einer Markierung versehen sein (bei den von uns fotografierten Kolbenringen war nur einer Markiert) (Abbildung 23.2).
5 Schaben Sie die Ölkohle vom Kolbenboden. Eine weiche Drahtbürste oder feines Schmirgelleinen kann zur Nacharbeit verwendet werden. Benutzen Sie keinesfalls einen Drahtbürstenaufsatz auf einer Bohrmaschine, das Kolbenmaterial ist sehr weich und würde abgetragen werden.
6 Die Kolbenring-Nuten können mit einem Spezialwerkzeug, aber auch mit einem abgebrochenen Stück eines alten Kolbenringes von Kohleresten befreit werden. Seien Sie vorsichtig, dass kein Kolben-Metall entfernt wird oder die Seiten der Nut gequetscht oder eingekerbt werden.
7 Sobald die Kohleablagerungen beseitigt sind, wird jeder Kolben mit Lösungsmittel gereinigt und anschließend getrocknet. Gehen Sie sicher, dass die Ölrücklaufbohrungen in der Nut des Ölabstreifrings sauber sind. Wenn die angebrachten Markierungen nicht mehr lesbar sind, müssen Sie erneuert werden.

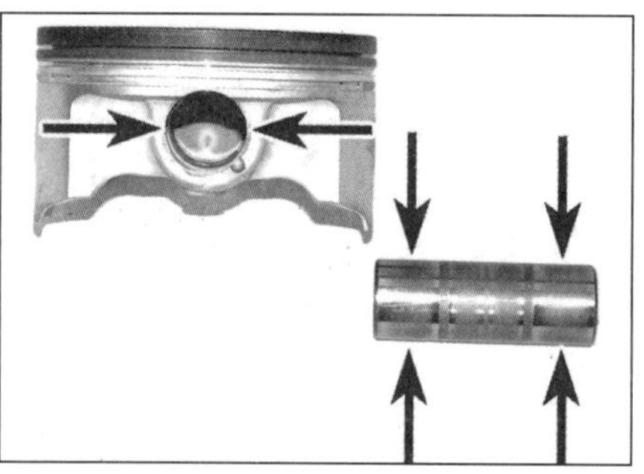

22.12b Messen Sie den Außendurchmesser des Kolbenbolzens und den Innendurchmesser der Bohrung im Kolben.

22.15 Installieren Sie den Sicherungsring mit der Öffnung von der Ausbaunut entfernt.

Kontrolle

8 Begutachten Sie jeden Kolben sorgfältig auf Brüche am Hemd, an den Bolzenaugen und um die Kolbenringnuten. Normaler Kolbenverschleiß zeigt sich in gleichmäßige senkrechte Spuren auf der Lauffläche und leichtem Spiel des oberen Kolbenrings in seiner Nut. Wenn das Hemd Riefen oder Klemmspuren zeigt, kann der Motor an Überhitzung gelitten haben und/oder eine abnormale Verbrennung sorgte für extrem hohe Arbeitstemperatur.

9 Ein Loch im Kolbenboden ist ein Zeichen für abnormale Verbrennung (durch Frühzündung). Verbrannte Stellen am Rand des Bodens weisen auf Klingeln oder Klopfen hin. Wenn eines dieser Probleme existiert, müssen die Gründe beseitigt werden, damit die Schäden sich nicht fortsetzen (siehe *Fehlersuche* im Anhang).

10 Kontrollieren Sie das Spiel zwischen Kolben und Zylinder durch Messen der Zylinderbohrung (siehe Sektion 29) und des Kolbendurchmessers. Messen Sie den zugehörigen Kolben 12 mm oberhalb des unteren Endes des Hemds und 90° zum Kolbenbolzen (siehe Abbildung). Subtrahieren Sie den Kolbendurchmesser vom Zylinderdurchmesser und errechnen Sie das Spiel. Wenn es über 0,055 mm liegt, muss herausgefunden werden, ob der Kolben oder die Bohrung (oder beides) verschlissen ist. Bei einer verschlissenen Bohrung müssen das gesamte Motorgehäuse, die Kolben und die Kolbenringe ersetzt werden – lassen Sie sich vor dem Neukauf Rat von einem Motorenspezialisten beraten.

11 Messen Sie das Spiel zwischen den Kompressionsringen und deren Nuten im Kolben durch Einlegen eines Ringes und Erfühlen des Spiels mittels einer Fühlerlehre (siehe Abbildung) - gehen Sie sicher, dass Sie den passenden Ring verwenden. Kontrollieren Sie an drei oder vier Stellen rundherum. Wenn das Spiel über der Verschleißgrenze liegt, muss der Kolben samt Ringen ersetzt werden. Wenn neue Ringe verwendet werden sollen, muss das Spiel mit den neuen Ringen gemessen werden. Falls das Spiel über der Toleranzgrenze liegt, ist der Kolben verschlissen und muss ersetzt werden.

12 Geben Sie frisches Motoröl auf den Kolbenbolzen, schieben Sie ihn in den Kolben und fühlen Sie, ob Spiel vorhanden ist (siehe Abbildung). Messen Sie den Außendurchmesser des Kolbenbolzens (an den Rändern) sowie den Innendurchmesser seiner Bohrungen im Kolben und vergleichen Sie das Ergebnis mit den technischen Daten (siehe Abbildung). Wiederholen Sie die Messung im oberen Pleuelauge (siehe Sektion 21). Ersetzen Sie alle Bauteile, die außerhalb der Verschleißgrenzen liegen.

Einbau

13 Inspizieren und installieren Sie die Kolbenringe (siehe Sektion 23).

14 Setzen Sie einen **neuen** Sicherungsring in ein Kolbenbolzenauge ein (benutzen Sie nie gebrauchte!). Schmieren Sie den Kolbenbolzen, seine Bohrung im Kolben und das obere Pleuelauge mit frischem Motoröl.

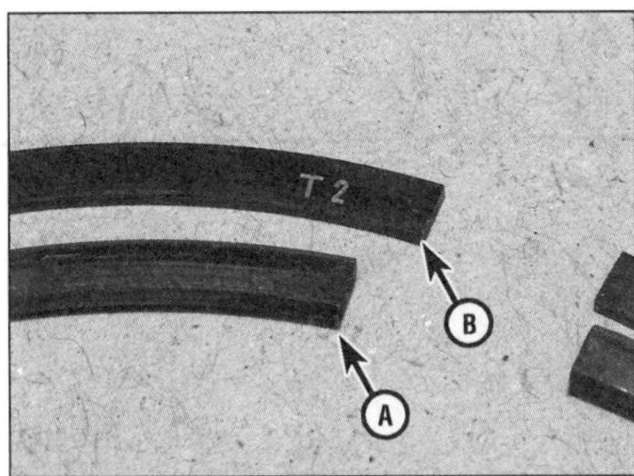

23.2 Oberer Kompressionsring (A), zweiter Kompressionsring (B)

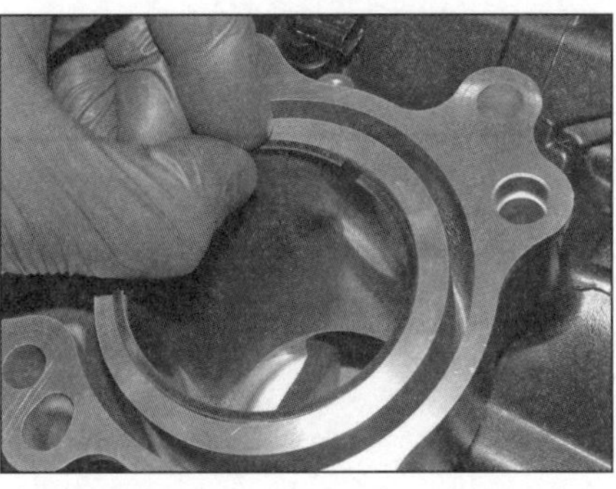

23.3a Führen Sie den Ring in seine Zylinderbohrung ein,...

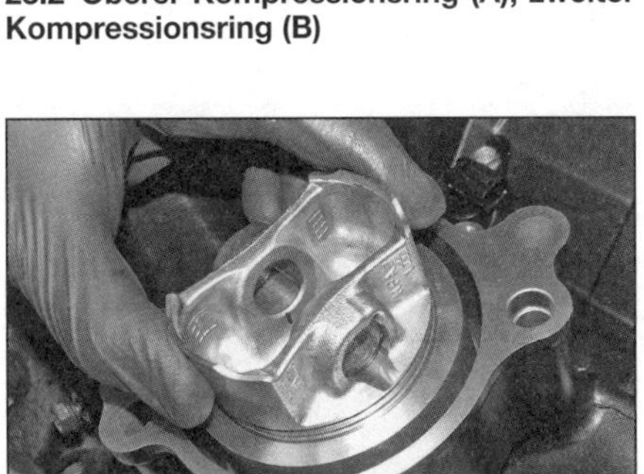

23.3b ...und drücken Sie ihn mit dem Kolben senkrecht herunter.

23.3c Ermitteln Sie das Stoßspiel mit einer Fühlerlehre.

15 Richten Sie den Kolben so zum Pleuel aus, dass die Markierung nach vorne zum Auslass und das Y am Pleuel zur linken Seite des Motorgehäuses zeigen. Schieben Sie den Kolbenbolzen von der Seite ohne Sicherungsring hindurch (Abbildung 22.3b). Sichern Sie den Bolzen mit dem zweiten **neuen** Ring. Beim Einbau der neuen Ringe ist darauf zu achten, dass sie nicht stärker zusammengepresst werden als nötig ist, dass sie sauber in ihrem Sitz liegen und die Öffnung mindestens 3 mm von der Ausbaunut entfernt liegt (siehe Abbildung).

16 Montieren Sie die Pleuel (siehe Sektion 21).

23 Kolbenringe

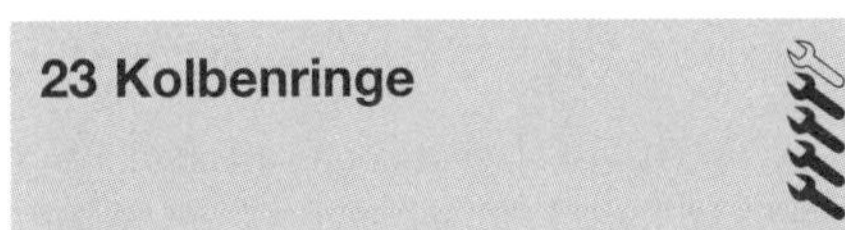

1 Es ist ratsam, die Kolbenringe bei jeder Motorüberholung zu erneuern. Vor der Montage der Kolbenringe an den Kolben muss das Stoßspiel ihrer Enden im Zylinder überprüft werden.

Kontrolle

2 Sortieren Sie zum Messen den Kolben samt Ringen dem korrekten Zylinder zu. Die Oberseite der beiden oberen Ringe (Kompressionsringe) sollten mit einer Markierung versehen sein (siehe Abbildung); falls sich die Markierungen unterscheiden, muss notiert werden, welche Markierung an welchem Ring ist.

3 Außer bei dem Expander des Ölabstreifrings sollte bei allen Kolbenringen das Stoßspiel ermittelt werden. Schieben Sie den jeweiligen Ring von oben in den Zylinder und richten Sie ihn mithilfe des Kolbens kurz vor dem unteren Totpunkt der Kolbenringe im Zylinder (wo der Verschleiß am geringsten ist) senkrecht aus, sodass er sich noch in seinem Arbeitsbereich befindet (siehe Abbildungen). Messen Sie nun mit einer Fühlerlehre das Stoßspiel der Ring-Enden und vergleichen Sie den Wert mit dem der technischen Daten (siehe Abbildung).

4 Ein zu geringes Stoßspiel kann zu schweren Motorschäden führen, da sich die Ringe im Betrieb ausdehnen und im Zylinder »fressen«. Prüfen Sie zunächst, ob Sie die richtigen Ringe verwendet haben. Mit sehr viel Sorgfalt können die Ring-Enden mithilfe einer feinen Feile geweitet werden – sie sind sehr spröde und brechen leicht. Beschaffen Sie nötigenfalls neue Kolbenringe.

5 Übermäßiges Stoßspiel bis zur Verschleißgrenze ist nicht kritisch. Prüfen Sie jedoch, ob Sie die richtigen Ringe verwendet haben und ob die Zylinderbohrung nicht verschlissen ist (siehe Sektion 29).

6 Wiederholen Sie die Messung mit allen Kolbenringen in ihren jeweiligen Zylinderbohrungen – das Stoßspiel der beiden Kompressionsringe und der Ölabstreifringe unterscheidet sich. Beim Ölabstreifring werden nur die schmalen oberen und unteren Ringe kontrolliert – die Enden des Expanders müssen sich im eingebauten Zustand berühren.

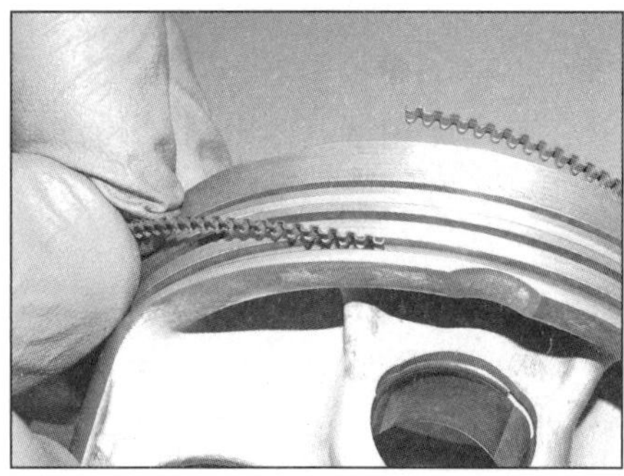

23.7a Installieren Sie den Ölring-Expander in die untere Nut...

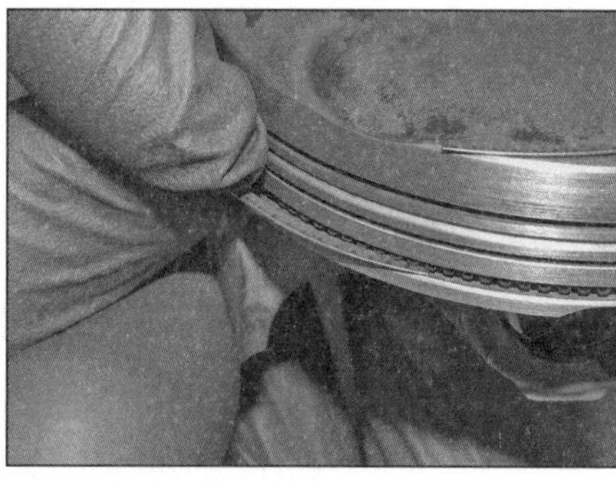

23.7b ...und bringen Sie dann den unteren...

23.7c ...und den oberen Ölabstreifring in Position.

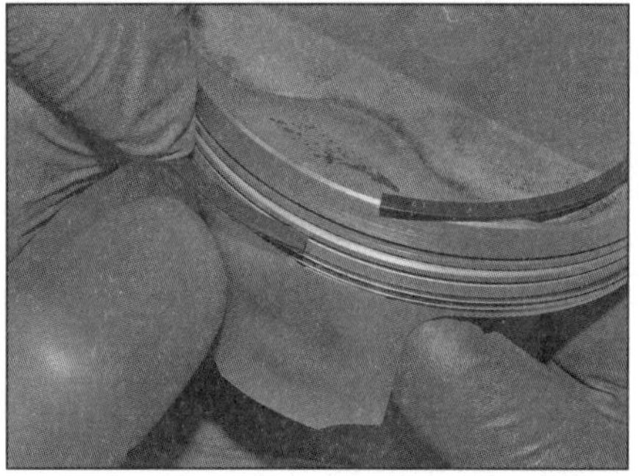

23.9a Installieren Sie vorsichtig den zweiten Kompressionsring,...

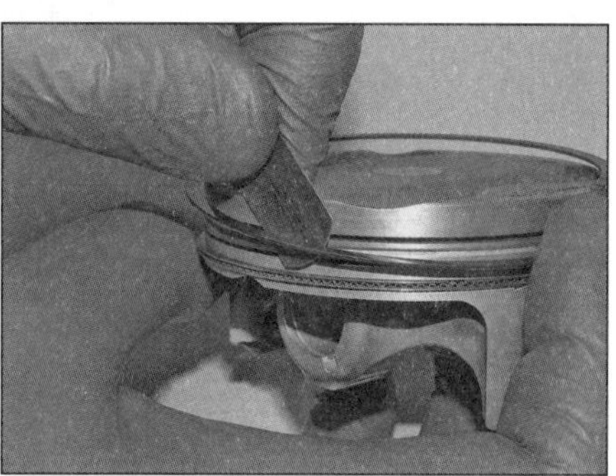

23.9b verwenden Sie dazu nötigenfalls ein Fühlerlehrenblatt.

23.10 Installieren Sie zum Schluss den oberen Kompressionsring.

Einbau

7 Der Ölabstreifring muss als unterer zuerst an den Kolben installiert werden. Er besteht aus drei Teilen: dem Expander und zwei dünnen Ringen. Zuerst wird der Expander in die Nut gesetzt, ohne dass sich seine Enden überlappen (siehe Abbildung). Installieren Sie dann den unteren Ölring (siehe Abbildung). Diese Arbeit darf nicht mit einer Kolbenringzange ausgeführt werden, da hiermit die Gefahr einer Beschädigung besteht. Setzen Sie stattdessen ein Ende des Ringes in die Nut zwischen Expander und Kolben. Halten Sie es fest und schieben Sie den Ring nach und nach in die Nut. Installieren Sie danach den oberen Ring auf die gleiche Weise (siehe Abbildung). Prüfen Sie anschließend erneut, ob sich die Enden des Expanders berühren, aber nicht überlappen.

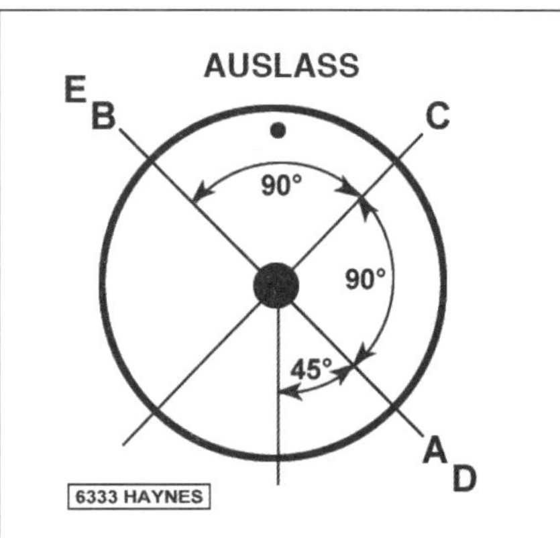

23.11 Die Öffnungen der Kolbenringe müssen wie gezeigt ausgerichtet sein.

A Oberer Kompressionsring
B Zweiter Kompressionsring
C Oberer Ölabstreifring
D Ölabstreifring-Expander
E Unterer Ölabstreifring

8 Nachdem alle drei Ölringbauteile installiert sind, muss kontrolliert werden, ob sich die beiden dünnen Ringe in ihrer Nut sanft drehen lassen.

9 Bauen Sie als Nächstes den zweiten Kompressionsring ein, der ggf. anhand seiner Markierung und seines Profils identifiziert werden kann (siehe Abbildungen). Kolbenringe sind sehr spröde und brechen leicht, drücken Sie den Ring daher nicht weiter auseinander als nötig und installieren Sie ihn in die mittlere Kolbennut. Am sichersten geht der Einbau mit einer Kolbenringzange oder alten Fühlerlehrenblättern.

10 Setzen sie schließlich den oberen Ring in gleicher Weise in die obere Nut des Kolbens ein (siehe Abbildung).

11 Wenn die Ringe korrekt installiert sind, müssen sie sich frei und ohne zu haken bewegen lassen. Verdrehen Sie die Ringstöße anschließend wie gezeigt (siehe Abbildung).

24 Kurbelwelle und Hauptlager

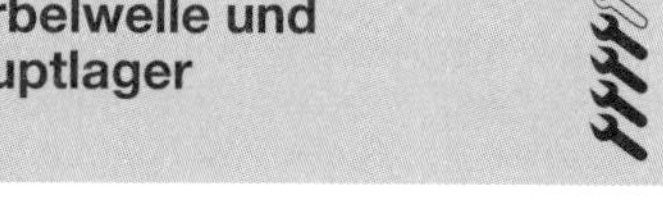

Ausbau

1 Bauen Sie den Motor aus (siehe Sektion 4), trennen Sie die Gehäusehälften (siehe Sektion 19) und befreien Sie die Kolben/Pleuel-Baugruppen von der Kurbelwelle (siehe Sektion 21). Es ist nicht nötig, die Kolben/Pleuel-Baugruppen aus den Zylindern zu entfernen; sie sollten aber so weit in die Zylinderbohrungen geschoben werden, dass die Pleuelfüße ausreichend weit von den Hubzapfen entfernt sind – umwickeln Sie sie mit Lappen, um Schäden an den Zylinderwandungen zu vermeiden (Abbildung 21.5).

Anmerkung: *Für den Zusammenbau werden neue Pleuelschrauben benötigt.*

2 Demontieren Sie die Ausgleichswelle (siehe Sektion 25).

3 Heben Sie die Kurbelwelle aus der oberen Gehäusehälfte – die Lagerschalen müssen zunächst an ihren Positionen verbleiben (siehe Abbildung).

4 Demontieren Sie nötigenfalls die Hauptlagerschalen aus den Motorgehäusehälften (siehe Abbildung) – lagern Sie sie so, dass sie für die Lagerspiel-Kontrolle und ggf. beim Einbau wieder an ihre ursprünglichen Positionen gelangen.

24.3 Heben Sie die Kurbelwelle aus der oberen Motorgehäusehälfte.

24.4 Befreien Sie die Hauptlagerschalen aus ihren Sitzen.

Kontrolle

5 Reinigen Sie die Kurbelwelle mit Lösungsmittel, besondere Beachtung muss das Durchspülen der Ölbohrungen finden. Wenn möglich, sollten Welle und Bohrungen mit Druckluft getrocknet und durchgeblasen werden. Kontrollieren Sie das Primärtriebrad auf Verschleiß und Beschädigungen. Falls Zähne extrem verschlissen, gesplittert oder gebrochen sind, muss die Kurbelwelle ersetzt werden. Inspizieren Sie die Gegenstücke an der Rückseite des Kupplungskorbes (Abbildung 13.21) und der Ausgleichswelle (Abbildung 25.2a). Kontrollieren Sie ebenso das Steuerkettenritzel sowie die Steuerkette und die Nockenwellenritzel (Sektionen 8 und 9) – auch dies ist in die Kurbelwelle integriert, sodass bei Schäden die Welle ersetzt werden muss.

6 Wechseln Sie zu Sektion 20 und begutachten Sie die Hauptlagerschalen. Wenn sie riefig sind oder Fress- bzw. Klemmspuren zeigen, müssen alle als Set ersetzt werden. Wenn sie stark beschädigt sind, muss auch die Lagerfläche der Kurbelwelle untersucht werden. Verfärbungen sind Hinweise auf starke Hitze, die durch Schmiermangel entsteht. Stellen Sie sicher, dass die Ölpumpe und der Öldruckregler sowie die Ölkanäle und -Bohrungen in Ordnung sind, bevor der Motor wieder zusammengebaut wird.

7 Die Lagerflächen der Kurbelwelle sollten einer ausführlichen Begutachtung unterzogen werden – besonders wenn sie in beschädigten Lagerschalen liefen. Wenn die Welle Riefen oder Ausbrüche aufweist, muss die Kurbelwelle ausgetauscht werden. Untermaß-Lagerschalen sind nicht erhältlich, sodass die Kurbelwelle höchstens von einem Spezialbetrieb durch Aufschweißen und Schleifen gerettet werden kann – erkundigen Sie sich vor dem Kauf einer neuen Welle nach dieser Möglichkeit.

8 Kontrollieren sie den Rundlauf der Kurbelwelle in Prismenblöcken mit einer Messuhr – beachten Sie dazu die *Werkzeug- und Werkstatt-Tipps* im Anhang. Wenn die Welle stärker als 0,03 mm verzogen ist, muss sie ersetzt werden.

Kontrolle des Lagerspiels

9 Unabhängig davon, ob die Lagerschalen wiederverwendet oder durch Neuteile ersetzt werden, sollte vor dem Zusammenbau des Motors das Lagerspiel gemessen werden. Zu diesem Zweck gibt es im Fachhandel Quetschmessstreifen namens »Plastigauge«.

10 Falls noch nicht geschehen, müssen die Lagerschalen aus den Motorgehäusehälften entfernt werden (siehe Schritt 4 und Sektion 25). Reinigen Sie die Rücken der Lagerschalen und die Sitze in beiden Gehäusehälften sowie die Lagerzapfen der Kurbelwelle mit Lösungsmittel.

11 Drücken Sie die Lagerschalen in ihre Positionen – die Laschen an jeder Schale muss in die Nuten des Sitzes einrasten (siehe Abbildung). Gehen Sie sicher, dass die Lager korrekt sitzen, und achten Sie darauf, dass die Lageroberflächen nicht mit den Fingern berührt werden dürfen.

12 Sichergehend, dass die Lagerschalen und Lagerzapfen sauber sind, werden die Kurbelwelle und die Ausgleichswelle in das obere Gehäuseteil gelegt.

13 Schneiden Sie von den Quetschmessstreifen für alle Lager entsprechende Stücke ab, die etwas kürzer als die Lagerbreite sein müssen. Legen Sie auf jeden Lagerzapfen einen Streifen (siehe Abbildung) – sie dürfen nicht über Ölbohrungen liegen.

Anmerkung: *Entscheidend für eine exakte Messung ist, dass die Kurbelwelle nicht gedreht wird.*

14 Falls entfernt, werden die Passhülsen in das Motorgehäuse gesteckt (Abbildung 19.12). Setzen Sie vorsichtig das untere Gehäuseteil auf die obere Hälfte (Abbildung 19.5). Die Passhülsen müssen korrekt greifen und das Gehäuse sich leicht zusammenfügen lassen.

Anmerkung: *Ziehen Sie die Gehäuseschrauben nicht an, wenn die Gehäusehälften nicht korrekt sitzen!*

15 Installieren Sie die ggf. **alten** Motorgehäuseschrauben (siehe Sektion 19, Schritte 16 bis 18) – verwenden Sie hierfür auch keine neuen

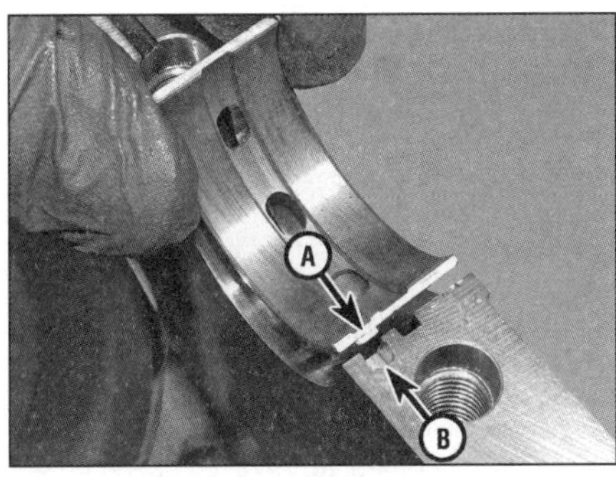

24.11 Richten Sie die Lasche (A) in der Nut (B) des Lagerschalensitzes aus.

24.13 Legen Sie einen Quetschmessstreifen längs auf den Lagerzapfen.

2

24.17 Vergleichen Sie die Breite des gequetschten Messstreifens mit der beigefügten Skala.

24.21 Größen-Code für die Kurbelwellen-Lagerzapfen

24.22 Größen-Code für die Hauptlagersitze

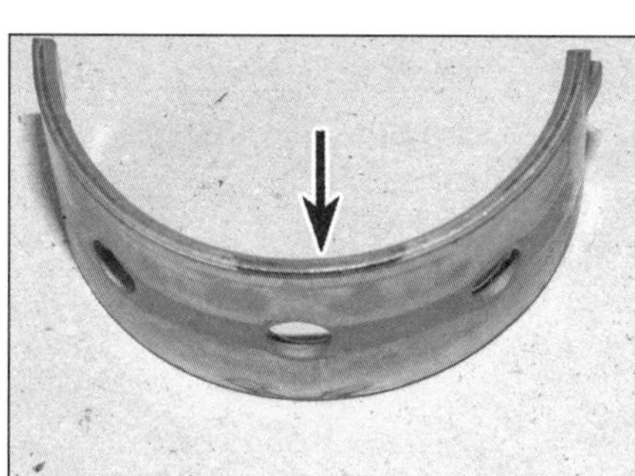

24.23 Farbmarkierung an einer Lagerschale

Scheiben oder O-Ringe. Achten Sie darauf, dass sich die Kurbelwelle und die Ausgleichswelle nicht drehen.

16 Lockern Sie die Schrauben jeweils eine Viertelumdrehung **gegen** die Anzugsreihenfolge und entfernen Sie sie, sobald alle locker sind. Heben Sie vorsichtig die untere Gehäusehälfte ab und passen Sie auf, dass die Messstreifen nicht beschädigt werden.

17 Vergleichen Sie alle gequetschten Streifen mit der Skala auf der Packung, um das Lagerspiel zu ermitteln (siehe Abbildung). Vergleichen Sie die Ergebnisse mit den Angaben in den technischen Daten – das Radialspiel der Kurbelwelle unterscheidet sich von dem der Ausgleichswelle. Wenn das Lagerspiel innerhalb des Toleranzbereichs liegt und alle Lagerschalen in gutem Zustand sind, braucht keine von ihnen ersetzt zu werden.

18 Nach Beendigung der Messung muss der gequetschte Plastikstreifen vorsichtig aus dem Lager entfernt werden. Hierzu reicht normalerweise ein Fingernagel.

19 Falls das Spiel über den Vorgaben liegt, müssen die Lagerschalen durch Neuteile ersetzt (siehe Schritte 21 bis 23 für die Hauptlager und Sektion 25 für die Ausgleichswelle) und die Messung wiederholt werden. Ersetzen Sie immer alle Lagerschalen einer Welle als Satz.

20 Falls das Spiel trotz neuer Lagerschalen größer als vorgegeben ist, sind die Lagerzapfen der Welle verschlissen und sie muss durch ein Neuteil ersetzt werden, für die auch neue Lagerschalen ausgewählt werden müssen.

Anmerkung: *Vielleicht kann die Welle noch von einem Spezialbetrieb durch Aufschweißen und Schleifen gerettet werden – erkundigen Sie sich vor dem Kauf einer neuen Welle nach dieser Möglichkeit.*

Auswahl der Lagerschalen

Anmerkung: *Beachten Sie für die Auswahl der Ausgleichsewellen-Lagerschalen die Hinweise in Sektion 25.*

21 Neue Lagerschalen für die Hauptlager gibt es in verschiedenen Paarungsgrößen zu den Wellenzapfen und den Lagersitzen. Zur Identifizierung der korrekten Ersatz-Lagerschalen werden die in die Welle und das Motorgehäuse eingeschlagenen Ziffern herangezogen – diejenigen für die Lagerzapfen-Größen sind als Viererblock links außen an der Kurbelwelle eingeschlagen (siehe Abbildung) (der Dreierblock links daneben gibt die Hubzapfen-Größen an). Die erste Ziffer steht für die Größe des linken Lagerzapfens.

22 Die Lagersitz-Größen sind hinten in der unteren Motorgehäusehälfte eingeschlagen – der obere Ziffernblock steht für die Lagersitze der Kurbelwelle, die unteren Zahlen für diejenigen der Ausgleichswelle (siehe Abbildung) – soweit vier Ziffern vorhanden sind, steht die erste für die Größe des linken Lagersitzes; nur eine Ziffer bedeutet, dass alle Lager die gleiche Größe aufweisen.

23 Lagerschalen werden in verschiedenen Größen angeboten. Um die korrekte Schale zu finden, muss die Lagerzapfen-Größe von der Lagersitz-Größe subtrahiert werden, dann wird noch einmal 1 subtrahiert. Vergleichen Sie anschließend das Ergebnis mit der Tabelle, um die Farbcodierung für die Ersatz-Lagerschalen herauszufinden. In dem von uns gezeigten Beispiel gelten für das linke Hauptlager: 5 – 2 – 1 = 2 = schwarz. Die Farben sind seitlich an den Lagerschalen angebracht (siehe Abbildung).

Nummer	Farbe
0	weiß
1	blau
2	schwarz
3	braun
4	grün

Einbau

24 Die Rückseiten der Lagerschalen, die Lagersitze in beiden Gehäusehälften und die Lagerzapfen der Kurbelwelle müssen absolut sauber sein. Wenn neue Lagerschalen verwendet werden, muss sämtliches Schutzfett mit Petroleum entfernt werden. Trocknen Sie die Schalen, Sitze und Zapfen mit einem fusselfreien Lappen. Blasen Sie Ölkanäle möglichst mit Druckluft aus.

25 Drücken Sie die Lagerschalen in ihre Sitze und gehen Sie sicher, dass die Laschen in die Sitznuten greifen (Abbildung 24.11). Achten Sie darauf, dass alle Schalen im richtigen Sitz liegen – die Lagerflächen dürfen nicht mit den Fingern berührt werden. Schmieren Sie die Lagerschalen mit frischem Motoröl.

26 Senken Sie die Kurbelwelle in die obere Gehäusehälfte ab – alle Lagerschalen müssen an ihren Positionen verbleiben (Abbildung 24.3).

27 Montieren Sie die Pleuel an die Hubzapfen (siehe Sektion 21) – verwenden Sie dabei unbedingt neue Schrauben.

28 Installieren Sie die Ausgleichswelle (siehe Sektion 25).

29 Setzen Sie das Motorgehäuse zusammen (siehe Sektion 19).

25 Ausgleichswelle und Lager

Ausbau

1 Bauen Sie den Motor aus (siehe Sektion 4) und trennen Sie die Gehäusehälften (siehe Sektion 19).

2 Drehen Sie die Kurbelwelle und die Ausgleichswelle, bis die Körnermarkierungen an ihren Zahnrädern zueinander ausgerichtet sind (siehe Abbildung) – in dieser Position müssen sie auch nach dem Einbau liegen. Heben Sie die Ausgleichswelle aus der oberen Gehäusehälfte – die Lagerschalen müssen zunächst an ihren Positionen verbleiben (siehe Abbildung).

3 Demontieren Sie nötigenfalls die Ausgleichswellen-Lagerschalen aus den Motorgehäusehälften (Abbildung 24.4) – lagern Sie sie so, dass sie für die Lagerspiel-Kontrolle und ggf. beim Einbau wieder an ihre ursprünglichen Positionen gelangen.

Kontrolle

4 Reinigen Sie die Ausgleichswelle mit Lösungsmittel. Kontrollieren Sie das Primärtrieb- und das Wasserpumpen-Zahnrad auf Verschleiß und Beschädigungen – falls Zähne extrem verschlissen, gesplittert oder gebrochen sind, muss die Ausgleichswelle ersetzt werden. Inspizieren Sie die Gegenstücke an der Kurbelwelle (siehe Sektion 24) und der Wasserpumpe (siehe Kapitel 3, Sektion 7).

5 Wechseln Sie zu Sektion 20 und begutachten Sie die Lagerschalen. Wenn sie riefig sind oder Fress- bzw. Klemmspuren zeigen, müssen alle als Set ersetzt werden. Wenn sie stark beschädigt sind, muss auch die Lagerfläche der Kurbelwelle untersucht werden. Verfärbungen sind Hinweise auf starke Hitze, die durch Schmiermangel entsteht. Stellen Sie sicher, dass die Ölpumpe und der Öldruckregler sowie die Ölkanäle und -Bohrungen in Ordnung sind, bevor der Motor wieder zusammengebaut wird.

6 Die Lagerflächen der Ausgleichswelle sollten einer ausführlichen Begutachtung unterzogen werden – besonders wenn sie in beschädigten Lagerschalen liefen. Wenn die Welle Riefen oder Ausbrüche aufweist, muss die Ausgleichswelle ausgetauscht werden. Untermaß-Lagerschalen sind nicht erhältlich, sodass die Ausgleichswelle höchstens von einem Spezialbetrieb durch Aufschweißen und Schleifen gerettet werden kann – erkundigen Sie sich vor dem Kauf einer neuen Welle nach dieser Möglichkeit.

7 Kontrollieren sie den Rundlauf der Ausgleichswelle in Prismenblöcken mit einer Messuhr – beachten Sie dazu die *Werkzeug- und Werkstatt-Tipps* im Anhang. Wenn die Welle stärker als 0,03 mm verzogen ist, muss sie ersetzt werden.

Kontrolle des Lagerspiels

8 Unabhängig davon, ob die Lagerschalen wiederverwendet oder durch Neuteile ersetzt werden, sollte vor dem Zusammenbau des Motors das Lagerspiel gemessen werden. Details hierzu finden sich in Sektion 24 – das Lagerspiel der Ausgleichswelle kann parallel zu dem der Kurbelwelle überprüft werden; beachten Sie jedoch, dass beide Wellen unterschiedliche Werte aufweisen (siehe *Technische Daten*). Falls die Kontrolle ergibt, dass

25.2a Richten Sie die Markierungen der Ausgleichswelle und der Kurbelwelle zueinander aus.

25.2b Heben Sie die Ausgleichswelle aus der oberen Motorgehäusehälfte.

25.9 Größen-Code für die Ausgleichswellen-Lagerzapfen

25.10 Größen-Code für die Ausgleichswellen-Lagersitze

neue Lagerschalen verwendet werden müssen, ist mit Schritt 9 fortzufahren – nicht mit Schritt 21 in Sektion 24!

Auswahl der Lagerschalen

9 Neue Lagerschalen für die Ausgleichswelle gibt es in verschiedenen Paarungsgrößen zu den Wellenzapfen und den Lagersitzen. Zur Identifizierung der korrekten Ersatz-Lagerschalen werden die am rechten Gewicht eingeschlagenen Ziffern verwendet (siehe Abbildung) - die erste Ziffer steht für die Größe des linken Lagerzapfens.

10 Die Lagersitz-Größen sind hinten in der unteren Motorgehäusehälfte eingeschlagen – der obere Block steht für die Lagersitze der Kurbelwelle, der untere Block für diejenigen der Ausgleichswelle (siehe Abbildung) – soweit zwei Ziffern vorhanden sind, steht die erste für die Größe des linken Lagersitzes; nur eine Ziffer bedeutet, dass alle Lager die gleiche Größe aufweisen.

11 Lagerschalen werden in verschiedenen Größen angeboten. Um die korrekte Schale zu finden, muss die Lagerzapfen-Größe von der Lagersitz-Größe subtrahiert werden. Vergleichen Sie anschließend das Ergebnis mit der Tabelle, um die Farbcodierung für die Ersatz-Lagerschalen herauszufinden. In dem von uns gezeigten Beispiel gelten für das linke und das mittlere Ausgleichswellenlager: 8 – 5 = 3 = braun. Die Farben sind seitlich an den Lagerschalen angebracht (Abbildung 24.23).

Nummer	Farbe
1	blau
2	schwarz
3	braun
4	grün
5	gelb

Einbau

12 Die Rückseiten der Lagerschalen, die Lagersitze in beiden Gehäusehälften und die Lagerzapfen der Ausgleichswelle müssen absolut sauber sein. Wenn neue Lagerschalen verwendet werden, muss sämtliches Schutzfett mit Petroleum entfernt werden. Trocknen Sie die Schalen, Sitze und Zapfen mit einem fusselfreien Lappen. Blasen Sie Ölkanäle möglichst mit Druckluft aus.

13 Drücken Sie die Lagerschalen in ihre Sitze und gehen Sie sicher, dass die Laschen in die Sitznuten greifen (Abbildung 24.11). Achten Sie darauf, dass alle Schalen im richtigen Sitz liegen – die Lagerflächen dürfen nicht mit den Fingern berührt werden. Schmieren Sie die Lagerschalen mit frischem Motoröl.

14 Sorgen Sie dafür, dass die Markierung am Kurbelwellen-Zahnrad bündig zur Dichtfläche nach vorne zeigt (Abbildung 25.2a). Senken Sie die Ausgleichswelle mit der Zahnradmarkierung nach hinten zeigend in die obere Gehäusehälfte ab – alle Lagerschalen müssen an ihren Positionen verbleiben. Die Markierungen der Zahnräder müssen zueinander fluchten (Abbildungen 25.2b und a).

15 Setzen Sie das Motorgehäuse zusammen (siehe Sektion 19).

26 Getriebewellen
Ausbau und Einbau

Spezialwerkzeug: *Zum Ausbau des Eingangswellen-Lagergehäuses werden zwei 30 mm lange M6 x 1-Schrauben benötigt (Schritt 5).*

Ausbau

1 Bauen Sie den Motor aus (siehe Sektion 4). Demontieren Sie den Schaltmechanismus (siehe Sektion 15) und trennen Sie die Motorgehäusehälften (siehe Sektion 19) – es ist nicht nötig, die Nockenwellen oder den Zylinderkopf zu demontieren, allerdings müssen der Lichtmaschinendeckel (siehe Sektion 14), der Steuerkettendeckel (siehe Sektion 9) und die Ölwanne samt Ansaugsieb (siehe Sektion 17) entfernt werden.

2 Beachten Sie, wie am Ausgangswellenlager der Stift im Ausschnitt der oberen Gehäusehälfte liegt. Beachten Sie auch, wie die Ausgangswellen-Schaltgabeln in die Mitnehmernuten der Getrieberäder für den 5. und den 6. Gang greifen; merken Sie sich außerdem, wie die Führungsstifte der Schaltgabeln in den Nuten der Schaltwalze positioniert sind. Heben Sie die Ausgangswelle aus dem Motorgehäuse (siehe Abbildung) – falls sie klemmt, muss sie durch vorsichtige Schlänge mit einem Kunststoffhammer auf das Wellenende befreit werden.

3 Entfernen Sie den Simmerring vom linken Wellenende – später muss ein Neuteil verwendet werden (Abbildung 26.10).

4 Demontieren Sie die Schaltwalze und die Schaltgabeln (siehe Sektion 28).

5 Lösen Sie die Schrauben des Eingangswellen-Lagergehäuses (siehe Abbildung). Beschaffen Sie zwei M6-Schrauben mit 30 mm langen Gewinden und 1 mm Gewindesteigung und drehen Sie sie wie gezeigt in die zwei Bohrungen des Gehäuses, bis sie am Motorgehäuse anliegen; drehen Sie sie dann schrittweise und gleichmäßig ein, um, den Lagersitz abzuziehen. Ziehen Sie dann die Eingangswelle aus dem Motorgehäuse (siehe Abbildungen). Entfernen Sie die Schrauben.

6 Für den Ausbau des linken Eingangswellenlagers müssen die *Werkstatt- und Werkzeugtipps* im Anhang beachtet werden (siehe Abbildung).

Einbau

7 Reinigen Sie die Gewinde der Lagergehäuse-Schrauben und tragen Sie frische Sicherungspaste auf.

8 Schieben Sie die Eingangswelle weit genug ins Motorgehäuse, sodass ihr Wellenstumpf links ins Lager greift; drücken Sie dann rechts das Lagergehäuse so weit wie möglich in seinen Sitz (Abbildung 26.5c). Setzen Sie die Halteplatte an und drehen Sie die Schrauben ins Motorgehäuse. Ziehen Sie die Schrauben anschließend in kleinen Schritten an, um den Lagersitz senkrecht in seinen Sitz zu ziehen (siehe Abbildung) – ziehen Sie die Schrauben anschließend mit 12 Nm an.

9 Installieren Sie die Schaltwalze und die Schaltgabeln (siehe Sektion 28).

10 Schmieren Sie die Dichtlippen des neuen Ausgangswellen-Dichtrings mit Fett und schieben Sie ihn links auf die Welle (siehe Abbildung). Stellen Sie sicher, dass der Sicherungsring rundherum in der Nut des Lagers sitzt.

11 Senken Sie die Ausgangswelle in ihren Sitz in der oberen Gehäusehälfte (Abbildung 26.2) – die Schaltgabeln müssen korrekt in die Mitnehmernuten der Getrieberäder und die Füh-

26.2 Heben Sie die Ausgangswelle aus dem oberen Motorgehäuseteil.

26.5a Lösen Sie die drei Schrauben des Lagergehäuses.

26.5b Drehen Sie die zwei M6 x 30-Schrauben in die Gewindebohrungen neben den oberen zwei Gehäuseschrauben-Bohrungen und ziehen Sie das Gehäuse damit ab.

26.5c Ziehen Sie anschließend die Eingangswelle aus dem Motorgehäuse.

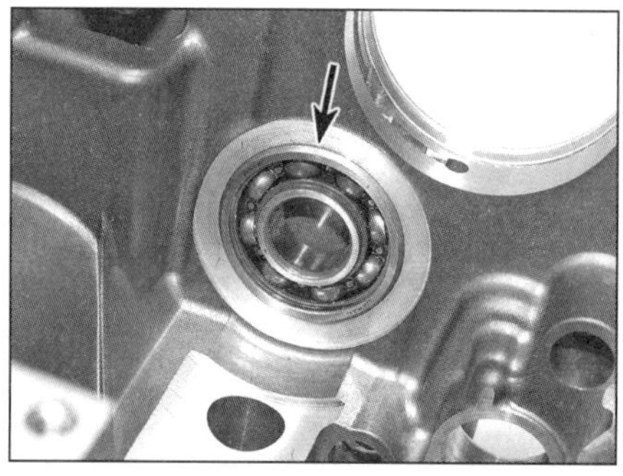

26.6 Das links im Gehäuse sitzende Kugellager der Getriebeeingangswelle

26.8 Ziehen Sie das Lagergehäuse mit den schrittweise angezogenen Schrauben in seinen Sitz.

26.10 Installieren Sie einen neuen Dichtring und prüfen Sie den Sitz des Sicherungsrings.

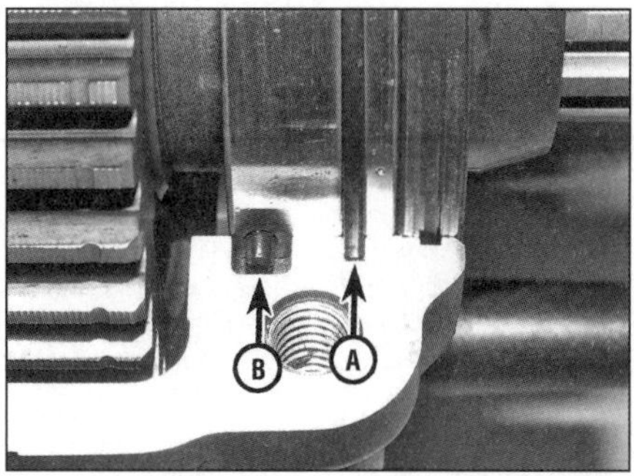

26.11 Der Sicherungsring (A) und der Stift (B) müssen korrekt in den Nuten und dem Ausschnitt liegen.

27.8 Das 1.-Gangrad ist fest in die Eingangswelle integriert.

rungsnuten der Schaltwalze greifen; der Lagerring und der Dichtring müssen in den Nuten und der Stift in seinem Ausschnitt liegen (siehe Abbildung).

Achtung: Bei nicht korrekt positioniertem Ring und/oder Stift lassen sich die Gehäusehälften nicht zusammensetzen!

12 Prüfen Sie erneut, ob die Ausgangswelle korrekt im Gehäuse sitzt und die Schaltgabeln richtig positioniert sind (siehe Sektion 28).
13 Während die Schaltwalze in der Leerlaufposition steht, wird geprüft, ob sich beide Getriebewellen unabhängig voneinander drehen lassen. Prüfen Sie auch, ob sich die Gänge einlegen lassen, während mit einer Hand schrittweise die Schaltwalze und von der anderen Hand die Eingangswelle gedreht wird.
14 Bauen Sie die Motorgehäusehälften wieder zusammen (siehe Sektion 19).

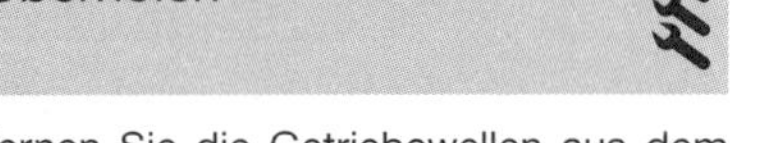

27 Getriebewellen Überholen

1 Entfernen Sie die Getriebewellen aus dem Motorgehäuse (siehe Sektion 26). Zerlegen Sie die Getriebewellen einzeln, um Verwechslungen der Bauteile zu vermeiden.

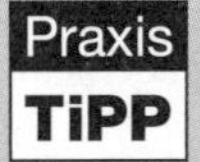

Praxis TiPP

Beim Zerlegen der Getriebewellen sollten die Teile auf eine Stange gesteckt oder ein Draht durch sie hindurch gezogen werden, um die richtige Reihenfolge und Einbaulage zu garantieren.

Eingangswelle

Zerlegen

2 Ziehen Sie das links auf der Welle sitzende 2.-Gangrad ab – merken Sie sich seine Einbaurichtung (Abbildung 27.26).
3 Beachten Sie, wie die Laschen der Sicherungsscheibe in die Nutenscheibe greifen, und ziehen Sie sie ab (Abbildung 27.25).
4 Drehen Sie die Nutenscheibe, um sie zu den Keilnuten der Welle auszurichten, und ziehen Sie sie ab (Abbildung 27.24a).
5 Ziehen Sie das 6.-Gangrad und seine Buchse gefolgt von der Scheibe von der Welle (Abbildungen 27.23c, b und a).
6 Entfernen Sie den Seegerring und ziehen Sie das kombinierte 3./4.-Gangradpaar von der Welle – merken Sie sich seine Einbaurichtung (Abbildungen 27.22b und a). Der Seegerring muss später erneuert werden.
7 Entfernen Sie den Seegerring und ziehen Sie die Scheibe sowie das 5.-Gangrad samt Lagerbuchse von der Welle (Abbildungen 27.21b und a sowie 27.20b und a). Der Seegerring muss später erneuert werden.
8 Das 1.-Gangrad ist in die Welle integriert (siehe Abbildung).
9 Befreien Sie nötigenfalls das rechte Kugellager samt Gehäuse von der Welle – beachten Sie dazu die Werkstatt- und Werkzeugtipps im Anhang (Abbildung 27.8).

Eingangswelle

Kontrolle

10 Waschen Sie alle Bauteile in sauberem Lösungsmittel und trocknen Sie sie ab.
11 Kontrollieren Sie alle Zähne auf Ausbrüche, Lochbildung und andere augenfällige Beschädigungen oder Verschleiß. Alle beschädigten Zahnräder müssen ausgetauscht werden.
12 Inspizieren Sie die Mitnehmer und Mitnehmernuten der Zahnräder auf Brüche, Absplitterungen und exzessiven Verschleiß, besonders auch auf abgerundete Ecken. Gehen Sie sicher, dass Zahnradpaare sauber ineinandergreifen. Falls Ersatz nötig wird, ist immer paarweise auszutauschen.
13 Kontrollieren Sie alle Räder, Buchsen und die Welle auf Riefen und blaue Verfärbung, die auf Überhitzung durch mangelhafte Schmierung zurückzuführen ist. Kontrollieren Sie ob alle Ölbohrungen und Kanäle sauber sind. Ersetzen Sie alle beschädigten Komponenten.
14 Prüfen Sie, ob alle Räder sich frei aber ohne Spiel auf der Welle oder Buchse drehen und gegebenenfalls verschieben lassen. Kontrollieren Sie, ob sich die Buchsen frei aber ohne übermäßiges Spiel auf der Welle drehen.
15 Eine Beschädigung der Welle ist sehr unwahrscheinlich, es sei denn, der Motor ist trocken gelaufen und hat gefressen, das Getriebe wurde unter sehr hoher Last gefahren, oder es liegt eine extrem hohe Laufleistung vor. Kontrollieren Sie die Oberfläche der Welle, besonders die Laufflächen der Zahnräder, und tauschen Sie die Welle aus, wenn Kerben oder Ausbrüche zu sehen sind oder anderer Verschleiß vorliegt. Legen Sie die Welle in Prismenblöcke, um ihren Rundlauf zu überprüfen – falls mehr als 0,08 mm ermittelt werden, muss die Welle ersetzt werden.
16 Kontrollieren Sie alle Scheiben und Sicherungsringe und ersetzen Sie schadhafte Teile. Seegerringe sollten beim Zusammenbau auf jeden Fall durch Neuteile ersetzt werden.
17 Kontrollieren Sie die Getriebewellenlager (beachten Sie dafür die *Werkzeug- und Werkstatt-Tipps* im Anhang). Das linke Eingangswellenlager sitzt im Motorgehäuse und ist separat erhältlich; das rechte Lager ist in die Welle integriert, sodass diese bei einem Ausfall komplett ersetzt werden muss. Die Lager der Ausgangswelle sind separat erhältlich.

Eingangswelle

Zusammenbau

18 Schmieren Sie während der Montage alle belasteten Teile der Welle, der Buchsen und der Zahnräder mit einem Gemisch aus gleichen Teilen Molybdänfett und Motoröl. Spannen Sie die neuen Sicherungsringe nicht mehr als nötig und setzen Sie ausgestanzte Ringe und Scheiben mit der abgerundeten Seite zum Zahnrad und der flachen Seite zur Druckbelastung ein. Die Öffnungen der Seegerringe müssen zwischen erhabenen Bereichen der Welle liegen – beachten Sie dafür die Sektion 2 der *Werkzeug- und Werkstatt-Tipps* im Anhang.
19 Installieren Sie ggf. das rechte Lager samt Gehäuse an die Welle – beachten Sie dazu die Werkstatt- und Werkzeugtipps im Anhang (Abbildung 27.8).

27.20a Schieben Sie die 5.-Gangbuchse,...

27.20b ...das 5.-Gangrad...

27.21a ...und die Scheibe auf.

27.21b Sichern Sie alles mit dem Seegerring,...

27.21c ...der korrekt in seiner Nut positioniert sein muss.

27.22a Schieben Sie das kombinierte 3./4.-Gangrad mit dem kleineren Rad voran auf...

27.22b ...und sichern Sie es mit dem Seegerring,...

27.22c ...der korrekt in seiner Nut positioniert sein muss.

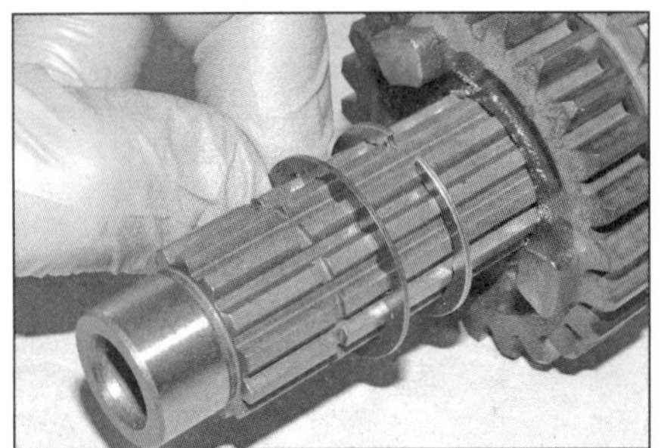
27.23a Schieben Sie die Scheibe...

27.23b ...und die mit der Bohrung zur Öldüse in der Welle ausgerichtete 6.-Gangbuchse auf...

20 Schieben Sie links die 5.-Gang-Buchse auf die Welle. Es folgt das 5.-Gangrad, dessen Mitnehmer vom integrierten 1.-Gangrad weg zeigen müssen (siehe Abbildungen).
21 Schieben Sie die Scheibe auf und sichern Sie sie mit dem neuen Seegerring, der korrekt in seiner Nut sitzen muss (siehe Abbildungen).
22 Schieben Sie das kombinierte 3./4.-Gangradpaar so auf, dass das kleinere 3.-Gangrad zum 5.-Gangrad zeigt und die Ölbohrungen fluchten (siehe Abbildung). Es folgt der neue Seegerring, der korrekt in seiner Nut sitzen muss (siehe Abbildungen).
23 Schieben Sie die Scheibe und die Buchse des 6.-Gangrades auf – dessen Ölbohrung

27.23c ... und das 6.-Gangrad darüber.

27.24a Schieben Sie die Nutenscheibe auf, ...

27.24b ... verdrehen Sie sie in ihrer Nut ...

27.25 ... und schieben Sie die Laschenscheibe dagegen, um sie zu sichern.

muss mit derjenigen der Welle fluchten (siehe Abbildungen). Es folgt das 6.-Gangrad mit den Mitnehmern zum 4.-Gangrad zeigend (siehe Abbildung).

24 Schieben Sie die Nutenscheibe auf und verdrehen Sie sie in ihrer Nut (siehe Abbildungen).

25 Schieben Sie die Laschenscheibe auf, sodass ihre Laschen in die Nutenscheibe greifen und diese gegen Verdrehen in der Wellennut sichern (siehe Abbildung).

26 Schieben Sie das 2.-Gangrad wie beim Ausbau notiert vor die Laschenscheibe (siehe Abbildung).

27 Überprüfen Sie, ob alle Bauteile korrekt installiert sind. Die komplettierte Eingangswelle muss wie gezeigt aussehen (siehe Abbildung).

Ausgangswelle

Zerlegung

28 Ziehen Sie rechts das Lager von der Welle (Abbildung 27.49).

29 Ziehen Sie die Anlaufscheibe sowie das 1.-Gangrad samt Lagerbuchse von der Welle (Abbildungen 27.48c, b und a).

30 Ziehen Sie das 5.-Gangrad von der Welle (Abbildung 27.47)

31 Entfernen Sie den Seegerring und ziehen Sie die Scheibe sowie das 3.-Gangrad und seine Buchse von der Welle (Abbildungen 27.46 d, c, b und a). Der Seegerring muss später erneuert werden.

32 Beachten Sie, wie die Laschen der Sicherungsscheibe in die Nutenscheibe greifen, und ziehen Sie sie ab (Abbildung 27.45).

33 Drehen Sie die Nutenscheibe, um sie zu den Keilnuten der Welle auszurichten, und ziehen Sie sie ab (Abbildung 27.44a).

34 Ziehen Sie das 4.-Gangrad und seine Buchse gefolgt von der Scheibe von der Welle (Abbildungen 27.43c, b und a).

35 Entfernen Sie den Seegerring und ziehen Sie das 6.-Gangrad von der Welle (Abbildungen 27.42b und a). Der Seegerring muss später erneuert werden.

36 Entfernen Sie den Seegerring und ziehen Sie die Scheibe sowie das 2.-Gangrad samt Lagerbuchse von der Welle (Abbildungen 27.41d, c, b und a). Der Seegerring muss später erneuert werden.

37 Ziehen Sie nötigenfalls die Hülse und das Lager vom linken Wellenende – beachten Sie dafür die Sektion 5 der *Werkzeug- und Werkstatt-Tipps* im Anhang (siehe Abbildung). Ein einmal demontiertes Lager darf nicht wiederverwendet und muss wie sein Sicherungsring durch ein Neuteil ersetzt werden.

Ausgangswelle

Kontrolle

38 Wechseln Sie hierfür zu den Schritten 10 bis 17.

Ausgangswelle

Zusammenbau

39 Schmieren Sie während der Montage alle belasteten Teile der Welle, der Buchsen und der Zahnräder mit einem Gemisch aus gleichen Teilen Molybdänfett und Motoröl. Spannen Sie die Sicherungsringe nicht mehr als nötig und setzen Sie ausgestanzte Ringe und Scheiben mit der abgerundeten Seite zum Zahnrad und der flachen Seite zur Druckbelastung ein. Die Öffnungen der Seegerringe müssen zwischen erhabenen Bereichen der Welle liegen – beachten Sie dafür die Sektion 2 der *Werkzeug- und Werkstatt-Tipps* im Anhang.

27.26 Schieben Sie das 2.-Gangrad auf.

27.27 Die komplette Eingangswelle muss so aussehen.

27.37 Ziehen Sie nötigenfalls die Hülse und das Lager ab.

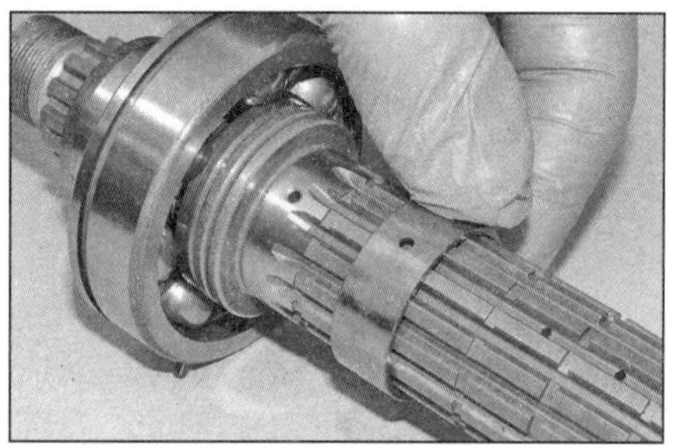

27.41a Schieben Sie die 2.-Gangbuchse,...

27.41b ...das 2.-Gangrad...

27.41c ...und die Scheibe auf.

27.41d Sichern Sie alles mit dem Seegerring,...

27.41e ...der korrekt in seiner Nut positioniert sein muss.

27.42a Richten Sie die Ölbohrungen des 6.-Gangrades beim Aufschieben zu denjenigen der Welle aus...

27.42b ...und sichern Sie es mit dem Seegerring,...

27.42c ...der korrekt in seiner Nut positioniert sein muss.

27.43a Schieben Sie die Scheibe...

27.43b ...und die mit der Bohrung zur Öldüse in der Welle ausgerichtete 4.-Gangbuchse auf...

27.43c ...und schieben Sie das 4.-Gangrad darüber.

27.44a Schieben Sie die Nutenscheibe auf,...

40 Falls entfernt, werden das Lager und die Hülse links auf die Welle gepresst – beachten Sie dazu die Sektion 5 der *Werkzeug- und Werkstatt-Tipps* im Anhang (Abbildung 27.37). Installieren Sie einen neuen Seegerring in die Nut des Lagers (Abbildung 26.10).

41 Schieben Sie die 2.-Gangbuchse gefolgt vom 2.-Gangrad auf – dessen Vertiefungen müssen vom Lager weg zeigen (siehe Abbildungen). Es folgt der Seegerring, der korrekt in seiner Nut liegen muss (siehe Abbildungen).

42 Richten Sie die Ölbohrung des 6.-Gangrades zu derjenigen der Welle aus und schieben das Zahnrad mit der Schaltgabelnut vom 2.-Gangrad weg zeigend auf. Es folgt der Seegerring, der korrekt in seiner Nut liegen muss (siehe Abbildungen).

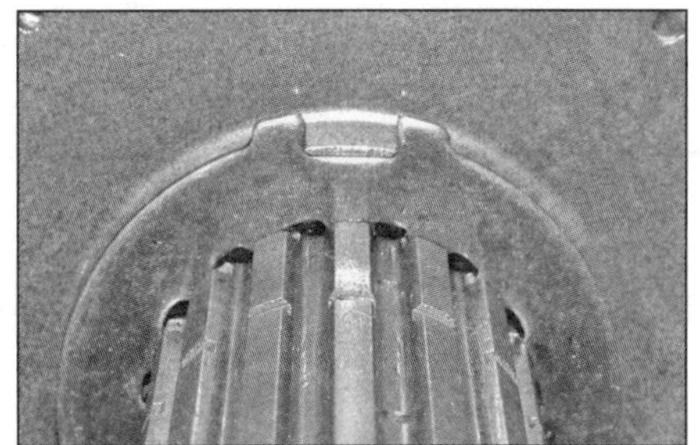

27.44b ...verdrehen Sie sie in ihrer Nut...

26.45 ...und schieben Sie die Laschenscheibe dagegen, um sie zu sichern.

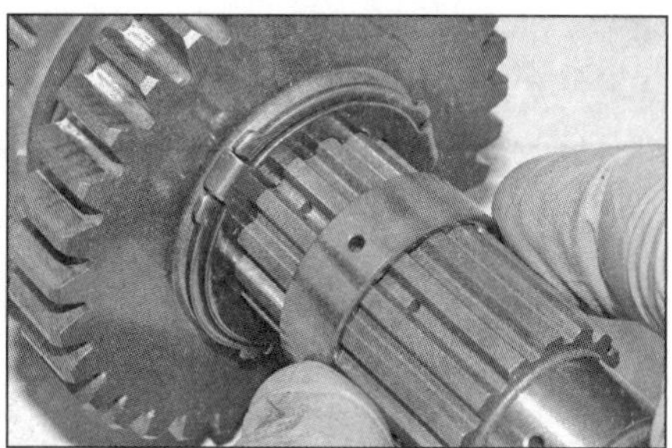

27.46a Schieben Sie die mit der Bohrung zur Öldüse in der Welle ausgerichtete 3.-Gangbuchse auf...

27.46b ...schieben Sie das 3.-Gangrad darüber...

27.46c ...und die Scheibe davor.

27.46d Sichern Sie alles mit dem Seegerring,...

27.46e ...der korrekt in seiner Nut positioniert sein muss.

27.47 Richten Sie die Ölbohrungen des 5.-Gangrades beim Aufschieben zu denjenigen der Welle aus.

27.48a Schieben Sie die 1.-Gangbuchse,...

43 Schieben Sie die Scheibe und die Buchse des 4.-Gangrades auf – dessen Ölbohrung muss mit derjenigen der Welle fluchten. Es folgt das 4.-Gangrad mit den Vertiefungen zum 6.-Gangrad zeigend (siehe Abbildungen).

44 Schieben Sie die Nutenscheibe auf und verdrehen Sie sie in ihrer Nut (siehe Abbildungen).

45 Schieben Sie die Laschenscheibe auf, sodass ihre Laschen in die Nutenscheibe greifen und diese gegen Verdrehen in der Wellennut sichern (siehe Abbildung).

46 Schieben Sie die Buchse des 3.-Gangrades auf – ihre Ölbohrung muss mit derjenigen der Welle fluchten. Es folgt das 3.-Gangrad mit der flachen Seite zum 4.-Gangrad zeigend (siehe Abbildungen). Es folgt der Seegerring, der korrekt in seiner Nut liegen muss (siehe Abbildungen).

27.48b ...das 1.-Gangrad...

27.48c ...und die Anlaufscheibe auf die Welle.

47 Richten Sie die Ölbohrung des 5.-Gangrades zu derjenigen der Welle aus und schieben das Zahnrad mit der Schaltgabelnut zum 3.-Gangrad zeigend auf (siehe Abbildung).

48 Schieben Sie die 1.-Gangbuchse gefolgt vom 1.-Gangrad auf – dessen Mitnehmer müssen zum 5.-Gangrad zeigen. Es folgt die Anlaufscheibe (siehe Abbildungen).

27.49 Schieben Sie zum Schluss das Kugellager mit der Abdichtung nach außen auf.

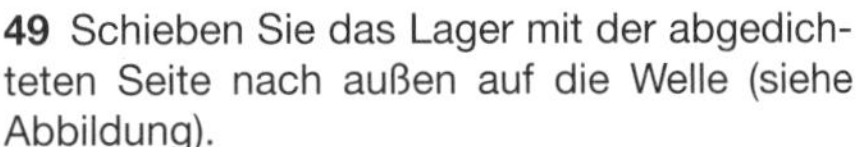

49 Schieben Sie das Lager mit der abgedichteten Seite nach außen auf die Welle (siehe Abbildung).
50 Überprüfen Sie, ob alle Bauteile korrekt installiert sind. Die komplettierte Ausgangswelle muss wie gezeigt aussehen (siehe Abbildung).

28 Schaltwalze und Schaltgabeln

Ausbau

1 Bauen Sie den Motor aus (siehe Sektion 4). Demontieren Sie den Schaltmechanismus (siehe Sektion 15) und trennen Sie die Motorgehäusehälften (siehe Sektion 19) – es ist nicht nötig, die Nockenwellen oder den Zylinderkopf zu demontieren, allerdings müssen der Lichtmaschinendeckel (siehe Sektion 14), der Steuerkettendeckel (siehe Sektion 9) und die Ölwanne samt Ansaugsieb (siehe Sektion 17) entfernt werden. Demontieren Sie auch den Getriebeschalter samt Kontakt-Kolben und Feder (siehe Kapitel 8).
2 Beachten Sie, wie die Ausgangswellen-Schaltgabeln in die Mitnehmernuten der Getrieberäder für den 5. und den 6. Gang greifen; merken Sie sich außerdem, wie die Führungsstifte der Schaltgabeln in den Nuten der Schaltwalze positioniert sind. Heben Sie die Ausgangswelle aus dem Motorgehäuse (siehe Sektion 26).
3 Die Schaltgabeln sind entsprechend ihrer Einbaupositionen markiert – die linke mit einem L, die mittlere mit einem C und die rechte mit einem R. Alle Buchstaben müssen nach rechts (zur Kupplung) zeigen. Falls keine Markierungen sichtbar sind, müssen mithilfe eines Filzstifts welche angebracht werden.
4 Beachten Sie, wie die (mittlere) Eingangswellen-Schaltgabel in die Mitnehmernut des kombinierten 3.-/4.-Gangradpaares greift; merken Sie sich außerdem, wie ihr Führungsstift in der Nut der Schaltwalze positioniert ist.
5 Lösen Sie die Schrauben der Schaltwalzenlager- und Schaltgabelachsen-Haltebleche und entnehmen Sie diese (siehe Abbildung).

27.50 Die komplette Ausgangswelle muss so aussehen.

6 Halten Sie die Ausgangswellen-Schaltgabeln (L und R), ziehen Sie ihre Achse heraus und entnehmen Sie die Gabeln (Abbildung 28.19). Schieben Sie die Gabeln anschließend wieder in ihrer korrekten Einbauposition auf die Achse.
7 Stützen Sie die Eingangswellen-Schaltgabel (C) und ziehen Sie ihre Achse aus dem Motorgehäuse (Abbildung 28.18). Befreien Sie den Führungsstift der Gabel aus der Schaltwalzen-Nut und ziehen Sie die Schaltwalze nach links aus dem Motorgehäuse (Abbildung 28.16a).
8 Schwenken Sie die Schaltgabel in der Nut zwischen dem 3.- und dem 4.-Gang herum und entnehmen Sie sie (Abbildung 28.15). Schieben Sie die Gabel wieder auf ihre Achse.

Kontrolle

9 Begutachten Sie die Schaltgabeln auf Anzeichen von Verschleiß und Beschädigung – dies gilt besonders an den Enden, womit sie in die Nuten der Getrieberäder greifen (siehe Abbildung). Messen Sie die Breite der Gabel-Enden. Kontrollieren Sie, ob jede Gabel korrekt in die Nuten eingreift, und prüfen Sie genau, ob die Gabeln verbogen sind. Sind die Gabeln auf irgendeine Weise beschädigt oder ihre Enden dünner als 5,5 mm, müssen sie erneuert werden.
10 Kontrollieren Sie, ob die Gabeln korrekt auf ihrer Achse sitzen (siehe Abbildung). Sie sollen sich frei und mit leichtem Schlupf bewegen, aber kein spürbares Lagerspiel aufweisen. Ersetzen Sie verschlissene Teile. Überprüfen Sie, ob die Achsbohrungen im Motorgehäuse weder verschlissen noch beschädigt sind.
11 Jede Schaltgabel-Achse sollte durch Rollen auf einer ebenen Oberfläche auf Biegung überprüft werden. Messen Sie nötigenfalls den Verzug nach – eine mehr als 0,05 mm verbogene Achse verursacht schwergängiges Schalten und muss ersetzt werden.
12 Inspizieren Sie die Nuten der Schaltwalze und die Führungen der Schaltgabeln auf Verschleiß und Schäden (siehe Abbildung) – ersetzen Sie schadhafte Teile.
13 Kontrollieren Sie das Schaltwalzen-Lager (beachten Sie dazu die *Werkzeug- und Werkstatt-Tipps* im Anhang) (siehe Abbildung). Falls das Lager verschlissen ist, muss die gesamte

28.5 Schrauben der Schaltwalzenlager- und Schaltgabelachsen-Haltebleche

28.9 Kontrollieren und vermessen Sie die Enden der Schaltgabeln.

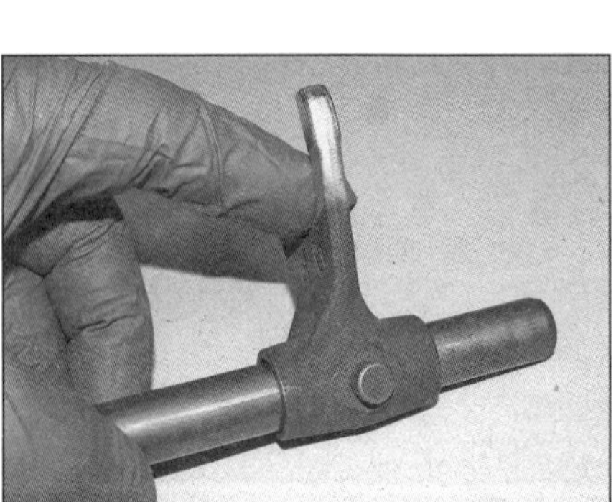

28.10 Prüfen Sie den Sitz der Schaltgabeln auf ihren Achsen.

28.12 Kontrollieren Sie die Schaltwalzen-Nuten und die Schaltgabel-Führungsstifte.

28.15 Installieren Sie die mittlere Schaltgabel wie beschrieben.

28.16a Schieben Sie die Schaltwalze ins Motorgehäuse.

28.16b Richten Sie die Leerlauf-Vertiefung am Schaltstern wie gezeigt aus.

28.18 Richten Sie die mittlere Schaltgabel mit dem Führungsstift zur Schaltwalzennut aus und schieben Sie die Achse ein.

28.19 Installieren Sie die rechte Ausgangswellen-Schaltgabel und schieben Sie die Achse hindurch, positionieren Sie die linke Gabel und schieben Sie die Achse komplett ein.

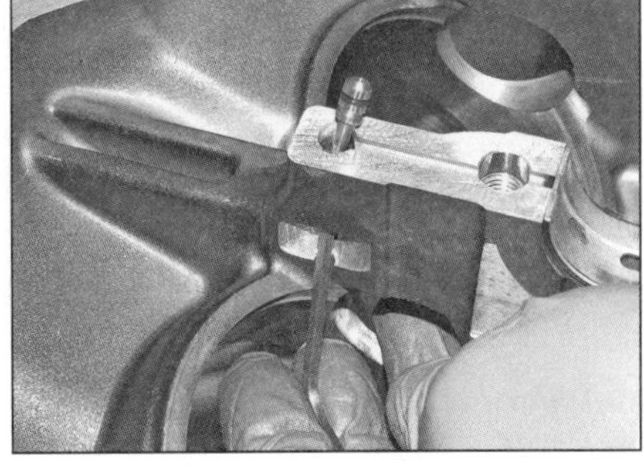

29.2a Drücken Sie die Öldüsen z. B. mithilfe eines kleinen Inbusschlüssels heraus, ...

29.2b ... und ersetzen Sie ihren O-Ring.

Schaltwalze ersetzt werden, da es nicht separat erhältlich ist. Kontrollieren Sie auch, ob der Getriebeschalter-Kontakt nicht beschädigt oder stark verschlissen ist – der Kontakt und seine Feder können nötigenfalls ersetzt werden.

Einbau

14 Schmieren Sie vor dem Einbau die Kontaktflächen aller Komponenten mit Motoröl.

15 Richten Sie die mittlere Schaltgabel (C) in der Nut zwischen dem 3.- und dem 4.-Gang aus – das C muss nach rechts zeigen. Schwenken Sie die Gabel unter die Eingangswelle, um Platz für die Schaltwalze zu erhalten (siehe Abbildung).

16 Schieben Sie die Schaltwalze ins Motorgehäuse (siehe Abbildung) und richten Sie sie so aus, dass die Leerlauf-Vertiefung am Schaltstern zur Motor-Oberseite zeigt (siehe Abbildung).

17 Schmieren Sie die Schaltgabel-Achsen mit Motoröl.

18 Schwenken Sie die Eingangswellen-Schaltgabel um die Getrieberad-Nut herum und richten Sie ihren Führungsstift in der Schaltwalzennut aus. Schieben Sie dann die Achse ins Motorgehäuse und durch die Schaltgabel (siehe Abbildung).

19 Positionieren Sie die mit R markierte Ausgangswellen-Schaltgabel (Buchstabe nach rechts zur Kupplung zeigend) in der Schaltwalzen-Nut und schieben Sie die Achse durch das Motorgehäuse ein. Wiederholen Sie dies mit der L-Schaltgabe (siehe Abbildung).

20 Reinigen Sie die Gewinde der Sicherungsblech-Schrauben und tragen Sie mittelfeste Sicherungspaste auf. Setzen Sie die Bleche an und ziehen Sie die Schrauben mit 10 Nm an (Abbildung 28.5).

21 Montieren Sie die Getriebe-Ausgangswelle (siehe Sektion 26).

22 Prüfen Sie, ob die Ausgangswelle korrekt sitzt und sich beide Getriebewellen frei und im Leerlauf unabhängig voneinander drehen lassen.

23 Installieren Sie die Feder und den Kontaktstift in die Schaltwalze, montieren Sie dann den Getriebeschalter (siehe Kapitel 8).

24 Bauen Sie das Motorgehäuse zusammen (siehe Sektion 19).

29 Motorgehäusehälften und Zylinderbohrungen

Motorgehäusehälften

2

1 Nachdem das Motorgehäuse getrennt worden ist, werden die Ausgleichswelle und die Kurbelwelle samt ihrer Lagerschalen, die Pleuel samt Kolben, die Hauptlager, die Getriebewellen und die Schaltwalze samt Gabeln entfernt (beachten Sie dazu die entsprechenden Sektionen dieses und anderer Kapitel (siehe Sektion 19, Schritt 3).

2 Befreien Sie die drei Öldüsen aus der oberen Gehäusehälfte – ihre O-Ringe müssen beim Einbau durch Neuteile ersetzt werde (siehe Abbildungen).

3 Schrauben Sie nötigenfalls an beiden Seiten der unteren Gehäusehälften die Ölkanal-Stopfen heraus (Abbildung 3.17) – beim Einbau müssen neue O-Ringe verwendet werden.

4 Die Motorgehäusehälften müssen sorgfältig mit Lösungsmittel gereinigt und mit Druckluft ausgeblasen werden – besondere Beachtung müssen hierbei die Ölkanäle und Rohre finden.

5 Befreien Sie die Dichtflächen von altem Dichtungsmaterial. Kleinste Beschädigungen der Dichtflächen können mit einem feinen Schleifstein geschlichtet werden.

Achtung: Seien Sie sehr vorsichtig, die Dichtflächen nicht einzukerben oder abzutragen, da der Motor dadurch nicht mehr öldicht sein wird. Kontrollieren Sie die Motorgehäuseteile sorgfältig auf Brüche und andere Beschädigungen.

6 Kontrollieren Sie jetzt die Zylinderbohrungen (Schritte 14 bis 17).

7 Kontrollieren Sie die Lagersitze auf Verschleiß, Beschädigungen und Hinweise auf Überhitzung (siehe Sektion 20). Falls eine Lagerschale oder ein Kugellager nicht korrekt in seinen Sitz positioniert ist, muss ein Motoreneinstandsetzer zu Rate gezogen werden – dieser kann das Lager eventuell mit speziellem Kleber sichern; nötigenfalls muss das gesamte Motorgehäuse ersetzt werden.

8 Kleine Brüche oder Löcher in Leichtmetallgehäusen können provisorisch mit Epoxyd-Harz repariert werden. Permanente Reparaturen können nur mit speziellen Schweißverfahren ausgeführt werden und nur ein Spezialist ist in der Lage, wirtschaftliche und praktische Aspekte abzuwägen. Wenn eine irreparable Beschädigung vorliegt, müssen die Gehäuseteile als Satz ausgetauscht werden.

9 Beschädigte Gewinde können kostengünstig wiederhergestellt werden, wenn man nach entsprechendem Aufbohren einen Gewindeeinsatz (z. B. *Heli-Coil*) einschraubt.

10 Abgerissene Schrauben und Bolzen können normalerweise mit Linksausdrehern demontiert werden, deren kegelförmiges Linksgewinde sich in ein vorsichtig vorgebohrtes Loch in der Schraube einfrisst und die Schraube herauszieht. Wenn Sie befürchten, hierbei an die Grenzen ihrer Fähigkeiten zu gelangen, sollten Sie lieber eine Fachwerkstatt aufsuchen, bevor Sie das sehr teure Gehäuse zerstören.

Wechseln Sie zu Sektion 2 in den Werkzeug- und Werkstatt-Tipps im Anhang, um Details über Gewindeeinsätze, Stehbolzen- und Linksausdreher zu erfahren.

11 Fetten Sie die neuen O-Ringe der Ölkanalstopfen etwas ein, bevor die Stopfen sorgfältig angezogen werden.

12 Fetten Sie die O-Ringe der Öldüsen etwas ein und schieben Sie sie auf die Düsen. Drücken Sie die Düsen in ihre Sitze in der oberen Motorgehäusehälfte (Abbildungen 29.2b und a).

13 Installieren Sie die verbliebenen Komponenten in der umgekehrten Ausbaureihenfolge.

Zylinderbohrungen

14 Inspizieren Sie die Zylinderwandungen sorgfältig auf Kratzer und Riefen.

15 Mit Präzisionsmessgeräten kann der Verschleiß, die Kegel- und Ovalförmigkeit der Zylinderbohrungen überprüft werden. Messen Sie dazu im oberen Bereich (aber noch unterhalb der Position des oberen Kolbenrings im OT) in der Mitte und unten (aber noch oberhalb der Position des Ölabstreifrings im UT) – je einmal in Fahrtrichtung und einmal parallel zur Kurbelwelle (siehe Abbildungen). Errechnen Sie anhand der Differenzen zwischen diesen sechs Ergebnissen und mithilfe der Angaben in den technischen Daten den Verschleiß.

16 Sind keine Präzisionsmessgeräte zur Hand, kann das Motorgehäuse zur Vermessung in eine Yamaha-Werkstatt gebracht werden.

17 Wurde Verschleiß oder Verzug festgestellt, wird der Austausch der Gehäusehälften und Kolben wahrscheinlich unerlässlich. Es gibt jedoch Motorenspezialisten, die beschichtete Zylinderbohrungen wieder aufarbeiten können – holen Sie sich angesichts des Preises für ein neues Motorgehäuse zunächst dort Rat.

30 Einfahrhinweise

1 Stellen Sie sicher, dass die Motoröl- und Kühlmittel-Pegel korrekt sind (siehe *Tägliche Kontrollen*).

2 Sorgen Sie dafür, dass sich im Tank Benzin befindet.

3 Schalten Sie die Zündung ein und den Killschalter auf ON. Die Motorwarnleuchte und die Ölpegel-Warnleuchte müssen einige Sekunden aufleuchten und dann erlöschen. Bringen Sie das Getriebe in den Leerlauf.

4 Starten Sie den Motor und lasen Sie ihn mit leicht erhöhter Leerlaufdrehzahl Betriebstemperatur erreichen.

5 Da kein Öldruckschalter (und entsprechend keine Öldruck-Kontrolllampe) vorhanden ist, sollte nach einer Motorüberholung eine Öldruckprüfung durchgeführt werden (siehe Sektion 3).

6 Falls sich mangelnde Schmierung andeutet, muss der Motor sofort gestoppt werden und die Ursache gefunden werden. Wenn ein Motor auch nur sehr kurze Zeit ohne Öl gefahren wird, entstehen Schäden größter Ausmaße. Wechseln Sie nach einer Motorüberholung das Öl und den Filter nach 1000 km aus.

7 Kontrollieren Sie sorgfältig alles auf Öl- und Kühlmittel-Undichtigkeiten. Überprüfen Sie vor der ersten Probefahrt besonders die Bremsen, die Kupplung und der Antrieb, aber auch die Instrumente ordentlich funktionieren.

8 Behandeln Sie die Maschine auf den ersten Kilometern vorsichtig, um sicherzugehen, dass überall im Motor Öl angekommen ist und sich alle neuen Teile zu setzen begonnen haben.

9 Große Sorgfalt ist geboten, wenn neue Kolben, Kolbenringe oder Lagerschalen eingebaut wurden. Im Falle neuer Kolben oder Kolbenringe muss die Maschine behandelt werden, als wäre sie neu. Das bedeutet, dass öfter geschaltet werden muss, um immer im optimalen Drehzahlbereich zu fahren und das Gas auf den ersten 1000 km nur bis zur Hälfte geöffnet werden sollte. Eine Geschwindigkeitsbegrenzung wird nicht vorgeschrieben, hauptsächlich sollen die Teile des Motors sich »einschleifen« und die Leistung langsam auf den ersten 1600 km gesteigert werden. Hat man bereits Erfahrungen mit der Maschine, wird man merken, wann der Motor sich frei dreht. Die folgenden Empfehlungen von Yamaha für Neumaschinen können als Hinweis genutzt werden:

Bis 1000 km:	Keine hohen Lasten. Nicht längere Zeit über 5600/min drehen.
1000 bis 1600 km:	Wechselnde Drehzahlen und Last, nicht über 6800/min drehen.
Über 1600 km:	Normal fahren. Nicht in den roten Bereich des Drehzahlmessers drehen.

10 Lassen Sie den Motor nach der Probefahrt abkühlen und prüfen Sie das Ventilspiel (siehe Kapitel 1). Kontrollieren Sie den Öl- und Kühlmittelpegel (siehe *Tägliche Kontrollen*).

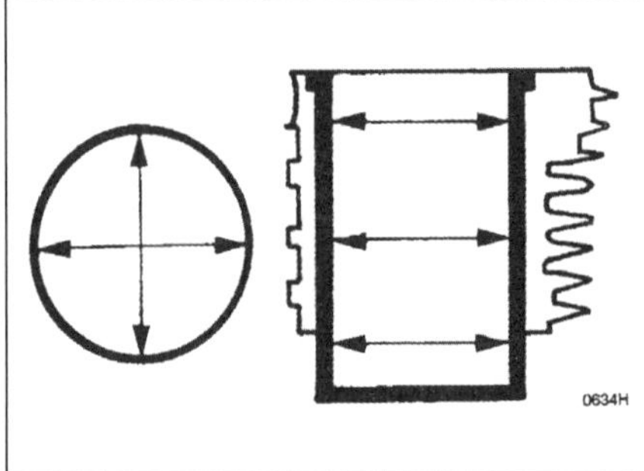

29.15a Vermessen Sie die Zylinderbohrungen an insgesamt sechs Stellen...

29.15b ...mit einem speziellen Innen-Messgerät.

Kapitel 3
Kühlsystem

Inhalt (in alphabetischer Reihenfolge, die Zahlen geben die Nummerierung in den grauen Feldern wieder)

Allgemeine Informationen 1
Ausgleichsbehälter 3
Flüssigkeitspegel – Kontrolle . . . . siehe *Tägliche Kontrollen*
Kühlflüssigkeit – Wechsel . . . . siehe Kapitel 1
Kühlsystem – Kontrollen . . . . siehe Kapitel 1
Ölkühler . . . . siehe Kapitel 2
Schläuche, Rohre und Anschlüsse 8
Kühltemperaturanzeige und Sensor 5
Thermostat 6
Ventilator und Relais 4
Wasserkühler 2
Wasserpumpe 7

Schwierigkeitsgrade

Leicht. Für Anfänger mit wenig Erfahrung geeignet. 

Relativ leicht. Für Anfänger mit etwas Erfahrung geeignet. 

Relativ schwierig. Geeignet für geübte Selbstschrauber. 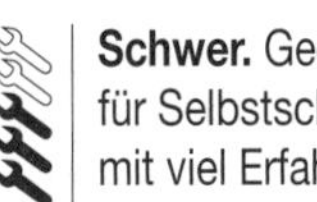

Schwer. Geeignet für Selbstschrauber mit viel Erfahrung.

Sehr schwer. Geeignet für Experten und Profis. 

Technische Daten

Kühlmittel

Kühlflüssigkeit-Typ	50% destilliertes Wasser und 50% Ethylen-Glykol mit Korrosionsschutz für Aluminium-Motoren. Im Notfall darf auch Regenwasser oder weiches Leitungswasser verwendet werden.
Kühlflüssigkeit-Füllmenge	
Kühler, Schläuche und Motor	1,93 Liter
Ausgleichsbehälter	0,25 Liter

Wasserkühler

Druckventil öffnet bei	0,93 bis 1,23 bar

Kühltemperatursensor

Widerstand bei 20 °C	2,5 bis 2,8 K-Ohm
Widerstand bei 100 °C	210 bis 221 Ohm

Wasserpumpe

Pumpenwellen-Verzug (max.)	0,15 mm

Anzugsdrehmomente

	Nm
Kühlmittel-Einlassstutzen-Schrauben	10
Kühltemperatursensor	16
Wasserpumpen-Befestigungsschrauben	12
Wasserpumpendeckel-Schrauben	10

1 Allgemeine Informationen

1 Das Kühlsystem arbeitet mit einem Wasser/Frostschutz-Gemisch, welches die Aufgabe hat, die beim Verbrennungsvorgang entstehende Wärme abzuleiten und die Temperatur im Motor möglichst konstant zu halten. Dazu werden die Zylinder von Kühlmittel umspült.

2 Das heiße Kühlmittel wird mit Unterstützung der durch die Ausgleichswelle angetriebenen Wasserpumpe durch den Thermostaten in den Kühler gepumpt. Nachdem es dessen Lamellen passiert hat und abgekühlt wurde, gelangt es zur links am Motor montierten Wasserpumpe und wird wieder in den Motor gedrückt. Bei kaltem Motor wird der Kühlkreislauf durch den Thermostaten verkürzt – das Kühlmittel gelangt also nicht durch den Kühler. Nachdem die Betriebstemperatur im so genannten inneren Kühlkreislauf erreicht ist, öffnet der Thermostat sein Ventil und das Kühlmittel durchströmt den Kühler. Durch diese Maßnahme gelangt der Motor schneller auf Betriebstemperatur.

3 Ein hinten am Zylinderkopf sitzender Temperatursensor gibt Informationen an die Temperaturanzeige im Cockpit sowie an das Motorsteuergerät weiter.
4 An der Rückseite des Kühlers sitzt der vom Motorsteuergerät über ein Relais aktivierte Ventilator, der bei extremer Kühlmitteltemperatur Luft durch den Kühler saugt.
5 Ein Teil des Kühlwassers wird durch den Ölkühler vorne am Motor geleitet.
6 Das Kühlsystem ist teilweise abgedichtet und arbeitet bei Betrieb unter Druck. Der durch ein federunterstütztes Überdruckventil im Kühlerdeckel regulierte höhere Druck setzt den Siedepunkt herauf, damit das Kühlmittel unter widrigen Umständen nicht überkocht. Der Überlaufschlauch des Kühlers mündet in einen Ausgleichsbehälter (vorne am Motor), beim Abkühlen des Motors fließt das Kühlmittel automatisch wieder in den Kühler zurück.

Warnung: Entfernen Sie NIEMALS den Kühlerdeckel, wenn der Motor heiß ist. Das unter Druck stehende Kühlmittel kann bei Druckverlust plötzlich aufkochen, sodass heißer Dampf austritt und ernsthafte Verbrennungen verursacht. Wenn der Motor ausreichend abgekühlt ist, muss ein dicker Lappen oder ein Handtuch um den Deckel gelegt werden. Entfernen Sie den Kühlerdeckel durch vorsichtiges Drehen nach links bis zum Anschlag. Wenn ein zischendes Geräusch hörbar wird, muss gewartet werden, bis es aufhört. Jetzt wird der Deckel heruntergedrückt und weiter nach links gedreht, bis er abgenommen werden kann.

7 Frostschutzmittel darf nicht mit der Haut oder Lackoberflächen in Berührung kommen. Wischen Sie Spritzer unverzüglich mit reichlich Wasser ab. Frostschutz kann giftige und explosive Gase produzieren, wenn es in offenen Behältern gelagert oder auf den Boden verschüttet wird. Kinder und Tiere können durch den süßen Geschmack irritiert werden und das Mittel trinken. Fragen Sie Ihren Fachhändler, wo Sie altes Frostschutzmittel entsorgen können.

Achtung: Benutzen Sie immer das vorgeschriebene Frostschutzmittel und mixen Sie im korrekten Verhältnis mit destilliertem Wasser. Der Frostschutz enthält Korrosionsschutzmittel, um das Kühlsystem zu schützen. Fehlt dieses, kann Rost entstehen und die feinen Leitungen des Kühlsystems blockieren. Durch den Einsatz von destilliertem Wasser wird die Bildung von Kalkablagerungen verhindert, welche ebenfalls die Kühlwirkung beeinträchtigen können.

8 Lesen Sie die Sektion »Sicherheit geht vor!« am Anfang dieses Buchs, bevor Sie mit der Arbeit beginnen.

2 Wasserkühler

Ausbau

Warnung: Der Motor muss vollständig abgekühlt sein, bevor diese Arbeit durchgeführt werden darf.

1 Demontieren Sie bei der MT-09 die Tankverkleidungen (siehe Kapitel 7), entfernen Sie dann bei Modellen ab 2017 die Kühlerverkleidungen, trennen Sie die Blinkerstecker und entfernen Sie die seitlichen Kühlerblenden (siehe Abbildungen). Entfernen Sie bei der Tracer die Verkleidungsseitenteile und die Tankverkleidungen; entfernen Sie bei der XSR die rechte Rahmenverkleidung (siehe Kapitel 7).
2 Lassen Sie das Kühlmittel ab (siehe Kapitel 1).
3 Trennen Sie den Ventilatorstecker und führen Sie das Kabel zum Kühler zurück – merken Sie sich seine Verlegung. Bei der MT-09 und

2.1a Lösen Sie die Schrauben...

2.1b ...und entfernen Sie die Kühlerverkleidungen.

2.1c Die Kühlerblenden sind mit zwei Schrauben am Kühler gesichert.

2.3a Trennen Sie den Ventilatorstecker – gezeigt bei der MT-09.

2.3b Ventilatorstecker bei der Tracer

2.4a Rechts sind drei Schläuche mit dem Kühler verbunden...

2.4b ...und links unten einer.

2.5 Lösen Sie an beiden Seiten die Schrauben.

2.6 Befreien Sie den Kühler – unten muss seine Öse vom Zapfen des Halters befreit werden.

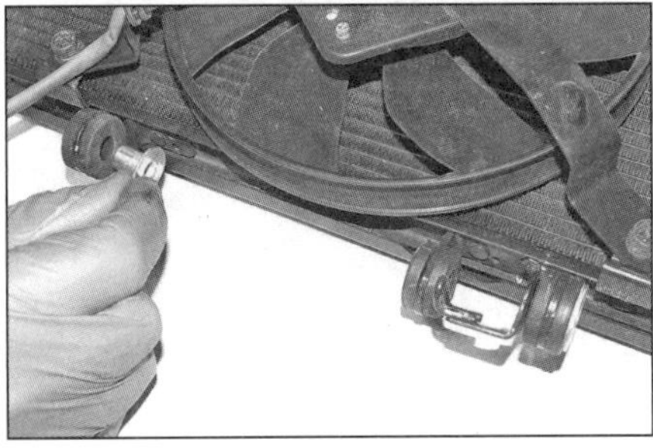
2.8 Die Gummiösen dürfen nicht spröde oder verformt sein.

2.9 Schieben Sie die Gummiöse über den Zapfen.

der Tracer muss die (hintere) Sicherungsbox entfernt werden, um den Stecker durchführen zu können (siehe Abbildungen).

4 Lösen Sie an beiden Seiten des Kühlers die Schellen aller mit dem Kühler verbundenen Schläuche und ziehen Sie sie ab (siehe Abbildungen).

5 Lösen Sie die Kühler-Befestigungsschrauben – beachten Sie die Scheibe an der linken Schraube (siehe Abbildung).

6 Verschieben Sie den Kühler vorsichtig nach links, um seine untere Öse vom Zapfen des Halters zu befreien (siehe Abbildung). Entnehmen Sie den Kühler und demontieren Sie nötigenfalls den Halter vom Motor.

7 Demontieren Sie nötigenfalls den Ventilator vom Kühler (siehe Sektion 4).

8 Kontrollieren Sie den Kühler auf Beschädigungen und entfernen Sie sämtlichen Schmutz, der die Kühlwirkung behindern kann. Falls die Lamellen verbogen sind, können sie eventuell mit einem kleinen Schraubendreher wieder gerichtet werden; wenn sie stark beschädigt oder abgebrochen sind, muss der Kühler ersetzt werden. Entfernen Sie die zwei Hülsen von den Befestigungsschrauben und kontrollieren Sie die drei Haltegummis – ersetzen Sie sie nötigenfalls (siehe Abbildung).

Einbau

9 Der Einbau entspricht der umgekehrten Ausbaureihenfolge – beachten Sie dabei folgende Punkte:

- Die Hülse der rechten Befestigungsschraube muss in der Gummiösen stecken, die linke Schraube muss mit der Scheibe ausgerüstet sein (Abbildung 2.8).
- Die untere Gummiöse muss über dem Zapfen des Halters sitzen (siehe Abbildung).
- Die Kühlerschläuche müssen sich in einem guten Zustand befinden (siehe Kapitel 1) und korrekt mit ihren (ggf. neuen) Schellen gesichert sein (siehe Schritt 4).
- Das Ventilatorkabel muss korrekt verlegt und sicher verbunden sein (Abbildungen 2.3b und a)
- Das Kühlsystem muss aufgefüllt (siehe Kapitel 1) und anschließend auf Undichtigkeiten überprüft werden.

Kühlerdeckel-Prüfung

10 Wenn Probleme wie Überhitzung und Flüssigkeitsverlust auftreten, muss das Kühlsystem wie in Kapitel 1 beschrieben überprüft werden. Der Öffnungsdruck des Kühlerdeckels muss von einer entsprechend ausgerüsteten Yamaha-Werkstatt getestet werden. Ist das Ventil defekt, muss es ersetzt werden.

3 Ausgleichsbehälter

Ausbau

1 Demontieren Sie bei der Tracer das rechte Verkleidungsseitenteil (siehe Kapitel 8).

2 Entfernen Sie die Ausgleichsbehälter-Abdeckung und ziehen Sie den Schlauchstutzen aus der Kappe (siehe Abbildungen).

3.2a Entfernen Sie die Abdeckung...

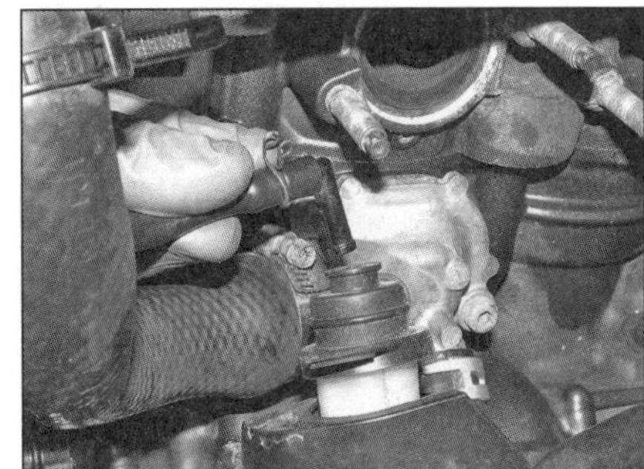
3.2b ...und ziehen Sie den Schlauchstutzen aus der Kappe.

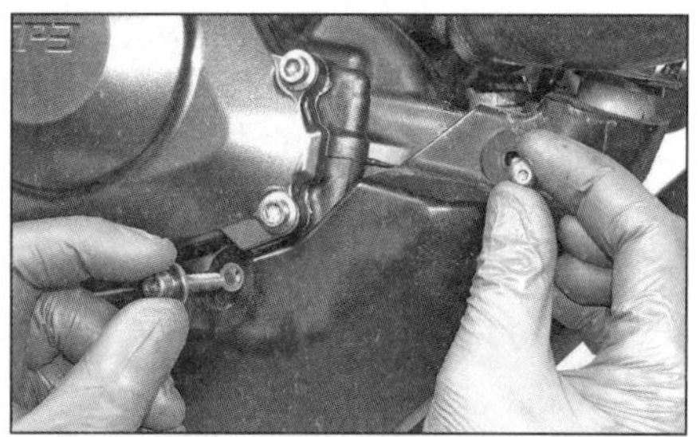

3.3 Lösen Sie die Ausgleichsbehälter-Schrauben.

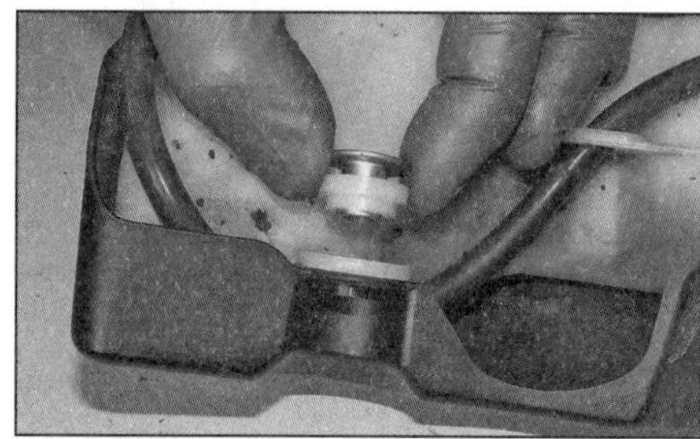

3.4a Beachten Sie die Hülsen im Behälter und seiner Abdeckung...

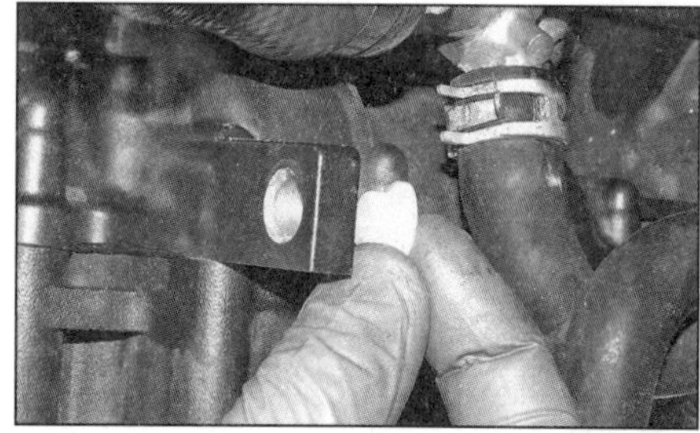

3.4b ...sowie in der Aufnahme am Motor.

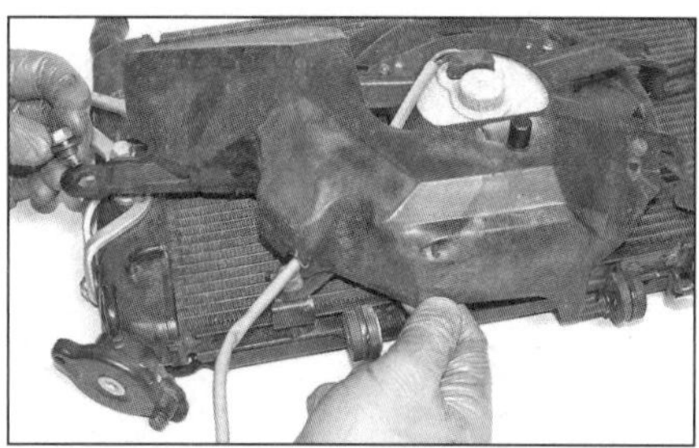

4.6 Lösen Sie die Schraube und ziehen Sie den Zapfen aus der Öse, um die Haube zu befreien.

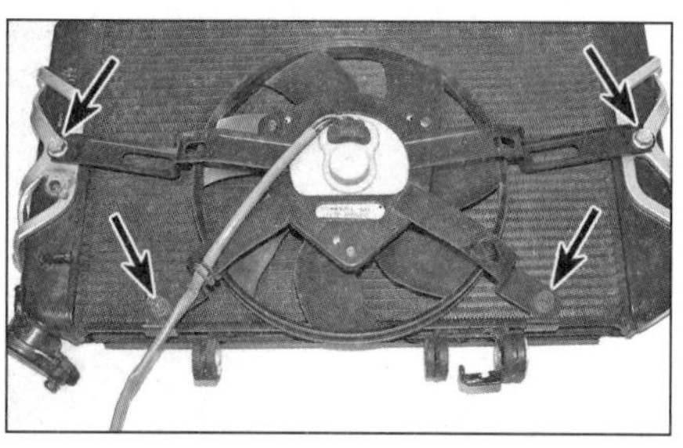

4.7 Schrauben des Ventilatorträgers

4.9 Das Ventilator-Relais sitzt neben der Batterie.

3 Lösen Sie die Ausgleichsbehälter-Schrauben (siehe Abbildung), öffnen Sie die Kappe und gießen Sie das Kühlmittel in einen Sammelbehälter.

4 Beachten Sie die Hülsen in der Abdeckung und den Behälter-Aufnahmen am Motor (siehe Abbildungen).

Einbau

5 Der Einbau entspricht der umgekehrten Ausbaureihenfolge – beachten Sie dabei folgende Punkte:

- Der Belüftungsschlauch und der Überlaufschlauch müssen korrekt verlegt und gesichert sein.
- Füllen Sie den Ausgleichsbehälter mit dem vorgeschriebenen Kühlmittel auf (siehe *Tägliche Kontrollen*).

4 Ventilator und Relais

Ventilator

Kontrolle

1 Falls der Motor überhitzt und in der Kühltemperaturanzeige im Cockpit »HI« blinkt sowie die Temperatur-Warnlampe aufleuchtet, aber dennoch der Ventilator nicht läuft, muss zuerst dessen Sicherung überprüft werden (siehe Kapitel 8).

2 Wenn die Sicherung in Ordnung ist, müssen der Ventilator-Motor und sein Relais überprüft werden (siehe unten). Ist hier alles in Ordnung, müssen die Kabel des Ventilator-Stromkreises überprüft werden – beachten Sie dazu die Hinweise in Kapitel 8, Sektion 2 sowie die Schaltpläne am Ende von Kapitel 8.

3 Zum Testen des Ventilatormotors muss sein Kabelstecker getrennt werden (siehe Sektion 2).

4 Verbinden Sie den Pluspol einer vollständig geladenen 12-Volt-Batterie mithilfe eines Überbrückungskabels mit dem Ventilatorstecker-Kontakt des blauen Kabels und den Minuspol mit dem Kontakt des schwarzen Kabels – jetzt sollte der Ventilator laufen. Arbeitet er nicht (und sind die Kabel und Stecker zum Motor in Ordnung), ist der Ventilatormotor defekt. Ersetzen Sie die Ventilator-Baugruppe ggf. durch ein Neuteil – Einzelteile sind nicht erhältlich.

Ausbau und Einbau

Warnung: Der Motor muss vollständig abgekühlt sein, bevor diese Arbeit ausgeführt werden kann.

5 Demontieren Sie den Kühler (siehe Sektion 2).

6 Demontieren Sie die Lüfterhaube oben am Ventilator (siehe Abbildung).

7 Lösen Sie die Schrauben des Ventilators und entfernen Sie diesen (siehe Abbildung).

8 Der Einbau entspricht der umgekehrten Ausbaureihenfolge.

Ventilator-Relais

9 Entfernen Sie die Sitzbank oder Sitze, um Zugang zum Relais zu erhalten (siehe Kapitel 7) (siehe Abbildung).

10 Trennen Sie den Relais-Stecker. Schalten Sie ein Multimeter auf den Messbereich Ohm x 1 und verbinden Sie seine Plusklemme mit dem Relaiskontakt des rot/blauen Kabels; die Minusklemme wird mit dem Kontakt des blauen Kabels verbunden – es darf kein Durchgang festgestellt werden (»1«)

11 Verbinden Sie eine geladene Batterie mithilfe von Überbrückungskabeln den Relais-Anschlüssen des rot/weißen Kabels (+) und des grün/gelben Kabels (–). Jetzt muss aus dem Relais ein deutliches Klicken vernehmbar sein und der Widerstand auf 0 Ohm (voller Durchgang) fallen.

12 In diesem Fall ist das Relais in Ordnung. Wurde am Relais ständig Durchgang festgestellt oder hat es auch bei angeschlossener Batterie den Durchgang nicht freigeschaltet, ist es defekt und muss ersetzt werden.

13 Ist das Relais in Ordnung, müssen der Ventilatormotor (siehe oben) und der Kühltemperatursensor (siehe Sektion 5) überprüft werden. Kontrollieren Sie anschließend nötigenfalls die Kabel und Stecker zwischen dem Relais, dem Ventilator und dem Motorsteuergerät.

5 Kühltemperaturanzeige und Sensor

Temperaturanzeige

Kontrolle

1 Der Stromkreis besteht aus dem hinten am Zylinderkopf sitzenden Kühltemperatursensor sowie der Temperaturanzeige und/oder der Warnlampe im Cockpit.

2 Bei kaltem Motor (unter 40 °C) wird »LO« angezeigt. Zwischen 40 und 116 °C wird die tatsächliche Temperatur angezeigt. Bei zu heißem Motor wird »HI« blinkend angezeigt und ggf. leuchtet die Warnlampe auf. Auf dem TFT-Display der Tracer GT erscheint bei Temperaturen über 117 °C das Temperatur-Warnsymbol.

3 Falls der Motor überhitzt, muss er unverzüglich abgeschaltet werden. **Nachdem** der Motor abgekühlt ist, muss zunächst der Kühlmittelpegel überprüft werden (siehe *Tägliche Kontrollen*). Ist der Pegel zu niedrig, muss das Kühlsystem auf Undichtigkeiten untersucht werden (siehe Kapitel 1, Sektion 13). Falls keine Lecks festgestellt werden, muss geprüft werden, ob ein neuer Kühlerdeckel das Problem löst, andernfalls muss ein neuer Thermostat installiert werden (siehe Sektion 6).

4 Falls die Temperaturanzeige nicht funktioniert, muss die Funktion des Sensors wie unten beschrieben überprüft werden.

5 Falls keine Probleme gefunden wurden, muss die Instrumenten-Baugruppe ausgebaut (siehe Kapitel 8, Sektion 16) und von einer Yamaha-Werkstatt überprüft werden. Falls ein Defekt festgestellt wird, muss die gesamte Baugruppe ersetzt werden – Einzelteile sind nicht erhältlich.

Ausbau und Einbau

6 Details hierzu finden sich in Kapitel 8, Sektion 16.

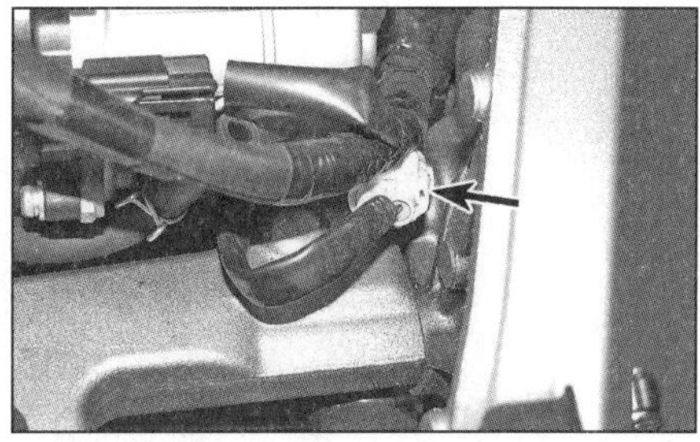

5.8 Stecker des Kühltemperatursensors

Kühltemperatursensor

Kontrolle

7 Der Sensor sitzt hinten rechts am Zylinderkopf. Der Widerstand des Sensors ändert sich temperaturabhängig (siehe *Technische Daten*). Während es theoretisch möglich ist, den Sensor bei den Prüftemperaturen zu messen, lässt sich dieser Test in der Praxis nur schwierig ausführen. Allerdings lässt sich der Widerstand des eingebauten Sensors bei kaltem, warmem und heißem Motor ermitteln.

8 Heben Sie den Tank an und trennen Sie den Sensorstecker (siehe Abbildung).

9 Verbinden Sie bei kaltem Motor die Klemmen eines auf den Ohm-Bereich geschalteten Multimeters mit den Sensorkontakten und notieren Sie den Widerstand. Starten Sie den Motor und wärmen Sie ihn etwas auf. Schalten Sie den Motor ab und führen Sie eine erneute Messung durch. Wiederholen Sie die Messung bei heißem Motor. Der Widerstand muss bei steigender Temperatur absinken. Bei defektem Sensor wird wahrscheinlich voller Durchgang (»0«) oder unendlicher Widerstand (»1«) festgestellt; auch ein unveränderter Widerstand trotz unterschiedlichen Temperaturen ist möglich.

10 Falls die gemessenen Werte stark von den Vorgaben abweichen, ist der Sensor defekt und muss ersetzt werden.

Ausbau und Einbau

Warnung: Der Motor muss vollständig abgekühlt sein, bevor diese Arbeit ausgeführt werden kann.

11 Entleeren Sie das Kühlsystem (siehe Kapitel 1). Demontieren Sie die Drosselklappengehäuse (siehe Kapitel 4).

12 Trennen Sie den Sensorstecker und schrauben Sie den Sensor mit einem langen Steckschlüssel aus dem Zylinderkopf (siehe Abbildung) – die Dichtscheibe muss später erneuert werden.

13 Rüsten Sie den Sensor mit einer neuen Dichtscheibe aus, schrauben Sie ihn in den Zylinderkopf und ziehen Sie ihn mit 16 Nm an. Verbinden Sie den Kabelstecker.

14 Montieren Sie die Drosselklappengehäuse (siehe Kapitel 4) und füllen Sie das Kühlsystem auf (siehe Kapitel 1).

6 Thermostat

Warnung: Der Motor muss vollständig abgekühlt sein, bevor diese Arbeit durchgeführt werden darf.

1 Der Thermostat arbeitet automatisch und normalerweise jahrelang zuverlässig. Im Falle eines Defektes kann das Ventil im offenen Zustand blockieren – dann dauert es wesentlich länger, bis der Motor Betriebstemperatur erreicht. Andererseits kann das Ventil auch im geschlossenen Zustand blockieren, dann fließt die Kühlflüssigkeit nicht durch den Kühler und der Motor kann überhitzen. Keiner dieser Zustände ist akzeptabel und der Defekt muss unverzüglich behoben werden. Der Thermostat sitzt in einem abgedichteten Gehäuse und kann nicht getestet werden, sodass bei einem Defekt nur der Austausch gegen ein Neuteil hilft.

Ausbau

2 Lassen Sie das Kühlmittel ab (siehe Kapitel 1). Demontieren Sie die Auspuffanlage (siehe Kapitel 4).

3 Der Thermostat sitzt über dem Ölfilter vorn am Motor. Lockern Sie die Schellen, schieben Sie sie über die Schläuche und ziehen Sie diese von den Thermostat-Stutzen (siehe Abbildung) – seien Sie auf austretende Kühlmittel-Reste vorbereitet.

5.12 Trennen Sie den Stecker und schrauben Sie den Sensor heraus.

6.3 Am Thermostat sind drei Schläuche (A) angeschlossen; er ist mit zwei Schrauben (B) am Motor befestigt.

7.2 Lockern Sie die Schelle und ziehen Sie den Schlauch ab.

7.3a Lösen Sie die Wasserpumpenschrauben...

7.3b ...und ziehen Sie die Pumpe aus dem Lichtmaschinendeckel.

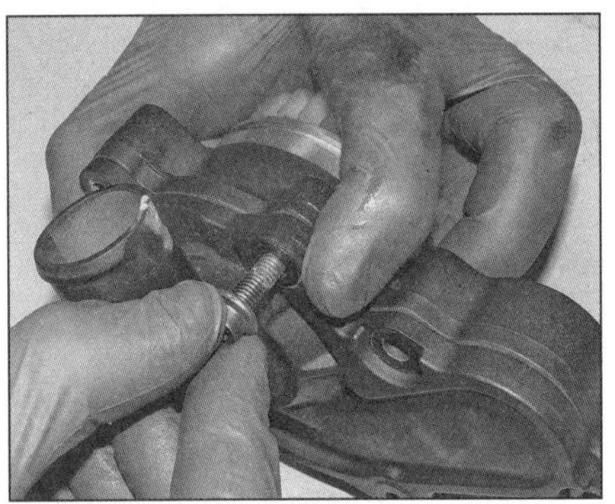

7.5a Lösen Sie die Schraube(n),...

7.5b ...nehmen Sie den Deckel ab...

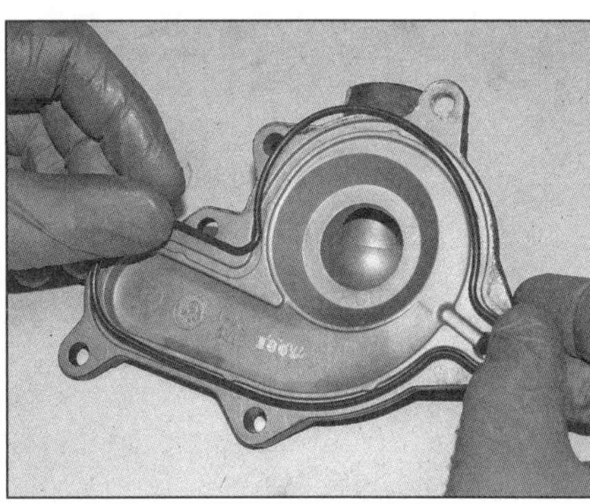

7.5c ...und entfernen Sie die Dichtung.

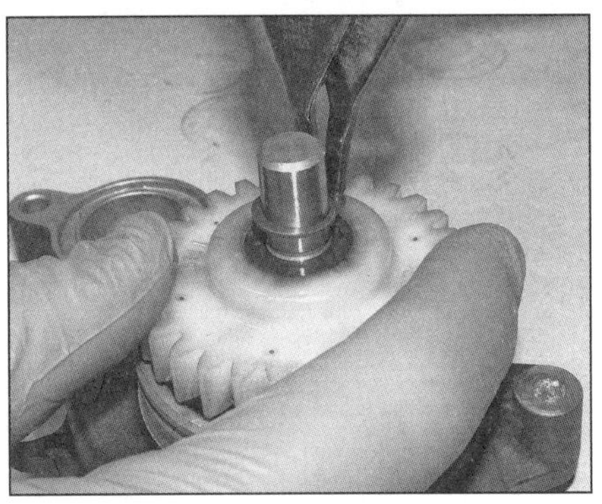

7.7a Befreien Sie den Seegerring...

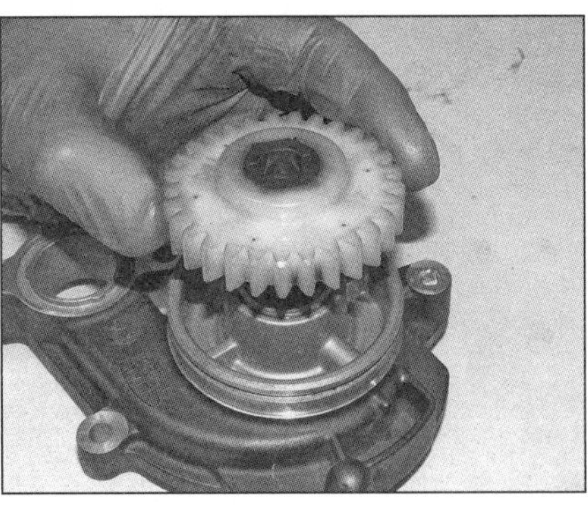

7.7b ...und entfernen Sie das Zahnrad,...

7.7c ...den Mitnehmerstift...

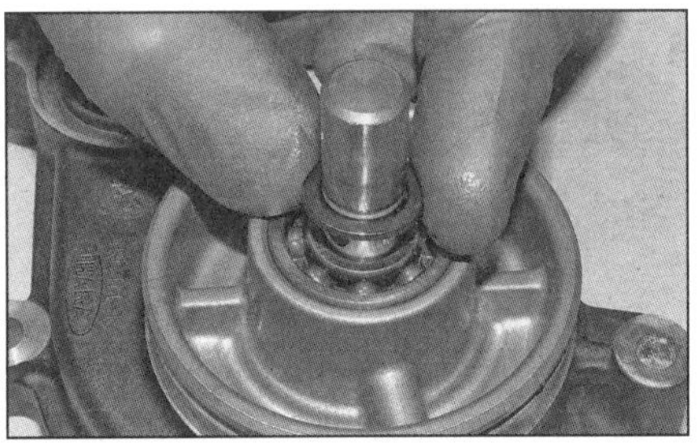

7.7d ...und die Scheibe,...

7.7e ...um das Pumpenrad samt Welle herauszuziehen.

4 Lösen Sie die Schrauben und entnehmen Sie den Thermostaten (Abbildung 6.3).

Einbau

5 Setzen Sie den Thermostaten am Motorgehäuse an und ziehen Sie seine Schrauben sorgfältig an (Abbildung 6.3).

6 Alle Schläuche müssen vollständig auf ihre Stutzen geschoben sein und mit ggf. neuen Schellen gesichert werden.

7 Montieren Sie die Auspuffanlage (siehe Kapitel 4) und füllen Sie das Kühlsystem auf (siehe Kapitel 1).

7 Wasserpumpe

Ausbau

1 Lassen Sie Motoröl und das Kühlmittel ab (siehe Kapitel 1).
2 Lockern Sie die Schelle und ziehen Sie den Schlauch vom Pumpen-Stutzen (siehe Abbildung).
3 Lösen Sie die Wasserpumpenschrauben und ziehen Sie die Pumpe aus dem Lichtmaschinendeckel (siehe Abbildungen).
4 Befreien Sie die O-Ringe von der Rückseite des Pumpengehäuses; beim Einbau müssen Neuteile verwendet werden (Abbildung 7.21).
5 Lösen Sie nötigenfalls die Pumpendeckel-Schraube und die Ablassschraube (falls noch vorhanden) und entnehmen Sie den Deckel (siehe Abbildungen) – seine Dichtung muss beim Einbau erneuert werden (siehe Abbildung).

Kontrolle

6 Kontrollieren Sie das Pumpenradlager, indem Sie das Pumpenrad hin und her wackeln und daran drehen – falls es Spiel hat oder rau läuft, muss es ersetzt werden (siehe unten).
7 Befreien Sie den Seegerring vom inneren Wellenende, ziehen Sie das Zahnrad ab und entfernen Sie den Mitnehmerstift und die Scheibe, um das Pumpenrad samt Welle herauszuziehen (siehe Abbildungen). Falls an der Welle oder dem Pumpenrad Hinweise auf Verschleiß oder Beschädigungen festgestellt werden, muss die Baugruppe ersetzt werden. Prüfen Sie, ob die Welle verbogen ist – bei mehr als 0,15 mm Verzug muss sie ersetzt werden.
8 Kontrollieren Sie den Gummidämpfer an der Innenseite des Pumpenrades auf Beschädigungen oder Porosität (siehe Abbildungen). Das Teil ist nur zusammen mit der Gleitringdichtung erhältlich. Befeuchten Sie den Außenrand des Dämpfers vor dem Einbau mit Wasser oder Kühlmittel.
9 Begutachten Sie das Pumpengehäuse auf Korrosion und Ablagerungen. Reinigen Sie es nötigenfalls mit Stahlwolle und spülen Sie ihn mit Leitungswasser durch.
10 Schmieren Sie die Pumpenwelle und den Dämpfer mit Kühlmittel und schieben Sie die Baugruppe ins Pumpengehäuse (Abbildung 7.7e). Schieben Sie an der Rückseite die Scheibe auf, installieren Sie den Mitnehmerstift und setzen Sie das korrekt ausgerichtete Zahnrad darüber (Abbildungen 7.7d bis b). Legen Sie die Pumpe mit dem Pumpenrad auf die Werkbank und drücken Sie das Gehäuse herunter, damit die Dichtung komprimiert wird und die Nut des Seegerrings zugänglich wird, sodass dieser installiert werden kann (Abbildung 7.7a).

Dichtringe und Lager

Ersetzen

Anmerkung: *Einmal ausgebaut dürfen weder die Dichtungen noch das Lager wiederverwendet werden. Beschaffen Sie sich rechtzeitig Neuteile.*

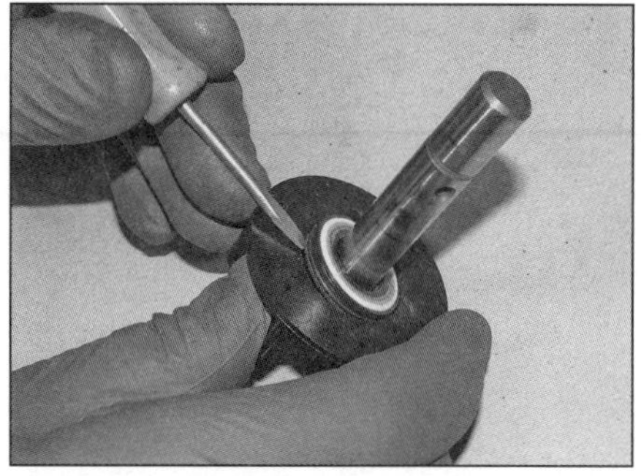

7.8a Befreien Sie den Gummidämpfer mit einem Schraubendreher,...

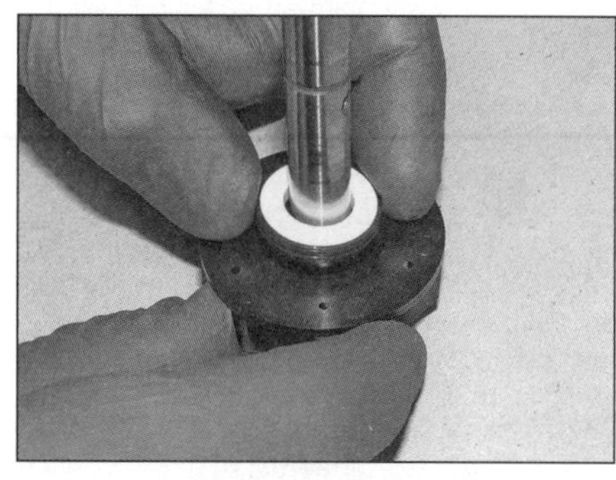

7.8b ...und drücken Sie das Neuteil von Hand in seinen Sitz.

7.12a Treiben Sie die Gleitringdichtung mit einem Dorn aus...

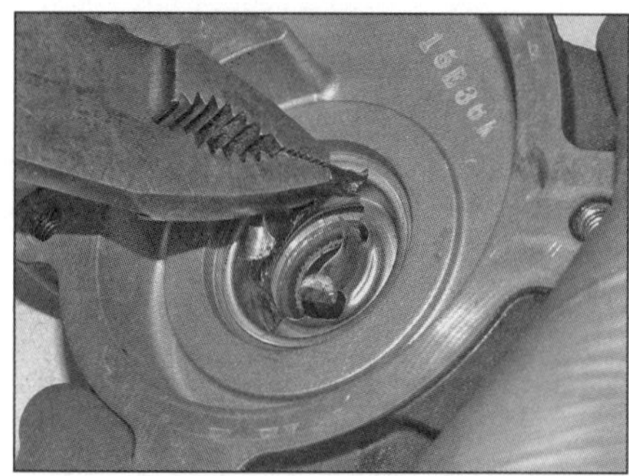

7.12b ...und entfernen Sie verbliebene Teile nötigenfalls mit einer Zange.

7.13 Hebeln Sie den Simmerring mit einem Schraubendreher heraus.

7.14 Stützen Sie den Deckel z. B. auf einem 28er-Steckschlüssel ab und treiben Sie das Lager mit einem 13er-Steckschlüssel aus.

11 Demontieren Sie die Pumpe und befreien Sie die Pumpenwelle aus dem Gehäuse (Schritte 1 bis 8).
12 Die Gleitringdichtung kann mit einem durch das Lager und den Simmerring eingeführten Dorn ausgetrieben werden. Zuerst wird wahrscheinlich der gefederte Teil der Dichtung herauskommen, während der äußere Teil anschließend auf die gleiche Weise ausgetrieben oder mit einer Zange herausgezogen werden muss (siehe Abbildungen) – beschädigen Sie dabei nicht den Sitz der Dichtringe.
13 Um den Simmerring ausbauen zu können, muss zunächst die Gleitringdichtung entfernt werden (Schritt 12). Hebeln Sie dann mit einem Schraubendreher den Dichtring heraus – beachten Sie seine Einbaurichtung (siehe Abbildung).
14 Um das Lager ausbauen zu können, müssen zuerst die Gleitringdichtung und der Simmerring entfernt werden (Schritte 12 und 13). Stützen Sie die Innenseite des Pumpengehäuses so ab, sodass der Lagersitz nicht auf der Werkbank aufliegt – hierzu eignet sich ein 28er-Steckschlüssel. Treiben Sie dann das Lager mit einem 13erSteckschlüssel aus, der auf dessen Innenring aufliegt (siehe Abbildung).
15 Befreien Sie den Sitz der Gleitringdichtung mit Lösungsmittel von alten Dichtungsresten.

16 Treiben Sie das neue Lager mithilfe eines 20er-Steckschlüssel, das auf dem Außenring aufliegt, bündig in seinen Sitz (siehe Abbildung).

17 Drücken oder treiben Sie den neuen Simmerring mit der markierten Seite vom Lager weg zeigend ins Gehäuse (siehe Abbildung). Schmieren Sie die Dichtlippe des Simmerrings mit Fett.

18 Drücken oder treiben Sie die neue Gleitringdichtung ins Pumpengehäuse – verwenden Sie dazu ein Rohr mit einem Innendurchmesser von 28 mm und einem Außendurchmesser von 33 mm, sodass es nur auf dem Außenrand aufliegt und noch ins Gehäuse passt (siehe Abbildungen). Alternativ kann das Yamaha-Werkzeug mit der Teilenummer 90890-04078 verwendet werden.

19 Installieren Sie einen neuen Gummidämpfer an die Rückseite des Pumpenrades (Schritt 8) und installieren Sie die Pumpenwelle (Schritt 10).

Einbau

20 Rüsten Sie den Pumpendeckel mit einer neuen Dichtung aus (Abbildung 7.5c). Setzen Sie den Deckel an, rüsten Sie die (untere) Ablassschraube mit einer neuen Dichtscheibe aus (Abbildungen 7.5b und a) und ziehen Sie die Deckelschrauben mit 10 Nm an.

21 Rüsten Sie das Pumpengehäuse mit zwei neuen O-Ringen aus und fetten Sie diese etwas (siehe Abbildung). Setzen Sie die Pumpe an, sodass die Zahnräder ineinander greifen (Abbildung 7.3b). Installieren Sie die Pumpenschrauben – diejenige ohne Schaft sitzt rechts in der Mitte (Abbildung 7.3a) – und ziehen Sie sie mit 12 Nm an.

22 Schieben Sie den Schlauch auf und sichern Sie ihn mit der (ggf. neuen) Schelle (Abbildung 7.2). Füllen Sie Kühlmittel auf (siehe Kapitel 1).

8 Schläuche, Rohre und Anschlüsse

Warnung: Der Motor muss vollständig abgekühlt sein, bevor irgendein Kühlerschlauch abgezogen wird.

Ausbau

1 Lassen Sie zunächst das Kühlmittel ab (siehe Kapitel 1).

Anmerkung: *Seien Sie beim Entfernen von Kühlsystem-Komponenten auf austretende Kühlmittelreste vorbereitet.*

2 Lockern Sie mit Schrauben versehene Schlauchschellen mit einem Schraubendreher und ziehen Sie sie über den Stutzen zurück. Andere Schläuche sind mit Federklemmen gesichert, zu deren Entspannung die Enden mit einer Zange zusammengedrückt werden müssen.

Achtung: Die Kühler-Anschlüsse sind empfindlich. Ziehen Sie die Schläuche nicht mit zu viel Kraft ab.

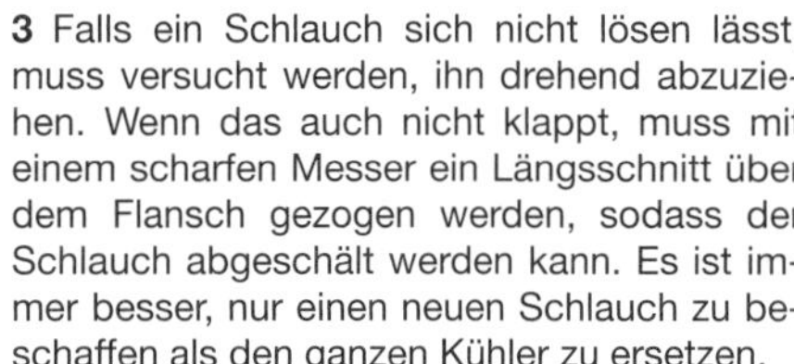

3 Falls ein Schlauch sich nicht lösen lässt, muss versucht werden, ihn drehend abzuziehen. Wenn das auch nicht klappt, muss mit einem scharfen Messer ein Längsschnitt über dem Flansch gezogen werden, sodass der Schlauch abgeschält werden kann. Es ist immer besser, nur einen neuen Schlauch zu beschaffen als den ganzen Kühler zu ersetzen.

4 Der Stutzen vorne am Motorblock kann nach dem Abziehen des Schlauchs und dem Lösen der Schrauben entfernt werden (siehe Abbildung) – der O-Ring muss später erneuert werden.

Einbau

5 Schieben Sie die Schelle über den Schlauch und stecken Sie diesen ggf. bis zur Begrenzung auf den entsprechenden Anschluss-Stutzen.

6 Drehen Sie den Schlauch in Position, bevor Sie die Schelle über den Stutzen schieben und ihn sichern.

7 Falls der Stutzen vorne am Motorblock entfernt wurde, muss ein neuer O-Ring in dessen Nut installiert und mit Fett geschmiert werden. Reinigen Sie die Gewinde der Stutzen-Schrauben, versehen Sie sie mit mittelfester Sicherungspaste und ziehen Sie sie mit 10 Nm an.

Wenn ein Schlauch schwer aufzuschieben ist, kann er zum Erweichen in heißes Wasser gehalten werden. Alternativ hilft die Verwendung von Seifenwasser als Schmiermittel.

7.16 Treiben Sie das neue Lager mit einem 20er-Steckschlüssel bündig in seinen Sitz.

7.17 Drücken Sie den neuen Simmerring bündig in seinen Sitz.

7.18a Positionieren Sie die neue Gleitringdichtung in der Pumpe,...

7.18b ...und treiben Sie sie z.B. mit dem Rohr in ihren Sitz.

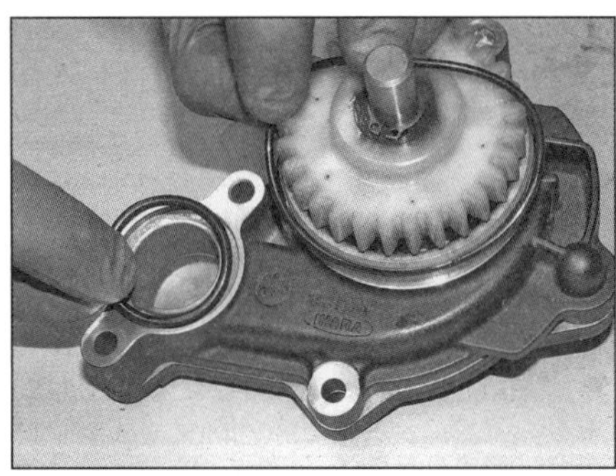

7.21 Rüsten Sie das Pumpengehäuse mit zwei neuen gefetteten O-Ringen aus.

8.4 Schrauben des Motorblock-Kühlerstutzens

Kapitel 4
Motorsteuerung

Inhalt (in alphabetischer Reihenfolge, die Zahlen geben die Nummerierung in den grauen Feldern wieder)

Allgemeine Informationen und Warnhinweise 1
Auspuffanlage 13
Benzinpumpe und Druckregler 3
Drosselklappengehäuse 9
Drosselklappen-Stellmotor (YCC-T) 11
Druckspeicher und Einspritzdüsen 10
Einspritzanlage – Beschreibung 6
Einspritzanlage – Fehlerdiagnose 7
Einspritzanlage – Komponenten 8
Gaszüge 12
Katalysator 15
Luftfiltergehäuse 5
Motorsteuergerät (ECU) 18
Sekundärluftsystem 14
Tank 2
Tankanzeige und Geber 4
Wegfahrsperre 19
Zündspulen 17
Zündsystem – Kontrolle 16

Schwierigkeitsgrade

Leicht. Für Anfänger mit wenig Erfahrung geeignet.	**Relativ leicht.** Für Anfänger mit etwas Erfahrung geeignet. 	**Relativ schwierig.** Geeignet für geübte Selbstschrauber.	**Schwer.** Geeignet für Selbstschrauber mit viel Erfahrung. 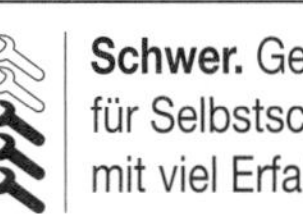	**Sehr schwer.** Geeignet für Experten und Profis. 

Technische Daten

Allgemeine Informationen

Zylindernummerierung	links: 1; Mitte: 2; rechts: 3
Zündzeitpunkt	5° vor OT bei 1200/min
Zündkerzen	
Typ	NGK CPR9EA9
Elektroden-Kontaktabstand	0,8 bis 0,9 mm

Prüfdaten

Ansaugluftdrucksensor (IAP-Sensor) – Ausgangsspannung	3,57 bis 3,71 Volt
Ansauglufttemperatursensor (IAT-Sensor)	
Widerstand bei 0 °C	5,4 bis 6,6 K-Ohm
Widerstand bei 80 °C	290 bis 390 Ohm
Benzinpumpen-Druck (bei Standgas)	3,0 bis 3,9 bar
Drosselklappensensor (TP-Sensor) – Widerstand (max.)	1,2 bis 2,8 K-Ohm
Gasgriff-Sensor – Widerstand (max.)	1,08 bis 2,52 K-Ohm
Geschwindigkeitssensor – Ausgangsspannung (Modelle ohne ABS)	
An	4,8 Volt
Aus	0,6 Volt
Kühltemperatursensor (ETC-Sensor)	
Widerstand bei 20 °C	2,51 bis 2,78 K-Ohm
Widerstand bei 100 °C	210 bis 221 Ohm
Kurbelwellensensor (CKP-Sensor) – Widerstand	228 bis 342 Ohm
Lambdasonde	
Neigungswinkelsensor (TO-Sensor) – Ausgangsspannung	
Sensor aufrecht	0,4 bis 1,4 Volt
Sensor mehr als 65° geneigt	3,7 bis 4,4 Volt
Sekundärluftventil – Widerstand	20 bis 24 Ohm
Sekundärluft-Zungenventil – Verzug (max.)	0,4 mm
Tankanzeige-Geber – Widerstand	
Tank voll	9 bis 11 Ohm
Tank leer	213 bis 219 Ohm

Kraftstoff

Typ	Super bleifrei (min. 95 Oktan)
Tankinhalt (inkl. Reserve)	
MT-09 und XSR	14 Liter
Tracer	18 Liter

4

Reserve

MT-09	2,8 Liter
Tracer und XSR	2,6 Liter

Drosselklappengehäuse

Typ	Mikuni EACW 41
Einlass-Unterdruck bei Standgas	229 bis 259 mm Hg (0,31 bis 0,34 bar)

Einspritzdüsen

Typ/Anzahl	297500-110 / 3
Widerstand	12 Ohm

Zündspulen

Primärwicklungs-Widerstand	1,19 bis 1,61 Ohm
Sekundärwicklungs-Widerstand	9,35 bis 12,65 K-Ohm
Minimale Zündfunkenstrecke	6 mm

Anzugsdrehmomente

	Nm
Auspuff-Befestigungsschrauben	20
Benzinpumpenschrauben	4
Druckspeicher-Schrauben	5
Einspritzdüsenhalter-Schrauben	12
Krümmerflanschmuttern	20
Lambdasondenstecker – Halterschrauben	12
Sekundärluft-Zungenventildeckel-Schrauben	10
Tank-Befestigungsschrauben	
MT-09 und Tracer	7
XSR	
Hintere Schraube	16
Seitliche Schrauben	7
Seitliche Halter-Schrauben	10

1 Allgemeine Informationen und Warnhinweise

Allgemeine Informationen

1 Alle Modelle sind mit einer vollelektronischen Motorsteuerung (ECU) ausgerüstet, die sowohl die Einspritzanlage als auch das Zündsystem überwacht.

Kraftstoffsystem

2 Das Kraftstoffsystem besteht aus dem Benzintank, der darin sitzenden Benzinpumpe (samt Filter und Tankanzeige-Geber), der Kraftstoffleitung zum Druckspeicher samt Einspritzdüsen, den Drosselklappengehäusen und den Gaszügen. Die für die Verbrennung benötigte Luft wird durch ein unter dem Tank sitzendes Luftfiltergehäuse angesaugt.

3 Die Benzinpumpe wird zunächst vom Zündschloss aktiviert, während der Kraftstoffdruck innerhalb der Pumpe vom Druckregler konstant gehalten wird.

4 Die Drosselklappen werden nicht direkt per Gasgriff geöffnet, sondern anhand der vom Fahrer per Gaszüge an das Motorsteuergerät gegebenen Informationen vom mithilfe eines Stellmotors (Yamaha Chip Controlled Throttle – YCC-T genannt) aktiviert. Dabei errechnet das Steuergerät anhand der Informationen des Gasgriff-Sensors und des Drosselklappensensors die optimale Drosselklappen-Stellung. Das System regelt auch die Standgasdrehzahl.

5 Falls das Motorrad umkippt, schaltet der Neigungswinkelsensor die Stromversorgung der Einspritzanlage und der Zündung ab.

6 Das gesamte Kraftstoffsystem wird vom Motorsteuergerät (ECU) überwacht, das sowohl die Kraftstoffversorgung als auch den Zündzeitpunkt anhand der von den verschiedenen Sensoren erhaltenen Daten entsprechend reguliert. Das Steuergerät hat seine eigene Fehlerdiagnosefunktion und kann im Cockpit-LCD sowohl Fehler- als auch Diagnose-Codes anzeigen.

7 Die vorwiegend unter dem Motor angeordnete Drei-in-Eins-Auspuffanlage beinhaltet einen Katalysator und eine Lambdasonde.

8 Ein Sekundärluftsystem (AIS) führt gefilterte Frischluft den Auslasskanälen zu, um Kraftstoffreste im Abgas nachzuverbrennen und somit die Emissionswerte zu verbessern.

Zündsystem

9 Die elektronische Transistorzündung ist mit der Einspritzanlage kombiniert und beide werden mit dem Steuergerät (ECU) geregelt. Die Zündanlage besteht aus dem Zündauslöser, dem Kurbelwellensensor (CKP), dem Motorsteuergerät, den in die Kerzenstecker integrierten Zündspulen und den Zündkerzen.

10 Die am Lichtmaschinenrotor (links auf der Kurbelwelle) sitzenden Auslöser aktivieren bei sich drehendem Motor magnetisch den Kurbelwellensensor. Dieser sendet ein Signal an das Steuergerät, welches die Zündspule mit dem zur Bildung eines Zündfunken benötigten Stroms versorgt. Der Zündzeitpunkt ist nicht einstellbar.

11 Das Zündsystem ist mit einem Sicherheitsstromkreis ausgerüstet, der bei laufendem Motor die Zündung unterbricht, falls bei eingelegtem Gang der Seitenständer ausgeklappt ist. Der Stromkreis verhindert auch das Starten des Motors, falls ein Gang eingelegt ist und (bei eingeklappten Seitenständer) nicht die Kupplung gezogen wird.

12 Manche Modelle sind mit einer Wegfahrsperre ausgerüstet, die das Starten des Motors nur mit dem richtigen Schlüssel ermöglicht. Dieses System hat seine eigene Fehlerdiagnosefunktion.

Anmerkung: *Bauartbedingt können die Teile der Motorsteuerung zwar kontrolliert, aber nicht repariert werden. Wenn im Einspritz- oder Zündsystem Probleme auftreten, kann* *die fehlerhafte Komponente isoliert und durch ein Austauschteil ersetzt werden. Elektronikteile können oftmals nach dem Kauf nicht umgetauscht werden. Um unnötige Kosten zu vermeiden, sollten Sie absolut sicher gehen, dass das fehlerhafte Teil richtig identifiziert worden ist, bevor Sie ein Neuteil kaufen.*

Vorsichtsmaßnahmen

Warnung: Benzin ist leicht entzündlich, vor allem in Form von Dampf. Daher müssen unten stehende Vorsichtsmaßnahmen getroffen werden. Beachten Sie, dass Benzindampf schwerer ist als Luft und sich daher in schlecht belüfteten Ecken sammeln kann. Vermeiden Sie Hautkontakt und suchen Sie einen Arzt auf, wenn Benzin in die Augen gelangt ist oder verschluckt wurde. Tragen Sie immer eine Sicherheitsbrille und haben Sie einen geeigneten Feuerlöscher zur Hand.

- Führen Sie Arbeiten am Kraftstoffsystem nur in gut belüfteten Räumen durch.
- Stellen Sie sicher, dass sich keine offenen Flammen oder Funken (z. B. Zündanlage) in der Nähe befinden, wenn Sie mit Benzin hantieren.
- Beachten Sie absolutes Rauchverbot für jedermann bei Arbeiten am Kraftstoffsystem. Denken Sie an die Gefahr, die von brennenden Zigaretten ausgeht, und entfernen Sie sich zum Rauchen weit genug vom Arbeitsplatz.
- Denken Sie daran, dass elektrische Geräte wie Schalter, Bohrmaschinen, Schleifböcke u. a. Funken produzieren. Vermeiden Sie daher den Betrieb solcher Geräte bei Arbeiten am Kraftstoffsystem und lüften Sie den Raum gründlich aus, bevor Sie damit beginnen.
- Wischen Sie grundsätzlich verschüttetes Benzin auf und entsorgen Sie benzingetränkte Lappen und Tücher in einem feuersicheren Behälter (z. B. einem Stahlfass).
- Benzin darf nur in dafür geprüften und luftdicht verschlossenen und beschrifteten Behältern gelagert werden. Die Menge der Vorratshaltung in Wohnhäusern ist gesetzlich begrenzt. Bewahren Sie auch demontierte Benzintanks mit geschlossenem Tankdeckel sicher auf.
- Lesen Sie sorgfältig die »Sicherheit Zuerst!«-Sektion am Anfang dieses Buchs, bevor Sie mit der Arbeit beginnen.

2 Tank

Warnung: Lesen Sie zunächst die Warnhinweise in Sektion 1.

Demontage

Anmerkung: *Um das Gewicht des Tanks zu reduzieren, sollte er demontiert werden, wenn er fast leer ist. Pumpen Sie einen gefüllten Tank nötigenfalls ab.*

1 Die Zündung muss ausgeschaltet und der Tankdeckel sicher verschlossen sein.

2 Entfernen Sie bei der MT-09 die Sitzbank, die seitlichen und die vordere Tankverkleidung (siehe Kapitel 7). Entfernen Sie vorn am Tank die Gummisegmente – beachten Sie ihre Einbaupositionen (siehe Abbildung).

3 Demontieren Sie bei der Tracer die Sitze, die Verkleidungsseitenteile und sämtliche Tankverkleidungen (siehe Kapitel 7).

4 Demontieren Sie bei der XSR die Sitzbank und die Tankverkleidungen (siehe Kapitel 7).

5 Lockern Sie links und rechts die vorderen Tankschrauben, lösen Sie dann die hintere(n) Tankschraube(n) (siehe Abbildung). Heben Sie den Tank hinten und stützen Sei ihn mit einem ca. 13 cm langen Stück Holz ab (siehe Abbildung).

6 Trennen Sie den Benzinpumpenstecker (siehe Abbildung).

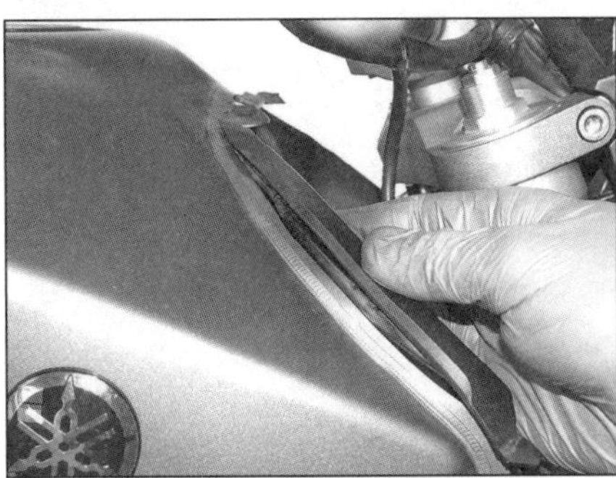

2.2 Befreien Sie vorn am Tank die Gummisegmente.

2.5a Hintere Tankschrauben der MT-09; bei der XSR ist der Tank hinten mit einer seitlich durchgehenden Schraube gesichert.

2.5b Heben Sie den Tank ca. 13 cm an und stützen Sie ihn mit einem Holz ab.

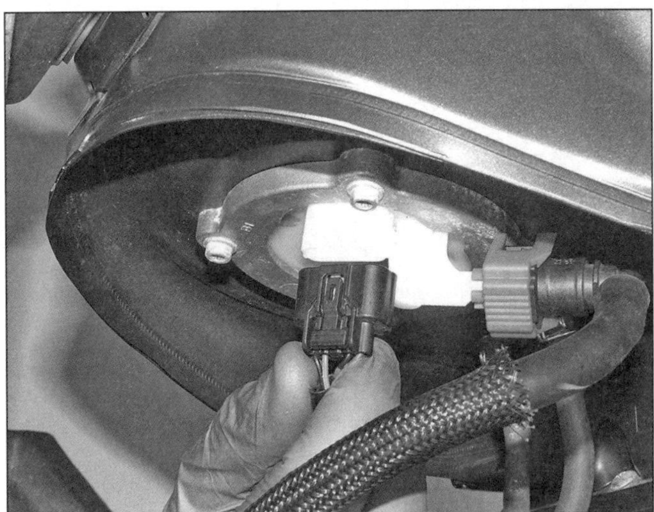

2.6 Lösen Sie die Lasche des Steckers und ziehen Sie ihn von der Benzinpumpe ab.

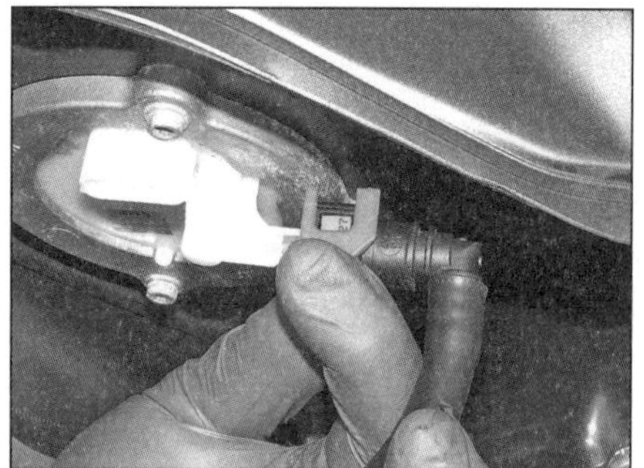

2.7a Schieben Sie die Abdeckung beiseite, um die Laschen freizulegen.

2.7b Drücken Sie die Laschen ein...

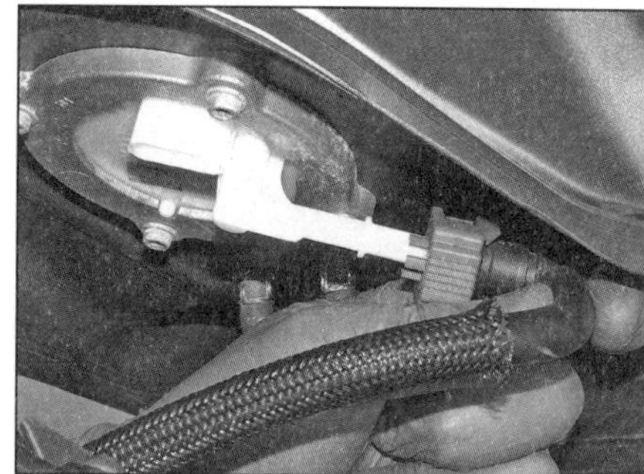

2.7c ...und ziehen Sie den Benzinschlauchanschluss vom Stutzen – alte Version.

2.7d Heben Sie die flache Seite des Sicherungsclips an – neue Version.

2.8 Ziehen Sie die zwei Schläuche von ihren Stutzen.

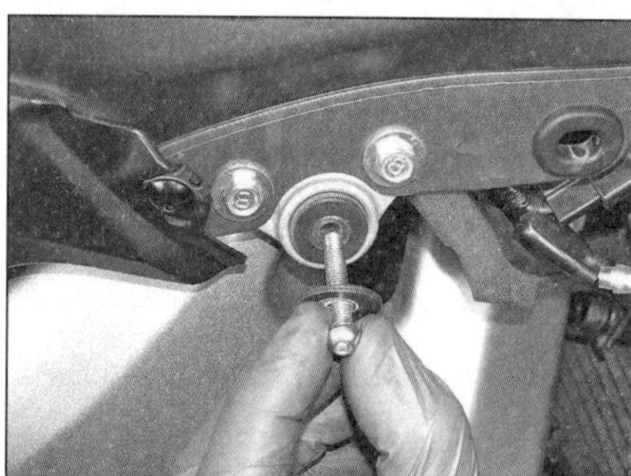

2.9a Entfernen Sie links und rechts die vordere Tankschraube...

2.9b ... und heben Sie den Tank ab.

2.10a Kontrollieren Sie die Halterungen...

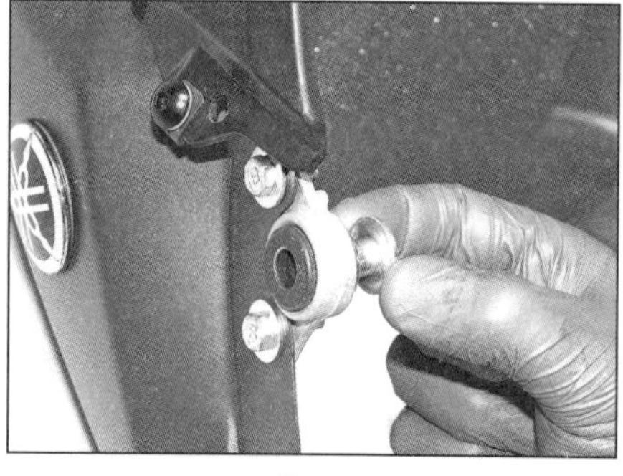

2.10b ...sowie die Ösen und Hülsen.

2.12a Der Benzinschlauchanschluss muss vollständig auf den Stutzen geschoben werden, damit die Laschen einrasten. Schieben Sie dann die Kappe darüber – ältere Version

7 Legen Sie reichlich Lappen unter die Benzinpumpe. Schieben Sie bei der MT-09 bis 2015 und bei der Tracer bis 2016 am Benzinschlauchanschluss die Sicherungskappe beiseite, um die zwei Arretierlaschen freizulegen. Drücken Sie die Laschen ein und ziehen Sie den Anschluss vom Stutzen (siehe Abbildungen). Drücken Sie bei allen anderen Modellen die zwei Laschen am Anschluss-Sicherungsclip Richtung Schlauch-Ende und in den Anschluss, um die flache Seite des Sicherungsclips anheben (siehe Abbildung) und den Schlauch vom Stutzen ziehen zu können.

8 Ziehen Sie den Belüftungs- und den Überlaufschlauch ab (siehe Abbildung).

9 Entnehmen Sie die Stütze und senken Sie den Tank ab. Drehen Sie die vorderen Tankschrauben vollständig heraus und heben Sie den Tank vorsichtig vom Rahmen (siehe Abbildungen). Legen Sie den Tank so auf Hölzern ab, dass er nicht auf den Anschlüssen der Benzinpumpe liegt.

10 Begutachten Sie die Tankhalterungen und ihre Gummiösen auf Beschädigungen und Alterungserscheinungen und ersetzen Sie schadhafte Teile (siehe Abbildungen). Beachten Sie die Hülsen in den Ösen (siehe Abbildung).

11 Lösen Sie bei Modellen mit Verdunstungsregelung nötigenfalls die Schrauben der Behälterhalterung, notieren Sie die Positionen aller Schläuche und trennen Sie sie, um die Baugruppe abzuheben (siehe Kapitel 1, Sektion 9). Achten Sie beim Einbau darauf, dass alle Schläuche korrekt verlegt und verbunden sind.

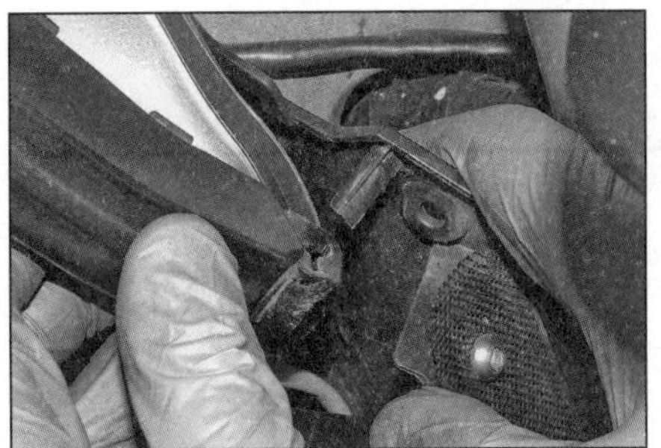

2.12b Schieben Sie das Loch über den Zapfen...

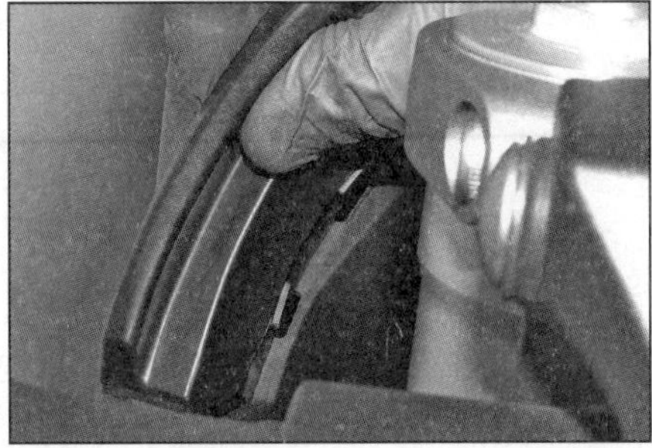

2.12c ...und lassen Sie die Laschen in den Nuten einrasten.

Einbau

12 Die Montage des Tanks entspricht der umgekehrten Ausbaureihenfolge – beachten Sie dabei folgende Punkte:

- Die Hülsen müssen in ihren Ösen stecken.
- Alle Schläuche müssen korrekt angeschlossen und gesichert sein. Drücken Sie den Benzinschlauchanschluss auf, bis er einrastet; schieben Sie anschließend die Sicherungskappe über die Anschlüsse (siehe Abbildung). Der Benzinpumpenstecker muss korrekt verbunden sein.
- Achten Sie bei der MT-09 darauf, dass die Gummisegmente korrekt vorn am Tank sitzen (siehe Abbildungen).
- Der Schlauch mit dem blauen Punkt kommt auf den hinteren Tankstutzen; der mit dem weißen Punkt auf den vorderen Stutzen (Abbildung 2.6).
- Ziehen Sie die Tankschrauben mit den in den technischen Daten angegebenen Drehmomenten an.
- Falls der Tank entleert wurde, muss er vor dem Einschalten der Zündung mit Benzin befüllt werden. Starten Sie den Motor und prüfen Sie, ob nirgends Kraftstoff austritt.

Reparatur

13 Reparaturarbeiten am Benzintank sollten von Fachbetrieben ausgeführt werden, da sie sehr schwierig und gefährlich sind. Auch nach dem Reinigen und Ausspülen des Tanks können explosive Gase zurückbleiben, die sich im Zuge der Arbeiten entzünden können.

14 Nach der Demontage des Tanks sollte er so gelagert werden, dass die ausströmenden Gase nicht durch Funken und Flammen entzündet werden können. Besondere Vorsicht ist in Räumen mit Gasheizungen geboten, da deren Zündflamme eine Explosion verursachen kann.

3 Benzinpumpe und Druckregler

Warnung: Lesen Sie vor Arbeitsbeginn die Warnhinweise in Sektion 1.

Kontrolle

1 Die Benzinpumpe sitzt innerhalb des Tanks. Nach dem Einschalten der Zündung (Killschalter auf RUN) muss die Pumpe einige Sekunden hörbar laufen, bis das Kraftstoffsystem unter Druck gesetzt ist, dann schaltet sie sich bis zum Starten des Motors ab. Falls von der Pumpe nichts zu hören ist, muss geprüft werden, ob die Batterie in Ordnung ist. Kontrollieren Sie anschließend die Haupt-, Zündungs- und Einspritzanlagen-Sicherungen (siehe Kapitel 8).

2 Überprüfen Sie anschließend das Benzinpumpen-Relais (siehe Sektion 8). Wenn die Sicherungen und das Relais in Ordnung sind, muss geprüft werden, ob alle Kabel und Stecker in Ordnung und fest angeschlossen sind – beachten Sie dazu die Schaltpläne am Ende von Kapitel 8.

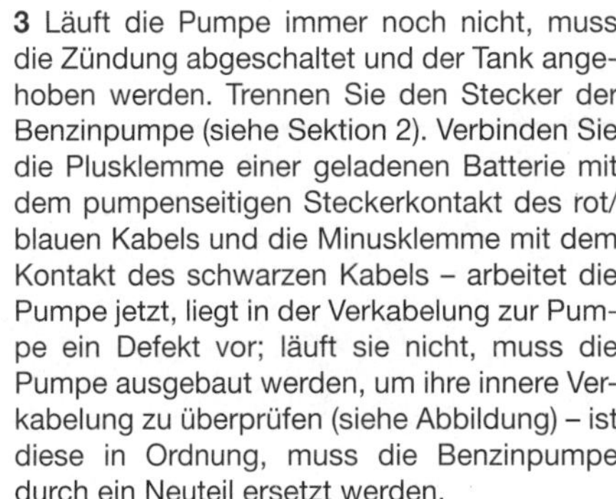

3 Läuft die Pumpe immer noch nicht, muss die Zündung abgeschaltet und der Tank angehoben werden. Trennen Sie den Stecker der Benzinpumpe (siehe Sektion 2). Verbinden Sie die Plusklemme einer geladenen Batterie mit dem pumpenseitigen Steckerkontakt des rot/blauen Kabels und die Minusklemme mit dem Kontakt des schwarzen Kabels – arbeitet die Pumpe jetzt, liegt in der Verkabelung zur Pumpe ein Defekt vor; läuft sie nicht, muss die Pumpe ausgebaut werden, um ihre innere Verkabelung zu überprüfen (siehe Abbildung) – ist diese in Ordnung, muss die Benzinpumpe durch ein Neuteil ersetzt werden.

Kraftstoffdruckprüfung

Spezialwerkzeug: *Für diese Arbeit wird ein geeigneter Druckprüfer samt Adapter benötigt. Bei Yamaha sind diese Teile unter den Nummern 90890-03153 und 90890-03176 erhältlich.*

4 Der korrekte Kraftstoffdruck wird von einem innerhalb der Benzinpumpe sitzenden Druckregler gewährleistet.

5 Heben Sie den Tank an und trennen Sie den Benzinschlauchanschluss (siehe Sektion 2). Schließen Sie den Adapter und den Druckprüfer zwischen Tank und Schlauch an.

6 Starten Sie den Motor und beobachten Sie den Druckprüfer – er muss zwischen 3,0 und 3,9 bar anzeigen. Schalten Sie den Motor ab.

7 Bei stark abweichendem Druck muss geprüft werden, ob der Schlauch nicht geknickt ist, andernfalls muss eine neue Benzinpumpe installiert werden – Einzelteile sind nicht erhältlich. Beachten Sie, dass auch der Benzinfilter in die Pumpe integriert ist.

Ausbau

8 Entleeren Sie den Tank so weit wie möglich mit einer geeigneten Absaugpumpe und demontieren Sie ihn (siehe Sektion 2).

9 Legen Sie den Tank vorsichtig kopfüber auf einige schützende Lappen.

10 Lösen Sie die Schrauben des Halteblechs und entnehmen Sie diesen (siehe Abbildung).

11 Heben Sie die Benzinpumpe vorsichtig aus dem Tank, ohne dabei den Schwimmer des Tankanzeige-Gebers zu beschädigen (siehe Abbildung).

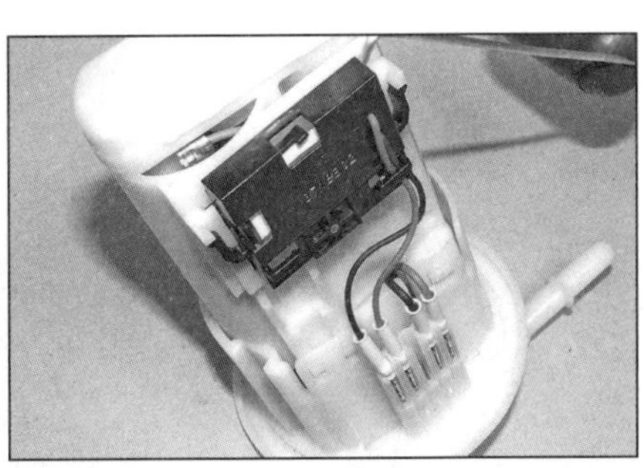

3.3 Kontrollieren Sie nötigenfalls die internen Kabelanschlüsse der Benzinpumpe.

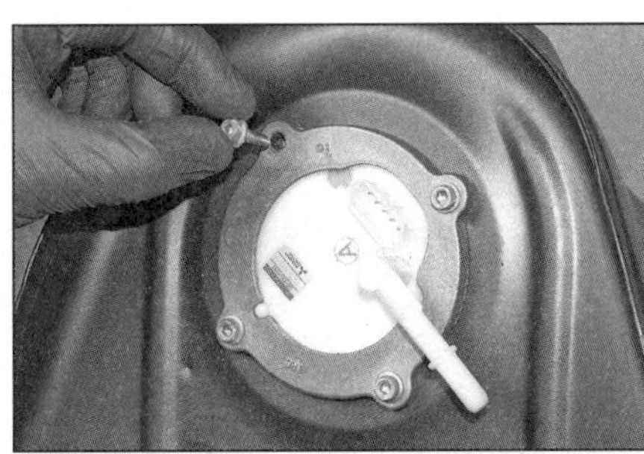

3.10 Lösen Sie die vier Benzinpumpenschrauben und entnehmen Sie das Halteblech.

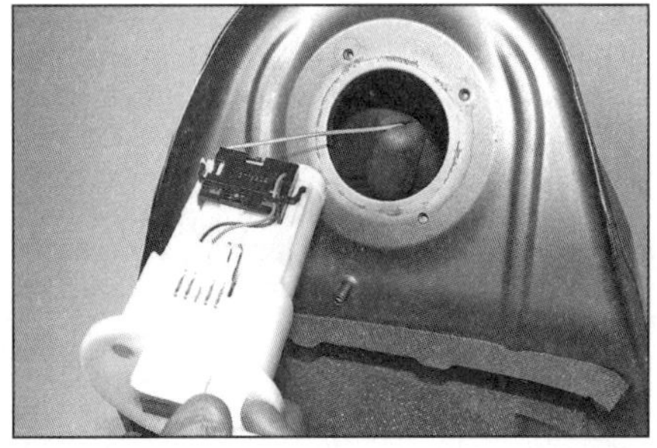

3.11 Heben Sie die Pumpe vorsichtig heraus.

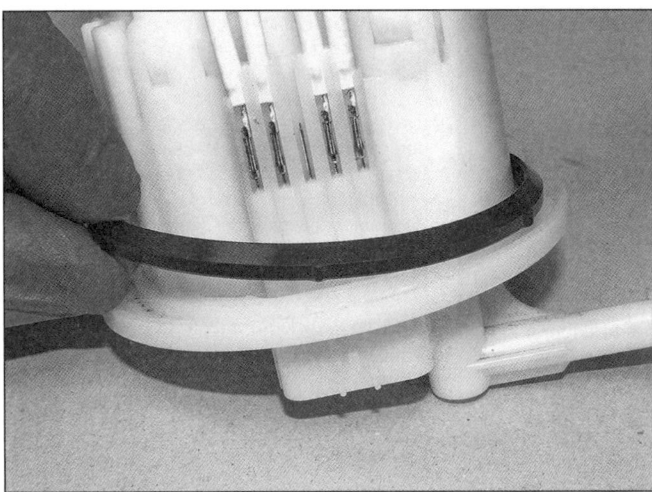

3.12 Entfernen Sie die Dichtung.

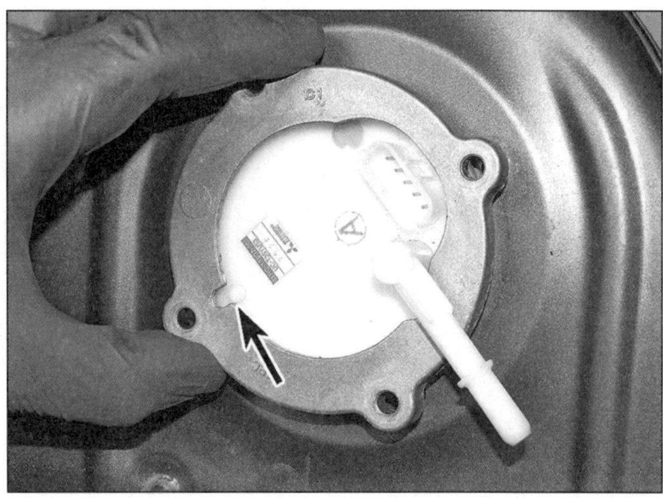

3.15 Richten Sie die Pumpe so aus, dass der Ausschnitt im Blech über dem Zapfen (Pfeil) liegt.

12 Entfernen Sie die Dichtung (siehe Abbildung) – beim Einbau muss eine neue verwendet werden.

Einbau

13 Legen Sie den neuen Dichtring mit der flachen Seite auf den Bund des Pumpengehäuses (Abbildung 3.12).
14 Manövrieren Sie die Benzinpumpe vorsichtig in den Tank (Abbildung 3.11).
15 Richten Sie die Pumpe so aus, dass der Benzinschlauchstutzen nach links vorn zeigt. Richten Sie den Ausschnitt im Halteblech zum Stutzen an der Pumpe aus (siehe Abbildung). Ziehen Sie die Schrauben zunächst handfest und dann schrittweise und über Kreuz bis zum Drehmoment von 4 Nm an.

4 Tankanzeige und Geber

Tankanzeige

Kontrolle

1 Der Stromkreis besteht aus dem im Tank sitzenden Geber und der in die Multifunktionsanzeige im Cockpit integrierte Tankanzeige.
2 Die Tankanzeige funktioniert folgendermaßen: Nach dem Einschalten der Zündung werden während eines Stromkreis-Tests nacheinander alle Segmente aktiviert. Anschließend zeigen die zwischen E (empty = leer) und F (full = voll) aktivierten Elemente den Füllstand des Tanks an.
3 Sobald die Benzinmenge im Tank unter ca. 2,8 Liter (MT-09) bzw. 2,6 Liter (Tracer und XSR) abfällt, beginnen das »E«-Segment und die Warnanzeige zu blinken und der Kilometerzähler wechselt automatisch auf den Reserve-Reichweiten-Modus.
4 Der Tageskilometerzähler kann nötigenfalls mithilfe des SELECT-Knopfes zurückgesetzt werden (beachten Sie die Bedienungsanleitung). Nachdem der Tank aufgefüllt wurde, setzt sich das Reserve-Zählwerk automatisch zurück, sobald ca. 5 km gefahren wurden.
5 Die Tankanzeige hat ihre eigene Selbstdiagnosefunktion. Falls ein Defekt festgestellt wurde, beginnen die Anzeige und das Kraftstoff-Symbol wiederholt achtmal zu blinken und geht dann für drei Sekunden aus. Kontrollieren Sie zuerst den Kabelstecker unten am Tank (siehe Sektion 2) und dann das Kabel vom Geber zur Multifunktionsanzeige – beachten Sie dazu in Kapitel 8 die Sektion 2 und die Schaltpläne am Ende. Wenn hier alles in Ordnung ist, muss der Geber selbst kontrolliert werden (siehe unten).
6 Wenn auch der Geber in Ordnung ist, muss das Anzeigeinstrument von einer Yamaha-Werkstatt überprüft werden – der Hersteller gibt hierfür keine Prüfdaten heraus. Nötigenfalls muss das Instrument ausgetauscht werden.

Ausbau und Einbau

7 Details hierzu finden sich in Kapitel 8, Sektion 16.

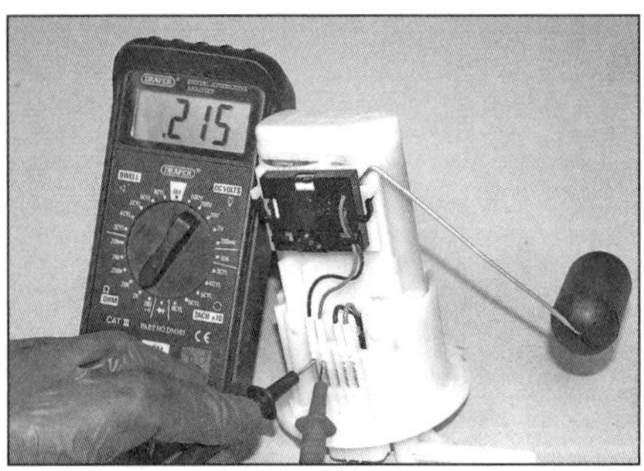

4.9a Messen Sie den Widerstand mit abgesenktem Schwimmer (Tank leer) . . .

Tankanzeige-Geber

8 Befreien Sie den Benzinpumpe aus dem Tank (siehe Sektion 3).
9 Verbinden Sie die Klemmen eines Multimeters mit den Geber-Kontakten und messen Sie den Widerstand bei abgesenktem Schwimmer (Tank leer) und bei angehobenem Schwimmer (Tank voll) (siehe Abbildungen).
10 Wenn nicht etwa die in den technischen Daten angegebenen Werte ermittelt werden, muss die komplette Benzinpumpe ausgetauscht werden (siehe Sektion 3) – der Geber ist nicht separat erhältlich.

5 Luftfiltergehäuse

Ausbau

1 Demontieren Sie den Tank (siehe Sektion 2).
2 Demontieren Sie das Motorsteuergerät (siehe Sektion 18).
3 Lockern Sie die Schellen, die das Gehäuse an den Drosselklappengehäusen sichern (siehe Abbildung).

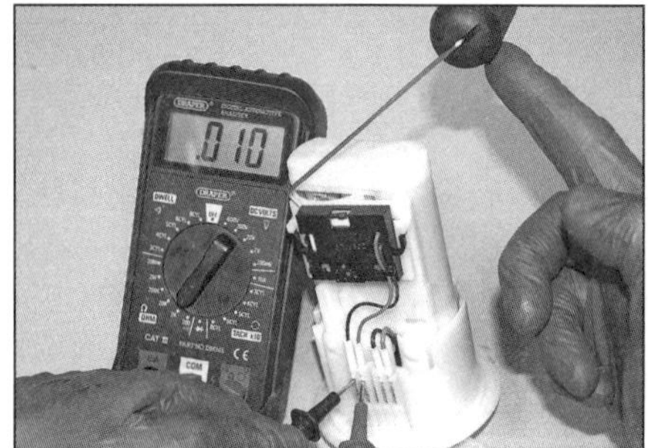

4.9b . . . und bei angehobenem Schwimmer (Tank voll).

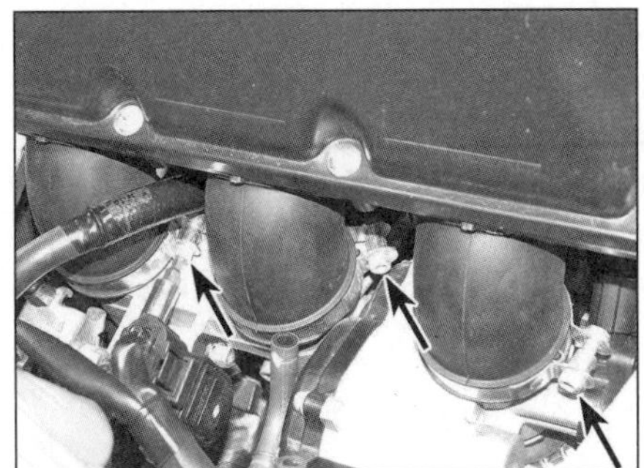

5.3 Ansauggummi-Schellen an den Drosselklappengehäusen

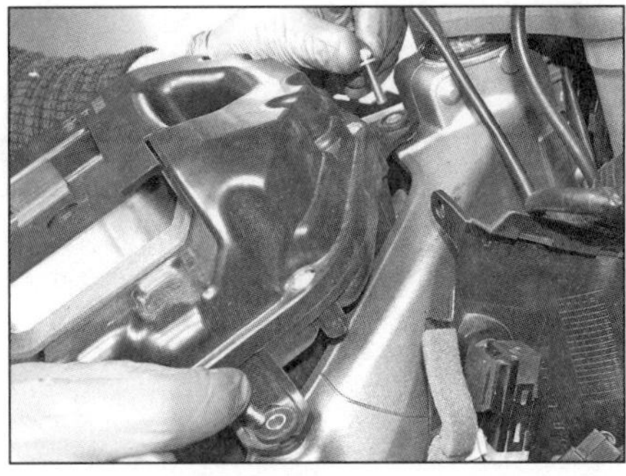

5.4 Lösen Sie die drei Befestigungsschrauben des Luftfiltergehäuses.

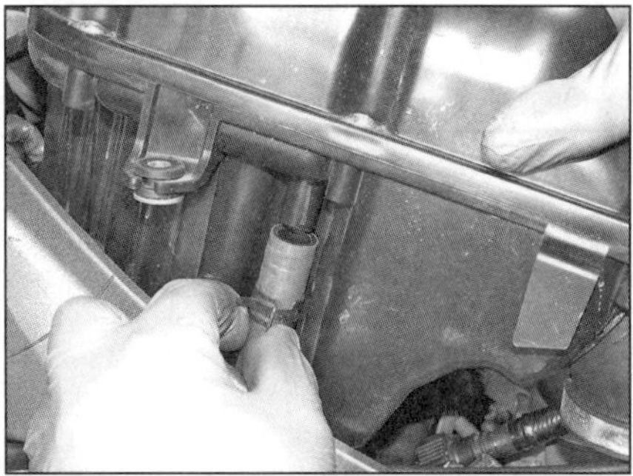

5.5a Ziehen Sie den Sekundärluftsystem-Schlauch...

5.5b ...und den Motorentlüftungs-Schlauch ab.

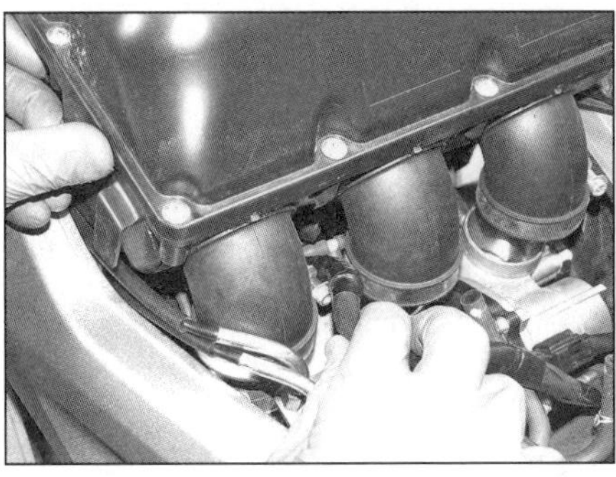

5.6a Führen Sie die Benzinleitung zwischen den Schellen entlang, damit sie über ihnen liegt.

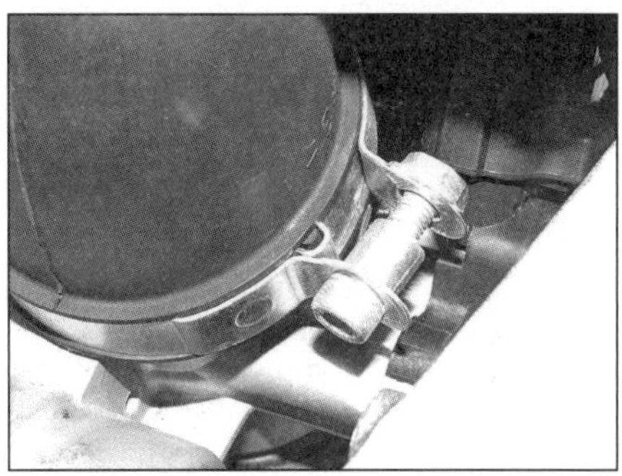

5.6b Die Buckel der Schellen müssen über den Rippen der Ansauggummis liegen.

4 Lösen Sie die vordere und die beiden seitlichen Befestigungsschrauben (siehe Abbildung).

5 Heben Sie das Luftfiltergehäuse von den Drossselklappengehäusen – ziehen Sie dabei den Sekundärluft- und den Motorentlüftungs-Schlauch ab (siehe Abbildungen). Beachten Sie die Hülsen an den Unterseiten der Befestigungsösen.

Einbau

5 Der Einbau entspricht der umgekehrten Ausbaureihenfolge – beachten Sie dabei folgende Punkte:

- Kontrollieren Sie die Schläuche und ihre Schellen und ersetzen Sie beschädigte Teile.
- Prüfen Sie den Zustand aller Haltegummis am Rahmen und ersetzen Sie sie nötigenfalls. Die Hülsen müssen unten in den Gummiösen stecken.
- Schmieren Sie die Ansauggummis innen mit etwas WD 40 oder Fett, um das Aufschieben auf die Drosselklappengehäuse zu erleichtern.
- Achten Sie beim Aufsetzen der Ansauggummis darauf, dass die Gaszüge und die Benzinleitung korrekt verlegt sind (siehe Abbildung).
- Die Schellen müssen korrekt über den Rippen der Ansauggummis positioniert sein (siehe Abbildung).

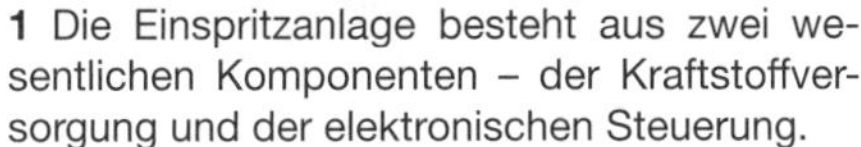

6 Einspritzanlage
Beschreibung

1 Die Einspritzanlage besteht aus zwei wesentlichen Komponenten – der Kraftstoffversorgung und der elektronischen Steuerung.

2 Die Kraftstoffversorgung besteht aus dem Tank, der darin sitzenden Benzinpumpe samt Filter und Druckregler sowie den Drosselklappengehäusen und den Einspritzdüsen. Das Benzin gelangt unter Druck zum Druckspeicher *(Fuel Rail)* und von dort zu den einzelnen Einspritzdüsen. Der Kraftstoffdruck wird durch den Druckregler der Pumpe überwacht. Die Einspritzdüsen versprühen das Benzin in den Drosselklappengehäusen, von wo aus es zusammen mit der angesaugten Luft als zündfähiges Gemisch in den Brennraum gelangt, verdichtet und gezündet wird.

3 Die Steuerelektronik besteht aus dem Motorsteuergerät (ECU), das sowohl für die Kraftstoffversorgung als auch die Zündung verantwortlich ist, sowie diversen Sensoren, die es mit Informationen über den Betriebszustand des Motors versorgen.

4 Das Motorsteuergerät (ECU) überwacht und koordiniert Signale der folgenden Sensoren:

- Ansauglufttemperatursensor (IAT-Sensor)
- Ansaugluftdrucksensoren 1 und 2 (IAP-Sensor)
- Drosselklappensensor (TP-Sensor)
- Gasgriffsensor (AP-Sensor)
- Kurbelwellensensor (CKP-Sensor)
- Kühltemperatursensor (ECT-Sensor)
- Lambdasonde (λ-Sonde)
- Geschwindigkeitssensor (Speed-Sensor)
- Neigungswinkelsensor (TO-Sensor)

5 Anhand der erhaltenen Informationen berechnet das Steuergerät den besten Zünd- und Einspritz-Zeitpunkt sowie die erforderliche Kraftstoffmenge – Letzteres geschieht durch verschieden lange elektronische Impulse an die Einspritzdüsen, also über die Einspritzdauer. Diese Menge hängt davon ab, ob der Motor gestartet oder warm gefahren wird, im Standgas läuft, im Schiebebetrieb rollt oder unter Last arbeitet.

6 Im Falle eines abnormalen Sensor-Signals legt das Steuergerät fest, ob der Motor weiterhin sicher am Laufen gehalten werden kann – falls ja, ersetzt ein Sicherungsmodus die Sensorsignale durch einen festen Wert, sodass das Motorrad mit reduzierter Leistung nach Hause oder in eine Werkstatt gefahren werden kann. Wenn dies passiert, beginnt im Cockpit die Motor-Warnlampe zu leuchten. Bei einem schwerwiegenden Defekt wird die Einspritzanlage abgeschaltet und der Motor geht aus – in diesem Fall beginnt die Motor-Warnlampe zu blinken, wenn bei eingeschalteter Zündung auf den Startknopf gedrückt wird.

Anmerkung: *Die Warnlampe leuchtet nach dem Einschalten der Zündung für etwa zwei Sekunden auf – leuchtet sie nicht, muss der LED-Stromkreis des Anzeigeinstruments überprüft werden (siehe Kapitel 8).*

7 Nachdem der Motor abgeschaltet ist, wird bei einigen Modellen im Anzeigeinstrument der entsprechende Selbstdiagnose-Fehlercode angezeigt; bei anderen Modellen ist der Fehlercode nur mit einem Yamaha-Diagnosewerkzeug oder einem anderen Diagnosegerät zugänglich. Falls mehr als ein Fehler aufgetreten ist, wird die niedrigste Codenummer angezeigt. Die Fehlerdiagnose ist in Sektion 7 beschrieben.

7 Einspritzanlage Fehlerdiagnose

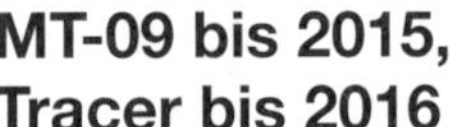

MT-09 bis 2015, Tracer bis 2016

1 Das Motorsteuergerät verfügt über eine Selbstdiagnosefunktion, bei der die meisten Fehler gespeichert und nach dem Abschalten des Motors im Cockpit angezeigt werden. Die Fehler werden im ECU gespeichert, bis sie gelöscht werden. Bei einem kleinen Fehler im System leuchtet die Warnlampe dauerhaft, der Motor läuft weiter und kann auch wieder gestartet werden – allerdings läuft er möglicherweise mit deutlich geringerer Leistung. Bei einem schwerwiegenden Defekt wird die Einspritzanlage abgeschaltet und der Motor geht aus – in diesem Fall beginnt die Motor-Warnlampe zu blinken, wenn bei eingeschalteter Zündung auf den Startknopf gedrückt wird. Manche Fehler aktivieren weder die Warnlampe noch werden als Fehlercode angezeigt, allerdings werden sie als Diagnose-Code gespeichert. Falls der Motor nicht korrekt läuft, aber keine Warnlampe leuchtet und keine Fehlercode angezeigt wird, muss in den Diagnosemodus geschaltet (siehe Schritt 3), der Code ausgelesen und entsprechend der Tabelle fortgefahren werden.

2 Vergleichen Sie den angezeigten Fehlercode mit Tabelle 1, um die fehlerhafte Komponente und ggf. den Diagnosecode zu ermitteln. Wechseln Sie dann den entsprechenden Schritten und schalten Sie die Anzeige auf den Diagnosemodus, um die entsprechenden Prüf-Informationen in Tabelle 2 zu bestätigen, beachten Sie auch die Hinweise Sektion 8, um Informationen über die Komponente und ihre Verkabelung zu erhalten und sie zu überprüfen. Falls für einen Fehlercode keine Diagnosecode angegeben ist (z. B. bei 12 oder 24), müssen die Komponenten entsprechend der Hinweise in Sektion 8 kontrolliert werden.

Diagnosemodus-Einrichtung

MT-09 bis 2015

3 Zur Einrichtung des Diagnosemodus müssen zunächst die Zündung aus und der Killschalter auf OFF gestellt werden. Trennen Sie dann den Benzinpumpenstecker (siehe Sektion 2).

4 Drücken Sie im Cockpit gleichzeitig den SELECT- und den RESET-Knopf und schalten Sie die Zündung ein – halten Sie dabei die Knöpfe für mindestens 8 Sekunden gedrückt; im Display müssen alle Anzeigen verschwinden und stattdessen »dIAG« erscheinen.

5 Bestätigen Sie die Wahl von dIAG, indem Sie den SELECT-Knopf drücken und dann für mindestens zwei Sekunden gleichzeitig den SELECT- und den RESET-Knopf drücken, um in den Diagnosemodus zu gelangen.

6 Es wird der Diagnosecode 1 angezeigt.

7 Ermitteln Sie mithilfe von Tabelle 1 den zum ursprünglichen Fehlercode passenden Diagnosecode. Drücken Sie jetzt SELECT oder RESET, bis der entsprechende Diagnosecode im Uhren-LCD erscheint. Mit SELECT wird aufsteigend durch die Codenummern gescrollt, mit RESET absteigend. Die passenden Betriebsdaten werden – soweit vorhanden – im Trip-LCD (Tageskilometerzähler) angezeigt.

8 Fahren Sie mit Schritt 14 fort.

Diagnosemodus-Einrichtung

Tracer bis 2016

9 Zur Einrichtung des Diagnosemodus müssen zunächst die Zündung aus und der Killschalter auf OFF gestellt werden. Trennen Sie dann den Benzinpumpenstecker (siehe Sektion 2).

10 Drücken Sie im Cockpit gleichzeitig den TCS- und den RESET-Knopf und schalten Sie die Zündung ein – halten Sie dabei die Knöpfe für mindestens 8 Sekunden gedrückt; im Display müssen alle Anzeigen verschwinden und stattdessen »ECU« erscheinen.

11 Drücken Sie gleichzeitig den TCS- und den RESET-Knopf für mindestens 2 Sekunden, um in den Diagnosemodus zu gelangen – dabei erscheint »DIAG«.

12 Es wird der Diagnosecode 1 angezeigt.

13 Ermitteln Sie mithilfe von Tabelle 1 den zum ursprünglichen Fehlercode passenden Diagnosecode. Drücken Sie jetzt TCS oder RESET, bis der entsprechende Diagnosecode im Uhren-LCD erscheint. Mit TCS wird aufsteigend durch die Codenummern gescrollt, mit RESET absteigend. Die passenden Betriebsdaten werden – soweit vorhanden – im Trip-LCD (Tageskilometerzähler) angezeigt.

Prüfen und Löschen

MT-09 bis 2015 und Tracer bis 2016

14 Wählen Sie den Diagnosecode in Tabelle 2 und die entsprechenden Betriebsdaten, um den erforderlichen Test zu bestimmen. Manchmal ist es nötig, die Zündung einzuschalten, um die Betriebsdaten zu überprüfen.

15 Nach jeder Kontrolle muss die Zündung ausgeschaltet und die Einrichtungs-Prozedur erneut durchgeführt werden, um weitere Kontrollen durchführen zu können.

16 Um den Diagnosemodus abzubrechen, wird die Zündung ausgeschaltet.

17 Sobald der Fehler beseitigt ist, wird durch Ab- und Einschalten der Zündung bestätigt, dass er nicht länger angezeigt wird. Wird der Fehlercode nicht mehr im Uhren-LCD angezeigt, ist die Reparatur beendet.

18 Um einen Fehlercode aus dem Steuergerät-Speicher zu löschen, muss der Diagnosemodus wie oben beschrieben eingerichtet werden, dann wird im Uhren-LCD Code 62 angewählt, sodass die Anzahl der gespeicherten Fehler im Trip-LCD angezeigt wird. Stellen Sie den Killschalter von OFF auf ON, um die gespeicherten Codes zu löschen – im LCD muss jetzt »00« erscheinen.

Tabelle 1 Einspritzanlagen-Fehlercodes – MT-09 bis 2015, Tracer bis 2016

Angezeigter Fehlercode	Fehlerhafte Komponente – Symptome	Mögliche Ursachen	Diagnose-code
12	Kurbelwellensensor – Motor stoppt und lässt sich nicht wieder starten	Schadhafte Kabel oder Stecker Beschädigter oder falsch montierter Sensor oder Zündrotor Defektes Motorsteuergerät	–
13	Ansaugluftdrucksensor 1 – Motor läuft	Schadhafte Kabel oder Stecker Beschädigter oder schadhafter Sensor Defektes Motorsteuergerät	03
14	Ansaugluftdrucksensor 1-Schläuche – Motor läuft	Geknickter, verstopfter oder abgezogener Schlauch Defektes Motorsteuergerät	03

Angezeigter Fehlercode	Fehlerhafte Komponente – Symptome	Mögliche Ursachen	Diagnose-code
15	Drosselklappensensor – Motor läuft	Schadhafte Kabel oder Stecker Beschädigter oder falsch montierter Sensor Defektes Motorsteuergerät	01, 13
19	Seitenständerschalter – Motor stoppt	Schadhafte Kabel oder Stecker Defektes Motorsteuergerät	20
20	Ansaugluftdrucksensor 1 oder 2 – Motor läuft	Schadhafter Sensor – Ausgangsspannung beider Sensoren weicht stark voneinander ab	03, 04
21	Kühltemperatursensor – Motor läuft	Schadhafte Kabel oder Stecker Beschädigter oder falsch montierter Sensor Defektes Motorsteuergerät	06
22	Ansauglufttemperatursensor – Motor läuft	Schadhafte Kabel oder Stecker Beschädigter oder falsch montierter Sensor Defektes Motorsteuergerät	05
24	Lambdasonde – Motor läuft	Schadhafte Kabel oder Stecker Beschädigter oder falsch montierte Sonde Defektes Motorsteuergerät	–
25	Ansaugluftdrucksensor 2 – Motor läuft	Schadhafte Kabel oder Stecker Beschädigter oder falsch montierter Sensor Defektes Motorsteuergerät	04
26	Ansaugluftdrucksensor 2-Schläuche – Motor läuft	Geknickter, verstopfter oder abgezogener Schlauch Defektes Motorsteuergerät	04
30	Neigungswinkelsensor – Motor stoppt, Kraftstoffsystem wird abgeschaltet	Motorrad umgekippt Beschädigter oder falsch montierter Sensor Defektes Motorsteuergerät	08
33	Zündspule Zylinder 1 – Motor läuft ggf. auf 2 Zylindern weiter	Schadhaftes Primärkabel oder -stecker Zündspule sitzt nicht richtig auf Zündkerze Beschädigte Zündspule Fehlerhafte Komponente im Sicherheits-Abschaltstromkreis Defektes Motorsteuergerät	30
34	Zündspule Zylinder 2 – Motor läuft ggf. auf 2 Zylindern weiter	Schadhaftes Primärkabel oder -stecker Zündspule sitzt nicht richtig auf Zündkerze Beschädigte Zündspule Fehlerhafte Komponente im Sicherheits-Abschaltstromkreis Defektes Motorsteuergerät	31
35	Zündspule Zylinder 3 – Motor läuft ggf. auf 2 Zylindern weiter	Schadhaftes Primärkabel oder -stecker Zündspule sitzt nicht richtig auf Zündkerze Beschädigte Zündspule Fehlerhafte Komponente im Sicherheits-Abschaltstromkreis Defektes Motorsteuergerät	32
39	Einspritzdüse – Motor läuft ggf. auf 2 Zylindern weiter	Schadhafte Kabel oder Stecker	36, 37, 38
41	Neigungswinkelsensor – Motor stoppt	Schadhafte Kabel oder Stecker Beschädigter Sensor Defektes Motorsteuergerät	08
42	Geschwindigkeitssensor (Modelle ohne ABS) oder Hinterradsensor (Modelle mit ABS) / Leerlaufschalter / Kupplungsschalter – Motor läuft	Defekter Sensor Schadhafte Kabel oder Stecker Defektes Motorsteuergerät	07/21
43	Stromversorgung der Einspritzanlage – Motor läuft	Schadhafte Kabel oder Stecker Defektes Motorsteuergerät	9/50
44	CO-Gehalt: Lese- oder Schreibfehler – Motor läuft	Fehlerhafter CO-Einstellungswert auf EEPROM Defektes Motorsteuergerät	60
46	Stromversorgung der Einspritzanlage – Motor läuft	Defekt im Ladesystem	–

Angezeigter Fehlercode	Fehlerhafte Komponente – Symptome	Mögliche Ursachen	Diagnose-code
50	Motorsteuergerät Fehlfunktion, Fehlercode wird evtl. nicht angezeigt – Motor stoppt	Fehlfunktion des Steuergerät-Speichers	–
51 bis 56	Wegfahrsperre – siehe Sektion 19		
59	Gasgriff-Sensor – Motor lässt sich je nach Diagnosecode starten oder nicht	Schadhafte Kabel oder Stecker Beschädigter oder falsch montierter Sensor Defektes Motorsteuergerät	14/15
60	YCC-T-System – Motor läuft oder läuft nicht	Schadhafte Kabel oder Stecker Beschädigter Stellmotor Fehler in Drosselklappengehäusen Defektes Motorsteuergerät	–
69	Vorderradsensor (Modelle mit ABS) – Motor läuft	Schadhafte Kabel oder Stecker Beschädigter oder falsch montierter Sensor Defekter ABS-Modulator oder Motorsteuergerät	16
89 (im Yamaha-Diagnose-gerät); ERR im Cockpit	Instrumenten-Baugruppe, keine Verbindung zum Motorsteuergerät – Motor läuft	Schadhafte Kabel oder Stecker Defekte Instrumenten-Baugruppe Defektes Motorsteuergerät	–
Warnung: Start unmöglich	Motor-Warnlampe blinkt bei eingeschalteter Zündung und gedrücktem Startknopf	Fehler entdeckt – Fehlercode 12,19, 30, 41 oder 50 beachten	–

7.19a Der Diagnosestecker kann auf einer Lasche neben dem Anlasserrelais sitzen...

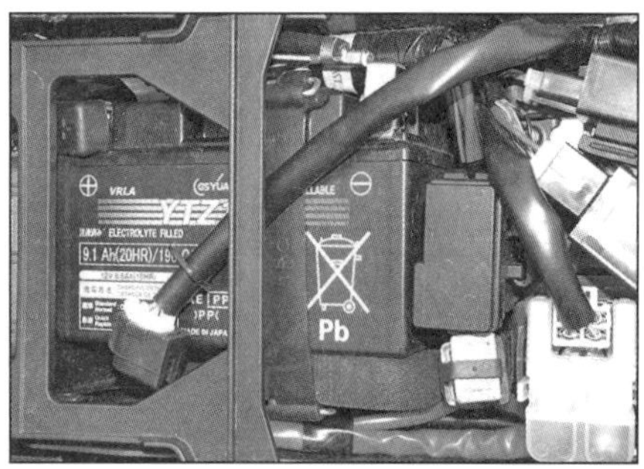

7.19b ...oder locker auf dem Rahmen liegen.

MT-09 ab 2016, Tracer ab 2017 und alle XSR

19 Das Motorsteuergerät verfügt über eine Selbstdiagnosefunktion, bei der die meisten Fehler gespeichert und mit einem originalen Yamaha-Diagnosegerät ausgelesen werden können. Es kann auch ein anderes On-Board-Diagnosegerät (OBD) verwendet werden, doch wird für den Anschluss ein entsprechendes Adapterkabel (Yamaha-Teilenummer 90890-03249) für den Diagnosestecker der Maschine benötigt (siehe Abbildungen). Ohne Zugang zu einem Diagnosegerät muss das Motorrad zu einer Yamaha-Werkstatt gebracht werden, um die Fehler dort auslesen zu können. Die Fehler werden im ECU gespeichert, bis sie gelöscht werden. Bei einem kleinen Fehler im System leuchtet die Warnlampe dauerhaft, der Motor läuft weiter und kann auch wieder gestartet werden – allerdings läuft er möglicherweise mit deutlich geringerer Leistung. Bei einem schwerwiegenden Defekt wird die Einspritzanlage abgeschaltet und der Motor geht aus – in diesem Fall beginnt die Motor-Warnlampe zu blinken, wenn bei eingeschalteter Zündung auf den Startknopf gedrückt wird. Manche Fehler aktivieren weder die Warnlampe noch werden als Fehlercode angezeigt, allerdings werden sie als Diagnose-Code gespeichert.

20 Falls ein Auslesegerät verwendet wird, müssen die angezeigten Fehlercodes mit den Angaben in Tabelle 2 verglichen werden, um die defekte Komponente und den entsprechenden Diagnosecode zu identifizieren (Tabelle 3). Wechseln Sie nötigenfalls auch zu Sektion 8, um Informationen über die Komponente und ihre Verkabelung zu erhalten. Falls der Fehlercode P0030 plus ein anderer Code angezeigt wird, muss zuerst die entsprechende Aktion zur Beseitigung des anderen Codes durchgeführt werden, erst dann darf Code 0030 behandelt werden.

21 Sobald ein Fehler korrigiert ist, muss geprüft werden, ob der Fehlercode nicht mehr angezeigt wird – schalten Sie dazu die Zündung erneut aus und wieder ein; wenn der Code nicht mehr im Uhren-LCD angezeigt wird, ist die Reparatur beendet.

22 Um einen Fehlercode aus dem Motorsteuergerät-Speicher zu löschen, muss der Diagnosemodus wie oben beschrieben eingerichtet werden, dann wird im Uhren-LCD Code 62 angewählt, sodass die Anzahl der gespeicherten Fehler im Trip-LCD angezeigt wird. Stellen Sie den Killschalter von OFF auf ON, um die gespeicherten Codes zu löschen – im LCD muss jetzt »00« erscheinen.

Tabelle 2 Einspritzanlagen-Fehlercodes – MT-09 ab 2016, Tracer ab 2017, alle XSR

Angezeigter Fehlercode	Fehlerhafte Komponente – Symptome	Mögliche Ursachen	Diagnose-code
P0335	Kurbelwellensensor – Motor stoppt und lässt sich nicht wieder starten	Schadhafte Kabel oder Stecker Beschädigter oder falsch montierter Sensor oder Zündrotor Defektes Motorsteuergerät	–
P0107, P0108	Ansaugluftdrucksensor 1 – Motor läuft	Schadhafte Kabel oder Stecker Beschädigter oder schadhafter Sensor Defektes Motorsteuergerät	03
P0122, P0123, P0222, P0223, P2135	Drosselklappensensor – Motor läuft	Schadhafte Kabel oder Stecker Beschädigter oder falsch montierter Sensor Defektes Motorsteuergerät	01, 13
P1601	Seitenständerschalter – Motor stoppt	Schadhafte Kabel oder Stecker Defektes Motorsteuergerät	20
P1004	Ansaugluftdrucksensor 1 oder 2 – Motor läuft	Schadhafter Sensor – Ausgangsspannung beider Sensoren weicht stark voneinander ab	03, 04
P0117, P0118	Kühltemperatursensor – Motor läuft	Schadhafte Kabel oder Stecker Beschädigter oder falsch montierter Sensor Defektes Motorsteuergerät	06
P0112, P0113	Ansauglufttemperatursensor – Motor läuft	Schadhafte Kabel oder Stecker Beschädigter oder falsch montierter Sensor Defektes Motorsteuergerät	05
P0030, P0132, P2195	Lambdasonde – Motor läuft	Schadhafte Kabel oder Stecker Beschädigter oder falsch montierte Sonde Defektes Motorsteuergerät	–
P1606, P1607	Ansaugluftdrucksensor 2 – Motor läuft	Schadhafte Kabel oder Stecker Beschädigter oder falsch montierter Sensor Defektes Motorsteuergerät	04
P0351	Zündspule Zylinder 1 – Motor läuft ggf. auf 2 Zylindern weiter	Schadhaftes Primärkabel oder -stecker Zündspule sitzt nicht richtig auf Zündkerze Beschädigte Zündspule Fehlerhafte Komponente im Sicherheits-Abschaltstromkreis Defektes Motorsteuergerät	30
P0352	Zündspule Zylinder 2 – Motor läuft ggf. auf 2 Zylindern weiter	Schadhaftes Primärkabel oder -stecker Zündspule sitzt nicht richtig auf Zündkerze Beschädigte Zündspule Fehlerhafte Komponente im Sicherheits-Abschaltstromkreis Defektes Motorsteuergerät	31
P0353	Zündspule Zylinder 3 – Motor läuft ggf. auf 2 Zylindern weiter	Schadhaftes Primärkabel oder -stecker Zündspule sitzt nicht richtig auf Zündkerze Beschädigte Zündspule Fehlerhafte Komponente im Sicherheits-Abschaltstromkreis Defektes Motorsteuergerät	32
P0201/2/3	Einspritzdüse – Motor läuft ggf. auf 2 Zylindern weiter	Schadhafte Kabel oder Stecker	36, 37, 38
P1604, P1605	Neigungswinkelsensor – Motor stoppt	Schadhafte Kabel oder Stecker Beschädigter Sensor Defektes Motorsteuergerät	08
P0500	Hinterradsensor / Leerlaufschalter / Kupplungsschalter – Motor läuft	Defekter Sensor Schadhafte Kabel oder Stecker Defektes Motorsteuergerät	07/21
P1400			
P0657	Stromversorgung der Einspritzanlage – Motor läuft	Schadhafte Kabel oder Stecker Defektes Motorsteuergerät	9/50

4

Angezeigter Fehlercode	Fehlerhafte Komponente – Symptome	Mögliche Ursachen	Diagnose-code
P062F	CO-Gehalt: Lese- oder Schreibfehler – Motor läuft	Fehlerhafter CO-Einstellungswert auf EEPROM Defektes Motorsteuergerät	60
P0560	Stromversorgung der Einspritzanlage – Motor läuft	Defekt im Ladesystem	–
P0601, P0606, P1602	Motorsteuergerät Fehlfunktion, Fehlercode wird evtl. nicht angezeigt – Motor stoppt	Fehlfunktion des Steuergerät-Speichers	–
P2122, P2123, P2127, P2128, P2138	Gasgriff-Sensor – Motor lässt sich je nach Diagnosecode starten oder nicht	Schadhafte Kabel oder Stecker Beschädigter oder falsch montierter Sensor Defektes Motorsteuergerät	14/15
P0638	YCC-T-System – Motor läuft oder läuft nicht	Schadhafte Kabel oder Stecker Beschädigter Stellmotor Fehler in Drosselklappengehäusen Defektes Motorsteuergerät	–
P2158	Vorderradsensor (Modelle mit ABS) – Motor läuft	Schadhafte Kabel oder Stecker Beschädigter oder falsch montierter Sensor Defekter ABS-Modulator oder Motorsteuergerät	16
U0155 (im Yamaha-Diagnosegerät); ERR im Cockpit	Instrumenten-Baugruppe, keine Verbindung zum Motorsteuergerät – Motor läuft	Schadhafte Kabel oder Stecker Defekte Instrumenten-Baugruppe Defektes Motorsteuergerät	–
Warnung: Start unmöglich	Motor-Warnlampe blinkt bei eingeschalteter Zündung und gedrücktem Startknopf	Fehler entdeckt – Fehlercode 12,19, 30, 41 oder 50 beachten	–

Tabelle 3 Einspritzanlagen-Diagnosecodes und Daten – alle Modelle

Diagnose-code	Erforderliche Aktion	Angezeigte Daten
01	Prüfen der angezeigten Winkeldaten bei vollständig geschlossener und vollständig geöffneter Drosselklappe	Vollständig geschlossen: 11 bis 21 Vollständig geöffnet: 96 bis 106
03/04	Killschalter auf ON stellen und Gasgriff vollständig öffnen	Werte müssen sich beim Öffnen ändern
05	Temperatur im Luftfiltergehäuse prüfen* und mit angezeigten Daten vergleichen	–
06	Kühlmitteltemperatur prüfen ** und mit angezeigten Daten vergleichen – siehe Kapitel 3 zur Funktionsprüfung des Sensors	–
07	Beim Drehen des Hinterrades in normale Drehrichtung werden die angezeigten Impulse beachtet. Kontrolle des Hinterradsensor-Steckers und des Abstands des Sensors zum Ring (siehe Kapitel 6)	0 bis 999
08	Neigungswinkelsensor prüfen	Sensor aufrecht: 0,4 bis 1,4 V Sensor um mehr als 65° geneigt: 3,7 bis 4,4 V
09	Killschalter auf ON schalten und Batteriespannung prüfen. Funktionsprüfung des Einspritzanlagen-Relais	Ca. 12 bis 13 V
13	Funktionsprüfung des Drosselklappensensors bei geschlossener und vollständig geöffneter Drosselklappe	Vollständig geschlossen: 9 bis 23 Vollständig geöffnet: 94 bis 108
14	Funktionsprüfung des Drosselklappensensor-Signals 1 bei geschlossener und vollständig geöffneter Drosselklappe	Vollständig geschlossen: 12 bis 22 Vollständig geöffnet: 97 bis 107
15	Funktionsprüfung des Drosselklappensensor-Signals 2 bei geschlossener und vollständig geöffneter Drosselklappe	Vollständig geschlossen: 10 bis 24 Vollständig geöffnet: 95 bis 109

Diagnose-code	Erforderliche Aktion	Angezeigte Daten
16	Beim Drehen des Vorderrades in normale Drehrichtung werden die angezeigten Impulse beachtet. Kontrolle des Vorderradsensor-Steckers und des Abstands des Sensors zum Ring (siehe Kapitel 6)	0 bis 999
20	Kontrolle des Seitenständerschalters bei eingelegtem Gang – siehe Kapitel 8 für den Zugang und weitere Kontrollen	Ständer eingeklappt: ON Ständer ausgeklappt: OFF
21	Funktionsprüfung des Getriebeschalters und des Kupplungsschalters	Getriebe im Leerlauf: ON Eingelegter Gang oder gelöste Kupplung: OFF Eingelegter Gang mit gezogener Kupplung und eingeklapptem Seitenständer: ON Eingelegter Gang mit gezogener Kupplung und ausgeklapptem Seitenständer: OFF
30, 31, 32	Funktionsprüfung der entsprechenden Zündspule (Sektion 16). Aktivierung durch auf ON gestellten Killschalter erzeugt fünf Zündfunken im entsprechenden Kerzenstecker und die Motor-Warnleuchte leuchtet auf.	–
36, 37, 38	Funktionsprüfung der entsprechenden Einspritzdüse (Sektion 10). Aktivierung durch auf ON gestellten Killschalter erzeugt fünf hörbare Impulse im entsprechenden Einspritzdüse und die Motor-Warnleuchte leuchtet auf.	–
48	Funktionsprüfung des Sekundärluftsystem-Magnetschalters – Aktivierung durch auf ON gestellten Killschalter erzeugt fünf hörbare Klick-Impulse im Magnetschalter (Sektion 14) und die Motor-Warnleuchte leuchtet auf.	–
50	Funktionsprüfung der Einspritzanlage (Sicherheits-Abschaltrelais) – Aktivierung durch auf ON gestellten Killschalter schließt das Relais fünfmal hörbar und die Motor-Warnleuchte blinkt auf. Siehe Kapitel 8 für den Zugang und weitere Kontrollen.	–
51	Funktionsprüfung des Ventilatorrelais – Aktivierung durch auf ON gestellten Killschalter schließt das Relais fünfmal hörbar und die Motor-Warnleuchte blinkt auf. Siehe Kapitel 3 für den Zugang und weitere Kontrollen.	–
52	Funktionsprüfung des Scheinwerferrelais – Aktivierung durch auf ON gestellten Killschalter schließt das Relais fünfmal hörbar und der Scheinwerfer leuchtet auf; die Motor-Warnleuchte blinkt auf. Siehe Kapitel 8 für den Zugang und weitere Kontrollen.	–
60	EEPROM-Fehlercode / Kontrolle des CO-Gehalts im Abgas	00: kein Fehler; 01: Fehler in Zylinder 1; 02: Fehler in Zylinder 2; 03: Fehler in Zylinder 3; 11: Datenfehler für CO-Wert
61	Fehlerhistoriencode-Display – nach Korrektur müssen Fehlercodes gelöscht werden	–
	Keine Historie	00
	Historie	12 bis 89 – je nach Anzahl der Fehlercodes
62	Fehlerhistorie	–
	Keine Historie	12 bis 89 – je nach Anzahl der Fehlercodes
	Historie	Alle seit dem letzten Löschen gespeicherten Fehlercodes werden angezeigt
	Historie löschen	Killschalter auf ON stellen
63	Fehlerhistorie – Wiedereinstellung der Codes	Killschalter auf ON stellen
67	Standgasdrehzahl-Kontrolldaten (ISC Data):	–
	Daten wurden gelöscht	00
	Daten müssen nicht gelöscht werden	01
	Daten müssen gelöscht werden	02
	Zu löschende Daten	Killschalter dreimal innerhalb fünf Sekunden zwischen OFF und ON wechseln

4

8 Einspritzanlage
Komponenten

Achtung: Bevor irgendwelche elektrischen Leitungen der Motorsteuerung getrennt oder verbunden werden, muss die Zündung abgeschaltet werden - andernfalls kann das Steuergerät beschädigt werden!

1 Falls bei irgendeiner Komponente ein Fehler attestiert wird, müssen zuerst alle Kabel und Stecker zwischen dem entsprechenden Bauteil und dem Motorsteuergerät überprüft werden – beachten Sie dazu die Hinweise in Sektion 2 von Kapitel 8 sowie die Schaltpläne an dessen Ende. Eine Durchgangsprüfung aller Kabel deckt in jedem Stromkreis eine Unterbrechung oder einen Kurzschluss auf. Begutachten Sie die Kontakte innerhalb jedes Steckers, um sicherzugehen, dass sie nicht locker oder korrodiert sind. Sprühen Sie die Stecker innen mit Kontaktspray ein, bevor Sie sie wieder verbinden.

2 Einige Komponenten können mithilfe eines Multimeters kontrolliert werden, um die Messergebnisse mit den Angaben in den technischen Daten zu vergleichen.

Anmerkung: *Mit verschiedenen Messgeräten können auch etwas unterschiedliche Messergebnisse erzielt werden. Erst wenn mit zwei Messgeräten herausgefunden wurde, dass bei einer gemessenen Komponente deutlich andere Werte ermittelt werden, kann das Bauteil als defekt bezeichnet werden. Manche Fehler lassen sich nur mithilfe spezieller Messinstrumente ermitteln, über die zumeist nur eine Fachwerkstatt verfügt.*

3 Falls auch nach sorgfältigen Kontrollen keine Fehlerquelle lokalisiert werden konnte, kann es sein, dass das Motorsteuergerät (ECU) selbst defekt ist. Yamaha gibt hierfür keinerlei Prüfdaten heraus. Um sicherzugehen, dass der Schaden im Steuergerät liegt, muss es durch ein erwiesenermaßen funktionsfähiges Teil ausgetauscht werden – ist das Problem dadurch beseitigt, kann das Originalteil als defekt bezeichnet werden.

Kurbelwellensensor (CKP-Sensor)

4 Die Zündung muss ausgeschaltet sein. Entfernen Sie die Sitze oder Sitzbank (siehe Kapitel 7).

5 Der Kurbelwellensensor sitzt innerhalb des Lichtmaschinendeckels links am Motor. Verfolgen Sie das aus dem Deckel kommende Kabel und trennen Sie seinen Zweistiftstecker (siehe Abbildung).

6 Verbinden Sie ein auf den Messbereich Ohm x 100 geschaltetes Multimeter mit den sensorseitigen Steckerkontakten – Plus mit dem grauen Kabel, Minus mit dem schwarz/blauen Kabel. Liegt der Wert wie vorgeschrieben zwischen 228 und 342 Ohm, muss der gesamte Lichtmaschinenstator durch ein Neuteil ersetzt werden (siehe Kapitel 8) – der Sensor ist nicht separat erhältlich.

Ansaugluftdrucksensor (IAP-Sensor)

Kontrolle

Anmerkung: *Damit der Sensor für den Test mit dem Motorsteuergerät verbunden bleiben kann, muss das Yamaha-Kabel mit der Teilenummer 90890-03207 zwischen ihn und seinen Stecker installiert werden.*

7 Die Zündung muss ausgeschaltet sein. Entfernen Sie das Luftfiltergehäuse (siehe Sektion 5) – Sensor Nr. 1 sitzt rechts am Drosselklappengehäuse, Sensor Nr. 2 links (siehe Abbildung und Abbildung 10.6a).

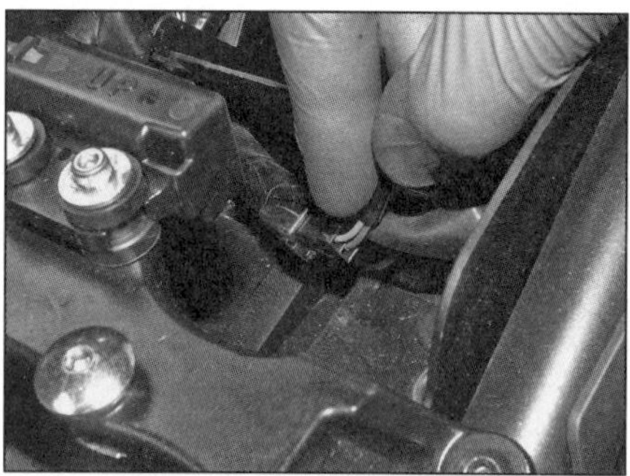

8.5 Zweistiftstecker des Kurbelwellensensors

8 Überprüfen Sie den Unterdruckschlauch zwischen der Unterseite des jeweiligen Sensors und den Drosselklappengehäusen (siehe Abbildung). Falls der Schlauch rissig oder spröde ist, muss er ersetzt werden. Der Schlauch muss fest am Sensor, am Schlauchverbinder (Sensor Nr. 1) und den Drosselklappengehäuse sitzen.

9 Trennen Sie den Sensorstecker und installieren Sie den Prüf-Kabelbaum zwischen Stecker und Sensor. Ermitteln Sie mit einem auf Volt DC geschalteten Messgerät wie folgt die Ausgangsspannung: Verbinden Sie die Plusklemme des Messgeräts mit dem offenen Stecker des rosa (Sensor Nr. 1) bzw. rosa/weißen Kabels (Sensor Nr. 2) des Prüfkabels; die Minusklemme wird mit dem schwarz/blauen Kabel verbunden. Schalten Sie die Zündung ein, notieren Sie die Ausgangsspannung und schalten Sie die Zündung wieder aus.

10 Wurden nicht zwischen 3,57 und 3,71 Volt festgestellt, muss der Sensor ausgetauscht werden.

8.7 Ansaugluftdrucksensoren Nr. 1 und 2

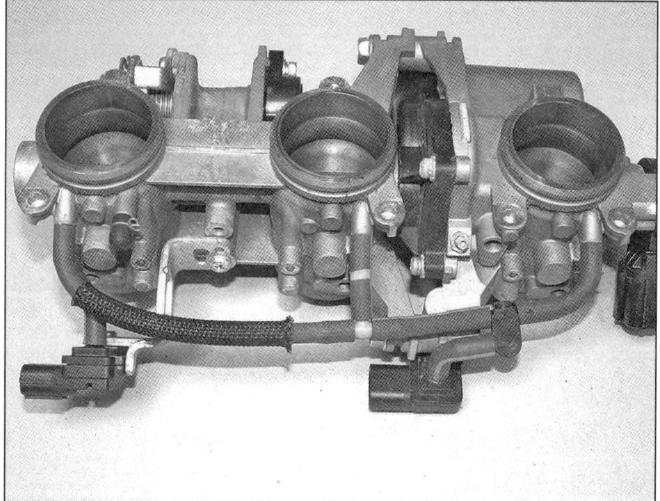

8.8 Unterdruckschlauch-Anschlüsse an den Drosselklappengehäusen – hier ausgebaut und auf den Kopf gestellt.

Ausbau und Einbau

11 Folgen Sie Schritt 7, trennen Sie den Sensorstecker und lösen Sie die Sensorschraube (Abbildung 8.7). Heben Sie den Sensor an und trennen Sie den Unterdruckschlauch.

12 Kontrollieren Sie vor dem Einbau den Unterdruckschlauch (Schritt 8). Achten Sie darauf, dass der Schlauch fest auf dem Sensorstutzen steckt und die Steckerkontakte sauber sind.

Ansauglufttemperatursensor (IAT-Sensor)

13 Die Zündung muss ausgeschaltet sein. Der Sensor sitzt links vorn am Tank.

14 Entfernen Sie bei der MT-09 die linke Tankverkleidung, bei der Tracer die linke Tankabdeckung und bei der XSR die linke Rahmenverkleidung (siehe Kapitel 7).

15 Befreien Sie den Sensor und trennen Sie seinen Stecker (siehe Abbildungen). Inspizieren Sie die Verkabelung und die Sensor-Kontaktstifte.

16 Verbinden Sie am befreiten Sensor ein auf den K-Ohm-Messbereich geschaltetes Messgerät mit den Kontakten und ermitteln Sie den Widerstand. Erwärmen Sie bei angeschlossenem Messgerät den Sensor mit einem Haartrockner oder Heißluftgebläse. Halten Sie ein Thermometer an die Sensorspitze, um zu ermitteln, wann sie 80 °C erreicht hat. Laut Yamaha müssen bei 0 °C zwischen 5,4 und 6,6 K-Ohm festgestellt werden (bei normaler Umgebungstemperatur also etwas weniger); bei 80 °C müssen 290 bis 390 Ohm festgestellt werden. Falls die Ergebnisse deutlich von diesen Vorgaben abweichen, ist der Sensor defekt und muss erneuert werden.

Drosselklappensensor (TP-Sensor)

Kontrolle

17 Die Zündung muss ausgeschaltet sein. Heben Sie den Tank an oder demontieren Sie ihn (siehe Sektion 2).

18 Der Sensor sitzt rechts an den Drosselklappengehäusen. Trennen Sie seinen Stecker (siehe Abbildung).

19 Ermitteln Sie mit einem auf K-Ohm geschalteten Messgerät den maximalen Sensorwiderstand, indem Sie dessen Plusklemme mit dem blauen Kabel und dessen Minusklemme mit dem schwarz/blauen Kabel verbinden.

20 Liegt der maximale Widerstand nicht zwischen 1,2 und 2,8 K-Ohm, muss der Sensor ersetzt werden.

Ausbau und Einbau

MT-09 bis 2015 und alle Tracer

21 Demontieren Sie die Drosselklappengehäuse, um Zugang zu den Sensorschrauben zu erhalten (siehe Sektion 9). Falls noch nicht geschehen, muss der Sensorstecker getrennt werden (Abbildung 8.18).

22 Der Sensor ist mit zwei Torx-TR-Schrauben gesichert, für die ein spezieller Torx-Schlüssel mit einer Bohrung in der Mitte benötigt wird (siehe Abbildung). Markieren Sie die Positionen der Schrauben in den Langlöchern, um den Sensor später wieder auszurichten (siehe Abbildung). Lösen Sie die Schrauben und ziehen Sie den Sensor ab – beachten Sie, wie er auf der Drosselklappenwelle sitzt.

23 Für die Montage des Sensors müssen die Drosselklappen vollständig geschlossen sein. Richten Sie die Nut des Sensors zur Drosselklappenwelle aus. Installieren Sie die Schrauben zunächst handfest. Verbinden Sie den Sensorstecker.

24 Die Position des Sensors muss jetzt korrekt eingestellt werden – positionieren Sie dazu die Drosselklappengehäuse so, dass der Sensor zugänglich ist. Schalten Sie das Motorsteuergerät mithilfe der Cockpit-Knöpfe in den Diagnosemodus (siehe Sektion 7) und wählen Sie den Diagnosecode 1. Positionieren Sie jetzt den Sensor sorgfältig, bis 11 – 22 angezeigt wird, und ziehen Sie die Sensorschrauben sorgfältig an. Schalten Sie die Zündung ab.

25 Montieren Sie die Drosselklappen-Baugruppe (siehe Sektion 9).

MT-09 ab 2016 und alle XSR

Anmerkung: *Bei der Montage des Sensors muss er mithilfe eines Yamaha-Diagnosegeräts exakt positioniert werden.*

26 Demontieren Sie die Drosselklappengehäuse, um Zugang zu den Sensorschrauben zu erhalten (siehe Sektion 9). Falls noch nicht geschehen, muss der Sensorstecker getrennt werden.

27 Der Sensor ist mit zwei Torx-TR-Schrauben gesichert, für die ein spezieller Torx-Schlüssel mit einer Bohrung in der Mitte benötigt wird (Abbildung 8.22). Markieren Sie die Positionen der Schrauben in den Langlöchern, um den Sensor später wieder auszurichten (siehe Abbildung). Lösen Sie die Schrauben und ziehen Sie den Sensor ab – beachten Sie, wie er auf der Drosselklappenwelle sitzt.

28 Für die Montage des Sensors müssen die Drosselklappen vollständig geschlossen sein. Richten Sie die Nut des Sensors zur Drosselklappenwelle aus. Installieren Sie die Schrauben in den markierten Positionen (oder mittig bei neuem Sensor) und ziehen Sie sie sorgfältig an. Verbinden Sie den Sensorstecker.

29 Montieren Sie die Drosselklappen-Baugruppe (siehe Sektion 9). Lassen Sie die exakte Position des Sensors von einer Yamaha-Werkstatt einstellen.

Gasgriffsensor

Kontrolle

30 Die Zündung muss ausgeschaltet sein. Demontieren Sie den Tank (siehe Sektion 2).

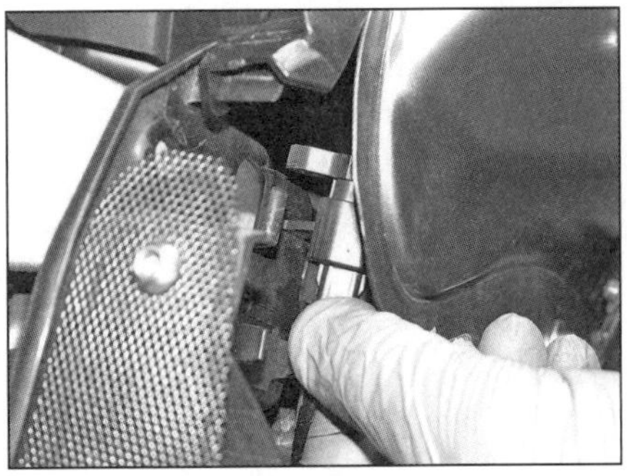

8.15a Befreien Sie den Sensor von seinem Clip, heben Sie ihn vom Stift...

8.15b ...und trennen Sie seinen Stecker.

8.18 Stecker des Drosselklappensensors

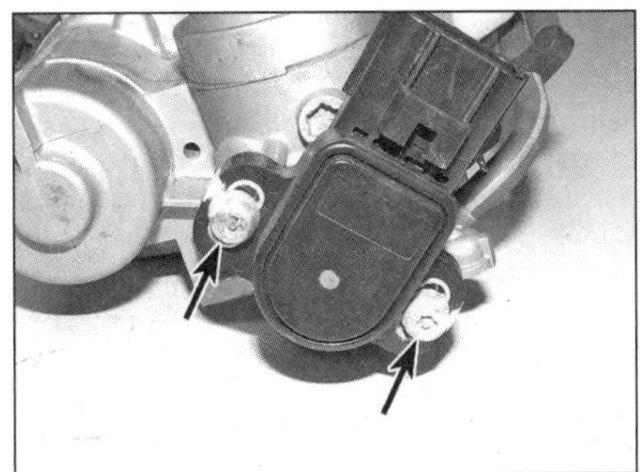

8.22 Torx-TR-Schrauben des Drosselklappensensors

8.31 Trennen Sie den Stecker des Gasgriffsensors.

8.35 Schrauben des Gasgriffsensors

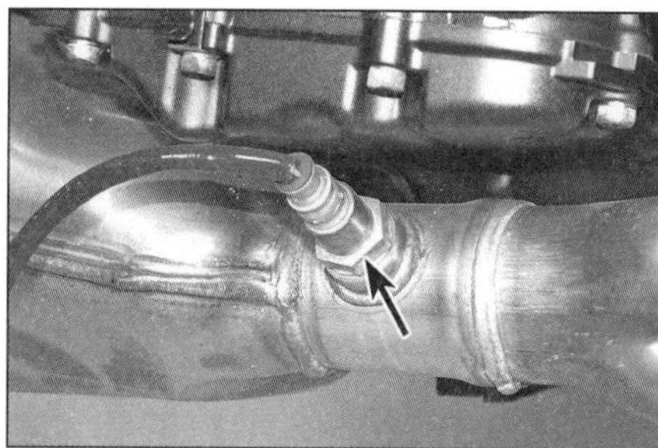
8.44 Lambdasonde

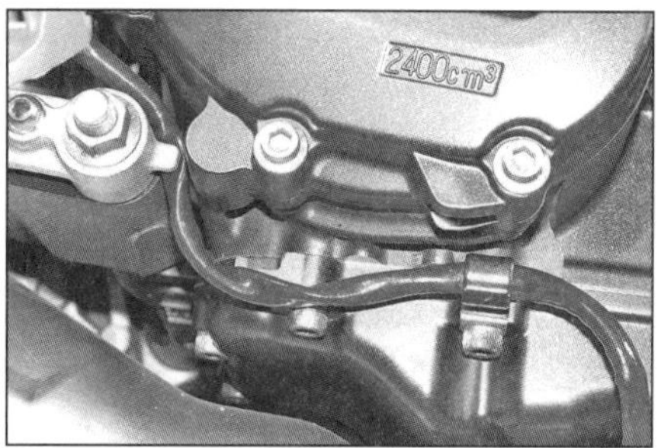

8.45 Kontrollieren Sie das Lambdasonden-Kabel

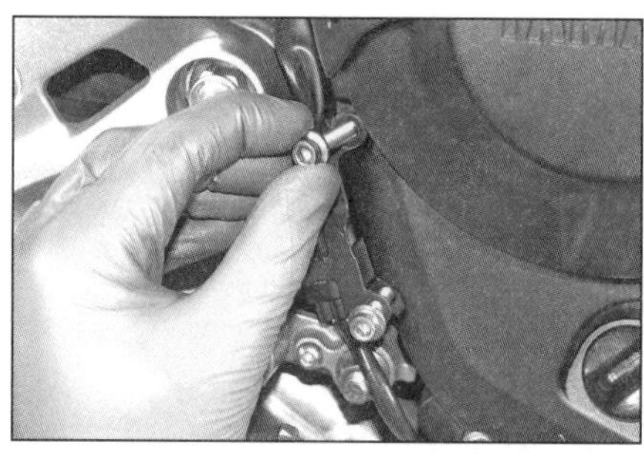
8.47a Lösen Sie die Schrauben,...

8.47b ...befreien Sie den Halter und trennen Sie den Lambdasonden-Stecker.

31 Der Gasgriffsensor sitzt in der Mitte der Drosselklappengehäuse-Baugruppe – trennen Sie seinen Stecker (siehe Abbildung).
32 Ermitteln Sie mit einem auf K-Ohm geschalteten Messgerät den maximalen Sensorwiderstand, indem Sie dessen Plusklemme mit dem blauen Kabel und dessen Minusklemme mit dem schwarz/blauen Kabel verbinden.
33 Liegt der maximale Widerstand nicht zwischen 1,08 und 2,52 K-Ohm, muss der Sensor ersetzt werden.

Ausbau und Einbau

MT-09 bis 2015 und alle Tracer

34 Demontieren Sie die Drosselklappengehäuse, um Zugang zu den Sensorschrauben zu erhalten (siehe Sektion 9). Falls noch nicht geschehen, muss der Sensorstecker getrennt werden (Abbildung 8.31).
35 Markieren Sie die Positionen der Schrauben in den Langlöchern, um den Sensor beim Einbau wieder korrekt positionieren zu können (siehe Abbildung). Lösen Sie die Schrauben und ziehen Sie den Sensor ab – beachten Sie, wie er auf der Drosselklappenwelle sitzt.
36 Für die Montage des Sensors müssen die Drosselklappen vollständig geschlossen sein. Richten Sie die Nut des Sensors zur Drosselklappenwelle aus. Installieren Sie die Schrauben zunächst handfest und verbinden Sie den Sensorstecker.
37 Die Position des Sensors muss jetzt korrekt eingestellt werden – positionieren Sie dazu die Drosselklappengehäuse so, dass der Sensor zugänglich ist. Schalten Sie das Motorsteuergerät mithilfe der Cockpit-Knöpfe in den Diagnosemodus (siehe Sektion 7) und wählen Sie den Diagnosecode 14. Positionieren Sie jetzt den Sensor sorgfältig, bis 12 – 22 angezeigt wird, und ziehen Sie die Sensorschrauben sorgfältig an. Öffnen Sie den Gasgriff vollständig und kontrollieren Sie, ob 97 bis 107 angezeigt wird; lockern Sie nötigenfalls die Schrauben und positionieren Sie den Sensor so, dass der Wert angezeigt wird, und ziehen Sie die Schrauben wieder an.
38 Wählen Sie jetzt den Diagnosecode 15. Schließen Sie den Gasgriff und prüfen Sie, ob 10 bis 24 angezeigt wird; lockern Sie nötigenfalls die Schrauben und positionieren Sie den Sensor so, dass der Wert angezeigt wird, und ziehen Sie die Schrauben wieder an. Öffnen Sie den Gasgriff vollständig und kontrollieren Sie, ob 95 bis 109 angezeigt wird; lockern Sie nötigenfalls die Schrauben und positionieren Sie den Sensor so, dass der Wert angezeigt wird, und ziehen Sie die Schrauben wieder an. Wiederholen Sie die Einstellprozedur nötigenfalls, bis alle angezeigten Nummern den Vorgaben entsprechen. Schalten Sie die Zündung ab. Falls der Sensor auch nach mehreren Versuchen nicht korrekt eingestellt werden kann, muss er durch ein Neuteil ersetzt werden.
39 Montieren Sie die Drosselklappen-Baugruppe (siehe Sektion 9).

MT-09 ab 2016 und alle XSR

Anmerkung: *Bei der Montage des Sensors muss er mithilfe eines Yamaha-Diagnosegeräts exakt positioniert werden.*

40 Demontieren Sie die Drosselklappengehäuse, um Zugang zu den Sensorschrauben zu erhalten (siehe Sektion 9). Falls noch nicht geschehen, muss der Sensorstecker getrennt werden (Abbildung 8.31).
41 Markieren Sie die Positionen der Schrauben in den Langlöchern, um den Sensor beim Einbau wieder korrekt positionieren zu können (Abbildung 8.35). Lösen Sie die Schrauben und ziehen Sie den Sensor ab – beachten Sie, wie er auf der Drosselklappenwelle sitzt.
42 Richten Sie bei der Montage des Sensors dessen Nut zur Drosselklappenwelle aus. Installieren Sie die Schrauben und ziehen Sie sie sorgfältig an.
43 Montieren Sie die Drosselklappen-Baugruppe (siehe Sektion 9). Lassen Sie die exakte Position des Sensors von einer Yamaha-Werkstatt einstellen.

Lambdasonde

44 Die Zündung muss ausgeschaltet sein. Die Sonde sitzt rechts in der Auspuffanlage (siehe Abbildung) – kontrollieren Sie sie auf Beschädigungen.
45 Verfolgen Sie das Sondenkabel zum Stecker und prüfen Sie, ob es nicht beschädigt oder eingeklemmt ist; der Stecker muss fest verbunden sein (siehe Abbildung).
46 Prüfen Sie den festen Sitz der Sonde (Yamaha gibt keine Anzugswerte bekannt).
47 Für die Lambdasonde sind keine Prüfdaten erhältlich – lassen Sie sie nötigenfalls von einer Yamaha-Werkstatt testen. Falls sichtbare Beschädigungen festgestellt werden, wird die Sonde defekt sein und muss ersetzt werden.

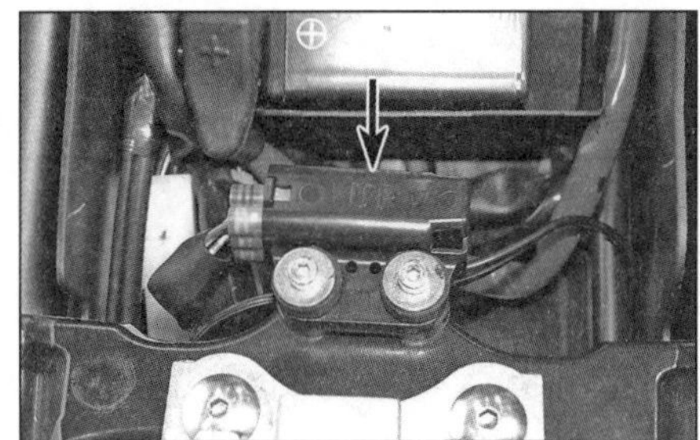

8.49 Neigungswinkelsensor

Lösen Sie dazu die Schrauben des Kabelstecker-Halters, entfernen Sie diesen und trennen Sie den Stecker (siehe Abbildungen).

Neigungswinkelsensor (TO-Sensor)

Kontrolle

Anmerkung: *Damit der Sensor für den Test mit dem Motorsteuergerät verbunden bleiben kann, muss das Yamaha-Kabel mit der Teilenummer 90890-03209 zwischen ihn und seinen Stecker installiert werden.*

48 Die Zündung muss ausgeschaltet sein. Entfernen Sie die Sitze/Sitzbank (siehe Kapitel 7).
49 Der Sensor sitzt am Tank-Halter (siehe Abbildung) – lösen Sie die Schrauben und heben Sie den Sensor ab.
50 Trennen Sie den Sensorstecker und verbinden Sie das Prüfkabel zwischen Stecker und Sensor. Verbinden Sie die Plusklemme eines auf Volt DC geschalteten Messgerätes mit dem offenen Stecker des grün/gelben Kabels und die Minusklemme mit dem schwarz/blauen Kabel.
51 Halten Sie den Sensor in der normalen Position (»UP« nach oben zeigend) und schalten Sie die Zündung ein – es müssen 0,4 bis 1,4 Volt ermittelt werden. Neigen Sie nun den Sensor um mindestens 65° nacheinander in beide Richtungen und messen Sie erneut die Spannung – es müssen jeweils 3,7 bis 4,4 Volt festgestellt werden. Schalten Sie die Zündung wieder aus.
52 Bei anderen Ergebnissen ist der Sensor defekt und muss ersetzt werden – achten Sie beim Einbau darauf, dass »UP« oben steht.

8.54 Geschwindigkeitssensor

Geschwindigkeitssensor (Modelle ohne ABS)

Anmerkung: *Beachten Sie bei Modellen mit ABS die Hinweise in Kapitel 6, Sektion 17 – hier wird die Geschwindigkeit vom Hinterradsensor ermittelt.*

Kontrolle

Anmerkung: *Damit der Sensor für den Test mit dem Motorsteuergerät verbunden bleiben kann, muss das Yamaha-Kabel mit der Teilenummer 90890-03207 zwischen ihn und seinen Stecker installiert werden.*

53 Stützen Sie das Motorrad so ab, dass das Hinterrad nicht den Boden berührt. Die Zündung muss ausgeschaltet sein.
54 Demontieren Sie den Tank (siehe Sektion 2). Der Geschwindigkeitssensor sitzt hinter dem Anlasser oben auf dem Motorgehäuse (siehe Abbildung).
55 Trennen Sie den Stecker vom Sensor und verbinden Sie das Prüfkabel zwischen Stecker und Sensor. Verbinden Sie die Plusklemme eines auf Volt DC geschalteten Messgerätes mit dem offenen Stecker des weiß/gelben Kabels und die Minusklemme mit dem schwarz/blauen Kabel.
56 Schalten Sie die Zündung ein und drehen Sie das Hinterrad von Hand vorwärts – die Spannung muss dabei zwischen 0,6 und 4,8 Volt abwechseln. Schalten Sie die Zündung wieder aus.
57 Bei anderen Ergebnissen ist der Sensor defekt und muss ersetzt werden.

Ausbau und Einbau

58 Demontieren Sie den Tank (siehe Sektion 2); für einen besseren Zugang können auch die Drosselklappengehäuse demontiert werden (siehe Sektion 9). Trennen Sie den Sensorstecker (Abbildung 8.54). Lösen Sie die Schraube des Sensors und entfernen Sie diesen – sein O-Ring muss später durch ein Neuteil ersetzt werden.
59 Installieren Sie den Sensor mit einem neuen O-Ring. Achten Sie darauf, dass die Steckerkontakte sauber und unbeschädigt sind.

Einspritzanlagenrelais

60 Die Zündung muss ausgeschaltet sein. Entfernen Sie die Sitze/Sitzbank (siehe Kapitel 7). Die aus dem Einspritzanlagenrelais und dem Sicherheitsstromkreis-Abschaltrelais bestehende Einheit sitzt hinter der Batterie (siehe Abbildung).
61 Heben Sie die Relais-Einheit aus ihrem Halter und trennen Sie den Stecker.
62 Ermitteln Sie mit einem auf den Ohm-Bereich geschalteten Messgerät oder einem Durchgangsprüfer den Widerstand, indem Sie dessen Plusklemme mit dem Relais-Kontakt des roten Kabels und dessen Minusklemme mit dem Kontakt des rot/blauen Kabels verbinden (siehe Abbildung) – es darf kein Durchgang festgestellt werden (»1«).

8.60 Das Einspritzanlagenrelais sitzt innerhalb der Relais-Einheit (Pfeil).

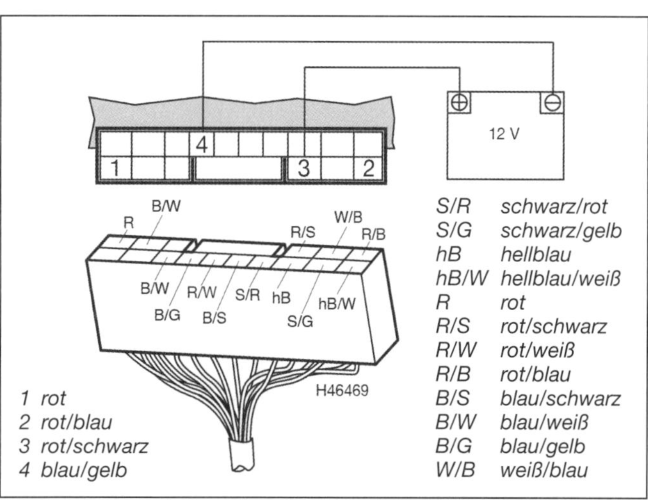

8.62 Prüfverbindungen für das Einspritzanlagenrelais

4

9.3 Trennen Sie alle Stecker von den Drosselklappengehäusen.

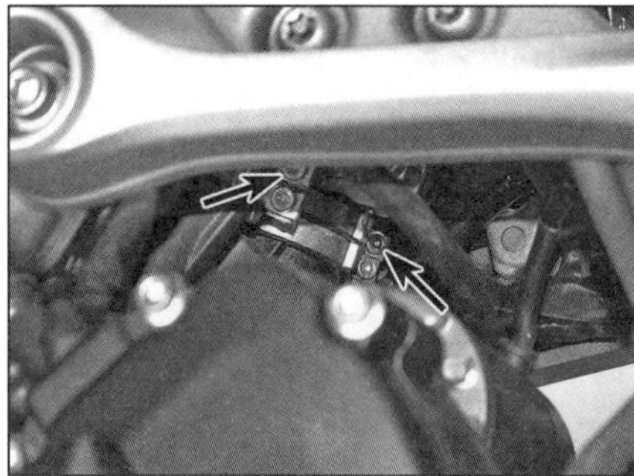

9.4 Lockern Sie jeweils die oberen Schellen – diese sind von links zwischen Motor und Rahmen zugänglich.

9.5 Befreien Sie die Drosselklappengehäuse und trennen Sie die Gaszüge.

63 Verbinden Sie den Pluspol einer vollständig geladenen 12-Volt-Batterie mithilfe eines Überbrückungskabels mit dem Kontakt des rot/schwarzen Kabels und den Minuspol mit dem Kontakt des blau/gelben Kabels (Abbildung 8.62) – jetzt muss zwischen den Kontakten des roten und dem rot/blauen Kabels Durchgang bestehen (»0«).
64 Arbeitet das Relais nicht wie beschrieben, muss die Relais-Einheit durch ein Neuteil ersetzt werden.

Kühltemperatursensor (ECT-Sensor)

65 Beachten Sie die Hinweise in Kapitel 3, Sektion 5.

Sauerstoffgehalt im Abgas

66 Folgen Sie den Hinweisen in Sektion 14, um das Sekundärluftsystem zu kontrollieren.
67 Lassen Sie die Abgase von einer entsprechend ausgerüsteten Werkstatt analysieren.

9 Drosselklappengehäuse

Warnung: Lesen Sie vor Arbeitsbeginn die Warnhinweise in Sektion 1.

Ausbau

1 Demontieren Sie das Luftfiltergehäuse (siehe Sektion 5).
2 Trennen Sie den Kraftstoffschlauch vom Druckspeicher – dies geschieht auf die gleiche Weise wie das Trennen des Schlauchs von der Pumpe beim Ausbau des Tanks (siehe Sektion 2).
3 Trennen Sie alle Stecker von den Drosselklappengehäusen (siehe Abbildung).
4 Lockern Sie die Schellen, mit denen die Drosselklappengehäuse an den Zylinderkopf-Stutzen gesichert sind (siehe Abbildung).
5 Ziehen Sie die Drosselklappengehäuse aus den Stutzen und trennen Sie die Gaszüge (siehe Sektion 12) (siehe Abbildung).

9.6a Beachten Sie die Ausrichtung der Einlassstutzen-Schellen.

9.6b Demontieren Sie nötigenfalls die Stutzen – beachten Sie ihre Ausrichtung über den Rippen des Zylinderkopfs.

6 Beachten Sie die Ausrichtung der Einlassstutzen-Schellen (siehe Abbildung). Lockern Sie nötigenfalls auch die unteren Schellen und ziehen Sie die Stutzen ab (siehe Abbildung).

Achtung: Bedecken oder verstopfen Sie die Einlasskanäle des Zylinderkopfes, damit nichts in den Motor fallen kann.

Zerlegen

7 Beachten Sie die Positionen und Verlegung der Ansaugdruck-Schläuche und ziehen Sie sie von den Stutzen. Entfernen Sie die Sensoren und die Schläuche (Abbildung 8.8).
8 Von den Drosselklappengehäuse können lediglich der Drosselklappensensor und der Gasgriff-Sensor demontiert werden (siehe Sektion 8).

Reinigung

Achtung: Die Drosselklappengehäuse sollten nur gereinigt werden, falls eine Synchronisation fehlgeschlagen ist und wenn alle anderen in Kapitel 1, Sektion 7 erwähnten Punkte überprüft wurden.

Achtung: Verwenden Sie nur Reinigungsmittel auf Petroleumbasis – aber keinesfalls ätzende Mittel! Yamaha empfiehlt seine eigenen Bremsenreiniger-Produkte.

9 Lagern Sie die Drosselklappengehäuse auf einer ebenen Oberfläche und behandeln Sie sie mit großer Vorsicht. Stecken Sie Kappen auf alle Schlauchanschlüsse.
10 Stellen Sie sicher, dass nur Metallteile in Kontakt mit dem Reinigungsmittel kommen, und beachten Sie bezüglich der Reinigungszeit die Hinweise des Herstellers. Verdrehen Sie beim Reinigen nicht die Bypass-Luftschrauben (Synchronisationsschrauben).
11 Nachdem an den Drosselklappen das empfohlene Reinigungsmittel aufgetragen wurde, müssen sie durch Drehen der Gaszugbetätigung geöffnet werden, um den Innenbereich reinigen zu können – drücken Sie keinesfalls gegen die Drosselklappen, um sie zu öffnen. Entfernen Sie hartnäckige Ablagerungen mit einer Nylonbürste und achten Sie darauf, dass kein Schmutz in irgendwelche Bohrungen gelangt. Spülen Sie die Drosselklappengehäuse aus und trocknen Sie sie mit Druckluft.

Kontrolle

12 Kontrollieren Sie die gesamte Drosselklappen-Baugruppe auf Risse, verzogene Dichtflächen und andere Schäden – werden irgendwelche Defekte festgestellt, muss die gesamte Baugruppe ersetzt werden.
13 Betätigen Sie die Drosselklappenbetätigung – die Klappen müssen sich sanft öffnen und vom Federdruck wieder schließen las-

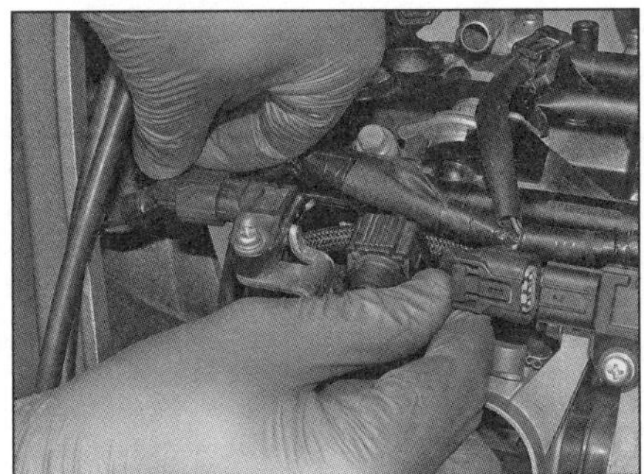
10.6a Trennen Sie die Stecker der Ansaugluftdrucksensoren...

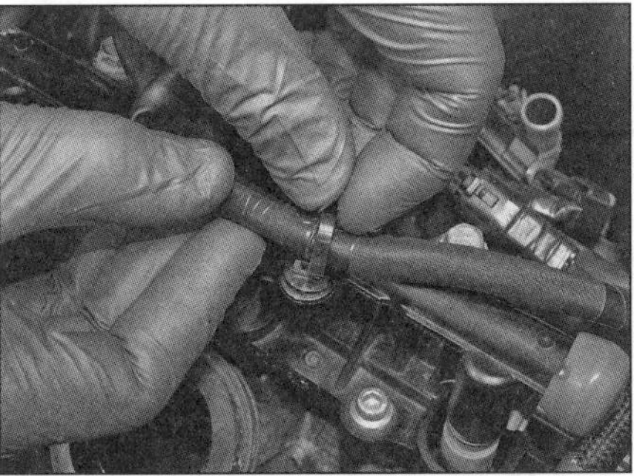
10.6b ...und befreien Sie die Kabel aus allen Befestigungen.

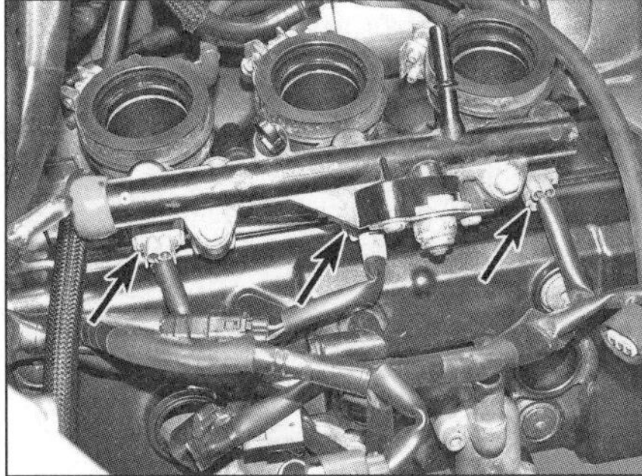
10.6c Einspritzdüsenstecker

10.7a Lösen Sie die Schrauben...

10.7b ...und ziehen Sie den Druckspeicher samt Einspritzdüsen heraus.

10.7c Befreien Sie den Dichtring aus dem Einspritzdüsen-Sitz.

sen – beachten Sie den Widerstand des Stellmotors und ggf. die Hinweise in Sektion 11.

14 Prüfen Sie alle getrennten Schläuche auf Schäden und Alterung und ersetzen Sie sie nötigenfalls durch Neuteile.

Zusammenbau

15 Vervollständigen Sie die Drosselklappensensor in der umgekehrten Zerlegungsreihenfolge. Alle Schläuche müssen fest auf ihren Stutzen sitzen.

Einbau

16 Der Einbau entspricht der umgekehrten Ausbaureihenfolge – beachten Sie dabei folgende Punkte:

- Kontrollieren Sie die Ansaugstutzen auf Risse oder Alterungserscheinungen und ersetzen Sie sie nötigenfalls.
- Die Schellen müssen zu den Laschen der Stutzen ausgerichtet sein (Abbildung 9.6a).
- Verbinden Sie zunächst die Gaszüge (siehe Sektion 12).
- Schmieren Sie die Ansaugstutzen innen mit etwas WD40 oder Fett, um das Aufschieben auf die Drosselklappengehäuse zu erleichtern.
- Wenn die Baugruppe korrekt ausgerichtet ist, muss sie fest eingedrückt werden, bevor die Schellen angezogen werden.
- Alle Steckerkontakte müssen sauber sein. Die Stecker müssen fest verbunden sein (Abbildung 9.3).
- Die Kraftstoffleitung muss korrekt mit dem Druckspeicher verbunden sein.
- Alle Schläuche müssen korrekt verlegt und angeschlossen sein.
- Kontrollieren Sie die Drosselklappensynchronisation (siehe Kapitel 1, Sektion 7).

10 Druckspeicher und Einspritzdüsen

Warnung: Lesen Sie vor Arbeitsbeginn die Warnhinweise in Sektion 1.

Kontrolle

1 Demontieren Sie das Luftfiltergehäuse (siehe Sektion 5).

2 Folgen Sie bei MT-09-Modellen bis 2015 und allen Tracer-Modellen den Hinweisen in Sektion 7, um den Diagnosemodus einzurichten. Bestätigen Sie, dass die Diagnosecodes zur Kontrolle der Einspritzdüsen 36, 37 und 38 sind. Prüfen Sie nacheinander die Funktion der Einspritzdüsen, indem Sie einen Schraubendreher oder andere Stange an die Düse halten und den Killschalter auf ON stellen – wenn die Einspritzdüse und ihr Stromkreis in Ordnung sind, müssen fünf Klick-Geräusche hörbar sein. Falls an einer Düse keine Geräusche zu hören sind, ist entweder sie oder ihre Verkabelung defekt.

3 Bei MT-09-Modellen ab 2016 und allen XSR-Modellen kann der oben beschriebene Test nur mithilfe eines Yamaha-Diagnosegeräts durchgeführt werden. Ohne dieses Gerät kann bei einem laufenden Motor mithilfe eines an die Düsen gehaltenen Schraubendrehers oder anderer Stange geprüft werden, ob klickende Geräusche zu hören sind.

4 Trennen Sie bei allen Modellen die Einspritzdüsenstecker (Abbildung 10.6c) und prüfen Sie den Durchgang der Verkabelung (siehe Kapitel 8, Sektion 2 sowie die Schaltpläne des entsprechenden Modells). Zur Kontrolle der Einspritzdüsen muss der Widerstand zwischen ihren Anschlüssen ermittelt werden (siehe Abbildung) – liegt er nicht bei 12 Ohm, wird die Einspritzdüse defekt sein.

Ausbau

5 Demontieren Sie das Luftfiltergehäuse (siehe Sektion 5).

6 Trennen Sie die Stecker der Ansaugluftdrucksensoren und befreien Sie die Kabel vom Druckspeicher (siehe Abbildungen). Trennen Sie die Stecker der Einspritzdüsen (siehe Abbildung).

7 Lösen Sie die Schrauben des Druckspeichers (siehe Abbildung). Heben Sie vorsichtig den Druckspeicher samt der Einspritzdüsen aus deren Halter (siehe Abbildung). Entfernen Sie die Dichtbuchsen aus den Einspritzdüsen-Sitzen oder von den Düsen (siehe Abbildung) – sie müssen später erneuert werden.

8 Ziehen Sie nötigenfalls die Einspritzdüse(n) aus dem Druckspeicher (siehe Abbildung). Entfernen Sie den O-Ring vom oberen Ende der Einspritzdüse (siehe Abbildung) – er muss später erneuert werden.

9 Falls der Einspritzdüsenhalter demontiert werden soll, müssen zuerst die Drosselklappengehäuse und die Ansaugstutzen entfernt werden (siehe Sektion 9). Lösen Sie dann die Schrauben des Halters und heben Sie ihn vom Zylinderkopf (siehe Abbildungen). Entfernen Sie die Dichtringe aus ihren Sitzen (siehe Abbildung) – beim Einbau müssen Neuteile verwendet werden.

10 Verstopfen Sie die Kanäle im (eingebauten) Einspritzdüsenhalter oder im Zylinderkopf mit sauberen fusselfreien Lappen, um keinen Schmutz in die Brennräume eindringen zu lassen.

11 Moderne Kraftstoffe enthalten Zusätze, die Einspritzdüsen sauber und frei von Ablagerungen halten sollen. Falls eine Einspritzdüse verstopft zu sein scheint, muss sie sorgfältig mit speziellem Reinigungsmittel behandelt werden – beachten Sie die dessen Gebrauchsanweisung.

Einbau

12 Entfernen Sie die Lappen aus dem Zylinderkopf oder dem Einspritzdüsenhalter.

13 Falls der Einspritzdüsenhalter demontiert war, muss er mit neuen Dichtringen ausgerüstet werden (siehe Abbildung). Setzen Sie den Halter am Zylinderkopf an und ziehen Sie seine Schrauben mit 12 Nm an (Abbildungen 10.9b und a). Montieren Sie die Ansaugstutzen und die Drosselklappengehäuse, belassen Sie die Ansaugluftdrucksensor-Stecker getrennt (siehe Sektion 9).

14 Installieren Sie einen neuen O-Ring in die obere Nut jeder ausgebauten Einspritzdüse (Abbildung 10.8b). Richten Sie die Einspritzdüsen so aus, dass die Steckeranschlüsse nach vorn zeigen, und drücken Sie sie vorsichtig in den Druckspeicher (Abbildung 10.8a).

Anmerkung: *Vermeiden Sie es, die Einspritzdüsen zu verdrehen, da hierdurch die Dichtungen beschädigt werden können.*

15 Rüsten Sie die Einspritzdüsen-Sitz mit neuen Dichtbuchsen aus (siehe Abbildung). Richten Sie die Einspritzdüsen zu ihren Sitzen aus und drücken Sie den Druckspeicher senkrecht in seine Position (Abbildung 10.7b). Alle drei Einspritzdüsen müssen korrekt sitzen und die Druckspeicher-Halter müssen bündig zu den Schraubenbohrungen liegen – vertrauen Sie nicht darauf, den Druckspeicher mit den Schrauben ausrichten zu können.

16 Installieren Sie die Druckspeicher-Schrauben und ziehen Sie sie mit 5 Nm an.

17 Verbinden Sie die Einspritzdüsen-Stecker (Abbildung 10.6c). Verbinden Sie die Ansaugluftdrucksensor-Stecker und sichern Sie ihre Kabel am Druckspeicher (Abbildungen 10.6a und b).

18 Montieren Sie das Luftfiltergehäuse (siehe Sektion 5). Starten Sie den Motor und prüfen Sie das Kraftstoffsystem vor der ersten Fahrt auf Undichtigkeiten.

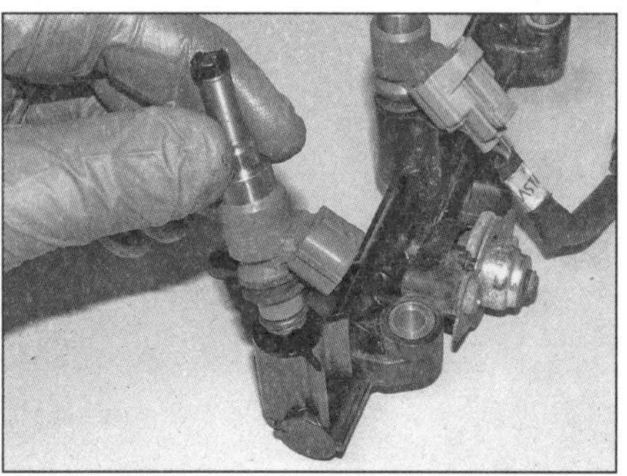

10.8a Ziehen Sie die Einspritzdüse vorsichtig aus dem Druckspeicher...

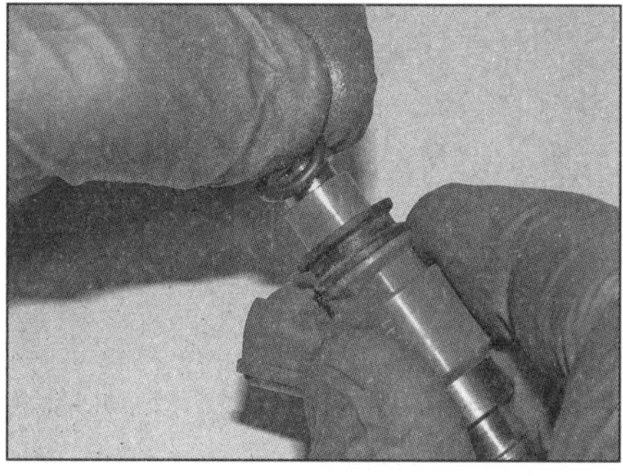

10.8b ...und entfernen Sie den O-Ring.

10.9a Lösen Sie die Schrauben,...

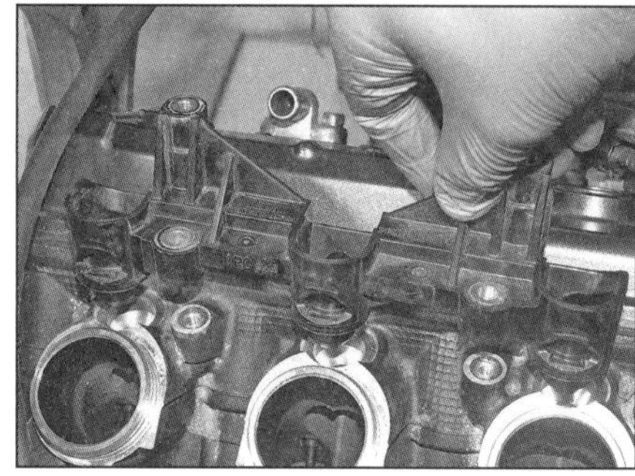

10.9b ...heben Sie den Einspritzdüsenhalter ab...

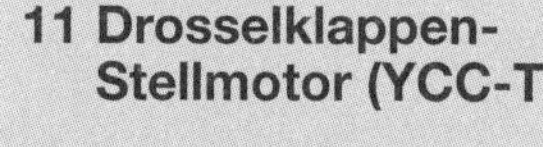

11 Drosselklappen-Stellmotor (YCC-T)

Warnung: Lesen Sie vor Arbeitsbeginn die Warnhinweise in Sektion 1.

1 Demontieren Sie das Luftfiltergehäuse (siehe Sektion 5).

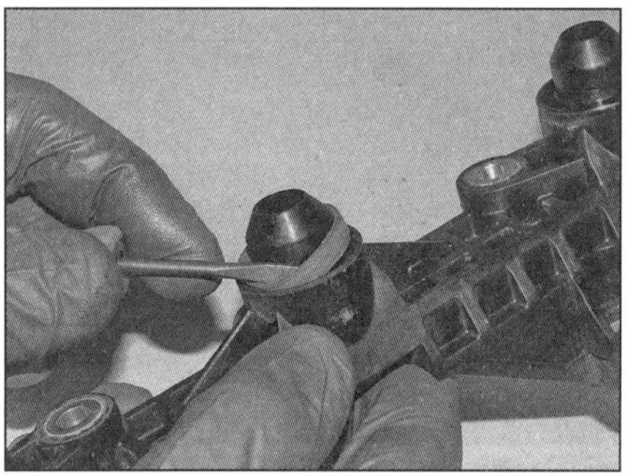

10.9c ...und entfernen Sie die Dichtringe.

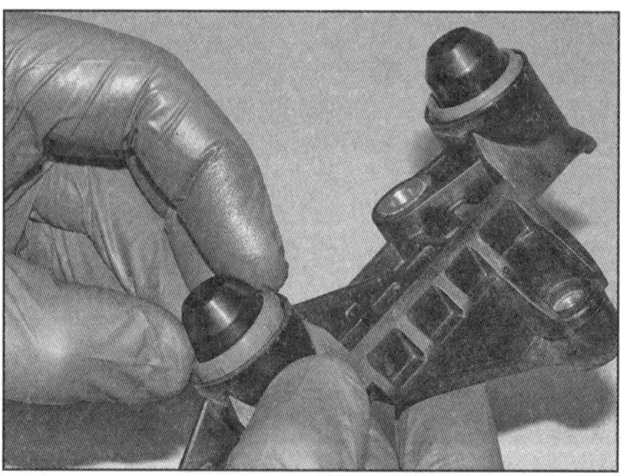

10.13 Drücken Sie neue Dichtringe in die Nuten der Einspritzdüsenhalter-Sitze.

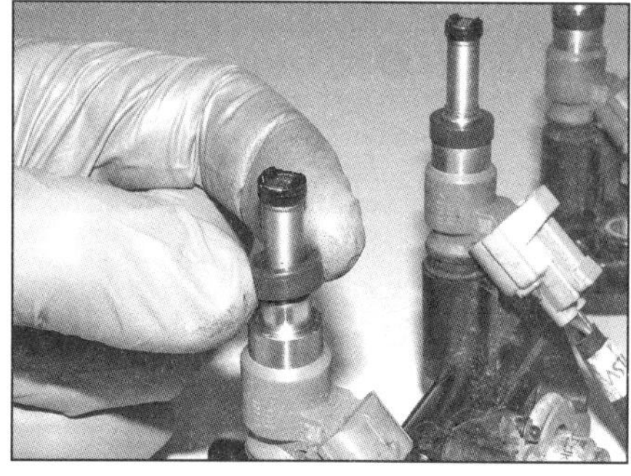

10.15 Rüsten Sie die Einspritzdüsen-Sitz mit neuen Dichtbuchsen aus.

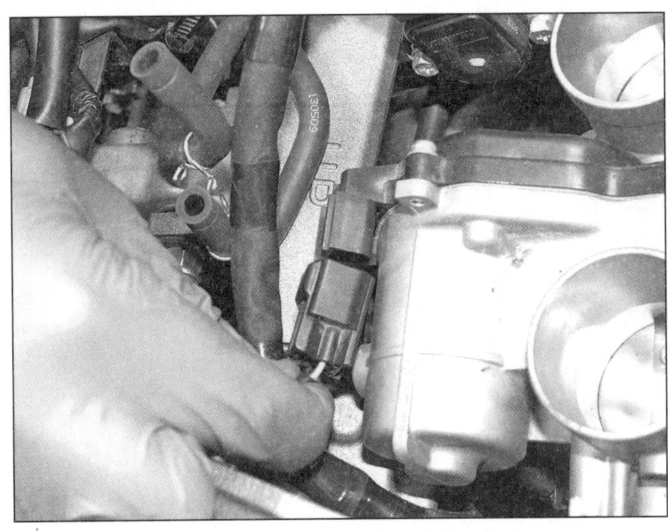

11.3 **Trennen Sie den Stecker des Stellmotors.**

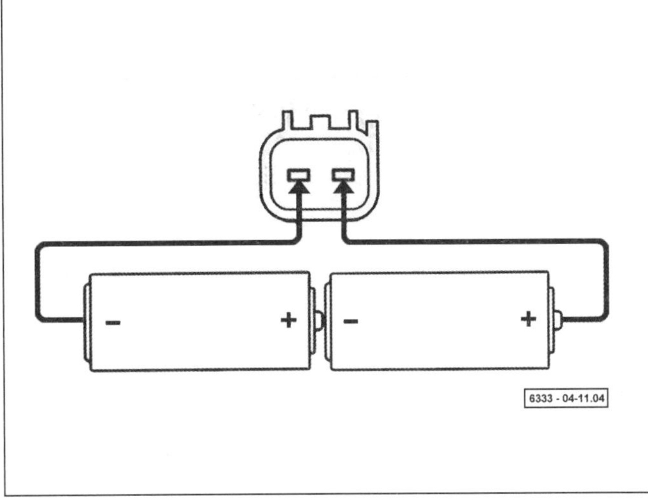

11.4 **Aufbau zum Testen des Stellmotors**

2 Prüfen Sie von Hand die Funktion der Drosselklappenbetätigung – falls sie sich nicht korrekt öffnen und schließen lässt, müssen die Gaszüge kontrolliert (siehe Kapitel 1) und ggf. ersetzt werden (siehe Sektion 12). Lässt sich das Problem hierdurch nicht lösen, muss die Drosselklappen-Baugruppe ersetzt werden (siehe Sektion 9).

3 Die Funktion des Stellmotors kann geprüft werden, indem an seine Stecker-Kontakte eine Spannung von 3 Volt angelegt wird – keine Batteriespannung! Trennen Sie den Stecker des Stellmotors (siehe Abbildung).

4 Schalten Sie zwei gewöhnliche 1,5 Volt-Gerätebatterien in Reihe – aber verlöten Sie sie nicht – und verbinden Sie sie mit den zwei Kontakten des Stellmotors (siehe Abbildung) – in einer Richtung angeschlossen müssen die Drosselklappen öffnen und in der anderen Richtung müssen sie schließen.

5 Falls der Stellmotor die Drosselklappen nicht wie beschrieben dreht, muss die Drosselklappen-Baugruppe ersetzt werden (siehe Sektion 9) – der Stellmotor ist nicht separat erhältlich.

12 Gaszüge

Warnung: Lesen Sie vor Arbeitsbeginn die Warnhinweise in Sektion 1.

Ausbau

1 Demontieren Sie das Luftfiltergehäuse (siehe Sektion 5).

2 Entfernen Sie bei MT-09-Modellen bis 2016 die vorderen Blinker (siehe Kapitel 8).

3 Beachten Sie links hinten an der Drosselklappengehäuse-Baugruppe die Unterschiede zwischen dem (vorderen) Öffnerzug und dem (hinteren) Schließerzug, außerdem ihre Sitze im Halter. Beachten Sie am Gasgriffgehäuse die Unterschiede zwischen dem oberen Öffnerzug und dem unteren Schließerzug; markieren Sie nötigenfalls die Gaszüge an beiden Enden entsprechend ihrer Einbaulagen. Falls neue Gaszüge verwendet werden, müssen sie den alten Zügen zugeordnet werden, um korrekt eingebaut werden zu können.

4 Lockern Sie an der Drosselklappenbetätigung die Sechskante der Gaszüge, bis die Muttern aus dem Halter befreit und die Züge herausgezogen werden können; befreien Sie dann die Nippel aus der Betätigung (siehe Abbildungen).

12.4a **Befreien Sie den hinteren Schließerzug aus dem Halter...**

12.4b **...und lösen Sie seinen Nippel aus der Betätigung.**

12.4c **Befreien Sie den vorderen Öffnerzug aus dem Halter...**

12.4d **...und lösen Sie seinen Nippel aus der Betätigung.**

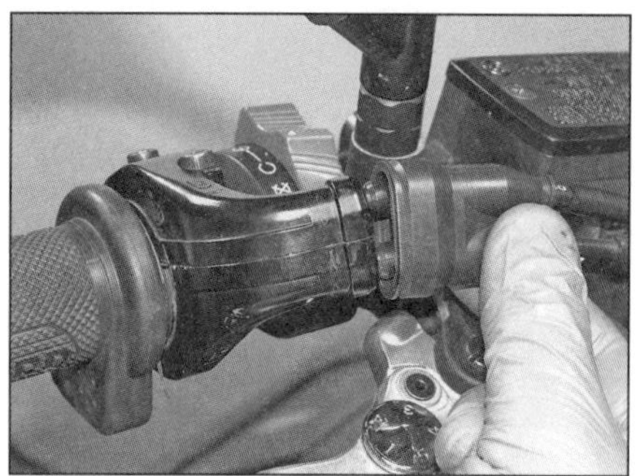

12.5a Ziehen Sie die Gummikappe vom Gasgriffgehäuse,...

12.5b ...lösen Sie die Schrauben...

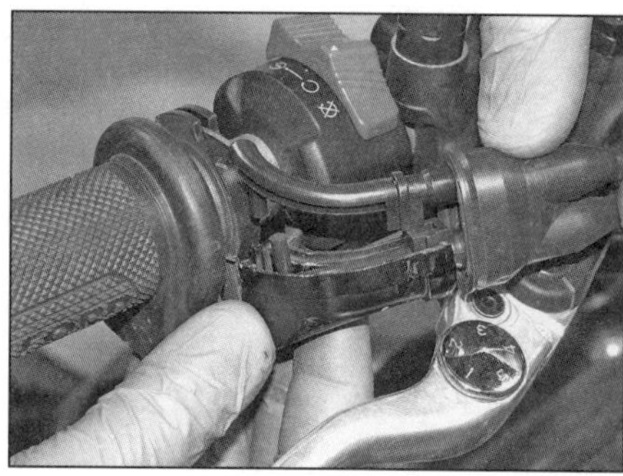

12.5c ...und trennen Sie die Gehäusehälften.

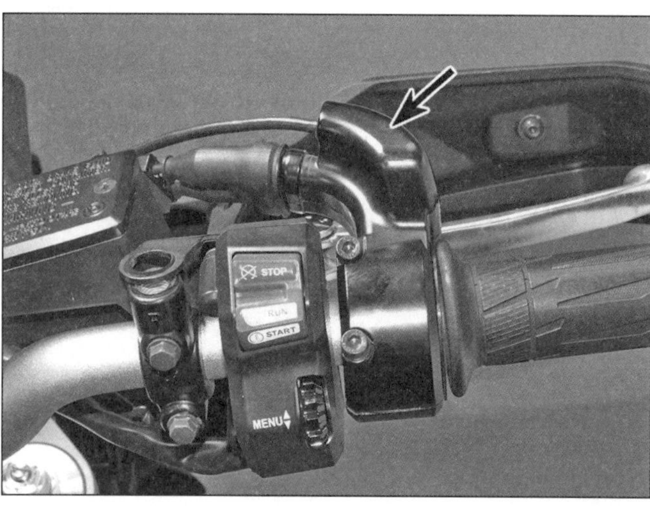

12.5d Das rechte Heizgriffkabel befindet sich innerhalb dieses Gehäuses.

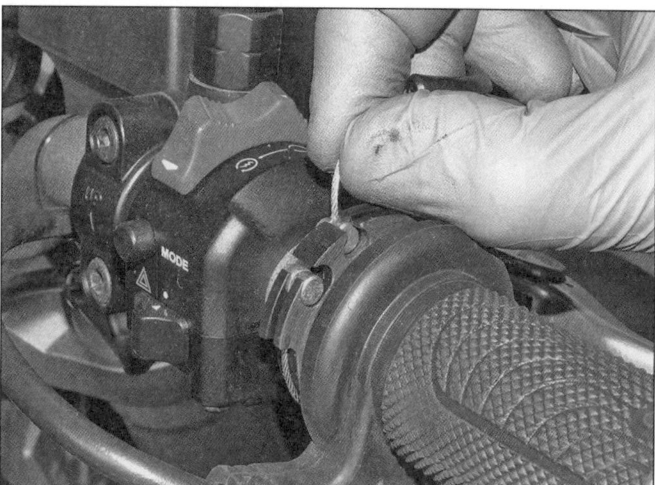

12.6 Befreien Sie die Gaszugnippel.

5 Ziehen Sie am Gasgriff-Ende die Gummikappe ab, lösen Sie die Gehäuseschrauben und trennen Sie die Gehäusehälften – merken Sie sich die Positionen der Rohrbögen (siehe Abbildungen). Falls das Motorrad mit Heizgriffen ausgerüstet ist, muss die Position der für den Gasgriff benötigten Kabelschlaufe innerhalb des Kabelgehäuses beachtet werden (siehe Abbildung).

6 Befreien Sie die Gaszugnippel aus der Gasgriffrolle (siehe Abbildung).

7 Befreien Sie die Gaszüge aus dem Motorrad – merken Sie sich ihre Verlegung. Befreien Sie bei Modellen ab 2017 die Gaszüge aus der Führung am rechten Lenkerhalter (siehe Abbildung).

Einbau

8 Führen Sie die Gaszüge korrekt vom Gasgriff zu den Drosselklappengehäusen – sie dürfen nicht an anderen Komponenten scheuern oder scharf geknickt werden.

9 Schmieren Sie die oberen Seilzug-Enden mit Mehrzweckfett. Stecken Sie den Rohrbogen des Schließerzugs hinten ins Gasgriffgehäuse und führen Sie das Seil unten an der Rolle entlang, um den Nippel in seinem Sitz einzulegen. Verlegen Sie den Öffnerzug vorne im Gasgriffgehäuse (Abbildung 12.6).

10 Stecken Sie die Rohrbögen ins Gasgriffgehäuse und verbinden Sie die Gehäusehälften am Lenker – der Stift an der Unterseite muss in die Bohrung des Lenkers greifen (siehe Abbildung). Achten Sie bei Heizgriffen darauf, dass deren Kabel nicht eingeklemmt werden (siehe Kapitel 5, Sektion 5). Installieren Sie die Gehäuseschrauben und schieben Sie die Gummikappe auf (Abbildungen 12.5b und a).

11 Schmieren Sie die unteren Seilzug-Enden mit Mehrzweckfett. Installieren Sie den Nippel des Öffnerzugs in die vordere Aufnahme der Drosselklappenbetätigung und seinen Sechskant vorn in den Halter. Installieren Sie den Schließerzug entsprechend in die hinteren Aufnahmen (Abbildungen 12.4d, c und b). Richten Sie die jeweiligen unteren Muttern gegen die Laschen des Halters aus und ziehen Sie die Sechskante gegen den Halter an.

12 Montieren Sie die Drosselklappengehäuse (siehe Sektion 9) und das Luftfiltergehäuse (siehe Sektion 5).

13 Stellen Sie das Gaszugspiel ein (siehe Kapitel 1). Bewegen Sie den Lenker von Anschlag zu Anschlag und kontrollieren Sie, ob die Bowdenzüge nicht die Lenkung behindern. Starten Sie den Motor und überprüfen Sie, dass die Leerlaufdrehzahl nicht steigt, wenn der Lenker bewegt wird – falls dies der Fall ist, sind die Bowdenzüge falsch verlegt und müssen korrekt eingebaut werden, bevor mit dem Motorrad gefahren wird.

13 Auspuffanlage

Warnung: Wenn der Motor in Betrieb war, ist der Auspuff sehr heiß. Lassen Sie ihn einige Zeit abkühlen, bevor Sie mit der Arbeit beginnen.

Auspuffbefestigungen neigen zum Korrodieren, sodass ihre Schrauben oder Muttern fest gehen. Es ist ratsam, sie einige Stunden vor dem Lösen mit Kriechöl einzusprühen.

12.7 **Gaszugführung am rechten Lenkerhalter – Modelle ab 2017**

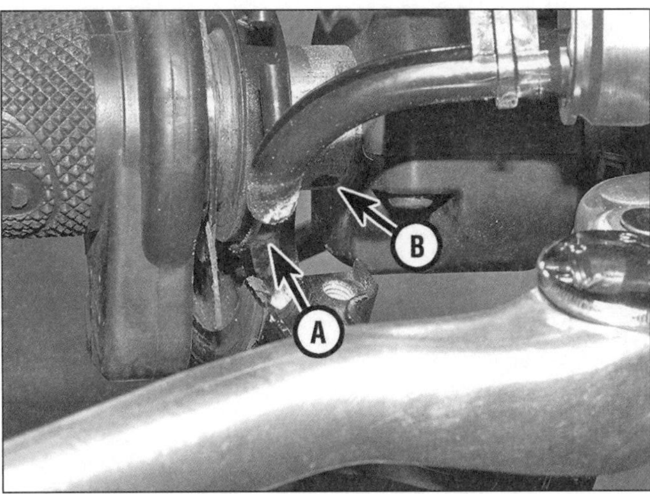

12.10 **Richten Sie den Stift (A) der unteren Gehäusehälfte zur Bohrung (B) im Lenker aus.**

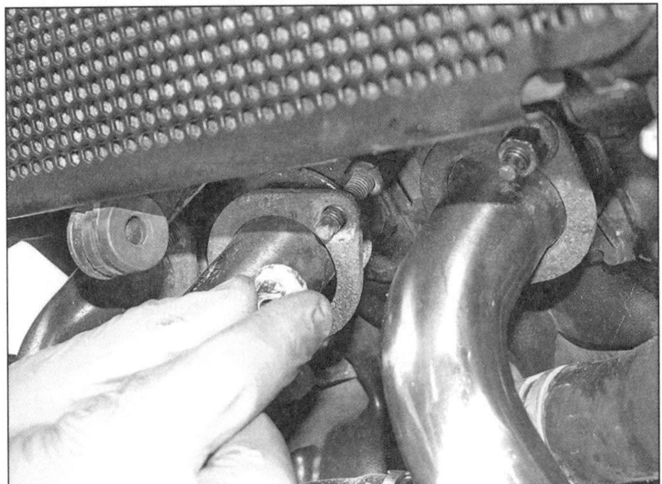

13.3 **Lösen Sie die 6 Krümmerflanschmuttern.**

13.4 **Lösen Sie an beiden Seiten die Schalldämpfer-Schrauben.**

Anmerkung: *Die Krümmerflanschmuttern können dermaßen fest sitzen, dass sie nicht mit Kriechöl zu lösen sind und erst der Einsatz einer extrem heißen Schneidbrennerflamme Erfolg bringt. Wer nicht über einen Schneidbrenner verfügt, kann es mit einer Lötlampe versuchen. Zu harte mechanische Beanspruchung kann zum Abreißen der Stehbolzen führen. Zu viel Hitze kann hingegen das Leichtmetall des Zylinderkopfes zum Schmelzen bringen. Im Zweifelsfall sollte die Arbeit einer Fachwerkstatt überlassen werden.*

Ausbau

1 Demontieren Sie bei der Tracer den Hauptständer (siehe Kapitel 5).

2 Lösen Sie die Schrauben des Kabelstecker-Halters, entfernen Sie diesen und trennen Sie den Stecker (Abbildungen 8.47a und b). Führen Sie das Kabel zur Sonde zurück – merken Sie sich seine Verlegung (Abbildung 8.45).

3 Lösen Sie die sechs Krümmerflanschmuttern und ziehen Sie die Flansche von den Stehbolzen (siehe Abbildung).

4 Stützen Sie den Schalldämpfer und lösen Sie an beiden Seiten die Befestigungsschrauben (siehe Abbildung).

5 Ziehen Sie die Krümmerrohre aus dem Zylinderkopf und befreien Sie die Auspuffanlage nach unten vom Motorrad.

Anmerkung: *Der im Auspuff integrierte Katalysator ist empfindlich und darf nicht durch harte Schläge beschädigt werden.*

6 Entfernen Sie die Krümmerflanschdichtungen aus den Auslasskanälen des Zylinderkopfs – sie müssen später erneuert werden (siehe Abbildung).

7 Kontrollieren Sie die Gummibuchsen in den Schalldämpferhalterungen – jede von ihnen ist mit einer Hülse ausgerüstet. Ersetzen Sie auch stark korrodierte Krümmerflanschmuttern.

Einbau

8 Installieren Sie ggf. die Gummibuchsen und die Hülsen.

9 Reinigen und entrosten Sie die Stehbolzen im Zylinderkopf sowie die Schalldämpferschrauben. Schmieren Sie alle Gewinde zum Schutz vor weiterer Korrosion mit Kupferpaste.

13.6 **Hebeln Sie die alten Krümmerflanschdichtungen aus dem Zylinderkopf.**

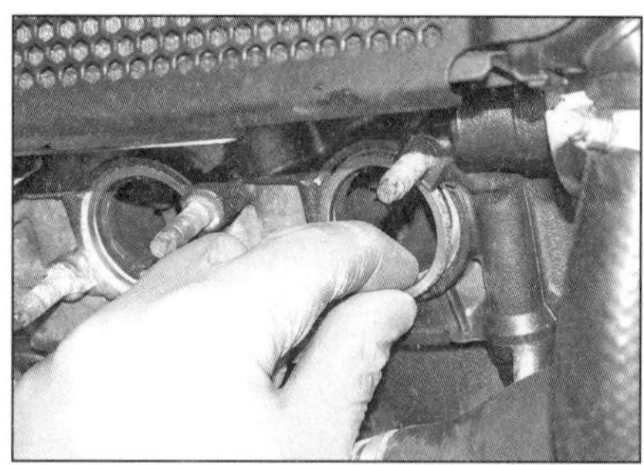
13.10 Installieren Sie neue Krümmerflanschdichtungen.

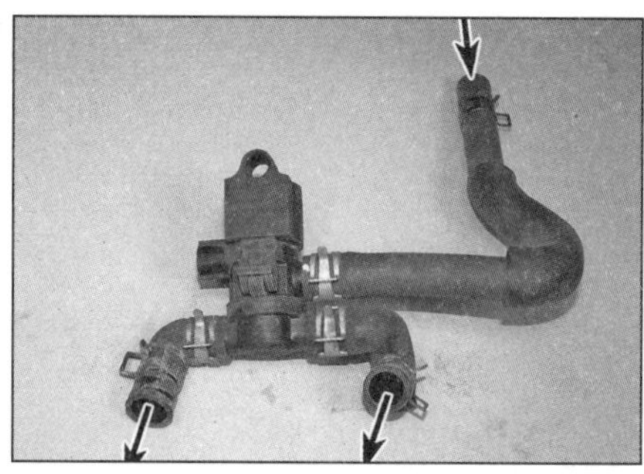
14.6a Luft muss sich wie gezeigt hindurch blasen lassen.

14.6b Nachdem hier Bordspannung angelegt wurde (Plus rechts), darf keine Luft mehr strömen.

14.11a Die Zungen müssen flach auf ihren Sitzen aufliegen.

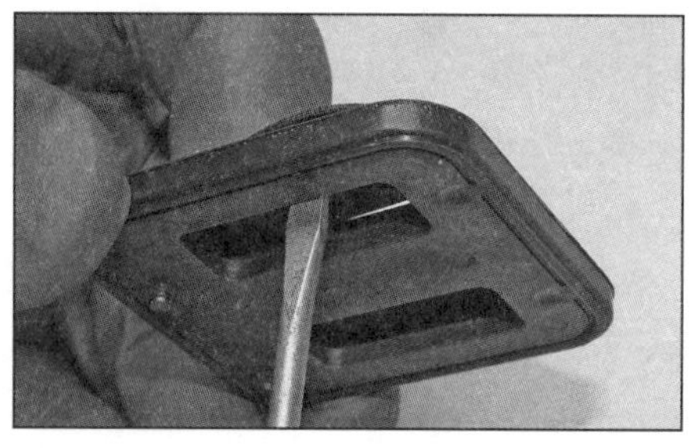
14.11b Drücken Sie die Zungen vorsichtig hoch, um zu prüfen, dass sie nicht am Sitz kleben.

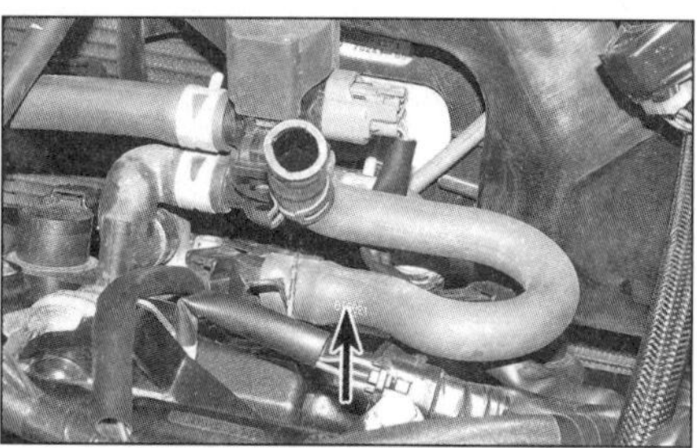
14.12 Motorentlüftungsschlauch

10 Die neuen Krümmerflanschdichtungen können mit etwas Fett in den Zylinderkopf »geklebt« werden (siehe Abbildung).

11 Manövrieren Sie die Auspuffanlage in Position, sodass die Krümmerrohre in den Zylinderkopf greifen. Drehen Sie die Schalldämpferschrauben handfest ein (Abbildung 13.4).

12 Richten Sie die Krümmerflansche über den Stehbolzen aus, drehen Sie die Muttern auf und ziehen Sie sie schrittweise mit 20 Nm an (Abbildung 13.4).

13 Ziehen Sie die Schalldämpferschrauben mit 20 Nm an.

14 Verlegen Sie das Lambdasondenkabel und verbinden Sie den Stecker (Abbildungen 8.45 und 8.47a). Montieren Sie den Kabelstecker-Halter und ziehen Sie seine Schrauben mit 12 Nm an.

15 Starten Sie den Motor und prüfen Sie die Auspuffanlage auf Undichtigkeit.

16 Montieren Sie bei der Tracer den Hauptständer (siehe Kapitel 5).

14 Sekundärluftsystem

Funktion

1 Das System nutzt den durch die pulsierenden Abgase entstehenden Unterdruck, um durch ein Magnetventil und Zungenventile Frischluft aus dem Luftfilter in die Auslasskanäle zu saugen, wo sie sich mit heißen Abgasen vermischt. Der dabei zugeführte Sauerstoff lässt bisher unverbrannte Kohlenwasserstoffe verbrennen, sodass die Emissionswerte verbessert werden.

2 Der Unterdruck wird von einem Magnetventil überwacht, das ein Signal vom Motorsteuergerät erhält, um bei kaltem und im Standgas laufendem Motor Luft einströmen zu lassen. Das Ventil unterbricht den Luftstrom, wenn der Motor Betriebstemperatur erreicht hat und unter Last steht. Falls jedoch die Kühlmitteltemperatur sinkt, öffnet das Ventil wieder um mit Frischluft die Verbrennung zu unterstützen und die Abgastemperatur anzuheben.

3 Die Zungenventile innerhalb des Ventildeckels sorgen dafür, dass Luft nur in Richtung Auslasskanäle strömen kann, aber Abgase nicht durch das Magnetventil in das Luftfiltergehäuse gelangen.

4 Eine generelle Kontrolle des Sekundärluftsystems muss laut Wartungsplan alle 20 000 km durchgeführt werden.

Testen

Magnetventil

5 Demontieren Sie das Ventil (siehe unten).

6 Reinigen Sie das Ende des Versorgungsschlauchs. Prüfen Sie die Funktion des Systems, indem Sie in den Schlauch blasen – die Luft muss durch das Ventil und die Zungenventile strömen (siehe Abbildung). Legen Sie mithilfe zweier Überbrückungskabel Batteriespannung (12 V) an den Magnetventil-Kontakten an – Plus am rechten Kontakt und Minus am linken (siehe Abbildung) – und wiederholen Sie die Prüfung; jetzt darf keine Luft durch das Ventil gelangen. Trennen Sie die Batterie wieder. Falls das Magnetventil nicht wie beschrieben funktioniert, muss es durch ein Neuteil ersetzt werden.

7 Verbinden Sie ein auf den Ohm-Messbereich geschaltetes Multimeter mit dem Ventil – Plus rechts und Minus links (Abbildung 14.6b), um den Widerstand zu ermitteln. Falls nicht zwischen 20 und 24 Ohm festgestellt werden, muss das Ventil durch ein Neuteil ersetzt werden.

Zungenventile

8 Demontieren Sie das Luftfiltergehäuse (siehe Sektion 5) und entfernen Sie den Motorentlüftungsschlauch (Abbildung 14.12).

9 Lockern Sie die Schellen der Zungenventil-Schläuche und ziehen Sie diese ab (Abbildung 14.14). Stecken Sie einen sauberen Schlauch auf einen der Stutzen.

10 Versuchen Sie, in den Schlauch zu blasen und daran zu saugen – Luft darf sich nur hindurch blasen (Ventil offen) aber nicht ansaugen lassen (Ventil geschlossen). Bei anderen Ergebnissen muss das Ventil ausgebaut und kontrolliert werden (Schritt 11). Kontrollieren Sie das andere Ventil auf die gleiche Weise.

11 Die Funktion des Zungenventils kann durch Kohleablagerungen am Plättchen oder seinem Sitz beeinträchtigt werden. Die Zungen müssen flach aufliegen, um korrekt gegen den Druck im Auslasskanal abzudichten (siehe Abbildung). Reinigen Sie das Ventil nötigenfalls mit einem Lappen und Lösungsmittel, aber biegen Sie die Zungen nicht zu stark. Prüfen Sie auch, ob die

14.13 Trennen Sie den Magnetventil-Stecker.

14.14 Ziehen Sie die zwei Schläuche von den Zungenventilen.

14.15 Entfernen Sie das Magnetventil samt seiner Schläuche.

14.19 Entfernen Sie an beiden Seiten die Kühler-Befestigungsschrauben.

14.20a Entfernen Sie den Zungenventil-Deckel...

14.20b ...und heben Sie das Ventil heraus.

Zungen nicht am Sitz kleben – sie müssen sich leicht anheben lassen (siehe Abbildung).

Ausbau und Einbau

Magnetventil

12 Demontieren Sie das Luftfiltergehäuse (siehe Sektion 5) und entfernen Sie den Motorentlüftungsschlauch (siehe Abbildung).

13 Trennen Sie den Magnetventil-Stecker (siehe Abbildung).

14 Lockern Sie die Schellen der Zungenventil-Schläuche und ziehen Sie diese ab (siehe Abbildung).

15 Ziehen Sie den Ventilhalter von seinem Stutzen und entnehmen Sie die Magnetventil-Baugruppe (siehe Abbildung).

16 Befreien Sie das Ventil vom Halter und ziehen Sie nötigenfalls die Schläuche ab – merken Sie sich ihre Positionen.

17 Der Einbau entspricht der umgekehrten Ausbaureihenfolge – alle Schläuche müssen vollständig aufgeschoben mit (ggf. neuen) Schellen gesichert sein.

Zungenventile

18 Entfernen Sie das Magnetventil (siehe oben).

19 Lösen Sie die Kühler-Befestigungsschrauben und schwenken Sie den Kühler nach vorn (siehe Abbildung).

20 Lösen Sie die Schrauben des jeweiligen Zungenventil-Deckels und entfernen Sie diesen (siehe Abbildung). Heben Sie das Zungenventil und seine Grundplatte(n) aus dem Ventildeckel – merken Sie sich ihre Einbaurichtungen (siehe Abbildung).

21 Der Einbau entspricht der umgekehrten Ausbaureihenfolge – richten Sie die Kerbe oder Bohrungen der Grundplatte zum Vorsprung im Zylinderkopf aus. Installieren Sie die Zungenventile mit den Stiften nach vorn (Abbildung 14.20b). Reinigen Sie die Deckelschrauben, tragen Sie frische Sicherungspaste auf und ziehen Sie sie mit 10 Nm an.

15 Katalysator

Allgemeine Informationen

1 In der Auspuffanlage ist ein Katalysator integriert, der die im Motor entstehenden giftigen Abgase in relativ harmlose Gase umwandeln soll, bevor sie aus dem Auspuff entlassen werden.

2 Durch eine auf feinen Gittermaschen angebrachte spezielle Metallbeschichtung wandelt der Katalysator Stickoxide in Stickstoff und Sauerstoff sowie unverbrannte Kohlenwasserstoffe und Kohlenmonoxide in Wasser und Kohlendioxide um. Die Wirksamkeit des Katalysators wird durch Ablagerungen von Ölkohle, Öl oder Blei beeinträchtigt.

3 Damit der Katalysator lange Zeit wirkungsvoll arbeiten kann, müssen die aus dem Motor kommenden Abgase eine bestimmte Zusammensetzung haben – diese wird stark vom darin enthaltenen Rest-Sauerstoff bestimmt. Die Lambdasonde misst den Gehalt des Sauerstoffs und gibt diese Informationen an das Motorsteuergerät weiter, das entsprechend das Einspritzgemisch und die Zündung reguliert.

4 Wechseln Sie für den Aus- und Einbau der Auspuffanlage nach Sektion 13. Details zur Lambdasonde finden sich in Sektion 8.

Vorsichtsmaßnahmen

5 Der Katalysator arbeitet automatisch und erfordert praktisch keine Wartung. Trotzdem sollten folgende Hinweise beachtet werden:

- Tanken Sie immer bleifreien Kraftstoff und verwenden Sie keine Kraftstoffzusätze – bereits kleine Mengen verbleiten Benzins zerstören den Katalysator.
- Halten Sie das Kraftstoff- und Zündsystem in einem guten Zustand. Wird ein unkorrektes Benzin/Luft-Gemisch vermutet, muss das System mithilfe eines Abgas-Analysegerätes untersucht werden.
- Wenn der Motor Fehlzündungen produziert, muss dies unverzüglich behoben werden, da der Katalysator dadurch zerstört wird.
- Benutzen Sie keine Kraftstoff- oder Öl-Zusätze (Additive) – diese können Substanzen enthalten, die den Katalysator beschädigen.
- Wenn der Motor Öl verbrennt und blaue Abgaswolken produziert, muss er unverzüglich repariert werden, da der Katalysator dadurch zerstört wird.
- Behandeln Sie die ausgebaute Auspuffanlage vorsichtig – der Katalysator und die Lambdasonde vertragen keine Schläge oder Stürze.

16 Zündsystem
Kontrolle

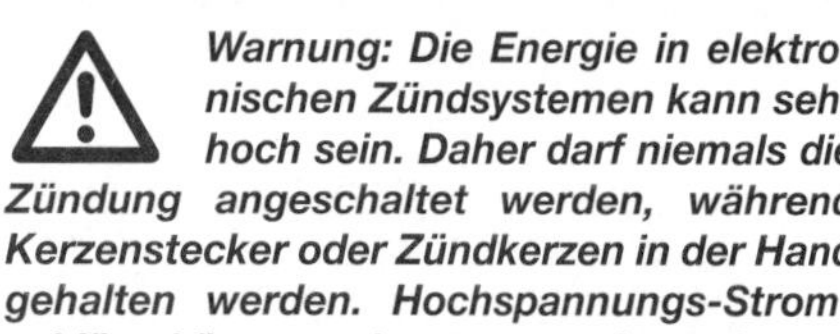

Warnung: Die Energie in elektronischen Zündsystemen kann sehr hoch sein. Daher darf niemals die Zündung angeschaltet werden, während Kerzenstecker oder Zündkerzen in der Hand gehalten werden. Hochspannungs-Stromschläge können sehr unangenehm sein.
Bei getrennten Zündspulen oder ausgebauten Zündkerzen darf der Motor niemals durchgedreht werden oder laufen, ohne dass ein guter Masseschluss sichergestellt ist (z.B. für einen Zündfunkentest). Zündsystem-Komponenten können ernsthafte Schäden erleiden, falls der Hochspannungs-Stromkreis isoliert wird!

1 Da das Zündsystem völlig wartungsfrei ist und nicht eingestellt werden kann, können Fehlfunktionen nur auf Defekte in den einzelnen Komponenten oder in der Verkabelung zurückgeführt werden. Wahrscheinlicher ist die zweite Ursache. Bei Fehlfunktionen müssen die Zündungsbauteile in systematischer Reihenfolge wie folgt überprüft werden:
2 Prüfen Sie zuerst, ob die Zündkerzen einen Funken erzeugen können – verwenden Sie hierzu neue Zündkerzen, und testen Sie immer nur eine Zündkerze zurzeit. Demontieren Sie das Luftfiltergehäuse (siehe Sektion 5) und das Sekundärluftsystem-Magnetventil samt Schläuchen (siehe Sektion 14).
3 Trennen Sie den Stecker an der Zündspule des zu überprüfenden Zylinders, ziehen Sie diese von der Zündkerze und verbinden Sie den Stecker wieder (Abbildungen 17.8a und b). Stecken Sie eine neue Zündkerze in die Zündspule.
4 Halten Sie die Zündspule mit einem gut isolierten Werkzeug so, dass das Zündkerzengewinde an einem schattigen Platz am Rahmen oder anderem guten Massepunkt anliegt, sodass der Zündfunke gut sichtbar ist.

Warnung: Nehmen Sie für diese Kontrolle nie die Kerzen aus dem Motor, da austretendes Luft/Benzin-Gemisch sich entzünden und zu Verletzungen führen kann! Stellen Sie außerdem sicher, dass beim Zündfunkentest die Kerze gründlichen Kontakt zu Masse hat, da sonst das Motorsteuergerät beschädigt werden kann.

5 Schalten Sie den Killschalter auf RUN und die Zündung ein, legen Sie den Leerlauf ein und drehen den Motor mit dem Anlasser durch. Ist die Zündung in Ordnung, werden an den Zündkerzen-Elektroden dicke blaue Funken überspringen; sind die Funken schwach, gehen ins Gelbe oder bleiben ganz aus, muss die Ursache gefunden werden. Schalten Sie vor weiterer Arbeit die Zündung wieder aus und wiederholen Sie den Test mit den anderen Zündspulen.
6 Die Zündung muss einen Funken erzeugen, der in der Lage ist, eine Strecke von mindestens 6 mm zu überspringen. Für eine solche Kontrolle sind im Fachhandel sogenannte Funkenstrecken-Tester erhältlich (siehe Abbildung) – folgen Sie der beigefügten Anleitung.
7 Wenn die Testergebnisse in Ordnung sind, kann das Zündsystem als funktionsfähig betrachtet werden. Bei schwachen Funken sind weitere Untersuchungen nötig.
8 Fehlfunktionen der Zündanlage können in zwei Kategorien eingeteilt werden: ein vollständiger Ausfall oder gelegentliche Fehlfunktion. Die wahrscheinlichsten Ursachen sind unten aufgeführt, beginnend mit der häufigsten. Arbeiten Sie sich systematisch durch diese Liste, wobei in den jeweiligen Unterpunkten dieses Kapitels für Details nachgeschaut werden muss.

Anmerkung: *Bevor Sie beginnen, muss sichergestellt sein, dass die Batterie vollständig geladen ist und alle Sicherungen in Ordnung sind.*

- Schadhafte Zündkerze, verschlissene oder korrodierte Kerzenelektroden (siehe Kapitel 1)
- Lockere, korrodierte oder beschädigte elektrische Steckverbindungen, gebrochene Kabel im Zündsystem.
- Fehlerhafter Getriebe-, Kupplungs- oder Seitenständer-Schalter (siehe Kapitel 8)
- Defekte Zündspule(n) (siehe Sektion 17).
- Defekter Kill- oder Zündschalter (siehe Kapitel 8).
- Defekter Kurbelwellensensor (siehe Sektion 8) oder beschädigter Auslöser am Lichtmaschinenrotor (siehe Kapitel 8).
- Defekter Neigungswinkelsensor oder Anlasserstromkreis-Abschaltrelais (siehe Sektion 8 und Kapitel 8).
- Defektes Motorsteuergerät (siehe Sektion 18).

9 Wenn alle oben beschriebenen Möglichkeiten keinen Grund des Problems erkennen lassen, sollte sie Zündanlage von einer Yamaha-Werkstatt getestet werden – diese verfügt über ein Testgerät, das eine Diagnose der Zündanlage erstellen kann.

17 Zündspulen

Kontrolle

1 Entfernen Sie die Zündspule(n) (siehe unten).
2 Unterziehen Sie die Zündspule(n) einer Sichtkontrolle auf lockere, beschädigte oder verschmutzte Anschlüsse, Risse und andere Beschädigungen.
3 Messen Sie wie folgt den Primärwicklungs-Widerstand der Zündspule: Verbinden Sie das Pluskabel eines auf den Ohm-Bereich geschalteten Messgeräts mit dem Kontakt des rot/schwarzen Kabels und das Minuskabel mit dem Kontakt des orangen (Zylinder Nr. 1), des grau/roten Kabels (Zylinder Nr. 2) oder des orange/grünen Kabels (Zylinder Nr. 3) (siehe Abbildung) – falls nicht zwischen 1,19 und 1,61 Ohm festgestellt werden, wird die Zündspule wahrscheinlich defekt sein.
4 Messen Sie wie folgt den Sekundärwicklungs-Widerstand der Zündspule: Schalten Sie das Messgerät auf den K-Ohm-Messbereich und verbinden Sie das Pluskabel mit dem Kontakt des rot/schwarzen Kabels; das Minuskabel muss mit dem Zündkerzen-Kontakt unten an der Spule verbunden werden (siehe Abbildung) – falls nicht zwischen 9,35 und 12,65 K-Ohm festgestellt werden, wird die Zündspule wahrscheinlich defekt sein.
5 Falls eine Zündspule stark abweichende Widerstände, gar keinen oder vollen Durchgang zeigt, muss sie ersetzt werden – Reparaturen sind nicht möglich.

Ausbau und Einbau

6 Demontieren Sie das Sekundärluftsystem-Magnetventil samt Schläuchen (siehe Sektion 14).
7 Reinigen Sie die Dichtfläche der Zündspule, damit kein Schmutz in den Zündkerzenschacht fallen kann.
8 Trennen Sie den Stecker der Zündspule und ziehen Sie diese von der Zündkerze (siehe Abbildungen).
9 Der Einbau entspricht der umgekehrten Ausbaureihenfolge. Die Zündspulen müssen vollständig auf die Zündkerzen gedrückt werden und die Kabelstecker müssen fest verbunden sein.

18 Motorsteuergerät (ECU)

Kontrolle

1 Falls sich mit den in den vorherigen Sektionen beschriebenen Tests keine Fehlerursache eingrenzen ließ und alle Sicherungen, Relais und Kabel samt Steckern der Motorsteuerung in Ordnung sind, kann das Motorsteuergerät selbst defekt sein. Prüfdaten für das Gerät sind nicht erhältlich, sodass das Motorrad nötigenfalls von einer entsprechend ausgerüsteten Yamaha-Werkstatt untersucht werden muss.
2 Bei Motorrädern ohne Wegfahrsperre besteht die Möglichkeit, das Steuergerät (nach

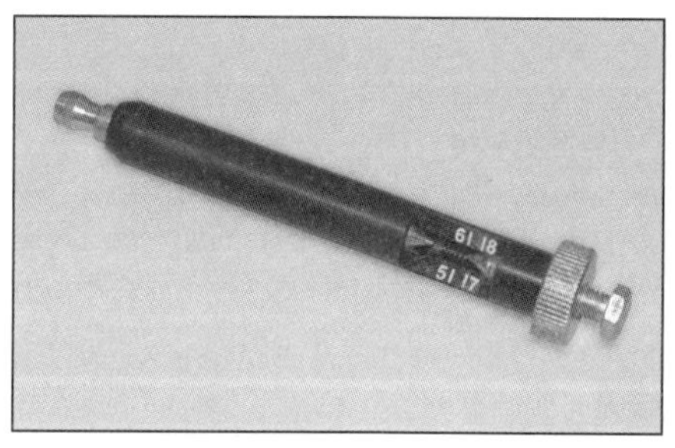

16.6 Ein typisches Zündfunken-Messgerät

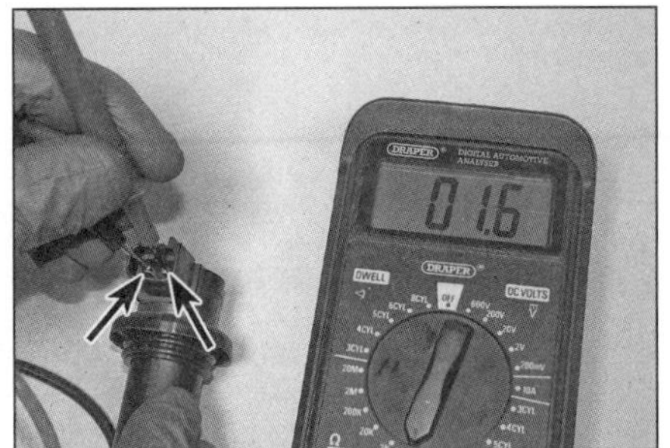

17.3 Ermitteln Sie an den Steckerkontakten den Primärwicklungs-Widerstand der Zündspule.

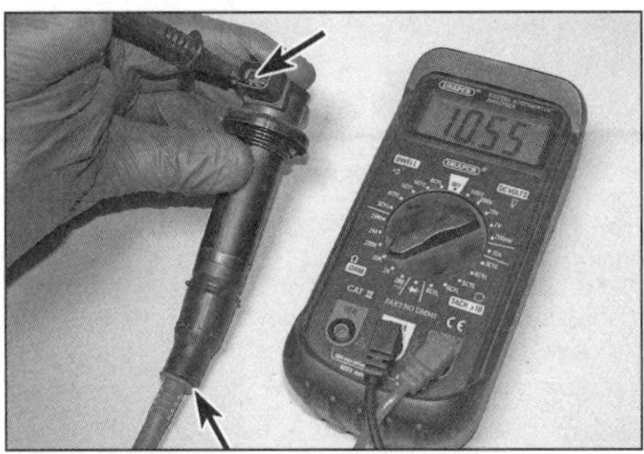

17.4 Ermitteln Sie an den gezeigten Kontakten den Sekundärwicklungs-Widerstand der Zündspule.

17.8a Ziehen Sie den Zündspulen-Stecker ab...

17.8b ...und befreien Sie diese aus dem Zylinderkopf.

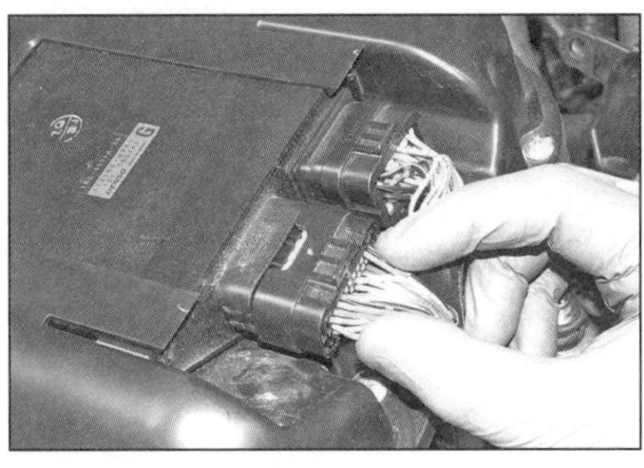

18.4a Trennen Sie die Steuergerät-Stecker.

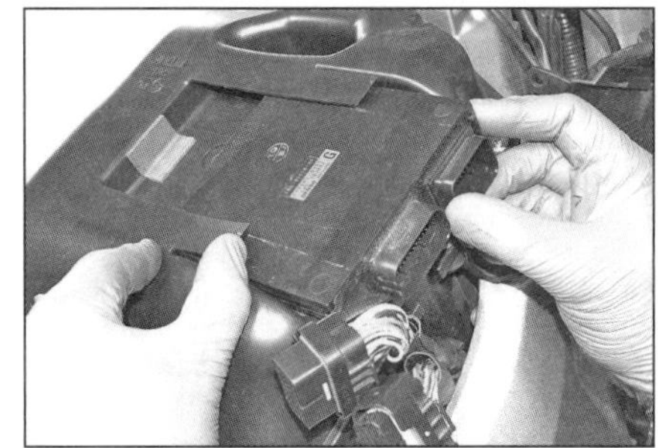

18.4b Lösen Sie die Lachen und ziehen Sie das Steuergerät heraus.

einer Kontrolle aller anderen Zündsystem-Komponenten) durch ein erwiesenermaßen funktionsfähiges Teil auszutauschen. Wenn eine Wegfahrsperre vorhanden ist, kommt nur der Austausch gegen ein neues Steuergerät in Betracht. Nach dem Einbau eines neuen Motorsteuergeräts muss der rote Nachregistrierungs-Zündschlüssel für die Wegfahrsperre registriert werden (siehe Sektion 19).

Ausbau und Einbau

3 Demontieren Sie den Tank (siehe Sektion 2).
4 Trennen Sie die Kabelstecker, lösen Sie die Laschen und ziehen Sie das Steuergerät heraus (siehe Abbildungen) – befreien Sie die Verkabelung aus ihrer Führung am Luftfiltergehäuse.
5 Der Einbau entspricht der umgekehrten Ausbaureihenfolge. Alle Steckerkontakte müssen sauber und fest verbunden sein. Drücken Sie den korrekt ausgerichteten Stecker in seinen Sitz, bis er eingerastet ist.

19 Wegfahrsperre

Allgemeine Informationen

1 Die Wegfahrsperre ermöglicht den Start des Motorrades nur, wenn der korrekt registrierte Schlüssel im Zündschloss steckt. Das System besteht aus einem im Zündschlüssel sitzenden Transponder (Antwortsender), einem vor dem Zündschloss sitzenden Empfänger und dem Motorsteuergerät.
2 Beim Einschalten der Zündung sendet das Steuergerät durch den Empfänger Energie an den Transponder. Dieser sendet ein Code-Signal durch den Empfänger zurück an das Steuergerät. Wenn dieses Signal mit dem im Steuergerät gespeicherten Signal übereinstimmt, beginnt die Wegfahrsperren-Lampe im Cockpit für etwa eine Sekunde zu leuchten und nach dem Erlöschen erlaubt das Steuergerät den Start des Motors.
3 Falls der Schlüssel-Code nicht erkannt wird oder im System ein Fehler auftritt, blinkt die Wegfahrsperren-Lampe – wechseln Sie in diesem Fall zur Fehlerdiagnose und Fehlerbehebung (siehe unten); das Gleiche gilt, wenn die Lampe gar nicht aufleuchtet.
4 Das Steuergerät kann die Codierungen von bis zu drei registrierten Schlüsseln speichern – zwei von ihnen sind Standardschlüssel (schwarz) und einer der Master-Schlüssel (rot), der das Nachregistrieren weiterer Schlüssel erlaubt. Diese Schlüssel müssen separat gehalten werden (also nicht an einem Schlüsselbund), da die Nähe eines anderen Schlüssels zu dem im Zündschloss zu vermischten Signalen führen kann, die das Starten des Motors verhindern.
5 Jeder Schlüssel hat einen eingebauten Transponder, der beschädigt werden kann, wenn der Schlüssel fallen gelassen, zu heiß, zu nahe an ein Magnetfeld gehalten oder zu lange unter Wasser getaucht wird. Falls die geschieht, kann beim Yamaha-Händler ein neuer Schlüssel beschafft und mithilfe des roten Nachregistrierungsschlüssels registriert werden. Aus diesem Grund sollte der rote Zündschlüssel möglichst nicht zum Fahren benutzt, sondern an einem sicheren Ort verwahrt werden.
6 Sorgen Sie dafür, dass immer ein Standard-Ersatzschlüssel vorhanden ist. Falls ein Schlüssel beschädigt ist oder verloren geht, muss ein neuer Schlüssel beschafft und so schnell wie möglich registriert werden.
7 Falls alle Schlüssel verloren gehen oder das Zündschloss defekt ist, müssen alle Bauteile der Wegfahrsperre einschließlich des Motorsteuergeräts ersetzt werden.

Falls ein Schlüssel verloren gegangen ist oder möglicherweise gestohlen wurde, müssen der Master-Schlüssel und der verbleibende Standardschlüssel möglichst bald nachregistriert werden, damit der verloren gegangene (oder gestohlene) Schlüssel nicht wieder eingesetzt werden kann. Falls alle drei Schlüssel verloren gegangen sind oder das Zündschloss defekt ist, müssen ein neues Steuergerät, eine neue Wegfahrsperren-Baugruppe und ein neues Zündschloss samt Schlüsselsystem beschafft und installiert werden. Falls die Wegfahrsperre oder das Motorsteuergerät defekt ist, können diese Teile einzeln ersetzt werden.

Registrierung eines Standardschlüssels

Anmerkung: *Die Registrierung wird nötig, wenn ein Schlüssel verloren gegangen ist (und nicht wieder benutzt werden soll) und ein neuer Schlüssel beschafft wurde. Hierdurch wird der verlorene Schlüssel automatisch unbrauchbar gemacht. Selbst wenn der verlorene Schlüssel nicht durch ein Neuteil ersetzt wird und man mit nur einem Standardschlüssel zufrieden ist, sorgt diese Prozedur dafür, dass der verbliebene Standardschlüssel nachregistriert und der verlorene Schlüssel gelöscht wird.*

8 Beschaffen Sie beim Yamaha-Händler einen neuen Schlüssel und lassen Sie ihn entsprechend des Originalschlüssels feilen.
9 Halten Sie alle drei Schlüssel bereit – wenn ein neuer Standardschlüssel registriert wird, löscht das System den Code des verbliebenen Standardschlüssels, sodass dieser ebenfalls wieder neu registriert werden muss.
10 Schalten Sie mit dem roten Schlüssel die Zündung ein. Schalten Sie dann die Zündung wieder aus und ziehen Sie den Schlüssel ab. Stecken Sie jetzt innerhalb von 5 Sekunden den zu registrierenden Schlüssel ins Zündschloss und schalten Sie damit die Zündung ein – wenn die Wegfahrsperren-Lampe jetzt in 0,5-Sekunden-Intervallen blinkt, ist das System im Registrierungsmodus. Falls das Blinken aufhört, wurde der 5-Sekunden-Zeitraum überschritten und der Registrierungsmodus muss neu gestartet werden.
11 Während die Wegfahrsperren-Lampe weiter blinkt, wird die Zündung ausgeschaltet und der neue Schlüssel abgezogen, um ihn weit genug vom Empfänger entfernt abzulegen. Stecken Sie jetzt innerhalb von 5 Sekunden den zweiten Schlüssel ins Zündschloss und schalten Sie die Zündung ein – wenn die Wegfahrsperren-Lampe jetzt nicht mehr blinkt, ist der zweite Schlüssel registriert und der Registrierungsmodus abgeschlossen. Schalten Sie zum Schluss die Zündung aus und ziehen Sie den Schlüssel ab.
12 Prüfen Sie, ob das Motorrad mit allen registrierten Schlüsseln gestartet werden kann.

Registrierung eines roten Nachregistrierungsschlüssels

Anmerkung: *Die Registrierung wird nötig, wenn ein neues Motorsteuergerät oder ein neuer Wegfahrsperren-Empfänger montiert wurde.*

13 Schalten Sie mit dem roten Schlüssel die Zündung ein – die Wegfahrsperren-Lampe leuchtet einige Sekunden auf und erlischt dann, um anzuzeigen, dass der neue Schlüssel registriert ist.
14 Prüfen Sie, ob das Motorrad mit dem neuen Schlüssel gestartet werden kann.
15 Registrieren Sie jetzt die Standardschlüssel (siehe Schritte 8 bis 12).

Registrierung eines neuen Motorsteuergeräts

16 Montieren Sie das neue Steuergerät (siehe Sektion 18).
17 Schalten Sie mit dem roten Schlüssel die Zündung ein – hierdurch wird der Schlüssel zum neuen Steuergerät registriert.
18 Prüfen Sie, ob das Motorrad mit dem neuen Schlüssel gestartet werden kann.
19 Registrieren Sie jetzt die Standardschlüssel (siehe Schritte 8 bis 12).

Registrierung eines neuen Wegfahrsperren-Empfängers

20 Demontieren Sie das Zündschloss und entfernen Sie den daran sitzenden alten Wegfahrsperren-Empfänger, um ihn durch ein Neuteil zu ersetzen (siehe Kapitel 8).
21 Schalten Sie mit dem roten Schlüssel die Zündung ein – hierdurch wird der Schlüssel zum neuen Wegfahrsperren-Empfänger registriert.
22 Prüfen Sie, ob das Motorrad mit dem neuen Schlüssel gestartet werden kann.
23 Registrieren Sie jetzt die Standardschlüssel (siehe Schritte 8 bis 12).

Fehlerdiagnose

24 Falls im Wegfahrsperren-System ein Fehler auftritt, blinkt die mit einem Schlüsselsymbol versehene Warnlampe im Drehzahlmesser und im Display wird ein Fehlercode angezeigt (siehe Tabelle).

Fehlerbehebung

25 Wenn die Fehlercodes 51 oder 52 angezeigt werden, muss zunächst kontrolliert werden, ob nicht einer der anderen registrierten Schlüssel dem Empfänger zu nahe gekommen ist – entfernen Sie ihn gegebenenfalls und versuchen Sie erneut, die Zündung einzuschalten. Der Defekt kann im Transponder des Schlüssels liegen – versuchen Sie, das Motorrad mit einem anderen Schlüssel zu starten.
26 Wenn irgendein Fehlercode angezeigt wird, müssen zuerst die Sicherungen sowie die Stecker und Kabel zwischen dem Empfänger, dem Zündschloss und dem Motorsteuergerät überprüft werden (beachten Sie dazu die Hinweise unten, die Sektionen 2 und 18 in Kapitel 8 und die Schaltpläne am Ende von Kapitel 8). Durchgangsprüfungen decken Unterbrechungen im Stromkreis auf. Überprüfen Sie alle Stecker-Kontakte – sie dürfen nicht locker, verbogen oder korrodiert sein. Sprühen Sie die Stecker vor dem Anschließen mit Kontaktreiniger ein. Stellen Sie auch sicher, dass die Batterie in Ordnung ist und das Zündschloss keine Defekte aufweist (siehe Kapitel 8).
27 Falls die Wegfahrsperren-LED oder die LCD-Anzeige im Cockpit keine Funktion hat, muss die Instrumentenbaugruppe kontrolliert werden (siehe Kapitel 8).
28 Wenn alles darauf hinweist, dass entweder die Wegfahrsperre oder das Motorsteuergerät defekt ist, sollte das Motorrad von einer Yamaha-Werkstatt untersucht werden, bevor Ersatzteile gekauft werden.

Fehlercode	Symptome	Mögliche Ursachen
51	Signal vom Schlüssel wird nicht vom Wegfahrsperren-Empfänger empfangen.	Störungen durch andere Schlüssel oder Magneten Defekter Zündschlüssel-Transponder Defekter Wegfahrsperren-Empfänger
52	Code vom Schlüssel wird nicht vom Wegfahrsperren-Empfänger erkannt.	Störungen durch andere Schlüssel Schlüssel ist nicht registriert
53	Signal vom Wegfahrsperren-Empfänger wird nicht an Motorsteuergerät übertragen	Beschädigte Kabel oder Stecker Defekter Wegfahrsperren-Empfänger Defektes Motorsteuergerät
54	Codes zwischen Wegfahrsperre und Motorsteuergerät passen nicht zusammen	Nachregistrierungsschlüssel ist nicht registriert Beschädigte Kabel oder Stecker Defekter Wegfahrsperren-Empfänger Defektes Motorsteuergerät
55	Schlüssel-Registrierungsfehler	Gleicher Schlüssel wurde zweimal registriert
56	Code wird nicht vom Motorsteuergerät erkannt	Störquellen Beschädigte Kabel oder Stecker Defekter Wegfahrsperren-Empfänger Defektes Motorsteuergerät

Kapitel 5
Rahmen und Federung

Inhalt (in alphabetischer Reihenfolge, die Zahlen geben die Nummerierung in den grauen Feldern wieder)

Allgemeine Informationen 1
Federelemente – Einstellung 13
Fußrasten, Bremspedal und Schalthebel 3
Gabel – Ausbau und Einbau 6
Gabel – Ölwechsel 7
Gabel – Überholen 8
Lenker und Hebel 5
Lenkerschalter . . . . . siehe Kapitel 8
Lenkkopflager 10
Lenkkopflager – Kontrolle und Einstellung . . . . . siehe Kapitel 1
Lenkschaft 9
Rahmen 2
Schwinge 14
Seitenständerschalter . . . . . siehe Kapitel 8
Ständer 4
Stoßdämpfer 11
Stoßdämpferanlenkung 12

Schwierigkeitsgrade

Leicht. Für Anfänger mit wenig Erfahrung geeignet.	**Relativ leicht.** Für Anfänger mit etwas Erfahrung geeignet. 	**Relativ schwierig.** Geeignet für geübte Selbstschrauber. 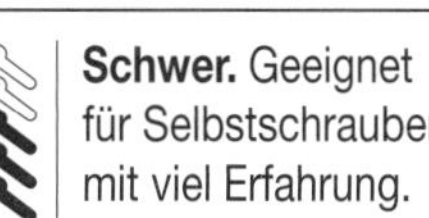	**Schwer.** Geeignet für Selbstschrauber mit viel Erfahrung. 	**Sehr schwer.** Geeignet für Experten und Profis.

Technische Daten

Gabel

MT-09

Gabelöl-Typ . . . . . Yamaha-Gabelöl '01' oder vergleichbares Gabelöl
Gabelöl-Füllmenge
  Modelle bis 2016
    rechter Gabelholm . . . . . 458 ml
    linker Gabelholm . . . . . 472 ml
  Modelle ab 2017
    rechter Gabelholm . . . . . 462 ml
    linker Gabelholm . . . . . 458 ml
Gabelöl-Pegel*
  Modelle bis 2016
    rechter Gabelholm . . . . . 148 mm
    linker Gabelholm . . . . . 147 mm
  Modelle ab 2017 – beide Gabelholme . . . . . 148 mm
Freie Federlänge
  Standard . . . . . 300,3 mm
  Verschleißgrenze (min.) . . . . . 294,2 mm
Standrohr-Verzug (max.) . . . . . 0,2 mm

Tracer und XSR

Gabelöl-Typ . . . . . Yamaha-Gabelöl '01' oder vergleichbares Gabelöl
Gabelöl-Füllmenge
  rechter Gabelholm . . . . . 431 ml
  linker Gabelholm . . . . . 444 ml
Gabelöl-Pegel*
  rechter Gabelholm . . . . . 175 mm
  linker Gabelholm . . . . . 174 mm
Freie Federlänge
  Standard . . . . . 305,3 mm
  Verschleißgrenze (min.) . . . . . 299,1 mm
Standrohr-Verzug (max.) . . . . . 0,2 mm

** Der Ölpegel wird bei ausgebauter Feder und zusammengedrückter Gabel vom Standrohr-Rand aus gemessen.*

Anzugsdrehmomente

	Nm
Bremspedal-Gelenkmutter	30
Fußbremszylinder-Befestigungsschrauben	23
Gabel – Dämpferschraube	23
Gabel-Verschlussschraube	23
Gabelbrücken-Klemmschrauben	
obere Brücke	26
untere Brücke	23
Handbremshebel-Gelenkbolzen	1
Handbremshebel-Gelenkbolzenmutter	6
Handbremszylinder-Klemmschrauben	10
Hauptständer-Gelenkbolzen	48
Kupplungshebelhalter-Klemmschraube	11
Lenker-Klemmschrauben	22
Lenkergewichte	26
Lenkerhalter-Muttern	40
Lenkschaftmutter	110
Schwingenbolzenmutter	110
Stoßdämpferanlenkung	
Hebel an Rahmen	61
Platten-Schrauben/Muttern	55
Stoßdämpferbolzen-Muttern	44

1 Allgemeine Informationen

1 Alle Modelle basieren auf einem Brückenrahmen aus Leichtmetall, der den Motor als tragendes Teil aufnimmt. Bei der XSR ist das Rahmenheck demontierbar.

2 Das Vorderrad steckt in einer Upsidedown-Teleskopgabel mit 41 mm Standrohrdurchmesser und interner Dämpferpatrone. Die Gabel aller Modelle ist in der Federvorspannung und der Zugdämpfung einstellbar. Bei der MT-09 ab 2017 sowie den Sondermodellen MT-09 SP und Tracer GT ist auch die Druckstufe einstellbar.

3 Das Hinterrad wird in einer Leichtmetall-Schwinge geführt, die sich über ein progressiv angelenktes Zentralfederbein mit einstellbarer Federvorspannung und Zugdämpfung gegen den Rahmen abstützt. Bei den Sondermodellen MT-09 SP und Tracer GT ist auch die Druckstufe einstellbar.

2 Rahmen

1 Dem Rahmen braucht normalerweise keine Aufmerksamkeit beigemessen zu werden – solange er nicht bei einem Unfall beschädigt wurde. Nur wenige Spezialisten sind in der Lage, einen verzogenen Rahmen zu reparieren und wieder zu richten.

2 Nachdem eine Maschine sehr viele Kilometer zurückgelegt hat, sollte der gesamte Rahmen auf Anzeichen von Brüchen oder Rissen an den Schweißnähten begutachtet werden. Lockere Motorhaltebolzen können ihre Aufnahmen ausgeschlagen oder verbogen haben. Kleine Beschädigungen können je nach Ausmaß und Art eventuell von Spezialisten geschweißt werden.

3 Beachten Sie, dass ein verbogener Rahmen Fahrwerksprobleme hervorruft. Wenn ein Verzug infolge eines Unfalls festgestellt wird,

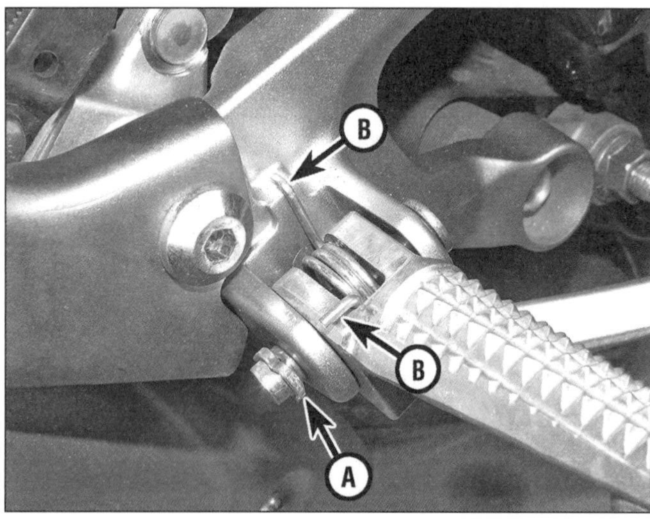

3.1 Entfernen Sie den Splint (A) und ziehen Sie den Lagerzapfen heraus – beachten Sie die Positionierung der Feder-Enden (B).

3.3 Beachten Sie die Positionen der Arretierkugel, der Feder und der Platte.

3.6 Kontermuttern des Schaltgestänges – Modelle ohne Schaltautomat

3.7a Schaltautomat-Kabelstecker

3.7b Kontermuttern des Schaltgestänges – Modelle mit Schaltautomat

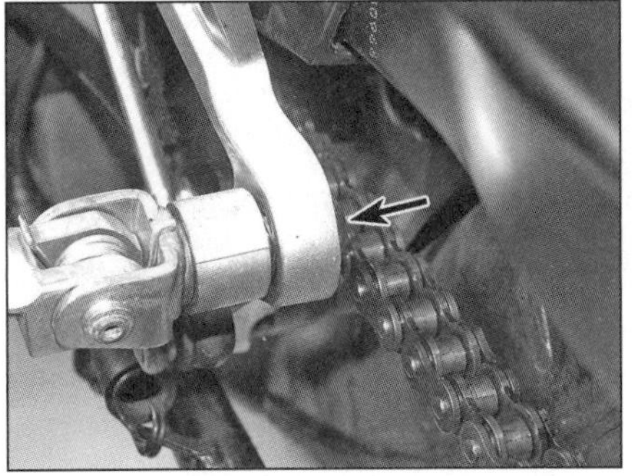

3.8 Schraube des Fahrerfußrastenträgers

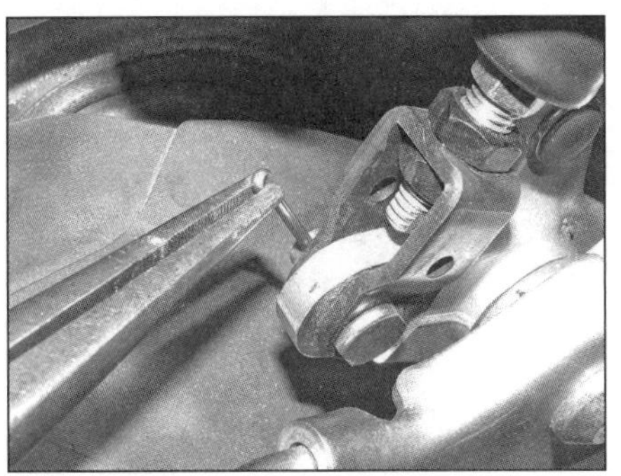

3.11a Biegen Sie den Splint gerade, um ihn zu entfernen, ...

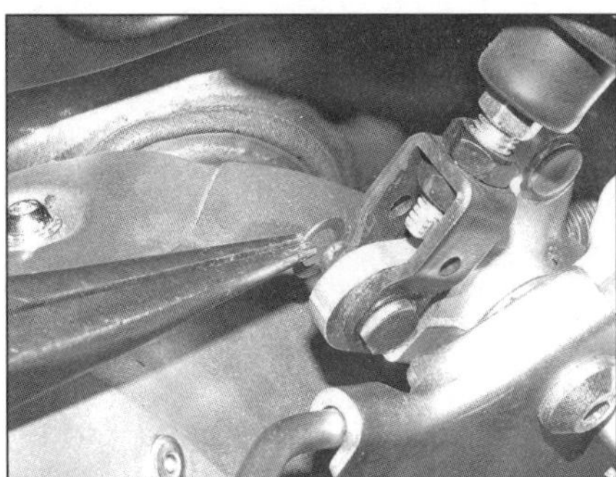

3.11b ...entnehmen Sie dann die Scheibe.

muss der Rahmen von sämtlichen Anbauteilen befreit werden, um ihn komplett kontrollieren und vermessen zu können (siehe Kapitel 6).

3 Fußrasten, Bremspedal und Schalthebel

Fußrasten

1 Um die rechte Fahrerfußraste zu demontieren, muss der Splint aus den Lagerzapfen befreit werden, dann wird der Zapfen unter Beachtung der Ausrichtung der Feder herausgezogen (siehe Abbildung).

2 Um die linke Fahrerfußraste zu demontieren, muss zunächst der Schalthebel demontiert werden – die Teile des Fußrastengelenks sind nicht separat erhältlich.

3 Die Beifahrerfußrasten werden wie die Fahrerfußrasten demontiert (siehe Schritt 1) – beachten Sie jedoch die federbelastete Kugel samt Platte zwischen der Fußraste und dem Träger, die die Raste in der eingeklappten Position sichert (siehe Abbildung). Lassen Sie die Kugel und die Feder bei der Demontage nicht wegspringen.

4 Der Einbau entspricht der umgekehrten Ausbaureihenfolge. Verwenden Sie zum Sichern der Lagerzapfen neue Splinte.

Schalthebel und Gestänge

5 Vor der Demontage des Schaltgestänges muss an beiden Enden des Gestänges gemessen werden, wie viel Gewinde aus den Kugelgelenken ragt – hierdurch wird die Höhe des Schalthebels zur Fußraste festgelegt.

6 Lockern Sie bei Modellen ohne Schaltautomat *(Quickshifter)* an beiden Seiten des Schaltgestänges die Muttern (siehe Abbildung) und drehen Sie dies aus den Gelenken des Getriebehebels und des Schalthebels – durch das Linksgewinde an einem Ende löst es sich gleichzeitig aus beiden heraus.

7 Bei Modellen mit Schaltautomat *(Quickshifter)* muss zunächst die Sitzbank entfernt und dessen Kabel verfolgt und am Stecker getrennt werden (siehe Abbildung). Befreien Sie das Kabel aus allen Befestigungen und führen Sie es zum Schaltautomaten zurück. Notieren Sie die Positionen der beiden Gestänge-Kontermuttern und lockern Sie diese (siehe Abbildung). Beachten Sie die Ausrichtung der Linie an der Schaltwelle zur Körnermarkierung am Schaltgestängehebel, lösen Sie dessen Klemmschraube und ziehen Sie den Hebel ab.

8 Lösen Sie innen am Fahrerfußrastenträger die Schraube, ziehen Sie die Fußrasten-Baugruppe aus dem Halter und entfernen Sie den Schalthebel samt Federscheibe (siehe Abbildung).

9 Der Einbau entspricht der umgekehrten Ausbaureihenfolge. Reinigen und fetten Sie die Gleitfläche des Lagerbolzens am Fußrastenträger. Positionieren Sie die Federscheibe zwischen den Hebel und den Fußrastenträger. Reinigen Sie das Gewinde der Fußrastenträger-Schraube und tragen Sie frische Sicherungspaste auf. Drehen Sie bei Modellen ohne Schaltautomat das Schaltgestänge in den Schalthebel und den Schaltwellenhebel, verdrehen Sie es so, dass der Schalthebel in der ursprünglichen Position steht, und ziehen Sie die Kontermuttern an (Abbildung 3.6).

10 Richten Sie bei Modellen mit Schaltautomat den Automaten wie beim Ausbau notiert aus, schieben Sie den mit der Körnermarkierung zur Linie der Schaltwelle ausgerichteten Schaltgestängehebel auf und ziehen Sie die Klemmschraube mit 14 Nm an. Drehen Sie das Gewinde-Ende des Schaltgestänges in das Schalthebel-Gelenk und stellen Sie durch Verdrehen die Höhe des Schalthebels ein; die eingebaute Länge der Stange muss zwischen den Gelenk-Mitten gemessen zwischen 257 und 259 mm betragen. Ziehen Sie die Kontermuttern an. Verlegen und sichern Sie das Schaltautomat-Kabel und verbinden Sie den Stecker.

Bremspedal

11 Entfernen Sie am Druckstangengelenk den Splint und die Scheibe und ziehen Sie den Gelenkzapfen heraus (siehe Abbildungen) – der Splint muss später durch ein Neuteil ersetzt werden.

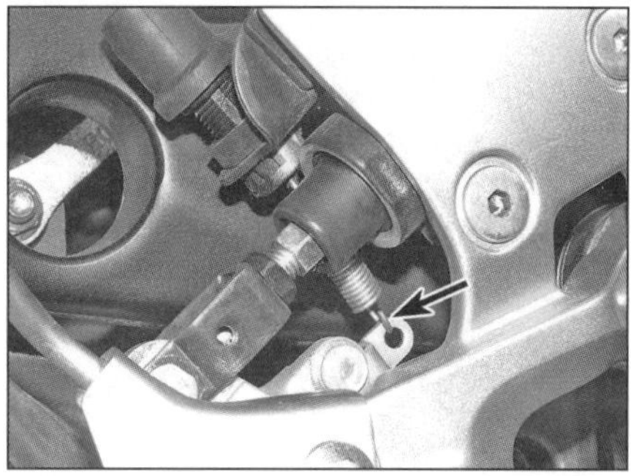

3.12a Hängen Sie die Bremslichtschalter-Feder...

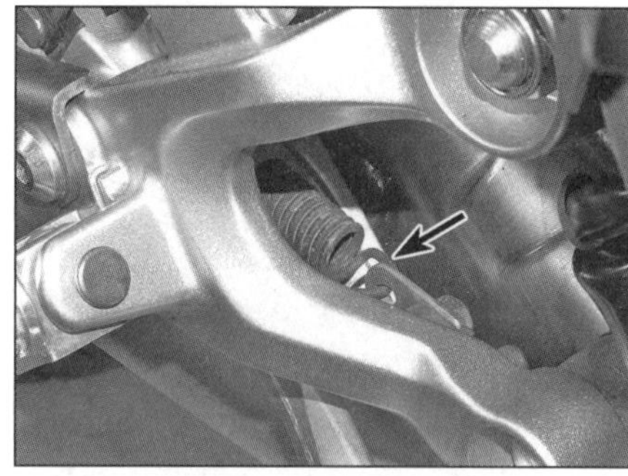

3.12b ...und die Pedalrückholfeder aus.

3.13 Kontern Sie die Mutter und lösen Sie den Gelenkbolzen.

12 Hängen Sie die Bremslichtschalter- und die Pedal-Rückholfeder aus (siehe Abbildungen).
13 Kontern Sie innen mit einem Ringschlüssel die Gelenkbolzen-Mutter und drehen Sie den Bolzen heraus (siehe Abbildung), entnehmen Sie dann die Scheibe.
14 Der Einbau entspricht der umgekehrten Ausbaureihenfolge – beachten Sie dabei folgende Punkte:

- Prüfen Sie, ob das Pedal locker sitzt. Kontrollieren Sie die Lagerhülse im Pedal und ersetzen Sie sie nötigenfalls. Reinigen Sie die Hülse nötigenfalls. Schmieren Sie das Pedal-Gelenk mit Fett.
- Installieren Sie die Scheibe zwischen das Pedal und den Fußrastenträger.
- Kontern Sie die Gelenkbolzen-Mutter und ziehen Sie den Bolzen mit 30 Nm an (Abbildung 3.13).
- Alle Federn müssen korrekt eingehängt sein (Abbildungen 3.12a und b).
- Sichern Sie den Gelenkzapfen mit einem neuen Splint, dessen Enden um ihn herum gebogen werden müssen (Abbildung 3.11a).

15 Folgen Sie nötigenfalls den Hinweisen in Kapitel 1, Sektion 15, um den Bremslichtschalter und die Pedalhöhe einzustellen.

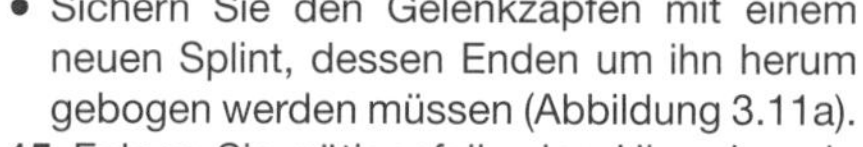

4 Ständer

Seitenständer

1 Stützen Sie das Motorrad mit dem Hauptständer oder einer geeigneten Vorrichtung sicher ab. Binden Sie den Bremshebel gegen den Lenker, um das Vorderrad zu blockieren. Klappen Sie den Seitenständer ein.
2 Hängen Sie vorsichtig die Ständerfedern aus (siehe Abbildung).
3 Kontern Sie den Kopf des Lagerbolzens, lösen Sie die Mutter und entfernen Sie die Scheibe. Ziehen Sie dann den Bolzen heraus (siehe Abbildung). Drücken Sie die Lagerhülse heraus und ziehen Sie den Ständer vom Halter; entfernen Sie die Scheiben, die an beiden Seiten des Halters sitzen (siehe Abbildungen).
4 Der Einbau entspricht der umgekehrten Ausbaureihenfolge – beachten Sie dabei folgende Punkte:

- Schmieren Sie die Gleitflächen /Hülsen / Scheiben des Ständers und des Bolzens mit Lithiumfett.
- Hängen Sie die Federn ein (Abbildung 4.2) – sie müssen den Ständer sicher in der eingeklappten Position halten – ein während der Fahrt ausklappender Ständer kann zu schweren Unfällen führen.
- Prüfen Sie die Funktion des Seitenständerschalters und des dazugehörigen Sicherheitsstromkreises (siehe Kapitel 1, Sektion 19).

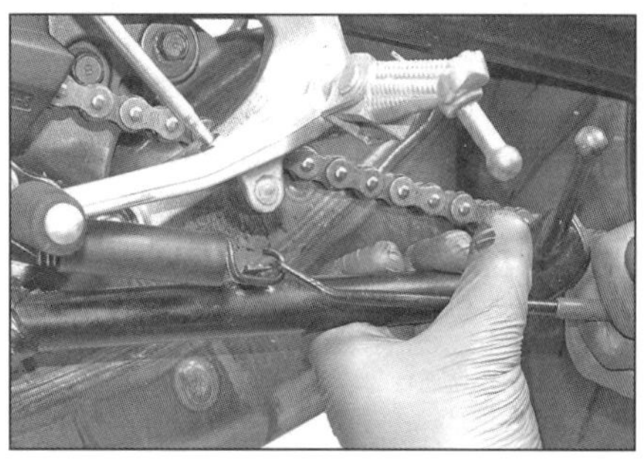

4.2 Hängen Sie mit einem geeigneten Haken die Ständerfedern aus.

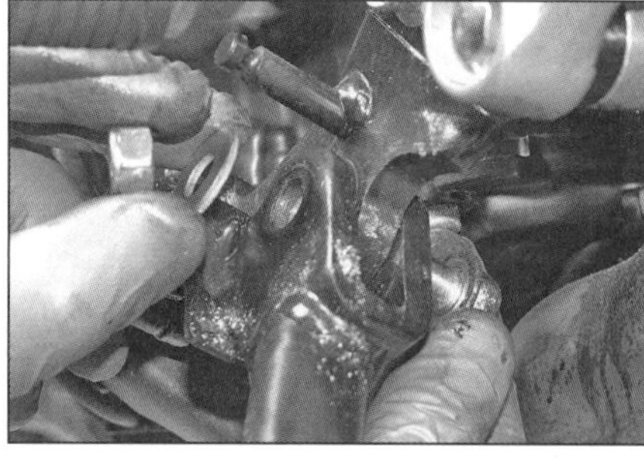

4.3a Lösen Sie die Mutter und entfernen Sie die Scheibe sowie den Lagerbolzen.

4.3b Drücken Sie die Hülse heraus und entfernen Sie den Ständer...

4.3c ...sowie die Scheiben.

Hauptständer

5 Stellen Sie das Motorrad auf den Seitenständer.
6 Hängen Sie bei eingeklapptem Hauptständer vorsichtig die Ständerfedern aus (siehe Abbildung).
7 Lösen Sie die Ständer-Gelenkbolzen und entnehmen Sie den Ständer (siehe Abbildung).
8 Der Einbau entspricht der umgekehrten Ausbaureihenfolge – beachten Sie dabei folgende Punkte:

- Schmieren Sie die Gleitflächen des Ständers, der Aufnahme und des Bolzens mit Lithiumfett.
- Reinigen Sie die Gewinde der Ständerbolzen und tragen Sie frische Sicherungspaste auf.
- Hängen Sie die Federn ein (Abbildung 4.6) – sie müssen den Ständer sicher in der eingeklappten Position halten – ein während der Fahrt ausklappender Ständer kann zu schweren Unfällen führen.

5 Lenker und Hebel

Lenker

Demontage

Anmerkung: *Der Lenker kann von der oberen Gabelbrücke demontiert werden, ohne dass irgendwelche Bauteile von ihm getrennt werden müssen - siehe Schritt 11. Achten Sie darauf, keine Kabel unter Last zu setzen. Lagern Sie den demontierten Lenker auf Lappen. Bedecken Sie auch den Ausgleichsbehälter der Handbremse mit Lappen.*

4.6 Hängen Sie mit einem geeigneten Haken die Ständerfedern aus.

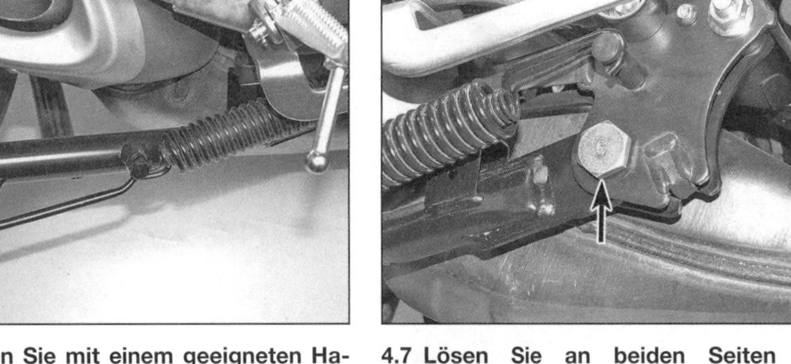

4.7 Lösen Sie an beiden Seiten den Ständerbolzen.

1 Demontieren Sie die Rückspiegel. Entfernen Sie bei der Tracer die Handprotektoren: schrauben Sie dazu ggf. die Lenkergewichte heraus und entnehmen Sie die Hülsen. Um die Lenkerhalter demontieren oder einstellen zu können, müssen auch die vorderen Tankverkleidungen entfernt werden (siehe Kapitel 7).

2 Falls bei der MT-09 bis 2016 und der XSR der Lenker nur abgenommen werden soll oder die Lenkerhalter demontiert werden sollen, müssen die Instrumente und ihr Halter von den Lenkerhaltern demontiert werden (siehe Kapitel 8).

3 Befreien Sie die Gaszüge vom Gasgriff (siehe Kapitel 4).

4 Trennen Sie bei Modellen mit Heizgriffen deren Stecker und befreien Sie die Kabel aus allen Befestigungen, um sie zum Lenker zurückzuführen; bei der Tracer muss für den Zugang zu den Steckern das rechte Verkleidungsseitenteil demontiert werden (siehe Kapitel 7, Sektion 3) (siehe Abbildung). Beachten Sie rechts die Kabelschlaufe im Gasgriffgehäuse (siehe Abbildung); links ist das Kabel unten am Lenkerschaltergehäuse gesichert (siehe Abbildung).

5 Lösen Sie bei der MT-09 und der XSR die Lenkergewichte aus dem Lenker (siehe Abbildungen).

6 Ziehen Sie den Gasgriff vom Lenker.

7 Lösen Sie die zwei Klemmschrauben des Handbremszylinders und nehmen Sie die Baugruppe ab (siehe Kapitel 6). Halten Sie den Ausgleichsbehälter aufrecht, um das Auslaufen von Bremsflüssigkeit zu vermeiden und keine Luft in die Hydraulik eindringen zu lassen. Setzen Sie den Hydraulikschlauch nicht unter Last.

8 Demontieren Sie die Lenkerschalter (siehe Kapitel 8).

9 Ziehen Sie das Griffgummi ab – falls es aufgeklebt ist und sich nicht mit einem eingeschobenen Werkzeug lösen lässt, kann Schmiermittel eingesprüht oder Druckluft angesetzt werden, um es entfernen zu können. Nötigenfalls muss es längs aufgeschnitten werden.

Achtung: Tragen Sie beim Einsatz von Sprühöl oder Druckluft eine Schutzbrille!

10 Befreien Sie den Kupplungszug vom Lenkerhebel (siehe Kapitel 2, Sektion 12).

11 Lockern Sie die Klemmschraube des Kupplungshebelhalters und ziehen Sie ihn vom Lenker (siehe Abbildung).

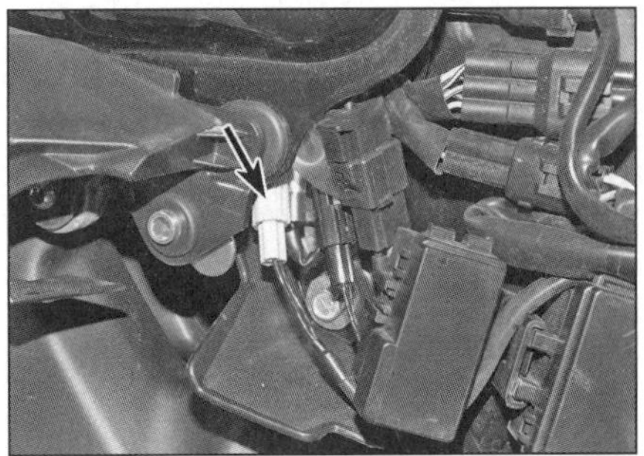

5.4a Heizgriff-Stecker

5.4b Heizgriffkabel-Schlaufe am Gasgriffgehäuse

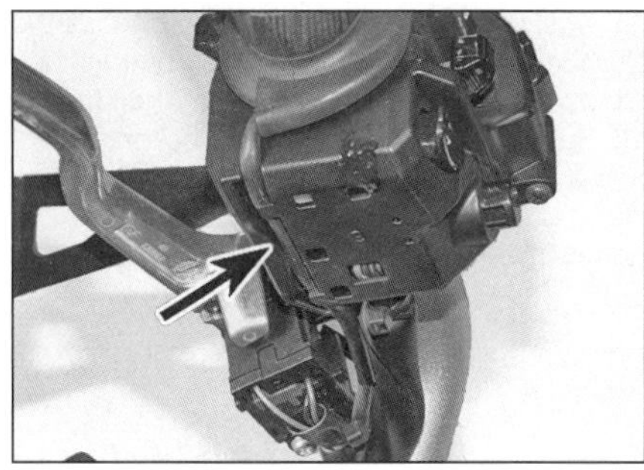

5.4c Heizgriffkabel-Führung am linken Lenkerschalter

5.5a Drehen Sie mit einem passenden Inbusschlüssel...

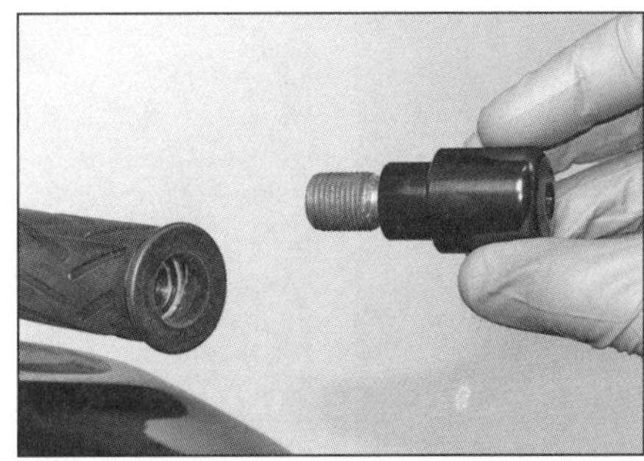

5.5b ...die Lenkergewicht aus dem Lenker.

5.11 Kupplungshalter-Klemmschraube

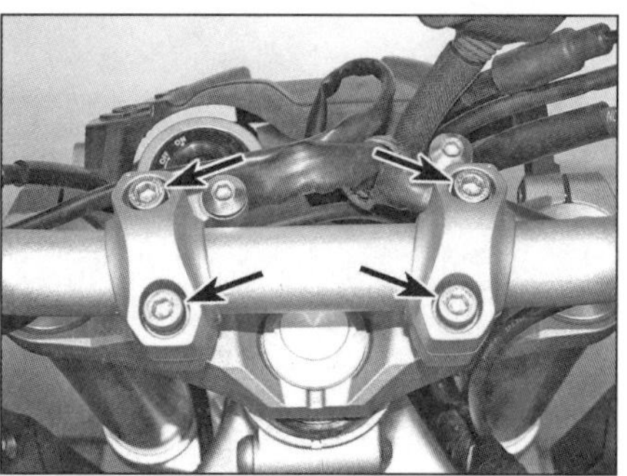

5.12 Lösen Sie die vier Lenkerschrauben.

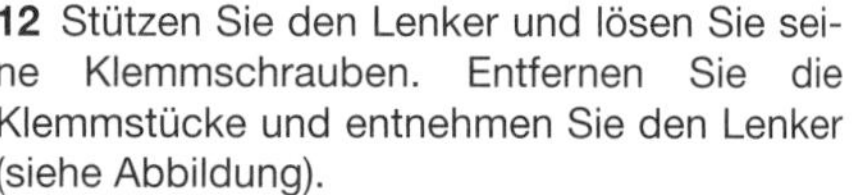

12 Stützen Sie den Lenker und lösen Sie seine Klemmschrauben. Entfernen Sie die Klemmstücke und entnehmen Sie den Lenker (siehe Abbildung).

13 Um den Lenkerhalter entfernen zu können, müssen die Muttern an der Unterseite der oberen Gabelbrücke gelöst und entfernt werden (siehe Abbildung). Ziehen Sie dann den Lenkerhalter nach oben aus der Gabelbrücke.

Einbau

14 Falls die Lenkerhalter demontiert wurde, werden sie in die obere Gabelbrücke gesteckt und ihre Muttern nur handfest aufgedreht – die endgültige Ausrichtung erfolgt nach Montage des Lenkers. Montieren Sie bei der MT-09 und der XSR den Halter mit den Gewindebohrungen für die Instrumente nach vorn (siehe Abbildung). Bei der Tracer können die Lenkerhalter je nach gewünschter Lenker-Position montiert werden.

15 Positionieren Sie den Lenker so, dass die Körnermarkierung hinten links bündig zur Oberseite des Halters liegt (siehe Abbildung).

16 Setzen Sie die Klemmstücke bei der MT-09 und XSR mit den Markierungen nach vorn außen zeigend auf; bei der Tracer müssen die abgewinkelten Ecken vorn außen liegen (siehe

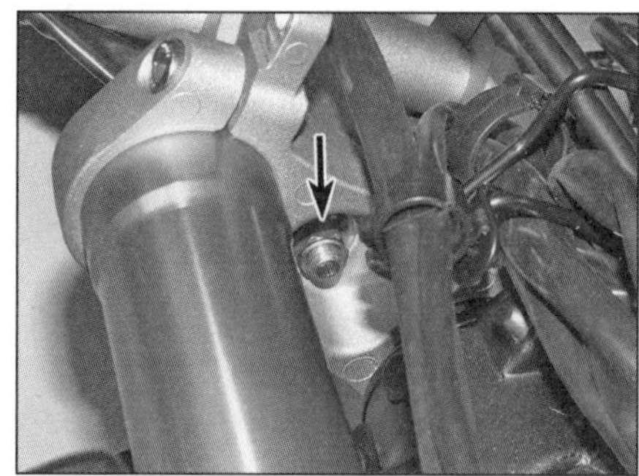

5.13 Lenkerhalter-Mutter

Abbildungen). Installieren Sie die Schrauben und ziehen Sie zuerst die vorderen und dann die hinteren mit 22 Nm an.

17 Ziehen Sie jetzt ggf. die Lenkerhalter-Muttern mit 40 Nm an.

18 Installierenden Sie die verbliebenen Komponenten in der umgekehrten Demontagereihenfolge – beachten Sie dabei Folgendes:

- Richten Sie die Klemmöffnung des Kupplungshebelhalters zur Körnermarkierung unten am Lenker aus (Abbildung 5.18a) und ziehen Sie die Klemmschraube mit 11 Nm an.
- Richten Sie die Kontaktflächen der Handbremszylinder-Klemmung zur Körnermarkierung oben am Lenker aus. Setzen Sie das Klemmstück mit »UP« nach oben zeigend an (Abbildung 5.18b) und ziehen Sie die Schrauben – die obere zuerst – mit 10 Nm an.
- Die Stifte in der unteren Schaltergehäusehälfte (rechts) oder vorderen Hälfte (links) muss in die jeweilige Bohrung des Lenkers greifen.
- Verlegen Sie ggf. das rechte Heizgriff-Kabel innerhalb des Gasgriffgehäuses, sodass es nicht die Betätigung des Gasgriffs behindert. Verlegen Sie ggf. das linke Heizgriff-Kabel in der Führung des Lenkerschalters. Führen Sie beide Kabel wie beim Ausbau notiert zum Stecker und sichern Sie sie.
- Schmieren Sie vor dem Aufschieben des Gasgriffs das rechte Lenkerende mit Mehrzweckfett.
- Ziehen Sie bei der MT-09 und der XSR die Lenkergewichte mit 26 Nm an.
- Kontrollieren Sie das Spiel des Kupplungszugs und der Gaszüge (siehe Kapitel 1).
- Vergessen Sie nicht, die Stecker des Kupplungs- und des Bremslichtschalters anzuschließen.
- Prüfen Sie vor der ersten Fahrt die Funktion des Gasgriffs, der Handbremse und der Kupplung sowie aller Schalter.

Kupplungshebel

19 Demontieren Sie bei der Tracer den linken Handprotektor (siehe Kapitel 7).

20 Befreien Sie den Kupplungszug vom Hebel (siehe Kapitel 2).

21 Lösen Sie die unten am Halter sitzende Lagerbolzenmutter, drücken Sie den Bolzen heraus und entnehmen Sie den Hebel, um den Kupplungszug zu befreien (siehe Abbildungen) – achten Sie darauf, dass die Hülse nicht verloren geht.

22 Der Einbau entspricht der umgekehrten Ausbaureihenfolge. Versehen Sie den Lagerbolzen-Schaft und die Kontaktflächen zwischen dem Hebel und dem Halter mit frischem Fett. Stellen Sie das Spiel des Kupplungszugs ein (siehe Kapitel 1). Montieren Sie bei der Tracer den Handprotektor.

Handbremshebel

23 Demontieren Sie bei der Tracer den rechten Handprotektor (siehe Kapitel 7).

24 Lösen Sie bei der MT-09 und der XSR die Kontermutter des Gelenkbolzens (siehe Abbildung). Lösen Sie bei allen Modellen den Gelenkbolzen und entnehmen Sie den Bremshebel – beachten Sie seinen Sitz gegen die Druckstange (siehe Abbildungen).

5.14 Korrekte Lenkerhalter-Position – MT-09 und XSR

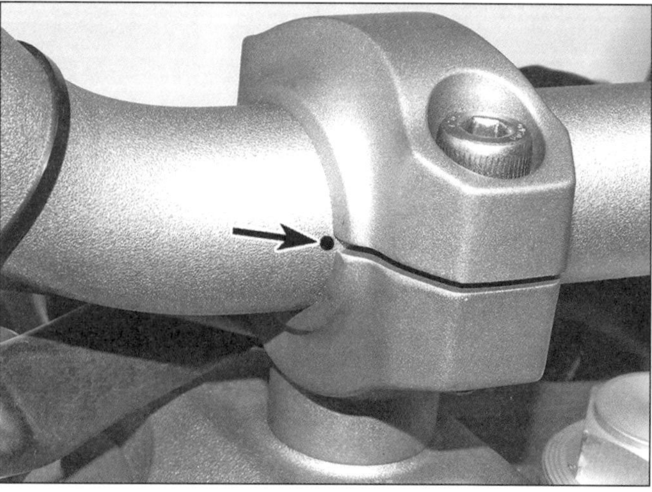

5.15 Richten Sie die Markierung hinten innen zur Kontaktfläche des Lenkerhalters aus.

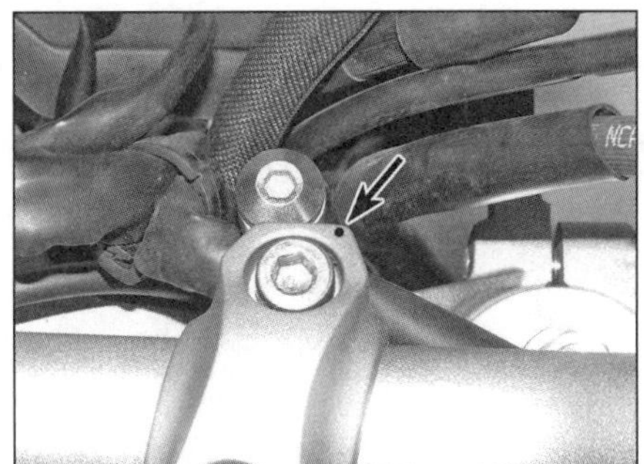

5.16a Ausrichtung der Lenker-Klemmstück-Markierungen nach vorn außen bei der MT-09 und der XSR

5.16b Setzen Sie bei der Tracer die Klemmstücke mit den abgewinkelten Ecken wie gezeigt auf.

5.18a Richten Sie die Klemmöffnung des Kupplungshebelhalter unten zur Körnermarkierung aus.

5.18b Richten Sie die Kontaktfläche des Bremszylinderhalters oben zur Körnermarkierung aus.

5.21a Lösen Sie die Mutter – gezeigt an der MT-09.

5.21b Bei der Tracer muss die zwischen dem Protektor-Halter und dem Hebelhalter sitzende Mutter gelöst werden.

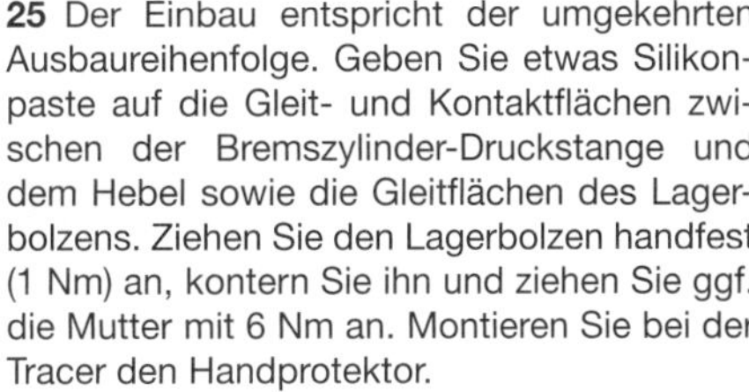

25 Der Einbau entspricht der umgekehrten Ausbaureihenfolge. Geben Sie etwas Silikonpaste auf die Gleit- und Kontaktflächen zwischen der Bremszylinder-Druckstange und dem Hebel sowie die Gleitflächen des Lagerbolzens. Ziehen Sie den Lagerbolzen handfest (1 Nm) an, kontern Sie ihn und ziehen Sie ggf. die Mutter mit 6 Nm an. Montieren Sie bei der Tracer den Handprotektor.

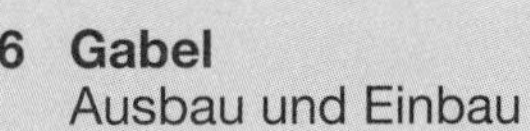

6 Gabel
Ausbau und Einbau

Ausbau

1 Stützen Sie das Motorrad senkrecht ab, sodass das Vorderrad nicht den Boden berührt. Entfernen Sie zum Schutz vor Beschädigungen bei der Tracer die Verkleidungsseitenteile und die Tankverkleidungen (siehe Kapitel 7).

2 Bauen Sie das Vorderrad aus (siehe Kapitel 6). Sichern Sie die an den Leitungen angeschlossenen Bremssättel außerhalb des Arbeitsbereichs.

3 Demontieren Sie das Vorderradschutzblech (siehe Kapitel 7).

4 Arbeiten Sie immer nur an einem Gabelholm. Notieren Sie die Verlegung aller durch die Gabel führenden Bowdenzüge, Bremsleitungen und Kabel.

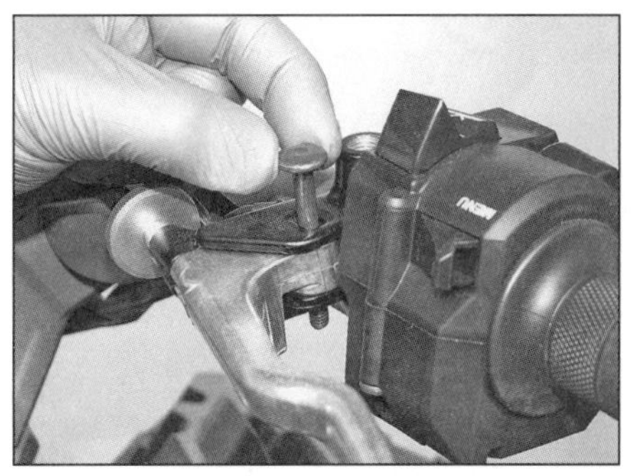

5.21c Ziehen Sie den Gelenkbolzen heraus und entnehmen Sie den Hebel.

5.24a Kontern Sie den Gelenkbolzen zum Lösen der Mutter.

5.24b Drehen Sie den Gelenkbolzen heraus...

5.24c ...und entnehmen Sie den Bremshebel.

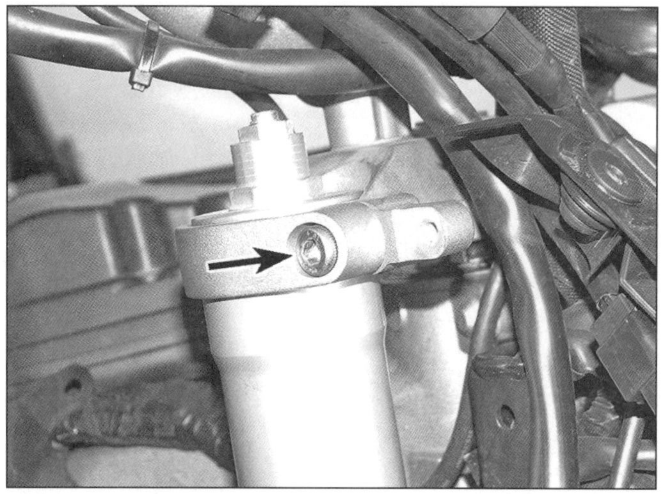

6.5a Lockern Sie die Klemmschraube der oberen Gabelbrücke.

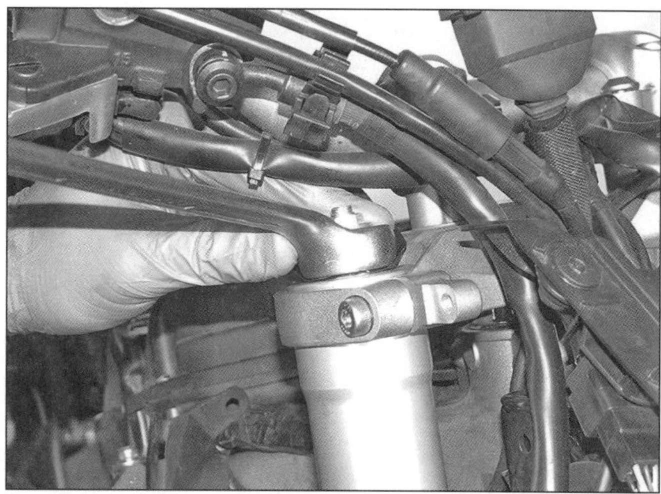

6.5b Umwickeln Sie die Verschlussschraube zum Schutz mit einer Lage Kreppband und lockern Sie sie.

6.6a Lockern Sie die Standrohr-Klemmschrauben der unteren Gabelbrücke...

6.6b ...und ziehen Sie den Holm heraus.

6.8 Das Standrohr muss bündig zur oberen Brücke sitzen, sodass nur die Verschlussschraube herausragt.

5 Notieren Sie, wie weit das Standrohr aus der oberen Gabelbrücke ragt, und lockern Sie hier die Klemmschraube (siehe Abbildung). Falls das Gabelöl gewechselt oder die Gabel zerlegt werden soll, empfiehlt es sich jetzt, die Verschlussschraube zu lockern (siehe Abbildung).

6 Halten Sie den Gabelholm fest, lockern Sie die Klemmschrauben der unteren Gabelbrücke und ziehen den Holm nach unten aus der Brücke – drehen Sie ihn dabei nötigenfalls (siehe Abbildungen). Falls beide Holme ausgebaut werden, müssen sie markiert werden, um später wieder an ihre ursprüngliche Positionen zu gelangen.

Einbau

7 Entfernen Sie Schmutz und Korrosion vom Standrohr und aus den Gabelbrücken.

8 Schieben Sie den Gabelholm durch die untere Gabelbrücke – achten Sie darauf, dass alle Kabel, Züge und Schläuche wie beim Ausbau notiert verlegt sind. Richten Sie das Standrohr bündig zur oberen Brücke aus, sodass nur die Verschlussschraube darüber hinaus ragt (siehe Abbildung).

9 Ziehen Sie die unteren Klemmschraube mit 23 Nm an (Abbildung 6.6a). Falls das Gabelöl gewechselt oder die Gabelholme zerlegt wurden, wird jetzt die Verschlussschraube mit 23 Nm angezogen (Abbildung 6.5b. Ziehen Sie jetzt die Klemmschrauben der oberen Gabelbrücke mit 26 Nm an (Abbildung 6.5a).

10 Montieren Sie alle verbliebenen Komponenten in der umgekehrten Ausbaureihenfolge.

11 Prüfen Sie vor der ersten Fahrt die Funktion der Gabel und der Vorderradbremse.

7 Gabel
Ölwechsel

Spezialwerkzeug: *Um den Gabelholm komprimiert zusammenzuhalten, wird ein spezielles Haltewerkzeug benötigt (siehe Schritt 4).*

1 Gabelöl altert mit der Zeit und verliert seine dämpfende und schmierende Eigenschaft, sodass es gelegentlich erneuert werden muss. Wechseln Sie immer das Gabelöl beider Gabelholme gleichzeitig.

2 Bauen Sie einen Gabelholm aus – lockern Sie vor dem Lösen der unteren Gabelbrücken-Klemmschrauben die Verschlussschraube (siehe Sektion 6).

3 Drehen Sie die Verschlussschraube aus dem Standrohr (siehe Abbildung) – sie verbleibt von einer Kontermutter gesichert an der Dämpferstange. Schieben Sie das Standrohr bis zum Anschlag auf das Tauchrohr.

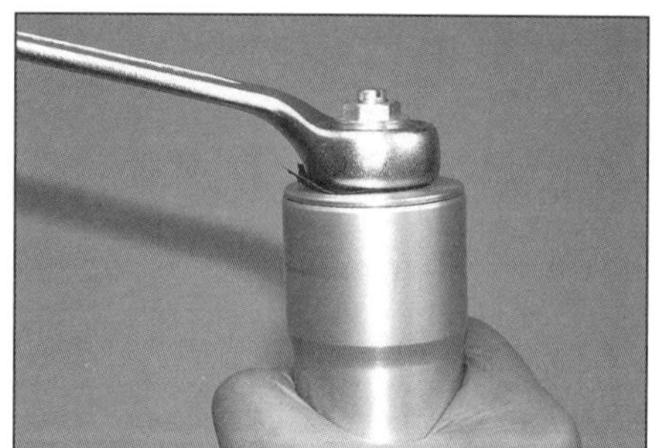

7.3 Drehen Sie die Verschlussschraube aus dem Standrohr.

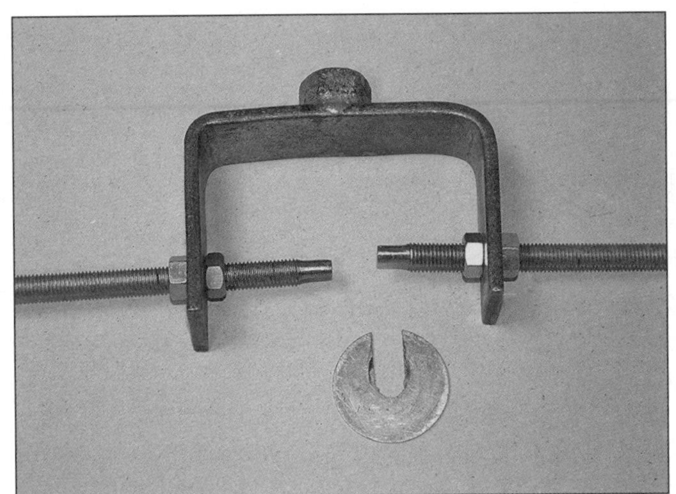

7.4a Das selbst angefertigte Distanzrohr-Komprimierwerkzeug und die Nutenscheibe

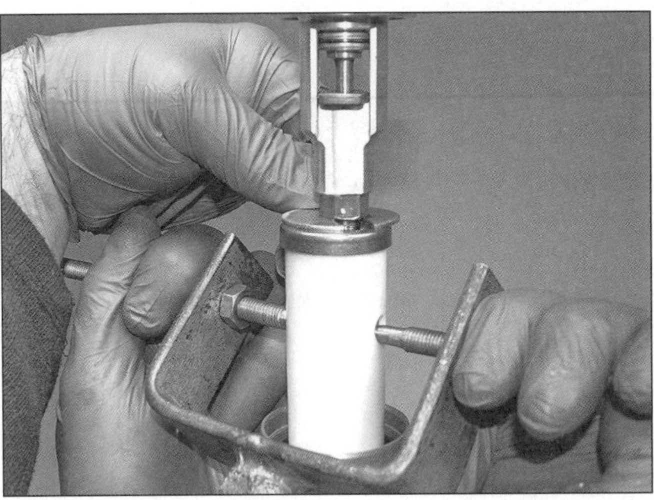

7.4b Drücken Sie das Rohr mit dem in ihren Bohrungen verschraubten Werkzeug herunter und schieben Sie die Scheibe unter die Kontermutter.

7.5a Halten Sie den Verschluss und lösen Sie die Kontermutter,...

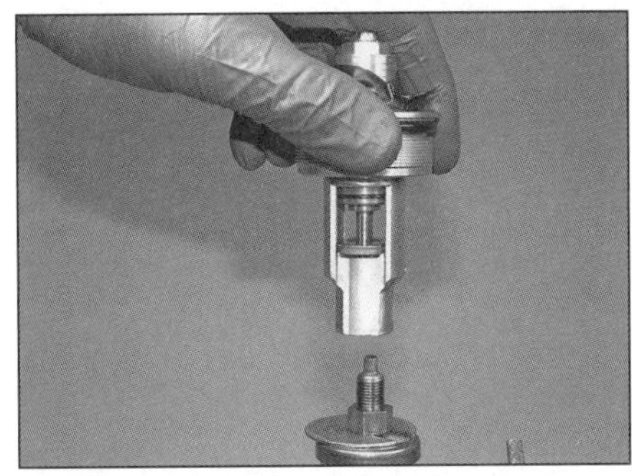

7.5b ...drehen Sie den Verschluss ab...

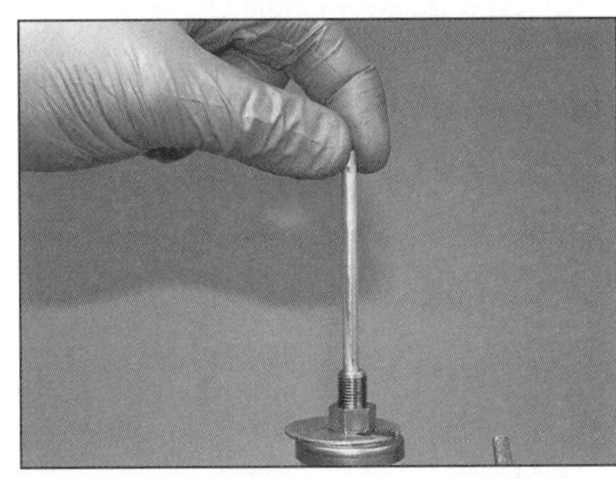

7.5c ...und ziehen Sie ggf. die Einstellstange heraus.

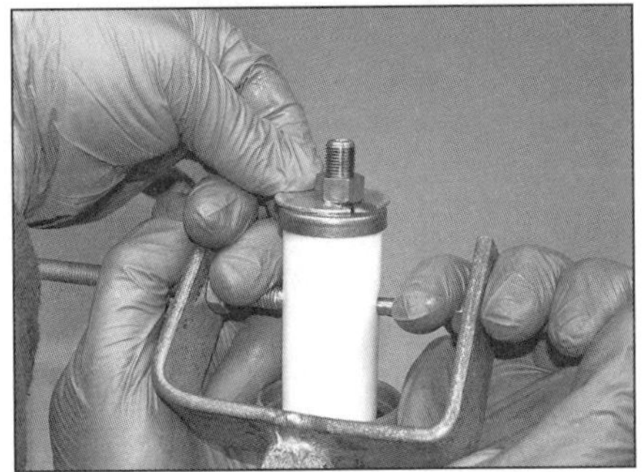

7.6a Entfernen Sie die Nutenscheibe,...

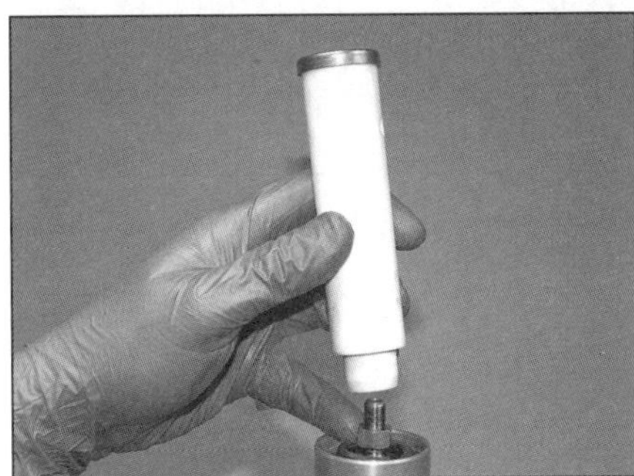

7.6b ...das Distanzrohr...

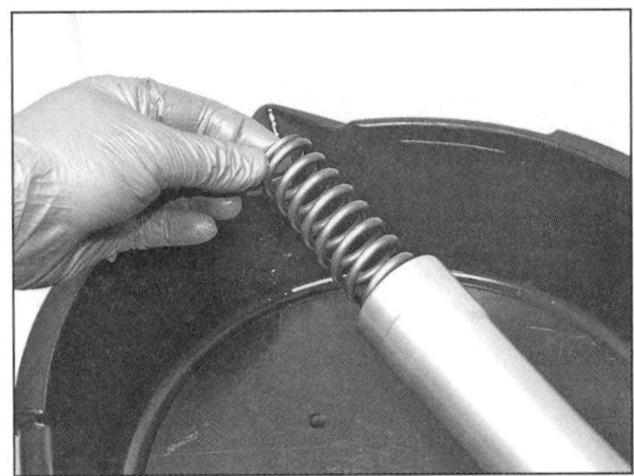

7.6c ...und die Feder.

5

4 Jetzt werden entweder die zwei Yamaha-Spezialwerkzeug (Gabelfeder-Presse: Teilenummer 90890-01441; Dämpferstangenhalter: 90890-01434) oder entsprechende selbst angefertigte Werkzeuge (hier gezeigt) benötigt (siehe Abbildung). Setzen Sie das Werkzeug wie gezeigt an das Distanzrohr und lassen Sie einen Assistenten die Verschlussschraube nach oben ziehen, während Sie mit dem Werkzeug das Rohr herunterdrücken, bis die Kontermutter der Dämpferstange zugänglich ist. Lassen Sie den Assistenten nun die Nutenscheibe unter die Mutter schieben. Lockern Sie vorsichtig den Druck auf das Rohr sodass es gegen die Nutenscheibe drücken kann (siehe Abbildung).

5 Kontern Sie die Verschlussschraube und lockern Sie die Kontermutter, drehen Sie den Verschluss dann ab (siehe Abbildungen).

Anmerkung: *Die Verschlussschrauben-Baugruppe darf nicht zerlegt werden. Ziehen Sie ggf. die Einstellstange aus der Dämpferstange (siehe Abbildung).*

6 Drücken Sie das Distanzrohr herunter und entnehmen Sie den Halter oder die Nutenscheibe; lassen Sie anschließend die Feder vorsichtig entspannen und entnehmen Sie das Rohr (siehe Abbildung), ziehen Sie dann die Feder aus dem Standrohr (siehe Abbildung) – merken Sie sich ihre Einbaurichtung.

7.7 Gießen Sie das Gabelöl aus.

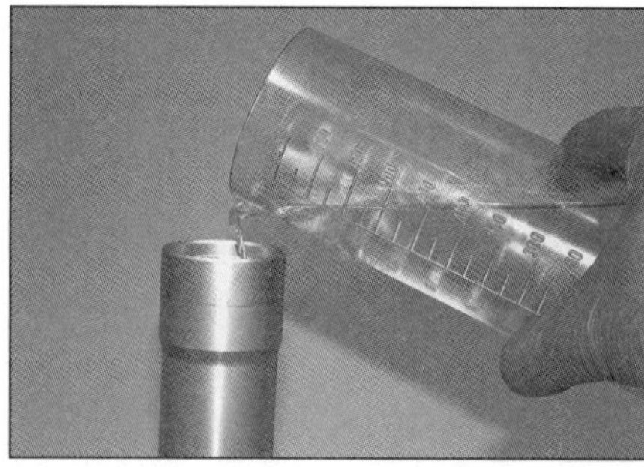

7.8a Füllen Sie langsam frisches Gabelöl ein, damit möglichst wenige Luftblasen entstehen.

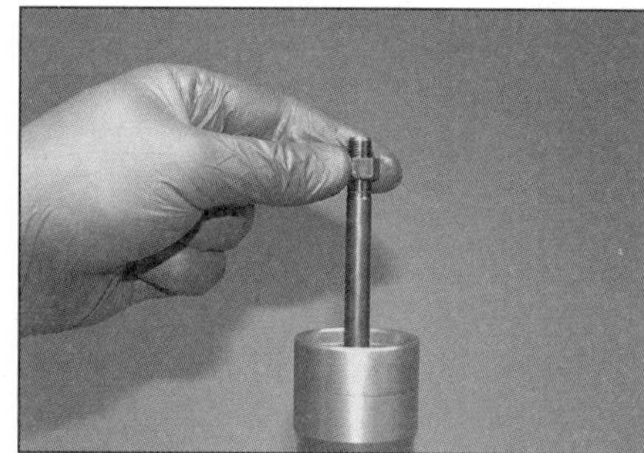

7.8b Pumpen Sie mit der Dämpferstange, um das Öl zu verteilen.

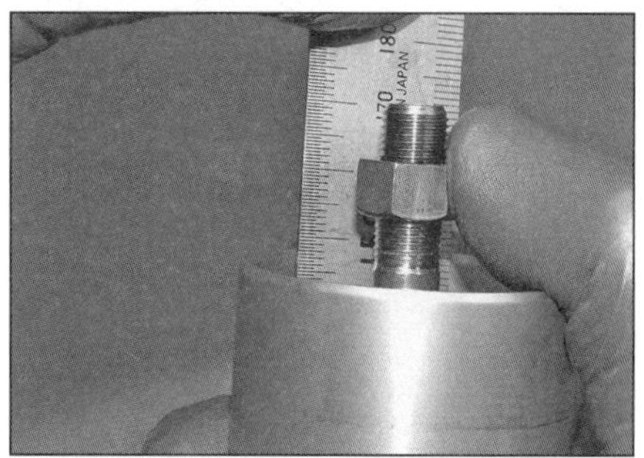

7.8c Messen Sie den Pegel bei senkrecht stehendem Gabelholm.

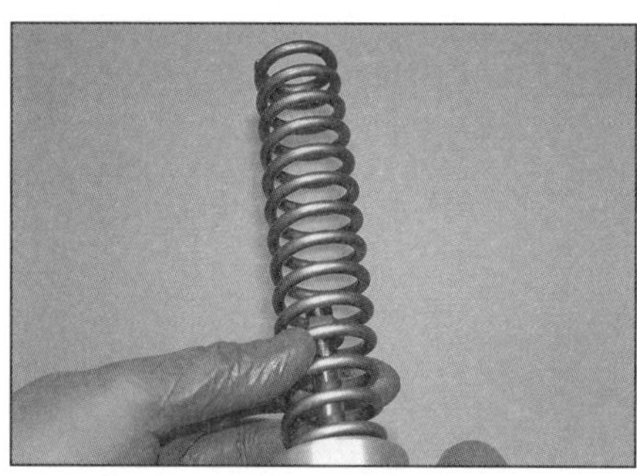

7.9a Installieren Sie die Feder mit den engeren Wicklungen nach oben ins Standrohr.

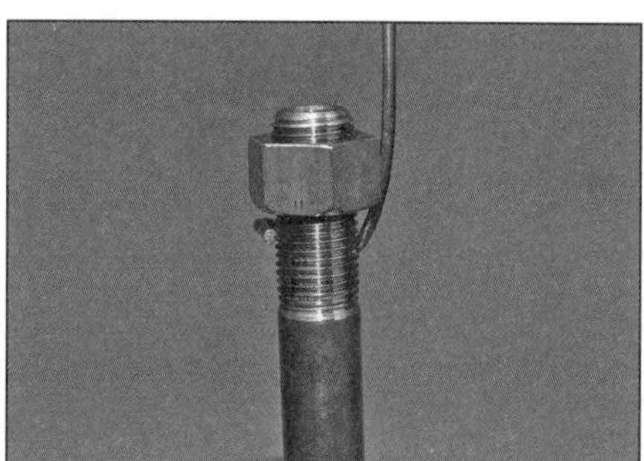

7.9b Hängen Sie unter der Mutter einen Draht ein...

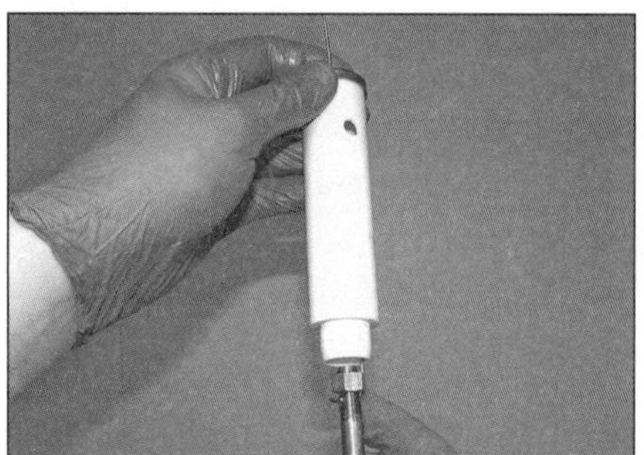

7.9c ...und schieben Sie das Distanzrohr wie gezeigt auf.

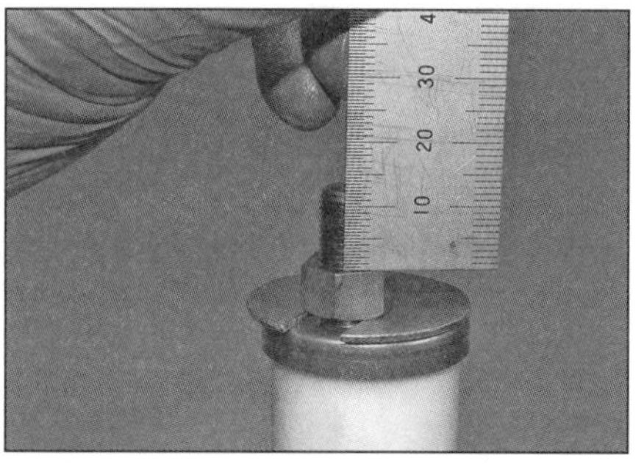

7.11 Aus der Mutter müssen noch 12 mm Gewinde der Dämpferstange ragen.

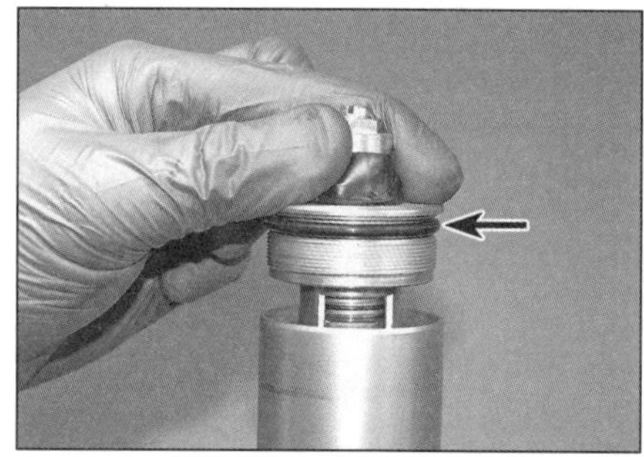

7.14 Kontrollieren Sie den O-Ring der Verschlussschraube.

7 Gießen Sie das Gabelöl in einen Sammelbehälter – pumpen Sie mit dem Standrohr und der Dämpferstange einige Male, um möglichst viel Öl herauszubekommen (siehe Abbildung). Stellen Sie den Gabelholm eine Zeit lang verkehrt herum in den Behälter, um das Öl abtropfen zu lassen, und pumpen Sie anschließend erneut.

Anmerkung: *Falls das Gabelöl Metallpartikel enthält, müssen die Gleitbuchsen auf Verschleiß überprüft werden (siehe Sektion 8). Wischen Sie die Distanzhülse und die Feder sauber.*

8 Stellen Sie den zusammengeschobenen Gabelholm aufrecht hin und füllen Sie langsam die vorgeschriebene Menge des empfohlenen Gabelöls ein (siehe Abbildung). Pumpen Sie mindestens zehnmal langsam mit der Dämpferstange, um Luftblasen aufsteigen zu lassen (siehe Abbildung). Warten Sie etwa zehn Minuten, damit das Öl überall hinfließt und alle Luftblasen aufsteigen können. Schieben Sie das Standrohr bis zum Anschlag ins Tauchrohr und messen Sie vom oberen Rand die Höhe des Ölpegels – es muss der in den technischen Daten angegebene Wert ermittelt werden (siehe Abbildung). Füllen Sie nötigenfalls Öl nach oder gießen Sie etwas aus, bis der Pegel korrekt ist.

9 Ziehen Sie die Dämpferstange so weit wie möglich aus dem Tauchrohr und installieren Sie die Feder (mit den engeren Wicklungen nach oben) (siehe Abbildung). Umwickeln Sie die Dämpferstange unter der Mutter mit Draht, um sie damit nach oben ziehen zu können (siehe Abbildung). Schieben Sie das Distanzrohr mit dem abgesetzten Bund voran über den Draht auf, sodass es in die Feder greift (siehe Abbildung).

10 Drücken Sie bei weiterhin herausgezogener Dämpferstange das Distanzrohr herunter, um die Feder zu komprimieren (siehe Schritt 4) und das Haltewerkzeug oder die Nutenscheibe installieren zu können (Abbildung 7.6a). Entfernen Sie den Draht.

11 Drehen Sie die Mutter so weit auf die Dämpferstange, dass oben 12 mm Gewinde herausragt (siehe Abbildung). Installieren Sie ggf. die Einstellstange in die Dämpferstange (Abbildung 7.5c).

12 Drehen Sie die Verschlussschraube bis zur Kontermutter auf die Dämpferstange, kontern Sie sie und drehen Sie die Mutter dagegen (Abbildungen 7.5b und a).

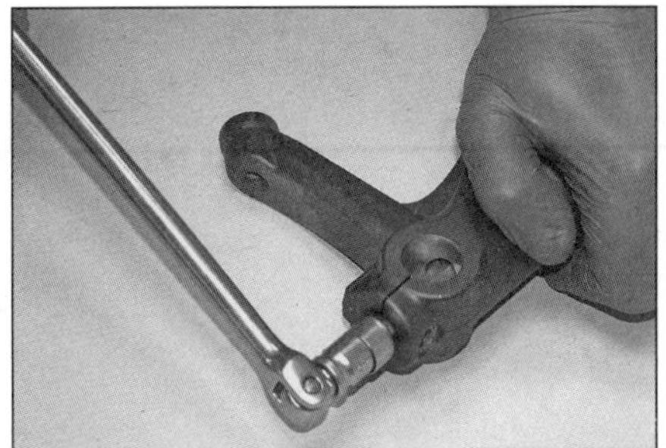

8.2 Lockern Sie die Dämpferpatronenschraube.

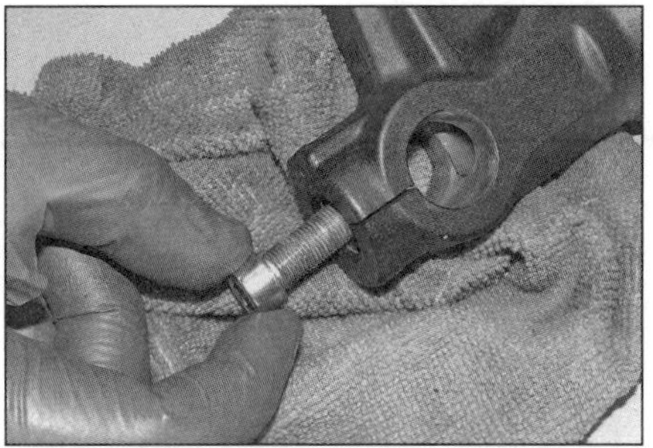

8.4 Entfernen Sie die Dämpferpatronenschraube samt Dichtscheibe...

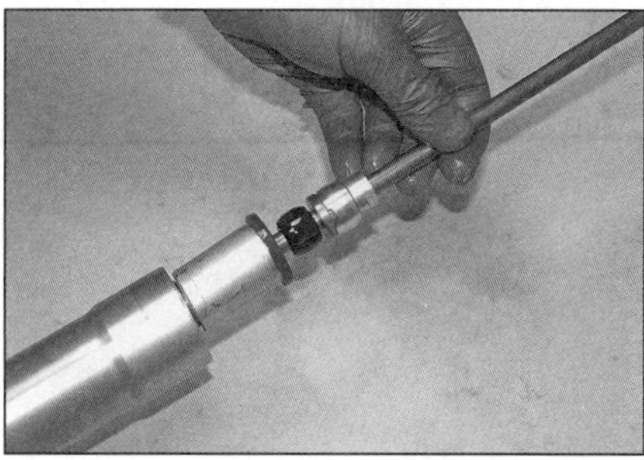

8.5 ...und ziehen Sie die Dämpferpatrone heraus.

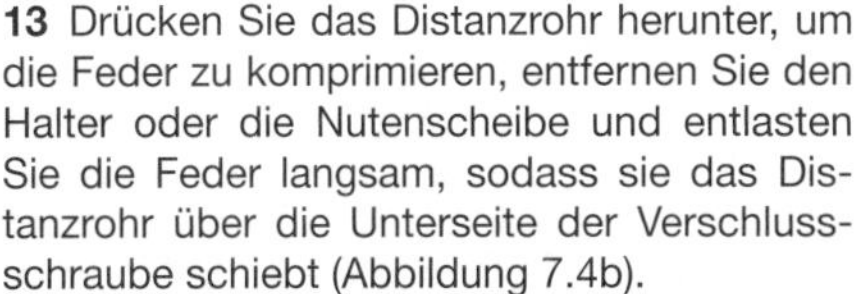

13 Drücken Sie das Distanzrohr herunter, um die Feder zu komprimieren, entfernen Sie den Halter oder die Nutenscheibe und entlasten Sie die Feder langsam, sodass sie das Distanzrohr über die Unterseite der Verschlussschraube schiebt (Abbildung 7.4b).

14 Falls der O-Ring der Verschlussschraube beschädigt ist oder Alterungserscheinungen zeigt, muss er ersetzt werden (siehe Abbildung). Schmieren Sie den O-Ring mit Gabelöl und drehen Sie die Verschlussschraube ins vollständig herausgezogene Standrohr – drehen Sie sie möglichst weit von Hand ein – sie darf dabei nicht verkanten.

Anmerkung: *Die Verschlussschraube kann mit dem korrekten Drehmoment angezogen werden, wenn der Gabelholm montiert und mit der unteren Gabelbrückenklemmschraube gesichert ist – die obere Klemmschraube darf erst danach angezogen werden.*

15 Montieren Sie den Gabelholm (siehe Sektion 6).

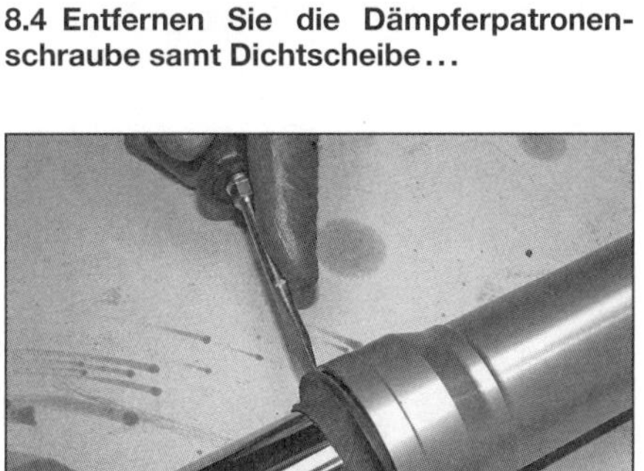

8.6 Hebeln Sie mit einem Schraubendreher die Staubdichtung ab.

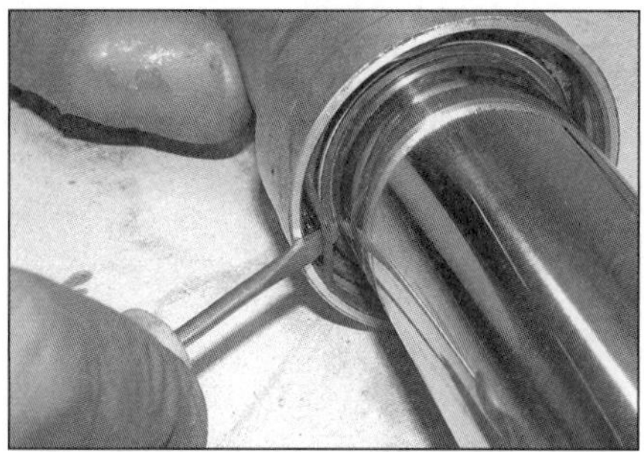

8.7 Hebeln Sie die Drahtsicherung vorsichtig mit einem Schraubendreher heraus.

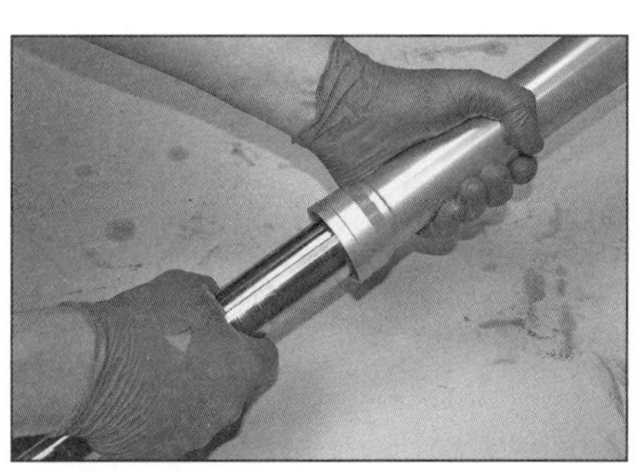

8.8a Ziehen Sie die beiden Rohre zum Trennen mehrmals kräftig auseinander,...

8.8b ...um den Dichtring und die untere Buchse aus dem Standrohr zu ziehen.

8 Gabel
Überholen

Spezialwerkzeug: *Für den Einbau der unteren Gleitbuchse und des Dichtrings (Schritte 18 und 20) sind bei Yamaha Spezialwerkzeuge erhältlich – wir zeigen auch, wie die Arbeit mit Alternativen durchgeführt werden kann.*

1 Bauen Sie einen Gabelholm aus. Lockern Sie vor dem Lösen der unteren Gabelbrücken-Klemmschraube die Verschlussschraube (siehe Sektion 6). Zerlegen Sie die Gabelholme immer einzeln, um Verwechslungen von Teilen zu vermeiden, was nach der Montage zu einem erhöhten Verschleiß führen würde. Lagern Sie alle Komponenten in getrennten und markierten Behältern.

Zerlegen

2 Legen Sie den Gabelholm mit den Bremssattel-Aufnahmen nach links zeigend auf die Werkbank. Entfernen Sie vom rechten Holm die Radachsen-Klemmschraube (Abbildung 8.26). Drücken Sie den Holm auf die Werkbank und lockern Sie die unten im Tauchrohr sitzende Dämpferpatronenschraube (siehe Abbildung). Falls sich die Dämpferpatrone dabei mitdreht, muss mit der Feder Druck auf das Patronengehäuse ausgeübt werden, um es zu kontern. Alternativ kann ein Luftdruck-Schrauber verwendet werden. Drehen Sie die Dämpferpatronenschraube wieder handfest ein.

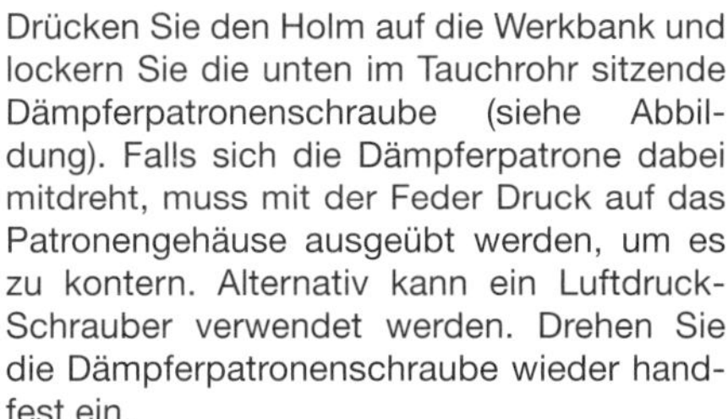

3 Wechseln Sie zu Sektion 7, Schritte 3 bis 7, um das Gabelöl auszugießen.

4 Entfernen Sie die Dämpferpatronenschraube samt Dichtscheibe aus dem Tauchrohr (siehe Abbildung) – die Dichtscheibe muss später erneuert werden.

5 Ziehen Sie die Dämpferpatrone aus dem Standrohr (siehe Abbildung). Pumpen Sie den Dämpfer einige Male über dem Sammelbehälter, um das restliche Öl herauszubekommen.

6 Hebeln Sie vorsichtig die Staubdichtung unten aus dem Standrohr (siehe Abbildung)

7 Hebeln Sie dann mit einem kleinen Schraubendreher vorsichtig den Sicherungsdraht des Dichtrings aus dem Standrohr – zerkratzen Sie dabei nicht die Oberfläche des Tauchrohrs (siehe Abbildung).

8 Um die beiden Gabelrohre zu trennen, müssen der Dichtring und die untere Gleitbuchse aus dem Standrohr befreit werden. Weil die am Tauchrohr sitzende obere Buchse nicht durch die ins Standrohr gepresste untere Buchse passt, kann sie als Ausziehwerkzeug benutzt werden. Greifen Sie das Standrohr mit der einen Hand und das Tauchrohr mit der anderen und schieben Sie die Teile zusammen; ziehen Sie sie dann kräftig auseinander, sodass die obere Buchse die untere und den Dichtring herausdrückt. Wiederholen Sie dies, bis die Rohre getrennt sind (siehe Abbildungen).

5

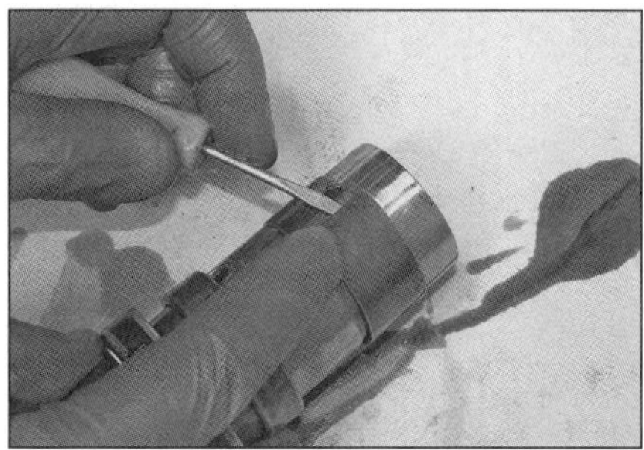

8.9 Hebeln Sie vorsichtig die Enden der oberen Buchse auseinander, um sie zu entfernen.

8.16a Kleben Sie die Kanten mit Isolierband ab, um den Dichtring zu schützen.

8.16b Schieben Sie alle Bauteile auf das Tauchrohr.

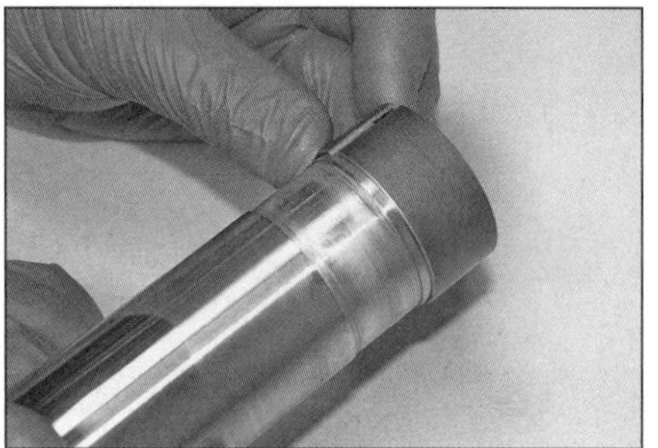

8.16c Spreizen Sie die obere Buchse, um sie aufzuschieben.

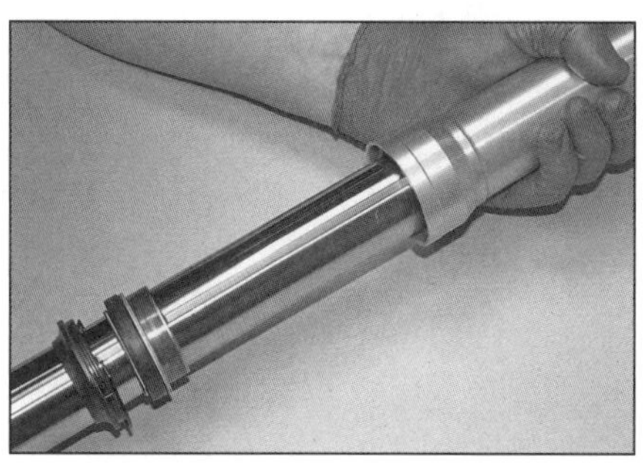

8.17 Schieben Sie das Tauchrohr vollständig ins Standrohr.

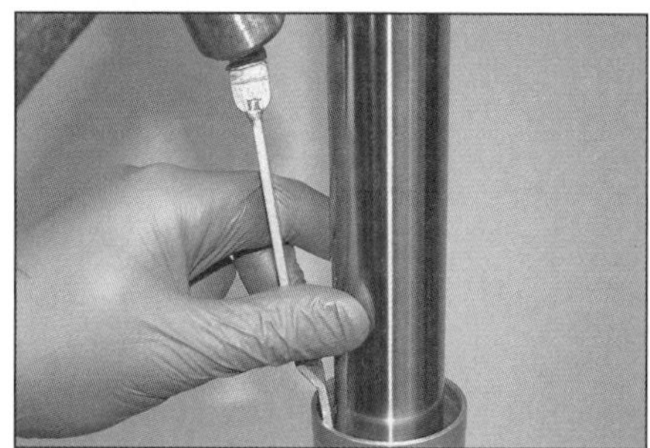

8.18a Treiben Sie die untere Buchse ggf. mit einem Dorn und der Scheibe als Schutz in das Standrohr.

9 Hebeln Sie mit einem Schraubendreher vorsichtig die Enden der oberen Buchse auseinander und schieben Sie diese aus ihrem Sitz am Standrohr (siehe Abbildung). Ziehen Sie die untere Buchse, die Dichtring-Scheibe, den Dichtring, den Sicherungsring und die Staubdichtung vom Tauchrohr – merken Sie sich die Einbaurichtungen. Der Dichtring und die Staubdichtung müssen auf jeden Fall durch Neuteile ersetzt werden. Yamaha schreibt auch vor, die Gleitbuchsen ungeachtet ihres Zustands nach jedem Ausbau zu erneuern.

Kontrolle

10 Reinigen Sie alle Teile in Lösungsmittel und blasen Sie sie möglichst mit Druckluft aus.

11 Begutachten Sie das Tauchrohr auf Kerben, Kratzer, abblätternde Beschichtung und extremen oder abnormalen Verschleiß und ersetzen Sie das Tauchrohr nötigenfalls. Kontrollieren Sie das Tauchrohr mithilfe von Prismenblöcken und einer Messuhr auf Verzug (siehe Abbildung). Wenn das Rohr mehr als 0,2 mm verbogen ist, muss es ersetzt werden.

Warnung: Wenn ein Standrohr verbogen ist, darf es nicht wieder gerichtet, sondern muss ersetzt werden.

12 Kontrollieren Sie das Standrohr auf Risse. Begutachten Sie den Dichtring-Sitz im Standrohr auf Kerben, Beulen und Riefen – solche Schäden können zu Undichtigkeit führen. Kontrollieren Sie auch die Dichtringscheibe auf Schäden und Verzug und ersetzen Sie sie nötigenfalls.

13 Kontrollieren Sie die Feder auf Brüche und andere Beschädigungen. Messen Sie ihre freie Länge und vergleichen Sie den Wert mit den Angaben in den technischen Daten. Falls eine Gabelfeder gebrochen oder ermüdet und kürzer als in der Verschleißgrenze angegeben ist, müssen immer die Federn beider Gabelholme ersetzt werden – niemals eine einzelne!

14 Überprüfen Sie die Gleitflächen der Buchsen (also die innere Fläche der unteren und die Außenfläche der oberen Buchse) – sie müssen überall mit Teflon beschichtet sein. Falls die Gleitschicht verschwunden ist oder Riefen erkennbar sind, müssen die Buchsen ersetzt werden.

Anmerkung: *Yamaha empfiehlt, die Buchsen nach jedem Zerlegen des Gabelholms auszutauschen – sie sind nicht teuer.*

15 Kontrollieren Sie die Dämpferpatrone und die Stange auf Schäden und Verschleiß. Halten Sie das Patronengehäuse und pumpen Sie mit der Stange – sobald Verschleiß oder Beschädigungen festgestellt werden oder die Stange sich nicht sanft im Gehäuse bewegen lässt, muss der Dämpfer ersetzt werden; da sich die Dämpfer des rechten und des linken Gabelholms unterscheiden, muss darauf geachtet werden, das richtige Ersatzteil zu beschaffen.

Zusammenbau

16 Umwickeln Sie die Kanten an der Vertiefung für die obere Buchse im Tauchrohr mit einer Lage dünnen Isolierbands, um die Dichtring-Lippe zu schützen (siehe Abbildung). Schmieren Sie das Isolierband mit etwas Öl und die Dichtring-Lippe mit etwas Lithiumfett. Schieben Sie die neue Staubdichtung, den Sicherungsdraht, den neuen Dichtring und die Dichtringscheibe richtig herum auf das Tauchrohr – die Markierung des Dichtrings muss nach unten zeigen (siehe Abbildung). Entfernen Sie das Isolierband, schmieren Sie die untere Buchse innen mit Gabelöl und schieben Sie sie auf das Tauchrohr. Installieren Sie die neue obere Buchse in ihren Sitz (siehe Abbildung). Schmieren Sie beide Buchsen außen mit Gabelöl.

17 Schieben Sie das Tauchrohr vollständig ins Standrohr (siehe Abbildung). Stellen Sie den Gabelholm verkehrt herum auf die Werkbank und lassen Sie einen Assistenten die aufgeschobenen Komponenten oben halten. Schieben Sie die untere Buchse unten ins Standrohr und legen Sie die Scheibe darüber.

18 Treiben Sie die untere Buchse mithilfe des Yamaha-Spezialwerkzeugs 90890-01442, eines für 41 mm starke Rohre geeigneten Eintreibers (Abbildung 8.20d) oder eines geeigneten Dorns vorsichtig in ihren Sitz – die Scheibe schützt sie dabei (siehe Abbildung). Umwickeln Sie beim Einsatz des Dorns das komplett eingeschobene Tauchrohr möglichst mit

8.18b Prüfen Sie, ob die Buchse vollständig eingetrieben ist.

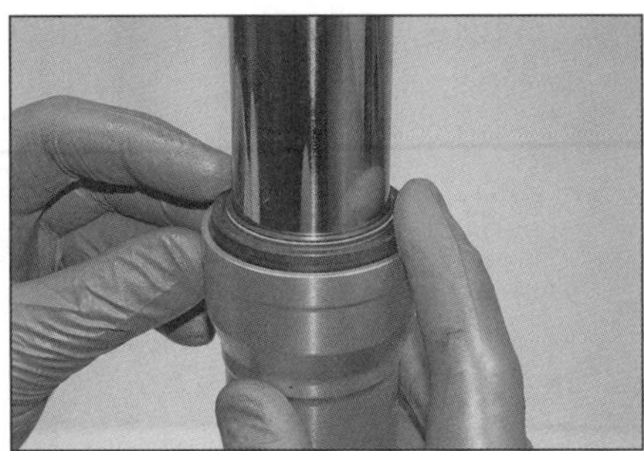

8.20a Installieren Sie den neuen Dichtring in seinen Sitz im Standrohr.

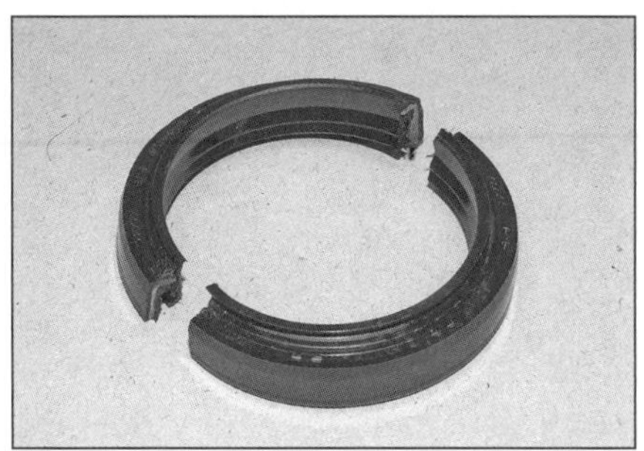

8.20b Ein zerschnittener alter Dichtring als Einbauhilfe...

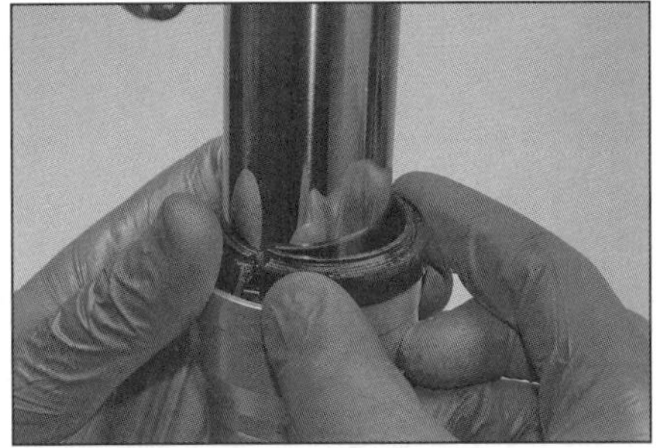

8.20c ...kann den neuen Dichtring beim Eintreiben schützen.

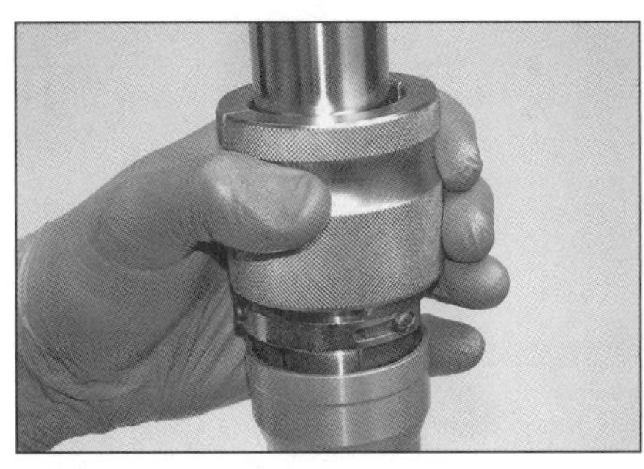

8.20d Ein spezielles Eintreibwerkzeug

8.20e Die Nut des Sicherungsrings muss rundherum freiliegen.

8.21 Installieren Sie den Sicherungsdraht in seine Nut...

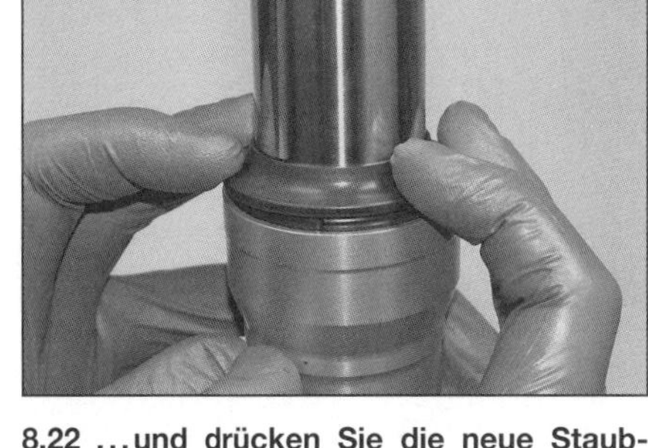

8.22 ...und drücken Sie die neue Staubdichtung darüber.

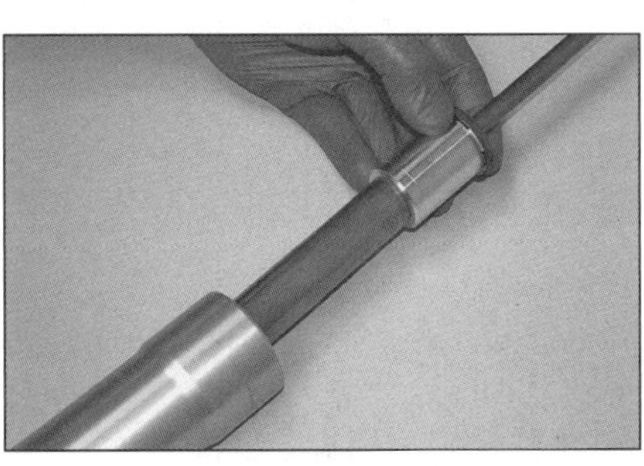

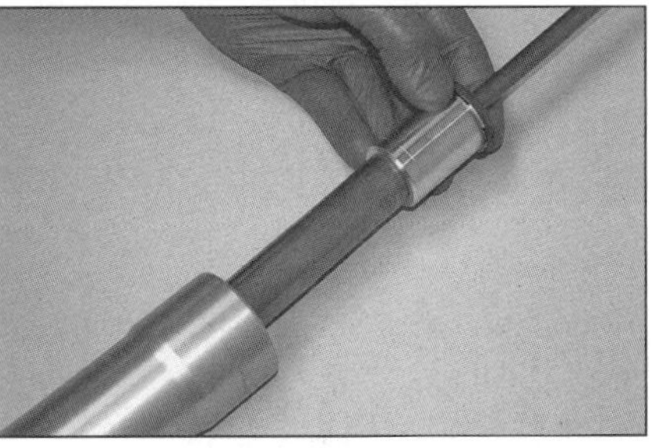

8.23a Installieren Sie die Dämpferpatrone...

8.23b ...und installieren Sie die mit einer neuen Scheibe und Sicherungspaste versehene Schraube.

Klebeband, um es nicht zu zerkratzen. Klopfen Sie die Buchse gleichmäßig rundherum ein, damit sie nicht verkantet. Sobald die Buchse korrekt sitzt, ändern sich die Geräusche beim Einklopfen. Heben Sie die Scheibe an, um den korrekten Sitz zu überprüfen (siehe Abbildung).

19 Schieben Sie die Dichtringscheibe wieder über die Buchse.

20 Schieben Sie den neuen Dichtring herunter und drücken oder treiben Sie ihn mit einer der in Schritt 18 beschriebenen Methoden in seinen Sitz im Standrohr, bis die Nut des Sicherungsrings rundherum frei liegt. Falls ein Eintreiber verwendet wird, empfiehlt es sich, den alten Dichtring von seinen Federn zu befreien und durchzuschneiden, um ihn als Puffer zwischen den neuen Dichtring und den Dorn zu platzieren (siehe Abbildung) – sobald der neue Dichtring korrekt sitzt, wird der alte entnommen.

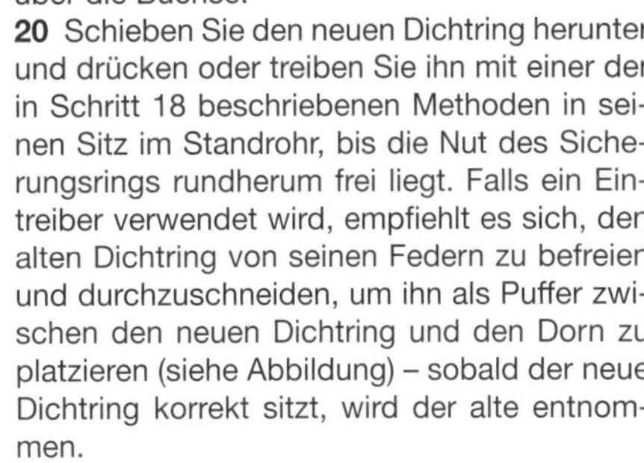

21 Installieren Sie die Drahtsicherung rundherum in ihre Nut (siehe Abbildung).

22 Drücken Sie die neue Staubdichtung in ihren Sitz im Standrohr (siehe Abbildung).

23 Reinigen Sie das Gewinde der Dämpferpatronenschraube. Legen Sie den Gabelholm mit den Bremssattel-Aufnahmen nach rechts zeigend auf die Werkbank. Schieben Sie die Dämpferpatrone vollständig in den Gabelholm, sodass sie mittig unten im Tauchrohr sitzt (siehe Abbildung) – der Dämpfer des linken Gabelholms hat oben und unten Ölbohrungen, derjenige des rechten Holms nicht. Rüsten Sie die Dämpferpatronenschraube mit einer neuen Dichtscheibe aus und tragen Sie am Gewinde mittelfeste Sicherungspaste auf (siehe Abbildung). Installieren Sie die Schraube unten ins Tauchrohr und drehen Sie sie in die Dämpferpatrone; ziehen Sie sie mit 23 Nm an – falls die Patrone sich mitdreht, muss mit dem Anziehen gewartet werden, bis der Gabelholm vervollständigt ist und mit der Feder Druck auf die Patrone ausgeübt werden kann.

5

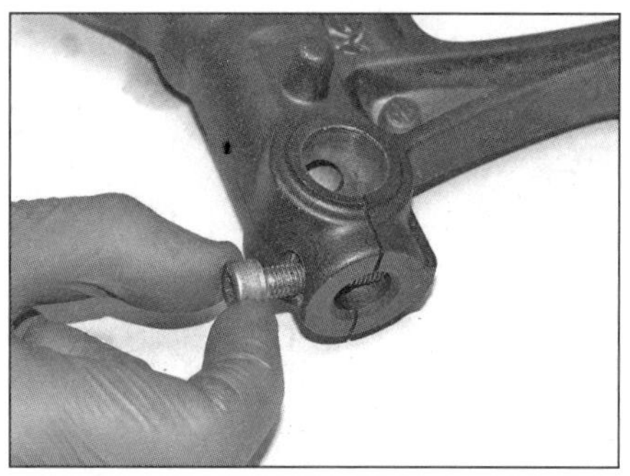

8.26 Drehen Sie rechts die Achsen-Klemmschraube locker ein.

9.4 Schraube des Bremsleitungs- und Kabelhalters – gezeigt bei der MT-09

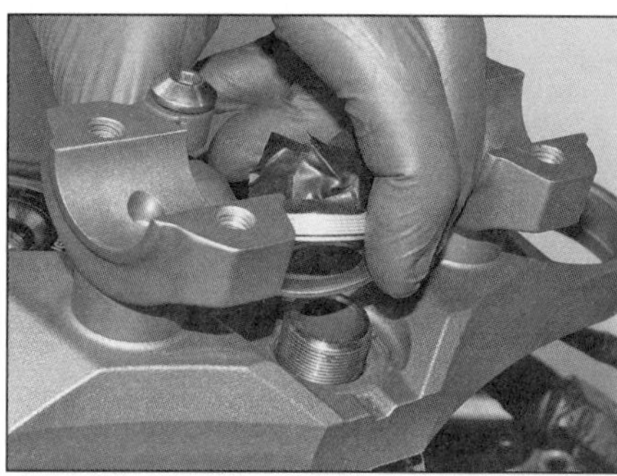

9.6a Lösen Sie die Mutter und entnehmen Sie die Scheibe.

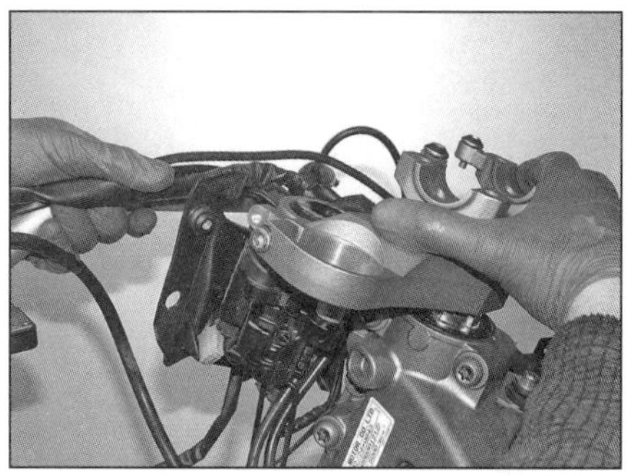

9.6b Heben Sie die Gabelbrücke ab...

9.6c ...und lassen Sie sie mit dem Lenker vorn herunterhängen.

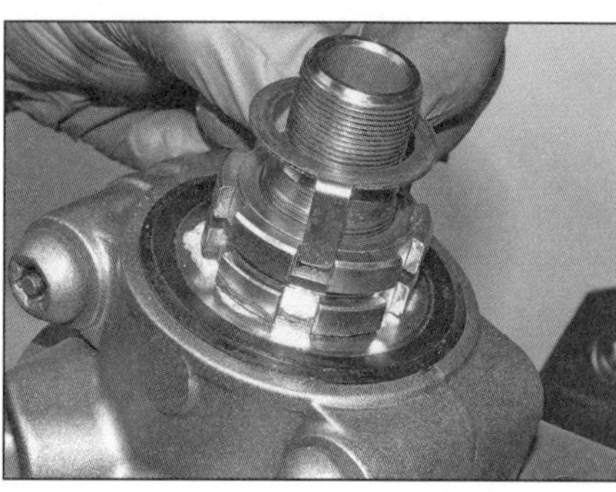

9.7a Entfernen Sie die Laschenscheibe,...

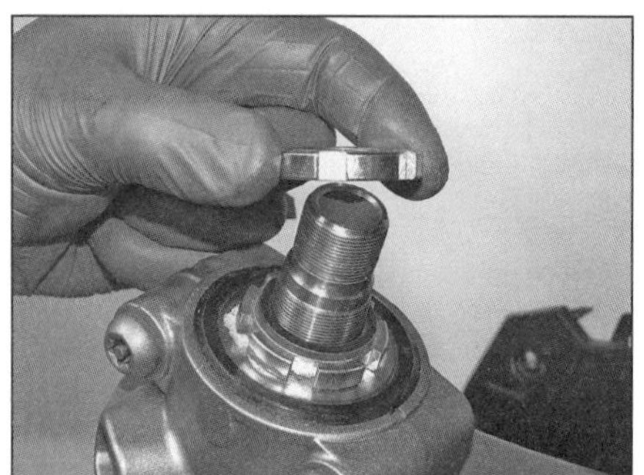

9.7b ...den Konterring...

9.7c ...und die Gummischeibe vom Lenkschaft.

9.8 Lockern Sie den Einstellring mit einem Hakenschlüssel.

9.9 Befreien Sie die untere Gabelbrücke samt Lenkschaft und unterem Lager aus dem Lenkkopf...

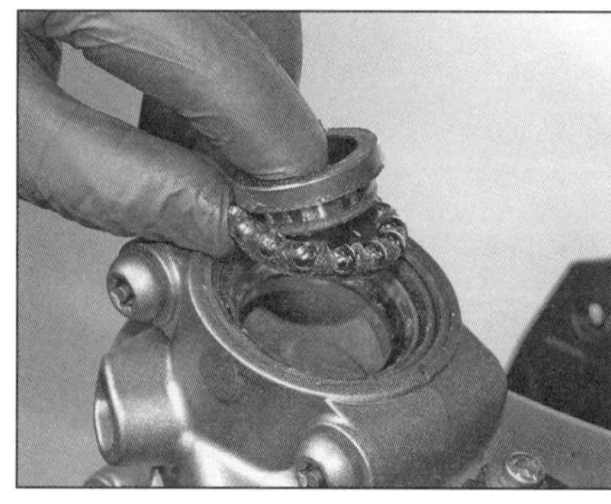

9.10 ...und entfernen Sie den Lager-Innenring und das obere Lager.

24 Wechseln Sie zu Sektion 7, Schritte 8 bis 14, um Gabelöl aufzufüllen und den Zusammenbau abzuschließen.

25 Falls die Dämpferpatronenschraube noch angezogen werden muss (siehe Schritt 23), muss der Gabelholm über Kopf auf mit Lappen geschützten Hölzer gestellt werden, sodass nur der Rand der Verschlussschraube gestützt wird, aber der/die Einsteller in ihrer Mitte nicht den Boden berühren. Lassen Sie einen Assistenten den Holm komprimieren, damit der Dämpferpatronenkopf unter maximalem Federdruck steht, während die Schraube mit 23 Nm angezogen wird.

26 Installieren Sie rechts die Achsen-Klemmschraube locker in ihr Gewinde (siehe Abbildung).

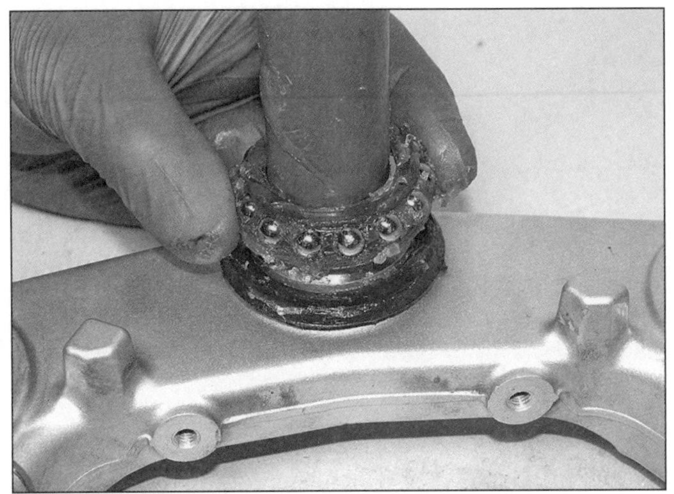

9.11a Entfernen Sie das Lager...

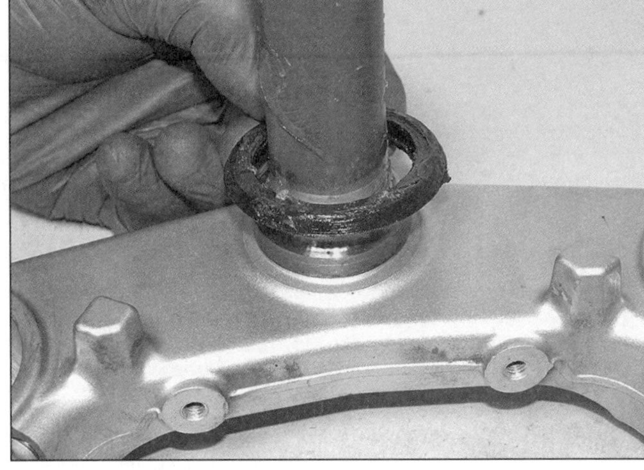

9.11b ...und die Dichtung vom Lenkschaft.

27 Montieren Sie den Gabelholm (siehe Sektion 6).

9 Lenkschaft

Ausbau

1 Stützen Sie das Motorrad senkrecht ab, sodass das Vorderrad nicht den Boden berührt. Demontieren Sie den Tank (siehe Kapitel 4).
2 Demontieren Sie die Instrumente (ggf. samt Träger) und den Scheinwerfer (ggf. samt Halter) (siehe Kapitel 8).
3 Demontieren Sie die Gabel (siehe Sektion 6).
4 Lösen Sie bei der MT-09 und der Tracer an der unteren Gabelbrücke die Schrauben der verschiedenen Leitungshalter (siehe Abbildung).
5 Demontieren Sie den Lenker und verlagern Sie ihn nach vorn über die untere Gabelbrücke (siehe Sektion 5).
6 Umwickeln Sie die Lenkschaftmutter zum Schutz mit einer Lage Kreppband, lösen Sie sie und entfernen Sie die Scheibe (siehe Abbildung). Heben Sie die obere Gabelbrücke vom Lenkschaft und verlagern Sie sie nach vorn (siehe Abbildungen).
7 Entfernen Sie die Laschenscheibe unter Beachtung ihrer Einbaulage. Lösen Sie den Konterring – dies sollte von Hand möglich sein, ansonsten muss ein Hakenschlüssel verwendet werden. Entfernen Sie die Gummischeibe (siehe Abbildungen).
8 Stützen Sie die untere Gabelbrücke, lockern Sie den Einstellring mithilfe eines Hakenschlüssels, drehen Sie ihn ab und entfernen Sie die Lagerabdeckung vom Lenkschaft (Abbildungen 9.14b und a).
9 Senken sie vorsichtig die untere Gabelbrücke mit dem Lenkschaft aus dem Lenkkopf ab (siehe Abbildung) – lassen Sie den Lenker und die obere Gabelbrücke dabei erneut herunterhängen, aber achten Sie darauf, dass die sensiblen Kühler-Rippen nicht beschädigt werden.

9.14a Legen Sie die Lagerabdeckung auf...

9.14b ...und drehen Sie den Einstellring wie beschrieben auf.

10 Entfernen Sie den Lager-Innenring samt Lager oben aus dem Lenkkopf (siehe Abbildung).
11 Entfernen Sie das Lager und die Staubdichtung vom Lenkschaft (siehe Abbildungen). Es ist ratsam, die Staubdichtung durch ein Neuteil zu ersetzen. Befreien Sie die Lager mit Lösungsmittel von alten Fettresten und kontrollieren Sie sie auf Verschleiß (siehe Sektion 10).

Anmerkung: *Demontieren sie die oben und unten im Lenkkopf sitzenden äußeren Lagerschalen und die unten auf dem Lenkschaft sitzende innere Lagerschale nur, wenn sie ausgetauscht werden müssen (siehe Sektion 10).*

Einbau

12 Verteilen Sie eine ausreichende Menge Lithium-Mehrzweckfett auf den Lagerschalen und arbeiten Sie es gut in beide Lagerkäfige ein. Legen Sie eine neue Staubdichtung über die unten am Lenkschaft sitzende Innenlagerschale und legen Sie den unteren Kugelkäfig auf (Abbildungen 9.11b und a).
13 Legen Sie den oberen Kugelkäfig und die Innenlagerschale in den Lenkkopf (Abbildung 9.10).
14 Halten Sie den Lenker und die obere Gabelbrücke aus dem Weg und heben Sie vorsichtig die untere Gabelbrücke mit dem Lenkschaft in den Lenkkopf – drücken Sie dabei nicht das obere Lager heraus (Abbildung 9.9). Legen Sie die Lagerabdeckung auf und drehen Sie den Einstellring so weit auf den Lenkschaft, dass er diesen spielfrei im Lenkkopf hält (siehe Abbildungen).
15 Montieren Sie die Gabel, das Schutzblech und das Vorderrad, da das Gewicht und die Trägheit dieser Teile wichtig für eine korrekte Einstellung der Lager ist; stellen Sie die Lenkkopflager wie in Kapitel 1, Sektion 18 beschrieben ein. Falls neue Lager montiert wurden, muss die Einstellung mehrmals wiederholt werden, bis sich alles gesetzt hat.
16 Legen Sie die Gummischeibe auf und drehen Sie den Konterring handfest dagegen (Abbildungen 9.7c und b); drehen Sie ihn weiter, bis seine Nuten zu denen des Einstellrings fluchten und die Laschenscheibe aufgelegt werden kann, um beide Ringe am Verdrehen zu hindern (Abbildung 9.7a).
17 Installieren Sie die obere Gabelbrücke auf den Lenkschaft, legen Sie die Scheibe auf und ziehen Sie die Lenkschaftmutter mit 110 Nm an (Abbildungen 9.6b und a).
18 Montieren Sie alle verbliebenen Teile in der entgegengesetzten Ausbaureihenfolge. Führen Sie zum Schluss eine erneute Kontrolle

10.2 Kontrollieren Sie die inneren und äußeren Lagerschalen auf Verschleiß und Schäden.

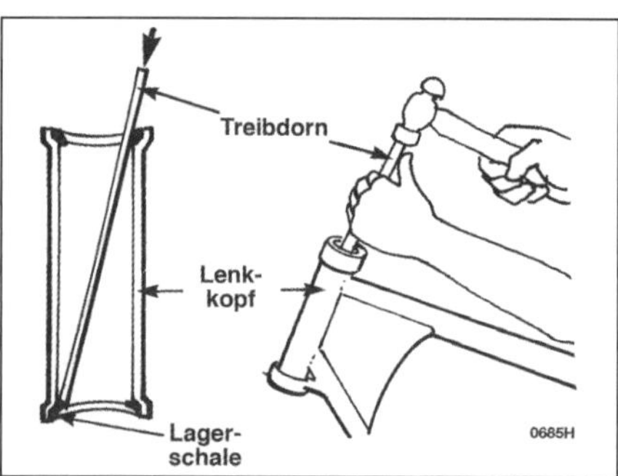

10.3a Treiben Sie die äußeren Lagerschalen von der Gegenseite mit einem Messingdorn aus,...

10.3b ...der in den Ausschnitten angesetzt werden kann.

des Lenkkopflagerspiels durch (siehe Kapitel 1, Sektion 18).

10 Lenkkopflager

Kontrolle

1 Demontieren Sie den Lenkschaft (siehe Sektion 9). Entfernen Sie alte Fettreste aus den Lagern und Schalen.

2 Kontrollieren Sie alles auf Verschleiß und Beschädigung. Die äußeren Lagerschalen oben und unten im Lenkkopf müssen glatt und ohne Eindrücke sein (siehe Abbildung). Inspizieren Sie die Kugeln auf Verschleiß, Schäden und Verfärbung und überprüfen Sie ihren Käfig auf Brüche oder Risse. Wenn irgendwelche Anzeichen von Verschleiß an einem Teil festgestellt werden, müssen beide Lenkkopflager als Satz ausgewechselt werden. Entfernen Sie die äußeren Lagerschalen oben und unten im Lenkkopf sowie den auf den Lenkschaft gepressten unteren Innenring nur, wenn die Teile ersetzt werden sollen – einmal entfernt, müssen sie erneuert werden.

Ersetzen

3 Die äußeren Lagerschalen sind in den Lenkkopf eingepresst und können mit einem geeigneten Treibdorn herausgeschlagen werden (siehe Abbildungen). Klopfen Sie kräftig und kreisförmig die Lager heraus, ohne sie dabei zu verkanten – es kann vorteilhaft sein, das Ende des Dorns zu krümmen, um die Ringe besser ausschlagen zu können.

4 Alternativ können die Lagerschalen mit einem geeigneten Zughammer demontiert werden – die lässt sich ggf. bei einer Werkstatt ausleihen.

5 Die neuen äußeren Lagerschalen können mit einer Einziehvorrichtung in den Lenkkopf gepresst (siehe Abbildung) oder mit einem entsprechend großen Rohr oder Steckschlüssel eingetrieben werden. Achten Sie darauf, dass die Scheibe des Einziehers oder der Rand des Treibers nur den äußeren Rand des Lagers und niemals die Lagerlauffläche berührt.

Der Einbau neuer Lagerschalen kann vereinfacht werden, wenn man sie über Nacht in die Kühltruhe legt. Sie schrumpfen dadurch und lassen sich leichter einbauen. Alternativ kann Kältespray verwendet werden.

6 Der untere Lagerinnenring darf nur demontiert werden, wenn er ausgetauscht werden soll. Drehen Sie zum Schutz des Gewindes die Lenkschaftmutter auf, legen Sie die Gabelbrücke auf ihre Vorderseite und klopfen Sie den Ring mithilfe eines Meißels ab (siehe Abbildung) – erwärmen Sie ihn zuvor mit einem Heißluftgebläse.

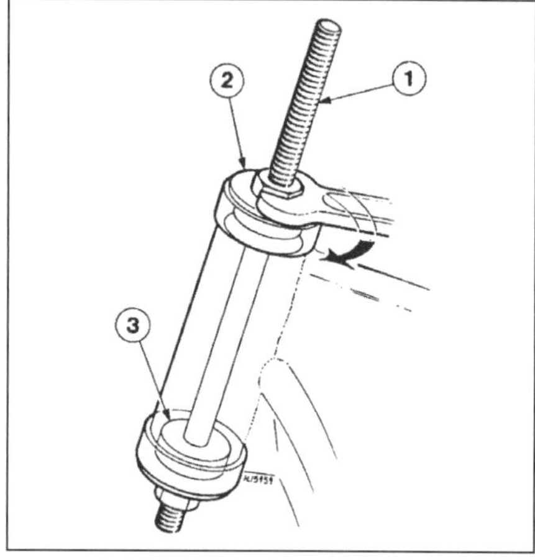

10.5 Lenkkopflager-Einziehvorrichtung
1 Lange Schraube oder Gewindestange
2 Dicke Scheibe
3 Führung für unteren Lagerring

Eventuell kann er auch vorsichtig mit zwei gegenüberliegenden Schraubenziehern abgehebelt werden. Zum Schutz der Gabelbrücke und zur Verbesserung der Hebelwirkung sollten Hölzer unterlegt werden (siehe Abbildung). Wenn der Ring fest sitzt, ist es nötig, einen Abzieher anzusetzen. Eine Yamaha-Werkstatt hat für diese Arbeit ein spezielles Abziehwerkzeug.

7 Installieren Sie einen neuen unteren Lager-Innenring über den Lenkschaft. Klopfen Sie

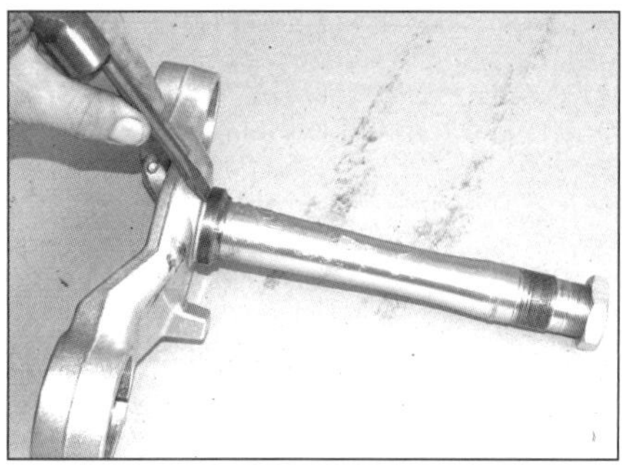

10.6a Demontieren Sie den unteren Lager-Innenring...

10.6b ...mit einer der beschriebenen Methoden

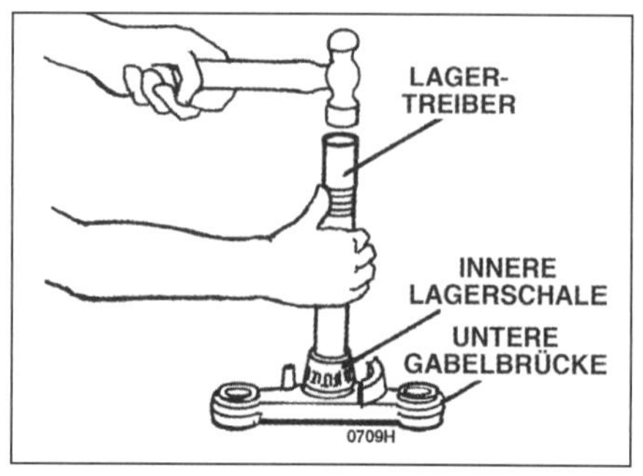

10.7 Treiben Sie das neue Lager mit einem geeigneten Treiber oder Rohr auf.

den Ring mit einem Rohr, das nicht die Lager-Gleitflächen berührt, in seine Position (siehe Abbildung); durch Erhitzen des Rings und Abkühlen des Lenkschaftes wird die Arbeit erleichtert. Benützen Sie nötigenfalls eine hydraulische Presse.

8 Montieren Sie den Lenkschaft (siehe Sektion 9).

11 Stoßdämpfer

Warnung: Versuchen Sie nicht, den Stoßdämpfer zu zerlegen. Er enthält eine Stickstoff-Füllung, die unter hohem Druck steht. Unsachgemäßes Zerlegen kann zu ernsthaften Verletzungen führen. Bringen Sie den Stoßdämpfer nötigenfalls zu einer Yamaha-Werkstatt oder zu einem Fahrwerk-Spezialisten.

Ausbau

1 Stützen Sie das Motorrad mit einer anderen geeigneten Vorrichtung (nicht unter der Schwinge!) senkrecht ab, sodass das Hinterrad komplett entlastet ist (siehe Abbildung) – es darf nach dem Lösen der Stoßdämpferbefestigungen aber auch nicht herunterfallen. Falls das Motorrad unter dem Schalldämpfer mit Hölzern abgestützt wird, sollte es zum Schutz gegen Umkippen mit Bändern gesichert werden (siehe Abbildung). Positionieren Sie Hölzer unter dem Hinterrad, damit es nicht herunterfällt. Ziehen Sie den Bremshebel mit Gummibändern gegen den Lenker, damit das Motorrad nicht nach vorn rollen kann.

2 Falls der Stoßdämpfer mit einer abseits liegenden Einstell-Einrichtung ausgerüstet ist (siehe Sektion 13), müssen diese demontiert und ihre Leitungen aus allen Befestigungen befreit werden. Der Kayaba-Einsteller ist mit zwei von links eingesetzten Schrauben an seinem Halter gesichert; beim Öhlins-Einsteller sind zwei Schrauben von rechts eingesetzt (siehe Abbildung).

3 Lösen Sie die Muttern des vorderen Stoßdämpferbolzens, entnehmen Sie die Scheibe und ziehen Sie den Bolzen heraus (siehe Abbildungen).

4 Lösen Sie die Mutter des Bolzens, der die Anlenkplatten an der Schwinge sichert, und ziehen Sie den Bolzen heraus (siehe Abbildungen).

5 Heben Sie den Stoßdämpfer vorn an und verlagern Sie ihn nach vorn, um ihn hinten anzuheben und den hinteren Bolzen zugänglich zu machen.

6 Lösen Sie die Mutter des hinteren Stoßdämpferbolzens und entnehmen Sie die Scheibe (siehe Abbildung). Ziehen Sie den Bolzen samt Scheibe heraus und befreien Sie den Stoßdämpfer nach hinten aus dem Motorrad (siehe Abbildungen).

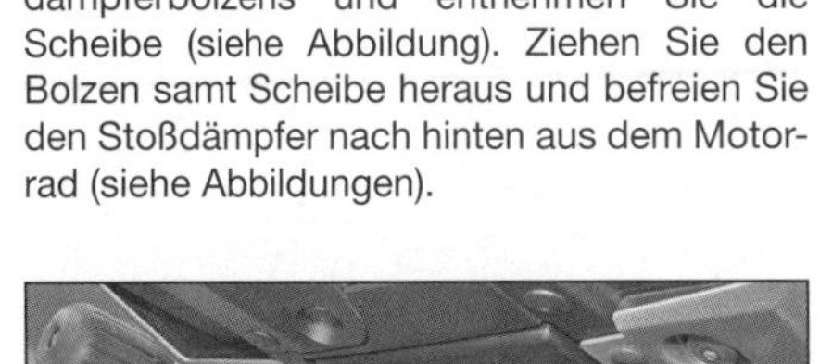

11.1 Das Motorrad kann unter dem Auspuff abgestützt werden, das Hinterrad wird mit Hölzern unterlegt.

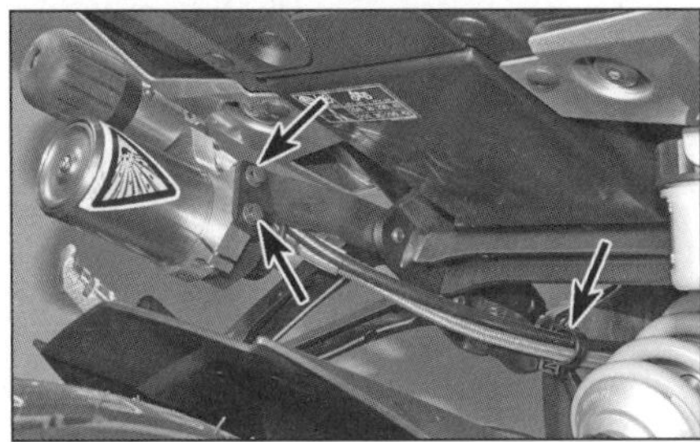

11.2 Befestigungsschrauben und Leitungsführung beim Öhlins-Einsteller

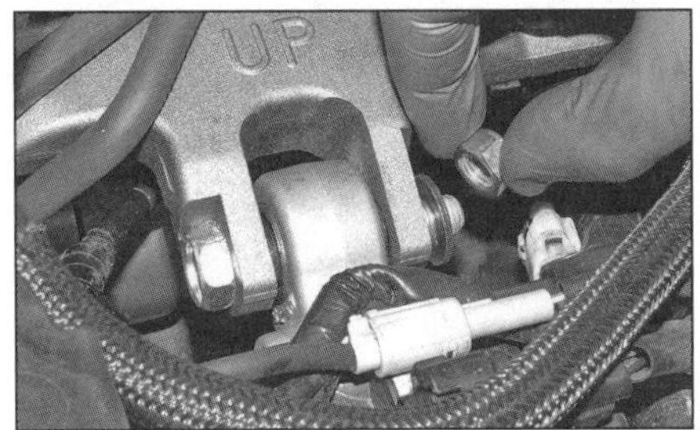

11.3 Lösen Sie die Mutter, entnehmen Sie die Scheibe und ziehen Sie den Bolzen aus der vorderen Stoßdämpferaufnahme.

11.4a Lösen Sie die Mutter...

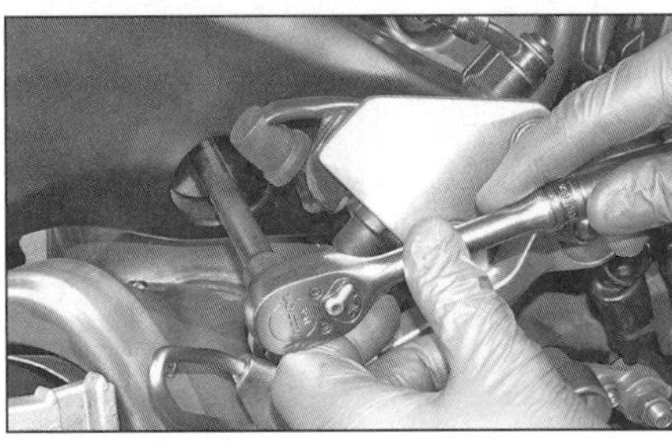

11.4b ...mithilfe einer durch das Loch der Schwinge geführten Verlängerung.

11.4c Ziehen Sie den Anlenkplatten-Bolzen aus der Schwinge.

11.6a Lösen Sie die Mutter des hinteren Stoßdämpferbolzens und entnehmen Sie die Scheibe.

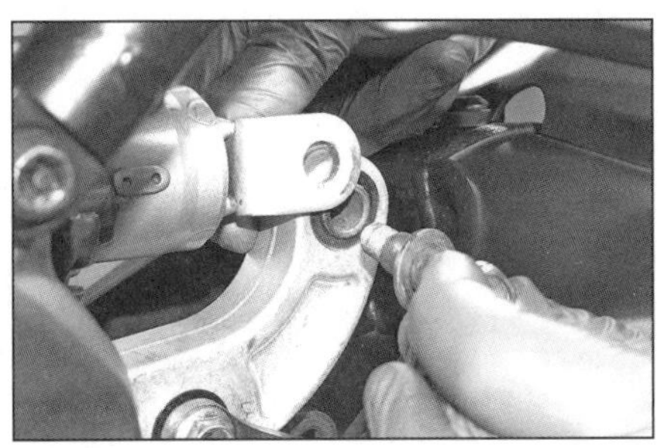

11.6b Ziehen Sie den Bolzen heraus...

11.6c ...und befreien Sie den Stoßdämpfer nach hinten aus dem Motorrad.

11.8 Dämpferstange (A), Lagerbuchse (B)

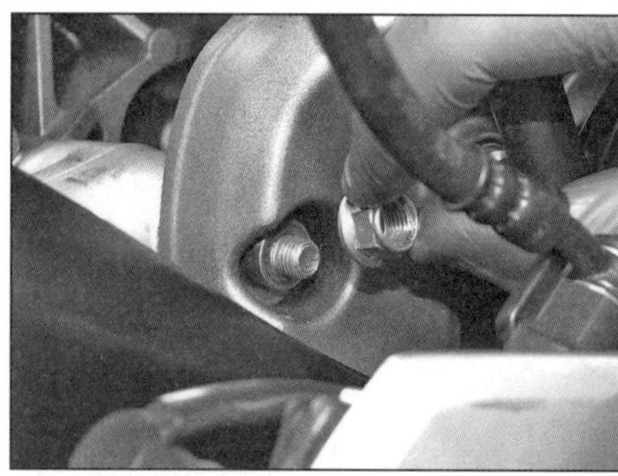

12.2a Lösen Sie die Mutter,...

12.2b ...ziehen Sie den Bolzen heraus und entnehmen Sie den Anlenkhebel samt Platten.

12.2c Entfernen Sie die Hülse aus dem Rahmen.

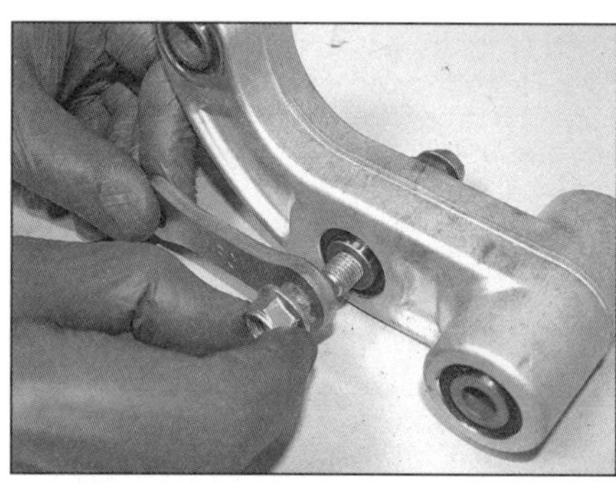

12.3 Befreien Sie die Anlenkplatten vom Hebel.

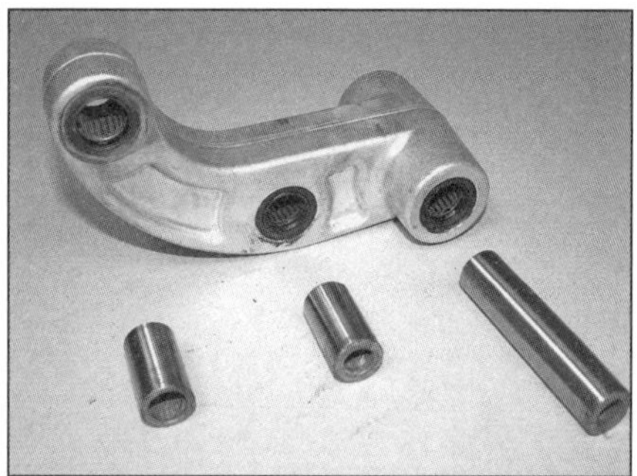

12.4a Ziehen Sie die Hülsen aus den Lagern des Anlenkhebels...

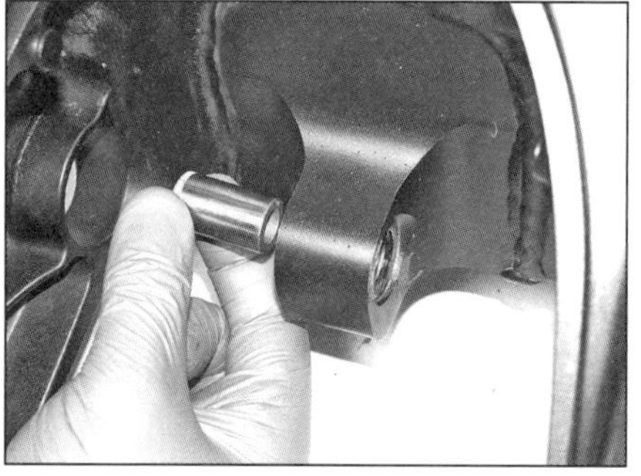

12.4b ...und der Schwinge.

Kontrolle

7 Inspizieren Sie das Stoßdämpfergehäuse auf sichtbare Beschädigungen und kontrollieren Sie die Feder auf lockeren Sitz, Risse und Anzeichen von Ermüdung.
8 Kontrollieren Sie die Dämpferstange auf Verzug, Ausbrüche und ausgetretenes Öl (siehe Abbildung).
9 Kontrollieren Sie die im vorderen Stoßdämpferauge sitzende Lagerbuchse auf Verschleiß und Beschädigung (Abbildung 11.8).
10 Yamaha bietet für den Stoßdämpfer keine Einzelteile an, sodass er bei Verschleiß oder Schäden ersetzt werden muss. Bevor jedoch ein neuer Stoßdämpfer gekauft wird, sollte ein Fachbetrieb konsultiert werden, ob nicht doch eine Reparatur möglich ist.

Einbau

11 Der Einbau entspricht der umgekehrten Ausbaureihenfolge – beachten Sie dabei folgende Punkte:

- Installieren Sie den Stoßdämpfer mit der Einstellschraube für die Zugstufe nach links (Abbildungen 11.6c und 13.10).
- Schieben Sie alle Bolzen von links ein (Abbildungen 11.6b, 11.4c und 11.3).
- Kontern Sie jeweils die Bolzen und ziehen Sie ihre Muttern mit 44 Nm an.

12 Stoßdämpferanlenkung

Ausbau

1 Demontieren Sie den Stoßdämpfer (siehe Sektion 11).
2 Lösen Sie die Mutter des Bolzens, der den Anlenkhebel am Rahmen sichert, ziehen Sie den Bolzen heraus und entnehmen Sie den Hebel samt der mit ihm verbundenen Platten (siehe Abbildungen). Ziehen Sie die Hülse aus dem Rahmen (siehe Abbildung).
3 Lösen Sie am Anlenkhebel die Mutter des Anlenkplatten-Bolzens, ziehen Sie diesen heraus und entnehmen Sie die Platten (siehe Abbildung).

Kontrolle

4 Ziehen Sie die Hülsen aus den Lagern des Anlenkhebels – merken Sie sich ihre Positionen – und dem Anlenkplatten-Lager der Schwinge (siehe Abbildungen). Reinigen Sie alle Komponenten sorgfältig mit Lösungsmittel und beseitigen Sie Schmutz, Korrosion und altes Fett.
5 Begutachten Sie alle Komponenten sorgfältig auf Verschleiß (Riefen) und Beschädigungen (Risse, Verformungen). Die Schraubenbohrungen an den Enden der Anlenkplatten dürfen nicht ausgeschlagen sein.
6 Kontrollieren Sie die Nadellager im Anlenkhebel und den Anlenkplatten – beachten Sie die Hinweise in Sektion 5 der *Werkzeug- und Werkstatt-Tipps* im Anhang. Schieben Sie die Hülsen in die Lager und prüfen Sie, ob sie kein übermäßiges Spiel aufweisen.
7 Falls die Dichtringe beschädigt oder gealtert sind oder neue Lager und Hülsen installiert werden sollen, müssen die Dichtringe herausgehebelt werden (siehe Abbildung) – einmal ausgebaut dürfen sie nicht wiederverwendet werden.
8 Verschlissene Lager können aus ihren Bohrungen getrieben oder gezogen werden – einmal ausgebaut dürfen sie nicht wieder installiert werden. Die neuen Lager müssen in ihre Sitze gepresst oder gezogen werden – Eintrei-

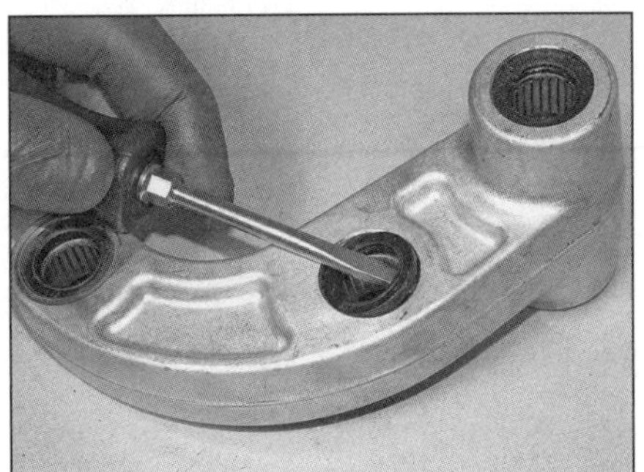

12.7 Hebeln Sie die Dichtringe heraus.

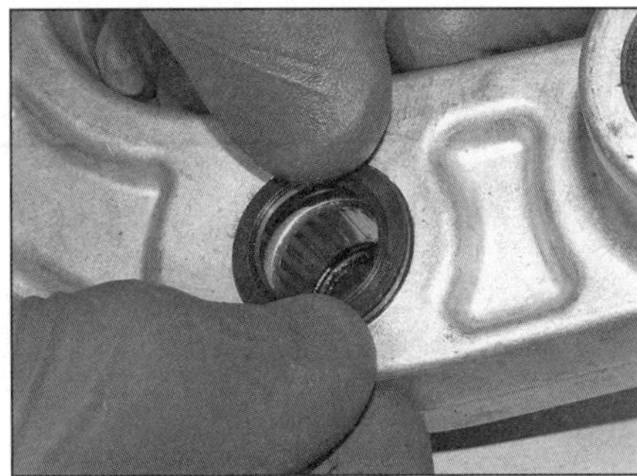

12.10 Die Dichtringe sollten sich per Daumen in ihre Sitze drücken lassen.

12.11 Führen Sie den Bolzen durch die offenen Enden der Platten, um sie beim Anziehen der Mutter auszurichten.

ben würde sie beschädigen. Falls keine Presse vorhanden ist, kann eine in Sektion 5 der *Werkzeug- und Werkstatt-Tipps* im Anhang beschriebene Einziehvorrichtung verwendet werden. Achten Sie beim Einbau der Lager darauf, dass sie mittig in ihren Bohrungen sitzen.

9 Schmieren Sie die Lager, die Hülsen und die Dichtringlippen mit Lithium-Mehrzweckfett.

10 Pressen oder treiben Sie die neuen Dichtringe mit den Markierungen nach außen senkrecht in ihre Sitze (siehe Abbildung). Installieren Sie die Hülsen – die mittlere ist 0,5 mm länger und hat einen kleineren Innendurchmesser als die hintere (Abbildungen 12.4a und b).

Einbau

11 Der Einbau entspricht der umgekehrten Ausbaureihenfolge – beachten Sie dabei folgende Punkte:

- Falls noch nicht geschehen, muss die Gummiabdeckung vom Anlenkhebel gezogen werden, um die Hülsen aus den Lagern des Hebels und der Stangen zu ziehen, sie mitsamt der Dichtringe und Lager zu reinigen und mit frischem Lithium-Mehrzweckfett zu versehen (Abbildungen 12.4a und b). Installieren Sie die Hülsen – die mittlere ist 0,5 mm länger und hat einen kleineren Innendurchmesser als die hintere.
- Installieren Sie alle Bolzen von links.
- Verbinden Sie zunächst die Anlenkplatten mit dem Anlenkhebel (Abbildung 12.3), bevor Sie diesen am Rahmen sichern. Richten Sie die Platten mithilfe des zweiten Bolzens aus, bevor die Mutter mit 55 Nm angezogen wird (siehe Abbildung).
- Ziehen Sie die Mutter des durch den Rahmen geführten Anlenkhebel-Bolzens mit 61 Nm an.

13 Federelemente
Einstellung

Achtung: Versuchen Sie niemals, Einsteller über ihre Minimal- oder Maximal-Positionen hinaus zu verdrehen!

Anmerkung: *Empfohlene Federsystems-Einstellungen finden sich auch in der Bedienungsanleitung des Motorrads.*

Gabel – alle Modelle außer MT-09 SP

1 In beiden Gabelholmen ist die Federvorspannung einstellbar. Im rechten Gabelholm ist die Zugdämpfungs-Verstellung untergebracht, bei der MT-09 ab 2017 und der Tracer GT ist im linken Gabelholm die Druckstufe einstellbar.

Federvorspannung

2 Die Vorspannung wird mit dem Sechskant oben am Verschluss eingestellt (siehe Abbildung) – beide Holme müssen gleich eingestellt werden.

3 Drehen Sie den Einsteller (von oben betrachtet) im Uhrzeigersinn, um die Federvorspannung zu verstärken, und links herum, um sie zu verringern. Messen Sie nach, wie weit der Einsteller aus der Verschlussschraube ragt (siehe Abbildung) – in der Standardeinstellung ragt er 16 mm heraus, bei minimaler Vorspannung sind es 19 mm, bei maximaler Vorspannung 4 mm.

Zugdämpfung

4 Zur Verstellung der Zugdämpfung muss die Schlitzschraube oben im rechten Federvorspanner verdreht werden (siehe Abbildung).

5 Drehen Sie den Einsteller im Uhrzeigersinn, um die Zugdämpfung zu verstärken, und links herum, um sie zu verringern. Um die aktuelle Einstellung zu ermitteln, müssen beim Drehen der Schraube bis zum Anschlag nach rechts (nicht festziehen!) die Umdrehungen oder Klicks mitgezählt werden, dann kann sie auf den gewünschten Wert zurückgedreht werden.

6 Bei der MT-09 bis 2014 ist die Standardeinstellung 1 ¾ Umdrehungen vom Anschlag im Uhrzeigersinn (härteste Dämpfung) nach links.

13.2 Sechskant des Federvorspannungs-Einstellers

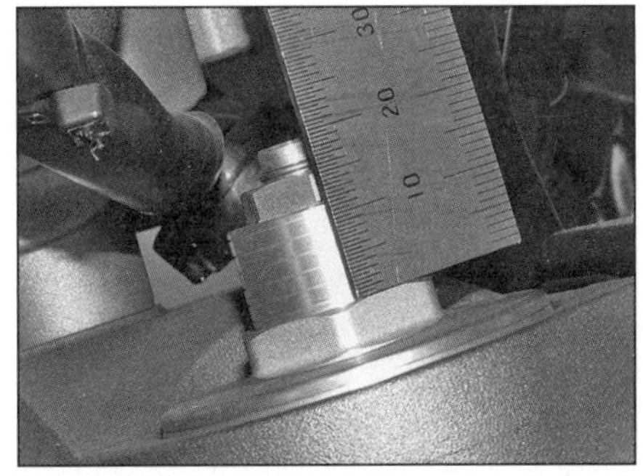

13.3 Messen Sie, wie weit der Einsteller aus dem Verschluss ragt; es können auch die Ringe nachgezählt werden.

13.4 Zugdämpfungs-Einsteller am rechten Gabelholm

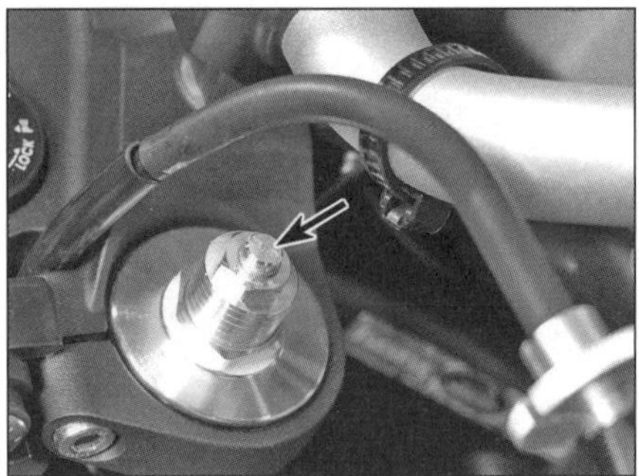

13.11 Druckdämpfungs-Einsteller am rechten Gabelholm

13.15 Zugdämpfungs-Einsteller an beiden Gabelholmen - MT-09 SP

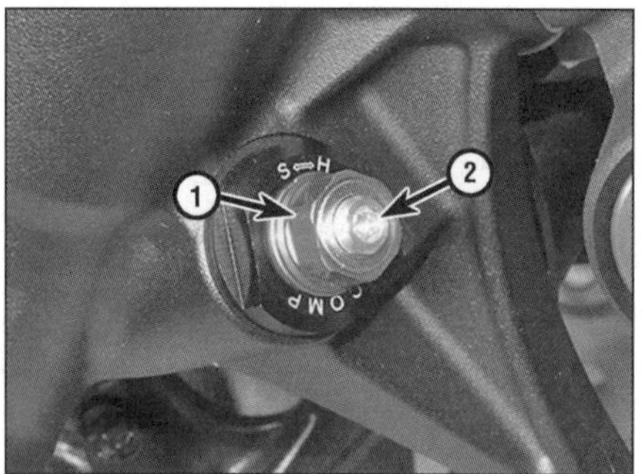

13.17 Druckstufen-Einsteller (1 = schnell; 2 = langsam) unten an der Gabel - MT-09 SP

13.21 Einstellung der Federvorspannung am Stoßdämpfer

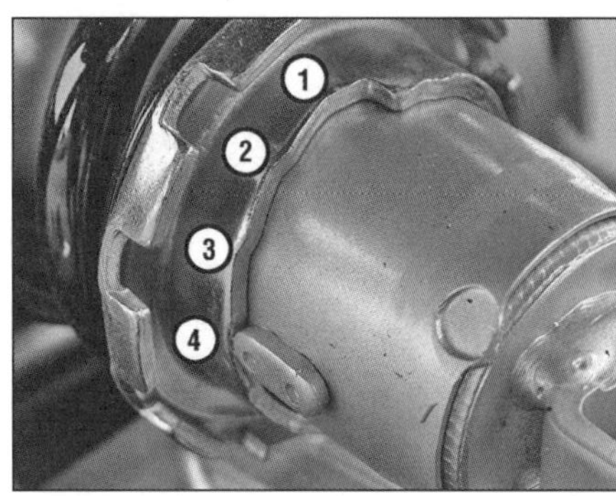

13.22 Zu sehen sind die Einstellring-Vertiefungen 1 bis 4

13.23 Zugdämpfungs-Einstellschraube links vorn am Stoßdämpfer

Die weichste Dämpfung liegt bei 3 Umdrehungen nach links an; drehen Sie nicht darüber hinaus.

7 Bei der MT-09 von 2015 bis 2016 ist die Standardeinstellung 8 Klicks vom Anschlag im Uhrzeigersinn (die härteste Dämpfung ist 1 Klick nach links). Die weichste Dämpfung liegt bei 11 Klicks nach links an; drehen Sie nicht darüber hinaus.

8 Bei der MT-09 ab 2017 ist die Standardeinstellung (gleichzeitig die weichste Dämpfung) 11 Klicks vom Anschlag (härteste Dämpfung) nach links.

9 Bei der Tracer und der XSR ist die Standardeinstellung 7 Klicks vom Anschlag im Uhrzeigersinn (die härteste Dämpfung ist 1 Klick nach links). Die weichste Dämpfung liegt bei 12 Klicks nach links an; drehen Sie nicht darüber hinaus.

10 Bei der Tracer GT ist die Standardeinstellung 7 Klicks vom Anschlag im Uhrzeigersinn (die härteste Dämpfung ist 1 Klick nach links). Die weichste Dämpfung liegt bei 11 Klicks nach links an; drehen Sie nicht darüber hinaus.

Druckdämpfung

11 Zur Verstellung der Druckdämpfung muss die Schlitzschraube oben im linken Federvorspanner verdreht werden (siehe Abbildung).

12 Drehen Sie den Einsteller im Uhrzeigersinn, um die Zugdämpfung zu verstärken, und links herum, um sie zu verringern. Um die aktuelle Einstellung zu ermitteln, müssen beim Drehen der Schraube bis zum Anschlag nach rechts (nicht festziehen!) die Klicks mitgezählt werden, dann kann sie auf den gewünschten Wert zurückgedreht werden. Bei der MT-09 ist die Standardeinstellung (gleichzeitig die weichste Dämpfung) 11 Klicks vom Anschlag (härteste Dämpfung) nach links. Bei der Tracer GT ist die Standardeinstellung 7 Klicks vom Anschlag im Uhrzeigersinn (die härteste Dämpfung ist 1 Klick nach links). Die weichste Dämpfung liegt bei 11 Klicks nach links an; drehen Sie nicht darüber hinaus.

Gabel - MT-09 SP

13 In beiden Gabelholmen ist die Federvorspannung, die Zugdämpfung und die Druckdämpfung einstellbar.

Federvorspannung

14 Die Vorspannung wird mit dem Sechskant oben am Verschluss eingestellt - beide Holme müssen gleich eingestellt werden. Drehen Sie den Einsteller (von oben betrachtet) im Uhrzeigersinn, um die Federvorspannung zu verstärken, und links herum, um sie zu verringern. Messen Sie nach, wie weit der Einsteller aus der Verschlussschraube ragt (Abbildung 13.3) – in der Standardeinstellung ragt er 18 mm heraus, bei minimaler Vorspannung sind es 19 mm, bei maximaler Vorspannung 4 mm.

Zugdämpfung

15 Zur Verstellung der Zugdämpfung muss die Schlitzschraube oben im rechten Federvorspanner verdreht werden (siehe Abbildung). Beide Schrauben müssen gleich eingestellt werden.

16 Drehen Sie den Einsteller im Uhrzeigersinn, um die Zugdämpfung zu verstärken, und links herum, um sie zu verringern. Um die aktuelle Einstellung zu ermitteln, müssen beim Drehen der Schraube bis zum Anschlag nach rechts (nicht festziehen!) die Klicks mitgezählt werden, dann kann sie auf den gewünschten Wert zurückgedreht werden. Die Standardeinstellung ist 17 Klicks vom Anschlag (härteste Dämpfung) nach links; die weichste Einstellung liegt bei 26 Klicks nach links.

Druckdämpfung

17 Die Druckdämpfung wird unten am Gabelholm eingestellt (siehe Abbildung). Über den äußeren Sechskant wird die schnelle und mit der inneren Schraube die langsame Druckstufe justiert. Die Einsteller-Paare beider Gabelholme müssen gleich einstellt sein.

18 Drehen Sie den äußeren Einsteller der schnellen Druckdämpfung beider Holme im Uhrzeigersinn, um die Dämpfung zu verstärken, und gegen den Uhrzeigersinn, um sie verringern. Drehen Sie die Einsteller zunächst bis zum Anschlag nach rechts und dann um den

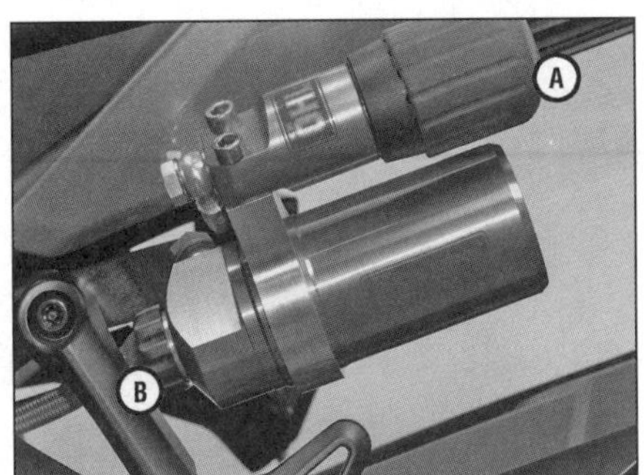

13.27 **Einstellvorrichtung des Öhlins-Stoßdämpfers: Federvorspannungs-Versteller (A) und Druckdämpfungs-Einsteller (B)**

13.29 Zugdämpfungs-Einsteller am Öhlins-Stoßdämpfer

13.31 Separater Federvorspannungs-Versteller am Kayaba-Stoßdämpfer der Tracer GT

gewünschten Wert heraus. Die Standardeinstellung liegt bei 3 Umdrehungen heraus; die weichste Einstellung bei 5 ½ Umdrehungen heraus und die härteste Dämpfung bei vollständig nach rechts gedrehtem Einsteller.

19 Drehen Sie den inneren Einsteller der langsamen Druckdämpfung beider Holme im Uhrzeigersinn, um die Dämpfung zu verstärken, und gegen den Uhrzeigersinn, um sie verringern. Drehen Sie die Einsteller zunächst bis zum Anschlag nach rechts und dann um den gewünschten Wert heraus. Die Standardeinstellung liegt bei 11 Klicks heraus; die weichste Einstellung bei 15 Klicks heraus und die härteste Dämpfung bei vollständig nach rechts gedrehtem Einsteller.

Hinterradstoßdämpfer – alle Modelle außer MT-09 SP und Tracer GT

20 Der Kayaba-Stoßdämpfer ist in der Federvorspannung und der Zugdämpfung einstellbar.

Federvorspannung

21 Die Federvorspannung wird mithilfe eines am Einstellring (unten am Stoßdämpfer) angesetzten Hakenschlüssels verstellt – ein entsprechendes Werkzeug samt Verlängerung ist dem Bordwerkzeug beigefügt (siehe Abbildung).

22 Der Einstellring kann in 7 Positionen über seinem Sitz positioniert werden. Position 1 ist die weichste, Position 4 Standard und Position 7 die härteste Federvorspannung; richten Sie die entsprechende Vertiefung über dem Sitz aus (siehe Abbildung). Drehen Sie den Einsteller (von hinten betrachtet) im Uhrzeigersinn, um die Vorspannung zu verstärken, und links herum, um sie zu verringern.

Zugdämpfung

23 Die Zugdämpfung wird mit der Einstellschraube links vorn am Stoßdämpfer justiert (siehe Abbildung).

24 Drehen Sie die Schraube im Uhrzeigersinn in Richtung »H«, um die Dämpfung zu erhöhen, und in Richtung »S«, um sie zu verringern. Um die aktuelle Einstellung zu ermitteln, müssen beim Drehen der Schraube bis zum Anschlag nach rechts (nicht festziehen!) die Umdrehungen mitgezählt werden, dann kann sie auf den gewünschten Wert zurückgedreht werden. Die Standardeinstellung ist 1 ½ Umdrehungen nach links, die weichste Einstellung liegt bei 3 Umdrehungen und die härteste am Anschlag nach rechts.

Hinterradstoßdämpfer – MT-09 SP

25 Der Öhlins-Stoßdämpfer ist mit einer separaten Einstellvorrichtung ausgerüstet – hieran lassen sich die Federvorspannung und die Druckstufe justieren. Die Zugstufe kann unten am Stoßdämpfer eingestellt werden.

Federvorspannung

26 Die Federvorspannung lässt sich durch Messen der Federlänge ermitteln – je länger die Feder, desto geringer die Vorspannung. Die geringste Vorspannung liegt bei 156 mm, die höchste Vorspannung bei 148 mm.

27 Die Federvorspannung kann durch Drehen des Knopfs links hinten am Motorrad verstellt werden (siehe Abbildung). Drehen Sie den Knopf im Uhrzeigersinn, um die Vorspannung zu erhöhen, und gegen den Uhrzeigersinn, um sie zu verringern. Drehen Sie den Knopf nicht über die Minimal- und Maximalwerte hinaus, da hierdurch der Einstellmechanismus beschädigt werden kann.

Druckdämpfung

28 Die Druckdämpfung wird am vorderen Rändelknopf der Einstellvorrichtung justiert (Abbildung 13.27). Drehen Sie den Einsteller im Uhrzeigersinn, um die Dämpfung zu verstärken und gegen den Uhrzeigersinn, um sie zu verringern. Um die aktuelle Einstellung zu ermitteln, müssen beim Drehen des Rändelknopfs bis zum Anschlag nach rechts (nicht festziehen!) die Klicks mitgezählt werden, dann kann sie auf den gewünschten Wert zurückgedreht werden. Die Standardeinstellung ist 10 Klicks vom Anschlag (härteste Dämpfung) nach links; die weichste Einstellung liegt bei 20 Klicks nach links.

Zugdämpfung

29 Die Zugdämpfung wird am Rändelring unten am Stoßdämpfer justiert (siehe Abbildung). Drehen Sie den Einsteller im Uhrzeigersinn, um die Dämpfung zu verstärken und gegen den Uhrzeigersinn, um sie zu verringern. Um die aktuelle Einstellung zu ermitteln, müssen beim Drehen des Rändelrings bis zum Anschlag nach rechts (nicht festziehen!) die Klicks mitgezählt werden, dann kann sie auf den gewünschten Wert zurückgedreht werden. Die Standardeinstellung ist 12 Klicks vom Anschlag (härteste Dämpfung) nach links; die weichste Einstellung liegt bei 30 Klicks nach links.

Hinterradstoßdämpfer – Tracer GT

30 Der Kayaba-Stoßdämpfer ist mit einer separaten Einstellvorrichtung für die Federvorspannung ausgerüstet. Die Zugdämpfung wird mit einer Schraube links am Stoßdämpfer eingestellt. Drehen Sie die Einsteller nicht über die Minimal- und Maximalwerte hinaus, da hierdurch der Einstellmechanismus beschädigt werden kann.

Federvorspannung

31 Die Federvorspannung kann durch Drehen des Knopfs links hinten am Motorrad verstellt werden (siehe Abbildung). Drehen Sie den Knopf im Uhrzeigersinn, um die Vorspannung zu erhöhen, und gegen den Uhrzeigersinn, um sie zu verringern. Um die aktuelle Einstellung zu ermitteln, müssen beim Drehen des Knopfs gegen den Uhrzeigersinn bis zum Anschlag (nicht festziehen!) die Klicks mitgezählt werden, dann kann sie auf den gewünschten Wert zurückgedreht werden. Die Standardeinstellung ist 11 Klicks vom Anschlag nach rechts; die weichste Einstellung liegt bei einem nach rechts, die härteste bei 24 Klicks nach rechts.

Zugdämpfung

32 Drehen Sie die Schraube im Uhrzeigersinn in Richtung »H«, um die Dämpfung zu erhöhen, und in Richtung »S«, um sie zu verringern (siehe Abbildung). Um die aktuelle Einstellung zu ermitteln, müssen beim Drehen der Schraube bis zum Anschlag nach rechts (nicht festziehen!) die Klicks mitgezählt werden, dann kann sie auf den gewünschten Wert zurückgedreht werden. Die Standardeinstellung ist 7 Klicks nach links, die weichste Einstellung liegt bei 13 Klicks und die härteste bei 1 Klick.

14 Schwinge

Ausbau

1 Stützen Sie das Motorrad mit einer anderen geeigneten Vorrichtung (nicht unter der Schwinge!) senkrecht ab, sodass das Hinterrad komplett entlastet ist (siehe Abbildung) – es darf nach dem Lösen der Stoßdämpferbefestigungen aber auch nicht herunterfallen. Falls das Motorrad unter dem Schalldämpfer mit Hölzern abgestützt wird, sollte es zum Schutz gegen Umkippen mit Bändern gesichert werden (Abbildung 11.1). Positionieren Sie Hölzer unter dem Hinterrad, damit es nicht herunterfällt. Ziehen Sie den Bremshebel mit Gummibändern gegen den Lenker, damit das Motorrad nicht nach vorn rollen kann.

2 Bauen Sie das Hinterrad aus (siehe Kapitel 6).

3 Befreien Sie die Bremsleitung und ggf. das Kabel des ABS-Sensors von der Schwinge (siehe Abbildung). Sichern Sie den Bremssattel außerhalb des Arbeitsbereichs. Befreien Sie die Führung vom Innenkotflügel (siehe Abbildung). Lösen Sie bei der MT-09 ab 2017 die Schraube der Kennzeichenbeleuchtungs-Kabelführung (siehe Abbildung) und sichern Sie das Kabel abseits der Schwinge.

4 Demontieren Sie die Motorritzel-Abdeckung (siehe Kapitel 6). Trennen Sie entweder die Kette, um sie zu entfernen, oder heben Sie sie vom Ritzel und legen Sie sie vorn über die Schwinge, um beide Teile gemeinsam zu entfernen (siehe Abbildung).

5 Lösen Sie die Mutter des Bolzens, der die Anlenkplatten an der Schwinge sichert, und ziehen Sie den Bolzen heraus (Abbildungen 11.4a, b und c).

6 Vor dem Ausbau der Schwinge sollte ihr Lagerspiel kontrolliert werden (siehe Kapitel 1). Probleme, die sich bei verbundener Stoßdämpferanlenkung nicht zeigten, können hier erkennbar werden.

7 Lösen Sie rechts die Mutter des Schwingenbolzens (siehe Abbildung). Drücken Sie den Schwingenbolzen etwas nach links, bis der Bolzenkopf zugänglich ist – beachten Sie, wie er mit seinen Abflachungen im linken Fußrastenträger gesichert ist.

13.32 Zugdämpfungs-Einstellschraube links am Kayaba-Stoßdämpfer

8 Stützen Sie die Schwinge, ziehen Sie den Bolzen heraus und entnehmen Sie die Schwinge aus dem Motorrad (siehe Abbildungen).

Anmerkung: *Es kann nötig sein, den Schwingenbolzen von rechts durchtreiben zu müssen– hierbei darf sein Gewinde nicht beschädigt werden.*

Kontrolle

9 Demontieren Sie nötigenfalls den Kettenschutz, die Ketten-Gleitschiene und den Innenkotflügel – beachten Sie die Hülsen an den

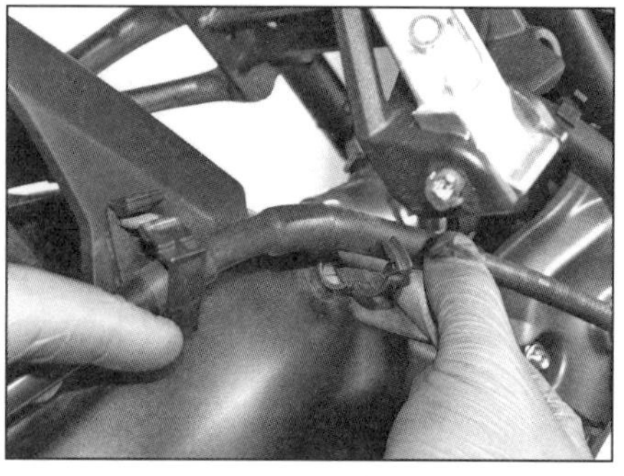

14.3a Befreien Sie die Bremsleitung und ggf. das Kabel des ABS-Sensors.

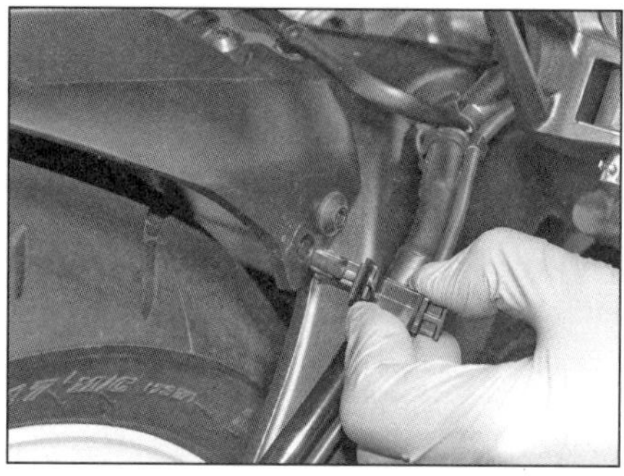

14.3b Befreien Sie die Schlauch und Kabelführung vom Innenkotflügel.

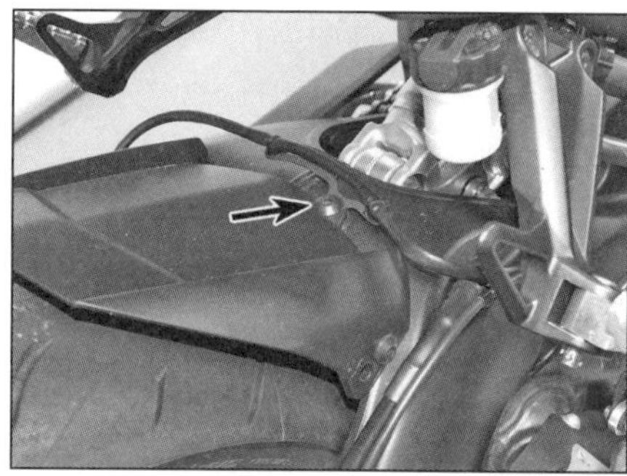

14.3c Schraube der Kennzeichenbeleuchtungs-Kabelführung

14.4 Heben Sie die Kette vom Ritzel.

14.7 Lösen Sie die Schwingenbolzen-Mutter.

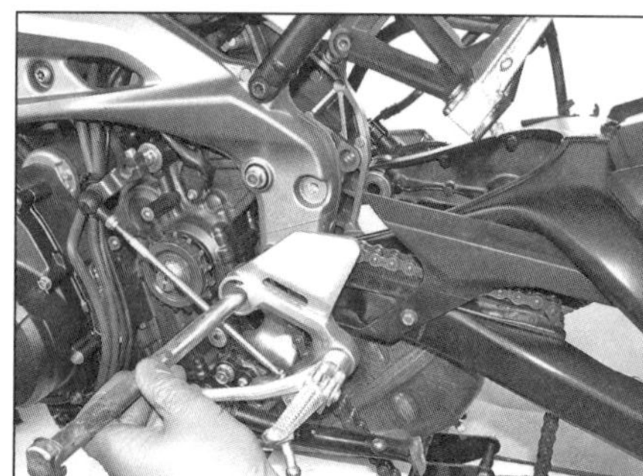

14.8 Ziehen Sie den Bolzen heraus und entnehmen Sie die Schwinge.

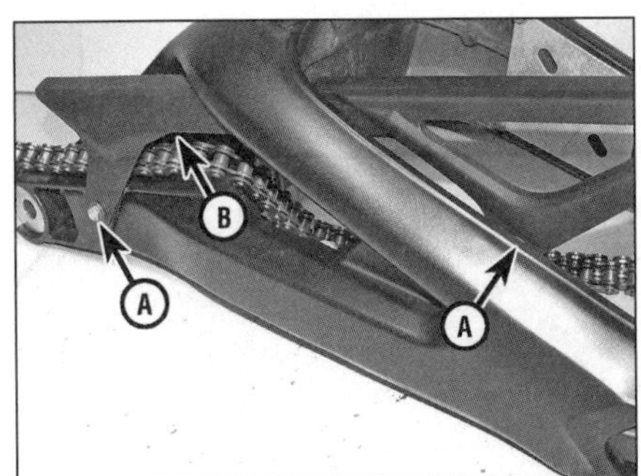

14.9a Mit Hülsen ausgerüstete Schrauben der Ketten-Gleitschiene (A), versteckter Plastikstift (B)

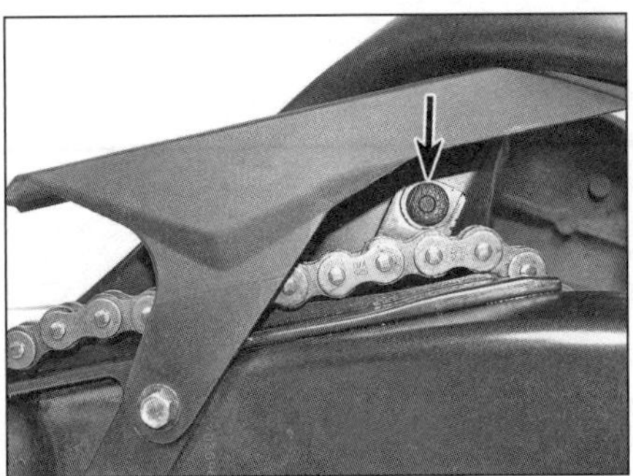

14.9b Entfernen Sie den Kettenschutz, um die Gleitschiene demontieren zu können – beachten Sie den Plastikstift.

14.9c Der Innenkotflügel ist an jeder Seite mit zwei Schrauben gesichert.

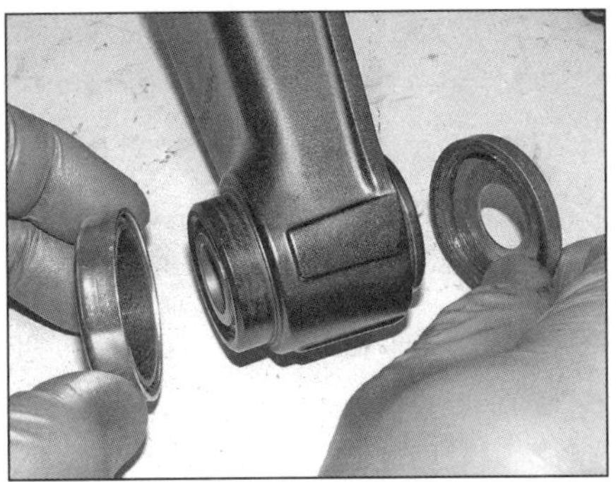

14.11a Entfernen Sie die Abdeckungen und kontrollieren Sie die Dichtringe.

14.11b Die Dichtringe der äußeren Abdeckungen können auch an der Schwinge verblieben sein.

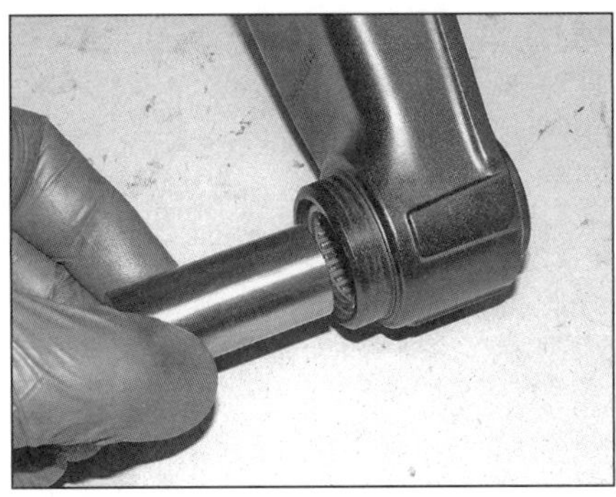

14.12 Ziehen Sie die Hülsen heraus, um die Lager zu überprüfen.

14.15 Hebeln Sie die Dichtungen heraus.

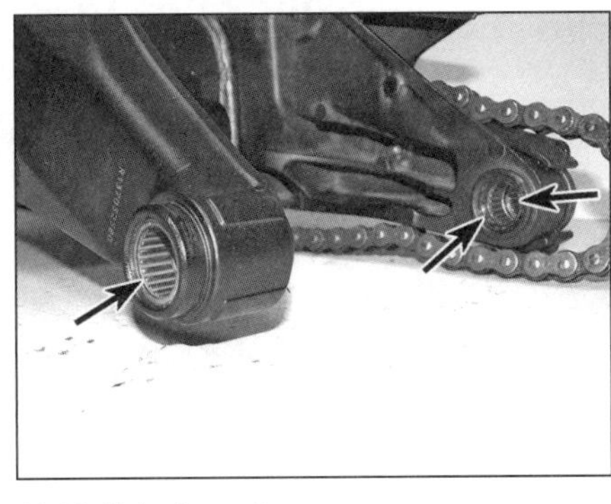

14.16 Schwingenlager

Kettenschutz-Schrauben (siehe Abbildungen). Falls die Schiene stark verschlissen oder beschädigt ist, muss sie durch ein Neuteil ersetzt werden.

10 Reinigen Sie sorgfältig die Schwinge und alle Schwingenlager-Komponenten und entfernen Sie Korrosion und Fettreste. Inspizieren Sie die Schwinge penibel auf tiefe Riefen, Risse oder andere Beschädigungen.

11 Nehmen Sie an beiden Seiten die Lagerabdeckungen ab (siehe Abbildung), reinigen Sie diese und kontrollieren Sie die darin sitzenden Dichtringe (diese können auch an der Schwinge verblieben sein) (siehe Abbildung) Kontrollieren Sie auch die Dichtringe innerhalb der Lagersitze. Ersetzen Sie alle schadhaften Dichtringe.

12 Ziehen Sie die Hülsen aus den Nadellagern (siehe Abbildung) und befreien Sie alles von Fettresten.

13 Begutachten Sie die Schwingenlager auf Verschleiß, Ausbrüche und Riefen und ersetzen Sie sie nötigenfalls (siehe unten).

14 Reinigen Sie den Schwingenbolzen und die Lagerhülsen von Korrosion und Fettresten. Rollen Sie den Bolzen auf einer ebenen Fläche (z.B. einem Spiegel), um ihn auf Verzug zu prüfen.

Schwingenlager ersetzen

15 Falls noch nicht geschehen, werden die Lagerabdeckungen samt ihrer Dichtringe abgenommen (Schritt 11). Hebeln Sie die Fett-Dichtungen aus den Lagersitzen (siehe Abbildung) – sie müssen später erneuert werden.

16 Die Schwinge wird mit drei identischen Nadellagern geführt – zwei sitzen links, eins rechts (siehe Abbildung). Beachten Sie die in Sektion 5 der *Werkzeug- und Werkstatt-Tipps* im Anhang beschriebene Ausziehvorrichtung und verwenden Sie einen Innenauszieher, um die Lager auszubauen – sie dürfen danach nicht wiederverwendet werden.

17 Kontrollieren Sie die Lagersitze. Riefen und Korrosion können mit Stahlwolle oder einem geeigneten Schaber entfernt werden.

18 Die neuen Lager müssen in ihre Sitze gepresst oder gezogen werden – Eintreiben würde sie beschädigen. Falls keine Presse vorhanden ist, kann eine in Sektion 5 der *Werkzeug- und Werkstatt-Tipps* im Anhang beschriebene Einziehvorrichtung verwendet werden. Das rechte Lager muss von außen gemessen 2 mm tief eingepresst werden, das äußere linke Lager muss 2 mm tief sitzen, das innere linke Lager 9 mm tief (von innen gemessen). Schmieren Sie die Lager mit Lithium-Mehrzweckfett.

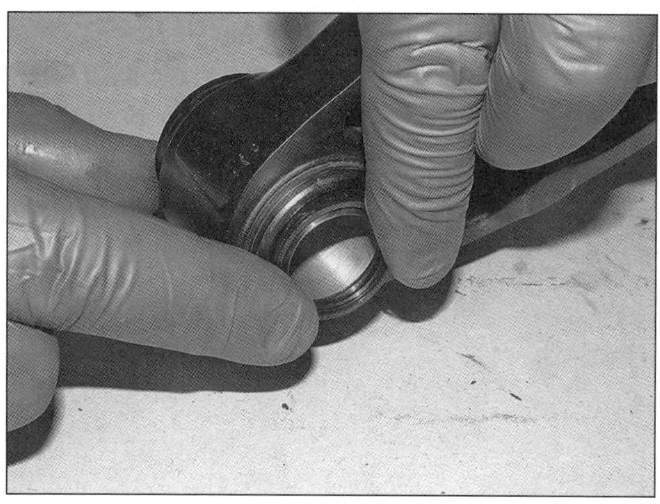

14.19 Drücken Sie den Dichtring so tief wie möglich von Hand ein.

14.21 Installieren Sie den Dichtring mit der schrägen Seite voran in den Deckel.

19 Pressen oder treiben Sie mit der gleichen Technik neue Dichtringe mit den Markierungen nach außen innen vor die Lager – der Außenrand muss 0,5 bis 1,5 mm tief sitzen (siehe Abbildung).

Einbau

20 Falls entfernt, werden der Innenkotflügel, die Kettengleitschiene und der Kettenschutz montiert (Abbildungen 14.9c, b und a).

21 Schmieren Sie die Lagerhülsen, die Innenseiten der Lagerabdeckungen und die Dichtlippen mit Lithiumfett. Installieren Sie ggf. die Dichtringe mit den angeschrägten Seiten voran in die Deckel und setzen Sie diese auf (siehe Abbildung). Schieben Sie die Hülsen in die Lager und setzen Sie die Deckel auf (Abbildungen 14.12 sowie 14.11a und b).

22 Rüsten Sie den Schwingenbolzen ggf. mit der korrekt ausgerichteten abgewinkelten Scheibe aus (siehe Abbildung). Schmieren Sie den Schwingenbolzen mit Lithiumfett.

23 Falls die Antriebskette durch die Schwinge geführt ist, muss sie über die linke Aufnahme gelegt und die Schwinge in Position manövriert werden. Schieben Sie den Schwingenbolzen von links vollständig ein (Abbildung 14.8) – die Abflachungen am Kopf und die Scheibe müssen zum Sitz im inneren Träger ausgerichtet sein (siehe Abbildung).

24 Installieren Sie die Schwingenbolzen-Mutter und ziehen Sie sie mit 110 Nm an (Abbildung 14.7). Prüfen Sie anschließend, ob sich die Schwinge frei auf und ab schwenken lässt.

25 Richten Sie die Anlenkplatten aus, installieren Sie den Bolzen und ziehen Sei seine Mutter mit 44 Nm an (Abbildungen 11.4c und b).

26 Montieren Sie die verbliebenen Komponenten in der umgekehrten Ausbaureihenfolge. Kontrollieren Sie vor der ersten Fahrt den Kettendurchhang (siehe Kapitel 1) und prüfen Sie die Funktion der Hinterradfederung und der Bremse.

14.22 Die abgewinkelte Scheibe muss korrekt auf den Schwingenbolzen geschoben werden.

14.23 Richten Sie den Bolzenkopf samt Scheibe korrekt zu seinem Sitz aus.

Kapitel 6
Bremsen, Räder und Endantrieb

Inhalt (in alphabetischer Reihenfolge, die Zahlen geben die Nummerierung in den grauen Feldern wieder)

Allgemeine Informationen 1
Antiblockiersystem (ABS) 17
Antriebskette 19
Bremsanlage – Entlüftung und Bremsflüssigkeitswechsel 11
Bremsanlage – Kontrolle . . . . . siehe Kapitel 1
Bremsbeläge – Verschleißkontrolle . . . . . siehe Kapitel 1
Bremsflüssigkeit – Pegelkontrolle . . . . . siehe *Tägliche Kontrollen*
Bremsschläuche und Anschlüsse 10
Bremslichtschalter . . . . . siehe Kapitel 8
Fußbremszylinder 9
Handbremszylinder 5
Hinterrad und Kettenblatt-Mitnehmer 15
Hinterrad-Bremsbeläge 6
Hinterradbremssattel 7
Hinterradbremsscheibe 8
Kettenräder 20
Radlager/Mitnehmerlager 16
Radlager – Kontrolle . . . . . siehe Kapitel 1
Räder – Inspektion und Reparatur 12
Räder – Allgemeine Kontrolle . . . . . siehe Kapitel 1
Räder – Spurkontrolle 13
Reifen 18
Reifen – Druck, Profiltiefe und Zustand . . . . . siehe *Tägliche Kontrollen*
Vorderrad 14
Vorderrad-Bremsbeläge 2
Vorderradbremssättel 3
Vorderrad-Bremsscheiben 4

Schwierigkeitsgrade

Leicht. Für Anfänger mit wenig Erfahrung geeignet.

Relativ leicht. Für Anfänger mit etwas Erfahrung geeignet.

Relativ schwierig. Geeignet für geübte Selbstschrauber.

Schwer. Geeignet für Selbstschrauber mit viel Erfahrung.

Sehr schwer. Geeignet für Experten und Profis.

Technische Daten

Bremsen

Bremsflüssigkeit	DOT 4
Vorderradbremse	
Bremsbelagstärke (min.)	0,5 mm (neu: 4,5 mm)
Bremsscheiben-Durchmesser	298 mm
Bremsscheibenstärke	
Standard	4,5 mm
Verschleißgrenze (min.)	4,0 mm
Bremsscheiben-Verzug (max.)	0,1 mm
Bremssattelbohrung-Durchmesser	30,23 und 27,0 mm
Handbremszylinderbohrung-Durchmesser	15,0 mm
Hinterradbremse	
Bremsbelagstärke (min.)	1,0 mm (neu: 6,0 mm)
Bremsscheiben-Durchmesser	245 mm
Bremsscheibenstärke	
Standard	5,0 mm
Verschleißgrenze (min.)	4,5 mm
Bremsscheiben-Verzug (max.)	0,15 mm
Bremssattelbohrung-Durchmesser	38,18 mm
Fußbremszylinderbohrung-Durchmesser	12,7 mm

Räder

Felgengrößen	
Vorderrad	17 x MT 3.50
Hinterrad	17 x MT 5.50
Seitenschlag (axial) (max.)	0,5 mm
Höhenschlag (radial) (max.)	1,0 mm

Reifen

Luftdruck	
Vorderrad	2,5 bar
Hinterrad	2,9 bar
Reifengrößen*	
Vorderrad	120/70-ZR 17 (58W) TL
Hinterrad	180/55-ZR 17 (73W) TL

** Beachten Sie die Eintragungen in Ihren Fahrzeugpapieren und der Bedienungsanleitung, wenden Sie sich im Zweifel an einen Yamaha-Händler, einen Reifenhändler, den TÜV oder die DEKRA.*

Endantrieb

Ketten-Typ	DAIDO 525 V10 (110 Glieder)
Durchhang	5 bis 15 mm
Streckgrenze (siehe Text)	239,3 mm
Kettenschloss	
Bolzen-Vorsprung	1,2 bis 1,4 mm
Bolzenkopf-Durchmesser verstemmt	5,5 bis 5,8 mm
Abstand zwischen Kettenschloss und Lasche	14,1 bis 14,3 mm
Kettenrad-Größen (Anzahl der Zähne)	vorn 16, hinten 45 Zähne

Anzugsdrehmomente

	Nm
ABS-Sensorschraube	7
ABS-Sensorring-Schrauben	8
Bremsbelagstift (Hinterrad)	17
Bremssattel-Entlüftungsventile	5
Bremsscheiben-Schrauben	
Vorderrad	18
Hinterrad	30
Bremsschlauch-Anschlussschrauben	30
Fußbremszylinder-Schrauben	23
Handbremszylinder-Klemmschrauben	10
Hinterachsmutter	150
Hinterradbremssattel	
hinterer Befestigungs/Gleitbolzen	22
vorderer Gleitbolzen	27
Kettenblatt-Muttern	80
Motorritzel-Mutter	95
Vorderachse	65
Vorderachs-Klemmschraube	23
Vorderradbremssattelhalter-Schrauben	35

1 Allgemeine Informationen

1 Alle Modelle sind mit Gussrädern ausgerüstet, die mit schlauchlosen Reifen bestückt werden müssen.

2 Vorn und hinten verzögern hydraulisch betätigte Scheibenbremsen die Räder. vorn wirken zwei Vierkolben-Festsättel auf zwei schwimmend gelagerte Bremsscheiben, während die fest verschraubte hintere Bremsscheibe von einem Einkolben-Schwimmsattel umgriffen wird. Ein Anti-Blockier-System (ABS) war anfangs optional, später serienmäßig erhältlich.

3 Der Antrieb des Hinterrades erfolgt über eine Dichtringkette, im Hinterrad sitzt ein Ruckdämpfer.

Achtung: Scheibenbremsen-Bauteile erzwingen selten eine Demontage. Zerlegen Sie keine Komponenten, wenn es nicht unbedingt nötig ist. Wenn die Wirkung einer Hydraulik-Bremsanlage schwach wird, muss das betreffende System demontiert, entleert, gereinigt und dann sorgfältig gefüllt und entlüftet werden. Innereien der Bremsen dürfen keinesfalls mit Lösungsmitteln gereinigt werden, da hierdurch die Dichtungen quellen und zerstört werden. Verwenden Sie zum Reinigen nur frische DOT-4-Bremsflüssigkeit. Passen Sie beim Arbeiten mit Bremsflüssigkeit besonders auf, sie nicht in die Augen zu bekommen. Auch Lack und Plastikteile sind gefährdet.

2 Vorderrad-Bremsbeläge

1 Befreien Sie den/die Clip(s) der Bremsleitung(en) und ggf. des ABS-Sensorkabels (siehe Abbildungen). Lösen Sie die Bremssattelschrauben – achten Sie bei früheren Modellen mit ABS darauf, dass die untere Schraube des rechten Sattels auch den Sensorkabelhalter sichert – und ziehen Sie den Sattel von der Bremsscheibe (siehe Abbildung).

Anmerkung: *Betätigen Sie nicht die Bremse, solange der Bremssattel von der Bremsscheibe befreit ist.*

2 Ziehen Sie die Belagstift-Splinte heraus, drücken Sie den Stift heraus, entnehmen Sie die Belagfeder und ziehen Sie die Beläge heraus (siehe Abbildungen).

3 Kontrollieren Sie die Oberflächen der Beläge auf Verunreinigungen und prüfen Sie, ob das Belagmaterial noch nicht unter der Verschleißgrenze ist (siehe Kapitel 1, Sektion 15). Ersetzen Sie alle Beläge der gesamten Vorderradbremse immer als Satz, auch wenn nur einer nahe oder unterhalb der Verschleißgrenze liegt. Außerdem müssen die Bremsbeläge er-

2.1a Befreien Sie die Bremsleitung(en), um mehr Bewegungsraum zu erhalten.

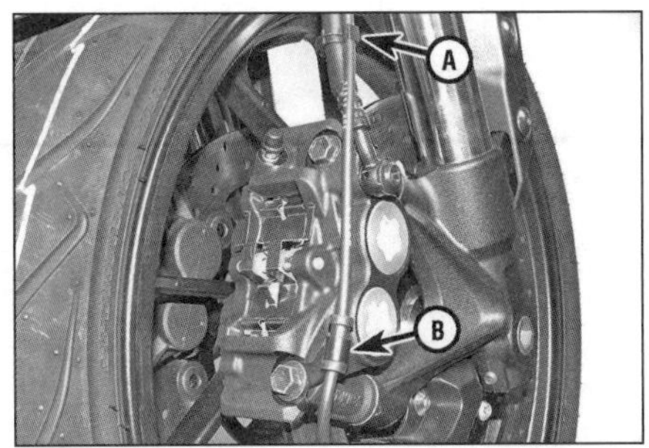

2.1b Befreien Sie rechts ggf. das Sensorkabel aus dem Clip (A). Beachten Sie den Kabelhalter (B) an der Bremssattelschraube.

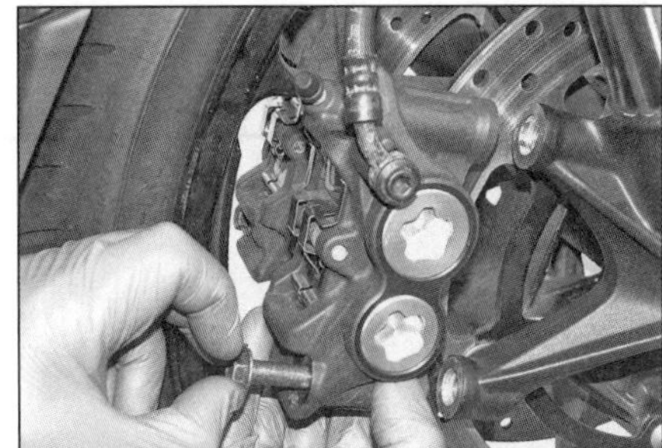

2.1c Lösen Sie die Schrauben und befreien Sie den Bremssattel.

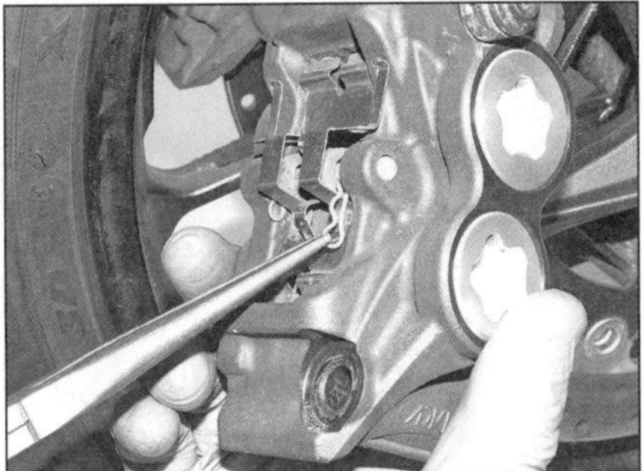

2.2a Entfernen Sie die Splinte,...

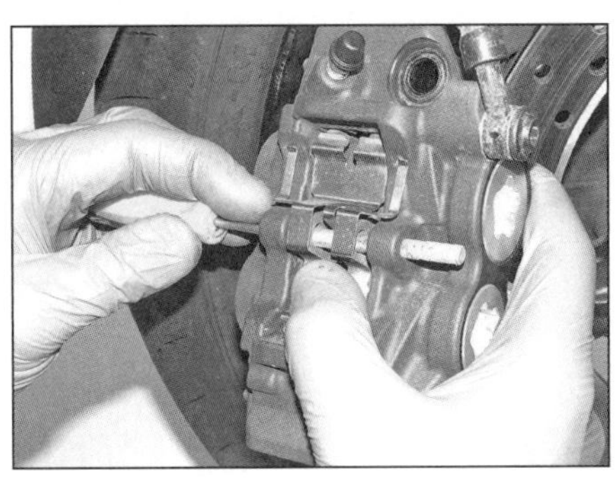

2.2b ...den Stift,...

2.2c ...die Feder...

2.2d ...und die Beläge.

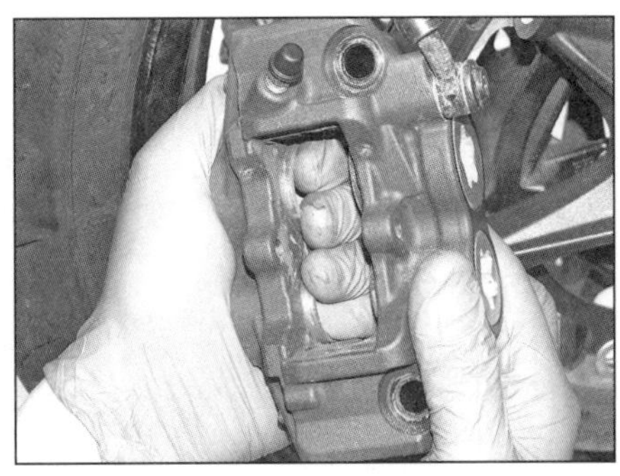

2.7 Die Kolben sollten sich mit Handkraft eindrücken lassen.

setzt werden, wenn sie mit Öl oder Fett verschmutzt, stark eingekerbt oder durch Schmutz oder Sand beschädigt wurden.

Anmerkung: *Es ist kaum möglich, Bremsbeläge vollständig zu entfetten – wenn sie in irgendeiner Weise verunreinigt sind, müssen sie ersetzt werden.*

4 Ungleichmäßig verschlissene Bremsbeläge weisen darauf hin, dass ein Kolben klemmt oder festgegangen ist; in diesem Fall muss der Bremssattel überholt werden (siehe Sektion 3).

5 Wenn die Bremsbeläge in gutem Zustand sind, werden Sie mit einer vollkommen fett- und ölfreien feinen Drahtbürste sorgfältig gereinigt. Arbeiten Sie mit einem spitzen Werkzeug eingearbeitete Partikel aus dem Material und schleifen Sie verglaste Stellen mit Schmirgelleinen ab. Leichte Verunreinigungen können mit Bremsenreiniger-Spray behandelt werden.

6 Sprühen Sie den Bremssattel innen mit Bremsenreiniger ein – beachten Sie dabei besonders die Gleitflächen der Kolben, damit keine Ablagerungen die Dichtringe beschädigen. Entfernen Sie nötigenfalls die Belagfeder – beachten Sie ihre Einbaulage – und reinigen Sie sie. Entfernen Sie jegliche Korrosion, die zu einer schwergängigen Funktion der Bremse führen kann.

7 Falls neue Bremsbeläge installiert werden sollen, müssen die Kolben vollständig in den Sattel gedrückt werden, um ausreichend Platz zu schaffen – beachten Sie bei ABS-Modellen zuvor die Hinweise in Schritt 9 (siehe Abbildung). Drücken Sie die Kolben von Hand oder mithilfe eines Holzstücks ein; nötigenfalls können die alten Bremsbeläge im Sattel positioniert und mit einem Schraubendreher auseinandergedrückt werden. Alternativ kann ein spezielle Bremskolben-Rückstellwerkzeug eingesetzt werden.

8 Durch das Drücken der Kolben in den Sattel wird bei Modellen ohne ABS Bremsflüssigkeit in den Ausgleichsbehälter gepumpt, sodass es daher nötig sein kann, dass der Deckel, die Abdeckung und die Manschette des Ausgleichsbehälters entfernt und etwas überschüssige Bremsflüssigkeit abgeschöpft werden müssen (siehe *Tägliche Kontrollen*).

9 Bei Modellen mit ABS muss das Entlüftungsventil des Bremssattels geöffnet werden, um die Kolben zurück drücken zu können: Entfernen Sie die Staubkappe, stecken Sie einen passenden transparenten Schlauch auf das Ventil und halten Sie dessen anderes Ende in einen geeigneten Behälter (Abbildungen 11.6a und b). Öffnen Sie das Ventil und drücken Sie die Kolben wie in Schritt 7 beschrieben ein. Achten Sie darauf, keine Luft ins System zu saugen – im Zweifelsfall muss die Bremse anschließend entlüftet werden (siehe Sektion 11). Sobald die Kolben vollständig eingedrückt sind, wird das Ventil geschlossen, der Schlauch abgezogen und die Kappe aufgesteckt.

10 Falls einer der Kolben festzusitzen scheint, muss der Bremssattel zerlegt und überholt werden (siehe Sektion 3).

11 Kontrollieren Sie den Zustand der Bremsscheiben (siehe Sektion 4).

3.2a Bremsleitungs-Anschlussschraube (rechte Seite)

3.2b Bremsleitungs-Anschlussschraube mit zwei Leitungen (linke Seite)

3.2c Dichten Sie den Anschluss mit einer Schraube samt Mutter und den alten Dichtscheiben ab...

3.2d ...oder verwenden Sie ein geeignetes Abdichtwerkzeug.

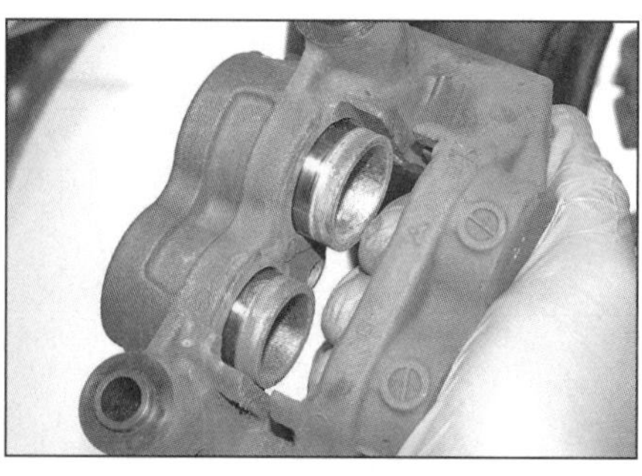
3.3 Halten Sie die Kolben einer Seite eingedrückt und pumpen Sie die anderen Kolben wie beschrieben heraus.

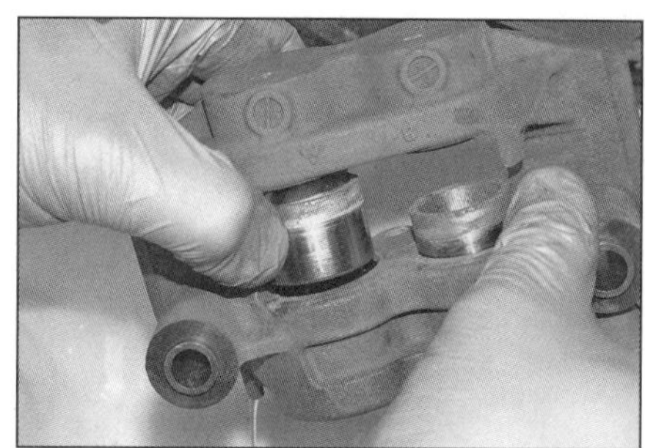
3.4 Entfernen Sie die Kolben.

12 Reinigen Sie den Belagstift und entfernen Sie sämtliche Korrosion – falls er stark korrodiert ist, muss er ersetzt werden. Kontrollieren Sie die Splinte und ersetzen Sie sie nötigenfalls.
13 Schmieren Sie die Rückseiten der Bremsbeläge und den Belagstift dünn mit Kupferpaste ein – diese darf nicht auf das Belagmaterial gelangen!
14 Schieben Sie die Beläge mit dem Belagmaterial zueinander zeigend in den Sattel, installieren Sie die Feder mit dem Pfeil in die normale Drehrichtung des Rades zeigend und schieben Sie den Belagstift mit den Splintlöchern nach oben zeigend ein – er muss korrekt über der Feder und durch die Belaglöcher geführt sein (Abbildungen 2.2d, c und b). Installieren Sie die Splinte (Abbildung 2.2a).
15 Schieben Sie den Bremssattel auf die Bremsscheibe – die Passhülsen müssen korrekt in der Aufnahme sitzen (Abbildung 2.1c). Installieren Sie die Schrauben (vergessen Sie am rechten Sattel ggf. nicht den mit der unteren Schrauben gesicherten ABS-Sensorhalter) und ziehen Sie sie mit 35 Nm an (Abbildung 2.1b). Sichern Sie die Bremsleitung(en) und ggf. das Sensorkabel mit den Clips (Abbildungen 2.1a und b).
16 Betätigen Sie mehrmals den Bremshebel, um die Beläge an die Scheibe zu drücken.
17 Kontrollieren Sie den Bremsflüssigkeitsstand und füllen Sie nötigenfalls auf (siehe *Tägliche Kontrollen*).
18 Prüfen Sie vor der ersten Fahrt die Funktion der Bremse.

3 Vorderradbremssättel

Warnung: Wenn eine Überholung des Bremssattels nötig ist (normalerweise bei Undichtigkeiten oder Funktionsverweigerung), muss jegliche alte Bremsflüssigkeit abgelassen werden. Das Zerlegen, Überholen und Montieren von Bremsenteilen muss auf einer absolut sauberen Arbeitsfläche geschehen, damit keine Fremdkörper in die Bremse gelangen und sie während der Fahrt ausfallen lassen. Verwenden Sie zum Reinigen von Bremsenteilen auf keinen Fall Lösungsmittel auf Petroleumbasis. Benutzen Sie saubere DOT 4-Bremsflüssigkeit, Bremsenreiniger oder Spiritus. Seien Sie bei der Arbeit mit Bremsflüssigkeit äußerst vorsichtig – sie kann ihren Augen schaden und greift Lack und Kunststoff an.

Anmerkung: *Falls ein Bremssattel (z. B. wegen eines klemmenden Kolbens oder Undichtigkeiten) überholt werden soll, muss zunächst die gesamte Sektion durchgelesen und sichergestellt werden, dass alle erforderlichen Ersatzteile sowie frische Bremsflüssigkeit (DOT 4) vorhanden sind.*

Ausbau

1 Wenn ein Bremssattel nur abgenommen werden soll (um z. B. das Vorderrad auszubauen), müssen der/die Clip(s) der Bremsleitung(en)

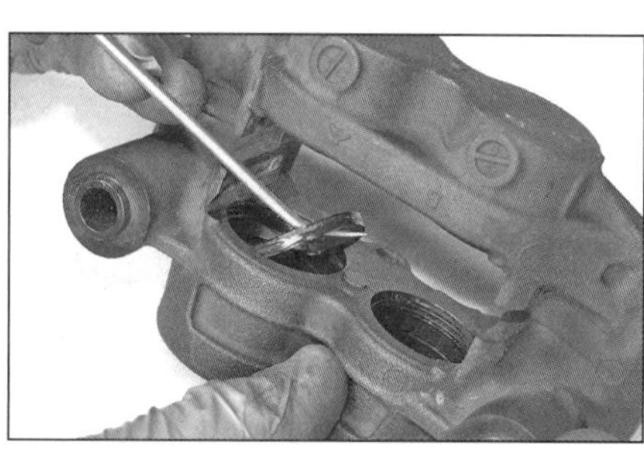
3.5 Hebeln Sie die Dichtungen vorsichtig heraus.

3.7 Kontrollieren Sie die Oberflächen der Kolben und ihrer Bohrungen – die Beschichtung dieses Kolbens ist abgeplatzt.

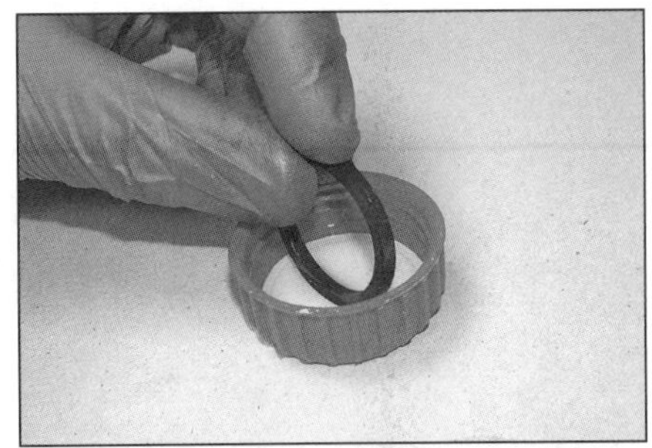

3.9a Schmieren Sie die neue Kolbendichtung mit Bremsflüssigkeit...

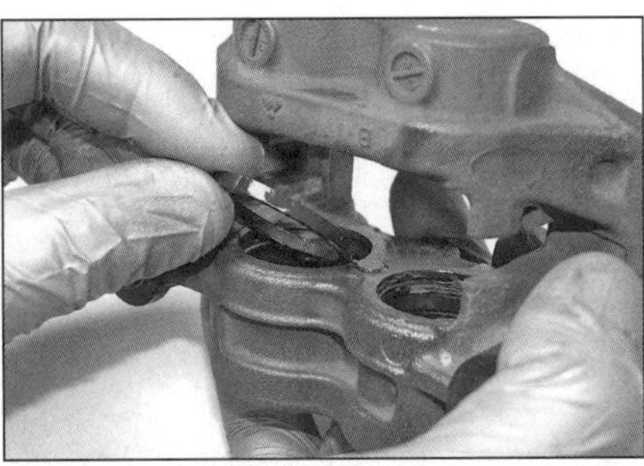

3.9b ...und installieren Sie sie in die hintere Nut.

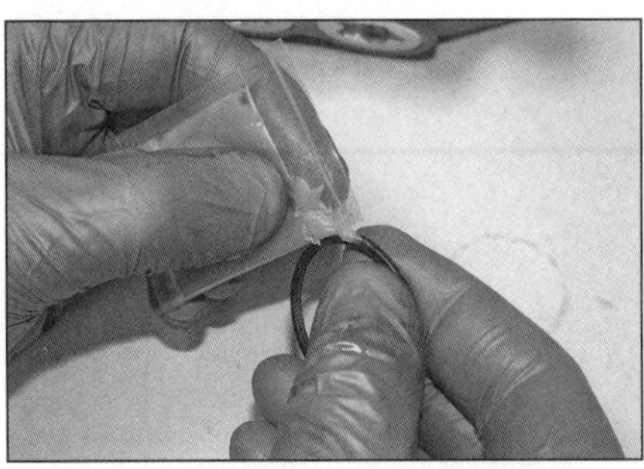

3.10a Schmieren Sie die neue Staubdichtung mit Silikonpaste,...

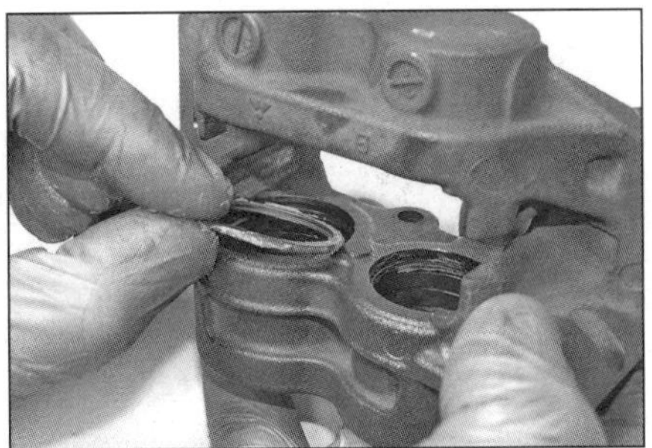

3.10b ...und installieren Sie sie in die vordere Nut.

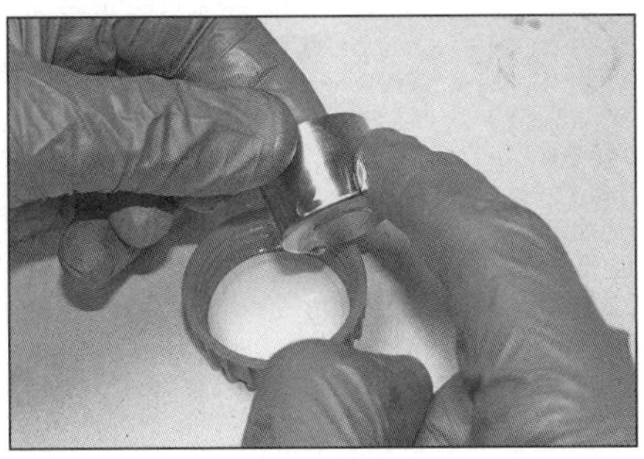

3.11a Schmieren Sie den Kolben mit Bremsflüssigkeit,...

3.11b ...und drücken Sie ihn vollständig in den Bremssattel.

und ggf. des ABS-Sensorkabels befreit werden (Abbildungen 2.1a und b). Lösen Sie die Bremssattelschrauben – achten Sie bei früheren Modellen mit ABS darauf, dass die untere Schraube des rechten Sattels auch den Sensorkabelhalter sichert – und ziehen Sie den Sattel von der Bremsscheibe (Abbildungen 2.1b und c). Sichern Sie den Sattel außerhalb des Arbeitsbereichs, sodass keine Schläuche unter Last stehen.

Anmerkung: *Betätigen Sie nicht die Bremse, solange der Bremssattel von der Bremsscheibe befreit ist.*

2 Falls der Bremssattel überholt werden soll (beachten Sie hierzu Schritt 3!), muss die Ausrichtung der Bremsleitung(en) beachtet und die Anschlussschraube gelöst werden – beachten Sie die Positionen aller Dichtscheiben (siehe Abbildungen) und seien Sie mit Lappen auf austretende Bremsflüssigkeit vorbereitet. Verschließen Sie die Leitungsanschlüsse mit einer passenden Schraube samt Mutter und den alten Dichtscheiben (siehe Abbildung) – beim Anschließen müssen neue Scheiben verwendet werden. Lösen Sie die Bremssattelschrauben – achten Sie bei Modellen mit ABS darauf, dass die untere Schrauben des rechten Sattels auch den Sensorhalter sichern – und der Sattel von der Bremsscheibe gezogen werden. Entfernen Sie nötigenfalls die Bremsbeläge (siehe Sektion 2).

3 Eine Bremssattel-Überholung muss in zwei Schritten erfolgen – zuerst an einer Seite des Sattels, dann an der anderen. Entfernen Sie zunächst die Bremsbeläge (siehe Sektion 2). Drücken Sie die Kolben einer Seite ein und halten Sie sie dort fest; drücken Sie die anderen Kolben dann mithilfe des Handbremshebels etwa bis zur Position der Bremsscheibe – aber nicht vollständig – heraus (siehe Abbildung). Montieren Sie den Bremssattel an das Tauchrohr und drehen Sie die Schrauben so weit ein, dass er gehalten wird, um die Bremsleitung(en) zu lösen (Schritt 2).

Überholen

Anmerkung: *Falls ein Kolben in seiner Bohrung klemmt und nicht ausgebaut werden kann, muss der Bremssattel durch ein Neuteil ersetzt werden.*

4 Befreien Sie die heraus gedrückten Kolben aus ihren Bohrungen und gießen Sie die Bremsflüssigkeit in einen Sammelbehälter (siehe Abbildung). Reinigen Sie den Sattel äußerlich mit Bremsenreiniger oder Spiritus.

5 Entfernen Sie mit einem Holz- oder Plastikwerkzeug die Staubdichtungen und die Kolbendichtungen aus den Sattelbohrungen, um diese nicht zu beschädigen (siehe Abbildung). Die Dichtungen müssen auf jeden Fall ersetzt werden. Beachten Sie, dass die Kolben und Dichtringe unterschiedliche Größen haben.

6 Reinigen Sie Bohrungen und Kolben mit Spiritus, Bremsenreiniger oder sauberer Bremsflüssigkeit. Ist (gefilterte und ölfreie) Druckluft vorhanden, werden die Kanäle damit durchgeblasen.

Achtung: Benutzen Sie zum Reinigen von Bremsenteilen auf keinen Fall Lösungsmittel auf Petroleumbasis!

7 Inspizieren Sie die Sattelbohrungen und Kolben auf Anzeichen von Korrosion, Kerben, Riefen und Abplatzungen (siehe Abbildung). Falls schadhafte Oberflächen vorhanden sind, müssen der Bremssattel und/oder die Kolben ersetzt werden. Wenn ein Bremssattel in schlechtem Zustand ist, muss auch der andere Sattel sowie der Handbremszylinder kontrolliert werden.

8 Ordnen Sie die neuen Dichtringe der passenden Bohrung zu – die unterschiedlichen Größen sollten offensichtlich sein.

9 Schmieren Sie die neuen Kolbendichtungen mit sauberer Bremsflüssigkeit und setzen Sie sie in die inneren Nuten der Sattelbohrungen (siehe Abbildungen).

10 Schmieren Sie die neuen Staubdichtungen mit Silikonpaste und setzen Sie sie in die äußeren Nuten der entsprechenden Bohrung (siehe Abbildungen).

11 Schmieren Sie die Kolben mit Bremsflüssigkeit und setzen Sie sie mit der geschlossenen Seite voran in die Sattelbohrungen, ohne die Dichtungen aus den Nuten zu drücken (siehe Abbildung). Drücken Sie sie mit den Daumen senkrecht bis auf den Boden (siehe Abbildung). Wischen Sie überschüssige Bremsflüssigkeit ab, da sie Schmutz binden würde.

12 Schließen Sie die Bremsleitung an, halten Sie die Kolben der soeben überholten Seite in ihren Bohrungen und drücken Sie mit dem Bremshebel die Kolben der anderen Seite heraus, um hier die Überholprozedur zu wiederholen.

Einbau

13 Falls der Bremssattel nur abgenommen wurde, muss er wieder auf die Bremsscheibe geschoben werden (Abbildung 2.1c) – drücken Sie die Beläge nötigenfalls mit einem großen Schraubendreher oder Ähnlichem auseinander, um Platz für die Bremsscheibe zu schaffen – beschädigen Sie dabei nicht das Belagmaterial. Installieren Sie die Schrauben (vergessen Sie am rechten Sattel ggf. nicht den ABS-Sensorhalter) und ziehen Sie sie mit 35 Nm an (Abbildungen 2.1a und b). Betätigen Sie mehrmals den Bremshebel, um die Beläge an die Scheibe zu drücken.

14 Installieren Sie andernfalls die Bremsbeläge (siehe Sektion 2) und montieren Sie den Bremssattel.

15 Falls getrennt, müssen alle Bremsleitungen angeschlossen werden – verwenden Sie dabei unbedingt neue Dichtscheiben (siehe Abbildung). Wo mit einer Schraube zwei Leitungen gesichert werden, müssen drei Dichtscheiben verwendet werden – eine zwischen den Ringanschlüssen und je eine außen. Richten Sie die Leitung(en) wie beim Trennen notiert aus (Abbildungen 3.2a und b) und ziehen Sie die Anschlussschraube mit 30 Nm an.

16 Füllen Sie ggf. Bremsflüssigkeit auf und entlüften Sie das System (siehe Sektion 11).

17 Prüfen Sie vor der ersten Fahrt die Dichtigkeit und die Funktion der Bremse.

4 Vorderrad-Bremsscheiben

Kontrolle

1 Begutachten Sie den Zustand der Bremsscheiben-Oberfläche auf Kerben und andere Beschädigungen. Leichte Kratzer sind nach Gebrauch normal und behindern nicht die Funktion der Bremse, tiefe Kerben und starker Abrieb reduzieren jedoch die Bremswirkung und erhöhen den Belagverschleiß. Wenn eine Scheibe stark riefig ist, muss sie ersetzt werden.

2 Die Scheibe darf nicht dünner verschlissen sein, als in den technischen Daten und auf der Scheibe selbst als minimaler Toleranzwert angegeben ist. Die Stärke kann in der Mitte des Bremsbelag-Kontaktbereichs mit einer Bügelmessschraube gemessen werden (siehe Abbildung) – messen Sie nicht am Außenrand, wo kein Verschleiß stattfindet. Ersetzen Sie die Bremsscheibe nötigenfalls.

3 Um den Scheibenverzug zu kontrollieren, muss das Motorrad so abgestützt werden, dass das Rad nicht den Boden berührt. Befestigen Sie eine Messuhr so an der Gabel, dass der Messdorn die Scheibe etwa 10 mm unter ihrem Außenrand abtasten kann (siehe Abbildung). Drehen Sie das Rad langsam und beobachten Sie die Messuhr-Nadel. Wenn der Schlag größer als 0,1 mm ist, müssen zunächst die Radlager auf erhöhtes Spiel kontrolliert werden (siehe Kapitel 1) – falls sie verschlissen sind, müssen sie ersetzt (siehe Sektion 16) und diese Kontrolle wiederholt werden. Wenn immer noch starker Verzug vorliegt, muss die Scheibe demontiert (Schritte 4 und 5) und ihr Sitz an der Radnabe auf Korrosion überprüft und diese ggf. entfernt werden. Auch kann es helfen, die Bremsscheibe um ein Loch zu versetzen und nach dem Anziehen der Schrauben erneut auf Verzug zu kontrollieren. In den meisten Fällen muss die Bremsscheibe jedoch ersetzt werden – fragen Sie bei einem Fachbetrieb nach, ob es möglich ist, sie überarbeiten zu lassen.

Ausbau

4 Bauen Sie das Rad aus (siehe Sektion 14).

Achtung: Legen Sie das Rad nicht auf eine Bremsscheibe, da sie sich verziehen kann. Legen Sie es so auf Holzblöcke, dass es auf der Felge aufliegt.

5 Wenn die alte Scheibe wiederverwendet werden soll, muss ihre Einbaulage am Rad markiert werden, sodass sie in der ursprünglichen Position und an der gleichen Seite wieder montiert werden kann. Lösen Sie die Bremsscheibenschrauben schrittweise über Kreuz, um ein Verziehen der Bremsscheibe zu vermeiden. Heben Sie die Scheibe vom Rad (siehe Abbildung). Yamaha schreibt bei der Montage der Bremsscheibe die Verwendung neuer Schrauben vor.

3.15 Rüsten Sie die Bremsleitung an beiden Seiten mit neuen Dichtscheiben aus.

Einbau

6 Stellen Sie vor der Montage der Bremsscheibe sicher, dass sich auf ihrem Sitz weder Korrosion noch Schmutz abgelagert haben, da hierdurch die Scheibe nicht flach aufliegt und beim Bremsen ein Rubbeln verursacht und/oder verzieht.

7 Bauen Sie die Scheibe so an das Rad, dass die eingeschlagenen Beschriftungen außen liegen und – falls Sie die originale Bremsscheibe installieren – die zuvor angebrachten Markierungen zur Radnabe ausgerichtet sind. Der eingeschlagene Pfeil muss in die normale Drehrichtung des Rades zeigen.

8 Reinigen Sie ggf. die Gewinde der alten Bremsscheiben-Schrauben und tragen Sie mittelfeste Sicherungspaste auf, bevor sie schrittweise und über Kreuz bis zum Drehmoment von 18 angezogen werden. Reinigen Sie die Bremsscheiben mit Aceton oder Bremsenreiniger. Wenn eine neue Bremsscheibe verwendet wird, muss deren Schutzüberzug ent-

4.2 Messen Sie die Stärke der Bremsscheibe.

4.3 Prüfen Sie den Scheibenverzug mit einer Messuhr.

4.5 Vorderrad-Bremsscheiben sind mit fünf Schrauben gesichert.

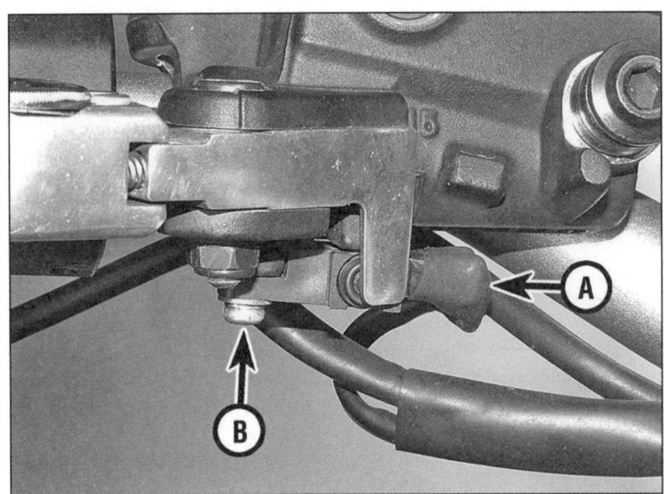

5.2 **Bremslichtschalter-Stecker (A) und Schraube (B)**

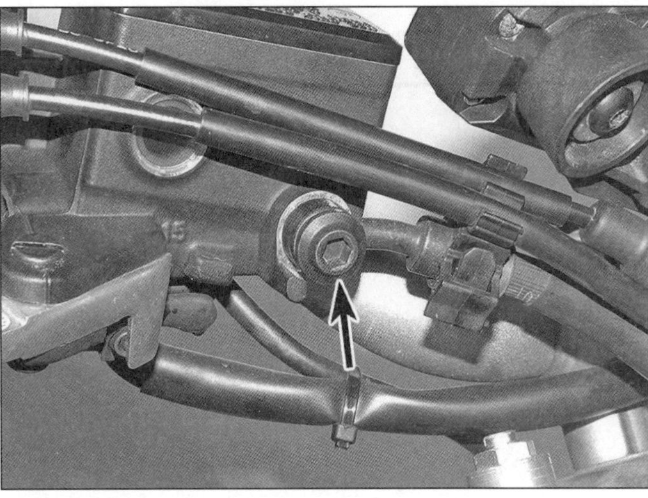

5.3 **Bremsleitungs-Anschlussschraube**

fernt werden – zudem sind neue Bremsbeläge zu montieren.

9 Bauen Sie das Rad ein (siehe Sektion 14).

10 Betätigen Sie mehrmals den Bremshebel, um die Beläge an die Scheibe zu drücken. Kontrollieren Sie den Bremsflüssigkeitsstand und füllen Sie nötigenfalls auf (siehe *Tägliche Kontrollen*). Prüfen Sie vor der ersten Fahrt die Funktion der Bremse.

5 Handbremszylinder

Warnung: Wenn der Geberzylinder überholt werden soll, muss die gesamte Bremsflüssigkeit aus dem System gepumpt – und später neue aufgefüllt werden (siehe Sektion 11). Das Überholen von Bremsenteilen muss auf einer absolut sauberen Arbeitsfläche geschehen, damit keine Fremdkörper in die Bremse gelangen und sie während der Fahrt ausfallen lassen. Verwenden Sie zum Reinigen von Bremsenteilen auf keinen Fall Lösungsmittel auf Petroleumbasis. Benutzen Sie saubere Bremsflüssigkeit, Bremsenreiniger oder Spiritus. Seien Sie bei der Arbeit mit Bremsflüssigkeit äußerst vorsichtig – sie kann ihren Augen schaden und greift Lack und Kunststoff an. Decken Sie gefährdete Teile mit Lappen ab und wischen Sie Spritzer unverzüglich mit Seife und Wasser ab.

Anmerkung: *Wenn der Geberzylinder (üblicherweise aufgrund schwacher Bremswirkung, Klemmneigung oder Lecks) überholt werden soll, müssen die gesamte Prozedur durchgelesen und alle erforderlichen Ersatzteile einschließlich frischer DOT-4-Bremsflüssigkeit beschafft werden.*

Ausbau

1 Demontieren Sie bei der MT-09 und der XSR den rechten Rückspiegel. Demontieren Sie bei der Tracer den rechten Handprotektor (siehe Kapitel 7).

2 Trennen Sie die Stecker des Bremslichtschalters (siehe Abbildung).

3 Falls der Handbremszylinder komplett demontiert oder überholt werden soll, müssen die Schrauben des Ausgleichsbehälterdeckels etwas gelockert und wieder leicht angezogen werden (Abbildung 11.5a). Merken Sie sich die Ausrichtung der Bremsleitung und befreien Sie sie von den Gaszügen. Lösen Sie die Anschlussschraube und trennen die Leitung vom Handbremszylinder – beachten Sie die Positionen der Dichtscheiben (siehe Abbildung). Seien Sie mit Lappen auf austretende Bremsflüssigkeit vorbereitet. Verschließen Sie die Leitungsanschlüsse mit einer passenden Schraube samt Mutter und den alten Dichtscheiben (Abbildungen 3.2c oder d) – beim Anschließen müssen neue Scheiben verwendet werden.

4 Demontieren Sie den Bremshebel (siehe Kapitel 5).

5 Beachten Sie die Ausrichtung der Bremszylinder-Klemmung zur Körnermarkierung am Lenker, lösen Sie dann die Klemmschrauben und entnehmen Sie das Klemmstück, um den Handbremszylinder vom Lenker zu befreien (siehe Abbildung). Falls der Handbremszylinder nur vom Lenker getrennt werden soll, muss er jetzt z. B. mit Kabelbindern gesichert werden, dass die Bremsleitung nicht unter Last steht.

6 Falls der Bremszylinder überholt werden soll, müssen die Deckelschrauben gelöst und der Deckel, die Platte und die Manschette abgenommen werden. Gießen Sie die Bremsflüssigkeit in einen geeigneten Sammelbehälter. Wischen Sie Flüssigkeitsreste mit einem sauberen Lappen aus dem Ausgleichsbehälter.

7 Lösen Sie nötigenfalls die Schraube des Bremslichtschalters und befreien Sie diesen (Abbildung 5.2).

Überholen

8 Entfernen Sie die Druckstange und die Staubkappe aus der Zylinderbohrung (siehe Abbildung).

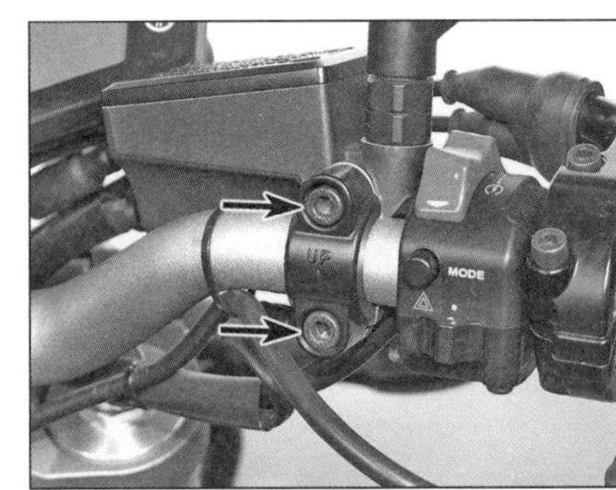

5.5 **Handbremszylinder-Klemmschrauben**

5.8 **Entfernen Sie die Druckstange und die Staubkappe vom Kolben,...**

5.9a ...drücken Sie diesen ein, entfernen Sie den Seegerring...

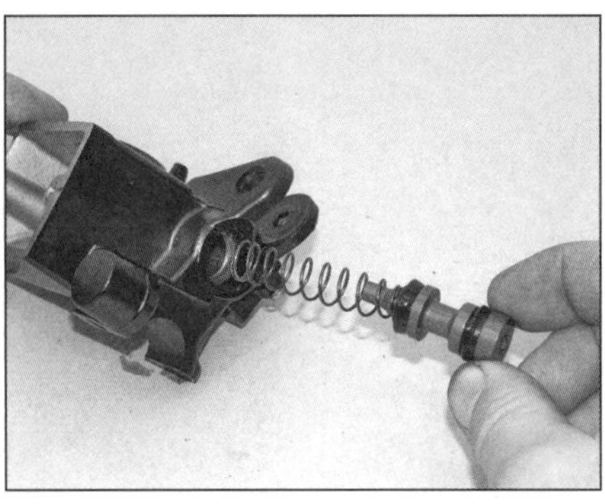
5.9b ...und ziehen Sie den Kolben samt Feder heraus.

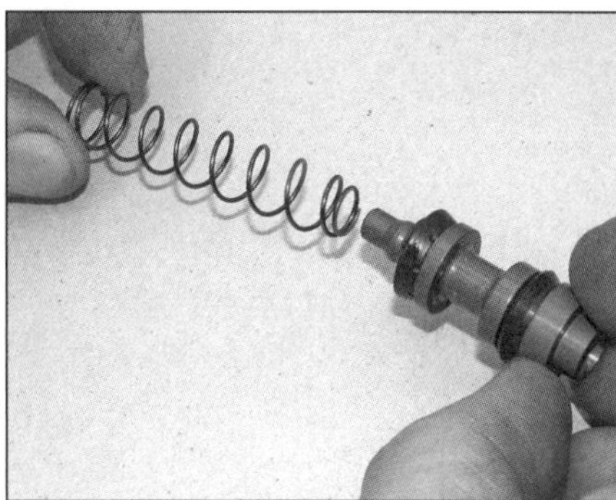
5.13 Stecken Sie die Feder auf den Kolben.

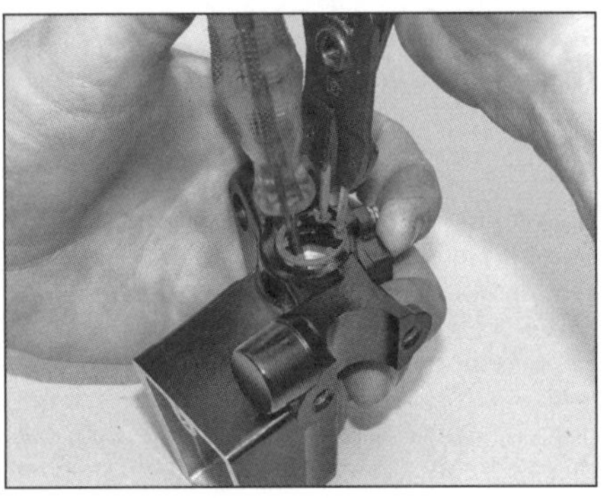
5.14 Drücken Sie den Kolben in seine Bohrung und sichern Sie ihn mit dem Seegerring.

5.18 Richten Sie die Klemmöffnung zur Körnermarkierung am Lenker aus.

9 Der Kolben ist mit einem Seegerring gesichert – drücken Sie ihn ein, um den Seegerring mit einer entsprechenden Zange zu entfernen. Ziehen Sie dann den Kolben samt Feder heraus (siehe Abbildungen).
10 Reinigen Sie den Bremszylinder und den Ausgleichsbehälter mit frischer Bremsflüssigkeit. Falls gefilterte und ölfreie Druckluft vorhanden ist, sollten damit alle Kanäle durchgeblasen werden.

Achtung: Benutzen Sie zum Reinigen von Bremsenteilen unter keinen Umständen Lösungsmittel auf Petroleumbasis!

11 Inspizieren Sie die Bremszylinderbohrung auf Korrosion, Kerben oder Riefen. Falls defekte Oberflächen vorhanden sind, muss der Handbremszylinder ersetzt werden. Falls der Handbremszylinder verschlissen oder beschädigt ist, müssen auch die Bremssättel kontrolliert werden.
12 Die Druckstange, die Staubkappe, der Seegerring, der Kolben samt Dichtungen sowie die Feder sind im Reparaturset enthalten, alle anderen Bauteile sind separat erhältlich. Benutzen Sie ungeachtet ihres Zustands immer alle Teile des Reparatursets.
13 Stecken Sie die Feder mit dem dünneren Ende auf den Kolben (siehe Abbildung). Schmieren Sie den Kolben und die Dichtungen mit frischer Bremsflüssigkeit und stecken Sie die Baugruppe mit der Feder voran in die Bohrung (Abbildung 5.9b).
14 Drücken Sie den Kolben gegen die Feder in den Zylinder – auch seine Dichtung darf nicht umklappen – und installieren Sie den neuen Seegerring in seine Nut (siehe Abbildung).
15 Falls noch nicht geschehen, wird die Gummikappe so auf die Druckstange geschoben, dass ihre äußere (dünnere) Lippe in der Nut sitzt (Abbildung 5.8). Richten Sie die Druckstange zum Außenrand des Kolbens aus und drücken Sie die innere (breitere) Dichtlippe der Gummikappe in ihren Sitz.
16 Kontrollieren Sie die Ausgleichsbehälter-Manschette – falls sie beschädigt oder spröde ist, muss sie ersetzt werden.

Einbau

17 Falls entfernt, wird der Bremslichtschalter unten an den Handbremszylinder montiert – der Stift muss in die Bohrung greifen – und mit der Schraube gesichert (Abbildung 5.2).
18 Richten sie den Handbremszylinder mit der Klemmung zur Körnermarkierung oben am Lenker aus; der Abstand zwischen dem Klemmstück und dem Schaltergehäuse darf nicht mehr als 11 mm betragen (siehe Abbildung). Setzen Sie das Klemmstück mit der »UP«-Markierung nach oben ausgerichtet an und ziehen Sie zuerst die obere Schraube und dann die untere mit 10 Nm an (Abbildung 5.5).
19 Schließen Sie ggf. das an beiden Seiten mit neuen Dichtscheiben versehene und korrekt ausgerichtete Bremsleitungsauge an (Abbildung 5.3) und ziehen Sie die Anschlussschraube mit 30 Nm an (Abbildung 5.3). Sichern Sie die Gaszüge in den Clips.
20 Montieren Sie den Bremshebel (siehe Kapitel 5).
21 Verbinden Sie die Bremslichtschalter-Stecker (Abbildung 5.2).
22 Montieren Sie ggf. den Handprotektor und den Rückspiegel (siehe Kapitel 7).
23 Füllen Sie ggf. Bremsflüssigkeit auf und/oder entlüften Sie die Bremse (siehe Sektion 11).
24 Kontrollieren Sie das System auf Undichtigkeiten und prüfen Sie vor der ersten Fahrt die Funktion der Bremse.

6 Hinterrad-Bremsbeläge

1 Lösen Sie bei Modellen mit ABS den hinteren Clip, der die Bremsleitung mit dem ABS-Sensorkabel verbindet (siehe Abbildung).
2 Lösen Sie den vor dem Belagstift sitzenden Stopfen und schrauben Sie den Stift heraus (siehe Abbildung).
3 Schrauben Sie die Gleitbolzen heraus (siehe Abbildung).
4 Heben Sie den Bremssattel von der Bremsscheibe und entfernen Sie die Bremsbeläge (siehe Abbildungen).

Anmerkung: *Betätigen Sie nicht die Bremse, solange der Bremssattel nicht über der Bremsscheibe sitzt.*

5 Die Bremsbeläge sind an den Rückseiten mit zweiteiligen Blechen ausgerüstet, die nötigenfalls samt ihrer Isolierstücke zum Reinigen entfernt werden können (siehe Abbildung).

6.1 Clip des Sensorkabels

6.2 Entfernen Sie den Stopfen und den Stift.

6.3 Lösen Sie die Gleitbolzen.

Anmerkung: *Ersatz-Bremsbeläge von Yamaha sind mit diesen Blechen ausgerüstet; für Zubehör-Bremsbeläge können sie nötigenfalls separat beschafft werden. Je nach Zustand können auch die alten Bleche wiederverwendet werden.*

6 Kontrollieren Sie die Oberflächen der Beläge auf Verunreinigungen und prüfen Sie, ob das Belagmaterial noch nicht unter der Verschleißgrenze ist (siehe Kapitel 1, Sektion 15). Ersetzen Sie beide Beläge der Hinterradbremse immer als Satz, auch wenn nur einer nahe oder unterhalb der Verschleißgrenze liegt. Außerdem müssen die Bremsbeläge ersetzt werden, wenn sie mit Öl oder Fett verschmutzt, stark eingekerbt oder durch Schmutz oder Sand beschädigt wurden.

Anmerkung: *Es ist kaum möglich, Bremsbeläge vollständig zu entfetten – wenn sie in irgendeiner Weise verunreinigt sind, müssen sie ersetzt werden.*

7 Wenn sich die Bremsbeläge in einem guten Zustand befinden, können sie mit einer absolut fettfreien feinen Drahtbürste von Straßenschmutz und Korrosion befreit werden. Arbeiten Sie eingedrungene Partikel nötigenfalls mit einer Nadel o. ä. heraus. Sprühen Sie die Beläge mit Bremsenreiniger ein.

8 Sprühen Sie den Bremssattel innen mit Bremsenreiniger ein, damit keine Ablagerungen die Dichtringe beschädigen – beachten Sie dabei besonders die sichtbaren Gleitflächen der Kolben.

9 Falls neue Bremsbeläge installiert werden sollen, muss der Kolben vollständig in den Sattel gedrückt werden, um ausreichend Platz zu schaffen – beachten Sie bei ABS-Modellen zuvor die Hinweise in Schritt 11. Drücken Sie den Kolben von Hand oder mithilfe eines Holzstücks ein; nötigenfalls können die alten Bremsbeläge im Sattel positioniert und mit einem Schraubendreher auseinandergedrückt werden (siehe Abbildung). Alternativ kann ein spezielle Bremskolben-Rückstellwerkzeug eingesetzt werden.

10 Durch das Drücken des Kolbens in den Sattel wird bei Modellen ohne ABS Bremsflüssigkeit in den Ausgleichsbehälter gepumpt, sodass es daher nötig sein kann, dass der Deckel, die Abdeckung und die Manschette des Ausgleichsbehälters entfernt und etwas überschüssige Bremsflüssigkeit abgeschöpft werden müssen (siehe *Tägliche Kontrollen*).

11 Bei Modellen mit ABS muss das Entlüftungsventil des Bremssattels geöffnet werden, um den Kolben zurück drücken zu können: Entfernen Sie die Staubkappe, stecken Sie einen passenden transparenten Schlauch auf das Ventil und halten Sie dessen anderes Ende in einen geeigneten Behälter (Abbildungen 11.17a und b). Öffnen Sie das Ventil und drücken Sie den Kolben wie in Schritt 9 beschrieben ein. Achten Sie darauf, keine Luft ins System zu saugen – im Zweifelsfall muss die Bremse anschließend entlüftet werden (siehe Sektion 11). Sobald der Kolben vollständig eingedrückt ist, wird das Ventil geschlossen, der Schlauch abgezogen und die Kappe aufgesteckt.

12 Falls der Kolben festzusitzen scheint, muss der Bremssattel zerlegt und überholt werden (siehe Sektion 7).

13 Kontrollieren Sie den Zustand der Bremsscheibe (siehe Sektion 8).

6.4a Heben Sie den Bremssattel ab, ...

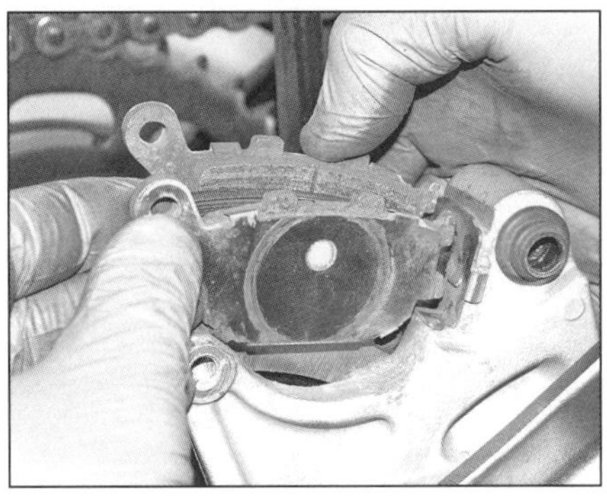

6.4b ... und entfernen Sie die Bremsbeläge.

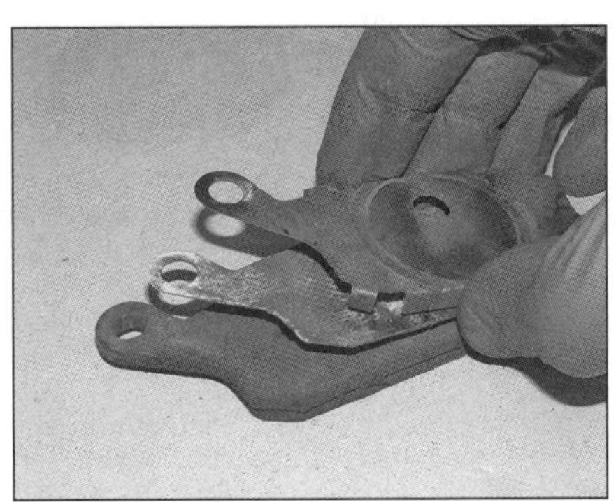

6.5 Entfernen Sie die Bleche samt ihrer Isolierstücke von den Bremsbelägen.

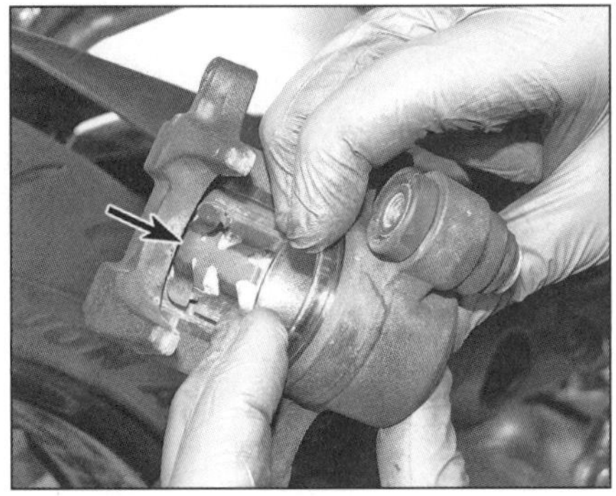

6.9 Der Kolben sollte sich von Hand in den Bremssattel drücken lassen.

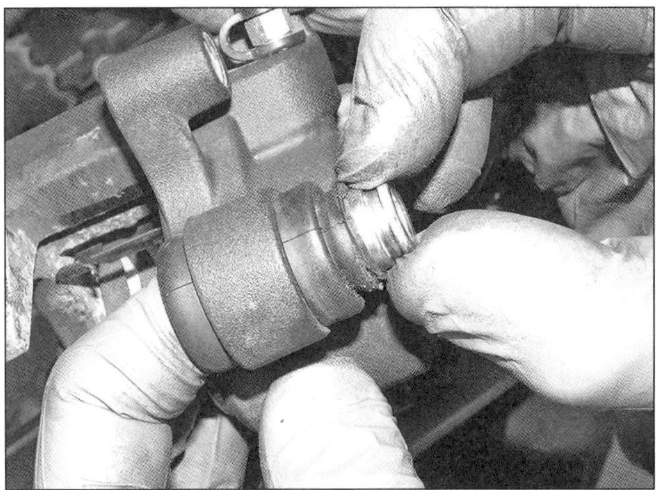

6.14a Reinigen und kontrollieren Sie die Hülse und die Manschette im Bremssattel...

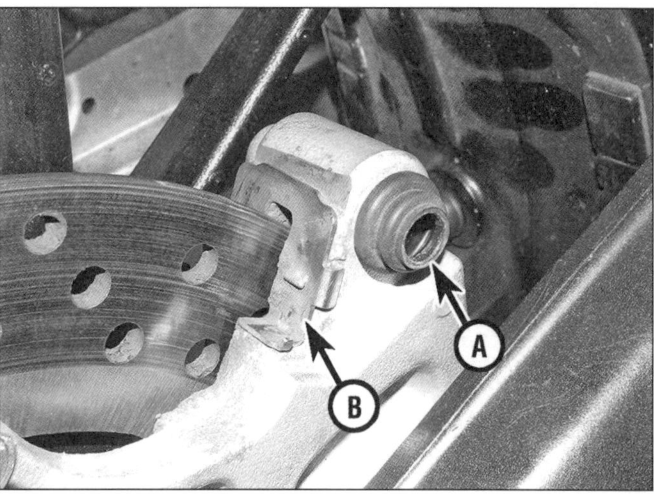

6.14b ...sowie die Manschette (A) und die Führungsplatte (B) am Halter.

6.17 Drücken Sie die Beläge hoch, um die Löcher auszurichten.

7.2 Bremsleitungs-Anschlussschraube

14 Reinigen und kontrollieren Sie die Gummimanschette und ersetzen Sie sie nötigenfalls – die Hülse in der hinteren Manschette muss in die neue umgesetzt werden (siehe Abbildungen). Reinigen Sie die Führungsplatte im Halter – sie muss korrekt positioniert sein. Reinigen Sie den Gleitbolzen und beseitigen Sie jegliche Korrosion.
15 Klemmen Sie ggf. die Belagbleche an die Rückseiten der Beläge, schmieren Sie Silikonpaste zwischen das innere Isolierstück und das Blech und sorgen Sie dafür, dass ihre Außenseiten sauber sind (Abbildung 6.5). Installieren Sie ggf. die Belagfeder (Abbildung 6.9).
16 Reinigen Sie das Gewinde des hinteren Gleitbolzens und tragen Sie frische Sicherungspaste auf. Tragen an den Gleitflächen und den Manschetten Silikonpaste auf. Schieben Sie den Bremssattel auf den Halter (Abbildung 6.4b). Positionieren Sie die Bremsbeläge so im Halter, dass sie an der Bremsscheibe anliegen und die Führungsränder gegen die Belagplatte drücken (Abbildung 6.4b); schwenken Sie dann den Sattel über die Beläge auf den Halter (Abbildung 6.4a). Installieren Sie die Gleitbolzen und ziehen Sie den vorderen mit 27 Nm und den hinteren mit 22 Nm an (Abbildung 6.3).
17 Tragen Sie am Belagstift etwas Kupferpaste auf. Drücken Sie die Beläge gegen die Feder nach oben, um die Bohrungen auszurichten, schieben Sie den Stift ein und ziehen Sie ihn mit 17 Nm an (siehe Abbildung). Installieren Sie den Belagstift-Stopfen (Abbildung 6.2).
18 Sichern Sie bei Modellen mit ABS das Sensorkabel mit der hinteren Bremsschlauch-Klemme (Abbildung 6.1).
19 Betätigen Sie mehrmals das Bremspedal, um die Beläge an die Scheibe zu drücken.
20 Kontrollieren Sie den Bremsflüssigkeitsstand und füllen Sie nötigenfalls auf (siehe *Tägliche Kontrollen*).
21 Prüfen Sie vor der ersten Fahrt die Funktion der Bremse.

7 Hinterradbremssattel

Warnung: Wenn eine Überholung des Bremssattels nötig ist (normalerweise bei Undichtigkeiten oder Funktionsverweigerung), muss jegliche alte Bremsflüssigkeit abgelassen – und später neue aufgefüllt werden (siehe Sektion 11). Das Überholen von Bremsenteilen muss auf einer absolut sauberen Arbeitsfläche geschehen, damit keine Fremdkörper in die Bremse gelangen und sie während der Fahrt ausfallen lassen. Verwenden Sie zum Reinigen von Bremsenteilen auf

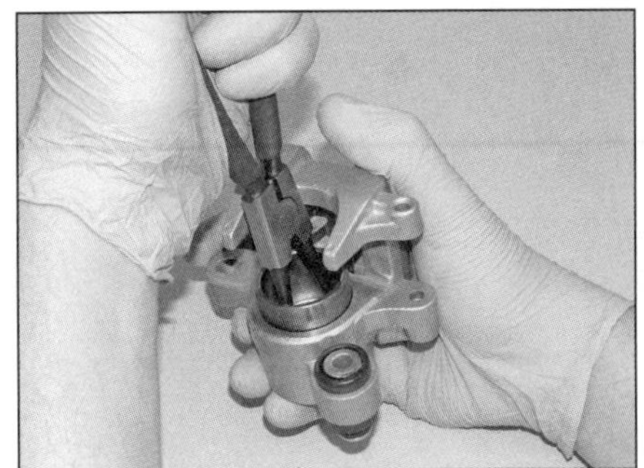

7.7 Der Kolben kann mit einer Außenseegerringzange ausgebaut werden.

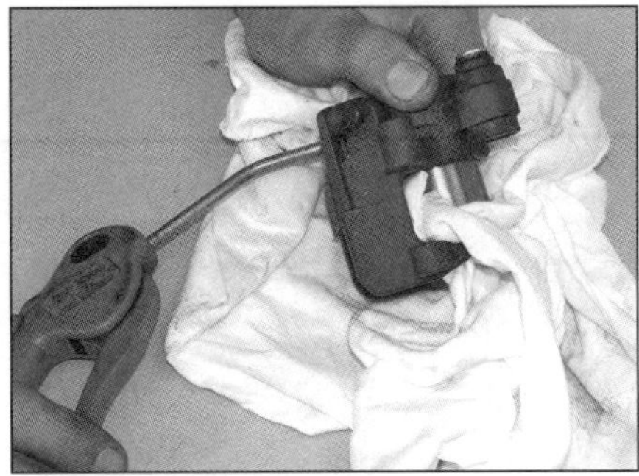

7.8 Schützen Sie den Sattel mit einem Holz oder Lappen und drücken Sie den Kolben mit Druckluft heraus.

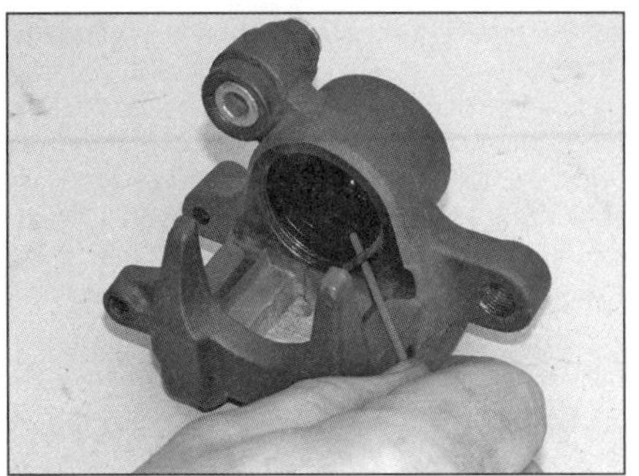

7.10 Entfernen Sie die Dichtungen.

7.13 Staubdichtung (A), Kolbendichtung (B)

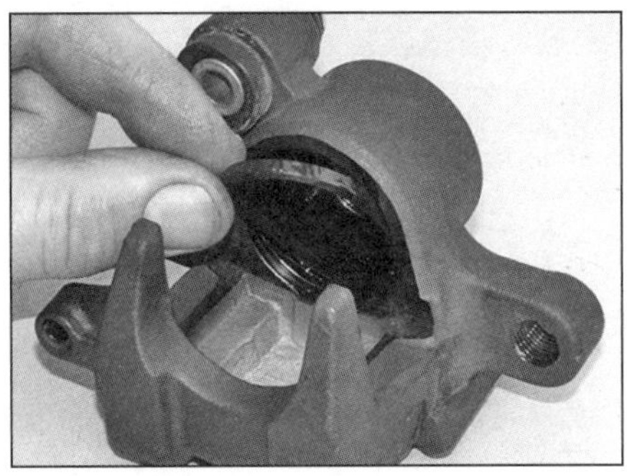

7.14 Installieren Sie die neue Kolbendichtung in die untere Nut.

keinen Fall Lösungsmittel auf Petroleumbasis. Benutzen Sie saubere Bremsflüssigkeit, Bremsenreiniger oder Spiritus. Seien Sie bei der Arbeit mit Bremsflüssigkeit äußerst vorsichtig – sie kann ihren Augen schaden und greift Lack und Kunststoff an. Decken Sie gefährdete Teile mit Lappen ab und wischen Sie Spritzer unverzüglich mit Seife und Wasser ab.

Anmerkung: *Falls der Bremssattel (z. B. wegen eines klemmenden Kolbens oder Undichtigkeiten) überholt werden soll, muss zunächst die gesamte Sektion durchgelesen und sichergestellt werden, dass alle erforderlichen Ersatzteile sowie frische Bremsflüssigkeit (DOT 4) vorhanden sind.*

Ausbau

1 Befreien Sie ggf. das ABS-Sensorkabel aus der hinteren Bremsleitungsklemme (Abbildung 6.1).

2 Falls der Bremssattel (z. B. für eine Überholung) komplett demontiert werden soll, muss die Ausrichtung der Bremsleitung beachtet und die Anschlussschraube gelöst werden – beachten Sie die Positionen aller Dichtscheiben (siehe Abbildung) und seien Sie mit einem Lappen auf austretende Bremsflüssigkeit vorbereitet. Verschließen Sie die Leitungsanschlüsse z. B. mit einer passenden Schraube samt Mutter und den alten Dichtscheiben (Abbildungen 3.2c und b) – beim Anschließen müssen neue Scheiben verwendet werden.

3 Entfernen Sie die Bremsbeläge (siehe Sektion 6) – dies erfordert den Ausbau des Bremssattels.

4 Bauen Sie nötigenfalls das Hinterrad aus (siehe Sektion 15) und entfernen Sie den Bremssattelhalter.

Überholen

5 Reinigen Sie den Sattel äußerlich mit Bremsenreiniger oder Spiritus. Halten Sie Lappen bereit, um austretende Bremsflüssigkeit aufzusaugen.

6 Zum Ausbau des Kolbens wird Druckluft oder ein spezielles Bremskolben-Ausbauwerkzeug benötigt – alternativ hilft auch eine hochwertige Außenseegerringzange.

Warnung: Halten Sie beim Einsatz von Druckluft niemals eine Hand vor den Kolben, um ihn aufzufangen – er kann mit großer Wucht herausspringen und schwere Verletzungen hervorrufen!

7 Beim Einsatz des speziellen Ausbauwerkzeugs oder der Außenseegerringzange muss der Kolben von innen gegriffen und drehend senkrecht aus seiner Bohrung gezogen werden (siehe Abbildung). Versuchen Sie nicht, den Kolben mit außen angesetzten Zangen oder anderen Werkzeugen herauszuziehen, da hierbei seine Gleitfläche beschädigt wird und ggf. der Kolben und/oder der gesamte Bremssattel ersetzt werden muss.

8 Beim Einsatz von Druckluft müssen zunächst einige Lappen oder ein Stück Holz zwischen den Kolben und die Innenseite des Sattels gelegt werden. Sichergehend, dass das Entlüftungsventil gut verschlossen ist, wird am Bremsleitungsanschluss vorsichtig Druckluft angesetzt, damit sich der Kolben aus seiner Bohrung schiebt (siehe Abbildung).

9 Falls der Kolben aufgrund von Korrosion in seiner Bohrung klemmt, muss der komplette Bremssattel durch ein Neuteil ersetzt werden.

10 Entfernen Sie mit einem Holz- oder Plastikwerkzeug die Staubdichtung und die Kolbendichtung aus der Sattelbohrung, um diese nicht zu beschädigen (siehe Abbildung). Die Dichtungen müssen auf jeden Fall ersetzt werden.

11 Reinigen Sie Bohrung und den Kolben mit Spiritus, Bremsenreiniger oder sauberer Bremsflüssigkeit. Ist (gefilterte und ölfreie) Druckluft vorhanden, werden die Kanäle damit durchgeblasen.

Achtung: Benutzen Sie zum Reinigen von Bremsenteilen auf keinen Fall Lösungsmittel auf Petroleumbasis.

12 Inspizieren Sie die Sattelbohrung und den Kolben auf Anzeichen von Korrosion, Kerben, Riefen und Abplatzungen (Abbildung 3.7. Falls schadhafte Oberflächen vorhanden sind, muss der Bremssattel und/oder der Kolben ersetzt werden. Wenn der Bremssattel in schlechtem Zustand ist, muss auch der Fußbremszylinder kontrolliert werden.

13 Vergleichen Sie die neuen Dichtringe, um sie korrekt zu montieren – die äußere Staubdichtung ist dünner als die innere Kolbendichtung (siehe Abbildung).

14 Schmieren Sie die neue Kolbendichtung mit sauberer Bremsflüssigkeit und setzen Sie sie in die innere Nut der Sattelbohrung (siehe Abbildung).

15 Schmieren Sie die neue Staubdichtung mit Silikonpaste und setzen Sie sie in die äußere Nut der Bohrung (Abbildung 7.14).

16 Schmieren Sie den Kolben mit sauberer Bremsflüssigkeit und setzen Sie ihn mit der geschlossenen Seite voran in die Sattelbohrung, ohne die Dichtungen aus den Nuten zu drücken. Drücken Sie ihn mit den Daumen senkrecht bis auf den Boden (siehe Abbildung). Wischen Sie überschüssige Bremsflüssigkeit ab, da sie Schmutz binden würde.

Einbau

17 Falls entfernt, werden der Bremssattelhalter an die Schwinge gesetzt und das Hinterrad montiert (siehe Sektion 15).

18 Reinigen und kontrollieren Sie alle Komponenten und montieren Sie die Bremsbeläge (siehe Sektion 6, Schritte 6 ff.) – ignorieren Sie alle Schritte, die nach einer Überholung nicht zutreffen.

19 Falls getrennt, muss die Bremsleitung angeschlossen werden – verwenden Sie dabei unbedingt neue Dichtscheiben (Abbildung 3.15). Richten Sie die Leitung wie beim Trennen notiert aus (Abbildung 7.2) und ziehen Sie die Anschlussschraube mit 30 Nm an.

20 Sichern Sie bei Modellen mit ABS das Sensorkabel mit der hinteren Bremsschlauch-Klemme (Abbildung 6.1).

21 Füllen Sie ggf. Bremsflüssigkeit auf und entlüften Sie das System (siehe Sektion 11).

22 Prüfen Sie vor der ersten Fahrt die Dichtigkeit und die Funktion der Bremse.

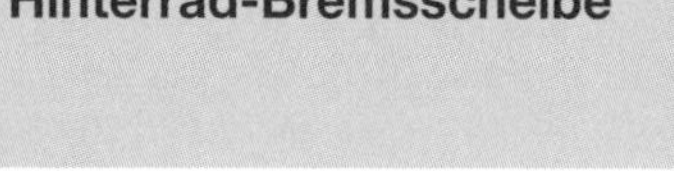

8 Hinterrad-Bremsscheibe

Kontrolle

1 Wechseln Sie hierfür nach Sektion 4 – die Messuhr muss in diesem Fall an der Schwinge angebracht werden.

Ausbau

2 Bauen Sie das Hinterrad aus (siehe Sektion 15).

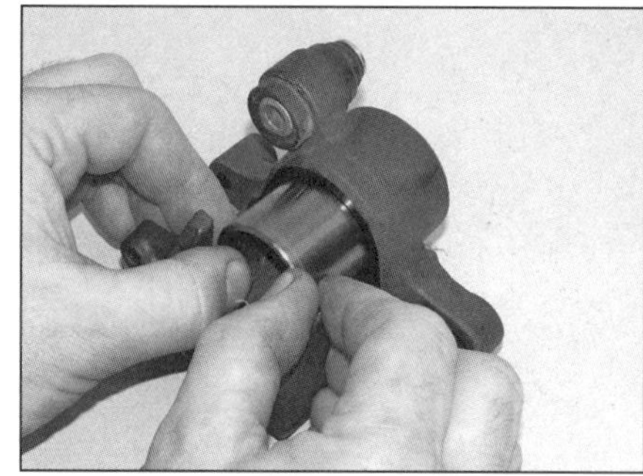

7.16 Installieren Sie den Kolben und drücken Sie ihn vollständig in seine Bohrung.

8.3 Die Hinterrad-Bremsscheibe ist mit fünf Schrauben gesichert.

Achtung: Legen Sie das Rad nicht auf die Bremsscheibe oder das Kettenblatt, da sie sich verziehen können. Legen Sie es so auf Holzblöcke, dass es auf der Felge aufliegt.

3 Wenn die alte Scheibe wiederverwendet werden soll, muss ihre Einbaulage am Rad markiert werden, sodass sie in derselben Position wieder montiert werden kann. Lösen Sie die Bremsscheibenschrauben schrittweise über Kreuz, um ein Verziehen der Bremsscheibe zu vermeiden, und heben Sie diese vom Rad (siehe Abbildung). Yamaha empfiehlt, die Bremsscheiben-Schrauben nach jeder Demontage durch Neuteile zu ersetzen.

Einbau

4 Stellen Sie vor der Montage der Bremsscheibe sicher, dass sich auf ihrem Sitz weder Korrosion noch Schmutz abgelagert haben, da hierdurch die Scheibe nicht flach aufliegt und beim Bremsen ein Rubbeln verursacht und/ oder verzieht. Wird eine nicht korrekt aufliegende Bremsscheibe festgeschraubt, kann sie dauerhaft verziehen.

5 Setzen Sie die Bremsscheibe so an das Rad, dass die Beschriftung außen liegt und die ggf. zuvor angebrachten Markierungen zueinander ausgerichtet sind.

6 Reinigen Sie die Gewinde der Bremsscheiben-Schrauben und tragen Sie mittelfeste Sicherungspaste auf, bevor sie schrittweise und über Kreuz bis zum Drehmoment von 30 angezogen werden. Reinigen Sie die Bremsscheibe mit Aceton oder Bremsenreiniger. Wenn eine neue Bremsscheibe verwendet wird, muss deren Schutzüberzug entfernt werden – zudem sind neue Bremsbeläge zu montieren.

7 Bauen Sie das Hinterrad ein (siehe Sektion 15).

8 Betätigen Sie mehrmals die Fußbremse, um die Beläge an die Scheibe zu drücken. Kontrollieren Sie den Bremsflüssigkeitsstand und füllen Sie nötigenfalls auf (siehe *Tägliche Kontrollen*). Prüfen Sie vor der ersten Fahrt die Funktion der Bremse.

9 Fußbremszylinder

Warnung: Wenn der Geberzylinder überholt werden soll, muss die gesamte Bremsflüssigkeit aus dem System gepumpt – und später neue aufgefüllt werden (siehe Sektion 11). Das Überholen von Bremsenteilen muss auf einer absolut sauberen Arbeitsfläche geschehen, damit keine Fremdkörper in die Bremse gelangen und sie während der Fahrt ausfallen lassen. Verwenden Sie zum Reinigen von Bremsenteilen auf keinen Fall Lösungsmittel auf Petroleumbasis. Benutzen Sie saubere Bremsflüssigkeit, Brem-

9.1 Bremsleitungs-Anschlussschraube

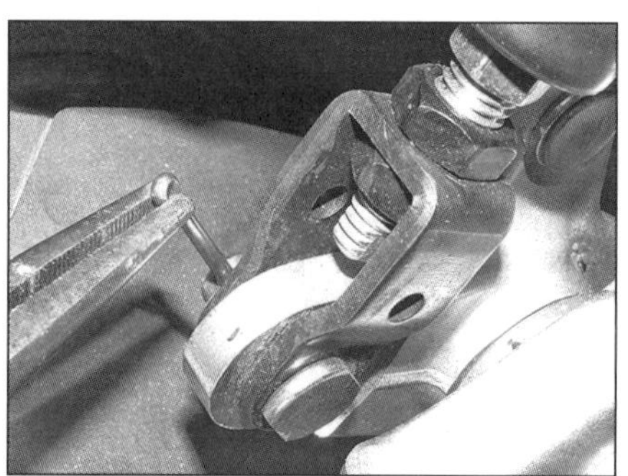

9.2a Biegen Sie den Splint gerade und entfernen Sie ihn...

9.2b ...sowie die Scheibe.

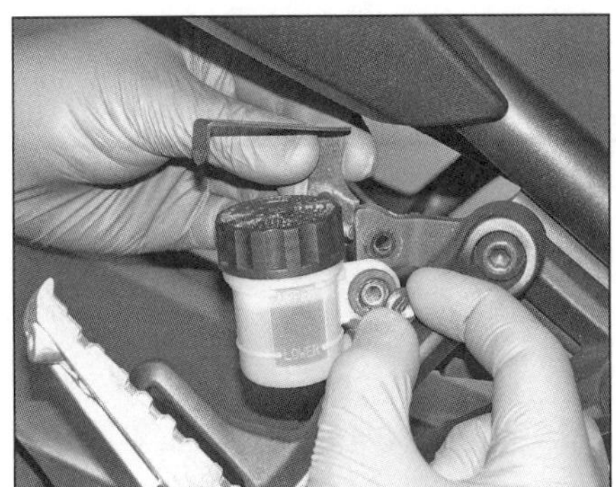

9.3a Lösen Sie bei der MT-09 und der XSR die Mutter des Halters und entfernen Sie diesen.

9.3b Lösen Sie bei der Tracer die Schraube des Ausgleichsbehälters.

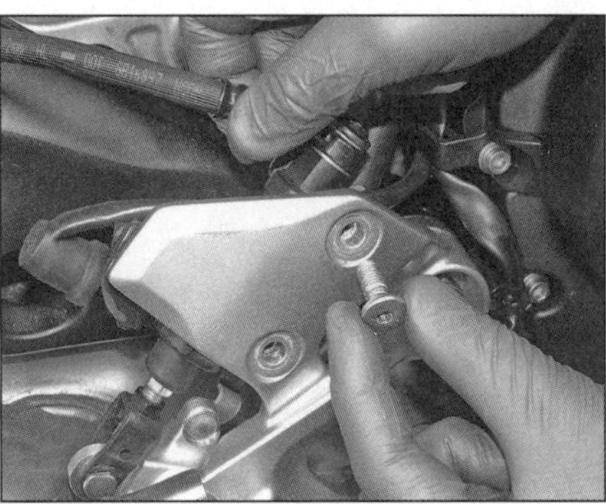

9.4a Lösen Sie die Schrauben.

9.4b Ziehen Sie das Gelenk heraus, sobald es frei ist.

9.6 Lösen Sie die Schelle und ziehen Sie den Schlauch vom Stutzen.

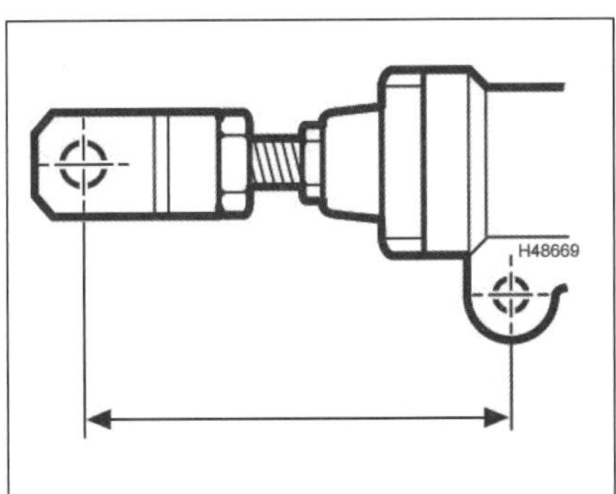

9.8a Messen Sie vor der Demontage des Gelenks den Abstand zwischen der Gelenkzapfen-Bohrung und der unteren Schraubenbohrung.

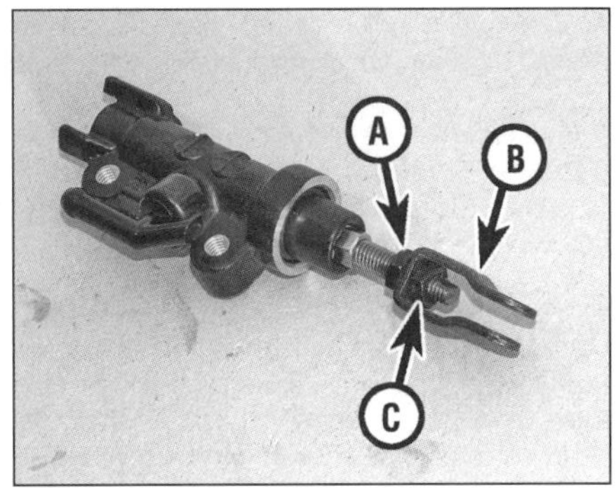

9.8b Lockern Sie die Kontermutter (A) und drehen Sie das Gelenk (B) und seine Mutter (C) von der Druckstange.

senreiniger oder Spiritus. Seien Sie bei der Arbeit mit Bremsflüssigkeit äußerst vorsichtig – sie kann ihren Augen schaden und greift Lack und Kunststoff an. Decken Sie gefährdete Teile mit Lappen ab und wischen Sie Spritzer unverzüglich mit Seife und Wasser ab.

Anmerkung: *Wenn der Geberzylinder (üblicherweise aufgrund schwacher Bremswirkung, Klemmneigung oder Lecks) überholt werden soll, müssen die gesamte Prozedur durchgelesen und alle erforderlichen Ersatzteile einschließlich frischer DOT-4-Bremsflüssigkeit beschafft werden.*

Ausbau

1 Beachten Sie die Ausrichtung der Bremsleitung (siehe Abbildung). Lösen Sie die Anschlussschraube und fangen Sie austretende Bremsflüssigkeit auf. Dichten Sie den Schlauchanschluss ab – z. B. mit einer Schraube samt Mutter und den alten Dichtscheiben (Abbildungen 3.2c und d) – später werden neue Dichtscheiben benötigt.

2 Entfernen Sie am Gelenkzapfen der Druckstange zum Bremspedal den Splint und die Scheibe und ziehen Sie den Zapfen heraus (siehe Abbildung) – der Splint muss durch ein Neuteil ersetzt werden.

3 Lösen Sie die Mutter oder Schraube des Ausgleichsbehälters, entfernen Sie bei der MT-09 und der XSR den Halter und befreien Sie den Ausgleichsbehälterschlauch aus der Klemme (siehe Abbildungen).

4 Drehen Sie die Bremszylinderschrauben heraus, drücken Sie dann das Bremspedal herunter, um das Gelenk zu befreien und herauszudrücken, und entfernen Sie den Bremszylinder samt Ausgleichsbehälter (siehe Abbildungen).

Überholen

5 Lösen Sie den Ausgleichsbehälterdeckel samt Platte und Manschette, um die Bremsflüssigkeit in einen geeigneten Sammelbehälter auszugießen – sie darf keinesfalls wiederverwendet werden. Wischen Sie mit einem sauberen Lappen Reste aus dem Behälter.

6 Lösen Sie die Schelle des Behälterschlauchs und ziehen Sie ihn vom Stutzen des Bremszylinders (siehe Abbildung).

7 Der Ausgleichsbehälterschlauch-Stutzen ist fest in den Bremszylinder gepresst – solange keine Undichtigkeiten festgestellt werden, sollte er nicht getrennt werden. Nötigenfalls muss der Stutzen herausgehebelt werden, ohne dass dabei die Dichtfläche des Bremszylinders beschädigt wird. Sollte der Stutzen dabei abbrechen, können sowohl die Dichtung als auch der Stutzen separat beschafft werden; der Dichtring muss auf jeden Fall erneuert werden.

8 Markieren Sie die Position der Kontermutter am Druckstangengelenk und lockern Sie sie (siehe Abbildungen) – beide Teile müssen auf die neue Druckstange übertragen werden.

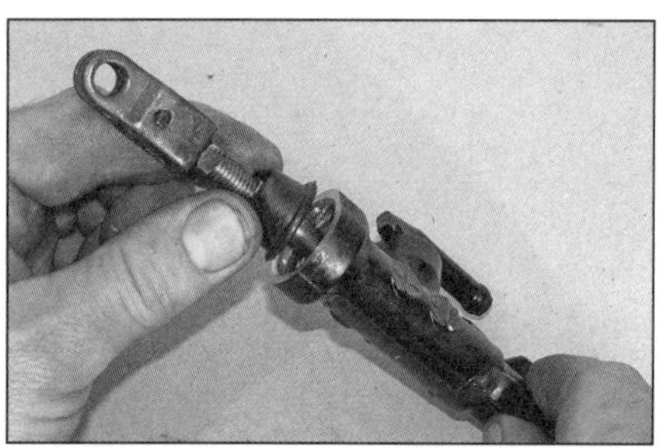

9.9a Befreien Sie die Staubkappe,...

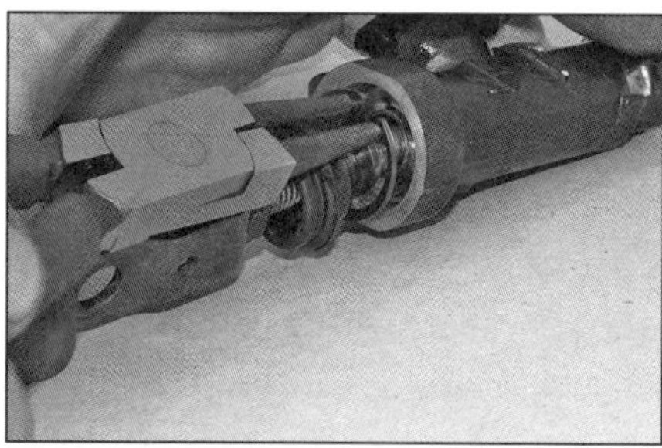

9.9b ...entfernen Sie den Seegerring...

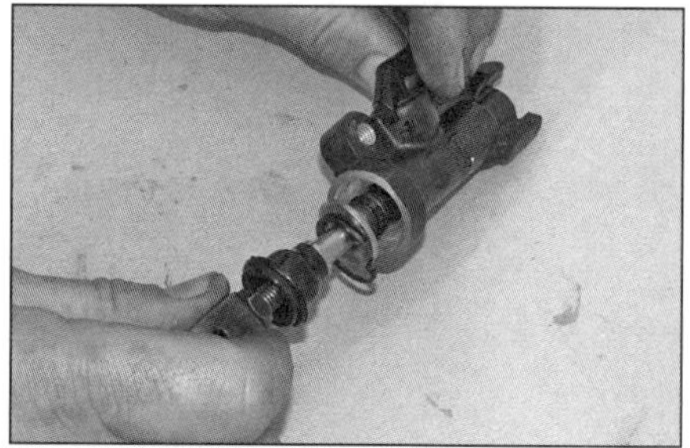

9.9c ...und ziehen Sie die Druckstange...

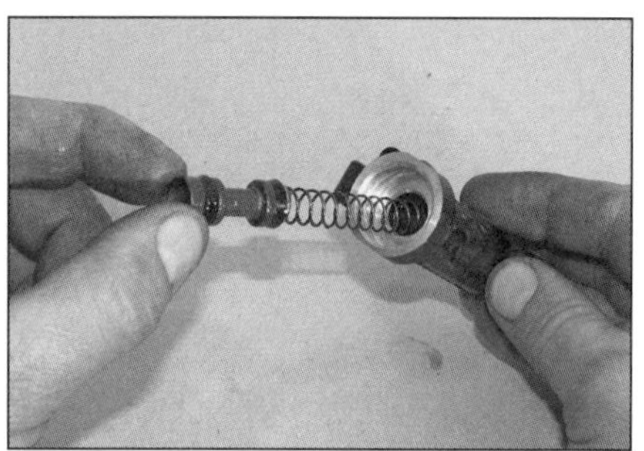

9.9d ...sowie den Kolben und die Feder heraus.

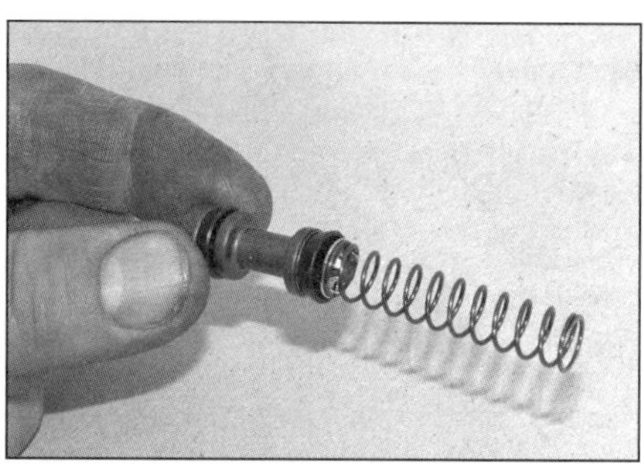

9.13 Die Feder muss korrekt am Kolben sitzen.

9 Ziehen Sie die Gummikappe aus dem Bremszylinder, um den Seegerring freizulegen (siehe Abbildung). Drücken Sie die Druckstange ein und entfernen Sie den Ring mit einer Seegerringzange. Ziehen Sie anschließend die Druckstange, den Kolben und die Feder heraus (siehe Abbildungen) – beachten Sie, wie die Feder am Kolben klemmt.
10 Reinigen Sie den Bremszylinder innen mit frischer Bremsflüssigkeit. Falls gefilterte und ölfreie Druckluft vorhanden ist, sollten damit alle Kanäle durchgeblasen werden.

Achtung: Benutzen Sie zum Reinigen von Bremsenteilen unter keinen Umständen Lösungsmittel auf Petroleumbasis!

11 Inspizieren Sie die Bremszylinderbohrung auf Korrosion, Kerben oder Riefen. Falls defekte Oberflächen vorhanden sind, muss der Fußbremszylinder ersetzt werden. Falls der Bremszylinder verschlissen oder beschädigt ist, muss auch der Hinterrad-Bremssattel kontrolliert werden.
12 Die Druckstange, die Gummimanschette, der Seegerring, der Kolben samt Dichtungen sowie die Feder sind zusammen als Reparaturset erhältlich. Benutzen Sie unabhängig vom Zustand der alten Teile immer alle Neuteile.
13 Verbinden Sie ein Ende der Feder mit dem inneren Kolben-Ende, indem Sie sie über die Metalllaschen klemmen (siehe Abbildung). Schmieren Sie den Kolben und seine Dichtungen mit frischer Bremsflüssigkeit und installieren Sie die Bautruppe in den Bremszylinder (Abbildung 9.9d).
14 Drehen Sie die Kontermutter, das Gelenk und die Mutter auf die Druckstange und drücken Sie diese gegen den Federdruck in den Bremszylinder, um den Seegerring in seine Nut zu installieren (Abbildungen 9.9c und b).
15 Drücken Sie die Gummikappe mit dem breiteren Rand in die Nut des Bremszylinders (Abbildung 9.9a).
16 Positionieren Sie das Gelenk wie beim Ausbau notiert (siehe Schritt 8) und ziehen Sie die Kontermutter an (Abbildung 9.8b).

Anmerkung: *Die Position des Gelenks legt die Höhe des Bremspedals fest – eine endgültige Einstellung kann nach dessen Montage erfolgen (siehe Kapitel 1, Sektion 15).*

17 Falls entfernt, wird eine neue Ausgleichsbehälterschlauchstutzen-Dichtung mit frischer Bremsflüssigkeit geschmiert und in den Bremszylinder gedrückt. Pressen Sie anschließend den nach oben zeigenden Stutzen fest in den Bremszylinder (Abbildung 9.6).
18 Kontrollieren Sie den Deckel, die Platte und die Manschette des Ausgleichsbehälters und ersetzten Sie schadhafte Teile. Falls der Schlauch spröde oder rissig ist, muss er ebenfalls ersetzt werden. Ersetzen Sie auch eine ermüdete oder korrodierte Schelle. Drücken Sie den Schlauch vollständig auf den Stutzen und sichern Sie ihn mit der Schelle (Abbildung 9.6).

Einbau

19 Positionieren Sie den Bremszylinder am Pedal und drücken Sie das Gelenkstück ein, installieren Sie dann die Schrauben und ziehen Sie sie mit 23 Nm an (Abbildungen 9.4b und a).
20 Schließen Sie das an beiden Seiten mit neuen Dichtscheiben versehene und korrekt ausgerichtete Bremsleitungsauge an (Abbildung 3.15) und ziehen Sie die Anschlussschraube mit 30 Nm an (Abbildung 9.1).
21 Legen Sie am Gelenkstift die Scheibe auf, installieren Sie einen neuen Splint und bieten Sie seine Enden um (Abbildungen 9.2b und a).
22 Füllen Sie Bremsflüssigkeit auf und/oder entlüften Sie die Bremse (siehe Sektion 11).
23 Kontrollieren Sie das System auf Undichtigkeiten und prüfen Sie vor der ersten Fahrt sorgfältig die Funktion der Bremse.

10 Bremsschläuche und Anschlüsse

Kontrolle

1 Der Zustand aller Bremsleitungen muss regelmäßig kontrolliert werden. Die Schläuche müssen bei den ersten Alterungsanzeichen von Riss- oder Beulen-Bildung ersetzt werden – spätestens nach vier Jahren (siehe Kapitel 1).
2 Drehen und ziehen Sie die Gummischläuche, um Risse, Beulen und durchsickernde Flüssigkeit zu entdecken. Begutachten Sie besonders die Verbindungen der Schläuche zu den Anschlussaugen, da hier die meisten Probleme auftreten.

Der regelmäßige Austausch der Leitungen lässt sich umgehen, indem man im Zubehörhandel erhältliche Stahlflex-Leitungen montiert. Diese Leitungen halten – solange sie nicht mechanisch beschädigt werden – ewig. Viele Fahrer behaupten zudem, sie verbessern auch den Druckpunkt.

3 Kontrollieren Sie alle Bremsleitungs-Anschlüsse auf Undichtigkeiten und Beschädigungen, Rost, Kratzer und Risse und ersetzen Sie entsprechende Leitungen.

Ausbau und Einbau

4 Die Bremsschläuche haben alle an den Enden Ring-Anschlüsse (Abbildungen 3.2a, 5.3, 7.2 und 9.1). Bei Modellen mit ABS sind Rohrleitungen mit Überwurfmuttern und Ringan-

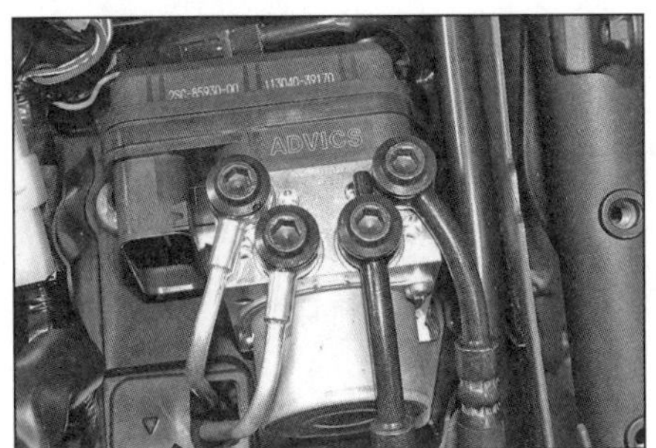

10.4 Bremsleitungs-Anschlüsse am ABS-Modulator

10.6 Schraube des Schlauch/Rohr-Anschlussblocks

schlüssen verschraubt (siehe Abbildung). Weitere Details zum ABS finden sich in Sektion 17.
5 Entleeren Sie die entsprechende Bremse (siehe Sektion 11).
6 Bedecken Sie umliegende Flächen mit Lappen, um Bremsflüssigkeits-Spritzer aufzunehmen. Beachten Sie die Ausrichtung der Ringanschlüsse an Geberzylinder und Bremssattel. Lösen Sie die Anschlussschraube an jeder Seite des Schlauchs. Lösen Sie bei ABS-Modellen auch die Schraube des hinteren Anschlussblocks - lösen Sie nicht die Muttern der Schlauchanschlüsse an den Rohren, da die Leitungen als komplette Baugruppe ausgetauscht werden muss (siehe Abbildung).
7 Befreien Sie die Leitung(en) und Rohre vom Vorderradkotflügel, der unteren Gabelbrücke und der Schwinge sowie aus allen anderen Clips und Führungen - merken Sie sich ihre Verlegung.
8 Positionieren Sie die neue Bremsleitung so, dass sie korrekt ausgerichtet und nicht verdreht oder anderweitig unter Last gesetzt ist. Achten Sie auf eine korrekte Verlegung und sichern Sie sie mit allen Befestigungen und Führungen. Achten Sie darauf, dass die Leitungen keine beweglichen Teile berühren.
9 Wenn die Anschlüsse korrekt ausgerichtet sind (Abbildungen 3.2a, 5.3, 7.2 und 9.1 sowie 10.4), werden die mit neuen Dichtscheiben ausgerüsteten Anschlussschrauben installiert. Wo mit einer Schraube zwei Leitungen gesichert werden, müssen drei Dichtscheiben verwendet werden - eine zwischen den Ringanschlüssen und je eine außen.
10 Ziehen Sie die Anschlussschraube mit 30 Nm an.

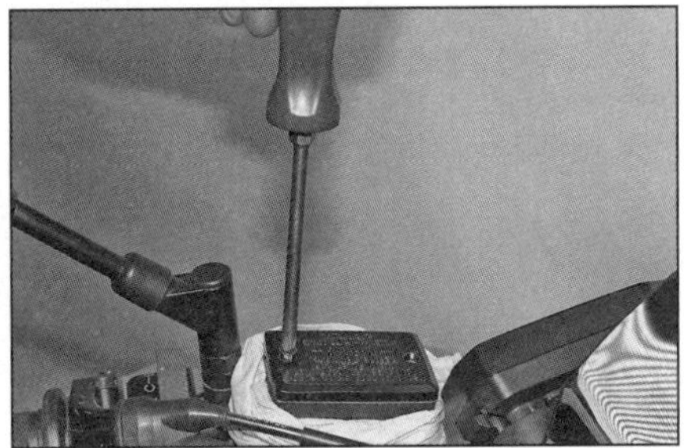

11.5a Lösen Sie die Schrauben...

11 Füllen Sie die Anlage mit frischer DOT-4-Bremsflüssigkeit auf (siehe *Tägliche Kontrollen*) und entlüften Sie sie (siehe Sektion 11). Prüfen Sie vor der ersten Fahrt sorgfältig die Funktion der Bremse.

11 Bremsanlage Entlüften und Bremsflüssigkeitswechsel

Spezialwerkzeug: *Zum Entlüften der Bremse (Schritt 3) wird eine relativ preiswert erhältliche Vakuumpumpe benötigt. Das Antiblockiersystem muss nach jeder Arbeit (einschließlich Entlüften) einem Impulstest unterzogen werden – dazu muss es mit einem Yamaha-Diagnosegerät verbunden werden.*

Entlüftung

1 Entlüften der Bremse besagt, dass alle Luftblasen aus dem Bremsflüssigkeitsbehälter, den Leitungen und den Bremssätteln entfernt werden. Entlüften ist immer notwendig, wenn eine Hydraulik-Verbindung gelöst wurde, wenn eine Komponente oder Leitung gewechselt wurde, oder wenn ein Geberzylinder oder Sattel überholt wurde. Sind ein schwammiges Gefühl in der Bremse oder mangelhafte Bremsleistung nicht auf mechanische Defekte (z.B. klemmender Kolben im Bremssattel oder durch Korrosion klemmende Bremsbeläge) zurückzuführen, weist dies ebenfalls auf notwendiges Entlüften hin. Lecks im System können ebenfalls das Eindringen von Luft ermöglichen, aber sie zeigen auch durch auslaufende Flüssigkeit das Problem an und weisen auf eine dringend notwendige Reparatur hin.

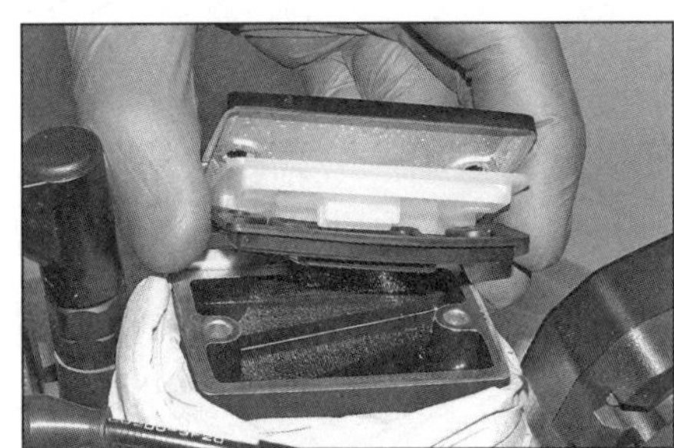

11.5b ...und heben Sie den Deckel, die Platte und die Manschette ab.

2 Selbst erfahrene Profischrauber betrachten das Entlüften von Bremsen oft als »Schwarze Kunst«, weil sie manchmal große Probleme haben, einen festen Druckpunkt zu erreichen, wogegen mancher Anfänger überhaupt keine Schwierigkeiten damit hat. Besonders bei der Vorderradbremse besteht eines der Probleme darin, dass man gegen ein Naturgesetz arbeiten muss, wonach Luftblasen in Flüssigkeiten aufsteigen, beim Entlüften jedoch die Bremsflüssigkeit (einschließlich langsam darin aufsteigender Luftblasen) vom Geberzylinder zum Entlüftungsventil am darunterliegenden Bremssattel gepumpt werden muss. Luft kann sich auch in hohen Punkten der Leitung oder ABS-Komponenten sammeln.
3 Zum Entlüften der Bremsen mit der konventionellen Methode werden frische DOT-4-Bremsflüssigkeit, ein durchsichtiger Vinyl- oder Plastikschlauch und ein zum Teil mit sauberer Bremsflüssigkeit gefüllter Behälter benötigt, dazu Lappen und ein 8-mm-Ringschlüssel für das Entlüftungsventil. Im Fachhandel sind relativ preiswerte Entlüftungskits erhältlich, die aus dem Schlauch und einem Einwegventil bestehen - und die Arbeit beträchtlich erleichtern. Der Sammelbehälter muss z.B. mit einem Holzblock abgestützt werden (Abbildung 11.19).
4 Decken Sie gefährdete Lackteile ab, die Bremsflüssigkeitsspritzer abbekommen könnten.

Achtung: Bremsflüssigkeit greift Lack und Kunststoff an! Decken Sie gefährdete Bereiche mit Lappen ab und waschen Sie Spritzer mit reichlich Seifenwasser ab.

Handbremse

5 Drehen Sie den Lenker so, dass der Ausgleichsbehälter möglichst geradesteht. Lösen Sie die Schrauben des Deckels und entfernen Sie diesen samt Platte und Manschette (siehe Abbildungen). Pumpen Sie langsam einige Male mit dem Hebel, bis keine aus der kleinen Bohrung am Boden des Behälters aufsteigenden Blasen mehr zu sehen sind. Halten Sie den Bremshebel jetzt gezogen, um größere Luftblasen aus der größeren Bohrung zu drücken - der Hebel kann auch eine Zeit lang gegen den Lenker gebunden werden, dann wird er gelöst, einige Male damit gepumpt und wieder gegen den Lenker gebunden. Es kann eine Weile dauern, bis auf diese Weise alle Luftblasen aufgestiegen sind - besonders, wenn der Bremszylinder am Lenker sitzend überholt wurde, aber die Methode ist immer noch besser, als sämtliche Luft durch das Bremssystem zu pumpen. Wenn sämtliche Luft aus der großen Bohrung ausgetreten ist, erscheint diese vollständig dunkel, wogegen darin steckende Luftblasen durch einen silbern schimmernden Rand erkennbar sind.

6 Ziehen Sie am Bremssattel die Gummikappe vom Entlüftungsventil (siehe Abbildung). Setzen Sie möglichst einen Ringschlüssel an, schieben Sie das eine Ende des durchsichtigen Schlauchs auf das Ventil und stecken Sie das andere Ende in die Bremsflüssigkeit des Sammelbehälters (Abbildung 11.17b).

Um Schäden am Entlüftungsventil zu vermeiden, sollte es vor dem Anschließen des Schlauchs mit einem Ringschlüssel gelockert und später wieder angezogen werden. Während des Entlüftens kann entweder der weiterhin am Ventil sitzende Ringschlüssel oder ein Maulschlüssel verwendet werden.

7 Kontrollieren Sie den Pegel im Ausgleichsbehälter und lassen Sie ihn während des Prozesses nicht unter den unteren Schauglas-Rand sinken (siehe Abbildung).

8 Pumpen Sie vorsichtig drei- oder viermal mit dem Hebel und halten Sie ihn gezogen, während das Bremssattelventil eine Viertelumdrehung geöffnet wird (siehe Abbildung) und (ggf. mit Luftblasen versetzte) Bremsflüssigkeit aus dem Sattel durch den Schlauch in den Behälter fließt – der Bremshebel kann jetzt an den Lenker gezogen werden.

9 Ziehen Sie das Entlüftungsventil leicht an und lösen Sie langsam die Bremse. Wiederholen Sie diesen Prozess, bis in der ausfließenden Bremsflüssigkeit keine Blasen mehr zu sehen sind und am Hebel oder Pedal ein Druckpunkt zu spüren ist. Zum Schluss wird der Entlüftungsschlauch abgenommen, das Ventil mit 5 Nm angezogen und die Staubkappe aufgesetzt.

10 Entlüften Sie auf die gleiche Weise den anderen Bremssattel.

11 Wenn die Bremse erfolgreich entlüftet wurde, wird am Bremshebel ein fester Druckpunkt spürbar sein, sobald die Bremse betätigt wird. Der Hebel darf sich nicht bis an das Griffgummi ziehen lassen.

12 Füllen Sie nach dem Entlüften den Ausgleichsbehälter bis zur darin eingegossenen Linie auf und montieren Sie die Manschette, die Platte und den Deckel (Abbildungen 11.7 sowie 11.5b und a). Kontrollieren Sie alles auf Spritzer und wischen Sie diese nötigenfalls ab.

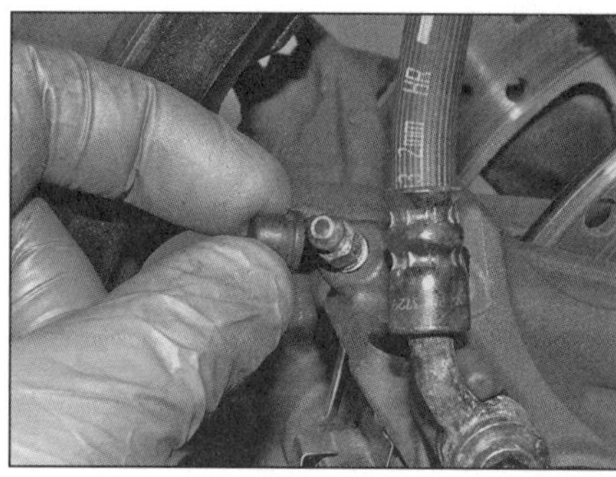

11.6 Ziehen Sie die Kappe vom Entlüftungsventil.

13 Kontrollieren sie das ganze System auf Undichtigkeiten und prüfen Sie vor der ersten Fahrt die Funktion der Bremse.

14 Bringen Sie ABS-Modelle anschließend zu einer Yamaha-Werkstatt, damit diese einen Impulstest durchführen kann.

Fußbremse

15 Lösen Sie die Mutter oder Schraube des Ausgleichsbehälters, um diesen zu befreien

11.7 Halten Sie den Pegel im Ausgleichsbehälter stets über der unteren Markierung.

11.8 Entlüften der Vorderradbremse

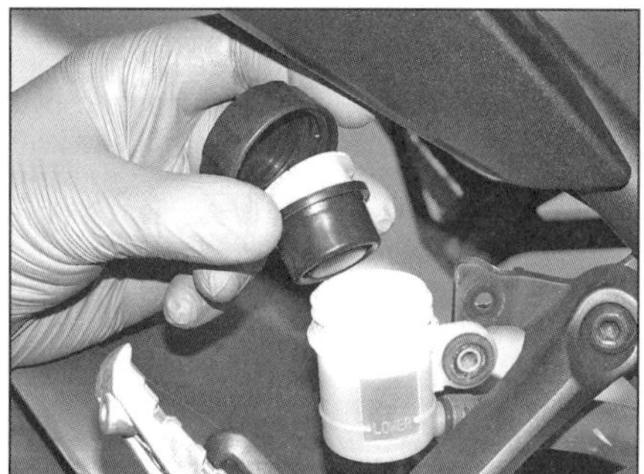

11.15 Lösen Sie den Deckel und heben Sie die Platte und die Manschette ab.

11.17a Ziehen Sie die Kappe vom Entlüftungsventil.

11.17b Setzen Sie den Ringschlüssel an und stecken Sie den Schlauch auf das Ventil.

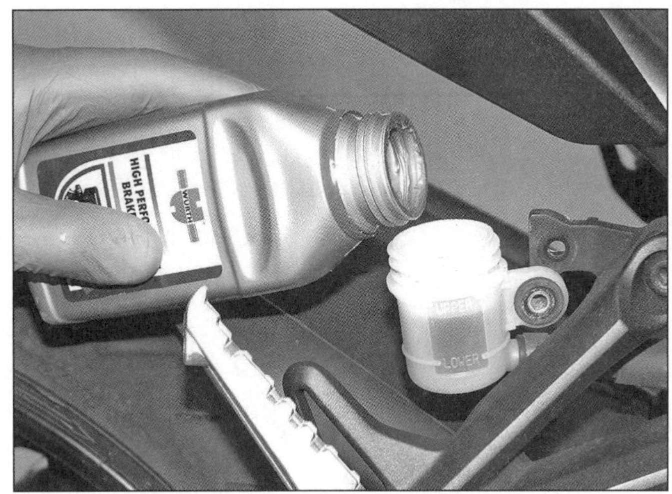

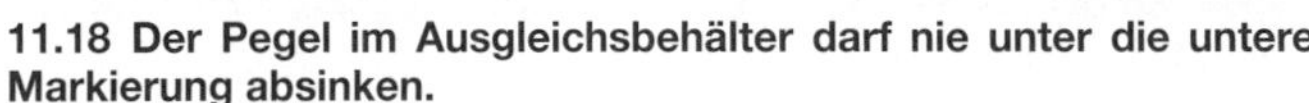

11.18 Der Pegel im Ausgleichsbehälter darf nie unter die untere Markierung absinken.

11.19 Entlüften der Hinterradbremse

(Abbildungen 9.3a oder b). Schrauben Sie den Deckel ab und entfernen Sie die Platte sowie die Manschette (siehe Abbildung).

16 Betätigen Sie einige Male langsam das Bremspedal, um die im Fußbremszylinder steckenden Luftblasen zu befreien.

17 Ziehen Sie am Bremssattel die Gummikappe vom Entlüftungsventil (siehe Abbildung). Setzen Sie den Ringschlüssen an, schieben Sie das eine Ende des durchsichtigen Schlauchs auf das Ventil und stecken Sie das andere Ende in die Bremsflüssigkeit des Sammelbehälters (siehe Abbildung).

18 Kontrollieren Sie den Flüssigkeitsstand im Ausgleichsbehälter. Lassen Sie den Pegel während des Prozesses nicht unter die untere Markierung sinken (siehe Abbildung).

19 Pumpen Sie vorsichtig einige Male mit dem Pedal und halten Sie es gedrückt, während das Bremssattelventil eine Viertelumdrehung geöffnet wird (siehe Abbildung) und (ggf. mit Luftblasen versetzte) Bremsflüssigkeit aus dem Sattel durch den Schlauch in den Behälter fließt.

20 Ziehen Sie das Entlüftungsventil wieder an und lösen Sie das Bremspedal. Wiederholen Sie die Prozedur, bis keine Luftblasen mehr austreten und ein Druckpunkt spürbar ist. Füllen Sie nötigenfalls den Ausgleichsbehälter auf.

21 Wenn die Bremse erfolgreich entlüftet wurde, wird am Bremspedal ein fester Druckpunkt spürbar sein, sobald die Bremse betätigt wird. Das Pedal darf sich nicht bis an den Anschlag drücken lassen.

22 Ziehen Sie das Entlüftungsventil mit 5 Nm an und stecken Sie die Staubkappe auf. Füllen Sie nach dem Entlüften den Ausgleichsbehälter auf und montieren Sie die Manschette, die Platte und den Deckel (Abbildungen 11.18, 11.15 und 9.3a oder b). Wischen Sie Bremsflüssigkeits-Spritzer weg.

23 Kontrollieren sie das ganze System auf Undichtigkeiten und prüfen Sie vor der ersten Fahrt die Funktion der Bremse.

24 Bringen Sie ABS-Modelle anschließend zu einer Yamaha-Werkstatt, damit diese einen Impulstest durchführen kann.

Beide Bremsen

25 Wenn es nicht möglich ist, im Hebel oder Pedal einen Druckpunkt zu finden, kann die Flüssigkeit aufgeschäumt sein. Zur Abhilfe kann die Bremse unter Druck gesetzt werden, indem der Bremshebel an den Lenker gebunden und das Pedal belastet wird. Achtung: Zu viel Druck kann die Dichtungen der Bremszylinder und Bremssättel beschädigen. Lassen Sie die Bremsflüssigkeit für einige Stunden in Ruhe, damit die kleinen Blasen entweder aufsteigen oder sich zu größeren Blasen verbinden, die sich beim erneuten Entlüften leichter herausspülen lassen.

26 Falls weiterhin Probleme bestehen, muss nach hohen Punkten im Bremssystem gesucht werden, in denen sich Luft sammeln kann. Befreien Sie entsprechende Leitungen und klopfen Sie sie ab, damit sich Blasen lösen können (aber verbiegen Sie dabei keine Rohre). Demontieren Sie nötigenfalls den Geberzylinder und/oder den/die Bremssättel und bewegen Sie die Teile so, dass mögliche Luftblasen zum Entlüftungsventil aufsteigen – beachten Sie zur Demontage die entsprechenden Sektionen. Bei ABS-Modellen ist es nicht möglich, den Modulator oder das Verteilerventil zu befreien, da hierfür Bremsleitungen getrennt werden müssen, was zu noch mehr Luft im System sorgt – bringen Sie das Motorrad nötigenfalls zu einer Yamaha-Werkstatt.

27 Falls das Entlüften der Bremse mit herkömmlichen Werkzeugen und Methoden nicht zu befriedigenden Ergebnissen führt, kann auch ein im Fachhandel erhältliches Vakuum-Entlüftungswerkzeug (z.B. die »Mityvac«) benutzt werden – beachten Sie die beigefügte Anleitung (siehe Abbildung). Diese Pumpe saugt die Bremsflüssigkeit am Entlüftungsventil ab und viele Anwender sind von der in der Bremsflüssigkeit auftretenden Luftmenge verwirrt. Doch oft wird diese erst durch das Gewinde des Entlüftungsventils gesogen (Luft bietet dem Vakuum weniger Widerstand als Bremsflüssigkeit) und ist ein Hinweis darauf, dass mit zu viel Unterdruck gearbeitet wird oder das Entlüftungsventil zu locker ist. Eine Möglichkeit, dies Problem zu umgehen, besteht darin, das Entlüftungsventil herauszudrehen und sein Gewinde mit PTFE-Band zu umwickeln – die hierbei austretende Bremsflüssigkeit muss mit Lappen aufgesaugt werden.

Bremsflüssigkeitswechsel

28 Der Wechsel der Bremsflüssigkeit ist ein ähnlicher Prozess wie das Entlüften der Bremse und erfordert das gleiche Material, außerdem ggf. eine Pumpe zum Entleeren der Ausgleichsbehälter. Stellen Sie sicher, dass der Sammelbehälter groß genug ist, die gesamte alte Bremsflüssigkeit aufnehmen zu können.

29 Decken Sie gefährdete Lackteile ab, die Bremsflüssigkeitsspritzer abbekommen könnten. Verbinden Sie die zur Entlüftung verwendete Ausrüstung mit dem entsprechenden Bremssattel. Entfernen Sie den Behälterde-

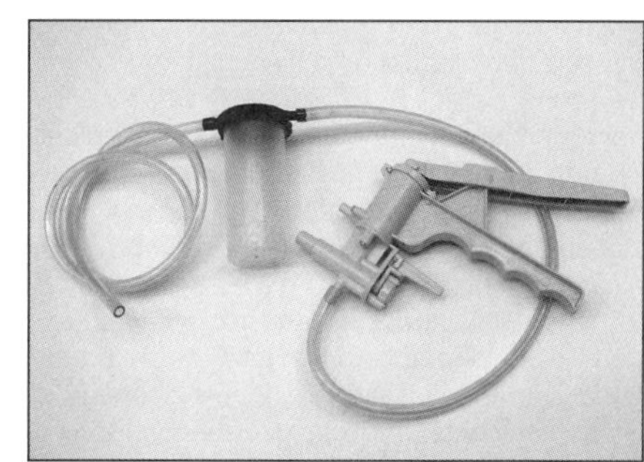

11.27 Ein Vakuum-Entlüftungsgerät

ckel, die Platte und die Manschette (Schritte 5 oder 15). Saugen Sie die Bremsflüssigkeit aus dem Behälter oder pumpen Sie so lange, bis die alte Bremsflüssigkeit bis zum Behälterboden abgesunken ist. Dabei sollte keine Luft in das System gelangen, da es ansonsten entlüftet werden muss. Wischen Sie den Ausgleichsbehälter mit Haushaltstüchern sauber und füllen Sie frische Bremsflüssigkeit auf (Abbildungen 11.7 oder 11.18). Betätigen Sie die Bremse und öffnen Sie das Entlüftungsventil (Abbildungen 11.8 und 11.19) – Bremsflüssigkeit wird durch den Entlüftungsschlauch austreten und der Hebel oder das Pedal wird sich bis zum Griffgummi bzw. Anschlag bewegen lassen.

30 Ziehen Sie das Entlüftungsventil wieder leicht an und lösen Sie langsam wieder die Bremse. Halten Sie den Ausgleichsbehälter immer gut gefüllt, damit keine Luft eintritt und die Aufgabe deutlich in die Länge zieht. Wiederholen Sie die Prozedur, bis am Entlüftungsventil frische Bremsflüssigkeit austritt.

Alte Bremsflüssigkeit ist deutlich dunkler als frische, sodass leicht erkannt werden kann, wann die Bremse mit frischer Flüssigkeit gefüllt ist.

31 Entfernen Sie zum Schluss die verwendete Ausrüstung vom Entlüftungsventil, ziehen Sie es möglichst mit 5 Nm an und stecken Sie die Gummikappe auf. Füllen Sie den Ausgleichsbehälter auf und installieren Sie die Manschette, die Abdeckung und den Deckel. Wischen Sie verschüttete Bremsflüssigkeit unverzüglich mit einem nassen Lappen ab und kontrollieren sie das ganze System auf Undichtigkeiten.

32 Kontrollieren Sie die Bremse auf Undichtigkeiten und prüfen Sie vor der ersten Fahrt ihre Funktion.

34 Bringen Sie ABS-Modelle anschließend zu einer Yamaha-Werkstatt, damit diese einen Impulstest durchführen kann.

Ablassen der Bremsflüssigkeit (für eine Überholung)

34 Das Ablassen der Bremsflüssigkeit ist ein ähnlicher Prozess wie das Entlüften der Bremse. Am schnellsten und einfachsten geht dies mit einer im Handel erhältlichen Vakuumpumpe (siehe Schritt 27) – folgen Sie den beiliegenden Herstellerangaben. Ist keine solche Pumpe zugänglich, müssen Sie der oben gegebenen Prozedur für den Wechsel der Flüssigkeit folgen, dürfen dabei aber den Ausgleichsbehälter nicht auffüllen.

35 Das Auffüllen ist wieder mit der Vakuumpumpe am einfachsten – jetzt muss darauf geachtet werden, dass immer genügend Bremsflüssigkeit im Ausgleichsbehälter steht. Ohne die Pumpe muss der Behälter anfangs aufgefüllt und dann den Hinweisen zum Entlüften gefolgt werden, bis am Entlüftungsschlauch keine Luftblasen mehr austreten.

12 Räder
Inspektion und Reparatur

1 Um eine vernünftige Inspektion der Räder durchführen zu können, ist das Motorrad so aufzustellen, dass das zu kontrollierende Rad frei drehbar ist. Stützen Sie die Maschine mit einer geeigneten Vorrichtung sicher ab und reinigen Sie die Räder sorgfältig, da Matsch und Schmutz die Inspektion stören und Schäden verdecken können. Führen Sie eine allgemeine Kontrolle der Räder (siehe Kapitel 1) und Reifen (siehe *Tägliche Kontrollen*) durch.

2 Befestigen Sie eine Messuhr an der Gabel oder der Schwinge und richten Sie den Messdorn seitlich gegen die Felge. Drehen sie das Rad langsam und kontrollieren Sie das Axial- (Seiten-) Spiel (siehe Abbildung) – es dürfen nicht mehr als 0,5 mm Spiel mm festgestellt werden.

3 Um das Radial- (Höhen-) Spiel akkurat messen zu können, muss das Rad ausgebaut und der Reifen demontiert werden. Bei im Schraubstock eingespannter Achse und einer Messuhr kann dann der Höhenschlag ermittelt werden – es dürfen nicht mehr als 1,0 mm Spiel festgestellt werden.

4 Eine einfachere jedoch auch ungenauere Methode zum Ermitteln des Radialspiels ist durch das Befestigen eines festen Drahtes an der Gabel oder Schwinge zu erreichen, dessen Ende nahe an den Außenrand der Felge, wo der Reifen aufliegt, gebogen wird. Wenn das Rad in Ordnung ist, wird sich der Abstand zum Draht beim Drehen des Rades nicht verändern.

Anmerkung: *Bei übermäßigem Spiel muss vor dem Austausch der Felgen kontrolliert werden, ob die Ursache nicht in verschlissenen Radlagern zu suchen ist.*

5 Begutachten Sie die Räder auf Risse, Ausbrüche an der Felge und andere Beschädigungen. Achten Sie besonders auf Beulen in dem Gebiet, wo die Reifenflanken an der Felge liegen, da hier Undichtigkeiten auftreten können.

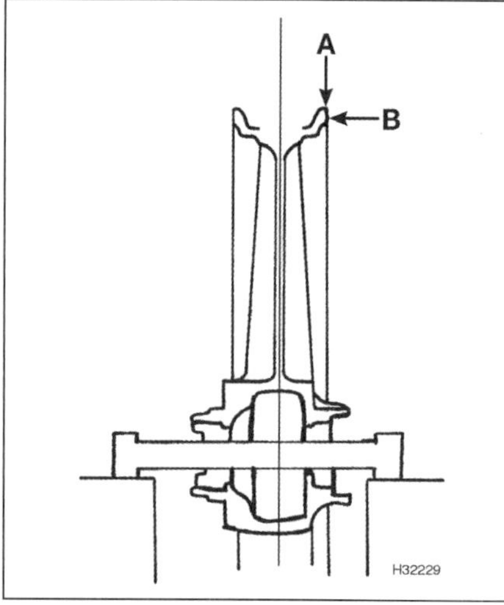

12.2 Kontrollieren Sie das Rad auf Höhenschlag (A) und Seitenschlag (B).

Ziehen Sie nötigenfalls einen Spezialisten zurate.

6 Bei irgendwelchen Schäden oder übermäßigem Schlag muss das Rad durch ein Neuteil ersetzt werden – Leichtmetall-Gussräder können nicht repariert werden.

13 Räder
Spurkontrolle

1 Falls die Räder aufgrund eines schräg eingebauten Hinterrades, eines verzogenen Rahmens oder einer verbogenen Gabel nicht in Flucht laufen, können hierin die Ursachen für ein schlechtes und auch gefährliches Fahrverhalten der Maschine liegen. Wenn der Rahmen oder die Gabelbrücken verzogen sind, kann nur ein Rahmenricht-Spezialist weiterhelfen, oder die Baugruppen müssen getauscht werden.

2 Um die Spur kontrollieren zu können, wird neben einem Assistenten ein Seil oder eine absolut gerade Holzlatte und ein Lineal benötigt. Ebenfalls braucht man ein Lot.

3 Zur ordentlichen Kontrolle muss das Motorrad auf dem Hauptständer gerade ausgerich-

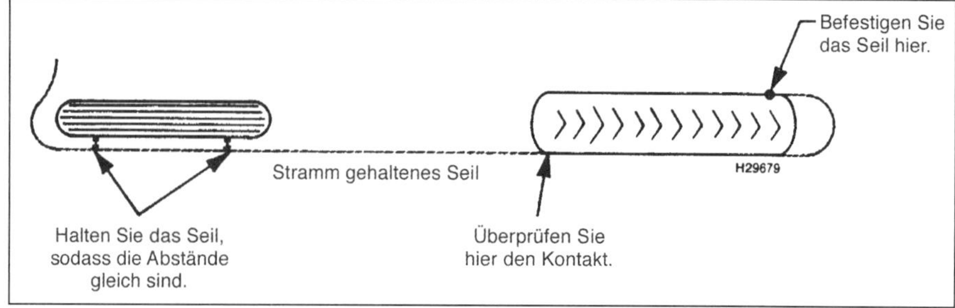

13.5 Spurkontrolle des Rades mithilfe eines Seils

tet sein. Sorgen Sie zunächst dafür, dass die Kettenspanner auf beiden Seiten exakt gleich eingestellt sind (siehe Kapitel 1, Sektion 1). Messen Sie dann die Breite beider Räder an der dicksten Stelle. Ziehen Sie den Wert des Vorderrades von dem des Hinterrads ab und teilen Sie den Wert durch zwei. Das Ergebnis ist der Wert, der bei den folgenden Messungen auf beiden Seiten der Räder herauskommen sollte.

4 Wenn ein Seil verwendet wird, muss der Assistent das eine Ende auf halber Höhe zwischen Boden und Hinterradachse halten, sodass es die hintere Seitenfläche des Reifens berührt.

5 Halten Sie das andere Ende des Seils am Vorderrad in die gleiche Höhe und bringen Sie es stramm gespannt in Berührung mit der vorderen Seitenfläche des Hinterrads. Drehen Sie das Vorderrad, bis es parallel mit dem Seil steht. Messen Sie den Abstand der Reifenflanken zum Seil (siehe Abbildung).

6 Wiederholen Sie die Prozedur auf der anderen Seite der Maschine. Der Abstand zwischen Vorderrad und Seil muss auf beiden Seiten gleich sein.

7 Wie erwähnt, kann man die Messung auch mit einer absolut geraden Holzlatte durchführen (siehe Abbildung). Die Ausführung bleibt die gleiche.

8 Wenn der Abstand zwischen Reifen und Seil auf beiden Seiten variiert oder das Hinterrad nicht fluchtet, muss eine Yamaha-Werkstatt oder ein Rahmen-Spezialist konsultiert werden.

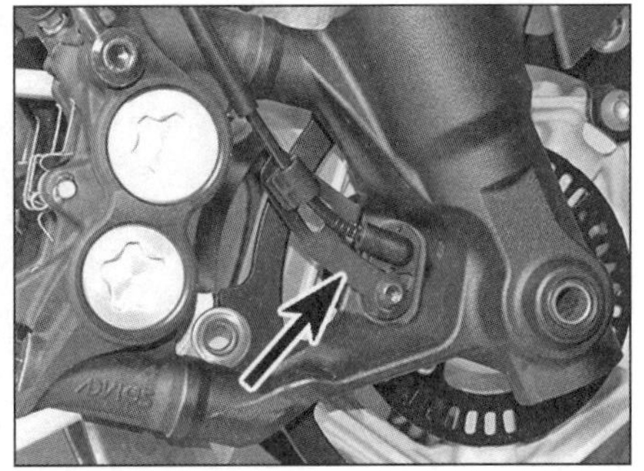

14.2 ABS-Sensorhalter – MT-09 und Tracer ab 2017

9 Wenn die Spur stimmt, können die Räder immer noch vertikal nicht in Flucht stehen.

10 Mit einem Lot oder einem entsprechenden Gewicht und einer Schnur wird am Hinterrad gemessen, ob es senkrecht steht. Hierfür wird die Schnur an der oberen Seitenfläche des Reifens angelegt und das Lot herabgelassen. Wenn die Schnur beide Reifenflanken gleichzeitig berührt, steht das Rad gerade. Wenn nicht, muss der Ständer unterlegt werden, bis das Rad senkrecht steht.

11 Wenn das Hinterrad senkrecht steht, wird das Vorderrad in gleicher Weise kontrolliert. Wenn beide Räder nicht vertikal gleich stehen, ist der Rahmen und/oder ein wesentlicher Teil der Federelemente verzogen.

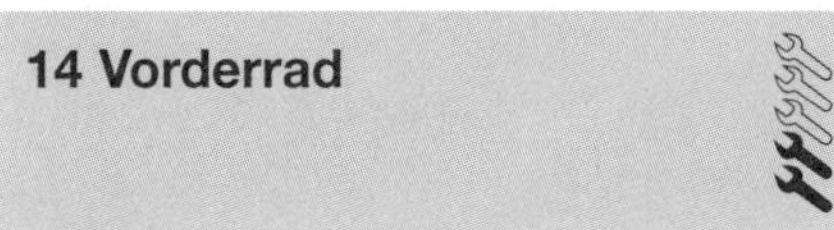

14 Vorderrad

Ausbau

1 Stützen Sie das Motorrad mithilfe einer geeigneten Stütze so ab, dass das Vorderrad nicht den Boden berührt. Achten Sie immer auf einen sicheren Stand.

2 Demontieren Sie die Vorderrad-Bremssättel (siehe Sektion 3). Sichern Sie die Sättel so, dass die Bremsleitungen nicht unter Last stehen. Es ist nicht nötig, die Bremsleitungen zu trennen.

Anmerkung: *Betätigen Sie nicht die Bremse, wenn die Bremssättel demontiert sind. Demontieren Sie ggf. den ABS-Sensor, um ihn nicht zu beschädigen (siehe Sektion 17); bei MT-09 und Tracer ab 2017 kann die Schraube des Sensorhalters gelöst und dieser abseits des Vorderrads gelagert werden (siehe Abbildung).*

3 Lockern Sie unten am rechten oder linken Tauchrohr die Achsen-Klemmschraube, drehen Sie dann die Achse mit einem 14er-Inbus heraus (siehe Abbildungen).

4 Halten Sie das Rad und ziehen Sie die Achse heraus (siehe Abbildung). Ziehen Sie bei der MT-09 und Tracer bis 2016 sowie allen XSR-Modellen mit ABS das Rad etwas zurück

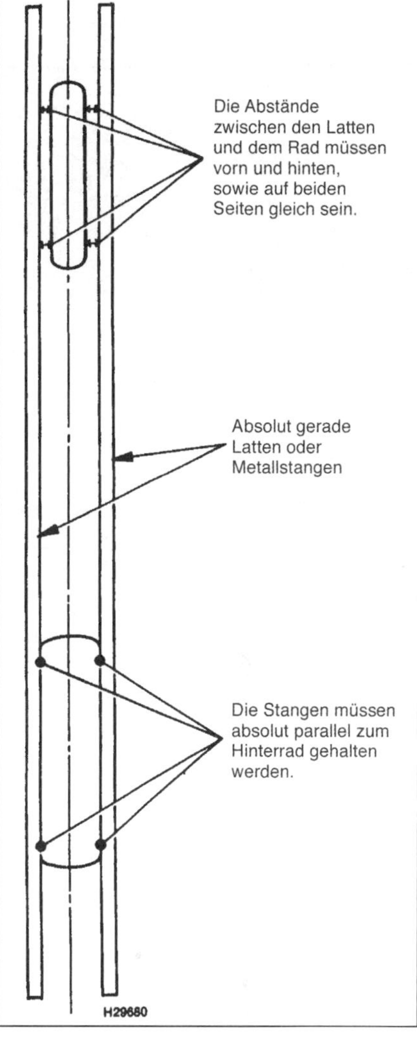

13.7 Spurkontrolle des Rades mithilfe von Holzlatten

und befreien Sie rechts die Sensorplatte bzw. das Distanzstück – beachten Sie, wie sie/es in den Dichtring greift. Senken Sie das Rad vorsichtig ab und manövrieren Sie es nach vorn aus der Gabel.

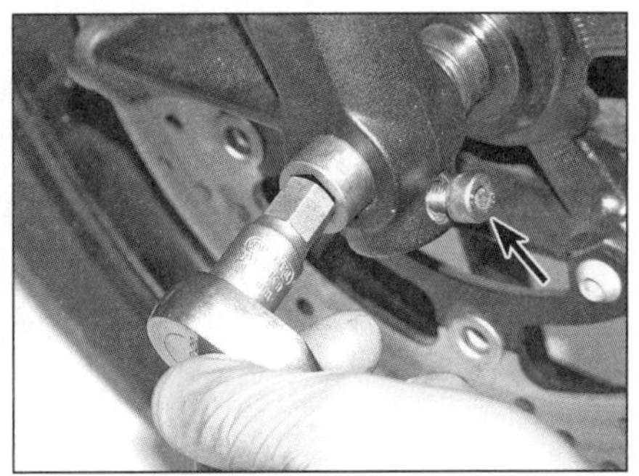

14.3a Lockern Sie die Klemmschraube und lösen Sie die Achse.

14.3b Achsen-Klemmschraube bei der MT-09 ab 2017

14.4 Ziehen Sie die Achse heraus – Modelle bis 2016.

14.5 Ziehen Sie die Hülse aus dem Dichtring – bei ABS-Modellen nur links, bei anderen an beiden Seiten.

15.1 Schraube des Radsensor-Halters

15.3a Entfernen Sie die Achsmutter und die Scheibe…

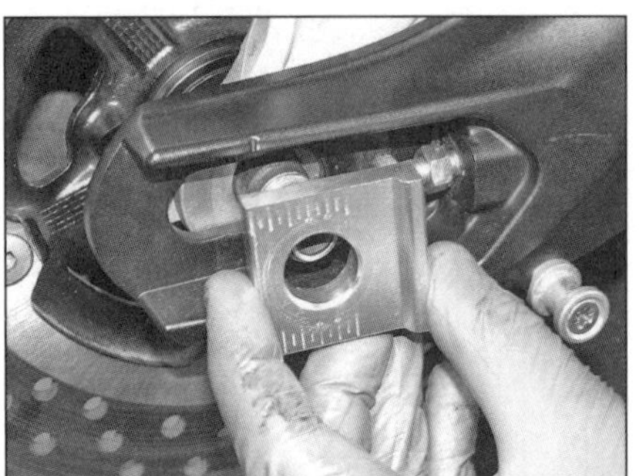

15.3b …sowie die Kettenspanner-Platte.

15.3c Bei der MT-09 ab 2017 sichert die Achsmutter links auch den Kennzeichenträger.

15.4 Ziehen Sie die Achse samt Kettenspanner-Platte heraus und senken Sie das Rad ab.

5 Entfernen Sie die Hülse(n) bzw. das Distanzstück (Modelle mit ABS) aus der Radnabe – achten Sie darauf, wie sie in den Lager-Dichtringen stecken (siehe Abbildung).

Achtung: Legen Sie das Rad nicht auf eine der Bremsscheiben, da sie dadurch verziehen kann. Legen Sie das Rad auf Blöcke, sodass die Felge das Gewicht des Rades stützt.

6 Säubern Sie die Achse und befreien Sie sie ggf. mithilfe von Stahlwolle von Korrosion. Kontrollieren Sie die Achse durch Rollen auf einer ebenen Oberfläche (z.B. einer Glasscheibe) auf Verzug. Wenn die Ausrüstung vorhanden ist, wird die Achse in Prismenblöcke gelegt und ihr Verzug gemessen – wenn die Achse verbogen ist, muss sie ersetzt werden.
7 Säubern Sie die Dichtringe und die Radlager und kontrollieren Sie sie (siehe Sektion 16).
8 Befreien Sie die Hülse(n) ggf. mithilfe von Stahlwolle von Korrosion. Im Bereich der Dichtring-Kontaktflächen müssen sie absolut glatt sein.

Einbau

9 Schmieren Sie die Dichtringe innen mit Lithiumfett. Stecken Sie bei Modellen ohne ABS die Hülsen in beide Dichtringe; installieren Sie bei ABS-Modellen die Hülse in den linken Dichtring (Abbildung 14.5).
10 Schmieren Sie die Achse dünn mit Lithiumfett ein. Heben Sie das Rad in Position – die Pfeile an den Bremsscheiben und am Reifen müssen in die normale Drehrichtung zeigen. Positionieren Sie bei der MT-09 und Tracer bis 2016 sowie allen XSR-Modellen mit ABS die Sensorplatte mit der Sicherungsnut nach oben zeigend im rechten Dichtring. Heben Sie das Rad an – alle Hülsen müssen in ihren Positionen verbleiben. Prüfen Sie ggf., ob der Anguss innen am rechten Tauchrohr in die Nut der Sensorplatte greift.
11 Schieben Sie bei in Position gehaltenem Rad die Achse ein und drehen Sie sie ins gegenüberliegende Tauchrohr.
12 Prüfen Sie, ob die Achse korrekt sitzt, und ziehen Sie sie mit 65 Nm an (Abbildung 14.3a).
13 Montieren Sie die Bremssättel – die Bremsbeläge müssen jeweils an beiden Seiten der Bremsscheiben anliegen (siehe Sektion 3). Bringen Sie durch mehrmaliges Betätigen des Bremshebels die Bremsbeläge in Kontakt mit den Bremsscheiben. Nehmen Sie das Motorrad von der Abstützung, betätigen Sie die Handbremse und komprimieren Sie mehrmals die Gabel, damit sich das Rad und die Gabel ausrichten.
14 Ziehen Sie die Klemmschraube unten am Tauchrohr mit 23 Nm an.
15 Montieren bei der MT-09 und der Tracer ab 2017 den Vorderradsensor und ziehen Sie die Schraube des Halters sorgfältig an.
16 Prüfen Sie vor der ersten Fahrt sorgfältig die Funktion der Bremsen.

15 Hinterrad und Kettenblatt-Mitnehmer

Ausbau

1 Stützen Sie das Motorrad mithilfe einer geeigneten Stütze so ab, dass das Hinterrad nicht den Boden berührt. Achten Sie immer auf einen sicheren Stand. Binden Sie den Bremshebel gegen den Lenker. Lösen Sie bei Modellen mit ABS die Schraube des Radsensor-Halters und sichern Sie den Sensor abseits des Arbeitsbereichs (siehe Abbildung).
2 Vergrößern Sie den Kettendurchhang (siehe Kapitel 1).
3 Lösen Sie rechts die Achsmutter und entfernen sie die Scheibe sowie die Kettenspanner-Platte (siehe Abbildungen). Befreien Sie bei der MT-09 ab 2017 zunächst die Kabelführung oben am Kettenschutz und trennen Sie den Kennzeichenbeleuchtungs-Stecker (siehe Abbildung 2.21a und b in Kapitel 7). Lösen Sie links die Achsmutter und entfernen Sie die Scheibe und den Kennzeichenhalter (siehe Abbildung).

15.5 Heben Sie die Kette vom Kettenblatt.

15.6 Ziehen Sie das Rad etwas nach hinten, um den Bremssattelhalter vom Anguss der Schwinge zu befreien.

15.7a Entnehmen Sie rechts die kleine Hülse...

15.7b ...und links die größere Hülse.

15.8a Heben Sie den Kettenradmitnehmer aus dem Hinterrad...

15.8b ...und entnehmen Sie die Dämpfergummis.

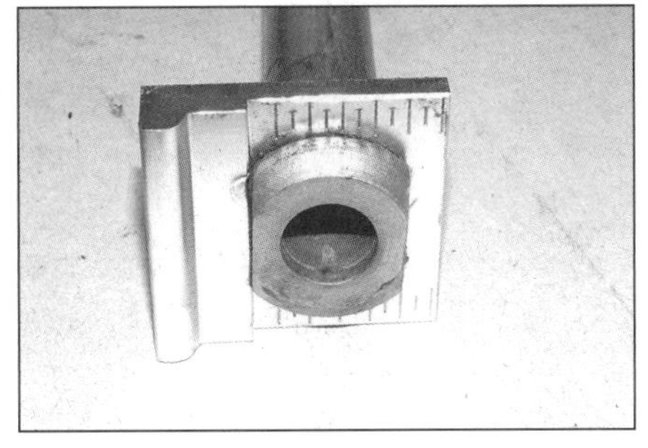

15.16 Richten Sie die Kettenspanner-Platte wie gezeigt aus.

4 Stützen Sie das Rad ab und ziehen Sie die Achse samt der Kettenspanner-Platte heraus. Senken Sie das Rad ab (siehe Abbildung).

5 Heben Sie die Kette vom Kettenblatt und legen Sie sie über die Schwinge (siehe Abbildung).

6 Ziehen Sie das Rad nach hinten, bis der Bremssattelhalter aus seiner Führung innerhalb der Schwinge befreit und zwischen Schwinge und Rad herausgehoben werden kann (siehe Abbildung).

7 Entfernen Sie links und rechts die Hülsen aus den Dichtringen (siehe Abbildungen) – merken Sie sich ihre Einbaupositionen.

Achtung: Legen Sie das Rad nicht auf die Bremsscheibe oder das Kettenblatt, da sie dadurch verziehen können. Legen Sie das Rad auf Blöcke, sodass die Felge das Gewicht des Rades stützt. Betätigen Sie nicht das Bremspedal, wenn der Bremssattel demontiert ist.

8 Kontrollieren Sie, ob der Kettenblattmitnehmer Dreh-Spiel in der Radnabe hat – dies würde auf verschlissene Dämpfergummis hinweisen, die ggf. als Set ersetzt werden müssen. Heben Sie nötigenfalls den Mitnehmer aus der Radnabe und befreien Sie die Dämpfer (siehe Abbildungen). Inspizieren Sie den Mitnehmer auf Risse oder andere Schäden. Kontrollieren Sie ebenfalls die Kettenblatt-Stehbolzen auf Verschleiß oder Schäden und festen Sitz.

9 Beseitigen Sie altes Fett aus den Dichtringen und kontrollieren Sie diese sowie die Lager in der Radnabe und im Mitnehmer (siehe Sektion 16).

10 Säubern Sie die Achse und befreien Sie sie ggf. mithilfe von Stahlwolle von Korrosion. Kontrollieren Sie die Achse durch Rollen auf einer ebenen Oberfläche (z.B. einer Glasscheibe) auf Verzug. Wenn die Ausrüstung vorhanden ist, wird die Achse in Prismenblöcke gelegt und ihr Verzug gemessen – wenn die Achse verbogen ist, muss sie ersetzt werden.

11 Reinigen Sie die Distanzhülsen und entfernen Sie ggf. Korrosion mit Stahlwolle. Im Bereich der Dichtring-Kontaktflächen müssen sie absolut glatt sein.

Einbau

12 Installieren Sie ggf. neue Gummidämpfer (Abbildung 15.8b). Sichergehend, dass die Hülse im Mitnehmerlager steckt, wird der Mitnehmer in die Radnabe gesteckt (Abbildung 15.8a).

13 Schmieren Sie die Dichtringe innen mit Lithiumfett. Stecken Sie die kleinere Hülse rechts und die größere Hülse links in den Lager-Dichtring (Abbildungen 15.7a und b).

14 Bringen Sie das Rad und den Bremssattelträger innerhalb der Schwinge in Position – die Nut im Halter muss über dem Zapfen der Schwinge liegen (Abbildung 15.6).

15 Legen Sie die Kette auf das Kettenblatt (Abbildung 15.5).

16 Schieben Sie die Kettenspanner-Platte so auf die Achse, dass der erhabene Teil vorn und an der Abflachung des Achsenkopfs liegt (siehe Abbildung).

17 Schmieren Sie die Achse dünn mit Lithiumfett ein. Heben Sie das Rad in Position – die Hülsen, ggf. die Sensorplatte und der Bremssattel müssen in Position bleiben. Schieben Sie die Achse je nach Modell von links oder rechts ein – die Kettenspanner-Platte und der Achsenkopf müssen korrekt sitzen.

18 Schieben Sie die rechte Kettenspanner-Platte mit der Verdickung nach vorn über das Ende der Achse, legen Sie dann die Scheibe auf und drehen Sie die Mutter locker auf (Abbildungen 15.3b und a). Vergessen Sie bei der MT-09 ab 2017 nicht, links den Kennzeichenträger auf die Achse zu schieben, und drücken Sie das untere Ende des Trägers gegen die

16.4 Hebeln Sie die Dichtringe aus der Radnabe.

16.5a Drücken Sie die Distanzhülse zur Seite, um den Lagerinnenring freizulegen,...

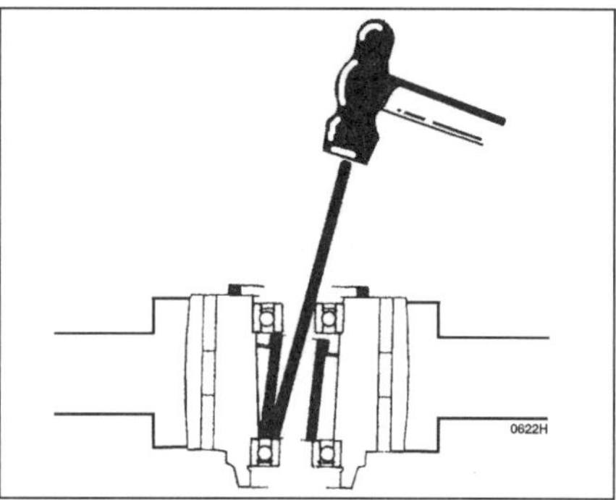

16.5b ...und treiben Sie das Lager wie gezeigt aus.

16.5c Verklemmen Sie den Abzieher unter dem Lager,...

16.5d ...montieren Sie den Zughammer und treiben Sie das Lager heraus.

16.7 Treiben Sie das neue Lager mit einem passenden Steckschlüssel ein.

Einstellschraube; legen Sie die Scheibe auf und drehen Sie die Achsmutter locker auf (Abbildung 15.3c).

19 Stellen Sie den Kettendurchhang ein (siehe Kapitel 1, Sektion 5). Ziehen Sie dann die Achsmutter mit 150 Nm an.

20 Reinigen Sie die Bremsscheibe mit Bremsenreiniger. Bringen Sie durch mehrmaliges Betätigen des Bremspedals die Bremsbeläge in Kontakt mit der Bremsscheibe und prüfen Sie vor der ersten Fahrt sorgfältig die Funktion der Bremse.

16 Radlager/ Mitnehmerlager

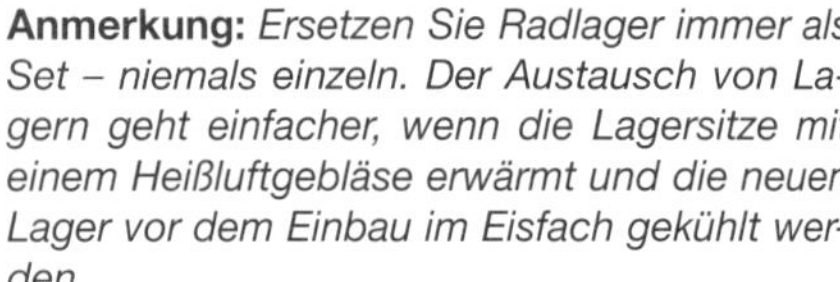

Anmerkung: *Ersetzen Sie Radlager immer als Set – niemals einzeln. Der Austausch von Lagern geht einfacher, wenn die Lagersitze mit einem Heißluftgebläse erwärmt und die neuen Lager vor dem Einbau im Eisfach gekühlt werden.*

Vorderradlager

1 Bauen Sie das Rad aus (siehe Sektion 14). Stützen Sie das Rad mit der Felge auf Hölzern, um die Bremsscheiben nicht zu beschädigen. Auf jeder Seite der Radnabe sitzt ein Käfig-Kugellager.

2 Inspizieren Sie die Dichtringe und Lager – deren Innenringe müssen sich sanft drehen lassen und der Außenring muss fest in der Nabe sitzen; beachten Sie hierzu die Sektion 5 der *Werkzeug- und Werkstatt-Tipps* im Anhang.

Anmerkung: *Die Radlager dürfen nur ausgebaut werden, wenn sie erneuert werden sollen.*

3 Falls neue Lager montiert werden müssen, sollte ggf. die Bremsscheiben (siehe Sektion 4) und der ABS-Sensorring demontiert werden (siehe Sektion 17), damit die Teile nicht beschädigt wird.

4 Hebeln Sie beide Dichtringe mit einem Schlitzschraubendreher heraus (siehe Abbildung) – beschädigen Sie dabei nicht die Nabe. Die Dichtringe müssen später durch Neuteile ersetzt werden.

5 Drücken Sie die zwischen den Lagern sitzenden Distanzhülse zur Seite, um den Innenring des unteren Lagers freizulegen und von oben einen Treibdorn anzusetzen (siehe Abbildungen). Falls sich die Distanzhülse nicht bewegen lässt oder der Treibdorn nicht richtig angesetzt werden kann, müssen die Lager mit einem Ausziehwerkzeug ausgebaut werden, dessen Spreizvorrichtung zwischen dem Lager-Innenring und dem Distanzrohr verklemmt werden kann (siehe Abbildung). Ziehen Sie entweder den Ausziehbolzen an oder treiben Sie bei fest hinuntergedrücktem Rad das Lager mithilfe eines Zughammers heraus (siehe Abbildung). Nachdem das erste Lager entfernt ist, wird die zwischen den Lagern sitzende Distanzhülse entnommen. Legen Sie das Rad auf die andere Seite und demontieren Sie das andere Lager auf die gleiche Weise oder treiben Sie es mit einem geeigneten Steckschlüssel von der anderen Seite aus.

6 Reinigen Sie die Radnabe mit Lösungsmittel und begutachten Sie die Lagersitze auf Riefen und Verschleiß. Sind die Sitze beschädigt, muss das Rad von einer Fachwerkstatt untersucht werden.

7 Installieren Sie die neuen Lager mit den abgedichteten Seiten nach außen. Benutzen Sie entweder ein altes Lager, einen Eintreiber oder eine geeignete Steckschlüssel-Nuss, die groß genug ist, nur den Außenring zu berühren, um das erste Lager senkrecht in seinen Sitz zu treiben (siehe Abbildung). Alternativ kann eine selbstgebaute Einziehvorrichtung eingesetzt werden – beachten Sie hierzu die Sektion 5 der *Werkzeug- und Werkstatt-Tipps* im Anhang.

8 Drehen Sie das Rad um und stecken Sie die Distanzhülse in die Nabe. Treiben Sie das an-

dere neue Radlager genauso in seinen Sitz, bis es an der Distanzhülse anliegt.
9 Installieren Sie die neuen Dichtringe von Hand oder mit einem Werkzeug, das nur den Außenrand berührt, bündig zur Radnabe (siehe Abbildung). Schmieren Sie die Dichtlippen mit Fett.
10 Montieren Sie ggf. die Bremsscheiben (siehe Sektion 4) und den Sensorring (siehe Sektion 17). Reinigen Sie die Bremsscheiben mit Aceton oder Bremsenreiniger und bauen Sie das Rad ein (siehe Sektion 14).

Hinterradlager

11 Bauen Sie das Rad aus (siehe Sektion 15). Stützen Sie das Rad mit der Felge auf Hölzern, um die Bremsscheibe nicht zu beschädigen. Entfernen Sie den Kettenblatt-Mitnehmer und die Gummidämpfer aus der Nabe (Abbildungen 15.8a und b). Auf jeder Seite der Radnabe sitzt ein Käfig-Kugellager.
12 Inspizieren Sie die Dichtringe und Lager – die Innenringe der Kugellager müssen sich sanft drehen lassen und die Außenringe müssen fest in der Nabe sitzen; beachten Sie hierzu die Sektion 5 der *Werkzeug- und Werkstatt-Tipps* im Anhang.

Anmerkung: *Die Radlager dürfen nur ausgebaut werden, wenn sie erneuert werden sollen.*

13 Falls neue Lager montiert werden müssen, sollten ggf. die Bremsscheibe (siehe Sektion 8) und der ABS-Sensorring demontiert werden (siehe Sektion 17), damit sie nicht beschädigt werden.
14 Hebeln Sie mit einem Schlitzschraubendreher rechts den Dichtring heraus (Abbildung 16.4) – beschädigen Sie dabei nicht die Nabe. Der Dichtring muss später durch ein Neuteil ersetzt werden.
15 Drücken Sie die zwischen den Lagern sitzenden Distanzhülse zur Seite, um den Innenring des unteren Lagers freizulegen und von oben einen Treibdorn anzusetzen (Abbildungen 16.5a und b). Falls sich die Distanzhülse nicht bewegen lässt oder der Treibdorn nicht richtig angesetzt werden kann, müssen die Lager mit einem Ausziehwerkzeug ausgebaut werden, dessen Spreizvorrichtung zwischen dem Lager-Innenring und dem Distanzrohr verklemmt werden kann (Abbildung 16.5c). Ziehen Sie entweder den Ausziehbolzen an oder treiben Sie bei fest hinuntergedrücktem Rad das Lager mithilfe eines Zughammers heraus (Abbildung 16.5d). Nachdem das erste Lager entfernt ist, wird die zwischen den Lagern sitzende Distanzhülse entnommen. Legen Sie das Rad auf die andere Seite und demontieren Sie das andere Lager auf die gleiche Weise oder treiben Sie es mit einem geeigneten Steckschlüssel von der anderen Seite aus.
16 Reinigen Sie die Radnabe mit Lösungsmittel und begutachten Sie die Lagersitze auf Riefen und Verschleiß. Sind die Sitze beschädigt, muss das Rad von einer Fachwerkstatt untersucht werden.

16.9 Drücken Sie den Dichtring bündig ein und fetten Sie seine Dichtlippe.

16.25 Hebeln Sie den Dichtring heraus.

16.26 Treiben Sie die Distanzhülse aus dem inneren Lagerring

16.27 Treiben Sie das alte Lager von innen aus.

17 Installieren Sie die neuen Lager mit den markierten Seiten nach außen. Benutzen Sie entweder ein altes Lager, einen Eintreiber oder eine geeignete Steckschlüssel-Nuss, die groß genug ist, nur den Außenring zu berühren, um das erste Lager senkrecht in seinen Sitz zu treiben (Abbildung 16.7). Alternativ kann eine selbstgebaute Einziehvorrichtung eingesetzt werden – beachten Sie hierzu die Sektion 5 der *Werkzeug- und Werkstatt-Tipps* im Anhang.
18 Drehen Sie das Rad um und stecken Sie die Distanzhülse in die Nabe. Treiben Sie das andere neue Radlager genauso in seinen Sitz, bis es an der Distanzhülse anliegt.
19 Installieren Sie rechts den neuen Dichtring von Hand oder mit einem Werkzeug, das nur seinen Außenrand berührt, bündig in die Nabe (Abbildung 16.9). Schmieren Sie die Dichtlippen mit Fett.
20 Installieren Sie die Gummidämpfer. Sichergehend, dass die Hülse im Mitnehmerlager steckt, wird der Mitnehmer in die Radnabe gesteckt (Abbildungen 15.8a und b).
21 Montieren Sie ggf. die Bremsscheibe (siehe Sektion 8) und den Sensorring (siehe Sektion 17).
22 Reinigen Sie die Bremsscheibe mit Aceton oder Bremsenreiniger und bauen Sie das Rad ein (siehe Sektion 15).

Mitnehmer-Lager

23 Bauen Sie das Hinterrad aus (siehe Sektion 15) und befreien Sie den Kettenradmitnehmer und seine Dämpferelemente aus der Radnabe (Abbildungen 15.8a und b).
24 Inspizieren Sie den Dichtring und das Lager – der Innenring des Kugellagers muss sich sanft drehen lassen und der Außenring muss fest im Mitnehmer sitzen; beachten Sie hierzu die Sektion 5 der *Werkzeug- und Werkstatt-Tipps* im Anhang.

Anmerkung: *Das Lager darf nur ausgebaut werden, wenn es erneuert werden soll.*

25 Falls ein neues Lager montiert werden soll, muss der Dichtring herausgehebelt werden (siehe Abbildung) – beschädigen Sie dabei nicht die Nabe. Der Dichtring muss später durch ein Neuteil ersetzt werden.
26 Treiben Sie die Hülse mit einem geeigneten Steckschlüssel aus dem Lager, das nicht den Lager-Innenring berührt (siehe Abbildung).
27 Legen Sie den Mitnehmer mit dem Kettenblatt nach unten auf Hölzer und treiben Sie das Lager von innen mit einem passenden Steckschlüssel aus (siehe Abbildung).
28 Reinigen Sie den Mitnehmer mit Lösungsmittel und begutachten Sie den Lagersitz auf Riefen und Verschleiß. Falls der Sitze beschä-

16.29 Treiben Sie das neue Lager mit einem passenden Steckschlüssel von außen ein.

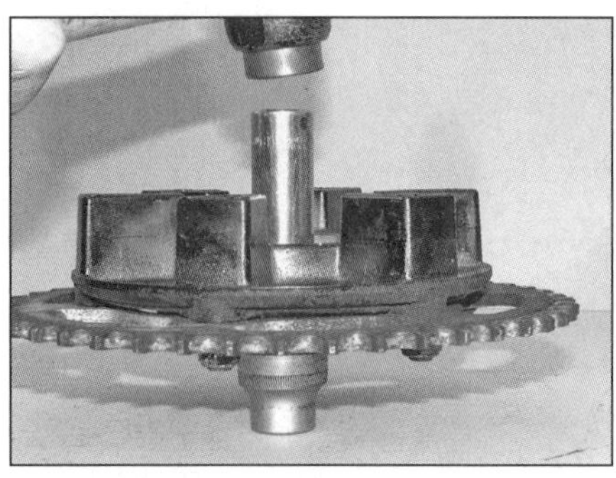

16.30 Stützen Sie das Lager beim Eintreiben der Hülse nötigenfalls auf dem Innenring ab.

16.31 Drücken Sie den Dichtring bündig in den Mitnehmer.

digt ist, muss eine Fachwerkstatt konsultiert werden, bevor das Rad zusammengesetzt wird.

29 Installieren Sie das neue Lager mit der markierten Seite nach außen und treiben Sie es mithilfe eines Werkzeugs, das nur seinen Außenring berührt, senkrecht in den Mitnehmer (siehe Abbildung).

30 Stützen Sie das Lager über seinen Innenring ab und treiben Sie die Hülse von innen ein (siehe Abbildung); falls sie sich nicht vollständig eindrücken lässt, muss die Außenseite des Lagers auf einem Steckschlüssel abgestützt werden, der nur den Innenring berührt, und treiben Sie die Hülse von innen ins Lager.

31 Installieren Sie den neuen Dichtring von Hand oder mit einem Werkzeug, das nur seinen Außenrand berührt, bündig in den Mitnehmer (siehe Abbildung). Schmieren Sie die Dichtlippen mit Fett.

32 Installieren Sie die Gummidämpfer (Abbildung 15.8b). Sichergehend, dass die Hülse im Mitnehmerlager steckt, wird der Mitnehmer in die Radnabe gesteckt (Abbildung 15.8a).

33 Reinigen Sie die Bremsscheibe mit Aceton oder Bremsenreiniger und bauen Sie das Rad ein (siehe Sektion 15).

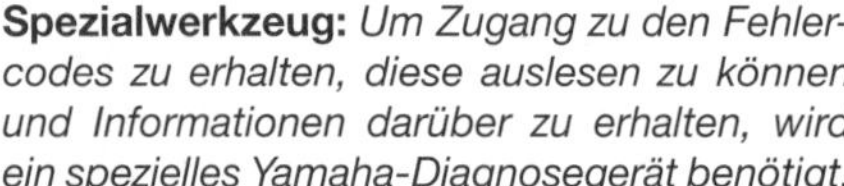

17 Antiblockiersystem (ABS)

Spezialwerkzeug: *Um Zugang zu den Fehlercodes zu erhalten, diese auslesen zu können und Informationen darüber zu erhalten, wird ein spezielles Yamaha-Diagnosegerät benötigt.*

Funktion

1 Das Antiblockiersystem (ABS) verhindert, dass die Räder beim Bremsen blockieren, was meist unweigerlich zu einem Sturz führen würde. An beiden Rädern sitzen Sensoren, die Informationen über deren Umdrehungsgeschwindigkeit an das ABS-Steuergerät senden. Falls das Steuergerät erkennt, dass ein Rad langsamer wird als das andere und zu blockieren droht, verringert es den Bremsdruck ein Stück weit, um das Rad am Drehen zu halten.

2 Das ABS wird beim Einschalten der Zündung aktiviert und führt eine Selbstkontrolle durch – hierbei ist ein Klicken zu hören und im Bremshebel oder dem Pedal ein Impuls zu spüren. Die ABS-Lampe im Cockpit leuchtet zunächst auf und erlischt bei einem funktionsfähigen System, sobald eine Geschwindigkeit von 10 km/h erreicht wurde. Falls die ABS-Lampe beim Einschalten der Zündung nicht aufleuchtet, liegt im System ein Fehler vor – siehe unten.

3 Falls die ABS-Lampe weiter leuchtet oder blinkt oder während der Fahrt aufzuleuchten beginnt, liegt im System ein Fehler vor und das ABS wird abgeschaltet – die Bremsen funktionieren weiter normal wie bei einer Maschine ohne ABS. Der Fehler wird im Steuergerät gespeichert. Falls ein Fehler angezeigt wird, kann angehalten und die Zündung aus und wieder eingeschaltet werden – wenn die Lampe jetzt erlischt, war der Fehler nur kurzzeitig oder wurde beseitigt. Falls die Lampe weiter leuchtet, müssen die ABS-Sicherungen überprüft werden (siehe Kapitel 8) – sind diese in Ordnung, müssen die Kabel und Anschlüsse zu den Radsensoren und dem Modulator überprüft werden (Abbildungen 17.6, 17.16 sowie 17.27a und b). Kontrollieren Sie alle Kabel und Stecker auf Unterbrechungen, Beschädigungen und mögliche Korrosion – beachten Sie die Hinweise und Schaltpläne in Kapitel 8.

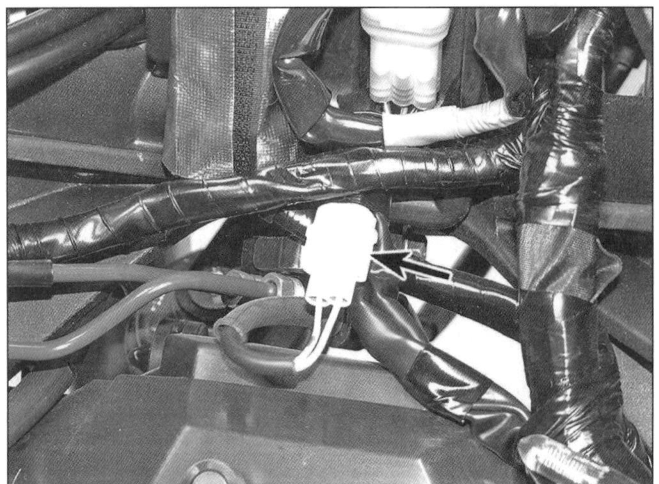

17.6 Stecker des Vorderradsensors

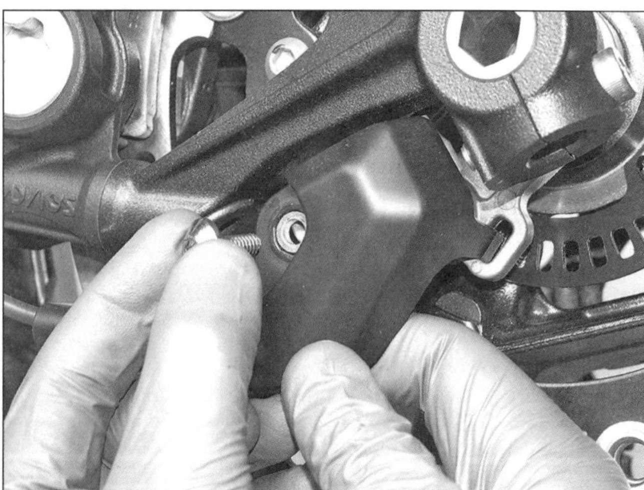

17.7a Lösen Sie die Schraube und entnehmen Sie den Deckel,...

Fehlercode-Tabelle

Fehlercodes (gefolgt von »ABS«)	Defekte Komponente oder System	Mögliche Gründe
11, 13, 15, 17, 25, 26, 45	Vorderradsensor-Stromkreis Vorderradsensor Vorderrad-Sensorring	Kabel oder Stecker defekt Sensor defekt Sensorring defekt
12, 14, 16, 18, 27, 46	Hinterradsensor-Stromkreis Hinterradsensor Hinterrad-Sensorring	Kabel oder Stecker defekt Sensor defekt Sensorring defekt
21	Steuergerät / Modulator-Magnetschalter	Steuergerät / Modulator-Magnetschalter defekt Kabel oder Stecker defekt
24	Bremslichtschalter-Stromkreis	Kabel oder Stecker defekt LED defekt Schalter defekt Relais defekt
31, 32	Steuergerät / Modulator-Relais	ABS-Magnetschalter-Sicherung Kabel oder Stecker defekt Relais defekt Steuergerät / Modulator defekt
33, 34	Steuergerät / Modulator-Motor	ABS-Motor-Sicherung Kabel oder Stecker defekt Relais defekt Steuergerät / Modulator defekt
41	Vorderrad kann blockieren	Bremse schleift Bremsleitung defekt, Flüssigkeitsaustritt Impulstest-Ergebnisse unkorrekt Steuergerät / Modulator defekt
42, 47	Hinterrad kann blockieren	Bremse schleift Bremsleitung defekt, Flüssigkeitsaustritt Impulstest-Ergebnisse unkorrekt Steuergerät / Modulator defekt
43	Vorderradsensor-Signal	Sensor falsch installiert Kabel oder Stecker defekt Sensorring defekt
44	Hinterradsensor-Signal	Sensor falsch installiert Kabel oder Stecker defekt Sensorring defekt
51, 52	Versorgungsspannung zu hoch	Batterie Ladesystem
53, 54	Versorgungsspannung zu niedrig	Batterie Ladesystem Kabel oder Stecker defekt
55,56	Stromversorgung Steuergerät / Modulator	Steuergerät / Modulator defekt
63	Stromversorgung Vorderradsensor	Kabel oder Stecker defekt Steuergerät / Modulator defekt
64	Stromversorgung Hinterradsensor	Kabel oder Stecker defekt Steuergerät / Modulator defekt

Prüfen Sie auch, ob die Radsensor-Köpfe und die Sensorringe sauber, frei von Rost und Ablagerungen und nicht beschädigt sind – der Aus- und Einbau ist unten beschrieben. Falls keine Defekte festgestellt werden, müssen die Fehlercodes gelöscht werden.

4 Um Fehlercodes auszulesen, wird ein spezielles Yamaha-Diagnosegerät benötigt – beachten Sie die beigefügten Hinweise, falls dies zu Hand ist. In der Tabelle können anhand des Fehlercodes die betroffene Komponente und mögliche Ursachen abgelesen werden. Bringen Sie das Motorrad ansonsten zu einer Yamaha-Werkstatt, wo eine Diagnose und Reparatur durchgeführt werden kann.

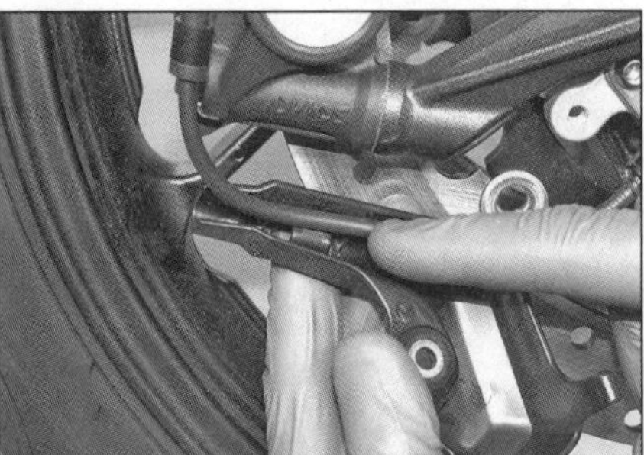

17.7b ...befreien Sie dann das Kabel aus seiner Führung.

17.7c Lösen Sie die Schraube und befreien Sie den Sensor.

Anmerkung: *Das ABS-Steuergerät kann auch Fehler diagnostizieren, falls an einem Rad der Luftdruck nicht korrekt ist oder eine nicht von Yamaha freigegebene Reifengröße montiert wurde. Auch wenn man längere Zeit auf unebener Fahrbahn unterwegs war, das Vorderrad bei einem Wheelie vom Boden gehoben wurde oder bei aufgebocktem Motorrad mit Motorkraft das Hinterrad gedreht wurde, können Fehler gespeichert werden.*

ABS-Komponenten

Anmerkung: *Achten Sie darauf, den Sensorring und die Sensorspitze nicht zu beschädigen, keine magnetisierten Werkzeuge in ihre Nähe zu bringen und ihnen keinen Stöße zuzufügen. Einmal entfernte Schrauben müssen durch Neuteile ersetzt werden.*

Vorderradsensor

5 Demontieren Sie das Luftfiltergehäuse (siehe Kapitel 4).

6 Trennen Sie den Sensor-Stecker (siehe Abbildung). Befreien Sie das Kabel und führen Sie es zum Sensor zurück.

7 Lösen Sie unten am rechten Bremssattelhalter ggf. die Schraube der Sensorabdeckung und entfernen Sie diese (siehe Abbildungen). Bei der MT-09 und Tracer ab 2017 ist der Sensorhalter direkt zugänglich (Abbildung 14.2).

8 Sorgen Sie dafür, dass die Sensorspitze, sein Sitz und der Sensorring sauber und nicht beschädigt sind. Montieren Sie den Sensor und ziehen Sie die Schraube mit 7 Nm an. Montieren Sie ggf. die Abdeckung.
9 Verlegen Sie das Kabel wie beim Ausbau notiert zum Stecker, verbinden Sie es und sichern Sie es mit allen Befestigungen.
10 Montieren Sie das Luftfiltergehäuse (siehe Kapitel 4).

Vorderrad-Sensorring

11 Bauen Sie das Vorderrad aus (siehe Sektion 14).
12 Lösen Sie die Schrauben des Sensorrings und heben Sie diesen ab (siehe Abbildung) – Yamaha schreibt vor, beim Einbau neue Schrauben zu verwenden.
13 Der Sitz des Rings an der Radnabe muss von Schmutz und Korrosion befreit sein, damit der Ring senkrecht sitzt und der Sensor keine falschen Signale übermittelt. Der Sensorring darf nicht verschmutzt, beschädigt oder verzogen sein. Installieren Sie neue mit Sicherungspaste versehene Schrauben und ziehen Sie sie mit 8 Nm an.
14 Bauen Sie das Vorderrad ein (siehe Sektion 14).

Hinterradsensor

15 Entfernen Sie die Sitze/Sitzbank (siehe Kapitel 7).

17.16 Stecker des Hinterradsensors

16 Trennen Sie den Stecker des Sensorkabels (siehe Abbildung), befreien Sie dies aus allen Führungen und führen Sie es zum Sensor zurück – merken Sie sich seine Verlegung.
17 Lösen Sie die Sensorschraube und befreien Sie den Sensor (siehe Abbildung).
18 Sorgen Sie dafür, dass die Sensorspitze, sein Sitz und der Sensorring sauber und nicht beschädigt sind. Montieren Sie den Sensor und ziehen Sie die Schraube mit 7 Nm an. Verlegen Sie das Kabel wie beim Ausbau notiert zum Stecker, verbinden Sie es und sichern Sie es mit allen Befestigungen.
19 Montieren Sie die Sitze/Sitzbank (siehe Kapitel 7).

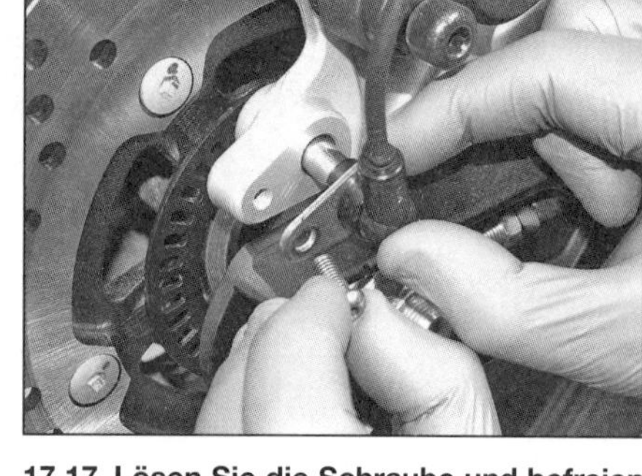

17.17 Lösen Sie die Schraube und befreien Sie den Sensor.

Hinterrad-Sensorring

20 Bauen Sie das Hinterrad aus (siehe Sektion 15).
21 Lösen Sie die Schrauben des Sensorrings und heben Sie diesen ab – Yamaha schreibt vor, beim Einbau neue Schrauben zu verwenden.
22 Der Sitz des Rings an der Radnabe muss von Schmutz und Korrosion befreit sein, damit der Ring senkrecht sitzt und der Sensor keine falschen Signale übermittelt. Der Sensorring darf nicht verschmutzt, beschädigt oder verzogen sein. Installieren Sie neue mit Sicherungspaste versehene Schrauben und ziehen Sie sie mit 8 Nm an.

17.26a Lösen Sie an beiden Seiten die Schrauben,...

17.26b ...befreien Sie den Halter und trennen Sie den Stecker des Neigungswinkelsensors.

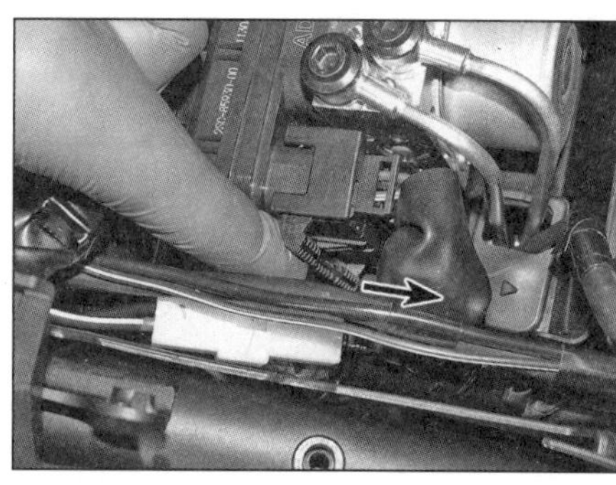

17.27a Drücken Sie die Lasche nach vorn,...

17.27b ...um den Stecker vom Steuergerät zu trennen.

17.29 Bremsleitungs-Anschlüsse am Modulator

17.30 Schrauben des Modulatorhalters

23 Bauen Sie das Hinterrad ein (siehe Sektion 15).

ABS-Steuergerät/Modulator

Anmerkung: *Bevor der Modulator aus dem Motorrad demontiert werden kann, muss die gesamte Bremsflüssigkeit abgelassen werden (siehe Sektion 11). Der Modulator kann nicht zerlegt werden und es sind keine Ersatzteile erhältlich – bei einem Ausfall muss er ausgetauscht werden.*

24 Der Modulator sitzt oberhalb des Hinterradstoßdämpfers.
25 Demontieren Sie den Tank (siehe Kapitel 4).
26 Demontieren Sie den Tankhalter (siehe Abbildungen).
27 Drücken Sie Lasche des Modulatorsteckers nach vorn und trennen Sie den Stecker (siehe Abbildungen).
28 Bedecken Sie die Umgebung des Modulators mit Lappen, um keine Bremsflüssigkeitsspritzer auf Lackteile geraten zu lassen.
29 Markieren Sie oben am Modulator alle Bremsleitungen entsprechend ihrer Position. Lösen Sie die Bremsleitungs-Anschlussschrauben und befreien Sie die Leitungen – beachten Sie die Positionen der Dichtscheiben (siehe Abbildung). Saugen Sie austretende Bremsflüssigkeit mit Lappen auf. Beim Zusammenbau müssen neue Dichtscheiben verwendet werden.
30 Lösen Sie Schraube des Bremsleitungshalters (Abbildung 10.6). Lösen Sie die drei Schrauben des Modulatorhalters (siehe Abbildung) und heben Sie den Modulator vorsichtig heraus. Kontrollieren Sie seine Gummihalterungen und die darin sitzenden Hülsen. Lösen Sie nötigenfalls die Schrauben, die den Modulator an seinem Halter sichern, und befreien Sie ihn.
31 Dichten Sie die Enden aller Bremsleitungen ab und verstopfen Sie die Bohrungen des Modulators mit Gummistopfen; auch können neue (und saubere) M10 x 1-Schrauben locker eingedreht werden, um keinen Schmutz eindringen zu lassen.
32 Der Einbau entspricht der umgekehrten Ausbaureihenfolge – beachten Sie dabei folgende Punkte:

- Die Gummis des Modulatorhalters müssen mit den Hülsen ausgerüstet sein. Ziehen Sie die Befestigungsschrauben mit 7 Nm an.
- Alle Bremsleitungen müssen korrekt ausgerichtet sein. Verwenden Sie neue Dichtscheiben und ziehen Sie die Anschlussschrauben mit 30 Nm an (Abbildung 17.29).
- Verbinden Sie den Modulatorstecker und sichern Sie ihn mit der Lasche.
- Füllen Sie das Bremssystem auf und entlüften Sie es (siehe Sektion 11). Kontrollieren Sie das Bremssystem auf Dichtigkeit und prüfen Sie vor der ersten Fahrt die Funktion der Bremsen.
- Bringen Sie das Motorrad anschließend zu einer Yamaha-Werkstatt, damit diese einen Impulstest durchführen kann.

18 Reifen

Allgemeine Informationen

1 Auf die an allen Modellen verwendeten Räder müssen schlauchlose Reifen gezogen werden. Die Reifengrößen finden sich in den technischen Daten dieses Kapitels sowie auf einem Aufkleber am Kettenschutz, im Fahrerhandbuch und in den Fahrzeugpapieren.
2 Wechseln Sie zu den Täglichen Kontrollen am Anfang dieses Handbuches, um Räder und Reifen zu warten.

Montage neuer Reifen

3 Die Auswahl neuer Reifen wird von den Eintragungen in den Fahrzeugpapieren bestimmt. Achten Sie darauf, dass Vorder- und Hinterreifen zusammenpassen, die Größe und Geschwindigkeitsangabe stimmen. Lassen Sie sich von einem Yamaha- oder Reifenhändler beraten (siehe Abbildung).

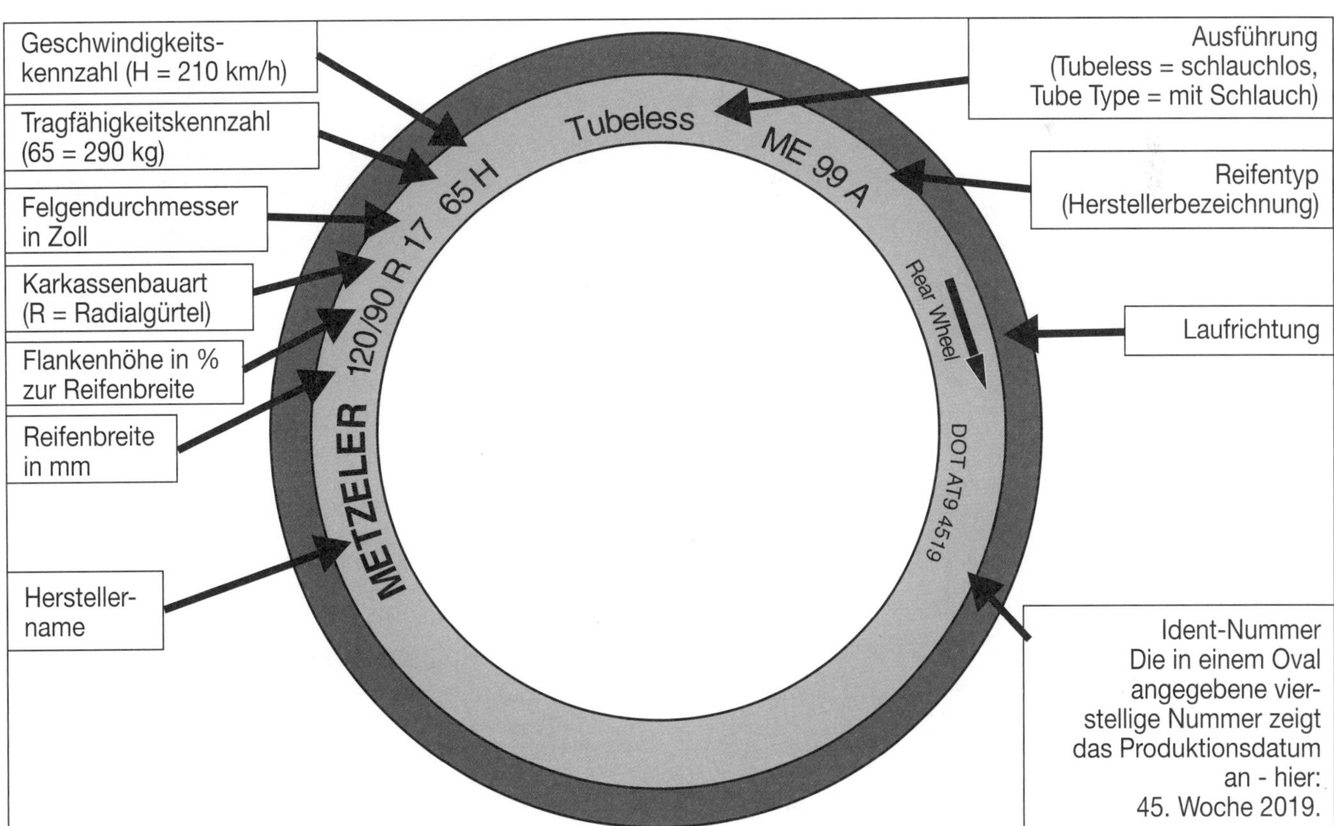

18.3 Übliche Reifen-Markierungen

6

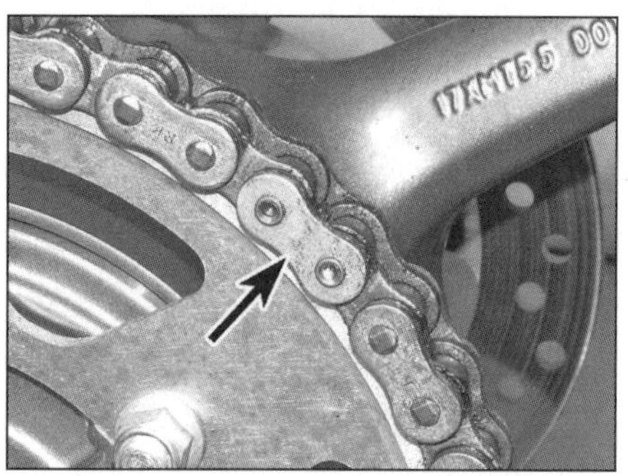

19.1 Das Nietschloss lässt sich anhand der anders aussehenden Nietköpfe erkennen.

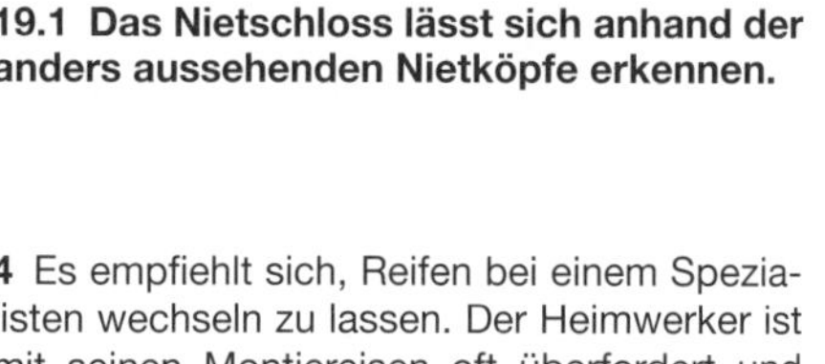

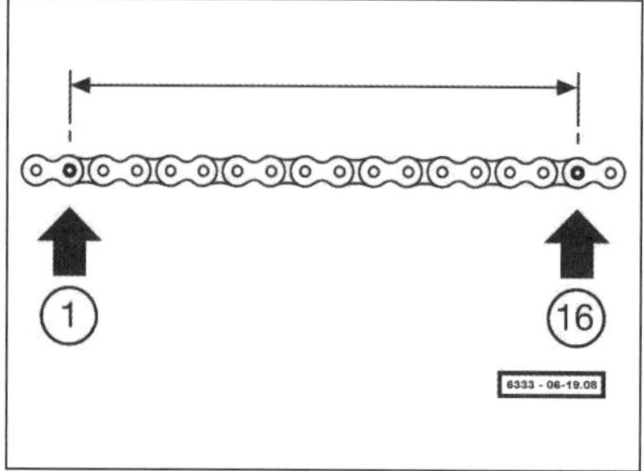

19.8 Messen Sie den Abstand zwischen den Mittelpunkten des ersten und des sechzehnten Bolzens.

4 Es empfiehlt sich, Reifen bei einem Spezialisten wechseln zu lassen. Der Heimwerker ist mit seinen Montiereisen oft überfordert und beschädigt eventuell die Dichtflächen an Reifen und Felgen. Eine Werkstatt ist zusätzlich in der Lage, neue Reifen auszuwuchten.

5 Beachten Sie, dass beschädigte Schlauchlos-Reifen in manchen Fällen repariert werden können. Von außen vorgenommene Reparaturen mit einem Pannenset sind nur eine Übergangslösung, um zum nächsten Reifenhändler zu kommen – das Fahren mit hohen Geschwindigkeiten und/oder hoher Beladung sollte unterbleiben. Von innen vorgenommene Reparaturen sollten nur von einem Fachbetrieb ausgeführt werden. Ein Rad mit einem reparierten Reifen muss vor dem Einbau ausgewuchtet werden. Berücksichtigen Sie bei reparierten Reifen Ratschläge zur Höchstgeschwindigkeit und zur Beladung.

19 Antriebskette

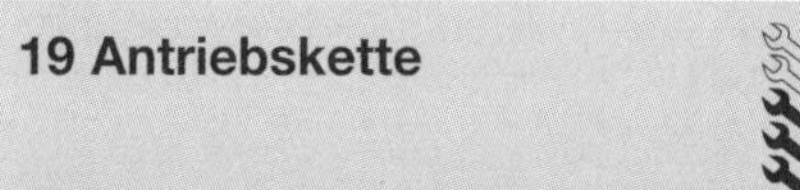

Anmerkung 1: *Die Kette sollte stets zusammen mit den die Kettenrädern ausgetauscht werden (siehe Sektion 20) – eine neue Kette auf alten Kettenrädern oder eine alte Kette auf neuen Kettenrädern sorgen für rapiden Verschleiß. Beachten Sie die Hinweise in Kapitel 1, um Details zur Wartung und Überprüfung des Antriebsstrangs zu erhalten.*

Anmerkung 2: *Die an diesen Modellen verwendeten Originalketten sind rundherum vernietete Endlosketten, die über kein Kettenschloss verfügen. Als Ersatz sollte eine Endloskette des gleichen Typs verwendet werden. Falls eine offene Kette aus dem Zubehörmarkt verwendet werden soll, muss auf den korrekten Typ und die korrekte Anzahl der Kettenglieder geachtet werden (siehe technische Daten). Verwenden Sie zum Vernieten der Kette ein hochwertiges Werkzeug, wie es unter der Teilenummer 90890-01550 auch von Yamaha angeboten wird. Beachten Sie hierzu auch die Hinweise in Sektion 8 der* Werkzeug- und Werkstatt-Tipps *im Anhang.*

Ausbau

1 Stützen Sie das Motorrad so, dass das Hinterrad nicht den Boden berührt. Bringen Sie das Nietschloss durch Drehen des Hinterrads in eine geeignete Position (siehe Abbildung). VergröOern Sie den Kettendurchhang (siehe Kapitel 1).

2 Demontieren Sie den Ritzeldeckel (siehe Sektion 20). Falls ein neues Ritzel montiert werden soll, muss jetzt bei gebremsten Hinterrad und eingelegtem hohen Gang die Ritzelmutter gelockert werden.

3 Trennen Sie die Kette mit einem geeigneten Werkzeug am Nietschloss – beachten Sie dazu die dem Werkzeug beigefügte Anleitung und die Sektion 8 der *Werkzeug- und Werkstatt-Tipps* im Anhang. Befreien Sie die Kette aus der Schwinge – beachten Sie dabei ihre Verlegung.

4 Falls neue Kettenräder montiert werden sollen, muss dies jetzt geschehen (siehe Sektion 20).

Reinigung

5 Beachten Sie die Hinweise in Kapitel 1, Sektion 5, um die eingebaute Kette zu reinigen.

6 Falls die Kette stark verschmutzt ist, muss sie ausgebaut werden (siehe oben). Lassen Sie die Kette etwa fünf Minuten in Kerosin oder Heizöl einweichen und reinigen Sie sie mit einer weichen Bürste.

Achtung: Verwenden Sie zum Reinigen kein Benzin, Lösungsmittel oder andere Stoffe, die Dichtringe angreifen können. Benutzen Sie keinen Hochdruckreiniger. Nachdem Kette gewaschen und abgewischt ist, muss sie unverzüglich mit Druckluft getrocknet werden. Der gesamte Prozess sollte nicht länger als zehn Minuten dauern, damit die O-Ringe zwischen den Laschen nicht beschädigt werden.

Streckgrenzen-Kontrolle

7 Der Zustand einer Kette kann ermittelt werden, indem gemessen wird, wie weit sie sich gelängt hat. Für einen guten Zugang zur Kette sollte sie ausgebaut (siehe unten) und gereinigt werden (siehe oben). Vor der Kontrolle muss sichergestellt sein, dass sich alle Kettenglieder sanft bewegen lassen.

8 Legen Sie die Kette auf eine ebene Fläche und ziehen Sie sie stramm. Messen Sie dann den Abstand zwischen 16 Bolzen (siehe Abbildung).

9 Wiederholen Sie die Messung an mehreren Stellen, um ungleichmäßigen Verschleiß zu ermitteln. Falls an irgendeiner Stelle mehr als 239,3 mm festgestellt werden, muss die Kette ersetzt werden.

Einbau

Warnung: Yamaha empfiehlt, NIEMALS eine Kette mit einem Federclip-Schloss zu verwenden! Benutzen Sie stets eine Kette mit Nietschloss und vernieten Sie sie mit einem exakt dafür vorgesehenen Werkzeug – lassen Sie diese Arbeit nötigenfalls von einer Fachwerkstatt durchführen.

Anmerkung: *Die in Schritt 12 angegebenen Vorgaben gelten für die serienmäßig verwendeten Daido-Ketten. Beschaffen Sie eine neue Kette mit 110 Gliedern oder kürzen Sie überzählige Kettenglieder, bevor Sie die Kette montieren.*

10 Verlegen Sie die Kette durch die Schwinge und über beide Kettenräder, sodass ihre Enden unten mittig unter der Schwinge liegen.

11 Beachten Sie die Sektion 8 der *Werkzeug- und Werkstatt-Tipps* im Anhang und drücken Sie das neue mit zwei neuen O-Ringen versehene Kettenschloss von innen durch die Bohrungen in den Enden der Kette. Schieben Sie zwei weitere O-Ringe und die neue Lasche mit der Markierung nach außen auf. Messen Sie, wie weit die Bolzen aus der Lasche ragen – es müssen 1,2 bis 1,4 mm festgestellt werden. Vernieten Sie die Bolzenköpfe entsprechend der dem Werkzeug beigefügten Anleitung. Verwenden Sie NIEMALS ein altes Kettenschloss wieder!

12 Kontrollieren Sie die Bolzenköpfe nach dem Vernieten auf Risse – falls welche entdeckt werden, muss unbedingt ein neues Kettenschloss montiert werden. Messen Sie den Durchmesser der Bolzenköpfe – in mehrere Richtungen müssen 5,5 bis 5,8 mm festgestellt werden. Messen Sie auch den Abstand zwischen den Innenseiten des Kettenschlosses und der Lasche – hier müssen zwischen 14,1 und 14,3 mm ermittelt werden. Prüfen Sie, ob sich die Kette frei bewegen lässt.

13 Ziehen Sie nötigenfalls jetzt die Ritzelmutter an – blockieren Sie dabei das Hinterrad mit der Fußbremse. Montieren Sie den Ritzeldeckel (siehe Sektion 20).

14 Schmieren Sie die Kette und stellen Sie den korrekten Durchhang ein (siehe Kapitel 1).

20.1a Beachten Sie die Markierung…

20.1b …und lösen Sie die Schraube, um den Schaltgestängehebel abzuziehen.

20.3a Lösen Sie die Schrauben…

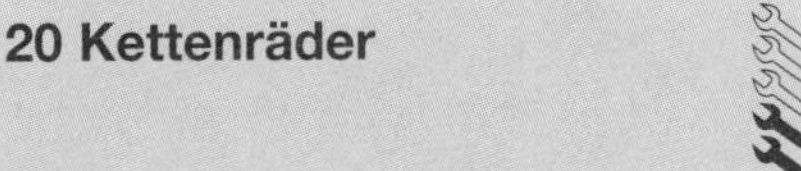

20 Kettenräder

Anmerkung: *Die Kettenräder sollten stets zusammen mit der Kette ausgetauscht werden (siehe Sektion 19) – eine neue Kette auf alten Kettenrädern oder eine alte Kette auf neuen Kettenrädern sorgen für rapiden Verschleiß. Beachten Sie die Hinweise in Kapitel 1, um Details zur Wartung und Überprüfung des Antriebsstrangs zu erhalten.*

Ritzeldeckel

1 Beachten Sie die Ausrichtung der Linie an der Schaltwelle zur Körnermarkierung am Schaltgestängehebel, lösen Sie dessen Klemmschraube und ziehen Sie den Hebel ab.

Anmerkung: *Bringen Sie nötigenfalls eigene Markierungen an, um den Hebel später wieder korrekt ausrichten zu können.*

2 Bei Modellen mit Schaltautomat *(Quickshifter)* muss dessen Kabel verfolgt und am Stecker getrennt werden (siehe Kapitel 5, Sektion 3). Stützen Sie den Schaltautomat, um das Kabel nicht unter Last zu setzen.

20.3b …und befreien Sie die Schläuche, während Sie den Deckel abnehmen.

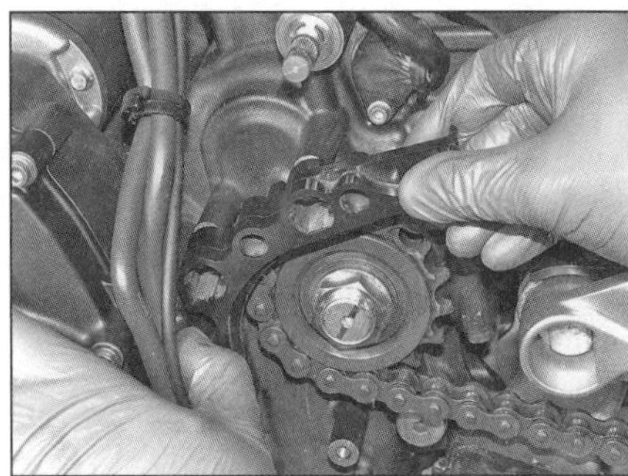

20.3c Entnehmen Sie nötigenfalls die Kettenführung.

3 Lösen Sie die Schrauben des Ritzeldeckels und befreien Sie die Schläuche aus der Führung (siehe Abbildungen). Beachten Sie die Kettenführung und entfernen Sie sie nötigenfalls (siehe Abbildung). Beachten Sie auch die Hülsen in den Gummiösen (siehe Abbildung) – ersetzen Sie die Ösen, falls sie beschädigt oder spröde sind. Beseitigen Sie alte Fett und Schmutz aus dem Deckel, beachten Sie bei neueren Modellen den Schallschutz.

4 Der Einbau entspricht der umgekehrten Ausbaureihenfolge. Installieren Sie vor dem Ansetzen des Deckels die vordere Schraube und achten Sie darauf, dass alle Schläuche korrekt in der Führung verlegt sind (siehe Abbildung). Richten Sie die Körnermarkierung am Schaltgestängehebel zur Linie an der Schaltwelle aus (Abbildungen 20.1b und a). Verbinden Sie ggf. den Stecker des Schaltautomaten (siehe Kapitel 5, Sektion 3).

Motorritzel

5 Demontieren Sie den Ritzeldeckel (Schritte 1 bis 3).

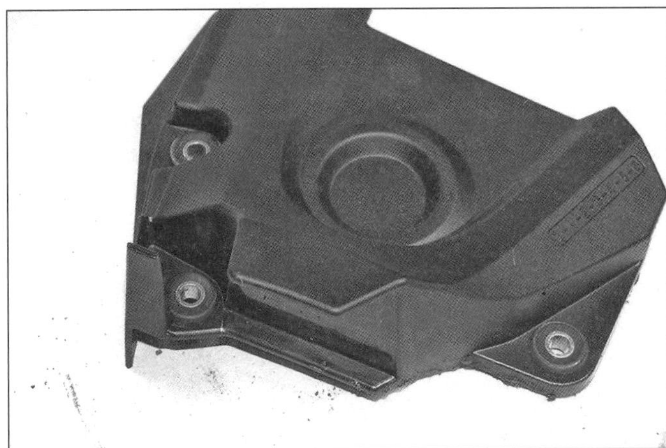

20.3d Beachten Sie die Hülsen in den Gummiösen und kontrollieren Sie diese.

20.4 Installieren Sie die vordere Schraube und halten Sie die Schläuche beim Ansetzen des Deckels beiseite.

6 Treiben Sie die Verstemmung der Ritzelmutter aus der Vertiefung der Getriebewelle (siehe Abbildung). Legen Sie einen hohen Gang ein und lassen Sie einen Assistenten die Fußbremse betätigen. Lösen Sie die Ritzelmutter und entnehmen Sie die Scheibe (siehe Abbildung) – die Mutter muss später durch ein Neuteil ersetzt werden.

7 Erzeugen Sie maximalen Durchhang in der Antriebskette (siehe Kapitel 1, Sektion 5). Falls eine neue Kette montiert werden soll, muss die alte jetzt getrennt werden (siehe Sektion 19). Falls auch das hintere Kettenblatt demontiert werden soll, kann jetzt das Hinterrad ausgebaut werden (siehe Sektion 15), um den Durchhang der Kette zu vergrößern; heben Sie ansonsten die Kette vom Kettenblatt.

8 Ziehen Sie das Ritzel von der Getriebewelle und befreien Sie es ggf. aus der Kette (siehe Abbildung).

9 Legen Sie das Ritzel mit der Markierung nach außen ggf. in die Kette und schieben Sie es auf die Getriebewelle.

10 Montieren Sie ggf. das hintere Kettenrad (siehe unten) und bauen Sie das Rad ein (siehe Sektion 15). Montieren Sie ggf. eine neue Kette (siehe Sektion 19). Falls die Kette nur vom Kettenblatt gehoben war, muss sie jetzt aufgelegt werden. Verringern Sie den Kettendurchhang.

11 Legen Sie die Scheibe mit OUT nach außen auf und drehen Sie die neue Mutter auf (Abbildung 20.6b). Lassen Sie einen Assistenten die Fußbremse betätigen und ziehen Sie die Mutter mit 95 Nm an. Verstemmen Sie mit einem Dorn ihren Bund in den Vertiefungen der Getriebewelle (siehe Abbildung).

12 Montieren Sie den Ritzeldeckel. Schmieren Sie die Kette und stellen Sie den korrekten Durchhang ein (siehe Kapitel 1).

Kettenblatt

13 Demontieren Sie das Hinterrad (siehe Sektion 15). Legen Sie das Rad mit dem Kettenblatt nach oben so auf Hölzer, dass die Bremsscheibe nicht beschädigt wird.

14 Lösen Sie die Kettenblatt-Muttern und heben Sie den Halter sowie das Kettenblatt von den Stehbolzen (siehe Abbildung).

15 Legen Sie das Kettenblatt mir den Markierungen nach außen über die Stehbolzen auf die Radnabe. Legen Sie den Halter auf und ziehen Sie die Muttern schrittweise und über Kreuz mit 80 Nm an.

16 Montieren Sie das Hinterrad (siehe Sektion 15).

20.6a Treiben Sie mit einem Dorn die Verstemmung der Ritzelmutter heraus.

20.6b Drehen Sie die Mutter ab und entnehmen Sie die Scheibe.

20.8 Ziehen Sie das Ritzel von der Getriebewelle und befreien Sie es aus der Kette.

20.11 Verstemmen Sie die Ritzelmutter gegen die Getriebewelle.

20.14 Lösen Sie die Muttern und heben Sie den Halter sowie das Kettenblatt ab.

Kapitel 7
Anbauteile

Inhalt (in alphabetischer Reihenfolge, die Zahlen geben die Nummerierung in den grauen Feldern wieder)

Allgemeine Informationen 1
Anbauteile – MT-09 2
Anbauteile – Tracer 3
Anbauteile – XSR 4

Schwierigkeitsgrade

Leicht. Für Anfänger mit wenig Erfahrung geeignet. 	**Relativ leicht.** Für Anfänger mit etwas Erfahrung geeignet. 	**Relativ schwierig.** Geeignet für geübte Selbstschrauber. 	**Schwer.** Geeignet für Selbstschrauber mit viel Erfahrung. 	**Sehr schwer.** Geeignet für Experten und Profis. 

Technische Daten

Anzugsdrehmomente	**Nm**
Beifahrergriff-Schrauben (Tracer)	
vorn	25
hinten	32
Handprotektor-Schraube außen (Tracer ab 2017)	23
Lenkergewicht (Tracer ab 2017)	26
Kofferträger-Schrauben (Tracer)	35
Windschutzscheiben-Halter (Tracer)	9

1 Allgemeine Informationen

1 In diesem Kapitel sind die nötigen Arbeitsschritte beschrieben, die zum Entfernen und Montieren der Anbau- und Verkleidungsteile am Motorrad nötig sind. Da bei vielen Wartungsarbeiten und Reparaturen Anbauteile entfernt werden müssen, sind die Arbeitsschritte hier zusammengefasst und werden in anderen Kapiteln erwähnt.

2 Im Falle einer Beschädigung der Teile ist es normalerweise üblich, diese Komponenten durch Neu- oder Gebrauchtteile zu ersetzen. Das Material, aus dem die Verkleidungsteile sind, lässt sich mit konventioneller Technik nicht reparieren. Es gibt jedoch einige Spezialisten, die Kunststoff wieder »schweißen« können. Es lohnt sich, hier Angebote einzuholen, bevor teure Neuteile verbaut werden.

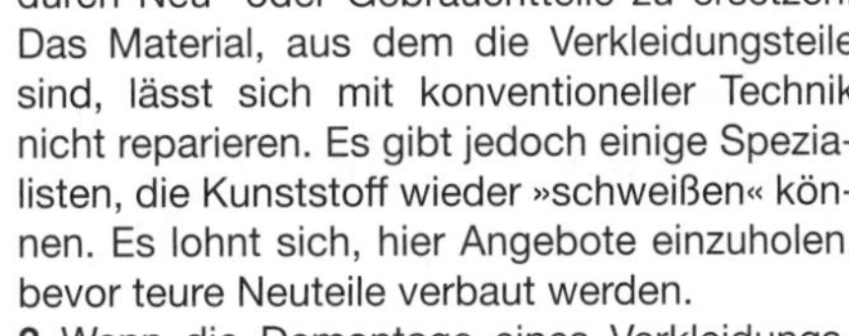

3 Wenn die Demontage eines Verkleidungsteils ansteht, sollte es zunächst genau studiert und alle Befestigungen und Anschlüsse beachtet werden, um beim Einbau alles wieder korrekt an seinen Platz zu bekommen. Wenn alle sichtbaren Befestigungen entfernt worden sind, muss versucht werden, das Teil wie beschrieben abzuziehen – **aber nicht mit Gewalt.** Wenn es sich nicht entfernen lässt, muss vor einem erneuten Versuch überprüft werden, ob alle Befestigungen gelöst sind.

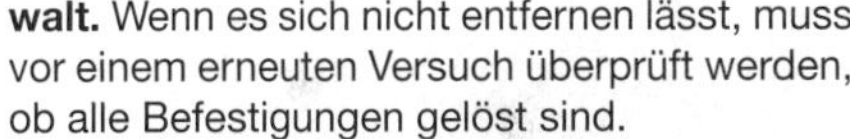

4 Beim Anbau von Verkleidungsteilen muss zuvor genau studiert werden, ob alle Befestigungen und angeschlossenen Teile wieder an ihren korrekten Platz gelangen. Achten Sie darauf, dass alle Befestigungen, wie auch alle Klemmen und Blindsteckmuttern in gutem Zustand sind. Alle verschlissenen oder beschädigten Teile müssen ersetzt werden, bevor die Komponente installiert wird. Prüfen Sie auch, ob alle Halterungen gerade sind und reparieren oder ersetzen Sie, bevor versucht wird, das Anbauteil zu montieren.

5 Ziehen Sie alle Befestigungen sorgfältig an, aber seien Sie vorsichtig, nichts zu überdrehen, da – nicht immer sofort – Belastungsbrüche oder Risse auftreten können.

2.1a Drücken Sie den Mittelstift in das Gehäuse,...

2.1b ...um den Verkleidungsstift zu befreien.

2 Anbauteile MT-09

Verkleidungsstifte

1 Drücken Sie für den Ausbau eines Verkleidungsstifts dessen Mittelteil hinein, ziehen Sie den Stift heraus und entfernen Sie sein Gehäuse (siehe Abbildungen).

2.2 Drücken Sie den Stift vor dem Einbau nach oben heraus, um ihn nach dem Einbau bündig einzudrücken.

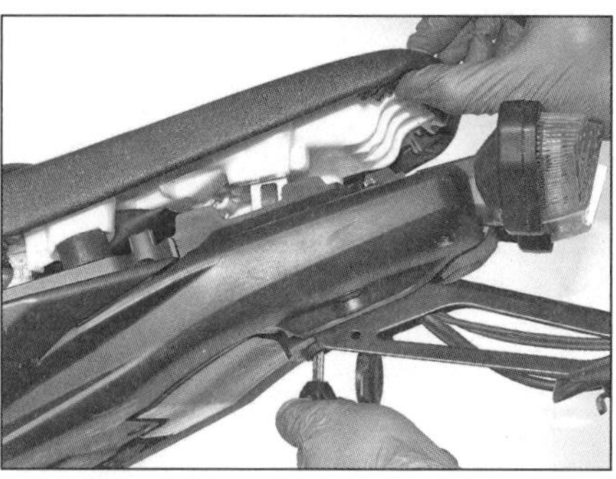
2.3 Öffnen Sie die Abdeckung, stecken Sie den Schlüssel ins Schloss und heben Sie die Sitzbank hinten an.

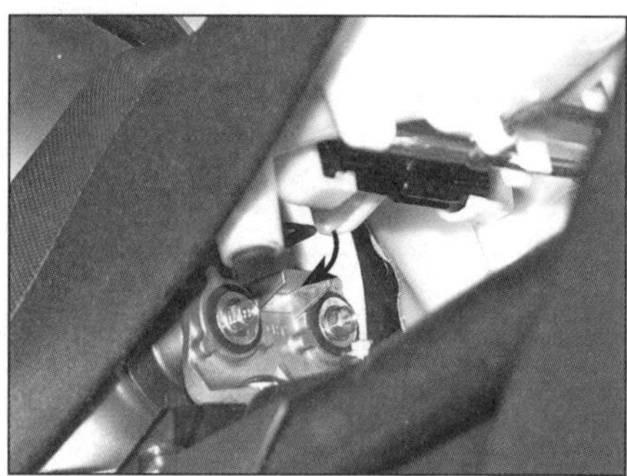
2.5 Die Lasche muss unter den Halter greifen.

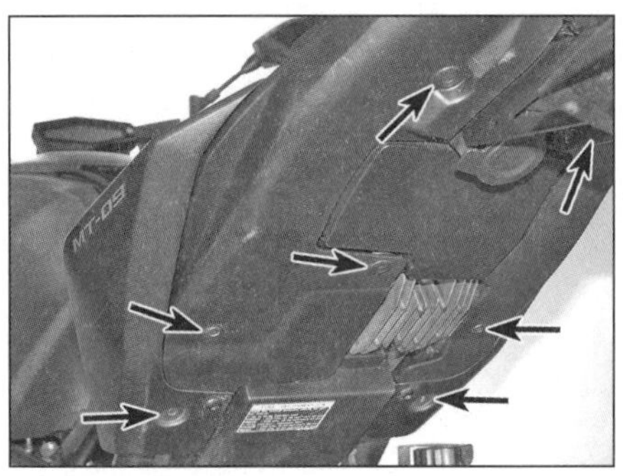
2.7 Befreien Sie die Verkleidungsstifte der jeweiligen Seite.

2.8a Lösen Sie die Schrauben der Heckverkleidung,...

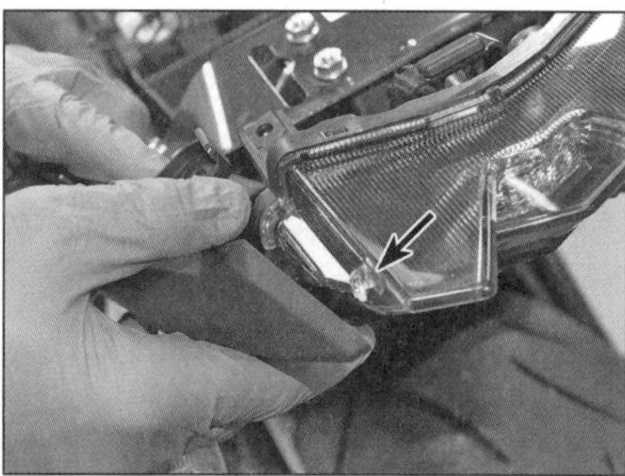
2.8b ...diese ist am Rücklichtglas eingehängt.

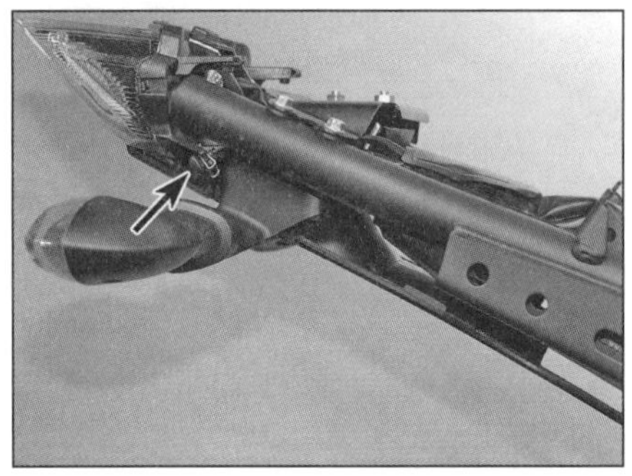
2.8c Lösen Sie die Schrauben der unteren Verkleidung...

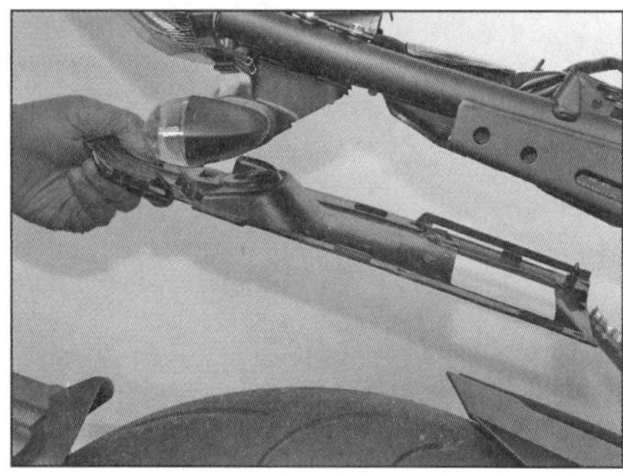
2.8d ...und entnehmen Sie diese.

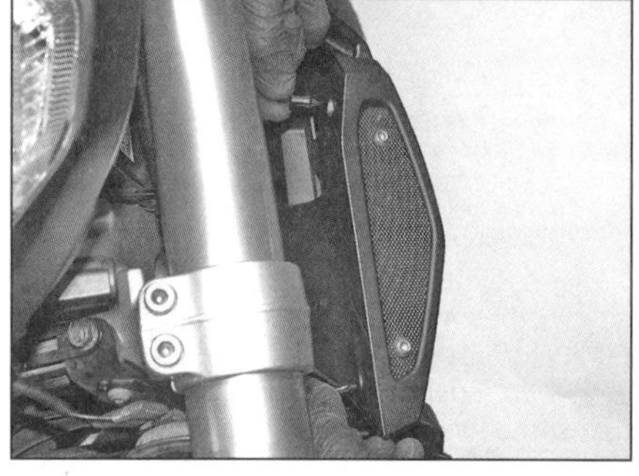
2.10 Verkleidungsstifte an der Innenseite der Lufthutze

2 Vor dem Einbau wird das Mittelteil nach oben herausgedrückt (siehe Abbildung). Installieren Sie den Verkleidungsstift in seine Bohrung und drücken Sie den Stift wieder bündig ein, um ihn zu sichern.

Sitzbank

3 Öffnen Sie unterhalb der Sitzbank die Schlossabdeckung und entriegeln Sie mit dem Zündschlüssel das Schloss, indem Sie ihn gegen den Uhrzeigersinn drehen (siehe Abbildung).
4 Heben Sie die hinteren Ecken der Sitzbank an und befreien Sie ihre vordere Lasche, um sie zu entfernen.
5 Der Einbau entspricht der umgekehrten Ausbaureihenfolge – die Lasche muss korrekt unter den Halter greifen (siehe Abbildung).

Heckverkleidung

6 Entfernen Sie die Sitzbank (siehe oben).
7 Befreien Sie an der Unterseite die Verkleidungsstifte (siehe Abbildung) – die Verkleidungen beider Seiten werden separat entfernt.
8 Lösen Sie oben die Schrauben und entfernen Sie die Verkleidung (siehe Abbildung) – beachten Sie, wie sie hinten am Rücklichtglas eingehängt ist (siehe Abbildung). Lösen Sie nötigenfalls die Schrauben der unteren Verkleidung und entnehmen Sie auch diese (siehe Abbildungen).
9 Der Einbau entspricht der umgekehrten Ausbaureihenfolge.

Lufthutzen

Modelle bis 2016

10 Entfernen Sie an der Innenseite die Verkleidungsstifte (siehe Abbildung).
11 Lösen Sie außen die Schraube und entnehmen Sie die Scheibe (siehe Abbildung). Ziehen Sie die Hutze vorsichtig ab, um den mittleren Zapfen aus der Öse zu befreien – beachten Sie, wie der hintere Stift in der Bohrung steckt (siehe Abbildung). Der Einbau entspricht der umgekehrten Ausbaureihenfolge –

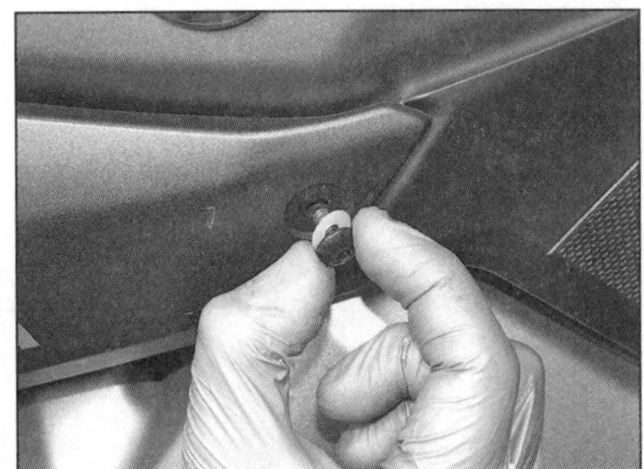

2.11a Lösen Sie die Schraube...

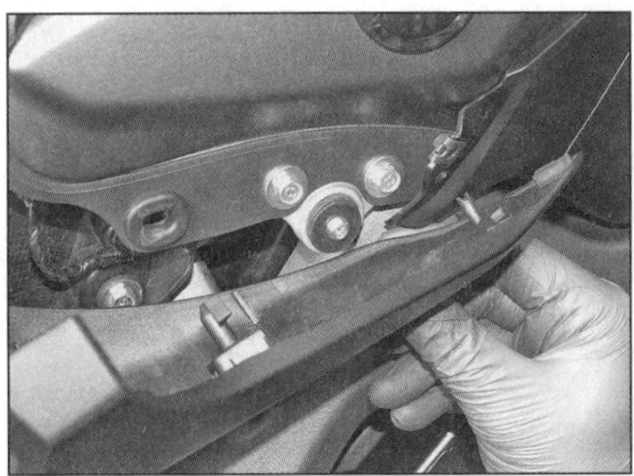

2.11b ...und ziehen Sie die Hutze vorsichtig ab.

2.12a Lösen Sie die Schraube,...

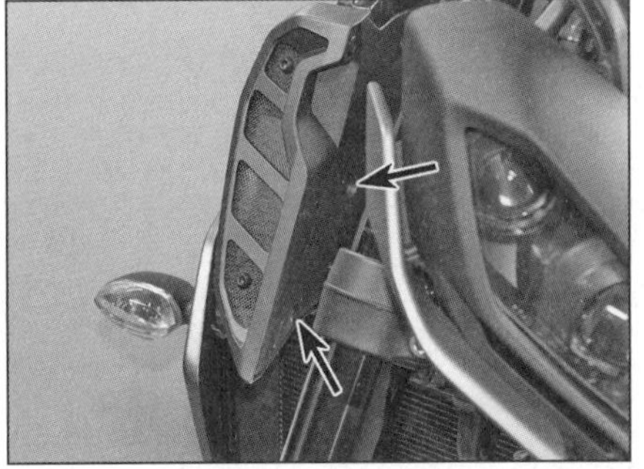

2.12b ...befreien Sie die Verkleidungsstifte an der Innenseite der Lufthutze...

2.12c ...und ziehen Sie die Hutze vorsichtig ab.

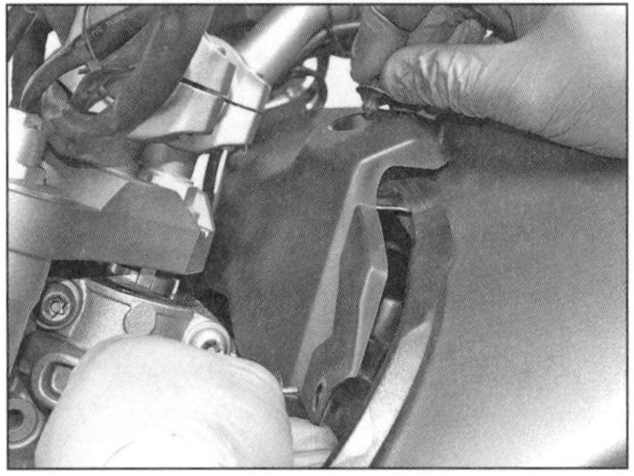

2.13 Die vordere Tankverkleidung ist an jeder Seite mit zwei Verkleidungsstiften gesichert.

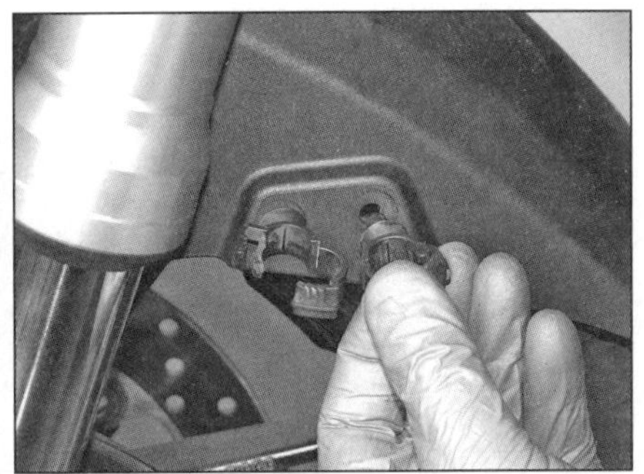
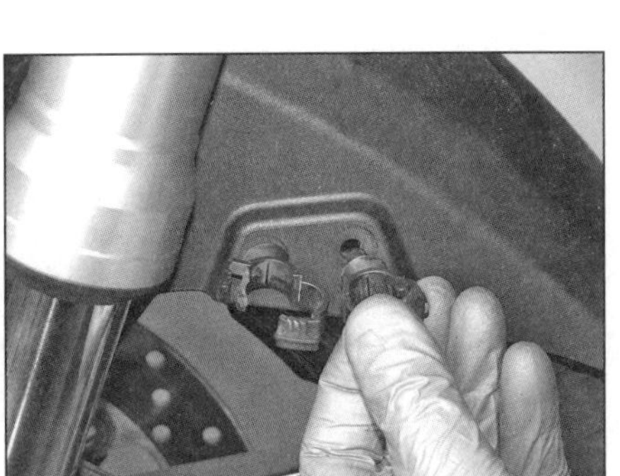

2.15 Befreien Sie die Bremsleitungen aus den Clips und lösen Sie diese aus dem Kotflügel.

2.17 Lösen Sie die Kotflügel-Schrauben...

2.18 Befreien Sie den Kotflügel nach vorn aus der Gabel.

spröde oder beschädigte Gummiösen müssen erneuert werden.

Modelle ab 2017

12 Lösen Sie hinten an der Hutze die Schraube und entnehmen Sie die Scheibe (siehe Abbildung). Entfernen Sie an der Innenseite die Verkleidungsstifte (siehe Abbildung). Ziehen Sie die Hutze vorsichtig ab, um den mittleren Zapfen aus der Öse zu befreien – beachten Sie, wie der hintere Stift in der Bohrung steckt (siehe Abbildung). Der Einbau entspricht der umgekehrten Ausbaureihenfolge – spröde oder beschädigte Gummiösen müssen erneuert werden.

Vordere Tankverkleidung

13 Befreien Sie an beiden Seiten die Verkleidungsstifte und entnehmen Sie die Verkleidung (siehe Abbildung).

14 Der Einbau entspricht der umgekehrten Ausbaureihenfolge.

Vorderradkotflügel

15 Befreien Sie die Bremsleitungen aus den Clips und lösen Sie diese aus dem Kotflügel (siehe Abbildung). Befreien Sie ggf. das ABS-Sensorkabel von der Bremsleitung.

16 Demontieren Sie den rechten Bremssattel (siehe Kapitel 6) und führen Sie ihn über dem Kotflügel nach links, um die Bremsleitung zu befreien – sichern Sie ihn dort, ohne dabei die Bremsleitung unter Last zu setzen.

17 Lösen Sie an beiden Seiten die zwei Schrauben (siehe Abbildung).

18 Heben Sie den Kotflügel vorsichtig nach vorn aus der Gabel (siehe Abbildung).

19 Der Einbau entspricht der umgekehrten Ausbaureihenfolge – die Hülsen müssen von innen in den Schrauben-Aufnahmen stecken.

Hinterradkotflügel

Modelle ab 2017

20 Der Kotflügel sitzt an einem von der Hinterachse gesicherten Halter.

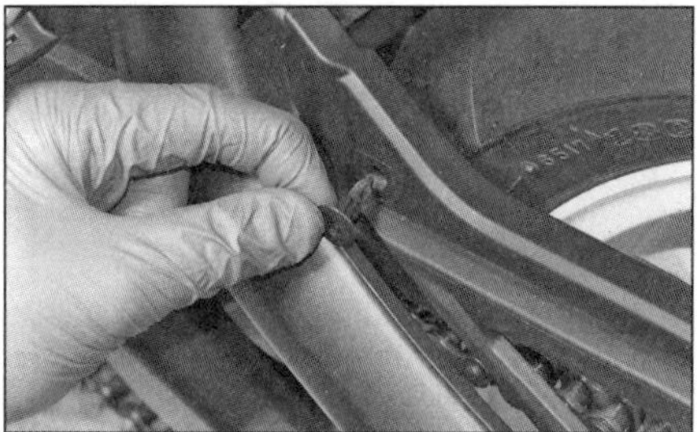

2.21a Entfernen Sie den Verkleidungsstift der Kabelführung…

2.21b …und befreien Sie diese vom Kettenschutz, um den Stecker der Kennzeichenbeleuchtung zu trennen.

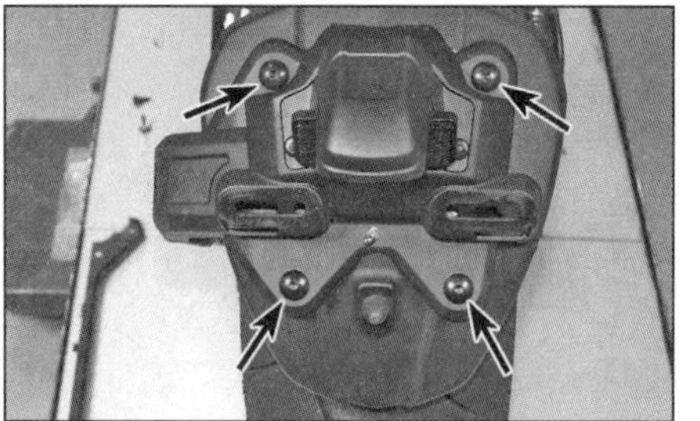

2.22a Schrauben der Kotflügel/Kennzeichenbeleuchtungs-Baugruppe

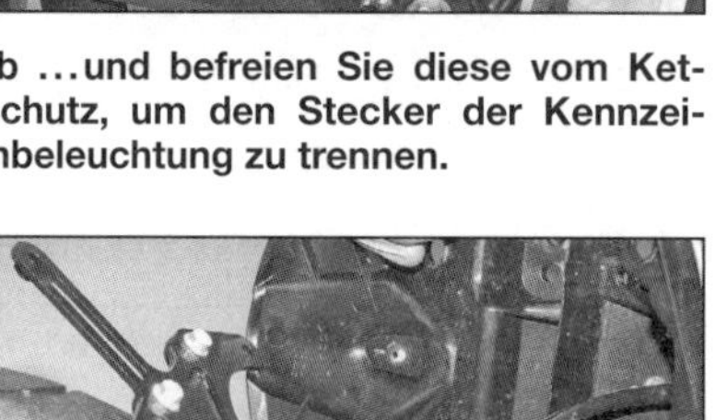

2.22b Heben Sie die Baugruppe ab…

2.22c …und befreien Sie ggf. das Kabel aus den Clips des Halters.

2.23 Lockern Sie unten den Sechskant – rechts hat der Spiegelschaft ein Linksgewinde!

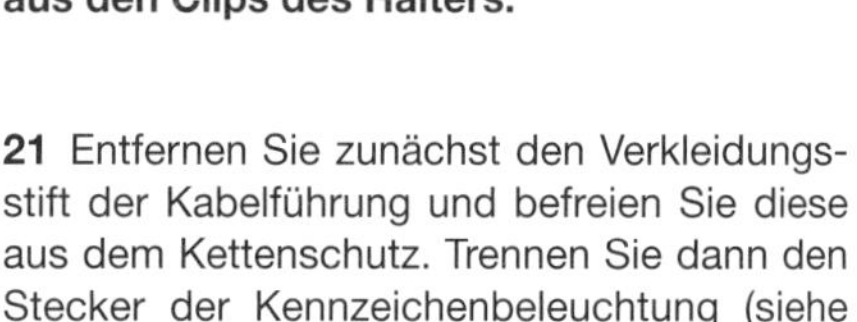

21 Entfernen Sie zunächst den Verkleidungsstift der Kabelführung und befreien Sie diese aus dem Kettenschutz. Trennen Sie dann den Stecker der Kennzeichenbeleuchtung (siehe Abbildungen).

22 Lösen Sie die Schrauben der Kotflügel/Kennzeichenbeleuchtungs-Baugruppe und heben Sie diese ab (siehe Abbildungen). Das Kennzeichenbeleuchtungs-Kabel ist mit Clips innen am Kotflügelhalter gesichert – befreien Sie es hieraus oder lösen sie die Achsmutter, um auch den Halter zu befreien (siehe Abbildung).

Rückspiegel

23 Lockern Sie unten an der Spiegel-Aufnahme den Sechskant und schrauben Sie den Rückspiegel heraus (siehe Abbildung) – der rechte Spiegel hat ein Linksgewinde, sodass er im Uhrzeigersinn gelöst werden muss.

24 Der Einbau entspricht der umgekehrten Ausbaureihenfolge. Positionieren Sie den Rückspiegel und kontern Sie ihn mit dem Sechskant.

3 Anbauteile Tracer

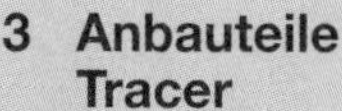

Verkleidungsstifte

1 Beachten Sie die Hinweise in Sektion 2, Schritte 1 und 2.

Sitze

2 Öffnen Sie mit dem Zündschlüssel das Sitzbankschloss links unter dem Fahrersitz nach links (siehe Abbildung). Heben Sie den Rücksitz vorn an und ziehen Sie ihn nach vorn ab – beachten Sie, wie die Haken hinten unter die Halter greifen.

3 Um den Fahrersitz entfernen zu können, muss zunächst der Rücksitz gelöst werden. Entfernen Sie die Abdeckung der Arretierung und drücken Sie diese nach links, um den Sitz zu befreien (siehe Abbildungen) – ziehen Sie ihn nach hinten ab und beachten Sie, wie die vordere Lasche unter den Halter greift.

4 Um die Höhe des Fahrersitzes einstellen zu können, muss er zunächst entfernt werden. Bringen Sie dann den Sitzhalter in die gewünschte Position (hoch oder niedrig) – für die Hoch-Position müssen die vorderen Zapfen an der Unterseite des Halters in die Gummiösen gesteckt werden, für die Niedrig-Position die hinteren Zapfen (siehe Abbildung). Um den Sitz in der Hoch-Position zu montieren, müssen die vordere Lasche in die obere Nut des Tankhalters und die hinteren Halter in den mit H markierten Löchern positioniert werden; in der Niedrig-Position kommen die vordere Lasche in die untere Tankhalter-Nut und die hinteren Halter in den mit L markierten Löcher (siehe Abbildung). Drücken Sie den Sitz hinten herunter, um die Arretierung einrasten zu lassen, und installieren Sie ihre Abdeckung mit dem Pfeil nach vorn zeigend (Abbildung 3.3a).

5 Der Einbau entspricht der umgekehrten Ausbaureihenfolge – nachdem der Fahrersitz in der gewünschten Position gesichert ist (siehe oben) wird der Rücksitz mit der Lasche hinten

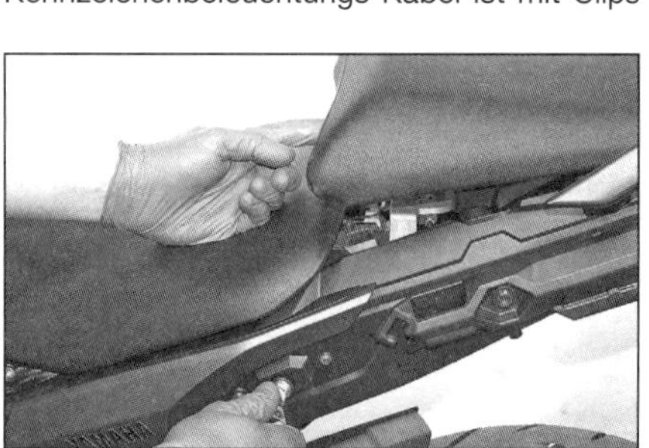

3.2 Entriegeln Sie den Rücksitz und ziehen Sie ihn nach vorn ab.

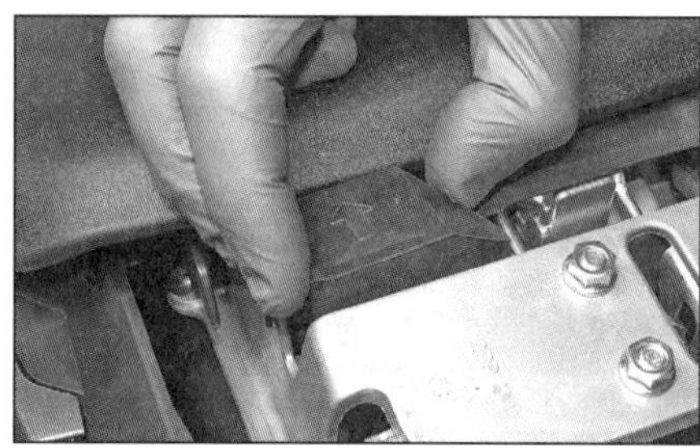

3.3a Entfernen Sie die Abdeckung…

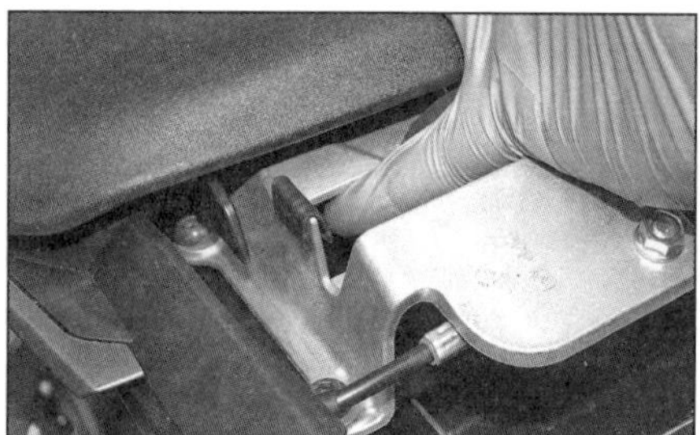

3.3b …und drücken Sie die Arretierung nach links, um den Sitz zu befreien.

3.4a Positionieren Sie den Sitzhalter wie gewünscht...

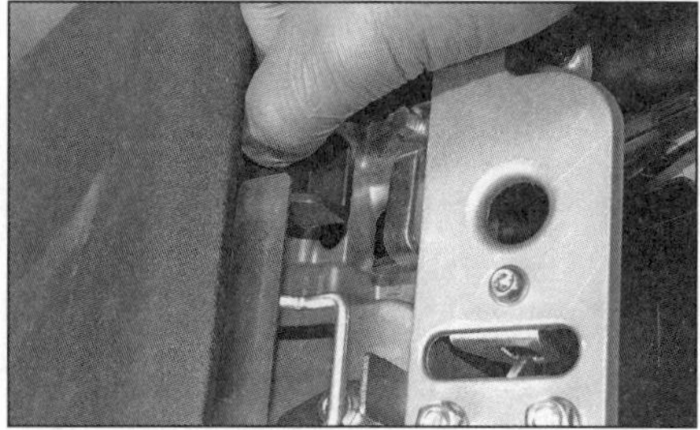

3.4b ...und installieren Sie den Sitz wie beschrieben an den Halter.

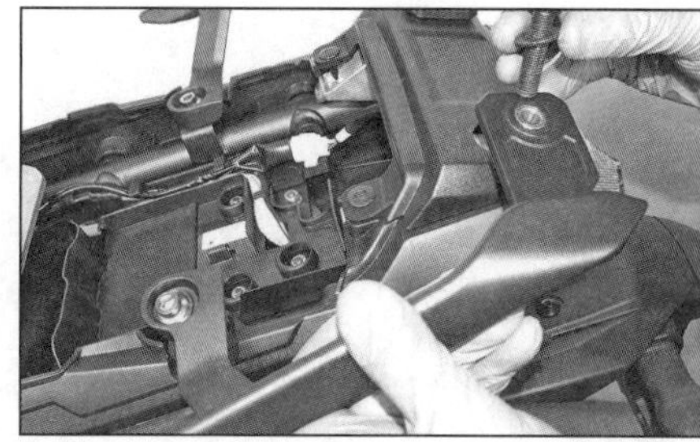

3.7 Lösen Sie die Beifahrergriff-Schrauben.

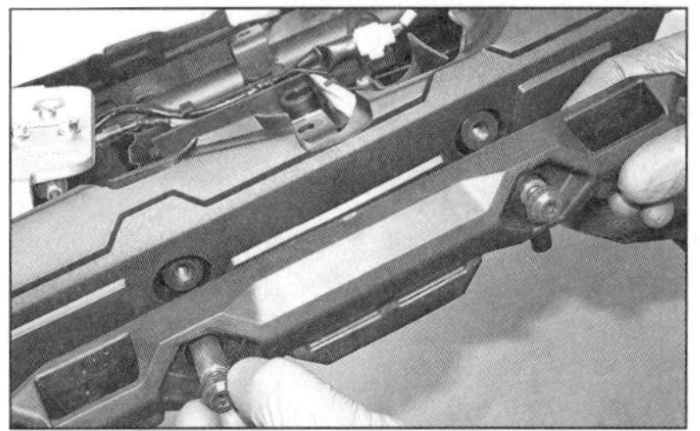

3.10 Demontieren Sie die äußeren Sektionen...

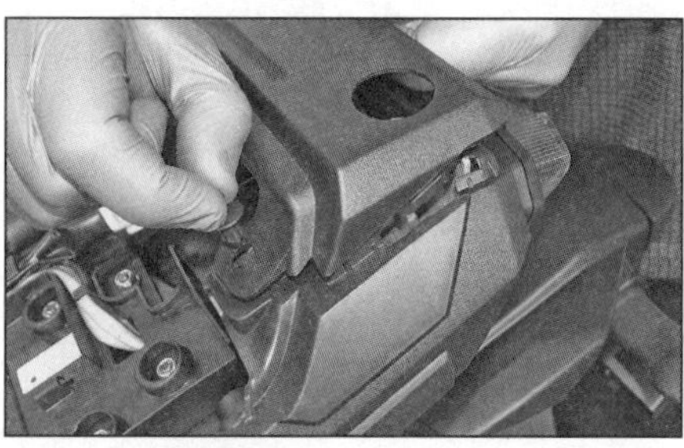

3.11 ...und die obere Abdeckung der Heckverkleidung.

3.12a Verkleidungsstifte des linken Heckverkleidungsteils

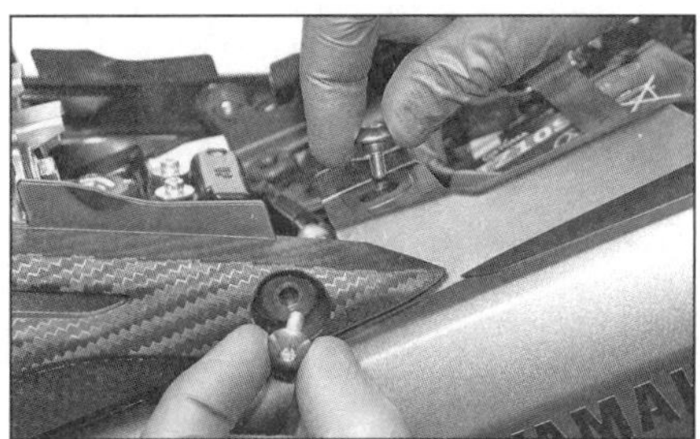

3.12b Lösen Sie vorn die Schrauben der Heckverkleidung und der seitlichen Tankverkleidung.

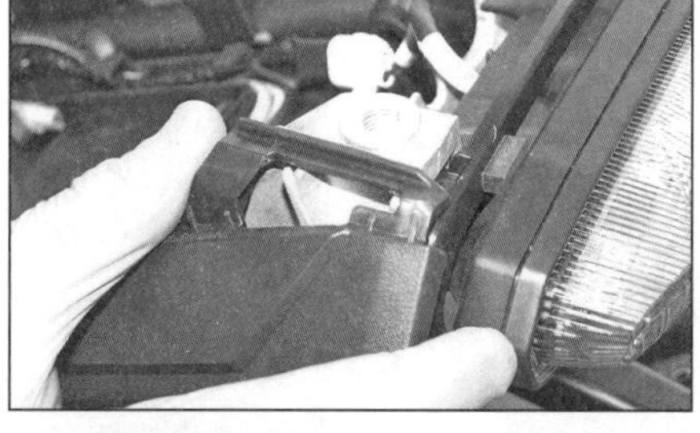

3.12c Befreien Sie die Heckverkleidung hinten,...

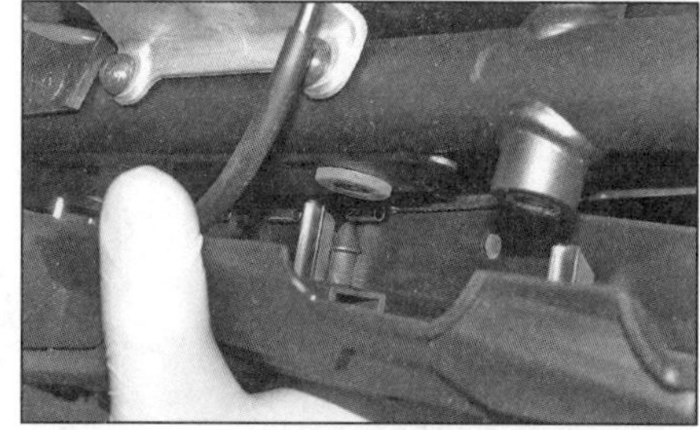

3.12d ...ziehen Sie den Zapfen aus der Gummiöse...

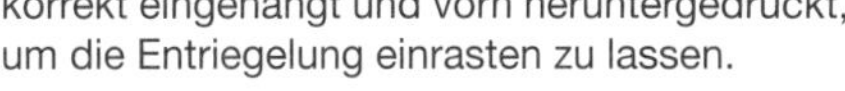

korrekt eingehängt und vorn heruntergedrückt, um die Entriegelung einrasten zu lassen.

Beifahrergriffe

6 Entfernen Sie den Rücksitz (Schritt 2).
7 Lösen Sie die zwei Schrauben des jeweiligen Griffs, um ihn zu entfernen (siehe Abbildung) – beachten Sie die Buchsen für die vorderen Schrauben und die Scheiben und Hülsen für die hinteren.
8 Der Einbau entspricht der umgekehrten Ausbaureihenfolge – alle Buchsen, Hülsen und Scheiben müssen korrekt positioniert sein. Ziehen Sie die vorderen Schrauben mit 25 Nm und die hinteren mit 32 Nm an.

Heckverkleidungen Modelle bis 2016

9 Entfernen Sie beide Sitze und die Beifahrergriffe (siehe oben).
10 Lösen Sie die hinteren Schrauben, um die äußeren Sektionen zu entfernen (siehe Abbildung) – beachten Sie die Scheiben und Hülsen. Jede Sektion ist entsprechend ihrer Position mit RH (rechts) oder LH (links) markiert.
11 Befreien Sie die zwei Verkleidungsstifte der obere Abdeckung und entfernen Sie diese (siehe Abbildung).
12 Befreien Sie an der Heck-Unterseite die Verkleidungsstifte und lösen Sie vorn und an der seitlichen Tankverkleidung die Schrauben (siehe Abbildungen). Heben Sie die Verkleidung hinten vom Halter und ziehen Sie sie vorsichtig ab, um den mittleren Zapfen aus der Gummiöse und das vordere unter der Tankverkleidung zu befreien. Hängen Sie beim Lösen des linken Verkleidungsteils den Seilzug der Sitz-Entriegelung aus (siehe Abbildungen).

3.12e ...und befreien Sie sie vorn aus der Tankverkleidung.

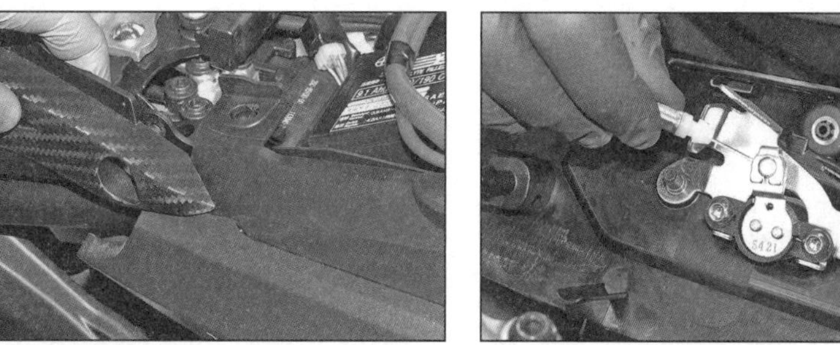

3.12f Hängen Sie am linken Verkleidungsteil den Seilzug der Sitz-Entriegelung aus.

7

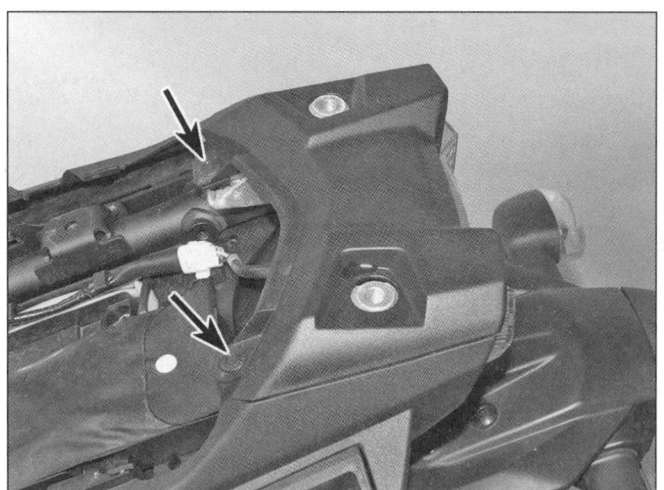
3.15a Entfernen Sie die Verkleidungsstifte...

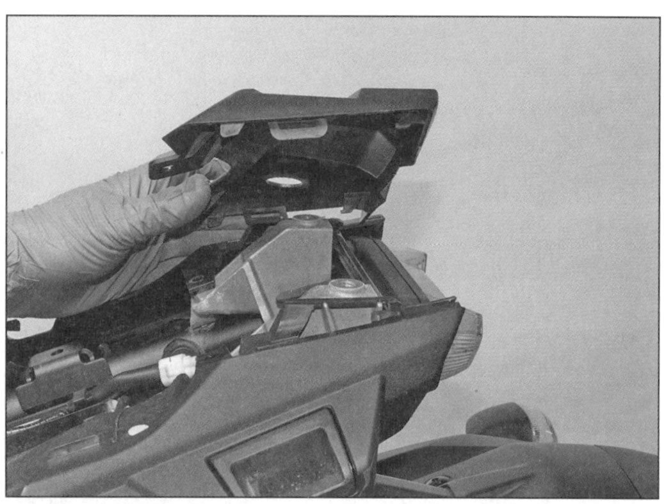
3.15b ...und ziehen Sie die obere Abdeckung nach hinten, um ihre Laschen zu befreien.

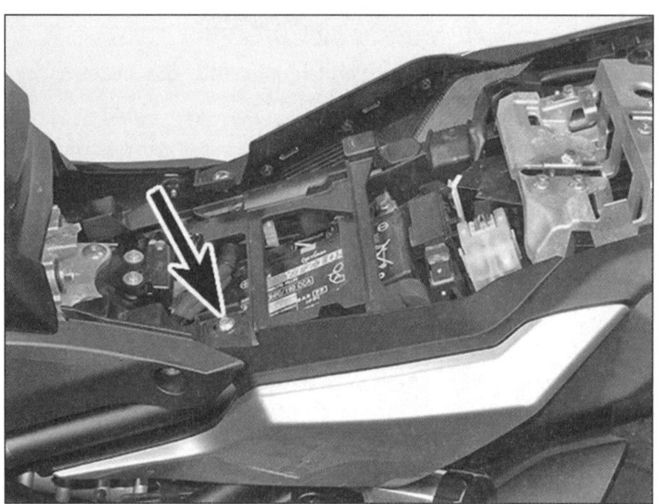
3.16a Lösen Sie die vordere Schraube...

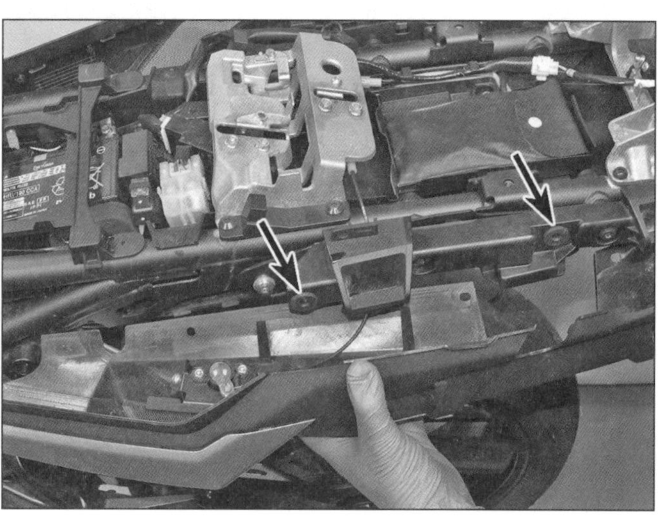
3.16b ...und befreien Sie hinten die Zapfen aus den Gummiösen.

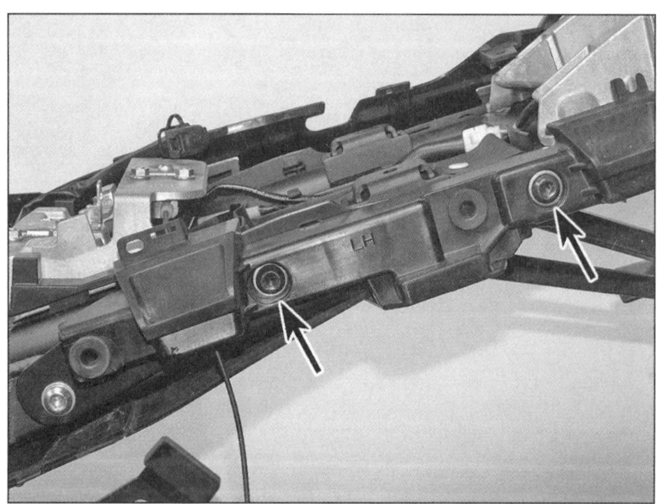

3.17a Schrauben der Kofferträger

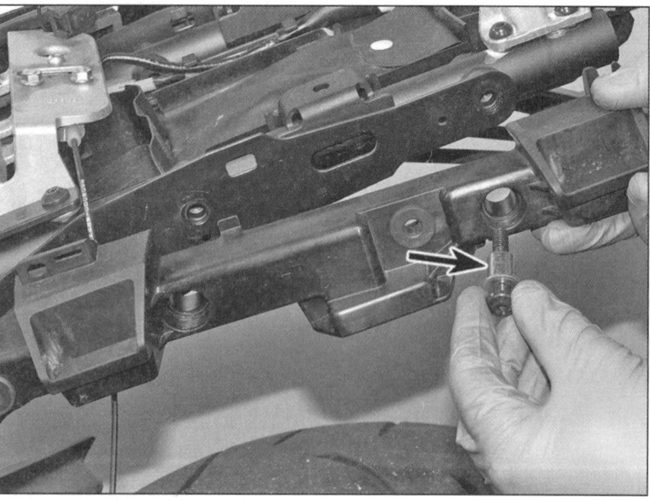
3.17b Beachten Sie die Scheibe und die Hülse an jeder Schraube.

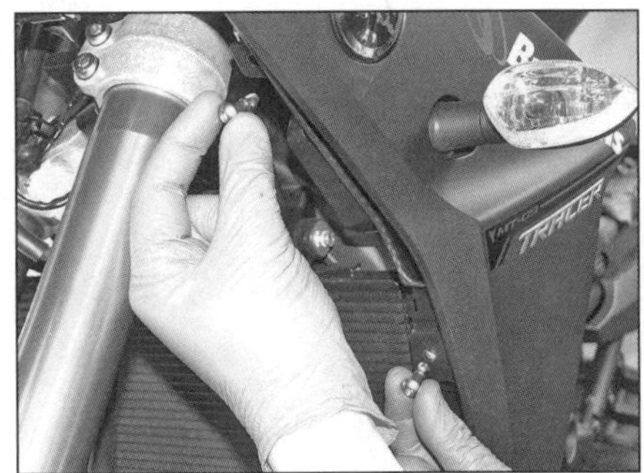

3.19a Lösen Sie vorn die zwei Schnellverschluss-Schrauben...

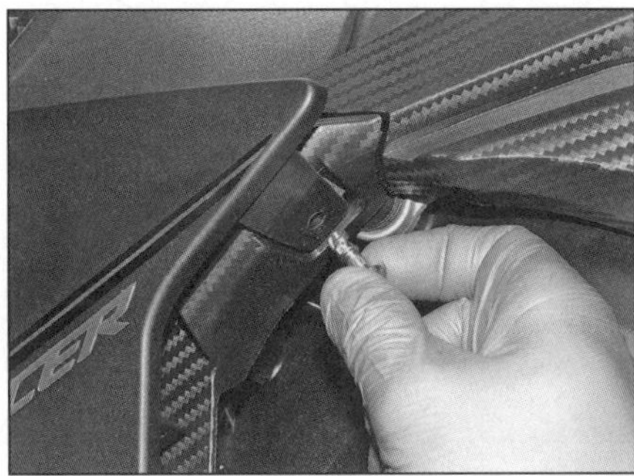

3.19b ...und hinten die einzelne Schraube.

3.19c Ziehen Sie den Zapfen aus der Gummiöse,...

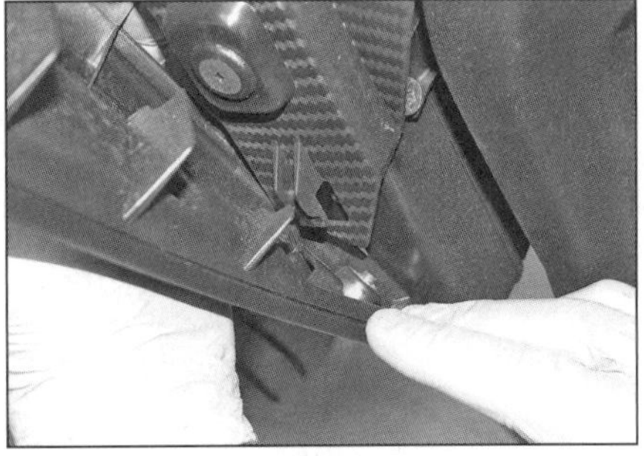

3.19d ...hängen Sie die Verkleidung unten aus...

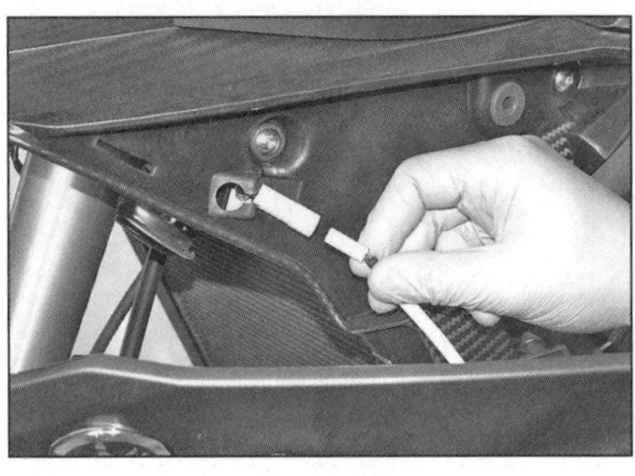

3.19e ...und trennen Sie den Blinkerstecker.

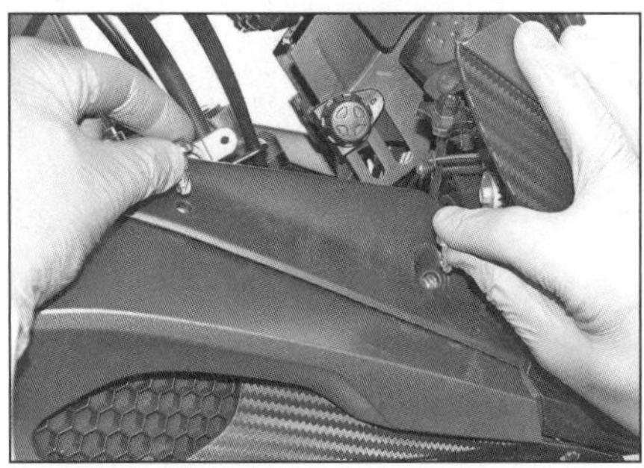

3.22a Lösen Sie an jeder Seite die zwei Schnellverschluss-Schrauben...

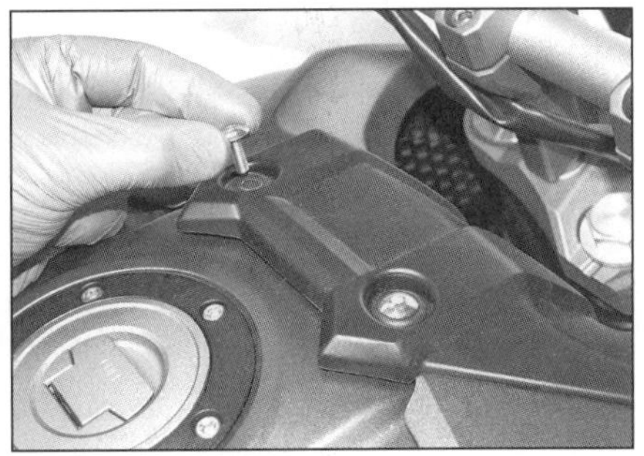

3.22b ...und oben die normale Schraube.

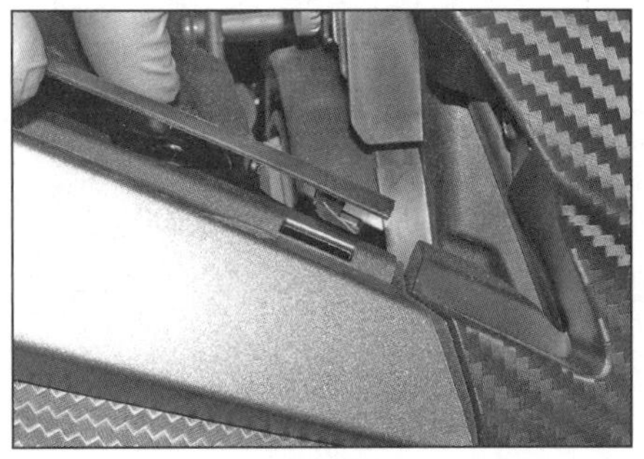

3.22c Ziehen Sie die Abdeckung nach hinten, um ihre Haken zu befreien,...

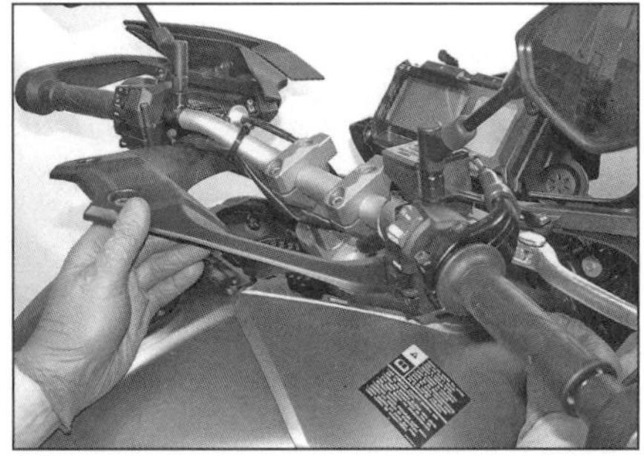

3.22d ...und manövrieren Sie sie unter dem Lenker heraus.

13 Der Einbau entspricht der umgekehrten Ausbaureihenfolge – prüfen Sie vor der Montage des Rücksitzes die Funktion seiner Entriegelung.

Modelle ab 2017

14 Entfernen Sie beide Sitze und die Beifahrergriffe (siehe oben).

15 Befreien Sie die zwei Verkleidungsstifte der obere Abdeckung, ziehen Sie diese nach hinten, um die Laschen an der Unterseite zu befreien, und entfernen Sie sie (siehe Abbildungen).

16 Befreien Sie an der Heck-Unterseite die Verkleidungsstifte (Abbildung 3.12a). Lösen Sie vorn die Schrauben (siehe Abbildung). Heben Sie die Verkleidung hinten vom Kofferträger-Halter und ziehen Sie sie vorsichtig ab, um die hinteren Zapfen aus den Gummiösen zu befreien (siehe Abbildung). Hängen Sie beim Lösen des linken Verkleidungsteils den Seilzug der Sitz-Entriegelung aus (Abbildung 3.12f).

17 Lösen Sie nötigenfalls die Schrauben der Kofferträger und entnehmen Sie diese (siehe Abbildungen) - sie sind entsprechend ihrer Positionen mit RH (rechts) oder LH (links) markiert.

18 Der Einbau entspricht der umgekehrten Ausbaureihenfolge - ziehen Sie die Kofferträger-Schrauben mit 35 Nm an. Prüfen Sie vor der Montage des Rücksitzes die Funktion seiner Entriegelung.

Verkleidungsseitenteile

19 Lösen Sie die Schnellverschlüsse vorn und hinten an der Verkleidung (siehe Abbildungen). Ziehen Sie das Verkleidungsteil vorsichtig ab, um den Zapfen aus der Gummiöse zu befreien, hängen Sie es unten aus und trennen Sie den Blinkerstecker (siehe Abbildungen).

20 Demontieren Sie nötigenfalls den Blinker (siehe Kapitel 8).

21 Der Einbau entspricht der umgekehrten Ausbaureihenfolge – spröde oder beschädigte Gummiösen müssen erneuert werden.

Tankverkleidungen

Vordere Abdeckung

22 Lösen Sie die vier Schnellverschluss-Schrauben und die zwei normalen Schrauben (siehe Abbildungen). Ziehen Sie die Abdeckung nach hinten aus den Blenden (siehe Abbildungen).

3.25a Lösen Sie die obere Schraube,...

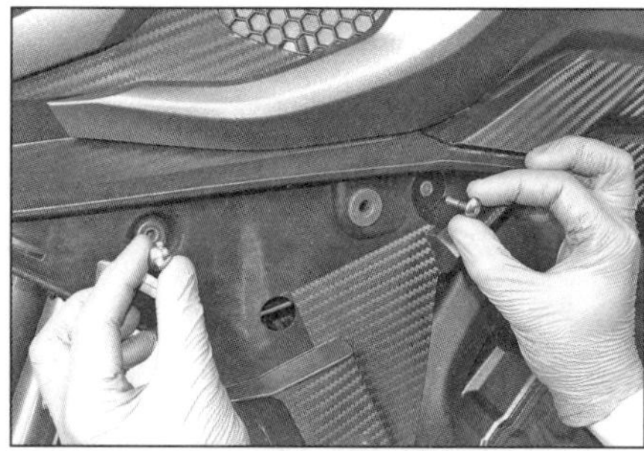

3.25b ...die zwei seitlichen Schrauben,...

3.25c ...die vordere Schraube und den unteren Verkleidungsstift.

3.25d Ziehen Sie die Blende vorn ab...

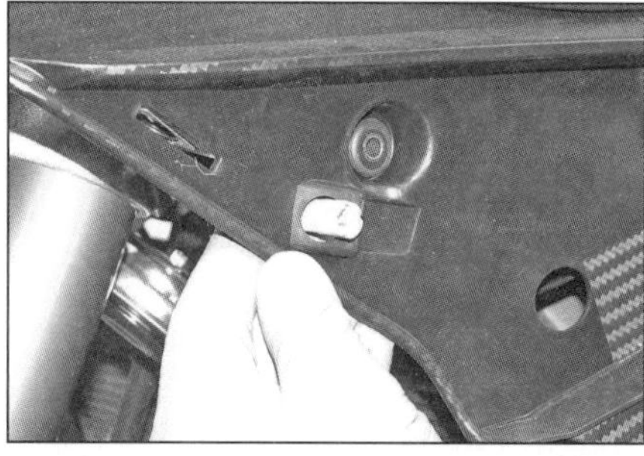

3.25e ...und ziehen Sie den Blinkerstecker heraus.

3.25f Ziehen Sie bei Modellen bis 2016 die Blende von der Lasche des Tanks.

3.25g Befreien Sie bei Modellen ab 2017 den Verkleidungsstift...

23 Der Einbau entspricht der umgekehrten Ausbaureihenfolge.

Tankblenden

24 Demontieren Sie die vordere Tankabdeckung und die Verkleidungsseitenteile (siehe oben).

25 Lösen Sie die vier Schrauben und befreien Sie die Verkleidungsstifte (siehe Abbildungen). Ziehen Sie die Blende vorn ab und ziehen Sie den Blinkerstecker heraus (siehe Abbildungen). Heben Sie dann bei Modellen bis 2016 die obere Nut von der Lasche und ziehen Sie die Blende von der Lasche des Tanks (siehe Abbildung). Befreien Sie bei Modellen ab 2017 den Verkleidungsstift, der die Scheinwerferverkleidung an der Rückseite der Blende sichert, und heben Sie diese ab (siehe Abbildungen).

26 Der Einbau entspricht der umgekehrten Ausbaureihenfolge – spröde oder beschädigte Gummiösen müssen erneuert werden. Vergessen Sie bei Modellen bis 2016 nicht die Gummis an den Laschen des Tanks.

Seitliche Tankverkleidungen und Tankschutz

27 Entfernen Sie die Sitze und die Tankblende (siehe oben).

3.25h ...und heben Sie die Blende ab.

3.28 Hintere Schraube der seitlichen Tankverkleidung

3.29a Ziehen Sie den Zapfen aus der Öse,...

3.29b ...trennen Sie den Klettverschluss...

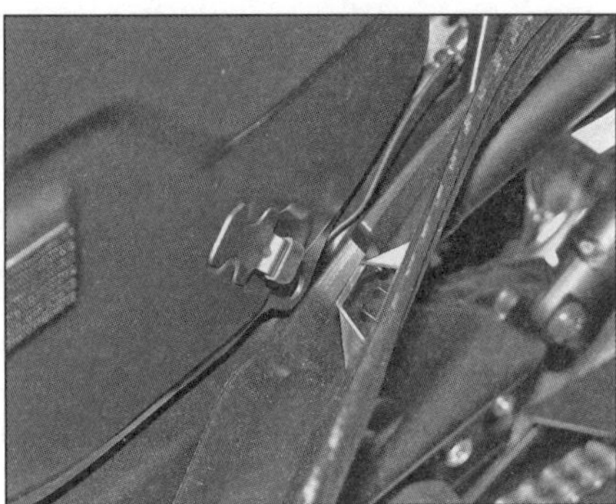
3.29c ...und befreien Sie die Verkleidung von der Lasche.

3.35 Demontieren Sie die Windschutzscheibe...

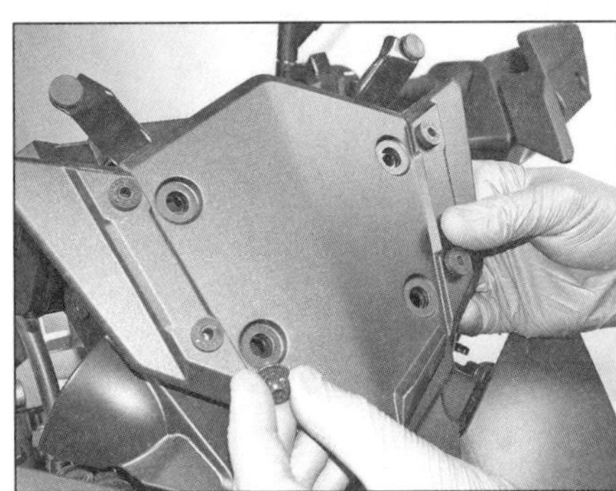
3.36 ...und die Frontabdeckung samt Halter.

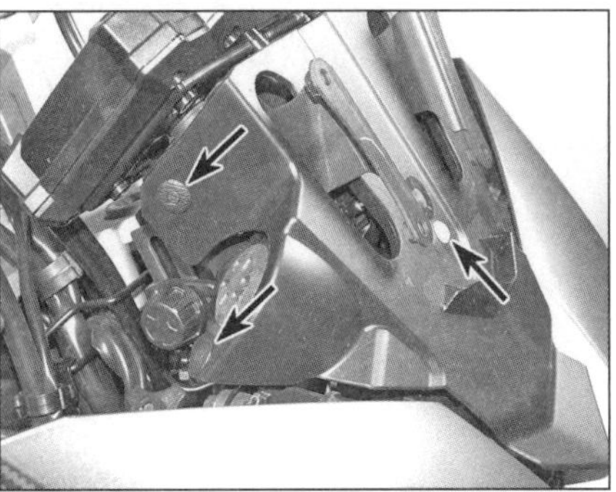
3.37a Die Innenverkleidung ist an jeder Seite mit zwei und vorn mit einem Verkleidungsstift gesichert.

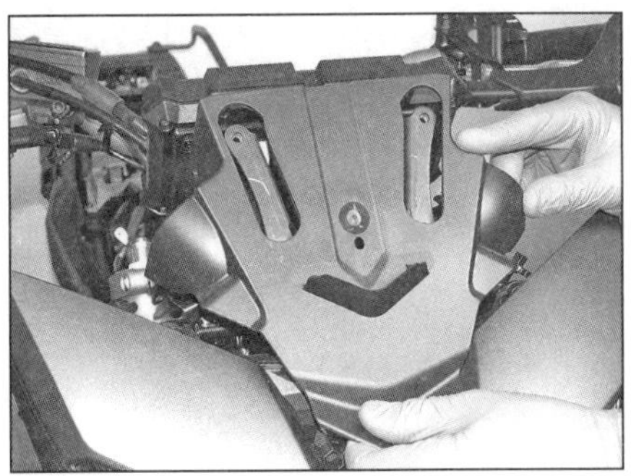
3.37b Heben Sie die Innenverkleidung ab.

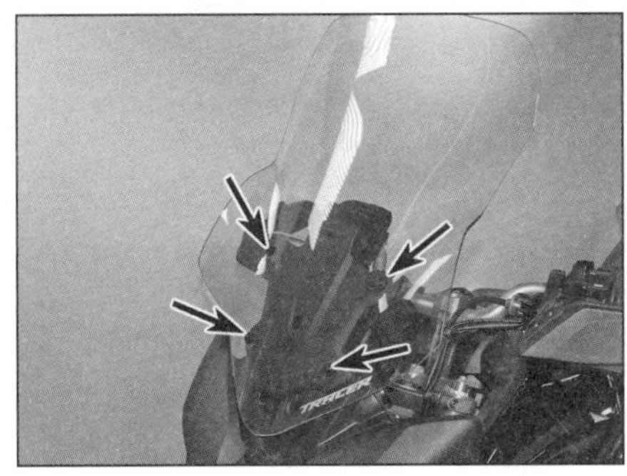

3.39 Windschutzscheiben-Schrauben

28 Lösen Sie die hintere Schraube (siehe Abbildung).

29 Ziehen Sie vorn den Zapfen aus der Gummiöse, trennen Sie in der Mitte den Klettverschluss und ziehen Sie die Verkleidung schräg nach unten hinten ab, um sie aus der Lasche des Tanks zu befreien (siehe Abbildungen). Zum Entfernen des Tankschutzes müssen die Schrauben an der Unterseite des vorderen Rands gelöst und der Schutz nach oben von der Lasche des Tanks gezogen werden.

30 Der Einbau entspricht der umgekehrten Ausbaureihenfolge – spröde oder beschädigte Gummiösen müssen erneuert werden. Vergessen Sie nicht die Gummis an den Laschen des Tanks und die Hülsen in den Ösen.

Verkleidung

31 Demontieren Sie den Scheinwerfer (siehe Kapitel 8).

32 Entfernen Sie die oberen, seitlichen und mittigen Verkleidungsteile, indem Sie ihre Schrauben lösen.

33 Der Einbau entspricht der umgekehrten Ausbaureihenfolge – prüfen Sie die Funktion aller Lampen.

Windschutzscheibe, Frontabdeckung und Innenverkleidung

Modelle bis 2016

34 Stellen Sie die Windschutzscheibe in die höchste Position.

35 Lösen Sie die vier Schrauben und heben Sie die Windschutzscheibe ab (siehe Abbildung).

36 Lösen Sie die Schrauben der Frontabdeckung und entfernen Sie diese zusammen mit dem Halter (siehe Abbildung).

37 Lösen Sie die fünf Verkleidungsstifte der Innenverkleidung und entfernen Sie diese (siehe Abbildungen).

38 Der Einbau entspricht der umgekehrten Ausbaureihenfolge – die Gummiösen-Muttern des Windschutzscheibenhalters dürfen nicht spröde sein und müssen korrekt sitzen.

Modelle ab 2017

39 Lösen Sie die vier Schrauben und heben Sie die Windschutzscheibe ab (siehe Abbildung). Die Gummiösen-Muttern des Windschutzscheibenhalters dürfen nicht spröde sein und ihre Gewinde sollten vor dem Einbau mit etwas Fett geschmiert werden.

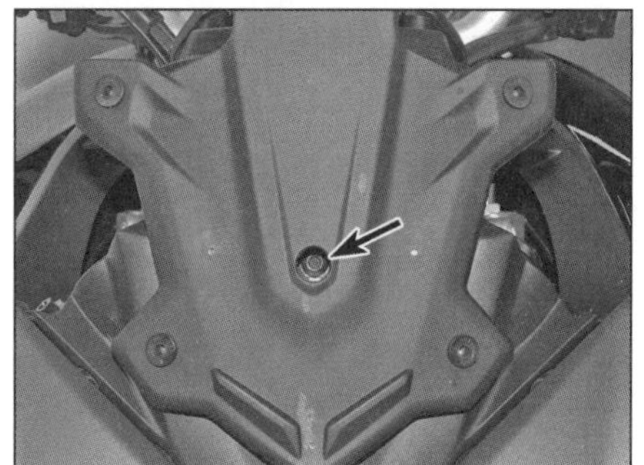
3.40a Lösen Sie die zentrale Schraube,...

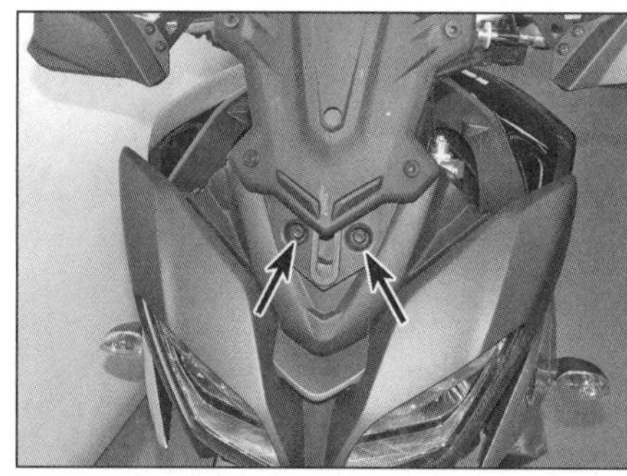
3.40b ...die zwei unteren Schrauben...

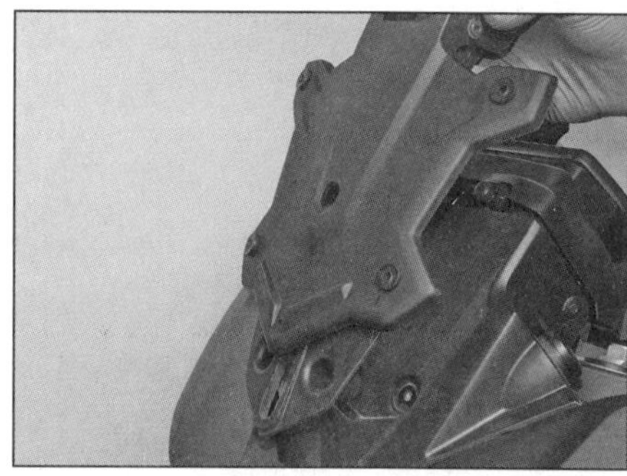
3.40c ...und heben Sie die Frontabdeckung ab.

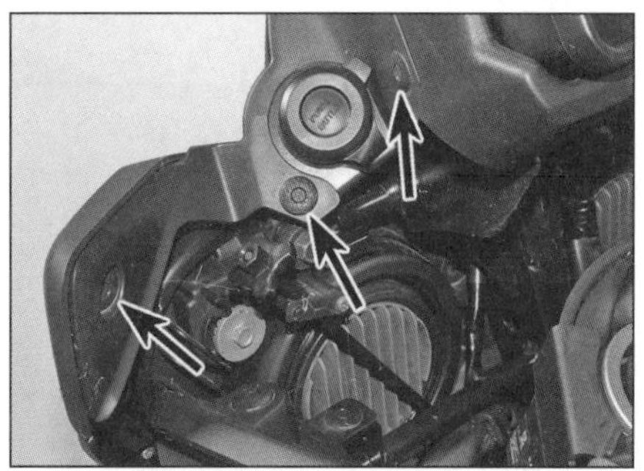
3.41a Befreien Sie an jeder Seite die drei Verkleidungsstifte...

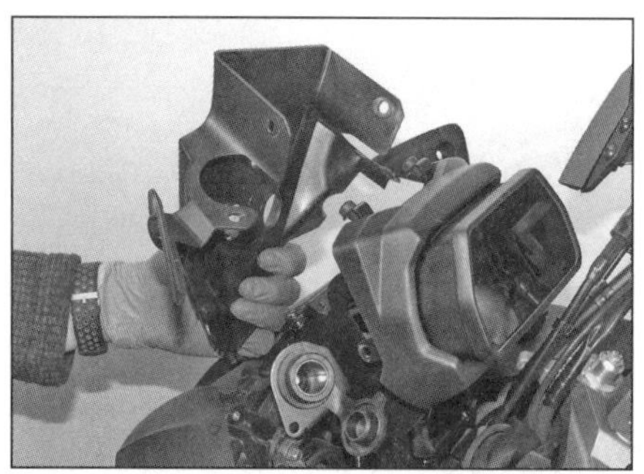
3.41b ...und heben Sie die Innenverkleidung ab.

3.42a Lösen Sie die Schrauben des Windschutzscheiben-Halters...

3.42b ...und entfernen Sie diesen.

3.46a Lösen Sie die zwei Schrauben...

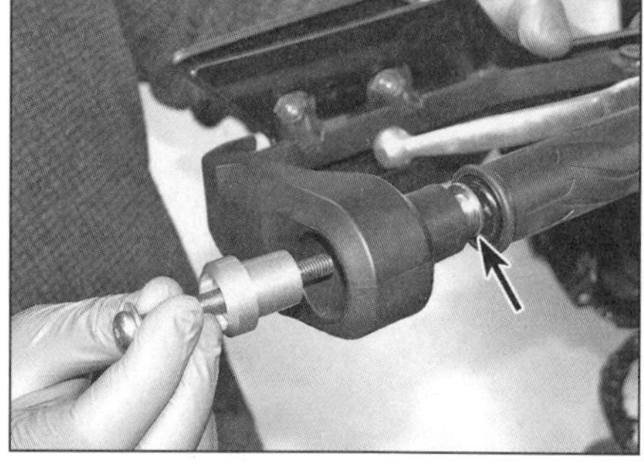
3.46b ...und entfernen Sie das Gewicht samt Hülse und Protektor.

40 Stellen Sie die obere Frontabdeckung in die niedrigste Position und lösen Sie die zentrale Schraube (siehe Abbildung). Heben Sie die obere Abdeckung an und lösen Sie die zwei unteren Schrauben (siehe Abbildung). Heben Sie die Frontabdeckung ab (siehe Abbildung).

41 Befreien Sie die sechs Verkleidungsstifte der Innenverkleidung und entfernen Sie diese (siehe Abbildungen).

42 Lösen Sie nötigenfalls die Schrauben des Windschutzscheiben-Halters und entfernen Sie diesen (siehe Abbildungen).

43 Der Einbau entspricht der umgekehrten Ausbaureihenfolge – ziehen Sie die Schrauben des Windschutzscheiben-Halters mit 9 Nm an. Drehen Sie die Windschutzscheiben-Schrauben nicht zu fest, um das Glas nicht zu beschädigen.

Vorderradkotflügel

44 Beachten Sie die Hinweise in Sektion 2, Schritte 15 bis 19.

Rückspiegel

45 Beachten Sie die Hinweise in Sektion 2, Schritte 23 und 24.

Handprotektoren

Modelle bis 2016

46 Lösen Sie die Schrauben, die den Protektor am Halter sichern, lösen Sie dann die Schraube des Lenkergewichts und entfernen Sie das Gewicht, den Protektor und die Hülse (siehe Abbildungen).

47 Demontieren Sie zum Entfernen der Protektor-Halter die Rückspiegel (siehe Sektion 2, Schritte 23). Falls die Protektoren nicht entfernt wurden, müssen ihre zwei Schrauben gelöst werden (Abbildung 3.46a). Lösen Sie die Mutter unten am Kupplungs- oder Bremshebel-Gelenkbolzens und entnehmen Sie den Halter (siehe Abbildung).

Modelle ab 2017

48 Lösen Sie die Schraube am Ende des Lenkers (siehe Abbildung). Demontieren Sie den Rückspiegel (siehe Sektion 2, Schritte 23) und den Protektor – beachten Sie die Position der

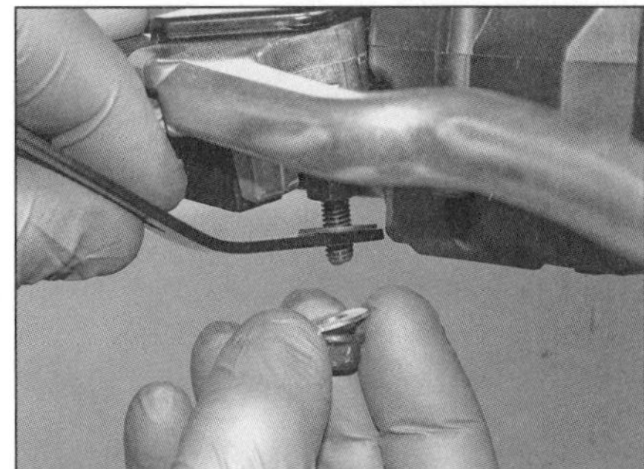
3.47 Beachten Sie am Kupplungshebel-Gelenkbolzen die Scheibe am Protektor-Halter.

3.48a Lösen Sie die Schraube am Lenkerende.

3.48b Entfernen Sie den Rückspiegel und heben Sie den Protektor ab.

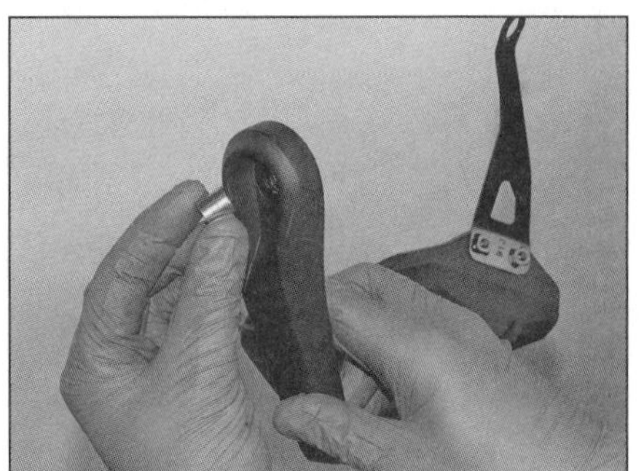
3.48c Hülse im Protektorhalter

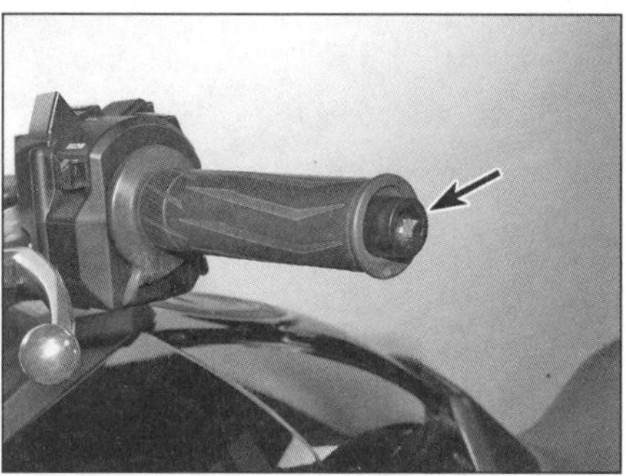
3.48d Lösen Sie das Lenkergewicht.

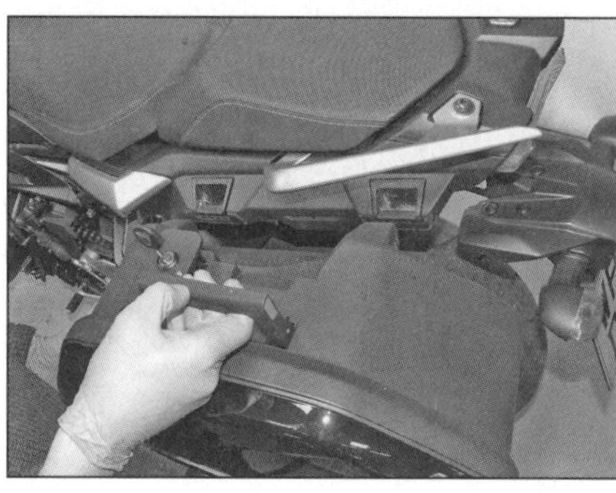
3.50a Heben Sie den Griff an, um den Koffer zu lösen...

3.50b ...und von der unteren Aufnahme zu heben.

3.51a Beim Absenken des Griffs muss sich die untere Lasche anheben, um den Koffer an seinem Halter zu sichern.

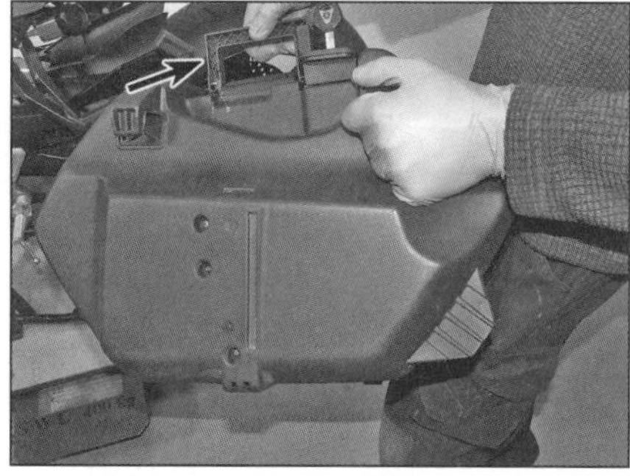
3.51b Beim Anheben des Griffs muss sich die Lasche absenken.

Hülse außen im Protektorhalter (siehe Abbildungen). Schrauben Sie nötigenfalls das Gewicht aus dem Lenker (siehe Abbildung) – beschädigen Sie dabei nicht das Gewinde im Lenker.

49 Der Einbau entspricht der umgekehrten Ausbaureihenfolge – ziehen Sie das Lenkergewicht mit 26 Nm und die äußere Protektor-Schraube mit 23 Nm an.

Koffer – GT-Modelle

50 Um einen Koffer vom Motorrad lösen zu können, muss der Schlüssel im Schloss gedreht und der Griff angehoben werden, sodass die Arretierung befreit wird (siehe Abbildung). Heben Sie den Koffer ab – beachten Sie, wie er auf der unteren Aufnahme sitzt (siehe Abbildung).

51 Prüfen Sie die Funktion der Arretierung – beim Absenken des Griffs muss sich die untere Lasche anheben, um den Koffer an seinem Halter zu sichern; beim Anheben des Griffs muss sich die Lasche absenken (siehe Abbildungen).

52 Kontrollieren Sie die Gummis auf den unteren Aufnahmen und ersetzen Sie sie nötigenfalls (siehe Abbildung).

3.52 Gummis auf den unteren Koffer-Aufnahmen

4.4 Befreien Sie die Verkleidungsstifte der jeweiligen Seite.

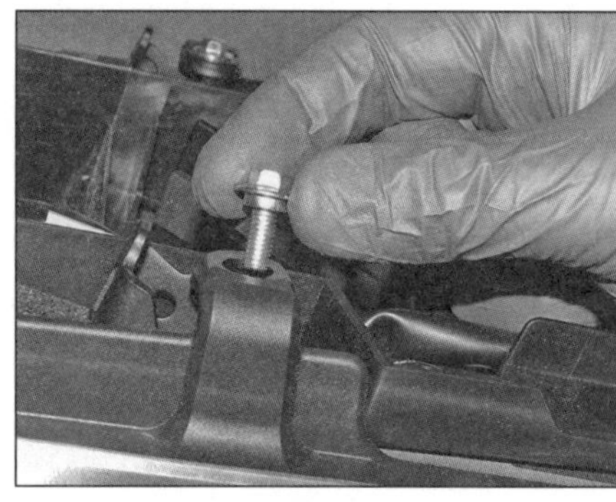

4.5a Lösen Sie die Schraube...

4.5b ...und entfernen Sie die Heckverkleidung.

4.7 Muttern der Rahmenabdeckung.

4.8a Lösen Sie die vordere Schraube...

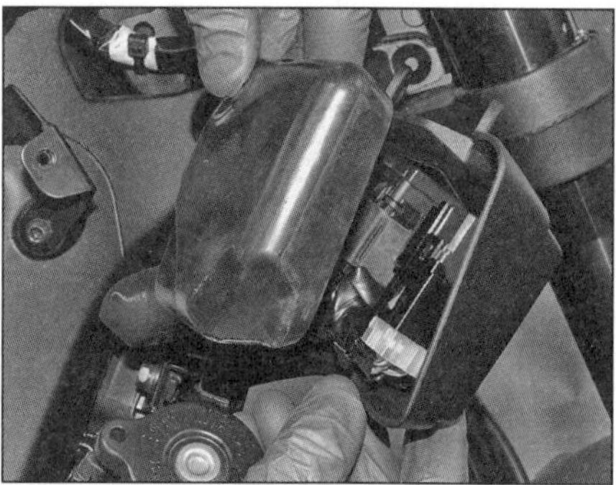

4.8b ...und entfernen Sie das Gummi aus dem Deckel.

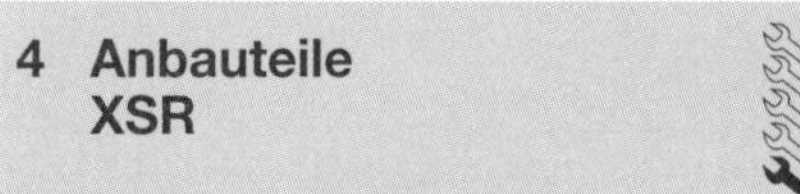

4 Anbauteile XSR

Verkleidungsstifte

1 Beachten Sie die Hinweise in Sektion 2, Schritte 1 und 2.

Sitzbank

2 Beachten Sie die Hinweise in Sektion 2, Schritte 3 bis 5.

Heckverkleidung

3 Entfernen Sie die Sitzbank (siehe Sektion 2, Schritte 3 bis 5).

4 Befreien Sie an der Unterseite die Verkleidungsstifte (siehe Abbildung) – die Verkleidungen beider Seiten werden separat entfernt.

5 Lösen Sie oben die Schrauben und entfernen Sie die Verkleidung (siehe Abbildungen).

6 Der Einbau entspricht der umgekehrten Ausbaureihenfolge.

Rahmenabdeckungen

7 Lösen Sie die zwei Muttern der Abdeckung (siehe Abbildung).

8 Lösen Sie die vordere Schraube (siehe Abbildung). Befreien Sie die Abdeckung und entfernen Sie das Gummi an der Innenseite (siehe Abbildung). Befreien Sie bei der Demontage der rechten Rahmenabdeckung die Sicherungsbox, das Scheinwerferrelais sowie die Ventilator- und Zubehör-Stecker aus dem Deckel; befreien Sie den Lufttemperatursensor aus der linken Rahmenabdeckung (siehe Abbildungen).

9 Der Einbau entspricht der umgekehrten Ausbaureihenfolge – die Gummiösen in den Schraubenlöchern müssen in Ordnung sein und die Hülsen korrekt darin sitzen.

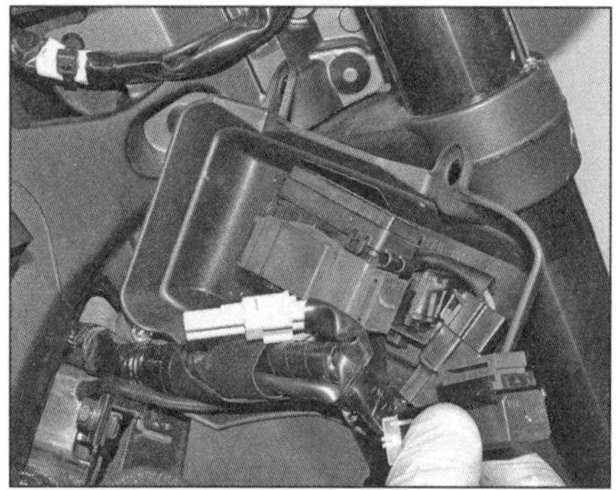

4.8c Sicherungsbox, Scheinwerferrelais und Stecker in der rechten Rahmenabdeckung

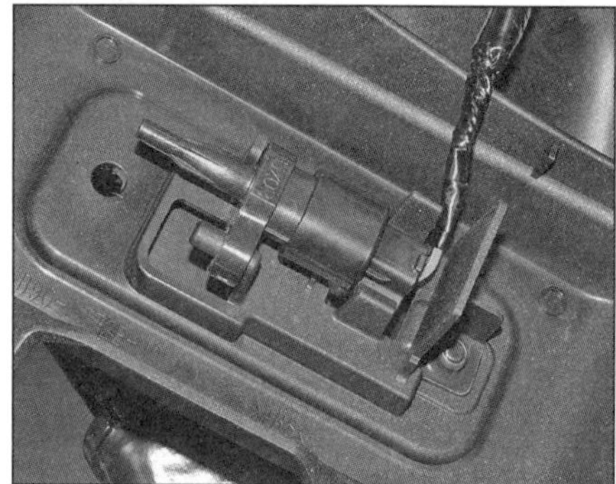

4.8d Lufttemperatursensor in der linken Rahmenabdeckung

Tankabdeckungen

10 Lösen Sie die vier Verkleidungsstifte vorn und hinten an der oberen Abdeckung (siehe Abbildungen). Lösen Sie die sechs Schrauben und entfernen Sie sie samt der Scheiben (siehe Abbildung). Befreien Sie die Laschen aus den Nuten der seitlichen Abdeckungen und entnehmen Sie die obere Abdeckung (siehe Abbildung).

11 Heben Sie die seitlichen Tankverkleidungen von den Zapfen an der Rückseite (siehe Abbildung) – beachten Sie, wie die Schrau-

4.10a Lösen Sie vorn…

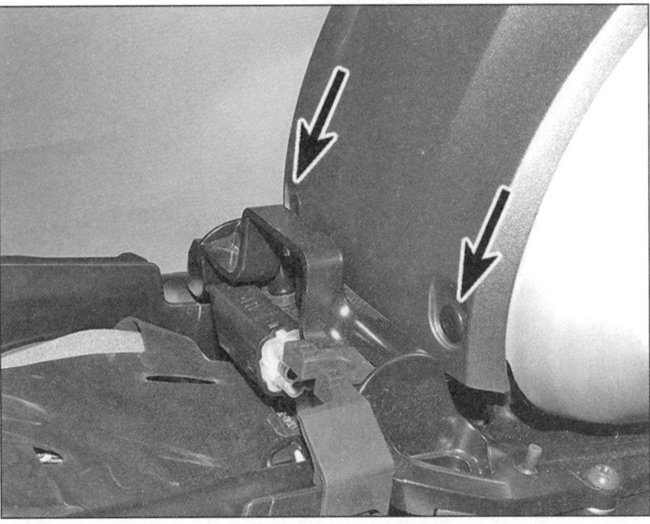

4.10b …und hinten die zwei Verkleidungsstifte.

4.10c Lösen Sie die sechs Schrauben der oberen Abdeckung…

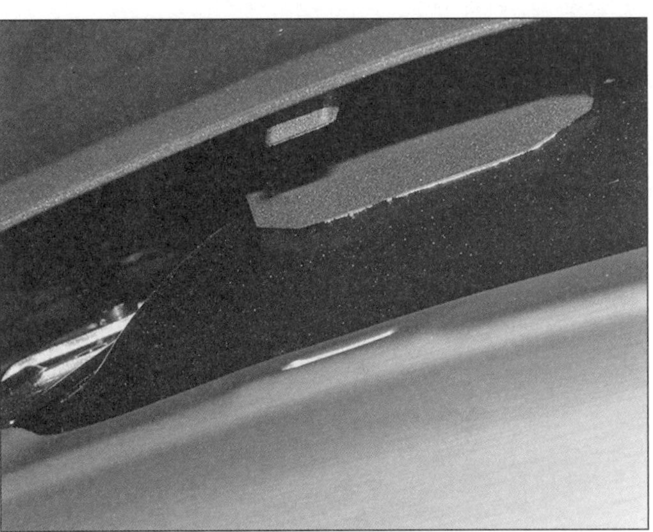

4.10d …und befreien Sie deren Laschen aus den Nuten der seitlichen Abdeckungen.

benbohrungen über den Schraubenstutzen sitzen.
12 Der Einbau entspricht der umgekehrten Ausbaureihenfolge.

Vorderradkotflügel

13 Beachten Sie die Hinweise in Sektion 2, Schritte 15 bis 19, beachten Sie dabei, dass die seitlichen Blenden zusammen mit dem Kotflügel gelöst werden (siehe Abbildung), anschließend können sie nach dem Lösen der drei Schrauben befreit werden.

Rückspiegel

14 Beachten Sie die Hinweise in Sektion 2, Schritte 23 und 24.

4.11 Die Öse der seitlichen Tankverkleidungen sitzt über dem Zapfen.

4.13 Kotflügel-Schrauben

Kapitel 8
Elektrik

Inhalt (in alphabetischer Reihenfolge, die Zahlen geben die Nummerierung in den grauen Feldern wieder)

Allgemeine Informationen . . . 1
Anlasser – Ausbau und Einbau . . . 28
Anlasser – Überholen . . . 29
Anlasserrelais . . . 27
Anlasserstromkreis-Abschaltrelais . . . 24
Antiblockiersystem . . . siehe Kapitel 6
Batterie . . . 3
Batterie – Laden . . . 4
Benzinpumpe und Relais . . . siehe Kapitel 4
Blinker – Stromkreiskontrolle . . . 11
Blinker-Baugruppen . . . 13
Blinkerlampen . . . 12
Bremslichtschalter . . . 14
Elektrik – Fehlersuche . . . 2
Getriebeschalter . . . 21
Hupe . . . 25
Instrumente – Ausbau und Einbau . . . 15
Instrumente – Kontrolle . . . 16
Kennzeichenbeleuchtungs-Lampe . . . 9
Kontrolllampen . . . 17
Kühlerventilator und Relais . . . siehe Kapitel 3
Kühltemperaturanzeige und Geber . . . siehe Kapitel 3
Kupplungsschalter . . . 23
Ladesystem – Test . . . 30
Lenkerschalter – Ausbau und Einbau . . . 20
Lenkerschalter – Kontrolle . . . 19
Lichtanlage – Kontrolle . . . 6
Lichtmaschinen-Rotor und Stator . . . 31
Motorsteuerung . . . siehe Kapitel 4
Ölpegelsensor . . . 26
Regler/Gleichrichter-Einheit . . . 32
Rücklicht . . . 10
Schaltautomat . . . 33
Schaltpläne . . . Ende des Kapitels
Scheinwerfer . . . 8
Scheinwerfer- und Standlichtlampen (MT-09 bis 2016 und XSR) . . . 7
Seitenständerschalter . . . 22
Sicherungen . . . 5
Zündschloss . . . 18
Zündsystem-Komponenten . . . siehe Kapitel 4

Schwierigkeitsgrade

Leicht. Für Anfänger mit wenig Erfahrung geeignet.

Relativ leicht. Für Anfänger mit etwas Erfahrung geeignet.

Relativ schwierig. Geeignet für geübte Selbstschrauber.

Schwer. Geeignet für Selbstschrauber mit viel Erfahrung.

Sehr schwer. Geeignet für Experten und Profis.

Technische Daten

Batterie

Kapazität	12 V, 8,6 Ah
Typ	Yuasa YTZ 10S
Spannung	
Vollständig geladen	12,8 Volt
halbvoll geladen	12,4 Volt
Entladen	unter 12,0 Volt
Ladezeit	bis 12,8 V erreicht ist (siehe Sektion 4)

Ladesystem

Nominelle Ausgangsleistung	14 V, 415 W bei 5000/min
Statorspulen-Widerstand	0,152 bis 0,228 Ohm
Kriechstrom	1 mA (max.)
Geregelte Ausgangsspannung (ohne Last)	14,3 bis 14,7 Volt

Ölpegelsensor

Widerstand	
aufrecht (Minimalpegel)	114 bis 126 Ohm bei 20 °C
auf dem Kopf (Maximalpegel)	484 bis 536 Ohm bei 20 °C

Anlasserrelais

Widerstand	4,18 bis 4,62 Ohm bei 20 °C

Anlasser

Bürstenlänge	
Neu	12 mm
Verschleißgrenze (min.)	6,5 mm
Glimmer-Tiefe	0,7 mm
Kollektor-Widerstand	0,005 bis 0,015 Ohm

Sicherungen

Hauptsicherung (MAIN)	50 A
Zündung (IGNITION)	15 A
Einspritzanlage (EFI)	
MT-09 bis 2016 und alle XSR	10 A
Tracer	20 A
Scheinwerfer (HEAD)	
MT-09 bis 2016 und alle XSR	15 A
MT-09 ab 2017	10 A
Tracer	7,5 A
Hupe, Bremslicht, Rücklicht, Standlicht, Kennz.-Bel. (SIGNAL)	15 A
Blinker, Warnblinker (PARKING/LIGHTNING)	
MT-09 und Tracer	7,5 A
XSR	10 A
Ventilator (FAN)	15 A
Elektronische Drosselklappe (ELECTRONIC THROTTLE VALVE)	7,5 A
Km-Zähler, Uhr, Wegfahrsperre (BACK-UP)	7,5 A
Heizgriffe (HEATED GRIPS)	5 A
Zubehör (AUX)	2 A
Zubehör-Steckdose (AUX-JACK) - Tracer	2 A
ABS-Steuergerät (ABS)	7,5 A
ABS-Motor (ABS MTR)	30 A
ABS-Magnetschalter (ABS SOL)	15 A

Lampen

Scheinwerfer	
MT-09 bis 2016 und alle XSR	60/55 W (H4)
MT-09 ab 2017 und alle Tracer	LED
Standlicht	
MT-09 bis 2016 und alle XSR	5 W
MT-09 ab 2017 und alle Tracer	LED
Bremslicht/Rücklicht	LED
Blinker	10 W (orange)
Kennzeichenbeleuchtung	
MT-09 bis 2016, alle Tracer und XSR	5 W
MT-09 ab 2017	LED
Instrumentenbeleuchtung	LED
Kontrolllampen	LED

Anzugsdrehmomente

	Nm
Anlasser-Befestigungsschrauben	12
Anlassergehäuseschrauben	5
Kurbelwellensensor-Schrauben	10
Lichtmaschinendeckel-Schrauben	12
Lichtmaschinenrotor-Bolzen	75
Lichtmaschinenstator-Schrauben	14
Ölpegelsensor-Schrauben	10

1 Allgemeine Informationen

1 Alle Modelle sind mit einer 12-Volt-Elektrik ausgerüstet. Die Baugruppe beinhaltet eine Dreiphasen-Wechselstromlichtmaschine und eine separate Regler/Gleichrichter-Einheit.

2 Der Regler begrenzt den Ladestrom, um die Anlage nicht zu überlasten, der Gleichrichter wandelt den in der Lichtmaschine produzierten Wechselstrom (AC) in Gleichstrom (DC) um, den die Verbraucher und die Batterie benötigen. Der Lichtmaschinenrotor sitzt links auf der Kurbelwelle, der Stator befindet sich im Lichtmaschinendeckel.

3 Der Anlasser sitzt hinter den Zylindern oben am Motorgehäuse. Das Startersystem besteht aus dem Anlassermotor, der Batterie, dem Relais sowie verschiedenen Kabeln und Schaltern. Wenn der Killschalter auf RUN und das Zündschloss auf ON steht, schaltet das Anlasserrelais den Strom zum Anlasser nur frei, wenn im Getriebe der Leerlauf eingelegt ist (Neutral-Lampe leuchtet) oder die Kupplung gezogen und der Seitenständer eingeklappt ist.

Anmerkung: *Beachten Sie, dass Elektroteile – einmal gekauft – normalerweise nicht mehr vom Händler umgetauscht werden. Um unnötige Kosten zu vermeiden, sollte ganz sicher*

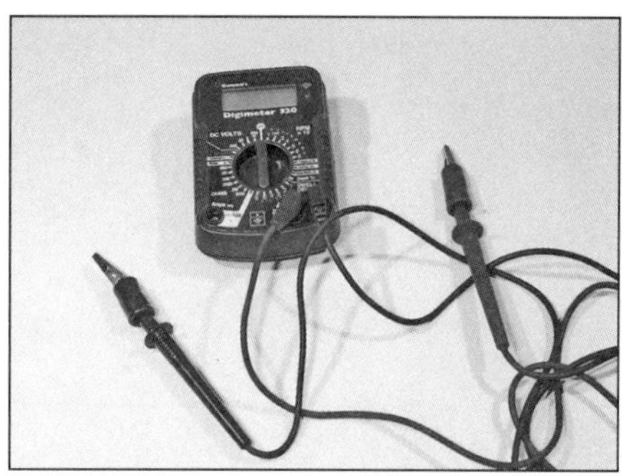

2.4a Ein digitales Multimeter eignet sich für alle elektrischen Prüfungen.

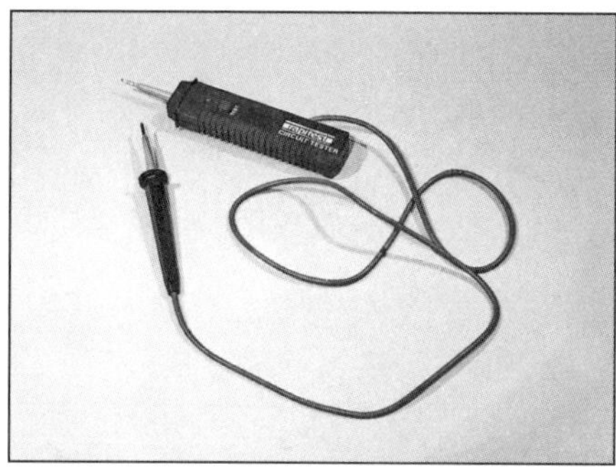

2.4b Ein batteriebetriebener Durchgangstester

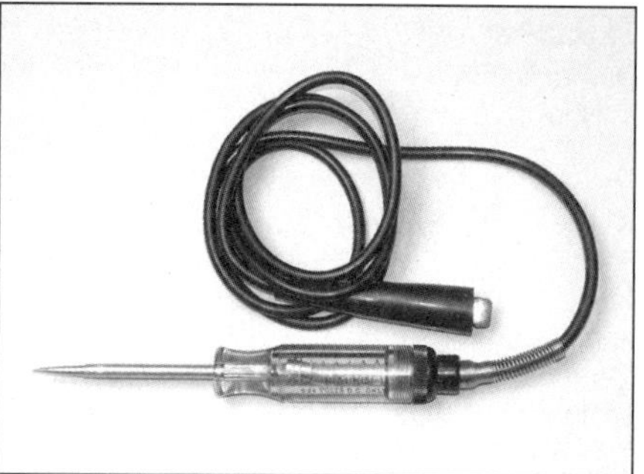

2.4c Eine einfache Prüflampe eignet sich für Spannungsprüfungen.

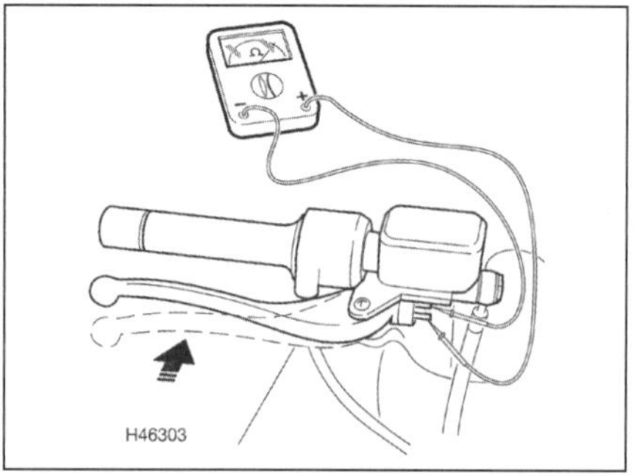

2.10 Prüfung eines Bremslichtschalters – bei betätigter Bremse muss Durchgang bestehen.

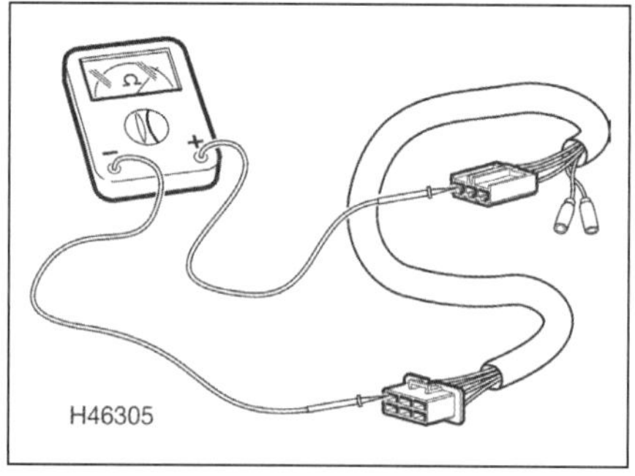

2.12 Prüfung eines Kabelbaums auf Durchgang

gegangen werden, das fehlerhafte Teil genau identifiziert zu haben, bevor ein Ersatzteil gekauft wird.

2 Elektrik
Fehlersuche

Warnung: Um das Risiko von Kurzschlüssen zu verhindern, muss die Zündung stets ausgeschaltet und das Massekabel (–) der Batterie getrennt sein, bevor an irgendwelchen elektrischen Komponenten gearbeitet wird. Vergessen Sie nicht nach der Beendigung der Arbeit oder der Durchführung des Tests, die Anschlüsse wieder anzuschließen.

1 Ein typischer Stromkreis besteht aus einem Verbraucher, entsprechenden Schaltern und Relais sowie Kabeln und Steckern, die das Bauteil mit der Batterie und dem Rahmen (Masse) verbinden. Zur Lokalisierung eines Problems und als Hilfe bei den Kabelfarben können die Schaltpläne am Ende des Kapitels beachtet werden.

2 Bevor Sie einen defekten Stromkreis untersuchen, müssen Sie den Schaltplan studieren, um ein vollständiges Bild über die Bestandteile des Stromkreises zu erhalten. Probleme können beispielsweise dadurch eingekreist werden, indem man andere zum Stromkreis gehörende Komponenten auf ihre Funktion überprüft. Wenn mehrere Komponenten eines Stromkreises gleichzeitig ausfallen, ist es sehr wahrscheinlich, dass der Fehler in der Sicherung oder einem defekten Masseanschluss liegt, da mehrere Stromkreise oftmals an derselben Sicherung oder Masse angeschlossen sind. Masseanschlüsse lassen sich daran erkennen, dass Kabel direkt an den Rahmen oder den Motor geschraubt oder dort mit anderen Befestigungsschrauben gesichert sind (siehe Abbildung).

3 Elektrikprobleme sind oftmals auf Kleinigkeiten wie lockere oder korrodierte Stecker oder eine durchgebrannte Sicherung zurückzuführen. Bevor Sie sich auf die Fehlersuche begeben, sollten Sie stets die Sicherungen, Kabel und Stecker des betroffenen Stromkreises einer Sichtkontrolle unterziehen. Wackelkontakte können besonders frustrierend sein, da der Defekt niemals auftritt, wenn man ihn untersuchen will. In solchen Situationen macht es sich gut, alle Verbindungen des betreffenden Stromkreises unabhängig ihres optischen Zustandes zu reinigen. Wackeln Sie an allen Verbindungen und Kabeln, um lockere Stellen zu finden, die Wackelkontakte hervorrufen können.

4 Für Kontrollen am elektrischen System empfiehlt sich ein Multimeter – ein Mehrfachmessgerät, mit dem sich Spannungs-, Stromstärken- und Widerstandsmessungen durchführen lassen (siehe Abbildung). Leicht ablesbare digitale Ausführungen sind nicht teuer. Für einfache Prüfungen reicht auch ein Durchgangstester oder eine Prüflampe, doch können hiermit keine Messungen vorgenommen werden (siehe Abbildungen). Für manche Messungen werden zudem Überbrückungskabel benötigt, mit denen Verbraucher direkt an die Batterie geklemmt werden können.

Durchgangsprüfungen

5 Bei diesem Test wird ermittelt, ob der Strom durch einen Stromkreis fließen kann. Zum Testen eignen sich ein Durchgangsprüfer (der bei geschlossenem Stromkreis piept) oder das auf den Ohm-Messbereich geschaltete Multimeter. Beide Geräte arbeiten mit einer eigenen Stromversorgung, sodass die Zündung abgeschaltet sein muss. Zur Sicherheit sollte auch der Masseanschluss (–) der Batterie getrennt werden – ganz besonders, wenn das Zündsystem überprüft wird.

6 Schalten Sie das Multimeter auf die Durchgangs-Funktion (falls vorhanden) oder den Ohm-Messbereich. Halten Sie die beiden Spitzen der Prüfkabel zusammen – das Gerät sollte jetzt durch Piepen oder eine angezeigte Null Durchgang erkennen lassen. Schalten Sie nach dem Prüfen das Gerät aus, damit sich die Batterie nicht entlädt.

7 Ein Durchgangsprüfer kann auf die gleiche Weise benutzt werden – entweder piept er oder eine Lampe leuchtet auf, wenn Durchgang besteht.

8 Bei normalen Durchgangsprüfungen ist die Polarität des Messgerätes egal, allerdings muss beim Prüfen von Dioden oder Magnetschaltern darauf geachtet werden, den genauen Hinweisen über das Verbinden des Plus- und des Minus-Kabels zu folgen.

Durchgangsprüfung am Schalter

9 Scheint ein Schalter defekt zu sein, müssen seine Kabel bis zum Stecker verfolgt werden. Trennen Sie den Stecker und überprüfen Sie, ob seine Kontakte in Ordnung sind. Verschmutzte oder korrodierte Kontakte können Gründe für das Problem sein – reinigen Sie sie und versehen Sie sie mit etwas wasserverdrängendem Lösungsmittel wie WD40 oder Kontaktreiniger und geeignetem Schutzspray.

10 Wird ein Multimeter verwendet, muss es entweder auf die Durchgangs-Funktion (falls vorhanden) oder den Ohm-Messbereich geschaltet werden, dann werden die Prüfkabel-Spitzen mit den Stecker-Kontakten verbunden (siehe Abbildung). Einfache An/Aus-Schalter wie Bremslichtschalter haben nur zwei Kontakte, während kombinierte Schalter wie die Lenkerschalter über mehrere Kabelkontakte verfügen. Studieren Sie den entsprechenden Schaltplan (am Ende dieses Kapitels), um sicherzustellen, dass an den korrekten Kabelkontakten geprüft wird. Bei eingeschaltetem Schalter muss Durchgang bestehen, bei ausgeschaltetem Schalter darf kein Durchgang bestehen.

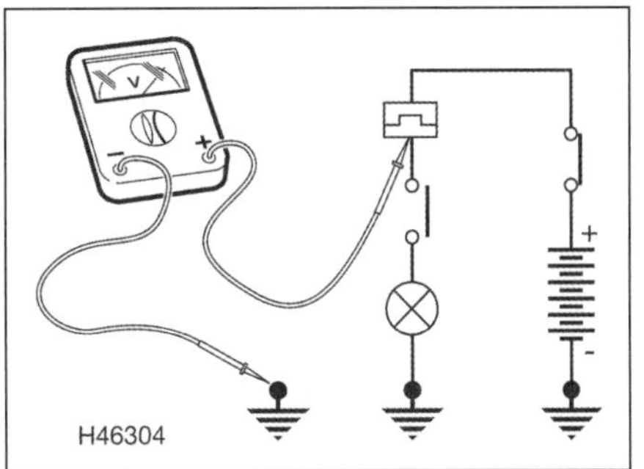

2.15 Schließen Sie bei der Spannungsprüfung das Messgerät parallel zum Stromfluss an.

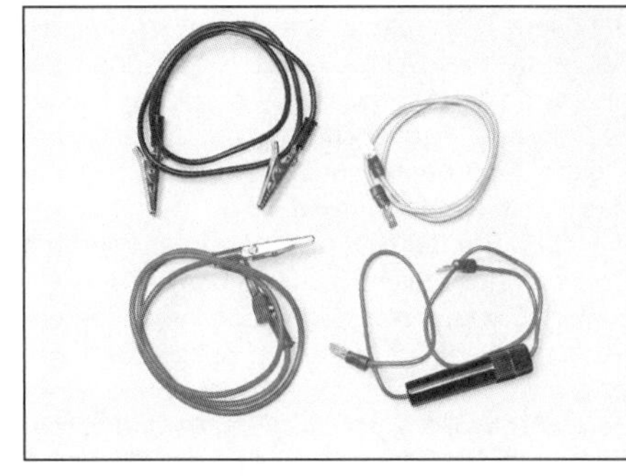

2.23 Verschiedene Überbrückungskabel (z. B. für Masse-Tests)

Durchgangsprüfung bei Kabeln

11 Viele elektrische Probleme sind auf beschädigte Kabel zurückzuführen, was oft an einer falschen Verlegung, Quetschung bei falscher Montage von Teilen sowie lockere oder korrodierte Stecker liegt.

12 Eine Durchgangsprüfung kann an einem einzelnen Kabel durchgeführt werden, nachdem man es an beiden Enden getrennt und hier die Prüfklemmen angeschlossen hat (siehe Abbildung). Ist ein Kabel in Ordnung, wird Durchgang angezeigt – besteht dieser nicht, wird das Kabel irgendwo gebrochen sein.

13 Um den Durchgang eines Massekabels zu Masse zu prüfen, wird eine Prüfklemme an den Massekontakt des Steckers und die andere an den Rahmen, den Motor oder (bei angeschlossenem Massekabel) an den Minuspol der Batterie gehalten. Ist das Kabel und sein Massekontakt in Ordnung, wird Durchgang angezeigt. Wird kein Durchgang festgestellt, wird ein Kabel gebrochen sein oder einen schlechten Massekontakt haben (siehe unten).

Spannungs-Prüfungen

14 Eine Spannungsprüfung kann belegen, ob der Strom einen Verbraucher erreicht. Schalten Sie das Multimeter auf den Volt-Messbereich für Gleichstrom (DC), um die Spannung hinter der Batterie oder des Gleichrichters zu prüfen, schalten sie es auf AC (Wechselstrom), um die Spannung der Lichtmaschine zu messen. Für den Gleichstrom-Bereich kann auch eine einfache Prüflampe verwendet werden, doch das Messgerät hat den Vorteil, den Wert der Spannung anzuzeigen.

15 Verbinden Sie die Prüfklemmen parallel zur vorhandenen Verkabelung (siehe Abbildung).

16 Identifizieren Sie zuerst den entsprechenden Stromkreis mithilfe des Schaltplans am Ende dieses Kapitels.

17 Wird ein Messgerät eingesetzt, muss zunächst sichergestellt sein, dass die Prüfklemmen korrekt daran angeschlossen sind – rot an Plus (+), schwarz an Minus (–). Schalten Sie das Messgerät auf den gewünschten Bereich (z. B. 0 bis 20 Volt DC). Verbinden Sie die rote Plusklemme mit dem stromführenden Kabel und die schwarze Minusklemme mit Masse am Motor oder Rahmen oder dem Minuspol der Batterie. Bei eingeschalteten Schaltern muss beispielsweise Batteriespannung oder ein anderer in den technischen Daten angegebener Wert angezeigt werden.

18 Wird eine Prüflampe eingesetzt (Abbildung 2.4c), muss die Plusklemme mit dem stromführenden Kabel und die Minusklemme mit Masse am Motor oder Rahmen oder dem Minuspol der Batterie verbunden werden – bei eingeschaltetem Stromkreis muss die Lampe leuchten.

19 Liegt keine Spannung an, muss man sich zur Stromquelle (z. B. der Batterie) vorarbeiten, um herauszufinden, wo das Problem liegt.

Masse-Prüfung

20 Masseverbindungen gibt es entweder direkt zur Befestigung am Rahmen oder Motor (wie z. B. den Anlasser oder Zündspulen, die nur einen Steckerkontakt für Plus haben) oder über Kabel zum Massekabel an der Batterie. Auch kann ein kurzes Kabel vom Verbraucher direkt zum Rahmen verlegt sein.

21 Korrosion ist genauso ein verbreiteter Grund für eine schlechte Masseverbindung, wie es lockere Anschlüsse sind.

22 Fallen alle oder mehrere Verbraucher gleichzeitig aus, muss die Festigkeit des Haupt-Massekabels (–) an der Batterie überprüft werden, außerdem sind das an den Motor geschraubte Massekabel sowie der/die Haupt-Massepunkt(e) am Rahmen zu kontrollieren (Abbildung 2.2). Bei Korrosion muss der Anschluss freigelegt und gereinigt werden, bis wieder blankes Metall zum Vorschein kommt. Verbinden Sie den Anschluss und tragen Sie etwas Polfett auf, um weiterem Rost vorzubeugen.

23 Um einen Verbraucher auf guten Masseschluss zu prüfen, muss sein Massekontakt oder sein Gehäuse übergangsweise mithilfe eines Überbrückungskabels (siehe Abbildung) mit dem Rahmen verbunden werden – arbeitet der Verbraucher jetzt, ist sein Masseschluss defekt.

24 Prüfen Sie bei einem Massekabel zunächst seine Anschlüsse auf Korrosion und lockere Kontakte, kontrollieren Sie dann das Kabel auf Durchgang (siehe Schritt 13).

Bedenken Sie immer: Ein elektrischer Stromkreis soll Strom von der Quelle (der Batterie) durch Kabel, Schalter, Relais usw. zum Verbraucher (Lampe, Anlasser etc.) leiten, von dort aus geht es über die Masseverbindung zurück zur Batterie. Elektrische Probleme sind im Wesentlichen Unterbrechungen dieses Stromflusses.

3 Batterie

Achtung: Seien Sie beim Umgang mit der Batterie extrem vorsichtig! Die Batteriesäure ist stark ätzend und bei der Ladung entstehen explosive Gase. Lösen Sie immer zuerst die Schraube des Minus-Anschlusses (–) an der Batterie – und schließen Sie diesen als Letztes wieder an.

Ausbau und Einbau

1 Die Zündung muss ausgeschaltet sein. Entfernen Sie den Fahrersitz bzw. die Sitzbank (siehe Kapitel 7).

2 Hängen Sie das Batterie-Haltegummi aus (siehe Abbildung).

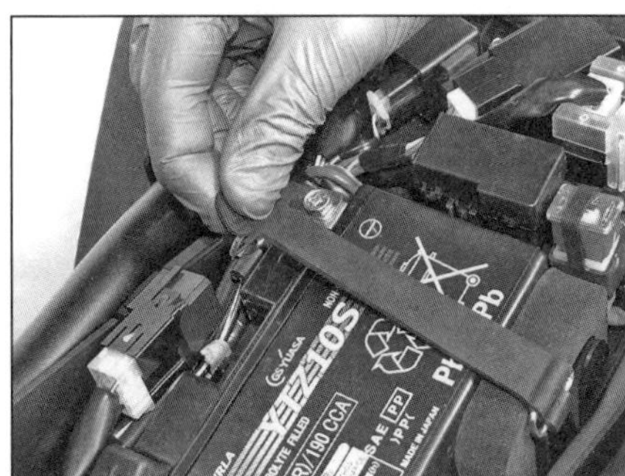

3.2 Hängen Sie das Gummiband aus.

3 Lösen Sie zuerst am Minuspol (–) die Schraube des Massekabels und trennen Sie dies von der Batterie (siehe Abbildung). Heben Sie die rote Abdeckung ab, um Zugang zum Pluspol (+) zu erhalten und dort die Schraube des Stromkabels zu trennen.
4 Heben Sie die Batterie zusammen mit dem Polster heraus (siehe Abbildungen).
5 Der Einbau entspricht der umgekehrten Ausbaureihenfolge. Reinigen Sie die Batteriepole mit einer Drahtbürste, feinem Sandpapier oder Stahlwolle. Verbinden Sie zuerst das rote Stromkabel mit dem Pluspol (+) und dann das Massekabel mit dem Minuspol (–).

Korrosion der Batteriepole kann auf ein Minimum reduziert werden, wenn man sie nach dem Anschließen der Kabel mit Polfett oder Vaseline versieht. Für diesen Zweck sind auch Sprays erhältlich. Verwenden Sie kein Fett auf Mineral-Basis.

Kontrolle und Wartung

6 Die serienmäßig an diesen Modellen verwendeten VRLA-Batterien sind sogenannte »wartungsfreie« (geschlossene) Ausführungen, die keinerlei Wartung erfordern. Allerdings können die folgenden Kontrollen durchgeführt werden.

Anmerkung: *Versuchen Sie nicht, die Batterie zu öffnen, um den Pegel oder die Dichte der Säure zu ermitteln – dies zerstört die Batterie!*

7 Der Ladezustand der Batterie kann durch Messen der Spannung zwischen den Polen der Batterie ermittelt werden (siehe Abbildung). Schließen Sie die Plusklemme eines Voltmeters an den Pluspol des Akkus an, ebenso die Minusklemme an den Minuspol. Eine vollständig geladene Batterie sollte mindestens 12,8 Volt Spannung haben. Wenn die Voltzahl unter 12 Volt fällt, ist die Batterie entladen und muss wie in Sektion 4 beschrieben geladen werden.

8 Kontrollieren Sie die Batteriepole und Anschlüsse auf Korrosion und Festigkeit. Ist Korrosion vorhanden, müssen die Batteriepole wie oben beschrieben gereinigt und dann vor weiterer Korrosion geschützt werden (siehe *Praxis-Tipp*).
9 Das Batteriegehäuse muss sauber gehalten werden, damit keine Kriechströme durch den Schmutz fließen und den Akku über längere Zeit entladen. Waschen Sie die Außenseite des Gehäuses mit einer Lösung aus Wasser und Soda. Spülen Sie die Batterie ordentlich ab und trocknen Sie sie.
10 Achten Sie auf Risse im Gehäuse und wechseln Sie die Batterie sofort aus, wenn welche entdeckt werden. Wenn Säure auf den Rahmen oder den Batteriehalter gespritzt ist, muss sie sofort mit Sodalauge neutralisiert werden. Trocknen Sie alles ab und bessern Sie Lackschäden aus.
11 Falls das Motorrad für längere Zeit nicht benutzt wird, sollten die Batterieanschlüsse gelöst werden – Masse (–) zuerst. Wechseln Sie zu Sektion 4 und laden Sie die Batterie alle vier bis sechs Wochen nach.

4 Batterie
Laden

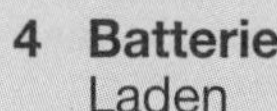

Achtung: Seien Sie bei Arbeiten an der Batterie extrem vorsichtig! Die Batteriesäure ist stark ätzend und beim Aufladen entstehen explosive Gase. Batteriesäure ist extrem korrosiv und löst nach kürzester Zeit Lack und Metall an.

1 Beschaffen Sie ein für 12-Volt-Batterien geeignetes Ladegerät.
2 Bauen Sie die Batterie aus (siehe Sektion 3). Falls noch nicht erledigt, muss die »Leerlaufspannung« der Batterie gemessen werden (siehe Sektion 3, Schritt 7). Ermitteln Sie mithilfe der Tabelle die benötigte Ladezeit (siehe Abbildungen).
3 Verbinden Sie das Ladegerät mit der Batterie, BEVOR Sie es einschalten – gehen Sie dabei sicher, dass die Anschlüsse nicht verwechselt werden – die Plusklemme gehört an den Pluspol und die Minusklemme an den Minuspol.
4 Yamaha empfiehlt, die Batterie mit 0,8 bis 1,0 Ampere über bis zu zwölf Stunden zu laden, falls sie vollständig entladen war – oder bis die Spannung 12,8 Volt erreicht, nachdem das Ladegerät entfernt und der Batterie eine halbe Stunde Pause gegönnt wurde. Die tatsächliche Ladezeit hängt von der noch vorhandenen Ladung der Batterie ab; ein Überschreiten dieser Vorgaben kann dazu führen, dass die Batterie überhitzt und sich ihre Platten verziehen, sodass sie durch Kurzschlüsse zerstört wird. Am besten eignet sich ein »intelligentes« Ladegerät, das die Ladung ständig überwacht und seine Leistung entsprechend anpasst. Normale einfache Ladegeräte sollten nach einem möglicherweise stärkeren Anfangsladestrom auf ein niedriges sicheres Level absinken. Stoppen Sie sofort die Ladung, wenn die Batterie warm wird – weiteres Laden wird zu Beschädigungen führen. Im gut sortierten Fachhandel gibt es spezielle Ladegeräte für Motorradbatterien, die sich oft besonders gut für stark entladene MF-Batterien eignen – besonders bei nur gelegentlich genutzten Motorrädern stellen diese gar nicht teuren Geräte eine wertvolle Investition dar.

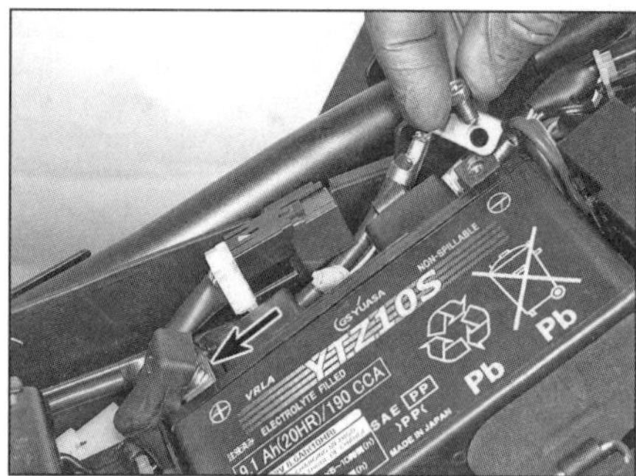

3.3 Trennen Sie immer zuerst den Masseanschluss (–), dann den Plus-Anschluss (Pfeil).

3.4 Heben Sie die Batterie vorsichtig heraus – sie ist relativ schwer.

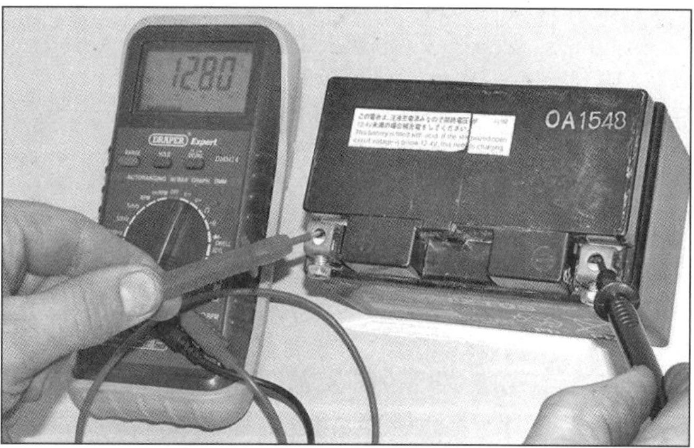

3.7 Prüfen Sie wie gezeigt die Batteriespannung.

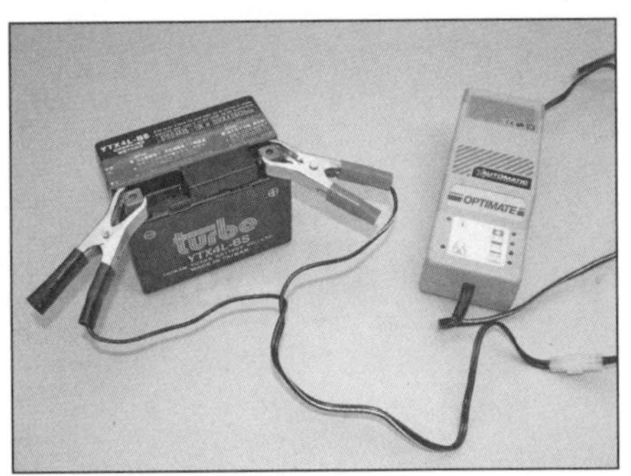
4.2a Eine mit einem Motorradladegerät geladene Batterie

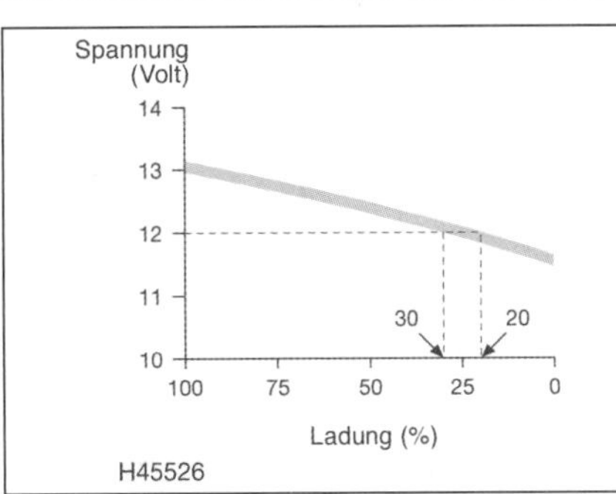

4.2b Mit der »Leerlaufspannung« wird die Ladung (in Prozent)...

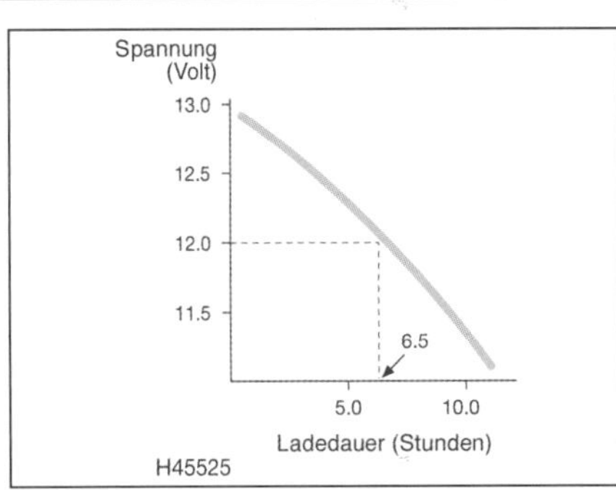

4.2c ...und die Ladezeit ermittelt

Folgen Sie zum Laden den Hinweisen des Ladegerät-Herstellers.

5 Falls sich eine geladene Batterie über kurze Zeit wieder entlädt, wird ein innerer Kurzschluss durch physikalische Beschädigung oder starke Sulfatierung vorliegen und es muss eine neue Batterie beschafft werden. Eine gesunde Batterie verliert etwa 1% ihrer Ladung pro Tag.

6 Installieren Sie die Batterie (siehe Sektion 3).

7 Wenn das Motorrad für längere Zeit nicht benutzt wird, sollte die Batterie alle vier bis sechs Wochen geladen werden. Manche Ladegeräte können dauerhaft an der Batterie angeschlossen bleiben, um sie stets in einem optimalen Ladezustand zu halten.

5 Sicherungen

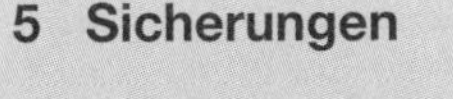

1 Die Bordelektrik als Ganzes ist mit einer Hauptsicherung geschützt, während die verschiedenen Verbraucher mit Sicherung unterschiedlicher Stärken geschützt sind (siehe *Technische Daten*). Die Hauptsicherung sitzt unter dem Fahrersitz (siehe Abbildung). Die Einspritzanlagen-Sicherung befindet sich am Anlasserrelais (unter dem Fahrersitz). Alle anderen Sicherungen befinden sich bei der **MT-09** und der **XSR** in zwei Sicherungsboxen – eine davon befindet sich bei der MT-09 hinter der rechten Lufthutze und bei der XSR in der Rahmen-Abdeckung (darin enthalten sind die Zündungs-, Licht, Signal und Aux-Sicherungen sowie bei Modellen mit ABS deren Steuergerät-Sicherung), die andere befindet sich unter dem Fahrersitz (und enthält die Ventilator-, die Back-Up und die Drosselklappen-Sicherungen sowie bei Modellen mit ABS deren Magnetschalter- und Motor-Sicherung). Bei der **Tracer** gibt es drei Sicherungsboxen – zwei hinter dem rechten Verkleidungsseitenteil (darin enthalten sind die Zündungs-, Licht-, Signal-, Aux- und ABS-Steuergerät-Sicherung) (siehe Abbildung) und eine unter dem Fahrersitz (enthält die Ventilator-, die Back-Up-, Drosselklappen- sowie ABS-Magnetschalter- und Motor-Sicherung).

2 Entfernen Sie je nach Modell und Sicherung die Sitze/Sitzbank, die rechte Lufthutze oder Rahmen-Abdeckung oder das rechte Verkleidungsseitenteil (siehe Kapitel 7).

3 Öffnen Sie den entsprechenden Sicherungsbox-Deckel – an seiner Innenseite ist die Lage, Zuordnung und Absicherungsrate der einzelnen Sicherungen angegeben (siehe Abbildung). Die Hauptsicherung hat ihren eigenen Sockel (Abbildung 5.1a). Die Einspritzanlagen-Sicherung befindet sich unter der Anlasserrelais-Abdeckung (siehe Abbildung). Außer bei der Hauptsicherung ist von jeder Absicherungsrate ist eine Ersatzsicherung vorhanden – diese sitzen ebenfalls in der Sicherungsbox oder unter der Anlasserrelais-Abdeckung.

5.1a Hauptsicherung (A), Sicherungsbox (B), Anlasserrelais (C) unter dem Fahrersitz – alle Modelle

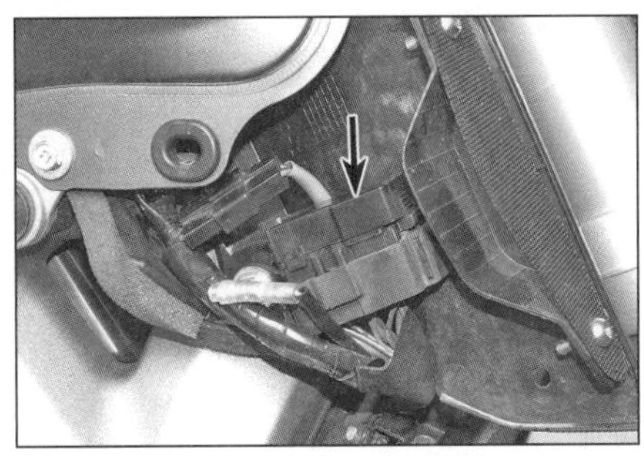
5.1b Sicherungsbox hinter Lufthutze – MT-09

5.1c Sicherungsboxen hinter rechtem Verkleidungsseitenteil – Tracer

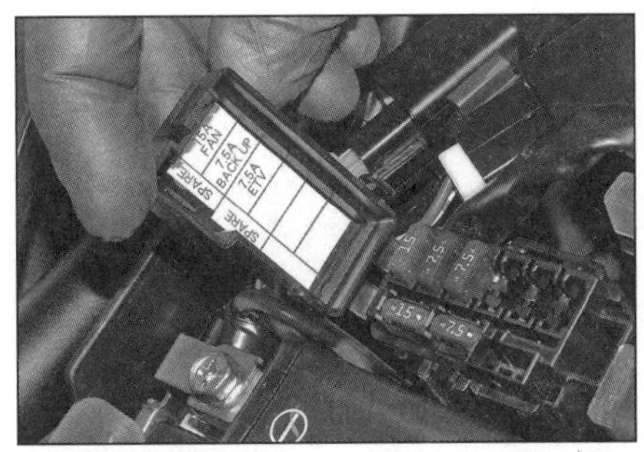
5.3a Öffnen Sie den entsprechenden Sicherungsbox-Deckel.

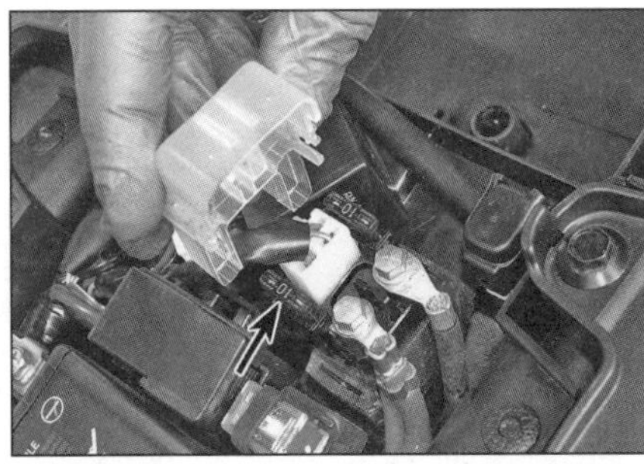
5.3b Entfernen Sie die Anlasserrelais-Abdeckung, um Zugang zur Einspritzanlagen-Sicherung zu erhalten.

5.4a Ziehen Sie die Sicherung ggf. mit einer Zange heraus.

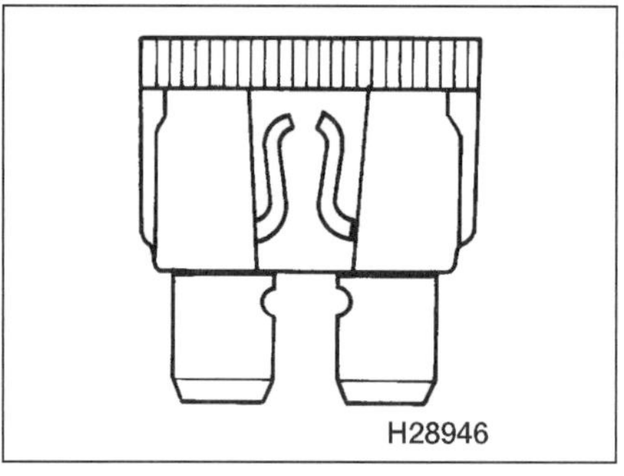

5.4b Eine durchgebrannte Sicherung kann am unterbrochenen Metallstreifen erkannt werden.

6.5 Scheinwerferrelais – MT-09 bis 2016

4 Die Sicherungen können ausgebaut und einer Sichtkontrolle unterzogen werden. Ziehen Sie die Sicherung mit den Fingern oder einer geeigneten Zange heraus (siehe Abbildung). Eine durchgebrannte Sicherung ist leicht an der Unterbrechung in der Drahtverbindung zwischen den beiden Kontakten zu erkennen (siehe Abbildung) – im Zweifelsfall muss sie mit einem Durchgangsprüfer oder Ohmmeter geprüft werden (siehe Sektion 2). Jede Sicherung ist deutlich mit dem Wert der maximalen Stromstärke markiert und darf nur durch eine gleich starke ersetzt werden.

Warnung: Setzen Sie niemals eine stärkere Sicherung ein und überbrücken Sie die Anschlüsse niemals mit Draht oder Ähnlichem, für wie kurz auch immer. Die elektrische Anlage kann stark beschädigt werden oder in Brand geraten.

5 Falls eine neue Sicherung sofort wieder durchbrennt, muss der Kabelbaum sorgfältig auf den Grund des Kurzschlusses überprüft werden. Achten Sie auf blanke Leitungen und abgeriebene, geschmolzene oder verbrannte Isolationen.

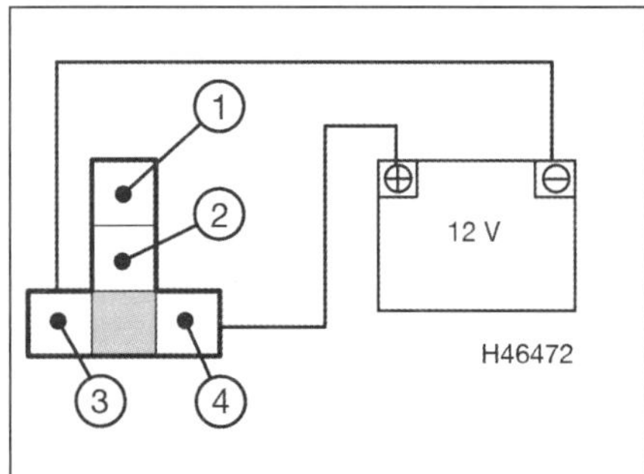

6.6 Scheinwerferrelais – Anschluss-Identifikation für Prüfung
1 (braun/weißes Kabel)
2 (blau/schwarzes Kabel)
3 (gelb/schwarzes Kabel)
4 (braun/weißes Kabel)

6 Gelegentlich wird eine Sicherung ohne offensichtlichen Grund durchbrennen oder den Stromkreis unterbrechen. Der Grund hierfür liegt in korrodierten Kontakten der Sicherung oder ihrer Halterung. Entfernen Sie diese Kontaktschwächen mit einer Drahtbürste oder Schleifpapier und sprühen Sie die Anschlüsse mit Kontaktspray ein.

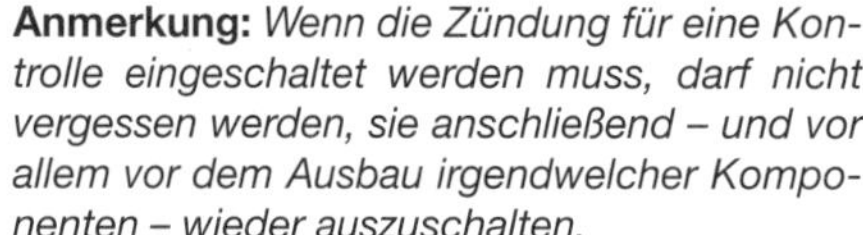

6 Lichtanlage
Kontrolle

Anmerkung: *Wenn die Zündung für eine Kontrolle eingeschaltet werden muss, darf nicht vergessen werden, sie anschließend – und vor allem vor dem Ausbau irgendwelcher Komponenten – wieder auszuschalten.*

Anmerkung: *Beachten Sie die Hinweise zur Fehlersuche in Sektion 2 sowie die Schaltpläne am Ende des Kapitels.*

1 Wenn eine einzelne Lampe nicht mehr funktioniert, müssen zuerst die Lampe und ihre Anschlüsse überprüft werden – beachten Sie die entsprechende Sektion. Kontrollieren Sie auch die Sicherungen (siehe Sektion 5). Falls keine einzige Lampe leuchtet, muss zuerst die Batterie kontrolliert werden – eine schwache Batterie kann entweder einen eigenen Schaden oder einen Fehler im Ladesystem bedeuten – wechseln Sie für die Batteriekontrolle zu Sektion 3 und wegen eines Tests des Ladesystems zu Sektion 30. Falls gleichzeitig mehrere Probleme auftreten, wird der Defekt wahrscheinlich in einer Multifunktions-Komponente wie der für mehrere Stromkreise zuständigen Sicherung oder dem Zündschloss liegen. Bei der Kontrolle eines Lampen-Glühdrahtes sollte eine Sichtkontrolle von einem Durchgangstest bestätigt werden, da die Drahtwendel nicht immer erkennen lässt, dass die Lampe durchgebrannt ist. Beachten Sie beim Durchgangstest einer Lampe mit einem Kontakt, dass der Metallsockel den Masseanschluss bildet.

Scheinwerfer
MT-09 bis 2016 und alle XSR

2 Falls ein Licht (Fernlicht oder Abblendlicht) ausfällt, müssen die Lampe, ihr Stecker und die darin angeschlossenen Kabel kontrolliert werden (siehe Sektion 7), außerdem ist die HEAD-Sicherung (siehe Sektion 5) zu überprüfen. Prüfen Sie an der Kabelbaumseite des Steckers, ob Batteriespannung anliegt – die Minusklemme des Messgeräts muss mit dem schwarzen Kabel und die Plusklemme mit dem gelben (HI = Fernlicht) oder grünen Kabel (LO = Abblendlicht) verbunden werden. Während dieses Tests muss der Abblendschalter in die entsprechende Position gebracht werden.
3 Falls an den Steckerkontakten gar keine Spannung festgestellt wurde, liegt das Problem in der Verkabelung, den Steckern, dem Zündschloss oder dem Abblendschalter. Kontrollieren Sie die Verkabelung (siehe Sektion 2 sowie die Schaltpläne am Ende des Kapitels) und die Schalter selbst.
4 Falls Spannung ermittelt wurde, muss der Durchgang zwischen dem Kontakt des schwarzen Kabels und Masse geprüft und ggf. sichergestellt werden.
5 Für die Kontrolle des Scheinwerferrelais muss bei der MT-09 der Tank demontiert (siehe Kapitel 4), das Relais befreit und sein Stecker getrennt werden (siehe Abbildung). Entfernen Sie bei der XSR die rechte Rahmenabdeckung (siehe Kapitel 7) und trennen Sie den Relaisstecker.
6 Ermitteln Sie mit einem auf den Ohm-Messbereich geschalteten Prüfgerät den Durchgang zwischen den Relaiskontakten 1 (Plusklemme braun/weiß) und 2 (Minusklemme blau/schwarz) (siehe Abbildung) – es muss unendlicher Widerstand (»1«) festgestellt werden. Verbinden Sie nun eine geladene 12-Volt-Batterie mit den Relaiskontakten 3 (– gelb/schwarz) und 4 (+ braun/weiß) – jetzt muss Durchgang (0 Ohm) angezeigt werden. Verwechseln Sie nicht die Kontakte der beiden braun/weißen Kabel.
7 Falls das Relais nicht wie beschrieben arbeitet, muss es ersetzt werden.

MT-09 ab 2017 und alle Tracer

8 Die Scheinwerfer sind mit LEDs ausgerüstet, die von einem Steuergerät an der Unterseite aktiviert werden. Falls ein Scheinwerfer ausfällt, müssen zuerst die Sicherung (siehe Sektion 5) und dann die Scheinwerfer- und Steuergerät-Stecker kontrolliert werden (siehe Sektion 8). Ist hier alles in Ordnung, muss der Stromkreis von einer Yamaha-Werkstatt überprüft werden. Falls eine LED defekt ist, muss der gesamte Scheinwerfer ersetzt werden.

Standlicht

MT-09 bis 2016 und alle XSR

9 Falls das Standlicht weder bei eingeschalteter Zündung noch in der Park-Position funktioniert, müssen die Lampe und ihr Anschluss sowie dessen Verkabelung kontrolliert werden (siehe Sektion 7). Kontrollieren Sie auch die SIGNAL-Sicherung (siehe Sektion 5).

10 Prüfen Sie bei eingeschalteter Zündung, ob am braunen Kabel des Standlicht-Steckers Batteriespannung anliegt.

11 Wurde keine Spannung ermittelt, müssen die Kabel zwischen dem Standlicht und der Sicherungsbox überprüft werden (siehe Sektion 18).

12 Wurde Spannung festgestellt, muss der Durchgang zwischen den Steckerkontakten der Lampenseite und den entsprechenden Kontakten des Lampenhalters kontrolliert werden – kein Durchgang weist auf eine Unterbrechung im Stromkreis hin. Wenn Durchgang ermittelt wird, muss der Durchgang zwischen dem Kontakt des schwarzen Kabels und Masse geprüft werden – wird keiner ermittelt, muss der Massestromkreis auf eine gebrochene oder schwache Verbindung überprüft werden.

MT-09 ab 2017 und alle Tracer

13 Das Standlicht ist mit LEDs ausgerüstet. Falls es ausfällt, muss zuerst die Signal-Sicherung (siehe Sektion 5) und dann die Scheinwerfer- und Steuergerät-Stecker kontrolliert werden (siehe Sektion 8). Falls die LED defekt ist, muss der gesamte Scheinwerfer ersetzt werden.

Rücklicht

14 Das Rücklicht ist als LED-Einheit ausgeführt. Falls bei den folgenden Kontrollen kein Fehler festgestellt wird, muss die komplette Rücklicht-Baugruppe ersetzt werden.

15 Falls das Rücklicht ausfällt, muss zuerst die SIGNAL-Sicherung (siehe Sektion 5) kontrolliert werden. Entfernen Sie als Nächstes den Rücksitz bzw. die Sitzbank (siehe Kapitel 7) und trennen Sie den Rücklichtstecker (Abbildungen 10.2a oder b). Prüfen Sie bei eingeschalteter Zündung, ob am kabelbaumseitigen

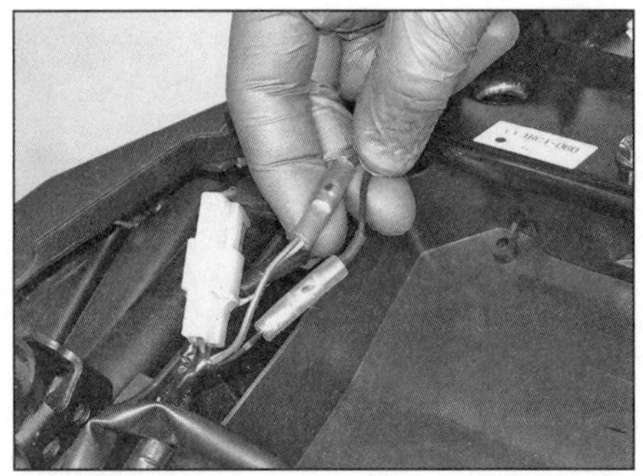

6.23a Kennzeichenbeleuchtungs-Stecker – MT-09 bis 2016

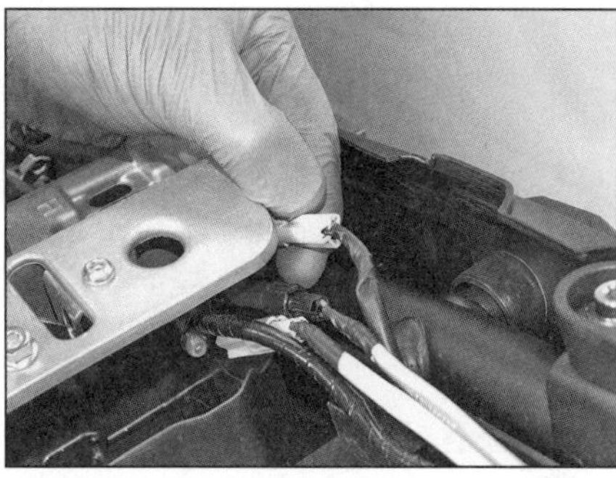

6.23b Kennzeichenbeleuchtungs-Stecker – Tracer

Kontakt des je nach Modell blau/roten oder braunen Kabels Batteriespannung anliegt.

16 Wurde keine Spannung ermittelt, müssen alle Kabel und Stecker zwischen dem Rücklicht und der Sicherungsbox kontrolliert werden.

17 Wurde Spannung festgestellt, muss das schwarze Kabel auf guten Massekontakt überprüft werden; kontrollieren Sie ggf. den Masse-Stromkreis auf gebrochene Kabel und schlechten Kontakt.

Bremslicht

18 Das Bremslicht ist als LED-Einheit ausgeführt. Falls bei den folgenden Kontrollen kein Fehler festgestellt wird, muss die komplette Rücklicht-Baugruppe ersetzt werden.

19 Falls das Bremslicht ausfällt, muss zuerst die SIGNAL-Sicherung (siehe Sektion 5) kontrolliert werden. Entfernen Sie als Nächstes den Rücksitz bzw. die Sitzbank (siehe Kapitel 7) und trennen Sie den Rücklichtstecker (Abbildungen 10.2a oder b). Prüfen Sie bei eingeschalteter Zündung und betätigter Bremse, ob am kabelbaumseitigen Kontakt des gelben Kabels Batteriespannung anliegt.

20 Wurde bei einer Bremse keine Spannung ermittelt, muss der entsprechende Bremslichtschalter kontrolliert werden (siehe Sektion 14), außerdem die Verkabelung zwischen dem Bremslicht und dem Schalter.

21 Wurde Spannung festgestellt, muss das schwarze Kabel auf guten Massekontakt überprüft werden; kontrollieren Sie ggf. den Masse-Stromkreis auf gebrochene Kabel und schlechten Kontakt.

Kennzeichenbeleuchtung

22 Die Kennzeichenbeleuchtung wird bei MT-09 ab 2017 von einer LED übernommen, bei allen anderen Modellen von einer Glühlampe.

23 Falls die Kennzeichenbeleuchtung mit Glühlampe ausfällt, müssen zuerst die Lampe, ihr Stecker und dessen Verkabelung kontrolliert werden (siehe Sektion 9); außerdem ist die SIGNAL-Sicherung zu kontrollieren (siehe Sektion 5). Demontieren Sie als Nächstes den Rücksitz bzw. die Sitzbank (siehe Kapitel 7), um den/die Kennzeichenbeleuchtungs-Stecker zu trennen (siehe Abbildungen). Prüfen Sie bei eingeschalteter Zündung, ob am braunen Kabel des Lampenhalters Spannung anliegt. Wurde keine Spannung ermittelt, müssen alle Kabel und Stecker zwischen der Kennzeichenbeleuchtung und der Sicherungsbox kontrolliert werden.

24 Wurde Spannung festgestellt, muss das schwarze Kabel auf guten Massekontakt überprüft werden; kontrollieren Sie ggf. den Masse-Stromkreis auf gebrochene Kabel und schlechten Kontakt.

Blinker

25 Falls eine Blinkerlampe ausfällt, müssen die Lampe, ihr Stecker und dessen Verkabelung kontrolliert werden (siehe Sektion 12); Falls alle Blinker ausfallen, ist die PARKING/ LIGHTNING-Sicherung zu kontrollieren (siehe Sektion 5).

26 Wenn die Sicherung in Ordnung ist, muss das Blinkrelais überprüft werden (siehe Sektion 11).

Instrumenten- und Kontrolllampen

27 Beachten Sie hierfür die Hinweise in Sektion 17.

7 Scheinwerfer- und Standlichtlampen (MT-09 bis 2016 und XSR)

Achtung: Die Halogenlampe(n) des Scheinwerfers darf/dürfen nicht am Glas angefasst werden, da Flecken das Leben der Lampe verkürzen. Wenn sie doch einmal berührt worden ist, muss sie (im kalten Zustand) sorgfältig mit einem in Spiritus getränkten Lappen abgewischt und vor dem Einbau getrocknet werden. Fassen Sie Lampen immer mit einem Taschentuch oder trockenem Lappen an, um ihre Lebensdauer zu verlängern.

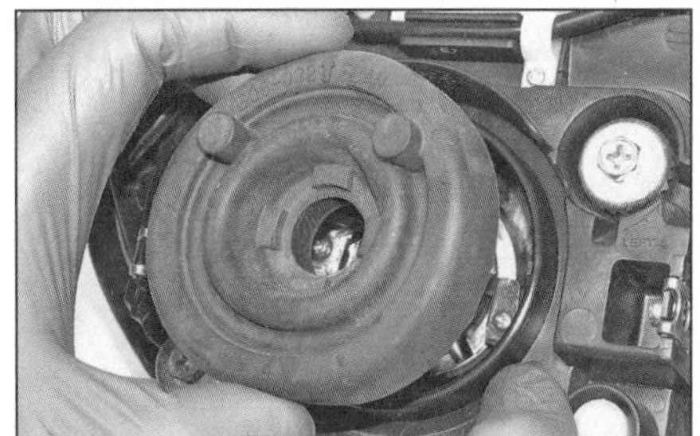
7.2 Entfernen Sie die Gummikappe.

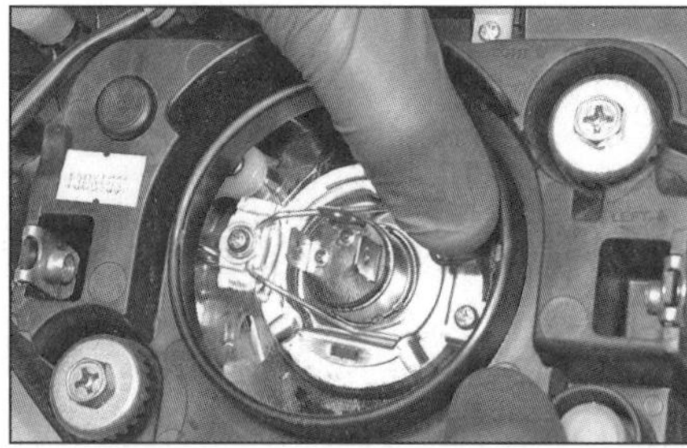
7.3a Lösen Sie den Drahtbügel...

7.3b ...und befreien Sie die Lampe.

7.8 Befreien Sie den Lampenhalter...

7.9 ...und ziehen Sie die Lampe aus dem Halter.

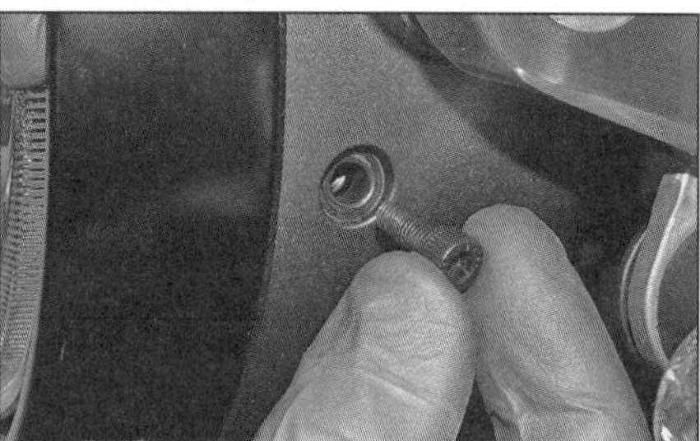
7.12a Lösen Sie an beiden Seiten die Schraube...

7.12b ...und ziehen Sie den Scheinwerfer zuerst unten ab, um ihn zu befreien.

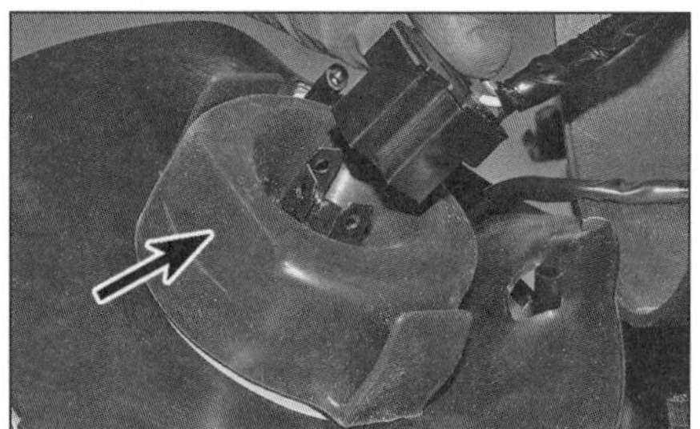
7.13 Entfernen Sie die Gummikappe.

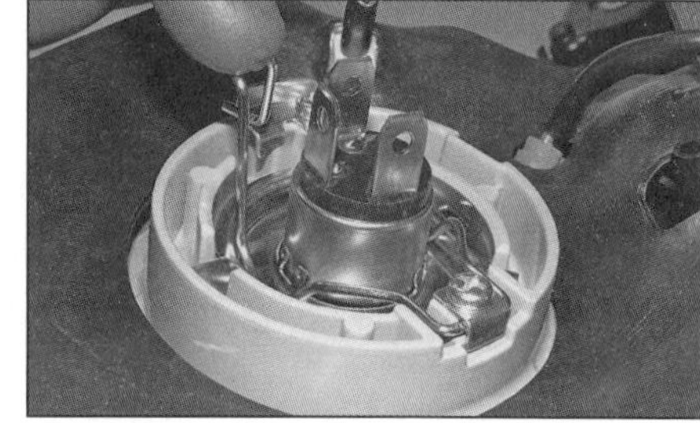
7.14a Lösen Sie den Drahtbügel...

MT-09 bis 2016

Scheinwerferlampe

1 Demontieren Sie den Scheinwerfer (siehe Sektion 8).

2 Ziehen Sie an der Rückseite des Scheinwerfers die Gummikappe ab (siehe Abbildung).

3 Lösen Sie den Sicherungsbügel und entnehmen Sie die Lampe (siehe Abbildungen).

4 Installieren Sie die korrekt ausgerichtete neue Lampe – beachten Sie die Anmerkung oben – und sichern Sie sie mit dem Sicherungsdraht.

5 Stecken Sie die Gummikappe auf.

6 Montieren Sie den Scheinwerfer (siehe Sektion 8) und prüfen Sie seine Funktion.

Standlichtlampe

7 Demontieren Sie den entsprechenden Blinker/Scheinwerfer-Seitendeckel (siehe Sektion 8).

8 Drehen Sie den Lampenhalter gegen den Uhrzeigersinn und ziehen Sie ihn aus dem Scheinwerfer (siehe Abbildung).

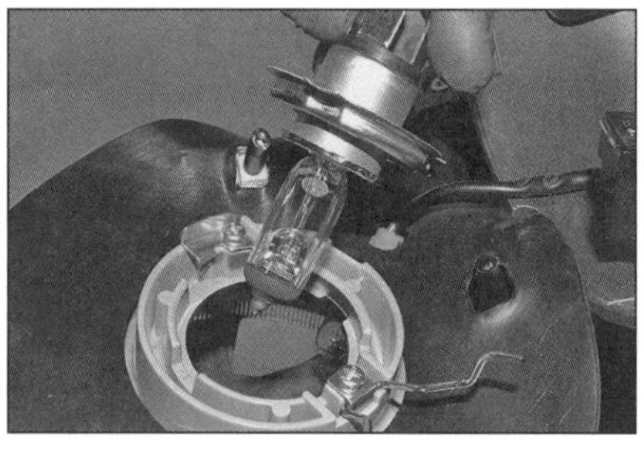
7.14b ...und befreien Sie die Lampe.

7.15 Hängen Sie den Drahtbügel korrekt ein, um die Lampe zu sichern.

9 Ziehen Sie vorsichtig die Lampe aus dem Halter (siehe Abbildung).

10 Stecken Sie die korrekt ausgerichtete neue Lampe in den Halter und installieren Sie diesen in den Reflektor – drehen Sie ihn zum Schluss nach rechts, um ihn zu sichern.

11 Montieren Sie den Blinker/Scheinwerfer-Seitendeckel und prüfen die Funktion der Lampe.

XSR

Scheinwerferlampe

12 Lösen Sie an beiden Seiten des Scheinwerfergehäuses die Schrauben und befreien Sie den Scheinwerfer (siehe Abbildungen).

13 Trennen Sie den Scheinwerfer-Stecker und entfernen Sie die Gummikappe an der Rückseite des Scheinwerfers (siehe Abbildung).

7.17 Die Lasche des Lampenrings muss hinter die Rippe der Lampenschale greifen.

7.19 Befreien Sie die äußere Gummikappe.

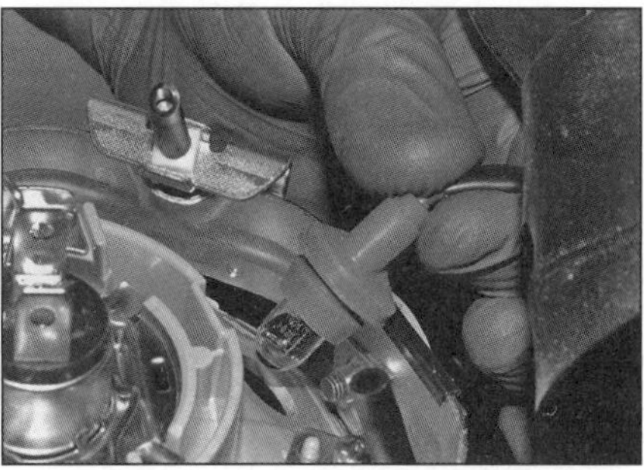

7.20a Ziehen Sie den Lampenhalter heraus,...

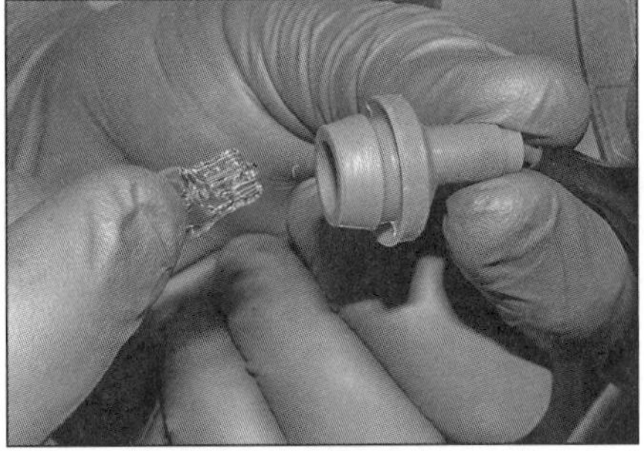

7.20b ...und befreien Sie die sockellose Lampe aus dem Halter.

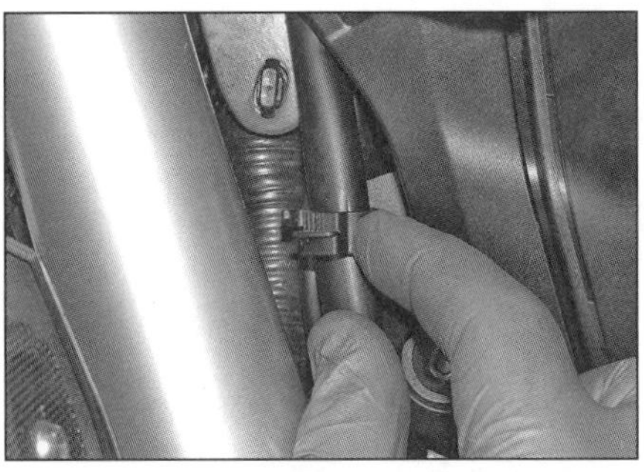

8.1a Befreien Sie den Bremsschlauch.

8.1b Lösen Sie die Schrauben...

8.1c ...und befreien Sie den Blinker samt Scheinwerfer-Seitendeckel.

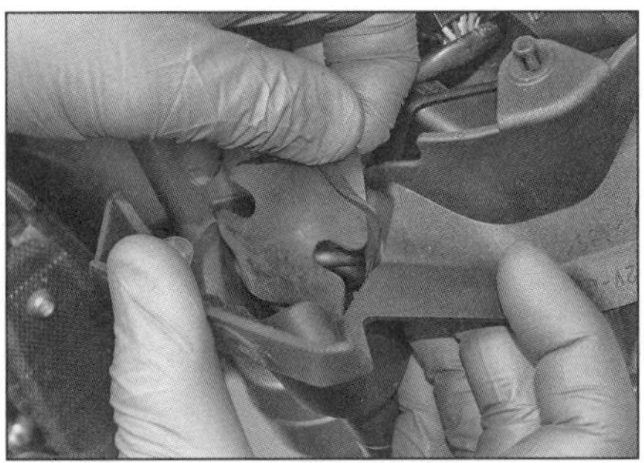

8.1d Entnehmen Sie das Gummi,...

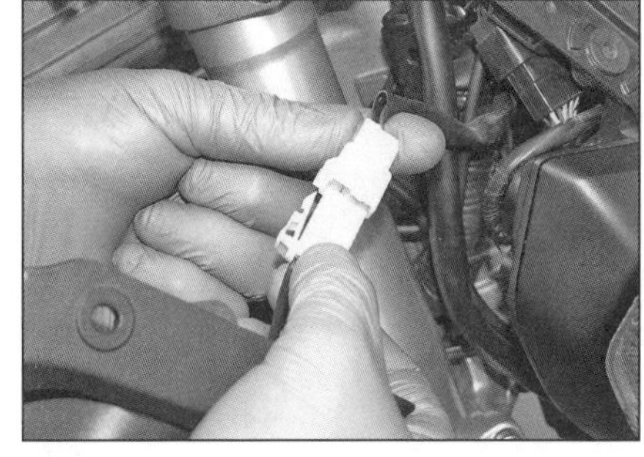

8.1e ...ziehen Sie den Blinkerstecker heraus und trennen Sie ihn.

14 Lösen Sie den Sicherungsbügel und entnehmen Sie die Lampe (siehe Abbildungen).
15 Installieren Sie die korrekt ausgerichtete neue Lampe - beachten Sie die Anmerkung oben - und sichern Sie sie mit dem Sicherungsdraht (siehe Abbildung).
16 Stecken Sie die Gummikappe auf - »TOP« muss nach oben zeigen (Abbildung 7.13).
17 Verbinden Sie die Lampenstecker, montieren Sie den Scheinwerfer in die Lampenschale, richten Sie die Lasche an seiner Oberseite hinter der Rippe der Schale (siehe Abbildung) und installieren Sie die Schrauben. Prüfen Sie die Funktion des Scheinwerfers.

Standlichtlampe

18 Lösen Sie an beiden Seiten des Scheinwerfergehäuses die Schrauben und befreien Sie den Scheinwerfer (Abbildungen 7.12a und b). Ziehen Sie den Scheinwerfer-Stecker ab und entfernen Sie die Gummikappe (Abbildung 7.13).
19 Befreien Sie die äußere Gummiabdeckung, um Zugang zum Standlicht-Lampenhalter zu erhalten (siehe Abbildung).
20 Ziehen Sie den Lampenhalter aus dem Scheinwerfer und befreien Sie die Lampe aus dem Halter (siehe Abbildungen).
21 Richten Sie die neue Lampe zum Halter aus und drücken Sie sie ein. Stecken Sie den Halter in den Scheinwerfer, legen Sie die Gummiabdeckung auf, drücken Sie die Gummikappe über die Scheinwerferlampe und verbinden Sie deren Stecker.
22 Montieren Sie den Scheinwerfer in die Lampenschale, richten Sie die Lasche an seiner Oberseite hinter der Rippe der Schale (Abbildung 7.17) und installieren Sie die Schrauben (Abbildung 7.12a). Prüfen Sie die Funktion des Standlichts.

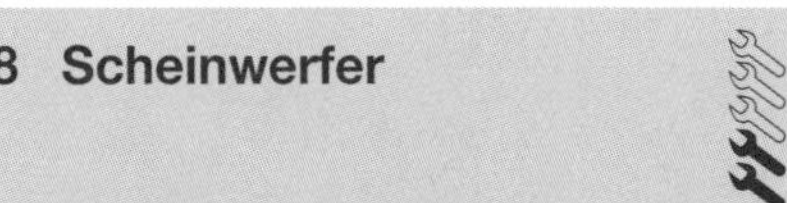

8 Scheinwerfer

Ausbau und Einbau

MT-09 bis 2016

1 Befreien Sie die Bremsleitung aus dem Clip rechts am Blinker/Scheinwerfer-Seitendeckel (siehe Abbildung) und lösen Sie dessen vier Schrauben. Ziehen Sie den Deckel ab und trennen Sie dabei den Blinkerstecker (siehe Abbildungen).

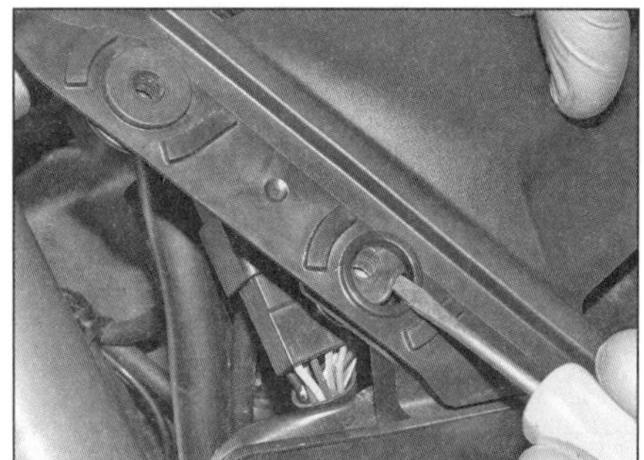

8.2 Befreien Sie die Bunde der beiden Gummiösen-Muttern durch die Löcher.

8.3a Trennen Sie den Standlicht-Stecker...

8.3b ...und den Scheinwerfer-Stecker.

8.3c Heben Sie den Scheinwerfer unter Beachtung seiner Einbauposition ab.

8.5a Lösen Sie die Schrauben...

8.5b ...und befreien Sie den Zapfen.

8.6a Befreien Sie die Gummikappe...

8.6b ...und trennen Sie den Instrumentenstecker...

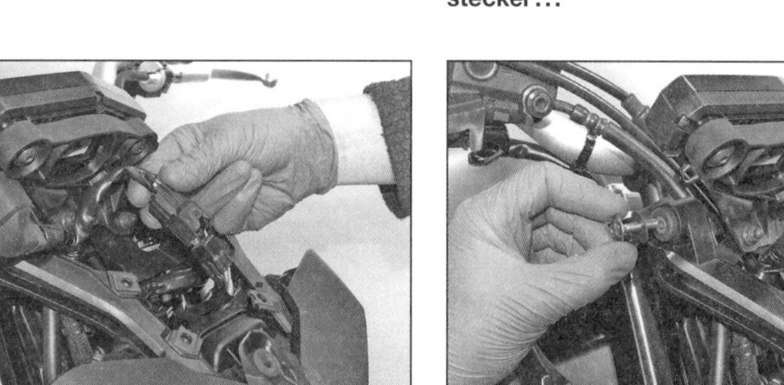

8.6c ...sowie den Scheinwerferstecker.

8.7 Lösen Sie die Schrauben des oberen Scheinwerferhalters.

2 Befreien Sie die Bunde der beiden Gummiösen-Muttern durch die oberen Abdeckung und kippen Sie den Scheinwerfer nach vorn (siehe Abbildung).

3 Trennen Sie die Standlicht- und Scheinwerfer-Stecker und heben Sie den Scheinwerfer von seinem unteren Halter – beachten Sie, wie die Ausschnitte über den Gummis liegen (siehe Abbildungen).

4 Der Einbau entspricht der umgekehrten Ausbaureihenfolge. Die Gummihalterungen dürfen nicht spröde oder beschädigt sein und müssen korrekt sitzen (Abbildung 8.3c). Alle Stecker müssen sicher verbunden sein. Prüfen Sie die Funktion der Lampen und stellen Sie die Leuchtweite ein (siehe Schritt 25 ff.).

MT-09 ab 2017

5 Lösen Sie die vier Schrauben der oberen Abdeckung und befreien Sie deren mittig sitzenden Zapfen aus der Gummiöse und hängen Sie unten den Haken aus (siehe Abbildungen); befreien Sie an ihrer Unterseite den Scheinwerferstecker.

6 Befreien Sie unterhalb der Instrumente die Gummikappe und trennen Sie den Instrumentenstecker; trennen Sie dann den Scheinwerferstecker (siehe Abbildungen).

7 Lösen Sie an beiden Seiten die Schrauben des oberen Scheinwerferhalters und entfernen Sie sie samt ihrer Scheiben (siehe Abbildung).

8 Schwenken Sie die Scheinwerfer-Baugruppe nach vorn und befreien Sie den Instrumentenstecker durch den Halter; heben Sie den Scheinwerfer dann von den am unteren Halter sitzenden Haltegummis (siehe Abbildung).

9 Lösen Sie nötigenfalls die Muttern des unteren Instrumententrägers und befreien Sie die-

8.8 Heben Sie den Scheinwerfer vom unteren Halter.

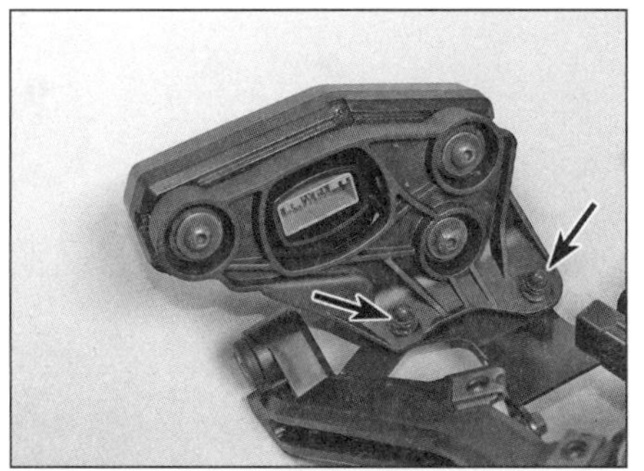

8.9a Zwei Muttern sichern den unteren Instrumententrägers am Scheinwerferhalter

8.9b Drei Schrauben sichern den Instrumententräger am Scheinwerferhalter

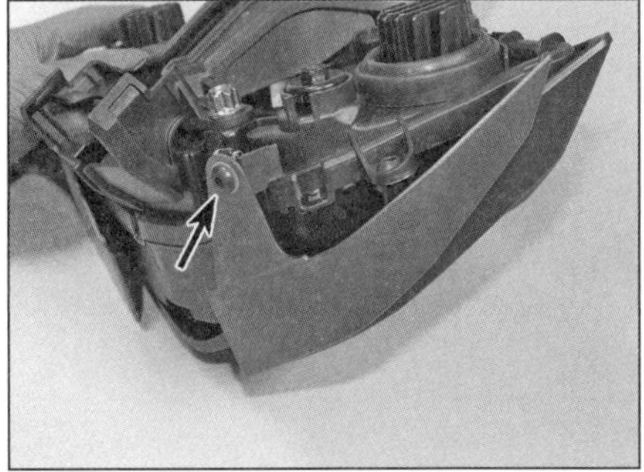

8.10a Lösen Sie die Schraube der Scheinwerferblende...

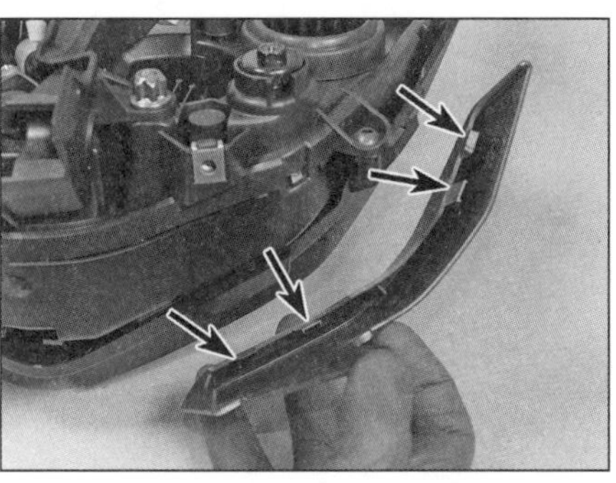

8.10b und befreien Sie innen ihre Laschen.

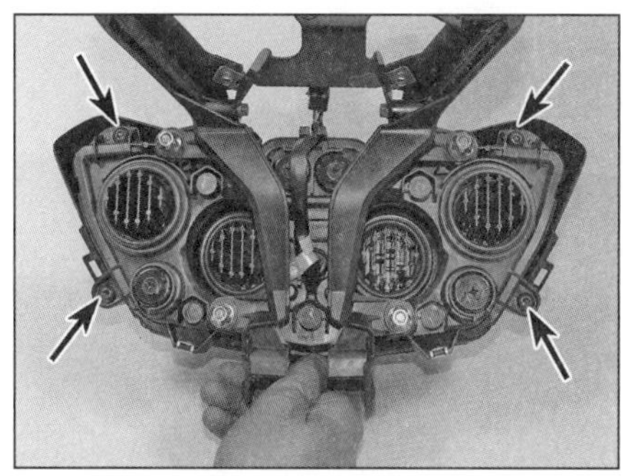

8.11a Schrauben der vorderen Scheinwerfer-Verkleidung

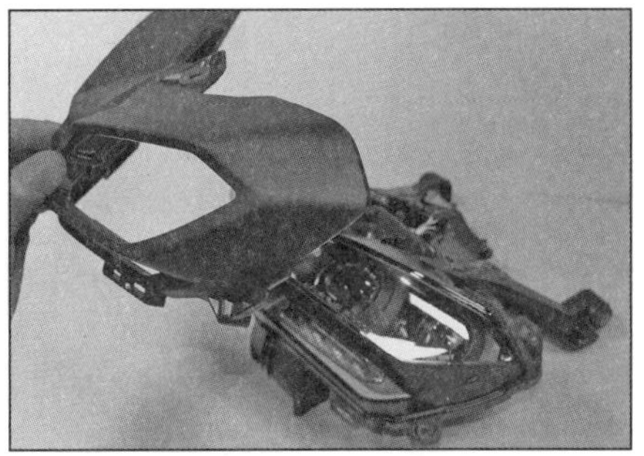

8.11b Ziehen Sie die Verkleidung ab...

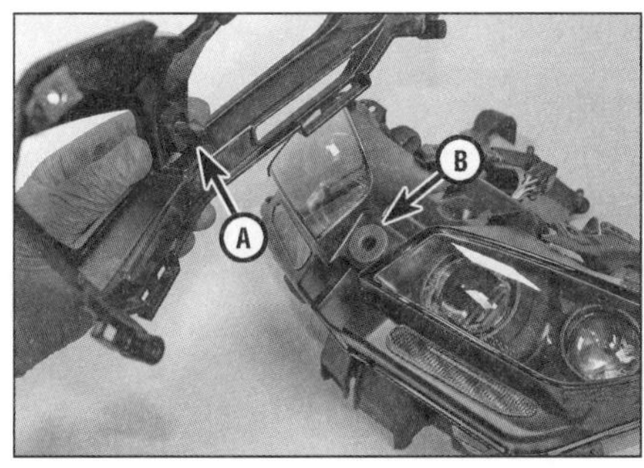

8.11c ...und befreien Sie den mittigen Zapfen (A) aus der Gummiöse (B).

8.12 Vier Muttern sichern den Scheinwerfer am Halter.

sen vom Scheinwerferhalter. Lösen Sie dann die Schrauben des Instrumententrägers (siehe Abbildungen).

10 Lösen Sie jeweils die Schraube einer der seitlichen Scheinwerferblenden und befreien Sie diese vorsichtig, ohne dabei innen ihre Laschen abzubrechen (siehe Abbildungen).

11 Lösen Sie die vier Schrauben der vorderen Scheinwerfer-Verkleidung und ziehen Sie diese ab, um den mittigen Zapfen aus der Gummiöse zu befreien.

12 Um den Scheinwerfer von seinem Halter zu trennen, müssen die vier Muttern gelöst werden (siehe Abbildung).

13 Der Einbau entspricht der umgekehrten Ausbaureihenfolge – die Gummibuchsen müssen in Ordnung sein und korrekt auf den Zapfen sitzen, die Hülsen müssen in den oberen

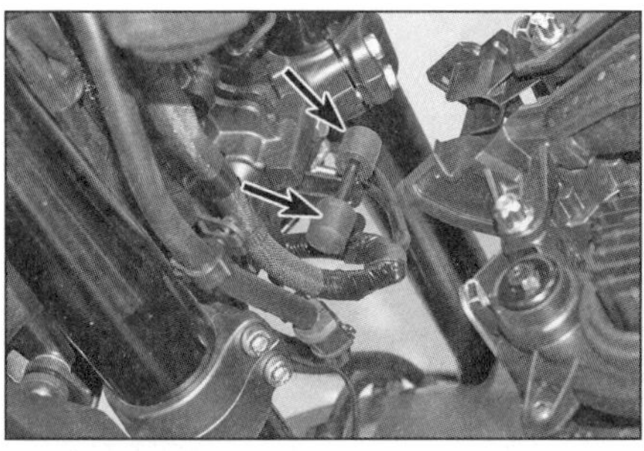

8.13a Die Gummibuchsen müssen auf den Zapfen sitzen...

Gummiösen stecken (siehe Abbildungen). Alle Stecker müssen verbunden sein. Prüfen Sie

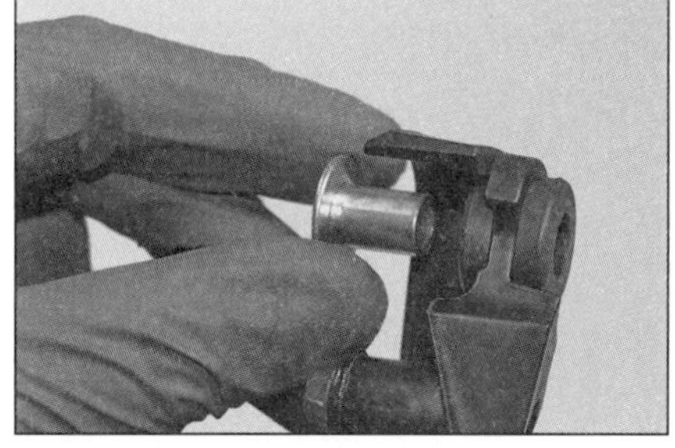

8.13b ...und die Hülsen in den oberen Gummiösen stecken.

die Funktion der Lampen und stellen Sie die Leuchtweite ein (siehe Schritt 25 ff.).

8.16a Trennen Sie den linken Stecker des Scheinwerfer-Steuergeräts.

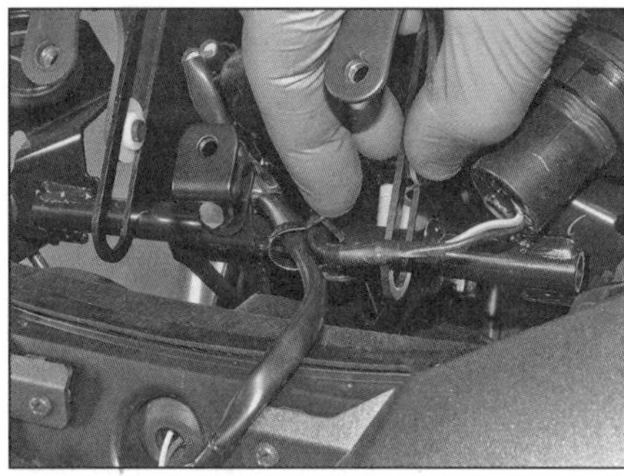

8.16b Befreien Sie das Standlichtkabel aus dem Clip...

8.16c ...und trennen Sie seinen Stecker.

8.17 Die Scheinwerfer-Baugruppe ist an jeder Seite mit zwei Schrauben gesichert.

8.18 Höhenversteller (A) und Steuergerät (B) der Scheinwerfer

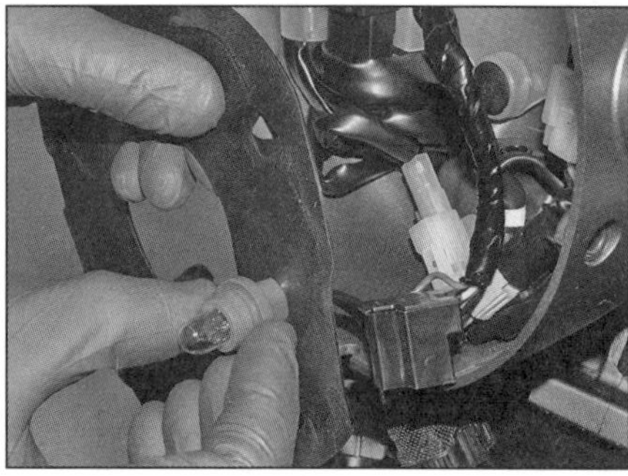

8.20 Befreien Sie das Standlicht aus der Gummiabdeckung.

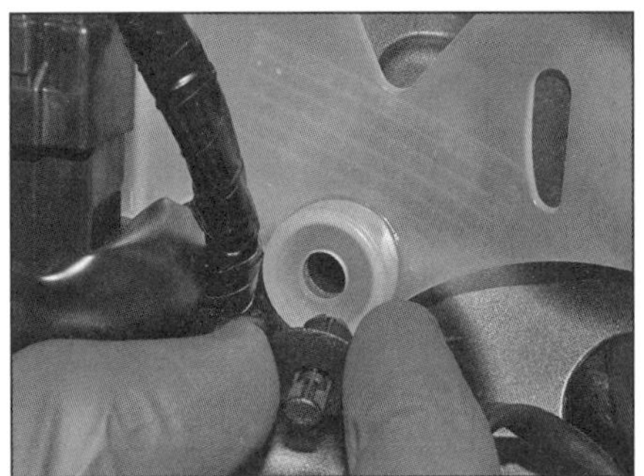

8.21a Entfernen Sie den Verkleidungsstift...

8.21b ...und befreien Sie die Kabelführung/Steckerhalter-Baugruppe.

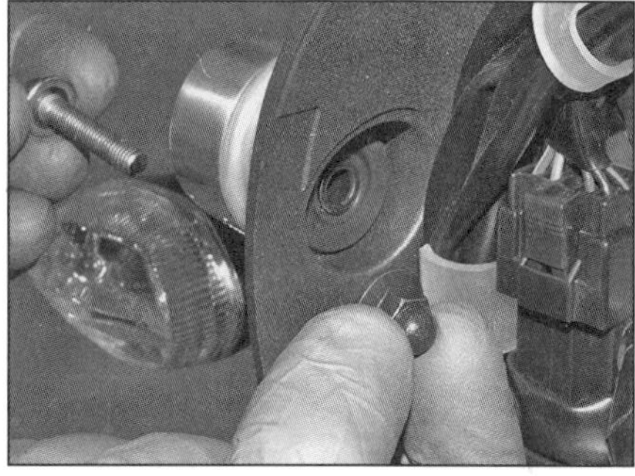

8.21c Lösen Sie an beiden Seiten die Mutter und entfernen Sie die Schraube.

Tracer

14 Entfernen Sie die Tankblenden (siehe Kapitel 7).

15 Demontieren Sie die Windschutzscheibe, die vordere Abdeckung und die Innenverkleidung (siehe Kapitel 7).

16 Trennen Sie den linken Stecker vom unter dem Scheinwerfer sitzenden Steuergerät (siehe Abbildung). Befreien Sie das Standlichtkabel aus dem Clip und trennen Sie seinen Stecker (siehe Abbildungen).

17 Lösen Sie die Scheinwerfer-Schrauben und befreien Sie die Baugruppe (siehe Abbildung).

18 Legen Sie die Scheinwerfer-Baugruppe auf saubere weiche Lappen, um das Glas nicht zu zerkratzen. Beachten Sie die Höhenversteller und das Steuergerät der Scheinwerfer (siehe Abbildung). Lösen Sie nötigenfalls die Schrauben, mit denen der Scheinwerfer links und rechts oben gesichert ist, lösen Sie außerdem die Schrauben der Seitenblenden und der Frontverkleidung.

19 Der Einbau entspricht der umgekehrten Ausbaureihenfolge – alle Stecker müssen verbunden und gesichert sein. Prüfen Sie die Funktion der Lampen und stellen Sie die Leuchtweite ein (siehe Schritt 25 ff.).

XSR

20 Demontieren Sie den Scheinwerfer aus der Lampenschale, trennen Sie den Scheinwerferstecker und befreien Sie den Standlichthalter (siehe Sektion 7, Schritte 18 bis 20). Ziehen Sie das Standlichtkabel und den Lampenhalter aus der Gummiabdeckung (siehe Abbildung).

21 Bevor die in der Lampenschale untergebrachten Kabel getrennt werden, müssen ihre Verlegung und die Positionen der ihrer Stecker notiert werden. Entfernen Sie den Verkleidungsstift und trennen Sie die Kabelführung/ Steckerhalter-Baugruppe (siehe Abbildungen).

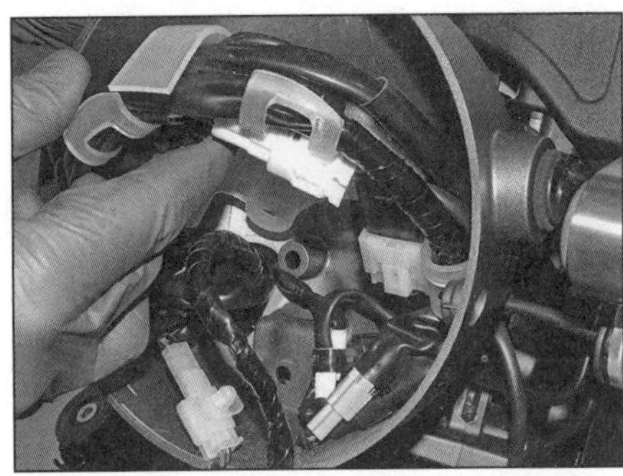

8.21d Befreien Sie die Kabel und führen Sie sie nach hinten aus der Lampenschale.

8.21e Die Öse unten an der Lampenschale sitzt über dem Zapfen der Abstützung.

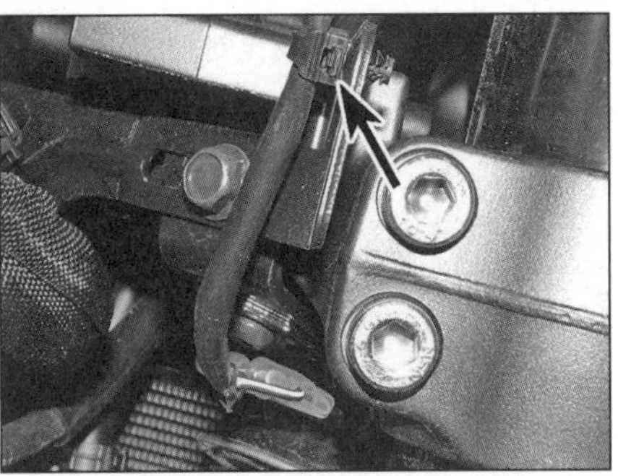

8.23a Befreien Sie das Hupenkabel.

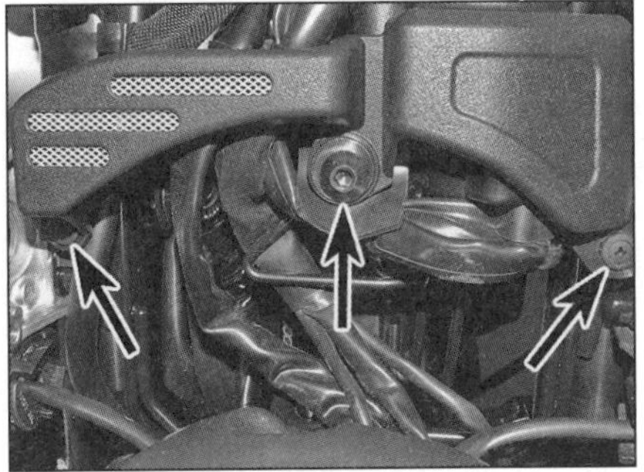

8.23b Schraube und Stifte der Zündschlossabdeckung

8.23c Lösen Sie an beiden Seiten die oberen...

8.23d ...und unteren Halterungsschrauben.

8.26a Scheinwerfer-Höhenversteller – MT-09 bis 2016

8.26b Scheinwerfer-Seitenversteller – MT-09 bis 2016

Lösen Sie an beiden Seiten der Lampenschale die Muttern der Befestigungsschrauben und ziehen Sie diese heraus (siehe Abbildung). Befreien und trennen Sie die Kabel, entfernen Sie die Führungs/Halter-Baugruppe und führen Sie die Kabel durch die Löcher an der Rückseite der Schale heraus (siehe Abbildung). Befreien Sie die Lampenschale zwischen den Haltern – beachten Sie dabei, wie unten die Öse über dem Zapfen der Abstützung sitzt (siehe Abbildung). Stellen Sie ggf. die Hülsen aus den seitlichen Gummis sicher.

22 Demontieren Sie nötigenfalls die Lampenhalter samt Blinkern.

23 Um die Haupt-Lampenhalterung zu entfernen, muss entweder der Hupenstecker getrennt oder die Hupe demontiert werden – in beiden Fällen muss das Hupenkabel aus dem Clip befreit werden (siehe Sektion 25) (siehe Abbildung). Entfernen Sie die Zündschloss-Abdeckung (siehe Abbildung). Befreien Sie die Bremsleitung und das Kabel von der Halterung. Lösen Sie oben an beiden Seiten die Schrauben und entfernen Sie die Distanzstücke, lösen Sie dann die unteren Schrauben und entnehmen Sie die Halterung (siehe Abbildungen).

24 Der Einbau entspricht der umgekehrten Ausbaureihenfolge – alle Stecker müssen verbunden und gesichert sein. Prüfen Sie die Funktion der Lampen und stellen Sie die Leuchtweite ein (siehe Schritt 25 ff.).

Scheinwerfer-Einstellung

Anmerkung: *Ein schlecht eingestellter Scheinwerfer blendet den Gegenverkehr und/oder leuchtet die Fahrbahn nicht korrekt aus. Bei der Hauptuntersuchung wird die Einstellung der Leuchtweite kontrolliert.*

25 Der Lichtstrahl des Scheinwerfers kann sowohl horizontal als auch vertikal eingestellt werden. Vor Beginn müssen der Reifendruck und die Einstellung des Stoßdämpfers geprüft werden. Einstellungen sollten möglichst mit halb gefülltem Tank und einem auf der Maschine sitzenden Assistenten auf einer ebenen Fläche vorgenommen werden. Wird vorzugsweise zu zweit gefahren, muss eine zweite Person auf dem Rücksitz platz nehmen.

MT-09 bis 2016

26 Die Einsteller sitzen hinten am Scheinwerfer – der Höhenversteller links unten und der Seitenversteller rechts oben (siehe Abbildungen). Die Einsteller lassen sich mit einem durch den Kanal eingeführten Kreuzschlitz-Schraubendreher verstellen, der in seine Verzahnung greift.

27 Drehen Sie den Höhenversteller im Uhrzeigersinn, um den Lichtstrahl abzusenken, und links herum, um ihn anzuheben.

28 Drehen Sie den Seitenversteller im Uhrzeigersinn, um den Lichtstrahl nach rechts zu lenken, und links herum, um ihn nach links zu leiten.

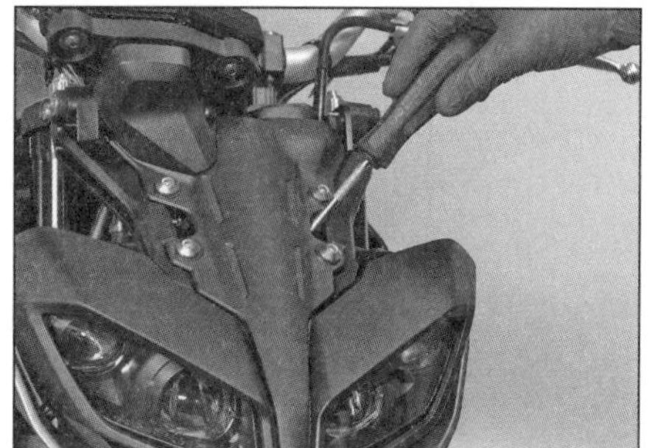
8.29a Scheinwerfer-Höhenversteller des linken Scheinwerfers – MT-09 ab 2017

8.29b Scheinwerfer-Seitenversteller des rechten Scheinwerfers – MT-09 ab 2017

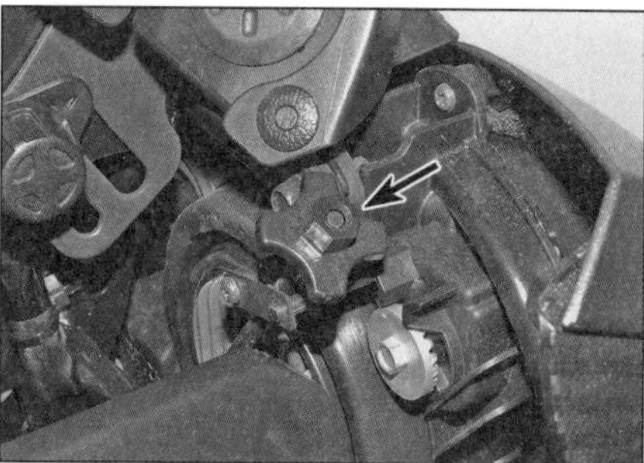
8.32a Scheinwerfer-Höhenversteller – Tracer

8.32b Scheinwerfer-Seitenversteller – Tracer

8.35a Scheinwerfer-Höhenversteller – XSR

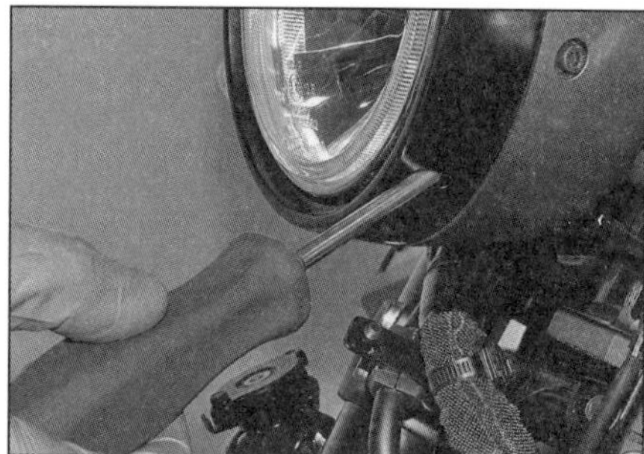
8.35b Scheinwerfer-Seitenversteller – XSR

MT-09 ab 2017

29 Jeder der zwei Scheinwerfer ist mit separaten Einstellern an den Rückseiten ausgerüstet – die Höhenversteller sind von links und rechts oben zugänglich, die Seitenversteller von unten links und rechts (siehe Abbildungen). Die Einsteller lassen sich mit einem durch den Kanal eingeführten Kreuzschlitz-Schraubendreher verstellen, der in seine Verzahnung greift.

30 Drehen Sie den Höhenversteller im Uhrzeigersinn, um den Lichtstrahl abzusenken, und links herum, um ihn anzuheben.

31 Drehen Sie den Seitenversteller im Uhrzeigersinn, um den Lichtstrahl nach rechts zu lenken, und links herum, um ihn nach links zu leiten.

Tracer

32 Die Einsteller sitzen hinten am jeweiligen Scheinwerfer – jeder kann individuell eingestellt werden (siehe Abbildungen). Der Höhenversteller kann von Hand oder einem Steckschlüssel verdreht werden und der Seitenversteller lässt sich mit einem durch den Kanal eingeführten Kreuzschlitz-Schraubendreher verstellen, der in seine Verzahnung greift.

33 Drehen Sie die Höhenversteller im Uhrzeigersinn, um den Lichtstrahl abzusenken, und links herum, um ihn anzuheben.

34 Drehen Sie die Seitenversteller im Uhrzeigersinn, um den Lichtstrahl nach rechts zu lenken, und links herum, um ihn nach links zu leiten.

XSR

35 Die Scheinwerfer-Einsteller sitzen seitliche im Lampenring – der Höhenversteller rechts unten und der Seitenversteller links unten (siehe Abbildung). Die Einsteller lassen sich mit einem Kreuzschlitz-Schraubendreher verstellen.

9 Kennzeichen-beleuchtungs-Lampe

MT-09 ab 2017

1 Um die Kennzeichenbeleuchtungs-LED demontieren zu können, muss zunächst der Kotflügel abgeschraubt werden (siehe Kapitel 7, Sektion 2). Befreien Sie das Kabel aus den Clips und führen Sie es zur LED zurück. Befreien Sie die Verkleidungsstifte, mit denen die LED in der hinteren Abdeckung gesichert ist (siehe Abbildung), lösen Sie dann die Schraube hinten in der Lampe.

MT-09 ab 2017, alle Tracer und XSR

2 Entfernen Sie bei der XSR zunächst Heck-Baugruppe und dann die Abdeckung unterhalb des Hinterradkotflügels (siehe Sektion 10, Schritte 6 und 7). Lösen Sie den Kabel-Clip (siehe Abbildung).

3 Lösen Sie bei allen Modellen die Muttern der Kennzeichenbeleuchtung, entfernen Sie bei der XSR die Scheiben und entnehmen Sie die Lampen-Baugruppe (siehe Abbildungen).

4 Ziehen Sie den Lampenhalter aus dem Gehäuse und die Lampe aus dem Halter (siehe Abbildungen).

5 Richten Sie die neue Lampe zum Halter aus, drücken Sie sie ein und installieren Sie diesen in die Kennzeichenbeleuchtung.

6 Prüfen Sie, ob die Hülsen in den Gummiösen stecken (siehe Abbildung). Installieren Sie die Lampe, legen Sie bei der XSR die Scheiben auf und installieren Sie die Muttern.

7 Montieren Sie bei der XSR 700 die Abdeckung unterhalb des Kotflügels.

8 Prüfen Sie die Funktion der Lampe.

9 Falls bei der MT-09 oder der Tracer die Lampe vollständig entfernt werden soll, müssen

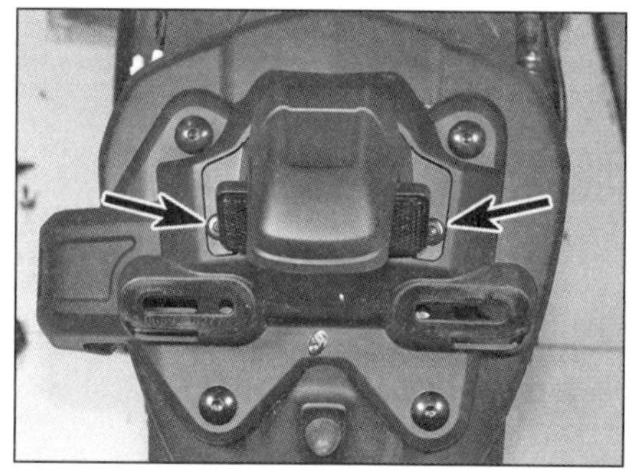
9.1 Verkleidungsstifte sichern die Kennzeichenbeleuchtungs-LED in der hinteren Kotflügel-Abdeckung

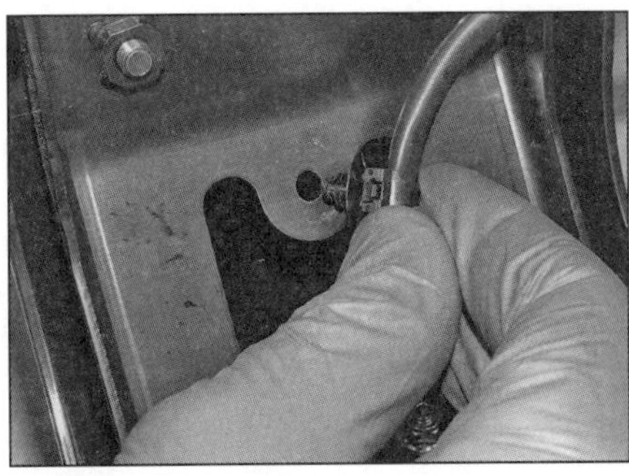

9.2 Befreien Sie den Kabel-Clip.

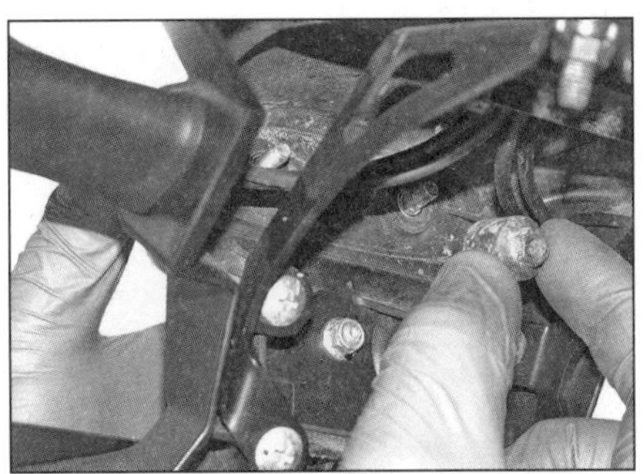

9.3a Lösen Sie die Muttern...

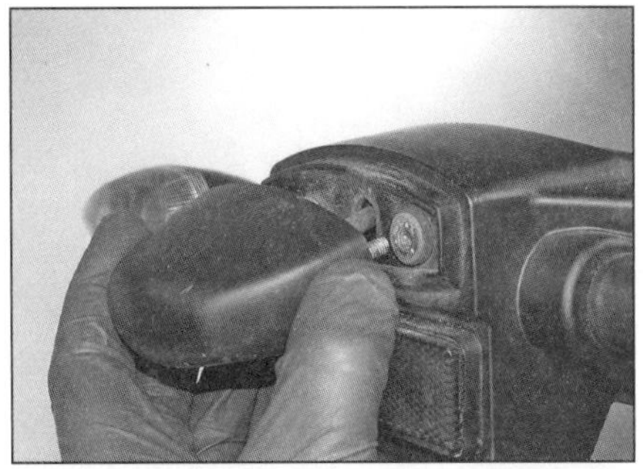

9.3b ...und befreien Sie die Kennzeichenbeleuchtung.

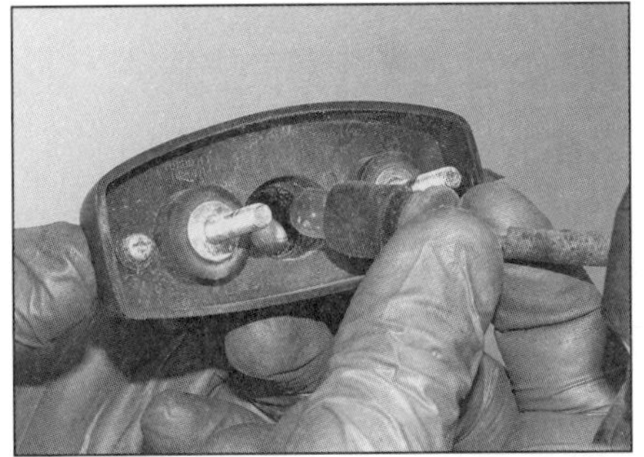

9.4a Ziehen Sie den Lampenhalter heraus...

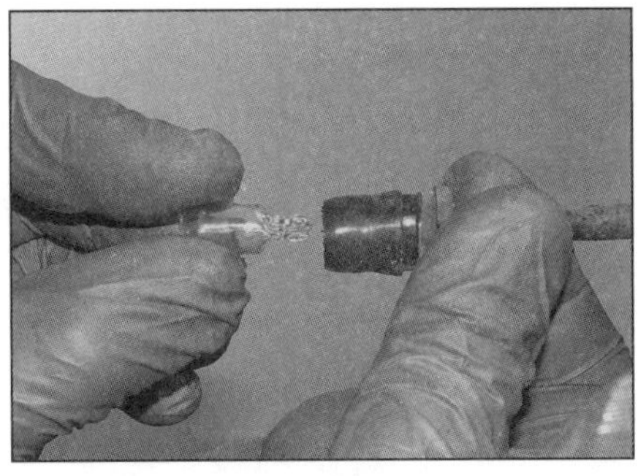

9.4b ...und befreien Sie die Lampe aus dem Halter.

9.6 Die Hülsen müssen in den Gummiösen stecken.

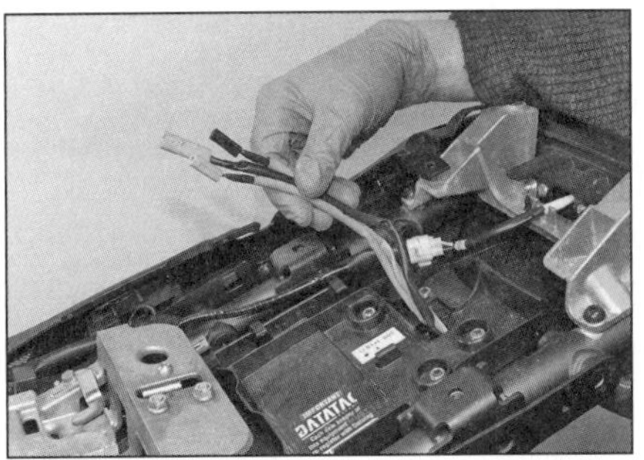

9.9a Trennen Sie die Kennzeichenbeleuchtungs- und Blinkerstecker – MT-09 und Tracer

9.9b Lösen Sie die vier Muttern des Kennzeichenbeleuchtungs- und Blinkerhalters...

9.9c ...und ziehen Sie beim Abnehmen vorsichtig die Kabel nach unten heraus.

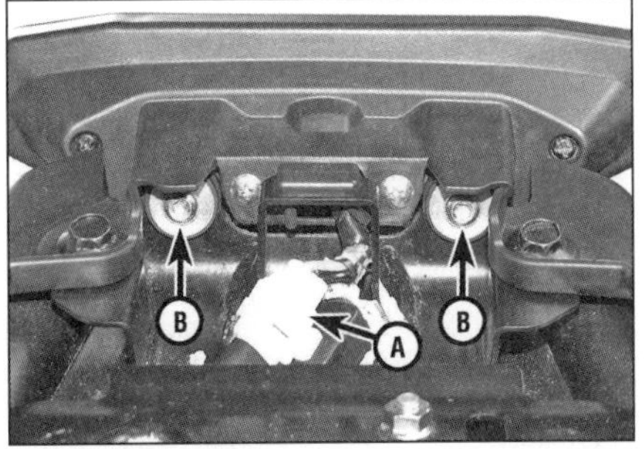

10.2a Rücklichtstecker (A), Rücklicht-Schrauben (B) – MT-09

10.2b Rücklichtstecker (A), Rücklicht-Schrauben (B) – Tracer

zunächst die Sitze/Sitzbank entfernt und die Kennzeichenbeleuchtungs- und Blinkerstecker getrennt werden (siehe Abbildung). Lösen Sie die Muttern des Kennzeichenbeleuchtungs-Halters und ziehen Sie die Baugruppe ab (siehe Abbildungen).

10 Rücklicht

MT-09 und Tracer

1 Entfernen Sie die Sitze/Sitzbank (siehe Kapitel 7). Demontieren Sie bei Modellen ab 2017 die Heckverkleidung (siehe Kapitel 7).

2 Trennen Sie den Rücklichtstecker (siehe Abbildungen).

3 Lösen Sie die zwei Schrauben und entfernen Sie das Rücklicht (Abbildungen 10.2a oder b) – beachten Sie die Hülsen in den Gummiösen.

10.6a Schrauben des Sitzbankhalters

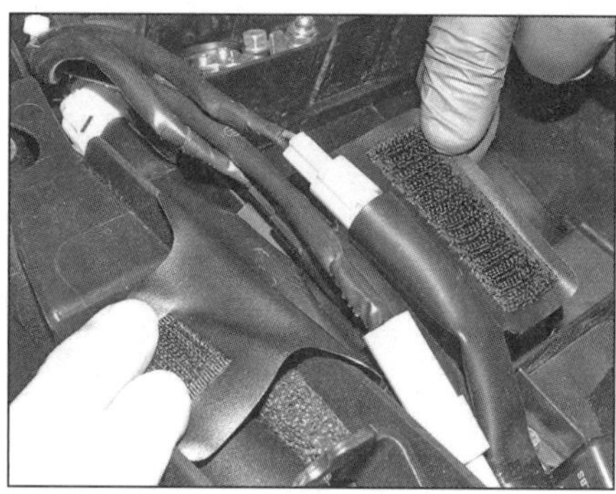

10.6b Trennen Sie die Kabelstecker.

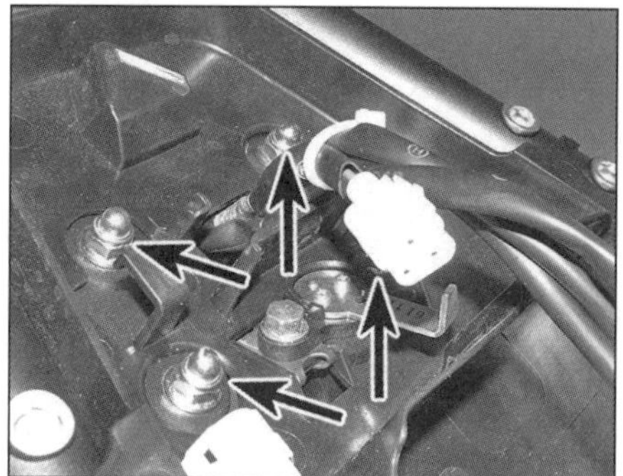

10.6c Lösen Sie Muttern der Rücklichteinheit.

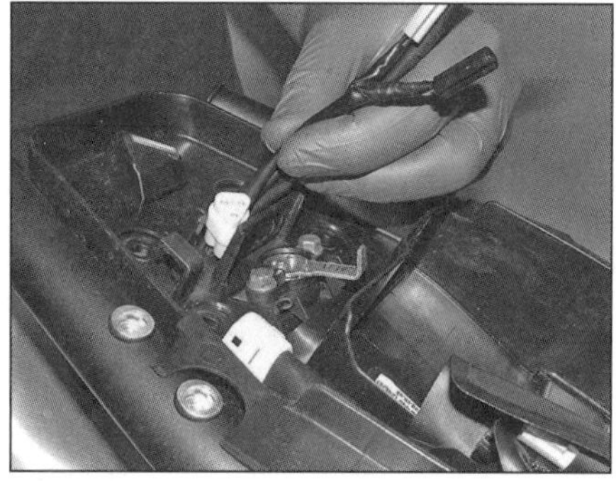

10.6d Führen Sie die Kabel nach unten durch.

10.7a Befreien Sie die Verkleidungsstifte...

10.7b ...und die Laschen in der Mitte...

10.7c ...und vorn an der unteren Rücklichteinheit-Abdeckung.

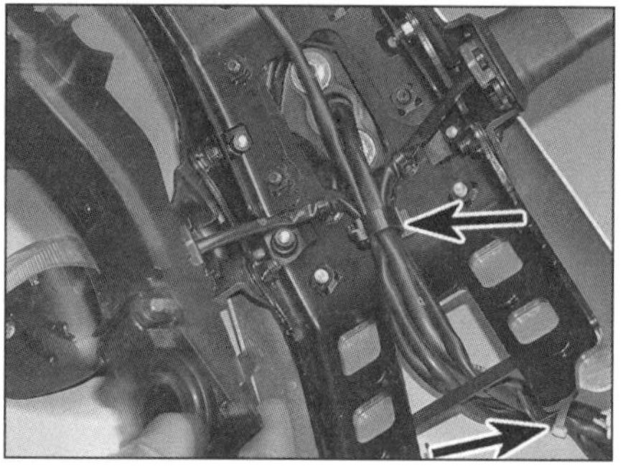

10.8a Befreien Sie das Rücklichtkabel aus dem Kabelbinder und dem Clip.

10.8b Rücklicht-Muttern

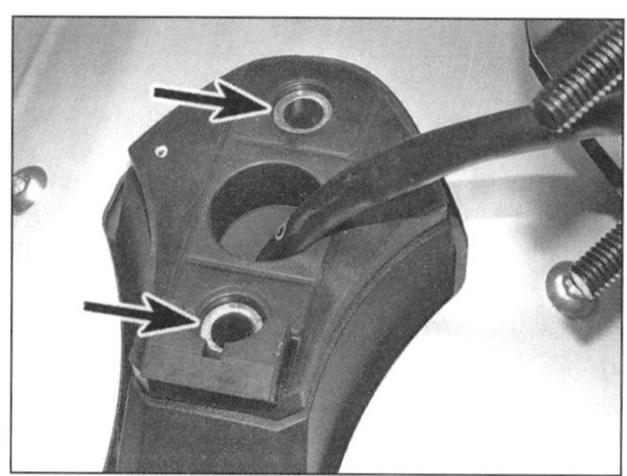

10.8c Die Hülsen sind von unten in den Gummidämpfer geschoben.

4 Der Einbau entspricht der umgekehrten Ausbaureihenfolge. Die Gummiösen dürfen nicht rissig oder beschädigt sein und die Hülsen müssen darin stecken. Prüfen Sie die Funktion des Rücklichts und des Bremslichts.

XSR

5 Demontieren Sie die Sitzbank (siehe Kapitel 7).

6 Demontieren Sie den Sitzbankhalter (siehe Abbildung). Trennen Sie die Stecker des Rücklichts, der Kennzeichenbeleuchtung und der Blinker (siehe Abbildung). Lösen Sie die Muttern der Rücklichteinheit, befreien Sie diese und ziehen Sie die Kabel samt Steckern vorsichtig heraus (siehe Abbildungen).

7 Befreien Sie an der Unterseite die Verkleidungsstifte und die Laschen, um die untere Abdeckung der Rücklichteinheit zu entfernen (siehe Abbildungen).

8 Befreien Sie das Rücklichtkabel (siehe Abbildung). Lösen Sie die Muttern des Rücklichts und entfernen Sie es (siehe Abbildung) – beachten Sie die Hülsen im Gummidämpfer (siehe Abbildung).

9 Der Einbau entspricht der umgekehrten Ausbaureihenfolge. Die Buchsen müssen im Gummidämpfer stecken (Abbildung 10.8c). Prüfen Sie die Funktion des Rücklichts und des Bremslichts.

11.3 Blinkrelais

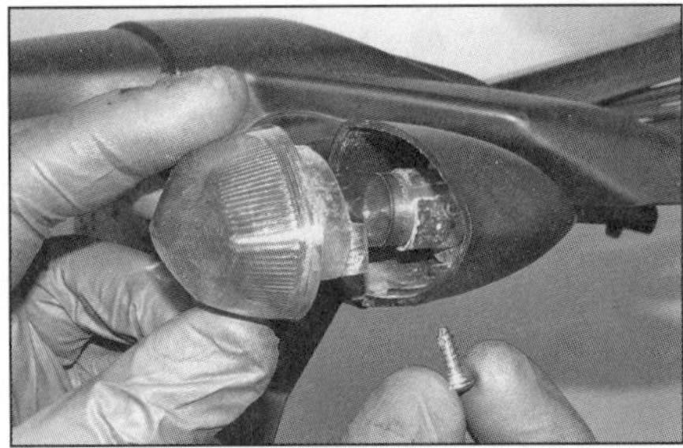

12.1 Lösen Sie die Schraube und befreien Sie das Blinkerglas.

12.2 Drücken Sie die Lampe hinein, drehen Sie sie nach links und ziehen Sie sie heraus.

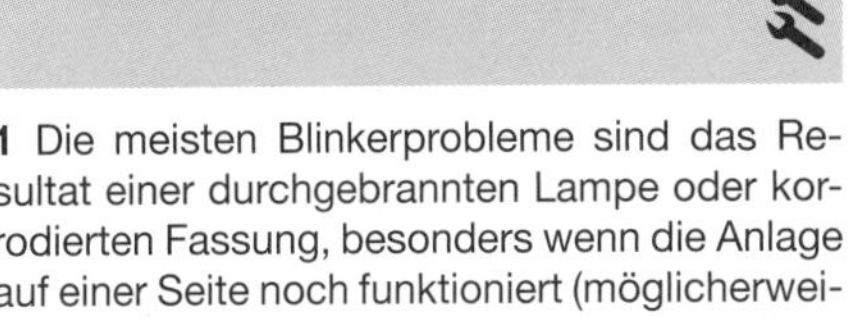

11 Blinker Stromkreiskontrolle

1 Die meisten Blinkerprobleme sind das Resultat einer durchgebrannten Lampe oder korrodierten Fassung, besonders wenn die Anlage auf einer Seite noch funktioniert (möglicherweise zu schnell) und auf der anderen nicht. Kontrollieren Sie zunächst die Lampen, Fassungen und Kabelstecker (siehe Sektion 12 und 13). Wenn alle Blinker ausgefallen sind, müssen zunächst die PARKING/LIGHTNING-Sicherung (siehe Sektion 5) und der Blinkerschalter kontrolliert werden (siehe Sektion 19).

2 Wenn hier alles in Ordnung ist, müssen die Sitze/Sitzbank entfernt (siehe Kapitel 7) und das Blinkrelais wie folgt untersucht werden:

3 Ziehen Sie das Relais von seinem Halter und trennen Sie seinen Stecker (siehe Abbildung).

4 Prüfen Sie mit einem Voltmeter, ob bei eingeschalteter Zündung zwischen dem kabelbaumseitigen Kontakt des blau/roten Kabels und Masse Batteriespannung anliegt. Wird keine Spannung festgestellt, muss das Kabel zwischen dem Relais und der Sicherungsbox auf Durchgang kontrolliert werden (beachten Sie dazu die Hinweise in Sektion 2 und die Schaltpläne am Ende des Kapitels).

5 Lag Spannung an, wird der Relaisstecker wieder verbunden. Prüfen Sie bei eingeschalteter Zündung und nach links oder rechts aktiviertem Blinkerschalter, ob zwischen dem braun/weißen Kabel und Masse fluktuierende Spannung anliegt.

6 Wird keine Spannung festgestellt, muss das Blinkrelais ersetzt werden.

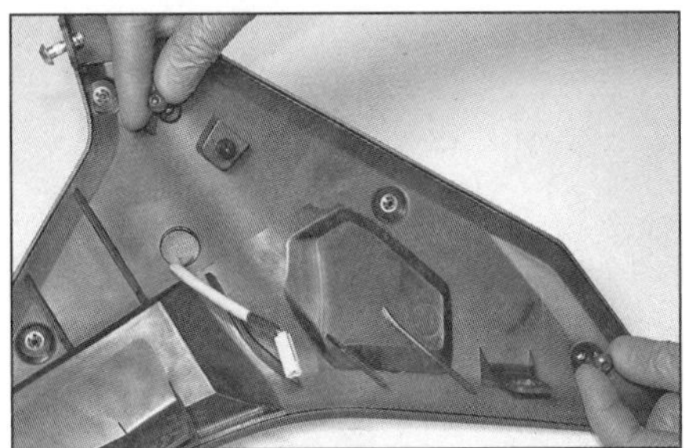

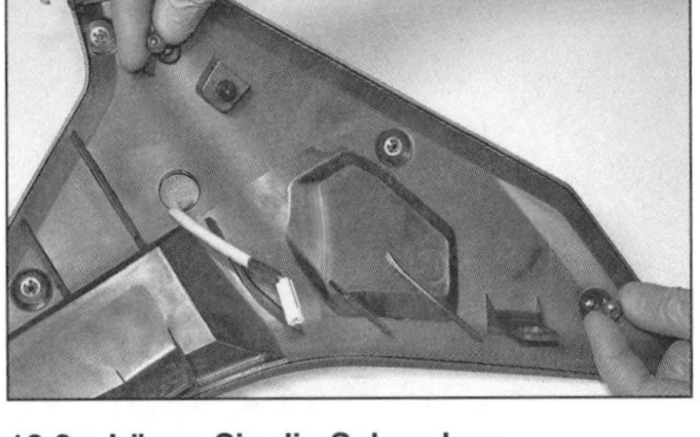

13.2a Lösen Sie die Schrauben...

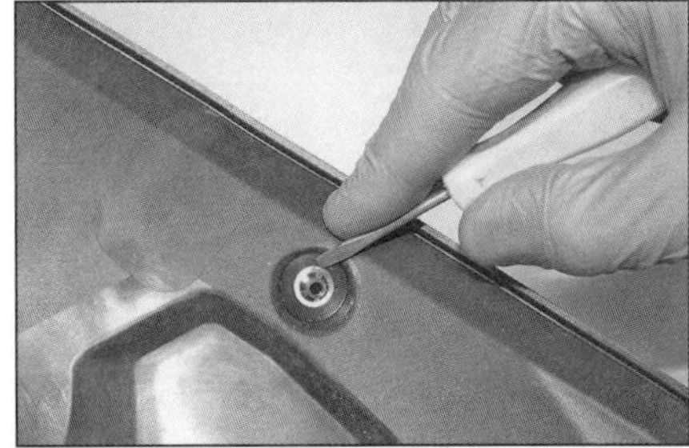

13.2b ...und befreien Sie die Federscheiben.

7 Wurde Spannung ermittelt, müssen die Kabel zwischen dem Relais, dem Blinkerschalter und den Blinkerlampen auf Durchgang überprüft werden. Kontrollieren Sie dann den Schalter (siehe Sektion 19).

12 Blinkerlampen

1 Lösen Sie die Schraube des Blinkerglases und befreien Sie es vom Gehäuse (siehe Abbildung).

2 Drücken Sie die Lampe vorsichtig in ihre Fassung und drehen Sie sie nach links, um sie zu entfernen (siehe Abbildung).

3 Kontrollieren Sie die Kontakte des Sockels – wenn sie korrodiert sind, müssen sie gereinigt werden.

4 Richten Sie die Stifte der neuen Lampe zu den Schlitzen des Sockels aus, drücken Sie die Lampe hinein und drehen Sie sie im Uhrzeigersinn, um sie zu arretieren – beachten Sie, dass die orangen Lampen versetzt angeordnete Stifte haben, damit sie nicht durch Klarglas-Lampen ersetzt werden können; daher können sie nur in einer Position in den Sockel installiert werden.

5 Montieren Sie das Blinkerglas und sichern Sie es mit der Schraube – ziehen Sie diese nicht zu fest, da das Glas leicht zerbricht. Prüfen Sie die Funktion des Blinkers.

13 Blinker-Baugruppen

Vorn

1 Demontieren Sie bei der MT-09 bis 2016 den entsprechenden Scheinwerfer-Seitendeckel (siehe Sektion 8); demontieren Sie bei der MT-09 ab 2017 die Lufthutze (siehe Kapitel 7, Sektion 2) und lösen Sie die Schraube der seitlichen Kühlerblende (siehe Kapitel 3, Sektion 2). Verfolgen Sie das Blinkerkabel, trennen Sie seinen Stecker und befreien Sie es aus allen Befestigungen.

2 Entfernen Sie bei der Tracer das entsprechende Verkleidungsseitenteil (siehe Kapitel 7). Lösen Sie die Innenverkleidungs-Schrauben, entfernen Sie dann vorsichtig die Federscheiben von den Stutzen und entnehmen Sie die Innenverkleidung (siehe Abbildungen).

3 Demontieren Sie bei der XSR den Scheinwerfer und die Lampenschale (siehe Sektion 8).

4 Befreien Sie innen am Blinkerschaft die Halteplatte und ziehen Sie den Blinker samt Kabel aus seinem Halter – beachten Sie seine Einbauposition (siehe Abbildungen).

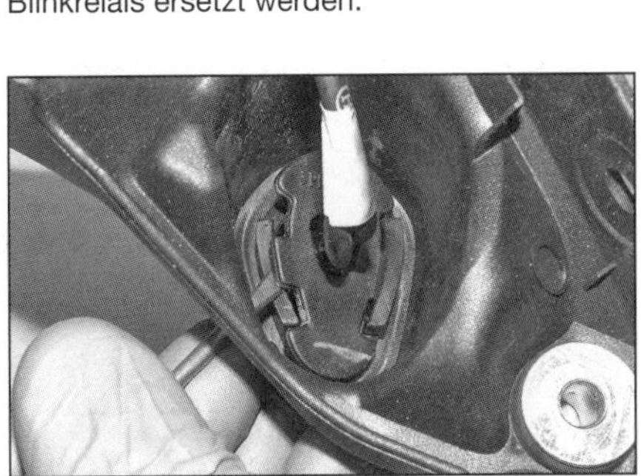

13.4a Entfernen Sie die Platte...

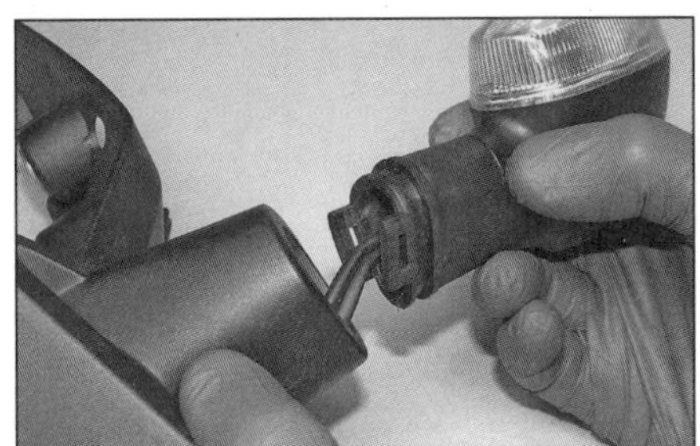

13.4b ...und befreien Sie den Blinker.

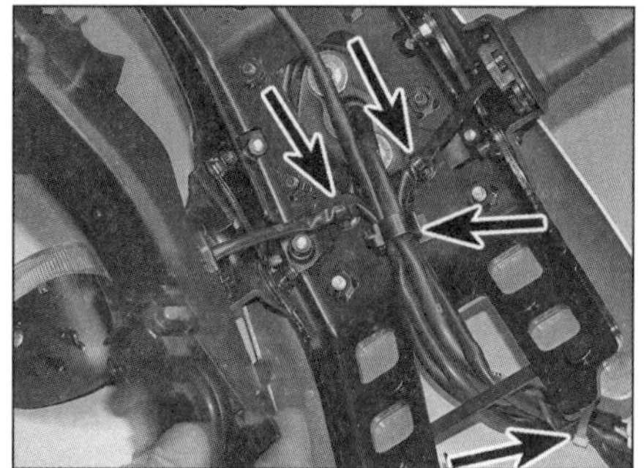

13.7 Blinkerkabel-Befestigungen

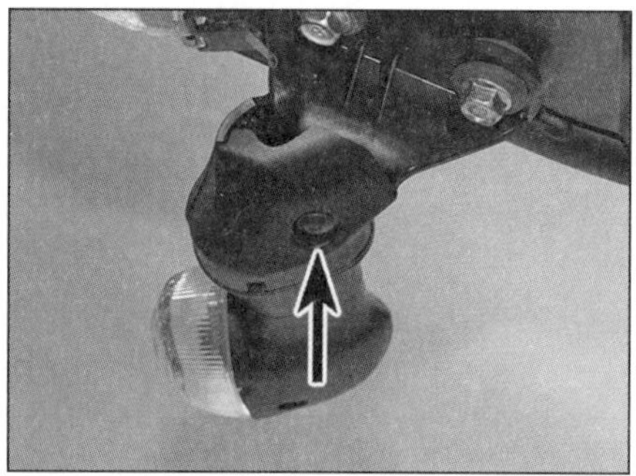

13.8a Lösen Sie die Schraube...

13.8b ...und entfernen Sie die Blinkerschaft-Abdeckung.

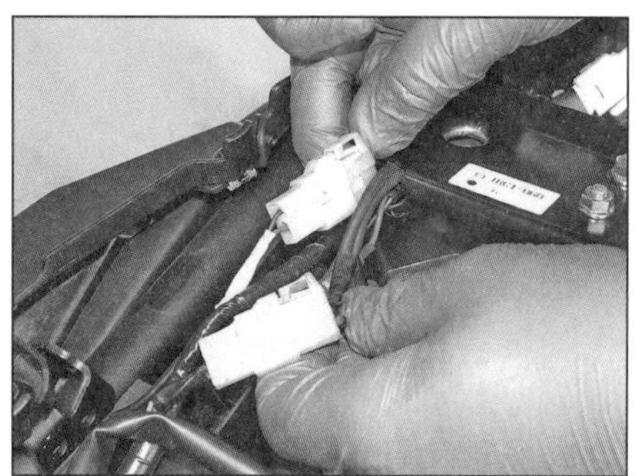

13.9a Hintere Blinkerstecker – MT-09

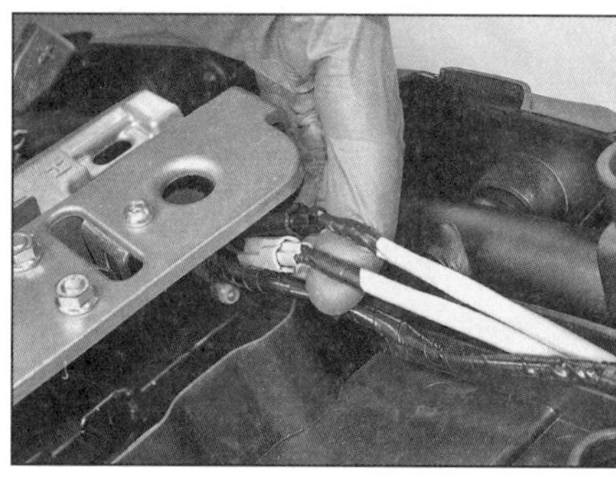

13.9b Hintere Blinkerstecker – Tracer

5 Der Einbau entspricht der umgekehrten Ausbaureihenfolge. Die Halteplatte muss gut in der Nut des Blinkers gesichert sein. Das Kabel müssen korrekt verbunden sein. Prüfen Sie die Funktion des Blinkers.

Hinten

6 Entfernen Sie die Sitze/Sitzbank (siehe Kapitel 7).

7 Demontieren Sie bei der XSR die Heck-Baugruppe und die Abdeckung an ihrer Unterseite (siehe Sektion 10, Schritte 6 und 7). Befreien Sie das Blinkerkabel (siehe Abbildung).

8 Demontieren Sie bei der MT-09 ab 2017 die Heckverkleidung und die untere Abdeckung (siehe Kapitel 7, Sektion 2). Lösen Sie die Schraube der Blinkerschaft-Abdeckung und entfernen Sie diese (siehe Abbildungen).

9 Trennen Sie bei allen Modellen den/die Blinkerstecker (siehe Abbildungen). Führen Sie das/die Kabel zum Blinker durch – merken Sie sich ihre Verlegung.

10 Befreien Sie innen am Blinkerschaft die Halteplatte und ziehen Sie den Blinker samt Kabel aus seinem Halter – beachten Sie seine Einbauposition (Abbildungen 13.4a und b).

11 Der Einbau entspricht der umgekehrten Ausbaureihenfolge. Die Halteplatte muss gut gesichert sein. Das Kabel müssen korrekt verbunden sein. Prüfen Sie die Funktion des Blinkers.

14 Bremslichtschalter

Stromkreis-Kontrolle

1 Vor der Kontrolle der Schalter sollte – falls noch nicht geschehen – der Bremslicht-Stromkreis kontrolliert werden (siehe Sektion 6).

2 Der vordere Bremslichtschalter sitzt unten am Handbremszylinder. Trennen Sie die Kabelstecker vom Schalter (siehe Abbildung).

3 Verbinden Sie die Klemmen eines Durchgangsprüfers mit den Kontakten des Bremslichtschalters (Abbildung 2.10). Bei nicht betätigter Bremse darf kein Durchgang bestehen; bei gezogenem Hebel muss Durchgang bestehen – bei anderen Ergebnissen muss der Schalter demontiert und ersetzt werden – er ist nicht einstellbar.

4 Der hintere Bremslichtschalter sitzt innen am rechten Fußrastenträger (siehe Abbildung). Um Zugang zum Kabelstecker zu erhalten, muss der Tank demontiert werden (siehe Kapitel 4). Verfolgen Sie das vom Schalter kommende Kabel und trennen Sie seinen Zweistift-Stecker (siehe Abbildung).

5 Verbinden Sie die Klemmen eines Durchgangsprüfers mit den Kontakten des Bremslichtschalter-Steckers. Bei nicht betätigter Bremse darf kein Durchgang bestehen; bei

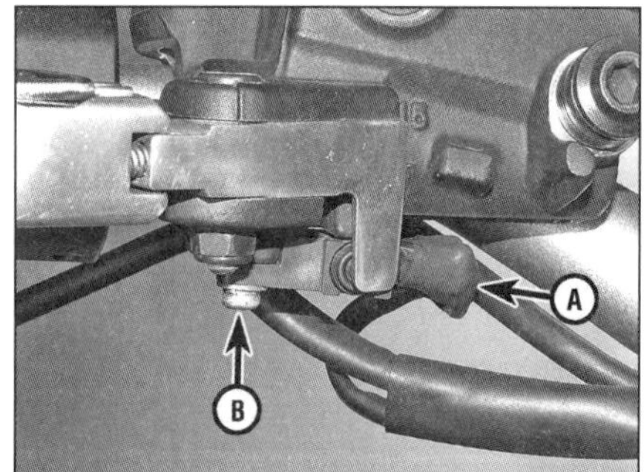

14.2 Stecker (A) und Schraube (B) des vorderen Bremslichtschalters

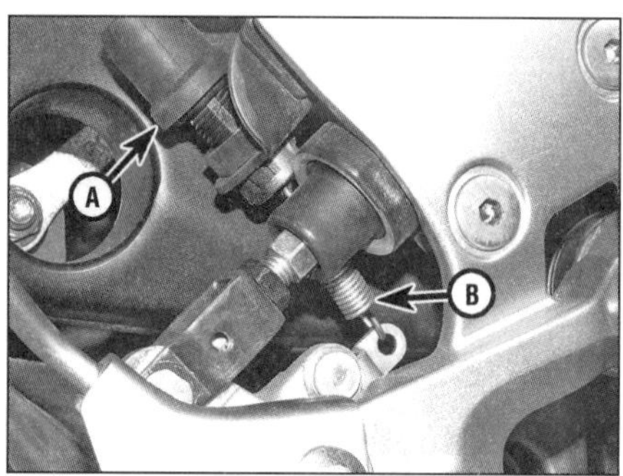

14.4a Hinter Bremslichtschalter (A) samt Feder (B)...

14.4b ...und sein Stecker

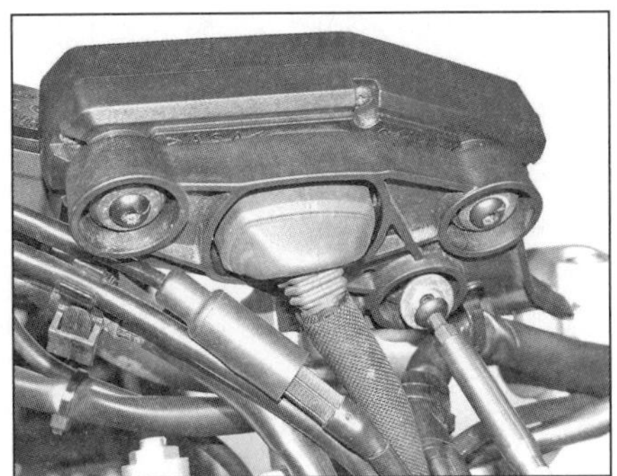

15.1a Lösen Sie die Schrauben,...

15.1b ...befreien Sie die Instrumentenbaugruppe und trennen Sie den Kabelstecker.

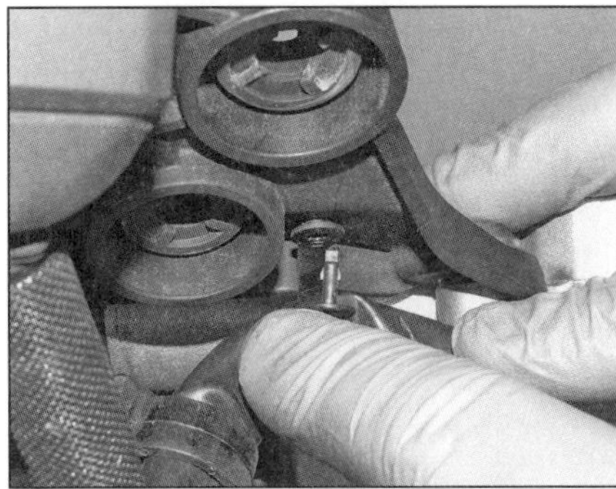

15.2a Lösen Sie den Kabel-Clip,...

gedrücktem Pedal muss Durchgang bestehen – bei anderen Ergebnissen muss die Einstellung des Schalters (siehe Kapitel 1, Sektion 15) und ggf. die Feder auf Ermüdung kontrolliert werden. Ein defekter Schalter muss ersetzt werden.

Ausbau und Einbau

Vorderrad-Bremslichtschalter

6 Trennen Sie den Kabelstecker vom Schalter (Abbildung 14.2).
7 Lösen Sie die einzelne Schraube, die den Schalter am Bremszylinder sichert, und entfernen Sie ihn.
8 Der Einbau entspricht der umgekehrten Ausbaureihenfolge. Prüfen Sie die Funktion des Schalters.

Hinterrad-Bremslichtschalter

9 Demontieren Sie den Tank (siehe Kapitel 4).
10 Trennen Sie den Zweistiftstecker (Abbildung 14.4b) und führen Sie das Kabel zum Schalter zurück – merken Sie sich seine Verlegung.
11 Hängen Sie das untere Ende der Schalterfeder am Bremspedal aus und ziehen Sie den Schalter aus seinem Halter (Abbildung 14.4a).
12 Der Einbau entspricht der umgekehrten Ausbaureihenfolge. Stellen Sie den Bremslichtschalter so ein, dass er das Bremslicht kurz vor dem Einsetzen der Bremswirkung einschaltet – wechseln Sie für die Einstellung ggf. nach Kapitel 1, Sektion 15.

15 Instrumente
Ausbau und Einbau

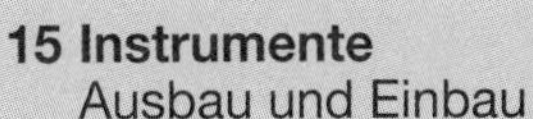

MT-09

1 Lösen Sie bei Modellen bis 2016 die Schrauben, beachten Sie die Scheiben und entnehmen Sie die Instrumentenbaugruppe, ziehen Sie an der Rückseite die Gummikappe zurück und trennen Sie den Kabelstecker (siehe Abbildungen).
2 Um den Instrumententräger zu entfernen muss der Kabel-Clip befreit und der Kabelstecker hindurchgezogen werden (siehe Abbildungen). Lösen Sie die Schrauben und entfernen Sie den Instrumententräger (siehe Abbildung).
3 Demontieren Sie bei Modellen ab 2017 den Scheinwerfer (siehe Sektion 8) und trennen Sie die Instrumentenbaugruppe vom Träger. Lösen Sie die Schrauben, um die Instrumente vom Halter zu befreien (siehe Abbildung).

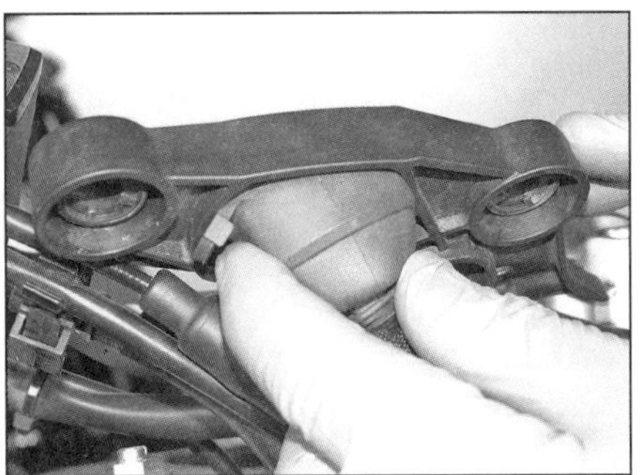

15.2b ...ziehen Sie den Stecker durch den Träger...

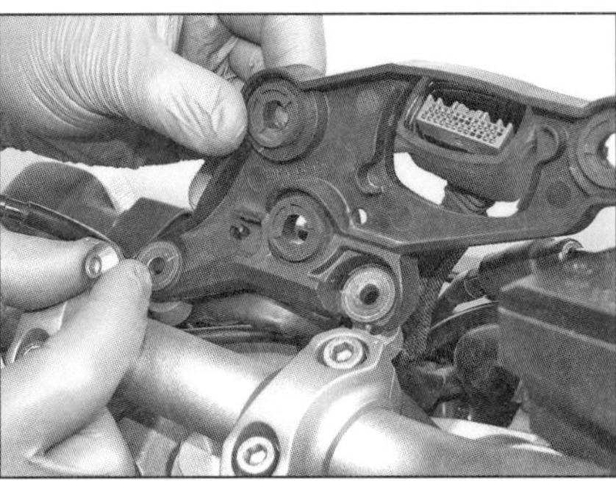

15.2c ...und lösen Sie die Schrauben, um den Instrumententräger zu trennen.

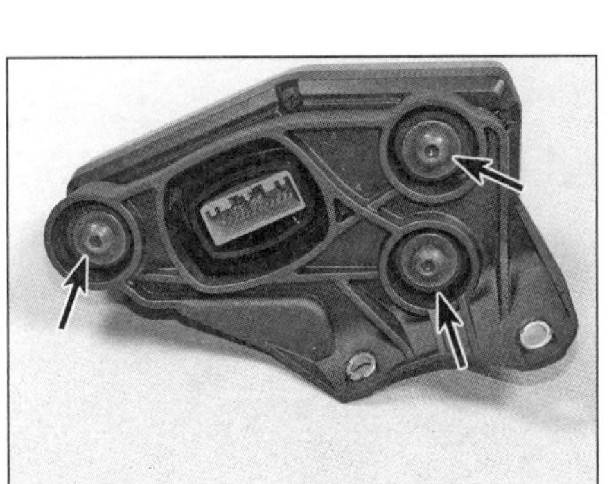

15.3 Die Instrumente sind mit drei Schrauben am Halter gesichert.

15.6 Trennen Sie den Instrumentenstecker – Tracer

4 Der Einbau entspricht der umgekehrten Ausbaureihenfolge. Der Instrumentenstecker muss korrekt verbunden sein. Prüfen Sie vor der ersten Fahrt die Funktionen der Instrumente.

Tracer

5 Demontieren Sie die Windschutzscheibe, die vordere Abdeckung und die Innenverkleidung (siehe Kapitel 7). Demontieren Sie bei Modellen ab 2017 auch den Windschutzscheiben-Träger.
6 Ziehen Sie die Gummikappe zurück und trennen Sie den Instrumentenstecker (siehe Abbildung).

7 Lösen Sie die drei Schrauben und entnehmen Sie die Instrumentenbaugruppe (siehe Abbildung).

8 Der Einbau entspricht der umgekehrten Ausbaureihenfolge. Der Instrumentenstecker muss korrekt verbunden sein. Prüfen Sie vor der ersten Fahrt die Funktionen der Instrumente.

XSR

9 Lösen Sie die Instrumenten-Schrauben, entfernen Sie die Scheiben, befreien Sie das Instrument, ziehen Sie die Gummikappe ab und trennen Sie den Stecker (siehe Abbildungen).

10 Um den Instrumententräger entfernen zu können, muss der Instrumentenstecker hindurchgezogen werden Lösen Sie dann die zwei Schrauben und entnehmen Sie den Träger (siehe Abbildung).

11 Der Einbau entspricht der umgekehrten Ausbaureihenfolge. Der Instrumentenstecker muss korrekt verbunden sein. Prüfen Sie vor der ersten Fahrt die Funktionen des Instruments.

15.7 Schrauben der Instrumentenbaugruppe

15.9a Lösen Sie bei der XSR 700 die Schrauben,...

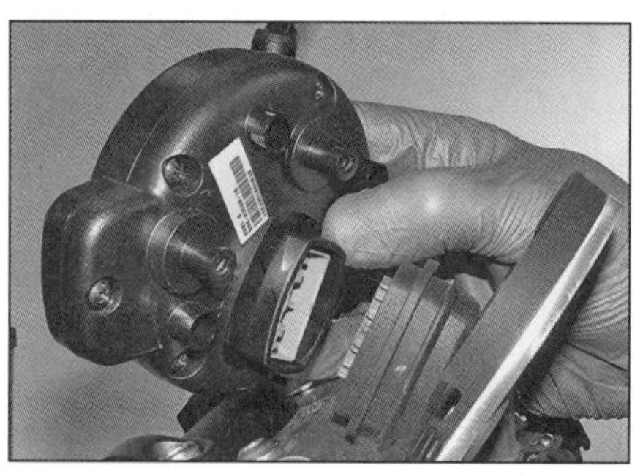

15.9b ...befreien Sie das Instrument und trennen Sie den Kabelstecker.

15.10 Instrumententräger-Schrauben

16 Instrumente
Kontrolle

1 Wenn keines der Instrumente oder Anzeigen funktioniert, müssen zunächst die IGNITION-Sicherung und alle relevanten Kabel und Stecker kontrolliert werden (beachten Sie dazu die Hinweise in Sektion 2 und 15 sowie die Schaltpläne am Ende des Kapitels).

2 Bei den Warn- und Anzeigefunktionen (Ölpegel, Tank-Reserve, Ganganzeige, Motor-Warnlampe, Leerlauf, Fernlicht, Blinker) handelt es sich jeweils um LEDs (siehe Sektion 17).

3 Der Öl- und Kraftstoffpegel-, die Kühltemperatur- und die Geschwindigkeits-Anzeige werden von entsprechenden Gebern und Sensoren gesteuert. Falls eine Anzeige ausfällt oder falsche Daten anzeigt, müssen die entsprechenden Geber oder Sensoren kontrolliert werden:

- Ölpegelsensor – Details finden sich in Sektion 26.
- Getriebesensor – Details finden sich in Sektion 21.
- Kühltemperatursensor – Prüfdaten finden sich in Kapitel 3, Sektion 5.
- Tankanzeige-Geber – Prüfdaten finden sich in Kapitel 4, Sektion 4.
- Geschwindigkeitssensor – Prüfdaten finden sich in Kapitel 4, Sektion 8 (Modelle ohne ABS) oder Kapitel 6, Sektion 17 (Modelle mit ABS).

4 Falls sich ein Instrument als defekt erweist, muss die Instrumentenbaugruppe ersetzt werden (siehe Sektion 15) – Reparaturen sind nicht möglich.

5 Für den Drehzahlmesser sind keine Prüfdaten erhältlich.

17 Kontrolllampen

1 Die Warn- und Kontrollfunktionen der Instrumentenbaugruppe werden von LEDs übernommen.

2 Die LEDs leuchten auf, wenn dies vom entsprechenden Schalter oder Sensor ausgewählt wurden. Falls eine LED nicht leuchtet, muss zuerst der Schalter oder Sensor überprüft werden, dann wird die LED wie unten beschrieben getestet.

3 Die Ölpegel-Warnleuchte muss nach dem Einschalten der Zündung für einige Sekunden aufleuchten und dann kurzzeitig erlöschen, um auf ihre Funktion hinzuweisen, und anschließend wieder erlöschen. Falls die Lampe nicht kurzzeitig aufleuchtet, nicht erlischt oder zu blinken beginnt, muss zunächst der Ölpegel kontrolliert werden (siehe *Tägliche Kontrollen*). Ist der Ölstand korrekt, muss der Sensor kontrolliert werden (siehe Sektion 26).

Anmerkung: *Falls in der Verkabelung ein Defekt vorliegt, wird er von der Selbstdiagnosefunktion entdeckt und die Warnleuchte wird zehnmal aufblinken, dann für 2,5 Sekunden erlöschen und wieder blinken, bis der Schaden behoben ist.*

4 Die Motor-Warnleuchte und die Kühltemperaturleuchte müssen nach dem Einschalten der Zündung für einige Sekunden aufleuchten, um auf ihre Funktion hinzuweisen, und dann erlöschen. Das Gleiche gilt ggf. für die Wegfahrsperren-Leuchte, die Schaltautomat-Leuchte und die Tempomat-Leuchte.

5 Bei Modellen mit ABS muss die ABS-Warnleuchte nach dem Einschalten der Zündung für einige Sekunden aufleuchten, um auf ihre Funktion hinzuweisen; sobald schneller als 10 km/h gefahren wird, muss die LED erlöschen. Falls die LED nicht aufleuchtet, nicht wieder erlischt oder zu blinken beginnt, müssen die Hinweise in Kapitel 6, Sektion 17 beachtet werden.

6 Falls (nach der Kontrolle des entsprechenden Sensors oder Gebers sowie der Verkabelung) ein Defekt in der LED vermutet wird, muss die Instrumentenbaugruppe von einer Yamaha-Werkstatt überprüft werden.

7 Falls eine LED ausgefallen ist, muss die Instrumentenbaugruppe ersetzt werden – Reparaturen sind nicht möglich und Einzelteile nicht erhältlich (siehe Sektion 15).

18 Zündschloss

Warnung: Um das Risiko eines Kurzschlusses zu vermeiden, muss vor jeder Kontrolle des Zündschlosses der Masseanschluss (–) von der Batterie getrennt werden.

18.2 Zündschlossstecker (A) und Wegfahrsperrenstecker (B)

18.8 Lösen Sie die oberen Schrauben beider Scheinwerfer-Seitendeckel – MT-09.

18.10 Lockern Sie die oberen Gabelholm-Klemmschrauben.

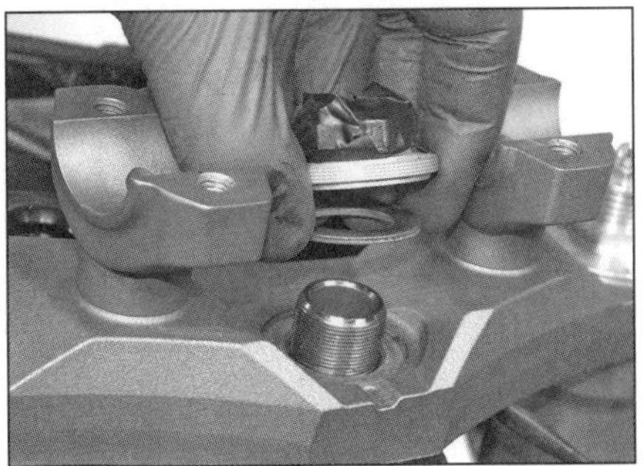

18.11a Lösen Sie die Lenkschaftmutter und entnehmen Sie die Scheibe.

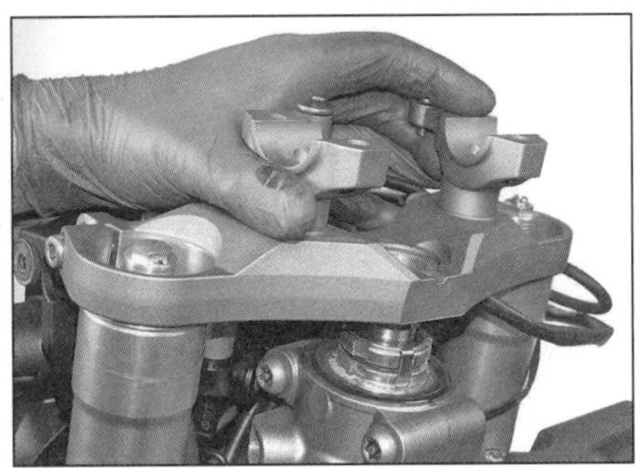

18.11b Heben Sie die obere Gabelbrücke vom Lenkschaft und den Standrohren.

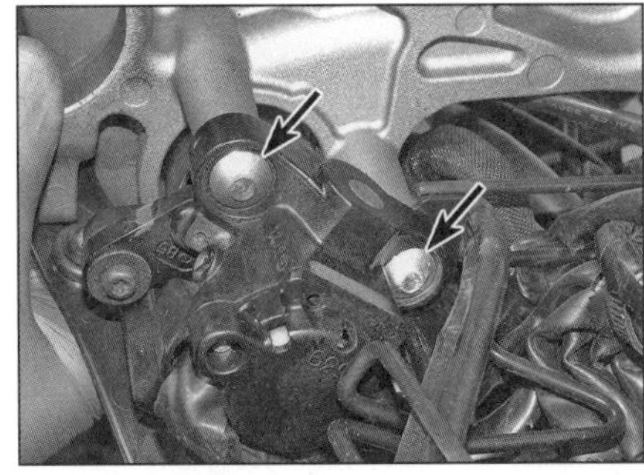

18.12 Zündschloss-Schrauben mit Abscherköpfen

Kontrolle

1 Entfernen Sie das Luftfiltergehäuse, um Zugang zum Zündschloss-Stecker zu erhalten (siehe Kapitel 4).

2 Verfolgen Sie das vom Zündschloss kommende Kabel zum innerhalb der per Klettverschluss gesicherten Abdeckung verborgenen Stecker und trennen Sie diesen (siehe Abbildung).

3 Kontrollieren Sie mithilfe eines Multimeters oder Durchgangsprüfers am Zündschloss-Stecker den Durchgang zwischen den Kontaktpaaren (beachten Sie dazu die Schaltpläne am Ende dieses Kapitels) – Durchgang muss je nach Zündschloss-Stellung zwischen den im Schaltplan mit einer Linie verbundenen Anschlüssen bestehen.

4 Falls bei einem der Tests andere Ergebnisse festgestellt werden, ist das Zündschloss defekt und muss ersetzt werden.

Ausbau

Anmerkung: *Das Zündschloss wird von Yamaha nur zusammen mit einem neuen Sitzbankschloss und einem neuen Tankdeckel sowie ggf. auch einer neuen Wegfahrsperre samt Empfängerteil und Motorsteuergerät ausgeliefert (der Empfänger und das Steuergerät sind auch separat erhältlich) – dies sorgt für beträchtliche Kosten!*

5 Trennen Sie auf jeden Fall den Masseanschluss (–) der Batterie, um keinen Kurzschluss zu verursachen (siehe Sektion 3). Befreien Sie die Gaszüge vom Gasgriff (siehe Kapitel 4).

6 Entfernen Sie das Luftfiltergehäuse, um Zugang zum Zündschloss-Stecker zu erhalten (siehe Kapitel 4).

7 Verfolgen Sie das vom Zündschloss kommende Kabel zum innerhalb der per Klettverschluss gesicherten Abdeckung verborgenen Stecker und trennen Sie diesen (Abbildung 18.2). Trennen Sie bei Modellen mit Wegfahrsperre auch deren Stecker. Führen Sie die Kabel zum Zündschloss zurück und merken Sie sich ihre Verlegung.

8 Demontieren Sie bei der MT-09 und der XSR die Instrumente und den Instrumententräger (siehe Sektion 15). Lösen Sie bei der MT-09 die oberen Schrauben beider Scheinwerfer-Seitendeckel und schwenken Sie die Scheinwerfer nach vorn (siehe Abbildung). Lösen Sie an der oberen Gabelbrücke der XSR die oberen Schrauben der Scheinwerferhalterungen und lockern Sie an der unteren Gabelbrücke die unteren Schrauben und verlagern Sie die komplette Scheinwerferbaugruppe nach vorn, sodass die oberen Halterungen von der Gabelbrücke befreit sind. Befreien Sie bei beiden Modellen den Lenker und verlagern Sie ihn nach vorn (siehe Kapitel 5).

9 Lösen Sie bei der Tracer die Kabelbinder vom Lenker, befreien Sie diesen und verlagern Sie ihn nach vorn, um ihn auf Lappen abzulegen (siehe Kapitel 5).

10 Lockern Sie die oberen Gabelholm-Klemmschrauben (siehe Abbildung).

11 Umwickeln Sie die Lenkschaftmutter zum Schutz mit einer Lage Krepp- oder Isolierband, lösen Sie sie und entnehmen Sie die Scheibe. Heben Sie dann die obere Gabelbrücke von den Standrohren, befreien Sie dabei den Kabel-Clip und die Gaszüge aus ihrer Führung (siehe Abbildungen).

12 Das Zündschloss ist von unten mit speziellen Schrauben an der oberen Gabelbrücke gesichert, deren Köpfe beim Anziehen abscheren (siehe Abbildung). Um diese Schrauben wieder lösen zu können, müssen ihre Köpfe ausgebohrt oder die Schrauben mithilfe eines Meißels schrittweise herausgedreht werden. Klemmen Sie dazu die Gabelbrücke in einen mit weichen Backen oder Hölzern ausgerüsteten Schraubstock. Entfernen Sie die Schrauben – beachten Sie, wie die Führung gehalten wird, und befreien Sie das Zündschloss aus der Gabelbrücke. Zum Einbau müssen neue Schrauben verwendet werden.

13 Falls vorhanden, muss der Wegfahrsperren-Empfänger entfernt werden.

Einbau

14 Der Einbau entspricht der umgekehrten Ausbaureihenfolge – beachten Sie dabei folgende Punkte:

- Beschaffen Sie beim Yamaha-Händler neue Zündschloss-Schrauben – verwenden Sie keine normalen Schrauben. Ziehen Sie diese Schrauben an, bis ihr Kopf abgeschert ist.
- Alle Kabel müssen korrekt verlegt und sicher verbunden sein.

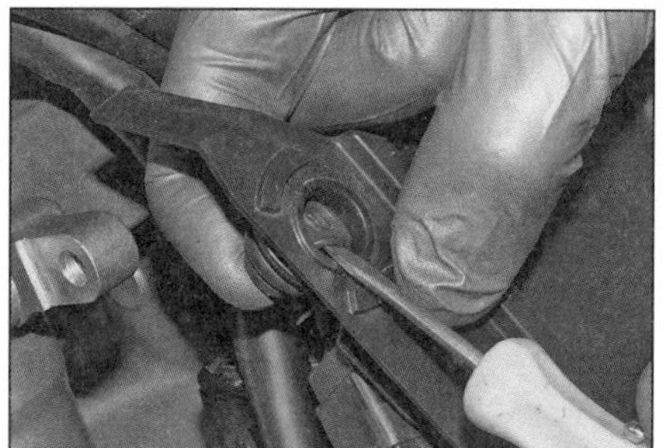

19.2a Drücken Sie die Gummiösen-Muttern durch ihre Löcher...

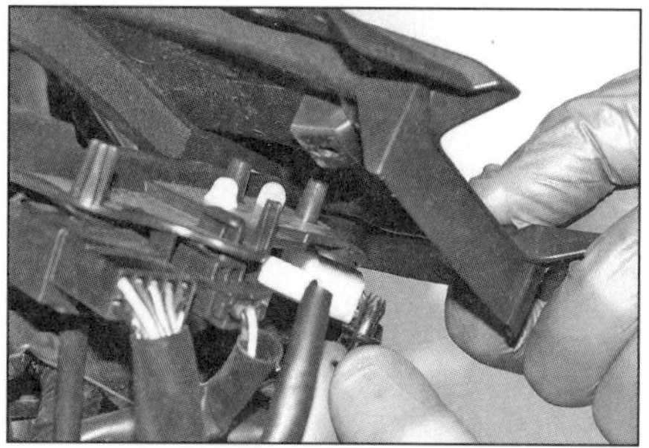

19.2b ...und heben Sie die obere Abdeckung ab – beachten Sie die Position des Stifts in ihrer Bohrung.

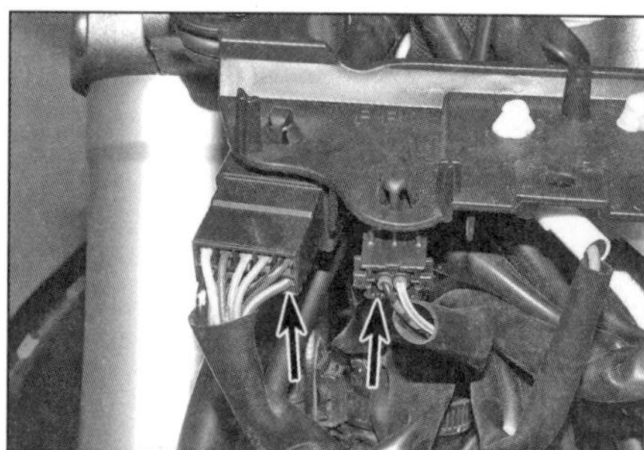

19.5a Stecker des rechten Lenkerschalters – MT-09 bis 2016

19.5b Stecker des linken Lenkerschalters – MT-09 bis 2016

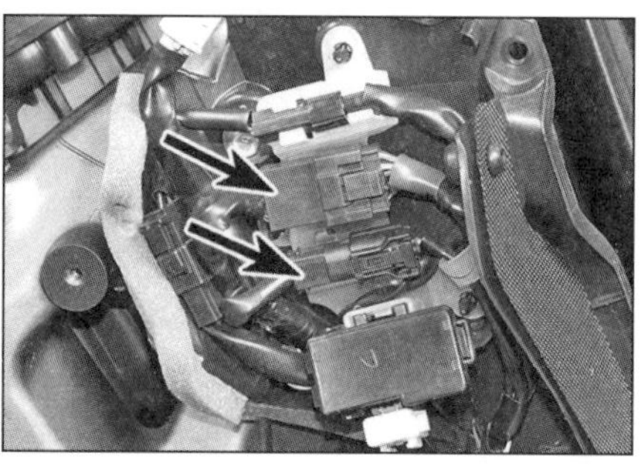

19.5c Stecker des rechten Lenkerschalters – MT-09 ab 2017

19.5d Stecker des linken Lenkerschalters – MT-09 ab 2017

- Die Lenker- und Standrohr-Klemmschrauben müssen mit den in Kapitel 5 angegebenen Drehmomenten angezogen werden.

19 Lenkerschalter
Kontrolle

Kontrolle

1 Im Allgemeinen funktionieren die Schalter zuverlässig und problemlos. Wenn Probleme auftreten, liegt es oft an Schmutz und korrodierten Kontakten, aber auch Verschleiß und Brüche innerer Teile sind Möglichkeiten, die nicht übersehen werden dürfen. Wenn irgendeine Unterbrechung auftritt, muss der entsprechende Schalter samt angeschlossener Kabel ersetzt werden, da Einzelteile nicht erhältlich sind. Die Schalter können mit einem Ohmmeter oder einer Prüflampe auf Durchgang kontrolliert werden.

2 Um Zugang zu den Lenkerschalter-Steckern zu erhalten, müssen bei der **MT-09 bis 2016** die Blinker/Seitendeckel des Scheinwerfers (siehe Sektion 8, Schritt 1) und die obere Abdeckung entfernt werden (siehe Abbildungen); bei der **MT-09 ab 2017** muss der Tank demontiert werden (siehe Kapitel 4, Sektion 2).

3 Um bei der **Tracer** Zugang zu den Lenkerschalter-Steckern zu erhalten, muss die jeweilige Tankblende der entsprechenden Seite entfernt werden (siehe Kapitel 7).

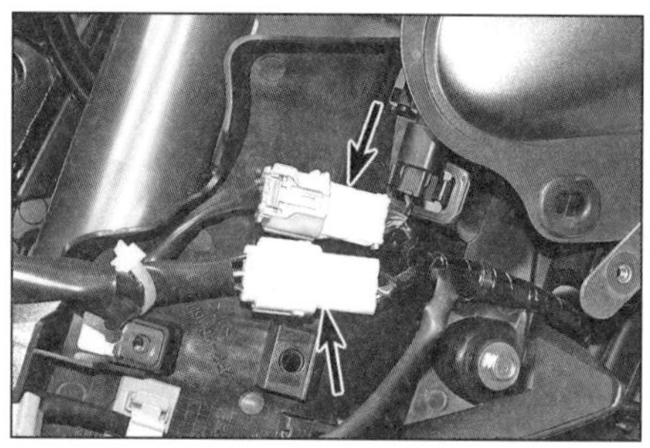

19.5e Stecker des linken Lenkerschalters – Tracer bis 2016

4 Demontieren Sie bei der XSR den Scheinwerfer aus der Lampenschale (siehe Sektion 8).

5 Verfolgen Sie die Verkabelung des entsprechenden Schalters und trennen Sie den Stecker (siehe Abbildungen) – bei der XSR befinden sie sich in der Lampenschale.

6 Kontrollieren Sie den Durchgang zwischen den Anschlüssen der Schalterseite bei entsprechender Schalterstellung (d.h. Schalter aus – kein Durchgang, Schalter an – Durchgang) – beachten Sie die Hinweise in Sektion 2 und die Schaltpläne am Ende des Kapitels.

7 Falls die Durchgangsprüfung ein Problem bestätigt, muss das entsprechende Schaltergehäuse vom Lenker befreit (siehe Sektion 20) und seine Kontakte mit Kontaktspray eingesprüht werden (es ist nicht nötig, die Schalter dazu vollständig zu entfernen).

19.5f Stecker des linken Lenkerschalters – Tracer ab 2017

8 Falls sie zugänglich sind, können die Kontakte mit einem Messer sauber gekratzt oder feinem Sandpapier aufpoliert werden. Wenn Schalterelemente beschädigt oder zerstört sind, wird dieses bei der Demontage offensichtlich. Lockere oder gelöste Kabel können möglicherweise wieder angelötet werden.

20 Lenkerschalter
Ausbau und Einbau

Ausbau

1 Falls der Schalter nicht nur vom Lenker befreit, sondern vollständig getrennt werden soll, muss der entsprechende Stecker getrennt werden (siehe Sektion 19, Schritt 2 bis 5). Trennen Sie bei der Demontage des linken Schalters auch die Hupenstecker (Abbildung 25.3). Führen Sie die Kabel zum Schalter zurück und befreien Sie es dabei aus allen Befestigungen – merken Sie sich die Verlegung.

2 Trennen Sie den/die Stecker des Bremslichtschalters (rechtes Schaltergehäuse) oder des Kupplungsschalters (linkes Schaltergehäuse) (Abbildungen 14.2 oder 23.2).

3 Lösen Sie die Schaltergehäuse-Schrauben – beachten Sie ihre Einbaulage, da sie sich unterscheiden (siehe Abbildung).

4 Trennen Sie die Schalterhälften und befreien Sie sie vom Lenker – beachten Sie, wie der Stift der unteren oder vorderen Hälfte in die Bohrung des Lenkers greift.

Einbau

5 Der Einbau entspricht der umgekehrten Ausbaureihenfolge. Die Arretierstifte der Schalter müssen in den Lenkerbohrungen stecken, bevor die Gehäuseschrauben – nicht zu fest – angezogen werden. Alle Kabel müssen korrekt verlegt, gesichert und verbunden sein. Verbinden Sie den/die Stecker des Bremslichtschalters und/oder Kupplungsschalters. Prüfen Sie vor der ersten Fahrt alle Schalter-Funktionen.

21 Getriebeschalter

Kontrolle

1 Der Getriebeschalter sitzt links am Motor. Demontieren Sie den Tank (siehe Kapitel 4), um Zugang zu seinen Kabelsteckern zu erhalten (siehe Abbildung).

2 Trennen Sie den Stecker und prüfen Sie an seiner Schalter-Seite beim Durchschalten des Getriebes, ob die Kontakte der folgenden Kabel Durchgang zum Motorgehäuse haben:

Leerlauf: hellblaues Kabel des Einzelsteckers
1. Gang: weißes Kabel des Mehrfachsteckers
2. Gang: rosa Kabel des Mehrfachsteckers
3. Gang: gelb/weißes Kabel des Mehrfachsteckers
4. Gang: weiß/rotes Kabel des Mehrfachsteckers
5. Gang: oranges Kabel des Mehrfachsteckers
6. Gang: graues Kabel des Mehrfachsteckers

Ist dies nicht der Fall, muss der Schalter befreit (siehe unten) und geprüft werden, ob der unter Federdruck stehende Kontaktkolben und die Kontakte an der Innenseite des Schalters weder beschädigt noch verschlissen sind (siehe Abbildung), zudem darf der Kolben nicht in der Schaltwalze festgegangen sein (Abbildung 21.7).

3 Wenn der Schalter in Ordnung ist, muss die Verkabelung zwischen seinem Stecker, dem Anlasserstromkreis-Abschaltrelais und der Instrumentenbaugruppe auf Durchgang getestet werden – beachten Sie dazu die Schaltpläne am Ende dieses Kapitels und Sektion 24 für die Prüfung der Diode im Relais.

20.3 Lenkerschalter-Gehäuseschrauben (Pfeile) – ihre Positionen variieren je nach Modell und Seite.

21.1 Stecker des Getriebeschalters

21.2 Kontrollieren Sie die Schalterkontakte auf Verschleiß.

21.7 Ausbau des Getriebeschalters

21.8 Befreien Sie den Stift und die Feder.

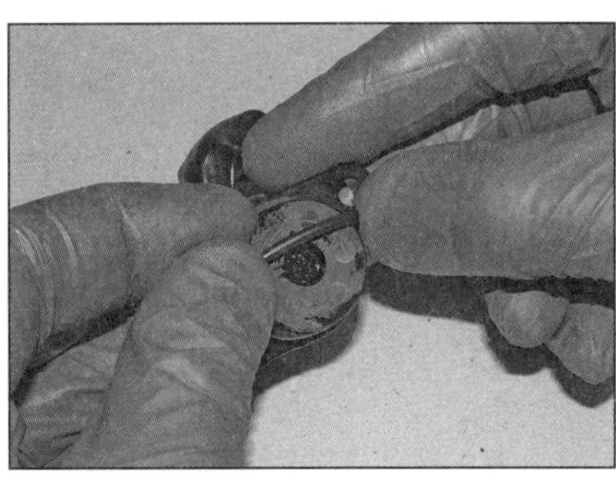

21.9 Installieren Sie den gefetteten O-Ring in die Nut des Schalters.

4 Wenn die Verkabelung in Ordnung ist, müssen die LED im Cockpit (siehe Sektion 17), das Abschaltrelais (siehe Sektion 24) und alle anderen Komponenten des Anlasserstromkreises kontrolliert werden – beachten Sie die entsprechenden Sektionen dieses Kapitels. Wenn alle Teile in Ordnung sind, müssen alle Kabel zwischen ihnen überprüft werden (beachten Sie dazu die Schaltpläne am Ende dieses Kapitels).

Ausbau und Einbau

5 Der Getriebeschalter sitzt links am Motorgehäuse. Demontieren Sie für den Zugang zum Stecker den Tank (siehe Kapitel 4) sowie den Motorritzeldeckel (siehe Kapitel 6, Sektion 20).

6 Trennen Sie die Stecker und führen Sie die Kabel zum Schalter zurück – merken Sie sich ihre Verlegung (Abbildung 21.1).

7 Lösen Sie die Schrauben und entfernen Sie den Schalter (siehe Abbildung) – der O-Ring muss später erneuert werden.

8 Ziehen Sie den Kontaktstift und seine Feder aus der Schaltwalze (siehe Abbildung).

9 Der Einbau entspricht der umgekehrten Ausbaureihenfolge – verwenden Sie einen neuen O-Ringe und fetten Sie ihn ein (siehe Abbildung). Reinigen Sie die Gewinde der Schrauben und tragen Sie Sicherungspaste auf, bevor Sie sie sorgfältig anziehen. Achten Sie darauf, dass die Verkabelung korrekt verlegt und der Stecker sicher verbunden ist. Prüfen Sie die Funktion des Schalters.

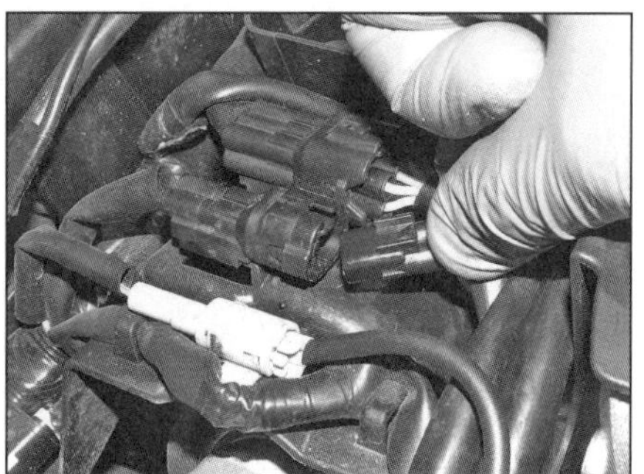

22.2 Stecker des Seitenständerschalters.

22 Seitenständerschalter

Kontrolle

1 Der Seitenständerschalter sitzt am Halter des Ständers und ist Teil des Sicherheitsstromkreises, der dafür sorgt, dass der Motor bei ausgeklapptem Seitenständer und eingelegtem Gang ausgeht bzw. nicht gestartet werden kann, solange dabei nicht die Kupplung gezogen wird.

2 Um Zugang zum Kabelstecker zu erhalten, muss der Tank entfernt werden (siehe Kapitel 4, Sektion 2). Verfolgen Sie das Sensorkabel, öffnen Sie alle Kabelbinder und trennen Sie es am Stecker (siehe Abbildung).

3 Prüfen Sie mithilfe eines Ohmmeters oder Durchgangstesters die Funktion des Schalters. Verbinden Sie die Prüfgerät-Klemmen mit den Kontakten der Schalter-Seite. Bei eingeklapptem Ständer muss Durchgang oder sehr geringer Widerstand (»0« oder maximal 0,5 Ohm) bestehen, bei ausgeklapptem Ständer darf kein Durchgang bestehen (»1«).

4 Wenn der Schalter in Ordnung ist, müssen das Anlasserstromkreis-Abschaltrelais (siehe Sektion 24) und die anderen Komponenten des Stromkreises kontrolliert werden – beachten Sie entsprechende Sektionen dieses Kapitels.

5 Wenn alle Komponenten in Ordnung sind, müssen die Kabel zwischen allen Bauteilen

23.2 Stecker des Kupplungsschalters

22.8 Schrauben des Seitenständerschalters

überprüft werden – beachten Sie dazu die Hinweise in Sektion 2 und die Schaltpläne am Ende dieses Kapitels.

Ausbau und Einbau

6 Der Seitenständerschalter sitzt am Halter des Ständers.

7 Trennen Sie den Stecker (Schritt 2) und führen Sie das Kabel zum Schalter zurück – merken Sie sich seine Verlegung.

8 Lösen Sie die Schrauben und entfernen Sie den Schalter (siehe Abbildung).

9 Der Einbau entspricht der umgekehrten Ausbaureihenfolge. Prüfen Sie die Funktion des Schalters (siehe Schritt 1).

23 Kupplungsschalter

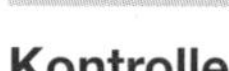

Kontrolle

1 Der Kupplungsschalter sitzt unten am Kupplungshebelhalter und ist Teil des Sicherheits-Stromkreises, der dafür sorgt, dass der Motor bei ausgeklapptem Seitenständer und eingelegtem Gang ausgeht bzw. nicht gestartet werden kann, solange dabei nicht die Kupplung gezogen wird. Der Schalter ist nicht einstellbar.

2 Trennen Sie den Stecker vom Schalter (siehe Abbildung). Verbinden Sie die Klemmen des Ohmmeters oder Durchgangsprüfers mit

23.4 Kupplungsschalter-Schraube

den beiden Schalterkontakten. Bei gezogenem Kupplungshebel muss Durchgang (»0«), nach dem Lösen muss Unterbrechung (»1«) festgestellt werden.

3 Wenn der Schalter in Ordnung ist, müssen das Anlasserstromkreis-Abschaltrelais (siehe Sektion 24) und die anderen Komponenten des Anlasserstromkreises kontrolliert werden. Wenn alle Komponenten in Ordnung sind, müssen die Kabel zwischen allen Bauteilen überprüft werden – beachten Sie dazu die Hinweise in Sektion 2 und die Schaltpläne am Ende dieses Kapitels.

Ausbau und Einbau

4 Trennen Sie den Stecker vom Schalter (Abbildung 23.2). Lösen Sie die Schraube und entfernen Sie den Schalter (siehe Abbildung).

5 Der Einbau entspricht der umgekehrten Ausbaureihenfolge.

24 Anlasserstromkreis-Abschaltrelais

1 Das Anlasserstromkreis-Abschaltrelais und seine Dioden sitzen innerhalb der Relais-Einheit unter der Sitzbank (siehe Abbildung) und bilden einen Teil des Sicherheitsstromkreises, der dafür sorgt, dass der Motor nicht gestartet werden kann bzw. abgeschaltet wird, wenn bei eingelegtem Gang der Seitenständer ausgeklappt wird und nicht die Kupplung gezogen wird. Die Relaiseinheit beinhaltet außerdem das Einspritzanlagen-Relais, welches die Benzinpumpe und die Einspritzdüsen steuert (Details finden sich in Kapitel 4, Sektion 8).

2 Um das Relais zu prüfen, müssen die Sitze/Sitzbank (siehe Kapitel 7) und bei der Tracer die Sitzhalterung entfernt werden (siehe Abbildung).

3 Trennen Sie das Massekabel (–) von der Batterie (siehe Sektion 3). Befreien Sie das Relais und trennen Sie seinen Stecker (siehe Abbildung). Prüfen Sie das Relais und seine Dioden auf der Werkbank.

4 Prüfen Sie mithilfe eines Ohmmeters oder Durchgangstesters den Durchgang zwischen den Relais-Kontakten 1 (blau/weiß – Plusklemme) und 2 (weiß/blau – Minusklemme) (siehe Abbildung) – es darf kein Durchgang bestehen (»1«). Verbinden Sie jetzt eine geladene 12-Volt-Batterie mithilfe von Überbrückungskabeln mit den Kontakten 3 (rot/schwarz +) und 4 (schwarz/gelb –); jetzt muss am Messgerät Durchgang (»0«) festgestellt werden.

5 Bei anderen Ergebnissen ist das Relais defekt und muss ersetzt werden.

6 Die innerhalb des Relais befindlichen Dioden können mit einer Durchgangsprüfung getestet werden (siehe Sektion 2) – sie müssen in einer Richtung Durchgang (»0«) aufweisen, in der anderen jedoch vollen Widerstand (»1«) haben. Verbinden Sie das auf den Ohm-Messbereich geschaltete Multimeter mit den Kontakten der zu testenden Diode und führen Sie

24.1 Anlasserstromkreis-Abschaltrelais

24.2 Schrauben der Sitzhalterung – Tracer

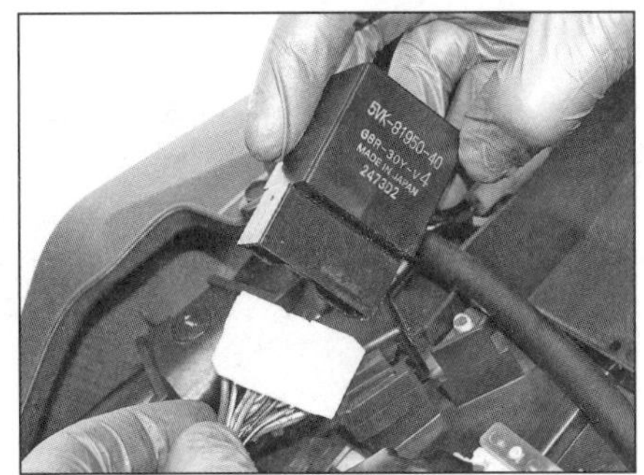
24.3 Befreien Sie das Relais aus seiner Halterung.

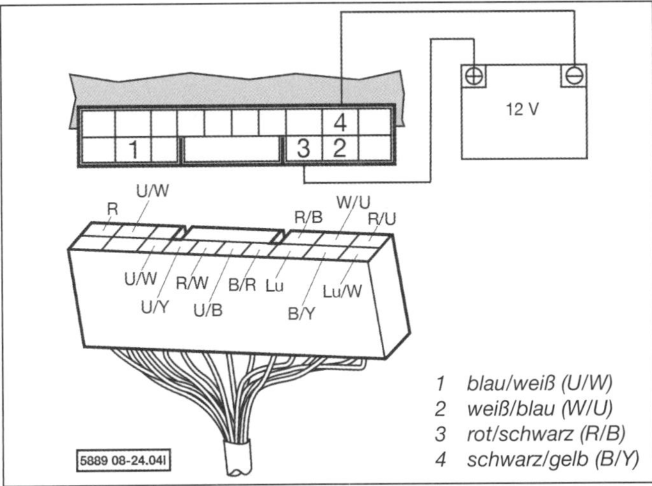

24.4 Anschluss-Identifikationen des Anlasserstromkreis-Abschaltrelais

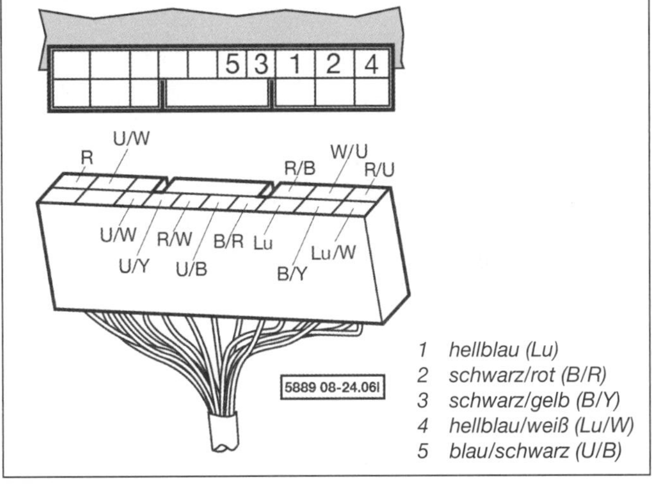

24.6 Anschluss-Identifikationen des Anlasserstromkreis-Abschaltrelais-Diode

die Tests durch (siehe Abbildung). Falls eine der Dioden in beide Richtungen Durchgang aufweist, ist sie defekt und die gesamte Relaiseinheit muss ersetzt werden.

Prüfgerät-Plusklemme (+)	Prüfgerät-Minusklemme (–)	Ergebnis
hellblau	schwarz/gelb	Durchgang (»0«)
schwarz/gelb	hellblau	Kein Durchgang (»1«)
hellblau	schwarz/rot	Durchgang (»0«)
schwarz/rot	hellblau	Kein Durchgang (»1«)
hellblau	hellblau/weiß	Durchgang (»0«)
hellblau/weiß	hellblau	Kein Durchgang (»1«)
blau/schwarz	schwarz/rot	Durchgang (»0«)
schwarz/rot	blau/schwarz	Kein Durchgang (»1«)

7 Wenn sich das Relais und die Dioden als funktionstüchtig erwiesen haben, der Anlasserstromkreis aber weiterhin defekt ist, müssen alle anderen Komponenten überprüft werden (Getriebeschalter, Seitenständerschalter, Kupplungsschalter, Startknopf, Killschalter, Anlasserrelais – beachten Sie die entsprechenden Sektionen dieses Kapitels). Wenn alle Bauteile in Ordnung sind, muss ihre Verkabelung überprüft werden – beachten Sie dazu die Hinweise in Sektion 2 und die Schaltpläne am Ende dieses Kapitels.

8 Der Einbau entspricht der umgekehrten Ausbaureihenfolge.

25 Hupe

1 Die Hupe sitzt an der unteren Gabelbrücke.

Kontrolle

2 Wenn die Hupe ausfällt, muss zunächst die SIGNAL-Sicherung kontrolliert werden (siehe Sektion 5).

3 Ziehen Sie die Stecker von den Hupen-Kontakten (siehe Abbildung). Verbinden Sie die Hupe mithilfe zweier Überbrückungskabel direkt mit der Batterie. Funktioniert die Hupe jetzt, müssen der Hupenknopf (siehe Sektion 19) und die Verkabelung kontrolliert werden – beachten Sie dazu Hinweise in Sektion 2 und die Schaltpläne am Ende dieses Kapitels.

4 Klingt die Hupe nur schwach oder verzerrt, kann der Ton eventuell mit der Schraube an der Rückseite der Hupe eingestellt werden.

5 Arbeitet die Hupe gar nicht oder lässt sich nicht einstellen, muss sie ersetzt werden.

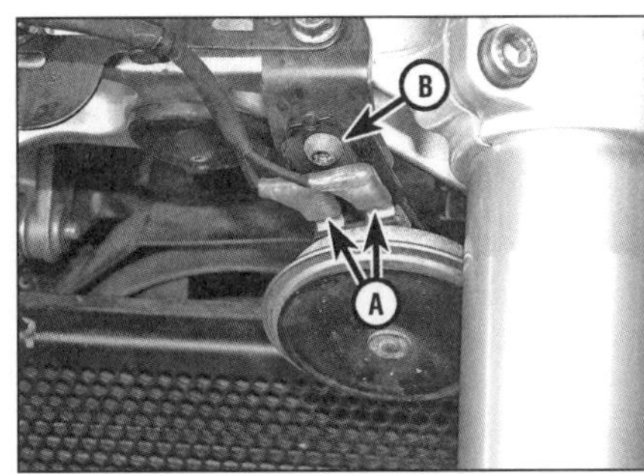

25.3 Hupenstecker (A) und Befestigungsschraube

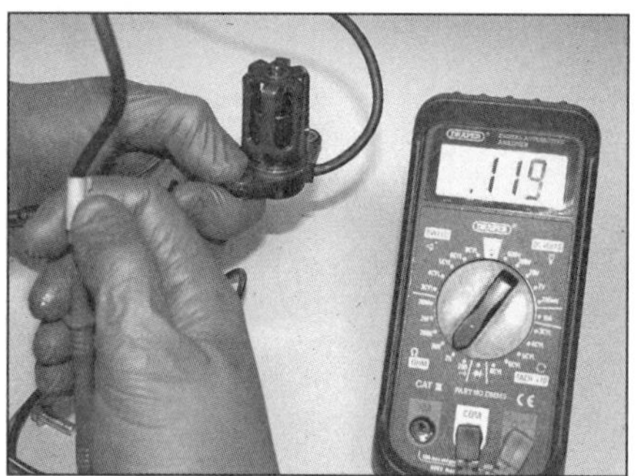

26.3a Kontrollieren Sie den Sensor in der normalen Einbaulage...

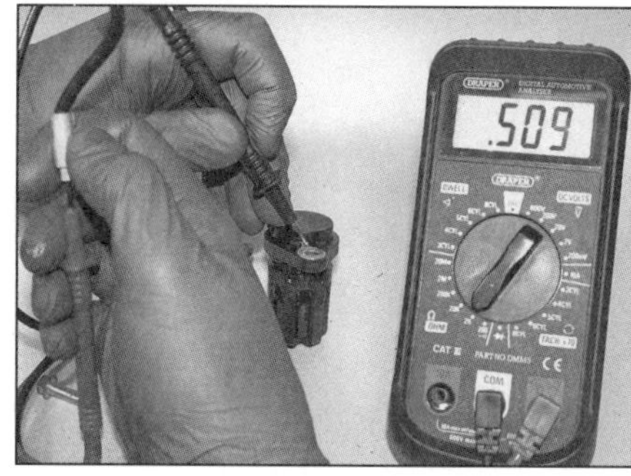

26.3b ...und auf dem Kopf stehend.

26.5 Stecker des Ölpegel-Sensors

26.6 Schraube der Sensorkabel-Klemme

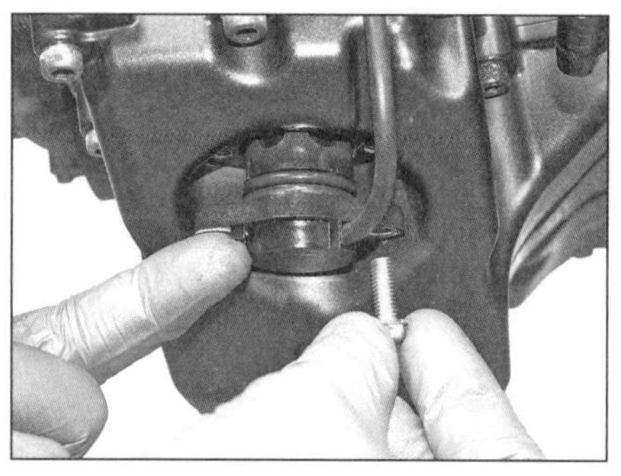

26.7a Befreien Sie den Sensor...

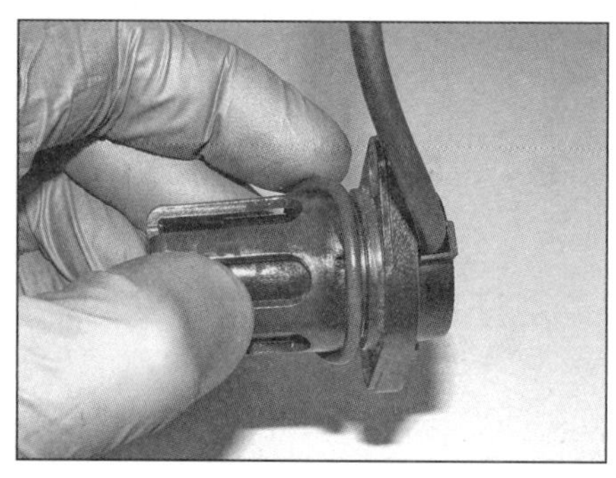

26.7b ...und entfernen Sie seinen O-Ring.

Ausbau und Einbau

6 Trennen Sie die Stecker von der Hupe, lösen Sie die Schraube und entnehmen Sie die Hupe (Abbildung 25.3).

7 Bauen Sie die Hupe an und ziehen Sie die Schraube sorgfältig an. Verbinden Sie die Kabelstecker und prüfen Sie die Funktion der Hupe.

26 Ölpegelsensor

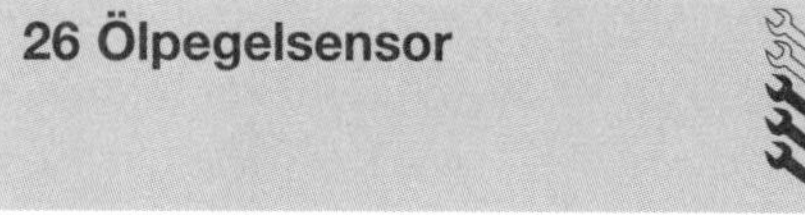

Kontrolle

1 Die Ölpegel-Warnleuchte muss nach dem Einschalten der Zündung für einige Sekunden aufleuchten und dann kurzzeitig erlöschen, um auf ihre Funktion hinzuweisen, und anschließend wieder erlöschen. Falls die Lampe nicht kurzzeitig aufleuchtet, nicht erlischt oder zu blinken beginnt, muss ggf. sofort angehalten und der Ölpegel kontrolliert werden (siehe *Tägliche Kontrollen*).

Anmerkung: *Falls in der Verkabelung ein Defekt vorliegt, wird er von der Selbstdiagnosefunktion entdeckt und die Warnleuchte wird zehnmal aufblinken, dann für 2,5 Sekunden erlöschen und wieder blinken, bis der Schaden behoben ist.*

2 Falls die LED nach dem Einschalten der Zündung nicht aufleuchtet, muss sie kontrolliert werden (siehe Sektion 17).

3 Um den Sensor kontrollieren zu können, muss er aus der Ölwanne befreit werden (Schritte 4 bis 6). Verbinden Sie die Prüfklemmen eines auf den Messbereich Ohm x 100 geschaltetes Multimeter mit dem Sensorkabel und der Grundplatte des Sensors. Bei aufrecht stehendem Sensor (normale Einbaulage) müssen 114 bis 126 Ohm ermittelt werden; drehen Sie den Sensor um und prüfen Sie erneut den Widerstand – es müssen jetzt zwischen 484 und 536 Ohm festgestellt werden (siehe Abbildungen). Bei anderen Ergebnissen muss der Sensor durch ein Neuteil ersetzt werden.

Ausbau

4 Lassen Sie das Motoröl ab (siehe Kapitel 1).

5 Heben Sie den Tank an (siehe Kapitel 4) und trennen Sie den Sensorstecker (siehe Abbildung).

6 Führen Sie das Kabel zum Sensor zurück, merken Sie sich seine Verlegung und befreien Sie es aus allen Befestigungen – die untere ist mit einer der Ölwannen-Schrauben gesichert, die hierfür entfernt werden muss (siehe Abbildung).

7 Lösen Sie die Sensorschrauben und ziehen Sie den Sensor aus der Ölwanne (siehe Abbildung) – seien Sie auf etwas austretendes Öl vorbereitet. Entfernen Sie den O-Ring (siehe Abbildung) – dieser muss beim Einbau durch ein Neuteil ersetzt werden.

Einbau

8 Schmieren Sie den neuen O-Ring mit etwas Lithiumfett und legen Sie ihn um den Sensor; installieren Sie dann den Sensor in die Ölwanne (Abbildungen 26.7b und a) und ziehen Sie seine Schrauben mit 10 Nm an.

9 Führen Sie das Sensorkabel zum Stecker und sichern Sie es mit allen Befestigungen (Abbildungen 26.6 und 5). Ziehen Sie die Ölwannenschraube mit 10 Nm an.

10 Füllen Sie Motoröl auf (siehe Kapitel 1) und prüfen Sie die Funktion des Sensors.

27 Anlasserrelais

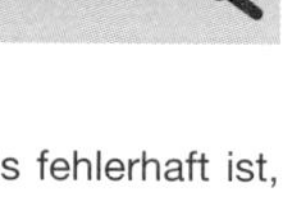

Kontrolle

1 Falls der Anlasser-Stromkreis fehlerhaft ist, müssen zuerst die Hauptsicherung und die IGNITION-Sicherung kontrolliert werden (siehe Sektion 5).

2 Demontieren Sie die Sitzbank/Sitze (siehe Kapitel 7), um Zugang zum links hinter der Batterie sitzenden Anlasserrelais zu erhalten (siehe Abbildung).

3 Entfernen Sie die Relais-Abdeckung und lösen Sie die Schraube des schwarzen Anlasserkabels (siehe Abbildung) – positionieren Sie dies weit weg vom Relaisanschluss.

4 Drücken Sie bei eingeklapptem Seitenständer, eingeschalteter Zündung, Killschalter auf RUN und im Getriebe eingelegtem Leerlauf den Startknopf – im Relais muss es klicken.

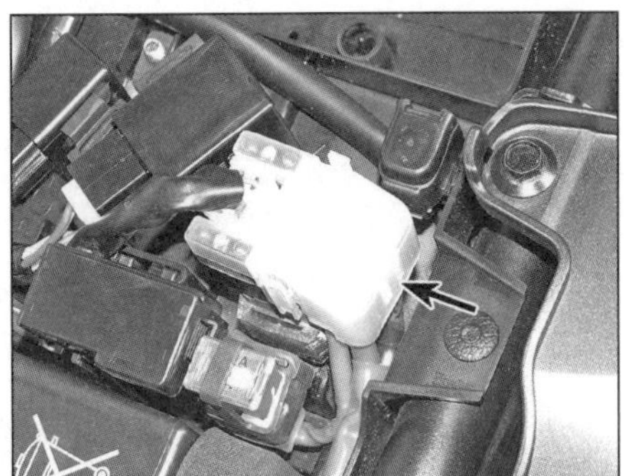

27.2 Anlasserrelais

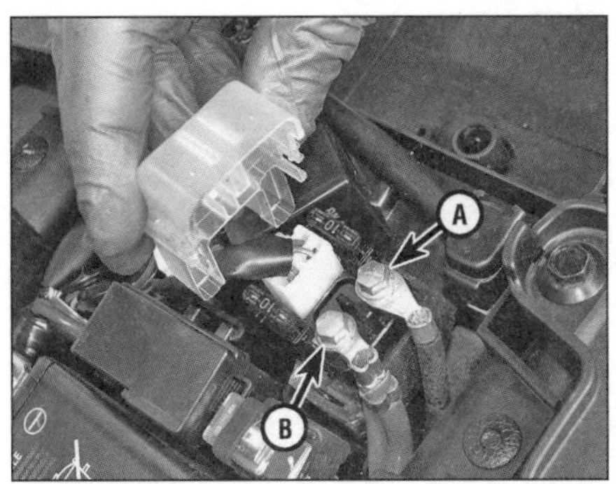

27.3 Entfernen Sie die Relaisabdeckung, um Zugang zu den Anschlüssen des Anlasserkabels (A) und des Batteriekabels (B) zu erhalten

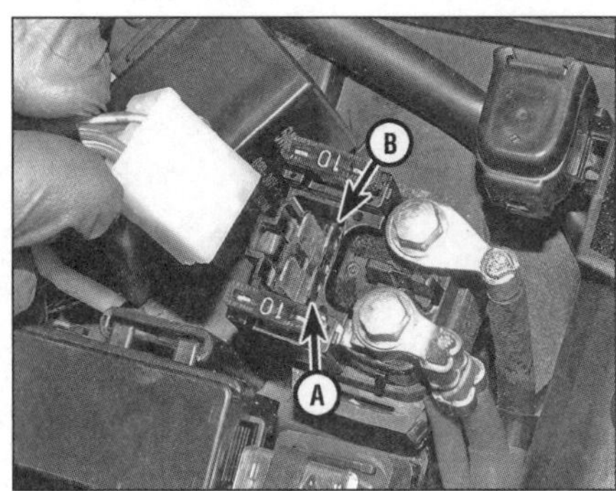

27.6 Kontakte des rot/weißen Kabels (A) und des blau/weißen Kabels (B)

5 Falls das Relais nicht klickt, muss die Zündung ausgeschaltet und das Relais ausgebaut (siehe Schritte 10 bis 12), um wie folgt getestet zu werden:

6 Prüfen Sie den Durchgang zwischen den Relais-Anschlüssen des schwarzen Anlasserkabels und des roten Batteriekabels (Abbildung 27.3) – es muss unendlicher Widerstand festgestellt werden (»1«). Jetzt wird der Pluspol einer vollständig geladene 12-Volt-Batterie mit einem Überbrückungskabel an den Kontakt des rot/weißen Kabels geklemmt, der Minuspol kommt an den Kontakt des blau/weißen Kabels (siehe Abbildung). Zu diesem Zeitpunkt sollte im Relais ein Klicken zu hören sein und das Multimeter 0 Ohm (vollen Durchgang) anzeigen.

7 Falls das Relais bei angelegter Batteriespannung nicht klickt und kein Durchgang angezeigt wird, muss es ersetzt werden.

8 Der Relaisspulen-Widerstand kann ermittelt werden, indem das Messgerät mit den Kontakt des rot/weißen Kabels und des blau/weißen Kabels verbunden wird – es müssen zwischen 4,18 und 4,62 Ohm festgestellt werden.

9 Wenn das Relais in Ordnung ist, muss bei eingeschalteter Zündung und gedrücktem Startknopf festgestellt werden, ob am rot/weißen Kabel Batteriespannung anliegt – ist dies der Fall, müssen die anderen Komponenten des Anlasser-Stromkreises überprüft werden. Liegt keine Spannung an, müssen die Kabel zwischen den verschiedenen Komponenten überprüft werden – beachten Sie die Hinweise in Sektion 2 und die Schaltpläne am Ende dieses Kapitels.

Ersetzen

10 Demontieren Sie die Sitzbank/Sitze (siehe Kapitel 7). Trennen Sie den Masseanschluss (–) der Batterie.

11 Entfernen Sie die Relais-Abdeckung. Lösen Sie die Schrauben des schwarzen Anlasserkabels und des roten Batteriekabels (Abbildung 27.3).

12 Trennen Sie den Relaisstecker (Abbildung 27.6).

13 Befreien Sie das Relais; falls es ersetzt werden soll, müssen die Hauptsicherung und ihre Ersatzsicherung vom Relais entfernt werden, um sie ans neue Relais zu installieren oder – falls dies bereits mit Sicherungen ausgerüstet ist – als Ersatzsicherungen zu behalten.

14 Der Einbau entspricht der umgekehrten Ausbaureihenfolge. Ziehen Sie die Anschlussschrauben sorgfältig an. Verbinden Sie zum Schluss zuerst den Stromanschluss (+) und dann den Masseanschluss (–) mit der Batterie.

28 Anlasser
Ausbau und Einbau

Ausbau

1 Der Anlasser sitzt hinter den Zylindern oben am Motorgehäuse.

2 Trennen Sie den Masseanschluss (–) der Batterie (siehe Sektion 3). Demontieren Sie die Drosselklappengehäuse (siehe Kapitel 4).

3 Ziehen Sie die Gummiabdeckung vom Anlasser zurück. Lösen Sie die Mutter des Anlasserkabels und befreien Sie dies (siehe Abbildung).

4 Lösen Sie die zwei Schrauben, die den Anlasser am Motorgehäuse halten – beachten Sie den Masseanschluss an der hinteren Schraube (siehe Abbildung). Ziehen Sie den Anlasser aus dem Motorgehäuse (Abbildung 28.7) – hebeln Sie ihn nötigenfalls mit einem Schraubendreher heraus.

5 Entfernen Sie den O-Ring vom Ende des Anlassers (Abbildung 28.6) – beim Einbau wird auf jeden Fall ein neuer benötigt.

Einbau

6 Legen Sie einen neuen eingefetteten O-Ring um das Ende des Anlassers und gehen Sie sicher, dass er in seiner Nut sitzt (siehe Abbildung).

28.3 Lösen Sie die Mutter und befreien Sie das Anlasserkabel.

28.4 Lösen Sie die zwei Anlasser-Befestigungsschrauben.

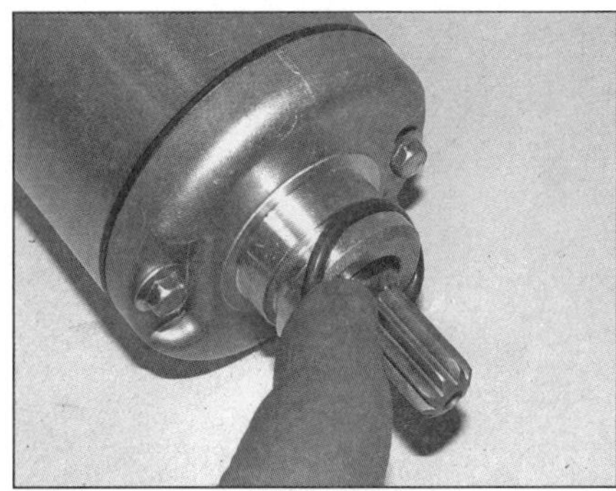

28.6 Der neue gefettete O-Ring muss vollständig in der Nut sitzen.

28.7 Positionieren Sie den Anlasser wie gezeigt an seinem Platz.

7 Bringen Sie den Anlasser in Position und schieben Sie ihn in das Motorgehäuse (siehe Abbildung), sodass die Anlasserverzahnung in das Untersetzungszahnrad greift.

8 Installieren Sie die Befestigungsschrauben – vergessen Sie nicht den Massenanschluss an der hinteren – und ziehen Sie sie mit 12 Nm an (Abbildung 28.4).

9 Verbinden Sie das Anlasserkabel mit dem Anlasser und sichern Sie es mit der Mutter (Abbildung 28.3). Schieben Sie die Gummiabdeckung über den Anschluss.

10 Montieren Sie die Drosselklappengehäuse (siehe Kapitel 4).

11 Verbinden Sie zum Schluss zuerst den Stromanschluss (+) und dann den Masseanschluss (–) mit der Batterie.

29 Anlasser
Überholen

Test

1 Bauen Sie den Anlasser aus (siehe Sektion 28), umwickeln Sie ihn mit Lappen und klemmen Sie ihn in einen mit weichen Backen ausgerüsteten Schraubstock – ziehen Sie diesen nicht zu fest an.

2 Verbinden Sie eine geladenen Batterie mithilfe von Überbrückungskabeln mit dem Anlasser – den Pluspol (+) mit dem Gewindestutzen des Kabelanschlusses und den Minuspol (–) mit einer der Befestigungslaschen. Wenn sich der Anlasser zu diesem Zeitpunkt zu drehen beginnt, wird er in Ordnung sein; falls er nicht arbeitet oder der Verdacht besteht, dass er unter Last nicht richtig arbeitet, kann er für weitere Kontrollen zerlegt werden.

Zerlegen

3 Bauen Sie den Anlasser aus (siehe Sektion 28).

4 Beachten Sie die Markierungen an den Übergängen zwischen dem Hauptgehäuse und den vorderen und hinteren Gehäuseteilen – diese müssen bei der Montage wieder fluchten. Falls die Markierungen schwierig zu

29.4 Beachten Sie die Ausrichtmarkierungen zwischen den Gehäuseteilen.

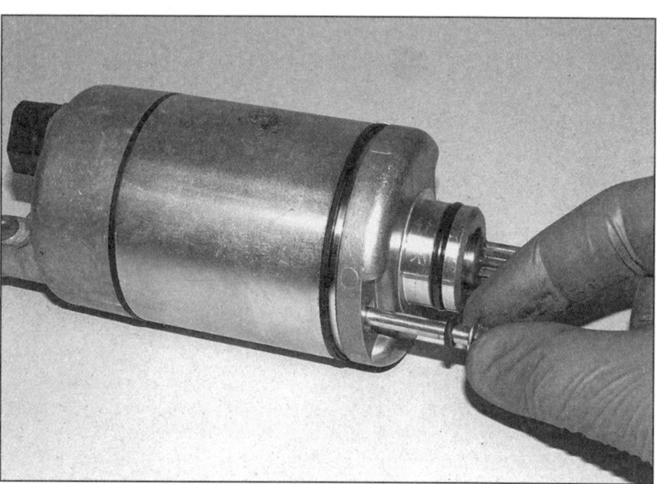

29.5a Lösen und entfernen Sie die zwei langen Schrauben...

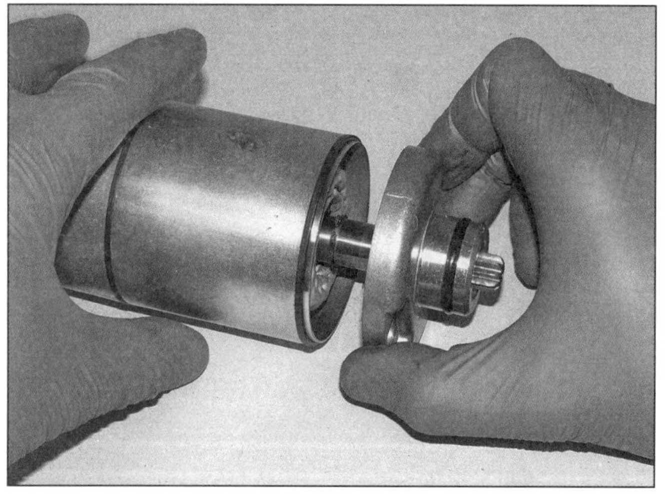

29.5b ...und entfernen Sie das vordere Gehäuseteil...

29.6 ...sowie das hintere Gehäuseteil.

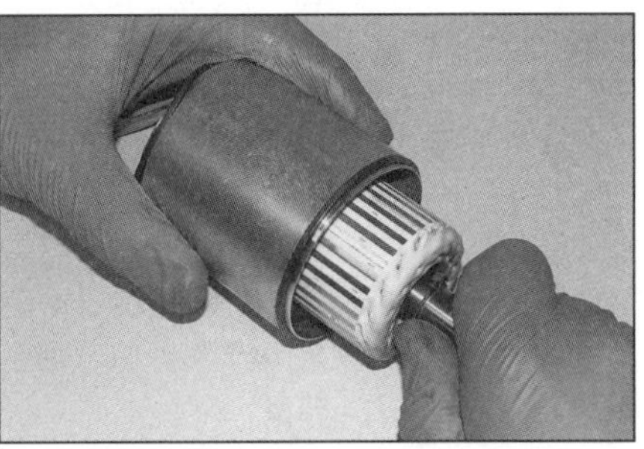

29.7 Ziehen Sie die Ankerwelle heraus.

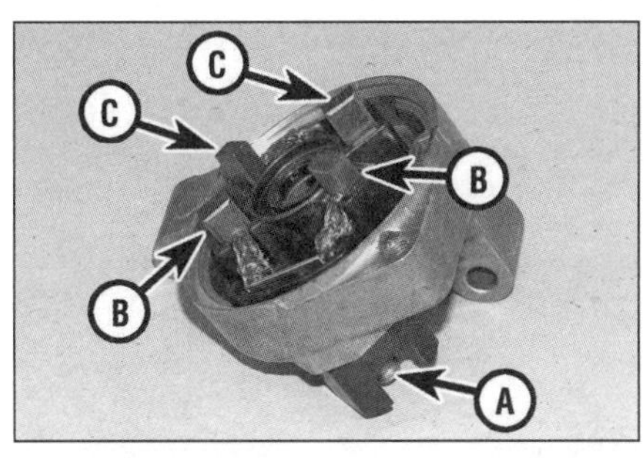

29.8 Anschlussschraube (A), Plus-Kohlebürste (B), Minus-Kohlebürste (C)

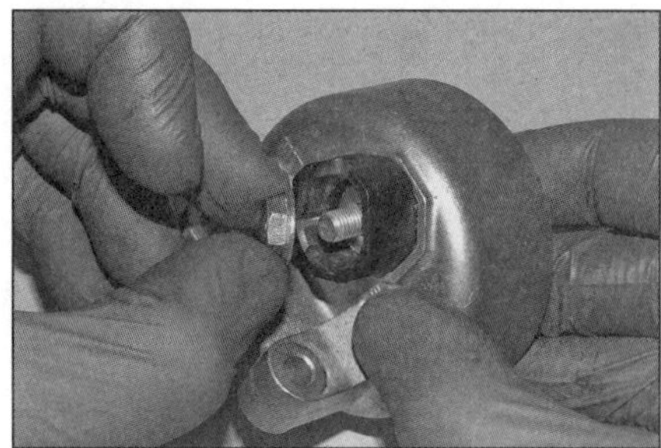

29.9a Lösen Sie die Mutter...

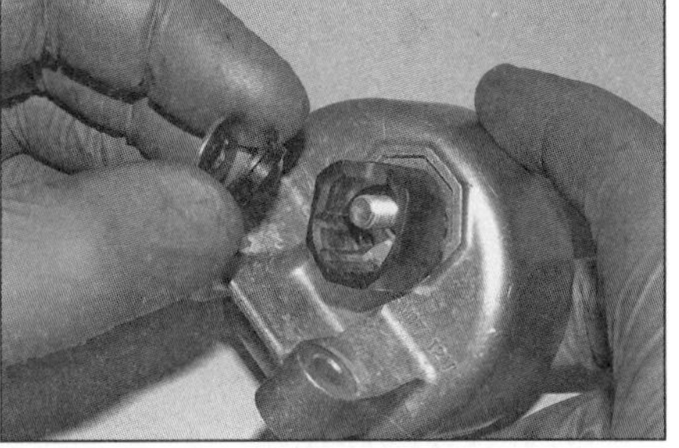

29.9b ...und entfernen Sie die Unterlegscheibe und die Isolierscheibe...

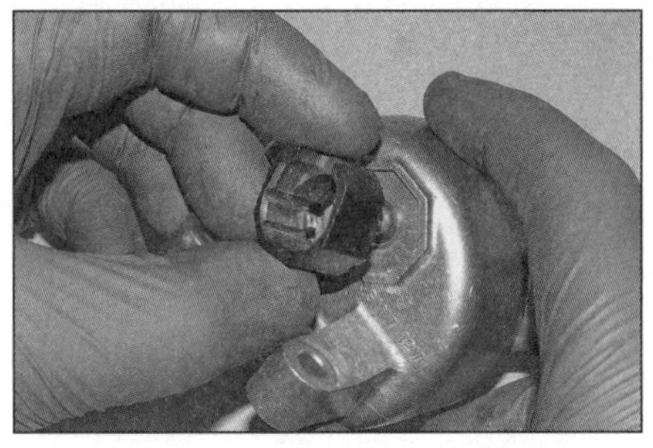

29.9c ...sowie den Anschluss-Schild...

29.9d ...und den O-Ring.

29.9e Befreien Sie die Anschlussschraube samt Plus-Kohlebürste...

29.9f ...und entnehmen Sie die Feder.

29.10 Schraube der Minus-Kohlebürste

erkennen sind, müssen welche angebracht werden (siehe Abbildung).

5 Lösen Sie die zwei langen Schrauben und entfernen Sie den vorderen Gehäusedeckel (siehe Abbildungen).

6 Entfernen Sie das hintere Gehäuseteil (siehe Abbildung).

7 Ziehen Sie die Ankerwelle aus dem Hauptgehäuse (siehe Abbildung) – sie wird vom Magnetismus etwas zurückgehalten.

8 Kontrollieren Sie zunächst den Durchgang zwischen der Anschlussschraube und der Plus-Kohlebürste im hinteren Gehäuseteil (siehe Abbildung)– es darf kein Widerstand festgestellt werden (»0«). Prüfen Sie dann, ob zwischen der Anschlussschraube und dem Gehäuse Durchgang besteht – dies darf nicht der Fall sein (»1«). Auch zwischen der Minus- und der Plus-Kohlebürste darf kein Durchgang festgestellt werden (»1«). Bei anderen Ergebnissen muss die fehlerhafte Komponente identifiziert und durch ein Neuteil ersetzt werden.

9 Beachten Sie die korrekte Positionierung jeder Komponente, lösen Sie die Mutter der Anschlussschraube und entfernen Sie die Unterlegscheibe, die Isolierscheibe, den Anschluss-Schild und den O-Ring (siehe Abbildungen). Entfernen Sie die Anschlussschraube samt Plus-Kohlebürste und Feder (siehe Abbildungen).

10 Lösen Sie die Schraube der Minus-Kohlebürste und entnehmen Sie diese samt Feder (siehe Abbildung).

Kontrolle

11 Diejenigen Teile, denen am meisten Aufmerksamkeit geschenkt werden muss, sind die Kohlebürsten (siehe Abbildung). Messen Sie die Länge der Bürsten – falls eine von ihnen die Verschleißgrenze von 6,5 mm erreicht oder überschritten hat, muss die gesamte

29.11 Messen Sie die Länge der Kohlebürsten – neu sind sie 12 mm lang.

Bürsten-Baugruppe ersetzt werden. Wenn nur geringer Verschleiß, keine Ausbrüche oder anderen Schäden vorliegen, können die Bürsten wiederverwendet werden.

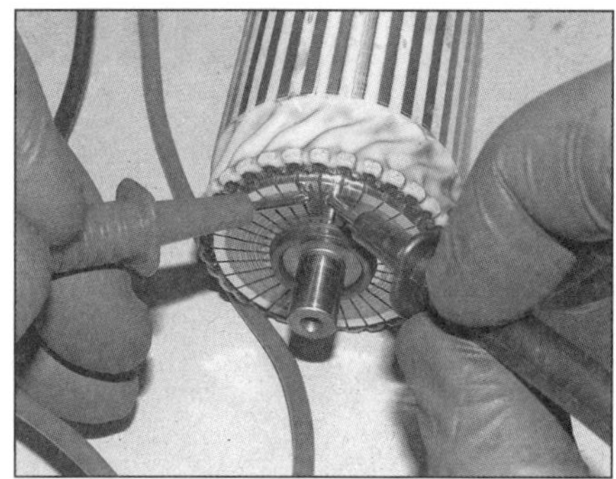

29.13a Zwischen den Lamellen muss Durchgang bestehen.

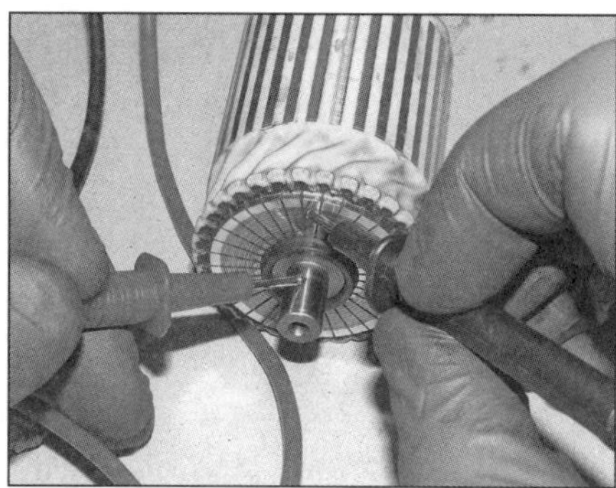

29.13b Zwischen den Lamellen und der Ankerwelle darf kein Durchgang bestehen.

29.15 Dichtring und Nadellager im vorderen Gehäuseteil (A), Buchse im hinteren Gehäuseteil (B)

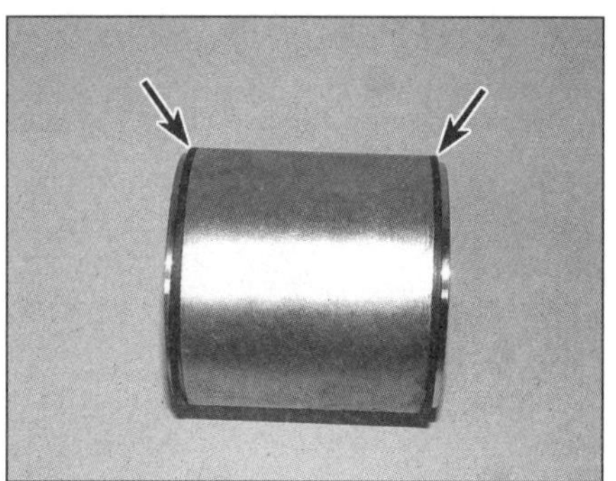

29.17 Positionen der Gehäuse-Dichtringe

29.20 Der O-Ring muss zwischen der Schraube und dem Gehäuseteil liegen.

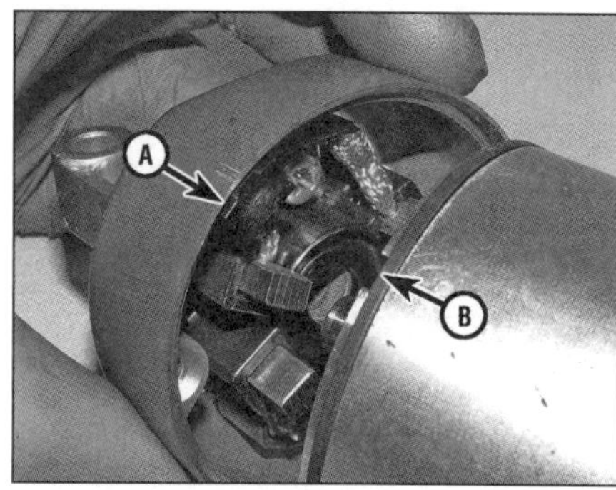

29.24 Fetten Sie den Wellenstumpf und richten Sie die Lasche (A) zum Ausschnitt (B) aus.

12 Inspizieren Sie die Kollektor-Lamellen der Ankerwelle auf Kerben, Kratzer und Verfärbung. Der Kollektor kann vorsichtig mit Schmirgelleinen gereinigt werden, darf aber nicht mit Schleifpapier bearbeitet werden. Wischen Sie alle Rückstände mit einem mit Spiritus getränkten Lappen ab, sodass die Nuten zwischen den Lamellen sauber sind. Der in den Nuten sitzende Glimmer muss mindestens 0,7 mm unterhalb der Lamellen liegen – notfalls muss er mithilfe einer kleinen Feile oder einem Sägeblatt entsprechend abgetragen werden.

13 Mithilfe eines Ohmmeters oder eines Durchgangsprüfers wird zwischen den Kollektorlamellen der Widerstand gemessen (siehe Abbildung) – innerhalb des Kollektors muss Durchgang bestehen. Messen Sie den Widerstand zwischen den Lamellen und der Ankerwelle (siehe Abbildung) – hier darf kein Durchgang bestehen (unendlicher Widerstand). Bei anderen Ergebnissen ist die Ankerwelle defekt und der Anlasser muss ersetzt werden – die Welle ist nicht separat erhältlich.

14 Kontrollieren Sie das Anlasser-Zahnrad. Wenn ausgebrochene Zähne oder übermäßiger Verschleiß festgestellt wird, muss der Anlasser ersetzt werden – das Zahnrad sitzt fest auf der Welle, die nicht separat erhältlich ist. Kontrollieren Sie in diesem Fall auch das Zwischenrad im Motorgehäuse.

15 Inspizieren Sie die vorderen und hinteren Gehäuseteile auf Risse oder Verschleiß. Kontrollieren Sie auch den Dichtring und das Nadellager im vorderen Gehäuseteil sowie die Lagerbuchse im hinteren Deckel (siehe Abbildung). Weder der Dichtring, noch das Lager, die Buchse oder die Gehäuseteile sind separat erhältlich, sodass bei Schäden ein neuer Anlasser beschafft werden muss.

16 Kontrollieren Sie die Magnete im Hauptgehäuse und das Gehäuse selbst auf Risse.

17 Kontrollieren Sie die Gehäuse-Dichtringe auf Beschädigungen, Verformung oder Alterungserscheinungen (siehe Abbildung) – beschaffen Sie nötigenfalls Neuteile.

Zusammenbau

18 Installieren Sie die Minus-Kohlebürsten und sichern Sie sie mit der Schraube (Abbildung 29.10).

19 Installieren Sie die Federn der Plus-Kohlebürsten in ihre Gehäuse, installieren Sie die Anschlussschraube und positionieren Sie Bürsten mit den Kabeln in den Nuten auf den Federn (Abbildungen 29.9f und e).

20 Schieben Sie den O-Ring vollständig über die Anschlussschraube (Abbildung 29.9d), sodass er zwischen ihr und dem Deckel liegt (siehe Abbildung). Installieren Sie den Anschluss-Schild mit dem Kabelausschnitt nach oben, legen Sie die Isolierscheibe und die Unterlegscheibe auf und sichern Sie alles mit der Mutter (Abbildungen 29.9c, b und a).

21 Führen Sie die in Schritt 8 beschriebenen Durchgangstests durch, um den korrekten Zusammenbau zu überprüfen.

22 Rüsten Sie das Hauptgehäuses mit den – ggf. neuen – O-Ringen aus (Abbildung 29.17).

23 Führen Sie vorsichtig die mit dem Kollektor zum Ausschnitt des Gehäuses ausgerichtete Ankerwelle ins Gehäuse ein (Abbildung 29.7) – sie wird von den Magnetkräften hineingezogen.

24 Versehen Sie das kurze Ende der Ankerwelle mit Fett und setzen Sie das zum Ausschnitt des Hauptgehäuses ausgerichtete hintere Gehäuseteil auf – die Bürsten müssen senkrecht am Kollektor anliegen (siehe Abbildung).

25 Fetten Sie die Lippe des vorderen Dichtrings, schieben Sie das vordere Gehäuseteil auf und richten Sie die Gehäusemarkierungen aus (Abbildung 29.5b).

26 Prüfen Sie, ob alle Markierungen ausgerichtet sind (Abbildung 29.4), installieren Sie die langen Schrauben und ziehen Sie sie mit 5 Nm an (Abbildung 29.5a).

27 Bauen Sie den Anlasser ein (siehe Sektion 28).

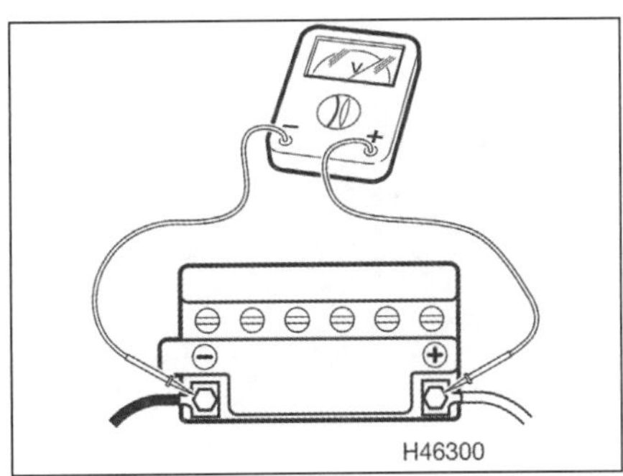

30.5 **Verbinden Sie das Messgerät für den Ausgangsspannungs-Test wie gezeigt.**

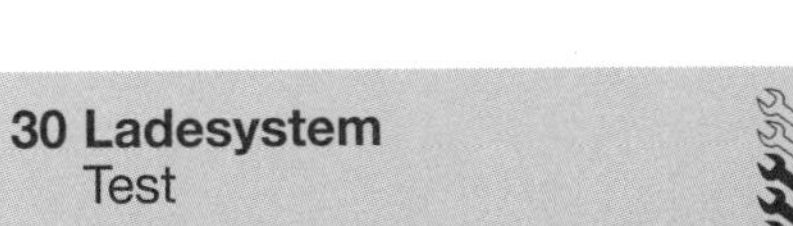

30 Ladesystem
Test

1 Falls an der Funktion des Ladesystems Zweifel bestehen, sollte zunächst das System als Ganzes kontrolliert werden, danach die einzelnen Komponenten.

Anmerkung: *Vor dem Beginn der Kontrolle muss sichergestellt werden, dass die Batterie vollständig geladen ist und alle elektrischen Verbindungen sauber sind und fest sitzen.*

2 Zur Kontrolle der Ausgangsleistung des Ladesystems und der Funktion der Komponenten des Ladesystems wird ein Multimeter (mit Stromspannungs-, Stromstärken- und Widerstands-Messmöglichkeiten) benötigt. Ist ein solches Gerät nicht zur Hand, sollte die Kontrolle einer Fachwerkstatt überlassen werden.

3 Folgen Sie bei der Kontrolle sorgfältig den Hinweisen, um falsche Anschlüsse oder Kurzschlüsse zu vermeiden, die zu irreparablen Schäden an elektrischen Bauteilen führen können.

Ausgangsleistungs-Test

4 Starten Sie den Motor und bringen Sie ihn auf Betriebstemperatur. Entfernen Sie die Sitzbank/Sitze (siehe Kapitel 7), um Zugang zu den Batteriepolen zu erhalten.

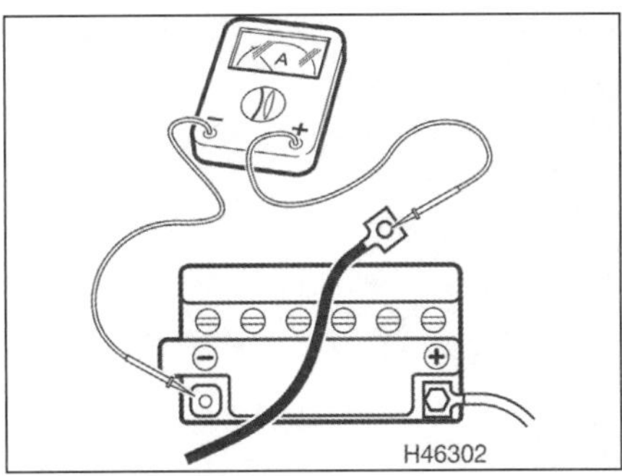

30.9 **Kriechstrom-Kontrolle – verbinden Sie das Amperemeter wie gezeigt.**

5 Schließen Sie für eine Kontrolle der geregelten (Gleichstrom-) Ausgangsleistung bei im Standgas laufendem Motor das Multimeter mit dem auf 0 – 20 Volt Gleichstrom (DC) eingestellten Messbereich an die beiden Pole der Batterie an – Plus an Plus, Minus an Minus (siehe Abbildung). Erhöhen Sie langsam die Drehzahl des Motors auf 5000/min und beobachten Sie die Messgerät-Anzeige.

6 Die geregelte Spannung muss dabei von normaler Batteriespannung auf 14 Volt ansteigen. Liegt die geregelte Ausgangsspannung abseits dieser Vorgabe, müssen die Lichtmaschine und die Regler/Gleichrichter-Einheit überprüft werden (siehe Sektionen 31 und 32).

7 Schalten Sie den Motor und die Zündung aus und entfernen Sie das Messgerät.

Hinweise auf einen defekten Regler sind Lampen mit drehzahlabhängiger Leuchtstärke, die ständig durchbrennen und eine überhitzende Batterie.

Kriechstrom-Test

Achtung: Schließen Sie das Amperemeter (Multimeter auf A-Messbereich) immer in Reihe, niemals parallel zur Batterie an, da es dabei beschädigt wird. Schalten Sie nicht die Zündung an und betätigen Sie niemals den Startknopf, wenn das Messgerät angeschlossen ist – der plötzliche fließende Strom würde das Gerät zerstören.

8 Schalten Sie die Zündung aus. Trennen Sie den Minus-Anschluss (–) von der Batterie (siehe Sektion 3).

9 Schalten Sie das Multimeter auf den Ampere-Messbereich und verbinden Sie die Minusklemme mit dem Minus-Pol (–) der Batterie sowie die Plusklemme (+) mit dem getrennten Masse-Anschlusskabel (siehe Abbildung). Schalten Sie das Messgerät immer zunächst auf den höchsten Messbereich und dann schrittweise herunter auf den Milliampere-Bereich (mA), um ein Durchbrennen der Geräte-Sicherung zu verhindern.

10 Bei dieser Messung dürfen nicht mehr als 1 mA Stromstärke abzulesen sein. Wenn das Ergebnis höher (aber nicht auf Verbraucher wie eine Alarmanlage zurückzuführen) ist, liegt irgendwo im elektrischen System ein Kurzschluss vor. Trennen Sie das Messgerät und schließen Sie den Masseanschluss (–) der Batterie wieder an.

11 Wenn Kriechströme festgestellt werden, müssen unter Verwendung der Schaltpläne am Ende des Kapitels systematisch einzelne elektrische Bauteile getrennt und der Test wiederholt werden, bis die Kriechstromquelle identifiziert ist.

12 Verbinden Sie anschließend den Minus-Anschluss (–) mit der Batterie.

31 Lichtmaschinen-Rotor und -Stator

Kontrolle

1 Entfernen Sie die linke Heckverkleidung (siehe Kapitel 7). Öffnen Sie bei der Tracer die Zugangsklappe unter dem Heck (siehe Abbildungen) – beachten Sie zum Befreien der Verkleidungsstifte die Hinweise in Kapitel 7.

2 Trennen Sie den weißen Dreistiftstecker von der Regler/Gleichrichter-Einheit (siehe Abbildung).

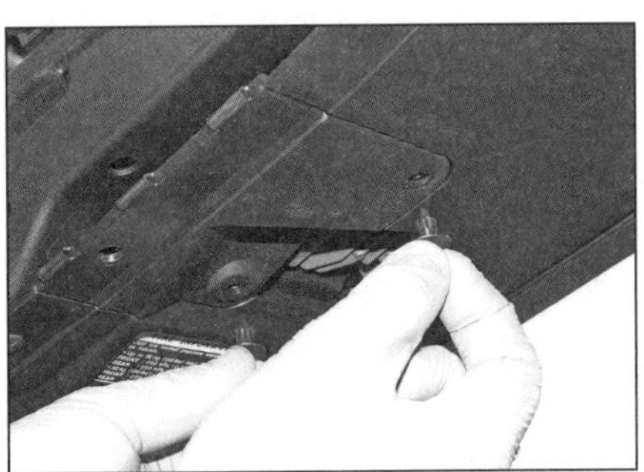

31.1a **Entfernen Sie den Verkleidungsstift...**

31.1b **...und öffnen Sie die Zugangsklappe – Tracer.**

31.2 **Ziehen Sie den weißen Dreistiftstecker von der Regler/Gleichrichter-Einheit ab.**

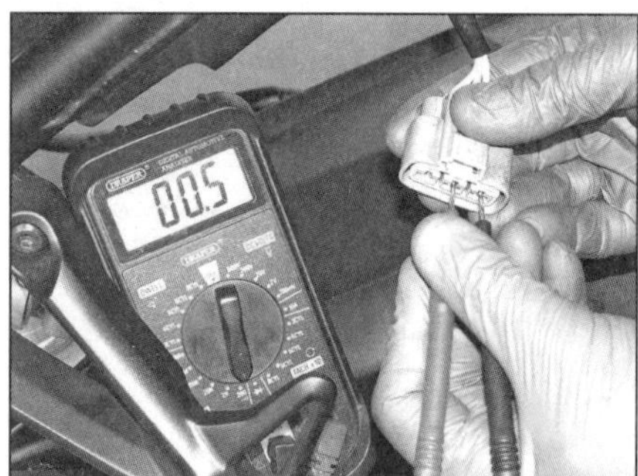

31.3a Messen Sie den Statorspulen-Widerstand...

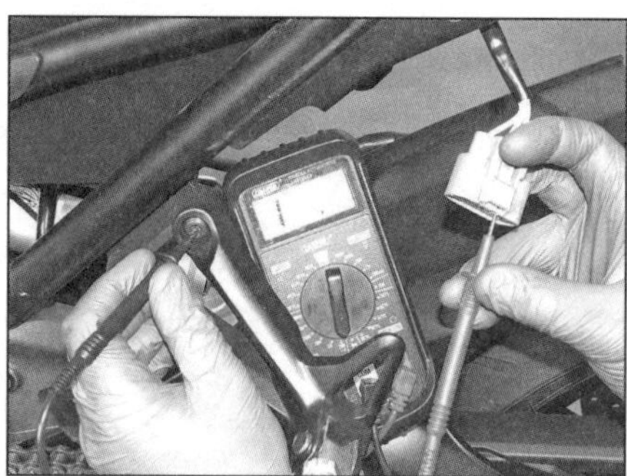

31.3b ...und dann den Durchgang zu Masse.

31.5 Kontern Sie den Rotor, während sein Bolzen gelöst wird.

31.6 Setzen Sie den Abzieher an den Rotor, kontern Sie diesen und ziehen Sie den Abzieherbolzen an.

31.7 Keil im Konus der Kurbelwelle

3 Zum Test des Statorspulen-Widerstands werden die Klemmen eines auf den Messbereich Ohm x 1 gestellten Multimeters mit je zwei der drei von der Lichtmaschine kommenden Kabel verbunden, sodass drei Messergebnisse vorliegen. Dann wird überprüft, ob zwischen dem jeweiligen Anschluss und Masse Durchgang besteht (siehe Abbildungen). Sind die Spulen in Ordnung, müssen die Widerstände zwischen 0,152 und 0,228 Ohm liegen; zu Masse darf kein Durchgang bestehen (unendlicher Widerstand). Bei anderen Ergebnissen ist die Statorspulen-Baugruppe defekt und muss ersetzt werden.

Anmerkung: *Prüfen Sie zunächst, ob der Defekt nicht in der Verkabelung zwischen den Spulen und dem Stecker liegt.*

Ausbau

Spezialwerkzeug: *Um den Lichtmaschinenrotor von der Kurbelwelle lösen zu können, wird ein Abzieher benötigt, wie ihn u. a. Yamaha unter den Teilenummern 90890-01362 anbietet.*

4 Entfernen Sie den Lichtmaschinendeckel (siehe Kapitel 2, Sektion 14).

5 Um den Rotorbolzen zu lösen, muss der Rotor am Mitdrehen gehindert werden – dies kann mithilfe des Yamaha-Werkzeugs 90890-01701 oder eines anderen Haltewerkzeugs erfolgen – beschädigen Sie damit nicht die erhabenen Segmente des Rotors. Falls der Motor nicht ausgebaut ist, kann auch ein Gang eingelegt und von einem Assistenten die Fußbremse betätigt werden, während der Rotorbolzen gelöst und samt Scheibe entfernt wird (siehe Abbildung) – die Scheibe muss später durch ein Neuteil ersetzt werden.

6 Um den Lichtmaschinenrotor von der Kurbelwelle lösen zu können, wird ein Abzieher benötigt, wie ihn Yamaha unter den Teilenummern 90890-01362 anbietet; auch kann ein passender alternativer Abzieher verwendet werden (siehe Abbildung). Der Rotor ist mit drei Gewindebohrungen ausgerüstet, welche die Schrauben des Abziehers aufnehmen sollen. Setzen Sie den Abzieher wie gezeigt an den Rotor, blockieren Sie diesen wie beim Lösen des Bolzens und ziehen Sie den Abzieher-Bolzen an, bis sich der Rotor von der Welle löst (siehe Abbildung) – entfernen Sie das Anlasserrad zusammen mit dem Rotor (Abbildung 31.12).

7 Entfernen Sie nötigenfalls den Keil aus dem Kurbelwellenstumpf, falls er locker sitzt (siehe Abbildung). Befreien Sie nötigenfalls das Anlasserrad und den Anlasserfreilauf vom Rotor (siehe Kapitel 2, Sektion 14).

8 Um den Stator aus dem Lichtmaschinendeckel zu befreien, müssen die zwei Schraube des Kurbelwellensensors und die drei Statorschrauben gelöst und der Stator befreit werden – beachten Sie die Einbaulage des Dichtstopfens (siehe Abbildung).

Einbau

9 Installieren Sie den Stator und den Kurbelwellensensor in den Lichtmaschinendeckel, richten Sie den Kabelstopfen zur Nut des Deckels aus (Abbildung 31.8). Reinigen Sie die Gewinde der Sensor- und Statorschrauben und tragen Sie mittelfeste Sicherungspaste auf, bevor Sie sie mit 14 Nm anziehen.

10 Befreien Sie die Kabel-Durchführung und den Gummistopfen von Dichtungsresten und tragen Sie frische Dichtmasse auf. Drücken Sie den Gummistopfen in seinen Sitz.

11 Installieren Sie ggf. den Anlasserfreilauf und das Anlasserrad an den Rotor (siehe Kapitel 2, Sektion 14).

12 Schmieren Sie den inneren Bereich der Kurbelwelle, auf dem sich das Anlasserrad dreht, mit Motoröl. Reinigen Sie das konische Ende der Kurbelwelle und das Gegenstück im Rotor mit Lösungsmittel. Installieren Sie ggf. den Keil (Abbildung 31.7). Achten Sie darauf, dass keine Metallteile an den Rotormagneten haften, und schieben Sie den Rotor mit der Nut über den Keil ausgerichtet auf die Kurbelwelle – drehen Sie dabei das Anlasserrad, damit es in die Zähne des kleinen Untersetzungsrades greift (siehe Abbildung).

13 Schmieren Sie das Gewinde des Rotorbolzens und die neue Scheibe mit frischem Motoröl (siehe Abbildung), installieren Sie beides und blockieren Sie den Rotor wie beim Ausbau. Ziehen Sie den Bolzen mit 75 Nm an (siehe Abbildung).

14 Montieren Sie den Lichtmaschinendeckel (siehe Kapitel 2, Sektion 14).

32 Regler/Gleichrichter-Einheit

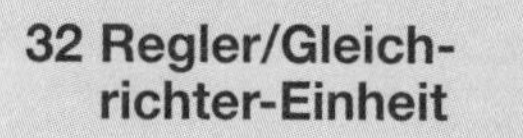

Kontrolle

1 Yamaha gibt keine Vorgaben für eine Kontrolle der Regler/Gleichrichter-Einheit. Falls der Ausgangsleistungs-Test in Sektion 30 vermuten lässt, dass die Einheit defekt ist, müssen

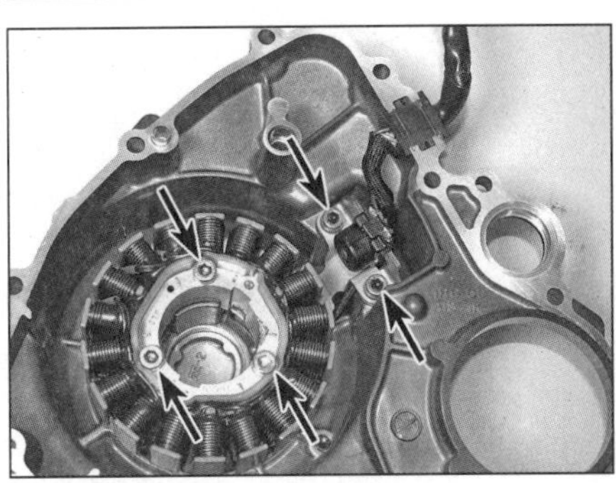
31.8 Lösen Sie die zwei Sensorschrauben und die drei Statorschrauben.

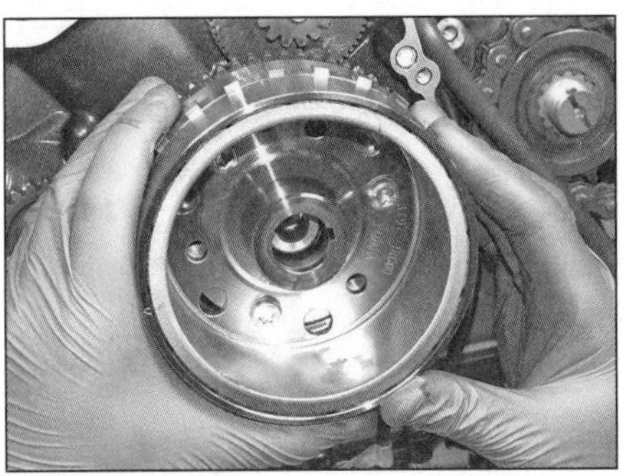
31.12 Schieben Sie den Rotor auf die Kurbelwelle.

31.13a Installieren Sie den Rotorbolzen samt Scheibe,...

31.13b ...kontern Sie den Rotor und ziehen Sie den Bolzen mit 75 Nm an.

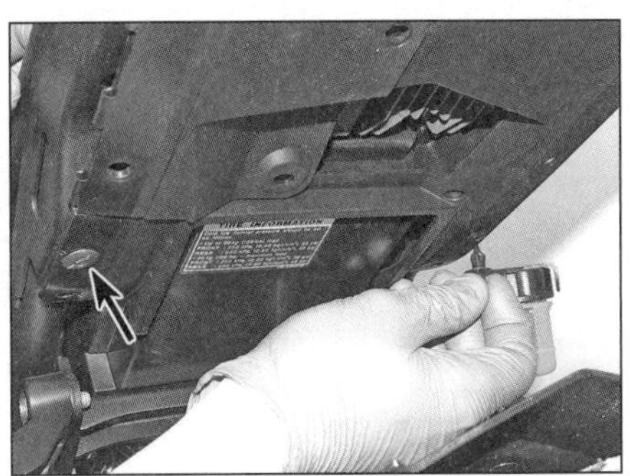
32.3 Befreien Sie die zwei Verkleidungsstifte, um die Abdeckung zu befreien.

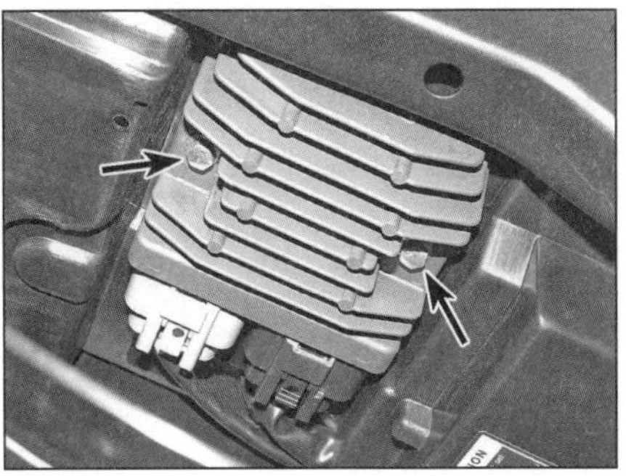
32.5 Schrauben der Regler/Gleichrichter-Einheit

zuerst alle anderen Komponenten, Anschlüsse und Kabel des Ladestromkreises überprüft werden – beachten Sie entsprechende Sektionen und die Schaltpläne am Ende dieses Kapitels.

2 Wenn alle anderen Komponenten, Anschlüsse und Kabel des Ladestromkreises in Ordnung sind, muss die Regler/Gleichrichter-Einheit demontiert (siehe unten) und von einer Yamaha-Werkstatt getestet werden. Alternativ kann sie durch eine erwiesenermaßen funktionsfähige Einheit ersetzt werden, um zu prüfen, ob der Defekt dadurch verschwindet.

Hinweise auf einen defekten Regler sind Lampen mit drehzahlabhängiger Leuchtstärke, die ständig durchbrennen und eine überhitzende Batterie.

Ausbau und Einbau

3 Die Regler/Gleichrichter-Einheit sitzt hinter der unteren Abdeckung unter dem Heck. Entfernen Sie bei der MT-09 bis 2016 und der XSR die linke Heckverkleidung (siehe Kapitel 7). Entfernen Sie bei der MT-09 ab 2017 und der Tracer beide Heckverkleidungen (siehe Kapitel 7) und befreien Sie entweder vorn die zwei Verkleidungsstifte oder hinten die zwei Schrauben, um die Abdeckung zu befreien (siehe Abbildung).

4 Trennen Sie beide Kabelstecker von der Regler/Gleichrichter-Einheit.

5 Lösen Sie dessen zwei Schrauben und entfernen Sie die Regler/Gleichrichter-Einheit (siehe Abbildung).

6 Der Einbau entspricht der umgekehrten Ausbaureihenfolge.

33 Schaltautomat

Kontrolle

1 Der optional vorhandene Schaltautomat *(Quickshifter)* ist in das Schaltgestänge integriert (siehe Kapitel 5, Sektion 3). Er erlaubt oberhalb von 2300/min das Hochschalten, ohne dass hierfür die Kupplung gezogen oder das Gas geschlossen werden muss. Soweit das System in Ordnung ist, leuchtet im Cockpit die QS-Lampe auf; leuchtet sie nicht, liegt ein Problem vor.

2 Demontieren Sie die Sitze/Sitzbank (siehe Kapitel 7), um Zugang zum Stecker des Schaltautomaten zu erhalten.

3 Prüfen Sie die Funktion des Schalters mit einem Durchgangsprüfer, indem Sie dessen Prüfklemmen mit den schalterseitigen Kontakten verbinden. In Ruhestellung darf kein Durchgang bestehen (unendlicher Widerstand); sobald der Schalthebel angehoben wird und Druck auf das Schaltgestänge ausübt, muss Durchgang festgestellt werden.

4 Wenn der Schalter in Ordnung ist, muss mithilfe des entsprechenden Schaltplans der kabelbaumseitige Kontakt des schwarzen Kabels auf Durchgang zu Masse überprüft werden. Prüfen Sie das violette Kabel auf Durchgang zum Stecker des Motorsteuergeräts.

Ersetzen

5 Der Schaltautomat ist in das Schaltgestänge integriert (siehe Kapitel 5, Sektion 3) – folgen Sie den dort gegebenen Hinweisen, um das Gestänge aus- und einzubauen. Stellen Sie die Länge des Gestänges korrekt ein und achten Sie darauf, dass das Kabel korrekt verlegt und gesichert ist.

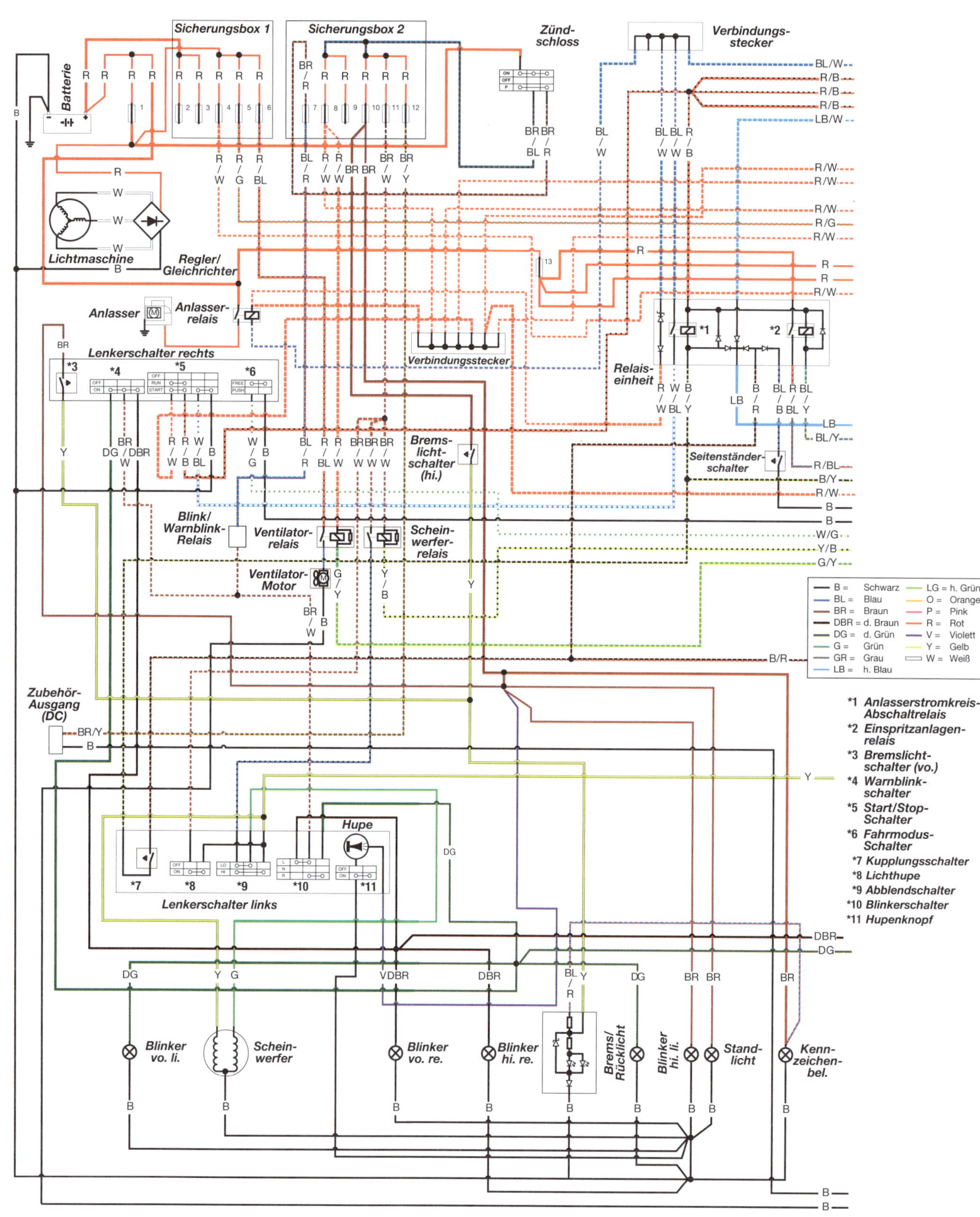

Yamaha MT-09 ohne ABS

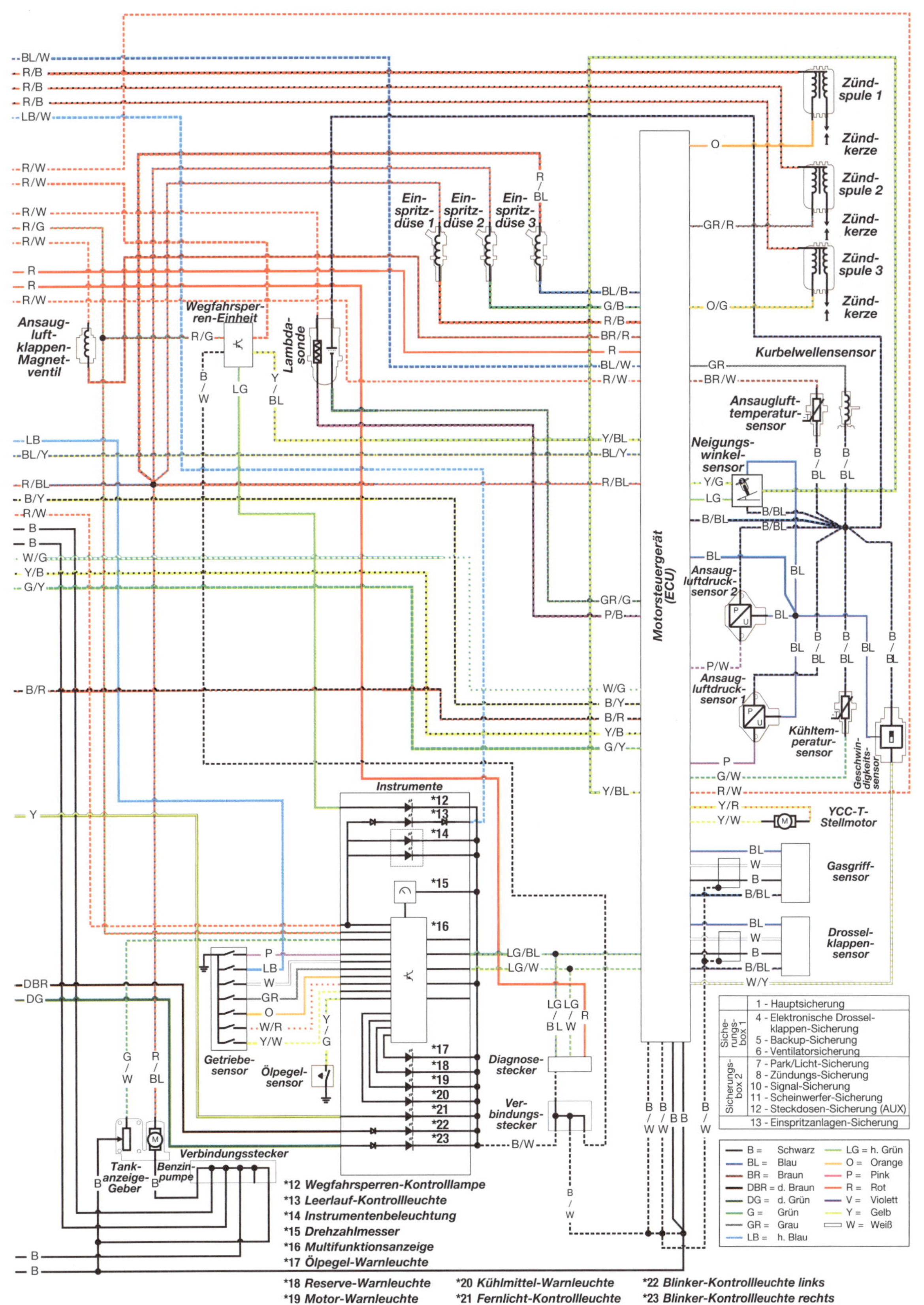

Yamaha MT-09 ohne ABS

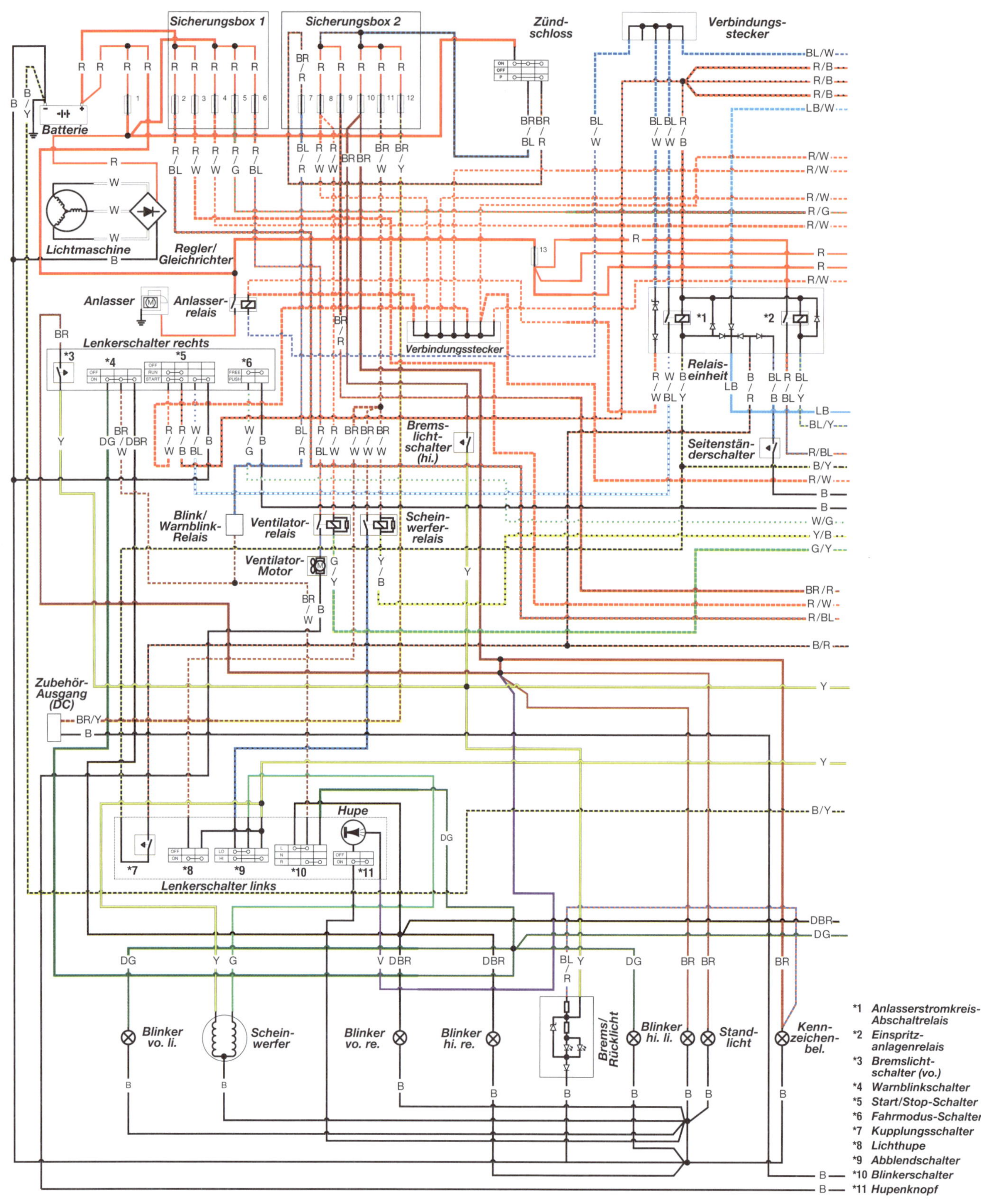

Yamaha MT-09 bis 2016 mit ABS

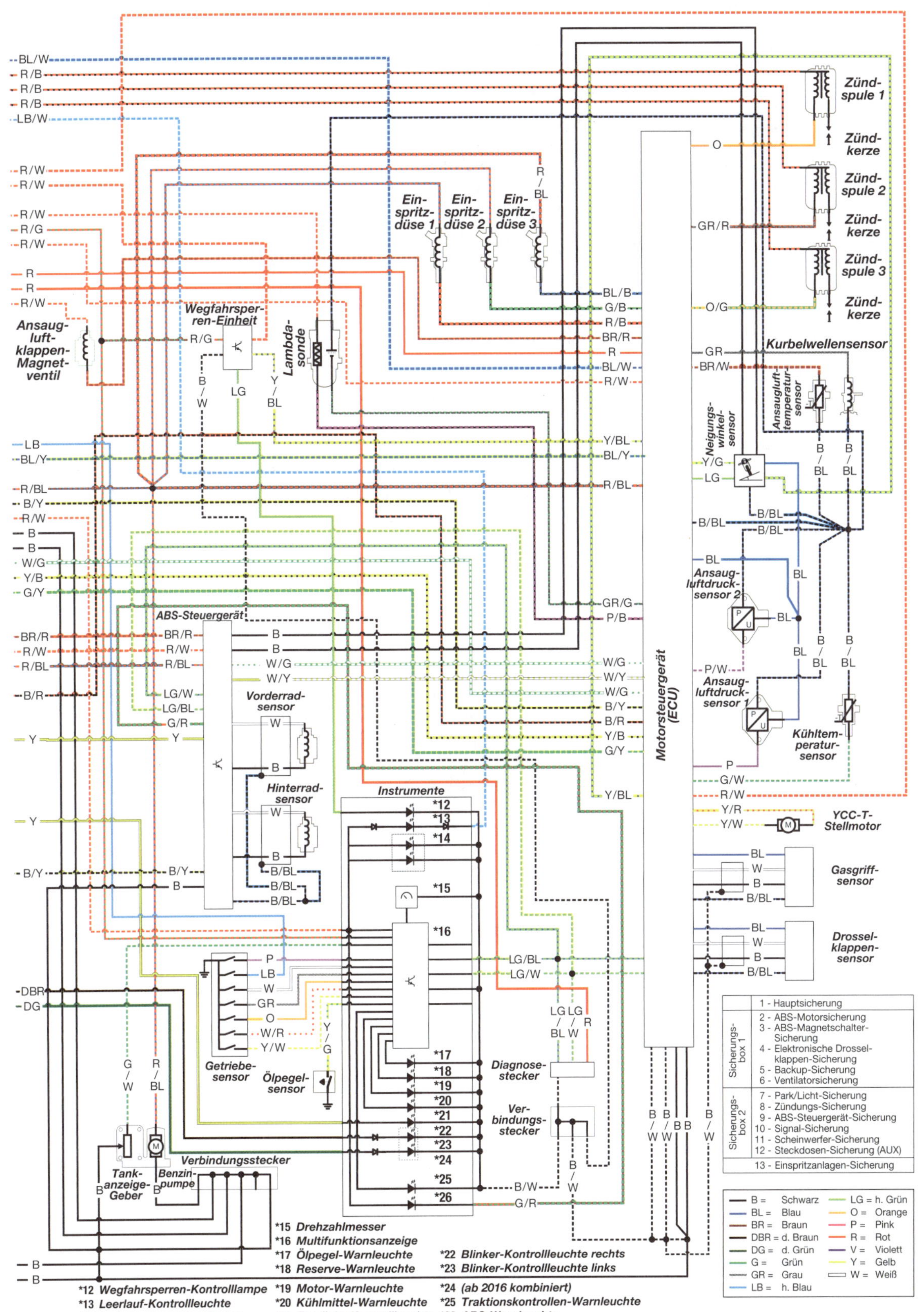

*12 Wegfahrsperren-Kontrolllampe
*13 Leerlauf-Kontrollleuchte
*14 Instrumentenbeleuchtung
*15 Drehzahlmesser
*16 Multifunktionsanzeige
*17 Ölpegel-Warnleuchte
*18 Reserve-Warnleuchte
*19 Motor-Warnleuchte
*20 Kühlmittel-Warnleuchte
*21 Fernlicht-Kontrollleuchte
*22 Blinker-Kontrollleuchte rechts
*23 Blinker-Kontrollleuchte links
*24 (ab 2016 kombiniert)
*25 Traktionskontrollen-Warnleuchte
*26 ABS-Warnleuchte

Yamaha MT-09 bis 2016 mit ABS

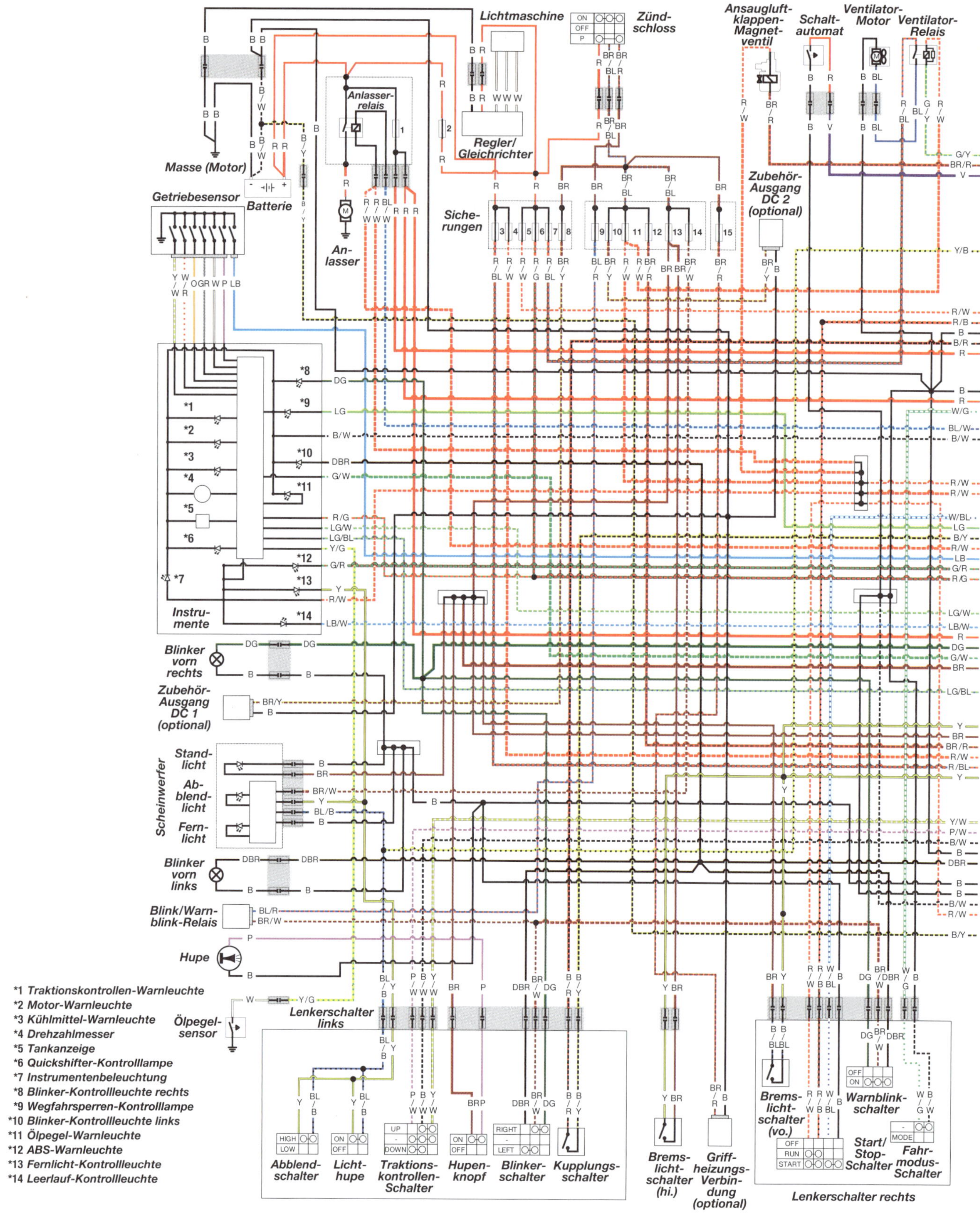

Yamaha MT-09 ab 2017

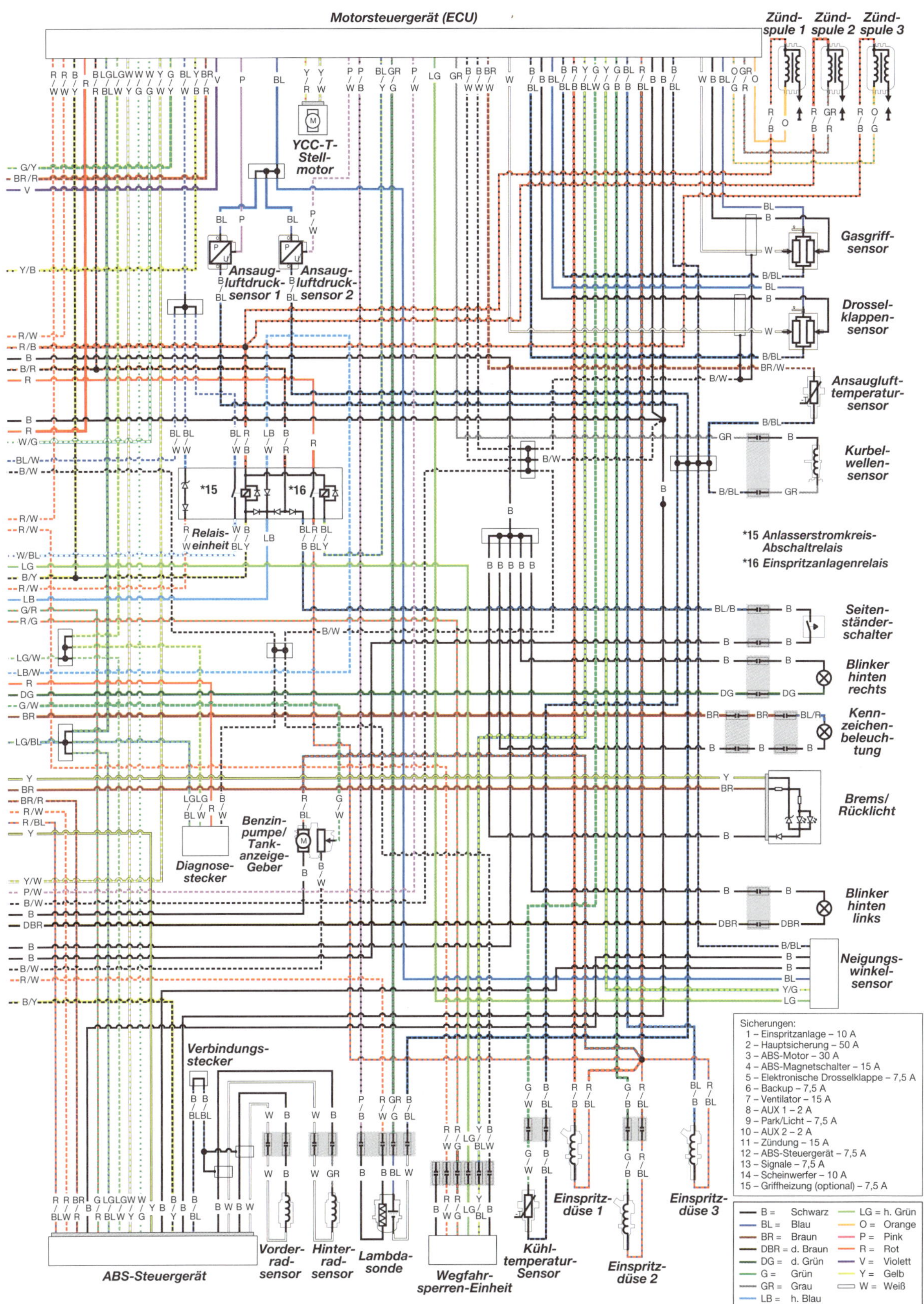

Motorsteuergerät (ECU)
Zünd-spule 1
Zünd-spule 2
Zünd-spule 3
YCC-T-Stell-motor
Ansaug-luftdruck-sensor 1
Ansaug-luftdruck-sensor 2
Gasgriff-sensor
Drossel-klappen-sensor
Ansaugluft-temperatur-sensor
Kurbel-wellen-sensor
*15
*16
Relais-einheit
*15 Anlasserstromkreis-Abschaltrelais
*16 Einspritzanlagenrelais
Seiten-ständer-schalter
Blinker hinten rechts
Kenn-zeichen-beleuch-tung
Brems/Rücklicht
Diagnose-stecker
Benzin-pumpe/Tank-anzeige-Geber
Blinker hinten links
Neigungs-winkel-sensor
Verbindungs-stecker
ABS-Steuergerät
Vorder-rad-sensor
Hinter-rad-sensor
Lambda-sonde
Wegfahr-sperren-Einheit
Kühl-temperatur-Sensor
Einspritz-düse 1
Einspritz-düse 2
Einspritz-düse 3
Sicherungen:
1 – Einspritzanlage – 10 A
2 – Hauptsicherung – 50 A
3 – ABS-Motor – 30 A
4 – ABS-Magnetschalter – 15 A
5 – Elektronische Drosselklappe – 7,5 A
6 – Backup – 7,5 A
7 – Ventilator – 15 A
8 – AUX 1 – 2 A
9 – Park/Licht – 7,5 A
10 – AUX 2 – 2 A
11 – Zündung – 15 A
12 – ABS-Steuergerät – 7,5 A
13 – Signale – 7,5 A
14 – Scheinwerfer – 10 A
15 – Griffheizung (optional) – 7,5 A
B = Schwarz
BL = Blau
BR = Braun
DBR = d. Braun
DG = d. Grün
G = Grün
GR = Grau
LB = h. Blau
LG = h. Grün
O = Orange
P = Pink
R = Rot
V = Violett
Y = Gelb
W = Weiß

8

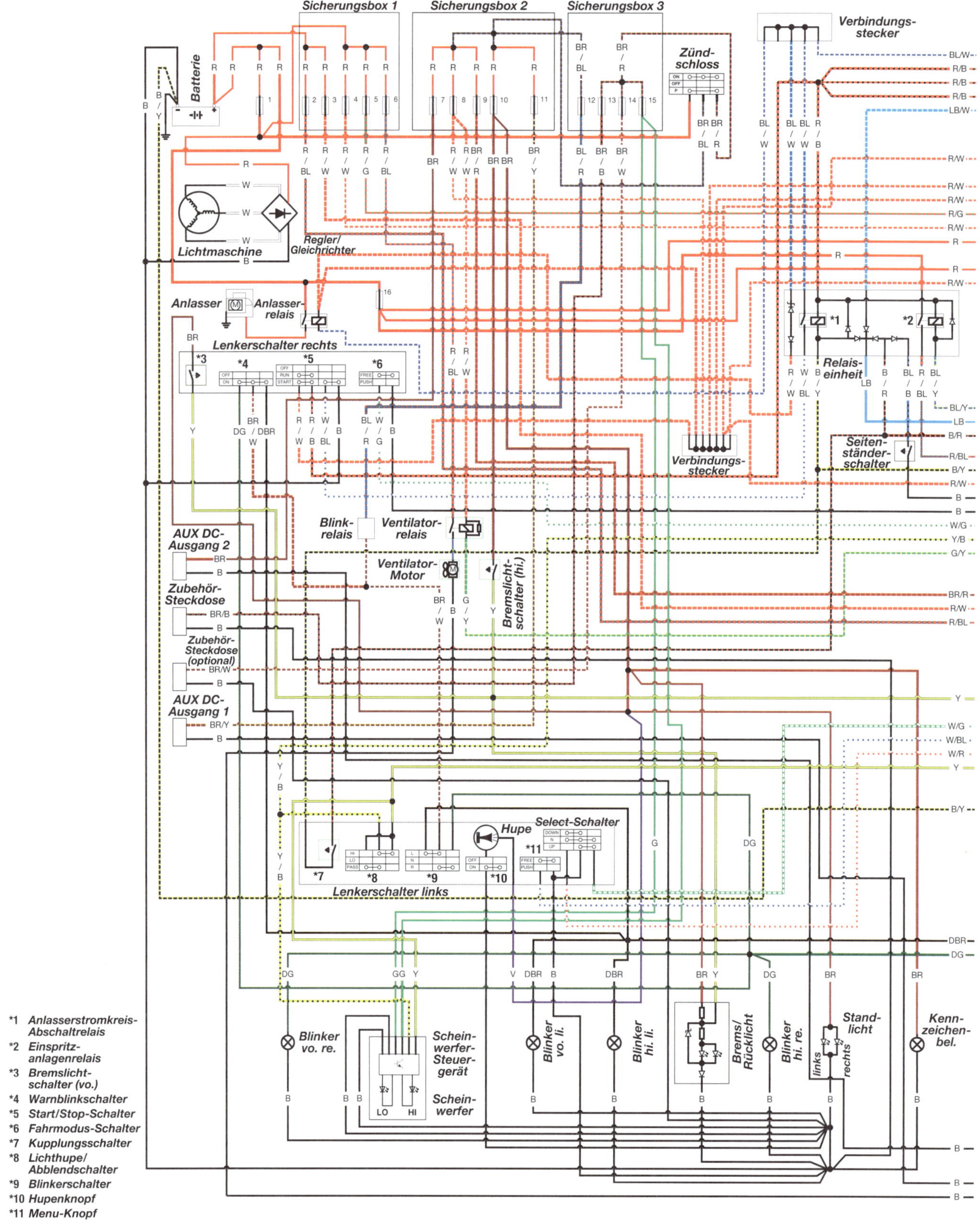

*1 Anlasserstromkreis-Abschaltrelais
*2 Einspritz-anlagenrelais
*3 Bremslicht-schalter (vo.)
*4 Warnblinkschalter
*5 Start/Stop-Schalter
*6 Fahrmodus-Schalter
*7 Kupplungsschalter
*8 Lichthupe/ Abblendschalter
*9 Blinkerschalter
*10 Hupenknopf
*11 Menu-Knopf

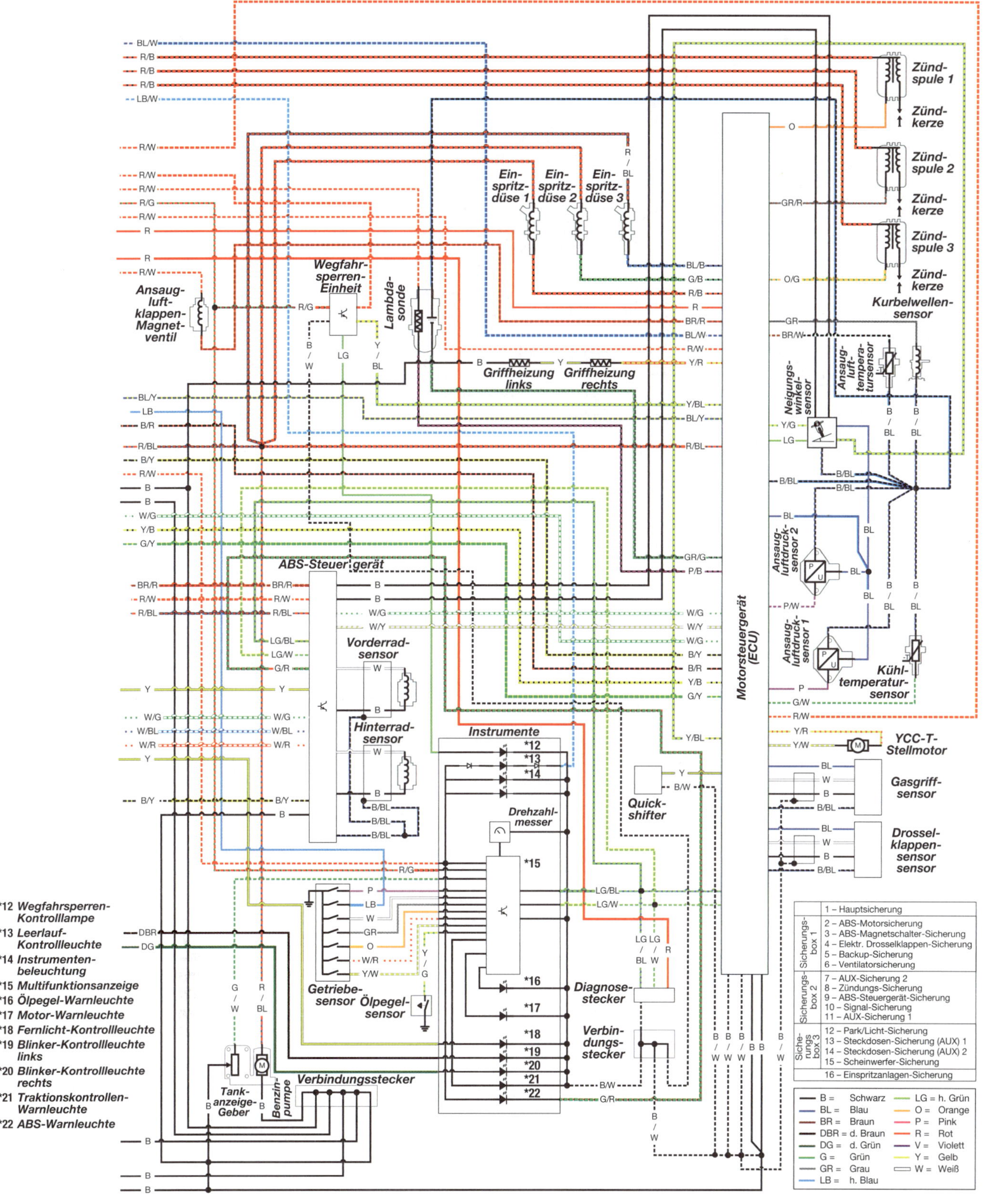

Yamaha MT-09 Tracer bis 2017

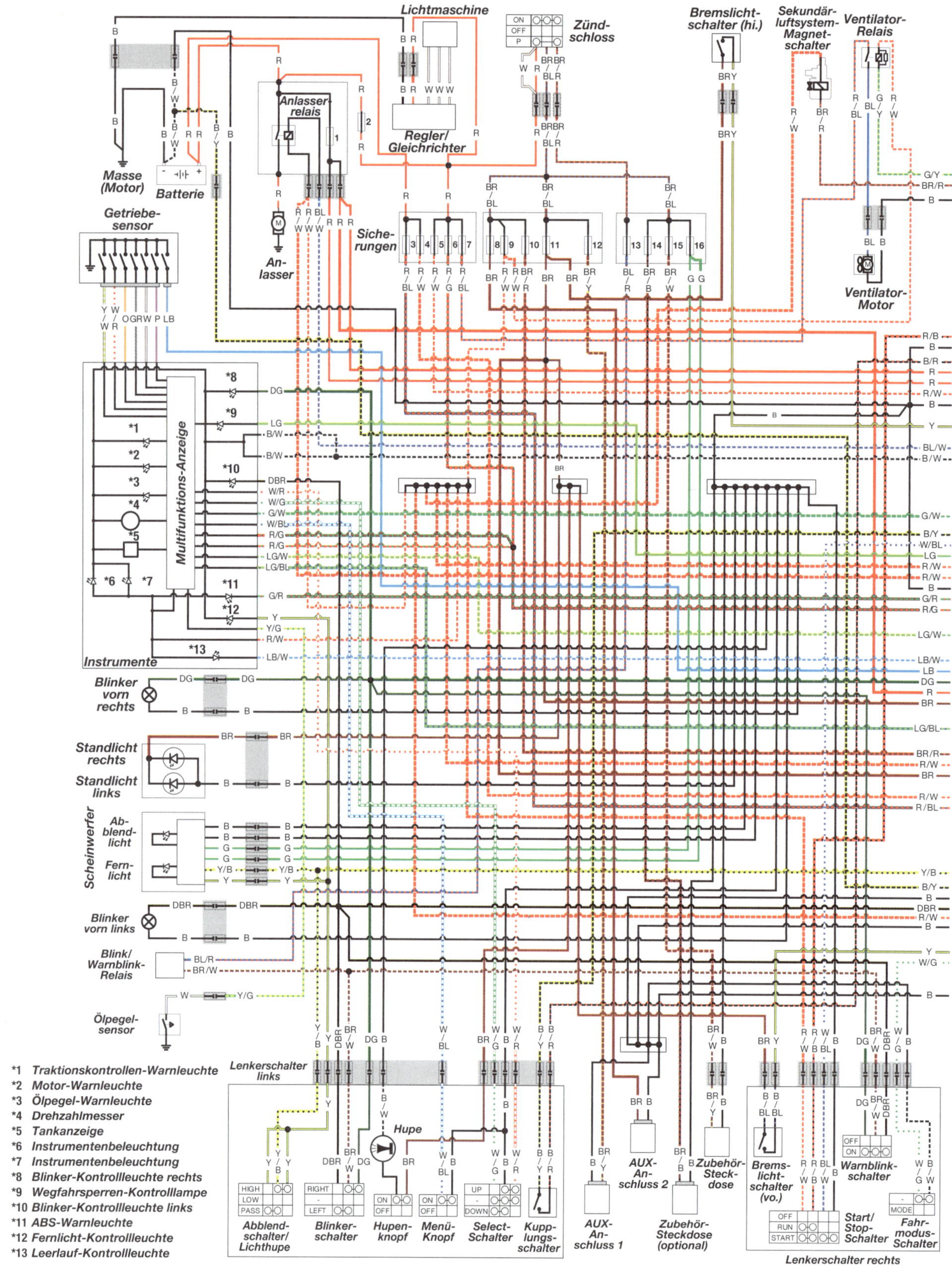

*1 Traktionskontrollen-Warnleuchte
*2 Motor-Warnleuchte
*3 Ölpegel-Warnleuchte
*4 Drehzahlmesser
*5 Tankanzeige
*6 Instrumentenbeleuchtung
*7 Instrumentenbeleuchtung
*8 Blinker-Kontrollleuchte rechts
*9 Wegfahrsperren-Kontrolllampe
*10 Blinker-Kontrollleuchte links
*11 ABS-Warnleuchte
*12 Fernlicht-Kontrollleuchte
*13 Leerlauf-Kontrollleuchte

Yamaha MT-09 Tracer ab 2018

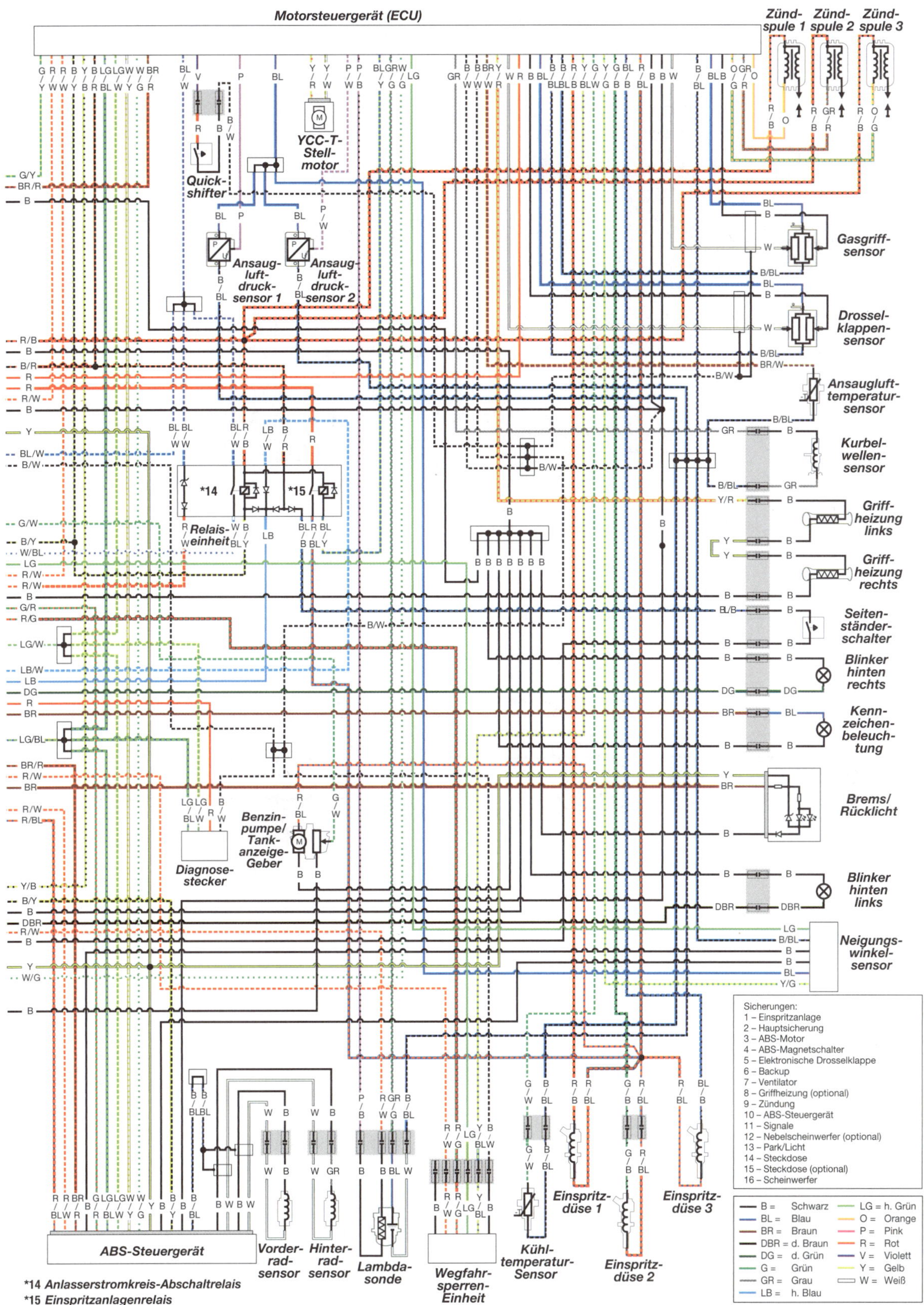
Motorsteuergerät (ECU)
Zündspule 1
Zündspule 2
Zündspule 3
Quickshifter
YCC-T-Stellmotor
Ansaugluftdrucksensor 1
Ansaugluftdrucksensor 2
Gasgriffsensor
Drosselklappensensor
Ansauglufttemperatursensor
Kurbelwellensensor
Griffheizung links
Griffheizung rechts
Seitenständerschalter
Blinker hinten rechts
Kennzeichenbeleuchtung
Brems/Rücklicht
Blinker hinten links
Neigungswinkelsensor
*14
*15
Relaiseinheit
Diagnosestecker
Benzinpumpe/Tankanzeige-Geber
ABS-Steuergerät
Vorderradsensor
Hinterradsensor
Lambdasonde
Wegfahrsperren-Einheit
Kühltemperatur-Sensor
Einspritzdüse 1
Einspritzdüse 2
Einspritzdüse 3
Sicherungen:
1 – Einspritzanlage
2 – Hauptsicherung
3 – ABS-Motor
4 – ABS-Magnetschalter
5 – Elektronische Drosselklappe
6 – Backup
7 – Ventilator
8 – Griffheizung (optional)
9 – Zündung
10 – ABS-Steuergerät
11 – Signale
12 – Nebelscheinwerfer (optional)
13 – Park/Licht
14 – Steckdose
15 – Steckdose (optional)
16 – Scheinwerfer
B = Schwarz
BL = Blau
BR = Braun
DBR = d. Braun
DG = d. Grün
G = Grün
GR = Grau
LB = h. Blau
LG = h. Grün
O = Orange
P = Pink
R = Rot
V = Violett
Y = Gelb
W = Weiß
*14 Anlasserstromkreis-Abschaltrelais
*15 Einspritzanlagenrelais

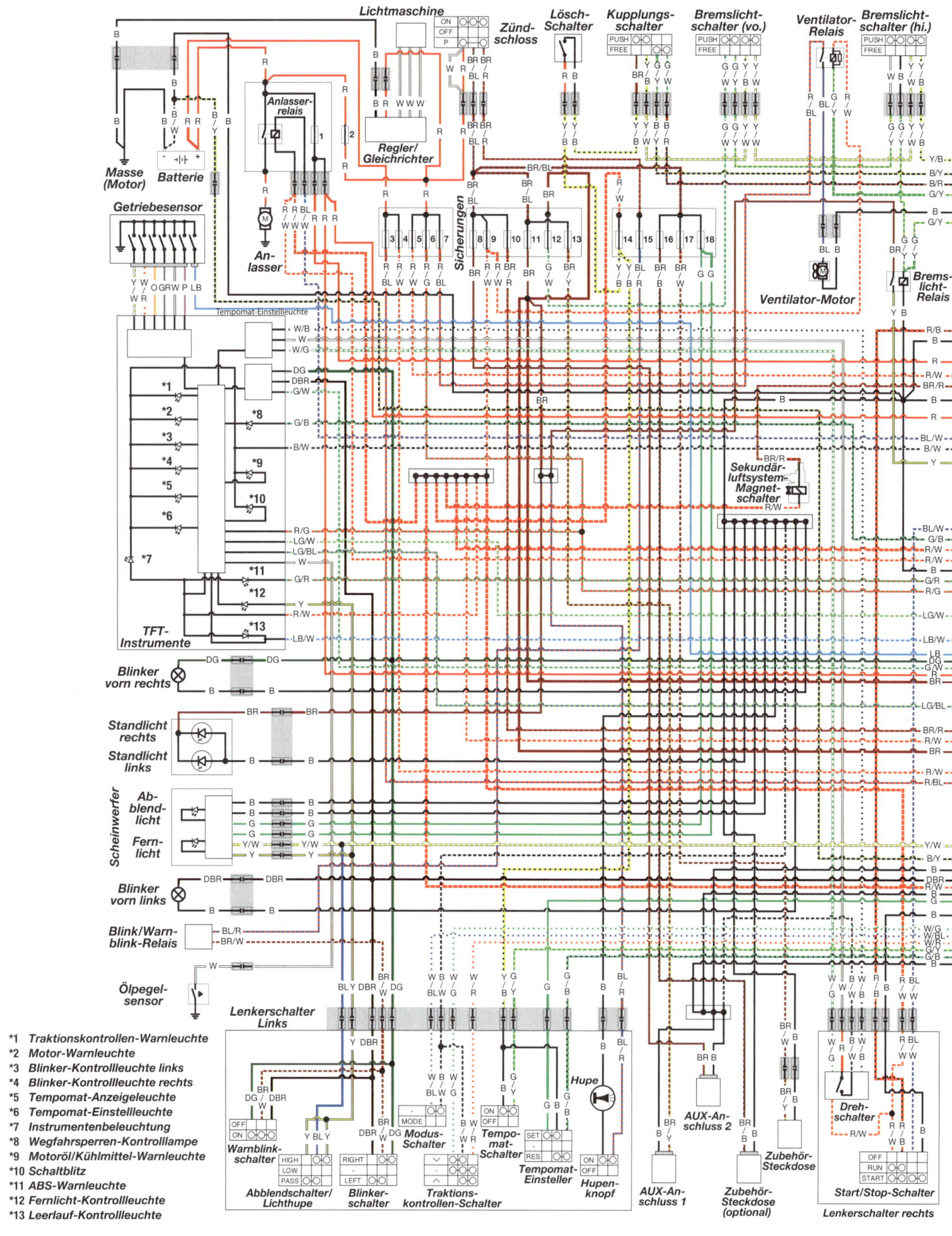

*1 Traktionskontrollen-Warnleuchte
*2 Motor-Warnleuchte
*3 Blinker-Kontrollleuchte links
*4 Blinker-Kontrollleuchte rechts
*5 Tempomat-Anzeigeleuchte
*6 Tempomat-Einstellleuchte
*7 Instrumentenbeleuchtung
*8 Wegfahrsperren-Kontrolllampe
*9 Motoröl/Kühlmittel-Warnleuchte
*10 Schaltblitz
*11 ABS-Warnleuchte
*12 Fernlicht-Kontrollleuchte
*13 Leerlauf-Kontrollleuchte

Yamaha MT-09 Tracer GT

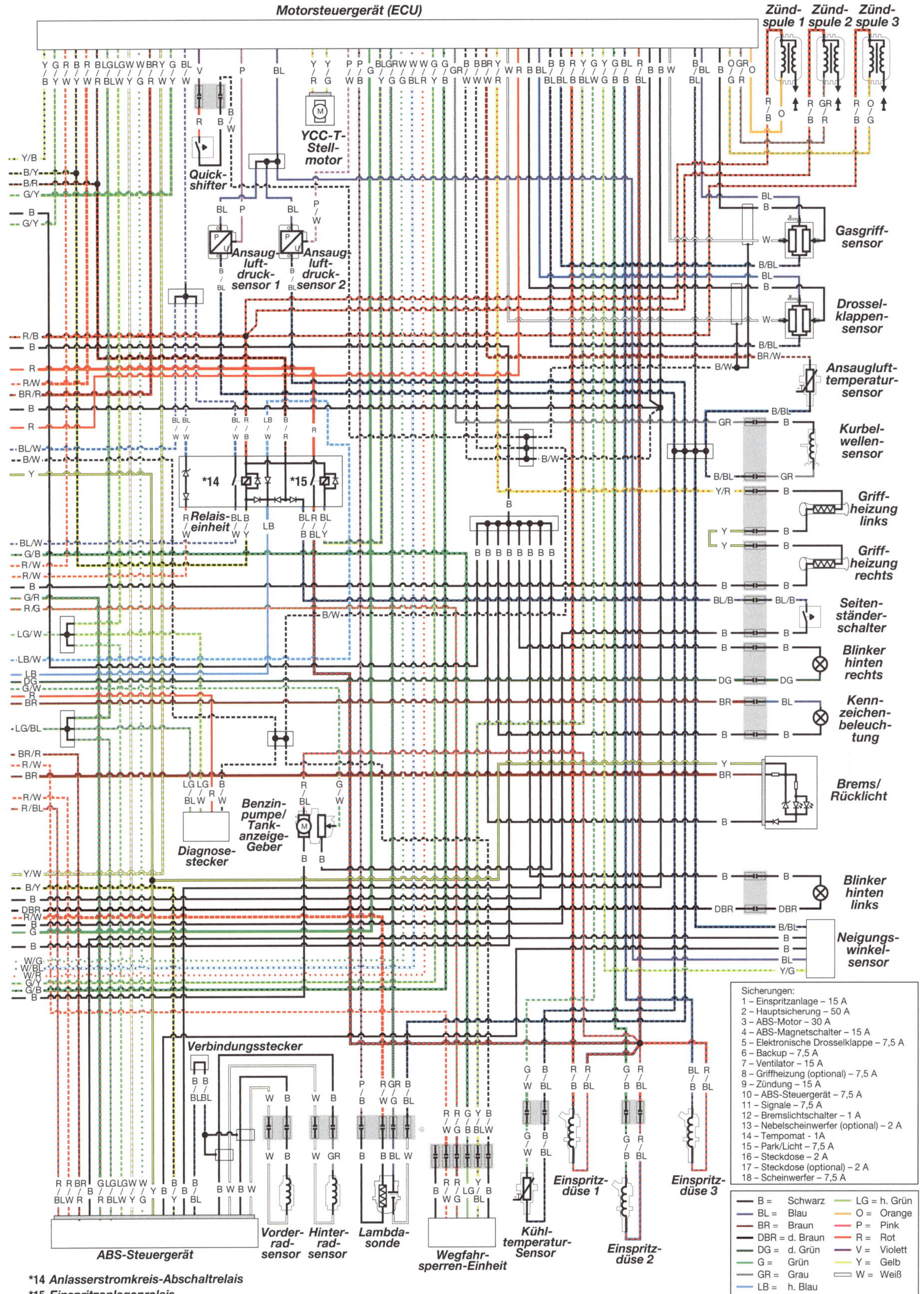

Yamaha MT-09 Tracer GT

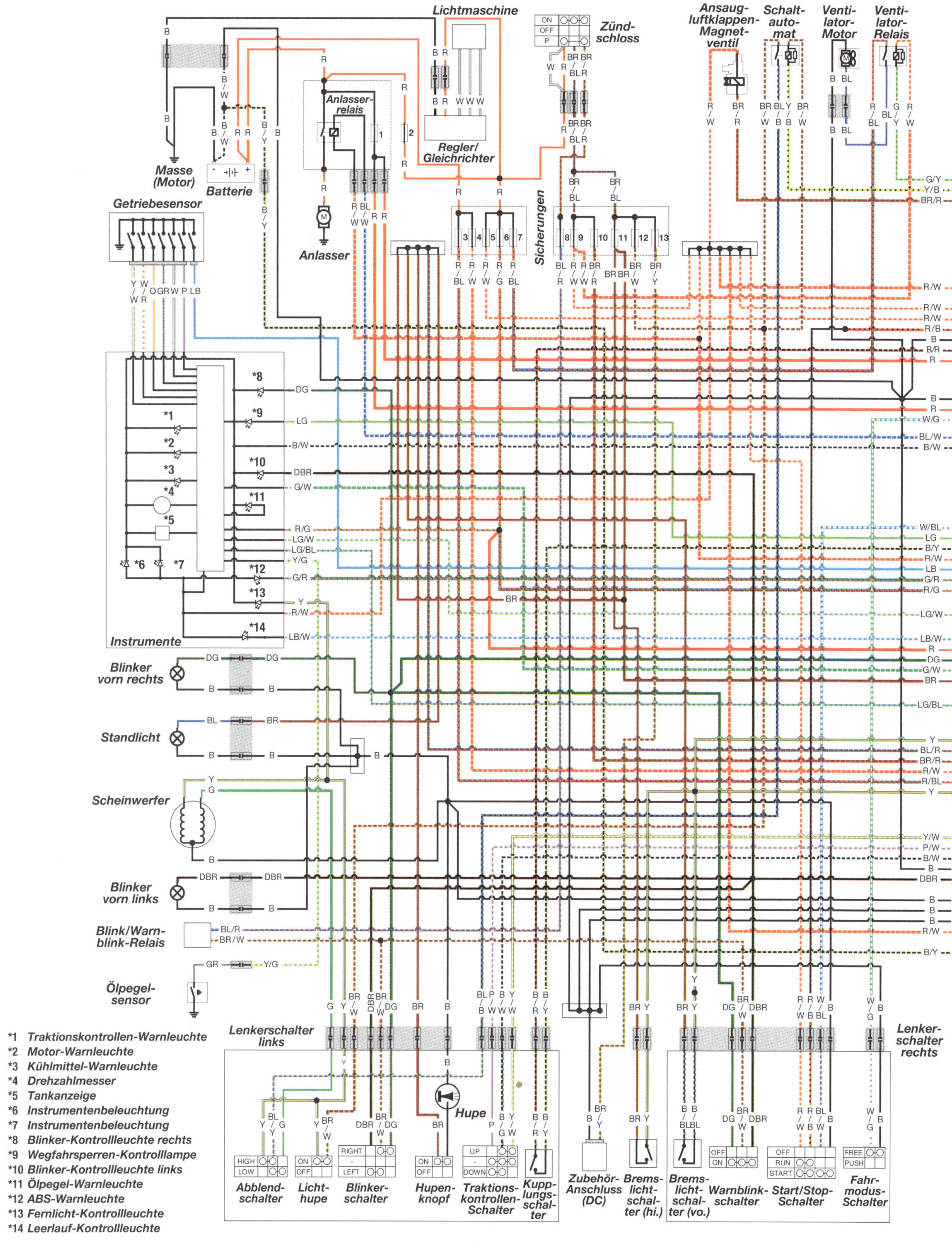

- *1 Traktionskontrollen-Warnleuchte
- *2 Motor-Warnleuchte
- *3 Kühlmittel-Warnleuchte
- *4 Drehzahlmesser
- *5 Tankanzeige
- *6 Instrumentenbeleuchtung
- *7 Instrumentenbeleuchtung
- *8 Blinker-Kontrollleuchte rechts
- *9 Wegfahrsperren-Kontrolllampe
- *10 Blinker-Kontrollleuchte links
- *11 Ölpegel-Warnleuchte
- *12 ABS-Warnleuchte
- *13 Fernlicht-Kontrollleuchte
- *14 Leerlauf-Kontrollleuchte

Yamaha XSR 900

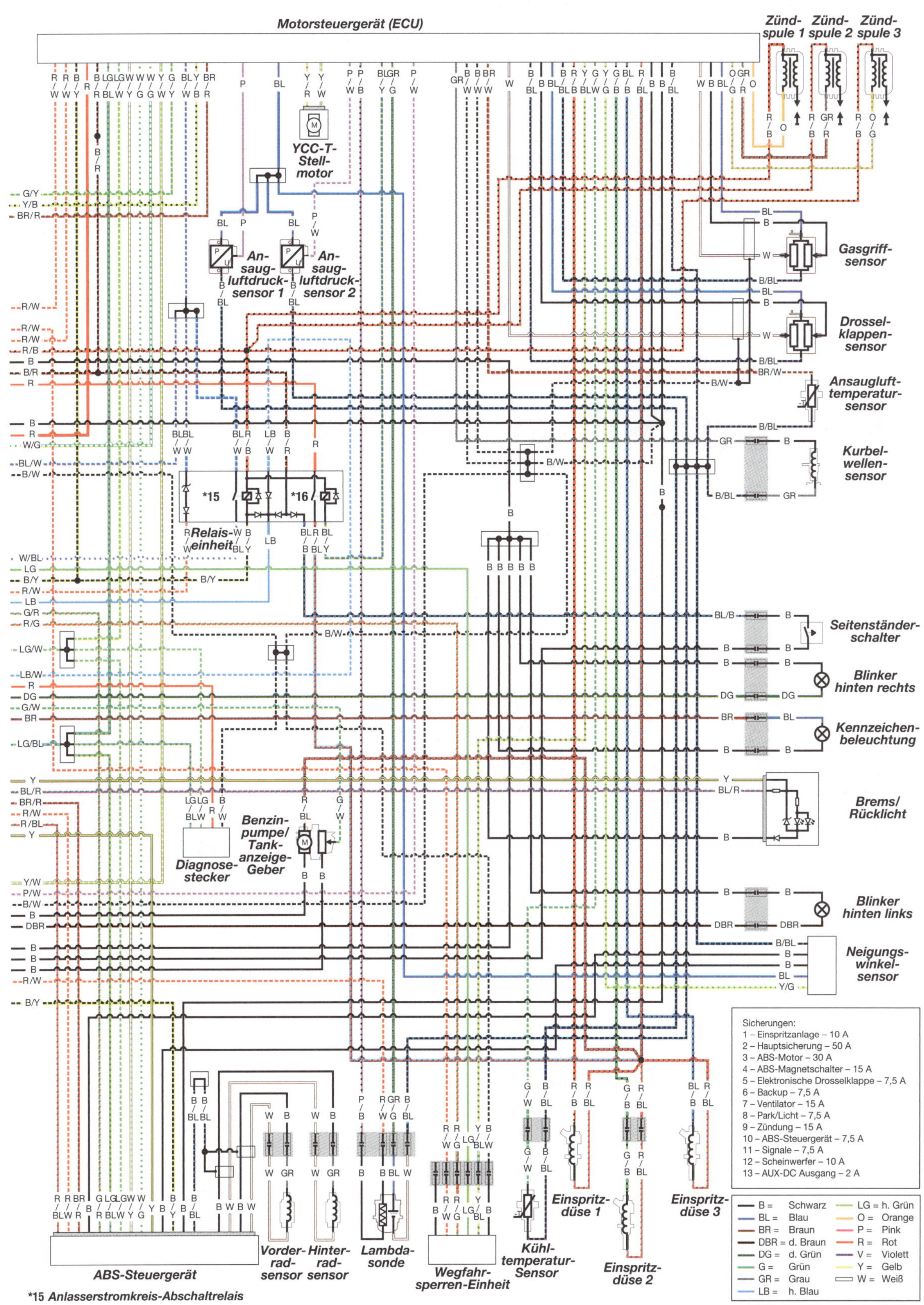

Yamaha XSR 900

Werkzeug- und Werkstatt-Tipps

Werkzeug-Kauf

Zur Wartung und Reparatur ist unbedingt ein Werkzeugsatz nötig. Obwohl die Anschaffung einer geeigneten Grundausrüstung zunächst etwas Geld kostet, macht sie sich schnell bezahlt, da man durch Eigenleistung Werkstattkosten spart. Bei steigender Erfahrung und Zutrauen kann zusätzliches Werkzeug beschafft werden, um große Reparaturen und Motorüberholungen durchführen zu können. Viele Spezialwerkzeuge sind teuer und werden nur selten benutzt, hierbei kann sich das Mieten lohnen bzw. der gemeinsame Kauf mit Freunden oder einem Club.

Eine Regel ist, besser gutes teures Qualitätswerkzeug zu kaufen, als billiges, welches schnell verschleißt und öfter erneuert werden muss – und dadurch die anfänglichen Ersparnisse schnell aufhebt.

Warnung: Um das Risiko zu vermindern, durch das Brechen schlechten Werkzeugs verletzt zu werden oder Bauteile zu beschädigen, muss immer auf stabile Qualität und die Erfüllung von Sicherheitsnormen geachtet werden.

Die folgende Werkzeugliste entspricht nicht den Wartungs- und Reparaturwerkzeugen des Herstellers und der Werkstätten, sondern stellt eine Empfehlung dar, welche Werkzeuge für einfache Arbeiten benötigt werden. Zusätzlich werden solche Dinge wie eine elektrische Bohrmaschine, eine Eisensäge, Feilen, Hämmer, ein Lötkolben und eine mit einem Schraubstock ausgerüstete Werkbank empfohlen. Obwohl nicht als Werkzeug klassifiziert, ist eine Sammlung von Schrauben, Muttern, Scheiben und Rohrstücken immer sehr nützlich.

Werks-Spezialwerkzeug

In unvermeidlichen Fällen ist die Benutzung von Spezialwerkzeug empfohlen. Wenn die Möglichkeit einer alternativen Verwendung besteht, ist diese beschrieben. Jedoch ist manchmal das Risiko einer Verletzung oder Beschädigung zu groß, sodass ein Spezialwerkzeug des Herstellers benutzt werden muss. Spezialwerkzeug ist normalerweise nur über den Motorradhandel zu bekommen und mit einer Werksnummer versehen. Einige der oft benutzten Werkzeuge, wie z.B. Rotorabzieher sind auch über den Zubehörhandel erhältlich.

Grundausstattung Wartungs- und Reparatur-Werkzeug

1 2 3 4 5 6 7 8 9 10 11 12 13 14 15 16 17 18 19 20 21 22 23 24 25

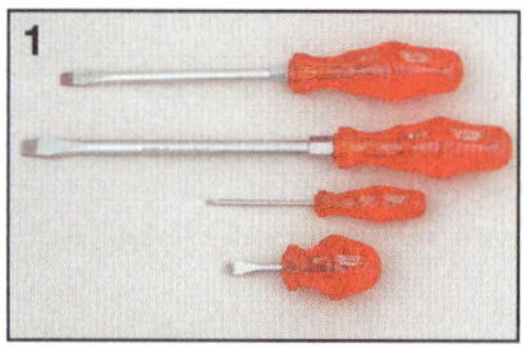

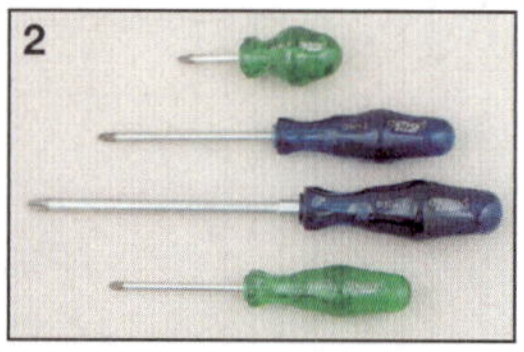

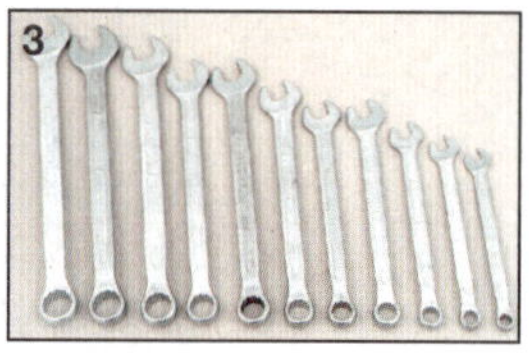

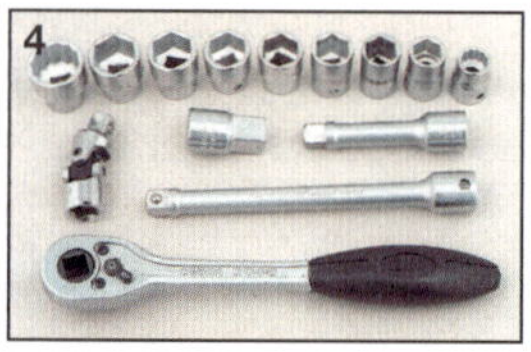

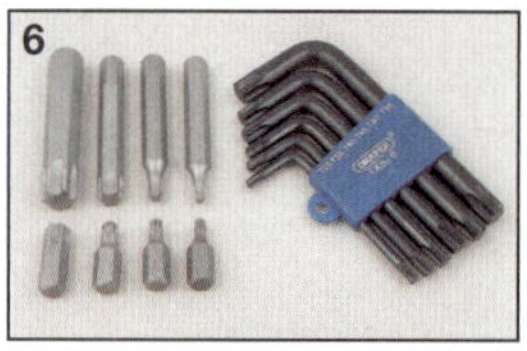

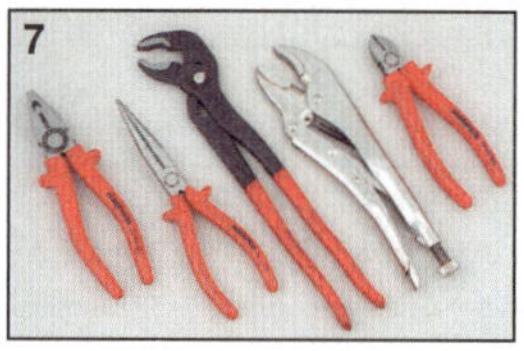

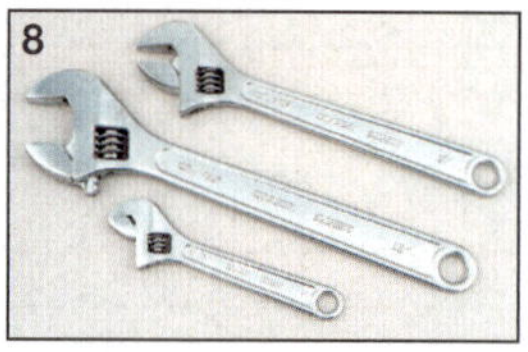

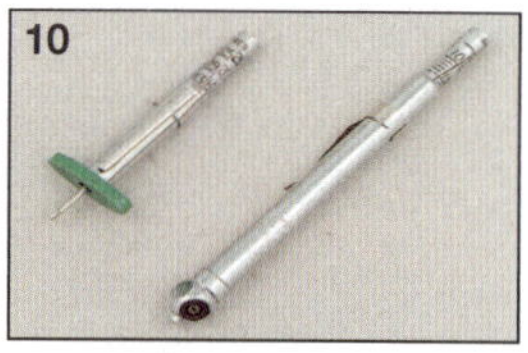

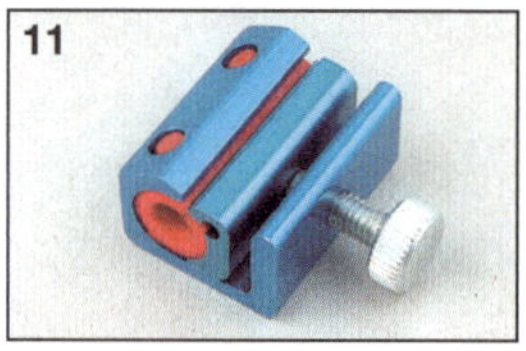

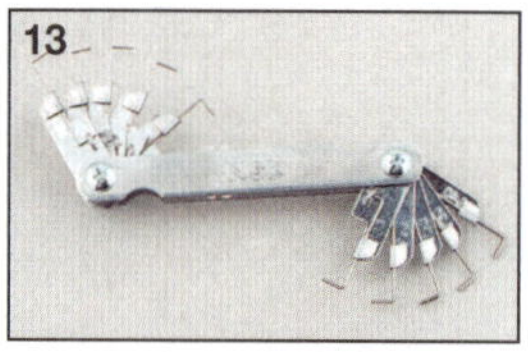

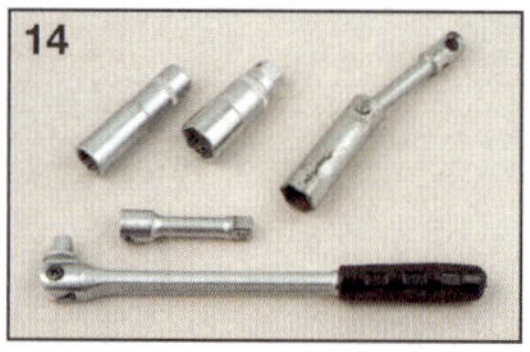

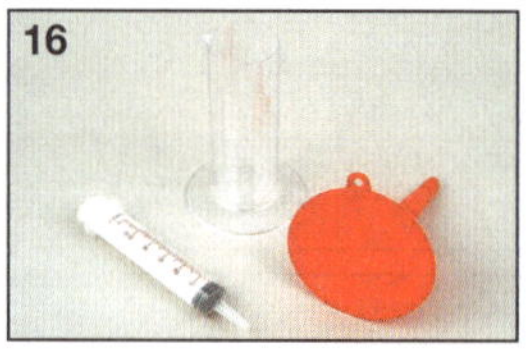

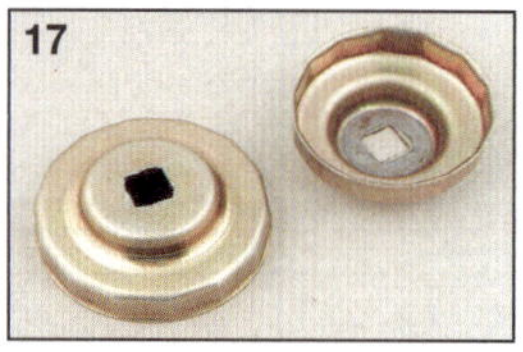

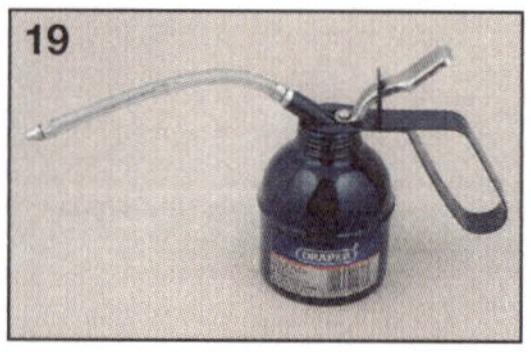

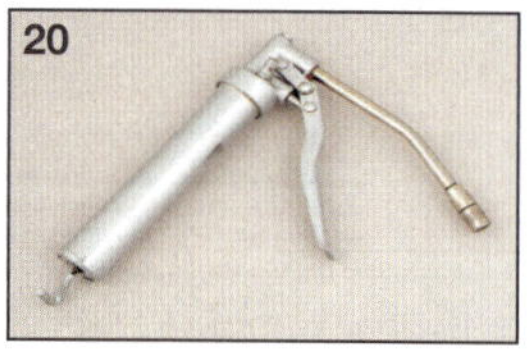

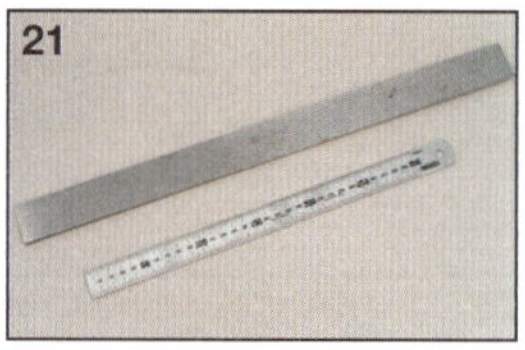

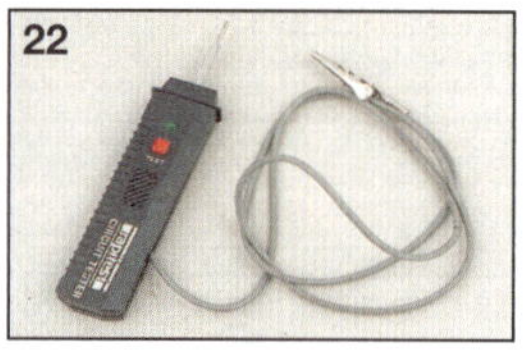

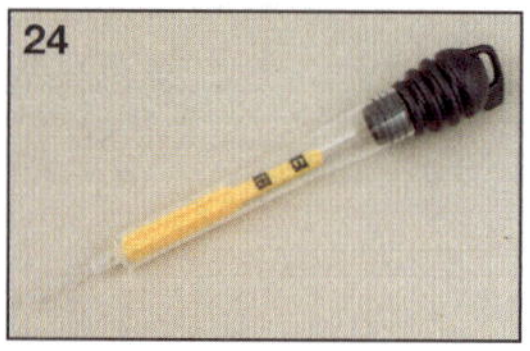

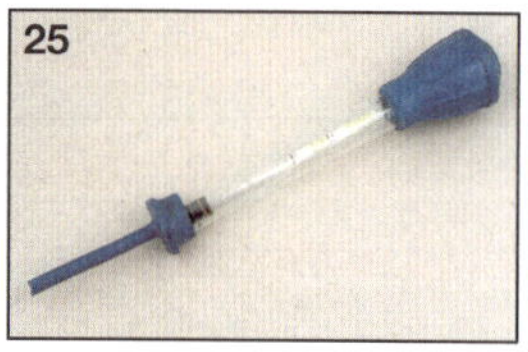

1 Schlitzschraubendrehersatz
6 Torxschlüsselsatz oder -bits
11 Bowdenzug-Öler
16 Trichter und Messbecher
21 Stahllineal und Winkel
2 Kreuzschraubendrehersatz
7 verschiedene Zangen, Gripzangen
12 Fühlerlehre
17 Bandschlüssel
22 Durchgangsprüfer
3 Gabel-/Ringschlüsselsatz
8 einstellbarer Rollgabelschlüssel
13 Mess- und Einstellgerät für Zündkerzenelektroden
18 Öl-Auffangbehälter
23 Batterieladegerät
4 Steckschlüsselsatz mit 3/8 oder ½ Zollantrieb (Knarrenkasten)
9 Hakenschlüssel (am besten einstellbar)
14 Zündkerzenschlüssel oder tiefer Knarreneinsatz
19 Ölkanne mit Pumpe
24 Hydrometer (zur Bestimmung der Batteriesäuredichte)
5 Inbus-Schlüsselsatz oder Steckeinsätze
10 Profiltiefenmesser, Luftdruckprüfgerät
15 Drahtbürste und Schleifpapier
20 Fettpresse
25 Frostschutztester (für wassergekühlte Motoren)

Werkzeug für Reparatur und Überholung

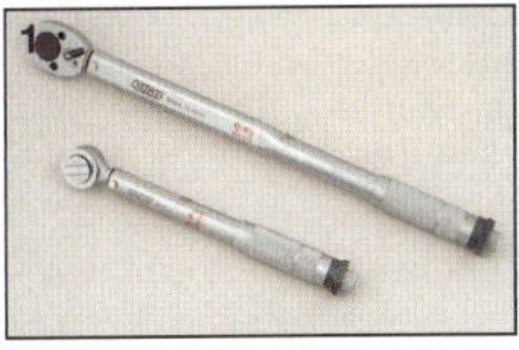

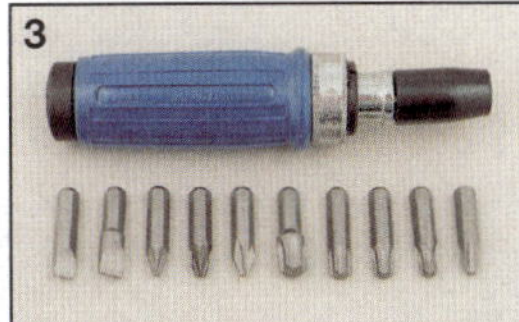
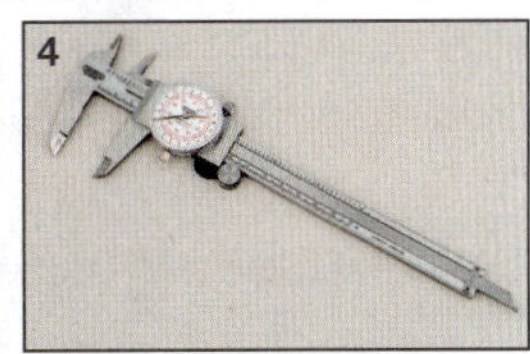
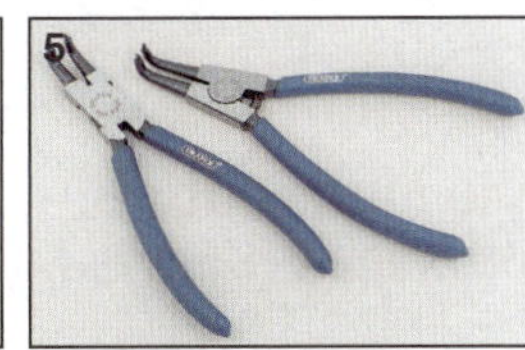
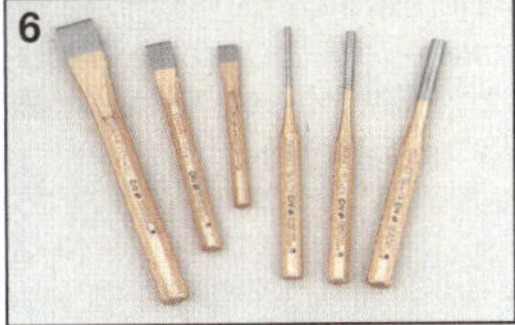
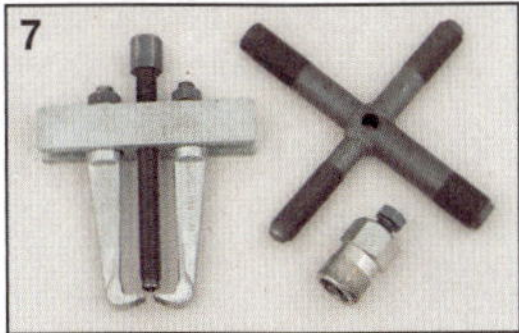
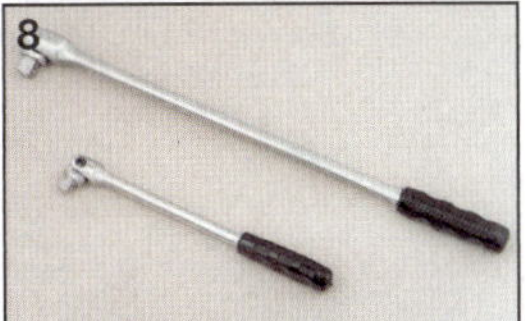
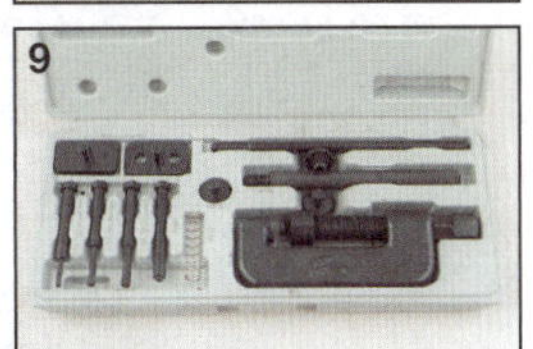
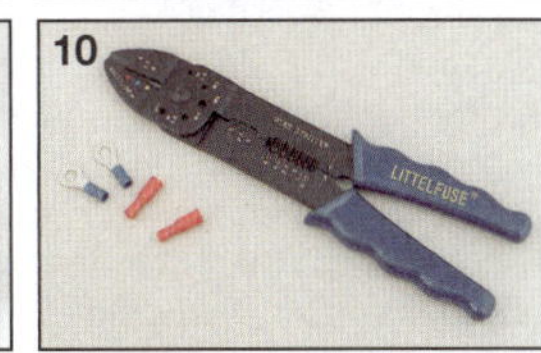

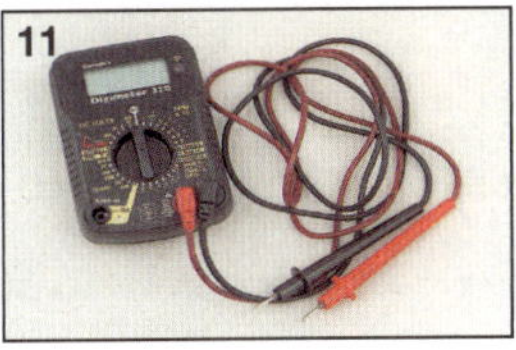

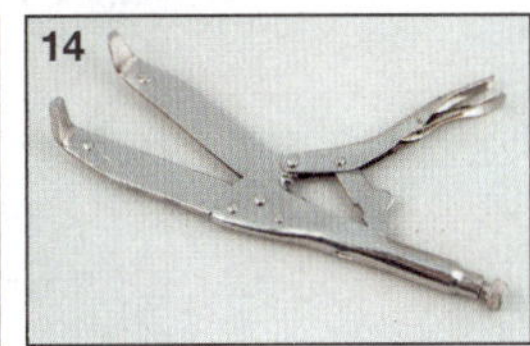
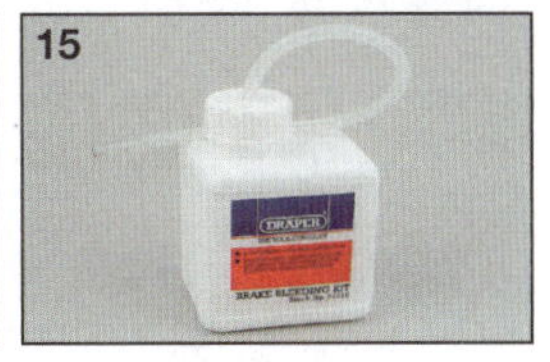

1 *Drehmomentschlüssel (kleine und mittlere Ausführung)*
6 *Dorne und Meißel*
11 *Multimeter (für Volt, Ampere, Ohm)*

2 *Stahl-, Plastik- und Gummihammer*
7 *verschiedene Abzieher*
12 *Stroboskoplampe (für dynamische Zündungskontrolle)*

3 *Schlagschraubersatz*
8 *Gelenkgriff und Rohrverlängerung*
13 *Schlauchklemme*

4 *Schieblehre*
9 *Ketten-Trenn- und Montierwerkzeug*
14 *Kupplungs-haltewerkzeug*

5 *Seegerringzangen (für innen und außen)*
10 *Abisolierzange*
15 *Einpersonen-Bremsentlüftungssatz*

Spezialwerkzeug

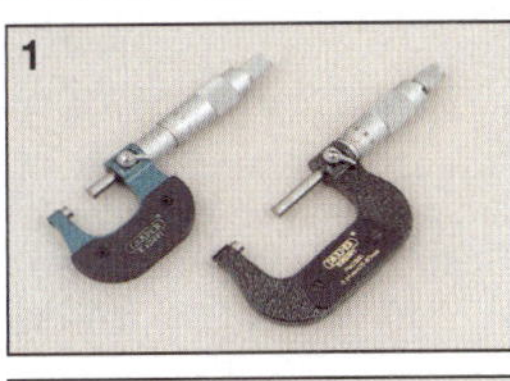
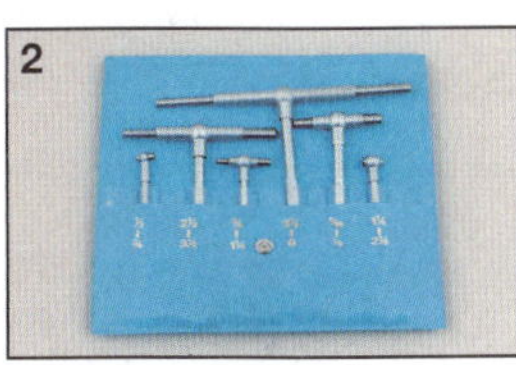
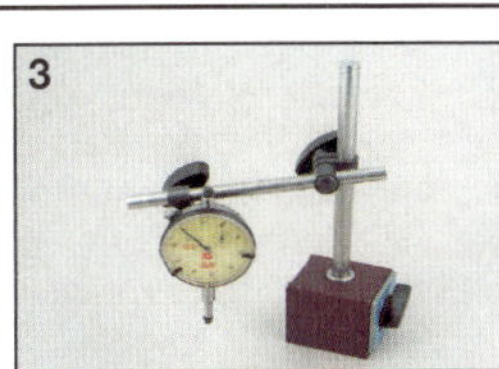
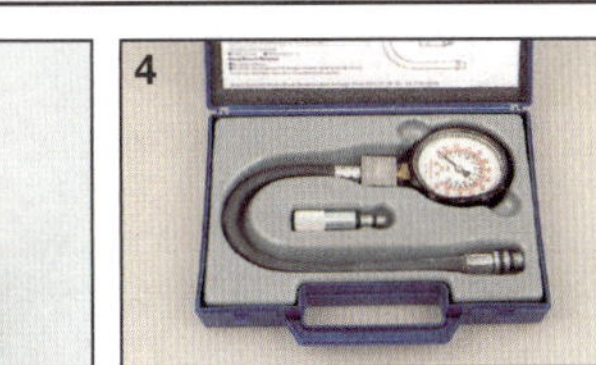
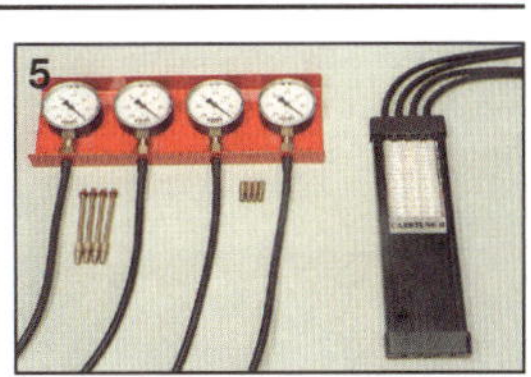
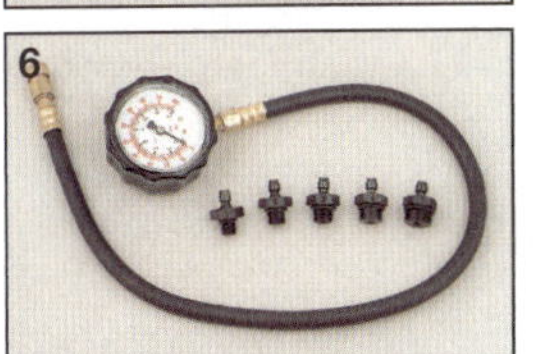
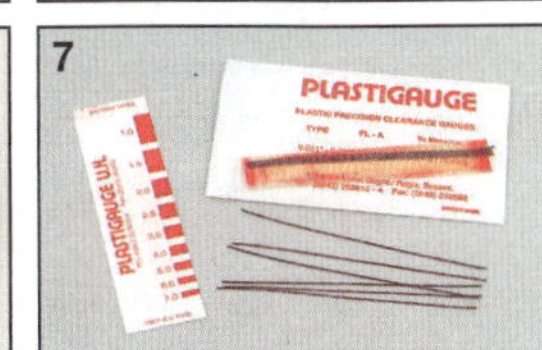

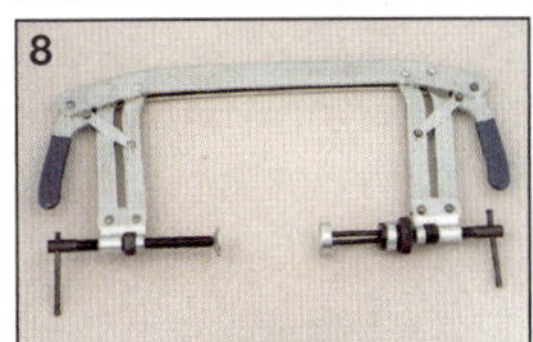
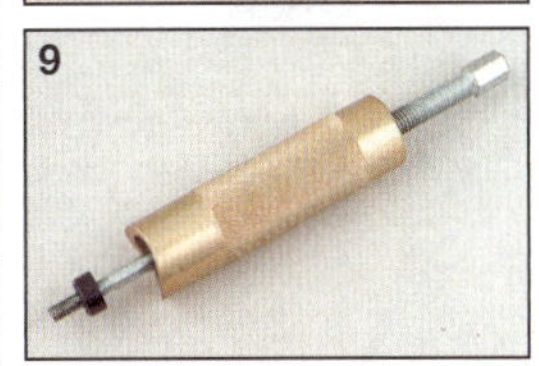
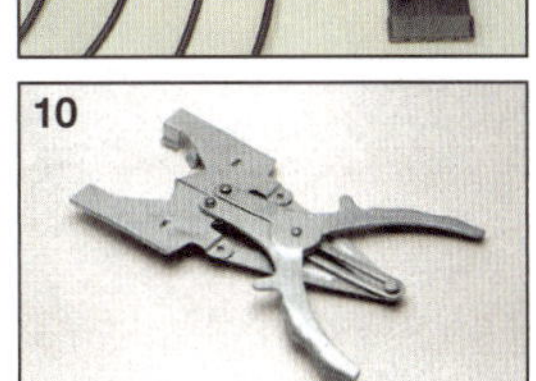
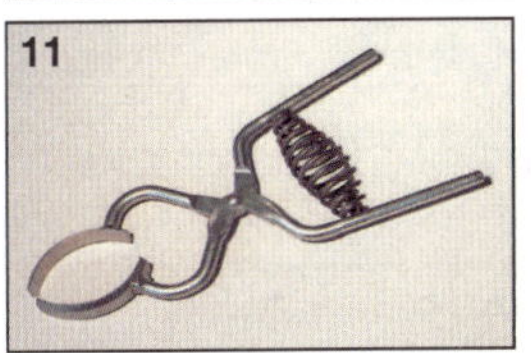
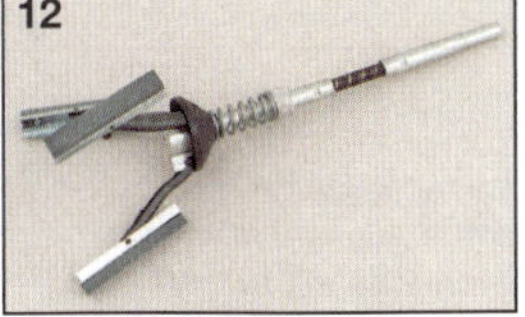
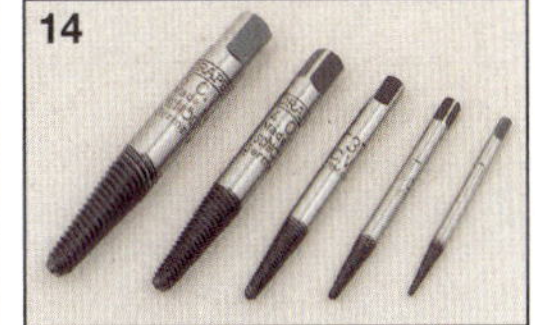
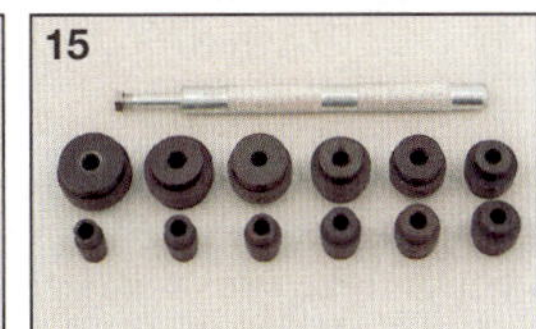

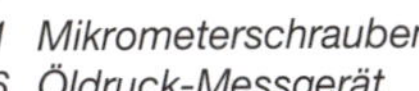

1 *Mikrometerschrauben*
6 *Öldruck-Messgerät*
11 *Kolbenringklemme*

2 *Innenmessgeräte*
7 *Quetschmessstreifen für Lagerspielmessung*
12 *Zylinderhonsteine*

3 *Messuhr mit Halter*
8 *Ventilfederpresse*
13 *Bolzenausdreher*

4 *Zylinderkompressions-Messgerät*
9 *Kolbenbolzenauszieher*
14 *Linksausdrehersatz*

5 *Synchronisationsgerät*
10 *Kolbenringzange*
15 *Lagertreibersatz*

1 Werkstatt
Ausrüstung und Einrichtung

Die Hebebühne

- Man kann sich die Arbeit an vielen Bauteilen des Motorrades erheblich erleichtern, wenn die Maschine mithilfe einer Hebebühne in eine günstige Arbeitshöhe gebracht wird. Die teuren hydraulischen oder pneumatischen Hebebühnen, wie man sie aus professionellen Werkstätten kennt, sind eine lohnenswerte Anschaffung, wenn man viele Reparaturen und Überholungen zu erledigen hat (siehe Abbildung 1.1).

1.1 Hydraulische Motorrad-Hebebühne

- Wenn das Motorrad angehoben wird, muss darauf geachtet werden, dass es gegen Herunterfallen gesichert wird. Die meisten Bühnen haben dazu eine einstellbare Vorderrad-Klemmung. Beim Einklemmen des Rades darf der Reifen oder die Felge nicht beschädigt werden, den besten Schutz bieten hier zwischengelegte Holzblöcke.
- Sichern Sie das Motorrad mit Spannriemen an der Bühne (siehe Abbildung 1.2). Wenn die Maschine nur einen Seitenständer besitzt und kippgefährdet ist, sollte sie auf einer passenden Stütze positioniert werden.

1.2 Mit z.B. an den Beifahrerfußrasten befestigten Spannriemen wird die Maschine vor dem Umfallen gesichert.

- Passende Stützen sind in unterschiedlichen Formen und Ausführungen im Fachhandel erhältlich. Zumeist wird die Maschine damit an der Hinterrad- oder Schwingenachse angehoben (siehe Abbildung 1.3). Um beide Räder zu entlasten, kann ein Wagenheber unter den Motor positioniert und das Vorderteil angehoben werden (siehe Abbildung 1.4).

1.3 Diese Stütze hebt das Motorrad an der Schwingenachse an.

1.4 Um Beschädigungen zu vermeiden, muss immer ein Stück Holz zwischen Wagenheber und Motor oder Rahmen liegen.

Rauch und Feuer

- Beachten Sie genau das Kapitel »Sicherheit geht vor!« am Anfang des Buches. Gehen Sie sicher, dass ein Feuerlöscher zur Hand ist, der für brennbare Flüssigkeiten geeignet ist – versuchen Sie auf gar keinen Fall, brennendes Benzin oder Öl mit Wasser zu löschen!
- Sorgen Sie dafür, dass immer ausreichende Belüftung sichergestellt ist. Wenn keine Abgas-Absauganlage vorhanden ist, darf der Motor nur außerhalb der Werkstatt gestartet werden.
- Wenn Sie mit Kraftstoff hantieren, muss durch gutes Lüften dafür gesorgt werden, dass sich keine zündfähigen Gasgemische bilden können. Das Gleiche gilt beim Aufladen von Batterien. Rauchen Sie nicht, und verbieten Sie auch anderen Personen, in der Werkstatt zu rauchen.

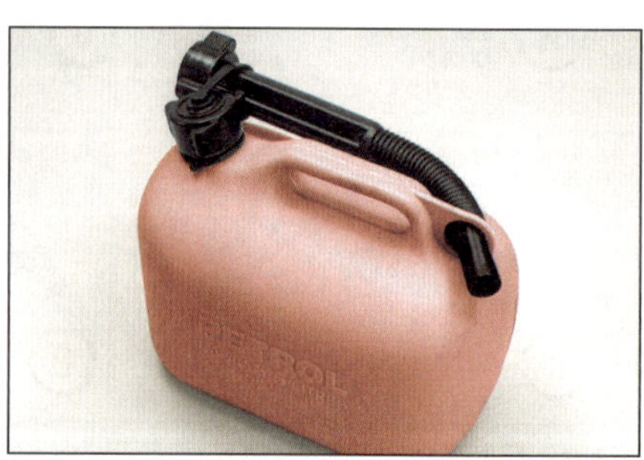

1.5 Benutzen Sie zum Lagern von Kraftstoff nur vorgeschriebene Kanister.

Flüssigkeiten

- Wenn Sie den Tank entleeren müssen, darf der Kraftstoff nur in geeigneten und verschließbaren Behältern und Kanistern gelagert werden (siehe Abbildung 1.5). Lagern Sie Benzin niemals in Gläsern oder Flaschen.
- Benutzen Sie entsprechende Motoren-Entfetter oder schwer entflammbare Lösungsmittel, wie z.B. Petroleum, um Öl, Fett und Schmutz zu entfernen – benutzen Sie niemals Benzin! Tragen Sie bei diesen Arbeiten Gummihandschuhe, und benutzen Sie diese Reinigungsmittel nur draußen oder in sehr gut belüfteten Räumen.

Staub-, Augen- und Handschutz

- Schützen Sie Atemwege und Lunge mit Staubmasken vor dem Eindringen von Staubpartikeln. Manche älteren Brems- oder Kupplungsbeläge enthalten Krebs erregendes Asbest – hantieren Sie auf jeden Fall sehr vorsichtig mit solchem Material. Schützen Sie Ihre Augen mit einer Schutzbrille vor Spritzern und Spänen (siehe Abbildung 1.6).

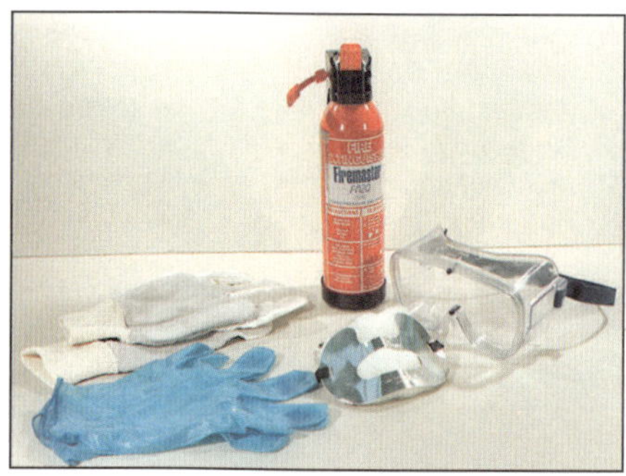

1.6 Ein Feuerlöscher, eine Schutzbrille, Staubmaske und Schutzhandschuhe sollten in der Werkstatt immer zur Hand sein.

- Schützen Sie Ihre Hände mit Gummihandschuhen vor dem Kontakt mit Lösungsmitteln, Benzin und Öl. Alternativ kann vor Arbeitsbeginn eine spezielle Schutzcreme auf die Hände aufgetragen werden. Wenn Sie mit heißen Teilen oder Flüssigkeiten hantieren, müssen hierfür geeignete Handschuhe getragen werden.

Die Entsorgung alter Flüssigkeiten

- Alte Reinigungs- und Bremsflüssigkeit, Kraftstoff und Öl dürfen nicht ins Erdreich oder in Wasserabflüsse gelangen. Füllen Sie die entsprechenden Flüssigkeiten in geeignete Behälter, und bringen Sie sie zu dem Händler, von dem Sie sie erworben haben. Unter Vorlage einer Quittung sind Händler verpflichtet, altes Öl und Bremsflüssigkeit wieder zurückzunehmen. Schütten Sie unterschiedliche Flüssigkeiten nicht zusammen in einen Behälter, da sie nur getrennt wieder aufbereitet werden können. Öliger und fettiger Schmutz kann zusammen mit dem Altöl abgegeben werden, alte Ölfilter können ebenfalls beim Händler entsorgt werden.

2 Befestigungen
Schrauben und Muttern

Typen und Anwendungen

Schrauben

- Köpfe von Maschinenschrauben gibt es in den Ausführungen Sechskant, Torx und Vielzahn – alle in Innen- und Außenversionen (siehe Abbildungen 2.1 und 2.2). Vielzahn-Schrauben werden im Motorradbau sehr selten verwendet. Schlitz- und Kreuzschlitzköpfe werden nur bei kleinen Schrauben verwendet, die keiner großen Belastung ausgesetzt sind. Längenangaben bei Schrauben werden von unterhalb des Kopfes bis zum Ende gemessen (siehe Abbildung 2.11).

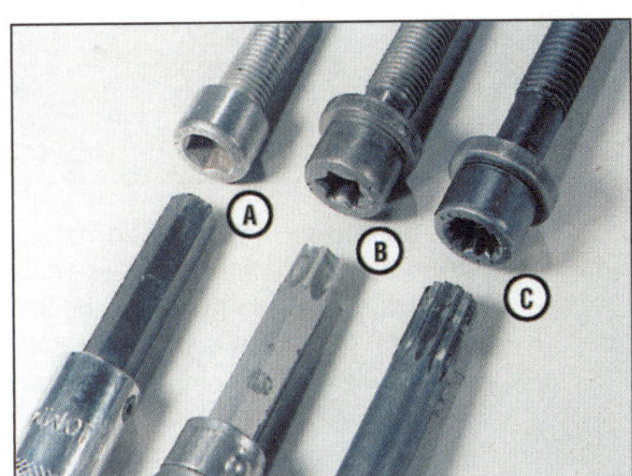

2.1 Innen-Sechskant (»Inbus«) (A), Torx (B) und Vielzahnschraubenköpfe (C) mit entsprechenden Werkzeugen

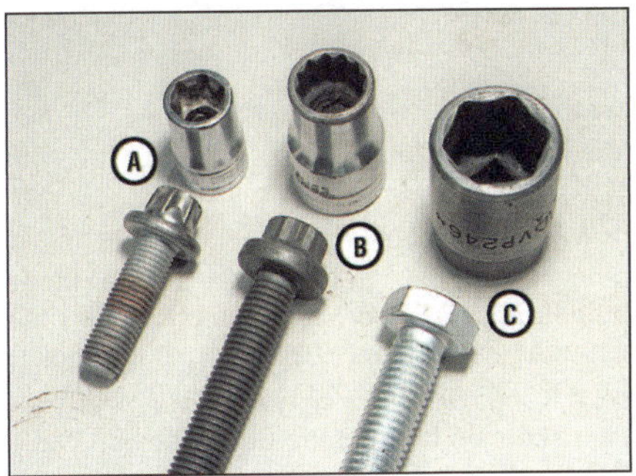

2.2 Außen-Torx (A), Zwölfkant- (B) und Sechskantschrauben (C) mit entsprechenden Steckschlüsseleinsätzen (»Nüssen«)

- Verschiedene Schrauben haben Zugfestigkeitsangaben auf ihren Köpfen. Je höher die Zahl, desto stabiler die Schraube. Hochfeste Schrauben tragen eine 10 oder höhere Zahl. Ersetzen Sie eine hochfeste Schraube niemals durch eine minderfeste.

Scheiben (siehe Abbildung 2.3)

- Unterlegscheiben werden zwischen Schraubenkopf und Bauteil gelegt, um Beschädigungen des Teils zu vermeiden und um die Last des Anzugsmoments zu verteilen. Spezielle Unterlegscheiben werden bei verschiedenen Gelegenheiten als Abstandhalter und Einstellscheibe eingesetzt. Kupfer- oder Aluminiumscheiben fungieren als Dichtungsringe, z.B. bei Ablassschrauben.

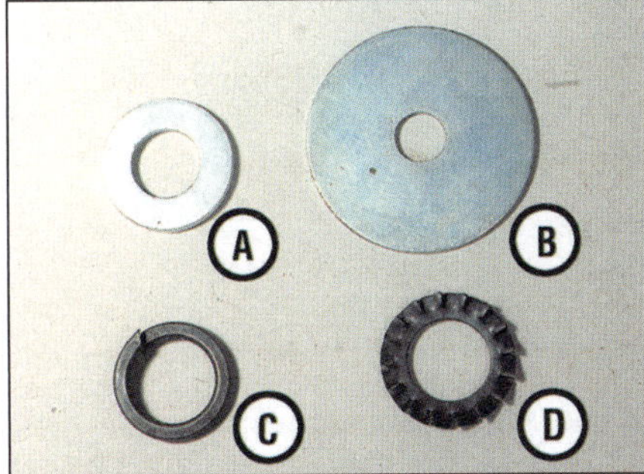

2.3 Unterlegscheibe (A), Kotflügelscheibe (B), Federring (C) und Sicherungsscheibe (D)

- Der offene Federring übt zwischen Schraube und Bauteil axialen Druck aus. Nach einmaligem Gebrauch muss er ersetzt werden. Wenn der Federring zusammen mit einer Unterlegscheibe verwendet wird, muss er zwischen diese und die Schraube gelegt werden.
- Sternförmige Sicherungsscheiben schneiden sich beim Linksherumdrehen in die Schraube und das Bauteil ein, um das Lösen der Schraube zu verhindern. Sie werden oft bei elektrischen Masseverbindungen am Rahmen verwendet.
- Konus- oder Fächerscheiben üben zwischen Schraube und Bauteil axialen Druck aus. Sie werden mit der flachen Seite auf das Bauteil gelegt, wenn sie abgeflacht sind, sind sie ermüdet und müssen ausgewechselt werden.
- Sicherungsbleche werden unter glatte Wellenmuttern gelegt, das Blech wird an einer oder mehreren Seiten der Mutter hochgebogen und gegen deren Sechskant gepresst, um ein Lösen zu verhindern. Ist das Blech nach mehrmaligem Gebrauch verschlissen, muss es ersetzt werden.
- Wellenscheiben werden eingesetzt, um Spiel auf Achsen aufzunehmen. Sie üben leichten Federdruck aus und verhindern das Hin- und Herschieben von Baugruppen, z.B. Kipphebeln auf ihren Wellen.

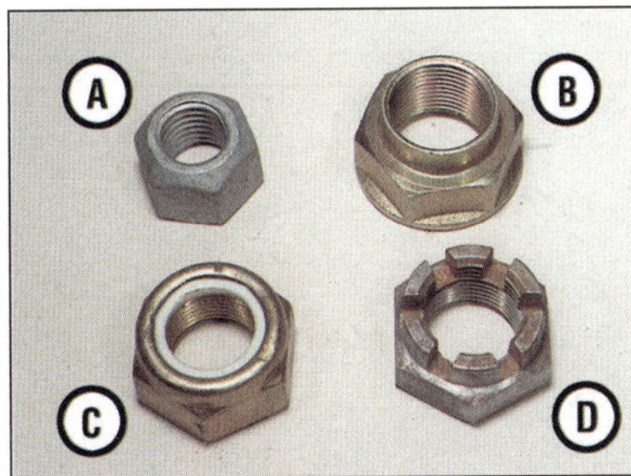

2.4 Sechskantmutter (A), Mutter mit Bund (B), selbstsichernde Mutter mit Nylon-Einsatz (C), Kronenmutter (D)

Muttern und Splinte

- Herkömmliche Muttern sind sechskantig (siehe Abbildung 2.4). Ihre Größenbezeichnungen richten sich nach dem Gewindedurchmesser und dessen Steigung. Hochfeste Muttern tragen auf einer Seite eine Zahl, die ihre Festigkeit angibt.
- Selbstsichernde Muttern haben entweder Nylon-Einsätze oder zwei Federstreifen, außerdem gibt es Muttern mit Bund, die sich mit einer Verzahnung sichern. Ihr aller Vorzug liegt darin, dass sie nicht durch Vibrationen zu lösen sind. Die Nylon- und Federausführungen können mehrmals universell eingesetzt werden und müssen erst ersetzt werden, wenn sie leichtgängig oder verschlissen sind. Die Bundausführungen müssen nach jedem Lösen ausgewechselt werden.
- Splinte werden zum Sichern von Kronenmuttern auf Achsen, aber auch gegen das Lösen normaler Sechskantmuttern eingesetzt, besonders an Radachsen und Bremsankern. Normale Splinte müssen wegen der Bruchgefahr nach jedem Gebrauch erneuert werden (siehe Abbildungen 2.5 und 2.6).

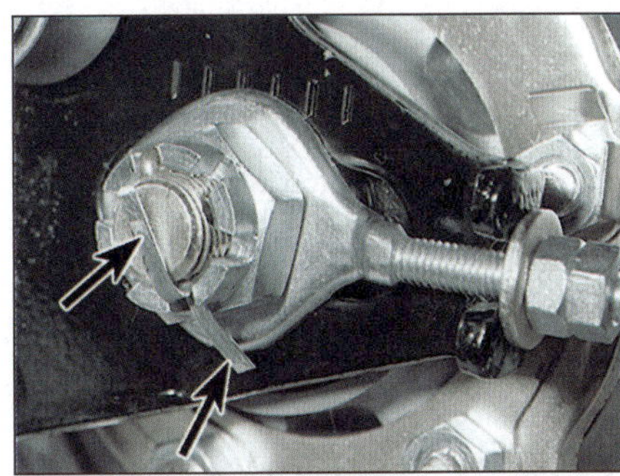

2.5 Biegen Sie Einwegsplinte bei Kronenmuttern wie gezeigt auseinander.

2.6 Biegen Sie Einwegsplinte bei normalen Muttern wie gezeigt auseinander.

> ***Achtung:** Wenn die Schlitze der Kronenmutter nach dem vorschriftsmäßigen Anziehen nicht mit der Splintbohrung in der Achse fluchten, muss sie so weit fester angezogen werden, bis der Splint durchgeführt werden kann – sie darf **niemals** gelockert werden.*

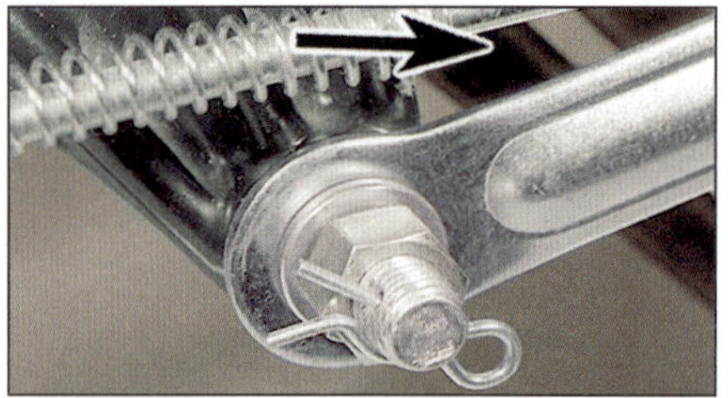

2.7 Federsplinte werden mit dem geschlossenen Ende in Fahrtrichtung (Pfeil) montiert.

- Federsplinte können öfter verwendet werden, solange sie nicht beschädigt sind. Installieren Sie Federsplinte immer mit dem geschlossenen Ende nach vorne (siehe Abbildung 2.7).

Sicherungsringe (siehe Abbildung 2.8)

- Sicherungsringe, die mit »Augen« zum besseren Aus- und Einbau versehen sind, werden auch Seegerringe genannt. Je nach Einsatzzweck auf Wellen oder in Bohrungen sitzen die Augen innen oder außen. Geschliffene Ringe können beidseitig verwendet werden, bei gestanzten Ringen (mit einer flachen und einer abgerundeten Seite) muss die flache Seite entstehenden Druck auf die Nut übertragen (siehe Abbildung 2.9).
- Benutzen Sie immer eine Seegerringzange zur Montage und Demontage, spannen Sie damit die Ringe nicht mehr als nötig. Drehen Sie die Ringe nach der Montage in ihrer Nut, um sicherzugehen, dass sie richtig sitzen. Wenn ein Sicherungsring auf eine Nutenwelle montiert wurde, muss die Öffnung mit einer Nut fluchten. So wird sichergestellt, dass die Enden gut gehalten werden (siehe Abbildung 2.10).
- Sicherungsringe können durch den Druck von Bauteilen verschleißen und dadurch locker in ihren Nuten sitzen. Da hierdurch die Gefahr des Herausspringens steigt, sollten Sie regelmäßig nach jedem Ausbau ersetzt werden.
- Drahtsicherungsringe werden normalerweise zur Sicherung des Kolbenbolzens in die Nuten des Kolbens gesetzt. Sie können mit einer Spitzzange oder einem kleinen Schraubendreher ausgebaut werden. Kolbenbolzen-Sicherungsringe dürfen auf keinen Fall mehrmals verwendet werden.

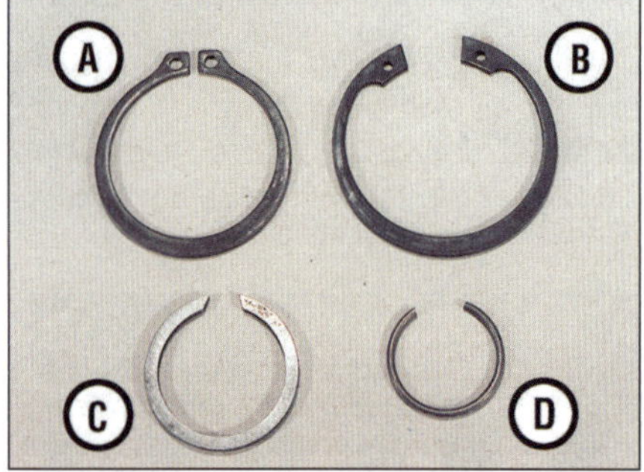

2.8 Wellen-Seegerring (A), Bohrungs-Seegerring (B), geschliffener Sicherungsring (C), Draht-Sicherungsring (D)

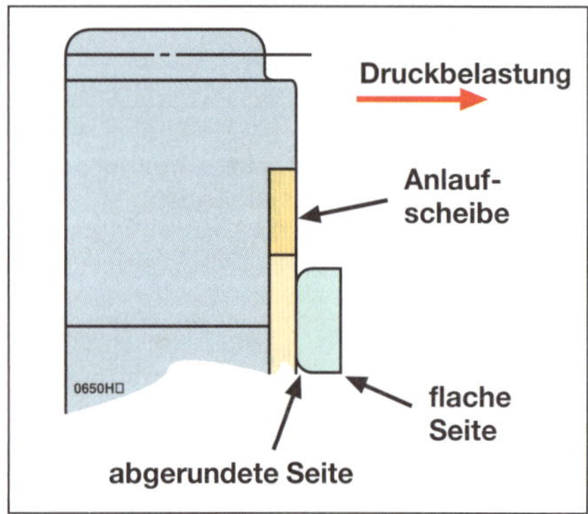

2.9 Korrekte Einbaulage eines gestanzten Sicherungsrings

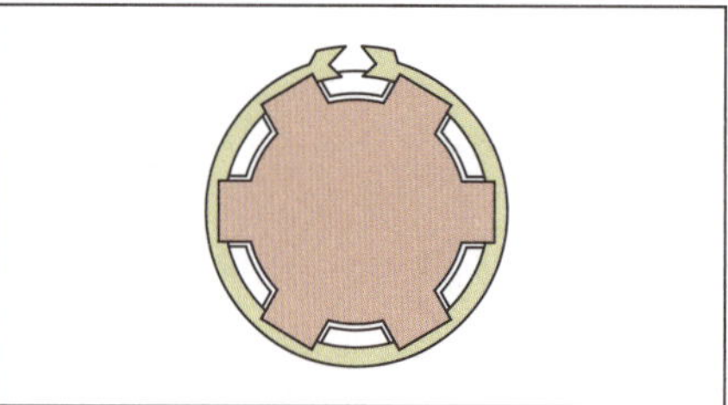

2.10 Die Öffnung des Sicherungsrings muss in einer Nut der Welle liegen.

Gewindedurchmesser und Gewindesteigung

- Der Durchmesser eines Gewindes wird außen an der Schraube oder des Bolzens gemessen. Fast alle Fahrzeughersteller benutzen heute metrische Gewinde nach ISO-Norm, eine M-6-Schraube hat einen Gewindedurchmesser von 6 mm. Diese Bezeichnung gilt auch für die entsprechende Mutter, hier muss der Durchmesser in den »Tälern« des Gewindes gemessen werden.
- Die Gewindesteigung bezeichnet den Abstand zwischen zwei Gewindegängen (siehe Abbildung 2.11). Sie wird in Millimetern angegeben, jedoch nur extra erwähnt, wenn sie von der Norm abweicht, d.h. eine M8-Schraube nicht wie üblich eine Steigung von 1,25 mm, sondern z.B. ein Feingewinde mit 1,0 mm Steigung hat – sie heißt dann M8 x 1,0. Mit zunehmendem Gewindedurchmesser wird auch die Steigung größer.

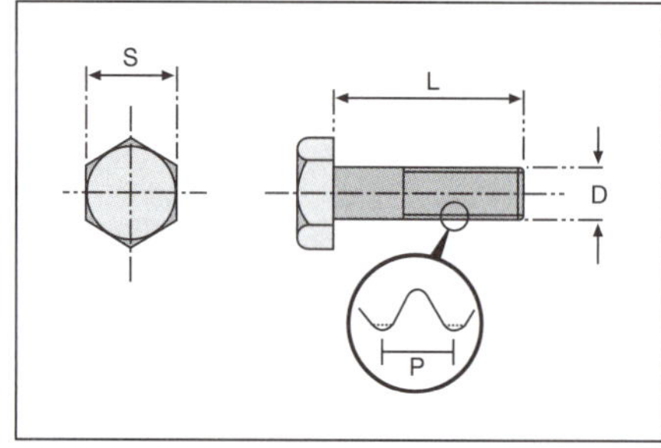

2.11 Schraubenlänge (L), Gewindedurchmesser (D), Gewindesteigung (P), Schlüsselweite (S)

2.12 Mit einer Gewindelehre kann die Steigung bestimmt werden.

- Zu bestimmten Gewindedurchmessern, -steigungen und -festigkeiten gehören entsprechende Schraubenköpfe mit Schlüsselweiten in Millimetern (siehe Abbildung 2.11). Bei Unsicherheit können Gewindesteigungen mit Gewindelehren gemessen werden (siehe Abbildung 2.12).

Schlüsselweite	∅ Gewinde x Steigung
8 mm	M 5 x 0,8 mm
8 mm	M 6 x 1,0 mm
10 mm	M 6 x 1,0 mm
12 mm	M 8 x 1,25 mm
14 mm	M10 x 1,25 mm
17 mm	M12 x 1,25 mm

- Die meisten Schrauben und Bolzen haben Rechtsgewinde, d.h. die Schraube oder Mutter wird im Uhrzeigersinn festgezogen. Linksgewinde finden sich ganz selten an Stellen, wo die Drehrichtung des Bauteils die Verbindung lösen könnte, z.B. bei einigen Ritzelmuttern.

Standard-Anzugsdrehmomente

M5 (Schraube oder Mutter)	5 Nm
M6 (Schraube oder Mutter)	10 Nm
M8 (Schraube oder Mutter)	21 Nm
M10 (Schraube oder Mutter)	35 Nm
M12 (Schraube oder Mutter)	55 Nm
M6 (Schraube oder Mutter mit Bund)	12 Nm
M8 (Schraube oder Mutter mit Bund)	27 Nm
M10 (Schraube oder Mutter mit Bund)	40 Nm

Festsitzende Gewinde

- Durch Feuchtigkeit, Salz und elektro-chemische Korrosion zwischen unterschiedlichen Metallen können freiliegende Schrauben im Laufe

2.13 Bereits ein leichter Schlag auf den Schraubenkopf reicht oft aus, ein korrodiertes Gewinde zu lösen.

2.14 Ein Schlagschrauber setzt die Wucht des Hammers in eine Drehbewegung um.

2.16 Mit einem am Rand angesetzten Meißel wird die Schraube oder Mutter gelockert.

2.19 Achtung beim Vorbohren: nicht das weichere Gehäusematerial beschädigen.

der Zeit schwer zu lösen sein. Mit normalen Methoden wird man in diesen Fällen wahrscheinlich den Schraubenkopf zerstören. Wenn man merkt, dass sich eine Schraube oder Mutter nicht wie üblich durch ein Knacken löst und dann leicht ausbauen lässt, sollte die übliche Demontage sofort gestoppt werden, bevor etwas zerstört wird.

- Bereits ein leichter Schlag auf den Schraubenkopf kann Korrosion und Spannungen im Gewinde lösen (siehe Abbildung 2.13).
- Kriechöl (z.B. *Caramba* oder *WD40*) kann als Rostlöser an die Verbindung gesprüht werden und über Nacht einsickern. Formt man mit Plastilin eine »Wanne« um die Schraube oder Mutter, kann die Verbindung sogar geflutet werden.
- Aufgrund der öligen Umgebung haben innerhalb des Motorgehäuses befindliche Schraubverbindungen kaum Korrosionsprobleme. Doch kann auch hier ein Schlagschrauber die Arbeit erleichtern, wenn festsitzende Schrauben gelöst werden sollen (siehe Abbildung 2.14).
- Korrosion zwischen Metallen (z.B. Stahl und Aluminium) kann durch Erwärmung gelockert werden. Da sich Aluminium stärker ausdehnt als Stahl, reißt die Verbindung auf und die Bohrung (im Aluminium) erweitert sich. Hitzeempfindliche Teile wie Dichtringe und Gummistopfen müssen zunächst entfernt werden, dann kann man z.B. mit einem Heißluftgebläse den Bereich um die Schraube erwärmen (siehe Abbildung 2.15). Alternativ kann man das Bauteil auf einer elektrischen Herdplatte, in einem Backofen, in kochendem Wasser oder mit einem Bügeleisen erwärmen. Benutzen Sie keine offene Flamme! Tragen Sie Handschuhe, um Hautverbrennungen zu vermeiden.

2.15 Erwärmen Sie den Bereich um die Schraubverbindung gleichmäßig.

Achtung: Beachten Sie immer, dass das Gehäuseteil, in dem die Schraube sitzt, viel empfindlicher und teurer ist als die Schraube selbst. Wenn die Schraube gelockert ist, sollte sie nicht mit Gewalt herausgedreht werden. Um das Gewinde zu schonen, muss die Schraube bei starkem Widerstand vorsichtig vor- und zurückgedreht werden, bis sie locker ist.

- Als nächste Möglichkeit kann man die Schraube mit Hammer und Meißel losklopfen (siehe Abbildung 2.16). Hierdurch wird die Schraube oder Mutter zerstört, doch wichtiger ist, dass man das Bauteil nicht beschädigt.

Abgebrochene Schrauben und Stehbolzen

- Wenn das Gewinde zugänglich ist, kann man versuchen, es mit einer selbstsichernden Gripzange zu drehen. Mit einem Stehbolzendreher, der normalerweise bei Zylinderstehbolzen verwendet wird, lassen sich meist bessere Ergebnisse erzielen (siehe Abbildung 2.17). Stehbolzen lassen sich auch mit zwei verkonterten Muttern lösen (siehe Abbildung 2.18).

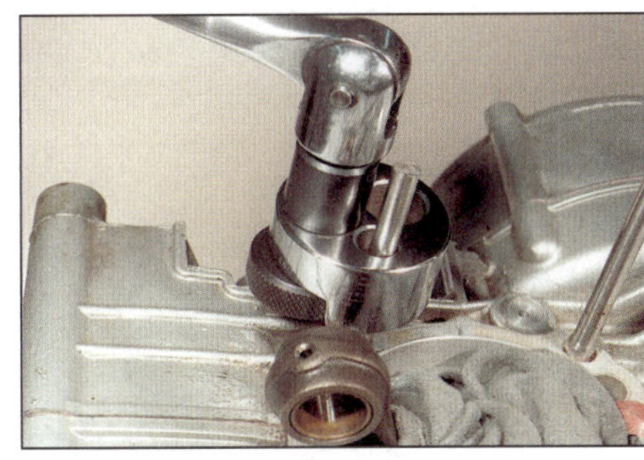
2.17 Mit einem Stehbolzendreher können auch festsitzende Schraubengewinde gelöst werden.

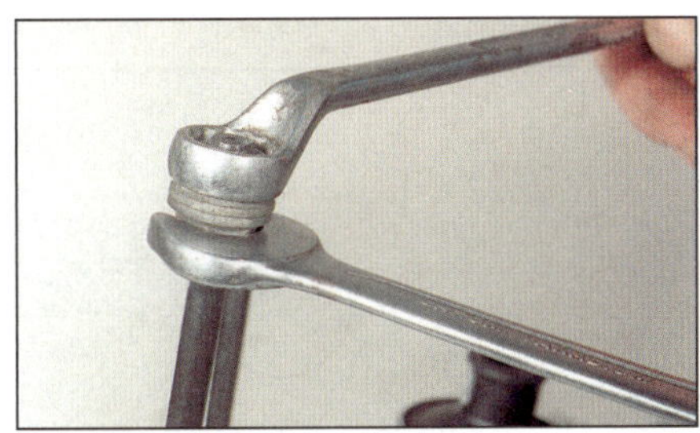
2.18 Nach dem Verdrehen zweier Muttern gegeneinander kann hiermit der Bolzen herausgeschraubt werden.

- Eine bündig am Gehäuse abgerissene Schraube kann, wenn sie nicht allzu fest sitzt, nur mit einem Linksausdreher entfernt werden. Zunächst wird mit dem Körner in der Mitte des Gewindes eine Markierung geschlagen, aus der ein Bohrer nicht mehr abrutschen kann (siehe Abbildung 2.19). Wählen Sie den Bohrer etwa halb bis dreiviertel so groß wie der Innendurchmesser der Schraube, und bohren Sie ein dem Linksausdreher entsprechend tiefes Loch. Wählen Sie den größtmöglichen Linksausdreher, aber achten Sie darauf, die Wandung der Schraube oben nicht auseinanderzudrücken, da dadurch das Gewinde im Gehäuse beschädigt und das Herausdrehen erschwert wird.
- Drehen Sie den Linksausdreher links herum (gegen den Uhrzeigersinn) in die abgebrochene Schraube. Wenn er sich festgefressen hat, wird er automatisch den Gewinderest aus dem Gehäuse herausdrehen (siehe Abbildung 2.20).

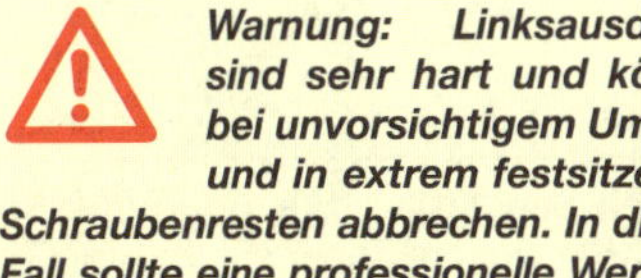

Warnung: Linksausdreher sind sehr hart und können bei unvorsichtigem Umgang und in extrem festsitzenden Schraubenresten abbrechen. In diesem Fall sollte eine professionelle Werkstatt konsultiert werden.

2.20 Drehen Sie den Linksausdreher links herum in das Bohrloch, bis das Gewindestück herausgeschraubt ist.

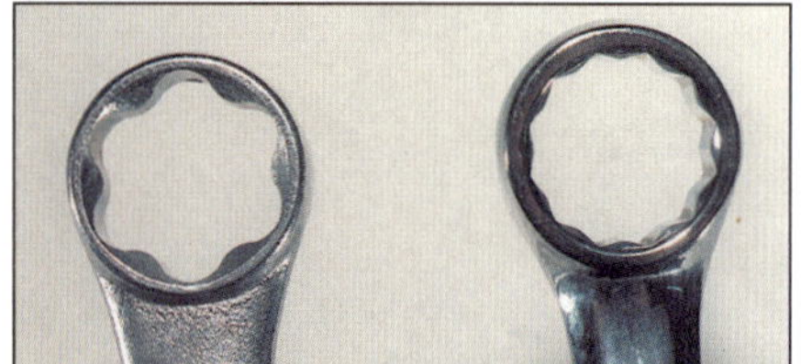

2.21 Besonders bei abgerundeten Köpfen sind Flächendruckschlüssel solchen mit Zwölfkant vorzuziehen.

- Alternativ, oder wenn das Gehäusegewinde zu stark beschädigt ist, kann die Schraube ganz herausgebohrt werden. Hierbei muss darauf geachtet werden, dass die Bohrung exakt zentriert und gerade sitzt und genau die vorgegebene Tiefe erreicht wird. Dann kann ein Übermaßgewinde eingebohrt oder ein Gewindeeinsatz (z.B. *Heli Coil*) hineingeschraubt werden. Bei Zweifel über die eigenen Fähigkeiten und in Anbetracht des Preises für ein neues Gehäuse sollte diese Arbeit gegebenenfalls einer Werkstatt überlassen werden.
- Schrauben und Muttern mit abgerundeten Sechskantköpfen sollten sehr vorsichtig mit exakten Ring- oder Steckschlüsseln gelöst werden. Diese sollten besser sechs als zwölf Kanten aufweisen. Als sehr gut haben sich auch Schlüssel erwiesen, die nicht die Kanten, sondern die Flächen der Köpfe belasten – sie werden u.a. unter dem Handelsnamen »Metrinch« vertrieben (siehe Abbildung 2.21)
- Schlitz- oder Kreuzschlitzschrauben werden häufig durch falsche Schraubendrehergrößen beschädigt, zudem können die Dreher auch verschlissen (abgerundet) sein. Inbus- und Torx-Schrauben sind dagegen kaum zu zerstören. Wenn die Schraube zugänglich ist, kann mann mit einer Eisensäge einen Schlitz in den Kopf sägen und sie mit einem passenden Schlitzschraubendreher lösen. Alternativ kann die Schraube mit Hammer und Meißel vorsichtig losgeklopft werden. Beschädigte Schrauben dürfen auf keinen Fall wieder eingesetzt und festgezogen werden.

Ein Klecks Ventileinschleifpaste auf der Schraube kann für den Schraubendreher das letzte Quäntchen Haftung bringen.

2.22 Zum Reinigen und Reparieren von Innengewinden muss ein passender (!) Gewindebohrer senkrecht (!) eingeschraubt werden.

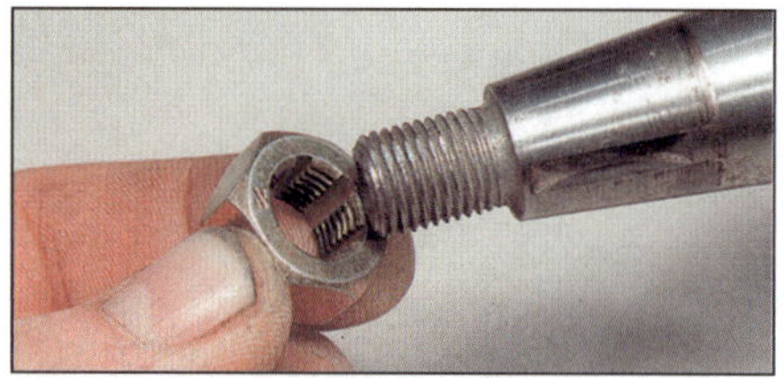

2.23 Zum Nacharbeiten von Außengewinden wird ein Schneideisen aufgedreht.

Gewindereparatur

- Besonders in Aluminium kann ein Gewinde durch viel zu festes Anziehen, eingearbeiteten Schmutz oder auch Vibrationen lockerer Schrauben schnell zerstört werden. Das Gewinde kann komplett mit der Schraube herausfallen.
- Wenn ein Gewinde nur leicht beschädigt oder mit alter Schraubensicherungspaste verschmutz ist, kann es mit einem passenden Gewindebohrer repariert/gereinigt werden (siehe Abbildungen 2.22 und 2.23). Für Zündkerzengewinde gibt es spezielle Größen. Achten Sie darauf, dass der Bohrer den korrekten Durchmesser und die richtige Steigung hat, sonst wird das Gewinde zerstört. Das Gleiche gilt für Außengewinde. Hier kann mit einer passenden Gewindefeile oder einem Schneideisen nachgearbeitet werden (siehe Abbildung 2.24).
- Wenn um das beschädigte Innengewinde genügend Material vorhanden ist und eine größere Schraube eingesetzt werden kann, ist es möglich, das Loch passend zu vergrößern und ein größeres Gewinde einzuschneiden. Manchmal, z.B. bei Zündkerzen oder Ablassschrauben und bei wenig »Fleisch« um das Loch, ist dieser Schritt jedoch nicht möglich.
- Man muss dann auf Gewindeeinsätze zurückgreifen, die in das aufgebohrte defekte Gewinde eingesetzt werden und in die anschließend wieder Originalschrauben oder Zündkerzen einge-

2.24 Mit einer Gewindefeile können Außengewinde nachgebessert werden.

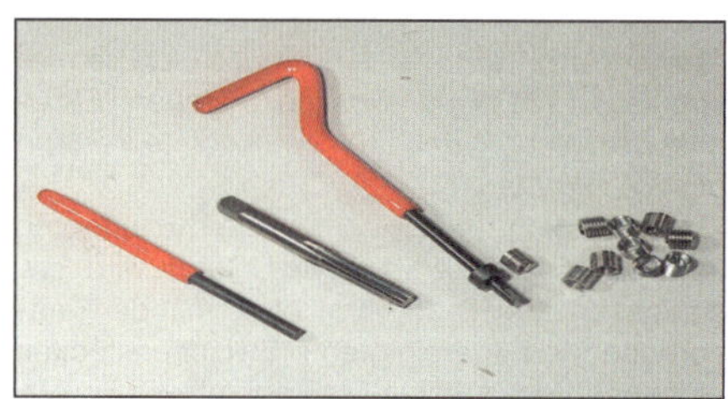

2.25 Dem Grund-Kit sind neben Gewindeeinsätzen auch die nötigen Spezialwerkzeuge beigefügt.

2.26 Bohren Sie zunächst das alte Gewinde auf (Lager und Dichtungen sollten besser abgedeckt sein).

2.27 Drehen Sie sorgfältig den Gewindeschneider hinein, . . .

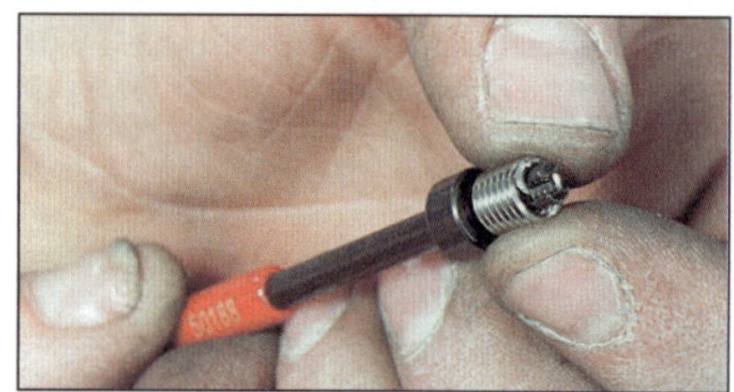

2.28 . . . setzen Sie den Einsatz in das Eindrehwerkzeug, . . .

2.29 . . . und schrauben Sie ihn in die Bohrung.

2.30 Brechen Sie zum Schluss die Lasche ab.

dreht werden können. Neben vielen anderen Einsätzen heißt das bekannteste Produkt »Heli Coil«. Eine Packung enthält einen Gewindebohrer, Einbauwerkzeuge und mehrere Einsätze (siehe Abbildung 2.25). Vergrößern Sie das Loch mit einem passenden Bohrer (siehe Abbildung 2.26), schneiden Sie vorsichtig das Gewinde ein (siehe Abbildung 2.27), und drehen Sie vorsichtig und mit leichtem Druck den Einsatz hinein (siehe Abbildungen 2.28 und 2.29). Wenn er viertel bis halbe Umdrehung vor dem Grund sitzt, wird das Werkzeug herausgezogen und mit der Stange die Eindrehlasche abgebrochen (siehe Abbildung 2.30).

- Es gibt Gewinde-Reparaturmittel auf Epoxidharzbasis. Sie sollten jedoch nur bei wenig belasteten Verbindungen eingesetzt werden.

Sicherungspaste und Dichtmasse

- Schraubensicherungspaste (bekannt unter dem Namen *Loctite*) wird an Verbindungen eingesetzt, wo durch Vibrationen Gefahr der Lockerung besteht, oder besonders sicherheitsrelevante Teile verloren gehen können. Außerdem wird sie verwendet, wo andere Schraubensicherungen, wie Bleche oder Splinte, nicht eingesetzt werden können.
- Vor dem Auftragen von Sicherungspaste müssen beide Gewinde sorgfältig von alten Resten gereinigt, entfettet und getrocknet werden. Es gibt zwei Arten von Schraubensicherungspasten: dauerfeste und lösbare (mittelfeste). Normalerweise wird mittelfeste Schraubensicherung verwendet, nur Zylinderstehbolzen werden oft mit dauerhafter Paste eingesetzt. Geben Sie einen oder zwei Tropfen auf die ersten Gewindegänge der einzusetzenden Schraube, setzen Sie sie ein, und ziehen Sie sie mit dem vorgeschriebenen Drehmoment fest. Geben Sie nicht zu viel Sicherungspaste auf das Gewinde, da sonst beim Ausbau ein Alugewinde mit herausgezogen werden kann.
- Es gibt Schrauben und Muttern, die mit einem trockenen Sicherungsmaterial überzogen sind. Diese Verbindungsteile müssen nach jeder Demontage ersetzt werden.
- Um Gewinde vor dem Korrodieren zu schützen, können sie mit Kupferpaste eingesetzt werden. Dieses empfiehlt sich besonders bei stark hitzebelasteten Teilen wie Zündkerzen, Krümmerflanschmuttern und Auspuffschrauben.

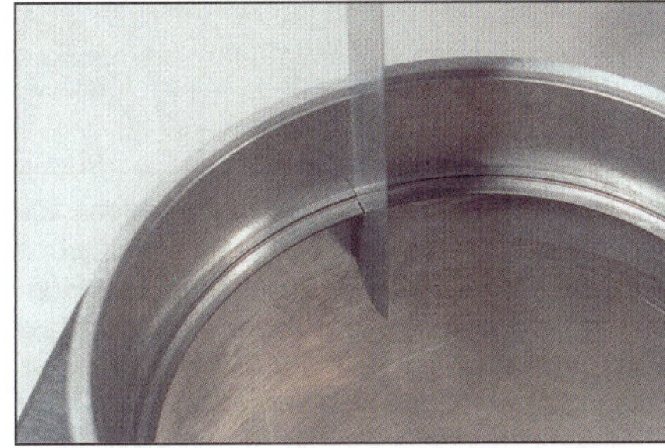

3.1 Fühlerlehren werden zum Ermitteln kleiner Spaltmaße benötigt. Ihr Maß ist auf einer Seite eingeätzt.

3 Messwerkzeuge und Messuhren

Fühlerlehren

- Fühlerlehren werden zum Ermitteln kleiner Spaltmaße und Spiele (z.B. Ventilspiel) benutzt (siehe Abbildung 3.1). Wo der Einsatz einer Messuhr unmöglich ist, kann man mit ihnen auch Seitenspiel von Wellen messen.
- Fühlerlehrensätze müssen vorsichtig behandelt und dürfen nicht verbogen oder beschädigt werden. In jedes Blatt ist auf einer Seite das entsprechende Maß eingeätzt. (Messen Sie das bei besonders billigen Fühlerlehren einmal nach!) Die Blätter sollten gegen Korrosion immer leicht eingeölt sein, damit sie nicht – im wahrsten Sinne – »aufblühen«.
- Wenn Sie irgendwo Spiel ermitteln wollen, gilt immer der Wert, bei dem das Blatt sich mit leichtem Druck durch die beiden Komponenten ziehen lässt. Es kann passieren, dass man manchmal zwei Fühlerlehren benötigt.

Bügelmessschrauben (Mikrometerschrauben)

- Mit einer Präzisionsmessschraube lassen sich Messgenauigkeiten von bis zu einem tausendstel Millimeter erzielen. Das empfindliche Gerät sollte immer in seinem Etui und nie lose im Werkzeugkasten aufbewahrt werden, da defekte Geräte falsche Messergebnisse zeigen, die eventuell teure Motorschäden nach sich ziehen können.
- Bügelmessschrauben werden zum Ermitteln von Außendurchmessern eingesetzt, es gibt sie in verschiedenen Messbereichen, normalerweise von 0 bis 25 mm, 25 bis 50 mm usw., immer in 25-mm-Schritten steigend. Zu großen Bügelmessschrauben gibt es austauschbare Zwischenstücke, um verschiedene Messungen durchführen zu können. Allgemein ist das größte benötigte Maß das des Kolbendurchmessers.
- Kleine Innendurchmesser können mit Innenmesslehren oder Dreipunkt-Innenmessschrauben ermittelt werden. Große Durchmesser, wie Zylinderbohrungen, lassen sich mit Messuhren oder Schnabelmessschrauben ermitteln. Alle diese Geräte sind sehr teuer, und es stellt sich die Frage, ob sich die Anschaffung für den Hobbyschrauber lohnt.

Bügelmessschrauben

Anmerkung: *Hier wird eine konventionelle mechanische Messschraube beschrieben. Einfacher abzulesen, aber auch erheblich teurer sind digitale Geräte.*

- Vor Beginn muss immer die Kalibrierung kontrolliert werden, d.h. das Gerät wird geschlossen (bei 0–25 mm) oder mit den entsprechenden (gereinigten!) Zwischenstücken versehen und auf Null-Maß gestellt (siehe Abbildung 3.2).

Beachten Sie hierzu die Bedienungsanleitung der Messschraube. Denken Sie immer daran,

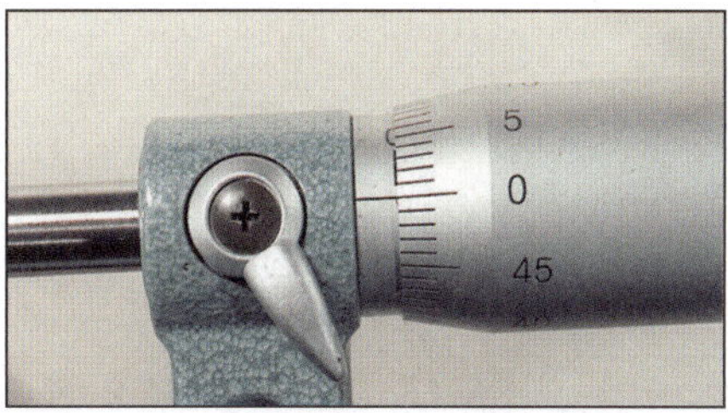

3.2 Kontrollieren Sie vor dem Gebrauch, ob die Messschraube auf Null kalibriert ist.

dass es sich hierbei um ein Präzisionsmessgerät handelt, das schonend behandelt werden muss.

- Achten Sie darauf, dass das zu messende Teil sauber ist. Drücken Sie den Amboss (1) gegen das Teil und drehen Sie die Trommel (2), bis die Spindel (3) das Teil an der gegenüberliegenden Seite leicht berührt (siehe Abbildung 3.3). Drehen Sie jetzt die Spindel mit der Ratsche (4) ein, bis sie überrutscht, schrauben Sie sie auf gar keinen Fall mit der Trommel fester – hierdurch kann das Instrument zerstört werden.
- Jetzt kann die Spindel mit dem Klemmhebel arretiert und die Bügelmessschraube vom zu messenden Teil genommen werden, dann wird das Ergebnis abgelesen. Zuerst wird die Grundmessung auf dem Schaft abgelesen, dann wird die Feinmessung auf der Trommel hinzugezählt. Anhand der Teilstriche auf dem Schaft werden in unserem Fall die ganzen und halben Millimeter abgelesen. Auf der Trommel sind die Hundertstelmillimeter-Markierungen zu sehen (je nach der Beschriftung auf dem Bügel und Genauigkeit der Messschraube können auch andere Werte abgelesen werden). Jede ganze Umdrehung bedeutet eine Veränderung um einen halben Millimeter. Der Teilstrich, der (direkt von oben betrachtet!) über der Linie liegt, zeigt einen Hundertstelmillimeter (0,01 mm) an. Zählen Sie das abgelesene Ergebnis zu der Schaftmessung hinzu.

In unserem Beispiel wird folgendes Messergebnis abgelesen (siehe Abbildung 3.4):

obere Schaft-Skala	2,00 mm
untere Schaft-Skala	0,50 mm
Trommel-Skala	0,45 mm
Messergebnis	**2,95 mm**

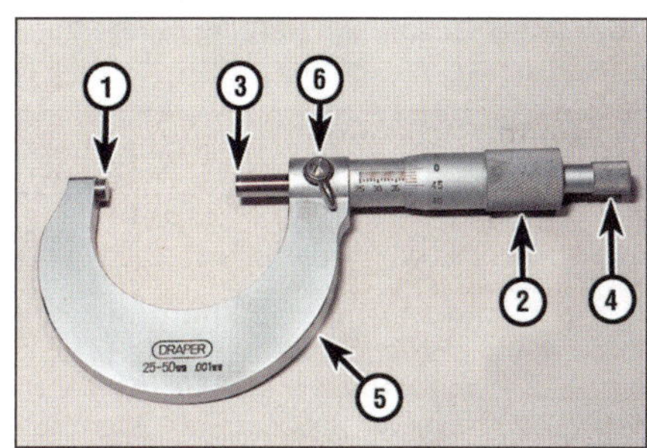

3.3 Bügelmessschrauben-Bauteile
1 Amboss, 2 Trommel, 3 Spindel, 4 Ratsche, 5 Bügel, 6 Feststellhebel

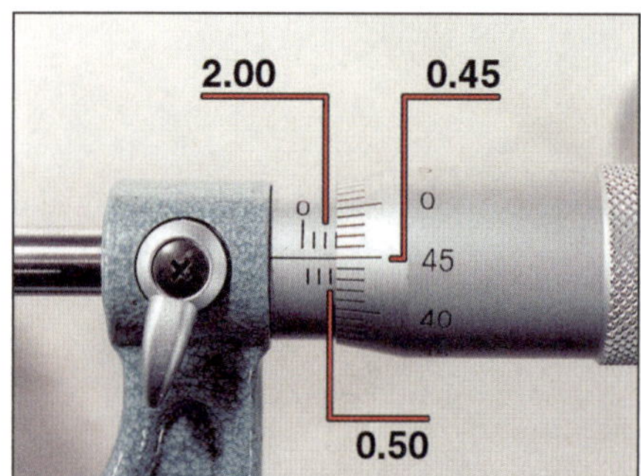

3.4 **Das Messergebnis beträgt 2,95 mm.**

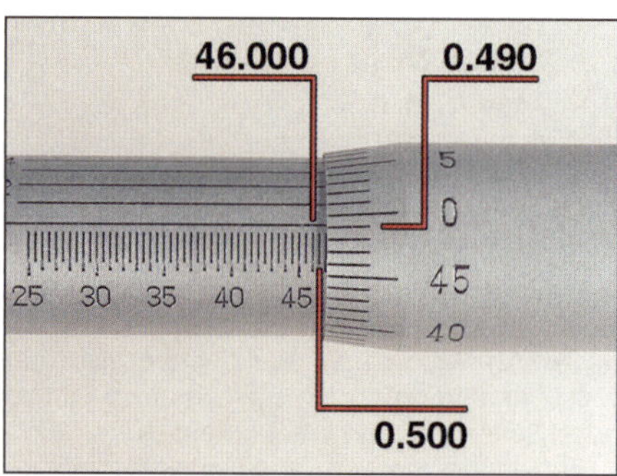

3.5 **Auf dem Schaft und der Trommel werden 46,99 mm abgelesen, . . .**

3.9 **Spannen Sie den Bohrungsfühler in das Loch, und arretieren Sie ihn, . . .**

- Einige Messgeräte haben eine Nonius-Skala auf ihrem Schaft, mit der es ermöglicht wird, auf tausendstel Millimeter genau zu messen. Zählen Sie zu dem oben abgelesenen Ergebnis den Wert hinzu, der mit einem Teilstrich auf der Trommel fluchtet. Anmerkung: Beim Ablesen des Nonius der 0,001-mm-Teilstriche muss genauestens von oben abgelesen werden. Drehen Sie die Messschraube gegebenenfalls zu sich hin. In unserem Beispiel wird folgendes Messergebnis abgelesen (siehe Abbildungen 3.5 und 3.6):

untere Schaft-Skala (große Striche)	46,000 mm
untere Schaft-Skala (kleine Striche)	0,500 mm
Trommel-Skala	0,490 mm
fluchtende Linie (Nonius)	0,004 mm
Messergebnis	**46,994 mm**

Innenmessgeräte

- Für das Ausmessen von Bohrungen benötigt man Innenmessgeräte. Da Messschrauben sehr teuer sind, kann man auf einen Satz verstellbarer Innenfühler zurückgreifen, die mit einer Bügelmessschraube vermessen werden.
- Mit Teleskop-Messlehren können z.B. Pleuelaugen und Kolbenbolzenbohrungen vermessen werden. Schieben Sie die saubere Lehre ein, spannen Sie sie auseinander, sichern Sie sie, und ziehen Sie sie aus der Bohrung (siehe Abbildung 3.7). Messen Sie das Ergebnis mit einer Bügelmessschraube (siehe Abbildung 3.8).
- Sehr kleine Bohrungen, wie Ventilführungen, können mit Bohrungsfühlern vermessen werden. Schieben Sie die saubere Lehre ein, spannen Sie sie so weit auseinander, bis sie leicht gleitet, sichern Sie sie, und ziehen Sie sie aus der Bohrung (siehe Abbildung 3.9). Messen Sie das Ergebnis mit einer Bügelmessschraube (siehe Abbildung 3.10).

Messschieber

Anmerkung: *Beschrieben werden hier konventionelle Nonius- und Uhren-Messschieber, Digital-Messschieber sind leichter abzulesen und kosten inzwischen nicht mehr viel.*

- Ein Messschieber arbeitet nicht so genau wie eine Bügelmessschraube, dafür ist er leichter

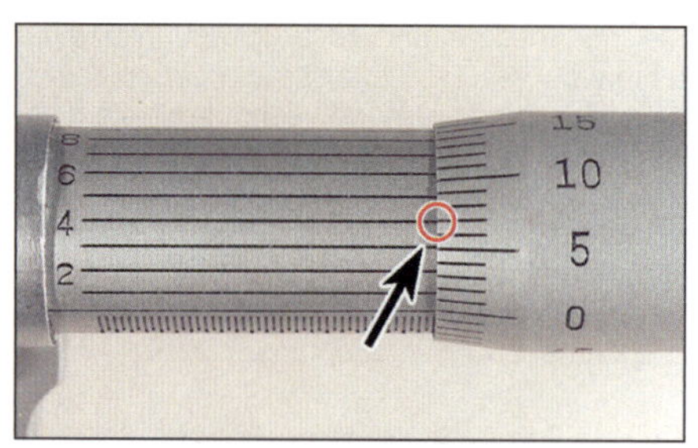

3.6 **. . . dazu kommen 0,004 mm aufgrund der fluchtenden Linien.**

zu bedienen und vielseitig für Außen-, Innen- und Tiefenmessungen einsetzbar. Für viele Messungen, wie z.B. Kupplungsbeläge oder Ventilfedern, reicht er völlig aus.

- Lösen Sie zunächst die Klemmschraube (1), und schieben Sie das Gerät soweit auseinander, dass die Schnäbel (2) über bzw. die Kreuzspitzen (3) in das zu messende Teil passen (siehe Abbildung 3.11). Schieben Sie das Gerät, eventuell mit der Feineinstellung (4), bis auf beiden Seiten leichter Kontakt entsteht, und ziehen Sie die Klemmschraube wieder an. Jetzt werden auf der festen Skala (6) als Grundmessung die ganzen Millimeter abgelesen, die links der Null auf der Schieberskala (5) liegen. Als Nächstes wird auf der Schieberskala der Strich identifiziert, der genau mit einem Strich auf der festen Skala fluchtet, jeder Strich steht normalerweise für 0,02 oder sogar 0,01 Millimeter. Addieren Sie den abgelesenen Wert zu der Grundmessung hinzu, und Sie haben das Messergebnis. In unserem Beispiel wird folgendes Messergebnis abgelesen (siehe Abbildung 3.12):

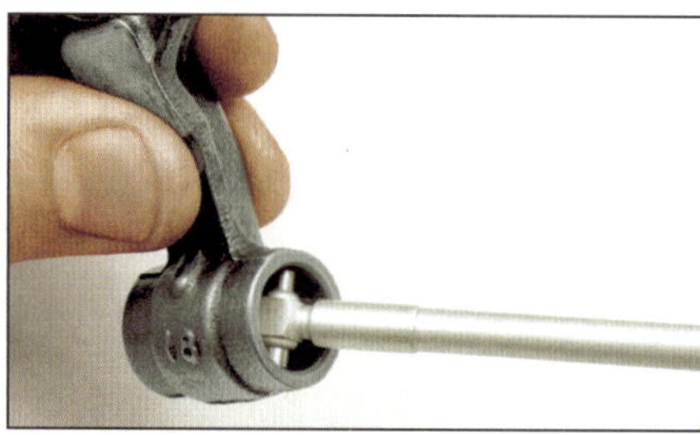

3.7 **Spannen Sie die Teleskop-Messlehre in der Bohrung auseinander, arretieren Sie sie, . . .**

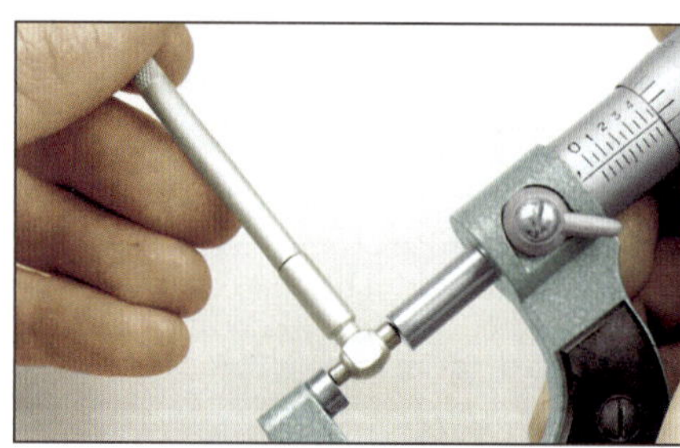

3.8 **. . . und messen Sie das Ergebnis mit der Bügelmessschraube.**

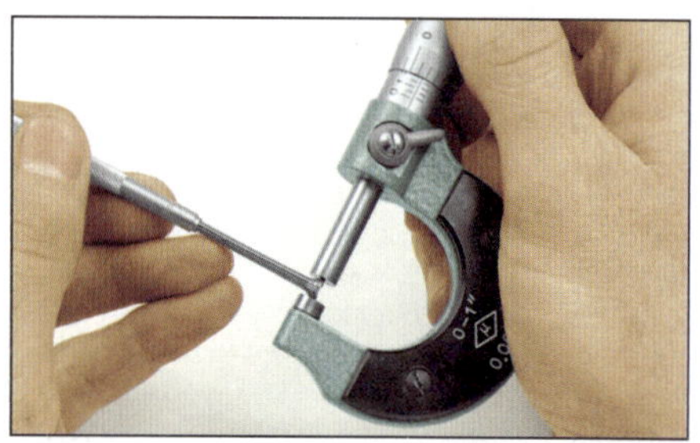

3.10 **. . . messen Sie das Gerät dann mit einer Bügelmessschraube.**

Grundmessung	55,00 mm
Feinmessung	0,92 mm
Messergebnis	**55,92 mm**

- Einige Messschieber sind zur Feinmessung mit einer Messuhr ausgerüstet. Achten Sie darauf, dass der Messschieber sauber sein muss. Schieben Sie ihn zuerst zusammen und kontrollieren Sie, ob die Messuhr auf Null steht, gegebenenfalls muss am Außenring nachgestellt werden. Lösen Sie zunächst die Klemmschraube (1), und schieben Sie das Gerät soweit auseinander, dass die Schnäbel (2) über bzw. die Kreuzspitzen (3) in das zu messende Teil passen (siehe Abbildung 3.13). Schieben Sie das Gerät, eventuell mit der Feineinstellung (4), bis auf beiden Seiten leichter Kontakt entsteht, und ziehen Sie die Klemmschraube wieder an. Jetzt werden auf der festen Skala (5) als Grundmessung die ganzen Millimeter abgelesen, die links der Schieberskala (6) erscheinen. Als Nächstes wird die Position der Nadel in der Uhr (7) ermittelt, jeder Teilstrich

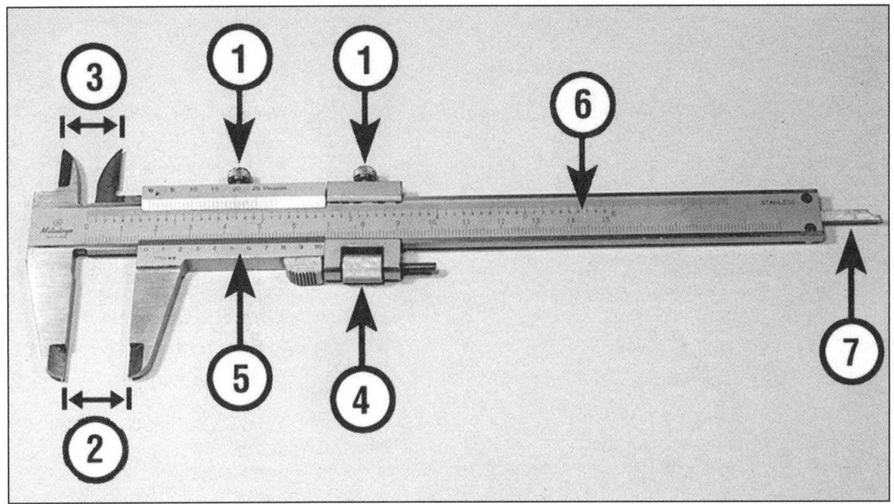

3.11 Bauteile eines Messschiebers (Nonius-Ablesung)

1 Klemmschraube *2 Außenmess-Schnäbel* *3 Innenmess-Kreuzspitzen* *4 Feineinstellung* *5 Schieberskala* *6 feste Skala* *7 Tiefenmessdorn*

entspricht hier 0,05 mm. Addieren Sie diesen Wert zu der Grundmessung, um das Messergebnis zu erhalten.

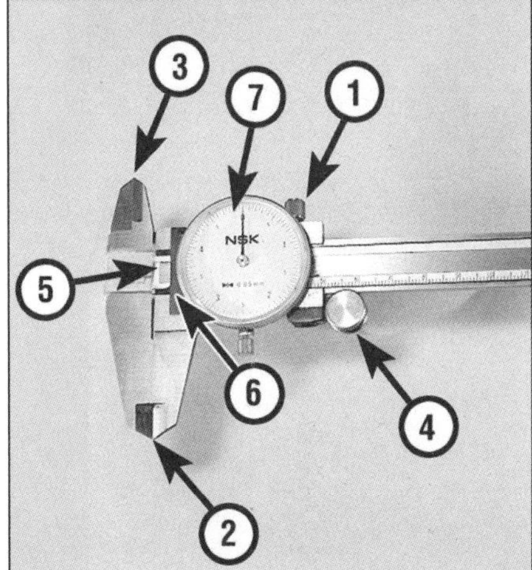

3.12 Das Messergebnis beträgt 55,92 mm.

3.13 Bauteile eines Messschiebers (Uhr-Ablesung)

1 Klemmschraube *2 Außenmess-Schnäbel* *3 Innenmess-Kreuzspitzen* *4 Feineinstellung* *5 feste Skala* *6 Schieberskala* *7 Messuhr*

In unserem Beispiel wird folgendes Messergebnis abgelesen (siehe Abbildung 3.14):

Grundmessung	55,00 mm
Feinmessung	0,95 mm
Messergebnis	**55,95 mm**

Quetschmessstreifen

• Die unter dem Markennamen Plastigauge bekannten Kunststoffstreifen werden zwischen zwei Oberflächen gepresst. Anschließend wird anhand ihrer Quetschbreite mit einer Skala das Spiel zwischen den Oberflächen ermittelt.

• Üblicherweise wird mit Quetschmessstreifen das Radialspiel in Gleitlagern von Kurbel- und Nockenwellenlagern sowie zwischen Hubzapfen und Pleuellagern ermittelt. Im Folgenden wird Letzteres als Beispiel beschrieben.

• Gehen Sie vorsichtig mit den Quetschmessstreifen um, damit sich keine verzerrten Messergebnisse zeigen. Schneiden Sie mit einem scharfen Messer einen Streifen davon ab, der etwas kürzer ist als die Breite der Lagerschale, und legen Sie ihn parallel zur Welle in das Lager oder auf die Welle (siehe Abbildung 3.15). Montieren Sie vorsichtig beide Lagerschalen, und setzen Sie das Pleuel zusammen. Ziehen Sie, ohne das Pleuel auf der Kurbelwelle zu drehen, die Schrauben oder Muttern mit dem vorgeschriebenen Drehmoment fest. Dann wird alles vorsichtig wieder gelockert und der Quetschmessstreifen begutachtet.

• Der Streifen wird mit der an der Packung befindlichen Skala verglichen und das entsprechende Lagerspiel abgelesen (siehe Abbildung 3.16). Entfernen Sie anschließend alle Messstreifenreste mit dem Fingernagel.

3.14 Das Messergebnis beträgt 55,95 mm.

Achtung: Um ein korrektes Messergebnis zu erhalten, müssen alle vom Motorradhersteller vorgeschriebenen Anzugs-Drehmomente und -Reihenfolgen genauestens eingehalten werden.

Messuhren und Verzugsmessung

• Mithilfe einer Messuhr können kleinste Bewegungen ermittelt werden. Typische Einsatzzwecke sind Messungen von Unrundlauf, Seitenspiel oder Kolbenpositionen zur Zündeinstellung bei Zweitaktmotoren. Zu einem Messuhr-Set gehört eine Vielzahl von Tastern, Adaptern und Befestigungsmöglichkeiten.

3.15 Der Plastigauge-Streifen wird längs auf die Lageroberfläche gelegt.

• Im Ruhezustand der Uhr muss die Nadel auf Null stehen, gegebenenfalls muss am Ring nachjustiert werden.

• Prüfen Sie, ob der Messbereich der Uhr für die zu erwartende Bewegung ausreicht. Die meisten Uhren haben neben der großen Feinmessanzeige mit 0,01- oder 0,001-mm-Einteilung einen kleinen Zeiger, der ganze Millimeter misst. Zählen Sie zuerst die ganzen Millimeter und dann die Hundertstel oder Tausendstel dazu.

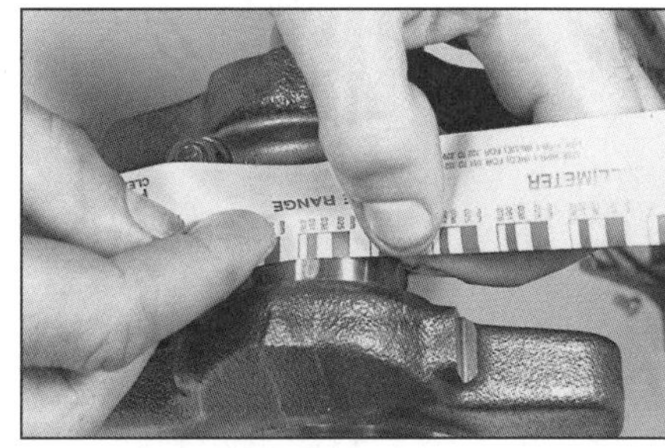

3.16 Messen Sie die Breite der gequetschten Messstreifen.

3.17 Das Messergebnis beträgt 1,48 mm.

In unserem Beispiel wird folgendes Messergebnis abgelesen (siehe Abbildung 3.17):

Grundmessung	1,00 mm
Feinmessung	0,48 mm
Messergebnis	**1,48 mm**

• Wenn der Unrundlauf von Wellen ermittelt werden soll, muss die Welle in den V-förmigen Ausschnitten von stabilen Prismenblöcken liegen und die Messuhr an einem Stativ rechtwinkelig zur Welle montiert werden. Lassen Sie den Taster in der Wellenmitte aufliegen, und drehen Sie langsam die Welle. Beobachten Sie dabei die Anzeige (siehe Abbildung 3.18). Führen Sie ggf. an verschiedenen Stellen der Welle Messungen durch, und merken Sie sich den maximalen Schlag.

Anmerkung: *Das abgelesene Ergebnis stellt den totalen Unrundlauf der Welle dar. Einige Hersteller geben in ihren* Technischen Daten *den maximalen Wert zu einer Seite an, sodass das Ergebnis halbiert werden muss.*

• Das Seitenspiel (Axialspiel) einer Welle kann nach dem sicheren Befestigen der Messuhr am Gehäuse gemessen werden, der Taster wird dabei auf das Wellenende gesetzt. Dann wird die Welle mit der Hand hin- und hergedrückt und anhand der Bewegung des Zeigers das Spiel abgelesen (siehe Abbildung 3.19).

• Zur exakten Zündzeitpunktbestimmung bei mehrzylindrigen Zweitakt-Motoren wird eine Messuhr so platziert, dass der Taster durch das Zündkerzengewinde auf den Kolben zum Liegen kommt. Justieren Sie die Uhr im oberen Totpunkt des Kolbens auf Null, und beachten Sie die Betriebsanleitung.

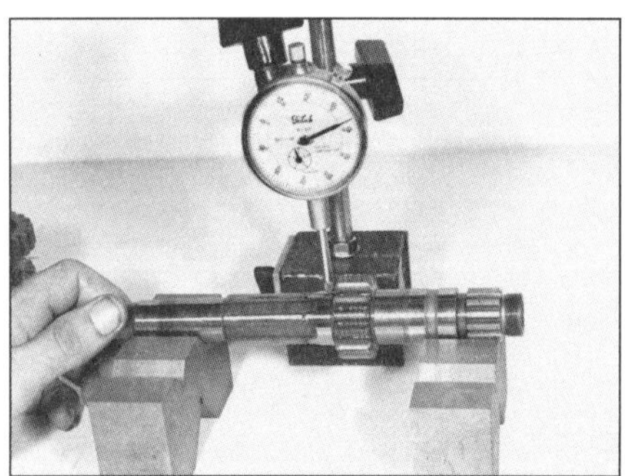

3.18 Messen Sie den Unrundlauf der Welle mit einer Messuhr.

3.19 Hier wird das Axialspiel einer Welle vermessen.

Zylinder-Kompressions-messgerät

• Kompressionsuhren gibt es mit verschiedenen Anschlüssen: Entweder mit einem konusförmigen Gummi, das in die Kerzenbohrung gedrückt werden muss, oder mit passendem Gewinde zum Einschrauben – Letztere ist zu empfehlen. Der Messbereich der Uhr sollte bei Benzinmotoren bis 20 bar gehen.

• Nach dem Entfernen der Zündkerzen wird die Kompression bei drehendem, aber nicht laufendem Motor gemessen (siehe Abbildung 3.20). Führen Sie den Kompressionstest so durch, wie es in der Ausrüstung zur Fehlersuche beschrieben wird. Das Messgerät wird den Druck so lange halten, bis das Ventil per Hand geöffnet wird.

Öldruck-Messgerät

• Um den Öldruck des Motors zu ermitteln, wird ein Öldruck-Messgerät benötigt, die meisten von ihnen sind mit verschiedenen Adaptern ausgerüstet, sodass sie in alle Anschlussgewinde geschraubt werden können (siehe Abbildung 3.21). Wenn der vom Hersteller vorgesehene Anschluss an einer externen Öldruckleitung liegt, muss eine spezielle Ersatz-Ölleitung verwendet werden, um Ölmangel an verschiedenen Komponenten auszuschließen.

3.20 Ein Kompressionstester mit Gummi-Konus muss kräftig in die Bohrung gedrückt werden.

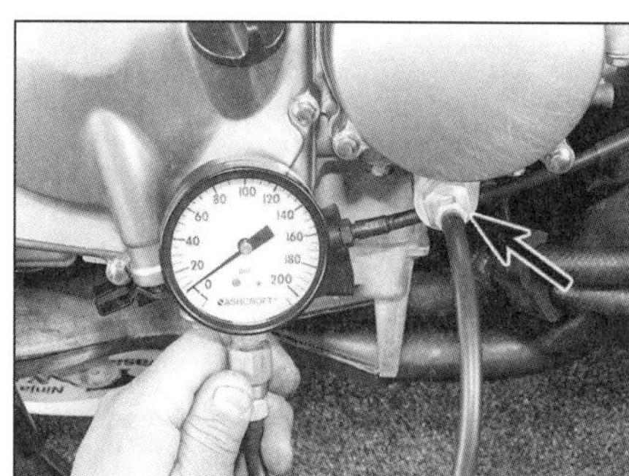

3.21 Öldruck-Messuhr und Anschluss-Adapter (Pfeil)

• Der Öldruck wird bei mit einer bestimmten Drehzahl laufendem Motor gemessen. Oftmals sind die vorgeschriebenen Werte sowohl bei kaltem als auch bei warmem Motor angegeben.

Haarlineale und Verzug

• Zur Kontrolle einer ebenen Dichtfläche auf Verzug muss ein Haarlineal oder ein Präzisions-Stahllineal über die Fläche gelegt und vorhandene Spalte mit einer Fühlerlehre vermessen werden (siehe Abbildung 3.22). Messen Sie diagonal zum Bauteil und zwischen Befestigungsbohrungen (siehe Abbildung 3.23).

• Kontrollieren Sie verschiedene Bauteile, wie Kupplungsreibscheiben auf einer ebenen Fläche (z.B. einem Spiegel), auf Verzug.

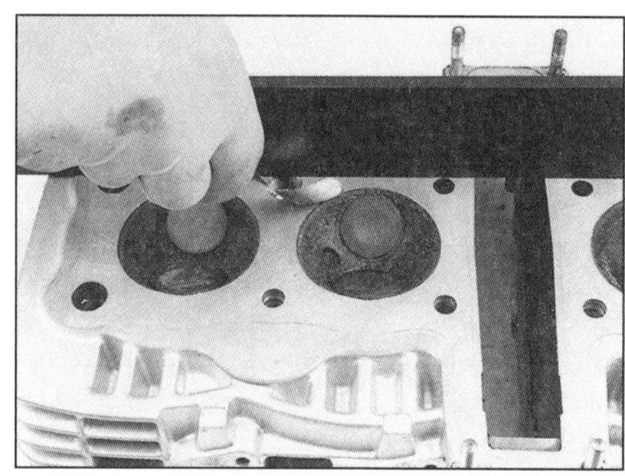

3.22 Messen Sie mit einem Präzisionslineal und einer Fühlerlehre den Verzug der Dichtfläche.

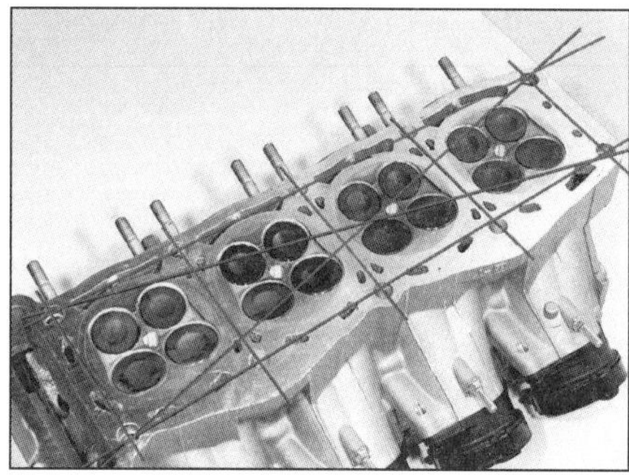

3.23 Kontrollieren Sie die Dichtflächen in diesen Richtungen auf Verzug.

4 Drehmoment und Hebel

Was ist das Drehmoment?

• Mit Drehmoment ist die Drehkraft gemeint, die auf eine Welle wirkt. Das Drehmoment wird bestimmt durch die Länge des Hebels und die auf dessen Ende wirkende Kraft. Die Maßeinheit 1 Nm (Newton pro Meter) bedeutet eine Kraft von einem Newton (ca. 100 g) auf einen ein Meter langen Hebel, ist der Hebel nur 10 cm lang, muss er schon mit 1000 g belastet werden.
• Die vom Hersteller angegebenen Drehmomente sollen sicherstellen, dass sich eine Verbindung weder lockert noch durch zu festes Anziehen Bauteile beschädigt werden. Sie beziehen sich auf die Belastung, die Zugfähigkeit und Größe des Gewindes und das Material, in dem es halten soll.
• Bei einem zu geringen Drehmoment besteht die Gefahr, dass die Verbindung sich im Betrieb löst, zu starkes Drehmoment kann die Verbindungsteile überlasten und beschädigen, sodass sie ab- oder ausreißen. Beachten Sie daher immer die Anzugsdrehmomente in den *Technischen Daten* des jeweiligen Kapitels oder die in diesen *Werkzeug- und Werkstatt-Tipps* angegebenen Standardanzugsdrehmomente.

Der automatische Drehmoment-Schlüssel

• Kontrollieren Sie die Kalibrierung und Funktionsfähigkeit des Drehmomentschlüssels (der für das verlangte Drehmoment ausgelegt sein muss). Oftmals sind auf dem Drehmomentschlüssel mehrere Maßeinheiten angegeben (Nm, kpm oder lbf/in und lbf/ft), verwechseln Sie die Maßeinheiten nicht!
• Stellen Sie den Schlüssel auf das verlangte Drehmoment ein (siehe Abbildung 4.1). Wenn Ihr Drehmomentschlüssel nicht die angegebene Maßeinheit aufweist, muss anhand von Tabellen umgerechnet werden. Wenn Hersteller eine Empfehlung aussprechen (8–10 Nm), sollte die Verbindung mit dem mittleren Wert angezogen werden. Genauso hätte man 9 Nm ± 1 Nm angeben können. Viele Drehmomentschlüssel können nach Einstellen des Wertes arretiert werden, sodass beim Anziehen der Wert nicht verändert werden kann.
• Setzen Sie die Schraube oder Mutter an, und ziehen Sie sie leicht fest. Das Gewinde muss sauber und frei von alten Sicherungskomponenten sein. Wenn nicht anders erwähnt, müssen die Gewinde trocken sein – unter bestimmten Umständen sind eingeölte oder mit Schraubensicherung versehene Gewinde nötig, dann sind entsprechende Drehmomente berücksichtigt.
• Ziehen Sie die Verbindung fest, bis der Drehmomentschlüssel mit einem Klicken automatisch auslöst und damit anzeigt, dass das gewünschte Drehmoment erreicht ist. Kontrollieren Sie ein zweites Mal die Festigkeit der Verbindung. Wird ein Bauteil mit unterschiedlichen Gewindedurchmessern befestigt, müssen immer zuerst die größeren Verbindungen mit den höheren Drehmomenten festgezogen werden.
• Nachdem die Arbeit mit dem Drehmomentschlüssel beendet ist, muss die vorhandene Arretierung gelöst und die Einstellung auf Null gestellt werden – legen Sie den Schlüssel nicht vorgespannt beiseite. Benutzen Sie keinen Drehmomentschlüssel zum Lösen von Verbindungen.

Anziehen mit Winkelmessscheibe

• Manche Hersteller schreiben vor, Schraubverbindungen nach dem Anziehen mit einem vorgegebenen Drehmoment noch um einen bestimmten Winkel nachzuziehen.

4.2 Die aufsetzbare Winkelscheibe wird auf Null arretiert, bevor die Verbindung entsprechend nachgezogen wird.

• Mit einer Winkelmessscheibe (siehe Abbildung 4.2) oder einem Winkelmesser kann der gewünschte Winkel bestimmt und entsprechend nachgezogen werden (siehe Abbildung 4.3).

Lockerungsreihenfolge

• Wenn mehrere Schrauben oder Muttern eine Komponente sichern, sollten sie alle gleichmäßig Schritt für Schritt gelöst werden, sodass nicht zum Schluss die gesamte Last auf einer Verbindung liegt und das Bauteil verbiegen oder verziehen kann.
• Wenn vom Hersteller eine Anzugsreihenfolge vorgegeben ist, müssen die Verbindungen entgegengesetzt gelöst werden. Ansonsten werden Verbindungen schrittweise von außen nach innen gelockert (siehe Abbildung 4.4).

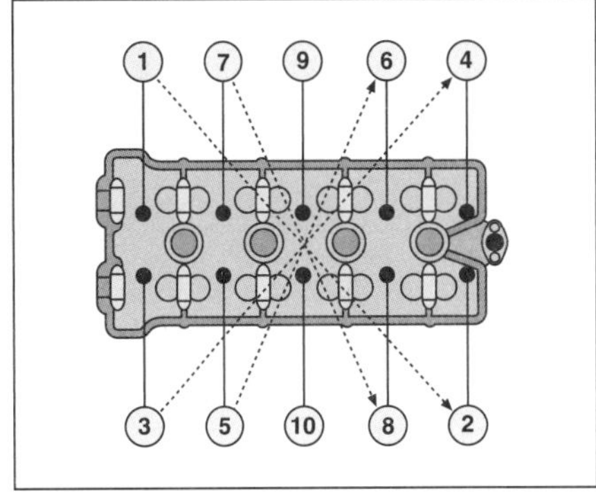

4.4 Beim Lösen von Schraubverbindungen muss Sie von außen nach innen arbeiten.

Anzugsreihenfolge

• Wenn mehrere Schrauben oder Muttern eine Komponente sichern, sollten alle gleichmäßig Schritt für Schritt angezogen werden, sodass nicht zu Anfang die gesamte Last auf einer Verbindung liegt und Dichtungen zerstört werden oder das Bauteil verbiegen oder verziehen kann. Besonders wichtig ist ein gleichmäßiges Anziehen bei großflächigen und festen Verbindungen wie Zylinderköpfen oder Motorgehäusen.
• Normalerweise wird vom Hersteller eine Anzugsreihenfolge entweder als Zeichnung oder auch direkt am Bauteil markiert, angegeben. Wenn nicht, wird in der Mitte begonnen und schritt- und kreuzweise nach außen gearbeitet

4.1 Stellen Sie den Drehmomentschlüssel auf das gewünschte Anzugsmoment ein, in diesem Fall auf 12 Nm.

4.3 Man kann den Winkel auch per Auge oder Geodreieck bestimmen.

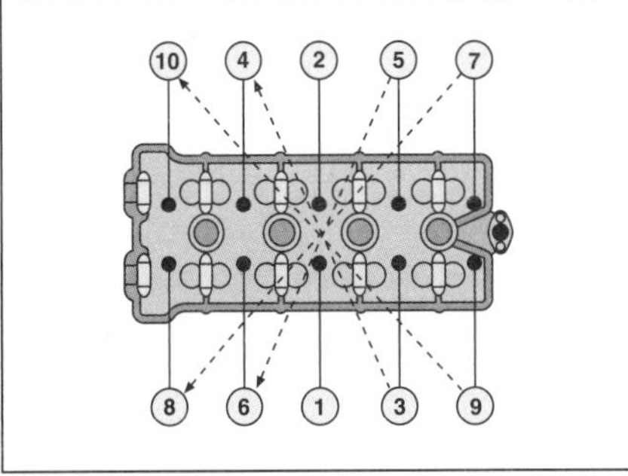

4.5 Typische Anzugsreihenfolge von Schrauben oder Muttern einer großflächigen Verbindung

(siehe Abbildung 4.5). Beginnen Sie mit handfestem Anziehen aller Verbindungen, setzen Sie dann den Drehmomentschlüssel an, und ziehen Sie alles schrittweise und über Kreuz fester, bis alle Anzugsdrehmomente stimmen. Nur so ist gewährleistet, dass die Verbindung hält und nichts beschädigt wird. Wichtige Verbindungen wie Zylinderköpfe haben oftmals zwei oder drei Anzugsschritte, bis alles endgültig festgezogen wird.

Der richtige Hebel

- Verwenden Sie Werkzeuge im richtigen Winkel. Ziehen Sie Schlüssel wenn möglich immer zu sich hin, wenn Verbindungen gelöst werden sollen. Wenn das nicht möglich ist, darf das Werkzeug nicht von der Hand umschlungen sein (siehe Abbildung 4.6) – der Schlüssel kann abrutschen oder die Verbindung sich plötzlich lösen, und Ihre Finger an scharfen Kanten gequetscht oder aufgerissen werden.

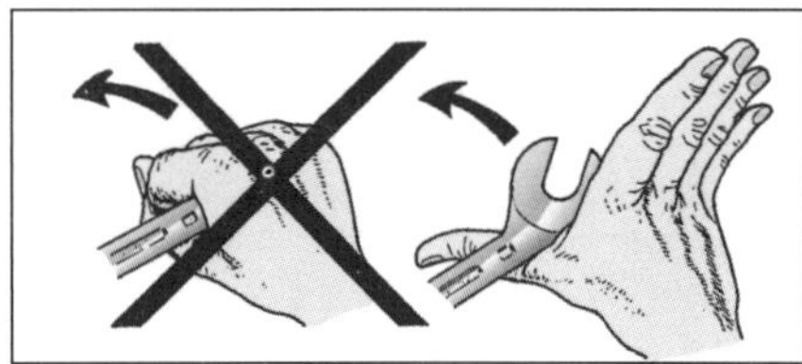

4.6 Wenn Sie den Schlüssel nicht zu sich ziehen können, drücken Sie ihn mit geöffneter Hand.

- Bei sehr festen Verbindungen kann eine Hebelverlängerung durch ein Rohr oder Stange helfen, sie zu lösen. Normalerweise sind Werkzeuge jedoch so ausgelegt, dass mit ihnen alle entsprechenden Verbindungen gelöst werden können. Wie Sie festgegangene Verbindungen lösen können, ist unter Punkt 2 beschrieben. Inbusschrauben und deren Gewinde können sehr leicht zerstört werden, wenn man einen Inbusschlüssel mit einem Rohr verlängert. Beim Anziehen sollten Verlängerungen generell nie benutzt werden, da man sich mit der eingesetzten Kraft leicht verschätzen kann.

5 Lager

Wälzlager – Aus- und Einbau

Treiber und Steckschlüsselnüsse

- Bevor man mit dem Ausbau eines Lagers beginnt, muss man sich vergewissern, in welche Richtung es demontiert wird. Einige Gehäuse haben angegossene Nuten oder Halteplatten. Überprüfen Sie Identifikations-Markierungen an den Lagern, und messen Sie ggf. ihre Einbautiefe im Gehäuse. Merken Sie sich die Einbaurichtung, wenn das Lager auf einer Seite abgedichtet ist.

5.1 Mit einem Lagertreiber, der nur den äußeren Ring berührt, wird das Lager eingetrieben.

5.2 Auch eine passende Nuss kann hierfür verwendet werden. Verkanten Sie das Lager nicht!

- Wälzlager können mit einem passenden Austreib-Werkzeug oder einer Steckschlüsselnuss, deren Durchmesser etwas kleiner als der Außendurchmesser des Lagers ist, aus dem Gehäuse geschlagen werden. Stützen Sie das Gehäuse rund um das Lager mit Holzblöcken ab, um es vor Verzug zu schützen. Nach ein paar Schlägen mit einem schweren Hammer auf den Treiber sollte das Lager aus dem Gehäuse fallen. Wenn der Zugang, z.B. bei Radlagern, erschwert ist, muss das Lager mit einem Treibdorn im Kreis herum ausgeschlagen werden, damit es nicht im Sitz verkantet.
- Mit der gleichen Ausrüstung können auch neue Lager eingetrieben werden. Stützen Sie auch hier das Gehäuse mit Holzblöcken ab. Setzen Sie das Lager senkrecht – und bei einseitiger Abdichtung richtig herum, die Beschriftung zeigt normalerweise immer nach außen – in die Bohrung, und treiben Sie es ein. Wird hierbei der Käfig, Dichtring oder innerer Lagerring berührt, ist das Lager zerstört (siehe Abbildungen 5.1 und 5.2).
- Kontrollieren Sie, ob der Innenring sich nach der Montage frei drehen lässt.

5.3 Dieser Lagerabzieher ist mit einer Trennvorrichtung versehen, die unter das Lager geklemmt wird.

Abzieher und Zughammer

- Wenn ein Lager auf eine Welle gepresst ist, kann man es meist nur mit einem Abzieher wieder herunterbekommen (siehe Abbildung 5.3). Gehen Sie sicher, dass die Abzieher-Arme sicher hinter das Lager greifen und nicht abrutschen können. Wenn kein Platz zum Abziehen ist, kann es manchmal nötig sein, das dahinter liegende Zahnrad zusammen mit dem Lager abzuziehen (siehe Abbildung 5.4).

5.4 Wenn hinter dem Lager kein Platz für die Abzieherarme ist, kann z.B. das dahinter liegende Zahnrad mit abgezogen werden.

Achtung: Gehen Sie sicher, dass sich die Spindel des Abziehers immer in der Mitte der Welle befindet und beim Anziehen nicht abrutscht. Achten Sie darauf, dass die Welle nicht beschädigt wird.

- Setzen Sie den Abzieher so an, dass die Spindel sich in der Mitte der Welle abdrückt und nicht abrutscht, wenn das Lager abgezogen wird.
- Wenn das Lager auf die Welle getrieben wird, darf der äußere Ring und der Käfig oder Dichtring nicht berührt werden. Mithilfe eines Steck-

5.5 Benutzen Sie zum Auftreiben des Lagers ein Rohr, das etwas größer ist als die Welle und nur den inneren Lagerring berührt.

5.6 Nach dem Einführen wird der Auszieher aufgespreizt, sodass er hinter den Innenring greift.

5.7 Dann kann ein Zughammer aufgeschraubt und durch dessen nach oben geschlagenes Gewicht das Lager ausgetrieben werden.

schlüssels oder passenden Rohrs, das nur den inneren Lagerring berührt, kann das Lager bis auf seinen Sitz geschlagen werden (siehe Abbildung 5.5).

• Lager, die in Sacklöchern stecken, können nicht ausgeschlagen werden. Hier wird ein Innenauszieher benötigt, der in das Lager gesteckt und dann aufgespreizt wird (siehe Abbildung 5.6). Dieser Auszieher wird zusammen mit dem Lager entweder mit einem Abzieher herausgezogen oder mit einem Zughammer herausgetrieben (siehe Abbildung 5.7).

• Es kann auch möglich sein, dass das Lager durch sein Eigengewicht aus dem Gehäuse fällt, nachdem dieses wie unten beschrieben erhitzt worden ist. Legen Sie das Gehäuse, um die Dichtfläche nicht zu beschädigen, so auf eine nicht zu harte Oberfläche, dass das Lager

5.8 Schlagen Sie das erwärmte Gehäuse mehrmals auf Holzblöcke, um das Lager herausfallen zu lassen.

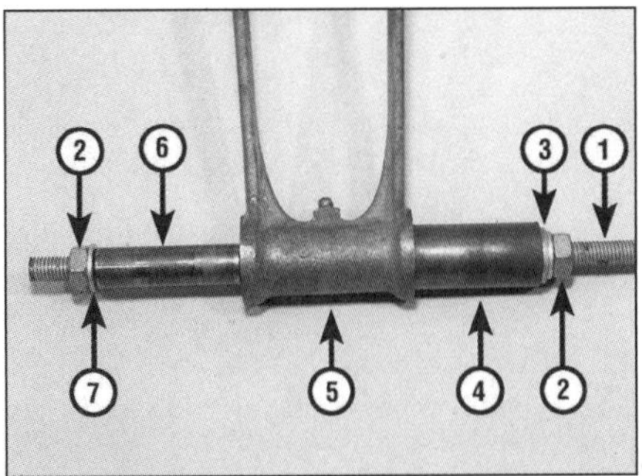

5.9 Hier soll eine Lagerbuchse gewechselt werden.

1 lange Schraube oder Gewindestange
2 Muttern
3 Scheiben mit größerem Außendurchmesser als Rohr-Innendurchmesser
4 Rohr mit zur Buchse passendem Durchmesser
5 Hebelarm mit Lagerbuchse
6 Rohr mit etwas kleinerem Durchmesser als Lagerbuchse
7 Scheibe mit etwas kleinerem Außendurchmesser als Lagerbuchse

nach unten herausfallen kann. Tragen Sie beim Erwärmen Handschuhe, und klopfen Sie dabei das Gehäuse regelmäßig auf die Oberfläche, um das Lager leichter herausfallen zu lassen (siehe Abbildung 5.8).

• Lager können genauso in Sacklöcher montiert werden, wie es oben beschrieben ist.

Einziehvorrichtungen

• Lager oder Buchsen, die z.B. in obere Pleuelaugen oder andere Hebel eingepresst sind, können nicht ohne Beschädigung des Bauteils aus-

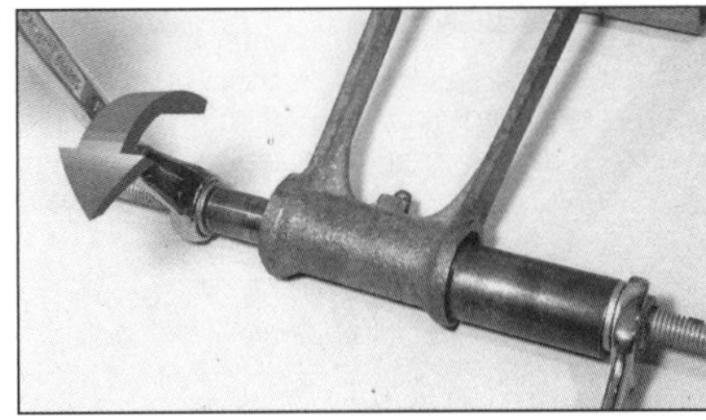

5.10 Hier wird die Lagerbuchse aus dem Hebel gezogen.

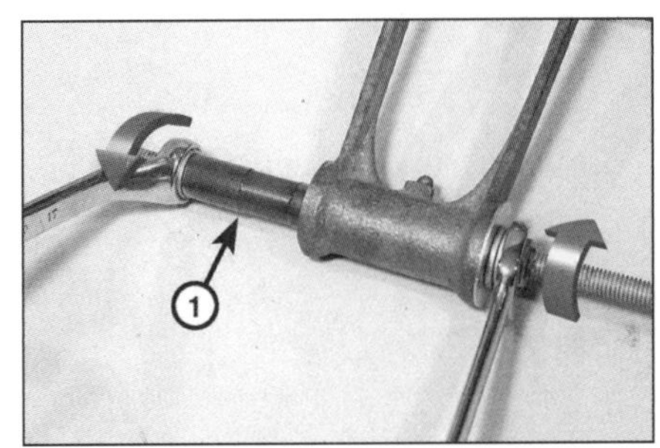

5.11 Die neue Lagerbuchse (1) wird in das Bauteil gezogen.

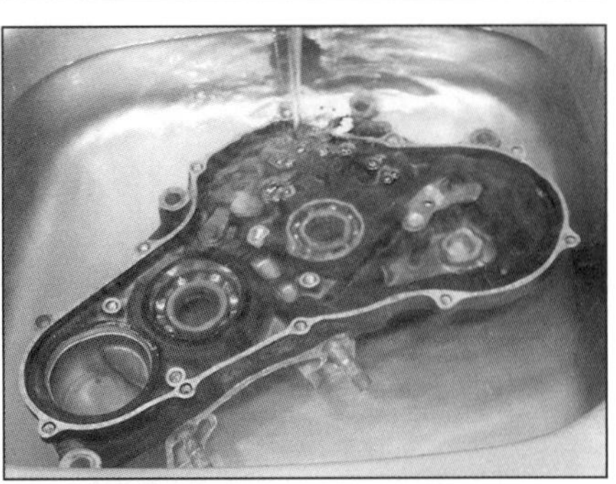

5.12 Passt das Teil in einen Topf, kann es in kochendem Wasser erwärmt werden. Schützen Sie danach die Stahlteile vor Rost!

geschlagen werden. Auch Gummibuchsen lassen sich schlecht durch Schläge aus- und eintreiben. Wenn man Zugang zu einer maschinellen Presse hat, kann man hiermit arbeiten, falls nicht, muss zum Aus- und Einziehen von Buchsen ein Werkzeug angefertigt werden.

• Man benötigt eine lange Schraube mit Mutter (oder eine Gewindestange mit zwei Muttern), ein Stück Rohr, das einen größeren Innendurchmesser als die Buchse hat, ein weiteres Stück Rohr mit einem kleineren Außendurchmesser als die Buchse und eine Reihe verschiedener Scheiben (siehe Abbildungen 5.9 und 5.10). Die Rohre müssen länger sein als die Buchse.

• Das gleiche Werkzeug, ohne Rohre, kann man zum Einziehen der Buchse benutzen (siehe Abbildung 5.11).

Ausdehnung durch Erwärmung

• Wenn der Lageraußenring fest im Leichtmetallgehäuse steckt, kann dieses erwärmt werden, um das Lager zu lockern. Aluminium dehnt sich bei Erwärmung mehr aus als Stahl, also darf auch das Lager warm werden. Es gibt verschiedene Möglichkeiten der Erwärmung, doch sollte man auf offene Brennerflammen verzichten, da das Material sich verziehen oder sogar schmelzen kann.

• Man kann das Teil in einem auf nicht mehr als 100 °C erwärmten Backofen oder in kochendem Wasser erwärmen (siehe Abbildung 5.12). Eine gezielte Erhitzung ist mit einem Heißluftgebläse, wie es zum Abbeizen verwendet wird, oder einem Bügeleisen zu erreichen (siehe Abbildung 5.13).

5.13 Die Umgebung des Lagers kann mit einem Heißluftgebläse erwärmt werden. Schützen Sie Dichtungen vor direkter Hitze!

Warnung: Bei all diesen Methoden müssen zur Vermeidung von Verbrennungen Handschuhe getragen werden.

- Beim Erhitzen des ganzen Gehäuses muss darauf geachtet werden, dass Kunststoffteile, wie Leerlaufschalter, beschädigt werden könnten – bauen Sie sie vorher aus.
- Bauen Sie unverzüglich nach dem Erhitzen das Lager aus. Sie werden merken, dass es sehr leicht auszutreiben ist oder gar von allein herausfallen wird.
- Auch zur Erleichterung des Einbaus neuer Lager kann das Gehäuse erhitzt werden. Die Motorradhersteller haben oft die Gehäuse entsprechend konstruiert und benutzen diese Methode bei der Motormontage.
- Zur leichteren Montage kann man das Lager auch über Nacht in die Kühltruhe legen, damit sie sich zusammenziehen. Empfohlen wird diese Methode z.B. bei den Lagerschalen, die in den Lenkkopf getrieben werden.

Lagertypen und Markierungen

- An Motorrädern findet man Gleitlagerschalen und Wälzlager (Nadellager, Kegellager und Kugellager) in verschiedenen Größen (siehe Abbildungen 5.14 und 5.15). Die Rollen (Kugeln, Kegel oder Nadeln) der Wälzlager sitzen meistens in Käfigen, doch gibt es auch offene Lager.
- Gleitlager werden normalerweise bei Kurbelwellen und Pleuelfüßen verwendet, da sie hohe Druckbelastung aushalten, auch die Fertigung des Kurbeltriebs wird dadurch erheblich erleichtert. Sie benötigen konstanten Öldruck, da sie sonst schnell fressen. Sie sind zumeist aus gesinterter (selbstschmierender) Phosphor-Bronze, um beim Motorstart, wenn erst Öldruck aufgebaut wird, Notlaufeigenschaften zu besitzen.

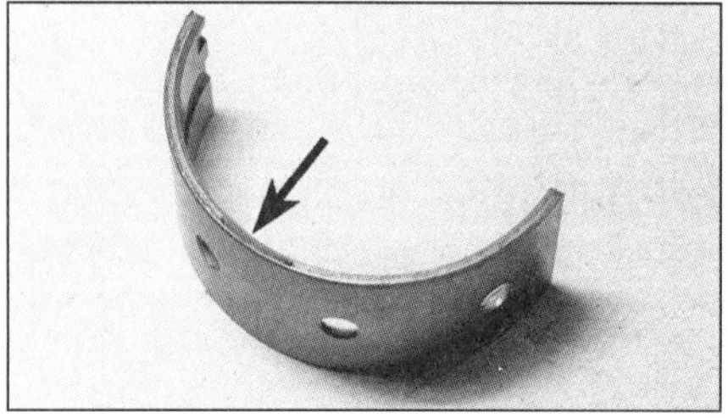

5.14 Gleitlager-Schalen gibt es glatt oder mit Nuten. Normalerweise sind sie mit Farb-Codes markiert.

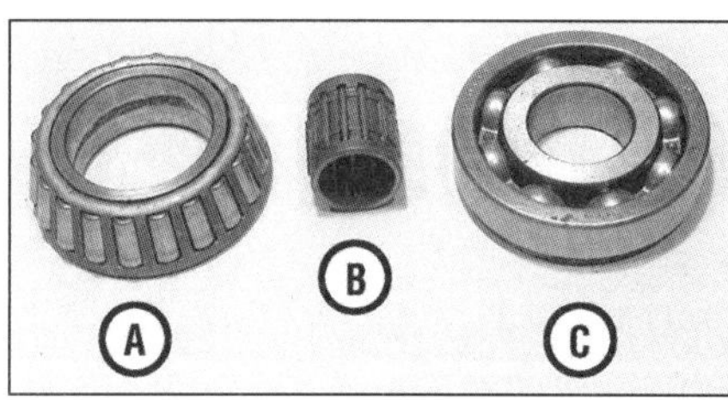

5.15 Kegelrollenlager (A), Nadellager (B) und Kugellager (C), alle mit Käfig

5.16 Typische Markierung eines Kugellagers

- Wälzlager besitzen einen inneren und einen äußeren Ring, zwischen denen Rollen oder Kugeln laufen. Sie benötigen konstante Schmierung mit Öl oder Fett, aber keinen Öldruck, und halten axiale Belastungen aus. Kugellager sind nur komplett als Bauteil zu montieren, die meisten Nadellager und Kegellager bestehen aus getrennt zu montierenden Innen- und Außenringen. Letztere halten hohe axiale Belastungen aus und werden deshalb oft in Lenkköpfen eingesetzt.
- Wälzlager sind im Gegensatz zu Gleitlagern Normteile, die bei bekannter Markierung (anhand derer das Maß, die Belastbarkeit und der Typ bestimmt werden können) im Fachhandel besorgt werden können (siehe Abbildung 5.16).
- Metallbuchsen bestehen üblicherweise aus Phosphorbronze, in Stoßdämpferaugen werden Gummibuchsen verwendet, in billigen Schwingenlagerungen fristen Plastikbuchsen ein kurzes Dasein.

Fehlersuche bei Lagern

- Wenn sich ein Lageraußenring im Lagersitz gedreht hat, ist das Gehäuse beschädigt. Wenn noch nicht allzu viel Material abgetragen ist, kann man das Lager mit Spezialkleber einsetzen.

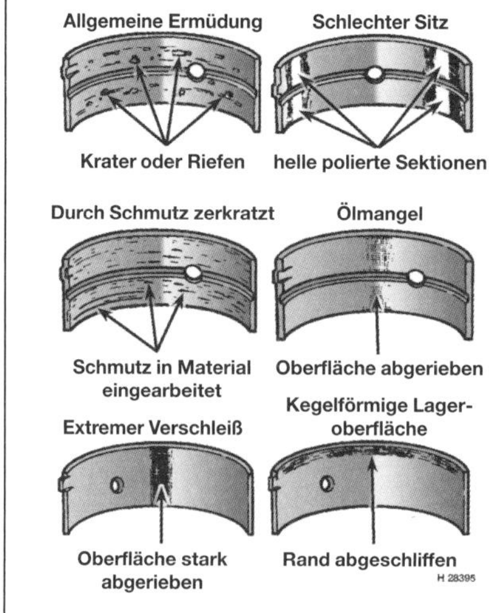

5.17 Typische Lager-Schäden

5.18 Diese Kugeln haben deutliche Abdrücke – das Lager ist defekt.

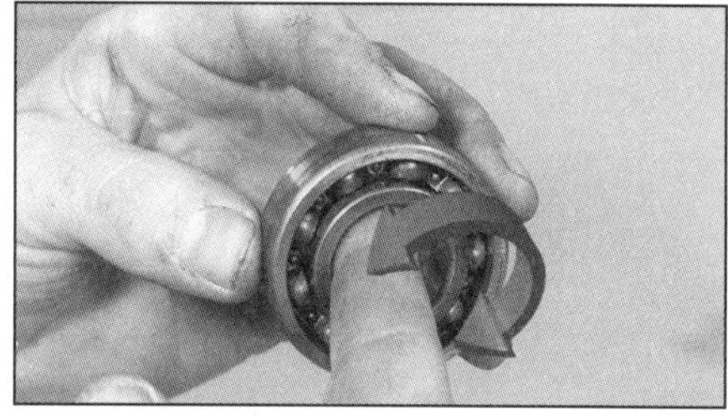

5.19 Halten Sie den äußeren Ring, und drehen Sie den inneren Ring dicht am Ohr.

- Gleitlagerschalen können durch Ölmangel, Korrosion oder Fremdteilchen im Öl beschädigt werden (siehe Abbildung 5.17). Kleine Teilchen werden in die Lageroberfläche eingearbeitet, während große Teile die Schale und die Welle zerkratzen. Wird das Motorrad viel auf Kurzstrecken eingesetzt, kann sich der Motor nur ungenügend erwärmen, und dadurch entstehendes Kondenswasser sorgt für mangelnde Schmierung und kann das Lager korrodieren lassen.
- Kugel- und Rollenlager können durch Überhitzung (bei Ölmangel) und eindringenden Schmutz zerstört werden, Kegelrollenlager drücken sich bei zu hoher Last ein. Wälzlager unterliegen auch bei vorschriftsmäßiger Benutzung einem gewissen Verschleiß. Wenn ein Wälzlager nicht auf beiden Seiten abgedichtet ist, kann es in Petroleum von alten Fettresten befreit und anschließend getrocknet werden, sodass bei einer Sichtinspektion schadhafte Kugeln, Käfige und Laufflächen entdeckt werden können (siehe Abbildung 5.18).
- Ein Kugellager kann auf Verschleiß kontrolliert werden, wenn man sich seinen Rundlauf genau anhört. Geben Sie dünnes Öl in das Lager, und drehen Sie den Innenring dicht am Ohr (siehe Abbildung 5.19). Es sollten keine Laufgeräusche festzustellen sein. Wenn es hakt oder rau läuft, ist es verschlissen.

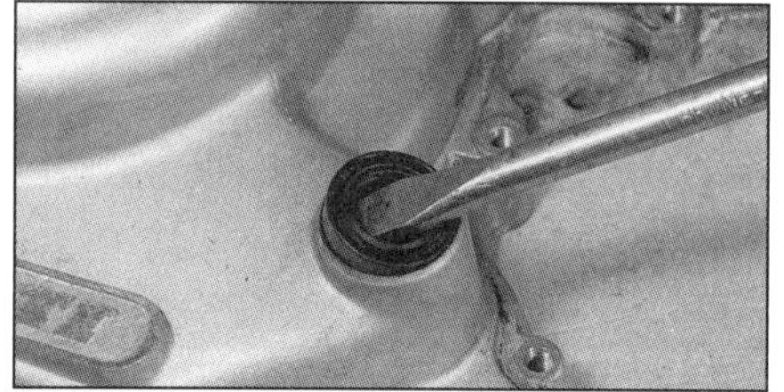

6.1 Dichtringe werden beim Aushebeln zerstört – verwenden Sie sie niemals wieder!

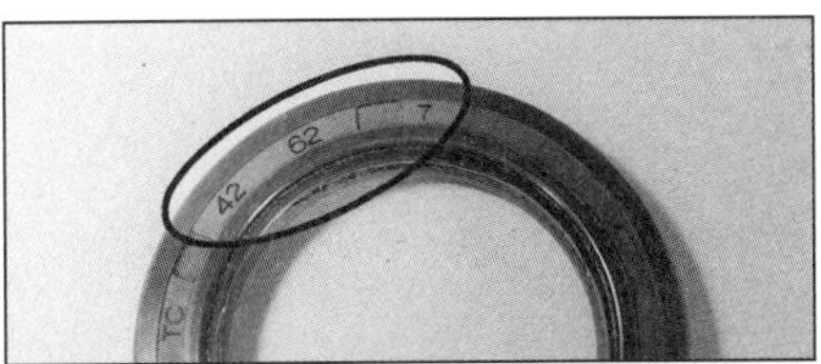

6.2 **Diese Dichtring-Markierungen geben die Innengröße, die Außengröße und die Breite an.**

6 Dichtringe

Aus- und Einbau

- Wellen-Dichtringe (auch »Simmerringe« genannt) sollten bei jeder Demontage der entsprechenden Baugruppe erneuert werden, da die Dichtlippen mit der Zeit verschleißen und das Material altert.
- Dichtringe können mit einem großen Schlitzschraubendreher aus ihrem Sitz gehebelt werden (siehe Abbildung 6.1). Achten Sie beim Ausbau darauf, dass der Dichtring nicht durch Seegerringe oder Draht gesichert ist.
- Neue Dichtringe werden normalerweise mit den markierten Seiten nach außen und der Federseite gegen die Flüssigkeit eingebaut. Sonderformen dichten z.B. Kurbelgehäuse von Zweitaktmotoren in beide Richtungen ab.
- Mit einem nur außen am Ring anliegenden Lagertreiber oder Steckschlüssel wird der neue Dichtring senkrecht an seinen Platz getrieben – Schläge auf die Dichtfläche zerstören den Ring.

Dichtringtypen und Markierungen

- Dichtringe sind normalerweise mit einfachen Dichtlippen ausgerüstet. Doppeldichtungen werden verwendet, wenn beidseitig Flüssigkeit oder Gas gegeneinander abgedichtet werden müssen.
- Dichtringe härten nach langer Zeit aus. Wenn das Motorrad lange gestanden hat, hilft nur ein Auswechseln aller Dichtringe.
- Dichtringe sind meistens Normteile. Doch außer den angegebenen Maßen (siehe Abbildung 6.2) sind sie aus für ihre Einsatzzwecke entsprechendem Material konstruiert.

7 Dichtungen und Dichtmasse

Dichtungs- und Dichtmassentypen

- Um das Austreten von Flüssigkeiten und Überdruck zu verhindern, werden Komponenten gegeneinander abgedichtet. Aluminium- oder Kupferdichtungen findet man häufig an Zylinderköpfen, die meisten Dichtungen sind aus Papier. Wenn die Dichtflächen der Gehäuse nicht beschädigt sind, können die Dichtungen trocken angesetzt werden, mit etwas Fett oder Dichtmasse können sie eventuell für die Montage in Position gehalten werden.
- Mit Silikondichtmasse können kleine Löcher oder Unregelmäßigkeiten ausgeglichen werden. Durch Zusammenziehen der Gehäuseteile wird Silikon zur Seite herausgepresst. Man kann zwar damit Papierdichtungen ersetzen, doch muss zuvor kontrolliert werden, ob die Dicke des Papiers nicht für bestimmte Bauteile wichtig ist. Silikon sollte nicht bei hohen Temperaturen oder Benzinberührung eingesetzt werden.
- Dauerelastische, anhärtende oder aushärtende Dichtmasse kann zusammen mit Dichtungen oder direkt zwischen Metall-Dichtflächen eingesetzt werden. Für bestimmte Zwecke werden bestimmte Dichtmassen benötigt: Dauerelastische Dichtmasse kann an fast allen Verbindungen eingesetzt werden, anhärtende Masse an rauen oder beschädigten Dichtungen, und aushärtende Dichtmasse wird an immer bestehenden Verbindungen oder bei hohen Temperaturen und hohem Druck verwendet.

Anmerkung: *Kontrollieren Sie zunächst, ob die verwendeten Papierdichtungen mit Dichtmasse imprägniert sind, bevor Sie zusätzliche Dichtmasse auftragen.*

- Überprüfen Sie, ob die ausgewählte Dichtmasse den Ansprüchen der Dichtung genügt, d.h. hohe Temperaturen oder Benzin aushalten. Einige Anbieter verkaufen Dichtmassen in verschiedenen Farben, sodass man für seinen Motor die unauffälligste aussuchen sollte.
- Geben Sie nicht zu viel Dichtmasse auf die Flächen, da sie sich nicht nur nach außen, wo sie abgewischt werden kann, sondern auch nach innen drücken kann, wo abgefallenes Material im Extremfall Ölkanäle verstopfen kann.

7.1 **Wenn Hebellaschen vorhanden sind, kann hier vorsichtig mit einem Schraubendreher auseinander gehebelt werden.**

7.2 **Klopfen Sie mit einem weichen Hammer die Dichtungs-Umgebung ab – zerstören Sie keine Kühlrippen.**

Viele Bauteile werden mit einer oder zwei Passhülsen zwischen den Dichtflächen zusammengefügt. Wenn eine Passhülse sich nicht entfernen lässt, darf sie nicht mit Zangen gegriffen werden, da sie dabei verbogen und zerstört wird. Legen Sie zur Stabilisierung eine eng sitzende Steckschlüsselnuss oder einen passenden Kreuzschlitzschraubendreher hinein, und greifen Sie die Hülse dann mit der Zange.

Öffnen einer Dichtverbindung

- Alter, Hitze, Druck und die Verwendung aushärtender Dichtmasse können dafür sorgen, dass zwei zusammenhängende Bauteile alleine mit Fingerkraft kaum wieder auseinander zu bekommen sind. Doch dürfen keine Hebel

7.3 **Dichtungsreste können mit einem Dichtungsschaber, . . .**

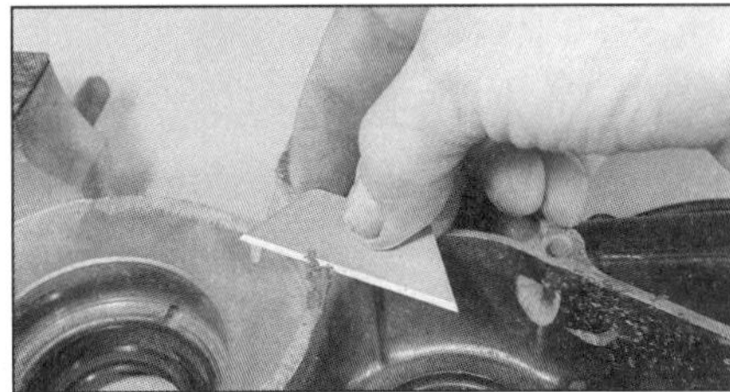

7.4 **. . . einer Messerklinge . . .**

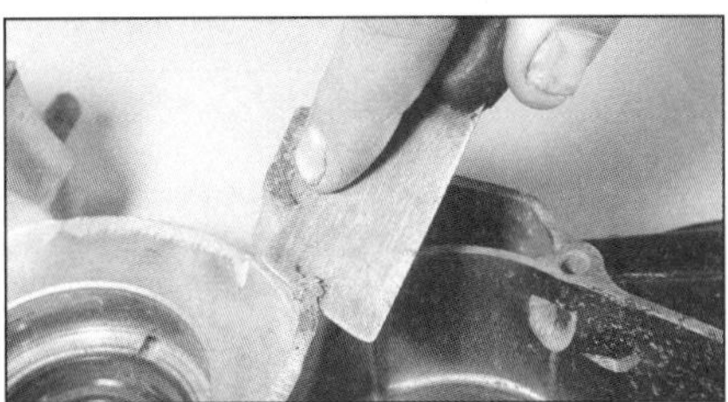

7.5 **. . . oder einem Spachtel entfernt werden.**

7.6 Mit um eine Flachfeile gewickeltem feinen Schleifpapier wird die Dichtfläche gereinigt.

benutzt werden, wenn hierfür keine Hebelstellen vorgesehen sind (siehe Abbildung 7.1), da sonst die Dichtflächen beschädigt werden.

- Mithilfe eines Gummi- oder Kunststoffhammers (siehe Abbildung 7.2) oder aber eines Stahlhammers mit Holzstück wird in der Nähe der Dichtflächen gegen die Bauteile geklopft. Schlagen Sie nicht gegen filigrane Gussteile wie Kühlrippen, da sie abbrechen können. Zeigt diese Methode Erfolg, können die Gehäusehälften mit einem dazwischen geschobenen Holzstück auseinandergedrückt werden.

Achtung: Wenn die Verbindung sich gar nicht lösen lässt, kontrollieren Sie, ob wirklich alle Schrauben gelöst sind.

Entfernen alter Dichtungen

- Papierdichtungen lassen sich zumeist relativ rückstandsfrei entfernen. Übrig gebliebene Reste müssen vor dem Auflegen einer neuen Dichtung gründlich entfernt werden.
- Kratzen Sie alle Dichtungsreste sorgfältig und vorsichtig ab, hobeln Sie dabei kein Aluminium ab, und kerben Sie es nicht ein (siehe Abbildungen 7.3, 7.4 und 7.5). Hartnäckige Rückstände können mit Dichtungsentferner aus der Sprühdose entfernt werden. Zum Schluss der Reinigung müssen die Dichtflächen mit sehr feinem Schleifpapier (siehe Abbildung 7.6) oder einem Topfschwamm gereinigt werden.
- Alte Dichtmasse kann je nach Typ abgekratzt oder abgepult werden. Beachten Sie, dass es chemische Dichtungsentferner gibt, die die Arbeit erleichtern, doch müssen sie für die vorhandene Dichtungsmasse ausgelegt sein.

8 Ketten

Trennen und Verbinden von Antriebsketten

- Antriebsketten für größere Motorräder sind endlos, d.h. sie haben kein Schloss zum Öffnen. Soll die Kette gewechselt werden, muss die alte mit einem Kettentrenner geöffnet, und die neue nach dem Aufziehen ordentlich vernietet werden. Federclip-Schlösser dürfen nur im Notfall verwendet werden. Zum Trennen und Vernieten gibt es neben den gezeigten Werkzeugen eine Vielzahl anderer – lesen Sie vor dem Arbeiten deren Gebrauchsanweisungen.
- Drehen Sie die Kette, und suchen Sie das Nietschloss. Im Gegensatz zu den anderen Bolzen, die am Rand abgeplattet sind, sind seine Bolzen durch zentrale Schläge aufgespreizt (siehe Abbildung 8.9). Positionieren Sie das Schloss zwischen die Ritzel, und setzen Sie an einen Bolzen die Trennvorrichtung an (siehe Abbildung 8.1). Drücken Sie den Bolzen durch die Kette (siehe Abbildung 8.2). Achten Sie bei einer O-Ringkette auf die entsprechenden Dichtungen (siehe Abbildung 8.3). Führen Sie die Prozedur am anderen Bolzen durch.

Warnung: Eine Antriebskette ist über lange Zeit und unter widrigen Umständen einer sehr hohen Belastung ausgesetzt. Nur mit einer korrekten Vernietung kann sie die gewünschte Lebensdauer erreichen. Eine abreißende Kette stellt für Mensch und Maschine eine große Gefahr dar!

8.1 Drücken Sie mit dem Kettentrenner den Bolzen durch die Kette, . . .

8.2 . . . entfernen Sie den Bolzen, nehmen Sie das Werkzeug ab, . . .

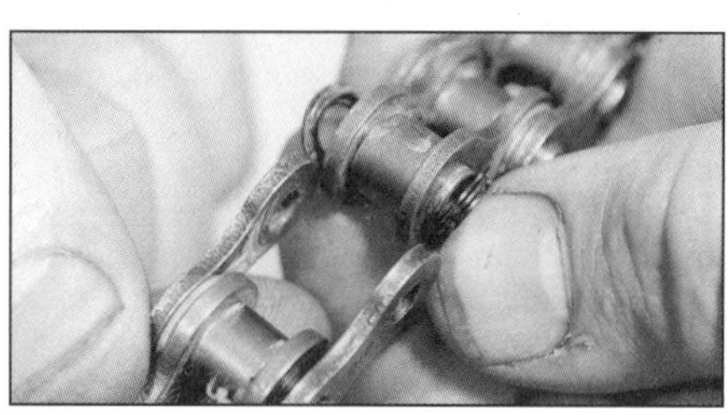

8.3 . . . und öffnen Sie die Kette.

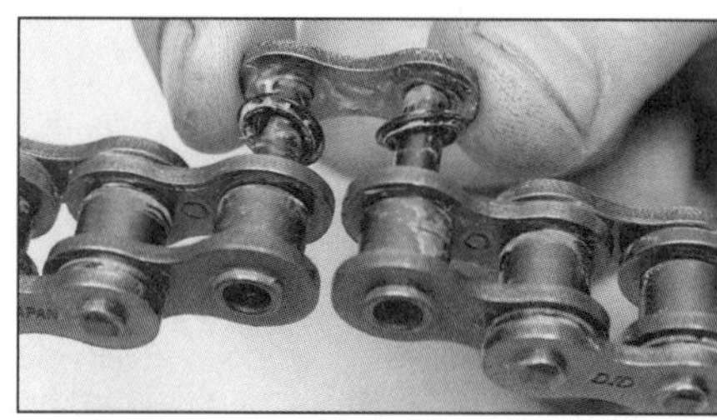

8.4 Drücken Sie das neue mit O-Ringen bestückte Schloss durch die Enden der Kette, . . .

8.5 . . . legen Sie neue O-Ringe über die Bolzenenden, . . .

8.6 . . . und legen Sie die neue Lasche auf.

Achtung: Bei großen und sehr harten Ketten kann es nötig sein, die Vernietung der Bolzen abzufeilen oder abzuschleifen, bevor sie sich durch die Kette drücken lassen.

- Überprüfen Sie, ob das neue Schloss in der Größe und Stärke der Kette entspricht – verwenden Sie niemals das alte Schloss wieder. Die Größen und Ausführungen der Ketten sind auf den Gliedern eingestanzt (siehe Abbildung 8.10).
- Legen Sie die Enden der Kette über das hintere Kettenrad. Legen Sie bei einer O-Ringkette je einen neuen O-Ring auf die Bolzen des Schlosses, und schieben Sie das Schloss

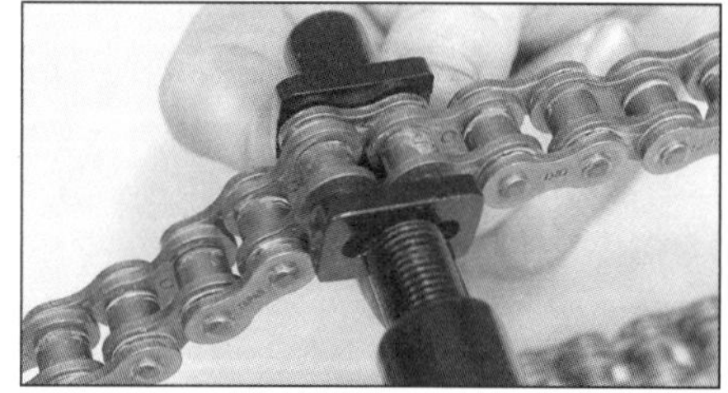

8.7 Mit einer solchen Klemme lässt sich die Lasche leicht in ihre Position schieben.

8.8 Mit dem Ketten-Verniet-Werkzeug wird pro Arbeitsgang ein Bolzen vollständig vernietet.

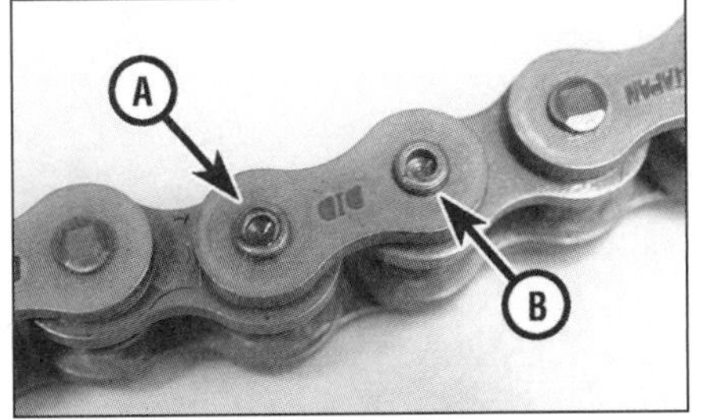

8.9 Korrekt vernieteter Bolzen (A), Bolzen noch nicht vernietet (B)

durch die beiden Kettenenden (siehe Abbildung 8.4). Legen Sie auf jedes Bolzenende einen neuen O-Ring und darüber die neue Lasche (siehe Abbildungen 8.5 und 8.6).

- Die Lasche lässt sich nicht mit der Hand aufschieben. Benutzen Sie entweder ein spezielles Werkzeug (siehe Abbildung 8.7), eine Zange oder Klemme, mit der Sie die Lasche über die Bolzen drücken können.
- Positionieren Sie das Verniet-Werkzeug der Anleitung entsprechend über dem Bolzen, und spreizen Sie ihn durch Einschrauben der Spindel auseinander (siehe Abbildungen 8.8 und 8.9). Wiederholen Sie die Prozedur am anderen Bolzen.

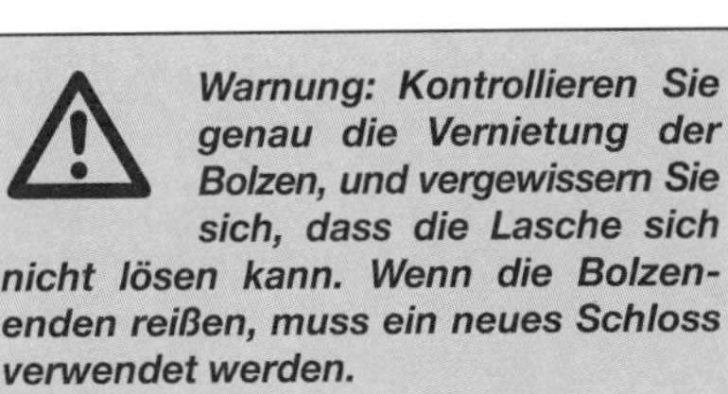

Warnung: Kontrollieren Sie genau die Vernietung der Bolzen, und vergewissern Sie sich, dass die Lasche sich nicht lösen kann. Wenn die Bolzenenden reißen, muss ein neues Schloss verwendet werden.

8.10 Typische Kettengröße und Typenmarkierung

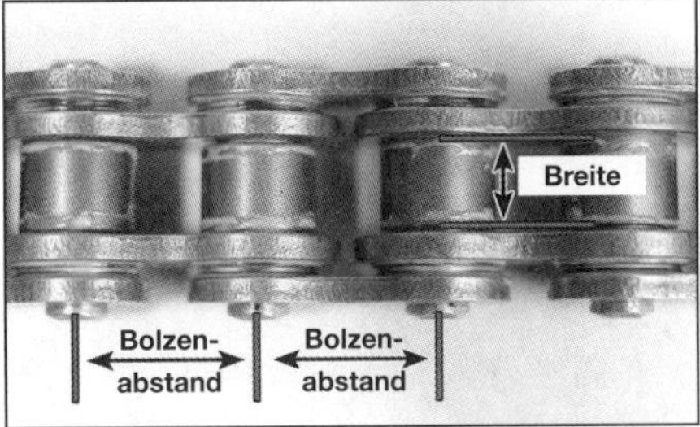

8.11 Maße zur Bestimmung der Kettengröße

Antriebsketten-Größen

- Die Kettengröße wird durch eine dreistellige Zahl angegeben, folgende Buchstaben stehen für den Kettentyp (siehe Abbildung 8.10). Die Typen sagen etwas über die Qualität und Stärke (Dicke der Laschen) aus, und ob es sich um eine O-Ring-Kette handelt.
- Die erste Ziffer gibt den Abstand der Bolzenmitten zueinander an (siehe Abbildung 8.11) – sie wird in Achtel-Zoll-Werten angeben:

Größenangabe beginnt mit 4 (z.B. 428):
Bolzenabstand = 4/8 (1/2) Zoll (12,7 mm)

Größenangabe beginnt mit 5 (z.B. 520):
Bolzenabstand = 5/8 Zoll (15,5 mm)

Größenangabe beginnt mit 6 (z.B. 630):
Bolzenabstand = 6/8 (3/4) Zoll (19,1 mm)

- Anhand der zweiten und dritten Ziffer kann die Breite der Rollen bestimmt werden, die ebenfalls in englischen Maßen angegeben ist, z.B. hat eine 525er Kette Rollen mit einer Breite von 5/16 Zoll (7,94 mm) (siehe Abbildung 8.11).

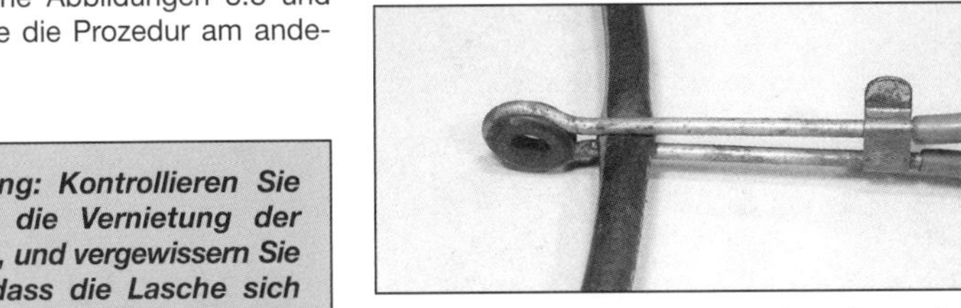

9.1 Schläuche können mit einer Bremsleitungsklemme, . . .

9.2 . . . einer Flügelmutter-Klemme, . . .

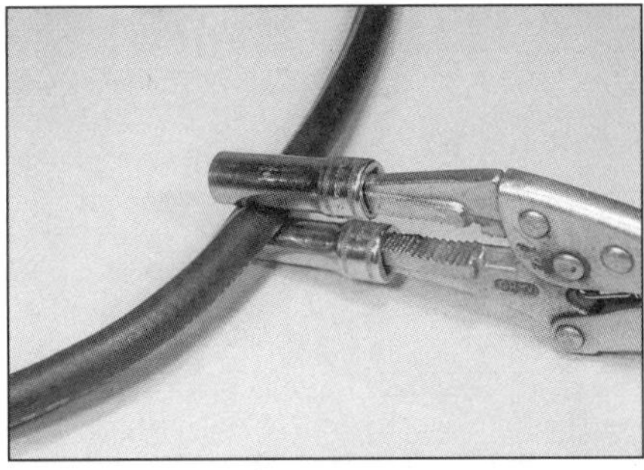

9.3 . . . auf einer Gripzange steckenden Nüssen . . .

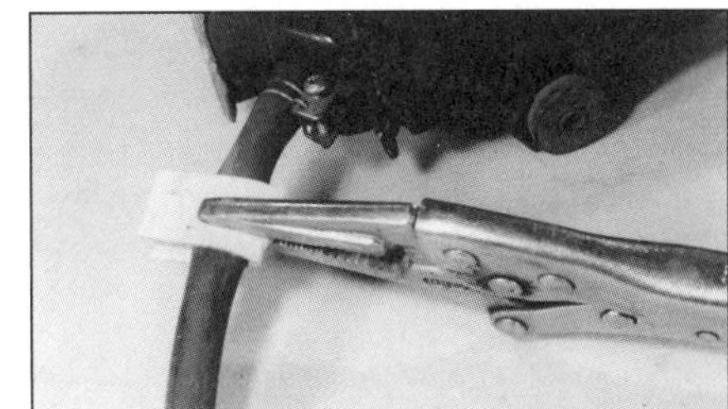

9.4 . . . oder unterlegter Pappe abgeklemmt werden.

9 Schläuche

Abklemmen zur Durchflussunterbrechung

- Dünne flexible Schläuche können abgeklemmt werden, damit man an bestimmten Bauteilen arbeiten kann. Welche Methode auch immer gewählt wird, das Schlauchmaterial darf nicht dauerhaft verbogen oder durch die Klemme beschädigt werden (vgl. Abb. 9.1–9.4).

Lösen und Aufschieben von Schläuchen

- Gehen Sie sicher, dass alle Klemmen und Schellen entfernt sind. Greifen Sie den Schlauch, und ziehen Sie ihn drehend vom Stutzen. Wenn der Schlauch im Laufe der Zeit ausgehärtet ist und sich nicht bewegt, schlitzen Sie ihn am Stutzen mit einem scharfen Messer längs auf, und ziehen Sie ihn dann ab.
- Widerstehen Sie der Versuchung, zur Erleichterung der Schlauchmontage die Anschlüsse mit Fett oder Seife einzuschmieren; es hilft zwar, doch kann dann am Stutzen auch Flüssigkeit leichter austreten. Besser ist es, das Schlauchende ggf. in heißem Wasser oder anderen Flüssigkeiten zu erwärmen und damit geschmeidig zu machen.

Diebstahlschutz

Einleitung

Ihr Fahrzeug kann eher gestohlen sein, als Sie zum Lesen diese Einleitung benötigen. Und es gibt kaum ein schlimmeres Gefühl, als zu der Stelle zurückzukehren, wo einmal Ihr Fahrzeug stand. Selbst wenn Sie ihre Maschine gegen Diebstahl versichert hatten, werden Sie nach dem ersten Schock noch die Unannehmlichkeiten bei der Polizei und der Versicherung zu spüren bekommen.

Fahrzeugdiebe unterscheiden sich in zwei Kategorien: Professionelle Auftrags- und Gelegenheitsdiebe. Profis sind auf bestimmte Marken und Modelle spezialisiert und suchen dann manchmal landesweit, um dieses Fahrzeug zu beschaffen. Gelegenheitsdiebe schauen dagegen nach leichten Zielen, die mit minimalem Aufwand und Risiko geknackt werden können. Während es unmöglich ist, die Maschine hundertprozentig gegen Profis zu sichern, kann man gegen die Gelegenheitsdiebe, die etwa die Hälfte aller Maschinen stehlen, einiges unternehmen.

Denken Sie daran, dass diese immer nach Gelegenheiten schauen – wenn also zwei ähnliche Fahrzeuge Seite an Seite parken, werden sie den Blick auf dasjenige richten, welches am wenigsten gesichert ist. Mit etwas Vorsorge kann man hier schon das Risiko eines Diebstahls deutlich reduzieren.

Ausrüstung

Es gibt für Motorräder reichlich spezielle Vorrichtungen zu kaufen, und die folgenden Texte fassen ihre Anwendungen und Plus- sowie Minuspunkte zusammen.

Wenn Sie sich für den für Ihre Zwecke optimalen Typ eines Sicherheitssystems entschieden haben, empfehlen wir Ihnen, einen oder mehrere der regelmäßig in der Motorradpresse durchgeführten Vergleichstests dieser Teile durchzulesen. In diesen Tests werden aktuelle Modelle verschiedener Hersteller in ihrer Sicherheit, ihre Bedienbarkeit und auf ihr Preis-/Leistungsverhältnis verglichen.

Die Kette und das Schloss müssen von guter Qualität und ausreichender Länge sein, um Ihr Motorrad an einen stabilen Gegenstand anschließen zu können.

Keines dieser Sicherheitssysteme kann einen vollständigen Schutz gewährleisten. Es wird empfohlen, mit zwei oder mehr der unten beschriebenen Vorrichtungen die Sicherheit Ihrer Maschine zu erhöhen (ein Schloss, eine Kette plus eine Alarmanlage sind nahezu ideal). Je mehr Sicherheitsmaßnahmen am Motorrad vorhanden sind, desto geringer ist die Wahrscheinlichkeit, dass es gestohlen wird.

Schloss und Kette

Plus: *Sehr flexibel einzusetzen; das Motorrad kann an nahezu alle immobilen Objekte angeschlossen werden. Bei manchen Ausführungen kann das Schloss einzeln als Bremsscheibenschloss eingesetzt werden (siehe unten).*

Minus: *Kann sehr schwer und unhandlich auf dem Motorrad zu transportieren sein, doch werden einige Typen mit Transportbeuteln geliefert, die man auf dem Rücksitz festschnallen kann.*

- Schwere Ketten und Schlösser sind eine ideale Sicherheitsvorrichtung (siehe Abbildung 1). Wenn das Motorrad geparkt wird, schließt man es mit der Kette an eine stabile und nicht zu entfernende Vorrichtung wie einen Laternenpfahl oder ein Geländer an. Hierdurch lässt sich die Maschine weder wegfahren noch mit einem Lieferwagen abtransportieren.
- Achten Sie beim Anlegen der Kette darauf, dass sie um den Rahmen oder die Schwinge verläuft (siehe Abbildungen 2 und 3). Legen Sie die Kette niemals nur um ein Rad; ein Dieb kann das Rad lösen und den Rest der Maschine abtransportieren. Versuchen Sie, die Kette so kurz wie möglich zu verlegen, um das Ansetzen von Werkzeugen zu erschweren, und halten Sie sie vom Boden fern, um das Auftrennen mit einem Meißel oder einem Beil zu verhindern. Positionieren Sie das Schloss so, dass der Schließzylinder nach unten zeigt, da es hierdurch für den Dieb schwierig wird, ihn zu erreichen.

Führen Sie die Kette durch den Rahmen und nicht nur durch ein Rad . . .

. . . und um einen stabilen Gegenstand.

Bügelschlösser

Plus: *Eine sehr effektive Abschreckung, mit der die Maschine an einem Mast oder Geländer gesichert werden kann. Die meisten Bügelschlösser werden mit einem Halter geliefert, der einen einfachen Transport ermöglicht.*

Minus: *Nicht so flexibel wie ein Kettenschloss.*

• Diese stabilen Schlösser werden ähnlich eingesetzt wie Kettenschlösser. Sie sind leichter als eine Kette samt Schloss, aber nicht so flexibel einzusetzen. Die Länge und die Form des Bügelschlosses beschränken das Einsatzgebiet (siehe Abbildung 4).

Wenn das Bügelschloss lang genug ist, kann die Maschine auch damit an einem festen Gegenstand gesichert werden.

Bremsscheibenschlösser

Plus: *Klein, leicht und sehr leicht zu transportieren. Die meisten Modelle sind im Werkzeugfach unterzubringen.*

Minus: *Schützt nicht vor dem Abtransport des Motorrades mit einem Lieferwagen. Das Vergessen des Schlosses kann beim Losfahren sehr unangenehm werden.*

• Diese Schlösser sind dazu konstruiert, in ein Loch in der Bremsscheibe gesteckt zu werden und das Rad beim Drehen zu blockieren (siehe Abbildung 5). Einige Ausführungen sind mit einer Alarmanlage ausgerüstet, die im abgeschlossenen Zustand durch Bewegung aktiviert wird. Diese wirkt nicht nur als Abschreckung gegen Diebe, sondern auch als Erinnerung an den Fahrer, das Schloss vor dem Losfahren herauszunehmen.
• Die Kombination aus einem Bremsscheibenschloss und einem Stück Drahtseil, das um einen Masten oder ein Geländer gelegt wird, bietet ein weiteres Sicherheitsplus (s. Abb. 6).

Ein typisches Bremsscheibenschloss wird durch eines der Löcher in der Scheibe gesteckt.

Alarmanlagen und Wegfahrsperren

Plus: *Einmal installiert, ist sie absolut mühelos zu bedienen. Manche Versicherungen bieten bei bestimmten Anlagen (und Auflagen) Rabatte.*

Minus: *Kann teuer und schwierig zu installieren sein. Kein System hindert den Dieb daran, das Motorrad mit einem Lieferwagen abzutransportieren.*

• Elektronische Alarmanlagen und Wegfahrsperren gibt es in unterschiedlichen Preisklassen. Es sind drei unterschiedliche Systeme erhältlich: reine Alarmanlagen, reine Wegfahrsperren und etwas teurere kombinierte Geräte (siehe Abb. 7).
• Eine Alarmanlage ist so konstruiert, dass sie ein Warngeräusch erzeugt, sobald am Motorrad herummanipuliert wird.
• Eine Wegfahrsperre schützt davor, dass das Motorrad ohne Schlüssel und/oder Codierung gestartet werden kann, indem sie die elektrische Anlage blockiert.
• Haben Sie sich für eine Anlage entschieden, sollten Sie die Einbaukosten beachten, wenn Sie die Montage nicht selbst erledigen können. Wenn das Motorrad nicht regelmäßig eingesetzt wird, muss auch der Stromverbrauch berücksichtigt werden, der bei allen Systemen über die Bordbatterie erfolgt. Eine von einer viel Strom verbrauchenden Anlage leer gesogene Batterie sorgt sowohl dafür, dass das Motorrad nicht gestartet werden kann, als auch dafür, dass die Alarmanlage nach einer gewissen Zeit nicht mehr funktioniert.

Ein mit einem Drahtseil kombiniertes Bremsscheibenschloss bietet zusätzlichen Schutz.

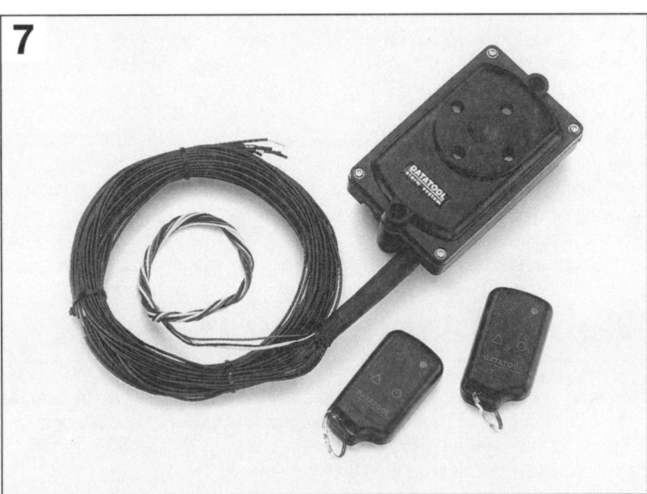

Ein typisches Alarm-/Wegfahrsperrensystem

Unverwechselbare Markierungen können überall angebracht werden – stets an einen gut sichtbaren Warnhinweis denken, der sehr abschreckend wirken kann.

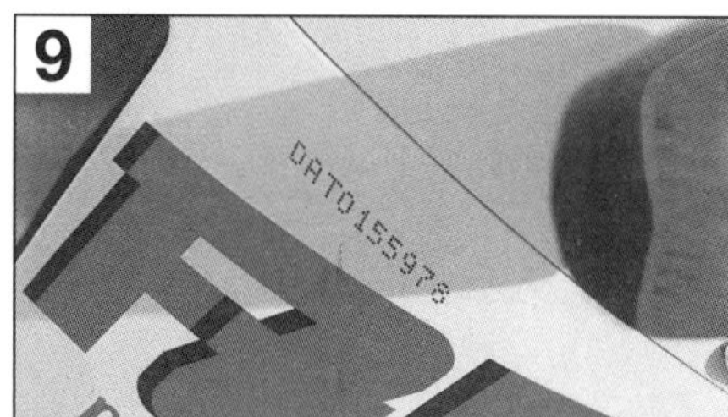

Verkleidungsteile können mit eingeätzten Markierungen versehen werden . . .

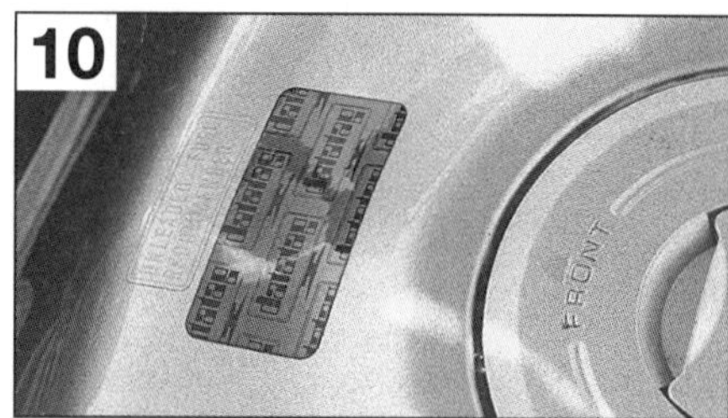

. . . auch hier stets den Warnhinweis des Herstellers des Diebstahlschutzes gut sichtbar anbringen.

Sicherungsmarkierungen

Plus: *Sehr billige und effektive Abschreckung. Manche Versicherungen bieten bei Sicherungsmarkierungen Rabatte im Teilkaskobereich.*

Minus: *Schützen nicht vor Gelegenheitsdieben, die einen Ausflug machen wollen.*

- Es gibt viele verschiedene Ausführungen an Sicherungsmarkierungen. Ideal ist es, so viele Teile am Motorrad wie möglich mit einer einzigen Nummer zu markieren (siehe Abbildungen 8, 9 und 10). Mit dem Satz wird ein Formular geliefert, auf dem Ihre persönlichen Daten und die Details des Motorrades eingetragen und in einem Register gespeichert werden. Dieses Register ermöglicht der Polizei, jeden rechtmäßigen Besitzer eines Motorrades oder Bauteils zu identifizieren, auch wenn alle anderen Formen der Identifikation entfernt sind. Bringen Sie immer einen gut sichtbaren Warnaufkleber zur Abschreckung am Motorrad an.

Bodenverankerungen, Radklemmen und Sicherungspfosten

Plus: *Eine exzellente Form der Sicherheit, die auch die entschlossensten Diebe abschrecken wird.*

Minus: *Schwierig zu installieren und evtl. teuer.*

- Während das Motorrad sich zu Hause befindet, ist es eine gute Idee, es sicher am Boden oder an der Wand zu verankern, selbst wenn es in einer gut gesicherten Garage steht. Zu diesem Zwecke werden eine Reihe verschiedener Bodenverankerungen, Radklemmen und Sicherungspfosten angeboten (siehe Abbildung 11). Diese Vorrichtungen werden entweder im Beton oder Stein verankert oder erhalten ein eigenes Fundament.

Zuhause bietet eine solide Bodenverankerung ein hohes Maß an Sicherheit.

Diebstahlschutz zu Hause

Ein großer Anteil der Motorräder wird beim Besitzer zu Hause gestohlen. Einige Dinge sollten beachtet werden, wenn die Maschine an ihrem Heimatstandort steht:

✓ Wenn möglich, sollte das Motorrad immer in der sicheren Garage stehen. Vertrauen Sie niemals dem serienmäßigen Garagenschloss. Bringen Sie am Tor einen zusätzlichen Schließmechanismus an, und denken Sie über eine Alarmanlage nach. Ein von einem Bewegungsmelder aktivierter Scheinwerfer ist auch für den eigenen Nutzen eine gute Investition.

✓ Sichern Sie das Motorrad immer am Boden oder an der Wand, auch wenn es in einer gut gesicherten Garage steht.

✓ Lassen Sie Ihr Motorrad nicht regelmäßig an der Straße stehen, versuchen Sie, es möglichst außer Sichtweite der Straße zu parken, wenn Sie keine Garage besitzen. Decken Sie ein frei stehendes Motorrad mit einer Plane ab, um seine Identität nicht sofort preiszugeben.

✓ Es ist nicht ungewöhnlich, dass ein Dieb einem Motorradfahrer nach Hause folgt, um herauszufinden, wo die Maschine abgestellt wird. Er wird dann später zurückkehren. Wenn Sie vermuten, dass Ihnen jemand folgt, sollten Sie zunächst zu einer Tankstelle, Eisdiele oder sonstigem fahren.

✓ Wenn Sie ein Motorrad verkaufen wollen, sollten Sie in der Anzeige nicht Ihre Adresse oder den Standplatz der Maschine angeben. Vereinbaren Sie mit Interessenten einen Treffpunkt abseits Ihrer Wohnung. Es ist bekannt, dass Diebe als potenzielle Käufer auftreten, um herauszufinden, wo die Maschine steht, und sie dann später »kostenlos« abholen.

Diebstahlschutz unterwegs

Genauso wichtig wie die Sicherheitsausrüstung an Ihrem Motorrad sind einige allgemeine Regeln, die beachtet werden sollten, wenn das Motorrad irgendwo geparkt werden soll.

✓ Parken Sie an einem belebten Platz.

✓ Benutzen Sie einen bewachten Autoparkplatz.

✓ Parken Sie nachts in einem beleuchteten Bereich, vorzugsweise direkt unterhalb einer Straßenlaterne.

✓ Lassen Sie das Lenkschloss einrasten – es bewirkt zwar nicht viel, sorgt aber dafür, dass die Versicherung zahlt.

✓ Sichern Sie das Motorrad mit einem zusätzlichen Schloss an einem stabilen unbeweglichen Gegenstand wie einer Laterne oder einem Geländer. Wenn dieses nicht möglich ist, sollten Motorräder »zusammengebunden« werden.

✓ Belassen Sie niemals Ihren Helm oder Gepäck auf dem Motorrad.

Schmiermittel und Flüssigkeiten

Speziell für den Einsatz an und in Motorrädern ist ein weiter Bereich an Schmiermitteln, Flüssigkeiten und Reinigungsmitteln entwickelt worden. Hier soll gezeigt werden, was es gibt, wofür es eingesetzt wird und welche Eigenschaften es hat.

Viertakt-Motoröl

- Motoröl ist zweifellos die wichtigste Komponente eines Viertaktmotors. Moderne Motorradmotoren stellen große Anforderungen an das Öl, weswegen dessen Auswahl sehr wichtig ist. Die Verwendung eines ungeeigneten Öls führt zu erhöhtem Motorverschleiß und kann mit einem ernsthaften Motorschaden enden. Bevor Sie Motoröl kaufen, müssen Sie beachten, welche Anforderungen der Motorradhersteller stellt. Hierbei wird sowohl eine Klassifikation als auch ein bestimmter Viskositätsbereich angegeben.
- Die Öl-Klassifikation wird durch die API-Rate (festgelegt durch das »**A**merican **P**etroleum **I**nstitute«) angegeben. Sie erscheint in Form von zwei Buchstaben, so z.B. als »SG«. Das S steht für »Spark«, d.h. fremdgezündete Motoren (die mit Benzin laufen). Der zweite Buchstabe liegt im Alphabet zwischen A und M und steht für die Leistungsfähigkeit des Öls. Je früher der Buchstabe, desto höher sind die Anforderungen an das Öl. Ein SG-Öl übersteigt also die Anforderungen eines SF-Öls.

Anmerkung: *Bei manchen Ölen ist eine zweite mit einem C beginnende Klassifikation angegeben, die für die Verwendung in Dieselmotoren (Compression Ignition = Selbstentzündung) steht und daher für den Einsatz in Motorrädern irrelevant ist.*

- Die »Viskosität« des Öls wird durch die SAE-Rate identifiziert (festgelegt durch die **S**ociety of **A**utomotive **E**ngineers). Alle modernen Motoren erfordern Mehrbereichsöle, und dort besteht die SAE-Rate aus zwei Nummern, hinter der ersten steht ein W, also z.B. 10W/40. Die erste Zahl steht für die Viskositätsrate des Öls bei niedrigen Temperaturen (W steht für Winter = getestet bei – 20 °C), die zweite Zahl steht für die Viskositätsrate des Öls bei hohen Temperaturen (getestet bei 100 °C). Je niedriger die Zahl, desto dünner das Öl. So steht ein 10W/40-Öl für einen besseren Kaltlauf als ein 15W/50-Öl.
- Neben dem Typ und der Viskosität gibt es drei unterschiedliche chemische Aufbauten des Motoröls. Man kann Öl auf mineralischer Basis, synthetisches Öl und ein Gemisch aus beiden Sorten – teilsynthetisch genannt – kaufen. Obwohl alle Öle eine ähnliche Viskosität und Klassifizierung haben, sind die Preise sehr unterschiedlich. Mineralöle sind die billigsten, Synthetiköle die teuersten Öle, teilsynthetische Öle liegen entsprechend dazwischen. Die Entscheidung liegt im Wesentlichen beim Besitzer, doch sollte bedacht werden, dass moderne Synthetiköle bessere Schmier- und Reinigungseigenschaften haben als traditionelle Mineralöle, und diese Eigenschaften auch länger behalten. Bedenken Sie, dass die Arbeitsumgebungen in einem modernen hochdrehenden Motorradmotor für ein Öl höchste Anforderungen bedeuten, und deswegen ein Synthetiköl empfehlenswert ist. Die Mehrkosten bei jedem Ölwechsel können langfristig viel Geld sparen, indem der Motorverschleiß verringert wird.
- Schließlich muss immer sichergestellt werden, dass das Öl für Ihr Motorrad geeignet ist. Motoröl ist normalerweise für Autos entwickelt worden und kann deswegen Additive oder Schmierstoffe enthalten, die in einem Motorradmotor mit Nasskupplung Kupplungsrutschen verursachen können.

Zweitakt-Motoröl

- Moderne Hochleistungszweitaktmotoren stellen hohe Anforderungen an ihr Öl. Um Klemmen oder Fressen im Motor zu vermeiden, ist es entscheidend, Qualitätsöle zu verwenden. Zweitaktöl unterscheidet sich stark von Viertaktöl. Das Öl schmiert ausschließlich die Kurbelwelle und den/die Kolben (Primärtrieb und Getriebe haben ihr eigenes Öl), dann muss es während der Verbrennung rückstandslos verschwinden.
- Die Japaner haben kürzlich ein Klassifizierungssystem für Zweitaktöle eingeführt, die JASO-Rate. Diese wird in Form von zwei Buchstaben, entweder FA, FB oder FC, angegeben. FA ist die niedrigste und FC die höchste Klassifikation. Stellen Sie sicher, dass das zu verwendende Öl den Empfehlungen des Herstellers entspricht.
- Neben dem Typ und der Viskosität gibt es drei unterschiedliche chemische Aufbauten des Zweitaktöls. Man kann Öl auf mineralischer Basis, synthetisches Öl und ein Gemisch aus beiden Sorten – teilsynthetisch genannt – kaufen. Die Preise sind sehr unterschiedlich. Mineralöle sind die billigsten, Synthetiköle die teuersten Öle, teilsynthetische Öle liegen entsprechend dazwischen. Die Entscheidung liegt im Wesentlichen beim Besitzer, doch sollte bedacht werden, dass moderne Synthetiköle bessere Schmiereigenschaften besitzen und sauberer verbrennen als traditionelle Mineralöle. Die Mehrkosten können langfristig viel Geld sparen, indem der Motorverschleiß verringert wird, die Leistung erhalten bleibt und Ablagerungen weitgehend vermieden werden.
- Wenn Sie einen Zweitaktmotor mit Getrenntschmierung besitzen, muss darauf geachtet werden, dass das Öl für den Betrieb in Pumpen geeignet ist. Viele Hochleistungszweitaktöle sind für Rennmaschinen konzipiert, bei denen sie direkt im Tank dem Benzin beigemischt werden. Diese Öle haben eine hohe Viskosität und sind nicht für Getrenntschmierungspumpen geeignet.

Getriebeöl

- Getriebeöl ist ein spezielles zähes Öl, das in Getrieben und Hinterradantrieben (bei Kardanwellen) eingesetzt wird und überall dort, wo hohe Reibkräfte und Temperaturen herrschen. Es ist in verschiedenen Viskositäten erhältlich.
- Bei allen Zweitaktmotoren werden das Getriebe und die Kupplung mit speziellem Öl geschmiert, welches entsprechend der Herstelleranweisung gewechselt werden muss.
- Obwohl bei den meisten Viertaktmaschinen der Motor, die Kupplung und das Getriebe mit der gleichen Ölversorgung geschmiert werden, gibt es auch Motorräder mit getrennt geschmierten Bauteilen und gegebenenfalls einer Trockenkupplung.
- Motorradhersteller empfehlen entweder ein Einbereichsgetriebeöl oder ein bestimmtes Motoröl, um das Getriebe zu schmieren.
- Getriebeöle sind speziell für ihren Einsatz zwischen Zahnflanken konzipiert. Die Viskosität dieser Öle ist durch eine SAE-Nummer angegeben, doch deren Messung unterscheidet sich von Motorölen. Als grober Hinweis gilt, dass ein SAE-90-Getriebeöl etwa die gleiche Viskosität wie ein SAE-50-Motoröl hat.

Kardanöl

- Bei mit einem Kardanantrieb ausgerüsteten Motorrädern hat dieser Endantrieb immer seine eigene Ölversorgung. Der Hersteller gibt hierfür eine Klassifizierung und eine Viskosität an.
- Diese Öle werden durch die Zahl hinter der API-Bezeichnung GL (für Gear Lubricant) klassifiziert, ein GL5-Öl ist besser als eines mit der Bezeichnung GL4. Stellen Sie sicher, dass Ihr Öl die vorgegebene Klassifikation zumindest einhält oder übertrifft und die korrekte Viskosität hat. Die Viskosität dieser Öle ist durch eine SAE-Nummer angegeben, doch deren Messung unterscheidet sich von Motorölen. Als grober Hinweis gilt, dass ein SAE-90-Kardanöl etwa die gleiche Viskosität wie ein SAE-50-Motoröl hat.
- Wenn die Benutzung eines druckfesten EP-Öls (Extreme Pressure) vorgeschrieben ist, muss Ihr Öl auch diesen Anforderungen entsprechen.

Gabelöl und Stoßdämpferflüssigkeit

- Konventionelle Teleskopgabeln arbeiten hydraulisch und erfordern dazu Gabelöl. Um die korrekte Funktion der Gabel sicherzustellen, muss das Gabelöl entsprechend der Herstelleranweisung ausgetauscht werden.
- Gabelöl ist in einer Vielzahl von Viskositäten erhältlich, welche durch die SAE-Rate zu identifizieren ist. Die Werte variieren von leichtem Öl (SAE 5) bis zu sehr dickem Öl (SAE 30). Wenn Sie Gabelöl kaufen, muss darauf geach-

tet werden, dass es den Herstelleranweisungen entspricht.

- Einige Schmiermittelhersteller produzieren auch eine Reihe hochwertiger Federungsflüssigkeiten, die Gabelöl ähnlich sind, aber hauptsächlich für den Einsatz im Wettbewerb bestimmt sind. Diese Flüssigkeiten können unterschiedliche Viskositätsraten haben, die nicht den SAE-Werten für normale Gabeln entsprechen. Im Zweifel müssen die Herstelleranweisungen beachtet werden.

Brems- und Kupplungsflüssigkeit

- Bremsflüssigkeit wird auch in hydraulischen Kupplungsbetätigungen eingesetzt und ist eine Hydraulikflüssigkeit, die einen sehr hohen Siede- und niedrigen Gefrierpunkt besitzt. Sie greift Gummi nicht, dafür aber Lack und Plastik stark an. Sie ist stark wasseranziehend (hygroskopisch) und altert daher durch Wasseraufnahme aus der Luft. Behälter sollten daher nicht offen stehen gelassen werden. Für den Rennsport ist Bremsflüssigkeit auf Silikonbasis erhältlich, auf die diese Eigenschaft nicht zutrifft, die aber Bremskomponenten aus anderem Material benötigt.
- Alle Scheibenbremsanlagen und einige Kupplungen werden hydraulisch betätigt. Um deren korrekte Funktion sicherzustellen, muss die Hydraulikflüssigkeit regelmäßig entsprechend der Herstelleranweisungen ausgetauscht werden.
- Brems- und Kupplungsflüssigkeit wird durch den DOT-Wert klassifiziert. Die meisten Motorradhersteller schreiben DOT-3 oder -4 vor. Diese beiden Flüssigkeiten basieren auf Glykol und können untereinander gemischt werden. DOT-4 übertrifft die Anforderungen von DOT-3. Es ist empfehlenswert, ein für DOT-3 vorgesehenes System mit DOT-4 zu befüllen – aber niemals anders herum, denn hierdurch wird die Bremswirkung beeinträchtigt.
- Einige Hersteller produzieren auch eine DOT-5-Hydraulikflüssigkeit auf Silikonbasis. Diese Bremsflüssigkeit darf nicht mit DOT-3- oder DOT-4-Flüssigkeit vermischt werden, da hierdurch die Wirkung des Hydrauliksystems stark beeinträchtigt wird.

Kühlmittel/Frostschutz

- Bei der Beschaffung von Kühlmittel oder Frostschutz muss unbedingt sichergestellt werden, dass es für einen Aluminiummotor geeignet ist und Korrosionsschutzmittel enthält, um das Verstopfen von Kühlmittelkanälen zu verhindern. Als allgemeine Regel gilt, dass die meisten Kühlmittel pur eingesetzt werden müssen und nicht verdünnt werden dürfen, und Frostschutz mit destilliertem Wasser verdünnt werden muss, um eine Lösung der gewünschten Stärke zu erhalten. Beachten Sie die Herstellerangaben auf der Flasche.
- Stellen Sie sicher, dass das Kühlmittel regelmäßig entsprechend der Herstellerangaben gewechselt wird.

Kettenschmiermittel

- Dieses wird zumeist als Spray angeboten, welches speziell für den Einsatz an Motorradketten entwickelt wurde. Es hat zum einen die Funktion, die Reibung zwischen der Kette und den Kettenrädern zu vermindern und zum anderen soll es einen Korrosionsschutz bilden. Der regelmäßige Einsatz von Kettenschmiermittel guter Qualität verlängert die Lebensdauer des Endantriebs und sorgt für einen minimalen Kraftverlust zwischen Motor und Hinterrad.
- Nach der Benutzung von Kettenspray muss einige Zeit gewartet werden, bis das Lösungsmittel verdunstet und das Schmiermittel eingezogen ist. Anderenfalls wird es durch die Fliehkraft wieder abgeschleudert und verschmutzt dabei noch die Felge. Achten Sie beim Einsatz von O-Ringketten darauf, dass das Spray dafür geeignet ist.
- Schmiermittel auf Silikonbasis pflegen und schützen Teile aus Gummi (Schläuche, Stopfen u.a.). Sie werden zur Schmierung von Schlössern und Scharnieren verwendet.

Entfetter und Reiniger

- Entfetter sind starke Lösemittel, um Fett und Ölschmiere zu entfernen. Sie sind in der Regel hochgiftig, können Lack und Kunststoffteile angreifen und sind entzündlich. Manche Lösemittel stehen außerdem in Verdacht, Krebs zu erregen. »Kaltreiniger« ist dagegen ein sanfter Entfetter auf Petroleumbasis, der wasserlöslich ist und daher abgewaschen werden kann, am besten über dem Ölabscheider einer Selbstwaschanlage.
- Es gibt viele verschiedene Reiniger und Entfetter, um Schmutz und Fett zu entfernen, wie es sich im normalen Einsatz ansammelt. Entfetter sind Lösungsmittel, die normalerweise als Spray oder als Flüssigkeit für den Einsatz in Spritzpistolen geliefert werden. Folgen Sie immer sorgfältig den Herstelleranweisungen, und tragen Sie eine Schutzbrille. Die meisten Lösungsmittel sind brennbar und dünsten giftige Gase aus – treffen Sie vor dem Einsatz entsprechende Vorkehrungen (siehe *Sicherheit geht vor!*).
- Für allgemeine Reinigungen können im Fachhandel erhältliche Reiniger und Entfetter benutzt werden. Diese Mittel müssen zumeist einige Zeit einwirken, bevor sie mit Wasser abgespült werden.

Bremsenreiniger ist ein Lösungsmittel, welches jegliche Öl-, Fett- und Schmutzreste aus Bremsenteilen entfernen kann. Es verdunstet schnell und bildet keine Rückstände.

Vergaserreiniger ist ein Spray, mit dem die hartnäckigen Rückstände und Gummiablagerungen entfernt werden können, wie man sie häufig in zu überholenden Vergasern findet. Es hinterlässt in der Regel einen leichten Ölfilm. Der Reiniger eignet sich nicht für elektrische Komponenten.

Dichtungsentferner ist zumeist ein Spray, mit dem hartnäckige Dichtungsreste beseitigt werden können, ohne dass die Gefahr besteht, die Gehäusefläche zu zerkratzen und damit die Dichtfläche zu beschädigen.

Unterbrecher-/Zündkerzen-Reiniger soll Ölfilm, Schmutz und Oxidation von Unterbrecherkontakten und Zündkerzenelektroden beseitigen. Er ist fett- und rückstandfrei. Er kann ebenfalls zur Reinigung von Vergaserdüsen verwendet werden.

Sprühöl

- Sprühöle gibt es in verschiedenen Ausführungen, und sie eignen sich auch zum Schmieren von Hebeln, Schaltern und freiliegenden Gelenken. Versuchen Sie ein Sprühmittel zu beschaffen, welches auf Trockenfilm basiert, da es eine trockene Oberfläche hinterlässt und nicht, wie Öl, Staub und Schmutz anzieht, wodurch die Verschleißrate wieder erhöht werden würde.
- Die meisten Sprühöle fungieren auch als Feuchtigkeitsverdränger und Schutzfilm in Schaltern und Kabelverbindungen oder als Rostlöser bei festen Schrauben.
- Kriechöl wird oft fälschlich als »Kontaktspray« bezeichnet, weil es auch Wasser verdrängen kann. Es ist zum schnellen Schmieren kleiner Lagerstellen und Konservieren von Maschinenteilen geeignet.
- Kontaktspray soll Oxidation von elektrischen Kontakten entfernen und sie gleichzeitig konservieren. Allerdings funktioniert das kaum, da Oxid nur mit Säure entfernt werden kann (solche Sprays gibt es), die Säure aber ihrerseits wieder das Metall angreift. Die üblichen soge-

nannten »Kontaktsprays« sind daher lediglich Kriechöle, von denen keine Reinigung der elektrischen Kontakte erwartet werden kann.

Fette

- Fette werden zum Schmieren von Gelenken und Lagern eingesetzt. Ein gutes Mehrbereichsfett ist für die meisten Anwendungen ausreichend, doch manche Hersteller schreiben den Einsatz spezieller Fette an Bauteilen wie Schwingen- und Anlenkhebellagerungen vor. Diese Fette können im Zubehörfachhandel erworben werden; die üblichen Spezialfette sind Molybdänfett, Lithiumfett, Graphitfett, Silikonfett und temperaturbeständige Kupferpaste.

Dichtmasse

- Dichtmassen können zusammen mit Dichtungen verwendet werden, um ihre Dichtigkeit zu verbessern. Oder sie werden direkt zum Abdichten zweier Metallflächen verwendet. Abhängig vom Typ härten sie entweder aus oder bleiben dauerelastisch.
- Bei der Beschaffung von Dichtmasse muss sichergestellt sein, dass sie zur Verwendung an einem Verbrennungsmotor geeignet ist. Universaldichtstoffe aus dem Baumarkt können ähnlich aussehen, halten jedoch eventuell weder starke Hitze noch Kontakt mit Öl oder Kraftstoff aus (siehe *Werkzeug- und Werkstatt-Tipps* für weitere Informationen).

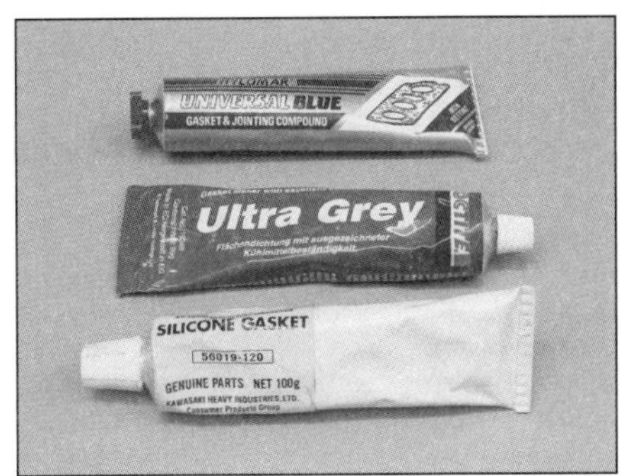

Schraubensicherung

- Diese Mittel werden zum Sichern von Gewinden in Positionen eingesetzt, wo sich Schrauben durch Vibrationen lösen können. Schraubensicherungsmasse kann im Fachhandel beschafft werden. Stellen Sie sicher, dass die Gewindegänge beider Komponenten vollständig sauber und trocken sind, bevor Sie das Mittel sparsam auftragen (siehe *Werkzeug- und Werkstatt-Tipps* für weitere Informationen).

Kraftstoff-Additive

- Mittel zum Schutz und zur Reinigung des Kraftstoffsystems gibt es in vielfältiger Auswahl. Diese Additive sind konzipiert, alle Ablagerungen in Vergasern und Einspritzanlagen zu entfernen und vor Verschleiß zu schützen, um das Kraftstoffsystem wirkungsvoll funktionieren zu lassen. Wenn ein Kraftstoff-Additiv verwendet wird, muss zuvor sichergestellt sein, dass es in Ihrem Motorrad eingesetzt werden kann, besonders wenn dieses mit einem Katalysator ausgerüstet ist.
- Sogenannte Oktan-Booster erhöhen die Klopffestigkeit des Treibstoffs. Sie können die Leistungsfähigkeit stark getunter Motoren verbessern, wenn diese mit einfachem Benzin betrieben werden – in Serienmotoren bringen sie nichts.

Wachse und Polituren

- Wachse und Polituren reinigen und konservieren lackierte Teile. Da es unterschiedliche Lackarten gibt, muss ausprobiert werden, ob die jeweilige Politur bzw. das Wachs dazu passt. Für Schutzflüssigkeiten, die kein Wachs, sondern Silikon oder Polymere enthalten, verspricht die Werbung einen vielfach längeren Schutz gegenüber Wachsen. In Tests konnte die längere Dauer des Schutzes jedoch nicht nachgewiesen werden.

Sicherheitscheck

Hauptuntersuchung

In Deutschland müssen Motorräder alle zwei Jahre zur Hauptuntersuchung nach § 29 der Straßenverkehrszulassungsordnung (StVZO). Diese Untersuchung wird im Volksmund als »TÜV« bezeichnet; das stammt noch aus der Zeit, als der Technische Überwachungsverein (TÜV bzw. TÜH) das Monopol auf Hauptuntersuchungen besaß. Das ist seit einigen Jahren nicht mehr der Fall. DEKRA und auch freie Sachverständige, die einer anerkannten Überwachungsorganisation wie KÜS oder GTÜ angeschlossen sind, dürfen die Hauptuntersuchung durchführen.

Gerade bei freien Sachverständigen hat dies seine Vorteile für den Fahrzeugbesitzer: Eine familiäre Atmosphäre, sehr kurze Wartezeiten und hohe Kompetenz unterscheiden diese kleinen Prüfbüros von den häufig anonymen und bürokratischen Prüfstellen der eingesessenen Organisationen.

TÜV/TÜH (alte Bundesländer) und DEKRA (neue Bundesländer) besitzen allerdings nach wie vor das Monopol für die Begutachtung von Änderungen am Fahrzeug, für die keine Gutachten vorliegen – etwa selbstgebaute Auspuffanlagen, Umbauten zum Gespann o.Ä.

Bei der Hauptuntersuchung werden Betriebs- und Verkehrssicherheit des Motorrades geprüft. Sachverstand des Prüfers vorausgesetzt – was leider nicht immer der Fall ist –, ist dies ein notwendiger Check im Interesse des Fahrzeugbesitzers. Doch unabhängig von dieser regelmäßigen Untersuchung sollte der Fahrer des Motorrades wissen, wo die sicherheitsrelevanten Baugruppen sitzen und sie selber prüfen können.

Wenn Sie ein gebrauchtes Motorrad kaufen möchten, so ist eine kürzlich durchgeführte Hauptuntersuchung (HU) keinesfalls eine Gewähr für den einwandfreien Zustand des Fahrzeugs. Motor, Getriebe und wesentliche Teile der Elektrik werden bei der HU nicht geprüft, und selbst wichtige Baugruppen wie Bremsen und Rahmen können von einem inkompetenten Prüfer falsch beurteilt worden sein.

Elektrik

Beleuchtung

Prüfen Sie die Funktion aller Leuchten am Motorrad: Stand-, Abblend-, Fern-, Rück- und Bremslicht, Letzteres bei Fuß- und Handbremse. Das Gleiche gilt für die Blinker und eventuelle Zusatzleuchten wie Breit- oder Zusatzscheinwerfer, Nebelschlussleuchte oder Warnblinker. Häufig wird die Instrumentenbeleuchtung nicht beachtet (übrigens auch nicht bei der HU), doch auch bei einer Nachtfahrt möchte man doch wissen, wie schnell man fährt.

Scheinwerfereinstellung

Im Gegensatz zu Autos wird bei der HU die Scheinwerfereinstellung bei Motorrädern nicht überprüft. Tun Sie das daher selbst im eigenen Interesse; weder ist es angenehm, andere Verkehrsteilnehmer zu blenden, noch nachts lediglich das Vorderrad oder die Baumwipfel zu beleuchten.
Stellen Sie in einer Werkstatt, die ein Prüfgerät für PKW besitzt, den Scheinwerfer Ihres Motorrades ein. Achten Sie dabei darauf, dass Sie das Motorrad mit dem üblichen Fahrgewicht belasten (1).

Batterie

Auch der Zustand von Batterie, Sicherungen, Regler und Lichtmaschine ist sicherheitsrelevant. Stellen Sie sich beispielsweise vor, auf der Überholspur der Autobahn geht schlagartig der Motor aus, weil es an Zündfunken fehlt, oder nachts in der gleichen Situation bleibt plötzlich das Licht weg.

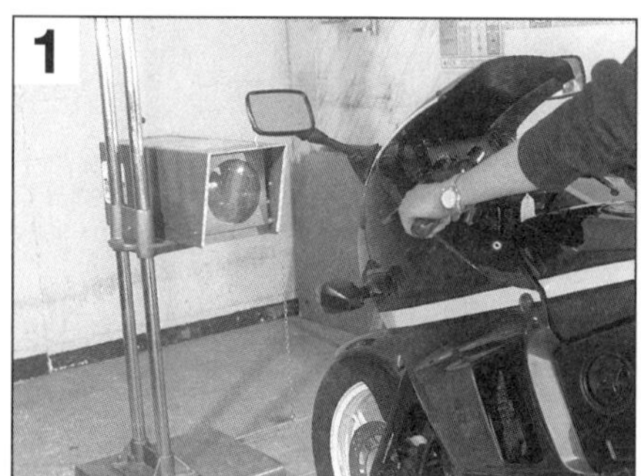

Prüfen der Scheinwerfereinstellung mit einem PKW-Prüfgerät

Auspuff und Antrieb

Auspuff

Auspuff und Schalldämpfer haben zugegebenermaßen wenig mit Sicherheit zu tun. Allerdings kann mit einer nicht genehmigten Änderung die Betriebserlaubnis des Fahrzeugs erlöschen, was bei einem Unfall – der noch nicht einmal selbst verschuldet sein muss – unangenehme Folgen haben kann: Fahren ohne Versicherungsschutz, eventuell Fahren ohne Führerschein (wenn das Motorrad serienmäßig leistungsbegrenzt und die Fahrerlaubnis darauf beschränkt war), Fahren ohne Betriebserlaubnis u.a. Stellen Sie also sicher, dass der angebaute Auspuff entweder serienmäßig oder eingetragen ist, dass die Anlage fest sitzt und keine Löcher oder Durchrostungen vorliegen.

Antrieb

Sehr viel mehr mit Sicherheit hat der Hinterradantrieb zu tun, obwohl er bei der HU nicht geprüft wird. Ist die Kette in ordentlichem Zustand und weist die richtige Spannung auf? Sind Ritzel und Kettenrad nicht übermäßig abgenutzt? Bei Kardanmaschinen: Ist der Hinterradantrieb öldicht? Ist die Mitnehmerverzahnung des Hinterrads in Ordnung? (Für diese Prüfung muss das Hinterrad ausgebaut werden.)

Steuerkopf und Federung

Steuerkopf

Entlasten Sie das Vorderrad, sodass es frei in der Luft steht. Schwenken Sie den Lenker langsam von Anschlag zu Anschlag. Ist der Lenker dabei schwergängig? Sind »Raststellen« zu spüren? Schlägt etwas am Tank an? Das alles darf nicht der Fall sein, andernfalls sind Lenkkopflager und/oder Anschläge neu zu justieren bzw. auszutauschen (2).
Fassen Sie die beiden Enden der Vorderachse mit den Fäusten und versuchen Sie, das Rad nach hinten und vorne zu drücken. Ein loses Lenkkopflager können Sie dabei an einem »Klacken« erkennen, wobei das Geräusch auch von einer ausgeschlagenen Telegabel kommen kann. Um sicher zu gehen, lassen Sie bei diesem Test eine zweite Person einen Finger an den Spalt zwischen Lenkkopf und unterer Gabelbrücke legen. Selbst ein kleines Spiel des Lagers lässt sich so feststellen (3).

Vorderradfederung

Bocken Sie das Motorrad ab und halten es mit der Vorderbremse fest. Drücken Sie nun mit dem Lenker die Telegabel zusammen. Sie darf dabei nicht stocken oder klemmen (4). Prüfen Sie die Enden der Tauchrohre auf Öldichtigkeit. Ölnebel oder gar -tropfen weisen auf undichte Simmerringe hin (5).
Prüfen Sie schließlich den Ölstand in den Telegabelrohren nach Anleitung.

Hinterradfederung

Lassen Sie das Motorrad in abgebocktem Zustand von einer zweiten Person festhalten. Drücken Sie das Heck nach unten. Die Hinterradfederung darf dabei nicht stocken oder klemmen. Das Heck darf nach dem Loslassen auch nicht nachschwingen (6).
Prüfen Sie das oder die hinteren Federbein/e auf Öldichtigkeit. Nur wenige Federbeine sind reparabel. Erkundigen Sie sich danach.
Fassen Sie das Hinterrad an, und versuchen Sie, es nach links und rechts zu drücken. Damit kann Spiel im Hinterradlager und im Schwingenlager festgestellt werden (9).
Bei Maschinen mit einem Zentralfederbein können die Lager der Anlenkhebel ausschlagen. Lassen Sie eine zweite Person das Hinterrad des Motorrads anheben, und beobachten Sie dabei mit einer Taschenlampe die Lagerstellen, um Spiel festzustellen (7, 8).

Um das Lenkkopflager zu prüfen, darf das Vorderrad nicht aufstehen, auch nicht so!

Prüfen von unzulässigem Spiel in Lenkkopflager und Telegabel

Bei gezogener Handbremse mit dem Lenker die Telegabel zusammendrücken.

Bei undichten Simmerringen tritt Öl am oberen Ende des Tauchrohrs aus.

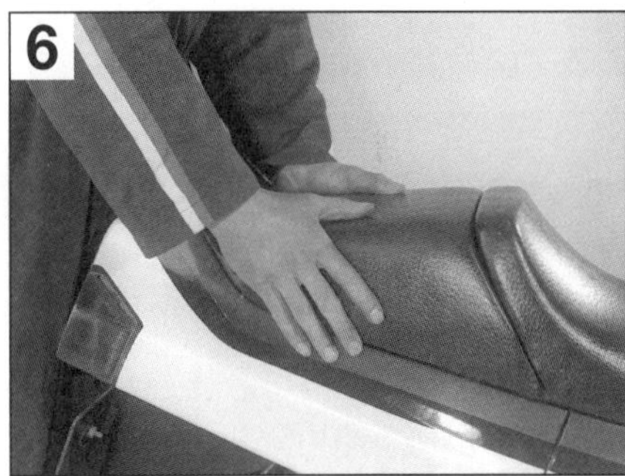

Herunterdrücken des Hecks zum Prüfen der Hinterradfederung

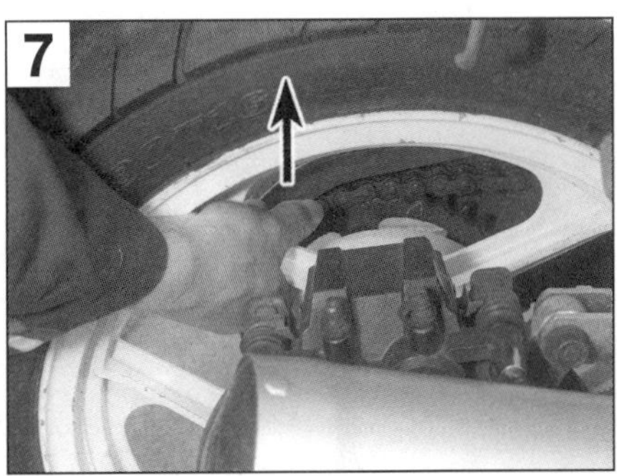

Anheben des Hinterrades, um Spiel . . .

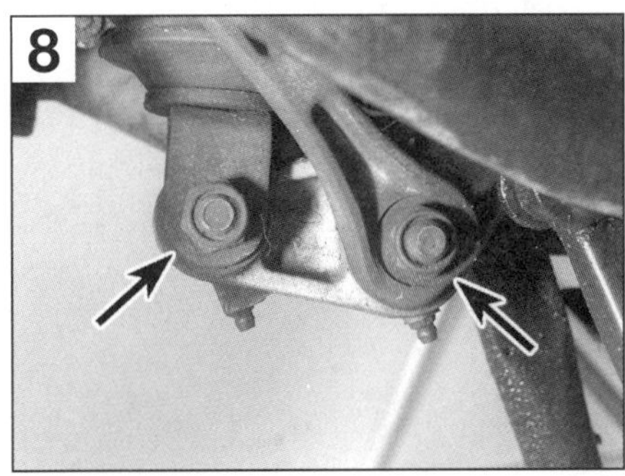

. . . in den Lagern der Federbein-Anlenkung aufzuspüren.

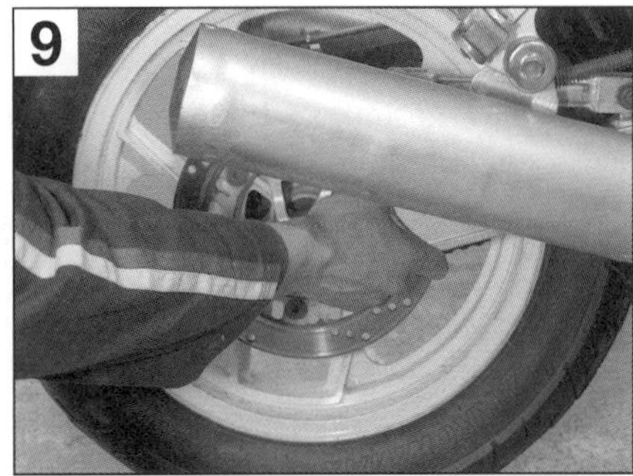

Hinterradschwinge nach links und rechts drücken, um unzulässiges Spiel in den Schwingenlagern festzustellen.

Bremsen, Räder und Reifen

Bremsen

Ziehen Sie bei angehobenem Rad die jeweilige Bremse, und lösen Sie sie wieder. Danach muss sich das Rad frei drehen lassen, ohne dass die Bremse klemmt. Leichte Schleifgeräusche dabei sind bei Scheibenbremsen normal.

Unterziehen Sie die Bremsscheibe einer Sichtprüfung. Sie darf im Bremsbereich keine Riefen und Absätze aufweisen, erst recht keine Risse.

Prüfen Sie die Belagstärke der Bremsbacken, wie im Handbuch beschrieben (10).

Betätigen Sie bei Trommelbremsen den Bremshebel bis zum Anschlag, und prüfen Sie den Winkel zwischen Bremsnockenhebel und Bremsstange bzw. -seilzug; er muss knapp unter 90° liegen (11).

Prüfen Sie bei hydraulischen Bremsen alle Schläuche und Leitungen bei betätigter Bremse auf Undichtigkeiten. Prüfen Sie den Pegel im Bremsflüssigkeitsvorratsbehälter.

Räder und Reifen

Prüfen Sie Gussräder auf Beschädigung und Risse, Drahtspeichenräder auf lose, verbogene und gebrochene Speichen. Lassen Sie das angehobene Rad frei drehen und prüfen es und den Reifen auf runden Lauf. Kontrollieren Sie, ob das Rad ausgewuchtet wurde und die Wuchtgewichte sich noch an ihren Plätzen befinden.

Fassen Sie das Rad, und versuchen Sie, es nach links und rechts zu drücken. Dabei darf kein Spiel der Radlager feststellbar sein (13). Prüfen Sie den Reifen auf Risse, Beschädigungen und Profiltiefe. In Deutschland muss das Profil an allen Stellen mindestens 1,6 Millimeter tief sein (14).

Stellen Sie sicher, dass Reifen mit den vorgeschriebenen Maßen und Herstellerbindungen montiert sind (siehe Angaben im Fahrzeugschein). Beachten Sie Laufrichtungspfeile an den Reifen-Seitenwänden (15).

Prüfen Sie den Festsitz aller Achsen- und Klemmfaustmuttern und das Vorhandensein vorgesehener Splinte (16).

Die Radflucht (Spur) können Sie am besten mit einer Spurlatte feststellen (17; siehe Beschreibung vorne im Buch).

Allgemeine Checks

Prüfen Sie den Festsitz aller wesentlichen Muttern von Verkleidung, Lenker, Sitzbank, Motor, Rahmen und Schutzblechen. Fußrasten und Haltegriffe dürfen nicht verbogen oder lose sein. An keiner Stelle darf der Rahmen Durchrostungen zeigen.

Der Verschleiß von Bremsbelägen kann meist ohne Abnahme der Bremssättel festgestellt werden. Die meisten besitzen Verschleißnuten (1) oder -markierungen (2).

Prüfen Sie an Trommelbremsen bei betätigter Bremse den Winkel zwischen Nockenhebel und Bremsstange bzw. -seilzug. Viele Bremsen besitzen einen Verschleißanzeiger.

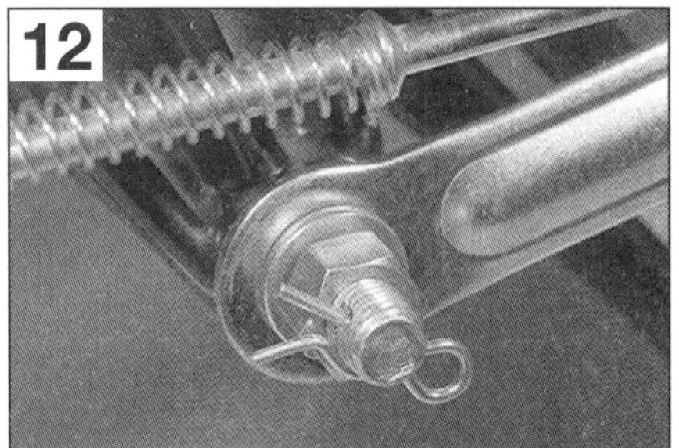

Die Verschraubung des Bremssattelhalters muss wie vorgeschrieben gesichert sein.

Prüfen Sie das Radlagerspiel, indem Sie das Rad nach links und rechts drücken.

Prüfen der Profiltiefe

Manche Reifen besitzen einen Laufrichtungspfeil an der Seitenwand.

Achsenmuttern, die als Kronenmuttern ausgeführt sind, müssen mit einem Splint gesichert werden.

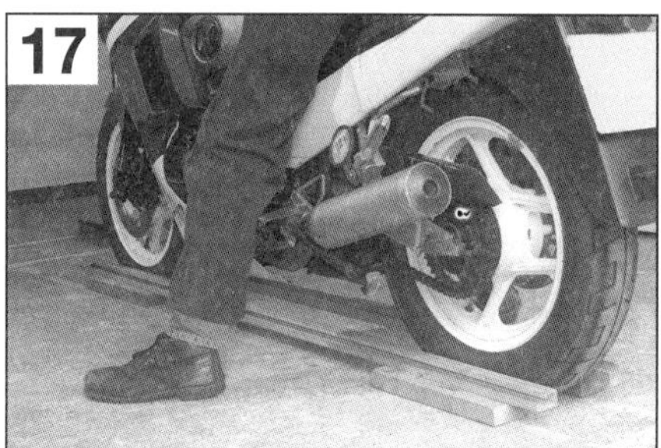

Prüfen der Radflucht mit Spurstangen

Stilllegen

Es sind einige Dinge zu beachten, bevor man das Motorrad für längere Zeit stilllegt, etwa über den Winter. Das Fahrzeug abzustellen, ohne die beschriebenen Arbeiten auszuführen, bringt erhöhten Verschleiß und Schwierigkeiten beim »Ausmotten« mit sich.

1. Waschen und reinigen Sie das Motorrad gründlich. Führen Sie notwendige Reparaturen jetzt durch, da Sie nach dem Winter ja doch keine Lust dazu haben werden.
2. Fahren Sie das Motorrad warm. Legen Sie dazu an einem sonnigen Tag eine Tour von mindestens 20 Kilometer ein. Fahren Sie auf dem Rückweg an einer Tankstelle vorbei, tanken Sie randvoll und erhöhen Sie den Reifendruck um etwa 1 bar über den vorgeschriebenen Wert.
3. Stellen Sie das Motorrad an einem trockenen Platz ab, wo es längere Zeit stehen soll. Bocken Sie es so auf, dass kein Reifen den Boden berührt.
4. Führen Sie Motor-, Getriebe- und eventuell (bei Kardanmaschinen) Hinterradölwechsel durch. Das geht gut, weil der Motor jetzt noch warm ist. Altes Öl enthält aus Verbrennungsrückständen saure Bestandteile, die mit der Zeit Metall angreifen, daher sollte es nicht im Motorrad belassen werden.
5. Schmieren Sie die Antriebskette.
6. Verschließen Sie die Auspuffrohre mit Plastiktüten, oder stopfen Sie Lappen hinein, um Kondenswasser und damit Innenrost zu vermeiden (3).
7. Drehen Sie alle Zündkerzen heraus und füllen in jedes Loch etwa 20 ml (1 Esslöffel) frisches Motoröl. Legen Sie danach den höchsten Gang ein und drehen den Motor ein paar Mal mit dem Hinterrad durch. Das verteilt das Öl an die Zylinderwände und verhindert Rost. Schrauben Sie die Kerzen wieder ein (1).
8. Ölen Sie alle Bowdenzüge mit einer alten Spritze und Nähmaschinenöl (Beschreibung siehe vorne im Buch).
9. Schließen Sie die Benzinhähne, und entleeren Sie die Schwimmerkammern aller Vergaser, um Verharzung des Benzins zu vermeiden und um beim späteren Start gleich frisches Benzin aus dem Tank zur Verfügung zu haben (2).
10. Bauen Sie die Batterie aus (3) und stellen sie an einen kühlen, frostfreien, trockenen Ort (z.B. Keller). Laden Sie sie etwa alle vier Wochen mit einem Steckerladegerät einen Tag lang nach (Ladestrom max. 1/10 des Wertes der Batteriekapazität). Noch besser ist es, die Batterie ins Auto einzubauen (Parallelanschluss zur Autobatterie).
11. Konservieren Sie leicht rostende und Chromstellen des Motorrades mit Sprühöl oder Wachs.
12. Reinigen Sie den Luftfiltereinsatz und bauen ihn wieder ein.
13. Bedecken Sie das Motorrad mit einem alten Laken oder einem anderen Stoff. Plastikfolie ist nicht geeignet, weil sich darunter Kondenswasser bildet und das Fahrzeug rostet.

Etwas Motoröl in jedes Kerzenloch geben.

Die meisten Vergaser-Schwimmerkammern besitzen eine Schraube, mit der man das Benzin aus der Kammer ablassen kann.

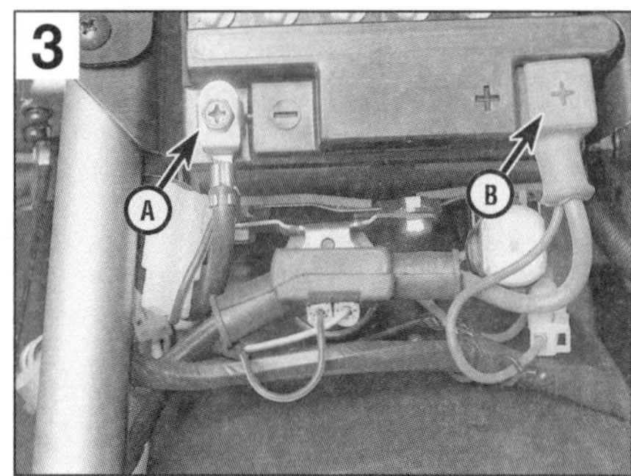

Batterie abklemmen, Minuspol (A) zuerst.

Inbetriebnahme

Haben Sie das Motorrad wie beschrieben gewissenhaft »eingemottet«, so ist der Start in die neue Saison kein Problem.

1. Bauen Sie die geladene Batterie wieder ein (Pluspol zuerst anschließen, Kupferpaste an den Polen nicht vergessen).
2. Wischen Sie überschüssiges Konservierungsöl und -wachs ab.
3. Kontrollieren Sie den Reifen-Luftdruck.
4. Entfernen Sie Plastiktüten bzw. Lappen von den Auspuffrohren.
5. Stellen Sie die Benzinhähne auf »ON« (bei normalen Hähnen) bzw. auf »PRI« (bei Unterdruck-Benzinhähnen), damit die Schwimmerkammern mit frischem Benzin gefüllt werden.
6. Ziehen Sie die Kupplung und befestigen Sie den Hebel mit einem Gummi am Handgriff. Nach längerer Standzeit können die Lamellen zusammenkleben (4).
7. Starten Sie den Motor und lassen ihn etwa eine Minute laufen. Stellen Sie dabei einen eventuellen Unterdruckbenzinhahn wieder auf »ON«.
8. Schalten Sie den Motor wieder aus und kontrollieren nach etwa einer Minute den Motorölstand. Bei Motoren mit Trockensumpf-Schmierung kann es nämlich sein, dass durch die lange Standzeit das Öl aus dem Öltank in den Motor gelaufen ist, sodass eine Kontrolle vor dem Laufenlassen ein falsches Ergebnis brächte. Lösen Sie den Kupplungshebel wieder.
9. Prüfen Sie die Funktion beider Bremsen. Vor allem müssen sie nach dem Bremsen die Räder wieder freigeben.

Das Motorrad ist jetzt bereit zur ersten Fahrt. Lassen Sie es langsam angehen, denn auch die Reflexe müssen erst wieder sitzen. Gute Fahrt!

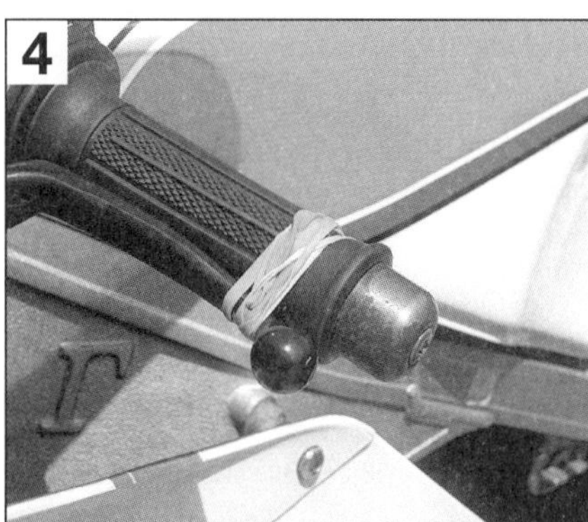

Der Kupplungshebel wird mit einem Gummi am Handgriff festgebunden.

Fehlersuche

Einleitung

Fahrzeugbesitzer, die alle Wartungsarbeiten entsprechend der Vorgaben erledigen, müssen in diese Sektion nicht allzu oft hineinschauen. Vorausgesetzt, dass Verschleiß und Alterung regelmäßig überprüft und entsprechende Teile erneuert werden, muss dank der Zuverlässigkeit moderner Komponenten heute kaum noch mit plötzlichen Ausfällen gerechnet werden; allerdings steigt die Wahrscheinlichkeit mit zunehmendem Alter und hoher Laufleistung immer mehr an. Störungen entstehen üblicherweise nicht als Ergebnis eines plötzlichen Ausfalls, sondern entwickeln sich mit der Zeit. Gerade größeren technischen Defekten gehen oft charakteristische Symptome über Hunderte oder gar Tausende von Kilometern voraus. Bauteile, die gelegentlich ohne Vorwarnung ausfallen, sind oft klein und können leicht repariert oder ausgetauscht werden.

Bei jeder Fehlersuche liegt der erste Schritt in der Entscheidung, wo mit der Untersuchung begonnen werden soll. Manchmal ist dies offensichtlich, doch hin und wieder ist auch etwas Detektivarbeit nötig. Besitzer, die ein halbes Dutzend planlose Einstellungen vornehmen oder willkürlich Teile tauschen, mögen beim Behandeln von Ausfällen (oder deren Symptomen) erfolgreich sein, sind aber nicht klüger, wenn der Defekt zurückkehrt; zudem haben sie am Ende mehr Geld und Zeit als nötig investiert. Eine ruhige und logische Herangehensweise ist langfristig gesehen deutlich zufriedenstellender. Stets müssen Warnsignale und Abnormalitäten aller Art berücksichtigt werden, die in der Zeit vor dem Ausfall bemerkt wurden: Leistungsmangel, hohe oder niedrige Anzeigewerte, ungewöhnliche Gerüche usw. Zudem muss bedacht werden, dass Ausfälle von Bauteilen wie Sicherungen oder Zündkerzen zumeist nur Hinweise auf tatsächliche Defekte sind.

Die folgenden Seiten stellen einen einfachen Leitfaden zu den üblichen Problemen dar, die im normalen Fahrbetrieb auftreten können. Diese Probleme und ihre möglichen Ursachen sind nach den verschiedenen Komponenten oder Systemen (Motor, Kühlung usw.) geordnet. Das Kapitel, in dem das Problem behandelt wird, ist in Klammern angegeben. Wo auch immer der Defekt liegt – es gelten stets gewisse Grundprinzipien:

Überprüfen Sie den Defekt. Hier geht es einfach darum, vor Arbeitsbeginn die Symptome mit Sicherheit zu erkennen. Dies ist besonders wichtig, falls man einen Fehler für jemand anderes finden muss, der das Problem vielleicht nicht exakt beschreiben konnte.

Übersehen Sie nicht das Wesentliche. Lässt sich das Fahrzeug beispielsweise nicht starten, sollte auch überprüft werden, ob Kraftstoff im Tank ist (Vertrauen Sie gerade hierbei nie den Worten anderer oder der Tankanzeige). Falls ein Elektrik-Ausfall festgestellt wird, muss zuerst auf getrennte Stecker oder lockere Kabel geachtet werden, bevor die Prüfausrüstung ausgepackt wird.

Heilen Sie das Leiden, nicht die Symptome. Eine entladene Batterie durch eine vollständig geladene zu ersetzen, kann einen zunächst einmal wieder nach Hause bringen, doch wenn die zugrunde liegende Ursache nicht behandelt wird, ist die neue Batterie auch bald wieder leer. Genauso macht der Austausch einer verölten Zündkerze durch ein Neuteil das Motorrad erst einmal wieder mobil, doch auch der Grund für diese Verschmutzung (solange es nicht ein falscher Wärmewert war) muss rasch gefunden und behoben werden.

Nehmen Sie nichts als gegeben hin. Vergessen Sie vor allem niemals, dass auch eine »neue« Komponente defekt sein kann (besonders, wenn sie schon monatelang im Tankrucksack durchgeschüttelt wurde). Schließen Sie auch keine Komponenten bei der Fehlerdiagnose aus, nur weil sie neu sind oder erst kürzlich installiert wurden. Wenn schließlich ein schwieriger Defekt diagnostiziert wurde, wird man möglicherweise feststellen, dass alle Beweise von Anfang an darauf hingewiesen haben.

Motor lässt sich nur schwierig oder gar nicht starten

☐ Anlasser dreht nicht
☐ Anlasser dreht, aber Motor dreht nicht mit
☐ Anlasser will drehen, aber Motor blockiert
☐ Benzinzufuhr unterbrochen
☐ Motor »abgesoffen«
☐ Zündfunke schwach oder nicht vorhanden
☐ Kompression niedrig
☐ Motor springt kurz an und geht wieder aus
☐ Standgas ungleichmäßig

Motor läuft schlecht bei niedrigen Drehzahlen

☐ Zündfunke schwach
☐ Kraftstoff/Luft-Gemisch inkorrekt
☐ Kompression niedrig
☐ Beschleunigung schwach

Schlechter Motorlauf oder geringe Leistung bei hohen Drehzahlen

☐ Zündzeitpunkt falsch
☐ Kraftstoff/Luft-Gemisch inkorrekt
☐ Kompression niedrig
☐ Klopfen oder Klingeln
☐ Verschiedene Gründe

Überhitzung

☐ Kühlprobleme
☐ Zündzeitpunkt inkorrekt
☐ Kraftstoff/Luft-Gemisch inkorrekt
☐ Kompression zu hoch
☐ Motorlast zu hoch
☐ Motorschmierung unzureichend
☐ Verschiedene Gründe

Kupplungsprobleme

☐ Kupplung rutscht durch
☐ Kupplung trennt nicht vollständig

Getriebeprobleme

☐ Gänge lassen sich nicht einlegen oder Schalthebel kehrt nicht zurück
☐ Gänge springen heraus
☐ Gänge werden übersprungen

Ungewöhnliche Motorgeräusche

☐ Klopfen oder Klingeln
☐ Kolbenkippen oder Klappern
☐ Ventiltrieb-Geräusche
☐ Andere Geräusche

Ungewöhnliche Antriebs-Geräusche

☐ Kupplungs-Geräusche
☐ Getriebe-Geräusche
☐ Endantrieb-Geräusche

Ungewöhnliche Fahrwerkgeräusche

☐ Geräusche von vorn
☐ Geräusche von hinten
☐ Geräusche beim Bremsen

Motorschmierungs-Probleme

☐ Unzureichende Schmierung
☐ Ölpegel-Warnlampe leuchtet auf

Auspuff-Rauch

☐ Weißer oder hellblauer Rauch
☐ Schwarzer Rauch (fettes Gemisch)
☐ Brauner Rauch (mageres Gemisch)

Schlechtes Fahrverhalten, Instabilität

☐ Lenkung schwergängig
☐ Lenkerflattern oder starke Vibrationen
☐ Motorrad zieht zu einer Seite
☐ Schlecht dämpfende Federelemente

Bremsenprobleme

☐ Geringe Bremswirkung
☐ Pulsierender Bremshebel
☐ Bremse schleift
☐ ABS-Probleme

Elektrikprobleme

☐ Batterie tot oder schwach
☐ Batterie überladen (überhitzt)

Motor lässt sich nur schwierig oder gar nicht starten

Anlasser dreht nicht

☐ Killschalter steht auf OFF
☐ Sicherung durchgebrannt – Hauptsicherung, Zündungs- und Einspritzung-Sicherung kontrollieren (Kapitel 8).
☐ Batteriespannung niedrig – Batterie kontrollieren und laden oder ersetzen (Kapitel 8).
☐ Batterie-Anschlüsse locker oder korrodiert – reinigen und/oder anziehen (Kapitel 8).
☐ Anlasser defekt – Stromversorgung zum Anlasser prüfen; Kabel müssen frei von Korrosion und sicher verbunden sein; Anlasser nötigenfalls reparieren oder ersetzen (Kapitel 8).
☐ Anlasserrelais defekt – Stromversorgung zum Relais prüfen; Kabel müssen frei von Korrosion und sicher verbunden sein; Relais prüfen – interne Korrosion oder Funkenbildung kann dafür sorgen, dass auch bei einem beim Drücken des Startknopfs klickenden Relais nicht genügend Strom zum Anlasser geleitet wird (Kapitel 8).
☐ Startknopf defekt; Kontakte können feucht, korrodiert oder verschmutzt sein – zerlegen und reinigen (Kapitel 8).
☐ Stromkreis unterbrochen oder Kurzschluss – alle Anschlüsse und Kabel prüfen, um sicherzugehen, dass sie trocken, fest verbunden und nicht korrodiert sind; auch gebrochene oder abisolierte Kabel können Kurzschlüsse verursachen.
☐ Zündschloss oder Killschalter defekt – kontrollieren und reinigen, nötigenfalls austauschen (Kapitel 8).
☐ Getriebeschalter, Seitenständerschalter oder Kupplungsschalter defekt – Verkabelung und Schalter selbst kontrollieren (Kapitel 8).
☐ Sicherheits-Stromkreis-Abschaltrelais oder Diode defekt – Getriebeschalter, Seitenständerschalter oder Kupplungsschalter und Verkabelung prüfen (Kapitel 8).
☐ Einspritzanlagen-Abschaltung durch Systemfehler (Kapitel 4).

Anlasser dreht, aber Motor dreht nicht mit

☐ Anlasserfreilauf defekt – kontrollieren und reparieren oder ersetzen (Kapitel 2).
☐ Untersetzungsrad- oder Freilaufrad-Verzahnung beschädigt – kontrollieren und schadhafte Teile ersetzen (Kapitel 2).

Anlasser will drehen, aber Motor blockiert

☐ Motor aufgrund von starkem Verschleiß, internen Schäden oder Schmiermangel festgegangen – Ursachen: Kolbenfresser, Lagerschaden, gerissene oder übergesprungene Steuerkette, Getriebeschaden (Kapitel 2).

Benzinzufuhr unterbrochen

☐ Tank leer
☐ Tankbelüftungs-Schlauch verstopft – reinigen und ausblasen oder ersetzen (Kapitel 4).
☐ Einspritzanlagen-Relais defekt – kontrollieren (Kapitel 4).
☐ Benzinpumpe oder Druckregler defekt oder interner Pumpenfilter verstopft (Kapitel 4).
☐ Motorsteuergerät defekt (Kapitel 4).
☐ Zündschlüssel wird nicht von Wegfahrsperre erkannt (Kapitel 4).
☐ Benzinschlauch geknickt – Zustand und Verlegung des Schlauchs kontrollieren und ggf. ersetzen (Kapitel 4).
☐ Benzinpumpen-Stromkreis unterbrochen – alle Komponenten des Stromkreises kontrollieren (Kapitel 4).
☐ Benzinpumpe ausgefallen – Probleme können sein: defekter Pumpenmotor oder Druckregler, Filter oder Ansaugsieb verstopft; in allen Fällen hilft nur der Austausch der Pumpe (Kapitel 4).
☐ Einspritzdüse oder Druckspeicher verstopft – falls alle Düsen verstopft sind, kann sehr schlechter Kraftstoff mit ungewöhnlichen Additiven die Ursache sein oder es sind andere Fremdstoffe in den Tank gelangt. Falls das Motorrad mehrere Monate nicht gefahren wurde, können Ablagerungen dazu führen, dass Einspritzdüsen-Nadeln in ihren Sitzen kleben. Entleeren Sie den Tank und das Kraftstoffsystem und unterziehen Sie die Einspritzdüsen einer Ultraschall-Reinigung oder ersetzen Sie sie (Kapitel 4).

Motor »abgesoffen«

☐ Einspritzdüsen-Nadelventil verschlissen oder klemmt offen. Schmutz oder andere Partikel haben dafür gesorgt, dass die Düsennadel nicht richtig sitzt; Systemdruck zu hoch – zuerst Einspritzdüse dann Kraftstoffdruck kontrollieren (Kapitel 4).
☐ Falsche Start-Technik – Motor sollte sich bei jeder Temperatur stets ohne Gasgeben starten lassen.

Zündfunke schwach oder nicht vorhanden

☐ Zündschloss oder Killschalter stehen auf OFF
☐ Zündschloss oder Killschalter durch Feuchtigkeit, Korrosion, Beschädigungen oder übermäßigen Verschleiß kurzgeschlossen – Schalter ggf. öffnen und mit Kontaktspray reinigen oder nötigenfalls ersetzen (Kapitel 8).
☐ Batteriespannung niedrig – kontrollieren und ggf. laden oder ersetzen (Kapitel 8).
☐ Zündkerze verschmutzt, defekt oder verschlissen – reinigen oder ersetzen (Kapitel 1).
☐ Zündkerzenstecker oder Zündkabel defekt – kontrollieren (Kapitel 1).
☐ Zündkerzenstecker hat schlechten Kontakt – festen Sitz auf Zündkerze prüfen (Kapitel 1).
☐ Zündkerzen mit falschen Wärmewerten oder vom falschen Typ – kontrollieren und ggf. austauschen (Kapitel 1).
☐ Zündspule defekt – kontrollieren (Kapitel 4).
☐ Einspritzanlagen-Abschaltung durch Systemfehler (Kapitel 4).
☐ Kurbelwellensensor defekt (Kapitel 4).
☐ Einspritzanlagen-Relais oder Neigungswinkelsensor defekt (Kapitel 4).
☐ Motorsteuergerät defekt – kontrollieren lassen (Kapitel 4).
☐ Zündungs-Stromkreis unterbrochen oder Kurzschluss zwischen:
☐ a) Zündschloss und Killschalter (oder Sicherung geschmolzen)
☐ b) Motorsteuergerät und Killschalter
☐ b) Motorsteuergerät und Zündspulen
☐ b) Motorsteuergerät und Kurbelwellensensor
☐ Alle Anschlüsse und Kabel prüfen, um sicherzugehen, dass sie trocken, fest verbunden und nicht korrodiert sind; auch gebrochene oder abisolierte Kabel können Kurzschlüsse verursachen (Kapitel 4 und 8).

Kompression niedrig

☐ Zündkerze locker – ausbauen und Gewinde kontrollieren; korrekt installieren und mit 13 Nm anziehen (Kapitel 1).
☐ Zylinderkopf nicht fest genug angezogen. Hierbei wird auf Dauer die Zylinderkopfdichtung beschädigt – kontrollieren und ggf. ersetzen, Zylinderkopf-Schrauben mit korrekten Drehmomenten anziehen (Kapitel 2).
☐ Ventilspiel inkorrekt (zu geringes Spiel kann das vollständige Schließen des Ventils verhindern) – Einstellen (Kapitel 1).
☐ Zylinder und/oder Kolben (einschließlich Kolbenringen) verschlissen. Hoher Verschleiß lässt Kompressionsdruck an den Kolbenringen vorbeiströmen – Motor überholen (Kapitel 2).
☐ Kolbenringe verschlissen, ermüdet, gebrochen oder verklemmt – gebrochene oder klemmende Ringe sind üblicherweise durch hohen Benzin- und Ölverbrauch sowie Ölkohleablagerungen im Brennraum und starke Rauchentwicklung erkennbar. Zylinder und Kolben samt Ringen kontrollieren (Kapitel 2).
☐ Kolbenringe haben zu viel Spiel in ihren Nuten – Kolben ausgeschlagen und ersetzen (Kapitel 2).
☐ Zylinderkopfdichtung beschädigt – durch locker sitzendem Zylinderkopf oder starken Ölkohleablagerungen im Brennraum (höhere Verdichtung und Klopfen/Klingeln). Zylinderkopf-Schrauben mit korrekten Drehmomenten anziehen kann helfen, ansonsten Dichtung ersetzen (Kapitel 2).
☐ Zylinderkopf durch Überhitzung oder falsch angezogene Zylinderkopf-Schrauben verzogen – Dichtfläche planen lassen oder Zylinderkopf ersetzen (Kapitel 2).
☐ Ventilfeder ermüdet oder gebrochen – ersetzen (Kapitel 2).
☐ Ventil sitzt nicht richtig. Ventil kann verbogen (Motor überdreht oder Ventilspiel falsch), verbrannt (schlechte Verbrennung) oder mit Ölkohleablagerungen versetzt sein (schlechte Verbrennung oder Ölverbrennung) – reinigen oder ersetzen und Ventilsitze läppen oder schleifen (Kapitel 2).

Motor springt kurz an und geht wieder aus

☐ YCC-T-System defekt (Kapitel 4)
☐ Standgasdrehzahl falsch (Kapitel 1)
☐ Zündungsprobleme (Kapitel 4)
☐ Einspritzanlage defekt (Kapitel 4)
☐ Benzin verunreinigt (Ablagerungen oder Wasser, chemische Veränderung durch langes Lagern im Tank) – Tank und Kraftstoffsystem entleeren (Kapitel 4).
☐ Motor zieht Nebenluft – auf lockere Verbindungen im Einlasstrakt, lockeren oder beschädigten Sekundärluft-Schlauch oder Drosselklappensynchronisations-Schlauchstopfen kontrollieren (Kapitel 4).

Standgas ungleichmäßig

☐ Standgasdrehzahl falsch (Kapitel 1)
☐ Zündungsprobleme (Kapitel 4)
☐ Standgasdrehzahl inkorrekt (Kapitel 1)
☐ Drosselklappen nicht synchronisiert – synchronisieren (Kapitel 1)
☐ Stopfen auf Drosselklappengehäuse-Unterdruckanschluss fehlt, lockerer oder beschädigter Sekundärluft-Schlauch (Kapitel 4)
☐ Einspritzanlage defekt (Kapitel 4)
☐ Benzin verunreinigt (Ablagerungen oder Wasser, chemische Veränderung durch langes Lagern im Tank) – Tank und Kraftstoffsystem entleeren (Kapitel 4).
☐ Motor zieht Nebenluft – auf lockere Verbindungen im Einlasstrakt, lockeren oder beschädigten Sekundärluft-Schlauch oder Drosselklappensynchronisations-Schlauchstopfen kontrollieren (Kapitel 4)
☐ Luftfilter verstopft – reinigen oder erneuern (Kapitel 1)

Motor läuft schlecht bei niedrigen Drehzahlen

Zündfunke schwach

☐ Batteriespannung niedrig – kontrollieren und ggf. laden oder ersetzen (Kapitel 8).
☐ Zündkerze verschmutzt, defekt oder verschlissen – reinigen oder ersetzen (Kapitel 1)
☐ Zündkerzenstecker oder Zündkabel defekt – kontrollieren (Kapitel 1)
☐ Zündkerzenstecker hat schlechten Kontakt – festen Sitz auf Zündkerze prüfen
☐ Zündkerzen mit falschen Wärmewerten oder vom falschen Typ – kontrollieren und ggf. austauschen (Kapitel 1).
☐ Zündspulenstecker locker oder korrodiert – kontrollieren und reinigen (Kapitel 4)
☐ Zündspule oder Kerzenstecker defekt – kontrollieren (Kapitel 4)
☐ Motorsteuergerät defekt – kontrollieren lassen (Kapitel 4)

Kraftstoff/Luft-Gemisch inkorrekt

☐ Tankbelüftungsschlauch verstopft – reinigen und ausblasen oder ersetzen
☐ Benzinpumpe oder Druckregler defekt oder interner Pumpenfilter verstopft (Kapitel 4).
☐ Benzinschlauch geknickt – Zustand und Verlegung des Schlauchs kontrollieren und ggf. ersetzen (Kapitel 4).
☐ Einspritzdüse oder Druckspeicher verstopft – falls alle Düsen verstopft sind, kann sehr schlechter Kraftstoff mit ungewöhnlichen Additiven die Ursache sein oder es sind andere Fremdstoffe in den Tank gelangt. Falls das Motorrad mehrere Monate nicht gefahren wurde, können Ablagerungen dazu führen, dass Einspritzdüsen-Nadeln in ihren Sitzen kleben. Entleeren Sie den Tank und das Kraftstoffsystem und unterziehen Sie die Einspritzdüsen einer Ultraschall-Reinigung oder ersetzen Sie sie (Kapitel 4).
☐ Motor zieht Nebenluft – auf lockere Verbindungen zwischen Drosselklappengehäuse und Einlassstutzen oder beschädigte Dichtung kontrollieren (Kapitel 5).
☐ Luftfilterelement verstopft, schlecht abgedichtet oder nicht vorhanden (Kapitel 1)

Kompression niedrig

Anmerkung: *Prüfen Sie dies mit einer Kompressionskontrolle (siehe Kapitel 2, Sektion 3).*

☐ Zündkerze locker – ausbauen und Gewinde kontrollieren; korrekt installieren und mit 13 Nm anziehen (Kapitel 1).
☐ Zylinderkopf nicht fest genug angezogen. Hierbei wird auf Dauer die Zylinderkopfdichtung beschädigt – kontrollieren und ggf. ersetzen, Zylinderkopf-Schrauben mit korrekten Drehmomenten anziehen (Kapitel 2).
☐ Ventilspiel inkorrekt (zu geringes Spiel kann das vollständige Schließen des Ventils verhindern) – Einstellen (Kapitel 1).
☐ Zylinder und/oder Kolben (einschließlich Kolbenringen) verschlissen. Hoher Verschleiß lässt Kompressionsdruck an den Kolbenringen vorbeiströmen – Motor überholen (Kapitel 2).
☐ Kolbenringe verschlissen, ermüdet, gebrochen oder verklemmt – gebrochene oder klemmende Ringe sind üblicherweise durch hohen Benzin- und Ölverbrauch sowie Ölkohleablagerungen im Brennraum und starke Rauchentwicklung erkennbar. Zylinder und Kolben samt Ringen kontrollieren (Kapitel 2).
☐ Kolbenringe haben zu viel Spiel in ihren Nuten – Kolben ausgeschlagen und ersetzen (Kapitel 2).
☐ Zylinderkopfdichtung beschädigt – durch locker sitzendem Zylinderkopf oder starken Ölkohleablagerungen im Brennraum (höhere Verdichtung und Klopfen/Klingeln). Zylinderkopf-Schrauben mit korrekten Drehmomenten anziehen kann helfen, ansonsten Dichtung ersetzen (Kapitel 2).

☐ Zylinderkopf durch Überhitzung oder falsch angezogene Zylinderkopf-Schrauben verzogen – Dichtfläche planen lassen oder Zylinderkopf ersetzen (Kapitel 2).
☐ Ventilfeder ermüdet oder gebrochen – ersetzen (Kapitel 2).
☐ Ventil sitzt nicht richtig. Ventil kann verbogen (Motor überdreht oder Ventilspiel falsch), verbrannt (schlechte Verbrennung) oder mit Ölkohleablagerungen versetzt sein (schlechte Verbrennung oder Ölverbrennung) – reinigen oder ersetzen und Ventilsitze läppen oder schleifen (Kapitel 2).

Beschleunigung schwach

☐ Zündverstellung arbeitet nicht – Kurbelwellensensor oder Motorsteuergerät defekt (Kapitel 4)
☐ Motoröl zu »zäh« (hohe Viskosität) – höhere Viskositätswerte als 20/W50 können die Ölpumpe schädigen und die Motorreibung erhöhen.
☐ Bremse schleift – klemmender Bremssattel-Kolben durch Korrosion, verzogene Bremsscheibe, verbogene Radachse (Kapitel 6).

Schlechter Motorlauf oder geringe Leistung bei hohen Drehzahlen

Zündzeitpunkt inkorrekt

☐ Luftfilter verstopft – reinigen oder ersetzen (Kapitel 1)
☐ Zündkerze verschmutzt, defekt oder verschlissen – reinigen oder ersetzen (Kapitel 1)
☐ Zündkerze mit falschem Wärmewert – kontrollieren und ggf. ersetzen (Kapitel 1)
☐ Zündkerzenstecker oder Zündkabel defekt – kontrollieren (Kapitel 4)
☐ Zündkerzenstecker hat schlechten Kontakt – festen Sitz auf Zündkerze prüfen
☐ Motorsteuergerät defekt – testen und nötigenfalls ersetzen (Kapitel 4)
☐ Zündspule defekt – kontrollieren (Kapitel 4)

Kraftstoff/Luft-Gemisch inkorrekt

☐ Tankbelüftungsschlauch verstopft – reinigen und ausblasen oder ersetzen
☐ Benzinpumpe oder Druckregler defekt oder interner Pumpenfilter verstopft (Kapitel 4).
☐ Benzinschlauch geknickt – Zustand und Verlegung des Schlauchs kontrollieren und ggf. ersetzen (Kapitel 4).
☐ Einspritzdüse oder Druckspeicher verstopft – falls alle Düsen verstopft sind, kann sehr schlechter Kraftstoff mit ungewöhnlichen Additiven die Ursache sein oder es sind andere Fremdstoffe in den Tank gelangt. Falls das Motorrad mehrere Monate nicht gefahren wurde, können Ablagerungen dazu führen, dass Einspritzdüsen-Nadeln in ihren Sitzen kleben. Entleeren Sie den Tank und das Kraftstoffsystem und unterziehen Sie die Einspritzdüsen einer Ultraschall-Reinigung oder ersetzen Sie sie (Kapitel 4).
☐ Motor zieht Nebenluft – auf lockere Verbindungen zwischen Drosselklappengehäuse und Einlassstutzen oder beschädigte Dichtung kontrollieren (Kapitel 5).
☐ Luftfilterelement verstopft, schlecht abgedichtet oder nicht vorhanden (Kapitel 1)

Kompression niedrig

Anmerkung: *Prüfen Sie dies mit einer Kompressionskontrolle (siehe Kapitel 2, Sektion 3).*

☐ Zündkerze locker – ausbauen und Gewinde kontrollieren; korrekt installieren und mit 13 Nm anziehen (Kapitel 1).
☐ Zylinderkopf nicht fest genug angezogen. Hierbei wird auf Dauer die Zylinderkopfdichtung beschädigt – kontrollieren und ggf. ersetzen, Zylinderkopf-Schrauben mit korrekten Drehmomenten anziehen (Kapitel 2).
☐ Ventilspiel inkorrekt (zu geringes Spiel kann das vollständige Schließen des Ventils verhindern) – Einstellen (Kapitel 1).
☐ Zylinder und/oder Kolben (einschließlich Kolbenringen) verschlissen. Hoher Verschleiß lässt Kompressionsdruck an den Kolbenringen vorbeiströmen – Motor überholen (Kapitel 2).
☐ Kolbenringe verschlissen, ermüdet, gebrochen oder verklemmt – gebrochene oder klemmende Ringe sind üblicherweise durch hohen Benzin- und Ölverbrauch sowie Ölkohleablagerungen im Brennraum und starke Rauchentwicklung erkennbar. Zylinder und Kolben samt Ringen kontrollieren (Kapitel 2).
☐ Kolbenringe haben zu viel Spiel in ihren Nuten – Kolben ausgeschlagen und ersetzen (Kapitel 2).
☐ Zylinderkopfdichtung beschädigt – durch locker sitzendem Zylinderkopf oder starken Ölkohleablagerungen im Brennraum (höhere Verdichtung und Klopfen/Klingeln). Zylinderkopf-Schrauben mit korrekten Drehmomenten anziehen kann helfen, ansonsten Dichtung ersetzen (Kapitel 2).
☐ Zylinderkopf durch Überhitzung oder falsch angezogene Zylinderkopf-Schrauben verzogen – Dichtfläche planen lassen oder Zylinderkopf ersetzen (Kapitel 2).
☐ Ventilfeder ermüdet oder gebrochen – ersetzen (Kapitel 2).
☐ Ventil sitzt nicht richtig. Ventil kann verbogen (Motor überdreht oder Ventilspiel falsch), verbrannt (schlechte Verbrennung) oder mit Ölkohleablagerungen versetzt sein (schlechte Verbrennung oder Ölverbrennung) – reinigen oder ersetzen und Ventilsitze läppen oder schleifen (Kapitel 2).

Klopfen oder Klingeln

☐ Ölkohleablagerungen im Brennraum – eventuell mit Kraftstoff-Additiv zu beseitigen, ansonsten Zylinderkopf für mechanische Reinigung demontieren.
☐ Kraftstoff von schlechter Qualität (Kapitel 1) oder überlagert – Tank entleeren.
☐ Zündkerze mit falschem Wärmewert (Zündkerze wird zu heiß und führt zu Frühzündungen) – kontrollieren und ggf. ersetzen (Kapitel 1)
☐ Kraftstoff/Luft-Gemisch falsch (Motor wird zu heiß) – Einspritzanlage kontrollieren lassen, Nebenluft-Quellen schließen (Kapitel 4).

Verschiedene Gründe

☐ Drosselklappe öffnet nicht vollständig – Gaszüge auf Knicke oder falsche Verlegung prüfen, Gaszug-Spiel prüfen und einstellen (Kapitel 1). Ansonsten YCC-T-System kontrollieren (Kapitel 4).
☐ Kupplung schleift aufgrund lockerer oder verschlissener Komponenten (Kapitel 2).
☐ Zündverstellung arbeitet nicht – Kurbelwellensensor oder Motorsteuergerät defekt (Kapitel 4)
☐ Motoröl zu »zäh« (hohe Viskosität) – höhere Viskositätswerte als 20/W50 können die Ölpumpe schädigen und die Motorreibung erhöhen.
☐ Bremse schleift – klemmender Bremssattel-Kolben durch Korrosion, verzogene Bremsscheibe, verbogene Radachse (Kapitel 6).

Überhitzung

Kühlprobleme

☐ Kühlmittelpegel niedrig – kontrollieren und ggf. Kühlmittel auffüllen (Tägliche Kontrollen)
☐ Thermostat klemmt geschlossen – kontrollieren und ggf. ersetzen (Kapitel 3)
☐ Leck im Kühlsystem – Schläuche und Kühler auf Undichtigkeiten überprüfen und ggf. reparieren oder ersetzen (Kapitel 3).

- ☐ Kühlerdeckel (Druckventil) defekt – ersetzen und Druckprüfung durchführen lassen (Kapitel 3).
- ☐ Kühlmittelkanäle verstopft – Kühlsystem entleeren, spülen und auffüllen (Kapitel 3)
- ☐ Luftblasen im Kühlsystem – üblicherweise nach dem Entleeren und Auffüllen. Falls weniger als die vorgegebene Kühlmittel-Menge aufgefüllt werden konnte: System entleeren und langsam neu auffüllen; Fahrzeug zu beiden Seiten kippen, um Luftblasen aufsteigen zu lassen (Kapitel 3).
- ☐ Wasserpumpe defekt – kontrollieren (Kapitel 3).
- ☐ Kühlerlamellen verstopft – von der Rückseite her vorsichtig mit Druckluft ausblasen.
- ☐ Ventilator, Relais oder Kühltemperatursensor defekt (Kapitel 3).

Zündzeitpunkt inkorrekt

- ☐ Luftfilter verstopft – reinigen oder ersetzen (Kapitel 1)
- ☐ Zündkerze verschmutzt, defekt oder verschlissen – reinigen oder ersetzen (Kapitel 1)
- ☐ Zündkerze mit falschem Wärmewert – kontrollieren und ggf. ersetzen (Kapitel 1)
- ☐ Zündkerzenstecker oder Zündkabel defekt – kontrollieren (Kapitel 4)
- ☐ Zündkerzenstecker hat schlechten Kontakt – festen Sitz auf Zündkerze prüfen
- ☐ Motorsteuergerät defekt – testen und nötigenfalls ersetzen (Kapitel 4)
- ☐ Zündspule defekt – kontrollieren (Kapitel 4)

Kraftstoff/Luft-Gemisch inkorrekt

- ☐ Tankbelüftungsschlauch verstopft – reinigen und ausblasen oder ersetzen
- ☐ Benzinpumpe oder Druckregler defekt oder interner Pumpenfilter verstopft (Kapitel 4).
- ☐ Benzinschlauch geknickt – Zustand und Verlegung des Schlauchs kontrollieren und ggf. ersetzen (Kapitel 4).
- ☐ Einspritzdüse oder Druckspeicher verstopft – falls alle Düsen verstopft sind, kann sehr schlechter Kraftstoff mit ungewöhnlichen Additiven die Ursache sein oder es sind andere Fremdstoffe in den Tank gelangt. Falls das Motorrad mehrere Monate nicht gefahren wurde, können Ablagerungen dazu führen, dass Einspritzdüsen-Nadeln in ihren Sitzen kleben. Entleeren Sie den Tank und das Kraftstoffsystem und unterziehen Sie die Einspritzdüsen einer Ultraschall-Reinigung oder ersetzen Sie sie (Kapitel 4).
- ☐ Motor zieht Nebenluft – auf lockere Verbindungen zwischen Drosselklappengehäuse und Einlassstutzen oder beschädigte Dichtung kontrollieren (Kapitel 5).
- ☐ Luftfilterelement verstopft, schlecht abgedichtet oder nicht vorhanden (Kapitel 1)

Kompression zu hoch

Anmerkung: *Prüfen Sie dies mit einer Kompressionskontrolle (siehe Kapitel 2, Sektion 3).*

- ☐ Ölkohleablagerungen im Brennraum – eventuell mit Kraftstoff-Additiv zu beseitigen, ansonsten Zylinderkopf für mechanische Reinigung demontieren.

Motorlast zu hoch

- ☐ Kupplung schleift aufgrund lockerer oder verschlissener Komponenten (Kapitel 2).
- ☐ Motorölpegel zu hoch – sorgt für zu hohen Druck im Motorgehäuse und ineffektive Motorleistung. Auf korrekten Pegel ablassen (Tägliche Kontrollen).
- ☐ Motoröl zu »zäh« (hohe Viskosität) – höhere Viskositätswerte als 20/W50 können die Ölpumpe schädigen und die Motorreibung erhöhen.
- ☐ Reifendruck zu niedrig – kontrollieren (Tägliche Kontrollen)
- ☐ Bremse schleift – klemmender Bremssattel-Kolben durch Korrosion, verzogene Bremsscheibe, verbogene Radachse (Kapitel 6).

Motorschmierung unzureichend

- ☐ Motoröl-Pegel zu niedrig (Ölpumpe zieht gelegentlich Luft) – kontrollieren und ggf. Motoröl nachfüllen (Tägliche Kontrollen).
- ☐ Motoröl zu alt – wechseln (Kapitel 1)
- ☐ Motoröl mit falscher Viskosität oder vom falschen Typ (Kapitel 1)
- ☐ Öldruck zu schwach – kontrollieren (Kapitel 2).
- ☐ Ölfilter oder Ölkühler verstopft (Kapitel 2)

Verschiedene Gründe

- ☐ Modifikationen an Auspuffanlage. Viele Zubehör-Schalldämpfer haben mehr Durchlass, sodass das Gemisch abmagert und der Motor heißer wird. Bei der Montage von Zubehör-Auspuffanlagen stets nachfragen, ob das Kraftstoffsystem angepasst werden muss.

Kupplungsprobleme

Kupplung rutscht

- ☐ Kupplungszug-Spiel zu gering – kontrollieren und einstellen (Kapitel 1).
- ☐ Kupplungsbeläge verschlissen oder Scheiben verzogen – Kupplung überholen (Kapitel 2).
- ☐ Kupplungsfedern ermüdet oder gebrochen (Überhitzung durch Kupplungsrutschen) – Federn erneuern (Kapitel 2).
- ☐ Kupplungs-Ausrückmechanismus defekt (Kapitel 2)
- ☐ Kupplungsnabe oder Kupplungskorb ungleichmäßig verschlissen, sodass Scheiben keinen guten Kontakt haben – beschädigte oder verschlissene Komponenten ersetzen (Kapitel 2)
- ☐ Motoröl vom falschen Typ oder mit falschen Additiven (z. B. »Leichtlauföl«) – ablassen und durch spezielles Motoröl für Motorradmotoren ersetzen (nötigenfalls wiederholen) (Tägliche Kontrollen)

Kupplung trennt nicht vollständig

- ☐ Kupplungszug-Spiel zu groß – kontrollieren und einstellen (Kapitel 1).
- ☐ Kupplungs-Ausrückmechanismus falsch eingestellt oder defekt (Kapitel 2).
- ☐ Kupplungsbeläge verzogen oder beschädigt, dadurch kein Kraftschluss und mangelhafte Beschleunigung – Kupplung überholen (Kapitel 2).
- ☐ Kupplungsfedern ermüdet oder gebrochen – Federn erneuern (Kapitel 2).
- ☐ Motoröl gealtert. Altes und verdünntes Öl sorgt für schlechte Kupplungsscheiben-Schmierung, dadurch kein Kraftschluss – Öl und Filter wechseln (Kapitel 1).
- ☐ Motoröl zu »zäh« (hohe Viskosität) – höhere Viskositätswerte als 20/W50 können die Kupplungsscheiben verkleben lassen – Öl und Filter wechseln (Kapitel 1).
- ☐ Kupplungskorb-Lager auf Getriebewelle gefressen durch Schmiermangel, extremer Verschleiß oder Beschädigungen – Kupplung überholen und ggf. Getriebewelle ersetzen (Kapitel 2).
- ☐ Kupplungsmutter locker, sorgt für nicht korrekt ausgerichteten Kupplungskorb zu Kupplungsnabe, dadurch schlechter Kraftschluss, keine kontinuierliche Einstellung möglich – Kupplung überholen (Kapitel 2).

Getriebeprobleme

Gänge lassen sich nicht einlegen oder Schalthebel kehrt nicht zurück

- ☐ Kupplung trennt nicht korrekt (siehe oben).
- ☐ Arretierhebel-Feder im Schaltmechanismus ermüdet oder gebrochen, Rolle an Hebel gebrochen oder verschlissen – Feder oder Hebel erneuern (Kapitel 2).

☐ Schaltgabel(n) verbogen, verschlissen oder festgegangen – Getriebe überholen (Kapitel 2)
☐ Zahnrad/Zahnräder klemmen auf Getriebewelle, oft durch Schmiermangel oder stark verschlissene Getriebelager oder -Buchsen – Getriebe überholen (Kapitel 2)
☐ Schaltwalze klemmt, oft durch Schmiermangel oder starken Verschleiß – Walze und/oder Lager ersetzen (Kapitel 2).
☐ Schalthebel-Rückholfeder ermüdet oder gebrochen – ersetzen (Kapitel 2).
☐ Schaltgestänge gebrochen, Verzahnung auf Welle oder an Schalthebel durch lockere Klemmschraube oder Sturz verschlissen – schadhafte Teile ersetzen (Kapitel 2)

Gänge springen heraus

☐ Schaltgabel(n) verschlissen (Kapitel 2).
☐ Schaltgabelnut(en) in Schaltwalze verschlissen (Kapitel 2).
☐ Mitnehmer oder Nuten an/in Zahnrädern verschlissen oder beschädigt – kontrollieren und ersetzen (Kapitel 2). Reparaturversuche sollten unterbleiben.

Gänge werden übersprungen

☐ Arretierhebel-Feder im Schaltmechanismus ermüdet oder gebrochen, Rolle an Hebel gebrochen oder verschlissen – Feder oder Hebel erneuern (Kapitel 2).
☐ Schalthebel-Rückholfeder ermüdet oder gebrochen – ersetzen (Kapitel 2).

Ungewöhnliche Motorgeräusche

Klopfen oder Klingeln

☐ Ölkohleablagerungen im Brennraum – eventuell mit Kraftstoff-Additiv zu beseitigen, ansonsten Zylinderkopf für mechanische Reinigung demontieren.
☐ Kraftstoff von schlechter Qualität (Kapitel 1) oder überlagert – Tank entleeren.
☐ Zündkerze mit falschem Wärmewert (Zündkerze wird zu heiß und führt zu Frühzündungen) – kontrollieren und ggf. ersetzen (Kapitel 1)
☐ Kraftstoff/Luft-Gemisch falsch (Motor wird zu heiß) – Einspritzanlage kontrollieren lassen, Nebenluft-Quellen schließen (Kapitel 4).

Kolbenkippen oder Klappern

☐ Kolben-Spiel im Zylinder zu groß durch übermäßigen Verschleiß an Kolben, Kolbenringen und Zylinder – kontrollieren und überholen/ersetzen (Kapitel 2).
☐ Kolbenring(e) verschlissen, gebrochen oder verklemmt – Motor überholen (Kapitel 2).
☐ Kolbenbolzen oder dessen Bohrung(en) verschlissen oder festgegangen (sehr hohe Laufleistung oder Schmiermangel) – beschädigte Teile ersetzen.
☐ Kolbenfresser (durch Überhitzung oder Schmiermangel) – Ursache herausfinden, Motorgehäuse ersetzen, Kolben und Ringe ersetzen (Kapitel 2).
☐ Pleuelfuß oder oberes Pleuelauge hat zu viel Spiel (sehr hohe Laufleistung oder Schmiermangel) – beschädigte Teile ersetzen (Kapitel 2).
☐ Pleuel verbogen (durch Überdrehen des Motors, Startversuche bei extrem abgesoffenem Motor oder Motorschaden) – Motor überholen (Kapitel 2).

Ventiltrieb-Geräusche

☐ Ventilspiel unkorrekt – kontrollieren und einstellen (Kapitel 1).
☐ Ventilfeder ermüdet oder gebrochen – ersetzen (Kapitel 2).
☐ Nockenwelle oder Nockenwellenlager im Zylinderkopf verschlissen oder beschädigt, üblicherweise durch Ölmangel bei hohen Drehzahlen, falsches oder zu altes Motoröl. Da keine Übermaß-Lagerschalen erhältlich sind müssen der Zylinderkopf und die Lagerdeckel erneuert werden (Kapitel 2).

Andere Geräusche

☐ Zylinderkopfdichtung undicht – bei laufendem Motor rundherum auf austretende Gase kontrollieren.
☐ Krümmerflansch an Zylinderkopf undicht, durch unkorrekte Montage, lockere Muttern oder beschädigte Dichtung – alle Auspuffbefestigungen gleichmäßig und sorgfältig nachziehen.
☐ Kurbelwelle durch Überdrehen, andere Motorschäden oder Sturz auf eines der Kurbelwellen-Enden verzogen – Motor überholen (Kapitel 2).
☐ Motorhalterungen locker – alle Bolzen und Muttern korrekt anziehen (Kapitel 2).
☐ Kurbelwellenlager verschlissen – Motor überholen (Kapitel 2).
☐ Steuerkette verschlissen oder Steuerkettenspanner defekt, Spanner- oder Führungsschiene verschlissen (Kapitel 2).

Ungewöhnliche Antriebsgeräusche

Kupplungs-Geräusche

☐ Kupplungsscheiben haben übermäßiges Spiel im Kupplungskorb (Kapitel 2)
☐ Kupplungskorb-Verzahnung auf Getriebeeingangswellen-Verzahnung verschlissen (Kapitel 2).
☐ Kupplungs-Ausrücklager verschlissen (Kapitel 2)

Getriebe-Geräusche

☐ Lager verschlissen, möglicherweise auch Wellen verschlissen – Getriebe überholen (Kapitel 2).
☐ Zahnräder verschlissen oder Zähne ausgebrochen (Kapitel 2).
☐ Metallpartikel (aus verschlissener oder beschädigter Kupplung oder schadhaftem Schaltmechanismus) sammeln sich zwischen den Zähnen der Zahnräder und führen so zu frühem Lager-Verschleiß (Kapitel 2).
☐ Ölpegel zu niedrig, sodass im Getriebe heulende Geräusche entstehen (Tägliche Kontrollen).

Endantrieb-Geräusche

☐ Antriebskette sehr locker oder stark verschlissen, Kettenräder ungleichmäßig verschlissen – Kettendurchhang einstellen (Kapitel 1) oder Kette samt Kettenrädern ersetzen (Kapitel 6).
☐ Motorritzel oder Kettenblatt locker – Mutter/Muttern korrekt anziehen (Kapitel 6).
☐ Kettenräder und/oder Antriebskette verschlissen – Kette samt Kettenrädern ersetzen (Kapitel 6).
☐ Kettenblatt verzogen – ersetzen (Kapitel 6).
☐ Ruckdämpfer im Hinterrad-Mitnehmer verschlissen – ersetzen (Kapitel 6).

Ungewöhnliche Fahrwerkgeräusche

Geräusche von vorn

☐ Gabelöl-Pegel zu niedrig oder falsche Viskosität. Kann spritzende Geräusche und schlechte Dämpfung hervorrufen (Kapitel 5).
☐ Gabelfeder ermüdet oder gebrochen, erzeugt klickende oder kratzende Geräusche; Gabelöl enthält viele Metallpartikel (Kapitel 5).

☐ Lenkkopflager locker oder beschädigt (klackt beim Bremsen) – kontrollieren und einstellen oder erneuern (Kapitel 1 und 5).
☐ Gabelbrücken-Klemmschrauben locker – Festigkeitsprüfung und ggf. Anzug mit dem korrekten Drehmoment (Kapitel 6).
☐ Gabel verbogen, durch Sturz oder Unfall – Tauchrohre austauschen (Kapitel 5).
☐ Vorderachse oder Achs-Klemmschraube locker – Festigkeitsprüfung und ggf. Anzug mit dem korrekten Drehmoment (Kapitel 6).
☐ Radlager locker oder beschädigt – kontrollieren und ggf. ersetzen (Kapitel 1 und 6).

Geräusche von hinten

☐ Stoßdämpfer undicht, Ölaustritt durch beschädigte Dichtung – Stoßdämpfer ersetzen oder durch Fachbetrieb überholen lassen (Kapitel 5).
☐ Stoßdämpfer durch internen Schaden defekt – Stoßdämpfer ersetzen oder durch Fachbetrieb überholen lassen (Kapitel 5).
☐ Stoßdämpfer verbogen – ersetzen (Kapitel 5).
☐ Schwingen- oder Stoßdämpferanlenkungs-Komponenten locker oder beschädigt – kontrollieren und beschädigte Komponenten ersetzen (Kapitel 5).
☐ Radlager oder Mitnehmer-Lager locker oder verschlissen – kontrollieren und ggf. ersetzen (Kapitel 1 und 6).

Geräusche beim Bremsen

☐ Quietschen durch fehlendes oder falsch positioniertes Bremsbelag-Blech (falls vorhanden) (Kapitel 6).
☐ Quietschen durch Staub auf Bremsbelägen (oft verbunden mit verglastem Belagmaterial) – reinigen oder ersetzen (Kapitel 6).
☐ Quietschen Rattern durch verölte oder mit Bremsflüssigkeit kontaminierte Bremsbeläge – ersetzen (Kapitel 8).
☐ Verglastes Belagmaterial (durch lange Kontamination durch Öl oder Bremsflüssigkeit oder zu heiß gewordene Bremse) – vorsichtig mit einer feinen Feile entfernen (niemals mit Sandpapier o. ä., da der Abrieb die Bremsscheibe beschädigen kann) oder ersetzen (Kapitel 6).
☐ Bremsscheibe verzogen (kann zu Rattern, Klicken oder drehzahlabhängigem Quietschen führen – fühlbar durch pulsierenden Bremshebel) – kontrollieren und ggf. ersetzen (Kapitel 6).
☐ Radlager locker oder beschädigt – kontrollieren und ggf. ersetzen (Kapitel 1 und 6).
☐ Gabel schlecht ausgerichtet, sodass Bremssattel oder Befestigung die Bremsscheibe berührt – Vorderachsen-Klemmschraube lockern und Gabel korrekt ausrichten (Kapitel 6).

Motorschmierungs-Probleme

Unzureichende Schmierung

☐ Ölpegel zu niedrig – auf Undichtigkeit und andere Probleme kontrollieren und mit vorgeschriebenem Öl auffüllen (Tägliche Kontrollen).
☐ Ölpumpe defekt, Ansaugsieb verstopft oder Druckregler beschädigt – Öldruckprüfung durchführen (Kapitel 2).
☐ Motoröl zu dünn, sehr altes Öl oder falsche Viskosität – durch korrektes Öl ersetzen (Kapitel 1).
☐ Nockenwellen- oder Kurbelwellenlager verschlissen, dadurch abfallender Öldruck. Starker Verschleiß durch Ölmangel bei hohen Drehzahlen, durch zu niedrigen Ölpegel oder falsche Viskosität (Kapitel 1).

Ölpegel-Warnlampe leuchtet auf

☐ Ölpegel zu niedrig – auf Undichtigkeit und andere Probleme kontrollieren und mit vorgeschriebenem Öl auffüllen (Tägliche Kontrollen).
☐ Ölpegel-Sensor defekt – kontrollieren (Kapitel 8) und ggf. ersetzen.
☐ Ölpegel-Warnleuchte defekt – Verkabelung kontrollieren (Kapitel 8).

Auspuff-Rauch

Weißer oder hellblauer Rauch

☐ Weißer Dampf bei kaltem Motor weist lediglich auf verdampfendes Kondenswasser hin – hört bei aufgewärmtem Motor auf.
☐ Hellblauer Rauch (verbranntes Motoröl) durch verschlissene Kolbenringe (sodass Öl in den Brennraum gelangt) – Kolbenringe ersetzen (Kapitel 2).
☐ Zylinder durch hohen Verschleiß oder Kolbenfresser (durch Überhitzung oder Schmiermangel) beschädigt – Ursache herausfinden, dann Motorgehäuse ersetzen, Kolben und Ringe ersetzen (Kapitel 2).
☐ Ventilschaftdichtung verschlissen – Ventile ausbauen und Dichtungen ersetzen (Kapitel 2).
☐ Ventilführung verschlissen – Zylinderkopf überholen oder ersetzen (Kapitel 2).
☐ Motorölpegel zu hoch, sodass Öl durch die Motorentlüftung in den Ansaugtrakt oder an den Kolbenringen vorbei in den Brennraum gelangt (und der Verbrennung zugeführt wird) – Ölpegel korrigieren (Tägliche Kontrollen).
☐ Zylinderkopfdichtung zwischen Ölkanal und Zylinder gerissen, sodass Öl in den Brennraum gelangt – Dichtung erneuern und Zylinderkopf auf Verzug kontrollieren (Kapitel 2).
☐ Ungewöhnlich hoher Druck im Motor, sodass Öl an den Kolbenringen vorbei in den Brennraum gelangt – oft aufgrund einer verstopften Motorentlüftung (Kapitel 1).

Schwarzer Rauch (fettes Gemisch)

☐ Luftfilter verstopft – reinigen oder erneuern (Kapitel 1)
☐ Einspritzanlage defekt (Kapitel 4).

Brauner Rauch (mageres Gemisch)

☐ Luftfilter schlecht abgedichtet oder nicht vorhanden (Kapitel 1).
☐ Einspritzanlage defekt (Kapitel 4).

Schlechtes Fahrverhalten, Instabilität

Lenkung schwergängig

☐ Lenkkopflager-Einstellring zu fest angezogen – einstellen (Kapitel 1).
☐ Lenkkopflager beschädigt (Lenkung bewegt sich rau) – Lager ersetzen (Kapitel 5).
☐ Lagerschalen verschlissen oder eingedrückt (Verschleiß oft nur in Geradeaus-Position – Lenkung rastet hier regelrecht ein) – Lager ersetzen (Kapitel 5).
☐ Lenkkopflager schlecht geschmiert (Fett härtet mit der Zeit aus oder wird durch Hochdruckreiniger ausgewaschen) – zerlegen, kontrollieren und neu schmieren oder ersetzen (Kapitel 5).
☐ Lenkschaft verbogen (Unfall, Bordsteinkante, tiefes Schlagloch) – schadhafte Teile ersetzen (Kapitel 5).
☐ Reifendruck vorn zu niedrig – kontrollieren (Tägliche Kontrollen).

Lenkerflattern oder starke Vibrationen

☐ Reifen verschlissen – kontrollieren (Tägliche Kontrollen)
☐ Radaufhängungen oder Federelemente verschlissen – kontrollieren und schadhafte Teile ersetzen (Kapitel 5).
☐ Felge(n) verzogen oder beschädigt – kontrollieren und ggf. ersetzen (Kapitel 6).
☐ Rad/Räder nicht oder schlecht gewuchtet – kontrollieren und vom Fachhändler wuchten lassen.

☐ Radlager verschlissen, kann zu Flattern und schlechtem Fahrverhalten führen – kontrollieren und ggf. ersetzen (Kapitel 6).
☐ Gabel-Klemmschrauben oder Lenkerbefestigungen locker – korrekt anziehen (Kapitel 5).
☐ Motorhalterungen locker (zunehmende Vibrationen bei steigenden Drehzahlen) – korrekt anziehen (Kapitel 2).

Lenker zieht zu einer Seite

☐ Rahmen verzogen (durch Unfall oder Sturz) – Spurkontrolle durchführen (Kapitel 5) und Rahmen ggf. austauschen.
☐ Räder laufen nicht in Flucht (falsch positionierte Distanzhülsen oder verzogener Lenkschaft) (Kapitel 5).
☐ Gabel verbogen (durch Unfall) – schadhafte Teile ersetzen (Kapitel 5).
☐ Schwinge verbogen oder verdreht (durch Unfall) – ersetzen (Kapitel 5).
☐ Gabelöl-Pegel in beiden Holmen ungleich – kontrollieren und ggf. ablassen oder auffüllen (Kapitel 5).

Schlecht dämpfende Federelemente

☐ Zu hart:
Gabelöl-Pegel zu hoch – ablassen (Kapitel 5)
Gabelöl-Viskosität zu hoch – ersetzen (Kapitel 5)
Gabelholm verbogen (klemmt oder hohes Losbrechmoment) (Kapitel 5)
Interne Gabel-Komponente(n) beschädigt (Kapitel 5)
Stoßdämpfer-Federvorspannung zu hoch (Kapitel 5)
Stoßdämpfer verbogen oder beschädigt (Kapitel 5)
Reifendruck zu hoch (Tägliche Kontrollen)
☐ Zu weich:
Gabelöl-Pegel zu niedrig – ablassen (Kapitel 5)
Gabelöl-Viskosität zu niedrig – ersetzen (Kapitel 5)
Gabelfeder ermüdet oder gebrochen (Kapitel 5)
Interner Gabel-Schaden oder Ölaustritt – ggf. Dichtring ersetzen (Kapitel 5)
Interner Stoßdämpfer-Schaden oder Ölaustritt – ersetzen (Kapitel 5)
Stoßdämpfer-Federvorspannung zu niedrig (Kapitel 5)

Bremsenprobleme

Geringe Bremswirkung

☐ Luft im Bremssystem (durch zu weit abgesunkenen Pegel im Ausgleichsbehälter (Tägliche Kontrollen) oder Undichtigkeiten – Problem beseitigen und Bremse entlüften (Kapitel 6)
☐ Bremsbeläge oder Bremsscheibe verschlissen – kontrollieren und ersetzen (Kapitel 1 und 6).
☐ Bremsbeläge verölte oder mit Bremsflüssigkeit kontaminiert – ersetzen und Bremsscheibe sorgfältig reinigen (Kapitel 6).
☐ Bremsflüssigkeit gealtert oder kontaminiert – Bremssystem entleeren, frisch auffüllen und entlüften (Kapitel 6).
☐ Handbremszylinder oder Bremssattel verschlissen oder beschädigt – kontrollieren und reparieren oder ersetzen (Kapitel 6).
☐ Handbremszylinder-Bohrung riefig oder Kolbenfeder gebrochen – Bremszylinder reparieren oder ersetzen (Kapitel 6).
☐ Bremsscheibe verzogen – ersetzen (Kapitel 6).

Pulsierender Bremshebel

☐ Bremsscheibe verzogen – ersetzen (Kapitel 6).
☐ Achse verbogen – ersetzen (Kapitel 6).
☐ Bremssattel locker – Schrauben anziehen (Kapitel 6).
☐ Felge verzogen oder beschädigt – kontrollieren und ggf. ersetzen (Kapitel 6).
☐ Radlager verschlissen oder beschädigt – ersetzen (Kapitel 6).

Bremse schleift

☐ Handbremszylinder-Kolben klemmt – Bremszylinder reparieren oder ersetzen (Kapitel 6).
☐ Bremshebel klemmt – Gelenk schmieren (Kapitel 6).
☐ Bremssattel-Kolben klemmt – reinigen oder ersetzen (Kapitel 6).
☐ Bremsbeläge beschädigt (Belagmaterial hat sich von Träger gelöst) – ersetzen (Kapitel 6).
☐ Bremssattel-Zapfen klemmen (Schwimmsattel) – reinigen und mit Silikonpaste schmieren (Kapitel 6).
☐ Gabel schlecht zu Vorderachse ausgerichtet – Achsen-Klemmschraube lockern und Gabel ausrichten (Kapitel 6).

ABS-Probleme

☐ Systemfehler wird durch während der Fahrt aufleuchtende ABS-Warnlampe angezeigt. Manchmal hilf Anhalten und Aus- und Einschalten der Zündung; ansonsten Fehlercode auslesen und Problem identifizieren (Kapitel 6).

Elektrikprobleme

Batterie tot oder schwach

☐ Batterie defekt (Platten sulfatiert, Kurzschlüsse durch Ablagerungen, Wackelkontakt durch gebrochene Batteriepole) – ersetzen (Kapitel 8)
☐ Batteriepole – schlechte Kontakte (Kapitel 8).
☐ Last zu hoch – durch zusätzliche Verbraucher.
☐ Zündschloss defekt (interner Kurzschluss oder keine Abschaltung) – erneuern (Kapitel 8)
☐ Regler/Gleichrichter defekt (Kapitel 8).
☐ Kriechstrom zu hoch – Ursache beseitigen (Kapitel 8).
☐ Lichtmaschinen-Statorspule defekt (Kapitel 8).
☐ Kabelbaum defekt (Kurzschluss oder Unterbrechung am Zündschloss-, Ladesystem- oder Beleuchtungs-Stromkreis (Kapitel 8).

Batterie überladen (überhitzt)

☐ Regler/Gleichrichter defekt (Kapitel 8).
☐ Batterie defekt – ersetzen (Kapitel 8).
☐ Batterie-Kapazität zu niedrig, falscher Typ oder falsche Größe. Original-Batterie installieren, die auf Laderate abgestimmt ist (Kapitel 8).

Erklärung technischer Begriffe

A

ABE Allgemeine Betriebserlaubnis eines Fahrzeugs.
Asbest Natürliches Mineral in Faserform mit hoher Hitzebeständigkeit. Früher in Bremsbelägen und Dichtungen verwendet, heute wegen Krebsgefahr durch andere Materialien ersetzt.
ABS Antiblockier-System. Elektronisches oder mechanisches System, das das Blockieren von Rädern beim Bremsen verhindern soll.
Abzieher Spezialwerkzeug, das Lager oder Zahnräder von Wellen oder aus Gehäusebohrungen zieht.
Akkumulator Chemischer Stromspeicher, landläufig *Batterie* genannt.
Ampere (sprich: Ampehr) Einheit für Stromstärke. Abkürzung: A.
Amperestunden (Ah) Kapazität eines Akkumulators (Batterie).
Anlaufscheibe Unterlegscheibe zwischen zwei sich gegeneinander bewegenden Teilen auf einer Welle.
Anti-Dive Wörtlich: »Eintauch-Verhinderer«. In die Vorderradbremse integriertes System, das das Eintauchen der Telegabel beim Bremsen verhindern soll.
API American Petroleum Institute. Ein Qualitätsmaß für Viertakt-Motorenöle.
ATF Automatic Transmission Fluid. Dünnflüssiges Öl für Automatik-Getriebe, wird oft auch als Dämpferöl in Telegabeln verwendet.
Aufbohren Größerdrehen einer Bohrung, z.B. des Zylinders. Erfordert Übermaßkolben.
axial In Längsrichtung einer Achse wirkend.

B

bar Einheit für Luftdruck. Faustregel für Motorradreifen: 2,5 bar.
Batteriesäure Schwefelsäure bestimmter Dichte und Reinheit.
Benzin-Luft-Gemisch Das Gemisch aus Benzinnebel und Luft, das Vergaser oder Einspritzanlage erzeugen, und dessen Volumenverhältnis erfahrungsgemäß bei 1 : 14,7 liegen sollte, um optimal verbrennen zu können.
Blinkrelais Schalter, der unter Spannung automatisch und regelmäßig an- und ausschaltet. Mechanische und elektronische Bauformen.
Bowdenzug (Sprich: Baudenzug.) Flexibler Seilzug zur mechanischen Fernbetätigung. Beispiel: Gaszug, Kupplungszug, Chokezug. Besteht aus Hülle und Seele.
Buchse An beiden Enden offene Hülse, die im Maschinenbau meist als Lager dient.
Büchse An nur einem Ende offene Hülse, die im Maschinenbau als Verstärkung von Sacklöchern oder als Lager dient.

D

Diagonalreifen Reifen, bei dem die Karkassenfäden schräg zur Laufrichtung liegen.
Dichtring Wellendichtring für rotierende (manchmal auch lineare, siehe Telegabel) Bewegung. Auch: Simmerring (geschützte Bezeichnung der Firma Freudenberg).
Dichtung Flächendichtung zwischen Gehäusehälften, Deckeln oder anderen Maschinenbauteilen. Kann aus unterschiedlichen Materialien bestehen, je nach Einsatzzweck.
Diode Elektronisches Ventil. Lässt Strom nur in einer Richtung passieren. Halbleiterbauteil.
dohc (double overhead camshaft). Doppelte obenliegende Nockenwelle. Bauform der Ventilsteuerung.
Drehmoment Maß für die Kraft, mit der etwas (Kurbelwelle, Schraube) gedreht wird. Einheit: Newtonmeter (Nm), Kraft mal Hebelarm.

E

E-Starter Elektrischer Starter, Anlasser.
Einbereichsöl Öl mit nur einer Viskosität, z.B. SAE 50W.
Einspritzsystem Im Gegensatz zum Vergaser, der das Benzin durch Luftströmung passiv vernebeln lässt, spritzt die Einspritzung den Kraftstoff in exakter Menge in den Ansaugstutzen oder direkt in den Brennraum ein. Sehr aufwändig und teuer, aber genau und kraftstoffsparend.
Elektrodenabstand Spalt zwischen den Zündkerzenelektroden, der ab und zu nachgestellt werden muss. Meist 0,6 bis 0,8 mm breit.
Endloskette Antriebskette, deren Enden nicht zerstörungsfrei getrennt werden können.

F

Federkeil (Auch: Scheibenfeder.) Halbmondförmiger Metallkeil, der, in die Nut einer Welle gelegt, das darüber geschobene Bauteil (Zahnrad, Lichtmaschine) formschlüssig mit der Welle verbindet.
Federscheibe Gewellte Unterlegscheibe aus Federstahl, die Mutter bzw. Schraube am Losdrehen hindern soll.
Flüssige Schraubensicherung Flüssigkeit, von der ein paar Tropfen auf ein Gewinde gegeben und dann die Mutter/Schraube eingedreht wird. Die Flüssigkeit erhärtet unter Luftabschluss und sichert damit die Mutter/Schraube. Verbindung ist mit Schraubenschlüssel wieder lösbar.
Frostschutz Zusatz zum Kühlwasser, der den Gefrierpunkt senkt. Auf Alkohol- oder Glykol-Basis.
Fühlerlehre Auch: Ventillehre. Satz mit verschieden dicken Metallplättchen, die zur Bestimmung von kleinen Innenmaßen dienen.

G

Gabelbrücken Dreieckige Metallklemmen ober- und unterhalb des Lenkkopfs zur Aufnahme der Standrohre.
Gleichrichter Elektronisches Halbleiterbauteil (»Diodenplatte«) zum Umformen der von der Lichtmaschine gelieferten Wechselspannung in Gleichspannung.
Gleichstrom Stromfluss ohne Änderung der Polarität.
Gleitlager Lagerschalen aus bronzebeschichtetem Kupfer oder aus Sintermaterial. Funktioniert nur mit Öldruck: Die Welle gleitet auf einem dünnen Ölfilm in der Lagerbohrung ohne Materialberührung. Verwendung als Kurbelwellen- und Nockenwellenlager. Billig, schnell austauschbar und leise, aber empfindlich und mit hohem Reibwiderstand.

H

Halogenlampe Scheinwerferbirne besonderer Bauform, die mit Halogengas gefüllt ist, um den Niederschlag von verdampfendem Metall der Glühwendel an der Glaswand zu verhindern. Bauformen als H1-, H3- und H4-Birnen.

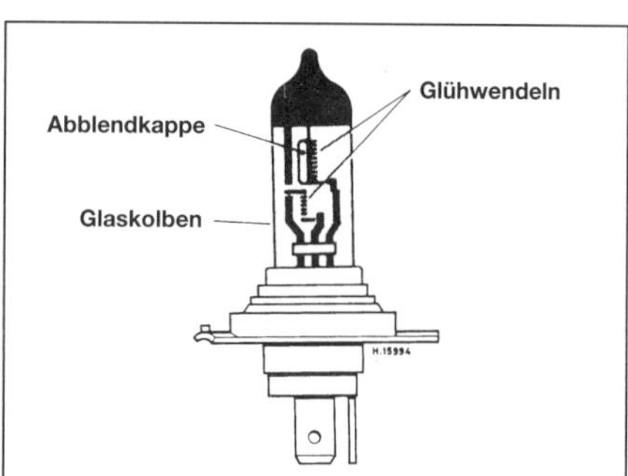

Halogen-Scheinwerferbirne

Hauptlager Lager der Kurbelwelle im Motorgehäuse.
Helicoil Spiralförmiger Gewindeeinsatz zur Reparatur ausgerissener Gewinde, wenn wenig Material vorhanden ist, sodass das Loch nur wenig ausgebohrt werden kann.

Einschrauben eines Helicoil-Gewindeeinsatzes in ein Zündkerzenloch

Hochspannung Spannung im Sekundärstromkreis des Zündsystems zur Produktion des Zündfunkens. Liegt zwischen 15.000 und 35.000 Volt bei sehr geringer Stromstärke. Unangenehm, aber nicht gefährlich.
Honen Überschleifen der Oberfläche eines Zylinders, wobei feine diagonale Riefen entstehen, in denen das Motoröl zur Kolbenschmierung haften kann.
Hydraulik Ein mit Flüssigkeit gefülltes System von Leitungen, um Druck zu übertragen. Üblich an (Scheiben-)Bremsen und manchen Kupplungen.
hygroskopisch Wasseranziehend. Trifft auf Bremsflüssigkeit zu.
Hypoidverzahnung Bauform eines Kegeltriebes (siehe Kegelrad), bei der Antriebs- und Abtriebsachse nicht in einer Ebene liegen, sodass die Zähne von Kegel- und Tellerrad in speziellen Kurven (Hypoidkurven) geschliffen werden müssen. Aufwendig und teuer, aber leise und belastbar. Benötigt spezielles Schmieröl (Hypoidöl).

I

IC Integratet circuit, integrierter Schaltkreis. Halbleiterbauteil.
Inbusschlüssel Schlüssel für Innensechskantschrauben.

K

Kabelbaum Durch Schutzschlauch zusammengefasste Kabel, die entlang einer Strecke im Motorrad verlegt sind, z.B. am Rahmen entlang.
Kardanwelle Welle, die mit einem Kreuz- oder Gleichlaufgelenk ihre Drehrichtung um einige Winkelgrade ändern kann. Wurde bei Motorrädern mit Wellenantrieb mit Einführung der Hinterradfederung nötig.
Katalysator Mit Edelmetall beschichtetes Bauteil im Auspuff, das auf chemisch-katalytischem Weg schädliche Abgasbestandteile (Stickoxide, Kohlenwasserstoffe u.a.) in unschädliche umwandeln soll. Wirkung und Nebenwirkungen sind umstritten.
Kegelrad Zusammen mit dem Tellerrad bildet es ein Getriebe, das Drehbewegungen um 90° umlenkt (siehe Abbildung).

Kegel- und Tellerrad zum Umlenken einer Drehbewegung um 90°

Kegelrollenlager Lager mit Innen- und Außenring, Kegelrollen als Wälzkörper. Hohe axiale und radiale Belastbarkeit. Verwendung als Lenkkopf-, Schwingen- und Radlager. Lagerspiel muss eingestellt werden.
Kickstarter Fußbetätigter Hebel zum Durchdrehen des Motors, um ihn zu starten.
Killschalter Not-Aus-Schalter, bei den meisten Motorrädern am rechten Lenkerende. Funktioniert als Kurzschluss- oder Zündunterbrechungs-Schalter. In Deutschland nicht vorgeschrieben.
km Abkürzung für Kilometer.
km/h Abkürzung für Kilometer pro Stunde. Geschwindigkeitseinheit.
Kolbenbolzen (Hohler) Bolzen als Verbindung zwischen Kolben und Pleuelauge. Darf weder im Pleuelauge noch im Kolben Klemmsitz haben. Oberfläche poliert und gehärtet.
Kompression Verringerung des Volumens und Erhöhung des Drucks im Brennraum durch den aufwärtsgehenden Kolben. Kompression wird als Verhältniszahl genannt, z.B. 1 : 10 = zehn Volumenteile Benzin-Luft-Gemisch werden auf ein Volumenteil zusammengepresst.
Kontermutter Mutter, die fest gegen eine andere geschraubt wird, um durch die dadurch hervorgerufene Spannung im Gewinde die zweite am Losdrehen zu hindern.
Kronenmutter Mutter mit zinnenartigen Zacken an einem Ende. Zusammen mit einem Querloch im zugehörigen Gewinde kann die Mutter mit einem Splint gegen Aufdrehen gesichert werden.
Kugellager Lager mit Innen- und Außenring, Kugeln als Wälzkörper. Häufigste Ausführung: Radialrillen-Kugellager. Kann fast nur radiale Kräfte aufnehmen.

L

Lager Mechanische Verbindung zwischen zwei sich gegeneinander bewegenden Maschinenteilen.
Läppen Materialabtrag mit äußerst feinem Schmirgelleinen (Läppleinen). Kurz vor dem Polieren.
LCD Liquid crystal display. Flüssigkristall-Anzeige. Bekannt von Armbanduhren, setzt sie sich langsam auch in Kraftfahrzeug-Instrumenten durch.
LED Light emitting diode. Leuchtdiode. Wird als verschleißfreier und stromsparender Ersatz für Kontrolllämpchen verwendet.
Lenkkopfwinkel, auch Steuerkopfwinkel, Winkel zwischen der gedachten Verlängerung des Lenkkopfs (nicht der Telegabel!) und der Horizontalen.
Lichtmaschine Stromgenerator im Kraftfahrzeug. Unterschiedliche Bauarten möglich.

M

Manschette Topfförmiger Gummiring, der in Bremszylindern für Dichtigkeit beim Betätigen sorgt.
Masse Bezeichnung des Minuspols am Kraftfahrzeug, der außer bei alten englischen Fahrzeugen am Rahmen (Masse) liegt.
Mehrbereichsöl Öle mit speziellen Legierungen, die die Schmierfähigkeit bei unterschiedlichen Temperaturen gewährleisten. Diese Eigenschaft wird in Viskositätsgrenzen ausgedrückt, z.B. SAE 20W50. D.h., dass das Öl bei niedrigen Temperaturen die Viskosität von 20, bei hohen von 50 besitzt.
Mikrometerschraube Messgerät für Längen, das durch feine Einteilung bis tausendstel Millimeter anzeigt. Verwendet zum Messen von Durchmessern, z.B. Kolben, Kolbenbolzen, Ventilschäften u.a.
Multimeter Elektrisches Messinstrument, das Spannung, Widerstand, oft auch Stromstärke und Kapazität messen kann.

N

Nachlauf Strecke vom Aufstandspunkt des Vorderrads zur Kreuzung der Verlängerung des Lenkkopfs mit dem Boden. Der Nachlauf bestimmt wesentlich die Handlichkeit (geringer N.) bzw. die Spurstabilität (großer N.).
Nadellager Lager mit nadelähnlichen Wälzkörpern. Kann hohe, aber nur radiale Kräfte aufnehmen. Verwendung als Pleuellager.
Nasse Zylinderlaufbuchsen Bauform eines wassergekühlten Motors, bei dem die Zylinderlaufbuchsen nicht in den Block eingeschrumpft sind, sondern direkt vom Kühlmittel umspült werden.
Nm Newtonmeter. Maßeinheit für Drehmoment (Kraft mal Weg).
Nylstop-Mutter Mutter mit einem Nylonring in einem Ende. Der Ring wird mit auf das Gewinde geschraubt und sichert die Mutter. Solche selbstsichernden Muttern sind höchstens zweimal zu verwenden.

O

O-Ring-Kette Antriebskette, bei der die Rollen gegen die Laschen mit O-Ringen (Gummi-Dichtringen) abgedichtet sind.
ohc (overhead camshaft). Obenliegende Nockenwelle. Bauform der Ventilsteuerung.
Ohm Einheit für elektrischen Widerstand.
Ohmmeter Widerstandsmessgerät.
ohv (overhead valve). Obenliegende Ventile. Bauform der Gassteuerung beim Viertaktmotor.
Oktanzahl Maß für den Widerstand eines Kraftstoffs gegen Selbstentzündung.
OT Oberer Totpunkt. Höchster Punkt der Kolbenbahn im Zylinder.

P

Pferdestärken (PS) Veraltete Einheit für Leistung. Heute ersetzt durch Watt (W). 1 PS = 0,36 kW.

Plastigauge Dünner Plastikstreifen zum Messen von Gleitlagerspiel.
Pleuel (auch: Pleuelstange) Verbindungsstange zwischen Kolben und Kurbelwelle.
Pleuelauge Obere Bohrung im Pleuel, in der der Kolbenbolzen sitzt.
Pleuelfuß Untere Bohrung im Pleuel, in der der Hubzapfen der Kurbelwelle sitzt.
Primärantrieb Antrieb der Kurbelwelle zum Getriebe.
Primärspannung Spannung im Primärstromkreis des Zündsystems. Bei Batteriezündungen 12 Volt, bei Hochspannungskondensatorzündungen (CDI) etwa 400 Volt bei relativ hoher Stromstärke. CDI-Primärspannung daher gefährlich.
PTFE Polytetrafluorethylen. Markenname: Teflon (Firma Dupont). Extrem gleitfähiger und reaktionsarmer Kunststoff. Kann nur in sehr aufwändigen Verfahren mit Metall verbunden werden.

R

radial Senkrecht zu einer Achse wirkend.
Radialreifen Reifen, bei dem die Karkassenfäden in Laufrichtung liegen.
Radstand Abstand zwischen den Senkrechten durch die Radachsen.
Regler Mechanisches oder elektronisches Bauteil im Kraftfahrzeug, das die von der Lichtmaschine gelieferte Spannung im Netz konstant hält, die Lichtmaschine vor Überlastung schützt und den Ladezustand der Batterie regelt.
Relais (Sprich: Relee.) Elektromagnetischer, fernsteuerbarer Schalter. Wird zur Schaltung von hohen Strömen eingesetzt.
Ruckdämpfer Gummiteile in der Hinterradnabe, die den Ruck plötzlicher Lastwechsel zwischen Kettenrad und Nabe dämpfen (siehe Abbildung). Manchmal werden auch rein metallische Ruckdämpfer konstruiert, z.B. in der Kupplung oder am Getriebeausgang (Knagge).

Gummi-Ruckdämpfer in der Hinterradnabe

S

SAE Society of Automotive Engineers. Standard für Flüssigkeits-Viskosität.
Schaltgabeln Gabelförmige Metallteile, die beim Schalten die Zahnräder auf den Getriebewellen hin und her schieben.
Schaltklauen Radiale Verbindungszapfen zwischen Getriebezahnrädern. Die Zapfenflanken sind schräg gefräst (hinterschnitten), damit sich der Eingriff unter Last nicht lösen kann.
Schieblehre Messgerät für Längen, das durch feine Einteilung bis hunderstel Millimeter anzeigt.
Schraubenfeder Spiralförmig gewickelte Feder in Zylinderform. Verwendung als Gabel- und Ventilfeder.
Seegerring Radial federnder Ring, der zur Sicherung eines Bauteils in eine Nut gesetzt wird.
Shim Stahlplättchen spezifischer Stärke, das bei direkt auf die Ventile wirkender Nockenwelle (oft bei dohc-Motoren) als Scheibe dazwischengelegt wird und das Ventilspiel bestimmt.
Sicherung Feiner Draht (Schmelzsicherung) oder Automat, der bei zu hohem Strom in einem Stromkreis (z.B. durch Kurzschluss) den Stromkreis unterbricht.
Simmerring Siehe Dichtring.
Spiel Strecke, mit der sich zwei Bauteile voneinander wegbewegen können, ohne auf Widerstand zu stoßen.
Standrohr Teil der Telegabel, der verchromt und poliert ist und in das Tauchrohr eintaucht.
Steuerkette Antriebsmöglichkeit der Nockenwelle. Billig, aber relativ verschleißanfällig.
Steuerkettenspanner Mechanische Spannvorrichtung, die die Längenausdehnung der Steuerkette ausgleicht.
Stirnräder Antriebsmöglichkeit der Nockenwelle: Zahnradkaskade zwischen Kurbel- und Nockenwelle. Teuer, aber genau und verschleißarm.
sv (side valve). Seitliche Ventile. Bauform der Gassteuerung beim Viertaktmotor (sehr alt).

T

Tauchrohr Teil der Telegabel, in den das Standrohr eintaucht.
Teflon Siehe PTFE.
Telegabel Häufigste Bauart der Vorderradführung und -federung, die aus Stand- und Tauchrohren besteht.
Tellerrad Siehe Kegelrad.
Thyristor Halbleiterbauteil mit hoher elektrischer Belastbarkeit. Verwendung als elektronischer, verschleißfreier Schalter.
Torx Speziell geformtes, sechskantiges Schraubenkopfprofil.
Transistor Halbleiterbauteil, in Zündboxen, Reglern und elektronischen Blinkrelais verbaut.
TWI Treadwear Indicator. Reifenverschleißmarke.

U

U/min. Alte Abkürzung für »Umdrehungen pro Minute«, Drehzahl. Heute: 1/min oder min^{-1}
Unterdruckuhren Messinstrumente, mit denen der Unterdruck in den Ansaugstutzen zwischen Vergaser und Zylinderkopf gemessen werden kann. Erforderlich zum Synchronisieren von Vergasern bei Mehrzylindermotoren.
Unwucht Unterschiedliche Masseverteilung auf dem Umfang eines rotierenden Teils (Rad, Kurbelwelle u.a.). Kann durch Gegengewichte ausgeglichen werden.
Upside-down-Gabel »Umgedrehte« Telegabel, bei der die Standrohre unten und die Tauchrohre oben sind.
UT Unterer Totpunkt. Unterster Punkt der Kolbenbahn im Zylinder.

V

Ventillehre Siehe auch: Fühlerlehre.
Viskosität Fließfähigkeit von Schmierstoffen. Die Viskosität von SAE 5 ist sehr hoch (dünnflüssiges Öl), SAE 90 ist sehr dickflüssig.
Volt Einheit für elektrische Spannung.

W

Watt Einheit für Leistung (W).
Wechselstrom Ständig und regelmäßig die Polung ändernder Stromfluss.
Welle Runder, sich drehender Stab im Maschinenbau.
Widerstand Elektrische Größe, gemessen in Ohm.
Winkel-Anzugsmoment Drehmoment, ausgedrückt in Winkelgraden.
Winkelgradscheibe Messscheibe mit einem Winkelkreis von 360°, mit der sich, auf ein Kurbelwellenende montiert, die Kolbenstellung in Winkelgraden der Kurbelwelle angeben lässt.

Z

Zahnriemen Flacher Antriebsriemen, dessen Innenseite gezahnt ist und damit in entsprechende Zahnräder eingreifen kann. Verwendung als Nockenwellenantrieb und (seltener) als Hinterradantrieb.
Zündreihenfolge Die Reihenfolge, in der Mehrzylindermotoren ihre einzelnen Zylinder zünden. Wird ab Zylinder Nummer eins gezählt.
Zündzeitpunkt Punkt in der Kolbenbahn kurz vor Ende des Verdichtungstakts, bei dem der Zündfunke das Gemisch entzündet. Wird in »Millimeter vor OT« oder in Winkelgraden der Kurbelwelle gemessen.

Wartung und Reparatur

Phil Mather
Automatik-Roller

ISBN 978-3-7688-5347-7

Matthew Coombs
BMW F 650/F 650 ST/ F 650 GS/F 650 CS

ISBN 978-3-7688-5288-3

Matthew Coombs
BMW R 850, 1100 und 1150 Vierventilboxer

ISBN 978-3-667-11466-2

Jeremy Churchill / Penny Cox
BMW K 75 und 100

ISBN 978-3-667-10989-7

Mathew Coombs
BMW R 1200 GS/RT/ST/S

ISBN 978-3-667-10995-8

Matthew Coombs
BMW R 1200

ISBN 978-3-667-10859-3

Matthew Coombs / Penny Cox
Ducati 600, 750 & 900

ISBN 978-3-667-10990-3

Matthew Coombs
Honda 125/150 cm^3 Viertakt-Roller

ISBN 978-3-7688-5315-6

Matthew Coombs
Honda CBF 1000/CB 1000 R

ISBN 978-3-667-11809-7

Matthew Coombs / Penny Cox
Honda CBR 600 F & 1000 F

ISBN 978-3-667-10986-6

Alan Ahlstrand
Harley Davidson TwinCam 88/96 & 103

ISBN 978-3-667-10984-1

Tom Schauwecker
Harley-Davidson Sportster

ISBN 978-3-667-10994-1